"十四五"国家重点出版物
出版规划项目

国家出版基金项目
NATIONAL PUBLICATION FOUNDATION

中国兽药研究与应用全书

COMPREHENSIVE SERIES
ON VETERINARY DRUG
RESEARCH AND APPLICATION
IN CHINA

兽药管理与国际贸易

冯忠武 主编

化学工业出版社
·北京·

内容简介

本书系统回顾了我国兽药管理历史脉络，围绕落实新修订的《兽药管理条例》，全面总结了我国兽药注册、生产、经营、进出口、使用、监督管理和国际贸易的管理制度及其演变，并根据新时代绿色发展、高质量发展对兽药行业管理提出的新要求、新任务，从新兽药管理、兽药生产管理、兽药经营管理、兽药使用管理、兽药进出口管理、兽药监督管理六个方面，全面介绍了现行有效的最新管理制度和实施要求，以及兽药国际贸易的最新进展，有利于指导和帮助新兽药研制开发、提高创新活力，指引进口兽药注册和贸易，提高安全、合理、规范用药水平，规范兽药监督管理和监督执法，保障养殖业生产安全、动物源性食品安全、公共卫生安全和生物安全。

本书适合高校动物医学、动物药学、畜牧水产养殖等专业师生，从事兽药研发、生产、经营、进出口相关主体的负责人、专业技术人员，兽药行政审批、行业管理、综合执法人员，以及兽药检验机构人员、畜禽水产养殖场负责人和技术人员参考阅读。

图书在版编目（CIP）数据

兽药管理与国际贸易／冯忠武主编．—北京：化学工业出版社，2025.1．—（中国兽药研究与应用全书）．— ISBN 978-7-122-46332-6

Ⅰ．S859.79

中国国家版本馆 CIP 数据核字第 2024KS5133 号

责任编辑：邵桂林　刘　军　曹家鸿　　装帧设计：尹琳琳
责任校对：李雨函

出版发行：化学工业出版社
　　　　　（北京市东城区青年湖南街 13 号　邮政编码 100011）
印　　装：北京建宏印刷有限公司
787mm×1092mm　1/16　印张 43¾　字数 1095 千字
2025 年 6 月北京第 1 版第 1 次印刷

购书咨询：010-64518888　　　　　售后服务：010-64518899
网　　址：http://www.cip.com.cn
凡购买本书，如有缺损质量问题，本社销售中心负责调换。

定　　价：398.00 元　　　　　　版权所有　违者必究

《中国兽药研究与应用全书》编辑委员会

顾 问

夏咸柱　中国人民解放军军事医学科学院，中国工程院院士

陈焕春　华中农业大学，中国工程院院士

刘秀梵　扬州大学，中国工程院院士

张改平　北京大学，中国工程院院士

陈化兰　中国农业科学院哈尔滨兽医研究所，中国科学院院士

张　涌　西北农林科技大学，中国工程院院士

麦康森　中国海洋大学，中国工程院院士

李德发　中国农业大学，中国工程院院士

印遇龙　中国科学院亚热带农业生态研究所，中国工程院院士

包振民　中国海洋大学，中国工程院院士

刘少军　湖南师范大学，中国工程院院士

编委会主任

沈建忠　中国农业大学，中国工程院院士

金宁一　中国人民解放军军事医学科学院，中国工程院院士

编委会委员（按姓氏笔画排序）

才学鹏　王战辉　邓均华　田克恭　冯忠武　沈建忠

金宁一　郝智慧　曹兴元　曾建国　曾振灵　廖　明

薛飞群

本书编写人员名单

主　编　冯忠武

副主编　谷　红　段文龙　冯华兵　顾进华

编写人员（按姓氏笔画排序）

万建青	王　芳	王彦丽	冯　梁	冯华兵
冯忠武	冯梦瑶	巩忠福	毕昊容	曲鸿飞
刘小静	安洪泽	苏富琴	吴　涛	谷　红
汪　霞	张秀英	陈莎莎	罗玉峰	上官艳丽
郝利华	胡　雪	胡建春	段文龙	娜　琳
顾进华	徐　倩	郭　晔		

丛书序言

我国是世界养殖业第一大国。兽药作为不可或缺的生产资料，对保障和促进养殖业健康发展至关重要，对保障我国动物源性食品安全具有重大战略意义，在我国国民经济的发展中起着不可替代的重要作用。党和政府高度重视兽药科研、生产、应用和管理，要求大力发展和推广使用安全、有效、质量可控、低残留兽药，除了要求保障我国畜牧养殖业健康发展外，进一步保障人民群众"舌尖上的安全"。国家发布的《"十四五"全国畜牧兽医行业发展规划》中明确规定，要继续完善兽药质量标准体系、检验体系等；同时提出推动兽药产业转型升级，加快兽用中药产业发展，加强中兽药饲料添加剂研发，支持发展动物专用原料药及制剂、安全高效的多价多联疫苗、新型标记疫苗及兽医诊断制品。以 2020 年《兽药管理条例》修订、突出"减抗替抗"为标志，我国兽药生产、管理工作和行业发展面临深刻调整，进入全新的发展时代。

兽药创新发展势在必行，成果的产业化应用推广是行业发展的关键。在国家科技创新政策的支持下，广大兽药从业人员深入实施创新驱动发展战略，推动高水平农业科技自立自强，兽药创制能力得到了大幅提升，取得了相当成效，特别是针对重大动物疾病和新发病的预防控制的兽药（尤其是疫苗）创制开发取得了丰硕的成果。我国兽药科技创新平台初具规模、兽药创制体系形成并稳步发展，取得一系列自主研发的新兽药品种，已经成为世界上少数几个具有新兽药创制能力的国家，为我国实现科技强国、加快建设农业强国提供坚实保障。

为了系统总结新中国成立以来兽药工业的研究与应用发展状况和取得的成果，尤其是介绍近年来我国在新兽药研究、创制与应用过程中取得的新技术、新成果和新思路，包括兽药安全评价、管理和贸易流通等，在化学工业出版社的邀请和提议下，沈建忠院士、金宁一院士组织了国内兽药教学、科研、生产、应用和管理等各领域知名专家编写了《中国兽药研究与应用全书》。参与编写的专家在本领域学术造诣深厚、取得了丰硕的成果、具有丰富的经验，代表了当前我国兽药学科领域的水平，保证了本套全书内容的权威性。

《中国兽药研究与应用全书》包含 10 卷，紧紧围绕党中央提出的新五大发展理念，结合国家兽药施用"减量增效"方针、最新修订的《兽药管理条例》和农业农村部"减抗限抗"政策，分别从中国兽药产业发展、兽用化学药物及应用、中兽药及应用、兽用疫苗及应用、兽用诊断试剂及应用、兽用抗生素替代物及应用、兽药残留与分析、兽药管理与国际贸易、兽药安全性与有效性评价、新兽药创制等方面给予了深入阐述，对学科和行业发展具有重要的参考价值和指导价值。

我相信，《中国兽药研究与应用全书》的顺利出版必将对推动我国兽药技术创新，提升兽药行业竞争力，保障畜牧养殖业的绿色和良性发展、动物和人类健康，保护生态环境等方面起到重要和积极作用。

祝贺《中国兽药研究与应用全书》顺利出版，是为序。

中国工程院院士
国家兽药安全评价中心主任、兽医公共卫生安全全国重点实验室主任

前言

兽药作为养殖业不可或缺的农业投入品和重要的工业制造品，为防治动物疾病、维护动物健康，维护养殖业生产安全、动物源性食品安全、公共卫生安全和生物安全，提供了有力物质支撑。兽药管理是确保兽药安全性、有效性、质量可控性以及商品可及性的必然选择，是世界各国的通行做法，也是落实兽药产品国际贸易对等原则的必然要求。兽药特别是兽用中药的发展历史悠久，形成了中兽医药理论体系，是我国优秀传统文化不可分割的一部分。新中国成立后，全面开启兽药管理与国际贸易的新篇章，为全方位阐释中国兽药和国际贸易发展历程、辉煌成就，准确把握中国兽药行业监管和兽药产业发展的思路理念，以期见微知著、传承进取，我们组织编写了《兽药管理与国际贸易》一书，作为《中国兽药研究与应用全书》的分册之一。

本书首次总结了新中国成立以来兽药管理体系、政策制度、机构队伍等建设情况，详细介绍了新兽药管理、兽药生产管理、兽药经营管理、兽药使用管理、兽药进出口管理、兽药标准与检验检测、兽药监督管理、国际兽药管理与贸易等发展情况，是我国兽药管理与国际贸易工作的一个缩影，也是兽药管理与国际贸易的重要工具书，对了解我国兽药行业发展历史具有重要意义。同时，本书还可作为从事畜牧兽医科研、教学，兽药质量、兽药残留、动物源细菌耐药检验检测，兽药生产经营进口，以及兽药使用和技术推广等方面工作人员的参考书。

本书由中国农业科学院冯忠武研究员设计编撰大纲、起草制定纲要、编写重点篇章、统稿、审稿和定稿，农业农村部畜牧兽医局谷红博士、冯华兵高级兽医师，中国兽医药品监察所顾进华研究员、段文龙研究员、罗玉峰研究员参与统稿。全书第1章由冯忠武、段文龙、谷红、冯华兵、曲鸿飞、张秀英、苏富琴、徐倩编写，第2章由汪霞、苏富琴、王芳、顾进华、万建青、安洪泽、陈莎莎、毕昊容编写，第3章由段文龙、万建青、罗玉峰、安洪泽、陈莎莎、毕昊容、吴涛（河北省农业农村厅，下同）编写，第4章由毕昊容、上官艳丽、刘小静、胡建春、王彦丽编写，第5章由巩忠福、郝利华、吴涛、张秀英、刘小静、冯华兵编写，第6章由曲鸿飞、吴涛、徐倩、胡雪编写，

第7章由张秀英、巩忠福、郝利华、万建青、曲鸿飞、罗玉峰编写，第8章由冯梁、张秀英、安洪泽、陈莎莎、娜琳、吴涛、上官艳丽编写，第9章由顾进华、冯梦瑶、郭晔编写。

根据国内外经济发展形势和服务后端产业高质量发展需要，兽药管理与国际贸易也在与时俱进，兽药管理政策制度、监管措施、机构队伍都在陆续改革创新，同时受限于文献资料收集、未来趋势把握以及政策走势变化等，编者对一些具体化、细节化的内容还阐释得不够全面、不够精细，对即将新出台的政策制度未能在本书中及时解读和表述，书中存在不足之处也在所难免，敬请广大读者和同行批评指正。

本书所述观点均为编者对兽药管理制度及相关政策的把握和理解，不能代表管理部门意见，如有不妥之处，敬请谅解。

目录

第 3 章
兽药生产管理 251

第1章
概　论

本章主要介绍了兽药的定义、分类、命名，新中国成立以来我国兽药行业发展历程和当前产业发展现状，并对行业发展方向进行了展望。其中重点从法规制度、机构体系队伍、标准规范建设以及取得的成绩等方面，分四个阶段，系统全面地介绍了新中国成立以来我国兽药行业发展历程和取得的成就。

1.1

兽药的定义、分类和命名

1.1.1　兽药定义

根据现行《兽药管理条例》第七十二条规定，兽药是指用于预防、治疗、诊断动物疾病或者有目的地调节动物生理机能的物质（含药物饲料添加剂），主要包括血清制品、疫苗、诊断制品、微生态制品、中药材、中成药、化学药品、抗生素、生化药品、放射性药品及外用杀虫剂、消毒剂等。

按照世界各国通行做法，以兽药中所含有效成分种类的不同进行划分，主要分为兽用生物制品、兽用化学药品和兽用中药3大类兽药。截至2022年底，农业农村部批准使用的兽药制剂产品共有2000多种。

1.1.2　兽药分类

1.1.2.1　兽用生物制品

兽用生物制品是指以天然或者人工改造的微生物、寄生虫、生物毒素或者生物组织及代谢产物等为材料，采用生物学、分子生物学或者生物化学、生物工程等相应技术制成的，用于预防、治疗、诊断动物疫病或者有目的地调节动物生理机能的兽药，主要包括血清制品、疫苗、诊断制品和微生态制品等。截至2022年底，批准使用的兽用生物制品共663种，其中疫苗（灭活疫苗、活疫苗）453种、诊断制品173种、血清制品17种、微生态制剂等其他产品19种。

1.1.2.2　兽用化学药品

兽用化学药品是指以化学方法合成或提取、微生物发酵等方式获得，用于预防、治疗动物疾病的药物。主要包括兽用抗菌药、抗寄生虫药、消毒剂和外用杀虫剂等。截至2022年底，批准使用的兽用化学药品制剂共795种，其中抗菌药253种、抗寄生虫药159种、消毒剂和外用杀虫剂59种、机能调节剂318种。主要有注射液、片剂、粉剂、预混剂、口服液、颗粒剂等剂型。其中，兽用抗菌药有70余个品种，主要分为化学合成类抗菌药（如磺胺类等，共 150 余种制剂产品）和微生物发酵类抗生素（如青霉素类等，共 100 余种制剂产品）。

其中还包括两类较为特殊的品种，即兽用麻醉药品和兽用精神药品，截至 2022 年底，列入国家管制目录的品种，批准了氯胺酮（一类精神药品）的 2 种制剂产品，实施定点生产经营、严格管控流向；批准了苯巴比妥（二类精神药品）的原料药和苯巴比妥片制剂产品。

1.1.2.3　兽用中药

中药是在我国中医药理论指导下使用的药用物质及其制剂。兽用中药通常以中药药材、饮片为原料，依据或借鉴传统兽医学理论组方，经粉碎或有效成分提取等工艺获得，用于治疗、预防动物疾病或有目的地调节动物生产性能。截至 2022 年底，批准使用的兽用中药制剂产品共 600 余种，主要包括散剂、颗粒剂、微粉剂、口服液等。

1.1.3　兽药的特征、功能与作用

不同种类兽药具有不同的特征、功能与作用，按照功能与作用不同，兽药可以分为抗微生物药、消毒防腐药、抗寄生虫药、中枢神经系统药、外周神经系统药、解热镇痛抗炎药、消化系统药、呼吸系统药、血液循环系统药、体液补充药、泌尿生殖系统药、调节组织代谢药、抗过敏药、刺激药和保护药、解毒药，以及预防、诊断动物疫病的疫苗和诊断制品等。

1.1.3.1　抗微生物药

抗微生物药包括抗生素、合成抗菌药和抗真菌药。

（1）**抗生素**　自从发现抗生素以来，抗生素一词的含义在不断充实，一般认为抗生素的定义为：在低浓度下有选择地抑制或影响其他种类生物机能的、在微生物生命过程中产生的具有生理活性的次级代谢产物及其衍生物。从定义上可看出，抗生素是通过抗生素生产菌种培养发酵后，产生的次级代谢产物及其衍生物。按生产工艺分，目前我们所使用的兽用抗生素又可分为三类：第一类是完全通过微生物发酵法生产的抗生素，如红霉素、庆大霉素等，大部分抗生素都是采用这种工艺；第二类是半合成抗生素，它是在发酵的基础上进一步进行化学合成，得到其衍生物，如发酵产生的阿维菌素进一步衍生化，即得伊维菌素；第三类是全合成抗生素。有些抗生素，如原来是来源于微生物的次级代谢产物，由于其结构简单，后改用化学合成的方法生产，如一系列碳青霉烯类 β-内酰胺抗生素等。因此抗生素的完整定义为"抗生素是某些细菌、放线菌、真菌等微生物的次级代谢产物，或用化学方法合成的相同结构或结构修饰物，在低浓度下对各种病原性微生物或肿瘤细胞有选择性杀灭、抑制作用的药物"。

根据抗生素的化学结构可大致将抗生素分为 9 类：①β-内酰胺类，该类抗生素是发展最早、临床应用最广、品种数量最多和近年研究最活跃的一类抗生素，这类抗生素包括天然青霉素、半合成青霉素、天然头孢菌素、半合成头孢菌素以及一些新型的 β-内酰胺类抗生素；②四环素类；③氨基糖苷；④大环内酯类，包括十四、十五和十六元大环内酯类抗生素；⑤酰胺醇类；⑥林可胺类；⑦多肽类；⑧多糖类；⑨截短侧耳素类。抗生素从

其出现以来，种类越来越多，已达2万多种，但仅有100种左右在人医、兽医和农业上都得到了较好的应用，且大多数来源于链霉素菌，在兽医临床上应用更少。我国已批准使用的兽医用抗生素见表1-1。

表1-1 我国已批准使用的兽医用抗生素

类别	兽医用抗生素名称
β-内酰胺类	青霉素类：青霉素、氨苄西林、海他西林、阿莫西林、苯唑西林、氯唑西林、普鲁卡因青霉素、苄星青霉素、海他西林
	头孢菌素类：头孢氨苄、头孢噻呋、头孢喹肟
四环素类	土霉素、四环素、金霉素、多西环素
氨基糖苷类	庆大霉素、链霉素、双氢链霉素、卡那霉素、新霉素、庆大-小诺霉素、安普霉素
大环内酯类	红霉素、硫氰酸红霉素、吉他霉素、泰乐菌素、泰万菌素、替米考星、泰拉菌素、泰地罗新
酰胺醇类	甲砜霉素、氟苯尼考
林可胺类	林可霉素
多肽类	黏菌素、杆菌肽锌、亚甲基双水杨酸杆菌肽锌、恩拉霉素、维吉尼亚、那西肽
多糖类	阿维拉霉素、黄霉素
截短侧耳素类	泰妙菌素、沃尼妙林
其他	大观霉素（氨基环醇类）、赛地卡霉素

从表1-1可看出，兽医临床上所用的抗生素在一些人医临床上也同样应用，但另外一部分是兽医专用的，而且人医临床上很多使用较广的抗生素，如万古霉素等，为了保证人类健康和食品安全，在兽医上均未批准使用。另外，还有如马度米星、莫能菌素等抗球虫类药物，也是由微生物发酵产生的，归类于抗生素范畴。

（2）合成抗菌药 抗菌药是指能抑制或杀灭病原微生物的药物。抗生素只是抗菌药中的重要一类，除此之外，抗菌药家族中还包括那些完全通过化学合成法制备的合成抗菌药物，如磺胺类、喹诺酮类等抗细菌药物，以及酮康唑类抗真菌药物。

合成抗菌药同抗生素一样，在兽医临床中发挥了重要的作用，合成抗菌药可分为五类：磺胺类、喹诺酮类、喹噁啉类、硝基呋喃类和硝基咪唑类。这五类药物中，目前应用最多的是磺胺类与喹诺酮类；喹噁啉类的卡巴氧、喹乙醇由于具有潜在的致癌作用，欧、美等许多国家已禁止所有食品动物使用。硝基呋喃类如呋喃他酮、呋喃唑酮以及硝基咪唑类的甲硝唑、地美硝唑，由于发现有致癌作用，世界大多数国家包括中国均已禁止作为促生长添加剂使用，中国等很多国家禁止食品动物使用硝基呋喃类药物，硝基咪唑类仅允许作为治疗用，不允许用于促生长等其他用途。

我国批准的兽医用合成抗菌药见表1-2。

表1-2 我国批准的兽医用合成抗菌药

类别	兽医用合成抗菌药名称
磺胺类	磺胺嘧啶、磺胺噻唑、磺胺二甲嘧啶、磺胺甲噁唑、磺胺间甲氧嘧啶、磺胺对甲氧嘧啶、磺胺氯达嗪钠、磺胺氯吡嗪钠、磺胺甲氧哒嗪、磺胺脒、酞磺胺噻唑、磺胺米隆
喹诺酮类	恩诺沙星、沙拉沙星、环丙沙星、达氟沙星、二氟沙星、诺氟沙星＊、洛美沙星＊、氧氟沙星＊、培氟沙星＊、氟甲喹、噁喹酸
喹噁啉类	乙酰甲喹、喹烯酮、喹乙醇＊
硝基咪唑	甲硝唑、地美硝唑

注：＊现已禁止用于食品动物。

抗菌药的作用机制主要有4大类：①阻碍细菌细胞壁的合成，导致细菌在低渗透压环境下膨胀破裂死亡，以这种方式作用的主要是β-内酰胺类抗生素，由于该类抗生素必须在细菌繁殖期才具有杀菌作用，因此为繁殖期杀菌剂；②与细菌细胞膜相互作用，增强细菌细胞膜的通透性、打开膜上的离子通道，让细菌内部的有用物质漏出菌体或电解质平衡失调而死，以这种方式作用的抗生素有多黏菌素和短杆菌肽等，由于该类抗菌药在静止期就能杀菌，也称为静止期杀菌剂；③与细菌核糖体或其反应底物（如 tRNA、mRNA）相互作用，抑制蛋白质的合成——这意味着细胞存活所必需的结构蛋白和酶不能被合成，以这种方式作用的抗生素包括四环素类、大环内酯类、氨基糖苷类、酰胺醇类等，这类抗生素又称为速效抑菌剂；④阻碍细菌 DNA 的复制和转录，阻碍 DNA 复制将导致细菌细胞分裂繁殖受阻，阻碍 DNA 转录成 mRNA 则导致后续的 mRNA 翻译合成蛋白的过程受阻。这类作用机制的药物决定了该类药物为慢效抑菌剂，以这种方式作用的主要是人工合成的抗菌药喹诺酮类。

（3）抗真菌药 抗真菌药是指能抑制或杀灭真菌的药物。常用抗真菌药按照作用部位分为治疗浅表真菌感染药物和抗深部真菌感染药物。治疗浅表真菌感染药物有十一烯酸、醋酸、乳酸、水杨酸、灰黄霉素、克霉唑、咪康唑、益康唑、联苯苄唑、酮康唑等。抗深部真菌感染药物有氟胞嘧啶、两性霉素 B、制霉菌素、球红霉素、甲帕霉素（美帕曲星、克霉灵）、氟康唑（大扶康、麦尼芬、依利康）、伊曲康唑（斯皮仁诺）等。按结构分为有机酸类、多烯类、氮唑类、烯丙胺类（如特比萘芬）等。

除一些古老的抗真菌外用药如水杨酸、雷琐辛、碘剂、硫黄等外，抗真菌作用显著的新药有抗生素和合成药两大类。抗生素主要有灰黄霉素、制霉菌素和两性霉素 B 等。灰黄霉素只对皮肤癣菌病有效，主要是头癣、体癣、股癣、手足甲癣等；制霉菌素治疗胃肠道念珠菌病，外用治疗皮肤黏膜念珠菌感染；两性霉素 B 主要治疗深部真菌病，如系统性念珠菌病、隐球菌病、曲霉病、结核菌病、芽生菌病、巴西副球孢子菌病、球孢子菌病和组织胞浆菌病等。合成药包括咪唑类药物（如克霉唑、益康唑、咪康唑和酮康唑等）、氟胞嘧啶、丙烯胺衍生物。

目前农业农村部批准在兽医临床上应用的只有水杨酸。

1.1.3.2　消毒防腐药

消毒防腐药是杀灭病原微生物或抑制其生长繁殖的一类药物。消毒药是指能杀灭病原微生物的药物，主要用于环境、厩舍、动物排泄物、用具和器械等非生物体表面的消毒；防腐药是指能抑制病原微生物生长繁殖的药物，主要用于抑制局部皮肤、黏膜和创伤等生物体表的微生物感染，也用于食品及生物制品等的防腐。两者并无绝对的界限，低浓度消毒药只能抑菌，反之，有的防腐药高浓度下也能杀菌。

消毒防腐药的类型较多，作用机理各不相同，按其化学结构和作用性质分类，可分为酚类、醛类、醇类、卤素类、季铵盐类（或表面活性剂）、氧化剂、酸类、碱类和染料等。兽医临床上批准的消毒防腐剂中，酚类包括苯酚、复合酚、甲酚、氯甲酚；醛类包括甲醛、戊二醛；醇类包括乙醇；卤素类包括含氯石灰、次氯酸钠、次氯酸钙、亚氯酸钠、溴氯海因、碘、碘附、碘酊、碘仿、碘酸、聚维酮碘等；季铵盐类包括苯扎氯铵、苯扎溴铵、癸甲溴铵、度米芬、醋酸氯己定、月苄三甲氯铵等；氧化剂包括过氧化氢、高锰酸钾、过硫酸氢钾复合物等；酸类包括醋酸、硼酸、枸橼酸、苹果酸等；碱类包括氢氧化钠、碳酸钠；染料类包括乳酸依沙吖啶、甲紫等；其他还有氧化锌、松馏油、鱼石脂等。

1.1.3.3 抗寄生虫药

抗寄生虫药是指能杀灭寄生虫或抑制其生长繁殖的物质。可分为抗蠕虫药、抗原虫药和杀虫药。

（1）**抗蠕虫药** 抗蠕虫药是指对动物寄生蠕虫具有驱除、杀灭或抑制作用的药物。根据寄生于动物体内的蠕虫类别，抗蠕虫药相应地分为抗线虫药、抗吸虫药、抗绦虫药、抗血吸虫药。但这种分类也是相对的，有些药物兼有多种作用。如吡喹酮具有抗绦虫和抗吸虫作用，苯并咪唑类具有抗线虫、抗吸虫和抗绦虫作用。

根据抗线虫药的化学结构特点，可将这些药物分类：①苯并咪唑类，如噻苯达唑、阿苯达唑、甲苯咪唑、芬苯达唑、奥芬达唑、氧阿苯达唑、氧苯达唑及苯并咪唑前体如非班太尔等；②咪唑并噻唑类，如左旋咪唑；③四氢嘧啶类，如噻嘧啶；④哌嗪类，如哌嗪、乙胺嗪；⑤抗生素类，如阿维菌素、伊维菌素、多拉菌素、越霉素A、潮霉素B；⑥其他，如敌百虫和硝碘酚等。其中苯并咪唑类和抗生素类是当前应用最多最广的药物，其他类中的药物多数有较强的毒性或作用不确切，目前在兽医临床上已很少应用。

抗绦虫药根据其作用可分为杀绦虫药和驱绦虫药。能使绦虫在寄生部位死亡的药物称为杀绦虫药，促使绦虫排出体外的药物称为驱绦虫药，驱绦虫药通常是干扰绦虫的头节吸附于胃肠黏膜，并干扰虫体的蠕动，使其不能保持在胃肠道中。很多天然有机化合物都属于驱绦虫药，能暂时麻痹虫体，需借助催泻作用将虫体排出体外，否则，绦虫可能再次吸附于肠壁。现代合成药物大多具有杀绦虫作用，能在原寄生部位将虫体杀死。早期的天然有机化合物类抗绦虫药都是从植物中提取，如南瓜子氨酸、雄性蕨类植物提取物、卡马拉、槟榔碱和烟碱等；合成的抗绦虫药有氯硝柳胺、氢溴酸槟榔碱。

根据化学结构的不同，抗吸虫药可分为：①卤化烃类，如四氯化碳、六氯乙烷、四氯二氟乙烷和六氯对二甲苯；②二酚类，如六氯酚、硫双二氯酚、硫双二氯酚亚砜、羟氯扎胺和氯碘沙尼；③硝基酚类，如碘硝酚、硝氯酚和硝碘酚腈；④水杨酰苯胺类，如氯氰碘柳胺和碘醚柳胺；⑤磺胺类，如氯舒隆；⑥苯并咪唑类，如阿苯达唑和三氯苯达唑；⑦其他，如溴酚磷等。以上药物，第1类药物由于毒性强已经不用，第2类已很少应用，其他大多数药物主要对成虫具有活性，对吸虫幼虫具有活性的药物有三氯苯达唑、阿苯达唑、氯舒隆、羟氯扎胺、碘醚柳胺和氯氰碘柳胺等。

抗血吸虫药中吡喹酮具有高效、低毒、疗程短、口服有效等特点，是血吸虫病防治的首选药物之一，其他具有抗血吸虫作用的药物主要有硝硫氰胺、硝硫氰醚、没食子酸锑钠、敌百虫等。

（2）**抗原虫药** 畜禽原虫病是由单细胞原生动物引起的一类寄生虫病，包括球虫病、锥虫病和梨形虫病。抗原虫药相应分为抗球虫药、抗锥虫药和抗梨形虫药。

抗球虫药的类型很多，作用峰期（指药物对球虫发育起作用的主要阶段）各不相同。作用于第一代无性繁殖的药物，如氯羟吡啶、地克珠利、离子载体抗生素（如莫能菌素、盐霉素、拉沙洛西钠、甲基盐霉素、马度米星、海南霉素、塞杜霉素）、盐酸氨丙啉、癸氧喹酯、盐酸氯苯胍等，预防性强，但不利于动物形成对球虫的免疫力。作用于第二代裂殖体的药物，如磺胺喹噁啉、磺胺氯吡嗪、尼卡巴嗪、托曲珠利、二硝托胺，既有治疗作用又对动物抗球虫免疫力的形成影响不大。其他还有乙氧酰胺苯甲酯，对氨丙啉、磺胺喹噁啉抗球虫活性有增效作用，多配成复方制剂使用；氢溴酸常山酮对第一、二代裂殖体和子孢子均有杀灭作用。

抗锥虫药包括三氮脒、甲硫喹嘧胺、喹嘧氯胺、喹嘧胺、氯化氮氨菲啶、新胂凡纳明等。

抗梨形虫药有硫酸喹啉脲、青蒿琥酯、盐酸吖啶黄、台盼蓝。

（3）**杀虫药** 杀虫药是指能杀灭动物体外寄生虫，从而防治由这些外寄生虫所引起的畜禽皮肤病的一类药物。控制外寄生虫感染的杀虫剂很多，目前国内应用的主要是有机磷类、有机氯类、拟除虫菊酯及双甲脒等。另外，阿维菌素类亦广泛用于驱除动物体表寄生虫。

有机磷类化合物是传统的杀虫药，包括有机磷酸酯类和硫代有机磷酸酯类。兽用有机磷杀虫药有二嗪农、巴胺磷、蝇毒磷、倍硫磷、马拉硫磷、敌敌畏、辛硫磷、甲基吡啶磷等。

有机氯类化合物是发现和应用最早的一类人工合成杀虫剂。滴滴涕和六六六是这类杀虫剂的代表，但对人、畜可能产生慢性毒害，相继被禁用。目前用作杀灭寄生虫的有机氯类化合物只有氯芬新系列。

拟除虫菊酯类化合物有氰戊菊酯、溴氰菊酯、氟氰胺菊酯和氟氯苯菊酯等。这类药物具有高效、速效、对人和畜毒性低、性质稳定、残效期较长等特点。

兽医临床上常用的其他体外杀虫药有双甲脒、升华硫、环丙氨嗪和非泼罗尼等药物。

1.1.3.4 中枢神经系统药

（1）**中枢兴奋药** 中枢兴奋药是指能选择性兴奋中枢神经系统，提高其机能活动的一类药物。根据药物的主要作用部位可分为大脑兴奋药、延髓兴奋药和脊髓兴奋药三类。

大脑兴奋药能提高大脑皮层的兴奋性，促进脑细胞代谢，改善大脑机能，可引起动物觉醒、精神兴奋与运动亢进，药物有咖啡因。

延髓兴奋药又称呼吸兴奋药，主要兴奋延髓呼吸中枢，增加呼吸频率和呼吸深度，改善呼吸功能，药物有尼可刹米、戊四氮、樟脑磺酸钠等。

脊髓兴奋药能选择性兴奋脊髓，小剂量提高脊髓反射兴奋性，大剂量导致强直性惊厥，药物有硝酸士的宁。

（2）**镇静药与抗惊厥药** 镇静药是指对中枢神经系统具有轻度抑制作用，减轻或消除动物狂躁不安，从而恢复安静的一类药物。这类药物在大剂量时还能缓解中枢过度兴奋症状，具有抗惊厥作用。临床常用的一类中枢抑制类药为吩噻嗪类（如氯丙嗪等）、苯二氮卓类（如地西泮等），这类药物大剂量下也具有抗惊厥作用。

抗惊厥药是指能对抗或缓解中枢神经因病变而造成的过度兴奋状态，从而消除或缓解全身骨骼肌不自主的强烈收缩的一类药物。常用药物有硫酸镁、巴比妥、苯巴比妥、水合氯醛等。溴化钙既有镇静作用，又有抗惊厥作用。

（3）**麻醉性镇痛药** 临床上缓解疼痛的药物，按其作用机理、缓解疼痛的强度和临床用途可分为两类。一类是能选择性地作用于中枢神经系统，缓解疼痛作用较强，用于剧痛的一类药物，称镇痛药。此类药物多数属于阿片类生物碱，如吗啡、可待因等，也有一些是人工合成代用品，如哌替啶、美沙酮等。另一类作用部位不在中枢神经系统，缓解疼痛作用较弱，多用于钝痛，同时还具有解热消炎作用，即解热镇痛消炎药。

（4）**全身麻醉药与化学保定药** 全身麻醉药是一类能可逆地抑制中枢神经系统，暂时引起意识、感觉、运动及反射消失、骨骼肌松弛，但仍保持延髓生命中枢（呼吸中枢和血管运动中枢）功能的药物。根据给药途径，全身麻醉药分为吸入性麻醉药和注射麻醉药两大类。吸入性麻醉药包括挥发性液体（乙醚等）和气体（环丙烷等），经呼吸道吸收，并主要以原形经呼吸道排出。注射麻醉药多数经静脉注射产生麻醉效果，又称静脉麻醉药，药物有硫喷妥钠、异戊巴比妥钠、盐酸氯胺酮等。

化学保定药亦称制动药，这类药物在不影响意识和感觉的情况下可使动物情绪转为平静、温顺、嗜睡或肌肉松弛，从而停止抗拒和各种挣扎活动，以达到类似保定的目的。根据作用特点，可分为四类：①麻醉性化学保定药，如氯胺酮等；②安定性化学保定药，如乙酰丙嗪等；③镇痛性化学保定药，如赛拉嗪、赛拉唑等；④肌松性化学保定药，如氯化琥珀胆碱等。

1.1.3.5　外周神经系统药

外周神经系统药分为拟胆碱药、抗胆碱药、拟肾上腺素药、局部麻醉药。

拟胆碱药包括能直接与胆碱受体结合产生兴奋效应的药物，即胆碱受体激动药（如氨甲酰胆碱、氯化氨甲酰甲胆碱、硝酸毛果芸香碱等）及通过抑制胆碱酯酶活性，导致乙酰胆碱蓄积，间接引起胆碱能神经兴奋效应的药物——抗胆碱酯酶药（如甲硫酸新斯的明等）。

抗胆碱药又称胆碱受体阻断药。本类药物根据作用部位可分为 M 胆碱受体阻断药（如硫酸阿托品、氢溴酸东莨菪碱）、N 胆碱受体阻断药（如琥珀胆碱）和中性抗胆碱药。兽医临床上目前应用的主要是硫酸阿托品和氢溴酸东莨菪碱。

拟肾上腺素药是指能兴奋肾上腺素神经的药物，包括 α 受体兴奋药，如去甲肾上腺素；α、β 受体兴奋药如肾上腺素、麻黄碱；β 受体兴奋药如异丙肾上腺素。

局部麻醉药是一类能在用药局部可逆性地阻断感觉神经发出的冲动与传导，使局部组织痛觉暂时丧失的药物。该类药物有盐酸普鲁卡因、盐酸利多卡因等。

1.1.3.6　解热镇痛抗炎药

（1）解热镇痛抗炎药　解热镇痛抗炎药是一类具有退热、减轻局部钝痛和抗炎、抗风湿作用的药物。它们在结构上虽各不相同，但都具有抑制前列腺素合成的共同作用机理。本类药物与甾体类糖皮质激素抗炎药不同，不具有甾体结构，故又称非甾体类抗炎药。

兽医临床上使用的解热镇痛抗炎药有近 20 种，如阿司匹林、对乙酰氨基酚、安乃近、安替比林、氨基比林、安痛定、萘普生、水杨酸、氟尼辛葡甲胺、替泊沙林等。

（2）糖皮质激素类药　肾上腺皮质激素是肾上腺皮质分泌的一类甾体化合物，在结构上与胆固醇类似，故又称类固醇皮质激素或皮质甾体类激素。根据生理功能又分为盐皮质激素、糖皮质激素和氮皮质激素。兽医临床上使用的药物有氢化可的松、醋酸氢化可的松、醋酸可的松、醋酸泼尼松、醋酸氟轻松、地塞米松磷酸钠、醋酸地塞米松、倍他米松、促皮质激素。

1.1.3.7　消化系统药

根据药理作用和临床应用特点，消化系统药物可分为健胃药、助消化药、瘤胃兴奋药（反刍促进药）、制酵药、消沫药、泻药及止泻药等。

（1）健胃药与助消化药　凡能促进动物的唾液和胃液分泌，调整胃的机能活动，提高食欲和加强消化的药物称为健胃药。在兽医临床上健胃与助消化是密切相关的，往往同时使用，相辅相成，使用的药物有人工矿泉盐、胃蛋白酶、稀盐酸、氢氧化铝、干酵母、乳酶生、稀醋酸。

（2）瘤胃兴奋药　瘤胃兴奋药是指能加强瘤胃收缩，促进瘤胃蠕动、兴奋反刍的药物，又称反刍兴奋药。临床上常用的瘤胃兴奋药有拟胆碱药（如氨甲酰胆碱、氯化氨甲酰甲胆碱）、抗胆碱酯酶药（如甲硫酸新斯的明）及浓氯化钠注射液等。

（3）制酵药与消沫药　　制酵药与消沫药在兽医临床上主要用于治疗胃肠臌气。凡能制止胃肠内容物异常发酵的药物称为制酵药，常用药物有乳酸、鱼石脂等。消沫药则是指能降低泡沫液膜的局部表面张力，使泡沫破裂的药物，如二甲硅油、松节油、薄荷油、薄荷脑等。

（4）泻药与止泻药　　泻药是一类能促进肠道蠕动，增加肠内容积，软化粪便，加速粪便排泄的药物，药物有硫酸钠、硫酸镁、液状石蜡、蓖麻油。止泻药是一类能制止腹泻、保护肠黏膜、吸附有毒物质或收敛消炎的药物，药物有鞣酸、鞣酸蛋白、碱式硝酸铋、碱式碳酸铋、药用炭、白陶土、氧化镁等。

1.1.3.8　呼吸系统药

作用于呼吸系统药包括祛痰镇咳药和平喘药。

祛痰镇咳药是能增加呼吸道分泌、使痰液变稀并易于排出的药物，有间接的镇咳作用。兽医临床上很少单独使用镇咳药。药物有氯化铵、碳酸铵、碘化钾等。

平喘药是指能解除支气管平滑肌痉挛，扩张支气管的一类药物。临床常用药物有拟肾上腺素类药物（如麻黄碱）和茶碱类药物（如氨茶碱）等。

1.1.3.9　血液循环系统药

作用于血液循环系统的药包括强心药、止血药与抗凝血药、抗贫血药。

凡能提高心肌兴奋性，加强心肌收缩力，改善心肌功能的药物称为强心药，常用强心药物有肾上腺素、咖啡因、强心苷等，临床常用的强心苷类药物有洋地黄毒苷、毒毛花苷K、地高辛等。

止血药和抗凝血药是通过影响血液凝固和溶解过程中的不同环节来发挥止血或抗凝血作用。止血药（促凝血药）是指能加速血液凝固或降低毛细血管通透性，促使出血停止的药物，药物有亚硫酸氢钠甲萘醌、维生素 K_1、酚磺乙胺、安络血、明胶、三氯化铁。抗凝血药可通过影响凝血过程的不同环节而阻止血液凝固，药物有枸橼酸钠等。

兽医临床上常用铁剂抗贫血药物，如硫酸亚铁、右旋糖酐铁、维生素 B_{12}、叶酸等。

1.1.3.10　体液补充药与电解质、酸碱平衡调节药

体液补充药物有右旋糖酐 40、右旋糖酐 70、葡萄糖。电解质与酸碱平衡调节药有氯化钠、氯化钾、碳酸氢钠、乳酸钠等。

1.1.3.11　泌尿生殖系统药

泌尿生殖系统药包括利尿药和脱水药、生殖系统药物。

利尿药是一类作用于肾脏、增加电解质和水的排泄，使尿量增加的药物。脱水药又称渗透性利尿药，是一种非电解质类药物。兽医临床上常用药物有呋塞米、氢氯噻嗪、甘露醇、山梨醇。

生殖系统药包括子宫收缩药、性激素、前列腺素。子宫收缩药物有缩宫素、垂体后叶、马来酸麦角新碱；性激素药物有丙酸睾酮、苯丙酸诺龙、苯甲酸雌二醇、黄体酮、醋酸氟孕酮、绒促性素、血促性素、垂体促卵泡素、促黄体素释放激素 A_2、醋酸保育性腺激素释放激素等；前列腺素药物有甲基前列腺素 $F_{2\alpha}$、氨基丁三醇前列腺素 $F_{2\alpha}$、氯前列

醇等。

1.1.3.12 调节组织代谢药

调节组织代谢药物包括维生素类药、钙磷与微量元素药物和其他类药物。

维生素类药包括脂溶性维生素、水溶性维生素。脂溶性维生素药物有维生素 A、鱼肝油、维生素 D_2、维生素 D_3、维生素 E；水溶性维生素药物有维生素 B_1、维生素 B_2、维生素 B_6、维生素 C、泛酸钙、烟酰胺、烟酸。

钙、磷与微量元素药物有氯化钙、葡萄糖酸钙、硼葡萄糖酸钙、碳酸钙、磷酸氢钙、乳酸钙、亚硒酸钠、布他磷等。

其他类调节组织代谢药物有二氢吡啶、盐酸甜菜碱、氯化胆碱等。

1.1.3.13 抗过敏药

能够缓解或消除过敏反应的症状、防治过敏性疾病的物质称为抗过敏药。兽医临床上常用的抗过敏药有四类：抗组胺药、糖皮质激素类药、拟肾上腺素药和钙制剂。抗组胺药物有盐酸苯海拉明、盐酸异丙嗪、马来酸氯苯那敏等。其他三类药物在其他类中已有介绍。

1.1.3.14 刺激药和保护药

刺激药是指在皮肤、黏膜局部产生非特异性刺激作用而引起不同程度炎性反应的药，有浓碘酊、松节油、樟脑、樟脑醑、浓氨溶液、稀氨溶液、桉油等。

保护药是指覆盖于皮肤、黏膜上，能缓和外界刺激、减轻炎症和疼痛，呈现机械性保护作用的药物，有白陶土、滑石粉、明矾等。

1.1.3.15 解毒药

兽医临床用于解救动物中毒的药物称为解毒药。解毒药可分为非特异性解毒药和特异性解毒药。非特异性解毒药是指能阻止毒物继续被吸收、中和或破坏以及促进其排出的药物，如诱吐剂、吸附剂、泻药、氧化剂和利尿药等，但由于不具特异性，且效能较低，仅用作解毒的辅助治疗。特异性解毒药可特异性地对抗或阻断毒物的毒作用机理或效应而发挥解毒作用，而其本身多不具有与毒物相反的效应，这类药物特异性强，在动物中毒病的治疗中有重要地位。根据解救毒物的性质，特异性解毒药可分为金属络合剂、胆碱酯酶复活剂、高铁血红蛋白还原剂、氰化物解毒剂和氟乙酰胺解毒剂等。金属络合剂药物有二巯丙醇、二巯丙磺钠；胆碱酯酶复活剂药物有碘解磷定、氯磷定；高铁血红蛋白还原剂药物有亚甲蓝；氰化物解毒剂药物有亚硝酸钠、硫代硫酸钠；氟乙酰胺解毒剂药物有乙酰胺。

1.1.3.16 疫苗

从传统意义上讲，兽用疫苗是指以天然的或人工改造的微生物、寄生虫及其组分（蛋白质或核酸）或产物（毒素）等为材料，采用生物学、分子生物学或生物化学、生物工程等相应技术制成的，用于预防动物疫病的一类兽用生物制品。此类制品构成了现有兽用生物制品的主体。但是，近年来，国内外出现了以人工合成的激素类物质等为模拟抗原制成的去势疫苗，用于改善动物生产性能和产品品质。尽管有不少专家认为，此类疫苗和通常所指的疫苗存在很多不同点，但其作用机理符合疫苗的免疫学特征，且符合有关法规中兽用中药的基本定义，因此，没有理由将这类制品排除在兽用疫苗之外。口蹄疫合成肽疫苗的制备原理与此相同，但因是用于预防口蹄疫，故从未有人对其是否属于疫苗产生过怀疑。综合以上情况，我们可以为"兽用疫苗"给出更加全面的定义：兽用疫苗是指以天然的或人工改造的微生物（细菌、病毒、支原体）、寄生虫及其组分（蛋白质或核酸）或产物（毒素）、模拟抗原等为材料，采用生物学、分子生物学或生物化学、生物工程等相关技术制成的，用于预防动物疫病或有目的地调节动物生理机能的一类兽用生物制品。兽用疫苗接种动物体后，能刺激动物免疫系统产生特异性免疫应答，继而使动物体主动产生相应免疫力，所以又称为主动免疫制品。

根据分类依据的差异，可对兽用疫苗进行多种不同的分类。根据疫苗中所含微生物种类，可以将兽用疫苗分为细菌苗、病毒苗、寄生虫苗等。根据疫苗中所含抗原型别的多少，可以将兽用疫苗分为单价苗和多价苗。根据疫苗中所含抗原种类或防治疾病种类多少，可以将兽用疫苗分为单苗和联苗。根据抗原制备方法，可以将兽用疫苗分为动物组织苗、鸡胚苗、细胞苗（又可细分为转瓶培养苗、悬浮培养苗）、培养基苗、合成肽苗等。根据疫苗中是否含有感染性微生物，可以将兽用疫苗分为活疫苗、灭活疫苗等。核酸疫苗兼具活疫苗和灭活疫苗的特性，尽管接种动物体后不能在体内繁殖，但能被动物体细胞吸纳并在细胞内指导疫苗抗原合成，诱导机体产生类似于活疫苗的免疫反应（既诱导产生保护性抗体，又激发机体产生细胞免疫反应），是一类具有广阔前景的新型疫苗。根据疫苗株构建技术或抗原设计技术的应用情况，可以将兽用疫苗分为传统疫苗、亚单位疫苗、合成肽疫苗、基因工程疫苗、抗独特型疫苗等。传统疫苗包括弱毒活疫苗（用来源于田间的自然弱毒株或采用传统的物理、化学、生物学致弱方法获得的弱毒株培养繁殖后制备的疫苗）、灭活疫苗（用化学或物理灭活方法将细菌或病毒灭活后制成的疫苗）、抗原抗体复合物疫苗（将弱毒株与特异性抗体按一定比例混合制成的疫苗）。亚单位疫苗是指采用物理、化学等技术从细菌、病毒、寄生虫的免疫原性结构成分或代谢产物中提取有效抗原制成的兽用疫苗。合成肽疫苗是指用化学合成技术人工合成病原体保护性抗原并与适宜大分子载体连接制成的兽用疫苗。基因工程疫苗是指将利用基因工程技术获得的菌毒株进行培养并经适当处理后制成的疫苗，包括基因缺失活疫苗、基因工程载体（灭）活疫苗、基因工程亚单位疫苗、核酸疫苗等。抗独特型疫苗是指根据免疫网络学说、利用第一抗体分子中的独特抗原表位制备的具有抗原"内影像"结构的第二抗体制成的疫苗。根据疫苗的外观，可以将兽用疫苗分为冻干苗、液体苗、干粉苗等。未来还可能会出现片剂、颗粒剂等疫苗。根据疫苗中的佐剂类型，可以将兽用疫苗分为矿物油佐剂疫苗、铝胶佐剂疫苗、蜂胶佐剂疫苗、复合佐剂疫苗、水佐剂疫苗等。根据疫苗接种方式，可以将兽用疫苗分为注射苗、口服苗、滴鼻点眼苗、气雾苗等。由于兽用疫苗的研发技术在不断进步，新的兽用疫苗种类也将不断涌现，因而，很难依据一种分类方法对所有兽用疫苗进行全面分类。有时，为了更加全面地描述疫苗的特性，需同时按照数种分类方法对一种疫苗进行命名。

1.1.3.17　抗体

包括高免血清抗体、高免卵黄抗体、单克隆抗体等。高免血清抗体或高免卵黄抗体是指用细菌、病毒、类毒素等抗原接种靶动物或非靶动物，采集血清或禽蛋制成的多克隆抗体。有的抗体生产工艺中包含了精制工艺。单克隆抗体是指将产生抗体的单个 B 淋巴细胞与鼠的骨髓瘤细胞进行杂交，获得既能产生抗体又能无限增殖的杂交瘤细胞后，在细胞瓶或鼠体内进行细胞培养，收获培养液或腹水制成的抗体。这类制品统称为被动免疫制品，既能用于特异性治疗，又能用于短期内的特异性预防。

1.1.3.18 诊断制品

兽医诊断制品包括用于动物体外或体内试验检测抗原抗体或核酸的各种诊断抗原、诊断抗体、试纸条、试剂盒等。兽医诊断制品的基本用途包括诊断疾病、检测机体免疫状态以及病原微生物鉴定。动物体生理生化指标检测试剂、动物产品质量检测试剂（包括兽药残留检测试剂等）目前尚未纳入兽医诊断制品管理范畴。诊断制品种类繁多，针对每种疾病或病原，均可设计、研发多种各具特点的诊断制品。按学科分，兽医诊断制品包括细菌学诊断制品、病毒学诊断制品、免疫学诊断制品及其他诊断制品。按是否直接用于动物体分，兽医诊断制品包括体内诊断制品（如鼻疽菌素）和体外诊断制品（如鸡新城疫血凝抑制试验抗原）。目前应用较多的兽医诊断制品多属于体外诊断制品。多数情况下，按诊断或检测试验的类别进行兽医诊断制品分类，如凝集试验抗原和阴阳性血清、沉淀试验抗原和阴阳性血清、补体结合试验抗原和阴阳性血清、ELISA 抗体检测试剂盒、荧光抗体检测试剂盒、PCR 检测试剂盒等。

1.1.3.19 微生态制剂

微生态制剂是指用动物消化道内的正常菌群组分如嗜酸乳杆菌、脆弱拟杆菌、蜡样芽孢杆菌、双歧杆菌、粪链球菌等制成的含活菌制品，通常又称益生素。通过口服在肠道内大量繁殖并定植，从而达到抑制致病菌繁殖、改善肠道微环境、治疗畜禽正常菌群紊乱所致腹泻的目的。

1.1.3.20 生化制品

生化制品是指从动物组织中提取或通过基因工程技术人工表达或人工合成的，可以刺激动物机体提高特异性和非特异性免疫力的免疫调节剂，如干扰素、胸腺肽、转移因子和免疫刺激复合物、CpG 寡核苷酸等。

1.1.4 兽药命名与原则

1.1.4.1 兽用生物制品通用名称命名与原则

（1）**目的** 制定统一的兽用生物制品通用名的命名原则，使兽用生物制品的名称更科学、简练、明确，并使每种具有不同特性的产品具有唯一的通用名。

（2）**背景** 在《中华人民共和国兽药典》和农业农村部发布的其他兽用生物制品质量标准中，兽用生物制品的名称均采用通用名；《兽药标签和说明书管理办法》中规定，兽药的标签和说明书中必须标注通用名；《兽药注册办法》中规定，申请在农业农村部注册的新兽药和进口兽药，必须按照规定的命名原则进行通用名的命名。

（3）**命名原则** 兽用生物制品的通用名采用规范的汉字进行命名，标注微生物的群、型、亚型、株名和毒素的群、型、亚型等时，可以使用字母、数字或其他符号。采用的病名、微生物名、毒素名等应为其最新命名或学名。采用的译名应符合国家有关规定。按照下列原则进行命名后，通用名中重复内容应删除。

（4）**兽用疫苗的命名** 兽用疫苗的通用名一般采用"病名＋制品种类"的形式命名。例如：马传染性贫血活疫苗，猪萎缩性鼻炎灭活疫苗，猪瘟、猪丹毒、猪多杀性巴氏杆菌病三联活疫苗。在某些情形下，不能采用上述一般命名方法进行命名，此时，可视具体情况，按照下列有关原则进行命名。

① 当通用名中涉及微生物的型（血清型、亚型、毒素型、生物型等）时，采用"微生物名＋X型（亚型）＋制品种类"的形式命名。例如：牛口蹄疫病毒O型灭活疫苗。

② 由属于相同种的两个或两个以上型（血清型、毒素型、生物型或亚型等）的微生物制成的一种疫苗，采用"微生物名＋若干型名＋X价＋制品种类"的形式命名。例如：牛口蹄疫病毒O型、A型二价灭活疫苗。

③ 当疫苗中含有两种或两种以上微生物，其中一种或多种微生物含有两个或两个以上型（血清型或毒素型等）时，采用"微生物名1＋微生物名2（型别1＋型别2）＋X联＋制品种类"的形式命名。例如：鸡新城疫病毒、副鸡嗜血杆菌（A型、C型）二联灭活疫苗。

④ 对用转基因微生物制备的疫苗，采用"微生物名（或毒素等抗原名）＋修饰词＋制品种类＋（株名）"的形式命名。例如：猪伪狂犬病病毒基因缺失活疫苗（C株）、禽流感病毒H5亚型重组病毒灭活疫苗（Re1株）、禽流感病毒H5亚型禽痘病毒载体活疫苗（FPV-HA-NA株）、大肠杆菌ST毒素、产气荚膜梭菌β毒素大肠杆菌载体灭活疫苗（EC-2株）。

⑤ 对类毒素疫苗，采用"微生物名＋类毒素"的形式命名。例如：破伤风梭菌类毒素。

⑥ 当一种疫苗应用于两种或两种以上动物时，采用"动物＋病名（微生物名等）＋制品种类"形式命名。例如：猪、牛多杀性巴氏杆菌病灭活疫苗，牛、羊口蹄疫病毒O型灭活疫苗。

⑦ 当按照上述原则获得的通用名不足以与已有同类制品或与将来可能注册的同类制品相区分时，可以按照顺序在通用名中标明动物种名、株名（一般标注在制品种类后，通用名中含有两个或两个以上株名时，则分别标注在各自的微生物名后，加括号）、剂型（标注在制品种类前）、佐剂（标注在制品种类前）、保护剂（标注在制品种类前）、特殊工艺（标注在制品种类前）、特殊原材料（标注在制品种类后，加括号）、特定使用途径（标注在制品种类前）中的一项或几项，但应尽可能减少此类内容。例如：犬狂犬病灭活疫苗（ERA株）、鸡新城疫病毒（La Sota株）、鸡传染性支气管炎病毒（M41株）二联灭活疫苗、鸡马立克氏病冻结活疫苗（HVT FC-126株）、鸡多杀性巴氏杆菌病蜂胶佐剂灭活疫苗（G190株）、鸡新城疫耐热保护剂活疫苗（La Sota株）、牛流行热亚单位疫苗、猪口蹄疫病毒O型合成肽疫苗、鸡传染性支气管炎细胞源活疫苗（H120株）、猪瘟耐热保护剂活疫苗（兔源）、狂犬病口服活疫苗、猪胸膜肺炎放线杆菌1、4、7型三价油佐剂灭活疫苗、鸡马立克氏病病毒Ⅰ型活疫苗（Rispens/CVI988株）。

（5）用于预防或治疗的抗血清、抗体的命名

① 对于抗血清，采用"微生物名＋抗血清"的形式命名。例如：多杀性巴氏杆菌抗血清、猪瘟病毒抗血清、B型产气荚膜梭菌抗血清。

② 对于抗体，采用"微生物名＋抗体"的形式命名，必要时，在抗体前标明特殊生产工艺和来源。例如：鸡传染性法氏囊病病毒纯化卵黄抗体、鸡传染性法氏囊病病毒单克隆抗体。

（6）活菌制剂的命名

① 对含有一种细菌的活菌制剂，采用"微生物名＋活菌制剂"的形式命名，必要时，在活菌制剂后标明菌株名。例如：蜡样芽孢杆菌活菌制剂（SA38株）。

②对含有两种或两种以上细菌的活菌制剂，采用"若干微生物名＋复合活菌制剂"的形式命名。必要时，在活菌制剂后标明菌株名。例如：嗜酸乳杆菌、粪链球菌、蜡样芽孢杆菌复合活菌制剂。

（7）诊断制品的命名

① 诊断制品的通用名，一般采用"病名＋试验名称＋制品种类"的形式，这里的制品种类包括抗原、抗原与阴、阳性血清等。例如：猪支原体肺炎微量间接血凝试验抗原、布鲁氏菌病试管凝集试验抗原与阴、阳性血清。

② 当通用名中涉及微生物特征（群、亚群、型、亚型、生物型、抗原种类）时，采用"微生物名＋型别＋试验名称＋制品种类"的形式命名。例如：禽流感病毒 H5 亚型血凝抑制试验抗原与阴、阳性血清，大肠杆菌 K88 纤毛抗原定型血清。

③ 对抗体检测试剂盒的命名，采用"微生物名＋试验名称＋抗体检测试剂盒"的形式。例如：猪瘟病毒 ELISA 抗体检测试剂盒、鸡传染性法氏囊病病毒 ELISA 抗体检测试剂盒。

④ 对抗原检测试剂盒的命名，采用"微生物名＋试验名称＋检测试剂盒"的形式。例如：鸡传染性法氏囊病病毒夹心 ELISA 检测试剂盒。

⑤ 按照上述原则进行抗原、抗体检测试剂盒命名时，如果检测的对象为特殊的抗原或抗体，可在微生物名后适当增加说明。例如：锥虫循环抗原 ELISA 检测试剂盒、口蹄疫病毒 O 型非结构蛋白 ELISA 抗体检测试剂盒。

⑥ 对试纸条的命名，采用"微生物名＋检测试纸条"的形式，如用于检测抗体，则在微生物名后加"抗体"二字。例如：传染性法氏囊病病毒检测试纸条、传染性法氏囊病病毒抗体检测试纸条。

⑦ 对不能标明或无须标明试验方法的诊断制品的命名，可在上述原则的基础上适当简化。例如：猪瘟病毒酶标抗体、猪瘟病毒荧光抗体。

（8）其他兽用生物制品的命名　对细胞因子、干扰素等，参考通行学术名进行命名，必要时增加动物品种、特殊生产工艺等。例如：猪白细胞干扰素（冻干型）。

1.1.4.2　兽用化学药品通用名称命名与原则

兽药名称是兽药质量标准的重要组成部分，也是兽药实施管理的首要条件。兽药命名是对药物本身自然属性的科学判断与认定，涉及对兽药市场秩序及临床准确应用进行科学管理，系统正确地命名具有非常重要的意义。药品名称应科学、明确、简短，农业农村部对兽药的命名实行通用名称即非专利药品制度，英文名基本上采用世界卫生组织编订的国际非专利药名（International Nonproprietary Names for Pharmaceutical Substanceses，简称 INN），INN 没有的，可采用其他合适的英文名称。

（1）原料药命名　中文名尽量与英文名相对应，可采取音译、意译或音译合译的方式，一般以音译为主。

① 无机化学药品，如化学名常用且较简单，应采用化学名；如化学名不常用，可采用通俗名，如：盐酸、硼砂。酸式盐以"氢"表示，如碳酸氢钠，不用"重"字；碱式盐避免用"次"字，如碱式硝酸铋，不用"次硝酸铋"。

② 有机化学药品，其化学名较短者，可采用化学名，如苯甲酸；已习用的通俗名，如符合药用情况，可尽量采用，如甘油等。化学名较冗长者，可根据实际情况，采用下列方法命名。

音译命名。音节少者，可全部音译，如：lidocaine 利多卡因；音节较多者，可采用简缩命名。音译名要注意顺口、易读，字音不混淆，重音要译出。

意译（包括命名和化学基团简缩命名）或音、意结合命名。在音译遇到障碍，如音节过多情况下，可采用此法命名，如：chlorpromazine 氯丙嗪。

③ 与酸成盐或成酯的兽药，统一采取酸名列前，盐基（或碱基）列后，如：strepto-mycin sulfate 硫酸链霉素。与有机酸成盐的药名，一般可略去"酸"字，如 sorbitan laurate 月桂山梨坦。英文词尾为"ate"的酯类药，可直接命名为"XX 酯"，如：ethyl acetate 乙酸乙酯。

④ 季铵盐类兽药，一般将氯、溴置于铵前，如 benzalkonium bromide 苯扎溴铵。与有机酸组成的季铵类药名，酸名列于前，一般亦略去"酸"字。

⑤ 化学结构已确定的天然药物提取物，其外文名是根据其属种来源命名者，中文名可结合其属种名称命名，如：benzylpenicillin 青霉素。外文名不结合物种来源命名者，中文名可采用音译，如：morphine 吗啡。化学结构不清楚者，可根据其来源或功能简缩命名，如：bacitracin 杆菌肽。配糖体缀合词根的命名采用以"苷"取代过去的"甙"命名，以便与化学命名相一致。

⑥ 生化药，英文名一般以 INN 为准；如 INN 未列入的，可参照国际生化协会命名委员会（NC-INB）及生化命名联合委员会（ICBN）公布的名称拟定。其中文译名，除参照中国生化协会名词审定委员会列出的生化名词外，尚需结合药学的特点或常规使用名称拟定。如：pepsin 胃蛋白酶。

（2）**制剂命名**　制剂兽药的命名，兽药名称列前，剂型名列后，如：kitasamycin premix 吉他霉素预混剂。兽药制剂名称中说明用途或特点等的形容词宜列于兽药名称之前。

① 单方制剂的命名，应与原料药名一致。

② 复方制剂根据处方组成的不同情况可采用以下方法命名。

以主药命名，前面加"复方"二字，如：compound sulfamethoxydiazine tablets 复方磺胺对甲氧嘧啶片。

以几种药的名称命名或简缩命名，或采用音、意简缩命名，如：glucose and sodium chloride injection 葡萄糖氯化钠注射液，caffeine and sodium benzoate injection 安钠咖注射液。若主药名不能全部简缩者，可在简缩的药名前再加"复方"二字。

对于由多种有效药物组成的复方制剂，难以简缩命名者，可采取药名结合种数进行命名。

1.1.4.3　兽用中药、天然药物通用名称命名与原则

兽药通用名称是兽药的法定名称，也是兽药质量标准中收载的名称。

（1）**基本原则**　兽用中药、天然药物的通用名称应科学、明确、简短。每种具有不同特性的兽药产品应具有唯一的通用名称，避免同名异方、同方异名的产生。兽用中药、天然药物通用名称不得采用商品名（包括外文名和中文名），也不得作为商品名或用以组成商品名，也不得用于商标注册。不得用代号或容易误解和混同的名称命名，如：XOX、名人名字的谐音等。兽用中药、天然药物的命名应避免采用可能给使用者以暗示的有关药理学、解剖学、生理学、病理学或治疗学的名称，如：癌、消炎、降糖、降压、降脂等。不应采用夸大、自诩、不切实际的用语，如：强力、速效、御制、秘制，以及灵、宝、精

等（名称中含药材名全称及中医术语的除外）。对于沿用已久的药名，一般不要轻易变动，如必须改动，可列出其曾用名作为过渡。

（2）命名细则

① 药材命名。药材是指用于兽用中药饮片、提取物、成方制剂原料的植物、动物和矿物药。药材名称应包括中文名（附汉语拼音）和拉丁名。

a. 药材中文名。一般应以全国多数地区习用的名称命名；如各地习用名称不一致或难以定出比较合适的名称时，可选用植物名命名。药材的主要成分与化学药品一致，应以药材名为正名，化学名为副名，如"芒硝（含水硫酸钠）"。增加药用部位的药材中文名应明确药用部位。如：白茅根。药材的人工方法制成品、制取物，其名称应与天然品的名称有所区别。如：人工牛黄。

b. 药材汉语拼音名。按照国家语委的规定拼音，第一个字母须大写，并注意药品的读音习惯。如：黄芪 Huangqi。拼音不用音标符号。如在拼音中有的字母与前一字母合拼能读出其他音的，要用隔音符号。如：牛膝地耳草 Di'ercao 在"i"和"e"之间用隔音符号。药名较长的（一般在四个字以上），按音节尽量分为二组拼音。如：珍珠透骨草 Zhenzhu Tougucao。

c. 药材的拉丁名。药材的拉丁名一般采用属种名或属名命名。

除少数药材可不标明药用部位外，需要标明药用部位的，其拉丁名先写药名，用第一格，后写药用部位，用第二格，如有形容词，则列于最后，所有单词的字母均用大写。如：远志 POLYGALAE RADIX。

以属种名命名：同属中有几个品种来源，分别作为不同中药材使用的，按此法命名。如：当归 ANGELICAE SINENSIS RADIX，独活 ANGELICAE PUBESCENTIS RADIX，白芷 ANGELICAE DAHURIOAE RADIX。

以属名命名：在同属中只有一个品种作药用，或这个属有几个品种来源，但作为一个中药材使用的。如：白果 GINKGO SEMEN（一属只有一个植物种作药材用），麻黄 EPHEDRAE HERBA（一属有几个植物种作同一药材用）。有些中药材的植（动）物来源虽然同属中有几个植物品种作不同的中药材使用，但习惯已采用属名作拉丁名的，一般不改动。如属中出现其他品种作不同的药材使用，则把同属其他品种的药材加上种名，按属种名命名，使之区分。如：细辛 ASARI RADIX ET RHIZOMA（已习惯采用属名作拉丁名），杜衡 ASARI FORBESII HERBA（与细辛同属的该品种用属种名作拉丁名）。

一种药材包括两个不同药用部位时，如果同时采收，则把主要的或多数地区习用的药用部位的拉丁名列在前面，另一药用部位的拉丁名列在后面，两者之间用"ET"连接。如：大黄 RHEI RADIX ET RHIZOMA。如果不同时采收，则各药用部位单独定名，两个拉丁名并列，主要的排在上面。如：金荞麦 FAGOPYRI CYMOSI HERBA FAGOPYRI CYMOSIRHIZOMA。

一种药材的来源为不同科、属的两种植（动）物或同一植（动）物的不同药用部位，须列为并列的两个拉丁名。如：大蓟 CIRSII JAPONICI HERBA CIRSII JAPONICI RADIX。一种药材的来源为同科不同属的两种植物时，则各属名单独定名，两个拉丁名并列，主要的排在上面。如：老鹳草 ERODII HERBA GERANII HERBA。

以种名命名：为习惯用法，应少用。如：石榴皮 GRANATI PERICARPRJM。

以有代表性的属种名命名：同属几个品种来源同作一个药材使用，但又不能用属名作药材的拉丁名时，则以有代表性的一个属种名命名。如：辣蓼，有水辣蓼 Polygonum hydropiperl 与旱辣蓼 P. fiaccidum Meisn 两种；而蓼属的药材还有何首乌、水炭母等药材，不能以属名作辣蓼的药材拉丁名，而以使用面较广的水辣蓼的学名为代表，定为 POLY-GONI HYDROPIPERIS HEBRA。

国际上已有通用的名称作拉丁名的药材，且品种来源与国外相同的，可直接采用。如：全蝎 SCORPIO 不用 BUTHUS。

② 饮片命名。饮片是指药材经过净制、切制或炮制后的加工品，其名称应与药材名称相对应。

净制、切制的生用饮片，按原药材命名。特殊管理的毒性药材，在名称前应加"生"字，如：生草乌、生天南星等。鲜品饮片在名称前应加上"鲜"字，如：鲜鱼腥草。

以炒、蒸、煅等方法炮制的饮片，在药材名前冠以炮制方法或后缀以炮制后的形态名。加辅料炮制的饮片，应冠以辅料名。如：炒山楂（炮制方法）、地榆炭（炮制后的形态名）、酒白芍（冠以辅料名）。

③ 提取物命名。中药提取物是指净药材或炮制品经适宜的方法提取、纯化制成的供中药制剂生产的原料。提取物的名称一般以药材名称加提取物构成。必要时标注用途、工艺、有效成分含量。如：连翘提取物。已提纯至某一类成分的应以药材名加成分类别命名，必要时可以加副名。如：穿心莲内酯。

④ 成方制剂命名。成方制剂是指以药材、饮片或中药提取物及其他药物，经适宜的方法制成的各类制剂。成方制剂名称包括中文名、汉语拼音名，单味制剂应有拉丁名。

a. 成方制剂中文名。成方制剂中文名称中应明确剂型类别，一般名称在前，剂型在后。不应采用人名、地名、企业名称。不应采用名人名字等固有特定含义名词的谐音。不应采用夸大、自诩、不切实际的用语。如"宝""灵""乐""必治""速效""特效"等。不应采用封建迷信色彩及不健康内容的用语。一般不采用"复方"二字命名。一般字数不超过 8 个字。

b. 单味制剂的命名。单味制剂一般应采用药材、中药饮片、中药有效成分、中药有效部位加剂型命名。如：花蕊石散、柴胡注射液。含提取物单味制剂的命名，必要时可用药材拉丁名或其缩写命名。中药材人工制成品的名称应与天然品的名称有所区别，一般不应以"人工××"加剂型命名。

c. 复方制剂的命名。根据处方组成的不同情况可按下列方法命名。

采用处方主要药材名称的缩写并结合剂型命名，药材名称的缩写不能组合成违反其他命名要求的含义。如由苍术、木香、黄连三味药材组成的制剂可命名为"苍术香连散"。

采用主要药材名和功能结合并加剂型命名。如"龙胆泻肝散"等。

采用处方中的药味数、药材名称、药性、功能等并加剂型命名。如"六味地黄散"。

源自古方的品种，如不违反命名原则，可采用古方名称。如"四逆汤"。

某一类成分或单一成分的复方制剂的命名，应采用成分加剂型命名。

采用药味数与主要药材名或药味数与功能并结合剂型命名。如"七清败毒颗粒"。

采用象形比喻结合剂型命名。如"金锁固精散"主治肾虚滑精，形容固精作用像金锁一样。

可采用功能与药物作用的病位（中医术语）加剂型命名。如：清胃散、清热泻脾散等。

必要时可加该药临床所用的对象。如"健猪散"。

必要时可在命名中加该药的用法。如"擦疥散"。

d. 中药与其他药物组成的复方制剂的命名。应符合中药复方制剂命名基本原则，兼顾其他药物名称。

e. 成方制剂的汉语拼音命名。按照国家语委的规定拼音，第一个字母须大写；药名较长的按音节尽量分为两到三组拼音，每一组拼音第一个字母须大写。如：泰山磐石散（Taishan Panshi San）。

f. 兽用中药注射剂命名。粉针剂称为"注射用×××"，液体针剂称为"×××注射液"。

g. 提取物制剂命名。一般以"药材名＋剂型"或"成分＋剂型"进行命名。

1.2

我国兽药发展简史

新中国成立前，兽药产业比较落后，处于无人管理的状态。新中国成立后，兽药管理工作才逐步得到发展。从农牧行政管理部门主管兽药的角度讲，我国的兽药管理工作大体可分为四个阶段：新中国成立至1980年《兽药管理暂行条例》公布以前为第一阶段，这一阶段是仅限于对兽用生物制品管理的阶段；1980年《兽药管理暂行条例》公布以后至1987年《兽药管理条例》发布以前为第二阶段，这一阶段为兽药的整顿阶段；1987年《兽药管理条例》发布以后为第三阶段，这一阶段为法治建设阶段；2004年新的《兽药管理条例》发布后为第四阶段，这一阶段为法制充实完善、产业健康发展阶段。

1949年10月，农业部成立。1970年6月22日中共中央决定撤销农业部、林业部和水产部，设农林部。1979年2月23日，第五届全国人大常委会决定撤销农林部，分设农业部和林业部。1982年5月4日国务院机构改革将农业部、农垦部、国家水产总局合并设立农牧渔业部。1988年4月，根据国务院机构改革方案，撤销农牧渔业部，设立农业部。2018年3月，根据第十三届全国人民代表大会第一次会议批准的国务院机构改革方案，将农业部的职责整合，组建中华人民共和国农业农村部。下面表述中，不同时期国务院农业农村主管部门的称谓不同。

1.2.1 第一阶段

即新中国成立至1980年《兽药管理暂行条例》颁布前。这一阶段仅限于对兽用生物制品的管理。

1.2.1.1 发展演变

兽药作为重要的农业生产资料。新中国成立后，在20世纪50年代初全国陆续组建兽用生物制品厂，生产动物防疫所需的疫苗。但一直处于投资少、规模小、技术相对落后、设备较差、自主研发能力较弱的状态。

1950 年全国 9 个兽医生物药品厂，可生产 3500 毫升（头份），超过了解放前 20 多年全国产量的总和。1960 年农业部开始对兽医生物药品厂进行整顿，将南京、成都、兰州、郑州、哈尔滨 5 个生药厂划归农业部，与地方共同管理。由于生物制品生产、使用的特殊性，1967 年起，各省为了本省季节性防疫的方便，又相继恢复了兽医生物药品厂，所需经费不足部分由本省补助。几个部属厂也先后划归各所在省直接管理。1970 年，哈尔滨生药厂与成都生药厂合并，其余生药厂根据各地情况，只保留了 9 个省属生药厂，到 1977 年全国有 28 家兽用生物制品厂。大部分生药厂为弥补亏损，相继生产化学药品、抗生素药品。

建国初期，生产兽用化学药品的仅有上海、武汉、长春、丹东、常州等几个兽药厂。农牧管理部门除兽用生物制品能自己供应外，化学药品、抗生素药品等主要靠医药、化工系统等部门供应。由于兽药紧缺，20 世纪 70 年代一些地方兽医站生产自用的兽药制剂并逐步发展成为兽药厂。随着畜牧业的发展，兽药销路转好，一些单位也相继办起了兽药厂。由于兽药厂大量增加，管理手段跟不上，一时造成假劣兽药充斥市场。

1978 年以前，兽药还没有形成独立行业，仅有为数不多的以生产兽用生物制品为主体的企业生产少量的品种。治疗动物疾病的兽药绝大部分来自人用药品。经营方面，为数不多的药品经营机构兼营兽药，而且网点较少，没有专门的兽药经营机构，农户和兽医购买兽药较为不便。由于家庭散养是当时的主要饲养方式，动物疾病的预防和治疗受条件限制处于较低水平，对兽药的需求量也处于较低水平。

1978 年农林部成立中国畜牧兽医药械公司，收回原部属的南京、成都、郑州、兰州 4 个兽医生物药品厂，主要从事兽医药械的经营，并负责部属的 4 个兽医生物药品厂的管理工作。自 1978 年以后，各省、地、县农牧部门陆续成立了兽医药械公司或者农牧工商公司，设立兽医药械服务部，从事兽医药械的经营批发、供应业务。

1.2.1.2 管理法规

这一时期没有专门的管理法规，主要管理手段是行政指令。

为改变药品（包括人药和兽药）的生产、经营极为混乱的状况，1979 年中央决定对药品管理进行全面整顿，由卫生部、国家计委、国家经委、化工部、农业部、商业部、总后勤部和国家医药管理局八个部、委、局组成药品整顿办公室。在整顿药厂的同时涉及对兽药的整顿和管理问题，卫生部提出兽药应由农业部整顿和管理。因此，《国务院批转卫生部等单位《关于在全国开展整顿药厂工作的报告》（国发〔1979〕144 号）中规定，兽药厂由农牧部门负责整顿，归口统一管理。

1.2.1.3 体系机构

（1）行政管理机构 1977 年之前，兽药的生产、供应和管理职能分散在多个管理部门，农业部门主要负责兽用生物制品的管理。

1977 年国家计委正式明确兽用生物制品、兽医专用化学药品和专用器械归口农林部生产和计划管理（〔77〕计字 290 号）。同年，农林部在其畜牧总局兽医处下设药政组，具体承担兽药管理工作。1978 年农林部成立了"中国畜牧兽医药械公司"，主要从事兽医药械的经营，改变了以前兽药靠医药系统供应的局面。当时计划经济时期政企职责划分不清，该公司还承担了部分兽药药政管理职能。同年，农林、化工、商业、卫生四部下发的《关于贯彻国家计委"关于解决兽医药械生产、供应和管理问题的复文"联合通知》中要求：“各省、市、自治区农林（农业、畜牧）局要有专人负责兽医药政管理工作，并本着精简原则尽快设立兽医药品检验机构，把兽医药政、药检工作切实抓起来。”

（2）**兽药监察机构** 新中国成立初期，为了控制和消灭家畜疫病的流行，保障畜牧业的发展，以供应需要日益增加的工业原料、乳肉食品，耕畜和肥料，以及其他各种畜产品等，迫切需要建立统一的兽医生物药品监察、检验制度和研究改进兽医生物药品的制造方法，以保障产品安全有效，提高质量并创造发明品质优良的新兽医生物药品，满足有计划的防疫和检疫用药。中央人民政府农业部在第一个五年计划中提出建立兽医生物药品监察制度，并组建相关单位。

1952年3月25日，中央人民政府农业部发文在华北农业科学研究所家畜防疫系的基础上，组建成立中央人民政府农业部兽医生物药品监察所（即现在的中国兽医药品监察所前身，以下简称兽医药品监察所），开展兽用生物制品的监察、科研和人员培训工作。成立初期共设11个业务室和1个秘书室，1954年合并为细菌室、病毒室、病毒诊断室、健康动物室、培养基5个业务室和1个事务室，1960年，合并为技术、办公两个室，1963年按照农业部（63）农牧卫字第93号函将兽医化学药品质量检验工作逐步负责起来的要求，增加兽用化学药品、中草药质量监察任务，1964年成立化药室，开始开展化药监察和研究工作，机构调整为7个业务室（组）和1个办公室，1973年，更名为农林部兽医药品监察所。

兽医药品监察所成立后，立即与各生物药品厂所在地政府主管部门会商，组建驻厂监察室，并拟定了“中央农业部驻兽医生物药品厂监察室办事细则暂行草案”，为全国兽用生物制品管理体制的建立和监察工作的开展奠定了基础。

1977年国家计委批准兽医生物药品、兽医专用化学药品、兽医专用器械归口农林部生产和计划管理，并要求尽快设立兽医药品检验机构，把兽医药政、药检工作切实抓起来。根据这一精神，自1978年开始，部分省市开始筹建兽药检验机构，如安徽省、山西省分别在1978、1979年成立了省级兽药检验机构。1979年《国务院批转卫生部等单位关于在全国开展整顿药厂工作的报告》（国发〔1979〕144号）第八条进一步规定了由农业（畜牧）局审查批准的药厂，由省、市、自治区革委会发给“制药企业凭照”，并农业（畜牧）局归口统一管理。

1.2.1.4 主要成绩

这一时期，限于当时药品的经营方式和经济条件，农牧行政管理部门主要进行了兽用防疫生物制品的科研、生产和供应管理。

我国的兽用生物药品制造，开始于1928年，但缺乏产品检验标准。新中国成立后，为了获得品质良好的生物药品、避免因使用不良生物药品造成传染病散播的悲惨结果，满足全国对血清、疫苗等的需求，兽用生物制品制造及检验标准的制订工作才开始起步。1952年，根据中央农业部为提高全国兽医生物药品效力、统一各种兽医生物药品制造及检验规格精神，农业部兽医药品监察所组织全国兽医生物药品制造人员讲习会的37位兽医专家和兽医工作人员，在苏联专家指导下，拟定抗牛瘟血清等制造及检验规程草案，以及兽医生物药品制造及检验规程总则，兽医生物药品制造用菌种、种毒的保发及寄存细则草案、兽医生物药品制造用牲畜检验细则和兽医药品监察所制定的相关表格，编辑形成1952年版《兽医生物药品制造及检验规程》，经中央人民政府农业部核准颁布，使20余年来不能统一的制造方法和检验标准，在中国共产党的正确领导下获得统一，并要求各兽医生物药品制造厂遵照执行。《规程》总则中明确，未经中央人民政府农业部批准的任何机构所制造的兽医生物药品，不得在全国范围内任何地区推广应用；有新发明的兽医生物药品或建议新的制造方法及制造规程以外的兽医生物药品，须经兽医药品监察所技术会议通过，中央人民政府农业部批准才能制造应用；兽医生物药品制造厂用于制造血清、菌苗（疫苗）及诊断液的菌种、种毒与检验用的标准液，由兽医药品监察所统一供给；各兽医生物药品制造厂制造的兽医生物药品，须经兽医生物药品监察所驻厂监察员许可，才可出厂；所有出厂的兽医生物药品的安全及效力责任，由兽医药品监察所驻厂监察员和兽医生物药品制造厂厂长承担。随后又相继修订或增加发布了1957年版、1959年版、1963年版和1973年版《兽医生物药品制造及检验规程》，解决生产和市场疫苗需求。

1964年8月，农业部、化工部和商业部组织《兽医药品规范》编订小组，1965年3月编印出《兽医药品规范》（草稿），收载原料药和制剂325个品种及其附录通则等。1965年8月，农业部在北京召开了《兽医药品规范》（草稿）审定会，来自6个兽药厂、8个大专院校、3个研究所的33位专家、教授，对《兽医药品规范》（草稿）进行了审议、修订，历时27天。经修订整理编写成1967年版《兽医药品规范》（草案），1968年农业部发布实施，收载原料和制剂310个品种以及凡例、附录等。1975年，兽医药品监察所组织修订《兽医药品规范》，分为两册，即《兽药规范》1978年版一部，收载兽用化学药品部分383个品种，以及制剂通则等；《兽药规范》1978年版二部（草案），收载兽医中草药部分（草案）中药材531种、成方制剂141种，以及附录等。1978年8月经农林部颁布实施。

这一时期制定颁布的《兽医生物制品规程》和《兽药规范》，作为国家强制性技术标准，在当时没有兽药管理法规的背景下，充分发挥了专家、学者的技术支撑作用，保证了兽药产品质量。

1.2.2 第二阶段

即《兽药管理暂行条例》颁布至1987年《兽药管理条例》发布前。

1.2.2.1 发展演变

在1980年5月18日国务院批转农业部制订的《兽药管理暂行条例》中，进一步明确了农牧行政管理部门主管兽药管理工作。管理方式由行政管理过渡到法制化管理阶段。这一时期主要对兽药企业进行了全面整顿。农业部先后于1982年、1985年、1986年分别召开全国兽药药政会，兽药检验所也参加，共同研讨修订《兽药管理暂行条例》与制定的相关管理办法、交流兽药管理监察、兽药厂整顿工作经验，督促各地建立机构和队伍。1982年11月，"农林部兽医药品监察所"更名为"中国兽医药品监察所"；1982年12月～2000年，使用"中国兽药监察所"；2001年起，恢复使用"中国兽医药品监察所"。为方便表述，下面均称为"中国兽医药品监察所"。

1982年全国有28个生物药品厂，产品120余种，年产能力达到90亿毫升（头份），超过需要的一倍。同时研制成功一批新驱虫药和饲料添加药，对防治畜禽寄生虫病和加强科学饲养畜禽作出了新贡献。中草药是基层兽医站使用的重要药物，将中草药制成了针、片、散等剂型，方便使用，扩大了应用范围。

1982 年《兽药管理暂行条例》下达后，各省、市、自治区畜牧（农业）部门，都把整顿兽药厂工作列为重要任务之一，经过整顿、定点、验收、发照的有 212 个厂，正在整顿尚未验收的 41 个厂。经过整顿，提高了产品质量，促进了生产的发展。吉林省把已验收定点的兽药厂，全部划归畜牧部门领导，并根据本省地理条件对输液、针剂、中成药、生物药品等进行合理布局，并经省计委会同医药管理局，将兽药收购、供应工作，移交给畜牧部门经营，使兽药的产、供、用环节更加紧密地结合起来。

1983 年 5 月，全国基本上完成整顿兽药厂和整顿兽药品种工作，部分省、自治区、直辖市已开始进行整顿制剂室的工作。据 22 个省、自治区、直辖市统计，经整顿验收发照的兽药厂已有 291 个，通过整顿，提高了兽药生产和质量水平，基本上扭转了乱办兽药厂、滥制伪劣兽药的混乱局面。广西在整顿中，依法惩办了生产所谓"鸡瘟特效药"和"猪瘟散"等假药的博白县亚山微生物药厂和博白生化药厂及其首犯，不但推动了全区兽药厂整顿工作，也为全国兽药管理工作树立了"有法必依，违法必究"的榜样。

1983 年完成兽药厂整顿，1984 年完成兽药品种的整顿工作，1985 年完成兽药制剂室的整顿工作，全面完成了对兽药的"三整顿"工作。

1986 年 11 月召开的全国兽药药政药检会议，讨论了拟颁布的《兽药管理条例》（清样稿），各省、自治区、直辖市汇报了 1 年来全国范围内查处假劣兽药的情况和核发《兽药生产企业许可证》《兽药经营企业许可证》《制剂室许可证》等工作，讨论了下一阶段兽药管理工作的任务。《关于整顿和加强兽药管理，取缔假劣兽药的紧急通知》（［85］农［牧］字 91 号）下达以来，各地在司法、公安、纪检和工商行政管理部门的支持和配合下，查出非法兽药厂 238 家，取缔假劣兽药 700 余种，计 11647 批，价值 1709.28 万元；销毁处理 2970 批，价值 500.97 万元；封存待处理的价值 707.18 万元；共罚款 22.82 万元。

根据"药品管理法"和中纪委狠抓晋江假药案精神，1985 年 8 月 10 日农牧渔业部发出了《关于整顿和加强兽药管理取缔假劣兽药的紧急通知》（［1985］农［牧］字 91 号）。《人民日报》报道了《紧急通知》和安徽某厂的违法案件，推动了查处假劣兽药工作的深入发展，很快在全国形成了清查假劣兽药的新高潮。经过农牧部门和有关单位的密切配合，共同努力，查处工作取得了显著成效。据 1987 年不完全统计，全国共查处非法兽药厂 238 家，查处假劣兽药 700 余种，计 11647 批，价值 1709 万元，罚款 22.8 万元，对违法单位和个人作了相应的处理。清查工作使兽药产销的混乱局面有了好转，兽药质量有了明显提高，促进了兽药事业的进一步发展。

1980～1987 年完成了对兽药厂、制剂室和兽药产品品种的整顿。在卫生、医药等部门的协助下，将全国原有的 1640 多个兽药厂，经过关、停、并、转、整顿后保留下 412个。在整顿兽药厂的基础上，开展了对兽药品种的清理工作，清理了名不符实、任意夸大疗效的产品，实行了兽药产品审核考察检验发给文号的办法。

截至 1987 年，全国有兽药厂（兼产厂）624 个，生物制品厂 28 个，生产化学药品1000 余种，生物制品 124 种。

1.2.2.2 管理法规

1980 年 8 月 26 日国务院批转了农业部制订的《兽药管理暂行条例》（简称《暂行条例》），开创了兽药管理法制化建设的先河。《兽药管理暂行条例》和随后农业部发布的《新兽药管理暂行办法》《兽药检验所工作细则（试行）》《兽药试产品管理规定》《新兽审批程序》《中华人民共和国农牧渔业部对外国企业在中国进行兽药试验登记管理办法》等配套规章组成了这一时期兽药管理法规体系的主要框架。

（1）《兽药管理暂行条例》 1980年8月26日，国务院批准了农业部制订的《兽药管理暂行条例》（国发〔1980〕220号）。暂行条例共11章33条，主要规定了以下内容。

① 农业部负责全国兽药管理工作，县级以上畜牧（农业）行政部门负责辖区内的兽药管理工作。农业部和省、自治区、直辖市畜牧（农业）局要设立相应的兽药管理机构。农业部下设兽医药品监察所，省、自治区、直辖市畜牧（农业）局下设兽药检验所。

② 兽药生产。兽医生物药品和兽医专用化学药品，由农业部统一规划生产；人畜共用的药品，由国家医药管理总局统一规划生产；中、西兽药制剂，由省、自治区、直辖市畜牧（农业）局和医药行政部门共同协商，纳入地方计划，归口安排生产。生产兽药的工厂或车间，由主管单位报省、自治区、直辖市畜牧（农业）局批准，并报经省、自治区、直辖市工商行政管理部门核发"营业执照"后，方可生产兽药。

③ 兽药质量标准。兽药质量标准，是国家对兽药的质量规格和检验方法所作的技术规定，分为两类：第一类是部颁标准，即农业部制订颁发的兽药规范。第二类是地方标准，即各省、自治区、直辖市畜牧（农业）局制订颁发的兽药标准。

④ 兽药新品种的审批。《暂行条例》规定对创制或仿制成功的、我国从未生产过的新兽药，必须向农业部报送新药的试制依据、制造方法、生产工艺、质量标准、检验数据、药理毒性及临床试验报告等有关资料和样品，经农业部兽医药品监察所进行核对试验，有关部门组织鉴定，证明确实安全有效的，由农业部批准安排生产。新研制成功的兽药中成药和中、西兽药制剂，必须向所在省、自治区、直辖市畜牧（农业）局报送新成药、新制剂的处方及配制方法、质量标准、临床试验结果等资料，经兽药检验所核对试验，证明确实安全有效，由畜牧（农业）局批准安排生产，并报农业部备案。

⑤ 兽药供应。《暂行条例》规定中国医药公司所属省、地、县级医药公司应设兽药商店或专柜，公社级的供销店应指定专人兼营兽药，健全供应网点，方便购药。

⑥ 兽药使用。兽医工作人员用药，要注意安全有效，经济合理，防止浪费。兽医医疗单位应指定专人管理药品，建立药品质量检查、保管、核对等制度。

⑦ 兽药质量的监督、检验。兽药质量监督检验机构分两级：一级是农业部兽医药品监察所，主管全国性的兽药质量监督、检验工作；二级是省、自治区、直辖市畜牧（农业）局兽药检验所，主管本省、自治区、直辖市的兽药质量监督、检验工作。

⑧ 麻醉药品和毒、剧药品管理。兽医科研、医疗等单位使用麻醉药品，应严格遵守《麻醉药品管理条例》的规定。各级畜牧（农业）行政部门应经常检查麻醉药品和毒、剧药品的供应、保管、使用情况，发现问题，及时处理。

（2）《新兽药管理暂行办法》 1983年5月16日农牧渔业部发布了《新兽药管理暂行办法》（〔83〕农〔牧〕字第87号）。该办法分别从总则，兽用生物制品，兽用化学药品、抗生素、饲料添加药及中西兽药制剂，附则四章、二十四条进行分述，规定了新兽药的定义、分类、审批资料要求和审批程序。

① 明确新兽药和审批权限。新兽药是指我国创制或仿制成功的国内从未生产过的兽药。兽用生物制品，由农牧渔业部审批；兽用化学药品、抗生素、饲料添加药，由农牧渔业部审批；中西兽药制剂及饲料添加药制剂，由各省、市、自治区农业（畜牧）厅（局）审批。

② 明确兽医新生物制品包含内容、试验要求和申报资料。兽用生物制品包括：菌苗、

疫苗、血清、诊断液等新品种，对现有生物制品生产有重大改革（如更换菌毒种或动物组织和改变培养基方法、种类等）的新工艺、新技术。

a. 试验与相关要求。实验室试验包括：菌（毒）种的鉴定，毒力及稳定性试验，免疫原性试验，制品的安全性、效力试验（小动物及大动物试验各五批），免疫期、保存期（五批以上）等试验结果。诊断液的效价及特异性试验，如有国际标准，应有对比数据。

区域试验应以3～5批制品进行安全和效果观察。每批观察动物数：菌（疫）苗500头份以上，诊断液100～200头份。

中间试制至少五批，经检验合格后，方可进行扩大区域试验。中间试制及扩大区域试验要求观察动物数：菌（疫）苗二万头以上；用于大家畜的制品二千头以上；诊断液一千头以上。

新制品经实验室试验取得可靠的科学数据，证明确实安全有效后，研制单位可联系有关农牧场或社、队，在当地农业（畜牧）厅（局）同意下，进行区域试验（攻毒试验应在实验室隔离区进行），并联系生物药品厂进行中间试制。经中间试制及扩大区域试验确证生产工艺完善，质量符合标准，制品效力及安全性良好者，由试制与原研制单位进行全面总结，拟订"制造与检验试行规程（草案）"报送中国兽医药品监察所，并抄报农牧渔业部。经中国兽医药品监察所复核试验后，提交兽用生物制品规程委员会审定，报农牧渔业部批准。"试行规程"试行二年以上，证明制品工艺完善、质量稳定、安全有效者，经规程委员会讨论通过，报农牧渔业部批准，列入部颁规程。新制品"试行规程"经批准投产后，其制造与检验用的菌（毒）种，应移交中国兽医药品监察所接管保存，或由中国兽医药品监察所委托研制单位、生产单位负责鉴定、保管。在正式投产后的二年中，如因技术问题，质量达不到原订标准时，原研制单位应协助解决。对《兽用生物制品及检验规程》已收载的品种进行生产工艺重大改革（如更换培养基种类、改变培养方法和更换菌、毒、种等），其质量应不低于原制品的质量标准。改革试验的结果须报告中国兽医药品监察所审核同意，再进行扩大区域试验，证明安全有效后，报经农牧渔业部批准，方能投产。

b. 申报新制品"试行规程"应附以下资料：（a）新制品试验总结报告；（b）试制、检验总结；（c）试用总结报告；（d）制造及检验试行规程起草说明；（e）中国兽医药品监察所复核试验意见及规程委员会审定意见；（f）使用说明书。

③ 明确新兽用化学药品分类、申报资料要求、审批部门、临床病例要求等。兽用化学药品、抗生素、饲料添加药及中西兽药制剂，分以下四类：我国首创的新兽药及其制剂；我国仿制的新兽药，但未列入一国的药典或附药典的药品及其制剂；我国仿制的新兽药，国外已有生产，并已列入一国的药典或附药典的药品及其制剂；不属于上述三类新兽药的中西兽药制剂及饲料添加药制剂，包括《兽药规范》已收载或已批准"暂行质量标准"因改变处方、剂型、规格、给药途径及用途的品种。

申请报批时应附下列资料：生产工艺总结（包括实验室和中间试验总结）；暂行质量标准及其起草说明；毒性试验结果；药理试验结果（包括作用机制、药物动力学试验、最小抑菌浓度试验、机体残留量试验等）；临床试验报告或区域试验报告；试制品检验数据（至少五个批号）；三废处理措施；使用说明书；生产成本计算书；主要参考文献。

属于第一、二类新兽药，研制单位在研制工作结束后，应将全部资料报农牧渔业部，并抄送中国兽医药品监察所（附五批样品）。根据农牧渔业部的初审意见，由中国兽医药品监察所进行复核试验后，报农牧渔业部批准。属于第三类新兽药，研制单位应按第一、二类新兽药办理申报手续，但可参照国外药典或附药典制订"暂行质量标准（草案）"，毒性、药理、临床试验亦可用国外资料做验证试验，必要时应附进口样品或标准品做对照试验。属于第四类新兽药，研制单位应将试验资料（中草药制剂应附原植物标本），报所在省、市、自治区农业（畜牧）厅（局）抄送兽药检验所（附五批样品）。根据农业（畜牧）厅（局）的初审意见，由兽药检验所进行复核试验，试验结果报农业（畜牧）厅（局）批准。

新兽药临床试验病例数：常见病应不少于100例，驱虫药应不少于300例，饲料添加药应不少于500例。临床试验所需样品，按试验计划由研制单位免费供应，所需试验经费，由研制单位负担。

新兽药鉴定会由研制单位或生产单位的主管部门主持召开，邀请农业（畜牧）主管部门兽药检验单位、临床试验单位参加。鉴定会应对新兽药的生产工艺、效能、安全性作出评价，对质量标准作出结论。

属于第一、二类新兽药，由研制单位或生产单位根据鉴定会的结论和建议，报农牧渔业部审批；属于第三类新兽药，根据情况可不召开鉴定会，由农牧渔业部根据中国兽医药品监察所复核试验结论审批；属于第四类新兽药，由研制或生产单位根据兽药检验所复核试验结论和鉴定会的意见，报省、市、自治区农业（畜牧）厅（局）审批。

新兽药"暂行质量标准"经兽药规范委员会审核，报农牧渔业部批准，列入《兽药规范》。中西兽药制剂、饲料添加药制剂如一时不能制订"暂行质量标准"，而在临床使用中确证安全、有效的新兽药，由生产单位提出"企业标准"报农业（畜牧）厅（局），可作为"试行质量标准"批准试行。试行期不超过两年。

④ 明确生产和成果转让等相关要求。生产单位申请生产新兽药时，应将已批准的《兽用生物制品制造及检验试行规程》或《暂行质量标准》、包装样品、产品说明书及化验结果，报省、市、自治区农业（畜牧）厅（局）审批，发给产品批准文号后，方可正式投产。新兽药经鉴定批准后，其科研成果转让和生产布点，属于生物制品、原料药品者，须报农牧渔业部批准；属于各种兽药制剂者，须经省、市、自治区农业（畜牧）厅（局）批准。未经批准的"生物制品试行规程"或"暂行质量标准"及未发给批准文号的新兽药，不准生产、收购、销售和使用，也不得列为科研成果。经农牧渔业部和各省、市、自治区农业（畜牧）厅（局）批准的新兽药"暂行质量标准"可通用于全国。其他各省、市、自治区的兽药厂拟生产同一品种新兽药时，只需向所在省、市、自治区农业（畜牧）厅（局）申请产品批准文号，不必再办新兽药申报手续。研制单位报批新兽药时，须向药检单位缴纳复核试验费，试验费用应根据兽药检验收费标准收费。新兽药价格，根据研制或生产单位提出的成本核算书，经所在省、市、自治区农业（畜牧）厅（局）审查，由物价主管部门批准。

（3）《兽药检验所工作细则（试行）》 1983年5月12日农牧渔业部颁发了《兽药检验所工作细则（试行）》（［83］农［牧］字第88号）。该细则从总则、各级兽药检验所的任务、组织机构、兽药质量监督检查工作、兽药标准和标准品（对照品）、业务技术管理等六章、二十二条规定了兽药监察所（检验所）的职责任务和工作程序。

① 明确检验机构性质与工作原则。兽药检验工作，是兽药管理工作的组成部分。中国兽医药品监察所、地方兽药检验所是执行国家对兽药质量监督、检验的法定专业机构。兽药检验工作，必须贯彻"质量第一"的原则，保证药品安全有效。药检工作必须贯彻专业检验与群众性监督相结合，检验与生产、供应、使用相结合，实验室检验与调查研究相结合的工作方法，切实把好药品质量关。

② 明确各级兽药检验所的任务。

a. 中国兽医药品监察所由农牧渔业部授权，主管全国兽药质量的监督、监察工作。其任务：(a) 组织拟订或修订《兽药规范》；负责检验用标准品(对照品)、检验用菌种的研究制备、标定、保管、分发以及国际标准品的保管。(b) 对各地兽药检验所、兽药厂、供应单位和医疗单位检验、生产、供应和使用兽药的情况，进行调查研究，并有计划地抽检产品，掌握药品质量情况，提出改进意见。(c) 负责新兽药质量复核试验，并提出复核试验报告，作为农牧渔业部审批新兽药的参照依据。(d) 指导省、市、自治区兽药检验所的检验工作，配合地方兽药检验所，负责有关药品质量检验的仲裁工作。(e) 组织全国性兽药检验方面的技术交流和技术培训。(f) 结合本所的工作需要，研究兽药检验的新方法、新技术。(g) 在完成兽药监察任务的前提下，开展新兽药的研究。(h) 执行农牧渔业部交办的有关兽药监察的其他任务。

b. 省、市、自治区兽药检验所由所在地区主管行政部门授权，管理地方兽药的质量监督、检验工作。其任务：(a) 贯彻和监督《兽药规范》的执行，收集对《兽药规范》的意见，参加部分《兽药规范》的修订。(b) 负责拟订或修订地方兽药质量标准。(c) 经常了解兽药生产、供应和使用情况，并根据需要对药品进行抽查，帮助提高药品质量。(d) 负责地方新兽药的质量复核试验，并提出复核试验报告，供省级农业(畜牧)厅(局)审批新药时参考。(e) 对兽药生产、供应单位的检验科(室)进行技术指导；负责本地区兽药检验工作的技术交流和技术培训。(f) 对存在意见分歧的药品检验结果，提出技术仲裁意见，报农业(畜牧)厅(局)处理。(g) 根据本身业务工作的需要，开展兽药质量、兽药标准、中草药制剂、药检新方法及新技术的研究工作。(h) 口岸所在地的兽药检验所，应承担进出口兽药的检验任务。(i) 执行省、市、自治区农业(畜牧)厅(局)交办的有关药品检验的其他任务。

③ 明确机构编制、人员、机构设置要求。兽药检验所的编制，应贯彻精简原则，根据所在地区的药检任务，配备相应的专业技术干部。兽药检验所的主要负责人，须配备熟悉药检技术的专业人员。兽药检验所的机构设置，目前一般可分为化学药品、抗生素、中药、饲料添加药、后勤等六个方面。各地根据本地实际工作需要，适当设置。

④ 明确检验、检查要求。兽药检验所通过检验和检查，对兽药质量进行监督，其范围包括：国内生产、销售、使用的兽药和进出口的兽药。新兽药的复核试验，按照农牧渔业部制订的《新兽药管理暂行办法》进行检验。进出口兽药，按有关质量标准或合同进行检验。

为了掌握与监察药品质量情况，兽药检验所有权对兽药生产、供应和使用的药品进行定期或不定期的抽检。对新投产、质量不稳、使用量大、应用面广、易变质失效以及临床反应存在问题的品种，应予重点抽检。

检验报告单是对药品质量所作的质量鉴定，结论必须明确。对经检验不合格的兽药，必要时应深入实际，调查研究，作出结论，并按下列办法处理。属委托检验的药品，应在报告单内详列各项检验结果及具体数据，函发送检单位；若有不合格者，在通知送检单位同时，可提出处理意见，报当地农业(畜牧)厅(局)审核处理。对抽检不合格的药品，应提出处理意见，连同报告单报当地农业(畜牧)厅(局)处理。对于外地在本地销售、使用的兽药，在检验中发现不合格或疑问时，可与产地兽药检验所联系后，再发报告单，报告单位抄送产地的兽药检验所；各兽药检验所之间对检验方法或药品质量有分歧意见时，可以共同会检或报中国兽医药品监察所仲裁。属仲裁检验的药品，兽药检验所应在报告单上详列全部结果和具体数据，必要时报当地农业（畜牧）厅（局）处理，并抄送中国兽医药品监察所备案。

兽药检验所应有计划、有重点地派员深入兽药生产、供应和使用单位，了解和检查以下工作：执行《兽药规范》及质量管理情况；兽药检验部门的检验技术及检验方法；与质量有关的生产工艺、原辅材料、制剂与配方的配制过程及分装贮存条件等，中药着重了解药材的品种、产地、加工、炮制、配方以及成药制剂的处方、生产工艺等项目；群众性的质量监督工作开展情况；中草药采、种、制、用及质量情况；产、供、销各环节影响质量的情况。

检查中，如发现有影响药品质量的问题，应向被检查单位提出意见，帮助并督促其改进；对不合格的药品，经上报农业（畜牧）部门批准，停止其出厂、销售、使用。对经常或严重忽视药品质量的单位，应报当地农业（畜牧）部门及该单位的主管部门检查处理，对未经批准，没有工商行政管理部门颁发的营业执照的药厂，应报当地农业（畜牧）部门和工商行政部门取缔其生产。

为便于分析研究药品质量，兽药检验所应根据本地区的生产品种，建立产品质量档案，其主要内容包括：产品质量标准、处方、生产工艺、生产情况、贮存时间、检验结果、质量分析、有关单位对产品质量的反映以及对产品质量问题的处理经过和结果等。

兽药检验所应定期向当地农业（畜牧）厅（局）汇报地方兽药生产、供应、使用单位的药品质量情况（重大药品质量问题应及时上报），并抄报中国兽医药品监察所。

⑤ 明确兽药标准定义、分类、审批和标准品（对照品）要求。兽药标准是国家对兽药质量规格及其检验方法所作的技术规定，是兽药检验机构对药品进行监督检查工作的依据。兽药标准分为部颁标准和地方标准两类。质量标准的制定，应由研制单位或生产部门提出质量标准草案及有关资料，中成药、中西药制剂、饲料添加药制剂由兽药检验所审核，专用兽药及饲料添加药由中国兽医药品监察所审核，必要时进行复核试验，上报农业（畜牧）部门审批。通过临床试验，证明疗效确实，但一时尚不能制订出较完善标准的兽药，生产单位可在严格执行操作规程的基础上，提出临时的检验方法，兽药检验所对其方法应进行审查，并上报农业（畜牧）厅（局）备案。原有的兽药标准，如不能完全衡量和控制药品质量需要增减检验项目或改变检验方法时，兽药检验所应提出修改意见报中国兽医药品监察所，经中国兽医药品监察所审核后，报农牧渔业部审批。兽药检验用标准品（对照品）、菌种等由中国兽医药品监察所负责制备、标定、保管和分发。

⑥ 明确业务技术管理制度内容。为了保证兽药检验工作的顺利进行，各兽药检验所必须加强业务技术管理工作，并根据本单位的具体情况，建立健全各种规章制度，包括工作计划、检查和总结制度；技术责任和岗位责任制度；检品收办、检验、报告、样品、收费制度；奖惩制度；技术资料档案管理制度；标准品（对照品）保管制度；毒麻药品保管制度；科研成果鉴定制度；精密仪器设备使用、管理、维修制度；药品器材供应、管理制度；图书管理制度；动物饲养管理制度；安全保密制度等。兽药检验所的行政后勤人员，要做好试剂、仪器设备、试验动物、物资供应、生活福利以及其他各项行政后勤工作，为药检工作服务。对在工作中接触有害、有毒物质的人员，应按国家有关规定标准，给予保健津贴。兽药检验所年度总结、计划，除上报当地农业（畜牧）厅（局）外，同时抄报农牧渔业部和中国兽医药品监察所。

（4）《兽药试产品管理规定》　1987年4月18日农牧渔业部发布了《兽药试产品管理规定》（〔1987〕农〔牧药〕字第115号），规定了兽药试产品的申报、批准文号及其试用期。

① 明确新兽用生物制品试产品批准文号发放要求。新兽用生物制品经中间试制及扩大区域试验确证工艺完善、质量符合标准，制品效力及安全性良好，由研究单位和试制单位拟订"制造及检验试行规程（草案）"，一式两份，报中国兽医药品监察所和农牧渔业部畜牧局；根据申报的技术资料，确定为"试行规程"或"试行办法"；经审核批准后，发给试产品批准文号。

② 明确试产品试用期限。试产品试用期为两年。从批准试产品文号之日起算。两年期满即自行作废。擅自生产者依法处理。

③ 明确试产品试用要求。研制或试制单位选择试产品试用地区，首先应征得所在省、自治区、直辖市级农牧行政部门的同意；在试用中发生问题，由原研制或试制单位负责。试产品在试用中要不断完善工艺和质量标准。两年试用期满即申报部规程，经农牧渔业部批准列入部颁规程的，即成为正式产品，由生产单位生产。对于具有特殊用途、需要量少或发生重大疫情、生产急需的产品，如由具备制造、检验条件的原研制单位生产，必须经农牧渔业部畜牧局批准。

（5）《新兽药审批程序》　1987年5月15日农牧渔业部发布了《新兽药审批程序》（［1987］农［牧］字第18号），规定了国内新兽药和国外兽药登记的审批程序。

① 细化新兽药定义与分类。新兽药是指我国从未生产过的兽药。包括：血清、疫苗、菌苗、诊断液等生物制品新品种，及对现有制品生产工艺有重大改革、提高质量的制品；化学原料药及其制剂、抗生素、生化药品、放射性药品；兽用的中药材、中成药、饲料药物添加剂。

② 明确了新生物制品、兽用化学药品、国外兽药等级的审批程序。

a. 生物制品。(a) 新制品研究单位与试制单位应按照《新兽药管理暂行办法》第二章的规定，写出新制品试验研究总结报告、新制品试制检验总结、试用总结报告、试用地区的反映、新制品制造及检验试行规程（草案）以及起草说明和使用说明书（草案），报送中国兽医药品监察所，并抄报农牧渔业部。(b) 中国兽医药品监察所对所报新制品进行初审，然后将报告提交兽用生物制品规程委员会审议。(c) 兽用生物制品规程委员会根据新制品研制的有关材料和复核报告，提出审定意见，报农牧渔业部批准颁发。(d) 农牧渔业部根据中国兽医药品监察所的初审意见和规程委员会的审定意见，审查批准后颁发新制品制造与检验试行规程。(e) "试行规程"试行两年以上，证明制品工艺完善、质量稳定、安全有效者，经规程委员会讨论通过，报农牧渔业部批准，列入部颁规程。

b. 兽用化学药品。(a) 新兽药研制、生产单位应按照农牧渔业部颁发的《新兽药管理暂行办法》第三章的规定，提出报批申请书一式二份，送农牧渔业部初审。凡同意报批的新兽药，由农牧渔业部签署意见后交中国兽医药品监察所进行质量复核检验。(b) 中国兽医药品监察所对申报的中试产品质量复核检验完毕后，写出检验报告、暂行质量标准（草案）及其起草说明，送农牧渔业部。由农牧渔业部召集兽药典委员会有关的委员进行审议。被审评新药的申报单位可列席，听取质询。每季度召集一次审评会，审批新兽药。(c) 参加审议的委员在充分听取复核检验报告与研制新兽药的汇报后，提出审评意见。对具有药物残留危害的兽药，原则要求研究单位提出残留试验报告，如确有困难的可提供国外同一产品的残留试验资料供审核。(d) 农牧渔业部根据中国兽医药品监察所的复核检验报告和新兽药审评小组的审评意见，审查批准后颁发新兽药暂行质量标准。

c. 国外兽药登记的审批。(a) 外商在申请兽药试验登记时，须填写兽药登记申请书一式二份，并按《中华人民共和国农牧渔业部对外国企业在我国进行兽药试验、登记管理办法》的规定，提出试验资料一式两份，经农牧渔业部初审同意，在申请书上签署意见后，方可在国内进行质量检验和动物试验。（b）所登记兽药的动物试验由农牧渔业部安排。承担试验的单位必须是省级或省级以上的农牧院校、科研单位或畜牧兽医站。试验报告一式三份，交农牧渔业部、中国兽医药品监察所备案各一份，经审查后由农牧渔业部转交外商一份。（c）质量检验由中国兽医药品监察所或省、自治区、直辖市兽药监察所承担，外商应将有关技术资料、检验用样品和标准品送承担试验所，并具体商议检测项目、方法和所用试剂等事宜。检验结束后由承担检验单位起草暂行质量标准。（d）还应符合其他相关要求。外国企业登记兽药必须有生产国政府正式批准该品种的证明件；我国兽药典或兽药规范已收载的品种，可只进行质量检验；国际上主要药典（USP、NF、BP、BPV、BPC、EECP、USSRP、日本药局方等）已收载的品种，可免做毒理及残留试验，只做动物试验；上述国际主要药典未收载、生产所在国政府已正式批准标准的品种，如果技术资料不够完整，必要时还应做毒理和残留试验；对第 3、4 类的兽药，应将动物试验、质量标准复核试验报告、暂行质量标准（草案）及其他试验报告，交新兽药审评小组审评，并将审评意见送农牧渔业部；农牧渔业部根据中国兽医药品监察所检验报告和新兽药审评小组审评意见，审核批准，发放兽药登记许可证。

（6）《兽用麻醉药品的供应、使用管理办法》　1980 年 11 月 20 日农业部、卫生部、国家医药管理总局根据国务院颁发的《麻醉药品管理条例》第十七条规定，联合制定下发了关于下达《兽用麻醉药品的供应、使用、管理办法》的通知（［80］农业［牧］第 34 号）。

该办法明确兽用麻醉药品的供应，由国家指定的中国医药公司的麻醉药品供应点统一供应，每季度限购 1 次。县级以上兽医医疗单位（包括动物园、牧场）和科研大专院校等部门，可向当地畜牧（农业）局办理申请手续，经地区（市、州）畜牧（农业）局批准，核定供应级别后，发给"麻醉药品购用印鉴卡"，购用时需填写与印鉴卡相符的"麻醉药品订购单"。教学、科研临时需要的麻醉药品，由需用单位填写"科研、教学单位申请购用麻醉药品审批单"，报经地区级以上畜牧（农业）局批准后，向麻醉药品供应点购用。每季购用麻醉药品的数量，按"兽用麻醉药品品种范围及每季购用限量表"规定办理，每季的储存量，不得超过限量标准。有特殊需要（如接羔等）者，应专项报请地区畜牧（农业）局，说明原因和数量，经核实确属需要后，再行批准，由指定的麻醉药品供应点供应。购用单位在使用完了时，应向批准单位列表报销备查。

兽用麻醉药品，只能用于畜、禽医疗、教学和科研上的正当需要，严禁以兽用名义，给人使用。使用麻醉药品的人员，必须是经本单位领导审查批准的有一定临床经验的兽医（大专院校毕业有 2 年以上临床经验的、中专毕业有 5 年以上临床经验和相当学历的兽医）。必须直接使用于病畜，严禁交给畜主使用。麻醉药品的每张处方用量，不能超过 1 日量。麻醉药品必须用单独处方，并应书写完整，签全名，以资核查。兽医医疗队携带的麻醉药品，应由所在地的畜牧（农业）局指定兽医医疗单位供应。

购用麻醉药品的单位，要指定专人负责（可兼任），严格保管并建立领发制度。麻醉药品要有专柜加锁，专用账册，单独处方，专册登记。处方应保存 5 年。对霉变坏损的麻醉药品，使用单位每年报损 1 次，由本单位领导审核批准，报上级主管部门监督就地销毁，并向当地畜牧（农业）局报销备查。

（7）《对外国企业在我国进行兽药试验、登记管理办法》　1985 年 8 月 30 日农业部发布《中华人民共和国农牧渔业部对外国企业在我国进行兽药试验、登记管理办法》，该办法共 15 条，明确规定，凡外国公司在农业农村部出口新兽药之前，必须申请、办理试验、登记手续；申请新兽药试验、登记时，应向农牧渔业部或省、自治区、直辖市农牧厅（局）提出申请书，并附质量标准等五项资料。经省、自治区、直辖市农牧厅（局）审核后，由省、自治区、直辖市兽药监察所按报送的质量标准进行检验，将审核意见和检验结果报农牧渔业部批准后，方可安排试验。省、自治区、直辖市农牧厅（局）在收到农牧渔业部的批件后，可指定试验单位（应由省属单位或国家兽药试验场承担），并通知外国公司商谈试验计划，签订试验合同。外国公司应免费提供试验药品，负担检验及试验费用。因药品质量造成损失时，由外国公司承担经济责任，赔偿损失。承担试验单位在试验工作结束后，应向省、自治区、直辖市农牧厅（局）报送试验结果报告，经审查后，再转送外国公司，并抄送农牧渔业部备案。国外新兽药未经登记不准进口、销售和使用，不得在我方刊物、报纸、广播、电视上刊登和播放广告。办法中还规定了不同类别兽药的试验动物数目、试验登记收费标准，明确兽药登记许可证有效期五年，期满后，如要求继续登记，须在期满前三个月提出再登记申请，再登记的有效期亦为五年。同时规定，未经农牧渔业部批准，任何单位或个人均不得接受外国公司或个人委托在国内进行新兽药试验。

为了加强兽药管理，许多省市结合本地区具体情况，制订了地方兽药管理办法或实施细则。如四川省制订《兽药摊贩管理办法》，由地市、县药政管理人员配合工商行政管理部门深入农村集市贸易，取缔了乱售伪劣兽药的摊贩；上海市制订《兽药宣传管理办法》，禁止在报刊、电台、电视台做任意夸大兽药效果的宣传。

1.2.2.3　体系机构

（1）行政管理机构与职责　1983 年国家行政机构改革后，农牧渔业部畜牧局设药政药械管理处，负责兽药、兽医器械的管理工作。《兽药管理暂行条例》下达后，各省、市、自治区畜牧（农业）厅（局）有人专管或兼管兽药药政。

（2）兽药监察机构与职责

① 中国兽医药品监察所的职责与变化。1983 年 5 月 12 日农牧渔业部颁发的《兽药检验所工作细则（试行）》（［83］农［牧］字第 88 号）第五条规定，中国兽医药品监察所由农牧渔业部授权，主管全国兽药质量的监督、监察工作，其任务：组织拟订或修订《兽药规范》；负责检验用标准品（对照品）、检验用菌种的研究制备、标定、保管、分发以及国际标准品的保管；对各地兽药检验所、兽药厂、供应单位和医疗单位、检验、生产、供应和使用兽药的情况，进行调查研究，并有计划地抽检产品，掌握药品质量情况，提出改进意见；负责新兽药质量复核试验，并提出复核试验报告，作为农牧渔业部审批新兽药的参照依据；指导省、市、自治区兽药检验所的检验工作，配合地方兽药检验所，负责有关药品质量检验的仲裁工作；组织全国性兽药检验方面的技术交流和技术培训；结合本所的工作需要，研究兽药检验的新方法、新技术；在完成兽药监察任务的前提下，开展新兽药的研究；执行农牧渔业部交办的有关兽药监察的其他任务。

1981 年开始招收兽医微生物学和免疫学专业硕士研究生，1982 年 11 月更名为"中国兽医药品监察所"，增设生化室、菌种室、支原体室和仪器设备室，12 月开始使用"中国兽医药品监察所"名称，由农业部授权承担全国兽药质量的监督检查工作。1982 年，开始承担国家兽医微生物菌种保藏中心工作。1983 年，研究的猪瘟兔化弱毒疫苗获得国家发明一等奖。1984 年，获得兽医微生物学和免疫学（现为预防兽医学）硕士学位授予权。

1986 年，开始承担中国兽药典委员会日常工作。1981 年严格执行部颁《兽医生物药品制造及检验规程》监察制度，中国兽医药品监察所驻各生物药品厂监察室负责有关产品的检验、判定、出厂核对。1983 年至 1987 年，组织干部赴各生物制品厂开展调查研究，贯彻落实《兽医生物药品制造及检验规程》。

② 省级兽药监察机构职责与变化。1983 年 5 月 12 日农牧渔业部颁发的《兽药检验所工作细则（试行）》（［83］农［牧］字第 88 号）第六条规定，省、市、自治区兽药检验所由所在地区主管行政部门授权，管理地方兽药的质量监督、检验工作，其任务：贯彻和监督《兽药规范》的执行，收集对《兽药规范》的意见，参加部分《兽药规范》的修订；负责拟订或修订地方兽药质量标准；经常了解兽药生产、供应和使用情况，并根据需要对药品进行抽查，帮助提高药品质量；负责地方新兽药的质量复核试验，并提出复核试验报告，供省级农业（畜牧）厅（局）审批新兽药的参考；对兽药生产、供应单位的检验科（室）进行技术指导；负责本地区兽药检验工作的技术交流和技术培训；对存在意见分歧的药品检验结果，提出技术仲裁意见，报农业（畜牧）厅（局）处理；根据本身业务工作的需要，开展兽药质量、兽药标准、中草药制剂、药检新方法、新技术的研究工作；口岸所在地的兽药检验所，应承担进出口兽药的检验任务；执行省、市、自治区农业（畜牧）厅（局）交办的有关药品检验的其他任务。

《兽药管理暂行条例》发布后，农业部相继督促各省成立兽药监察所。截至 1982 年，全国 19 个省、市、自治区已经建立或正在筹建兽药检验所，其中 9 个所开展了药检工作。1983 年 5 月，全国已有 22 个省、市、自治区建立了兽药检验所。截至 1986 年 11 月，全国除西藏自治区外，已建立 28 个省、自治区、直辖市兽药监察所，其中 12 个为农牧厅（局）直属的县团级单位，从事药检工作人员近 500 人，已建实验室面积 13993 平方米，并配备了一定的仪器设备。

1.2.2.4　技术支撑机构

（1）农牧渔业部兽用生物制品规程委员会　1983 年 12 月 14 至 20 日中国兽医药品监察所在北京召开农牧渔业部兽用生物制品规程委员会成立会议，明确兽用生物制品规程委员会为农牧渔业部在兽用生物制品科学技术方面的咨询机构，陈凌风为主任委员，林群、刘士珍为副主任委员，共 23 名委员。会议审议通过了委员会章程和由中国兽医药品监察所组织修改的兽用生物制品监察制度总则等 6 项制度、修改的规程或试行规程 13 个、新制品试行规程或试行办法 26 个。1984 年农牧渔业部批准作为中华人民共和国农牧渔业部部标准（编号 NY1-114）（［84］农［牧］字第 144 号），编印为《兽用生物制品规程》第五次修订本，自 1985 年 1 月 1 日起实施。

（2）中国兽药典委员会　根据国家标准局委托农牧渔业部编制、审批、发布《中华人民共和国兽药典》的函（国标发［1986］153 号），明确该委员会主要职责为编撰中国兽药国家标准《中华人民共和国兽药典》（简称《中国兽药典》）。1986 年 10 月 23 日农牧渔业部批准成立中国兽药典委员会（［1986］农［牧］字第 57 号），设主任委员 1 名，副主任委员 5 名，顾问委员 2 名，共 77 名委员。委员会下设兽药评价组（10 名）、化药组（21 名）、中药组（13 名）、抗生素生化组（8 名）和生物制品组（规程委员会 25 名）。成立会上通过了兽药典委员会章程，初步确定了第一版兽药典收载品种的原则与收载品种目录，并按专业进行了分工。

该文还明确兽药典委员会常设机构兽药典委员会办公室设在中国兽医药品监察所内，

并明确其主要任务。据此向农牧渔业部进行了请示（［87］监部［办］字第 01 号）。1987 年 5 月 9 日农牧渔业部批复成立兽药典办公室（［1987］农［人］字第 63 号），明确其主要任务，增设编制 5 名，以弥补该办公室人员的不足。

1.2.2.5　主要成就

这一阶段约 7 年时间，农牧行政管理部门对兽药进行了全面的整顿，故这一阶段又称整顿阶段，这一阶段主要做了以下几项工作。

（1）完成了兽药的"三整顿"　　"三整顿"是指对兽药厂、制剂室和兽药品种的整顿。1980 年以前兽药产销十分混乱，滥办兽药厂、滥生产兽药非常严重，致使兽药质量下降，假劣兽药充斥市场，畜牧业生产没有保证。自 1980 年开始农牧部门在卫生、医药等部门的协助下，将全国原有的 1640 多个兽药厂，经过关、停、并、转、整顿验收后保留下 412 个，保留的兽药厂约占整顿以前兽药厂总数的 1/4。四川省整顿前挂有兽药厂牌子的 235 个，整顿后保留 25 个，保留的兽药厂约占原有总数的 1/9。对原有兽药厂的整顿工作于 1983 年结束。在整顿兽药厂的基础上，开展了对兽药品种的整顿，清理了部分名不符实的兽药品种，1982 年农业部畜牧总局发布了兽药批准文号编号格式规定（［82］农业［牧医］字第 91 号），实行了兽药产品审核考察检验发给批准文号的办法，制止了任意夸大药效的产品。无批准文号不得生产、销售和使用，否则按假劣兽药处理。将那些严重违法的人绳之以法，如广西某兽药厂的负责人就因严重违法被判刑。在此期间，农业部对疗效不确和毒副作用大的兽药品种进行了淘汰，至 1984 年完成了对兽药品种的整顿工作。整顿兽药制剂室的工作牵涉面广，难度较大，也于 1985 年完成。至此，全面完成了对兽药的"三整顿"工作。

（2）初步形成了兽药管理体系　　1980 年以前我国没有专门的兽药管理机构，更谈不上兽药管理体系。《兽药管理暂行条例》规定兽药归口统一管理以后，农牧行政管理部门才逐步建立兽药管理体系。开始没有专门管理机构，只有专人负责药政工作。1983 年农牧渔业部畜牧局正式成立了兽药管理机构——药政药械管理处。各省、自治区、直辖市的农牧行政机关在这一阶段基本没有设立兽药管理机构，只是在内部确定某个单位（如兽医处、畜牧处、兽医站、兽药检验所等）负责药政工作，固定专人承办药政事宜。省内地、县两级农牧行政部门一般都在兽医站明确人员分管药政工作。

随着兽药管理工作的开展，兽药监督检验机构迅速建立。《兽药管理暂行条例》施行以后，为适应兽药管理的需要，明确中国兽医药品监察所是国家级负责兽药质量监督、检验、鉴定的专业技术机构。在此期间，大多数省、自治区、直辖市的兽药监督检验机构相继成立，如 1980 年四川省人民政府批准建立"四川省兽医药品检验所"，1983 年 12 月更名为"四川省兽药管理检验所"，1985 年再次更名为"四川省兽药饲料监察所"。此后，全国各省级兽药监督检验机构基本采用"兽药监察所"的名称。

（3）制定了一些管理办法　　根据《兽药管理暂行条例》有关规定的精神，为适应发展的需要，农牧渔业部制定了一些相应的管理办法，如《兽用麻醉药品的供应、使用、管理办法》《新兽药管理暂行办法》《兽药检验所工作细则（试行）》《中华人民共和国对外国企业在我国进行兽药试验、登记管理办法》和兽用生物制品的一系列管理规定、办法等。这些规定和管理办法对《兽药管理暂行条例》的完善和具体化起了推动作用。各省、自治区、直辖市为贯彻国家对兽药管理的规定，从辖区内的实际情况出发还制定了本地区的一些具体要求和规定。

（4）制定了兽药质量标准　在兽药的产销过程中，之所以发生真假不分、伪劣掺杂的情况，除管理不善外，质量标准不健全也是重要的原因之一。为此，农牧渔业部在这个阶段抓了质量标准的制定工作。先后制定、修改了124种生物药品的制造和检验标准；制定了383种化学药品、531种中药材和114种成方制剂的专业标准。成立了中国兽药典委员会，开始组织编写中国兽药典标准。

（5）查处了假劣兽药违法行为　从1985年6月查处安徽省某兽药生产企业生产、销售各种无批准文号和不合格兽药，并违反精神药品管理办法，擅自生产、销售精神药物安钠咖，开始了兽药行业查处取缔假劣兽药的工作。这项工作得到中纪委驻部纪检组、各级农牧部门和纪检部门的大力支持。同年，中纪委关于假药案给晋江地委、行署的公开信发表以后，又给查处假劣兽药发布了新的动员令。为此，农牧渔业部于1985年8月发出了《关于整顿和加强兽药管理，取缔假劣兽药的紧急通知》（［1985］农［牧］字91号）。《人民日报》报道该紧急通知印发以及查处安徽某厂的违法案件，推动了查处假劣兽药工作的深入发展，很快在全国形成了清查假劣兽药的新高潮。经过农牧部门和有关单位的密切配合，共同努力，查处工作取得了显著成效。据不完全统计，1987年全国共查处非法兽药厂238家，查处假劣兽药700余种，计11647批，价值1709万元，罚款22.8万元，对违法单位和个人作了相应的处理。清查工作使兽药产销的混乱局面有了好转，兽药质量有明显的提高，促进了兽药事业的进一步发展。

1.2.3　法规完善阶段

即1987年《兽药管理条例》发布以后至2004年，为第三阶段，这一阶段法治建设持续完善。

随着改革开放的进一步深入，社会主义市场经济体制逐步形成和发展，养殖业迅速发展，兽药生产、供应及使用各方面情况发生巨大变化，为适应实际工作的需要，亟待对《暂行条例》内容进行修改和补充完善。如关于兽药的使用范围、组成成分及兽药的生产、经营、科研、进出口等诸多方面的管理，都需要根据实际情况作必要的修改和完善，迫切要求尽快制定更具有法律效力的兽药管理条例。因此，1987年5月21日国务院颁布了《兽药管理条例》（国发〔1987〕48号），并于1988年1月1日正式施行。1988年6月30日农业部会同国家工商行政管理局制定发布了《兽药管理条例实施细则》，对标国家规定，各省、自治区、直辖市根据《兽药管理条例》和《兽药管理条例实施细则》纷纷制订适应本地区工作情况的《实施办法》和相关兽药管理法规，如辽宁省出台了《辽宁省兽药管理条例》。

1.2.3.1　发展演变

随着改革开放的逐步实施，我国畜牧业得到快速发展，养猪、养牛、养禽业集约化生产活动大幅度增加，兽药的需要量也相应增加。另外，蚕药、蜂药和鱼药纳入兽药管理范畴，兽药生产企业的总数成倍增加。1991年生产总值近24.8亿元，1992年上半年统计，全国有兽药生产企业1150余家，生产3720个品种、规格产品，产品批准文号14500个。1993年全国共有28个兽用生物制品厂，年产疫苗、诊断液等生物制品110亿头份，基本可满足当时国内动物疾病预防的需要。1995年初，全国兽药和饲料添加剂生产企业已达1700余家，产值70余亿元。

此外，在全国各地陆续建立了一些合资企业。江西生物药品厂与法国赛诺菲公司在江西南昌市建立了江西赛诺动物保健品公司，黑龙江兽药一厂与日本化血研在黑龙江省哈尔滨市建立了黑龙江化血研生物技术有限公司，四川牧工商公司与德国拜耳公司在四川省成都市合资建立四川拜耳动物保健品有限公司，中国牧工商公司与法国梅里亚公司在江苏省南京市建立了南京梅里亚动物保健品公司，美国辉瑞在江苏省苏州建立了辉瑞苏州公司。我国生产的疫苗、诊断液基本上能满足国内动物疫病预防的需要，但有的品种在质量上与国际标准相比尚有差距。

随着行业的发展，兽药产业逐步发展，企业数量不断增多，品种日益丰富，在原管理法规完善基础上，根据实际工作需要修订完善相关规章，也相继建立补充相关规定，以保障动物用药产品质量，维护健康秩序。

1.2.3.2 管理法规

（1）《兽药管理条例》 1987 年 5 月 21 日国务院颁发了《兽药管理条例》（国发〔1987〕48 号）。条例对兽药生产、经营、使用、进出口、监督管理等方面都做了详细的规定，《暂行条例》同时废止。

该部条例规定的兽药管理基本制度主要有以下几项。

① 兽药的监督管理制度。明确规定县级以上人民政府畜牧兽医行政管理部门负责所辖地区的兽药管理工作，国家和省级及城市兽药监察机构协助畜牧兽医行政管理部门负责兽药质量监督、检验工作。

② 对兽药生产企业、经营企业、兽药制剂室实行许可制度。规定从事兽药生产、经营以及兽医医疗单位配制兽药制剂必须分别取得《兽药生产许可证》《兽药经营许可证》《兽药制剂许可证》，并且将《兽药生产许可证》《兽药经营许可证》作为工商登记的前置条件。对于兽药生产企业，除领取《兽药生产许可证》外，所生产的产品还须取得产品批准文号。

③ 对兽药标准和兽药产品实行分级审批制度。规定我国的兽药质量标准分为国家标准、行业标准和地方标准三级标准，国家标准和行业标准由农业部审批发布，地方标准由各省、自治区、直辖市兽药管理部门批准发布。

对生产企业生产的兽药产品实行两级审批，新产品和部管产品由农业部审批，已在国家标准、行业标准和地方标准中收载的品种（部管产品除外）由生产企业所在地省级兽药管理部门批准。

④ 对新兽药实行技术审评和行政审批制度。鼓励研究、创新兽药，研制新兽药，须按规定进行有关试验，并将相关资料向农业部申报，经兽药审评委员会技术审评和农业部批准后，方可进行技术转让和生产。

⑤ 对进出口兽药实行注册登记和许可证制度。规定外国企业在中国境外生产的兽药产品首次向中国出口，须履行产品注册登记手续，取得《进口兽药登记许可证》后方可向中国出口产品，国内经营者、使用者每次进口还须取得《进口兽药许可证》。

⑥ 对兽药广告实行分级审批管理制度。《兽药管理条例》和《广告法》明确规定，兽药广告发布前，必须经农业部或省级兽药管理部门审批，其中新兽药、进口兽药以及在重点媒体上发布的兽药广告须经农业部审批，其余的由省级兽药管理部门审批。

（2）《兽药管理条例实施细则》

根据国务院发布的《兽药管理条例》第四十九条的规定，1988 年 6 月 30 日农业部会同国家工商行政管理局制定发布了《兽药管理条例实施细则》（［1988］农［牧］字第 39 号），它是《兽药管理条例》的详细解释和具体规定，针对总则、兽药生产企业的管理、兽药经营企业的管理、兽医医疗单位的药剂管理、兽药的标准与批准文号、新兽药审批、进出口兽药管理、饲料药物添加剂管理、兽药监督、罚则和附则，共 12 章 73 条，对条例相关内容进行了阐述、细化，明确具体审批条件、流程、相关机构、兽药监督员的职责权限、兽药标准分类等。

① 明确适用范围，重申兽药实行许可制度。凡从事兽药生产、经营、使用、研究、宣传、检验、监督管理活动者，都必须遵守本细则的规定。国家对兽药生产、经营、进口及医疗单位配制兽药制剂实行许可制度。未经许可，禁止生产、经营、进口兽药及配制兽药制剂。

② 明确生产企业定义和开办生产企业的条件。兽药生产企业是指专门生产兽药的企业和兼产兽药的企业，包括上述企业的分厂及生产兽药的各种形式的联营企业和中外合资经营企业、中外合作经营企业、外资企业。a. 开办生产兽用生物制品的企业，必须由所在省、自治区、直辖市农业（畜牧）厅（局）审查同意，报农业部审核批准。b. 新建、扩建、改建的兽药生产企业，必须符合农业部制定的《兽药生产质量管理规范》的规定。现有兽药生产企业应按照《兽药生产质量管理规范》规定的要求，订出规划，报所在省、自治区、直辖市农业（畜牧）厅（局）审查批准，逐步实施。c. 兽药生产企业必须具备能对所生产的兽药进行质量检验的机构和人员，并有相应的仪器和设备。兽药质量检验机构不得附设于企业生产技术机构之内。d. 兽药生产企业生产的每个兽药品种，必须按照农牧行政管理机关核定的兽药质量标准和工艺规程进行生产。凡改变生产工艺规程、处方、剂型、用途、用法、用量、规格的，必须按原报批程序向农牧行政管理机关提出申请，经批准后，方可进行生产。e. 兽药生产企业必须有完整的生产记录和检验记录，并至少保存三年。f. 兽药的标签必须按规定的格式和内容印制。兽药的主要成分是指有药效的成分。凡超过一定时间可能降低药效的兽药，必须注明有效期。g. 兽用麻醉药品、精神药品、毒性药品、放射性药品和外用药品的标签和外包装，必须按统一规定的标志印制。h. 兽药内外包装必须符合保证兽药质量、贮存、运输和使用的要求。凡封签、标签缺损，包装破损的，不准出厂。i. 兽药的封签、标签和包装禁止转让和出售。j. 兽药出厂前必须经过本企业药检机构的检验，符合质量标准的应当在内包装上附有检验合格标志，在包装箱内附有检验合格证。不符合质量标准的，不得出厂。

③ 明确兽药经营企业定义和相关要求。兽药经营企业是指专营兽药的企业和兼营兽药的企业，包括批发、零售公司或商店及经营进出口业务的企业。a. 兽药经营企业内，直接从事兽药采购、保管、销售、调剂、检验业务的，应是药剂师、兽医技术员以上的技术人员。非药学、兽医学技术人员必须经核发《兽药经营许可证》的农牧行政管理机关或其指定的单位，进行兽药经营知识考核合格后，方准从事兽药经营业务活动。b. 兽药经营企业和兽医医疗单位购进兽药，必须进行检查验收。检查验收内容包括：兽药名称、规格、生产企业、生产批号、有效期、检验合格证、批准文号、包装以及外观质量等。c. 兽药经营企业收购、保管、销售兽药，必须建立健全质量检查和入库验收、在库保管、出库验发、销售核对等制度。d. 个体兽药经营者在城乡集市贸易市场上销售兽药的，只准在发证机关辖区内的集市贸易市场上销售。

④ 明确兽医医疗单位的兽药制剂室条件和相关要求。兽医医疗单位的兽药制剂室应具有保证制剂质量的设备、环境，有相应的质量检验设备和药检技术人员。兽医医疗单位

配制的兽药制剂品种，必须报所在省、自治区、直辖市农业（畜牧）厅（局）备案。配制兽药制剂要严格执行操作规程、质量检验和卫生制度。每批制剂都必须有详细完整的配制记录和检验记录，经检验合格的，签发合格证，不合格的不准使用。

⑤ 明确《兽药生产许可证》《兽药经营许可证》《兽药制剂许可证》的审批程序、有效期限。

a. 兽药生产企业审批。开办兽药生产企业，除按照国家规定履行基本建设报批程序以外，必须按下列规定履行报批程序：（a）由企业或者企业主管部门向企业所在县以上农业（畜牧）厅（局）申报，经审查同意后，送省、自治区、直辖市农业（畜牧）厅（局）审核；（b）经所在省、自治区、直辖市农业（畜牧）厅（局）审核批准，发给《兽药生产许可证》；（c）兽药生产企业持《兽药生产许可证》和有关文件、材料，向当地工商行政管理局申请登记，经核准后领取营业执照。

从事兽药生产的中外合资经营企业、中外合作经营企业、外资企业办理《兽药生产许可证》的报批程序，按专项规定执行。受理审查、审核的农牧行政管理机关应当在收到全部申报材料后的一个月内作出是否同意或批准的决定。生产兽用生物制品的企业，经农业部批准后，再由企业所在省、自治区、直辖市农业（畜牧）厅（局）发给《兽药生产许可证》。

b. 兽药经营企业审批。兽药经营企业按以下规定申请办理《兽药经营许可证》：（a）省级以上各部门所属的兽药经营企业，由其主管部门审查同意，经所在省、自治区、直辖市农业（畜牧）厅（局）审核批准发给《兽药经营许可证》；（b）市（地）、县（区）各部门所属的兽药经营企业，由其主管部门审查同意，经所在地同级农业（畜牧）局审核批准发给《兽药经营许可证》；（c）县以下（包括个体）兽药经营者，经县农业（畜牧）局审核批准发给《兽药经营许可证》；（d）经营兽药进出口业务的企业，由国务院或所在省、自治区、直辖市对外经济贸易行政管理机关审查批准，经所在省、自治区、直辖市农业（畜牧）厅（局）审核批准发给《兽药经营许可证》。兽药经营企业或个体兽药经营者持《兽药经营许可证》向当地工商行政管理局申请登记，经核准后领取营业执照。受理审查、审核的农牧行政管理机关应当在收到全部申报材料后的一个月内做出是否批准的决定。兽医医疗单位开设兽药商店，经营兽药批发零售业务或在城乡集市贸易市场上销售兽药的，必须按规定领取《兽药经营许可证》和营业执照。兽药零售企业及个体兽药经营者的《兽药经营许可证》在发证机关的辖区内有效。

c. 兽药制剂许可证审批。兽医医疗单位配制兽药制剂必须向所在省、自治区、直辖市农业（畜牧）厅（局）申请，经审查批准后发给《兽药制剂许可证》。受理审查的农牧行政管理机关应在收到全部申报材料后一个月内作出是否批准的决定。

《兽药生产许可证》《兽药经营许可证》《兽药制剂许可证》的有效期为五年，个体兽药经营者的《兽药经营许可证》有效期为一年，自批准之日起算。上述许可证期满后需申领新证的，兽药生产、经营企业和兽医医疗单位应在期满前六个月内，个体兽药经营者应在期满前三个月内，持原证重新申请。重新申请的程序与原申请的程序相同。

⑥ 明确兽药标准分类、审批与批准文号发放程序。兽药的标准分为国家标准、专业标准和地方标准三级。国家标准，即《中华人民共和国兽药典》《兽药规范》，由兽药典委员会制定、修订，农业部审批、发布；专业标准，即《兽药暂行质量标准》，由中国兽医药品监察所制定、修订，农业部审批、发布；地方标准，即省、自治区、直辖市《兽药制剂标准》，由省、自治区、直辖市兽药监察所制定，省、自治区、直辖市农业（畜牧）厅

（局）审批、发布。对新兽药实行生产期保护。凡经批准的新兽药，如未得到原研制单位的技术转让，在保护期（含试生产期）内不得移植生产。第一、二类新兽药经批准后，须进行试生产，试产期为两年。生产企业试生产前，必须向农业部申报，经审核批准后发给试生产批准文号。

兽药生产企业申请批准文号，应向所在省、自治区、直辖市兽药监察所送交检验样品和必要的资料，兽药监察所应当及时提出检验报告送交负责审核的农业（畜牧）厅（局），农业（畜牧）厅（局）应在收到检验报告后的一个月内作出是否发给批准文号的决定。兽药的批准文号有效期为五年，期满前六个月内，兽药生产企业应向原审批机关办理再注册。停产三年以上的兽药品种，原批准文号作废。禁止生产、经营、使用无批准文号的兽药。

⑦ 明确新兽药研制单位、兽药审评委员会设立、职责。国家鼓励研究、创制新兽药。凡有条件的科研单位、高等院校、兽药生产企业、医疗单位和个人，都可以从事新兽药研制。农业部设立兽药审评委员会，委员会的成员由科研、管理、生产、教学、医药等方面的专家组成，兽药审评委员会的职责是：对新兽药进行审评；对国外申请注册兽药进行评议；对已生产的兽药进行再评价。

⑧ 明确进出口兽药管理要求。外国企业首次向我国出口的兽药，必须向农业部申请注册，取得《进口兽药登记许可证》。《进口兽药登记许可证》只对该证载明的兽药品种和生产企业有效。《进口兽药登记许可证》有效期为五年。如继续在中国销售，应于期满前六个月内向原发证机关申请再注册。农业部定期公布外国企业已办理注册的兽药品种目录。对外国企业申请注册的兽药，由农业部指定单位进行试验，并由中国兽医药品监察所进行质量复核试验。凡进口已取得《进口兽药登记许可证》的兽药品种，进口单位必须向所在省、自治区、直辖市农业（畜牧）厅（局）申报，经审查批准发给《进口兽药许可证》。进口菌（疫）苗、诊断液、血清等生物制品，经所在省、自治区、直辖市农业（畜牧）厅（局）审查同意，报农业部审核批准发给《进口兽药许可证》。少量进口属生产紧急需要并且是自用的以及科学研究、试验中所需要的未取得《进口兽药登记许可证》的兽药品种，进口单位必须向农业部申报，经审查批准发给《进口兽药许可证》。地方所属单位进口，须先经省、自治区、直辖市农业（畜牧）厅（局）审核同意。兽药进口单位应按《进口兽药许可证》规定的品名、规格、数量、日期和生产厂家进口。对进口兽药实施强制检验。海关凭农业部指定的口岸兽药监察所在"进口货物报关单"上加盖的"已接收报验"的印章验放。在口岸兽药监察所未出具质量检验报告前，进口兽药不得销售、使用。出口兽药须符合进口国的质量要求。如对方要求出具政府批准生产的证件或质量检验合格证明，应由出口兽药厂所在省、自治区、直辖市农业（畜牧）厅（局）、兽药监察所提供。

⑨ 规定饲料药物添加剂相关管理要求。凡含有药物的饲料添加剂，均按兽药进行管理。饲料药物添加剂必须按农业部发布的饲料药物添加剂允许使用品种及标准的规定进行生产、经营和使用。药品不得直接加入饲料中使用，必须将药物制成预混剂。预混剂应规定载体、稀释剂和分散剂的品种。生产企业应将配方、生产工艺、质量标准按兽药制剂的申报程序，报省、自治区、直辖市农业（畜牧）厅（局）审查批准发给批准文号后，方准生产。预混剂有效成分的配方必须在标签上注明。规定停药期的，应当在标签或说明书上注明。饲料药物添加剂使用的药物，必须符合兽药标准的规定。由两种以上药物制成的饲料添加剂，必须符合药物配伍规定。

⑩ 明确兽药监察机构、兽药监督员的设立与职责性质。农业部设立中国兽医药品监

察所；省、自治区、直辖市农业（畜牧）厅（局）设立省、自治区、直辖市兽药监察所；根据需要，经省自治区、直辖市农业（畜牧）厅（局）审查同意，省、自治区、直辖市人民政府批准，计划单列城市、市（地）农业（畜牧）局可设立市（地）兽药监察所。各级农牧行政管理机关设立的兽药监察所是国家对兽药质量进行监督、检验、鉴定的法定专业技术机构。中国兽医药品监察所负责兽药质量检验、鉴定的最终裁决。兽药监督员是在各级农牧行政管理机关的领导下代表政府对兽药进行监督、检查的专业执法人员。兽药监督员的名额要与辖区内兽药监督管理工作任务相适应。兽药监督员执行兽药监督任务时，要佩戴"中国兽药监督"的标志并出示《兽药监督员证》。对已批准生产的兽药，如发现疗效差、毒副反应大或有其他原因危害人畜健康，应及时报农业部，提交兽药审评委员会评价。

⑪ 明确行政处罚分类、处罚机关以及相关的处罚额度规定。违反兽药管理规定的行政处罚有警告、责令停产或停业整顿、没收药物和非法收入、罚款、吊销许可证、吊销营业执照。行政处罚由县以上农牧行政管理机关或工商行政管理机关决定，并出具书面处罚通知。由工商行政管理机关决定行政处罚的，以及企业违反《中华人民共和国企业法人登记管理条例》的，农牧行政管理机关应协助工商行政管理机关查处，并对没收的兽药进行处理。在由农牧行政管理机关决定的行政处罚中，涉及没收非法收入、罚款、冻结银行账户，以及通知银行强行划拨等的，由工商行政管理机关执行。对假兽药、劣兽药的处罚通知应附兽药监察所的质量检验报告单，载有封存待查事项的，应注明封存的期限。对生产、销售假兽药的，没收假兽药和非法收入，处以该批假兽药所冒充兽药货值金额 2～3 倍的罚款，对直接责任人员处以两千元以下的罚款等。查处违反《兽药管理条例》和细则规定的单位和个人的罚款以及没收的非法收入，按照国家财政部门的有关规定办理，由执行处罚的机关定期上缴同级财政管理机关。因查处案件需增加的办案费用，报经同级财政管理机关审核核拨。兽药监督及检验人员利用职权，勒索财物，徇私舞弊，收受贿赂或者编造检验结果的，根据情节由农牧行政管理机关给予行政处分；情节严重构成犯罪的，送交司法机关依法追究刑事责任。

1993 年 7 月 31 日，农业部会商国家工商行政管理局修订发布了《关于修改〈兽药管理条例实施细则〉第六十条的通知》（［1988］农［牧］字 48 号）。1998 年 1 月 5 日，农业部根据《行政处罚法》及《国务院关于贯彻实施〈中华人民共和国行政处罚法〉的通知》精神，再次对其相关条款进行了修订，并以中华人民共和国农业部令第 28 号发布实施。2004 年 11 月 1 日中华人民共和国农业部令第 37 号决定废止了该文件。

（3）《新兽药及兽药新制剂管理办法》　1989 年 9 月 2 日经农业部常务会议通过，发布《新兽药及兽药新制剂管理办法》（农业部令第 4 号）。共六章二十九条，是规定新兽药申报应具备的内容和申报程序的一部规章，详细规定了新兽药分类、资料要求、新兽药研究内容、实验临床动物数要求、生产保护期、批准文号核发等内容。

① 规定新兽药定义、分类。新兽药是指我国新研制的兽药原料药品及其制剂。兽药新制剂是指用国家已批准的兽药原料药品新研制、加工出的兽药制剂。已批准生产的兽药制剂，凡改变处方、剂型、给药途径和增加新的适应证的亦属兽药新制剂。

新兽药分以下五类。a. 我国创制的原料药品及其制剂（包括天然药物中提取的及合成的新发现的有效单体及其制剂）；我国研制的国外未批准生产、仅有文献报道的原料药品及其制剂；新发现的中药材；中药材新的药用部位。b. 我国研制的国外已批准生产，但未列入国家药典、兽药典或国家法定药品标准的原料药品及其制剂。天然药物中提取的有效部分及其制剂。c. 我国研制的国外已批准生产，并已列入国家药典、兽药典或国家法定药品标准的原料药品及其制剂；天然药物中已知有效单体用合成或半合成方法制取的原料药品及其制剂。西兽药复方制剂，中西兽药复方制剂。d. 改变剂型或改变给药途径的药品。新的中药制剂（包括古方、秘方、验方、改变传统处方组成的）；改变剂型但不改变给药途径的中成药。e. 增加适应证的西兽药制剂、中兽药制剂（中成药）。

　　② 明确命名要求、研制内容及相应要求。新兽药命名要明确、简短、科学，不准用代号及容易混同或夸大疗效的名称。新兽药的研究内容应包括理化性质、药理、毒理、临床、处方、剂量、剂型、稳定性、生产工艺等，并提出质量标准草案。新兽药临床药效试验，按照新兽药类别分为临床试验和临床验证。第一、二类新兽药必须进行临床试验；兽药新制剂必须进行临床验证；第三类新兽药做临床试验或临床验证，但必须经农业部认定。新兽药临床试验，根据研制的不同阶段，分为实验临床试验和扩大区域试验。实验临床试验是用中间试制生产的3～5批产品，在小规模条件下研究新兽药对使用对象动物的药效和安全性做出试验结果和评价，必要时应进行人工感染模拟试验。扩大区域试验是在自然生产条件下，较大范围内考察新兽药对使用对象动物的临床药效和安全性。还规定了实验临床试验的最少动物数目。外用驱虫药的试验动物数目应加倍。实验临床试验应设对照组。对照组的动物应与试验动物条件一致。第一、二、三类新兽药的实验临床试验应由农业部认可的省属或部属科研单位、高等院校、医疗单位承担；兽药新制剂应由省、自治区、直辖市畜牧（农牧）厅（局）认可的单位承担。实验临床试验药品应由研制单位免费提供。在临床试验中因药品质量造成的不良后果，应由研制单位承担责任。实验临床试验结束后，在经农业部批准试生产期内，须进行扩大区域试验。扩大区域试验的动物数目应不少于实验临床试验规定的动物数目的三倍至五倍。临床验证主要考察新兽药或兽药新制剂的疗效和毒副反应，与原药品对照组进行对比验证。临床试验的试验动物数目，可以按实验临床试验规定的动物数目减半。

　　③ 规定新兽药及兽药新制剂的审批程序。研制单位完成新兽药实验临床试验后，必须向所在省、自治区、直辖市畜牧（农牧）厅（局）提出新兽药试生产或生产申请，并按规定报送有关资料及样品。第一、二、三类新兽药由省、自治区、直辖市畜牧（农牧）厅（局）签署意见后报农业部审批；兽药新制剂由省、自治区、直辖市畜牧（农牧）厅（局）受理审批。

　　④ 提出新兽药申报资料要求。申报新兽药，必须提交下列内容资料。a. 新兽药名称（包括正式品名、化学名、拉丁名、汉语拼音等，并说明命名依据）。新兽药命名要明确、简短、科学，不准用代号及容易混同或夸大疗效的名称。b. 选题的目的与依据，国内外有关该药研究现状或生产、使用情况的综述。c. 新兽药化学结构或组分的试验数据、理化常数、图谱及对图谱的解析。d. 新兽药的合成路线、工艺条件、精制方法、原料和辅料的规格标准；动植物原料的来源、学名、药用或提取部位；抗生素的菌种来源、培养基的标准及配方；制剂的处方、处方依据和工艺。e. 原料药及其制剂、复方制剂稳定性试验报告。f. 药理学试验结果，包括作用机制、药代动力学试验及抑菌、消毒药的最小抑菌浓度试验等。g. 毒理试验结果，包括试验动物和使用对象动物的急性、慢性毒性试验，局部用药的刺激性和吸收毒性试验等。h. 特殊毒性试验，包括生殖毒性、致突变、致癌试验。i. 机体残留试验及屠宰前停药期的研究报告。j. 激素、饲料药物添加剂的动物传代繁育试验报告。k. 驱虫药、消毒药等外用药对环境毒性（植物毒性、水族毒性、昆虫

毒性）研究及对土壤、水质污染的研究报告。l. 临床试验结果，包括实验临床试验、饲喂试验、药效学试验等。m. 中试生产的总结报告，中试生产的合成路线、工艺条件、精制方法、原料和辅料标准并与实验室制品的对比。n. 连续中试生产的样品3～5批及其检验报告书。送检样品量至少应为全检量的五倍。o. 三废处理试验报告。p. 质量标准草案及起草说明。主要内容应包括：名称、结构式及分子式、含量限度、处方、理化性状、鉴别项目及方法和依据、含量（效价）测定的方法和依据、检查项目及方法和依据、标准品或化学对照品的来源及其制备方法、作用与用途、用法与用量、注意事项、制剂的规格、贮藏、有效期等。q. 新兽药及其制剂的包装、标签、使用说明书。r. 生产成本计算。s. 主要参考文献。试验结果与主要参考文献有不同的，应加以论证说明。按新兽药所属类别或用途不同而分别提供。第二类新兽药引用国外文献资料必须做验证试验。第三类新兽药或兽药新制剂可以引用国外文献资料，但必须进行临床验证。

⑤ 明确资料审查程序和时限。农牧行政管理机关对研制单位报送的申请进行初审。符合规定的，交兽药监察所进行复核试验。农牧行政管理机关应在收到申请书和全部资料后的六十日内作出是否受理的决定。兽药监察所应在收到申请书和全部试验资料后的六个月内完成复核试验，并将新兽药质量标准草案和复核试验报告送交农牧行政管理机关。研制单位应协同兽药监察所进行复核试验。第一、二、三类新兽药复核试验合格的，由农业部组织技术审评，符合规定的，经审核批准发布其质量标准，并发给《新兽药证书》。兽药新制剂复核试验合格的，由省、自治区、直辖市畜牧（农牧）厅（局）组织技术审评，符合规定的，经审核批准发布其质量标准，并抄报农业部备案。

⑥ 规定新兽药及兽药新制剂的生产批准文号审批要求。兽药生产企业生产被批准的第一、二、三类新兽药，应向农业部提交申请及《新兽药证书》副本、试产品样品，经审核批准后，第一、二类新兽药由农业部发给试产品批准文号，试产期两年；第三类新兽药由所在省、自治区、直辖市畜牧（农牧）厅（局）发给正式生产批准文号。第一、二类新兽药批准试生产后，研制单位和生产企业通过扩大区域试验，继续考察新兽药的疗效、稳定性和安全性。在试生产期满前六个月内，由生产企业提出转正式生产的报告，并提交产品质量、使用情况、用户反映和扩大区域试验的总结报告，经所在省、自治区、直辖市畜牧（农牧）厅（局）签署意见报农业部审核批准后，由所在省、自治区、直辖市畜牧（农牧）厅（局）发给正式生产批准文号。生产企业逾期未提出转正式生产报告的，撤销试产品批准文号及生产期保护。兽药新制剂被批准后，兽药生产企业生产，应向所在省、自治区、直辖市畜牧（农牧）厅（局）提交申请，经兽药监察所对样品检验合格后，由畜牧（农牧）厅（局）审核发给批准文号。

⑦ 明确生产保护期限。对已批准发给《新兽药证书》的新兽药实行生产期保护。凡未得到原研制单位的技术转让的，自发给《新兽药证书》之日起，在以下期限内不得移植生产：第一类六年（含试产期两年）；第二类四年（含试产期两年）；第三类两年。在新兽药试生产期内，不得重复技术转让。2004年11月1日中华人民共和国农业部令第37号决定废止了该文件。

（4）《兽用新生物制品管理办法》 1989年9月2日经农业部常务会议通过，发布《兽用新生物制品管理办法》（农业部令第5号）。共六章三十一条，以及生物制品命名原则6个附录，是规定兽用新生物制品申报应具备的内容和申报程序的一部部门规章，详细规定了新制品的分类和命名、研制要求、审批程序、新制品的生产等。2004年11月1日中华人民共和国农业部令第37号废止了该办法。

① 明确兽用新生物制品定义和分类。兽用新生物制品（以下简称新制品）是指我国创制或首次生产的用于畜禽等动物疫病预防、治疗和诊断的生物制品。对已批准的生物制品所使用的菌（毒、虫）种和生产工艺有根本改进的，亦属新制品管理范畴。新制品按管理要求分为三类：第一类是我国创制的制品和国外仅有文献报道而未批准生产的制品；第二类是国外已批准生产，但我国尚未生产的制品；第三类是对我国已批准的生物制品使用的菌（毒、虫）种和生产工艺有根本改进的制品。

② 明确新制品命名和研制要求。新制品的命名要符合"生物制品命名原则"规定。新制品应经过实验室试验、田间试验、中间试制、区域试验等研究过程，取得完整的数据，提出制造及检验规程草案。实验室试验应包括菌（毒、虫）种的选育和鉴定，毒力、抗原性、免疫原性、稳定性、特异性试验和生产工艺，制品的安全性、效力（实验动物及使用对象动物）、免疫期和保存期试验等。田间试验应用3～5批实验室制造的新制品对生产条件下的使用对象动物进行试验，观察其安全性和效力。中间试制应按实验室生产工艺在生物药品厂或农业部认可的具备一定条件的中试车间试制5～10批（诊断制剂不少于3批）制品，定型生产工艺。批量小且工艺复杂的诊断制剂，可在具备条件的实验室进行中间试制，批数也是5～10批。区域试验应用3批以上中间试制产品进行较大范围、不同品种的使用对象动物试验，进一步观察制品的安全性和效力。进行田间试验必须经试验所在地县畜牧（农牧）局批准；进行区域试验必须经试验所在地省、自治区、直辖市畜牧（农牧）厅（局）批准。试验中因制品质量而产生的不良后果，由研制单位负责。

③ 明确新制品的审批程序。新制品经过中间试制和区域试验后，证明生产工艺完善，安全性和效力良好，研制单位可提出新制品制造及检验规程草案，连同有关技术资料报农业部。农业部对申报材料进行预审。符合预审要求的，通知申报单位。农业部应在收到申报材料后的一个月内做出是否受理的决定。农业部组织有关专家对预审合格的申报材料进行初审。农业部应在收到全部申报材料后的三个月内提出初审意见。兽药审评委员会对初审合格的申报材料进行审评，符合规定的，提出技术审评意见及规程草案送农业部。必要时，申报单位将样品送中国兽医药品监察所进行质量复核试验。农业部应在接到兽药审评委员会技术审评意见后的三个月内做出是否批准的决定。农业部审查批准新制品并颁发其质量标准，发给研制单位《新兽药证书》。持有《新兽药证书》者，方可申报正式科研成果或进行技术转让。新制品质量标准经农业部批准发布后，其制造与检验用菌（毒、虫）种，在生产保护期内，由原研制单位负责鉴定、保管和供应，同时将鉴定结果报中国兽医药品监察所备案；生产保护期满后，由原研制单位交中国兽医药品监察所或由农业部委托的有关单位负责鉴定、保管和供应。两个或两个以上研制单位申报生产工艺、质量标准相近的同一制品，在兽药审评委员会审评会三个月前都予受理，但只制定一个制品质量标准。

④ 明确新制品生产批准文号审批资料要求、试生产期限等要求。新制品质量标准颁布后，生产单位申请生产新制品，须提交农业部批准生产生物制品的文件和《兽药生产许可证》的复印件、《新兽药证书》副本及接受技术转让的合同书或原研制单位同意转让的文件，经农业部审查批准后发给试生产批准文号。新制品试生产期限为：第一类五年，第二类三年，第三类二年。在试生产期内，生产单位要会同原研制单位继续考核制品的质量、完善质量标准。中国兽医药品监察所要抽样检查，如有严重反应或效果不确者，向农业部报告，可令其停止生产、使用。新制品试产期满前六个月，生产单位会同原研制单位将生产、使用总结材料和转为正式生产的报告报农业部。经兽药审评委员会再评价后，建

议列入规程的，由农业部审查批准后发给正式生产批准文号。逾期不报的，取消原批准文号。

⑤ 设置新制品生产保护期。农业部批准的新制品，凡未得到原研制单位的技术转让的，自颁发《新兽药证书》之日起，在以下期限内不得移植生产：第一类六年（含试产期五年）；第二类四年（含试产期三年）；第三类，三年（含试产期二年）。已在我国取得生产方法专利或外观设计专利的新制品，应报农业部备案，其权益保护按《中华人民共和国专利法》执行。新制品生产保护期满后，生产单位应向所在省、自治区、直辖市畜牧（农牧）厅（局）申请，取得批准文号后，方能生产。农业部负责审批的制品应向农业部申请。取得《新兽药证书》的新制品，在两年内不生产或不转让者，该制品的生产保护期即自行失效。具有特殊用途的或紧急疫情防控所需个别新制品，经农业部特别批准后，方能生产。

（5）《兽药药政药检管理办法》 1989 年 9 月 2 日经农业部常务会议审议通过，发布《兽药药政药检工作管理办法》（农业部令第 6 号），共八章三十九条，是对原农牧渔业部 1983 年 5 月 12 日颁布的《兽药检验所工作细则（试行）》进一步修订完善，规定各级兽药管理机关和监督部门的职责和任务的一部部门规章。2004 年 11 月 1 日中华人民共和国农业部令第 37 号决定废止了该办法。

① 明确各级农牧行政管理机关管和主职。农业部主管全国兽药管理工作。其主要职责：贯彻、监督《兽药管理条例》的实施；根据《兽药管理条例》，制定、修订《兽药管理条例实施细则》和各项管理办法、规定等药政法规，并监督实施；行使对全国兽药生产、经营、使用的监督管理权，发布兽药质量通报；会同有关部门协调、规划兽药的生产和布局。组织兽药典委员会制定、修订国家兽药标准，审批、发布国家兽药标准，废止不适用的兽药标准，并监督实施。审批第一、二、三类新兽药和新生物制品，并颁发《新兽药证书》。组织兽药审评委员会审评兽药，决定淘汰兽药品种、禁止使用品种、饲料药物添加剂允许使用品种。负责进出口兽药监督管理工作，受理注册、审批进口兽药，核发《进口兽药登记许可证》和《进口兽药许可证》，公布《进口兽药注册目录》，批准国外兽药在中国进行临床试验。负责审批开办生物制品生产企业，决定部管产品品种，核发批准文号。负责菌、毒、虫种的管理和进出口的审批。指导、协调各省、自治区、直辖市畜牧（农牧）厅（局）的药政工作和各级兽药监察所的监察、检验工作。组织仲裁兽药生产、经营、使用以及进出口中的重大质量事故和纠纷。组织培训全国兽药管理人员。国家授权有关兽药管理的其他事宜。

省、自治区、直辖市畜牧（农牧）厅（局）主管本辖区兽药管理工作。其主要职责：贯彻执行《兽药管理条例》以及国家有关兽药药政法规。监督执行国家兽药标准，组织制定、修订、审批、发布地方兽药标准，并监督实施。负责审批兽药新制剂。行使本辖区兽药生产、经营、使用的监督管理权，通报兽药质量情况。负责考核兽药生产。经营企业以及兽医医疗单位的制剂室，核发《兽药生产许可证》《兽药经营许可证》《兽药制剂许可证》，会同有关部门规划辖区内的兽药生产、经营布局。审批已有国家兽药标准和地方标准的兽药品种的生产，决定发给或撤销批准文号。审批国家已注册的国外兽药的进口，核发《进口兽药许可证》；负责出口兽药的出证工作。处理、仲裁兽药生产、经营、使用中的质量事故和纠纷，决定行政处罚。审批兽药广告。指导地区、市、县畜牧（农牧）局的兽药管理工作和兽药监察所的监察、检验工作。组织培训兽药管理人员、兽药监督员。

地区、市、县畜牧（农牧）局主管本辖区兽药管理工作。其主要职责：贯彻执行《兽药管理条例》以及国家有关兽药药政法规和上一级农牧行政管理机关发布的有关兽药管理规定。行使本辖区兽药生产、经营、使用的监督管理权。调查、处理兽药生产、经营、使用中的质量事故和纠纷，决定行政处罚。向上级农牧行政管理机关反映兽药生产、经营、使用中存在的问题。

② 明确兽药监督员资质要求和主要职责。兽药监督员应具备药剂师或助理兽医师以上技术职称，熟悉兽药管理和检验技术知识，并在国家药政、药检部门任职。兽药监督员是在各级农牧行政管理机关领导下代表政府对兽药管理行使监督、检查的专业执法人员，其主要职责是：宣传贯彻《兽药管理条例》以及国家有关兽药药政法规，监督辖区内兽药生产、经营、使用单位和个人执行兽药药政法规。向所属农牧行政管理机关反映兽药生产、经营、使用情况及存在问题。对兽药生产、经营、使用单位或个人违反兽药管理规定的事件进行检查，并向农牧行政管理机关提出处理意见。对生产和市场销售的兽药质量进行监督、检查，发现质量可疑的兽药，有权按规定抽样送兽药监察所检验处理，并严格取缔假劣兽药。对兽药广告的宣传品进行监督，发现违反规定的，向本辖区农牧行政管理机关和工商行政管理机关提出处理意见。

③ 明确中国兽医药品监察所和省级兽药监察所的机构性质和主要职责。中国兽医药品监察所是农业部领导下的国家兽药质量监督、检验、鉴定专业技术机构。各级兽药监察所受同级农牧行政管理机关领导，在业务技术上受上级兽药监察所的指导。主要职责包括：负责全国兽药质量的监督，抽检兽药产品和对兽药质量检验、鉴定的最终技术仲裁。参与国家兽药标准的拟订和修订。负责第一、二、三类新兽药、新生物制品和进口兽药的质量审核及复核试验，并提出报告。负责兽药检验用标准品（对照品）、参照品和生产、检验用菌、毒、虫种的研究、制备、标定、鉴定、保管和供应。开展有关提高兽药质量、制订兽药标准、检验新技术的研究，承担国家下达的其他研究任务。负责国家兽医微生物菌种保藏工作。调查兽药检验工作，了解生产、经营、使用单位对兽药质量的意见，掌握全国兽药质量情况。指导省、自治区、直辖市兽药监察所和生物制品厂监察室的质量监督工作。培训兽药检验技术人员，推广检验新技术。开展国内外兽药学术情报交流。

省、自治区、直辖市兽药监察所的职责：负责本辖区的兽药质量监督、检验、技术仲裁工作，并定期抽检兽药产品，掌握兽药质量情况；口岸兽药监察所还负责进口兽药的质量检验工作。负责制定和修订兽药地方标准，参与部分国家兽药标准的起草、修订工作。负责兽药新制剂的质量复核试验，提出试验报告。调查、了解本辖区的兽药生产、经营和使用情况。指导辖区内兽药生产、经营企业和制剂室质检机构的业务技术工作，并协助解决技术上疑难问题。负责本辖区兽药检验技术交流和技术培训。开展有关兽药质量、兽药标准、兽药检验新技术、新方法的研究工作。

④ 规定兽药产品的资料要求和审批程序。兽药生产厂生产兽药产品，必须向所在省、自治区、直辖市畜牧（农牧）厅（局）申请批准文号。申请批准文号须提交下列资料、样品：兽药产品生产申请表（一式三份）；配方及原料、辅料的标准（一式两份）；生产工艺（一式两份）；产品说明书和标签的样稿（一式两份）；三个批号的产品样品，送检量为一次检验量的三至五倍（附生产单位质检部门检验报告书）。

省、自治区、直辖市畜牧（农牧）厅（局）对申请资料进行审查。必要时应检查该企业的生产设备和检验设备。受理的，经签章后送省、自治区、直辖市兽药监察所进行质量复核检验；省、自治区、直辖市畜牧（农牧）厅（局）应在三十天内做出是否同意受理的决定。兽药监察所收到畜牧（农牧）厅（局）已审核的兽药产品生产申请表和送检样品后，按规定的兽药标准复核检验产品样品，并提出检验报告送畜牧（农牧）厅（局）和申请企业。合格的，经畜牧（农牧）厅（局）审核批准后，发给批准文号。兽药监察所应在收到兽药产品生产申请表和送检样品后六十天内完成复核检验工作。畜牧（农牧）厅（局）应在收到检验报告后三十天内做出是否发给批准文号的决定。兽药监察所对送检的产品样品要留样观察。有有效期限的产品应保存到有效期后一年，一般药品应保存三年。兽药生产企业制定的兽药优级品企业标准，经省、自治区、直辖市畜牧（农牧）厅（局）认定及兽药监察所质量复核合格的可申报省优产品。被评为省优产品的，经中国兽医药品监察所质量复核合格后，可申报部优产品。

⑤ 明确兽药质量监督、检验要求。各级兽药监察所应通过产品检验、生产现场调查和抽检生产、经营、使用单位的兽药，进行兽药质量监督。兽药监察所检验的兽药必须填写检验报告单，列出各项检验结果及数据；对检验不合格的，应提出处理意见，连同检验报告单报农牧行政管理机关，由农牧行政管理机关做出处理决定，通知生产单位。抽检外地生产的兽药，发现不合格的或质量有疑问的，应报本辖区省、自治区、直辖市畜牧（农牧）厅（局）；由畜牧（农牧）厅（局）做出处理决定或会同产地省、自治区、直辖市畜牧（农牧）厅（局）做出处理决定。各省、自治区、直辖市兽药监察所之间对兽药产品的检验方法或兽药质量的评定有分歧意见时，可共同会检或报送中国兽医药品监察所仲裁。兽药监察所对辖区内生产的兽药产品，应建立质量档案，内容包括：产品质量标准、配方、生产工艺、生产情况、不良反应、用户反映、质量情况和质量事故及其处理结果等。

⑥ 明确兽药监察所建立制度项目。为保证兽药监察工作顺利进行，兽药监察所应建立、健全各项规章制度：工作计划、检查和总结报告制度；技术责任和岗位责任制度；检品收办、检验、报告、登记、收费制度；技术资料档案管理制度；标准品、标准溶液保管、制备制度；麻醉药品、毒剧药品保管制度；精密仪器、设备使用、管理、维修保养制度；药品、试剂、器材供应、管理制度；动物饲养管理制度；安全保密制度。

⑦ 明确兽药质量争议仲裁程序和相关要求。兽药生产者、经营者、使用者三方，对兽药质量有争议时，可在药品有效期内或负责期内，向所在省、自治区、直辖市畜牧（农牧）厅（局）申请质量仲裁。如果兽药争议涉及两省、自治区、直辖市以上的，由争议方省级畜牧（农牧）厅（局）协商解决；如仍有争议的可向农业部申请仲裁。省、自治区、直辖市畜牧（农牧）厅（局）接到兽药质量仲裁申请后，根据申请仲裁的内容，可直接裁决或指定兽药监察所进行仲裁检验后裁决。兽药监察所接到畜牧（农牧）厅（局）指定的检验仲裁任务后，要向与仲裁相关的各方进行调查，了解发生争议的实际情况，制定仲裁检验方案，并通知争议各方。抽检样品要根据仲裁检验方案，从发生质量争议产品的同批未开封包装中抽样。如同批产品已用完，可抽检生产企业留样观察的样品。如果生产企业不按规定留样观察，无法验证产品质量时，仲裁机关可根据申请仲裁一方提供的样品检验结果进行裁决。兽药监察所应会同争议各方共同进行抽样。抽样必须从同批产品中随机取样，产品残存数量较多时，应从五个包装中分别抽样，混合后检验，样品要有代表性。兽药监察所根据仲裁检验方案，必须按该产品标准（以国家药品标准、地方标准的顺序）规定的检验方法进行检验，并提出检验报告单，报送畜牧（农牧）厅（局），同时分送有争议的各方。畜牧（农牧）厅（局）应根据兽药监察所的检验结果（如需做动物试验的，还应根据动物试验结果）作出裁决。对违反《兽药管理条例》及其实施细则有关规定的，应同时作出行政处罚决定。受理质量仲裁申请的畜牧（农牧）厅（局），应在收到检验或试验结果后三十天内作出仲裁决定。争议中的一方，对省、自治区、直辖市畜牧（农牧）厅

（局）的裁决不服时，可向农业部申请复裁，由中国兽医药品监察所进行最终仲裁检验，报农业部裁决。裁决机关受理仲裁案件后，对有争议的残存产品，在仲裁期间内应予封存，不准销售或使用。仲裁经费（包括产品检验费和动物试验费等），应由责任一方承担。如双方都有责任，由仲裁机关裁定，按双方应负的责任分别承担。

⑧ 明确违章兽药案件的处理。各省、自治区、直辖市的县以上各级农牧行政管理机关处理本辖区内违反《兽药管理条例》及其实施细则所规定的违章兽药案件。各级农牧行政管理机关对没收的假劣兽药，应会同有关部门并在有当事人在场的情况下，监督销毁处理。对查处质量有疑问的兽药，应先行封存，待取得检验结果后，再按规定处理。农牧行政管理机关对封存待查的兽药应在收到检验报告后三十天内做出处理的决定。对查处外省、自治区、直辖市生产、销售的违章兽药，由当地省、自治区、直辖市畜牧（农牧）厅（局）将兽药检验报告单和处理意见通知产地或销售地的省、自治区、直辖市畜牧（农牧）厅（局）执行处罚。违章兽药由查获当地农牧行政管理机关处理。对未经所在省、自治区、直辖市畜牧（农牧）厅（局）批准，擅自将非兽药转为兽用，按照《兽药管理条例》第二十八条第二款和第四十条的规定，视同假兽药处理。各级农牧行政管理机关对违章兽药案件的处理过程、证据资料及处罚决定，应建立档案备查，并上报省、自治区、直辖市畜牧（农牧）厅（局）。违章案件档案应至少保存五年。省、自治区、直辖市畜牧（农牧）厅（局）应每年将违章兽药案件处理情况总结上报农业部。

（6）《核发〈兽药生产许可证〉、〈兽药经营许可证〉、〈兽药制剂许可证〉管理办法》 1989 年 7 月 10 日农业部令第 2 号发布《核发〈兽药生产许可证〉、〈兽药经营许可证〉、〈兽药制剂许可证〉管理办法》，共六章二十九条，是规定生产、经营企业和制剂单位应具备的条件和应履行的程序的规章。2004 年 11 月 1 日中华人民共和国农业部令第 37 号决定废止了该办法。

① 明确兽药生产企业应具备的条件。a. 兽药生产企业的人员必须具备下列基本条件：厂长必须具有中专以上文化程度或相应的技术职称，熟悉兽药生产技术，并从事兽药生产工作三年以上。兽药生产和质量检验部门的负责人，必须是具有主管药师、工程师、兽医师以上技术职称的专业技术人员，并从事兽药生产或检验工作三年以上。质检人员应是本专业中专以上的技术人员或受过专门培训合格的检验工。兽药生产岗位的工人应具有初中以上文化程度，质量检验工人应具有高中以上文化程度，并经过专业技术培训，能熟练地进行生产和检验操作。电工、锅炉工等辅助工人，必须经劳动部门考核合格。b. 兽药生产企业的厂区、厂房，必须具备下列基本条件：必须有卫生整洁的环境、消防安全设施和三废处理设施，生产区和生活区应分开。生物制品厂还应具有防止散毒的设施。非兽药厂兼产兽药的，必须有单独的兽药生产区或生产车间。厂房、车间的布局应符合生产工艺流程的要求，要有足够的空间和场所，能整齐、合理地安置设备和堆放物料。不同品种和不同规格药品的各道工序不得在同一室内操作。主要生产车间要有防尘、防菌、防蚊蝇昆虫等设施，特别是原料药的精制、烘干、包装车间和制剂车间。生产无菌制剂，车间应有空气净化装置，应有无菌缓冲间和密闭隔离的工作室。生产中成药应有晾晒场。生产生物制品还应具备无菌操作室、动物饲养舍、焚尸设施、污水处理设备等。兽药厂应具有与生产的兽药相适应的仓储设施。原料、辅料、中间体、半成品、成品以及不合格品必须分别存放，并有明显标记。对贮藏有特殊要求的药品要有相当的条件。贮存生物制品的冷库内不得同时存放其他物品。危险品及剧毒药品应按规定单独贮存。易燃、易爆物品应远离厂房存放。c. 根据生产的品种，兽药生产企业应具备下列基本的药品生产设备：（a）水针剂

应有重蒸馏水器、不锈钢配药罐、薄膜过滤器、割圆机、洗瓶机、安瓿烘干机、高压灭菌柜、印字包装机、空气过滤通风设备等。（b）粉针剂应有洗瓶机、烘瓶设备、计量分装器、轧盖机等。（c）片剂应有粉碎机、搅拌机、制粒机、压片机、烘干设备和空气除尘设备等。（d）饲料药物添加剂应有粉碎机、电动筛、烘干机、双螺旋搅拌机、计量分装机。分装易氧化失效药物应有真空充氮包装机等。（e）中药散剂应有粉碎机、搅拌机、电动筛、药材洗涤池及防尘、烘干设备等。（f）生物制品应有转瓶机、培养罐、过滤器、冻干机、孵化箱、压盖包装机、高压灭菌柜、烘烤箱、冷藏设备等。d. 兽药生产企业的质量检验机构必须符合《兽药管理条例实施细则》第七条的规定。质检机构直接由厂长领导。质检机构要有严密的抽样。检验记录和检验报告的审核签发制度，要制定质量检验操作规程。e. 兽药生产企业应建立必要的制度：原辅料检验使用制度、半成品成品检验制度、新产品报批制度、重大质量事故处理制度、安全制度、卫生制度、个人卫生体检制度等；应具备生产工艺流程，以及操作规程。f. 兽药生产企业使用的原料、辅料、容器、包装材料以及包装、标签、产品均应符合《兽药管理条例》和《兽药管理条例实施细则》的规定。

② 明确兽药经营企业应具备的基本条件。兽药经营企业的人员必须符合《兽药管理条例实施细则》第十六条的规定。兽药经营企业必须有与经营业务相适应的营业室、库房、货架、货位、柜台等，不准在露天存放药品。营业场所和库房应整洁卫生，并有消防安全设施。药品的堆码、存放和陈列要整齐。兽药的存放和保管场所，必须符合各类药品的理化性质要求。应有防污染、防虫蛀、防鼠、防尘、防潮、防霉变等设施。需避光、低温贮藏的药品，应有专用设备。特殊管理的药品应按有关规定执行。要备有标准化的计量器具、清洁无毒的售药工具和包装物料。兽药经营企业必须建立《兽药管理条例实施细则》第十八条规定的制度。

③ 明确兽医医疗单位制剂室应具备的基本条件。制剂室应由具有药剂师、助理兽医师以上职称或相应技术水平的技术人员负责配制制剂和质量检验工作。制剂室与门诊室、病房应有一定距离，并保持环境卫生。制剂室操作间要按配制剂的要求防尘、防菌、防蚊蝇昆虫、防异物混入等。制剂室应具备与所配制剂相适应的必要设备。配制灭菌制剂应有重蒸馏水器和高压灭菌设备。配制输液应有空气净化装置或采取净化灭菌措施。制剂室要有单独的检验室并配备必要的试剂和仪器设备。制剂检验必须有完整的原始记录和检验报告单。制剂室应建立必要的规章制度，各种制剂均应制定配制操作规程和质量检验操作规程。制剂审批手续应完备。

④ 规定了发证工作程序。省、自治区、直辖市畜牧（农牧）厅（局）核发《兽药生产许可证》的工作程序为：对兽药生产企业申请开办报告以及当地县级以上畜牧（农牧）局同意的批件和有关材料进行审核，决定是否批准筹建；批准兽药生产企业筹建后，参与对企业的厂房设计、车间布局、设备安排审查；筹建结束后，发给生产企业《兽药生产许可证申请表》一式五份，按要求逐项填写；按照《兽药管理条例》《兽药管理条例实施细则》以及本办法规定的要求验收。合格的，发给《兽药生产许可证》，包括非兽药生产企业拟扩建、改建生产或兼产兽药的，兽药生产企业在本企业外增设分厂、车间或联营生产兽药的企业。

核发《兽药经营许可证》的工作程序为：省（自治区、直辖市）或市（地）、县（区）畜牧（农牧）厅（局）对兽药经营企业的开办报告以及其主管部门同意的批件和有关材料进行审核；初审同意后，发给经营企业《兽药经营许可证申请表》一式三份，按要求逐项填写；省（自治区、直辖市）、市（地）、县（区）畜牧（农牧）厅（局）按照《兽药管理条例》《兽药管理条例实施细则》以及本办法的规定要求验收。合格的，发给《兽药经营许可证》。兽药生产企业如果经营非本厂生产的兽药产品，必须申请办理《兽药经营许可证》。

省（自治区、直辖市）畜牧（农牧）厅（局）核发《兽药制剂许可证》的工作程序为：对兽医医疗单位设立兽药制剂室的报告和其主管部门同意的批件进行审核；初审同意后，发给申报单位《兽药制剂许可证申请表》一式三份，按要求逐项填写；按照《兽药管理条例》《兽药管理条例实施细则》和办法的规定要求验收。合格的，发给《兽药制剂许可证》。

换发《兽药生产许可证》《兽药经营许可证》《兽药制剂许可证》的单位或个体经营者，必须按照《兽药管理条例》和《兽药管理条例实施细则》以及本办法的规定，进行自查、整顿、写出总结，报原发证机关审查。经原发证机关验收合格的，换发新证；验收不合格的，限期整顿，逾期仍不合格的，不再发证。

（7）《兽用生物制品管理办法》　兽用生物制品是保证畜牧业发展，用于动物保健的特殊商品。为提高兽用生物制品的质量和防疫效果，加强兽用生物制品管理工作，根据《兽药管理条例》及《兽药管理条例实施细则》规定，结合当时兽用生物制品管理现状，农业部先后制定发布了一系列文件。1993 年 10 月 16 日，为落实（1992）农（办）字第 13 号文《关于农业科研、教育单位生产和经营农作物种子、兽用疫苗的若干规定》，遏制当时生物制品生产的混乱局面，维护广大农牧民的利益，保证畜禽生产健康发展，使农业科研、教学单位兽用生物制品的生产纳入正常化、法制化管理轨道，制定发布了《生物制品生产车间管理办法》（〔1993〕农〔牧〕字第 13 号）。1994 年 2 月 26 日，发布农牧发〔1994〕4 号文。1995 年 4 月 24 日，发布了《生物制品生产车间验收细则》的通知（农牧药发〔1995〕第 53 号）。针对兽用生物制品经营混乱局面，1996 年 5 月 28 日，制定发布了《兽用生物制品管理规定》（农业部令第 6 号）。《兽用生物制品管理规定》共八章三十五条，是对兽用生物制品的生产、经营、使用等方面的全面规定。2001 年 10 月 16 日对其进行了修订（农业部令第 2 号），增加了监督方面内容，共八章四十五条。2004 年 11 月 1 日中华人民共和国农业部令第 37 号决定废止了该办法。

① 明确兽用生物制品的定义。兽用生物制品是应用天然或人工改造的微生物、寄生虫、生物毒素或生物组织及代谢产物为原材料，采用生物学、分子生物学或生物化学等相关技术制成的，其效价或安全性必须采用生物学方法检定的，用于动物传染病和其他有关疾病的预防、诊断和治疗的生物制剂。包括疫（菌）苗、毒素、类毒素、免疫血清、血液制品、抗原、抗体、微生态制剂等。其中疫（菌）苗、类毒素为预防用生物制品。

② 强化兽用生物制品的生产管理。开办兽用生物制品生产企业（含科研、教学单位的生物制品生产车间和三资企业）（下同）的单位必须在立项前提出申请，经所在地省、自治区、直辖市农牧行政管理机关（以下简称省级农牧行政管理机关）提出审查意见后报农业部审批。经批准开办兽用生物制品生产企业的单位必须按照《兽药生产质量管理规范》（以下简称兽药 GMP）规定进行设计和施工。农业部负责组织兽用生物制品生产企业的兽药 GMP 验收工作，并核发《兽药 GMP 合格证》。省级农牧行政管理机关凭《兽药 GMP 合格证》核发《兽药生产许可证》。实施前已经取得《兽药生产许可证》的兽用生物制品生产企业必须按照兽药 GMP 规定进行技术改造，并在农业部规定期限内达到兽药 GMP 标准。禁止任何未取得生产兽用生物制品《兽药生产许可证》的单位和个人生产兽

用生物制品。兽用生物制品生产企业必须设立质量管理部门（以下简称质管部），负责本企业产品的质量检验及生产过程的质量监督工作。质管部应当配备相应的技术人员。质管部人员不得兼任其他行政或生产管理职务。质量管理部应当有与生产规模、品种、检验项目相适应的实验室、仪器设备和管理制度等。兽用生物制品生产企业所生产的兽用生物制品必须取得产品批准文号。兽用生物制品生产企业必须严格按照兽用生物制品国家标准或农业部发布的质量标准进行生产和检验。兽用生物制品制造与检验所用的菌（毒、虫）种等应采用统一编号，实行种子批制度，分级制备、鉴定、保管和供应。兽用生物制品生产与检验所用的原材料及实验动物等应符合国家兽药标准、专业标准或标准化管理部门发布的相关规定。兽用生物制品的说明书及瓶签内容必须符合国家标准或农业部标准的规定。国家提倡和鼓励研究、教学单位通过技术转让、有偿服务或技术入股等形式与兽用生物制品生产企业进行合作。用于紧急防疫的兽用生物制品，由农业部安排生产，严禁任何其他部门和单位以"紧急防疫"等名义安排生产兽用生物制品。

③ 首次提出对兽用生物制品实行批签发制度。国家对兽用生物制品实行批签发制度。兽用生物制品生产企业生产的兽用生物制品，必须将每批产品的样品和检验报告报中国兽医药品监察所。产品的样品可以每 15 日集中寄送一次。中国兽医药品监察所在接到生产企业报送的样品和质量检验报告后 7 个工作日内，作出是否可以销售的判定，并通知生产企业。对于中国兽医药品监察所认为有必要进行复核检验的，可以在中国兽医药品监察所或其指定的单位、场所进行复核检验。复核检验必须在中国兽医药品监察所接到企业报送的样品和质量检验报告后 2 个月内完成。复核检验结束后，由中国兽医药品监察所作出判定，并通知生产企业；当对产品作出不合格判定时，应当同时报告农业部。生产企业取得中国兽医药品监察所的"允许销售通知书"后，方可按本办法第三章的规定进行销售。

④ 明确经营管理要求和养殖场自购疫苗的条件。预防用生物制品由动物防疫机构组织供应。供应预防用生物制品的动物防疫机构应当具备与供应品种相适应的储藏和运输条件及相应的管理制度，并必须取得省级农牧行政管理机关核发的可以经营预防用生物制品的《兽药经营许可证》。供应预防用生物制品的动物防疫机构可以向兽用生物制品生产企业、进口兽用生物制品总代理商或者其他已取得经营预防用生物制品《兽药经营许可证》的动物防疫机构采购预防用生物制品。供应预防用生物制品的动物防疫机构对购入的生物制品必须核查其包装、生产单位、批准文号、产品生产批号、规格、失效期、产品合格证、进货渠道等，并应当有书面记录。自购疫苗的养殖场应具有相应资格的兽医技术人员，能独立完成本场的防疫工作；具有与所需制品的品种、数量相适应的运输、储藏条件；具有购入验收、储藏保管、使用核对等管理制度。自购条件养殖场可以向所在地县级以上人民政府农牧行政管理机关提出自购疫苗的申请。经审查批准后，可以向兽用生物制品生产企业、进口兽用生物制品总代理商和具有供应资格的动物防疫机构订购本场自用的预防用生物制品。县级以上人民政府农牧行政管理机关必须在收到申请后的 30 个工作日内作出是否同意的答复。当作出不同意的答复时，应当说明理由。经营非预防用生物制品的企业应当具备相应的储藏条件和相应的管理制度，由省级农牧行政管理机关审批并核发《兽药经营许可证》。《兽药经营许可证》应当注明经营范围。

⑤ 加强新生物制品研制阶段管理。兽用新生物制品的研究、田间试验及区域试验，必须严格遵守《兽用新生物制品管理办法》的规定。严禁未经批准擅自进行田间试验和区域试验。擅自进行田间试验和区域试验的，对其试验结果不予认可。省级农牧行政管理机关批准区域试验时，必须注明试验范围和试验期限，并报农业部备案。区域试验由试验所

在地县级以上农牧行政管理机关或其指定的单位负责监督实施。严禁任何实施监督的单位和个人收取费用。田间试验和区域试验不符合规定的，对其试验结果不予认可。兽用新生物制品的中间试制必须在已取得《兽药生产许可证》的兽用生物制品生产企业进行。研制单位在进行兽用新生物制品的田间试验和区域试验时，不得收取费用，试验损耗费用及造成的损失由研制单位承担。收取费用的，视为经营。

⑥ 细化进出口管理。外国企业在中国销售其已经在我国登记的兽用生物制品时，必须委托中国境内一家已取得相应《兽药经营许可证》的企业作为总代理商。外国企业驻中国办事机构不得从事进口兽用生物制品的销售活动。进口已在我国登记的或进口少量用于科学研究而尚未登记的兽用生物制品，进口单位必须按照《进口兽药管理办法》的规定进行申请，取得农业部核发的《进口兽药许可证》后，方可进口。严禁任何单位和个人未经农业部批准擅自进口兽用生物制品。对国家防疫急需、国内尚不能满足供应的未登记产品的进口，由农业部审批。该类产品只限自用，不得转让、销售。进口兽用生物制品的单位必须按照《进口兽药许可证》载明的品种、生产厂家、规格、数量和口岸进货，由接受报验的口岸兽药监察所进行核对并抽取样品。口岸兽药监察所在接受报验后 2 个工作日内将抽取的样品及生产厂家的检验报告报送中国兽医药品监察所。对于符合要求的，中国兽医药品监察所应当在接到样品和检验报告后 7 个工作日内出具"允许销售（使用）通知书"，并予以公布。口岸兽药监察所接到"允许销售（使用）通知书"后核发并监督进口单位粘贴专用标签。专用标签由中国兽医药品监察所统一制作，并直接供应各口岸兽药监察所。

⑦ 规范使用管理。兽用生物制品的使用必须在兽医指导下进行。兽用生物制品的使用单位和个人必须按照兽用生物制品说明书及瓶签的内容及农业部发布的其他使用管理规定使用兽用生物制品。兽用生物制品的使用单位和个人对采购、使用的兽用生物制品必须核查其包装、生产单位、批准文号、产品生产批号、规格、失效期、产品合格证、进货渠道等，并应有书面记录。兽用生物制品的使用单位和个人在使用兽用生物制品的过程中，如出现产品质量及技术问题，必须及时向县级以上农牧行政管理机关报告，并保存尚未用完的兽用生物制品备查。兽用生物制品的使用单位和个人订购的预防用生物制品，只许自用，严禁以技术服务、推广、代销、代购、转让等名义从事或变相从事兽用生物制品经营活动。

⑧ 明确质量监督职责和处罚。中国兽医药品监察所负责全国兽用生物制品的质量监督工作和质量技术仲裁。省级兽药监察所负责本辖区内兽用生物制品的质量监督工作。严禁任何单位和个人生产经营无产品批准文号、未粘贴进口兽用生物制品专用标签、未经批准擅自进行田间试验区域试验或者田间试验区域试验范围期限不符合规定或者田间试验区域试验收取费用、以技术服务推广代销代购转让等名义从事或变相从事经营活动、其他农业部明文规定禁止生产经营的兽用生物制品。对非法生产、经营的兽用生物制品，不得核发其产品批准文号。经批准筹建的兽用生物制品生产企业，在筹建期间，有非法生产、经营兽用生物制品的，不予验收。严禁任何地区的任何部门和单位以任何形式限制合法企业的合法兽用生物制品的流通和使用。

（8）《进口兽药管理办法》　为了加强进口兽药的管理，保证兽药的质量，这一时期不同阶段农业部先后制定发布了进口兽药相关管理文件。1988 年 7 月 11 日，制定发布了《外国企业在中华人民共和国注册兽药管理办法》（[1988] 农［牧］字第 48 号）。1989年 7 月 10 日，制定发布了《进口兽药管理办法》（农业部令第 3 号）。1998 年 1 月 5 日，进一步修订完善并发布了《进口兽药管理办法》（农业部令第 34 号），共六章五十六条，规定了进口兽药的注册管理、申请进口兽药的审批程序、进口兽药质量检验与监督等内容。2004年11月1日中华人民共和国农业部令第37号决定废止了该办法。由2007年7月31日农业部、海关总署令第2号《兽药进口管理办法》替代。

① 明确进口兽药实行注册管理的分类和资料要求。国家对进口兽药实行注册管理制度。凡外国企业生产的兽药首次向中华人民共和国销售的，必须申请注册，取得《进口兽药登记许可证》。未经注册的兽药，不准在中华人民共和国境内销售、分装、使用和进行商业性宣传。《进口兽药登记许可证》只对载明的兽药品种和生产企业有效。注册兽药的申请须由外国企业驻中国办事机构或其在中国境内的代理商提出。申请时须将有关资料一式三份报农业部。申请注册的兽药分为三类：第一类为中华人民共和国兽药典、兽药规范和农业部专业标准已收载的；第二类为中华人民共和国兽药典、兽药规范和农业部专业标准未收载，但国外药典、兽药典、附药典或饲料法规已收载的；第三类为国外药典、兽药典、附药典或饲料法规未收载，但生产国（地区）政府兽药管理机关已批准在本国（地区）生产和销售的，并符合中华人民共和国有关兽药使用规定的。对上述三类以外的兽药产品不予受理注册。根据注册兽药类别填写"进口兽药申请表"并提交下列相关资料及物品：生产企业所在国（地区）政府签发的企业注册证书和兽药管理机关批准的生产、销售证明以及企业符合兽药生产质量管理规范（兽药GMP）的证明文件，证明须先在企业所在国公证机关办理公证或由企业所在国外交部（或外交部授权的机构）认证，再经中华人民共和国驻企业所在国（地区）使馆（领事馆）确认；兽药的质量标准及检验方法；产品使用说明书；来源和制造方法、稳定性试验资料；临床试验或区域试验；药理学和药代动力学试验；毒理学和特殊毒性（致癌、致畸、致突变）试验；饲料药物添加剂的饲喂试验和动物繁育试验；残留试验、停药期、残留限量标准及残留监测方法；药物不良反应情况；抗药性情况及抗生素的耐药菌株试验；影响环境的试验（对植物毒性、鱼类毒性、昆虫毒性及环境污染）；兽药样品（附检验报告书）、标准品或化学对照品。供质量复核试验的样品必须来自三个不同的批号，每个批号的样品数量应是检验用量的三至五倍；标准品或化学对照品应是检验用量的五至十倍。各项资料（除一、十三项外）均需提供中文译本。申请注册兽用生物制品的，还须根据制品类别提交制品的原材料（包括菌毒种来源、代次和制备方法）标准；细胞苗的细胞种来源、代次、传代方法、鉴定方法和标准；活疫苗的组分、配方、特异性和稳定性试验；定性试验；灭活疫苗的灭活剂、佐剂的种类及标准；诊断液的特异性、敏感性及符合率。农业部对申请企业提供的资料进行审查，对符合规定的发给"进口兽药注册申请受理通知书"，申请企业接到农业部的"进口兽药注册申请受理通知书"后，提供兽药样品在中华人民共和国境内进行质量复核试验、动物临床药效试验和必要的安全性试验。申请注册第一类兽药一般不进行临床药效试验，但产品组方、剂型、给药途径、适应证与中华人民共和国兽药典、兽药规范和专业标准不符时，则必须进行临床药效试验。申请注册第二、三类兽药，必须在中国境内进行临床药效试验。兽用生物制品根据资料审查情况，由农业部决定是否免做部分临床药效试验。申请企业和承担试验单位根据农业部有关临床试验规定共同拟定试验方案，并报农业部批准后方可进行试验。注册第三类兽药，根据申请企业提交的资料情况，由农业部确定是否进行药理、药代动力学、毒理、特殊毒性和繁育试验。属于第三类兽药的抗寄生虫药、饲料药物添加剂，农业部根据提交的资料情况，确定是否进行残留试验。注册兽用生物制品的，农业部可以根据不同制品的要求确定安全性等试验项目和内容。相关试验均须由农业部指定的单位承担。申请企业持"进口兽药注册申请受理通知书"将兽药样品、标准品或化学对照品

送农业部指定的兽药监察所进行质量复核试验。注册产品在审查期间，农业部应派员到生产企业进行考核，该企业须提供考核所需的条件。未经考核或考核不符合要求的，不批准注册。农业部根据临床药效试验报告、质量复核试验报告、兽药审评委员会的审评意见、生产厂考核报告进行审核，批准注册的，发给《进口兽药登记许可证》。不批准注册的，书面通知申请企业。《进口兽药登记许可证》自批准之日起有效期为五年。到期时，注册兽药的企业可申请再注册，但必须在《进口兽药登记许可证》失效前六个月内持原证向发证机关提出申请，并填写《进口兽药再注册申请表》，提供生产国（地区）最新批准生产和销售的证明文件、产品说明书和产品质量标准，经审核批准后换证。在《进口兽药登记许可证》有效期内，如生产企业对该兽药在原材料、配方、检验方法、产品规格等方面有更改时，必须及时向农业部申报，并附技术资料。如更改产品名称、变更生产厂名时，需申请换证。已取得《进口兽药登记许可证》的兽药向中华人民共和国销售时，其包装上应标示《进口兽药登记许可证》编号、产品中英文名称，并附经批准的中文说明书。农业部定期发布《进口兽药注册目录》。

② 规定预防治疗药、抗寄生虫药、饲料药物添加剂、生物制品等临床药效试验不同动物的最少数目。

③ 规范进口兽药的经营、分装。进口少量用于科学研究而尚未注册的兽药，须报农业部批准，核发《进口兽药许可证》。未经批准的，不得擅自进口。对养殖业生产急需、国内尚不能满足供应的未注册兽药产品，由使用单位按进口兽药申报程序报农业部审查批准，发给一次性《进口兽药许可证》，该产品只限自用，不得转让、销售。取得《进口兽药登记许可证》的外国企业在中国销售其产品时必须在中国境内委托合法的兽药经营企业作为其代理商。其中兽用生物制品只能委托一家总代理商进行销售。外国企业在办理注册过程中必须向农业部提交代理商的有关资料，提交资料包括：代理商名称、地址、邮政编码、联系电话、传真；代理商的《营业执照》和《兽药经营许可证》复印件；外国企业给代理商的委托书；代理商的概况资料。代理商应为国内合法的兽药经营企业，具有经销进口兽药的人员、条件和能力，具有经销进口兽药的质量保证条件和仓储条件。农业部定期公布代理商名单。对多次经销不合格进口兽药的代理商，农业部可视情节轻重，给予警告、责成原发证机关吊销其《兽药经营许可证》等行政处罚，并会同工商行政管理机关给予相应的经济处罚。凡需进口兽药者，均必须填写《进口兽药申请表》，报所在省、自治区、直辖市畜牧兽医行政管理部门或农业部。省、自治区、直辖市畜牧兽医行政管理部门负责核发已取得《进口兽药登记许可证》的化药、抗生素及饲料药物添加剂品种的《进口兽药许可证》。农业部负责核发已取得《进口兽药登记许可证》的兽用生物制品和符合第二十七条规定的《进口兽药许可证》。省、自治区、直辖市畜牧兽医行政管理部门和农业部接到《进口兽药申请表》后，对进口单位、兽药品种、进口数量等内容进行审核，批准后发给《进口兽药许可证》。《进口兽药许可证》有效期为一年，逾期未进口的应重新申请。《进口兽药许可证》副本应抄送中国兽医药品监察所和进口口岸兽药监察所，省、自治区、直辖市畜牧兽医行政管理部门核发的《进口兽药许可证》副本还应抄送农业部。《进口兽药许可证》只对该证载明的兽药名称、生产厂家、规格、数量、有效期限和进口口岸有效。如有变动，须按原程序重新申请换证。进口兽药者持《进口兽药许可证》通过代理商签订进口合同。合同必须按照《进口兽药许可证》载明的兽药名称、规格、数量、生产厂家、质量标准签订。合同副本（或复印件）需在进货前 7 日内报送进口口岸兽药监察所。凡进口兽药检验需要的特殊试剂、标准品或化学对照品，均应在合同中订明由卖方

提供。进口兽药（兽用生物制品除外）在国内进行产品分装（分装指采购大包装进口兽药直接进行分包装活动）时，国内分装企业必须持有《兽药生产企业许可证》，并与持有《进口兽药登记许可证》的外国兽药生产企业签订合同或协议，同时应被授权使用其商标。合同或协议的内容必须符合我国有关法律和兽药管理的规定。进口兽药在我国进行分装并在国内销售使用的，由进行分装的兽药生产企业向所在省、自治区、直辖市畜牧兽医行政管理部门提出申请并报送中外双方签订的合同或协议和商标使用授权书（副本）、该兽药的质量标准（原文及中文译本）、该兽药的使用说明书（原文及中文译本）、包装标签样稿、三批样品及检验报告单等相关资料，经检验符合要求并经审核同意的核发分装产品批准文号，分装产品批准文号有效期为三年。分装后的兽药包装、标签及说明书必须使用中文，也可同时加注外文，并同时标明国外原生产厂家名称、进口兽药登记许可证号及分装厂家名称和分装产品批准文号。其分装产品执行进口兽药质量标准，必须经企业质检部门检验合格后方可出厂。凡进口的兽药在我国经过必要的制剂加工并在国内销售使用的兽药产品，按照国内兽药审批和新兽药审批的管理规定办理审批手续。

④ 明确进口兽药的验放。进口兽药到达口岸后，由收货单位在三天内持《进口兽药许可证》、生产厂检验报告和进口货物报关单到指定的口岸兽药监察所申请报验。口岸兽药监察所对有关证件审核后，在进口货物报关单上加盖已接受报验的印章和本所印章，或出具已接收报验证明并指定兽药存放地点，封存待检。报验单位持已加盖印章的报关单或报验证明到海关办理验放手续。口岸兽药监察所受理报检后，应立即派员到兽药存放点进行核对及抽样，并同时注销《进口兽药许可证》正本。口岸兽药监察所应在受理报验之日起三十日内出具检验报告。未经检验及检验不合格的进口兽药不准销售、使用。兽药生产、经营企业和兽医医疗单位采购进口兽药时应向进口兽药单位索取口岸兽药监察所出具的"进口兽药检验报告书"。进口兽用生物制品必须经口岸兽药监察所加贴专用标志后，方能销售、使用。其产品抽样按有关规定执行。

⑤ 加强进口兽药监督。农业部发布的《进口兽药质量标准》为进口兽药质量监督的法定标准。凡不符合该标准的进口兽药产品均不得在国内销售和使用。农业部指定的口岸兽药监察所负责进口兽药的验放和检验。各级兽药监察所负责本辖区内的进口兽药产品的质量监督检验。中国兽医药品监察所负责对口岸兽药监察所的技术指导，负责对有争议的检验结果进行技术仲裁。对于检验不合格的兽药，由口岸兽药监察所会同省级畜牧兽医行政管理部门进行封存，监督处理，同时将有关情况汇总，上报农业部。各级畜牧兽医行政管理部门对已投放市场的进口兽药，应加强监督管理，对已变质或过期失效的产品，应责令立即停止销售使用。对在临床使用中发生毒副反应的，应立即停止使用，并向农业部报告。进口兽药单位和使用单位发现进口兽药有质量问题时，应及时与当地畜牧兽医行政管理部门和进口兽药总代理商联系，也可向上一级畜牧兽医行政管理部门反映。总代理商对反映的问题应及时解决，并将结果报告当地畜牧兽医行政管理部门和农业部。对违反本办法规定的，按《兽药管理条例》的有关规定处理。申请企业应按有关规定交纳试验、检验和注册费用。药效试验、饲喂试验、药理试验、毒性试验及残留试验等，根据试验动物、内容和规模确定收费，由承担试验单位和申请单位协商确定。

（9）《兽药质量监督抽样规定》　1991年1月9日，为了做好进口兽药的检验抽样工作，农业部根据《进口兽药管理办法》，制定发布了《进口兽药抽样规定》（［1991］农［牧］字第2号）。1993年7月5日，为提高兽药监督检验的公正性和科学性，农业部根据《兽药药政药检工作管理办法》，制定发布了《兽药监督检验抽样规定》（［1993］农

［牧］函字第 46 号），明确各级兽药监察所和兽药监督员在对兽药生产企业、兽药经营企业、兽医医疗单位和其他兽药使用单位的兽药产品进行监督检验的抽样活动（以下简称抽样），应遵守本规定。2001 年 12 月 10 日，农业部修订发布《兽药质量监督抽样规定》（农业部令第 6 号），共十七条，该规定加强和规范了兽药质量监督抽样工作，保证了抽样工作的科学性和公正性。

① 明确抽样人员资质和相关要求。抽样人员应熟悉兽药管理法规，具有专业技术知识，掌握抽样工作程序和抽样操作技术。兽药监察机构抽样时，抽样人员不得少于两人，并应当主动向被抽样单位或者个人出示抽样任务书。兽药监察机构抽样时，被抽样的单位应当予以配合；抽样人员不能出示抽样任务书的，被抽样单位有权拒绝。抽样人员应当检查兽药贮存条件是否符合要求；兽药包装是否按照规定印有或者贴有标签并附有说明书，字样是否清晰；标签或者说明书的内容是否与兽药管理部门核准的内容相符，并核实被抽样兽药品种的库存量。

② 明确被抽样单位出具资料。被抽样单位应根据抽样工作的需要出具相关资料：兽药生产企业提供《兽药生产许可证》及《营业执照》，被抽样兽药品种的批准证明文件、质量标准、生产记录、兽药检验报告书、批生产量、库存量、销售量和销售记录，以及主要原料进货证明（包括发票、合同、调拨单、检验报告书）等相关资料；有进口兽药原料药及用于分装的进口兽药的，还需提供《进口兽药许可证》、口岸兽药监察所出具的检验报告或其复印件；兽药制剂室提供《兽药制剂许可证》、被抽样兽药制剂的批准证明文件、质量标准、生产记录、兽药检验报告书、批生产量、库存量和使用量，以及主要原料进货证明（包括发票、合同、调拨单、检验报告书）等相关资料；有进口兽药原料药的，还需提供《进口兽药许可证》、口岸兽药监察所出具的检验报告或其复印件；兽药经营企业提供《兽药经营许可证》及《营业执照》，被抽样兽药品种的进货凭证（包括发票、合同、调拨单）、购销记录及库存量等相关资料；有进口兽药的，还需提供《进口兽药许可证》、口岸兽药监察所出具的检验报告或其复印件。抽样人员应当核实各项证明资料，并负有保密义务。

③ 明确抽样要求。兽药抽样应在被抽样单位存放兽药产品的现场进行，包括兽药生产企业成品仓库和药用原、辅料仓库，兽药经营企业的仓库或营业场所，兽医医疗机构的药房或药库，以及其他需要抽样的场所。抽样品种由下达抽样任务的单位确定。

④ 明确抽样批号和件数要求。对同一企业相同品种抽取的样品不超过三个批号的产品。相同批号的产品，依其库存数量，确定抽样件数和抽样数量。

⑤ 明确抽样操作程序和注意事项。抽样人员应当根据随机抽样原则进行抽样，并遵循操作程序：启封兽药包装前应检查所抽样品的外观情况，确定品名、批号、批准文号、数量、包装状况等项无误后，方可进行下一步骤。发现异常情况时，包括破损、受潮、受污染、混有其他品种或批号，或者有掺假、掺劣、假冒迹象等，应当作针对性抽样。用适当方法拆开抽样单元的包装，观察内容物的情况，确定无异常情况后，方可进行下一步骤。发现异常情况，应当作针对性抽样。将被拆包的抽样单元重新包封，贴上已被抽样的标记，注明品名、批号、生产单位、抽样数量、抽样日期及场所、抽样人姓名等。对有异常情况或做针对性抽检的产品可暂时封存以候检验结果的处理。抽样结束后，抽样人员应当用《兽药封签》将所抽样品签封，据实填写《兽药抽样记录及凭证》。《兽药封签》和《兽药抽样记录及凭证》应当由抽样人员和被抽样单位负责人签字，并加盖抽样单位和被抽样单位公章；被抽样对象为个人的，由该个人签字。《兽药抽样记录及凭证》一式三份，

一份交被抽样单位或者个人作抽样凭证，一份封存于样品包装内随检验单位检品卡流转，一份由抽样单位保存备查。抽样时应注意：抽样操作应当规范、注意安全，不影响所抽样品和被拆包装药品的质量；取样工具和盛样器具应当洁净、干燥，必要时作灭菌处理，盛样容器在使用及贮存运输过程中，应能防止受潮及异物混入；原料药取样应当迅速，样品和被拆包的抽样单元应当尽快密封，防止吸潮、风化或氧化；无菌原料药应当按照无菌操作法取样；需要在真空或者氮气条件下保存的兽药，抽取样品后，应当对样品和被拆包的抽样单元加以密封；液体样品应先摇匀后再取样，含有结晶者，应在不影响品质的情况下溶化后取样；对毒性、腐蚀性或者易燃易爆药品，抽样时应当穿戴防护用具，小心搬运，样品应当标注"危险品"的标志；易燃易爆药品应远离热源，并不得震动；腐蚀性药品还应当避免接触金属制品；遇光易变质的兽药应当避光取样，置于有色玻璃瓶中，必要时加套黑纸。抽样人员应当采取措施保证样品不失效、不变质、不破损、不泄漏，并及时将抽取的样品送达承担检验任务的兽药监察所。

⑥ 明确抽样过程报告事项。抽样过程中发现有下列情形之一的，应当及时报告农牧行政管理机关：国家农牧行政管理机关明文规定禁止使用的；未经批准生产、配制、经营、进口，或者须经口岸兽药监察所检验而未经检验即生产、销售的；未取得兽药批准文号或人畜共用原料药未取得兽药或药品批准文号的；用途或用法用量超出规定范围的；应标明而未标明有效期或者更改有效期、超过有效期的；未注明或者更改生产批号的；超越许可范围生产、配制、经营或进口兽药的；未经登记或者质量检验不合格仍进口、销售或者使用的。

（10）《兽药生产质量管理规范》　1989 年 12 月 26 日，农业部根据《兽药管理条例实施细则》第六条的规定，颁布了《兽药生产质量管理规范（试行）》（［1989］农［牧］字第 52 号），共 11 章 50 条。明确新建、扩建、改建的兽药生产企业（含车间），必须按照《兽药生产质量管理规范（试行）》的要求，进行设计、建筑、安装、调试、试生产，经农业部和省、自治区、直辖市畜牧（农牧、农牧渔业、农业、农林）厅（局）组织检查验收，符合要求后，发给《兽药生产许可证》和符合《兽药生产质量管理规范（试行）》要求的证书。1994 年 10 月 21 日，为加强对兽药生产的管理，提高产品质量，保证《兽药生产质量管理规范（试行）》（以下简称兽药 GMP）的实施，农业部组织制定《兽药生产质量管理规范实施细则（试行）》（农牧发〔1994〕32 号），共 12 章 112 条，附片剂、水针、粉针和预混剂四种制剂的生产质量管理技术要求，明确作为本《细则》的补充，与《细则》具有同等效力。凡新建或经技术改造后，能达到兽药 GMP 要求的生产企业或生产车间可向农业部申请兽药 GMP 验收，验收合格者，农业部将发给兽药 GMP 验收合格证书。《兽药 GMP 合格证》有效期 5 年，到期复验换证，复验不合格的，将吊销其《兽药 GMP 合格证》。自 1995 年 7 月 1 日起，各地新建的兽药生产企业必须经过农业部组织的兽药 GMP 验收合格后，才能核发《兽药生产许可证》。凡未取得《兽药 GMP 合格证》的，各省、自治区、直辖市兽药管理机关不得核发《兽药生产许可证》。2001 年 6 月 4 日，为加快《兽药生产质量管理规范》实施进程，促进兽药产品质量的提高，实现兽药生产管理和质量监控与国际标准接轨，农业部发布《关于成立农业部兽药生产质量管理规范工作委员会的通知》（农牧发〔2001〕16 号），明确农业部兽药 GMP 工作委员会和委员会办公室主要职责。2002 年 3 月 19 日，经农业部兽药 GMP 工作委员会审议通过，农业部发布了《兽药生产质量管理规范》（农业部令第 11 号）。按照总则、机构人员、厂房设施、设备、物料、卫生、验证、文件、生产管理、质量管理、产品销售与收回、投诉与不良反应报告、自检和附则，共 14 章 95 条进行论述，附录分总则、无菌兽药、非无菌兽药、原料药、生物制品和中药制剂六个进行表述，自 2002 年 6 月 19 日起施行。这是一部对兽药生产企业应具备的条件进行规定的部门规章，是兽药生产和质量管理的基本准则，适用于兽药制剂生产的全过程、原料药生产中影响成品质量的关键程序，是对 1989 年 12 月 26 日农业部颁发的《兽药生产质量管理规范（试行）》和 1994 年 10 月 21 日发布的《兽药生产质量管理规范实施细则（试行）》的修订完善，是兽药生产企业实施兽药 GMP 具有里程碑作用的一部部门规章，也是 2006 年农业部零点行动的基础。目前已由 2020 年 4 月 21 日农业农村部令 2020 年第 3 号和 2020 年 4 月 30 日农业农村部公告第 292 号公告发布的无菌兽药生产管理特殊要求等 5 个附录所替代。

（11）《兽药标签和说明书管理办法》 1998 年 3 月 10 日，针对兽药名称混乱给兽医临床应用造成的误解和不便，给兽药监督管理和兽药质量标准管理工作带来的困难，为及时纠正兽药名称管理的无序状态，农业部发布了《关于加强兽药名称管理的通知》（农牧发〔1998〕3 号）。明确兽药名称是兽药标准的首要内容，各地要将兽药名称管理纳入兽药管理轨道，列入兽药产品审批、制订兽药质量标准工作范畴。国家兽药标准、农业部专业标准、兽药地方标准中收载的兽药名称为兽药法定名称。兽药生产企业可以根据需要拟定兽药专用商品名，并应在报批兽药产品或申请产品批准文号时向兽药管理部门提出申请，经审核批准后，方可使用及向工商行政管理部门申请商标注册。兽药商品名不得作为兽药通用名使用。为维护企业商标注册权益及避免发生侵权行为，凡已取得兽药名称注册证书的，需将批件复印件上报农业部，农业部将定期公布兽药商品名注册目录。兽药产品标签、说明书、外包装必须印制兽药产品通用名称。已有商品名的应同时印制有关标识。对新批产品或需重新确认的兽药名称，应由兽药生产企业草拟名称，并提出命名依据说明，兽药管理部门按照要求审批兽药通用名称及兽药专用商品名，并列出兽药通用名称命名原则，原料药命名、制剂命名、兽药专用商品名命名原则。2002 年 10 月 31 日，为加强兽药监督管理，规范兽药标签和说明书的内容、印制、使用活动，保障兽药使用的安全有效，农业部制定发布了《兽药标签和说明书管理办法》（农业部令第 22 号），共五章二十六条，自 2003 年 3 月 1 日起施行。该办法明确了兽药标签说明书管理职责、兽药标签基本要求、兽药说明书的基本要求、标签和说明书的管理，规范了兽药标签和说明书的内容、印制、使用活动，是对 1998 年 3 月农业部发布的《关于加强兽药名称管理的通知》的细化修订。2002 年 12 月 9 日，农业部公告第 233 号公布，进一步推动了《兽药标签和说明书管理办法》的实施工作。2003 年 1 月 22 日农业部公告第 242 号公布了《兽药标签和说明书编写细则》，进一步对兽药标签和说明书的内容格式进行了规定。

① 明确管理部门职责。农业部主管全国的兽药标签和说明书的管理工作，县级以上地方人民政府畜牧兽医行政管理部门主管所辖地区的兽药标签和说明书的管理工作。

② 明确兽药标签基本要求。兽药产品（原料药除外）必须同时使用内包装标签和外包装标签。内包装标签必须注明兽用标识、兽药名称、适应证（或功能与主治）、含量/包装规格、批准文号或《进口兽药登记许可证》证号、生产日期、生产批号、有效期、生产企业信息等内容。安瓿、西林瓶等注射或内服产品由于包装尺寸的限制而无法注明上述全部内容的，可适当减少项目，但至少须标明兽药名称、含量规格、生产批号。外包装标签必须注明兽用标识、兽药名称、主要成分、适应证（或功能与主治）、用法与用量、含量/包装规格、批准文号或《进口兽药登记许可证》证号、生产日期、生产批号、有效期、停

药期、贮藏、包装数量、生产企业信息等内容。兽用原料药的标签必须注明兽药名称、包装规格、生产批号、生产日期、有效期、贮藏、批准文号、运输注意事项或其他标记、生产企业信息等内容。对贮藏有特殊要求的必须在标签的醒目位置标明。兽药有效期按年月顺序标注。年份用四位数表示，月份用两位数表示，如"有效期至 2002 年 09 月"，或"有效期至 2002.09"。

③ 明确兽药说明书的基本要求。兽用化学药品、抗生素产品的单方、复方及中西复方制剂的说明书必须注明以下内容：兽用标识、兽药名称、主要成分、性状、药理作用、适应证（或功能与主治）、用法与用量、不良反应、注意事项、停药期、外用杀虫药及其他对人体或环境有毒有害的废弃包装的处理措施、有效期、含量/包装规格、贮藏、批准文号、生产企业信息等。中兽药说明书必须注明以下内容：兽用标识、兽药名称、主要成分、性状、功能与主治、用法与用量、不良反应、注意事项、有效期、规格、贮藏、批准文号、生产企业信息等。兽用生物制品说明书必须注明以下内容：兽用标识、兽药名称、主要成分及含量（型、株及活疫苗的最低活菌数或病毒滴度）、性状、接种对象、用法与用量（冻干疫苗须标明稀释方法）、注意事项（包括不良反应与急救措施）、有效期、规格（容量和头份）、包装、贮藏、废弃包装处理措施、批准文号、生产企业信息等。

④ 规范兽药标签和说明书的管理。兽药标签和说明书必须按照兽药批准权限，经农业部或省级畜牧兽医行政管理部门审核批准后方可使用。内容变更时须按原申报程序履行审批手续。兽药标签和说明书必须按照本规定的统一要求印制，其文字及图案不得擅自加入任何未经批准的内容。兽药标签和说明书的内容必须真实、准确，不得虚假和夸大，也不得印有任何带有宣传、广告色彩的文字和标识。兽药标签和说明书的内容不得超出或删减规定的项目内容；不得印有未获批准的专利、兽药 GMP、商标等标识。兽药标签和说明书所用文字必须是中文，并使用国家语言文字工作委员会公布的现行规范化汉字。根据需要可有外文对照。根据需要，兽药标签上可使用条形码；已获批准的专利产品，可标注专利标记和专利号，并标明专利许可种类；注册商标应印制在标签和说明书的左上角或右上角；已获兽药 GMP 合格证的，必须按照兽药 GMP 标识使用有关规定正确地使用兽药 GMP 标识。兽药标签和说明书的字迹必须清晰易辨，兽用标识及外用药标识应清楚醒目，不得有印字脱落或粘贴不牢等现象，并不得用粘贴、剪切的方式进行修改或补充。兽药标签和说明书内容对产品作用与用途项目的表述不得违反法定兽药标准的规定，并不得有扩大疗效和应用范围的内容；其用法与用量、停药期、有效期等项目内容必须与法定兽药标准一致，并使用符合兽药国家标准要求的规范性用语。兽药标签和说明书上必须标识兽药通用名称，可同时标识商品名称。商品名称不得与通用名称连写，两者之间应有一定空隙并分行。通用名称与商品名称用字的比例不得小于 1∶2（指面积），并不得小于注册商标用字。兽药最小销售单元的包装必须印有或贴有符合外包装标签规定内容的标签并附有说明书。兽药外包装箱上必须印有或粘贴有外包装标签。

（12）《兽药广告审查办法》 1995 年 4 月 7 日，国家工商局、农业部根据《中华人民共和国广告法》《兽药管理条例》的有关规定，制定发布了《兽药广告审查办法》（国家工商局和农业部令第 29 号），共二十条。该规章规定了兽药广告的审查程序和审查内容，同时公布兽药广告审查表、兽药广告初审通知书、广告审查批准文号、重点媒介目录等。凡利用各种媒介或者形式发布用于预防、治疗、诊断畜禽等动物疾病，有目的地调节其生理机能并规定作用、用途、用法、用量的物质（含饲料药物添加剂）的广告，包括企业产品介绍材料等，均应当按照本办法进行审查。2017 年 10 月 27 日国家工商行政管理总局令第 92 号《国家工商行政管理总局关于废止和修改部分规章的决定》，废止了《兽药广告审查办法》（1995 年 4 月 7 日国家工商行政管理局、农业部令第 29 号公布，1998 年 12 月 22 日国家工商行政管理局、农业部令第 88 号修订）。

① 明确兽药广告审查依据。兽药广告审查的依据为《中华人民共和国广告法》、《兽药管理条例》、国家有关兽药管理的规定及兽药技术标准、国家有关广告管理的法规及广告监督管理机关制定的广告审查标准。

② 明确兽药广告审查部门、范围。国务院农牧行政管理机关和省、自治区、直辖市农牧行政管理机关（以下简称省级农牧行政管理机关），在同级广告监督管理机关的监督指导下，对兽药广告进行审查。利用重点媒介（见目录）发布的兽药广告，以及保护期内新兽药、境外生产的兽药的广告，需经国务院农牧行政管理机关审查，并取得广告审查批准文号后，方可发布。其他兽药广告需经生产者所在地的省级农牧行政管理机关审查，并取得广告审查批准文号后，方可发布。需在异地发布的兽药广告，须持所在地农牧行政管理机关审查的批准文件，经广告发布地的省级农牧行政管理机关换发广告发布地的兽药广告审查批准文号后，方可发布。

③ 明确广告申请资料要求。a. 申请审查境内生产的兽药的广告，应当填写《兽药广告审查表》，并提交生产者的营业执照副本以及其他生产、经营资格的证明文件，农牧行政管理机关核发的兽药产品批准文号文件，省级兽药监察所近期（三个月内）出具的产品检验报告单，经农牧行政管理机关批准、发布的兽药质量标准和产品说明书，法律、法规规定的及其他确认广告内容真实性的证明文件等。b. 申请审查境外生产的兽药的广告，应当填写《兽药广告审查表》，并提交相关证明文件及相应的中文译本，包括申请人及生产者的营业执照副本或者其他生产、经营资格的证明文件，《进口兽药登记许可证》，该兽药的产品说明书，境外兽药生产企业办理的兽药广告委托书，中国法律、法规规定的及其他确认广告内容真实性的证明文件。该类证明文件的复印件，应当由原出证机关签章或者出具所在国（地区）公证机构的公证文件。申请兽药广告审查，可以委托中国的兽药经销者或者广告经营者代为办理。

④ 明确兽药广告审查程序及要求。兽药广告审查机关对申请人提供的证明文件的真实性、有效性、合法性、完整性和广告制作前文稿的真实性、合法性进行审查，并于受理申请之日起十日内做出初审决定，发给《兽药广告初审决定通知书》。广告申请人凭初审合格决定，将制作的广告作品送交原广告审查机关，广告审查机关在受理之日起十日内做出终审决定。对终审合格者，签发《兽药广告审查表》及广告审查批准号；对终审不合格者，应当通知广告申请人，并说明理由。广告申请人可以直接申请终审，广告审查机关在受理审查之日起十五日内做出终审决定。兽药广告审查机关发出的《兽药广告初审决定通知书》和带有广告审查批准号的《兽药广告审查表》，应当由广告审查机关负责人签字，并加盖兽药广告审批专用章。兽药广告审查机关应当将带有广告审查批准号的《兽药广告审查表》寄送同级广告监督管理机关备案。兽药广告审查批准号的有效期为一年。《兽药生产许可证》《兽药经营许可证》的有效期限不足一年的，兽药广告审查批准号的有效期以上述许可证有效期限为准。经审查批准的兽药广告，具有该兽药在使用中发生畜禽死亡以及造成一定经济损失的、兽药广告审查依据发生变化的、兽药产品标准发生变化的、国务院农牧行政管理机关认为省级农牧行政管理机关的批准决定不妥的、广告监督管理机关或者发布地省级农牧行政管理机关提出复审建议的、广告审查机关认为应当调回复审的其他情况等情况之一的，广告审查机关可以调回复审，复审期间，广告停止发布。广告发布

地的广告审查机关对生产者所在地的审查机关做出的终审决定持有异议的，应当提请上级广告审查机关进行裁定，并以裁定结论为准。经审查批准的兽药广告，广告审查批准号有效期满的或广告内容需要改动的，应重新申请审查。经审查批准的兽药广告，具有兽药生产、经营者被吊销《兽药生产许可证》或《兽药经营许可证》的，兽药产品在使用中发生严重问题而被撤销生产批准文号的，被国家列为淘汰或者禁止生产、使用的兽药产品的，兽药广告审查批准号有效期内，经国务院农牧行政管理机关统计兽药抽检不合格次数累计达三批次以上的，广告复审不合格的，应当重新申请审查而未申请或者重新审查不合格的等情况之一的，原广告审查机关应当收回《兽药广告审查表》，撤销广告审查批准号。兽药广告审查机关做出撤销广告审查批准号的决定，应当同时寄送同级广告监督管理机关备查。兽药广告经审查批准后，应当将广告审查批准号列为广告内容，同时发布。未注明广告审查批准号或者该批准号已过期、被撤销的兽药广告，广告发布者不得发布。广告发布者发布兽药广告，应当查验《兽药广告审查表》原件或者经原审查机关签章的复印件，并保存一年。

（13）《兽药广告审查标准》　为保证兽药广告的真实、合法、科学，1995 年 3 月 28 日，根据《中华人民共和国广告法》《兽药管理条例》的规定，国家工商行政管理局制定发布了《兽药广告审查标准》（国家工商行政管理局令 26 号），1995 年 5 月 10 日农业部进行了转发（农牧药发〔1995〕第 62 号）。2015 年 12 月 24 日，国家工商行政管理总局令第 82 号发布《兽药广告审查发布标准》，自 2016 年 2 月 1 日起施行，同时废止了 1995 年 3 月 28 日国家工商行政管理局第 26 号令公布的《兽药广告审查标准》。

① 明确不得发布广告情形。兽用麻醉药品、精神药品以及兽医医疗单位配制的兽药制剂，所含成分的种类、含量、名称与国家标准或者地方标准不符的兽药，临床应用发现超出规定毒副作用的兽药，国务院农牧行政管理部门明令禁止使用的，未取得兽药产品批准文号或者未取得《进口兽药登记许可证》的兽药，不得发布广告。

② 明确兽药广告中的禁用词和相关事项。兽药广告不得含有不科学地表示功效的断言或者保证，如"疗效最佳""药到病除""根治""安全预防""完全无副作用"等。兽药广告不得贬低同类产品，不得与其他兽药进行功效和安全性对比。兽药广告中不得含有"最高技术""最高科学""最进步制法""包治百病"等绝对化的表示。兽药广告中不得含有治愈率、有效率及获奖的内容。兽药广告中不得含有利用兽医医疗、科研单位、学术机构或者专家、兽医、用户的名义、形象作证明的内容。兽药广告不得含有直接显示疾病症状和病理的画面，也不得含有"无效退款""保险公司保险"等承诺。兽药广告中兽药的使用范围不得超出国家兽药标准的规定；不得出现违反兽药安全使用规定的用语和画面。兽药广告批准文号应当列为广告内容同时发布。违反本标准的兽药广告，广告经营者不得设计、制作，广告发布者不得发布。

（14）《兽药批准文号管理规定》　兽药产品批准文号是农业农村部根据兽药国家标准、生产工艺和生产条件批准特定兽药生产企业生产特定兽药产品时核发的兽药批准证明文件。根据不同时期管理需要和兽药产业发展现状，发布不同的文号管理规定。1989 年 3 月 7 日，农业部畜牧兽医司修订发布兽药批准文号规定（〔1989〕农〔牧药〕字第 59 号），明确兽药批准文号是国家批准生产兽药产品的编号，由农业部或省、自治区、直辖市畜牧（农牧）厅（局）核发。农业部负责核发第一、二类新兽药试产品及新生物制品试产品的批准文号，以及《中华人民共和国兽药典》《兽用生物制品制造及检验规范》收载的口蹄疫、狂犬病、猪水泡病、马传染性贫血、鸡马立克病的疫苗和诊断制品；省、自治区、直辖市畜牧（农牧）厅（局）负责核发《中华人民共和国兽药典》《兽用生物制品制造及检验规程》《兽药规范》或地方标准已收载的兽药以及新兽药正式生产的批准文号和除口蹄疫、狂犬病、猪水泡病、马传染性贫血、鸡马立克病疫苗和诊断制品以外的其他制品，并按兽药字、生药字、饲添字三类进行了统一编号，下发生物制品生产厂序号。1994 年 1 月 14 日，农业部畜牧兽医局根据《兽药批准文号规定》和农业部《关于进一步做好新兽药审批及生产审批工作的通知》（[1993] 农 [牧] 字第 16 号），发布了《关于〈兽药批准文号规定〉补充规定的通知》（[1994] 农 [牧药] 字第 6 号），明确农业部批准的新兽药均由农业部核发兽药产品批准文号。凡由各省、自治区、直辖市农牧行政机关核发的产品批准文号，由原五位阿拉伯数字改为六位，即药厂编号是三位数，其余格式不变。各地已批准的产品的批准文号继续保留使用，在换发批准文号时按本规定执行。1998 年 3 月 10 日，重新修订发布《兽药批准文号管理规定》（农牧发〔1998〕4 号），共 12 条，规定了兽药批准文号分级管理制度、申请兽药批准文号和兽药批准文号编号要求等内容。明确兽药产品批准文号是农业部或省、自治区、直辖市农牧行政管理部门根据《兽药管理条例》的规定，对特定的兽药生产企业按照兽药法定标准、生产工艺和生产条件生产某一兽药产品的法律许可凭证，具有专一性，不允许随意改变。兽药生产企业不得将批准生产的兽药及其批准文号以任何形式委托其他兽药生产企业及非兽药生产企业加工生产兽药产品，禁止使用文件号或其他编号代替、冒充兽药产品批准文号。继续实行两级核发，但有所变化。农业部负责核发保护期内第一、二、三类新兽药及新生物制品，外资企业生产的已在我国注册的产品（国内同产品已过新兽药保护期的除外），农业科研、教学单位、合资企业生产的兽用生物制品，农业部控制生产的品种包括口蹄疫、狂犬病、猪水泡病、马传染性贫血等疫苗和诊断制品；各省、自治区、直辖市畜牧厅（局）负责核发《中华人民共和国兽药典》《兽药规范》《兽用生物制品质量标准》中收载的产品（部管产品除外），已过新兽药保护期的兽药产品，兽药地方标准收载的兽药产品。兽药生产企业向所在地的省、自治区、直辖市畜牧厅（局）申请兽药批准文号时，须填写兽药产品审批表，同时提交有关证件、资料、检验样品。兽药生产企业向农业部申请兽药批准文号时，提交的有关资料、证件须经企业所在地的省、自治区、直辖市畜牧厅（局）签署审查意见后转报农业部。按照兽用化学产品和生物制品分类制定兽药批准文号格式，并在附件中发布由农业部统一编制的省序号、兽用生物药品厂序号、兽用生物制品编号。该文件已废止，由 2004 年 11 月 24 日农业部令第 45 号发布的《兽药产品批准文号管理办法》替代。

（15）《兽药违法案件处理办法》 1994 年 10 月 23 日，为加强兽药监督管理，正确及时处理兽药违法案件，农业部制定发布了《兽药违法案件处理办法》（农牧发〔1994〕33 号），共六章三十九条，内容包括兽药违法案件的管辖、受理与立案、调查与取证、处理与执行和结案。已废止，由农业行政执法程序替代。

① 明确兽药违法案件定义与处理要求。兽药违法案件是指违反兽药监督管理法律、法规规章规定，必须追究法律责任的案件。处理兽药违法案件，必须以事实为根据，以法律为准绳。

② 规定管辖范围。县级以上（含县级）农牧行政部门依法管辖本行政区域内的兽药违法案件。农牧行政部门发现查处的兽药违法案件不属于自己管辖的，应当填写兽药违法案件移送书，及时移送有管辖权的农牧行政部门，同时抄报上一级农牧行政部门。农牧行政部门之间因管辖权发生争议的，由争议双方协商解决；不能协商解决的，由共同上一级农牧行政部门指定管辖。上级农牧行政部门必要时可以将自己管辖的案件交给下级农牧行

政部门管辖。农牧行政部门在查处兽药违法案件时，发现当事人在其他地区有违法行为的，应及时将有关情况通报有关农牧行政部门。

③ 明确受理与立案要求。农牧行政部门受理下列来源的案件：人民来信、来访反映兽药质量的案件；兽药监督检查中发现的案件；举报属实的案件；上级部门交办的或有关单位移送的案件。对受理的案件，应填写《案件受理登记表》。举报案件可用书面或者口头举报的方式。农牧行政部门受理口头举报案件，必须详细记录，经核对无误后，由举报人签名或盖章。举报人举报案件，应当尽量使用真实姓名；举报人不愿使用真实姓名的，农牧行政部门应当尊重举报人的意愿。农牧行政部门受理的举报案件，发现不属于自己管辖的，应当向举报人说明，同时将举报信函或者笔录移送给有权处理的机关。农牧行政部门受理兽药违法案件后，应当审查，不符合立案条件的，须告知经办、移送案件的单位和举报人。符合下列条件的兽药违法案件，农牧行政部门应当立案：有明确的行为人；有违反兽药管理法律、法规规章的事实；依照兽药管理法律、法规规章应当追究法律责任；符合农牧行政部门受案范围和受案农牧行政部门管辖。对符合立案条件的案件，须填写《立案申请书》，经农牧行政部门主管领导批准后立案。农牧行政部门立案处理的重大案件，应抄报上一级农牧行政部门备案。

④ 规范调查与取证。经批准立案的案件，应指定承办人，承办人应当是 3 人或 3 人以上的单数。承办人和主管领导有下列情形之一的，应当回避：与被调查人有近亲属关系的；本人或者近亲属与本案有利害关系的；与本案当事人有其他关系，可能影响公正查处案件的。承办人员的回避，由主管领导决定；主管领导的回避，由处理案件机关的领导集体决定或者报上一领导机关决定。凡调查和取证，必须有 2 名以上（含 2 名）承办人参加，并出示执法证件。承办人在调查案件时，可以向当事人、证人提出询问，索取有关证据，必要时可以进行现场勘测。证据包括物证、书证、视听材料、证人证言、当事人陈述、调查笔录和现场勘测笔录、鉴定结论。承办人必须认真鉴别证据，未经查证属实，不得作为认定事实的根据。承办人在调查过程中发现的假兽药、劣兽药，均要当场取证、取样、查封，并出具《兽药暂时控制决定通知书》。查处兽药违法案件涉及兽药质量问题时，应当提请兽药质量监督检验机构进行质量检验，并出具质量检验报告。

⑤ 明确处理与执行要求。承办人在案件调查结束后，应根据事实和法律、法规，写出兽药违法案件调查报告，报农牧行政部门主管领导决定，重大、复杂案件的行政处罚报农牧行政部门办公会议审议，分别情况予以处理：认定举报不实或者证据不足，未发现违法事实的，撤销案件，重大案件的撤销应报上一级农牧行政部门备案；认定违法事实清楚、证据确凿，应给予行政处罚的，农牧行政部门依法作出行政处罚决定，发出《行政处罚决定通知书》；认定当事人拒绝、阻碍兽药管理人员依法执行公务的，提请公安机关处理；认定国家工作人员违法，依法应当给予行政处分的，须提出书面建议并附调查报告和有关证据，移送当事人所在单位或者上级机关、行政监察机关处理，处理结果应抄送移送案件的机关；认定违法行为构成犯罪的，应将案件及时移送司法机关依法追究刑事责任。承办人处理兽药违法案件，一般应在 30 日内办理完毕；因特殊情况不能按期办理完毕的，经主管领导批准，可以适当延长办案期限。《行政处罚决定通知书》，由承办人送达被处罚单位或个人签收。被处罚单位法定代表人不在的，交该单位其他负责人或收发管理人员签收；被处罚个人不在的，交其同住成年家属签收。拒收《行政处罚决定通知书》的，送达人应邀请有关人员到场，说明情况，在《行政处罚决定通知书送达回执》上注明拒收事由和日期，由送达人、见证人签名（盖章），将《行政处罚决定通知书》留在被处罚单位或

个人处，即视为送达。直接送达的，可用挂号邮寄送达，回执注明的收件日期即为送达日期。对事实清楚、情节简单的轻微违法行为，可现场给予处罚，并出具《行政处罚决定通知书》，罚没款的须开具收据。承办人应以书面形式将被处罚对象、主要违法事实及证据、调查笔录、适用的法律法规规章条款、处罚等情况，及时报告农牧行政部门主管领导。对需要解除暂时控制的兽药，应填写《解除兽药暂时控制通知书》，及时送达被签封兽药的单位或个人，予以解除。《行政处罚决定通知书》送达当事人后，作出行政处罚决定的机关应督促当事人履行，并将履行情况予以记录。当事人对行政处罚决定不服的，可在接到《行政处罚决定通知书》之日起 15 日内向作出行政处罚决定的农牧行政部门的上一级农牧行政部门申请复议；也可在接到《行政处罚决定通知书》之日起 15 日内，向人民法院起诉。当事人逾期不申请复议、不向人民法院起诉又不履行行政处罚决定的，由作出行政处罚决定的农牧行政部门填写《行政处罚强制执行申请书》，连同案卷副本送交人民法院，申请人民法院强制执行。没收的假兽药、劣兽药，必须填写《没收假兽药劣兽药凭证》。没收的假兽药、劣兽药就地监督销毁，由农牧行政部门监督执行。在实施销毁前必须现场验收品种实物和数量，并填写《销毁假兽药劣兽药凭证》，由到场单位代表和当事人共同签字，同时做好影像和现场记录等。处理没收假兽药、劣兽药的一切费用，由被处罚单位或个人支付。

⑥ 规范结案要求。承办人在案件处理完毕后，应填写《兽药违法案件结案表》，经主管领导批准结案。承办人在案件结束后，应当将办案过程中形成的文书、图件、照片等，编目装订，立案归档。重大案件和上级交办的案件结案后，应当将《行政处罚决定通知书》《兽药违法案件结案表》报上一级兽药管理部门备案，经人民法院审理的，应附人民法院判决书副本。兽药违法案件的罚没财物和追回的赃款、赃物，由作出处罚决定的部门收缴，按照财政部《罚没财物和追回赃款赃物管理办法》的规定办理。其中，由财政返回的部分应当用于办案费用的补助，奖励检举揭发有功的群众和查缉重大案件的有功人员。

此外，此阶段农业部还制定发布了《食品动物禁用的兽药及其他化合物清单》《兽药残留试验技术规范（试行）》《兽用安钠咖管理规定》《动物性食品兽用中药最高残留限量》《中华人民共和国动物及动物源食品中残留物质监控计划和官方取样程序》《实验临床试验技术规范》和《兽用消毒剂鉴定技术规范》等。这些规章和文件规范了兽药生产、经营和使用行为，使我国的兽药管理工作有法可依，有章可循，推动了我国兽药行业的健康发展。

1.2.3.3　体系机构

这一时期，兽药管理工作受到党和政府的高度重视，得到了不断加强和规范。行政管理、质量监察和技术支持三大体系逐步建立和健全，监管手段不断完善，监管能力逐步提升，有力推动了兽药行业健康快速发展。

（1）行政管理机构　1998 年国家行政机构再次改革后，农业部畜牧兽医司设药品药械管理处，主要职能是制修订兽药管理法规；行使对全国兽药生产、经营、使用的兽药管理权；会同有关部门协调、规划兽药的生产和布局；组织兽药典委员会制定、修订、审批、发布国家兽药标准；负责审批开办生物制品生产企业；负责国内的新兽药和新生物制品的审批工作；负责进出口兽药监督管理工作，受理注册、审批进口兽药；组织仲裁兽药管理过程中的重大质量事故和纠纷；负责兽医医疗器械的管理工作等。

1987 年《兽药管理条例》发布以后，各省均加强兽药管理机构建设，全国各省、自治区、直辖市畜牧厅（局）均设独立的兽药管理机构或在畜牧厅（局）的兽医处设专人负责本辖区的兽药管理工作，承担《兽药管理条例》赋予的兽药管理职能。部分地县设立了兽药监察所，同时承担药政工作。

为加强兽药监督工作，县以上各级农牧行政管理机关相继建立了兽药监督员队伍。为适应对众多乡镇的兽药管理工作，吉林、四川等省还在县级以下选任了兽药检查员，协助兽药监督员在辖区开展兽药监督检查工作。至此，我国基本形成了国家、省、地、县、乡五级的兽药行政管理体系，为兽药行业管理工作提供了机构保障。

这一时期的兽药管理职能是审批兽药生产企业、产品、经营企业、兽药制剂室、兽药新品种及兽药进出口活动；制定发布兽药标准；对上市兽药组织评价；对兽药生产、经营、使用、进出口活动和动物产品兽用中药残留进行监督检查；对产品质量、兽药包装、标签、说明书、商标、广告实施监督检查。

（2）兽药监察机构职责与变化 我国的兽药监察体系由国家级兽药监察机构、省级兽药监察机构和地（市）级兽药监察机构组成，其中国家级兽药监察机构只有 1 个，即中国兽医药品监察所。为适应兽药发展形势的需要，1989 年 9 月 2 日农业部令第 6 号发布的《兽药药政药检管理办法》明确兽药监察机构职责任务，1994 年 6 月 7 日发布《兽药监察所细则（试行）》和《省级兽药监察所基本条件（试行）》（农牧发〔1994〕16 号），开展省所资格认证。2003 年 2 月 9 日对其修订发布《兽药监察所实验室管理规范》《省级兽药监察所资格认证管理办法》（农牧发〔2003〕2 号），开展第二轮资格评定。要求中国兽医药品监察所应通过农业部的资格认证和国家计量认证，省级兽药监察所应通过农业部的资格认证和省级计量认证，省级以下兽药监察所均需通过省级农牧行政部门的资格认证，同时对省级兽药监察所从组织机构、职责任务、管理、职业道德及行业作风、实验室环境与安全卫生等诸多方面提出了明确要求。

① 中国兽医药品监察所职责与变化。1989 年 9 月 2 日农业部发布的《兽药药政药检管理办法》第八、九条规定，中国兽医药品监察所是农业部领导下的国家兽药质量监督、检验、鉴定专业技术机构。各级兽药监察所受同级农牧行政管理机关领导，在业务技术上受上级兽药监察所的指导。主要职责是：负责全国兽药质量的监督，抽检兽药产品和对兽药质量检验、鉴定的最终技术仲裁；参与国家兽药标准的拟订和修订；负责第一、二、三类新兽药、新生物制品和进口兽药的质量审核及复核试验，并提出报告；负责兽药检验用标准品（对照品）、参照品和生产、检验用菌、毒、虫种的研究、制备、标定、鉴定、保管和供应；开展有关提高兽药质量、制订兽药标准、检验新技术的研究，承担国家下达的其他研究任务；负责国家兽医微生物菌种保藏工作；调查兽药检验工作，了解生产、经营、使用单位对兽药质量的意见，掌握全国兽药质量情况；指导省、自治区、直辖市兽药监察所和生物制品厂监察室的质量监督工作；培训兽药检验技术人员，推广检验新技术；开展国内外兽药学术情报交流。

1987 年，中国兽医药品监察所成立农业部兽药典办公室，1988 年开始承担农业部兽药审评小组工作，1991 年开始承担兽药审评委员会办公室工作，机构设置调整为第一菌室、第二菌室、病毒室、化药室等 11 个业务室和行政办公室、兽药典办等 4 个办公室。1995 年成立北京兽药研究所，承担国家下达的兽用生物制品、化学药品及其他药品的研究任务。1996 年增设兽药研发研究室，机构设置调整为检测一室、检测二室、检测三室等 10 个业务部门和党委办公室、人事监察处等 4 个综合管理部门。1998 年机构设置调整为检测一室、检测二室、检测三室、仪器设备室等 10 个业务部门和党委办公室、所办公室、人事处等 6 个综合管理部门。1999 年建立国家兽药残留基准实验室。2001 年起恢复使用"中国兽医药品监察所"名称，不再使用"中国兽药监察所"名称，机构调整新设信息处、兽医药品监察处、检测技术研究室 3 个部门，开始承担农业部兽药 GMP 委员会办公室工作。

1988 年 11 月开始，历时近 4 年，中国兽医药品监察所参与完成对全国 28 个生物药品厂及监察室的全面考核和验收，加强了监察室的人员和组织力量，规范了监察室的管理和工作程序，完善了监察室质量检验的硬件条件，对提高兽用生物制品的产品质量起到了积极作用。1988 年研制的梭菌多联干粉菌苗，获得国家发明三等奖，1989 年研制的猪霍乱沙门氏菌 C500 号光滑型菌株仔猪副伤寒弱毒菌苗，获得国家发明二等奖，1993 年研制的畜用布鲁氏菌猪二号菌株口服活疫苗，获得国家发明二等奖。

② 省级兽药监察机构。1989 年 9 月 2 日农业部发布的《兽药药政药检管理办法》第八条、第十条规定，各级兽药监察所受同级农牧行政管理机关领导，在业务技术上受上级兽药监察所的指导。省、自治区、直辖市兽药监察所的职责是：负责本辖区的兽药质量监督、检验、技术仲裁工作，并定期抽检兽药产品，掌握兽药质量情况；口岸兽药监察所还负责进口兽药的质量检验工作；负责制定和修订兽药地方标准，参与部分国家兽药标准的起草、修订工作；负责兽药新制剂的质量复核试验，提出试验报告；调查、了解本辖区的兽药生产、经营和使用情况；指导辖区内兽药生产、经营企业和制剂室质检机构的业务技术工作，并协助解决技术上疑难问题；负责本辖区兽药检验技术交流和技术培训；开展有关兽药质量、兽药标准。兽药检验新技术、新方法的研究工作。

截至 2001 年全国除西藏外的 31 个省、自治区、直辖市均设有省级兽药监察所。在 31 个省级兽药监察所中，具有独立法人资格的 23 个。全系统在编人员共 1179 人，增加编制 76 人。具有高级职称人员 398 人，中级职称人员 332 人，中高级职称以上人数占 62%。省级兽药监察所全部通过农业部资格认证复验，山东、河北、新疆等所通过了国家实验室认可。

通过农业部的资格认证工作，一是各省所的硬件水平得到迅速提高。从 1997 年至 2001 年的 5 年时间里，累计投入资金 6800 万元，实验室面积由 28000 平方米增加至 36000 平方米，近 1/2 的省所建立了万级、局部百级的无菌实验室，新购置大型仪器设备 150 台套。新购置的万元以上仪器设备 200 多台套，使各所基本满足了兽药检验、科研、培训及残留检测工作的需要，兽药监察体系基础设施、设备和能力建设大大加强。二是各省所的检测能力大大加强。从抽检工作来看，1987~1997 年的 10 年间全国各省所累计抽检兽药 3000 多批次，而到 1999、2000 年分别抽检 6000 多批次，是过去 10 年总和的一倍多。

随着改革开放的不断深入，我国兽用生物制品的生产也正由政府的指令行为，逐步向市场行为转变，一些科研院所的生物制品车间、合资企业、民营企业不断出现，生产计划经济时代的兽用生物制品驻厂监察室制度已经不能适应新形势下兽用生物制品质量监督工作的发展需要。企业的监察室正逐步转变为内部质检室，省级兽药监察所逐步介入兽医生物药品的质量监察工作。1993 年颁布的《生物制品生产车间管理办法》（[1993] 农 [牧] 字第 13 号）规定，生物制品生产车间质量检验室负责人的任免需征得所在省、自治区、直辖市畜牧厅（局）及中国兽医药品监察所的同意。1994 年《兽用生物制品管理规定》（[94] 农 [牧] 字第 4 号）第五条规定，生产企业监察室（质检室）主任对企业产品具有质量否决权；第十五条规定，中国兽医药品监察所负责全国的生物制品检验监察工作，定期检查兽用生物制品生产情况，抽检产品，各省、自治区、直辖市兽药管理部门、兽药监察所要对本辖区的兽用生物制品生产、流通、使用加强管理和监督。这一规定首次将省级兽药监察所纳入对兽用生物制品质量监督的体系。

③ 地（市）、县兽药监察机构。1987 年《兽药管理条例》规定，农业部设立中国兽医药品监察所，省、自治区、直辖市农业（畜牧）厅（局）设立省、自治区、直辖市兽药监察所，根据需要，经省、自治区、直辖市农业（畜牧）厅（局）审查同意，省、自治区、直辖市人民政府批准，计划单列城市、市（地）农业（畜牧）局可设立市（地）兽药监察所。部分省兽药监测体系进一步向地市级城市延伸。其职责是配合省兽药监察所做好本辖区流通领域中的兽药质量监督、检验；协助省兽药监察所对本辖区兽药生产、经营企业进行质量监督。如辽宁省首先从帮助各市组建兽药化验室入手，由其承担所辖区内流通领域兽药监督抽检任务和完成部分产品检验工作开始，逐步深入使其壮大、完善，进而推动了市级兽药监察所的建立。到 1997 年辽宁全省 14 个地市均设立了兽药监察所。

截至 2000 年，全国共有地（市）级兽药监察所 90 个，县级兽药监察所 250 个，负责本辖区的质量监督。根据条例设定 8000 多名兽药监督员，专门负责市场监督，对发现的制售假劣兽药情况，及时封存、抽样，并报告当地兽药管理机关和兽药监察所。

④ 口岸兽药监察所。根据《兽药管理条例》（1987 年版）第二十五条规定，进口兽药须经农业部指定的口岸兽药监察所检验合格后方可进口。为此，1988 年 5 月 13 日农业部公布了中国兽医药品监察所、北京市兽药监察所、天津市兽药监察所、上海市兽药监察所、广东省兽药监察所、江苏省兽药监察所、辽宁省兽药监察所等 7 个所为第一批指定的口岸兽药监察所（〔1988〕农（牧）字第 40 号）。1989 年《进口兽药管理办法》发布后，口岸兽药监察所制订了申请进口兽药程序，并与海关协调进口兽药的验放制度，扭转了20 世纪 80 年代来多头审批进口、擅自进口的现象。仅广东省口岸兽药监察所在 1988 年至 1997 年的 10 年中，就检验进口兽药 4800 多批，近 5000 吨，进口兽药的不合格率也逐年下降，从 1987 年的 18.1％下降至 1996 年的 0.8％。1996 年《兽用生物制品管理办法》颁布后，口岸兽药监察所又承担了接受进口生物制品报验，并对报验的进口兽用生物制品采取了逐瓶粘贴专用标志的任务。2001 年《兽用生物制品管理办法》颁布后，口岸兽药监察所又增加了对进口兽用生物制品进行抽样送检的工作。口岸所自成立以来，为严把兽药进口关，为维护广大农牧民利益、对外索赔为国家挽回经济损失和提高农业部国际声誉等方面做出了积极的贡献。

1.2.3.4　技术支撑机构

随着兽药行业的快速发展，各项法规不断完善，制度不断建立，机构不断健全，对行业的技术水平提出了较高要求。为此，农业部成立了相关专家委员会，建立了多个实验室，建立专门的信息化工作部门，为兽药行业的健康持续发展提供了有力的技术支持。

（1）专家委员会

① 中国兽药典委员会。为加强国家兽药标准管理工作，根据《兽药管理条例实施细则》第三十二条的规定，1991 年 8 月 4 日农业部颁布了中国兽药典委员会章程（〔1991〕农〔牧〕字第 20 号），并公布了中国兽药典第二届委员会名单，设主任委员 1 名，副主任委员 5 名，名誉委员 5 名，共 67 名委员。根据实际工作需要，1997 年农业部决定增补副主任委员 1 名（农牧函〔1997〕31 号）、21 名第二届中国兽药典委员会委员。2001 年 12月 29 日农业部批准成立中国兽药典第三届委员会（农牧发〔2000〕46 号），设主任委员 1

名，副主任委员 3 名，名誉委员 6 名，共 96 名委员。

② 农业部兽用生物制品规程委员会。为促进兽用生物制品标准化，保障兽用生物制品质量，1989 年农业部批准成立农业部第二届兽用生物制品规程委员会，设主任委员 1 名，副主任委员 2 名，共 25 名委员。1993 年 4 月 24 日批准成立第三届农业部兽用生物制品规程委员会（［1993］农［牧］函字第 17 号），并颁发《农业部兽用生物制品规程委员会章程》《关于制定、修订兽用生物制品规程的规定》，设主任委员 1 名，副主任委员 4 名，秘书长 1 名，共 19 名委员。1999 年 1 月 25 日农业部批准成立农业部第四届兽用生物制品规程委员会（农牧发［1999］3 号），并颁布《农业部兽用生物制品规程委员会章程》和《关于制定、修订兽用生物制品规程的规定》。设主任委员 1 名，副主任委员 2 名，秘书长 1 名，共 20 名委员。

③ 农业部兽药评审委员会。为了加强进口兽药及国内新化药等的审批工作，根据《兽药管理条例》规定，1987 年 8 月 21 日农牧渔业部批准成立进口化药及新化药审评小组和进口动物生物制品审评小组（［1987］农［牧药］字第 282 号），负责进口化药、动物生物制品及国内新化药、抗生素等的审查、评议工作。王奕等 11 名为进口化药、新化药审评小组成员，陈秉正等 10 名为进口动物生物制品审评小组成员。

为加强兽药审评工作，确保兽药安全有效，根据《兽药管理条例实施细则》第三十九条的规定，1991 年 8 月 24 日农业部批准农业部兽药审评委员会（［1991］农（牧）字第 27 号），并颁发农业部兽药审评委员会章程，明确农业部兽药审评委员会是在农业部领导下的对新兽药、新生物制品、外国企业申请注册兽药进行审评和已批准生产使用的兽药进行再评价的技术审议咨询组织。兽药审评委员会下设办公室，为常设办事机构，负责日常业务工作，办公室挂靠在中国兽医药品监察所，设主任委员 1 名，副主任委员 2 名，共 34 名委员，分中药分委员会、化学药品抗生素分委员会和生物制品分委员会，中药分委员会、生物制品分委员会各设主任委员 1 名，化学药品抗生素分委员会设主任委员 1 名、副主任委员 1 名。1996 年 5 月 27 日农业部批准成立农业部第二届兽药审评委员会（农牧函［1996］10 号），并颁布了农业部兽药审评委员会章程，设主任委员 1 名，副主任委员 1 名，名誉主任委员 1 名，顾问委员 13 名，共 48 名委员。根据实际工作需要，1997 年 12 月 24 日农业部决定增补 10 名为第二届农业部兽药审评委员会委员（农牧函［1997］29 号）。1999 年 12 月 6 日农业部批准成立农业部第三届兽药审评委员会（农牧发［1999］23 号文），并颁布农业部兽药审评委员会章程。设主任委员 1 名，副主任委员 4 名，共 70 名委员。

自 20 世纪八十年代末起，如江苏等省也相继成立了新兽药评审委员会。到 2004 年底，又相继撤销。

④ 全国兽药残留专家委员会。为切实加强兽药残留管理工作，提高农业农村部动物产品质量，保障人民身体健康，根据《兽药管理条例》的规定，1999 年 12 月 20 日，农业部批准成立全国兽药残留专家委员会（农牧发［1999］25 号），并公布《全国兽药残留专家委员会管理办法》。设主任委员 1 名，副主任委员 2 名，共 20 名委员。

⑤ 农业部兽药 GMP 工作委员会。为加快《兽药生产质量管理规范》的实施进程，促进兽药产品质量的提高，实现兽药生产管理和质量监控与国际标准接轨，根据《兽药管理条例》有关规定，2001 年 6 月 4 日农业部批准成立农业部兽药 GMP 工作委员会（农牧发［2001］16 号），设主任委员 1 名，副主任委员 3 名，委员会办公室主任 1 名，共 25 名委员，2 名特邀委员。

⑥ 农业部兽药 GMP 检查员库人员名单。根据《兽药生产质量管理规范检查验收办法》（农业部公告第 267 号）规定，2003 年 11 月 10 日农业部公布农业部兽药 GMP 检查员库人员名单（农办牧［2003］78 号），182 名检查员入选农业部兽药 GMP 检查员库。

（2）**国家参考实验室** 为更好地应对 WTO，提高农业农村部动物及动物产品质量安全，增强国际竞争力，2002 年 11 月 11 日，农业部发布国家兽医参考实验室第一批名单，包括国家禽流感参考实验室、国家新城疫参考实验室、国家猪瘟参考实验室、国家口蹄疫参考实验室、国家外来动物疫病诊断中心（国家牛海绵状脑病参考实验室）、国家牛瘟参考实验室、国家牛传染性胸膜肺炎参考实验室、国家外来动物疫病诊断实验室、国家牛海绵状脑病检测实验室。国家兽医参考实验室是国内最高水平的技术研究单位，承担流行病学、诊断学、疫情预测预报、疫病控制措施、诊断技术标准制定等重大任务，为农业农村部动物疫病控制和动物产品贸易提供技术支持。

① 国家禽流感参考实验室。该实验室挂靠在哈尔滨兽医研究所，在禽流感阻击战中发挥了巨大作用，为农业农村部动物疫病及人畜共患病的防制技术研究做出了突出贡献。在 2006 年疫病监测过程中，在山西和宁夏分离到少量病毒，这些病毒抗原性出现了变异，现行疫苗对其保护力有所下降。针对这些变异株，实验室研制出了新疫苗并投入使用。

② 国家口蹄疫参考实验室。国家口蹄疫参考实验室是在中国农业科学院兰州兽医研究所原口蹄疫研究室基础上组建，于 2002 年 11 月由农业部发布命名。该室始建于 1958年。建室以来，一直从事口蹄疫和猪水泡病的诊断检疫、流行病学监测、免疫预防和病原生物学研究以及技术产品的开发推广工作，拥有毒种库、血清库及其数据库，其研究成果为国家制定口蹄疫防制策略提供了科学依据，技术和产品已成为农业农村部预防口蹄疫的重要手段。先后建立了 6 项与国际接轨的口蹄疫诊断检疫方法，此外还建立了 4 种适合国内应用的检疫方法。在免疫预防研究方面，迄今研制成功了农业农村部几乎全部的口蹄疫预防用疫苗品种。在流行病学研究和疫情监测方面，成功绘制出口蹄疫病毒系统发生树，搞清了病毒的遗传衍化关系。为农业农村部预防口蹄疫流行提供了科学依据，在口蹄疫防制中发挥了重要作用。

③ 国家外来动物疫病诊断中心（国家牛海绵状脑病参考实验室）。国家外来动物疫病诊断中心是中国动物卫生与流行病学中心的重要研究机构。国家牛海绵状脑病（BSE）参考实验室于 2005 年 4 月被农业部正式批准为国家级兽医参考实验室，为目前国内唯一经国家主管部门批准进行 BSE 研究和检测的科研机构。

研究成果在农业农村部动物疫病的防控、重大动物疫病监控以及口岸动物及动物产品检疫的各个环节中发挥着重要作用。多项研究成果为国际或国内首创，主要包括以下内容：在朊病毒研究领域，在国内首次完成中国黄牛、绵羊、水牛和水貂 PrP 基因的克隆、测序与表达，并在此基础上在国内首次研制出多株 PrP 单抗，并已成功用于疯牛病和痒病的免疫组化检测。以此制定的《牛海绵状脑病诊断技术》（GB/T 19180—2003）被评为全国优秀标准。初步建立起尼帕病、西尼罗河热等多种外来病诊断方法。

④ 国家新城疫参考实验室。国家新城疫参考实验室是 2001 年经农业部批准授权在中国动物卫生与流行病学中心原新城疫实验室基础上，严格按照 OIE 参考实验室标准和要求建立的生物安全Ⅲ级实验室，主要从事新城疫、禽流感的检测和研究。实验室在国内首先建立了一步法 RT-PCR 快速检测强毒新城疫并将新城疫的检测时间缩短到 8 小时之内；在此基础上，完成了《禽流感、新城疫、传染性支气管炎自由升级的 RT-PCR 诊断试剂

盒的研究》《传染性支气管炎 RT-PCR 诊断试剂盒的研究及腺胃源传染性支气管炎的分子流行病学研究》和《禽流感荧光定量 RT-PCR 检测技术研究》，研究成果经专家组鉴定均达到国际先进水平。2004 年 2 月，在"禽流感"阻击战中，中心用荧光 PCR 技术为青岛市疾病控制中心检测多份样品，为青岛市防范人禽流感做出了重大贡献。

⑤ 国家猪瘟参考实验室。设在中国兽医药品监察所，为农业部 2001 年认定的国家级参考实验室。该实验室成功地研制出能区分猪瘟强弱毒的单抗和用单抗制备的 ELISA 诊断试剂盒，研究成功的荧光抗体检测猪瘟病原的技术是农业农村部目前广泛推广应用的技术，因其敏感性高、特异性强，已成为农业农村部作为猪瘟诊断的确诊方法之一。FA 方法和 ELISA 方法已分别列入了猪瘟病原检测国家规程，并建立了 RT-PCR 检测病原的方法。在猪瘟病毒的分子生物学方面也进行了大量的研究工作，用分子生物学手段对强弱毒株的分子结构进行了分析。多年来猪瘟参考实验室已在全国 31 个省、市、自治区举办了50 多期培训班，培养学员近 2000 人。国家猪瘟参考实验室总结出行之有效的猪瘟综合防制技术，确认了农业农村部猪瘟疫苗的可靠性、广谱性和安全性，部分研究达到国际先进水平。

⑥ 国家牛瘟参考实验室。设在中国兽医药品监察所。实验室承担全国牛瘟的血清学监测及诊断任务；实施牛瘟、小反刍兽疫生物学参考试剂的制备、储备及分发；研究牛瘟、小反刍兽疫新的诊断和控制方法并制定相关技术标准；收集、分析并交流全国的牛瘟流行病学资料；培训相关兽医技术人员；与国内外相关实验室开展合作研究。实验室从2001 年开始按照农业部的部署承担了全国的牛瘟血清学监测任务，其中 2001～2006 年的监测数据已提供给 OIE 牛瘟参考实验室作为中国申请无牛瘟感染国家报告的主要数据。

实验室建立了牛瘟血清中和试验、ELISA、RT-PCR 等诊断技术，在此基础上起草的牛瘟诊断技术标准已经批准列为国家标准。开展了小反刍兽疫的研究工作，研制成功小反刍兽疫活疫苗并已用于 2007 年西藏地区小反刍兽疫疫情的扑灭及疫情控制，为西藏小反刍兽疫疫情的扑灭提供了有效的技术手段。研制成功小反刍兽疫间接 ELISA、免疫捕获ELISA、血清中和试验、RT-PCR 诊断技术。为小反刍兽疫的诊断和预防建立了技术储备。

（3）国家兽药残留基准实验室　国家兽药残留基准实验室是国家兽药残留限量标准及休药期制定、兽药残留检测方法标准制定、兽药残留检测新技术研究、残留检测人员培训、承担国家下达的残留检测任务、残留检测仲裁以及新兽药安全评价的检测研究机构，共有四个：

① 国家兽药残留基准实验室（中国兽医药品监察所）。实验室是农业部 1999 年认定的国家级参考实验室，至今共完成 20 个残留检测方法的研究，制定兽药残留检测方法标准 18 个，研制开发了克仑特罗、四环素类药物、链霉素 3 种检测试剂盒并取得发明专利。

② 国家兽药残留基准实验室（中国农业大学）。2005 年，农业部在中国农业大学2002 年建成的国家兽药安全评价中心的基础上，建立了国家兽药残留基准实验室。

③ 国家兽药残留基准实验室（华中农业大学）。实验室制定了多个兽药残留检测方法标准，制备了卡巴氧、喹赛多、喹烯酮等药物残留标识物的标准品，"呋喃唑酮残留标示物 AOZ 的 ELISA 检测方法及试剂盒研究"、"金霉素残留 ELISA 检测方法及试剂盒研究"、"抗菌药物残留微生物学快速筛选方法及试剂盒研究"多项科研成果通过了省部级专家鉴定。

④ 国家兽药残留基准实验室（华南农业大学）。2004 年，华南农业大学兽医药理研

究室被农业部确认为国家兽药残留基准实验室，主要负责有机磷类、除虫菊酯、β-内酰胺类、肿制剂和乙烯雌酚类等药物的检测。

国家兽药残留基准实验室的建立，为兽药的合理规范使用提供了技术支持，推动了兽药行业的健康持续发展，为增加人民群众的食品安全，促进国家畜牧产品进出口贸易提供了强有力的技术保障。

（4）国家兽药安全评价实验室　随着农业农村部养殖规模的不断扩大，动物用药量的增加，向环境中排泄的药物残留也逐步增多，对环境产生一定的消极影响；且致病菌耐药性不断增强，对人类食品安全和身体健康造成极大的威胁。为了减少动物药品残留向环境中的释放，定期监测农业农村部致病菌的耐药性，农业部在中国农业大学和华南农业大学建立了国家级兽药安全评价（环境评估）实验室，并在中国兽医药品监察所积极筹建国家兽药安全评价（耐药性监测）实验室。

国家兽药安全评价实验室的建立，进一步规范了动物药品的使用，保证药品的治疗效果，维护动物健康，促进动物性食品进出口贸易，防止致病菌耐药性的增强，维护人类生存环境和身体健康。

（5）中国兽医微生物菌种保藏管理中心　1979 年 7 月，国家成立了中国微生物菌种保藏管理委员会。根据《中国微生物菌种保藏管理委员会组织条例》（试行），中国微生物菌种保藏管理委员会设立了 6 个全国性菌种保藏管理中心，兽医微生物菌种保藏管理中心是其中之一。

根据国家科委的要求，农业部 1980 年发布《兽医微生物菌种保藏管理试行办法》，明确兽医微生物菌种保藏管理中心工作，由中国兽医药品监察所负责，承担资源的收集、鉴定、保藏、交换和供应；菌种保存方法和鉴定方法的研究；编制菌种目录；办理对外交流和交换菌种。哈尔滨、兰州、上海畜牧兽医研究所为兽医微生物菌种保藏管理中心的分管单位，负责特定微生物菌种的保藏管理，承担兽医微生物菌种及原虫病虫种的收集、鉴定、保藏、交换和供应；菌种保存方法和鉴定方法的研究；编制菌种目录；办理对外交流和交换菌种。

1984 年根据农牧渔业部的批示，中国兽医药品监察所成立菌种室筹备、扩大菌种收藏范围，以逐步适应全国生产、科研和教学需要。截至 2007 年底共计收藏菌、毒、虫种6033 株，先后出版了三版《中国兽医菌种目录》（中英文）。

几十年来，尤其是改革开放以来，中国兽医微生物菌种保藏管理中心为农业农村部科研院所、高等院校及兽用生物制品的生产企业，提供了 6 万多株各类兽医微生物菌种，为国民经济建设、工农业生产、环境保护和科研教育发挥了重要的作用，产生了巨大的社会效益和经济效益。

（6）兽药信息化工作机构　为了适应我国兽药工作信息化的需要，中国兽医药品监察所专门设立了兽药信息化工作机构，于 2001 年 3 月，农业部兽医局和中国兽医药品监察所共同主办了中国兽药信息网，基本覆盖了兽药管理、科研、生产、经营、使用等各个层面，为政务信息的发布、行业信息的交流提供了有效的平台，有力地促进了农业农村部兽药政务的公开，推进了兽药系统和兽药行业信息化进程。2001 年以后，各单位加大了局域网建设力度，对网上办公和管理系统进行了积极的探索和尝试。2007 年，中国兽医药品监察所网上办公系统正式开始运行。

1.2.3.5　行业组织

（1）中国兽药协会　中国兽药协会（以下简称协会），英文名称为 China Veterinary

Drug Association（CVDA），原名中国动物保健品协会，成立于 1991 年，是由从事兽药及相关行业的企事业单位、社会团体和个人自愿联合组成的全国性、行业性、非营利性的社会组织，属国家一级协会，是我国畜牧兽医行业成立较早的行业协会。协会登记管理机关是中华人民共和国民政部，党建领导机关是中央和国家机关工作委员会。协会接受登记管理机关、党建领导机关、有关行业管理部门的业务指导和监督管理。截至 2021 年 5 月 31 日，协会拥有单位会员 410 余家，企业会员销售额占兽药行业总销售额的 73%，分布于 28 个省（区）市，包括兽药生产、经营、质量监督管理、科研院校、行业媒体等企事业单位及养殖、制药设备、包装材料、实验检验仪器设备等行业上下游企业。

协会下设一个办事机构和九个分支机构。秘书处作为协会的办事机构，承担协会的日常工作，设综合部、财务部、会展部、会员部、信息部。九个分支机构分别是行业自律工作委员会、专家咨询工作委员会、经营与使用指导工作委员会、生物制品专业委员会、化学药品专业委员会、畜牧兽医器械专业委员会、进出口贸易促进分会、DVM 兽药使用指导委员会、病原微生物培养基及培养工艺委员会。

协会的宗旨是：认真贯彻执行党和国家的方针、政策，遵守宪法、法律、法规，遵守社会道德风尚；积极发挥行业指导、服务、协调、维权、自律作用；团结和组织全行业，整合资源、规范行为、开展活动、交流信息、提高素质，促进农业农村部兽药行业健康发展，为建设我国现代畜牧业和社会主义新农村作贡献。协会会址设在北京市。

协会的业务范围为：①建立行业自律机制，制定行规行约，规范行业自我管理行为，倡导行业诚信，打击伪劣产品，促进企业公平竞争，提高行业整体素质，维护行业整体利益，保护产业信誉；②协助政府完善行业管理，参与行业法律、法规、标准的制修订和宣传贯彻工作，为政府制订行业发展规划和战略提供建设性意见和建议；③认真贯彻执行兽药 GMP、GSP 管理办法，发挥行业监督职能，对不符合质量标准和其他标准的产品和企业，配合政府部门进行督促整改；④协调会员与会员、行业与政府之间的关系；及时了解会员与行业情况，反映相关诉求；掌握和协调解决行业的重点、难点、焦点、疑点问题，维护会员与行业的合法权益；⑤宣传、推广和普及行业知识，编辑出版行业报刊、书籍等，建立行业网站，搭建全国兽药行业信息综合、公开、交流、服务的平台；⑥受政府委托承办或根据市场和行业发展需要组织开展行业展览会、交易会、专题研讨会、学术讲座、推介会、宣传会等行业活动；⑦开展本行业从业人员管理能力、职业技能、业务知识、技术水平等培训，提高从业人员素质；⑧开展调研活动，根据授权进行行业统计，掌握行业发展情况，研究国内外兽药行业及相关行业的发展动态和趋势，为政府制定产业政策提供依据，为企业制定经营决策提供参考；⑨搭建行业招聘平台，优化行业人才结构；⑩促进行业科技、管理创新，倡导企业自主研发；推广新工艺、新技术、新产品，为行业内"产学研"转化搭建平台，推进科技成果转化，经政府有关部门批准，组织行业技术成果鉴定；⑪与国外相关组织、企业及个人建立友好往来，组织会员参加国际交流考察活动，开展管理、经济、技术方面的合作，提高兽药行业的国际竞争力；⑫协调行业产、供、销，开拓国内外市场，建立市场预警机制。参与行业相关的反倾销、反补贴等对外贸易争端的产业损害调查和应诉协调工作，保护产业安全；⑬承担政府交办的行业相关事务及委托的项目及课题；⑭组织开展行业公益事业以及符合协会宗旨的其他工作。

协会一直秉承服务会员、服务行业、服务政府的办会理念，积极发挥行业指导、服务、协调、维权、自律的作用，团结和组织全体全员整合资源、规范行为、开展活动、交流信息、提高素质，为促进兽药行业的健康发展，为建设现代畜牧业和社会主义新农村做

出了重要贡献。现为第五届理事会，设会长 1 名，常务副会长 1 名，

（2）**中国畜牧兽医学会生物制品学分会**　中国畜牧兽医学会生物制品学分会成立于1984 年，挂靠中国兽医药品监察所，其主要任务是团结和组织从事兽用生物制品科研、教学和生产的广大科技工作者，围绕实施科教兴国和可持续发展战略，与时俱进，广泛开展国内外学术交流，促进国内、国际科技合作，对国家兽用生物制品发展战略、政策等重大决策提供科技咨询和技术服务等，通过多年努力，学会影响力逐渐扩大，为行业发展发挥了重要作用。从成立之初的几十人，扩大到目前的 200 余人，会员单位从初期的十几家国有生物制品企业，增加近百家企业。每年除以多种不同的方式开展一些学术活动外，还针对年度内行业热点开展专题交流或学术报告，还联合中国微生物学会兽医微生物专业委员会一起开展规模较大的学术交流大会。此外还充分利用挂靠单位的专家队伍，积极为产业发展开具良方，为行业发展献计献策，特别是就行业发展密切相关的新兽药注册、兽药GMP 检查、实验动物管理、生物制品质量检验和质量控制、标准物质使用等方面进行政策解读、技术交流和经验分享，受到会员单位高度重视和价值认同，已成为我国兽用生物制品行业极具影响力的品牌组织。现为第七届理事会，设理事长 1 名，秘书长 1 名。

（3）**中国畜牧兽医学会动物药品学分会**　动物药品学分会是在中国畜牧兽医学会领导下的以科学技术工作者组成的学术性、科普性的社会团体，是党和政府联系动物药品工作者的桥梁和纽带，也是发展我国动物药品事业的主要社会力量，是中国畜牧兽医学会的组成部分。

1989 年 3 月 4 日，经中国畜牧兽医学会批准成立中国畜牧兽医学会动物药品研究会。1989 年 10 月 29 日在湖北襄樊市举行成立大会，选举产生了第一届理事会，77 人组成，设理事长 1 名，副理事长 3 名，秘书长 1 名。1990 年民政部批准注册登记，颁发了社团法人代表证。分会每年围绕动物药品学科和产业发展热点开展学术交流活动，推进兽药创新，引领行业发展。学会自觉贯彻科技强国战略，挖掘潜力、激发动力、展现活力，进一步打造分会学术年会品牌，更好服务兽药行业高质高效发展，促进分会各项工作高质量开展。现为第六届理事会，设理事长 1 名，秘书长 1 名。

1.2.3.6　主要成就

自 1987 年颁布《兽药管理条例》以来，共颁布实施了近三十部配套法章。全国各级农牧业行政管理部门积极宣传，贯彻执行，依法审批，依法办案，从而开创了农业农村部兽药管理的新局面，我国兽药管理工作进入了法制化的新阶段。建立了兽药的监督管理制度、兽药生产经营企业和兽药制剂室许可制度、兽药标准和兽药产品实行分级审批制度、新兽药技术审评和行政审批制度、进出口兽药注册登记和许可证制度、兽药广告分级审批管理制度。《兽药管理条例》是继《中华人民共和国草原法》和《家畜家禽防疫条例》之后，又一部关于畜牧业方面的重要法规。《兽药管理条例》的实施，使我国兽药行业迅速发展，兽药生产逐步规范，兽药市场整顿初见成效，兽药使用监督力度不断加大，兽药残留超标现象得到初步遏制，达到了促进畜牧业的发展和维护人民群众身体健康的目的。这一时期约有九年多时间，主要开展了以下几方面工作，并取得了显著成效。

（1）**广泛宣传《兽药管理条例》**　1987 年版《兽药管理条例》是我国颁布的第一部兽药领域行政法规，是兽药行业管理的准则。学习、宣传《兽药管理条例》，是贯彻好《兽药管理条例》首先要抓的大事，各级政府和农牧行政管理机关对此都非常重视。农业部举行了新闻发布会，就制定《兽药管理条例》的必要性、重要意义以及《兽药管理条

例》的主要内容、贯彻《兽药管理条例》的意见等向首都各大新闻单位作了报告。新华通讯社发了通稿，《人民日报》及其海外版、中央电视台、中央人民广播电台、中国国际电台、中国新闻社、《中国法制报》和《农民日报》等均作了报道。这对于引起社会各方面的广泛重视，对《兽药管理条例》的贯彻实施发挥了积极作用。

各地积极组织了学习、宣传活动，天津、山西、山东、吉林、云南、四川等省人民政府及时转发《兽药管理条例》；有的县人民政府还专门发了"布告"或文件；许多省、自治区、直辖市相继召开了全省、区、市贯彻《兽药管理条例》的会议，省报、省电台都作了宣传报道，内蒙古自治区畜牧局编写了《兽药管理条例》宣传问答小册子，还在《内蒙古日报》发表连载文章进行宣传。四川省畜牧局在报刊上举办《兽药管理条例》专题讲座，共14讲，普及《兽药管理条例》知识。各地、县农牧行政部门也采取了召开会议、翻印发放、报刊登载、出黑板报、出动宣传车等多种形式组织学习和广泛宣传《兽药管理条例》。为提高药政药检干部的业务素质，农业部多次举办了全国兽药管理讲习班，吉林、广东、云南、贵州、河南等省也相继举办了培训班。

（2）**核发兽药"三证"**　兽药"三证"是指《兽药生产许可证》《兽药经营许可证》和《兽药制剂许可证》。对兽药生产企业、经营企业和兽医医疗单位配制制剂核发《许可证》是切实加强兽药管理的一项重要措施，是对特殊商品的一种管理办法，《兽药管理条例》发布以后，农牧行政管理机关按照规定对兽药生产企业、兽药经营企业和兽药制剂室进行了重新审核验收，符合条件的分别核发《兽药生产许可证》《兽药经营许可证》和《兽药制剂许可证》。

（3）**完善兽药管理体系**　首先，设立省级药政机构。在第二阶段期间，农业部设立了药政处，但各省、自治区、直辖市农牧行政机关尚未设立药政机构。1987年《兽药管理条例》发布以后，为适应发展的需要，很多省级农牧行政机关陆续设立了药政管理机构，如上海市设立了兽医药政处，北京市、江苏省、四川省、湖南省、山东省及内蒙古自治区等设立了药政科。其次，健全监察机构。目前，全国除西藏以外，各省、自治区、直辖市都成立了兽药监察所（有的与饲料管理合设兽药饲料监察所），人员和设备不断得到补充。此外，大连、青岛和重庆等计划单列市成立了兽药监察所；一些省在地、县两级还设立了监察机构，如贵州省设立了兽药监察所，四川省的部分县成立了兽药饲料监测所（站）或兽药饲料监察管理所（站）；1988年5月13日，为了加强对进口兽药质量的监督管理，农业部发布"关于指定口岸兽药监察所的通知"（[1988]农[牧]字第40号），中国兽医药品监察所、北京市兽药监察所、天津市兽药监察所、上海市兽药监察所、广东省兽药监察所、江苏省兽药监察所、辽宁省兽药监察所为农业部第一批指定的口岸兽药监察所，明确自1988年6月15日起，进口兽药必须经过农业部指定的口岸兽药监察所检验合格后方可进口。海关凭农业部指定的口岸兽药监察所在进口货物报关单上加盖的"已接受报验"的印章放行。其他任何单位（或机构）的检验结果均无法律效力，不能作为检验进口兽药的依据。凡兽药进口单位进口兽药，必须向所在省、自治区、直辖市农牧行政管理机关或国务院农牧行政管理机关申报，经审查批准取得《进口兽药许可证》后，从规定的口岸进口兽药，并向进口口岸所在省、自治区、直辖市的口岸兽药监察所报验。至此，全国基本形成了兽药监察网。根据《兽用生物制品制造及检验规程》，全国28个兽用生物制品厂均设立了监察室，负责本厂生物药品的检验和质量监督工作。第三，选任兽药监督员和检查员。为加强兽药监督工作，根据《兽药管理条例》的规定，县以上各级农牧行政管理机关选任了兽药监督员。兽药监督员由兽药、兽医技术人员担任，凭同级人民政府发给的《兽药监督员证》开展工作。兽药监督员是在各级农牧行政管理机关领导下，代表政府对兽药进行监督、检查的专业执法人员。鉴于兽药监督员数量较少，为适应对众多乡镇的兽药管理工作，吉林、四川等省还在县以下的乡镇兽医人员中选任了兽药检查员。四川省规定：兽药检查员由县农牧（畜牧）局选任。兽药检查员的任务是：在县农牧（畜牧）局的领导下，协助兽药监督员在本辖区开展兽药管理工作。兽药检查员凭县农牧（畜牧）局或县人民政府发给的《兽药检查员证》开展工作。

尽管当时我国兽药管理体系在机构和人员各方面都还存在一些问题，尚不能适应兽药管理工作的需要，但是，自从1987年版《兽药管理条例》实施以后，由于各级政府的重视和农牧行政部门的努力，兽药管理体系的建设比起《兽药管理暂行条例》阶段已有明显的加强。为了强化质量监督作用，增强质量把关和监督能力，这一时期还开展了兽用生物制品监察室验收和省所资质检查验收活动。监察室的建立，在贯彻监察制度、执行检验规程，严格产品质量把关和监督生产规程的执行，在防止散毒以及对生产和检验用菌毒种的管理，了解生物制品的保管、使用情况，改进检验方法，保证产品质量等方面做了大量工作。但由于特殊历史时期期间对监察体制的冲击，使其职能受到很大的削弱，尽管农业部多次重申了对生物药品坚持监察制度，但未能得到很好的贯彻，长期以来一些厂的监察室主任和人员随意调动，加上多年来许多厂对监察室的工作不够重视，导致管理不严，仪器设备陈旧，工作条件简陋，业务水平下降。80年代初，连续出现兰州、郑州、湖北、广东、河北等地生产的猪瘟苗和部分生药厂生产的鸡、牛出败苗使用后引起动物死亡的不安全问题，赔款近千万元，使国家和农牧民蒙受巨大经济损失，教训极其深刻。1987年12月14日，为了考核了解监察室执行任务的能力，以促进各监察室更好地完成监察和产品检验任务、确保生物药品质量，有效地防疫灭病，根据农牧渔业部标准《兽用生物制品制造及检验规程》的有关规定，农牧渔业部发布关于下发《兽医生物药品厂监察室验收办法》的通知（［1987］农［牧］字第74号），明确由农牧渔业部畜牧局、中国兽医药品监察所以及所在省主管厅局、兽药监察所和聘请有关专家组成验收小组进行验收。1988年5月12日，农牧渔业部畜牧总局关于转发《监察室验收考评方法》和《监察室人员考核标准及办法》的通知（［1988］农［牧药］字第182号），明确从第三季度，开始对部分生物药品厂的监察室进行验收，由中国兽医药品监察所牵头组织，确定具体验收时间、参加人员、被验收企业。验收办法下达后，引起各省、自治区、直辖市农牧行政主管部门，各生物药品厂及监察室的重视，有的省畜牧局及药监所负责同志几次到生药厂督促检查和现场办公，解决存在的实际问题，大多数生药厂、监察室组织有关人员进行了认真的学习，并对照自查，对不足的地方积极改进。从思想、物质上为这次验收做了认真的准备。此次验收从1988年11月开始试点至1990年6月，历时1年半，先后组织了9个由畜牧兽医司、中国兽医药品监察所、各生物药品厂所在省、自治区、直辖市农牧行政主管厅局、兽药监察所及专家组成的验收组，对全国28个生药厂监察室进行了全面考核和验收。基本做法是，先听取生药厂及监察室对验收的准备情况汇报，然后检查厂容厂貌及监察室的各种设施，再按验收文件规定要求逐项检查，了解监察室的工作情况，在充分评议、酝酿的基础上，由验收组成员，按评分细则，逐项进行打分，最后综合验收组的全体意见，对监察室作出评估。人员考核，技术干部以答辩为主，技术工人以考核为主。均结合实际操作完成任务情况和处理问题的能力，由验收组成员和生药厂及监察室领导给予评分。验收的初步结果，由验收组在验收结束后向所在省、自治区、直辖市主管厅局和厂、室领导做了通报，随后由中国兽医药品监察所正式发文通知各厂及有关部门，对需改进的问题限期解决，同时委托所在省、自治区、直辖市主管厅局和药监所按要求派员进行复查，并报告复查结果。畜牧兽医司和中国兽医药品监察所还对河北等 7 个厂监察室的改进情况进行了抽查。验收组经过综合评定认为达到合格标准的有南京药械厂监察室、黑龙江兽药一厂监察室，基本达到合格标准的有云南、成都、山西、郑州、兰州、湖南、湖北、广东、广西、安徽、福建、陕西、辽宁、北京、上海、贵州、青海、新疆、内蒙古、江西 20 个监察室，经整顿、改进复查达到基本合格的有吉林、杭州等 4 个监察室，四川、西藏两室地处边疆、少数民族地区，条件较差，存在问题较多，困难较大，尚需进一步改进，验收合格或达到基本合格的监察室发给合格证书。考核的监察室人员，28 个室 460 人，其中技术人员 220 人，检验工人 240 人，按考核条件要求考核合格的检验人员将发给由农业部统一印制的兽药检验工作资格证书。经过验收的 28 个监察室，都配备有主任一职，其中按监察室组织法任免程序任命的有南京等 20 个室。就监察室总体布局，23 个室与生产或行政部门分开，形成独立体系，便于隔离，比较合理，有的监察室安装了超净无菌间，有的监察室安装了空调机，多数室都进行了修缮和粉刷，并更新了部分设备，改善了工作条件，做到细菌、病毒、强毒、弱毒产品的检验工作实验室分开，各种消毒设施的配备基本齐全，温箱、冰箱、显微镜、天平等各种常用仪器设备多数室配备齐全。根据各自产品检验需要都设有不同的免疫动物舍、安检动物舍、强毒试验动物舍，配备了必要的笼具和消毒设施，部分监察室的动物舍还有防蚊、蝇设施，污水处理系统也比较完善，带毒粪便有密封的水泥池发酵，试验动物尸体的处理设有焚尸炉或化制罐，检验用动物小白鼠、豚鼠、家兔、鸡、鸭、鸽等做到自繁自养，猪达到自繁自养或定点猪场供应，其他外购的检验用动物亦应选自非疫区，由监察室按产品检验规程规定的规格要求选用。为了确保产品质量，保证提供合格的检验动物，有的厂建立了 SPF 鸡群，为检验动物的标准化迈出了可喜的一步。各监察室检验记录绝大多数都能严格执行规程，各种产品均按规程规定进行了检验，按期完成了检验任务。检验用菌、毒种及标准品大多数监察室管理较好，做到专人保管，到期更换并有专门详细的保管使用记录，攻毒用菌液和病毒液也做到了专人制备，保证了攻毒的一致性。对于生产区和检验区的污水、动物粪便、尸体的无害处理，各室能够经常进行督促检查，并按月报送污水处理检验结果。各种报表和总结，一般能够按时填写报送。

1994 年 6 月 6 日，为加强兽药监察所的工作，保证兽药质量，促进养殖业的发展和维护人体健康，根据《兽药药政药检工作管理办法》的有关规定，农业部发布"关于发布《兽药监察所工作细则（试行）》和《省级兽药监察所基本条件（试行）》的通知"（农牧发〔1994〕16 号），明确各级兽药监察所是兽药质量保证体系的重要组成部分，是国家对兽药质量实施技术监督、检验、鉴定的法定专业技术机构。兽药监察所必须依法办事，保证监督检验工作的科学性、公正性、权威性，提高工作质量和工作效率，适应兽药监督检验管理工作的需要。1995 年受农业部委托，中国兽医药品监察所即开始着手准备进行省级兽药监察所资格认证，至 2001 年 11 月已对全国 30 个省所进行了认证工作。2003 年 2 月 9 日，为了巩固第一轮省所资格认证的成果，加强我国兽药监察机构建设，规范各级兽药监察所的兽药质量和兽药残留监督检验检测活动，进一步提高省级兽药监察机构的技术水平，农业部发布"关于发布《兽药监察所实验室管理规范》和《省级兽药监察所资格认证管理办法》的通知"（农牧发〔2003〕2 号），并公布省级兽药监察所资格认证评审员名单。明确兽药监察所是国家对兽药质量进行监督、检验、鉴定的法定专业技术机构。为加强兽药监察所的标准化、规范化和科学化管理，确保检验数据及检验结论的准确、公正。本规范是对兽药监察所机构与人员、职责、质量保证体系、仪器设备、实验室条件、检验及相关工作的规定。兽药监察所除应通过省级以上人民政府计量行政部门的计量认证外，还必须通过农业部的资格认证。据此中国兽医药品监察所组织省所技术人员对全国省级兽药监察所进行两轮省所资质检查验收工作，通过检查验收，省所实验室面积、设施设备、人员条件、技术和管理水平、制度档案都有了大幅度的提升，保证了兽药质量监督全面开展。

（4）完善法规体系　为全面贯彻落实《兽药管理条例》，农业部会同国家工商行政管理局制定了《兽药管理条例实施细则》，此后，农业部制定了一系列与之配套的管理办法，也根据兽药行业发展实际，修订完善了相关规章和办法，如《兽药标签和说明书管理办法》《兽药药政药检工作管理办法》等，基本上形成了兽药管理法规体系。

（5）完善兽药质量标准体系　自农业部1986年成立"中国兽药典委员会"以后，狠抓兽药标准的制定，于1990年发布了《中华人民共和国兽药典》（二部，1990年版），1991年发布了《中华人民共和国兽药典》（一部，1990年版），1992年发布了《兽用生物制品制造及检验规程》（1992年版）、《中华人民共和国兽用生物制品质量标准》（1992年版）和《中华人民共和国兽药规范》（1992年版），之后又发布了《中国兽药典》（2000年版）、《兽用生物制品制造及检验规程》（2000年版）和《中华人民共和国兽用生物制品质量标准》（2000年版）。

随着改革开放的深入发展，我国对外交往增多，农业部相继发布了约120种进口兽药的质量标准，1998年又进一步修订汇编成册，即《进口兽药质量标准》。

根据《兽药管理条例》的规定，一些省、自治区、直辖市农牧行政管理机关还发布了地方兽药标准。

（6）加大全方位监管力度

① 在兽药评审制度方面：兽药注册评审工作取得了显著成就，兽药注册程序不断完善，根据法规要求和实际工作需要，对1983年5月16日发布的《新兽药管理暂行办法》、1987年5月15日发布的《新兽药审批程序》进行了修订完善，于1989年发布了《新兽药及兽药新制剂管理办法》和《兽用生物制品管理办法》，1999年发布了《兽药审评工作程序》（牧药发〔1999〕79号），进一步明确了注册资料申报要求和评审程序。专家队伍能力建设不断加强，成立农业部兽药审评委员会，从事审评的专业技术人员和评审专家不断增加，学科更趋合理，兽药评审能力得到锻炼和提高。指导新兽药研发工作的作用显著，遵循科学性、前瞻性、可操作性相统一的原则，制定发布了《实验临床试验技术规范》《新兽药一般毒性试验技术要求》和《兽药药物动力学试验技术规定》等相关技术指导规范或原则，为新兽药研发提供了有效指导。按时完成各项审评任务，发挥技术把关作用。

② 在生产管理方面：自1987年版《兽药管理条例》实施以来，农业部以生产许可的方式实施企业和产品的市场准入制度，特别是2002年3月首次以部令形式颁布了《兽药生产质量管理规范》，对兽药生产企业应具备的条件进行了规定。同年实施兽药GMP的有关要求中也进一步明确，2002年6月19日至2005年12月31日为兽药GMP规范实施过渡期，自2006年1月1日起未达到兽药GMP要求的企业不能生产兽药。2003年发布了《兽药GMP检查验收办法》，明确由农业部负责全国兽药GMP管理和检查验收工作，有力地推动生产企业的兽药GMP改造和检查验收。加强飞行检查和日常监督，实施生物制品批签发制度，对行业的健康发展起到了巨大的推动作用，有力规范了兽药生产秩序。在1998年关于加强兽药名称管理基础上，2002年颁布了《兽药标签和说明书管理办法》，

对兽药标签和说明书的基本要求和管理进行了规定，2003年发布了《兽药标签和说明书编写细则》，进一步对兽药标签和说明书的内容格式进行规定，推动兽药标签和说明书规范工作的顺利实施。兽药生产从此开始步入一个较为公平、有序的竞争环境，推动了行业整体素质、产品质量、市场保障能力的提高。

③ 在兽药经营管理方面：1987年版《兽药管理条例》规定了兽药经营企业必须具备的条件，开办兽药经营企业需获得《兽药经营许可证》。1989年农业部发布了《核发〈兽药生产许可证〉、〈兽药经营许可证〉、〈兽药制剂许可证〉管理办法》，规定了申领兽药经营许可证应提交的资料和证件发放程序。同年发布的《进口兽药管理办法》，对进口兽药在国内的经营也进行了专门的规定。1996年农业部令第6号公布了《兽用生物制品管理办法》，对生物制品的经营进行了专门规定。2000年国药管市［2000］85号文件《关于切实加强药品兽药管理工作的通知》中，强调严禁兽药经营单位经营人用药品，严禁药品生产、经营企业将不合格药品转为兽药。兽药经营管理的有效实施，规范了行业的经营行为，有效控制和打击了假劣兽药的流通。对国家强制免疫兽用生物制品以外的兽药的经营实行以条件为主要依据的市场准入制度，形成公平有序的市场竞争格局，有力促进了全行业的技术升级和产品质量、服务水平、供给能力的提高，有效满足了市场需求。

④ 在兽药使用方面：1987年版《兽药管理条例》要求兽药的生产、经营和使用必须保证质量，确保安全有效。规定兽药的生产、经营和使用必须遵守《兽药管理条例》的规定，县以上农牧行政机关对兽药的生产、经营和使用进行监督管理。进一步规范兽药添加剂管理，在1989年农业部首次发布《饲料药物添加剂品种及使用规定》基础上，1994年修订发布了《关于发布"饲料添加剂允许使用品种目录"的通知》（农牧发［1994］7号）。1997年，农业部重新发布了《允许作饲料药物添加剂的兽药品种及使用规定》，规定饲料中需要使用兽药时，只能添加饲料药物添加剂，不能添加原料药或其他剂型的兽药，进一步规范和指导饲料药物添加剂的合理使用，防止滥用饲料药物添加剂。2001年，《关于发布〈饲料药物添加剂使用规范〉的通知》规定必须在产品标签中标明所含兽药成分的停药期规定，所有商品饲料中不得添加该文件附录二中所列的兽药成分。进一步完善禁用清单，为保证养殖业健康发展，保护人民身体健康，防止滥用激素类产品，1998年发布了《关于禁止生产、销售、使用己烯雌酚的通知》，禁止所有激素类及有激素类样作用的物质作为动物促生产剂使用。1999年农业部发布了《关于查处生产、使用违禁药物的紧急通知》，明确规定严禁生产和使用β激动剂类产品及非法制售假劣兽药。农业部、卫生部和国家药品监督管理局联合发布了公告176号《禁止在饲料和动物饮水中使用的药物品种目录》，禁止5类40种在饲料和动物饮用水中使用的药物品种。2002年农业部公告193号《食品动物禁用的兽药及其他化合物清单》公布了兴奋剂类、性激素类和氯霉素等21种（类）禁用药物及其他化合物，相关兽药停止生产，废止质量标准，撤销其产品批准文号。建立停药期制度，1993年汇编《进口兽药质量标准》起开始建立兽药停药期，2003年5月农业部278号公告发布了部分兽药品种的停药期规定。对临床常用的202种（类）兽药和饲料药物添加剂规定了停药期，要求兽药厂生产该类产品标签上须标明停药期，养殖场须按其标签标明的停药期在动物上市或屠宰前停止用药，对国际上未规定停药期的兽药规定其停药期为28日。严厉打击非法使用兽药，1991年国务院办公厅发布《国务院办公厅关于加强农药、兽药管理的通知》提出对兽药安全使用的要求，1995年农业部发布《关于进一步加强兽药管理的通知》，强化兽用生物制品和饲料药物添加剂管理，打击走私兽药的违法行为。1997年农业部发布《关于严禁非法使用兽药的通知》，1998年

农业部对外贸易经济合作部和国家出入境检验检疫局发布《关于严禁非法使用兽药和加强检疫工作等有关事宜的通知》，1999年农业部发布《关于查处生产、使用违禁药物的紧急通知》，2000年农业部国家药品监督管理局发布《关于查处非法生产、销售和使用盐酸克伦特罗等药品的紧急通知》，2001年农业部发布《关于严厉打击非法生产经营和使用盐酸克伦特罗等药品违法行为的通知》，2002年农业部发布《关于开展禁用兽药清查工作检查的通知》等，严厉打击非法使用行为。随后农业部还发布系列通知公告，对部分特殊兽药的生产、销售及使用等作了明确规定，如加强有机胂类产品生产管理、兽用安钠咖管理、氯胺酮管理，打击金刚烷胺、盐酸克伦特罗的非法生产和使用。

⑤ 在兽药残留监控方面，1987年开展了倍硫磷、蝇毒磷等兽药残留检测技术研究工作，开始收集整理并翻译AOAC兽药残留检测方法、日本及欧洲共同体等发达国家批准使用兽药和饲料添加剂的规定、美国等国家或地区有关残留量的规定。1991年国务院办公厅发布《关于加强农药、兽药管理的通知》（国办发〔1991〕67号），责成农业部负责制定兽药残留限量标准和兽药残留检测方法以及承担相关兽药残留检测工作。1998年农业部发布《关于开展兽药残留检测工作的通知》，要求各地畜牧兽医行政管理部门要将兽药残留工作纳入兽药管理工作范畴，各兽药饲料监察所尽快建立兽药残留检测实验室，并利用现有条件、设备积极开展兽药残留监测工作，至此各省所陆续建立兽药残留检测实验室。积极争取财政支持，加强兽药残留监控体系建设，投资建设了4个国家残留基准实验室和31个省级兽药残留实验室。1999年农业部会同国家出入境检验检疫局制定"中华人民共和国动物及动物源食品中残留物质监控计划"和"官方取样程序"，2000年发布了《关于发布"2000年度兽药残留监控抽样计划技术操作要点"的通知》，为指导我国残留监控工作做出了积极努力。1999年农业部成立了兽药残留专家委员会，负责审议最高残留限量、残留检测方法等技术事项，并在中国兽医药品监察所设立残留专家委员会办公室，负责兽药残留专家委员会日常工作，并开始制定兽药残留监控计划，兽药残留监控管理组织框架基本成型。残留监控计划的颁布实施标志着我国动物性产品残留监控进入法制化、规范化管理轨道，使农业农村部残留工作迈入新的阶段。农业部与国家质检总局自1999年以来，每年联合编制中国兽药残留监控报告，按照欧盟等进口国要求，提供残留报告和残留监控计划，为恢复我国动物性产品出口奠定了基础。同时连续多次接受欧盟和FDA对我国残留监控计划实施情况的现场考察，2003年欧盟解除停止我国动物性产品进口的禁令，恢复进口我国除禽肉以外的动物性产品，促进了我国动物性产品对美国、日本等国家和地区的出口贸易。建立兽药残留标准体系，1994年有关大专院校、科研部门和检验单位开始开展兽药残留检测方法研究，1997年首次发布19种兽药在饲料中的检测方法。农业部在1994年发布《动物性食品兽用中药最高残留限量（试行）》基础上，修订发布了《动物性食品兽用中药最高残留限量》，包括47种兽药最高残留限量。1999年再次修订后，发布了109种兽药的最高残留限量。2002年，农业部令第235号再次发布了119种兽药最高残留限量，并分为不需制定残留限量、需要制定残留限量、不得检出和禁用于所有食品动物的兽药四类，为我国开展兽药残留监控工作，实施兽药残留检测计划，加快与国际接轨提供了技术依据。2003年农业部发布了《兽药残留试验技术规范（试行）》，规范有关残留试验活动，为准确评价兽药安全性提供了技术保证。此外，农业部从2001年开始实施"无公害食品行动计划"，对蔬菜中农药残留以及畜禽产品和水产品中药物污染和残留进行监测，兽药监察系统承担了畜禽产品中药物残留的检测工作。从2001年监测4个城市，检测盐酸克伦特罗、磺胺类两类药物，至2007年监测城市增加为

36个，检测药物增加了己烯雌酚检测，针对"苏丹红"和"瘦肉精"检测问题组织4次监督抽检，为全面提高农产品质量安全水平，保障我国食品安全做出应有贡献。

⑥ 在进出口兽药注册管理方面：随着形势发展和社会主义市场经济的确立，农业部不断细化兽药进口注册资料要求和审批程序。自兽药评审委员会成立以来，通过技术评审报部审批约有232种产品注册。强化进口兽药管理，明确进口兽药需从指定的口岸进口，口岸兽药监察所负责进口兽药的报验，并在进口通关单上签已接受报验后方可进口，未经检验的进口兽药，不准迁移存放地点、不准销售、使用，并在1988年指定北京、天津、上海、广东、江苏、辽宁6个省（市）所和中国兽医药品监察所为口岸兽药监察所。在批准进口注册的同时，也带动了农业部兽药生产水平大幅度提高，多种进口兽药产品在我国多个兽药厂都有生产，并且质量稳定。许多药物由原来依靠进口，转为较大规模出口，如黄霉素、杆菌肽锌、金霉素等抗生素产品，我国生产规模已占全世界的50%以上，已成为国外企业订购大户。向境外出口兽药，进口方要求提供兽药出口证明文件的，国务院兽医行政管理部门或者企业所在地省、自治区、直辖市兽医行政管理部门可以出具出口兽药证明文件。国内防疫急需的疫苗，国务院兽医行政管理部门可以限制或者禁止进口。我国出口产品也由原单一品种，转变为化学药品、生物制品原料及其制剂均有出口。

⑦ 在兽药监察方面：全国各级兽药监察所，不仅为政府管理兽药提供技术支持，而且在促进兽药生产的科技进步、保障畜牧业的健康发展方面发挥了重要作用。a. 在完成新兽药复核检验、进口兽药检验和报批产品检验的正常检验的情况下，抽检兽药产品。30年来累计抽检兽药样品10万余批次，并按季度或年度对全国兽药抽检和全国兽用生物制品质量进行汇总、统计、分析，对兽药质量的提高、减少伪劣兽药流入市场起到了重要作用。完成全国兽用生物制品全部产品的月报审查和质量管理、统计工作。2002年实施部分产品批签发开始到2007年共批签发兽用生物制品41213批。b. 完成兽药产品、兽用生物制品、兽药残留标准的制定、修订工作。编制了《兽用生物制品规程》（八版）、《兽药规范》（三版）、《兽用生物制品质量标准》（二版）、《兽药质量标准》（三版）、《进口兽药质量标准》（三版）、《兽药地方标准升国家标准》、《中国兽药典》（三版）及兽药残留检测方法等一大批国家标准，有效促进了我国兽药生产技术、检验技术的提高。c. 各级兽药监察所在做好兽药监督检验工作的同时，积极投入科研，在兽用新产品研发、质量标准研究等方面取得了一大批科研成果。如中国兽医药品监察所建所50多年来，获得科技成果200余项，部级以上科技进步奖30余项，其中国家发明奖4项，农业部一等奖5项，猪瘟兔化弱毒、布氏杆菌猪2号弱毒、仔猪副伤寒弱毒和梭菌多联干粉苗在国际上均处于领先地位，猪瘟兔化弱毒疫苗已在欧亚许多国家广泛应用。多年来承担国家"七五"、"八五"、"九五"和"十五"的多项攻关项目、863项目、农业部及省部级科研项目，以及兽药质量监督检验研究项目，取得了丰硕的科研成果。d. 实施国家兽用生物制品批签发制度。从2002年6月1日开始，对《中华人民共和国兽用生物制品质量标准》（2001年版）目录中Ⅱ、Ⅳ、Ⅴ、Ⅵ类兽用生物制品实施批签发，共计131个品种。从2003年1月1日开始，对全部兽用生物制品实施批签发，确保动物疫病疫苗的质量。e. 成为实施《兽药生产质量管理规范》的主要推动者。自农业部1989年颁布《兽药生产质量管理规范》以来，各级兽药监察所积极配合、协助农业部开展了一系列的兽药GMP的实施工作。通过各种形式，宣传、指导、督促和帮助企业进行兽药GMP改造。f. 中国兽医药品监察所及各省所根据不同时期的工作需要，举办了各种类型的培训班，及时推广各种检验新技术新方法及实验室管理方法，确保了各项监察任务的完成。g. 组织系统内实验室比对试验，

对衡量实验室的特定测试能力和提高测试水平，规范兽药检测实验室的管理工作，提高实验室的能力建设发挥了积极作用。h. 开展全国生物药品厂监察室检查验收和重大动物疫病疫苗质量监督。中国兽医药品监察所按照农业部部署组织技术人员对 28 个生物药品厂监察室进行考核验收，提升生物药品厂监察室条件和能力，保证兽用生物制品质量。依法对企业的生产和检验过程实施监督，以不定期的飞行检查为主，指派专家进行质量监督，对保证重大动物疫病疫苗质量和防疫的需要，在口蹄疫、高致病性禽流感等重大动物疫病防控工作中发挥了重要作用。i. 积极参与农业部组织的假劣兽药查处工作，参加由监察部牵头组织、农业部等 13 部委联合查处的"周口假兽药案"、贵州省生物制品厂"鸡痘疫苗"假劣疫苗案等大案要案，为重大案件的查处线索提供有力的技术支持，为兽医行政管理开展大案要案处理奠定坚实基础。

1.2.4　新发展时期

2004 年 4 月 9 日，国务院第 45 次常务会议审议通过了新修订的《兽药管理条例》，国务院令第 404 号予以公布，并自 2004 年 11 月 1 日起施行。这是中国农业法治建设中的一件大事，也是畜牧兽医主管部门加强兽药监督管理工作的一项重大举措，标志中国兽药行业管理工作进入一个新的阶段、上升到一个新的高度，为促进中国兽药行业健康可持续发展奠定了良好法制基础。在法规制度重大调整的推动下，兽药行业管理职能、部门机构、技术标准等陆续进行大幅度调整，原来分散于地方的新兽药审批、兽药标准发布等权限集中于中央，推动形成了中央部门重点把好兽药入口关、地方部门重点执行监管制度的管理新格局。新修订的《兽药管理条例》在贯彻落实国务院"放管服"改革精神中，于 2014 年 7 月 29 日国务院令第 653 号部分修订，2016 年 2 月 6 日国务院令第 666 号部分修订，2020 年 3 月 27 日国务院令第 726 号部分修订。

随着兽药行业统一管理政策制度的深入推进实施，中国兽药法治化水平显著提高，兽药行业管理工作的内涵外延不断增加，兽药产品质量安全监管、畜禽及畜禽产品兽药残留监控、畜禽养殖动物源细菌耐药监测等三大领域工作任务格局基本形成、扎实推进。特别是党的十八大以来，兽药产品质量合格率、兽药残留监控合格率持续提高，达到历史最高水平，遏制动物源细菌耐药上升成为国家战略；兽药产业得到快速发展，2022 年全国1513 家兽药生产企业完成生产总值 755 亿元，销售额 673 亿元，产值较 2016 年的 502 亿元，提高 50％以上；其中生物制品 177 亿元、化学药品（含兽用中药）578 亿元，充分满足了畜禽养殖的用药需求，为重要农副产品有效、高质量供给提供了有力支撑。

1.2.4.1　发展演变

自 2004 年至今，兽药行业发展成果令人瞩目，产业规模明显提升，产品结构得到优化，为高质量发展奠定了良好基础。从重要时间节点和重大政策出台实施两个维度进行划分，可分为三个阶段：

一是 2004 年 11 月 1 日新修订《兽药管理条例》实施至 2005 年底，这个时期主要是首次全面强制实施兽药 GMP 的过渡时期，全国上下对兽药生产环节的一次历史性改革，兽药行业逐步进入质量管理时代。自 2006 年 1 月 1 日零点起，农业部强制实施兽药GMP，所有未通过兽药 GMP 检查验收的兽药生产企业不得再从事生产活动，撤销其兽药生产许可证、注销其全部兽药产品批准文号。积极应对全球暴发流行的高致病性禽流感，原农业部兽医局加快推进了防控所需疫苗的生产供应，为疫情防控提供了有力支撑，同时逐步形成了较为固定的高致病性禽流感疫苗定点生产企业。这一时期，还相继暴发了亚洲Ⅰ型口蹄疫和猪链球菌病，原农业部兽医局紧急组织亚洲Ⅰ型口蹄疫灭活疫苗和亚洲Ⅰ型-O型口蹄疫二价苗、猪链球菌2型灭活疫苗等疫苗生产，保证了口蹄疫和一些突发疫病防疫用疫苗有效供应。这一时期，社会各界越来越关注兽药残留问题，很多养殖企业、食品企业都开始了兽药残留的快速检测，原农业部兽医局为规范和加强兽药残留检测试剂盒管理，将兽药残留检测试剂盒纳入兽药管理，实行备案审查制度，该制度于2017年11月30日农业部令第8号废止。这一时期，兽药产品质量问题较为严重，原农业部实施了兽药市场专项整治，严厉打击假冒伪劣，取得较好成效，兽药市场专项整治活动持续了十多年。这一时期，国家对麻醉药品和精神药品管控提上重要议事日程，兽用麻醉药和精神药品管理也不断加强，清理了相关品种，仅留下了兽用氯胺酮两个制剂产品，并发布了管理制度。

二是2006年强制实施兽药GMP至2012年，跨越我国经济社会发展"十一五"时期，全国兽医兽药系统围绕国家大事要事，助力第29届北京奥运会动物源性食品保障供应任务，为成功防控高致病性猪蓝耳病提供了物质支撑；兽药行业管理的重点任务是推进兽药市场专项整治、全面启动实施兽药经营质量管理规范（兽药GSP），切实规范兽药市场秩序，同时兽用抗菌药整治问题成为兽药监管重点，并由多部门联合实施综合整治。这一时期，原农业部每年都发布兽药市场专项整治工作方案，原农业部兽医局建立了全国兽药案件执法督办制度，一直持续至今，向社会公布各省兽药打假举报电话，重大案件重点督办，定期通报案件查处结果；2010年，原卫生部、国家食品药品监督管理局、工业和信息化部与农业部联合印发《全国抗菌药物联合整治工作方案》通知（卫医政发〔2010〕111号），明确农业部门重点加强养殖场（小区、户）用药安全监管职责。这一时期，农业部公告560号的发布对以往法规确定发布的兽药质量标准进行全面清理，推动兽药地方标准升国家标准，并于2011年完成全部工作，构建了新的标准管理体系。这一时期，进一步加大了兽药残留监控力度，原农业部兽医局组织国家兽药残留基准实验室，制定发布了动物产品中兴奋剂残留检测方法标准，并组织相关地方开展了批批检测，为奥运期间食品安全提供支持。这一时期，拉开兽医领域微生物耐药防控工作序幕，2008年首次启动实施了动物源细菌耐药性监测工作，自此以后每年都制定监测计划，逐步形成了监测体系，构建了动物源细菌耐药性基础数据信息库。这一时期，兽药中非法添加其他物质成为影响兽药质量的重要因素，特别是兽用中药非法添加化学药品的现象较为严重，原农业部组织开展了兽药中非法添加物整治活动，并研究制定发布了检测方法标准，为严打非法添加违法行为奠定了坚实基础。这一时期，原农业部兽医局组织中国兽药协会，启动实施年度兽药行业基本情况调查工作，形成并发布兽药产业发展年度报告，逐步完善成为行业最权威的状况报告，一直持续至今。这一时期，原农业部发布了《兽药经营质量管理规范》（农业部令2010年第3号），自2010年3月1日施行，首次对兽药经营环节提出全面质量管理要求，并全国范围内开展了"兽药经营规范年行动"。这一时期，首次明确了兽药行业限制发展产业目录，原农业部向国家发展改革委提出了具体意见，并以《产业结构调整指导目录（2011年本）》（国家发展和改革委员会令第9号）进行了发布确认，落实产业发展政策，原农业部发布公告第1708号，自2012年2月1日起，停止受理新建兽用粉剂、散剂、预混剂生产线项目和转瓶培养生产方式的兽用细胞苗生产线项目兽药GMP验收申请，限制低水平重复建设。

三是党的十八大以来，兽药行业发展进入发展快车道，贯彻落实国务院"放管服"改革精神，兽药管理持续简政放权，管理制度不断完善、信息化监管走在农资监管前列，形成了农业系统兽药智慧监管"第一朵云"，兽药产品质量稳步提升、达到历史最高水平，兽药残留监控力度空前、畜禽产品兽药残留抽检合格率保持高位水平，动物源细菌耐药性风险防控更受重视、兽用抗菌药管理进入系统治理时期。特别是党的十九大以来，兽药行业和其他各行各业一样，立足新发展阶段、贯彻新发展理念、融入新发展格局、推动高质量发展。这一时期，社会各界广泛关注畜禽产品质量安全等食品安全问题，兽药残留成为影响动物源性食品安全的主要原因，抗菌药物残留成为兽药残留的主要因素，针对这种情况，原农业部坚持"退出"和"严管"两手抓，两手硬。"退出"方面，实施兽用抗菌药风险评估和安全再评价，退出了洛美沙星等4种治疗预防用兽用抗菌药、退出了所有促生长类抗菌药物饲料添加剂，将抗虫球类和中药类药物饲料添加剂回归兽药本源进行管理，不再出现药物饲料添加剂的定义和管理概念，退出了氨苯胂酸、洛克沙胂等有机胂制剂，这些措施都走在了美国、日本等发达国家前列，与欧盟政策保持一致。"严管"方面，继续强化实施兽药残留监控计划，实施兽用抗菌药综合治理行动，新兽药研发环节坚持"四不批一鼓励"即"不批准人用重要抗菌药、用于促生长的抗菌药、易蓄积残留超标的抗菌药和易产生交叉耐药性的抗菌药作为兽药生产使用，鼓励研发新型动物专用抗菌药"，兽药生产环节严格实施兽药GMP、监督抽检、检打联动等管控措施，兽药经营环节严格实施兽药GSP、监督抽检、检打联动等管控措施，兽药使用环节全面实施兽用处方药和非处方药管理制度、休药期制度，全面开展"科学使用抗菌药"公益接力行动，大力推进畜禽养殖环节兽用抗菌药使用减量化行动，推动形成了"研好药、产好药、卖好药、用好药、少用药"良好局面。这一时期，微生物耐药特别是细菌耐药成为全球高度重视的公共卫生和生物安全问题，2016年8月，原国家卫计委等14个部门联合发布《遏制细菌耐药国家行动计划（2016—2020年）》，协同推进耐药性控制工作；2017年6月，制定实施《全国遏制动物源细菌耐药行动计划（2017—2020年）》，推动实施"六大行动"，各地纷纷加入遏制动物源细菌耐药工作中，动物源细菌耐药性监测和控制工作进入新阶段。这一时期，围绕夯实基础、激活产业发展动能，先后两次修改发布兽医诊断制品研发生产质量管理规范，通过单独使用标签说明书、人用药转兽用等方式、多措并举推动丰富宠物用兽药品种，改革兽药标准管理，清理形成2017年版《兽药质量标准》，彻底改变以往标准出处多、规格杂、状态不清的局面；重新修订食品动物中禁用药物及其他化合物清单，共包括21类药物或化合物，进一步明确了禁用药品种遴选原则，为有效打击非法用药、规范行业监管提供了正确政策导向。这一时期，围绕促进兽药产业健康发展、提高产品质量，兽药产业发展史上第一次出台了《农业部关于促进兽药产业健康发展的指导意见》（农医发〔2016〕15号），明确了长远发展目标和工作思路；探索试点到全面实施了兽药二维码追溯信息监管，建成了涵盖13个基础数据库的国家兽药基础数据查询平台，开发运行了手机APP，实现了社会化监督。

1.2.4.2　管理法规

依据2004年11月1日施行的《兽药管理条例》，国务院兽医行政管理部门会同有关部门，配套制度包括《兽药注册办法》等10个部令规章，《兽药非临床研究质量管理规范》等103个公告规范性文件，覆盖兽药研制、生产、经营、进出口、使用和监管等各环节、全链条。

（1）**法规层面**　颁布实施了新修订的《兽药管理条例》，也是目前兽药行业遵照执行的最权威、最专业的制度依据，兽药行业领域管理工作的基本遵循。现行的新修订《兽药管理条例》（以下简称2004年版条例）经国务院第45次常务会议审议通过，于2004年11月1日起正式施行。全文包括九章内容，除第一章总则、第九章附则外，其余七章涵盖了从新兽药研制、兽药生产、兽药经营、兽药进出口、兽药使用的各环节全链条，第七章规定了兽药监督管理职责、第八章明确了法律责任具体处罚要求。2004年版条例构建了兽药行业管理的"四梁八柱"，很多制度都是首次提出，基本与国际接轨。加上10余部配套规章和若干配套规范性文件，形成了较为完整、科学的兽药管理法规制度体系。

此前，国务院于1987年5月21日制定发布了《兽药管理条例》（以下简称1987年版条例），它对于防治动物疾病、促进养殖业的发展起到了积极的作用。但是，随着畜牧业和兽药行业的快速发展以及市场经济体制的逐步完善，1987版条例的一些规定已经不能适应实践需要，在执行中遇到了不少新情况、新问题：一是兽药生产、经营质量管理制度和规范不完善，假、劣兽药时有出现，影响了养殖者的合法权益。二是对兽药安全使用管理规定得过于原则，没有就休药期、处方药与非处方药分类管理等作出规定，难以保障安全用药。三是兽药审批标准不统一，同一兽药品种在不同地区有不同标准，实践中容易形成市场分割和地方保护主义。四是由于监督管理措施不完善，致使近年来动物源性食品兽药残留超标现象比较严重，直接影响了人民群众身体健康和农业农村部畜产品、水产品的出口。五是法律责任规定得过于原则，对生产、经营假、劣兽药等违法行为处罚力度不够，不能有效惩处违法行为。2001年中国加入世贸组织的时候，为了履行有关知识产权保护方面的承诺，国务院对1987年版条例个别条文作了修订，并决定尽快进行全面修订。

2004年版现行条例是国务院在总结实践经验的基础上，借鉴国际通行做法编制形成的，确立了一系列的兽药管理新制度：一是确立了对兽药实行处方药和非处方药分类管理的原则。考虑到目前的实际情况，为给兽药管理相对人一段适应时间，兽药分类管理的具体管理办法和实施步骤授权农业部制定。二是建立了新兽药研制管理和安全监测制度。为尽量减少新兽药可能给人类、动物和环境带来的危害和风险，《兽药管理条例》规定，新兽药研制者必须符合一定的条件，研制新兽药应进行安全性评价，并在临床试验前经省级以上人民政府兽医行政管理部门批准。临床试验完成后，研制者应当向农业部提交新兽药样品和相关资料，经评审和复核检验合格的，方可取得新兽药注册证书。根据保证动物产品质量安全和人体健康的需要，农业部可以在新兽药投产后对其设定不超过5年的监测期，监测期内不批准其他企业生产或者进口该新兽药。三是规定了兽药生产、经营质量管理规范制度，要求兽药生产、经营企业严格按照兽药质量管理规范组织生产和经营。兽药生产企业所需的原料、辅料和兽药的包装应当符合国家标准或者兽药质量要求；兽药出厂应当经质量检验合格，并附具内容完整的标签或说明书；兽药经营企业应当建立购销记录，购进兽药应当做到兽药产品与标签或说明书、产品质量合格证核对无误，销售兽药应当向购买者说明兽药的功能主治、用法、用量和注意事项。四是建立用药记录制度、休药期制度和兽药不良反应报告制度，确保动物产品质量安全，维护人民身体健康。2004年版条例要求兽药使用单位遵守兽药安全使用规定并建立用药记录，不得使用假、劣兽药以及农业部规定的禁用药品和其他化合物，不得在饲料和动物饮用水中添加激素类药品和其他禁用药品；有休药期规定的兽药用于食用动物时，饲养者应当向购买者或者屠宰者提供准确、真实的用药记录，购买者或者屠宰者应当确保动物及其产品在用药期、休药期内不用于食品消费；禁止销售含有违禁药物或者兽药残留量超标的食用动物产品。兽药生产、经营企业、兽药使用单位和开具处方的兽医人员发现可能与兽药使用有关的严重不良反应时，应当立即向当地人民政府畜牧兽医行政管理部门报告。

此外，按照加强兽药管理的原则，国务院对1987年版条例中一些不能适应实践需要的制度作了全面修订，主要包括：一是加强对兽药生产的管理。将兽药生产许可证的审批权由省级畜牧兽医行政管理部门上收到农业部，明确兽药产品批准文号由农业部统一核发，同时取消兽药行业标准和地方标准，只保留兽药国家标准，并删去了兽医医疗单位可以配制兽药制剂的规定，以确保兽药质量，防止出现地区封锁和行业垄断。二是进一步规范了兽药进出口管理程序。规定首次向中国出口的兽药，出口方必须通过其在中国境内的办事机构、代理机构向农业部申请注册，并提交兽药样品、对照品、标准品和环境影响报告等书面材料，经审查和复核检验合格，取得农业部颁发的进口兽药注册证书后，方可向中国出口，取消了原来省级畜牧兽医行政管理部门可以颁发进口兽药登记许可证的规定。三是根据防治动物疫病的需要，加强对兽用生物制品的管理。研制、生产、经营、进出口属于生物制品的兽药，都要遵守比普通兽药更加严格的管理制度。例如，每批兽用生物制品在出厂前都应当由农业部指定的检验机构审查核对，并在必要时进行抽查检验；普通兽药的经营许可证由市、县兽医行政管理部门核发，兽用生物制品的经营许可证由省级兽医行政管理部门核发；普通兽药的进口凭进口兽药注册证书即可办理通关手续，兽用生物制品的进口还需要向农业部申请允许进口兽用生物制品文件。此外，2004年版条例还规定国家实行兽药储备制度，以应对突发的动物疫情和灾情。四是强化监督措施，规范执法程序。2004年版条例进一步细化了动物及动物产品残留监控制度，明确县级以上人民政府兽医行政管理部门负责组织对动物产品兽用中药残留量的检测，检测结果由农业部或者省级人民政府兽医行政管理部门公布，当事人有异议的，可以在收到检测结果之日起7个工作日内向组织检测的兽医行政管理部门或者其上级兽医行政管理部门申请复检。为规范行政管理权的行使，确保兽医行政管理部门有效实施兽药监管，2004年版条例取消了兽药监督员制度，并对行政强制措施的决定和解除程序、假兽药和劣兽药的认定标准等问题作了更加切实可行的规定。

党的十八大以来，畜牧兽医主管部门坚决贯彻落实党中央、国务院决策部署，兽药管理领域开启了全面深入实施"放管服"改革的工作历程，2014年1月取消了农业部承担的兽药安全性评价单位资格认定、2015年2月将农业部承担的兽药生产许可证核发事项下放至省级兽医行政管理部门、2019年取消了农业农村部承担的已经取得进口兽药注册证书的兽用生物制品进口审批、2019年将省级兽医行政管理部门承担的新兽药临床试验审批调整为备案。结合贯彻落实中央"放管服"改革精神，按照简政放权、放管结合、优化服务的原则，陆续对2004年版条例进行了三次部分条款的修订。2014年7月29日国务院令第653号对2004年版部分条款进行修订，主要是针对2014年1月28日《国务院关于取消和下放一批行政审批项目的决定》（国发〔2014〕5号）取消"兽药安全性评价单位资格认定"许可事项，修改了设定该项许可的条款，明确了第七条增加一款内容"省级以上人民政府兽医行政管理部门应当对兽药安全性评价单位是否符合兽药非临床研究质量管理规范和兽药临床试验质量管理规范的要求进行监督检查，并公布监督检查结果"，明确了新兽药研制监管的职责部门和具体要求。2016年2月6日国务院令第666号对2004年版部分条款进行修订，主要是针对2015年2月24日《国务院关于取消和调整一批行政审批项目等事项的决定》（国发〔2015〕11号）将兽药生产许可证核发事项下放至省级兽医行政管理部门，以及落实国务院商事制度改革实施"证照分离"管理，修改了设定该项许可以及兽药生产许可证管理相关的条款，同时对兽药生产许可证办理与工商营业执照办理衔接进行了明确，申请兽药生产许可证审批事项，无需先取得工商登记手续。2020年3月27日国务院令第726号对2004年版部分条款进行修订，主要是针对2019年2月27日《国务院关于取消和下放一批行政许可事项的决定》（国发〔2019〕6号）取消农业农村部承担的已经取得进口兽药注册证书的兽用生物制品进口审批，将省级兽医行政管理部门承担的新兽药临床试验审批调整为备案，修改了设定两项许可以及后续管理的相关条款，明确了加强事中事后监管措施。

（2）规章层面　自2004年11月1日至今，围绕贯彻实施2004年版条例，国务院兽医行政管理部门（2018年4月前称农业部。4月后称农业农村部）陆续制定发布实施了《新兽药研制管理办法》《兽药注册办法》《兽药生产质量管理规范》《兽药产品批准文号管理办法》《兽药经营质量管理规范》《兽用生物制品经营管理办法》《兽药进口管理办法》《兽用处方药和非处方药管理办法》。此外，2004年版条例实施前，《兽药标签和说明书管理办法》《兽药质量监督抽样规定》基本符合新条例要求，没有进行全面修改调整，保留沿用至今。上述10部规章形成了2004年版条例的配套规章体系，对各章节、各条款进行了详细阐述，增强法规制度的可操作性、可执行性。同时，1988年6月30日农业部发布、1998年1月5日农业部令第28号修订的《兽药管理条例实施细则》，因新的《兽药管理条例》实施，细则的内容已不适应监管需要和行业发展的实际，2004年7月1日农业部令第37号决定予以废止。

①《新兽药研制管理办法》。2005年8月31日农业部令第55号公布，自2005年11月1日起施行，明确了临床前研究管理、临床试验审批、监督管理、有关罚则等具体要求。该办法一个突出亮点就是将《兽药管理条例》《病原微生物实验室生物安全管理条例》有关内容进行了有效衔接，对研制新兽药使用一类病原微生物（含国内尚未发现的新病原微生物）做出具体要求，规定研制新兽药需要使用一类病原微生物的，应当按照《病原微生物实验室生物安全管理条例》和《高致病性动物病原微生物实验室生物安全管理审批办法》等有关规定，在实验室阶段前取得实验活动批准文件，并在取得《高致病性动物病原微生物实验室资格证书》的实验室进行试验，有力管控了兽药研发领域生物安全风险，推动形成工作合力。2016年5月30日农业部令2016年第3号对该办法进行了修订，主要是落实2014年1月28日《国务院关于取消和下放一批行政审批项目的决定》（国发〔2014〕5号）取消兽药安全性评价单位资格认定的有关要求，调整修改该办法中所有关于兽药安全性评价单位认定的相关内容。2019年4月25日农业农村部令2019年第2号对该办法进行了修订，主要是落实2019年2月27日《国务院关于取消和下放一批行政许可事项的决定》（国发〔2019〕6号），将省级兽医行政管理部门承担的新兽药临床试验审批调整为备案的有关要求，调整修改该办法中关于非生物制品类兽药临床试验审批及相关管理的条款，调整为备案表述和相对应的管理规定。

②《兽药注册办法》。2004年11月24日农业部令第44号公布，自2005年1月1日起施行，对新兽药注册、进口兽药注册、兽药变更注册、进口兽药再注册、兽药复核检验、兽药标准物质管理等做出详细规定，明确了农业部兽药评审委员会负责新兽药和进口兽药注册资料的评审工作，中国兽医药品监察所和农业部指定的其他兽药检验机构承担兽药注册的复核检验工作。后续，随着注册工作的深入推进，先后两次对体外兽医诊断制品进行了注册改革，2015年12月10日农业部公告第2335号，不再要求体外诊断制品进行

临床试验审批，对于已经批准上市销售、检测方法和检测标的物相同的同类诊断制品比较，在敏感性、特异性、稳定性和便捷性等方面无根本改进的诊断制品不作为新兽药审批。2020年9月29日农业农村部公告第342号就进一步提高兽医诊断制品研发积极性，再次对注册要求进行了优化改革，将兽医诊断制品分为创新型兽医诊断制品、改良型兽医诊断制品，并且明确体外兽医诊断制品临床试验无需审批，有关临床试验单位不需要报告和接受兽药临床试验质量管理规范（兽药GCP）监督检查。2021年农业农村部启动推进《兽药注册办法》的全面修订工作，重点鼓励新兽药研发的产业化应用，重新对兽药进行科学分类，区分创新型兽药、改良型兽药的管理要求和技术资料要求。

③《兽药生产质量管理规范》。简称兽药GMP，以2020年修订版本为主体，2020年4月21日农业农村部令第3号公布，自2020年6月1日起施行。2020年修订版本是以2002年3月19日农业部令第11号公布的《兽药生产质量管理规范》为基础进行修订的，主要包括质量管理、机构与人员、厂房与设施、设备、物料与产品、确认与验证、文件管理、生产管理、质量控制与质量保证、产品销售与召回、自检等内容。同时，2020年版本兽药GMP保留了以往对兽药二维码追溯管理有关规定，关于二维码追溯监管规范文件层面将详细阐述。与2002年版兽药GMP相比较，2020年版将质量风险管理单列一节，明确质量风险管理是在整个产品生命周期中采用前瞻或回顾的方式，对质量风险进行识别、评估、控制、沟通、审核的系统过程，应当对产品质量风险进行评估，以保证产品质量，质量风险管理过程所采用的方法、措施、形式及形成的文件应当与存在风险的级别相适应。在修订硬件设施要求时，2020年版兽药GMP既考虑生产产品的全过程控制，确保生产产品药效与注册产品的一致性，同时也充分考虑产品生产过程安全风险、生产产品的质量安全风险、生产产品引发的食品安全风险和环境安全风险。首次引入"风险管理"理念，目前FDA的cGMP、欧盟兽药GMP和我国药品GMP 2010年版，均引入了风险管理及其内容。与此同时，大幅提高并细化兽药GMP软件管理要求，引入质量风险管理、变更控制、偏差处理、纠正和预防措施、超标结果调查、产品质量回顾分析、持续稳定性考察计划等新制度；将验证改为确认与验证，明确企业的厂房、设施、设备和检验仪器应当经过确认，应当采用经过验证的生产工艺、操作规程和检验方法进行生产、操作和检验，并保持持续的验证状态，避免盲目性；强化了兽药质量管理，细化主要文件的管理流程和文件内容，如质量标准、工艺规程、批生产记录等。2020年4月30日农业农村部公告第293号，发布了新版兽药GMP实施过渡期安排，明确所有兽药生产企业均应在2022年6月1日前达到新版兽药GMP要求，未达到新版兽药GMP要求的兽药生产企业（生产车间），其兽药生产许可证和兽药GMP证书有效期最长不超过2022年5月31日。

此外，针对兽医诊断制品的特殊性，2015年12月发布了专门的《兽医诊断制品生产质量管理规范》；针对落实产业发展政策，2018年4月20日专门为新建粉剂、散剂、预混剂，出台了检查验收评定标准；针对兽用疫苗生产生物安全特殊性，2017年8月31日农业部公告第2573号发布《兽用疫苗生产企业生物安全三级防护标准》，随后又发布了检查验收评定标准，这些内容与《兽药生产质量管理规范（2020年修订）》都是兽药生产质量管理规范的重要组成部分，企业根据生产实际对标相关要求进行贯彻执行。

④《兽药产品批准文号管理办法》。2015年12月3日农业部令第4号发布，自2016年5月1日起施行，主要规定了兽药产品批准文号的申请和核发、兽药现场核查和抽样、监督管理等内容。此前，兽药产品批准文号执行的规定为2004年11月24日农业部第45号公布的《兽药产品批准文号管理办法》。与原来办法相比较，现行办法按照"提高门槛，

规范程序，强化手段"的总体思路，对兽药产品批准文号管理模式进行了完善，着力提高兽药产品质量，促进兽药行业发展。一是增加兽药产品批准文号申报资料要求，要求企业在目前提交申请资料的基础上，增加兽药生产工艺、配方以及知识产权转让合同或授权书等资料。二是实行比对试验管理制度，对申请非技术转让或非企业研制的非生物制品类兽药产品批准文号的，逐步实行比对试验管理，对申请企业仿制产品与原研发单位产品进行生物等效性验证，比对试验结果作为核发兽药产品批准文号的主要依据；实行比对试验管理的兽药品种目录及比对试验要求由农业部制定；开展比对试验的检验机构名单由农业部公布。三是实行现场核查和抽样制度，对申请非本企业研制的生物制品类兽药产品批准文号，以及非本企业研制或非转让的非生物制品类兽药产品批准文号，实行现场核查和抽样管理；规定了现场核查程序、内容和要求，由省级兽医部门负责组织，成立现场核查抽样组；核查结果符合要求的，现场抽取三批样品；对列入比对试验品种目录的，抽取的三批样品中有一批为在线抽样。四是完善兽药创新和知识产权保护的规定，对申请自主研制发获得《新兽药注册证书》以及转让知识产权的兽药产品批准文号，除兽用生物制品外，通过增加提交样品资料考察样品的真实性，不再实行现场核查抽样。五是细化兽药产品批准文号违法行为的情形，对改变组方添加其他成分、产品主要成分含量高于或低于相应标准等违法情形，明确按照《兽药管理条例》规定予以撤销兽药产品批准文号，与兽药违法行为从重处罚的情形保持一致，便于执法工作开展；对于三年内被撤销兽药产品批准文号的或者连续2次复核检验结果不符合规定的，对其再申请兽药产品批准文号进行限制。六是简化兽药产品批准文号编制格式，删除了兽药产品批准文号编制格式中"年号"的规定，便于管理兽药产品批准文号，也有利于企业节约生产成本。

2019年4月25日发布的农业农村部令2019年第2号对现行办法进行了修订，主要是进一步深化国务院"放管服"改革精神，对兽药产品批准文号申请实施材料精简政策，对于兽药生产许可证、兽药GMP证书、进口兽药注册证书等能够通过信息化手段掌握的审批情况，不再要求申请人提供相关证书复印件，故对相关条款进行了修改，删除了提供相关证书证件复印件的表述。

⑤《兽药经营质量管理规范》。简称兽药GSP，2010年1月15日农业部令第3号公布，自2010年3月1日起施行，首次系统提出兽药经营质量管理要求，推动我国兽药经营管理与国际接轨。兽药GSP主要从场所与设施、机构与人员、规章制度、采购与入库、陈列与储存、销售与运输、售后服务等方面进行详细规定。考虑到兽药经营主体多、遍布全国各地、东中西经济发展水平不平衡等因素，兽药GSP明确规定，各省、自治区、直辖市人民政府兽医行政管理部门可以根据兽药GSP的要求，制定符合辖区实际的实施细则，并报农业部备案。

2017年11月30日农业部令2017年第8号对兽药GSP进行了修订，主要是推动实施兽药二维码追溯监管，赋予兽药经营主体相关责任，要求具备实施兽药电子追溯的相关设备、建立追溯管理制度等，出入库时上传信息至兽药产品追溯系统，联通了兽药生产、经营、使用各环节链条，为兽药全程可追溯提供制度保障。

⑥《兽用生物制品经营管理办法》。2021年3月17日农业农村部令2021年第2号公布，自2021年5月15日起施行，主要规定了兽用生物制品的概念与分类、销售与分发、经销商管理、运输与储存、冷链管理、使用管理等。此前，2007年3月29日农业部令2007年第3号公布的原《兽用生物制品经营管理办法》，对规范兽用生物制品经营行为、保障兽用生物制品质量发挥了重要作用，也为推动重大动物疫病防控工作顺利开展发挥了

积极作用。但随着农业农村部动物疫病防控政策的调整，原办法存在与实际工作不相适应问题，不能满足应对新形势、新要求、新任务的需要。主要表现在：一是强制免疫兽用生物制品限制经营与"先打后补"防疫政策不相适应。2019年农业农村部会同财政部启动动物疫病强制免疫补助改革，探索采用"先打后补"模式，允许养殖场户自主采购疫苗、自行开展免疫，免疫合格后申请财政直补。原办法规定生产企业只能将国家强制免疫用生物制品销售给省级人民政府兽医管理部门和符合规定的养殖场，不得向其他单位和个人销售，不利于改革全面推进。二是兽用生物制品经销机制与农业农村部养殖模式不相适应，原办法规定经销商只能将所代理的产品销售给使用者，不得销售给其他兽用生物制品经营企业。此规定与农业农村部当前养殖分散模式不相适应，不利于养殖场（户）就近购买防疫所需产品。三是缺乏冷链贮存运输要求与兽用生物制品特殊的贮存要求不相适应，兽用生物制品的贮存、运输条件直接影响其质量，进而影响免疫效果，近年来的监督检验结果也显示在经营使用环节多次出现质量不合格问题，原办法无冷链贮存运输相关要求，不利于全程保证产品质量。新办法重点完善了4个方面内容，一是调整国家强制免疫用生物制品经营管理方式，允许兽用生物制品生产企业可以将本企业生产的兽用生物制品（不再区分强免与非强免）销售给各级人民政府畜牧兽医主管部门或使用者，也可以委托经销商销售。二是优化兽用生物制品经销机制，不再限制经销商将经营的产品销售给其他兽用生物制品经营企业。通过拓宽经销商覆盖范围，方便养殖场（户）就近购买所需的兽用生物制品。三是增加冷链贮存运输和追溯管理规定，要求生产、经营企业建立冷链贮存运输制度，自行配送或委托配送时，均应确保兽用生物制品处于规定的温度环境。同时，增加了兽药产品追溯管理要求，要求生产企业、经营企业以及国家强制免疫用生物制品采购、分发单位均应及时上传兽药产品追溯相关数据信息。四是强化质量监督管理，明确规定兽用生物制品经营企业超出《兽药经营许可证》载明的经营范围经营兽用生物制品的，属于无证经营，按照《兽药管理条例》第五十六条的规定处罚；属于国家强制免疫兽用生物制品的，依法从重处罚；兽用生物制品生产、经营企业未按照要求实施兽药产品追溯，以及未按照要求建立真实、完整的贮存、销售、冷链运输记录或未冷链贮存、运输的，按照《兽药管理条例》第五十九条有关规定处理。

⑦《兽药进口管理办法》。2007年7月31日农业部、海关总署令2007年第2号公布，自2008年1月1日起施行，主要包括兽药进口申请、通关单办理、临床和科研急需兽药进口管理、进口兽药经营、监督管理等内容，明确对进口兽药实行目录管理，《进口兽药目录》由农业部会同海关总署制定、调整并公布。目前，执行实施的是2020年12月31日农业农村部、海关总署公告第369号规定，对83类兽药产品实行目录管理，为历史之最。

2019年4月25日农业农村部令2019年第2号对现行办法进行了修订，主要是进一步深化国务院"放管服"改革精神，对《进口兽药通关单》申请实施材料精简政策，对于兽药生产许可证、所生产产品批准证明文件、进口兽药注册证书等能够通过信息化手段掌握的审批情况，不再要求申请人提供相关证书复印件，故对相关条款进行了修改，删除了提供相关证书证件复印件的表述。

⑧《兽用处方药和非处方药管理办法》。2013年9月11日农业部令2013年第2号公布，自2014年3月1日起施行，规定了兽用处方药和非处方药标识、生产经营使用的要求、处方笺要求、监督管理等内容，特别是明确兽用处方药实行目录管理，具体目录由农业部发布。截至2021年6月，陆续发布了3批兽用处方药目录，分别是2013年9月30

日农业部公告第 1997 号、2016 年 11 月 28 日农业部公告第 2471 号、2019 年 12 月 19 日农业农村部公告第 245 号，同时 2014 年 2 月 28 日农业部公告第 2069 号还发布了乡村兽医基本用药目录，这些目录发布推动了处方药制度的落地见效。此外，针对兽用抗菌药保护发展问题，农业农村部已经将兽用抗菌药物基本纳入处方药管理。

⑨《兽药标签和说明书管理办法》。2004 年 7 月 1 日农业部令第 38 号，主要针对兽药产品说明书审批权限及流程问题进行优化调整，但随后为与新修订的《兽药产品批准文号管理办法》相适应，后续对第十三条继续进行了修订。2007 年 11 月 8 日农业部令 2007 年第 6 号修改内容：将第十八条"根据需要，兽药标签上可使用条形码"修改为"兽药标签应当按照农业部的规定使用条形码"。2017 年 11 月 30 日农业部令 2017 年第 8 号，将第十三条修改为："兽药标签和说明书应当经农业部批准后方可使用。农业部制定兽药标签和说明书编写细则、范本，作为兽药标签和说明书编制、审批和监督执法的依据。"将第十八条中的"兽药标签应当按照农业部的规定使用条形码"修改为"兽药标签或最小销售包装上应当按照农业部的规定印制兽药产品电子追溯码，电子追溯码以二维码标注"。将第二十三条修改为："凡违反本办法规定的，按照《兽药管理条例》有关规定进行处罚。兽药产品标签未按要求使用电子追溯码的，按照《兽药管理条例》第六十条第二款处罚。"

围绕兽药标签和说明书管理，2003 年 1 月 22 日农业部公告第 242 号发布了兽药标签和说明书编写细则、2006 年 10 月 10 日农业部办公厅印发《关于兽药商品名称有关问题的通知》、2011 年 10 月 8 日农业部办公厅印发《关于国内兽药生产企业出口兽药使用外文标签和说明书问题的函》、2014 年 2 月 18 日农业部公告第 2066 号发布了兽药标签和说明书有关问题的规定，基本构建了规范兽药标签和说明书的管理制度系统。

⑩《兽药质量监督抽样规定》。2007 年 11 月 8 日农业部令 2007 年第 6 号，主要是针对 2004 年版《兽药管理条例》实施后统一检验机构名称，将原来的"兽药监察机构"统一修改为"兽药检验机构"。2022 年农业农村部公告第 645 号发布了《兽药质量监督抽查检验管理办法》，并授权中国兽医药品监察所发布抽样技术指南，基本可以替代该规定。

此外，2008 年 11 月 26 日农业部令第 16 号公布了《动物病原微生物菌（毒）种保藏管理办法》，自 2009 年 1 月 1 日起施行。在兽用生物制品生产相关活动涉及动物病原微生物菌（毒）种方面，办法第十七条规定，保藏机构查验兽药生产批准文号文件，以此提供兽用生物制品生产和检验用菌（毒）种或样本，同时留存有关证明文件的原件或者复印件。

同时，针对兽药广告审查方面，2017 年 10 月 27 日国家工商行政管理总局令第 92 号《国家工商行政管理总局关于废止和修改部分规章的决定》，废止了《兽药广告审查办法》（1995 年 4 月 7 日国家工商行政管理局、农业部令第 29 号公布，1998 年 12 月 22 日国家工商行政管理局、农业部令第 88 号修订），自公布之日起施行。2015 年 12 月 24 日国家工商行政管理总局令第 82 号，发布了《兽药广告审查标准》；于 2020 年 10 月 23 日国家市场监督管理总局令第 31 号修订，调整为《兽药广告审查发布规定》。

（3）规范性文件层面 兽药管理工作涉及链条长、环节多、领域广，是一个复杂的系统工程。随着我国经济社会发展和人民生活水平提升，在实际管理过程中，需要不断改革创新工作举措、推动法规规章要求落地实施，从国家层面陆续制定出台了一系列管长远、促规范的重要管理措施和制度，主要是国务院兽医行政管理部门发布的公告、文件等，规范了兽药市场秩序、提高了产品质量，推动促进兽药行业健康发展。相关的要求都是围绕兽药研制、生产、经营、进出口、使用、监督管理等环节具体制定，制度之间也有关联性、系统性和协同性。

① 新兽药研究创制管理。围绕规范新兽药研制管理，国家陆续制定实施了兽药研制环节的质量管理规范，明确了具体监督检查标准和要求，形成了较为完善的研制管理制度。2015 年 12 月 9 日农业部公告第 2336 号公布《兽药非临床研究质量管规范》，简称兽药 GLP，从组织机构和人员、实验设施、仪器设备和实验材料、操作标准规程、研究工作的实施、资料档案等方面，进行系统规定，确保实验的真实性、完整性和可靠性。2015 年 12 月 9 日农业部公告第 2337 号公布《兽药临床试验质量管理规范》，简称兽药 GCP，从兽药临床试验机构与人员、试验者、申请人、协查员、临床试验前的准备与必要条件、试验方案、记录与报告、数据管理与统计分析、试验用兽药的管理、试验动物的选择与管理、质量保证与质量控制、多点试验等方面，进行系统规定，确保临床研究质量。2016 年 4 月 8 日农业部公告第 2387 号公布《兽药非临床研究与临床试验质量管理规范监督检查办法》、2016 年 10 月 27 日农业部公告第 2464 号发布兽药非临床研究与临床试验质量管理规范监督检查标准及其监督检查有关要求，对《兽药管理条例》赋予省级以上人民政府兽医行政管理部门监督检查职责、检查标准、工作程序，进行了详细规定。

同时，为科学指导新兽药研究创新，国家层面还分环节、分品种制定了研制方面的研究技术指导原则，促进提升研制能力和水平，包括具体技术规范、指导原则等指导性文件。

② 兽药注册准入管理。2004 年 12 月 22 日农业部公告第 442 号发布了《兽用生物制品注册分类及注册资料要求》《化学药品注册分类及注册资料要求》《兽用中药、天然药物分类及注册资料要求》《兽医诊断制品注册分类及注册资料要求》《兽用消毒剂分类及注册资料要求》《兽药变更注册事项及申报资料要求》和《进口兽药再注册申报资料项目》，自 2005 年 1 月 1 日起施行。关于新兽药监测期方面，2005 年 1 月 7 日农业部公告第 449 号明确了一类、二类、三类、四类、五类新兽药监测期设置年限，最长不超过 5 年；为规范新兽药监测期管理，2013 年 2 月 16 日农业部公告第 1899 号，明确了监测期限计算方式、监测期内产品的转让、不良反应报告等规定。关于兽药残留方面，公告第 442 号实施期间，针对食品动物用兽药产品注册，2015 年 3 月 2 日农业部公告第 2223 号发布补充规定，增加了兽药残留限量和检测方法标准的要求，明确了方法标准复核程序等内容，注册批准后与兽药质量标准一并审查和发布实施。关于新兽用生物制品方面，为鼓励新兽用生物制品研发创新，根据实际情况，2015 年 11 月 24 日农业部公告第 2326 号对第 442 号公告规定的新兽用生物制品研发临床试验靶动物数量作出调整。关于诊断制品方面，为促进兽医诊断制品产业发展，满足动物疫病诊断需要，2015 年 12 月 10 日农业部公告第 2335 号对《兽医诊断制品注册分类及注册资料要求》进行了全面修订，发布了新的注册资料要求，同时废止了公告第 442 号有关诊断制品的注册分类及申报资料要求；为进一步提高兽医诊断制品研制积极性，促进商业化生产和应用，进一步满足农业农村部动物疫病诊断和监测工作需要，2020 年 9 月 29 日农业农村部公告第 342 号再次对《兽医诊断制品注册分类及注册资料要求》进行了全面修订，明确了体外兽医诊断制品的临床试验无需审批，有关临床试验单位不需报告和接受兽药 GCP 监督检查，确定 2020 年 10 月 16 日申报的按本公告执行，2020 年 10 月 15 日及以前已申请的兽医诊断制品按照公告第 2335 号执行。

关于兽药注册评审工作方面，2005 年 5 月 10 日农业部组织对兽药注册评审工作程序进行了修订，发布了《兽药注册评审工作程序》（农办医〔2005〕17 号），同时废止了《兽药评审工作程序》（牧药发〔1999〕79 号）；2017 年 10 月 30 日农业部公告第 2599 号发布了新修订的《兽药注册评审工作程序》，自发布之日起施行，农办医〔2005〕17 号同时废止；为进一步优化评审工作，提高评审工作效率，农业农村部再次组织修订《兽药注册评审工作程序》，2021年1月21日发布农业农村部公告第392号，自2021年4月15日起施行，农业部公告第2599号同时废止。本次修订的创新点：一是创新完善兽药注册评审工作机制。建立实施评审中心专家主审与兽药注册评审专家库其他专家咨询相结合的兽药注册评审工作机制。原则上，对每个兽药注册申请的评审，初次评审和复评审均不超过一次。对需要提交补充资料的申请事项，评审时限延长40个工作日。未能一次性提交补充资料或者补充资料明显不符合评审意见要求的，予以退审。二是创新完善兽药检验工作机制和要求。产品复核检验质量标准经申请人确认后，不得修改。第二次送样的复核检验应重新进行检验计时。三是创新完善评审停止计时要求和程序。明确列出了所有需要停止计时的情形、时限和操作程序，责任清晰。

关于注册监管方面，为加强兽药注册监管，严厉打击申报资料不实、故意造假等违法行为，2016年3月3日农业部公告第2368号发布了《兽药注册研制现场核查要点》《兽用化学药品（含中药）研究资料及图谱真实性问题判定标准》《兽药研究色谱数据工作站及色谱数据管理要求》，明确了实施现场核查的情形、检查程序、检查要求等内容。

③兽药生产质量管理。围绕实施兽药生产质量管理规范，原农业部、现农业农村部陆续发布了多个政策文件，不断细化完善兽药GMP制度体系、实施要求等。一是确立兽药生产限制发展的有关政策。2012年1月5日农业部公告第1708号，根据《产业结构调整指导目录（2011年本）》（国家发展和改革委员会令第9号），兽用粉剂、散剂、预混剂生产线和转瓶培养生产方式的兽用细胞苗生产线已列入该指导目录限制类项目管理。按照《兽药管理条例》第十一条规定，自2012年2月1日起，各省级兽医行政管理部门停止受理新建兽用粉剂、散剂、预混剂生产线项目和转瓶培养生产方式的兽用细胞苗生产线项目兽药GMP验收申请。但是，持有兽用粉剂、散剂、预混剂产品或转瓶培养生产方式兽用细胞苗产品新兽药注册证书的；兽用粉剂、散剂、预混剂具有从投料到分装全过程自动化控制、密闭式生产工艺的；采用动物、动物组织或胚胎等培养方式改为转瓶培养方式生产兽用细胞苗的；在原批准生产范围内复验、改扩建、重建的等4种情形可以继续受理。二是明确5类兽药质量管理特殊要求。2020年4月30日农业农村部公告第292号发布了无菌兽药、非无菌兽药、兽用生物制品、原料药、中药制剂5类兽药生产质量管理的特殊要求，作为《兽药生产质量管理规范（2020年修订）》配套文件，自2020年6月1日起施行。针对原料问题，早在2006年11月22日农业部印发《关于加强兽用生物制品生产检验原料监督管理的通知》（农医发〔2006〕10号），明确提出2008年1月1日起将对GMP疫苗生产企业疫苗菌（毒）种制备与鉴定、活疫苗生产，以及疫苗检验使用无特定病原体（SPF级）鸡、鸡胚情况进行全面监督检查。对达不到标准要求的，将根据《兽药管理条例》规定进行处理；自通知发布之日起，用SPF鸡胚生产的活疫苗，经批准，可在其标签、说明书上标注"SPF鸡胚生产"等相关字样。三是完善兽药GMP检查验收办法和评定标准。2005年4月27日农业部公告第496号发布《兽药生产质量管理规范检查验收办法》，自2005年6月1日起施行，废止了2003年6月1日实施的检查验收办法；2010年7月23日农业部公告第1427号再次对检查验收办法进行修订，自2010年9月1日起施行，同时废止了农业部公告第496号；2015年5月25日农业部公告第2262号，第三次对检查验收办法进行修订完善，自公布之日起施行，同时废止了农业部公告第1427号。推动规范兽药GMP现场检查验收工作，2020年7月13日农业农村部办公厅印发《兽药生产质量管理规范（2020年修订）》评定标准，与《新建兽用粉剂、散剂、预

混剂生产线 GMP 检查验收评定标准》（农办医〔2018〕14 号）、《兽用疫苗生产企业生物安全三级防护检查验收评定标准》（农办牧〔2018〕58 号），形成覆盖所有兽药生产类型的评定标准体系。

围绕实施兽药 GMP，农业农村部还对生产环境洁净区管理提出了具体要求，2021 年 1 月 19 日农业农村部公告第 389 号，发布《兽药生产企业洁净区静态检测相关要求》，取消了对洁净区检测机构的资质确认政策，细化明确了兽药生产企业洁净区静态检测相关要求，自发布之日起施行，同时废止了《农业部办公厅关于加强兽药生产企业洁净室（区）检测工作的通知》（农办医〔2011〕32 号）、《农业部办公厅关于公布兽药 GMP 洁净度检测资质单位的通知》（农办医〔2010〕86 号）、《农业部办公厅关于指定兽药 GMP 洁净室（区）检测单位的通知》（农办医〔2004〕20 号）以及《农业部兽医局关于确定辽宁省药品检验所为兽药 GMP 洁净度检测单位的函》（农医药便函〔2006〕330 号）。该公告的发布实施，主要是深化兽药领域"放管服"改革，考虑到当前农业农村部从事洁净检测的机构，很多都取得了国家认证认可监督管理委员会等机构颁发的计量认证证书（CMA）或实验室认可证书（CNAS），较以往能力显著增加，可以不再进行单独的资质认可，进一步拓宽了准入门槛，增加了兽药生产企业选择范围，促进了行业的公平竞争。细化后的兽药生产企业洁净区静态检测相关要求，共涉及 40 项检测项目，逐项列出了检测范围、检测方法依据、结果评价、适用对象等，相比以往要求具有更强的操作性，指导性也显著增强，有利于保障兽药生产质量安全。

此外，在实施兽药 GMP 检查验收的同时，强化了兽药生产许可证核发管理，《农业部办公厅关于兽药生产许可证核发下放衔接工作的通知》（农办医〔2015〕11 号），进一步理清理顺了兽药生产许可证书、兽药 GMP 证书的编号方式、编制格式；《农业部办公厅关于兽药生产许可证核发有关工作的通知》（农办医〔2016〕20 号），首次系统发布了《兽药 GMP 生产线名称表》，对于未列出、属于新生产线的，各省级部门应在检查验收前报国家核准新生产线名称，未经核准的不得用于生产线命名，同时对于仅供出口的兽药产品，核发兽药 GMP 证书和兽药生产许可证，要在证书中相应的兽药 GMP 生产线和生产范围后注明"仅供出口"字样，促进兽药"走出去"。

④ 兽药产品批准文号管理。申请核发兽药产品批准文号批准兽药标签和说明书，是兽药产品准许生产上市的最后一道准入关口，结合推进具体审批工作，以《兽药产品批准文号管理办法》《兽药标签和说明书管理办法》为基础，发布了一系列规范性文件。办理形式从以往纸质材料办理调整为全程电子化办理，2019 年 8 月 19 日农业农村部第 205 号决定对兽药产品批准文号核发和标签、说明书审批事项实施全程电子化办公，这是农业农村部第一个实现全程网上办理的审批事项，充分体现了兽药领域推进"放管服"改革的力度和决心。一是落地兽药现场核查抽样制度，以农办医〔2016〕27 号文件发布实施《兽药产品批准文号现场核查申请单》等 7 个配套文件。二是落地兽药比对试验制度，陆续发布《兽药比对试验要求》（农办医〔2016〕32 号）、《兽药比对试验目录（第一批）》（农办医〔2016〕32 号）、《兽药比对试验产品药学研究等资料要求》（农办医〔2016〕60 号）、《兽药比对试验目录（第二批）》（2019 年 7 月 8 日农业农村部公告第 192 号）、《兽药比对试验目录（第三批）》（2020 年 11 月 19 日农业农村部公告第 362 号）、《兽药比对试验目录（第四批）》（2021 年 8 月 27 日），陆续还将继续发布，逐步实现对所有兽药产品的生产比对。三是落地兽药标签和说明书管理制度，在《兽药标签和说明书编写细则》（2003 年 1 月 22 日农业部公告第 242 号）基础上，针对兽药商品名称有关问题，农业部

办公厅印发《关于兽药商品名称有关问题的通知》(农办医〔2006〕48号),明确了兽药商品名称命名原则,并以农办医函〔2011〕30号明确我国境内的兽药生产企业生产供出口的兽药产品,其标签和说明书可以使用进口国家或地区文字,不需要批准,但内容应与批准内容相一致;2014年2月18日农业部公告第2066号就兽用处方药标识以及其他兽药标签和说明书相关问题进行了要求。四是规范了兽药产品批准文号批件管理,2015年9月22日农业部公告第2300号发布了《中华人民共和国农业部兽药产品批准文号批件》的证书样张格式,实行一个文号一张批件,改变了以前多个文号信息在一张批件的方式,提高了批件的权威性、方便了企业;2016年2月21日农业部公告第2481号,进一步优化了兽药产品批准文号批件内容变更办理程序、简化了要求,同时优化了同一生产许可证下多生产地址下生产相同产品申请产品批准文号的办理要求。

⑤ 强制免疫用生物制品指定生产。贯彻落实《兽药管理条例》第十九条"强制免疫所需兽用生物制品,由国务院兽医行政管理部门指定的企业生产",2016年11月11日农业部印发《口蹄疫、高致病性禽流感疫苗生产企业设置规划》(农医发〔2016〕37号),从条件要求、创新要求、布局要求三个方面设置要求。一是条件要求,口蹄疫、高致病性禽流感疫苗生产企业,涉及口蹄疫、禽流感活病毒操作的生产区域、质检室、检验用动物房、污物(水)处理设施以及防护措施等应符合生物安全三级防护要求。兽用疫苗生产企业生物安全三级防护标准将在新修订的《兽药生产质量管理规范》中另行规定。二是创新要求,国家鼓励疫苗创制。本规划发布施行后取得新兽药注册证书的口蹄疫、高致病性禽流感新疫苗,其安全性和有效性在不低于现有疫苗基础上,安全性或有效性应明显优于现有疫苗。其中生产种毒为口蹄疫、禽流感活病毒且可实现免疫动物与感染动物鉴别诊断或生产工艺有重大突破的,可在新兽药注册证书署名单位中新指定一家生产企业;采用非口蹄疫、禽流感活病毒生产工艺且无生物安全风险的,可在新兽药注册证书署名单位中新指定不超过三家生产企业。已取得采用非口蹄疫、禽流感活病毒生产口蹄疫、高致病性禽流感疫苗生产资格的,如增加生产种毒为口蹄疫、禽流感活病毒的疫苗品种,应符合前述相关要求。三是布局要求,疫苗生产或检验涉及口蹄疫、禽流感活病毒的,新指定的生产企业应在已存在生产检验种毒为活病毒的同病种疫苗生产企业的省(区、市)设置。疫苗生产和检验均不涉及口蹄疫、禽流感活病毒的,企业设置不受此限制。贯彻落实设置规划,2020年5月26日农业农村部畜牧兽医局印发《高致病性禽流感和口蹄疫新疫苗创新评价工作程序和要求》,公布了《高致病性禽流感新疫苗与现有疫苗安全性、有效性比对试验指导原则》《口蹄疫新疫苗与现有疫苗安全性、有效性比对试验技术指导原则》。

结合兽用疫苗生产实际,2017年8月31日农业部公告第2573号发布了《兽用疫苗生产企业生物安全三级防护标准》,切实加强生物安全管理。同时,推动三级防护标准实施,2018年10月26日农业农村部办公厅印发《兽用疫苗生产企业生物安全三级防护检查验收评定标准》(农办牧〔2018〕58号),切实规范三级防护标准检查验收工作。

⑥ 兽药经营管理。依据2004年实施的《兽药管理条例》,兽药经营监督管理职责主要由省级以下人民政府兽医行政管理部门负责,国家层面重点从法规、规章层面对兽药经营管理做了顶层设计,具体实施执行主要由地方来承担。落实2004年实施的《兽药管理条例》,2005年2月1日农业部印发《关于换发兽药经营许可证的通知》(农医发〔2005〕4号),统一发布实施新版中华人民共和国《兽药经营许可证》,进一步明确省级以下印制发放的职责职能,发布了新版兽药经营许可证的编制格式和具体式样,规定了许可证项目,也明确了买全国卖全国的基本经营管理理念。此外,根据地方反映,以农办医函

〔2011〕12 号明确兽药生产企业用自己的名义销售本企业生产的产品，不需要办理《兽药经营许可证》。在规范兽药经营方面，每个省份按照《兽药经营质量管理规范》要求，都出台了本辖区实施细则，参照兽药 GMP 进行检查验收，并对符合规定的兽药经营企业，在《兽药经营许可证》注明"符合兽药 GSP 要求"等类似表述。

⑦ 兽药使用管理。2004 年实施的《兽药管理条例》规定了一系列兽药安全使用规定，有的制度以规章的形式发布了，如《兽用处方药和非处方药管理办法》，大部分以国务院兽医行政管理部门公告、文件方式发布，如《食品动物中禁止使用的药品及其他化合物清单》。围绕促进兽药安全使用，重点从两个方面出台开展了很多工作，出台了相关政策。一是"禁停使用"方面，聚焦兽药产品对食品安全、对公共卫生安全等风险程度，根据国内国际发展形势和管理实际，及时更新调整食品动物禁止使用的药品及其他化合物清单，陆续停止使用一些兽药品种；按照时间发生顺序梳理，2005 年 10 月 28 日农业部公告第 560 号，废止了一批兽药地方标准，逐步实现新的国家标准管理体制，该公告同时发布了 5 类 6 种禁用兽药，废止了金刚烷胺等抗病毒药物标准，但明确可以按照注册要求申报注册，并不是纳入了禁止使用范围；2005 年 12 月 2 日农业部印发《关于清查金刚烷胺等抗病毒药物的紧急通知》（农医发〔2005〕33 号），是基于当时我国高致病性禽流感防控的严峻形势，严防因使用抗病毒药延误了疫情防控，因此紧急出台了停止抗病毒药物等防治一类病原生物，但仍然明确了可以进行注册用于防治其他动物病毒性疫病。2009 年 8 月 3 日农业部公告第 1246 号，继续明确兽药产品的质量标准、规程、标签和说明书不得标注对一类动物疫病具有治疗的功效。2015 年 9 月 1 日农业部公告第 2292 号，决定自 2016 年 12 月 31 日起在食品动物中停止洛美沙星、培氟沙星、氧氟沙星、诺氟沙星 4 种兽药；2016 年 7 月 26 日农业部公告第 2428 号，决定自 2017 年 4 月 30 日停止硫酸黏菌素预混剂用于动物促生长，主要是 2015 年农业农村部科学家发现动物源细菌存在耐硫酸黏菌素基因 MCR-1。2017 年 9 月 15 日农业部公告第 2583 号，停止非泼罗尼及相关制剂用于食品动物。2018 年 1 月 11 日农业部公告第 2638 号，决定自 2019 年 5 月 1 日起在食品动物中停止使用喹乙醇、氨苯胂酸、洛克沙胂等 3 种兽药，为维护公共卫生安全和生态环境安全提供支撑。2019 年 7 月 9 日农业农村部公告第 194 号，决定自 2020 年 1 月 1 日起退出除中药外的所有促生长类药物饲料添加剂，并自 2021 年 1 月 1 日起全面停止使用。2019 年 12 月 19 日农业农村部公告第 246 号，废止了仅有促生长用途的药物饲料添加剂质量标准，重新发布了抗虫球类药物饲料添加剂质量标准。2019 年 12 月 27 日农业农村部公告第 250 号，发布了《食品动物中禁止使用的药品及其他化合物清单》，自发布之日起施行，同时废止了原农业部公告第 193 号、235 号、560 号等关于禁用药物的相关内容，特别是需要指出，这个清单与农业部公告第 235 号衔接内容中，列入清单物质在动物性食品中不得检出。二是规范科学使用方面，聚焦兽药安全、合理、科学使用问题，将一些重点品种列入处方药管理，对规范使用提出具体要求。2013 年 9 月 30 日农业部公告第 1997 号发布《兽用处方药品种目录（第一批）》、2016 年 11 月 28 日农业部公告第 2471 号发布《兽用处方药品种目录（第二批）》、2019 年 12 月 19 日农业农村部公告第 245 号发布《兽用处方药品种目录（第三批）》，促进了处方药管理制度落实落地。同时，2014 年 2 月 28 日农业部公告第 2069 号发布了《乡村兽医基本用药目录》，明确乡村兽医凭乡村兽医登记证购买列入处方药目录的产品，规定兽药经营企业向乡村兽医出售兽药，应当单独建立销售记录。加强兽医处方管理，2016 年 10 月 8 日农业部公告第 2450 号发布了《兽医处方格式及应用规范》。

此外，国务院兽医行政管理部门发布的《中国兽药典》《兽药质量标准》以及公告发布的质量标准，均为兽药规范使用的基础，养殖者必须严格按照标准标注的内容和要求使用兽药。此外，针对兽用麻醉药品、兽用精神药品等特殊药品管理，受原料药管控、实际产品需求等因素调控，目前农业农村部仅批准了兽用复方氯胺酮注射液和盐酸氯胺酮注射液作为动物麻醉使用。为加强麻醉药品和精神药品管理，国家药监局、公安部等部门对一些重要的麻醉药品和精神药品定期发布目录，严格实行指定生产、定点供应管理，相关原料药均由国家药监局审批确定。关于兽用的麻醉药品和精神药品，农业农村部一直按照《麻醉药品和精神药品管理条例》等国家相关规定执行，仅批准了兽用复方氯胺酮注射液、盐酸氯胺酮注射液两种产品，为鹿茸生产、野生动物救治、宠物诊疗用药、动物相关科研实验等，提供麻醉保定用药。由于氯胺酮属于易制毒产品，2005年即列为一类精神药品管理目录。2005年6月29日农业部办公厅印发《兽用复方氯胺酮注射液管理规定》（农办医〔2005〕22号），明确了各相关主体的职责任务和责任。自2005年起，农业部会同国家药监局对兽用复方氯胺酮注射液、盐酸氯胺酮注射液生产销售及原料药供应，建立实施了年度计划管理，农业部负责指定兽用制剂生产经营企业、国家药监局负责指定原料药供应企业，并依职责分别做好监管工作。根据用药量需求和监管实际，这些年农业农村部一直指定一家国有兽药生产企业（江苏中牧倍康药业有限公司，属于中牧集团控股公司）定点生产兽用氯胺酮制剂，指定一家国有兽药经营企业（中亚动物保健品有限公司，属中牧集团全资子公司）负责定点销售，截至目前总体运行良好，未出现违法违规问题。

⑧ 兽药追溯管理。实施兽药产品追溯对保障兽药产品质量、压实生产经营企业主体责任、维护动物健康具有重要意义。经过多年的调研论证，原农业部兽医局组织中国兽医药品监察所构建了追溯信息系统，2014年于康震副部长提出：加快建立兽药物联网，对兽药实施追溯管理。2014年2月20日，农业部办公厅印发组织开展国家兽药追溯信息系统试点工作的通知（农医发〔2014〕8号），决定建立国家兽药产品追溯信息系统（以下简称追溯系统），对兽药产品实施追溯管理，并计划于2014年2~9月组织开展运行试点工作。首批试点企业共计16家，分别是金宇保灵生物药品有限公司、武汉中博生物股份有限公司、武汉科前动物生物制品股份有限公司、普莱柯生物工程股份有限公司、山东鲁抗舍里乐药业有限公司、广东大华农动物保健品股份有限公司、北京生泰尔生物科技有限公司、河北远征药业有限公司、保定冀中药业有限公司、青岛康地恩药业有限公司、天津生机集团股份有限公司、江苏南农高科技股份有限公司、成都乾坤动物药业有限公司、广西北斗星动物保健品有限公司、宁夏泰瑞制药股份有限公司、哈尔滨维科生物技术开发公司。

经过2014年近一年的试点实施，2015年1月21日农业部发布公告第2210号，决定加快推进兽药产品质量安全追溯工作，利用国家兽药产品追溯系统实施兽药产品电子追溯码（二维码）标识制度，明确2016年6月30日前，实现所有兽药产品赋二维码出厂、上市销售。该公告同时发布了《国家兽药产品追溯系统相关说明》《国家兽药产品追溯系统追溯码及数据交换文件规范》《国家兽药产品追溯系统数据采集设备接口标准》等，构建了全面实施兽药产品二维码追溯的技术框架。在全面推进中，2017年11月30日农业部令2017年第8号，对《兽药生产质量管理规范》《兽药经营质量管理规范》《兽药标签和说明书管理办法》进行了修订，从生产、经营、标签说明书管理等方面，明确了二维码法律效力，系统确立了赋二维码、数据信息输入上传等法定职责义务。在如期实现所有兽药产品赋二维码出厂的基础上，2019年5月24日农业农村部公告第174号，决定对兽药经营活动全面实施追溯管理，在养殖场组织开展兽药使用追溯试点，逐步扩展到兽药生产、经营和使用全链条，同时对有关技术文件作了完善，发布了《国家兽药产品追溯系统数据交换文件规范》《国家兽药产品追溯系统备案登记和借口调用规范》。

我国率先于世界发达国家，以"兽药二维码"为创新载体，以"建立兽药基础数据库、自行编码、实现关联关系"为创新措施，本着"整体规划、分步实施、重点推进、深度应用"的原则，历时7年多经过"试点先行、逐步铺开、全面覆盖"三个阶段，建成了国家兽药产品基础数据系统和追溯系统，形成了功能完善、信息准确、追溯精准的兽药监管系统。

⑨ 兽药监督执法。2004年实施的《兽药管理条例》明确县级以上人民政府兽医行政管理部门负责本行政区域内的兽药监督管理工作，从法规后续内容的设置和规定看，监督管理范畴涵盖了兽药行政许可、兽药行业管理、兽药监督执法各项工作。将监督执法单独进行介绍，主要是为了强化兽药事后监管，通过制定实施兽药监督抽检、飞行检查、从重处罚等管理措施，从严管方面强化对兽药产品质量的管理，切实维护兽药行业公平竞争秩序，维护广大养殖者利益。强化兽药生产质量管理规范实施情况监督检查，2017年11月21日农业部公告第2611号，发布《兽药生产企业飞行检查管理办法》，进一步明确了飞行检查的范围、程序，切实规范飞行检查工作，为后续执法部门开展处理处罚提供了有力支撑，同时废止了《农业部兽药GMP飞行检查工作程序》（农办医函〔2006〕69号）。为表明国家严管兽药质量安全和动物产品质量安全、维护人民群众身体健康和生命安全的决心和态度，必须严厉打击兽药违法行为，从重处罚触及红线、底线的违法行为，并为各级兽医行政管理部门提供更有针对性、可操作性和坚强有力的制度保障，2014年3月3日农业部发布公告第2071号，从8个方面公布了应当实施从重处罚的情形。这些情形主要基于三个逻辑：一是所列情形属于存在或潜在严重危害动物产品质量安全的违法行为；二是所列情形属于主观故意违法、累次违法以及行政处罚后逾期不改正的违法行为；三是所列情形属于《兽药管理条例》处罚条款中"情节严重的"规定处理情形，内容严格遵守《行政处罚法》《兽药管理条例》及其他法律法规、规章，执行部门能够实施上限处罚、吊销许可证、吊销兽药产品批准文号和相关人员行业准入限制的行政处罚行为。随着人民群众对食品安全关心、对农兽药残留超标问题的关注程度与日俱增，实施最严格监管的要求越来越高，2018年12月4日农业农村部发布公告第97号，进一步丰富完善了兽药严重违法行为从重处罚情形，同时废止了农业部公告第2071号。

此外，根据深化党和国家机构改革有关安排部署，为贯彻落实《国务院办公厅关于农业综合行政执法有关事项的通知》（国办函〔2020〕34号），扎实推进农业综合行政执法改革，经国务院批准，2020年5月27日农业农村部印发了《农业综合行政执法事项指导目录（2020年版）》（农法发〔2020〕2号），其中涉及兽药执法事项共计30项，这也是基层开展执法活动和依法进行行政处罚的主要依据。

⑩ 兽药残留监控及动物源细菌耐药性监测。兽药产品在维护养殖生产安全、保障动物健康的同时，也会因不规范使用等问题产生兽药残留、细菌耐药等问题。随着经济社会发展和人民生活水平的提高，兽药残留和细菌耐药问题已经成为食品安全、公共卫生领域的重大问题。自1999年启动实施兽药残留监控国家计划以来，国务院兽医行政管理部门每年都发布全国动物及动物产品兽药残留监控计划，根据每年度风险源、风险因子的不同，每个时期确定不同的重点监控目标，每年都会将结果联合进出境检验检疫部门报欧盟，也是促进动物产品出口的一项基础性工作。自2008年实施动物源细菌耐药性监测工

作以来，国务院兽医行政管理部门每年制定动物源细菌监测计划，考虑到工作刚起步、耐药问题敏感性等因素，监测计划一直未对外公布，随着人民群众对耐药性认识的不断深入、加之世界卫生组织等国际组织倡导，结合卫生领域耐药性监测工作，2017年农业农村部首次对外公布了动物源细菌耐药计划，目前每年都公开发布计划。针对耐药性问题，2016年8月，国家卫计委、农业部等14个部门联合发布《遏制细菌耐药国家行动计划（2016—2020年）》，将遏制细菌耐药上升成为国家战略，协同推进耐药性控制工作。2017年6月，农业部制定实施《全国遏制动物源细菌耐药行动计划（2017—2020年）》（农医发〔2017〕22号），推动实施"六大行动"，引导从业人员"产好药、用好药、少用药"，切实保障动物产品质量安全和生态环境安全。

⑪ 宠物用兽药管理。上述用药管理主要是针对食品动物设立的，在犬、猫等用兽药方面，还在起步规范阶段。随着我国经济增长和社会发展，宠物（主要为犬猫）饲养在我国特别是大中城市非常普遍，带动宠物产业迅速发展。由于宠物诊疗行业属于新兴行业，传统治疗预防畜禽等食品动物疫病的兽药产品，不能适应宠物疾病诊治需要，甚至部分疾病的治疗处于无药可用的尴尬局面。近些年，农业农村部高度重视诊疗行业兽药使用需求，根据宠物诊疗行业发展形势，开拓创新、多措并举，通过实施认定一批、转化一批、研发一批等方式，推动丰富宠物用兽药品种。2017年4月11日农业部公告第2512号发布了183个兽药产品的适用于宠物的标签说明书范本，允许兽药生产企业对同时可用于畜禽和犬猫宠物的兽药，进行标签说明书拆分，独立标注宠物的用法用量，提高宠物用兽药的专属性。2018年8月27日农业农村部公告第56号，直接转化国外已批准作为宠物用兽药品种，组织研究论证，发布8个诊治急需的宠物用兽药产品质量标准。2020年1月19日农业农村部公告第261号发布了《宠物用化学药品注册临床资料要求》，明了注册分类第二类、第五类宠物用新兽药的具体要求；同时为加快推进宠物用兽药注册工作，进一步合理利用现有药物资源，促进技术创新，2020年9月7日农业农村部公告第330号发布了《人用化学药品转宠物用化学药品注册资料要求》，同时对现行《中国兽药典》《兽药质量标准》收载的兽药品种允许增加靶动物、适应证或功能主治、规格或改变用法用量、保存条件、保存期等的注册申请，增加靶动物的给予3年监测期。2021年1月21日农业农村部公告第392号，发布了修订后的《兽药注册评审工作程序》，对宠物用兽药实施优先注册评审制度。在各项综合措施的推动下，宠物用兽药研制取得积极进展，但与宠物诊疗行业发展需要、与宠物诊疗机构和执业兽医的期望还有差距。2022年10月11日农业农村部公告第610号发布了《人用中药转为宠物用中药注册资料要求》，进一步加快丰富宠物用兽药品种，更好地满足宠物诊疗需要。

（4）其他相关法律法规 兽药作为养殖业不可或缺的投入品，对畜禽水产品的质量安全至关重要，关系人民群众"舌尖上的安全"、公共卫生安全和生物安全。因此，《中华人民共和国农产品质量安全法》等相关法律法规，也就兽药监管方面提出了相关要求，明确了职责任务。

①《中华人民共和国农产品质量安全法》。2006年4月29日第十届全国人民代表大会常务委员会第二十一次会议通过，根据2018年10月26日第十三届全国人民代表大会常务委员会第六次会议《关于修改〈中华人民共和国野生动物保护法〉等十五部法律的决定》修正，2022年9月2日第十三届全国人民代表大会常务委员会第三十六次会议修订。该法第二十八条规定"对可能影响农产品质量安全的农药、兽药、饲料和饲料添加剂、肥料、兽医器械，依照有关法律、行政法规的规定实行许可制度。省级以上人民政府农业农

村主管部门应当定期或者不定期组织对可能危及农产品质量安全的农药、兽药、饲料和饲料添加剂、肥料等农业投入品进行监督抽查，并公布抽查结果。农药、兽药经营者应当依照有关法律、行政法规的规定建立销售台账，记录购买者、销售日期和药品施用范围等内容"。第十六条规定"国家建立健全农产品质量安全标准体系，确保严格实施。农产品质量安全标准是强制执行的标准，包括以下与农产品质量安全有关的要求：（一）农业投入品质量要求、使用范围、用法、用量、安全间隔期和休药期规定；（二）农产品产地环境、生产过程管控、储存、运输要求；（三）农产品关键成分指标等要求；（四）与屠宰畜禽有关的检验规程；（五）其他与农产品质量安全有关的强制性要求。《中华人民共和国食品安全法》对食用农产品的有关质量安全标准作出规定的，依照其规定执行"。第二十七条规定"农产品生产企业、农民专业合作社、农业社会化服务组织应当建立农产品生产记录，如实记载下列事项：（一）使用农业投入品的名称、来源、用法、用量和使用、停用的日期；（二）动物疫病、农作物病虫害的发生和防治情况；（三）收获、屠宰或者捕捞的日期。农产品生产记录应当至少保存二年。禁止伪造、变造农产品生产记录。国家鼓励其他农产品生产者建立农产品生产记录"。第二十九条规定"农产品生产经营者应当依照有关法律、行政法规和国家有关强制性标准、国务院农业农村主管部门的规定，科学合理使用农药、兽药、饲料和饲料添加剂、肥料等农业投入品，严格执行农业投入品使用安全间隔期或者休药期的规定；不得超范围、超剂量使用农业投入品危及农产品质量安全。禁止在农产品生产经营过程中使用国家禁止使用的农业投入品以及其他有毒有害物质。"第三十一条规定"县级以上人民政府农业农村主管部门应当加强对农业投入品使用的监督管理和指导，建立健全农业投入品的安全使用制度，推广农业投入品科学使用技术，普及安全、环保农业投入品的使用"。

②《中华人民共和国食品安全法》。2009 年 2 月 28 日第十一届全国人民代表大会常务委员会第七次会议通过，2015 年 4 月 24 日第十二届全国人民代表大会常务委员会第十四次会议修订，根据 2018 年 12 月 29 日第十三届全国人民代表大会常务委员会第七次会议《关于修改〈中华人民共和国产品质量法〉等五部法律的决定》第一次修正，根据 2021 年 4 月 29 日第十三届全国人民代表大会常务委员会第二十八次《关于修改〈中华人民共和国道路交通安全法〉等八部法律的决定》第二次修正。该法第四十九条规定"食用农产品生产者应当按照食品安全标准和国家有关规定使用农药、肥料、兽药、饲料和饲料添加剂等农业投入品，严格执行农业投入品使用安全间隔期或者休药期的规定，不得使用国家明令禁止的农业投入品。禁止将剧毒、高毒农药用于蔬菜、瓜果、茶叶和中草药材等国家规定的农作物。食用农产品的生产企业和农民专业合作经济组织应当建立农业投入品使用记录制度。县级以上人民政府农业行政部门应当加强对农业投入品使用的监督管理和指导，建立健全农业投入品安全使用制度"。

③《中华人民共和国动物防疫法》。1997 年 7 月 3 日第八届全国人民代表大会常务委员会第二十六次会议通过，2007 年 8 月 30 日第十届全国人民代表大会常务委员会第二十九次会议第一次修订，根据 2013 年 6 月 29 日第十二届全国人民代表大会常务委员会第三次会议《关于修改〈中华人民共和国文物保护法〉等十二部法律的决定》第一次修正，根据 2015 年 4 月 24 日第十二届全国人民代表大会常务委员会第十四次会议《关于修改〈中华人民共和国电力法〉等六部法律的决定》第二次修正，2021 年 1 月 22 日第十三届全国人民代表大会常务委员会第二十五次会议第二次修订，自 2021 年 5 月 1 日起施行。该法第六十五条规定"从事动物诊疗活动，应当遵守有关动物诊疗的操作技术规范，使用符合

规定的兽药和兽医器械。兽药和兽医器械的管理办法由国务院规定"。

④《中华人民共和国畜牧法》。2005年12月29日第十届全国人民代表大会常务委员会第十九次会议通过，根据2015年4月24日第十二届全国人民代表大会常务委员会第十四次会议《关于修改〈中华人民共和国计量法〉等五部法律的决定》修正，2022年10月30日第十三届全国人民代表大会常务委员会第三十七次会议修订。该法第四十一条规定"畜禽养殖场应当建立养殖档案，载明下列内容：（一）畜禽的品种、数量、繁殖记录、标识情况、来源和进出场日期；（二）饲料、饲料添加剂、兽药等投入品的来源、名称、使用对象、时间和用量；（三）检疫、免疫、消毒情况；（四）畜禽发病、死亡和无害化处理情况；（五）畜禽粪污收集、储存、无害化处理和资源化利用情况；（六）国务院农业农村主管部门规定的其他内容"。该法第四十三条规定"从事畜禽养殖，不得有下列行为：（一）违反法律、行政法规和国家有关强制性标准、国务院农业农村主管部门的规定使用饲料、饲料添加剂、兽药；（二）使用未经高温处理的餐馆、食堂的泔水饲喂家畜；（三）在垃圾场或者使用垃圾场中的物质饲养畜禽；（四）随意弃置和处理病死畜禽；（五）法律、行政法规和国务院农业农村主管部门规定的危害人和畜禽健康的其他行为"。

⑤《中华人民共和国生物安全法》。2020年10月17日第十三届全国人民代表大会常务委员会第二十二次会议通过，自2021年4月15日起施行。该法第三十三条规定"国家加强对抗生素药物等抗微生物药物使用和残留的管理，支持应对微生物耐药的基础研究和科技攻关。县级以上人民政府卫生健康主管部门应当加强对医疗机构合理用药的指导和监督，采取措施防止抗微生物药物的不合理使用。县级以上人民政府农业农村、林业草原主管部门应当加强对农业生产中合理用药的指导和监督，采取措施防止抗微生物药物的不合理使用，降低在农业生产环境中的残留。国务院卫生健康、农业农村、林业草原、生态环境等主管部门和药品监督管理部门应当根据职责分工，评估抗微生物药物残留对人体健康、环境的危害，建立抗微生物药物污染物指标评价体系"。

⑥《病原微生物实验室生物安全管理条例》。2004年11月12日中华人民共和国国务院令第424号公布，根据2016年2月6日《国务院关于修改部分行政法规的决定》第一次修订，根据2018年3月19日《国务院关于修改和废止部分行政法规的决定》第二次修订。该条例规定实验室活动包括病原微生物菌（毒）种、样本有关的研究、教学、检测、诊断等活动，并明确了病原微生物分类管理要求、运输和实验室活动审批等要求。兽用生物制品生产企业涉及动物病原微生物有关活动的，应当遵守该条例有关规定。

⑦《最高人民法院、最高人民检察院关于办理危害食品安全刑事案件适用法律若干问题的解释》。2021年12月13日最高人民法院审判委员会第1856次会议、2021年12月29日最高人民检察院第十三届检察委员会第八十四次会议通过，自2022年1月1日起施行。该解释对食品兽用中药残留超标、检出禁止使用的药品和其他化合物等情形，明确了刑事案件办理的有关要求，对兽药行业中相关主体影响很大，需要重点掌握，严防触碰刑事司法的红线。

1.2.4.3　体系机构

2004年实施的《兽药管理条例》明确规定了兽药监督管理职责及相关机构设置，主要分为行政管理部门、检验机构等两大类，明确了兽药评审机构、国家兽药典委员会等技术支撑机构的职责任务。按照法定职能，国家层面和地方层面在以往机构设置的基础上，逐步调整形成了以兽药行政管理、兽药检验、兽药监督执法三大机构体系。在这期间，根据国家机构改革总体要求以及各省机构改革具体实际，负责兽药工作的三大机构体系发生了很多变化，行政机构没有设置以"兽药管理"命名的处、科等内设部门，有的省级兽药检验机构被撤并、名称被取消，人员也发生了重大调整变化，分流转岗较多、专业技术人员配置较少，但总体上兽药行政管理、兽药检验、监督执法三项工作的职责职能在地方还是能找到相应的机构，监管质量不高、工作效能较低。

（1）行政管理机构 2005年，国务院出台《关于推进兽医管理体制改革的若干意见》（国发〔2005〕15号），对兽医管理体制改革作出全面部署和安排。根据中央机构编制委员会办公室批复，2004年7月农业部成立兽医局（加挂重大动物疫情防控办公室牌子）。设立国家首席兽医师，在国际活动中称国家首席兽医官，这标志着农业农村部在兽医管理体制上正逐步与国际通行做法接轨。2008年机构改革，进一步明确了兽医局在动物防疫检疫、医政药政和兽医国际合作等方面的行政职能，理顺了与水生动物疫病防疫检疫方面的关系。兽医局编制26人，内设6个处，药政药械处为内设处之一，具体负责兽药行业管理工作。2018年新一轮机构改革，设置农业农村部，为国务院组成部门，内设畜牧兽医局负责监督管理兽药及兽医器械。按照职责职能划分，畜牧兽医局内设药政药械处，目前在职人员4人，具体负责兽药及兽医器械研制、生产、经营、进出口和使用的监督管理。拟订兽药质量、兽药残留限量和残留检测方法国家标准，并组织实施。承担兽药、兽药残留的标准品、对照品和生产用兽医微生物菌毒种管理。承担国家兽药残留基准实验室、国家兽药安全评价实验室以及其他相关机构的管理工作。

目前，各省级畜牧兽医主管部门在2018年新一轮机构改革后，形成了现行的省级兽药行政管理格局。北京市：兽药行政管理由北京市农业农村局兽医兽药处负责，编制8人、专职人员2人。天津市：兽药行政管理工作由天津市农业农村委员会畜牧兽医处负责，编制13人，其中负责兽药工作2人。河北省：兽药行政管理工作由河北省农业农村厅畜禽屠宰与兽药饲料处负责，编制13人，其中负责兽药工作2人。山西省：山西省农业农村厅承担山西省兽药监管职能，涉及兽药监管职能的内设处室有行政审批管理处、畜牧兽医局、法规处（执法监督处），按照职能分别承担事前事中事后监管工作；畜牧兽医局承担主要监管职能，正式人员7名，专职人员1人；行政审批管理处独立开展涉农许可工作，成立于2015年12月，2016年5月份进驻省政务服务大厅，现有正式人员6名。内蒙古自治区：兽药行政管理由内蒙古自治区农牧厅兽医局负责，正式人员7人，专职人员2人。辽宁省：兽药行政管理由辽宁省农业农村厅兽药饲料处负责，人员编制6人，负责兽药工作1人。吉林省：兽药行政管理工作由吉林省畜牧业管理局兽医药政处负责，具体负责人员4人。黑龙江省：兽药行政管理由省农业农村厅兽医处具体负责，正式人员8人、专职人员2人。上海市：兽药行政管理由上海市农业农村委员会畜牧兽医管理处承担，在岗人员1人。江苏省：兽药行政管理工作由江苏省农业农村厅兽医局负责，编制8人，其中负责兽药管理人员2人。浙江省：兽药行政管理工作由浙江省农业农村厅畜牧兽医处负责，专职人员1人；有关行政工作委托浙江省畜牧农机发展中心饲料兽药处（参公事业单位，行政辅助）具体实施，在岗人员12人。安徽省：兽药行政管理工作由安徽省农业农村厅兽医处负责，编制7人、专职人员2人。福建省：兽药行政管理工作由福建省农业农村厅畜牧兽医处负责，编制9人、专职人员2人。江西省：兽药行政管理由江西省农业农村厅畜牧兽医局负责，编制9人、专职人员2人，内设兽药饲料科负责全省兽药行业指导和行政审批工作。山东省：兽药行政管理工作由山东省畜牧兽医局负责，是省政府设立的副厅级部门管理机构，由省农业农村厅代管，内设饲料兽药处：负责全省饲料兽药的行政管理职能及执法工作，现有人员 4 人，其中负责兽药行政管理及执法工作的 2 人。河南省：兽药行政管理工作由河南省农业农村厅饲料兽药处负责，从事兽药管理人员 3 人。湖北省：兽药行政管理工作由湖北省农业农村厅畜牧兽医处负责，专职人员 2 人。湖南省：兽药行政管理工作由湖南省农业农村厅畜牧兽医处负责，专职人员 1 人，委托湖南省畜牧水产事务中心质量安全与兽药部提供兽药行政管理支撑服务，专职人员 3 人。广东省：兽药行政管理工作由广东省农业农村厅兽医与屠宰管理处负责，编制 9 人，其中负责兽药 2 人。广西壮族自治区：兽药行政管理工作由自治区农业农村厅兽医处负责，在职在编 1 人、协助工作 1 人。海南省：兽药行业管理工作由海南省农业农村厅畜牧兽医处负责，专职人员 1 人。重庆市：兽药行政管理工作由重庆市农业农村委员会兽医处，从事兽药管理人员 4 人。四川省：兽药行政管理工作由四川省农业农村厅饲料兽药处负责，编制 6 人、专职 2 人。贵州省：兽药行政管理由贵州省农业农村厅兽医管理处负责，编制 6 人，其中负责兽药管理人员 1 人。云南省：兽药行政管理工作由云南省农业农村厅畜牧兽医处负责，专职人员 1 人。西藏自治区：兽药行政管理工作由自治区农业农村厅兽医局负责。陕西省：兽药行政管理工作由陕西省农业农村厅畜牧兽医局负责，专职人员 2 人。甘肃省：兽药行政管理工作由甘肃省畜牧兽医局（属甘肃省农业农村厅管理，副厅级）医政药政处负责，专职人员 4 人。青海省：兽药行政管理工作由青海省农业农村厅兽医局，专职人员 1 人。宁夏回族自治区：兽药行政管理工作由宁夏回族自治区农业农村厅畜牧兽医局负责，专职人员 2 人。新疆维吾尔自治区：兽药行政管理工作由新疆维吾尔自治区畜牧兽医局药政处负责，专职人员 2 人。新疆生产建设兵团：兽药行政管理工作由新疆生产建设兵团农业农村局畜牧兽医局负责，未设立专门的综合执法部门或机构，兽药监督执法工作由畜牧兽医局负责，专职人员 2 人。

（2）技术支撑体系　兽药管理工作是一项技术性强、专业性强的工作，推进兽药研制、生产、流通、使用等各环节工作，均需要强有力的技术支撑。按照不同时期兽药监管工作重点的有所不同，根据工作紧迫性和形势发展需要，逐步形成了支撑相关工作的技术支撑机构，目前主要包括兽药评审、兽药检验、残留检验、耐药性监测等机构或体系。依据法律法规和政府机构改革要求，近些年各级党委政府围绕落实政府机构改革、兽医管理体制改革，对兽药技术支撑机构进行了较大调整，特别是作为兽药检验机构的变化较大。

① 兽药检验机构。国家层面兽药技术支撑机构是中国兽医药品监察所，始建于 1952 年，2006 年加挂农业部兽药评审中心（2018 年机构改革更名为农业农村部兽药评审中心）牌子，是农业农村部直属正局级事业单位。作为国家级兽药评审检验监督机构，主要承担兽药评审，兽药、兽医器械质量监督、检验和兽药残留监控，菌（毒、虫）种保藏，以及兽药国家标准的制修订、标准品和对照品制备标定等工作，为重大动物疫病防控和保障动物性食品安全提供有力技术支撑和服务保障。中国兽医药品监察所（农业农村部兽药评审中心）本部位于北京市海淀区中关村南大街 8 号，占地面积 8.2 万平方米，建筑面积 6.2 万平方米；生物实验基地位于北京市大兴生物医药产业基地庆丰路 33 号，占地面积 12.7 万平方米，建筑面积 3.4 万平方米。内设机构 21 个，编制 285 人，现有研究员 32 人，副研究员 84 人，助理研究员 102 人；具有博士学位 55 人，具有硕士学位 109 人；享国务院特殊津贴专家 3 人，"百千万人才工程国家级人选" 2 名。作为教育部批准的预防兽医学硕士学位授予单位，至今已培养硕士研究生 143 名。现有各类实验室 40 多套，其中，生物安全二级实验室 1.3 万平方米，生物安全三级实验室和动物实验室 3900 平方米，菌种保藏库 2000 平方米。凝胶渗透色谱仪 GPC、三重四级杆-线性离子阱复合型质谱仪 traps、

原子吸收分光光度仪等大型检定、研究用仪器设备100多台套。OIE/国家猪瘟参考实验室、OIE/国家布鲁氏菌病参考实验室、FAO/OIE牛瘟保藏机构、国家牛瘟参考实验室、国家兽药残留基准实验室、国家兽药安全评价（耐药性监测）实验室等重点实验室设在中国兽医药品监察所（农业农村部兽药评审中心）。同时，承担中国兽药典委员会办公室、全国兽药残留与耐药性控制专家委员会办公室、农业农村部兽用生物制品规程委员会办公室、国家兽医微生物菌种保藏管理中心、农业农村部兽药行业职业技能鉴定指导站职能。建所以来，获得省部级以上科技成果奖129项，其中，猪瘟兔化弱毒疫苗、布氏杆菌猪2号弱毒疫苗、猪喘气病弱毒疫苗、仔猪副伤寒弱毒和梭菌多联干粉苗在国际上均处于领先地位。

中国兽医药品监察所的主要职责：承担兽药（包括兽用生物制品，下同）质量标准、兽药实验技术规范、兽药审评技术指导原则的制、修订工作；承担全国兽药的质量监督及兽药违法案件的督办、查处等工作；负责兽药质量检验和兽药残留检验最终技术仲裁；负责全国兽用生物制品批签发管理和兽药产品批准文号审查工作。承担新兽药和外国企业申请注册兽药的技术审评工作，提出审评意见。承担兽药生产质量管理规范（兽药GMP）、临床及非临床试验管理规范（GCP、GLP）检查验收工作；组织开展省级兽药监察所资格认证工作；指导省级兽药监察所和有关兽药生产企业的质量检验工作。承担兽药残留标准的制、修订工作；承担兽药残留监控工作；开展兽药残留检测工作；承担国家兽药残留基准实验室和省级残留实验室的技术指导工作。承担兽药检验标准物质标准的制、修订工作；负责兽药标准物质的研究、制备、标定、鉴定及供应等工作。承担兽药的风险评估和安全评价；承担兽医病原微生物菌（毒）种的试验和生产条件的审查工作；负责国家兽医微生物菌（毒、虫）种保藏、提供和管理工作；承担行业实验动物管理工作。参与起草兽药管理法律、法规；开展相关检验技术研究、行业技术培训及国际技术交流合作。

省级以下兽药检验机构：2004年实施的新《兽药管理条例》，取消了兽药监察机构的表述，明确兽药检验工作可以由兽医行政管理部门设立的兽药检验机构承担，也可以由国务院兽医行政管理部门认定的其他检验机构承担。依据法规规定，农业农村部的兽药检验机构均由省级以上人民政府兽医行政管理部门设立，国务院兽医行政管理部门还没有认定其他检验机构承担兽药检验工作。在此期间，国家层面设立了中国兽医药品监察所，31个省、自治区、直辖市和新疆生产建设兵团设立省级兽药检验机构，部分省份还设立了地市级兽药检验机构（仅能接受省级检验机构委托任务，不是法定机构）。省级兽药检验机构任务主要有三个方面：一是兽药质量检验，承担兽医行政管理部门下达的兽药质量监督抽检、辖区内生产企业申请批准文号的产品检验和委托检验等。二是兽药残留检测，承担农业部和各省级兽医行政管理部门下达的动物及动物产品兽药残留监控计划、样品检测和农产品质量安全例行监测任务。三是部分单位承担动物食品、饲料的检测工作和肉、蛋、奶、水、蜂产品品质检测等工作。通过项目建设和地方投入，省级兽药检验机构能力和水平得到了较大提高，一是各级兽药监察所的基础设施明显改善，各省所均添置了先进的仪器设施设备，基本能够满足兽药检测工作需要；二是涌现出一批兽药科技成果，辽宁所、山西所、湖南所、重庆所等多个兽药检验机构获科技成果奖；三是兽药检验检测信息化水平日新月异，建立了国家兽药基础信息查询系统和国家兽药产品追溯系统，重庆、上海、河南、黑龙江、四川、山东、广东的一大批单位建立和运行了实验室信息管理系统。

随着各地机制改革的不断推进，省级兽药检验机构大部分已发生了较大的变化。一是检验机构名称。名称中带有"兽药监察所"有13个单位，分别为：河北省兽药监察所、湖北省兽药监察所、江西省兽药饲料监察所、北京市兽药监察所、宁夏回族自治区兽药饲料监察所、四川省兽药监察所、湖南省兽药饲料监察所、安徽省兽药饲料监察所、内蒙古自治区兽药监察所、新疆维吾尔自治区兽药饲料监察所、新疆生产建设兵团兽药饲料监察所、河南省兽药饲料监察所和广西壮族自治区兽药监察所。随着下一步机构改革，这些单位名称还将进一步变化，越来越多的单位将不能再保留兽药监察所的名称。4家单位已取消原兽药监察所的名称，合并至动物疫病预防控制中心，分别为：海南省动物疫病预防控制中心、上海市动物疫病预防控制中心、浙江省动物疫病预防控制中心、重庆市动物疫病预防控制中心。有2家合并至畜产品质量检验中心，分别为：江苏省畜产品质量检验测试中心、山西省畜牧产品质量安全监测中心。更多单位与其他农产品检测单位进行了大合并，成立了农产品检验大中心，分别为：福建省农产品质量检验测试中心、辽宁省农产品及兽药饲料产品检验检测院、甘肃省农产品质量安全检验检测中心、天津市农业生态环境监测与农产品质量检测中心、青海省农产品质量安全检测中心、黑龙江农产品和兽药饲料技术鉴定站。而且从目前的改革趋势看，这种农产品检测单位的大合并将是未来发展方向。二是检验机构上级主管部门。31个省级检验机构有30个检验机构仍隶属于农业农村相关的上级主管部门，但辽宁省农产品及兽药饲料产品检验检测院已脱离农口主管，直接归属于辽宁省检验检测认证中心。三是检验机构性质。28家单位都为一类公益事业单位，1家单位参公（四川省兽药监察所），2家单位（江苏省畜产品质量检验测试中心和河南省兽药饲料监察所）性质未定。四是检验机构职能。随着机构的合并，各单位的职能也越来越多元化，只有6家单位专职承担兽药检验任务，如河北所、湖北所、北京所、广西所、内蒙古所和四川所，有10家单位承担着兽药和饲料的检测职能，其余单位则还承担着其他农产品的检测职能。五是检验机构人员。虽然名称各异、职能不同，但是在这些机构中相对都还保留着一支虽然人员数量不多，但职能固定的兽药检验队伍，编制人数最少的为4人，如广东、福建等，编制人数最多的为20人，如上海和河南。总的来说，各省的兽药检验人员都比较少，现实际检验人员少于10人的有19个单位；在10～20人的有6个单位；在20～30人的有4个单位，分别为河北、山东、上海和广西；在30人以上的只有1家单位，为河南；另外新疆生产建设兵团兽药饲料监察所现在无检验人员，检测任务全部分包。

目前，省级兽药检验机构基本情况分别如下。北京市：兽药质量检验工作由北京市兽药饲料监测中心负责，编制36人，其中负责兽药质量的19人。天津市：兽药检验检测工作由河北省兽药饲料工作总站负责，编制35人，其中负责兽药检验工作人员14人。河北省：兽药检验检测工作由天津市农业生态环境监测与农产品质量监测中心负责，编制95人，其中负责兽药检验工作人员16人。山西省：2020年事业单位改革，撤销山西省饲料兽药监察所，组建山西省检验检测中心畜牧与水产品检验技术研究所，为山西省市场监督管理局直属事业单位，原有职能不变，兽药室分为化药、中药、抗生素三个小组，检测人员7人。内蒙古自治区：兽药质量检验由内蒙古自治区动物疫病预防控制中心负责，正式人员83人，负责兽药检测工作10人。辽宁省：技术检验机构为辽宁省农产品及兽药饲料产品检验检测院，开展兽药、畜产品、饲料、农产品及粮油检验检测及相关技术研究，隶属于辽宁省检验检测认证中心（与辽宁省农业农村厅无隶属关系）。人员编制81人，实有从事兽药、畜产品兽药残留及动物源细菌耐药性检测及相关业务人员53人。吉林省：兽药检验检测工作由吉林省兽药饲料检验监测所负责，参公管理，现有人员35人。黑龙江省：技术检验由原省兽药饲料监察所与农产品检测中心合并组建的省农产品和兽药饲料技术鉴定站负责，下设兽药业务办公室 1 个，检测室 4 个，现有兽药检验检测工作人员 17 人。上海市：检验检测工作由上海市兽药饲料检测所负责，与上海市动物疫病预防控制中心合署办公，三块牌子一套人马，从事兽药检验工作人员 21 人。江苏省：兽药检验检测工作由江苏省畜产品质量检验测试中心（江苏省兽药饲料质量检验所）负责，编制 30 人，其中负责兽药检测 7 人。浙江省：检验检测工作由浙江省动物疫病预防控制中心负责，加挂浙江省兽药饲料监察所牌子，编制 56 人，从事兽药相关工作 10 人。安徽省：兽药检验检测工作由安徽省兽药饲料监察所负责，编制 24 人。福建省：兽药检验检测工作由福建省农产品质量安全检验检测中心（福建省兽药饲料检验所）负责，编制 37 人，其中负责兽药检验人员 6 人。江西省：兽药检验检测工作由江西省农业技术推广中心农业投入品检验检定技术处负责，正处级事业处室，编制 28 人，在岗 22 人，主要承担兽药的技术审查、评估、检测等事务性、技术性工作，参与和配合行政管理部门组织的行业监管工作；省农产品质量安全检测中心，正处级事业单位，编制 15 人，在岗 14 人，承担畜产品质量安全检测、监测等工作。山东省：检验检测工作由山东省饲料兽药质量检验中心负责，编制 31 人，现有在职人员 29 人，设 6 个科室，其中直接从事兽药领域工作人员 23 人。河南省：兽药检验检测工作由河南省兽药饲料监察所负责，目前有工作人员 60 人（其中聘用人员 23 人）。湖北省：技术支撑工作由湖北省农业事业发展中心兽药与饲料处负责，于 2021 年 6 月成立，负责指导兽药规范使用、技术推广等事务性工作，工作人员 7 人；兽药检验检测工作由湖北省兽药监察所负责，工作人员 26 人。湖南省：兽药检验检测工作由湖南省兽药饲料监察所负责，设有兽药检验室，共有 6 人，负责兽药检验工作。广东省：兽药检验检测工作由广东省农产品质量安全中心负责，编制 56 人，其中负责兽药监测 7 人。广西壮族自治区：兽药检验检测工作由自治区兽药监察所负责，在职在编人员 39 人。海南省：海南省兽药质量技术检验职能一直归属省动物疫病预防控制中心，涉及业务人员 11 人，负责全省兽药产品质量监测检验。重庆市：兽药检验检测工作由重庆市兽药饲料检测所负责，目前涉及人员 16 人。四川省：兽药检验检测工作由四川省兽药监察所负责，编制 26 人。贵州省：兽药检验检测工作由贵州省兽药饲料检测所负责，编制 32 人，其中负责兽药检验 10 人。云南省：兽药检验检测工作由云南省动物疫病预防控制中心负责，在职人员 30 人，省兽药饲料检测所属省动物疫病预防控制中心内设机构，其中从事兽药及兽药残留检验的人员有 6 人。西藏自治区：无机构无人员。陕西省：兽药检验工作由陕西省农业检验检测中心负责，从事兽药及兽药残留检测的人员共 10 人。甘肃省：兽药检验检测工作由甘肃省农产品质检中心负责，内设 2 个科室，在职人员 10 人，负责兽药质量和兽药残留检测工作。青海省：兽药检验检测工作由省农产品质量安全检测中心（由原省兽药饲料监察所与省农产品质量安全检测中心整合为省农产品质量安全检测中心）质量检测部、风险评价部负责，目前涉及相关人员 24 人。宁夏回族自治区：兽药检验检测工作由宁夏回族自治区兽药饲料监察所负责，负责兽药监测人员 7 人。新疆维吾尔自治区：兽药检验检测工作由自治区兽药饲料监察所负责，编制 66 人，负责兽药监测人员 20 人。新疆生产建设兵团：兽药检验检测工作由第三方服务机构开展。

此外，自 2019 年以来，由于中央和地方事权管理的调整，农业农村部已通过政府购买服务委托第三方机构（公司、科研院所、高校、省级兽药检验机构等），委托实施兽药产品质量风险监测，监督检验实施主体仍是省级人民政府兽医行政管理部门设立的兽药检验机构承担。

②兽药评审机构。依据 2004 年实施的新《兽药管理条例》第九条，国务院兽医行政

管理部门设立兽药评审机构进行兽药评审，根据形势发展和工作需要，参照农业农村部药品评审管理模式，自2005年起农业部实行兽药评审专家库管理制度。实施专家评审方式的同时，农业部下属中国兽医药品监察所内设了化药评审处、生物制品评审处，专门作为兽药技术审查的内设机构，负责执行运行日常评审工作。2012年在中国兽医药品监察所基础上加挂了农业部兽药评审中心牌子，实行两块牌子一套人马的运行方式。目前，承担评审工作任务的内设机构为农业农村部兽药评审中心化药评审处、生药评审处。

③ 农业部兽药GMP工作委员会。2001年农业部成立了该委员会，办公室设在中国兽医药品监察所，简称兽药GMP办公室，承担全国兽药生产企业兽药GMP申报资料的受理和审查、组织现场检查验收、兽药GMP检查员培训与管理及农业部交办的其他工作。随着中国兽医药品监察所内部机构调整等，兽药GMP办公室具体工作由质量监督处承担，工作持续性很强，直到2015年兽药生产许可证核发事项下放省级畜牧兽医主管部门后，工作的重点有所调整，不再具体从事检查验收工作，但依据《兽药管理条例》等规定，侧重于完善兽药GMP有关要求、检查验收标准，组织开展兽药生产企业飞行检查等工作。后续根据全国兽药GMP工作的深入实施，兽药GMP办公室的任务已上升成为中国兽医药品监察所的法定职责，对外工作开展中逐步淡化兽药GMP工作委员会及办公室。

④ 兽药残留基准实验室。1999年5月11日，农业部以农牧发〔1999〕8号文发布了《中华人民共和国动物及动物源食品中残留物质监控计划》和《官方取样程序》。该监控计划明确了国家兽药残留基准实验室的职责。2004年11月2日农业部公告第420号公布了农业部确认的中国农业大学、华中农业大学、华南农业大学和中国兽医药品监察所等4家单位为首批国家兽药残留基准实验室，也是目前仅有的4家国家兽药残留基准实验室，上述实验室主要承担有关药物残留检测方法（筛选法、定量法、确证法）的研究和标准的制定、组织比对试验及相关药物残留检测结果的技术仲裁等工作。2007年根据农业农村部兽药残留监控形势发展和动物性产品出口贸易需要，2007年3月6日农业部公告第824号再次确定了各基准实验室药物检测范围，同时废止了农业部公告第420号。2008年1月2日农业部以农医发〔2008〕1号发布了《国家兽药残留基准实验室管理规定》，明确了国家兽药残留基准实验室的职能、基准实验室应具备的条件、基准实验室工作规则和基准实验室的管理。2011年，农业部再次对国家兽药残留基准实验室药物残留检测范围进行了修订完善，2011年7月29日农业部公告第1624号公布了4家国家兽药残留基准实验室检测范围，同时废止了农业部公告第824号。

⑤ 动物源细菌耐药性监测实验室。农业部根据世界动物卫生组织、世界卫生组织等国际组织关于应对细菌耐药的倡导呼吁，结合农业农村部畜禽养殖屠宰的实际情况以及农业农村部兽药技术支撑机构的设置情况，于2008年成立了国家兽药安全评价（耐药性监测）实验室，并发布《2008年动物源细菌耐药性监测计划》，正式开启了农业农村部的动物源细菌耐药性监测工作。全国动物源细菌耐药性监测网络也组建于2008年，第一批由6个单位组成，分别是中国兽医药品监察所、中国动物卫生与流行病学中心、辽宁省兽药饲料畜产品质量安全检测中心、上海市兽药饲料检测所、广东省兽药饲料质量检验所、四川省兽药监察所。2013~2015年新增4个单位，分别是中国动物疾病预防控制中心、河南省兽药饲料监察所、湖南省兽药饲料监察所和陕西省兽药监测所。上述10家单位主要负责全国动物源细菌的耐药性监测和农业部《动物源细菌耐药性监测计划》的实施。此外，中国兽医药品监察所还负责全国动物源细菌耐药性监测的技术指导和数据库的建设维

护工作。

2018 年，监测任务承担单位从 10 家增加至 23 家，新增 4 个大学（中国农业大学、华南农业大学、华中农业大学和西北农林科技大学）、3 个省级研究院所（山东省农业科学院、浙江省农业科学院、江苏省家禽科学研究所）以及 6 个省级兽药监察所（北京市兽药监察所、江西省兽药饲料监察所、江苏省畜产品质量检验测试中心、河北省兽药监察所、重庆市兽药监察所和新疆维吾尔自治区兽药饲料监察所）。从 2019 年开始，由于监测任务需进行招标采购，导致不符合招标条件的省级兽药监察所无法承担监测任务，因此监测任务承担单位变化较大，而且不能在"监测计划"中体现。2019 年实际参加单位为 10 家［3 个部属单位（中国兽医药品监察所、中国动物卫生与流行病学中心、中国动物疾病预防控制中心）、2 个省所（河南省兽药饲料监察所、辽宁省兽药饲料畜产品质量安全检测中心）、4 个大学（中国农业大学、华南农业大学、华中农业大学和西北农林科技大学）、1 个公司（杭州洪桥中科基因技术有限公司）］，2020 年为 9 家（杭州洪桥中科基因技术有限公司不再承担监测任务），2021 年为 16 家（较 2020 年新增 7 个单位：上海市动物疫病预防控制中心、山东省饲料兽药质量检验中心、湖南省兽药饲料监察所、广东省农产品质量安全中心、四川省兽药监察所、南京农业大学、四川大学）。上述监测单位或监测实验室主要任务是执行《动物源细菌耐药性监测计划》，根据采样要求，从全国不同省市的养殖场（包括养猪场、养鸡场、奶牛场等）或者屠宰厂采样，采样类型包括泄殖腔/肛拭子、盲肠或其内容物、牛奶、猪扁桃体、病料组织等。在监测的细菌种类方面，2008 年至今一直连续监测大肠杆菌、沙门氏菌和金黄色葡萄球菌的耐药性，从 2011 年和 2013 开始，分别增加了对弯曲杆菌（分为空肠弯曲杆菌和结肠弯曲杆菌）和肠球菌（分为屎肠球菌和粪肠球菌）的耐药性监测。从 2018 年开始，新增对 3 种动物病原菌（魏氏梭菌、副猪嗜血杆菌、伪结核棒状杆菌）的耐药性监测，新增肠球菌和魏氏梭菌对 8 种促生长用抗菌药物（维吉尼亚霉素、阿维拉霉素、那西肽、喹烯酮、恩拉霉素、黄霉素、吉他霉素、杆菌肽）的 MIC（最小抑菌浓度）监测，同时扩大了监测药物的检测浓度范围。

动物源细菌耐药性监测是一项技术性很强的工作，从采样、细菌的分离鉴定、药敏检测到结果的统计分析等都需要长期的技术和经验积累，近些年耐药性监测任务承担单位变动较大，给监测工作带来较大不确定性。从技术支撑体系建设的角度看，应该尽量稳定监测任务承担单位，尤其是一些长期承担监测任务的单位，创造条件持续开展耐药性监测工作，防止相关技术人员的流失。同时，加大农业农村部的动物源细菌耐药性检测技术方法标准的建设力度，出台一批国家标准，促进技术支撑体系建设。

由于耐药性作为全球性公共卫生问题，已被世界卫生组织列为影响人类健康的十大威胁之一，我国高度重视并将其纳入国家生物安全管控范畴。开展动物源细菌耐药性防控，有效遏制细菌耐药性产生和发展，对保障人类健康、维护生态安全和促进经济发展意义重大。在农业农村部的大力支持下，依托中国兽医药品监察所、中国农业大学和中国农业科学院饲料研究所的农业农村部动物源细菌耐药性监测重点实验室（以下简称"重点实验室"）于 2022 年 1 月获批成立。重点实验室既是国家农业科技创新体系的重要组成部分，又是汇聚和培养农业科技人才的重要基地。重点实验室目的是聚焦建设农业强国重大决策和主攻方向，积极开展动物源细菌耐药性监测基础研究和技术创新，致力于解决制约产业发展的重大、关键和共性科技问题。主要任务是面向细菌耐药性监测与防控总体需求，创建涵盖检测技术、监测标准、控制策略、风险评估、预测预警等方面的动物源细菌耐药性监测与防控综合平台，及时评估我国动物源细菌耐药性动态变化与发展趋势，为科学管理兽用抗菌药物和防控动物源细菌耐药性提供决策依据和技术支撑，服务畜牧业绿色高质量发展，助力全面乡村振兴。主要分工：中国兽医药品监察所侧重开展全国动物源细菌耐药性监测、培训与技术指导，以及标准制修订工作；中国农业大学侧重开展宠物源细菌耐药性监测、耐药机制及传播规律研究；中国农业科学院饲料研究所侧重开展牛羊源细菌耐药性监测、耐药性防控技术研究。

⑥ 国家动物疫病参考实验室。为进一步加强动物疫病防控，提高预防控制和研究能力，我国对重点动物疫病组建了动物疫病参考实验室。一是国家禽流感参考实验室。依托中国农业科学院哈尔滨兽医研究所动物流感基础与防控研究创新团队的国家禽流感参考实验室是我国专门从事动物流感特别是禽流感基础和应用研究的主要研究机构，于 2008 年和 2013 年先后被认定为世界动物卫生组织（WOAH）禽流感参考实验室和联合国粮农组织动物流感参考中心。本实验室目前有固定科研人员 22 人，其中中科院院士 1 人，研究员 14 位，副研究员 6 位，博士后 2 人，当前在读博士和硕士研究生 60 多人。该团队立足于国家动物流感防控的重大需求，同时开展高水平的流行病学、病原学基础及防控技术的全链条研究。主要任务是开展动物流感病毒生态学和进化研究，包括开展动物流感病毒的病原学监测和疫情诊断，对分离的病毒进行系统的进化和变异分析；开展动物流感病毒表型相关分子基础研究，包括针对动物流感病毒感染性、致病力、传播能力及抗原性等表型差异，研究其相关分子遗传机制；开展流感病毒与宿主互作机制研究，包括揭示流感病毒复制周期调控及宿主免疫过程的重要宿主因子，阐明其作用机制；开展动物流感防控技术研究，包括开展动物流感灭活疫苗、DNA 疫苗和重组病毒载体疫苗研制和疫苗种毒更新，结合诊断技术研制，为我国动物流感防控提供技术支持和储备。二是国家口蹄疫参考实验室。依托中国农业科学院兰州兽医研究所于 2002 年成立，2011 年世界动物卫生组织（WOAH）认定为 WOAH 口蹄疫参考实验室，是全国唯一的口蹄疫科学研究、诊断和咨询中心。实验室现有工作人员 65 人，拥有生物安全高级别（P3 级）实验室设施集群 4 栋，总面积 4.4 万 m^2，为口蹄疫等重大动物疫病理论创新和疫苗研发提供平台支撑。按《国家兽医参考实验室管理办法》，国家口蹄疫参考实验室的职责是承担口蹄疫防治基础研究与应用研究，解决口蹄疫防治工作中的重大和关键性技术难题；研究口蹄疫诊断、预防、控制和扑灭等方面的技术；负责对口蹄疫做出最终诊断结论，并将诊断结论报告农业农村部畜牧兽医局；负责提供口蹄疫诊断试剂标样；负责筛选、推荐口蹄疫国家强制免疫疫苗生产所用菌（毒）种、株，按要求及时向农业农村部指定的菌（毒）种保藏机构无偿提供；收集、整理、分析口蹄疫流行病学信息，及时向农业农村部畜牧兽医局报告；负责对兽医实验室口蹄疫诊断、监测进行技术指导、培训；受农业农村部畜牧兽医局的委托对兽医实验室口蹄疫的诊断、监测进行校准。同时，作为 WOAH 口蹄疫参考实验室，积极履行 WOAH 参考实验室职责，参与国际事务，与国际组织、机构和专家开展技术交流与合作。三是国家非洲猪瘟参考实验室。依托中国动物卫生与流行病学中心，在国家外来病监测与研究中心于 2019 年被农业农村部认定为国家非洲猪瘟参考实验室（农业农村部公告第 138 号），主要承担非洲猪瘟疫情最终诊断、基础与应用研究，参与诊断试剂评价及技术标准的制修订、防控政策措施实施效果评估，为国家防控策略提供对策建议等工作。所依托团队为国家重大外来动物疫病研究创新团队，由国家万人计划领军人才领衔，现有成员 35 人，其中高级职称以上 21 人（含正高级职称 6 人），是我国外来动物疫病防控的核心技术力量。拥有动物生物安全三级实验室和 ISO 17025 实验室管理体系，实验室通过 CNAS 认可并维持认可有效状态，拥有流式细胞仪、共聚焦显微镜等先进科研设备。负责

起草《非洲猪瘟防治技术规范与应急预案》《非洲猪瘟应急实施方案》等国家防控指导性文件，在非洲猪瘟诊断、疫情报告和应急处置等方面发挥了重要作用。起草《非洲猪瘟诊断技术》国家标准，研发的荧光PCR等系列检测产品在防控实践中广泛应用。目前承担国家非洲猪瘟专项流行病学调查任务、阳性样品确诊复核任务、致病机理研究任务和候选疫苗研发任务。

此外，农业农村部还指定了国家牛瘟参考实验室、国家牛传染性胸膜肺炎参考实验室、国家牛海绵状脑病参考实验室、国家猪瘟参考实验室、国家猪繁殖与呼吸综合征参考实验室、国家新城疫参考实验室、国家动物布鲁氏杆菌病参考实验室、国家动物包虫病参考实验室、国家动物狂犬病参考实验室、国家动物血吸虫病参考实验室、国家动物结核病参考实验室、国家马鼻疽参考实验室、国家马传染性贫血病参考实验室、国家非洲猪瘟参考实验室共14个国家动物疫病参考实验室。

⑦ 中国兽药信息网及国家兽药追溯监管系统。兽药行业信息化建设起步较早，兽医药品监管领域积极应用现代信息技术服务行业企业，提高监管广度、深度和效率，在兽药信息化建设支撑下，兽药注册申报更加便捷，兽药监管更加高效。一是中国兽药信息网开通运行。2000年1月，"中国兽药网"上线运行，在此基础上，2001年3月15日"中国兽药信息网"开通运行，原农业部畜牧兽医局曾与中国兽医药品监察所共同主办该网站；2014年12月，"中国兽药信息网"变更域名，由中国兽医药品监察所（农业农村部兽药评审中心）独家主办。"中国兽药信息网"发布与兽药科研、生产、经营、使用及管理相关的信息；提供基础数据库查询，提供二维码追溯平台；承担农业农村部畜牧兽医系统网上行政审批事项信息化服务，是我国兽药行业重要门户网站。二是兽药信息数据库的建设。2002—2005年，中国兽药信息网依靠各级兽药监督管理部门，陆续建成《兽药进口注册信息数据库》《农业部兽药广告审查管理数据库》《兽药质量管理、监督抽检数据库》《全国兽药质量标准数据库》《全国兽药生产企业信息数据库》《全国兽药产品批准文号数据库》《中国菌种保藏管理数据库》等15个网络数据库，数据库间实现多库关联，供全国药政药检管理人员免费查询使用，并接受企事业单位加入会员进行查询。2005年单机版"中国兽药信息全文检索光盘系统"在行业内推广使用。三是国家兽药产品追溯系统全面建成。中国兽医药品监察所于2007年开始采用二维码技术建立兽药产品追溯信息系统。2017年，农资监管领域的"第一朵云"——国家兽药产品追溯系统全面建成，实现兽药生产经营企业和产品赋码三个全覆盖，确保兽药"来源可查、去向可追"。

（3）监督执法机构　目前，全国省市县三级共成立了2601个农业综合行政执法机构。省级层面，31个省（区、市）全部明确了省级农业综合行政执法机构，其中19个省（市、区）成立了省级农业综合行政执法局（处），12个省（市、区）在农业农村厅法规处加挂农业综合执法监督处（局）牌子。地市级层面，331个地市成立了市级农业综合行政执法机构，占应开展地市总数的100%，全部机构都印发了综合执法机构"三定"规定；另有10个地市是跨领域大综合。区县级层面，2239个县（市、区）成立了县级农业综合行政执法机构，占应开展县（市、区）总数的100%；2173个县（市、区）印发了综合执法机构"三定"规定，占总数的97%；另有150个县（市、区）是跨领域大综合。权责明晰、上下贯通、指挥顺畅、运行高效、保障有力的农业综合行政执法体系已经构建形成。

省级兽药综合执法部门基本情况分别如下。北京市：综合执法由北京市农业综合执法总队负责，编制137人，其中负责医政药政执法8人。天津市：综合执法工作由天津市农业综合执法总队负责，编制 14 人，其中负责兽药监督执法工作人员 2 人。河北省：综合执法工作由河北省农业综合执法局负责，编制 168 人，其中负责医政药政监督执法工作人员 50 人。山西省：省级综合行政执法机构是在法规处加挂执法监督处牌子，实行一套人马两块牌子，编制 5 名，在岗 4 人。内蒙古自治区：行政执法由内蒙古自治区农牧厅综合行政执法局负责，正式人员 4 人，无专职人员。辽宁省：综合执法目前在政策法规处加挂农业综合执法局牌子，但没有专门综合执法人员，正在按照农业农村部法规司要求进行整改。吉林省：综合执法工作由吉林省畜牧业管理局畜牧综合执法处负责，具体负责人员 2 人。黑龙江省：综合执法由省农业农村厅政策法规与改革处负责，加挂"农业综合行政执法局"牌子，正式人员 9 人。上海市：综合执法工作由上海市农业农村委员会执法总队的四大队负责，从事兽药执法工作人员 5 人。江苏省：综合执法工作由江苏省农业农村厅农业综合行政执法监督局负责，编制 15 人，其中负责医政药政执法 3 人。浙江省：综合执法工作由浙江省农业农村厅内设处室法规和执法指导处承担，具体负责指导农业行政执法体系建设和农业综合行政执法工作，在岗人员 9 人。安徽省：综合执法工作由安徽省农业农村厅农业综合执法监督处负责，编制 4 人。福建省：综合执法工作由福建省农业农村厅农业综合执法监督局负责，编制 7 人，其中负责医政药政执法 3 人。江西省：综合执法工作由江西省农业农村厅执法监督处负责，编制 4 人，在岗 3 人，并牵头省级兽药质量监督抽检工作。山东省：兽药行政管理工作由山东省畜牧兽医局负责，是省政府设立的副厅级部门管理机构，由省农业农村厅代管，涉及兽药的处室有 2 个，饲料兽药处负责全省饲料兽药的行政管理职能及执法工作，现有人员 4 人，其中负责兽药行政管理及执法工作的 2 人；政策法规处负责畜牧系统政策法规建设、行政审批、重大案件执法指导工作，现有工作人员 4 人，无专职兽药工作人员。河南省：综合执法工作由省农业农村厅综合行政执法监督局负责，从事兽药执法工作 4 人。湖北省：综合执法工作由湖北省农业综合行政执法局负责，负责兽药等畜牧领域综合执法工作，畜牧组执法人员 5 人。湖南省：综合执法工作由湖南省农业农村厅法规处负责，指导全省农业综合执法工作，省级未设农业综合执法机构，不具体执法。广东省：综合执法工作由广东省农业农村厅农业综合执法监督处负责，编制 16 人，其中负责医政药政执法 1 人。广西壮族自治区：综合执法工作由自治区农业农村厅农业综合行政执法局负责，机构内人员均为综合执法，不按工作内容分工。海南省：海南省畜牧兽医（含兽药）综合执法职能归属厅农业行政执法局，经厅务会议讨论，2021 年 10 月底开始委托省动物卫生监督所执法监管，涉及人员 10 人。重庆市：综合执法工作由重庆市农业综合执法总队负责，涉及兽药监督执法人员 4 人。四川省：综合执法工作由四川省农业农村厅综合执法监督局负责，编制 29 人，畜牧兽医执法人员 4 人。贵州省：目前省级无农业综合执法机构。云南省：综合执法工作由云南省农业农村厅法规处（综合执法机构）负责，现有人员 7 人。陕西省：综合执法工作由陕西省农业农村厅执法局负责。甘肃省：综合执法工作由甘肃省农业农村厅农业综合执法局（法规处）负责，具体负责执法人员 2 人。青海省：综合执法工作由青海省农业行政综合执法监督局负责，由执法监督一科承担兽药、农药等农业投入品监督执法工作，现有人员 2 名。宁夏回族自治区：没有单独成立综合执法机构。新疆维吾尔自治区：综合执法工作由自治区农业农村厅综合执法监督局负责，编制 30 人，专职人员 4 人。新疆生产建设兵团：未设立专门的综合执法部门或机构，兽药监督执法工作由畜牧兽医局负责。

（4）专家委员会和专家团队　兽药与药品一样，是技术含量高、专业性强的特殊商品。围绕兽药质量管理，依据《兽药管理条例》及配套规章，国务院兽医行政管理部门陆续成立了一系列专家委员会、专家团队，有力支撑兽药注册评审、兽药标准管理、兽药生产质量管理、兽药残留监控等各项重点工作。

① 农业部兽药评审委员会。1989 年至今，国务院兽医行政管理部门先后成立了七届农业部兽药评审委员会，主要承担新兽药和进口兽药注册技术评审、兽药安全评价和风险评估、禁用药物清单制定等工作。按照安全、有效、质量稳定评审原则，根据《兽药注册评审工作程序》实施评审，重点评审每个具体兽药品种的药学、药理毒理、临床药效、残留（包括残留检测方法、残留消除规律）、生态毒性等内容。同时，评审专家还承担兽药技术指导原则制定工作，有效地指导兽药研发工作。此外，还积极开展重点生物制品风险评估、不良反应报告收集和评价工作，组织兽药地方标准清理工作。依据 2004 年实施的新《兽药管理条例》第九条，国务院兽医行政管理部门设立兽药评审机构进行兽药评审，根据形势发展和工作需要，参照农业农村部药品评审管理模式，自 2005 年起，农业部实行兽药评审专家库管理制度，2005 年 1 月成立农业部兽药审评专家库，在库专家 269 人。较 2005 年前相比，目前专家库人员组成结构、知识领域不断扩大，除农业系统外，还有卫生、药品等系统专家 20 余人（包括中国药品检验总所、国家食品药品监督管理局药品评审中心、上海医药研究院、武汉医工院、卫生部计划生育研究所等部门专业技术人员）。专家所从事专业有兽医临床、科研、检验、教学等方面。包括外系统在内的所有专家均严格按照专家遴选原则由专家所在单位推荐。2005 年 3 月 8 日农业部发布《农业部兽药审评专家管理办法》（农医发〔2005〕3 号），明确设立农业部兽药审评委员会，下设农业部兽药审评委员会办公室（设在中国兽医药品监察所），一是明确了兽药审评委员会以专家库形式设立，明确了专家人员结构组成原则；二是规定了审评专家基本条件和遴选程序，确定选入审评专家库的专家任期 3 年；三是明确了专家的权利、责任和义务；四是明确了审评工作的廉政纪律要求。

在此期间，从第四届一直调整更新到目前的第七届。分别是 2009 年 4 月农业部批准 312 名专家入选农业部第五届兽药审评专家库，2012 年 1 月农业部批准 348 名专家入选农业部第六届兽药评审专家库。2017 年 6 月 2 日，农业部公告第 2507 号发布了修订后的《农业部兽药评审专家管理办法》，明确入选评审专家的专家任期 5 年，同时批准 369 名专家入选农业部第七届兽药评审专家库，同时明确入选评审专家的任期 5 年。此次调整后的第七届兽药评审专家库共分为 3 个专业组共 369 人，分别为生物制品专业组 116 人、化学药品专业组 179 人、中药专业组 74 人，不再设公共专业组，相关专家包含在生物制品专业组或化学药品专业组中。其中，中国兽医药品监察所专家在生物制品专业组 32 人、化学药品专业组 13 人、中药专业组 5 人，专家占比为 13.6%，比第六届减少 2 个百分点。入库专家均为 60 岁以下在职，科研院校专家均为研究员职称，仅中国兽医药品监察所和省级兽药监察所保留了部分副研究员。

② 中国兽药典委员会。1989 年至今，国务院兽医行政管理部门先后设置了 6 届中国兽药典委员会，该委员会是组织制定和修订兽药国家标准的法定专业技术机构，由国内兽医药学及相关专业的专家和管理人员组成，经国务院兽医行政管理部门批准设置，一般由主管副部长任主任委员。国务院兽医行政管理部门发布的《中华人民共和国兽药典》（每五年修订发布一版，简称《中国兽药典》）和其他兽药质量标准为兽药国家标准。一般情况下，兽药典委员会委员任期到本版兽药典编制完成，委员会换届为止。2005 年 12 月 21 日农业部公告第 587 号发布《中国兽药典（2005 年版）》一、二、三部及《兽药使用指南》，同时也预示第三届兽药典委员会工作的圆满结束。2006 年上半年启动了兽药典委员

会换届、兽药典委员会章程修订工作。2006年6月27日，中国兽药典委员会组织召开了《中国兽药典（2005年版）》宣贯暨中国兽药典第四届委员会成立大会，集中讨论了章程修订稿。2006年8月29日，农业部公告第710号公布了中国兽药典第四届委员会章程和第四届委员会执行委员会、专业委员会人员名单，主要负责编制《中国兽药典（2010年版）》。2011年11月25日，农业部批准成立中国兽药典委员会第五届委员会，并公布了委员名单，承担《中国兽药典（2015年版）》编纂任务。2011年12月14日，中国兽药典委员会召开了第五届中国兽药典委员会成立大会，集中讨论了委员会章程修订稿。2017年4月20日农业部公告第2522号，批准成立第六届中国兽药典委员会，并公布委员会委员名单，共218人，负责《中华人民共和国兽药典（2020年版）》编纂任务。

③ 兽药GMP检查员库。依据《兽药管理条例》《兽药生产质量管理规范》《兽药生产质量管理规范检查验收办法》，国务院兽医行政管理部门负责兽药GMP检查员遴选、培训和监督管理，建立国家层面兽药GMP检查员库，具体承担兽药GMP检查验收相关工作。2015年2月以后兽药生产许可证核发事项下放至省级兽医行政管理部门，有关省份也相应开展省级兽药GMP检查员聘任委派等工作，建立本省份兽药GMP检查员库。从国家层面看，2007年3月29日农业部办公厅发布《兽药GMP检查员管理办法》（农办医〔2007〕8号），明确了检查员的聘任和解聘、权力和义务、工作纪律等内容，规定检查员的聘任期限为5年，期满后自动解聘。此期间，2005年农业部办公厅发布《关于公布农业部兽药GMP检查员库人员名单的通知》（农办医〔2005〕8号）、《关于公布农业部兽药GMP检查员库增补人员名单的通知》（农办医〔2005〕33号）。2010年6月7日农办医〔2010〕49号文件，公布了新一届兽药GMP检查员库人员名单，其中新增补兽药GMP检查员105名，已公布且继续承担工作的兽药GMP检查员444名，解聘检查员16名。2014年12月19日农办医〔2014〕62号文件公布了新一届农业部兽药GMP检查员库，共523人，2010年文件同时废止。按照聘任期限，2020年农业农村部再次启动了兽药GMP检查员遴选工作，同年11月16日农业农村部发布农办牧〔2021〕52号文件，聘任375人为新一届农业农村部兽药GMP检查员，其中检查组长161人。这一届检查员来自32个省份畜牧兽医相关部门和农业农村部部属相关事业单位，其中中国兽医药品监察所131人（占比34.9%）；新一届检查员库中241人为上一届聘任的老检查员，新入库的检查员有134人（占比35.7%），总人数比上一届减少148人。

④ 全国兽药残留及耐药性控制专家委员会。1999年12月17日，农业部批准成立全国兽药残留专家委员会，是在农业部领导下的对动物及动物源性食品中药物及有毒有害物质的残留进行预防和监控的技术审议咨询组织，下设残留委员会办公室（简称残留办）为兽药残留委员会常设办事机构，设在中国兽医药品监察所，并以农牧发〔1999〕25号发布了《全国兽药残留专家委员会管理办法》和第一届委员会委员名单，残留委员会委员由农业部聘任，每届任期三年。2005年11月29日，农业部印发《关于成立第二届全国兽药残留专家委员会的通知》（农医发〔2005〕32号），批准成立第二届全国兽药残留专家委员会，并公布该届委员会委员名单。2013年2月19日，农业部成立了第三届全国兽药残留专家委员会，增加了商务部市场秩序司、卫生部食品安全综合协调与卫生监督局、国家质量监督检验检疫总局进出口食品安全局、国家标准化管理委员会农业食品标准部、国家体育总局反兴奋剂中心、国家食品药品监督管理局食品安全监管司等单位为单位委员。2017年，在全球普遍关注遏制细菌耐药性问题的大背景下，农业部积极响应国际组织号召，与国际社会一道推进遏制细菌耐药工作，农业部决定在第三届全国兽药残留专家委员

会的基础上，改组成立全国兽药残留与耐药性控制专家委员会，下设兽药残留和耐药性控制两个专业委员会，分别为兽药残留监控和动物源细菌耐药防控工作提供技术支持。该委员会遴选专家遵循以下原则，一是本领域有一定资历和行业影响力、理论扎实、实践丰富的专家学者；二是原则上行政人员、退休人员或专业不相关人员不入选专家委员会。为便于协调沟通工作，兽医局主管兽药工作的副局长作为副主任委员参与相关工作；三是专家涉及兽药、饲料、渔业，以及卫生、食品等领域；四是采取本人自愿、专家提名和机构推荐相结合的方式进行遴选。2017 年 5 月 2 日，农业部印发《关于成立全国兽药残留与耐药性控制专家委员会的通知》（农医发〔2017〕13 号），公布了第一届全国兽药残留与耐药性控制专家委员名单。本届全国兽药残留与耐药性控制专家委员会委员共计 116 人，主任委员为才学鹏，副主任委员为沈建忠、张改平、陈光华，执行委员 21 人。其中，兽药残留控制专业委员会主任委员为沈建忠，副主任委员为曾振灵、徐士新，委员共计 70 人；耐药性控制专业委员会主任委员为张改平，副主任委员为刘雅红、班付国，委员共计 60 人；其中沈建忠等 14 位委员同属两个专业委员会，保障两个专业委员会的工作协调有序推进。

1.2.4.4 标准规范

支撑新兽药注册、兽药产品质量管理、动物产品质量安全管理，农业农村部逐步建立完善了兽药管理规范标准体系，主要包括兽药研究技术规范、兽药评审标准、兽药国家标准、兽药产品中非法添加物检查方法、兽药残留限量标准和残留检测方法等。

① 兽药研究技术规范和指导原则。自 2006 年 3 月 29 日以来，国务院兽医行政管理部门陆续发布 7 个公告，公布了 69 个技术指导原则，包括兽用化学药品、兽用中药、兽用生物制品三大主要类别的临床试验、药学研究等环节，专门针对宠物用兽药、水产用兽药、蚕用蜂用兽药有针对性研究技术要求。此前，2003 年 1 月 22 日农牧发〔2003〕1 号发布《兽药残留试验技术规范（试行）》，与这些技术规范要求一起都是现行有效的。具体是：一是 2006 年 3 月 29 日农业部公告第 630 号，发布了 13 个兽用中药、天然药物和兽用化学药品研究技术指导原则，包括兽用中药和天然药物原料前处理技术指导原则、提取纯化工艺研究技术指导原则、制剂研究技术指导原则、中试研究技术指导原则、稳定性试验技术指导原则、质量标准分析方法验证指导原则等 6 个，和兽用化学原料药制备和结构确证研究技术指导原则，以及兽用化学药物制剂研究基本技术指导原则、杂质研究技术指导原则、有机溶剂残留量研究技术指导原则、质量控制分析方法验证技术指导原则、质量标准建立的规范化过程技术指导原则、稳定性研究技术指导原则等 6 个。二是 2006 年 7 月 12 日农业部公告第 683 号，发布了 11 个兽用生物制品试验研究技术指导原则，包括《兽用生物制品通用名命名指导原则》《兽用生物制品安全和效力试验报告编写指导原则》《兽用生物制品生产用细胞系试验研究指导原则》《兽用生物制品菌（毒、虫）种种子批建立试验技术指导原则》《兽用生物制品菌（毒、虫）种毒力返强试验技术指导原则》《兽用生物制品实验室安全试验技术指导原则》《兽用生物制品实验室效力试验技术指导原则》《兽用生物制品稳定性试验技术指导原则》《兽用生物制品临床试验技术指导原则》9 个，以及《兽用诊断制品试验研究技术指导原则》《兽用免疫诊断试剂盒试验研究技术指导原则》2 个。三是 2009 年 9 月 20 日农业部公告第 1247 号，发布了制修订的《兽用化学药物安全药理学试验指导原则》等 15 个兽药试验指导原则，《兽药药物动力学试验技术规范（试行）》（农牧发〔1997〕11 号）、《实验临床试验技术规范（试行）》（〔1992〕农（牧药）

字第 99 号）中抗菌药物相关内容、《新兽药一般毒性试验技术要求》和《新兽药特殊毒性试验技术要求》（〔1991〕农（牧）函字第 1 号）同时废止，并明确了本公告及农业部公告第 630 号、683 号公告发布的兽药试验技术规范为兽药注册试验方案设计和兽药注册评审依据。包括兽用化学药物安全药理学试验指导原则、兽用化学药物非临床药代动力学试验指导原则、兽用化学药物临床药代动力学试验指导原则、抗菌药物Ⅱ、Ⅲ期临床药效评价试验指导原则、兽用化学药品生物等效性试验指导原则、兽药临床前毒理学评价试验指导原则、兽药急性毒性（LD_{50} 测定）指导原则、兽药 30 天和 90 天喂养试验指导原则、兽药 Ames 试验指导原则、兽药小鼠骨髓细胞染色畸变试验指导原则、兽药小鼠精子畸形试验指导原则、兽药小鼠骨髓细胞微核试验指导原则、兽药大鼠传统致畸试验指导原则、繁殖毒性试验指导原则、兽药慢性毒性和致癌试验指导原则。四是 2010 年 7 月 22 日农业部公告第 1425 号，发布了《蚕药靶动物安全性试验技术指导原则》等 17 个蜂药、蚕药、宠物用药试验技术指导原则，包括蚕药靶动物安全性试验技术指导原则、蚕用抗寄生虫药药效评价试验技术指导原则、蚕用抗微生物药药效评价试验技术指导原则、蚕用消毒剂药效评价试验技术指导原则 4 个，以及宠物外用抗微生物药药效评价试验技术指导原则、宠物外用抗微生物药药效评价田间试验技术指导原则、宠物用抗菌药药效评价试验技术指导原则、宠物用抗菌药药效评价田间试验技术指导原则、宠物用抗蠕虫药药效评价试验技术指导原则、宠物用抗蠕虫药药效评价田间试验技术指导原则、宠物用抗体外寄生虫药药效评价试验技术指导原则、宠物用抗体外寄生虫药药效评价田间试验技术指导原则、宠物用药物靶动物安全性试验技术指导原则 9 个，以及蜜蜂用抗微生物药药效评价试验技术指导原则、蜜蜂用抗微生物药药效评价田间试验技术指导原则、蜜蜂用杀螨剂药效评价试验技术指导原则、蜜蜂用杀螨剂药效评价田间试验技术指导原则 4 个。五是 2011 年 6 月 8 日农业部公告第 1596 号，发布了《兽用中药、天然药物临床试验技术指导原则》等 5 个兽药研究技术指导原则，包括兽用中药、天然药物临床试验技术指导原则、兽用中药、天然药物临床试验报告的撰写原则、兽用中药、天然药物安全药理学研究技术指导原则、兽用中药、天然药物通用名称命名指导原则、兽用中药、天然药物质量控制研究技术指导原则。六是 2013 年 11 月 12 日农业部公告第 2017 号，发布了《水产养殖用抗菌药物药效试验技术指导原则》等 5 个兽药研究技术指导原则，包括水产养殖用抗菌药物药效试验技术指导原则、水产养殖用抗菌药物田间药效试验技术指导原则、水产养殖用驱（杀）虫药物药效试验技术指导原则、水产养殖用驱（杀）虫药物田间药效试验技术指导原则、水产养殖用消毒剂药效试验技术指导原则。七是 2020 年 8 月 26 日农业农村部公告第 326 号，发布了《防治奶牛乳腺炎的抗微生物药靶动物安全性和有效性试验指导原则》《防治奶牛临床子宫内膜炎的抗微生物药靶动物安全性和有效性试验指导原则》《兽药残留消除试验指导原则》《畜禽用药物靶动物安全性试验指导原则》等 4 个试验技术指导原则。

同时，农业农村部畜牧兽医局农牧便函〔2019〕92 号，同意中国兽医药品监察所制定的《兽用化学药品注册检验指导原则》，也是规范兽药研发创新的技术指导原则，与上述技术规范共同组成了技术标准体系。

② 兽药评审技术标准。依据《兽药管理条例》《兽药注册办法》《兽药注册评审工作程序》，国务院兽医行政管理部门设立的兽药评审机构进行新兽药、进口兽药评审，多年来以评审专家为主的技术审查，并未书面确定评审技术标准。近几年，通过持续总结提炼，形成了《兽用化学药品药学研究评审技术标准（试行）》和《兽用中药、天然药物药学研究评审技术标准（试行）》，2017 年 12 月 29 日农业部兽医局农医药便函〔2017〕

1019 号同意这两个评审技术标准，要求农业部兽药评审中心在兽药注册等评审工作中试行，并及时总结完善；2018 年 12 月 27 日农业农村部畜牧兽医局农牧便函〔2018〕395 号，同意农业农村部兽药评审中心制定的《兽用化学药物临床药代动力学试验资料评审技术标准（试行）》《兽用化学药品生物等效性试验资料评审技术标准（试行）》《兽用中药、天然药物药理毒理与临床研究评审技术标准（试行）》3 个评审技术标准，进一步规范兽药评审工作，统一评审尺度。

③ 兽药国家标准。2004 年实施的《兽药管理条例》对农业农村部兽药质量标准做出了重大调整，国务院兽医行政管理部门发布的兽药标准均为国家标准，不再区分兽药典标准、注册标准等。目前，基本形成以《中华人民共和国兽药典》为主体，国务院兽医行政管理部门发布的其他兽药质量标准、兽药注册标准为补充的兽药国家标准体系。一是《中华人民共和国兽药典》，由国家兽药典委员会制定、修订，国务院兽医行政管理部门审批发布的兽药国家标准，是兽药生产、经营、使用、检验和监督管理部门共同遵守的技术法规。二是国务院兽医行政管理部门发布的其他兽药质量标准，如《兽药质量标准（2017 年版）》，由国家兽药典委员会制定、修订，由国务院兽医行政管理部门审批发布，尚未收入《中华人民共和国兽药典》的兽药国家标准，其中包括审批的新兽药、进口兽药注册标准。截至 2020 年底，国务院兽医行政管理部门共发布兽药国家标准 2330 余个，其中生物制品 620 余个、化学药品 760 余个、兽用中药 600 余个，原料药 350 个。

现行的《中华人民共和国兽药典（2020 年版）》，坚持问题导向和目标导向，充分借鉴国内外兽药及药品标准的经验做法，紧密结合农业农村部兽药生产、检验、使用与现阶段技术水平相适应的特点和实际，积极创新兽药标准管理理念，努力提高兽药整体技术水平。分为一部、二部和三部，各部均由凡例、正文和附录等几个部分构成，自成体系。收载正文品种共计 2221 种，其中新增 49 种、删去 65 种、修订 133 种，拟收载附录 302 项，其中新增 13 项、修订 29 项。一部为兽用化学药品部分。收载正文品种 752 种，包括原料及制剂 476 种，辅料 276 种，其中新增 22 种，删去 22 种，修订 27 种。收载附录 139 项，其中新增 2 项，修订 6 项。修订正文品种临床应用相关内容共 256 个品种。二部为兽用中药部分。收载正文品种 1370 种，包括药材和饮片 1139 种（含饮片 625 种）、植物油脂和提取物 22 种、成方制剂和单方制剂 209 种，其中新增 16 种，修订 59 种。收载附录 111 项，其中新增 4 项，修订 1 项。修订正文品种临床应用相关内容共 112 个品种。三部为兽用生物制品部分。收载正文品种 99 种，其中新增 11 种，删去 43 种，修订 47 种。收载附录 52 项，其中新增 7 项，修订 22 项。修订正文品种临床应用相关内容共 68 个品种。对比前 5 版兽药典，2020 年版创新力度更大、安全用药指导更强、风险品种管控更严。一是突出行业需要，增加了专用型品种。在确保安全的前提下积极扩大收载品种范围，以兽医专用品种为主，以兽用特色剂型为主，重点满足兽医临床用药需求，充分体现兽药生产检验需要，新增收载宠物用药、乳房注入剂、子宫注入剂等品种 49 个。二是突出技术研究，标准制修订水平明显提升。首次成功解决了微粉剂粒度（兽用中药超微粉）控制这个制约行业发展的难题，首次在兽医专用品种上实现了溶出度控制，首次立项研究并科学修订了部分兽药品种的休药期。同时，注重吸收、引进和推荐国内外兽药、药品先进技术和试验方法，提高了检测方法的专属性、灵敏性和准确性。三是突出安全要求，质量监管能力进一步提升。兽药典附录修订中完善了关于兽药安全性及安全性检查的总体要求，正文品种增加了对毒性成分或易混杂成分的检查与控制。四是突出用药指导，标准内容更加贴近养殖实际。系统修订了 436 个品种的休药期规定、蛋鸡产蛋期兽药使用等临床使用部分相关内容，更加适应当前我国养殖用药的实际需要，能够实现兽药使用管理及食品安全监管的有效衔接。五是突出风险管控，加大风险或老旧品种退出力度。配合兽药残留专家委员会等，加大风险评估力度，对存在或可能存在安全风险、工艺技术落后等兽药品种，实施退出处理。不再收载甲紫、咖啡因、苯丙酸诺龙、鸡痘活疫苗（汕系毒株）等65个风险品种，退出力度为历版兽药典之最。

④ 兽药产品中非法添加物检查方法标准。随着兽药行业发展和监管工作的深入，自2009年起，各级畜牧兽医部门在兽药监管工作中，发现兽药中存在非法添加其他物质的问题，这种现象对兽药产品质量的影响巨大、为食品安全埋下风险，成为兽药监管工作的重点风险隐患，必须加大打击力度，全面遏制发展势头。依据《兽药管理条例》有关规定，国务院兽医行政管理部门组织中国兽药典委员会，抓紧推进了兽药产品中非法添加物检查方法标准建设，先后发布多批方法标准，重点包括非法添加禁止使用的药品和其他化合物的筛查方法。目前，经国务院兽医行政管理部门发布实施的兽药产品中非法添加检查方法共45个，作为兽药质量检验方法的重要补充，基本实现了补充检验方法的配套化，满足了兽药日常监管的需要，有效遏制了非法添加现象。现行有效的非法添加检查方法标准：一是2016年4月29日农业部公告第2395号发布的硫酸卡那霉素注射液中非法添加尼可刹米检查方法；二是2016年5月5日农业部公告第2398号发布的恩诺沙星注射液中非法添加双氯芬酸钠检查方法；三是2016年9月19日农业部公告第2448号发布的兽药制剂中非法添加磺胺类药物检查方法等3项检查方法和修订的31个检查方法，在本公告之前发布的同种检查方法标准同时废止。四是2016年10月8日农业部公告第2451号发布的兽药中非法添加甲氧苄啶检查方法、兽药中非法添加氨茶碱和二羟丙茶碱检查方法、兽药中非法添加对乙酰氨基酚、安乃近、地塞米松和地塞米松磷酸钠检查方法、兽药中非法添加喹乙醇和乙酰甲喹检查方法、硫酸黏菌素制剂中非法添加阿托品检查方法5个检查方法标准；五是2017年2月6日农业部公告第2494号发布的鱼腥草注射液中非法添加庆大霉素检查方法；六是2017年8月29日农业部公告第2571号发布的兽药中非法添加非泼罗尼检查方法；七是2019年4月29日农业农村部公告第169号发布的《兽药中非法添加药物快速筛查法（液相色谱—二极管阵列法）》；八是2019年7月24日农业农村部公告第199号发布的麻杏石甘口服液、杨树花口服液中非法添加黄芩苷检查方法；九是2020年4月30日农业农村部公告第289号发布的兽药中非特定非法添加物质检查方法、兽用中药固体制剂中非法添加物质检查方法——显微鉴别法、兽药中非法添加硝基咪唑类药物检查方法3项标准；十是2020年11月19日农业农村部公告第361号发布的兽药中非法添加四环素类药物的检查方法、兽药固体制剂中非法添加酰胺醇类药物的检查方法。

⑤ 兽药残留限量标准和残留检测方法。依据2004年实施的《兽药管理条例》，国务院兽医行政管理部门应当制定并组织实施国家动物及动物产品兽药残留监控计划。兽药残留限量标准和残留检测方法，由国务院兽医行政管理部门制定发布。2004年至2020年3月31日这一期间，执行的兽药残留限量标准，为农业部公告第235号公布的《动物性食品兽用中药最高残留限量》，需要特别指出的是该公告附录4明确"禁止使用的药物，在动物性食品中不得检出"，对落实禁止使用的药物和其他化合物清单管理，严管用药行为和产出的动物性食品，形成了监管闭环。此项要求至今仍现行有效。关于残留检测方法，2006年农业部公告第781号公布了12项动物性食品兽药残留检测方法，2006年农业部公告第783号公布了3项动物性食品兽药残留检测方法，2007年农业部公告第958号公布了14项动物性食品兽药残留检测方法，2008年农业部公告第1025号公布了26项动物性

食品兽药残留检测方法，随后 2008 年农业部公告第 1031 号公布了 4 项、公告第 1063 号公布了 3 项动物性食品兽药残留检测方法，2008 年农业部公告第 1077 号公布了 7 项水产品兽用中药残留检测方法，2009 年农业部公告第 1163 号公布了 9 项动物性食品兽药残留检测方法，目前都是现行有效的。此外，国家进出口商品检验局、国家质量监督检验检疫局、卫生部、商务部等部门也制定发布了一些检测方法标准，也都是现行有效的。2009 年 2 月 28 日第十一届全国人大常委会第七次会议通过《中华人民共和国食品安全法》，中华人民共和国主席令第二十一号公布，该法第二十七条"食品安全国家标准由国务院卫生行政部门会同国务院食品药品监督管理部门制定、公布，国务院标准化行政部门提供国家标准编号。食品中农药残留、兽药残留的限量规定及其检验方法与规程由国务院卫生行政部门、国务院农业行政部门会同国务院食品药品监督管理部门制定。"对兽药残留限量标准和检测方法制定发布进行重大调整，按照下位法服从上位法的原则，2009 年以后国务院兽医行政管理部门不再单独发布上述两项标准。

《中华人民共和国食品安全法》实施后，2010 年卫生部组建了第一届食品安全国家标准审评委员会，由时任卫生部部长陈竺担任第一届委员会主任委员。审评委员会主要职责是审评食品安全国家标准，提出实施食品安全国家标准的建议，对食品安全国家标准的重大问题提供咨询，承担食品安全标准其他工作。审评委员会下设 10 个分委员会，兽药残留分委员会是其中之一，该分委员会依托全国兽药残留专家委员会开展工作。2013 年农业部与卫生和计划生育委员会联合发布了 29 项动物性食品兽用中药残留检测方法食品安全国家标准，这是第一批以食品安全国家标准发布的兽药残留检测标准。2019 年农业农村部、国家卫生健康委员会和国家市场监督管理总局联合发布第二批 9 项兽药残留检测标准食品安全国家标准。目前，农业农村部兽药残留检测方法标准主要包括方法的适用范围、基本原理、试剂耗材、仪器设备、样品前处理方法、仪器条件和参数、结果计算、检测参数等内容。检测参数主要包括方法的线性范围、灵敏度、精密度和准确度等。按照兽药残留检测原理分类，农业农村部现行兽药残留检测方法标准主要分为微生物学测定法、免疫分析方法、色谱法及色谱/质谱联用方法。主要涉及酶标仪、液相色谱仪、气相色谱仪、气相色谱-质谱联用仪和液相色谱-质谱联用仪等仪器设备。主要适用于畜禽中猪、鸡、牛、羊的肌肉、脂肪、肝脏、肾脏、禽蛋及奶中兽用中药的残留检测，水产品中鱼、虾、蟹等可食部分的兽药残留检测，以及畜禽排泄物兽用中药残留检测。

2019 年 9 月 6 日农业农村部、国家卫生健康委、市场监管总局发布《食品安全国家标准——食品兽用中药最大残留限量》，准替代农业部公告第 235 号《动物性食品兽用中药最高残留限量》相关部分，规定了动物性食品中阿苯达唑等 104 种（类）兽药的最大残留限量；规定了醋酸等 154 种允许用于食品动物，但不需要制定残留限量的兽药；规定了氯丙嗪等 9 种允许作治疗用，但不得在动物性食品中检出的兽药。截至 2020 年底，共制定发布兽药残留限量标准 2191 个，基本覆盖所有已批准的需要制定残留限量的兽药品种。

⑥ 其他国家标准。针对兽药行政许可、政务服务事项办理工作，承办单位对每一项事项都制定发布了服务指南、办理程序和服务标准等，读者可以在农业农村部网站、各级农业农村部门网站或政务服务大厅直接查询，此处不再赘述。此外，针对动物源细菌耐药性监测相关技术方法、判定标准，农业农村部正在组织中国兽医药品监察所起草制定，并报相关部门批准发布，填补该领域标准空白。

1.2.4.5 行业组织

（1）中国兽药协会 英文名称：China Veterinary Drug Association（CVDA），原名

中国动物保健品协会，成立于1991年，是由从事兽药及相关行业的企事业单位、社会团体和个人自愿联合组成的全国性、行业性、非营利性的社会组织，属国家一级协会，是农业农村部畜牧兽医行业成立较早的行业协会。截至目前，协会拥有单位会员389余家，分布于28个省（区）市，包括兽药生产、经营、质量监督管理、科研院校、行业媒体等企事业单位及养殖、制药设备、包装材料、实验检验仪器设备等行业上下游企业。协会下设一个办事机构和六个分支机构。秘书处作为协会的办事机构，承担协会的日常工作，设办公室、会员部、信息部。六个分支机构分别是行业自律工作委员会、专家咨询工作委员会、经营与使用指导工作委员会、生物制品专业委员会、化学药品专业委员会、畜牧兽医器械专业委员会。近30年来，协会始终秉承服务会员、服务行业、服务政府的理念，积极组织开展行业指导、服务、协调、维权、自律等工作，努力发挥行业与政府间的桥梁纽带作用，为促进畜牧兽医行业健康发展做出应有的贡献。

（2）**省级兽药协会** 随着中国兽药行业协会成立和发展，一些兽药产业大省、养殖大省，陆续成立兽药行业组织，为推进本辖区兽药行业发展发挥了积极作用。目前，全国18个省份成立了协会，名称各不相同，分别是北京兽药行业协会、河北省动物保健品协会、天津市动物保健品协会、山西省动物保健品协会、辽宁省动物保健品协会、吉林省动物保健品协会、上海市饲料兽药行业协会、江苏省兽药业协会、浙江省饲料与动物保健品协会、安徽省动物保健品协会、江西省动物保健品协会、山东省兽药协会、河南省动物保健品协会、湖北省动物保健品协会、湖南省动物保健品协会、广东省动物保健品协会、广西动物保健品协会、四川省动物保健品协会。

1.2.4.6 主要成就

自2004年11月1日实施新版《兽药管理条例》以来，正值我国"十一五""十二五""十三五"发展时期，国民经济迅速发展，人民群众生活得到显著改善，这期间我国兽药行业也从传统的粗放型方式逐步向科学发展、健康发展方向迈进。特别是"十三五"时期，兽药管理工作围绕"防风险、保安全、促发展"工作目标，以《国民经济"十三五"规划纲要》明确重点任务为统领，加强顶层设计、推进制度创新、狠抓措施落实，深化兽药行业"放管服"改革，加快推进细菌耐药性监测行动、兽用抗菌药使用减量化行动等兽用抗菌药综合治理工作，逐步推动兽医兽药领域形成"产好药、用好药、少用药"的良好局面，有力地保障了养殖业生产安全、动物产品质量安全和公共卫生安全。

① 简政放权力度大。持续推动兽药行政许可事项取消下放，健全完善行政审批服务指南和规范，不断提升服务质量和水平。一是取消许可事项。许可事项从5大项11个子项减少为4大项9个子项，陆续取消"已经取得进口兽药注册证书的兽用生物制品进口审批"、地方实施的"新兽药临床试验审批"、在全国重点媒体发布兽药广告审批（2020年经国务院第105次常务会议研究决定，目前国务院正在组织修订相关法规后确定实施）。二是取消收费政策。取消了实施近30年的审批收费政策，自2017年4月1日起取消兽药审批和检验收费项目，所有兽药行政许可事项均无偿向申请人提供服务。三是精简申报材料。取消了所有事项中《兽药生产许可证》等农业农村部核发证明性文件材料。四是压减审批时限。将4个子项办理时限由20个工作日压减为15个工作日。五是推动无纸化审批。2019年对兽药产品批准文号核发和标签说明书审批事项实行全程电子化办公，也是我部行政许可事项中首个实现全程电子化办理的事项。六是改革兽药注册评审。不断优化技术审评、复核检验、技术终审和行政审批相互监督、相互制约的运行机制。

② 制度建设有创新。持续推动兽药管理制度改革创新，2 次修订《兽药管理条例》部分条款、修订完善部令 4 次（新兽药研制管理办法、兽药 GMP、兽药 GSP、兽药标签和说明书管理办法），制修订发布规范性文件（公告），形成了以《兽药管理条例》为核心、《兽药注册办法》等 16 个部门规章和 28 个规范性文件为配套的法规制度体系，构建了覆盖兽药研发、生产、经营环节的质量管理体系（4G）；以《中国兽药典》为核心、《兽药质量标准》和新兽药注册标准为补充的兽药标准管理新格局。一是研发环节质量管理迈上新台阶。推动实施 2015 年底制定发布的《兽药非临床研究质量管理规范》（兽药 GCP）、《兽药临床试验质量管理规范》（兽药 GLP），出台了《兽药非临床研究与临床试验质量管理规范监督检查办法》及监督检查标准，制定发布《兽药注册现场核查公告》《兽药注册现场核查工作规范》，建立试验数据核查机制，实施兽药注册现场核查，规范新兽药研究活动，确保研究数据真实可靠、兽药安全有效。二是生产环节质量管理有提升。推动实施 2015 年底修订发布的《兽药产品批准文号管理办法》，制定发布比对试验、现场核查、现场抽样等制度、程序和要求，保证了兽药产品质量和疗效。三是监管制度再创新。修订《兽药标签和说明书管理办法》，明确兽药产品二维码电子标识追溯码法定地位，率先在农资管理领域实现追溯监管。四是兽医诊断制品管理开创新局面。修订《兽医诊断制品注册资料要求》，激发调动研制积极性；制定《兽用诊断制品生产质量管理规范》，提高规范化、标准化生产水平。五是兽用疫苗生产管理再加防护网。制定《兽用疫苗生产企业生物安全三级防护要求》及其检查验收评定标准，强化企业生物安全管理。

③ 监管工作成效好。狠抓兽药质量监管、兽药残留监控和动物源细菌耐药性监测，坚持"产管"结合、标本兼治，推出监管硬措施、打好整治组合拳，深入推进各项任务，严厉打击违法违规行为，监管工作取得历史性成效。一是兽用疫苗质量安全水平始终保持较高水平。采取监督抽检、飞行检查、批签发、督导检查等一系列有效措施，保障高致病性禽流感、口蹄疫、小反刍兽疫等疫苗质量和供应。"十三五"时期兽用疫苗质量抽检平均合格率达到 98% 的高位水平。二是兽药市场秩序持续向好。修订完善兽药违法行为从重处罚情形，发布 6 批合计 45 个兽药非法添加物检测方法，为从严从重处罚违法行为提供支撑。通过组织实施年度兽药质量监督抽检计划、实施"检打联动"制度、集中开展假兽药查处、重点监控、典型案件通报等方式，切实维护兽药市场秩序。"十三五"期间抽检兽药产品 6 万多批次，合格率保持在 95% 以上。三是信息化监管能力水平显著提升。按照农业农村部"五区一园四平台"总体建设部署，进一步完善国家兽药基础数据平台，健全兽药二维码电子追溯监管系统，建成国家兽药产品"二维码"追溯监管信息系统，目前已实现了兽药生产环节、经营环节和兽药产品入网赋码"三个全覆盖"，逐步推动兽药生产、经营和使用环节全程可追溯监管。国家兽药基础信息查询系统信息公开、免费查询，得到社会各界、行业内外的广泛好评。四是兽药残留监控持续加强。组织实施年度动物及动物产品兽药残留监控计划，年均抽检主要畜禽产品 1 万多份，对 15 大类 79 种兽药残留进行检测，5 年来兽药残留合格率保持在 98% 以上。五是食品动物禁用药物和化合物清单得到完善。组织梳理了过去 20 年内因国际贸易和食品安全等因素而发布的多个禁用药物及化合物清单，发布公告确定对 21 类物质禁止使用，解决了基层监督执法的困惑，也为我国动物产品国际贸易提供了法定依据。

④ 减量用药成共识。"十三五"时期，把兽用抗菌药治理作为头等大事，多措并举、抓实抓好。一是遏制细菌耐药上升成为国家战略。2016 年 8 月，与原国家卫计委等 14 个部门联合发布《遏制细菌耐药国家行动计划（2016—2020 年）》，协同推进耐药性控制工

作；2017 年 6 月，制定实施《全国遏制动物源细菌耐药行动计划（2017—2020 年)》，推动实施"六大行动"，引导从业人员"产好药、用好药、少用药"，切实保障动物产品质量安全和生态环境安全。二是动物源细菌耐药监测逐步增加。组织实施年度动物源细菌耐药性监测计划，重点监测 10 种动物源细菌对 52 种兽用抗菌药的耐药状况，逐步建立丰富了动物源细菌耐药性数据库。三是兽用抗菌药准入、退出管理实现规范化。针对抗菌药物确立了"四不批一鼓励"准入原则，即不批准人用重要抗菌药、用于促生长的抗菌药、易蓄积残留超标的抗菌药和易产生交叉耐药性的抗菌药作为兽药生产使用，鼓励研发新型动物专用抗菌药。组织实施了兽药风险评价和再评估，坚决淘汰存在安全隐患的品种，陆续禁止了洛美沙星、培氟沙星、氧氟沙星、诺氟沙星、非泼罗尼、喹乙醇、氨苯胂酸、洛克沙胂等兽药用于食品动物，禁止了硫酸黏菌素预混剂用于动物促生长，赢得了国际同行的赞誉。四是药物饲料添加剂全面退出。2019 年，制定出台药物饲料添加剂退出计划，明确自 2020 年 1 月 1 日起停止生产、经营、进口除中药外的促生长类药物饲料添加剂，为世界范围内控制细菌耐药彰显了中国担当。五是兽用抗菌药使用减量化行动试点稳步推进。自 2018 年启动实施兽用抗菌药使用减量化行动，已有 3 批 316 家畜禽养殖场开展减抗试点，对第一批试点养殖场开展成效评价，公布了 81 家兽用抗菌药使用减量化试点的达标养殖场名单。六是养殖环节安全用药指导力度在加大。发布两批兽用处方药目录，加快了兽用抗菌药处方化管理步伐；全面加强宣传培训，组织开展"科学使用兽用抗菌药百千万接力公益行动"，努力营造政府主导、协会促进、企业参与、社会共治的良好氛围，促进养殖者规范合理用药。

1.3

我国兽药产业的发展现状

自 2006 年 1 月 1 日零点起，农业农村部兽药行业强制实施《兽药生产质量管理规范》（兽药 GMP）"零点行动"，这也是历史上首次对照国际标准实施的第一个强制性质量规范，随后围绕兽药经营质量管理，2010 年强制实施了《兽药经营质量管理规范》（兽药 GSP），围绕兽药研发研制活动，强制实施了《兽药非临床研究质量管理规范》（兽药 GLP）和《兽药临床研究质量管理规范》（兽药 GCP），推动我国兽药产业发展，特别是质量管理达到国际先进水平。同时，兽药产业不断发展壮大，目前已形成品种多样、种类齐全、剂型丰富、具有一定国际竞争力的涉农产业。

1.3.1　产业布局

1.3.1.1　产业规模

截至 2020 年底，全国兽药生产企业共 1633 家，其中生物制品 119 家、化学药品（含兽用中药）1381家、原料药133家；兽药经营企业4.7万家，其中生物制品3000家左右。2020年全国兽药生产产值684亿元，较2016年的502亿元，提高36%；其中生物制品194亿元、化学药品（含兽用中药）490亿元。2020年生产企业销售额621亿元，较2016年的464亿元，提高34%；其中生物制品162亿元、化学药品（含兽用中药）459亿元。全国兽药生产企业主要地域分布为企业数量前10位的省份共有生产企业1203家，占全国总量的74%；前5位的省份共有生产企业838家，占全国总量的51%；前5位分别是：山东省共275家，其中生物制品11家、其他264家，产值135亿元；河南省共219家，其中生物制品10家、其他209家，产值47亿元；河北省共126家，其中生物制品2家、其他124家，产值63亿元；四川省共113家，其中生物制品6家、其他107家，产值29亿元；江苏省共105家，其中生物制品10家、其他95家，产值52亿元。在产业集中度方面，年销售额超过2亿元的大型生产企业77家，销售额500万至2亿元的中型企业859家，大中型企业占比达到57.3%，比2016年提升了5个百分点。生物制品前10位企业，2020年销售额84.5亿元，比2019年的64.4亿元、2016年的72.2亿元，均有大幅增长；化学药品（含兽用中药）前10位企业，2020年销售额75亿元，比2019年61.8亿元、2016年65.5亿元，也是大幅增长。

1.3.1.2　产能利用

（1）**生物制品方面**　除基因工程苗产能利用率增长较快外，活疫苗（组织毒、细胞毒、细菌）、灭活疫苗（组织毒、细胞毒、细菌）等各生产线产能利用率均处在较低水平，产能利用率不足50%。其中，细菌活疫苗生产线的产能利用率最低，连续五年均没有超过10%。

（2）**原料药方面**　产能利用率总体呈下降趋势，2016年开始逐年下降，除抗微生物药物在50%左右外，抗寄生虫、解热镇痛抗炎药物均下降超过10%，2020年分别为34%、22%。

（3）**化学药品和中药制剂方面**　片剂的利用率除在2018年超过50%，此后处于较低水平；粉针剂从2016年的55%逐年递减到2020年的18%；消毒剂（固体）曾因非洲猪瘟疫情影响，于2018年、2019年出现大幅增长；粉剂、散剂、预混剂一直呈平稳下降趋势，降到2020年的30%；注射液、颗粒剂、口服液等均低于20%。

1.3.1.3　产业创新

（1）**"十三五"时期新兽药注册**　"十三五"时期共批准新兽药421个，比"十二五"的265个，增加了156个；一类新兽药28个，比"十二五"的7个，增加了21个。

（2）**创新主体**　企业日益重视新兽药研发，主要以自主研发、与科研院校联合研发等方式进行，产学研结合创新氛围日益浓厚。

（3）**创新投入情况**　"十三五"时期各兽药生产企业创新投入共计239亿元。2020年共投入55亿元，较2016年提高25%；其中生物制品17亿元、化学药品（含兽用中药）38亿元，分别较2016年增长了70%、11%。

1.3.2　产品结构

1.3.2.1　兽药分类

（1）**兽用生物制品**　兽用生物制品是指有效成分为生物类物质的兽药，通常以病毒、细菌、寄生虫等为原料，采用生物学、生物工程等技术制成，用于预防、治疗、诊断动物疫病。主要包括兽用疫苗、兽用诊断制品、血清制品、微生态制剂等。目前，批准使用的兽用生物制品共 621 个，其中疫苗（灭活疫苗、活疫苗）435 个、诊断制品 156 个、血清制品 11 个、微生态制剂等其他产品 19 个。

（2）**兽用化学药品**　兽用化学药品，是指有效成分为化学类物质的兽药，通常通过化学合成、微生物发酵获得，用于预防、治疗动物疾病。主要包括兽用抗菌药、抗寄生虫药、消毒剂和外用杀虫剂等。目前，批准使用化学药品制剂共 765 个，其中抗菌药 244 个、抗寄生虫药 153 个、消毒剂和外用杀虫剂 56 个、机能调节剂 312 个。主要有注射液、片剂、粉剂、预混剂、口服液、颗粒剂等剂型。其中，兽用抗菌药有 60 余个品种，主要分为化学合成类抗菌药（如磺胺类等，共 140 余个制剂产品）和微生物发酵类抗生素（如青霉素类等，共 100 余个制剂产品）。

（3）**兽用中药**　兽用中药，是指有效成分为中药类物质的兽药，通常以中药原药材、饮片为原料，依据或借鉴传统兽医学理论组方，经粉碎或有效成分提取等工艺获得，用于治疗、预防动物疾病或有目的地调节动物生产性能。目前，批准使用的兽用中药制剂产品共 600 余个，主要包括散剂、颗粒剂、微粉剂、口服液等。

此外，兽药中还有一类较为特殊的品种，即兽用麻醉药品和精神药品，目前列入国家管制目录的品种中，仅批准了氯胺酮（可提纯为毒品）制剂产品 2 个，实施定点生产经营、严格管控流向。

1.3.2.2　兽药产品结构

（1）**猪用兽药产品**　批准用于猪的兽药产品较为丰富，基本覆盖生猪养殖常见的病毒性、细菌性疫病，共 750 余个，包括生物制品 230 个（其中疫苗 159 个）、化学药品 310 个（其中抗菌药 109 个）、兽用中药 210 个。

（2）**禽用兽药产品**　批准用于鸡的兽药产品也较为丰富，基本能够满足肉鸡、蛋鸡开产前防治疾病的需要，共 780 余个，包括生物制品 330 个（其中疫苗 279 个）、化学药品 160 个（其中抗菌药 109 个）、兽用中药 290 个。目前，因蛋鸡产蛋期代谢生理特点的特殊性，允许蛋鸡产蛋期使用的抗菌药品种较少。此外，鸭、鹅等水禽用药产品较为缺乏。

（3）**牛、羊用兽药产品**　批准用于牛、羊的兽药产品也比较多，基本能够满足肉牛、奶牛、肉羊日常防治疾病的需要，共 570 余个，包括生物制品 75 个（其中疫苗 69 个）、化学药品 320 个（其中抗菌药 93 个）、兽用中药 180 个。

（4）**水产养殖用兽药产品**　相对于我国水产养殖量和养殖品种，可用兽药产品相对较少。批准的兽药主要用于鱼类防治疾病，共 120 余个，包括生物制品 10 个（其中疫苗 6 个）、化学药品 60 个（其中抗菌药 9 个）、兽用中药 50 个。

（5）**宠物用兽药产品**　相对于犬、猫等疾病诊治的精细化需求，除生物制品基本满足需要外，批准用于心血管疾病、肿瘤、癫痫等专用品种较少，动物诊疗机构使用人用药品的风险较大。目前，可用兽药共 270 余个，包括生物制品 30 个（其中疫苗 12 个）、化学药品 210 个（其中抗菌药 32 个）、兽用中药 30 个。

（6）**特种经济动物用兽药产品**　由于兽药的市场属性较强，受特种经济动物用药市场规模限制，企业等主体对此方面兽药的研发积极性不高，经济动物可用的兽药产品很少。目前，批准用于蜂、蚕等经济动物的兽药制剂产品共近 80 个，包括生物制品 35 个

（其中疫苗 34 个）、化学药品 24 个（其中抗菌药 12 个）、兽用中药 20 个。

1.3.3　质量水平

1.3.3.1　兽药产品质量监督抽检情况

兽用疫苗质量稳定保持较高水平，为重大动物疫病防控提供了有力物质支撑。2016 年组织开展的兽用疫苗监督抽检，增加了重大动物疫病疫苗经营使用环节抽样比例，共抽检兽用疫苗 384 批，合格 383 批，其中重大动物疫病疫苗 116 批，合格 115 批，疫苗质量维持良好水平。2017 年，共抽检兽用生物制品 457 批次，合格率 97.8%。2018 年，共抽检兽用生物制品 433 批次，合格率 98.2%。2019 年，重点强化检打联动和飞行检查，严厉打击制售假劣兽药以及非法制售使用非洲猪瘟疫苗等违法行为，对严重违法违规行为予以严惩重处，完成兽用生物制品监督抽检 632 批次，合格率 98.1%。2020 年，全年共抽检兽用生物制品 396 批，不合格 5 批，合格率 98.7%。

非兽用生物制品类兽药产品质量抽检合格率持续提高，有力保障了养殖业生产安全。每年印发实施全国兽药质量监督抽检计划，实施"检打联动"制度，强化兽用抗菌药监督抽检，重拳打击制售假劣兽用抗菌药违法行为。2016 年，共组织开展 12 次假兽药查处活动，要求各地对 54 家假冒企业，1259 批次产品进行查处；抽检兽药产品 14521 批，合格率 96.5%。2017 年，共抽检兽药产品 16550 批次，合格率 96.4%。2018 年，共抽检兽药产品 14906 批次，合格率 97.4%。2019 年，印发实施年度兽药质量监督抽检和风险监测计划，全国完成兽药质量监督抽检 12408 批，不合格 178 批，合格率 98%，比 2018 年提高 0.9 个百分点；通报 12 家兽药生产企业为重点监控企业。2020 年，印发实施年度兽药质量监督抽检和风险监测计划，省级监督抽检 9483 批，不合格 160 批，合格率 98.3%；部级跟踪抽检 931 批，不合格 40 批，部级风险监测 4135 批，不合格 490 批。公布了 16 家重点监控企业，要求各地对抽检不合格兽药产品实施查处，对存在风险隐患的企业加大监督检查力度和抽检力度。

1.3.3.2　畜禽产品兽药残留监控情况

每年印发实施《动物及动物产品兽药残留监控计划》，要求对监督抽检不合格产品进行阳性追溯，对不合格产品进行查处。2016 年共抽检畜禽产品 12837 批次，合格 12822 批次，不合格 15 批次，合格率 99.88%，检测项目包括抗菌药物在内的 25 种（类）药物。组织国家兽药残留基准实验室等单位，完成了畜禽排泄物中抗生素残留摸底调查，对 563 份养猪场及周边环境样品，进行了 7 大类 48 种抗菌药物残留测定，根据历年数据分析结果显示，近几年兽药残留监测力度较大的品种，环境残留情况有所好转。2017 年，共抽检畜禽产品 10699 批次，对猪肉、鸡蛋、牛奶等主要畜禽产品检测 9 类 55 种抗生素残留，合格率 99.7%。2018 年，共抽检畜禽产品 8227 批次，合格率 99.9%。2019 年，印发年度兽药残留监控计划，国家层面通过政府购买服务方式开展畜禽产品兽药残留监控，安排国家计划约 9000 批，对主要畜禽产品 15 大类 79 种兽药残留进行检测。2020 年，国家层面通过政府购买服务方式开展畜禽产品兽药残留监控，各省依靠省级检测机构开展抽检，监测主要畜禽产品中 18 大类 76 种兽药残留，全年检测样品 6683 批，不合格 34 批，合格率 99.5%。

1.3.3.3 动物源细菌耐药性监测情况

建立了动物源细菌耐药性监测技术平台和耐药性细菌资源库。针对我国动物源细菌耐药性监测技术标准和方法缺乏的局面，中国兽医药品监察所牵头组织制定了动物源大肠杆菌、肠球菌、沙门氏菌、葡萄球菌和弯曲杆菌等的分离鉴定方法和耐药性检测方法，建立了动物源细菌耐药性监测技术平台。收集、分离并鉴定了 20 世纪 60 年代至今的 8 种动物源细菌（包括大肠杆菌、沙门氏菌、金黄色葡萄球菌、肠球菌、弯曲杆菌、链球菌、副猪嗜血杆菌、巴氏杆菌）共计 30000 多株，并完成了细菌的血清型鉴定和耐药性检测。此外，从美国微生物保藏中心（ATCC）等单位引入了 6 种质控菌株（大肠杆菌 ATCC 25922、大肠杆菌 ATCC 35218、金黄色葡萄球菌 ATCC 29213、肠球菌 ATCC 29212、肺炎链球菌 ATCC 49619 和空肠弯曲杆菌 ATCC 33560）。以上述菌株为基础，建立了动物源耐药性细菌资源库。

创建了具有自主知识产权的动物源细菌耐药性数据库。动物源细菌耐药性监测的最终目的是指导养殖用药和保障公共卫生安全，因此对监测结果的数据分析至关重要。由于动物源细菌耐药性的分析内容较复杂（包括不同养殖场、不同地区、不同动物、不同血清型以及不同时间的细菌分离率、血清型分布、耐药率、耐药谱和 MIC 分布等），而且分离菌株的种类和数量都较多，因此为了更好地服务于动物源细菌耐药性监测工作，实现耐药性监测数据的网络共享，中国兽医药品监察所开发建立了动物源细菌耐药性数据库，并已获得国家发明专利。该数据库利用 B/S 体系架构，通过互联网，可实时传输耐药性监测数据，并进行耐药性监测结果的综合分析。目前，该数据库中已有 3000 多株菌株的分离来源、耐药性和血清分型等数据信息。

系统调查了动物源细菌的耐药性状况。对 2008 年至今分离的 30000 余株菌株的耐药性情况进行了总结分析：比较不同细菌对抗菌药物的耐药性状况，了解不同细菌的耐药性特点；比较不同时期的细菌耐药性状况，了解各种细菌的耐药性发展演变过程；比较不同动物体内细菌耐药性状况，了解各种动物体内细菌的耐药性特点；比较不同地区动物细菌耐药性状况，了解地区间耐药性差异及原因；比较不同养殖场细菌的耐药性状况，了解养殖用药与耐药性之间的关系；比较不同血清型细菌的耐药性状况，了解血清型对细菌耐药性的影响；全面总结分析动物源细菌的耐药状况、特点和对动物疾病防治及公共卫生带来的危害，提出应对措施。通过对我国不同时期、不同地区、不同动物大肠杆菌、沙门氏菌、链球菌、金黄色葡萄球菌、弯曲杆菌等的耐药性等发展趋势的调查研究，基本了解了我国动物源细菌耐药性的现状、产生原因与耐药趋势。

1.3.4 进出口情况

1.3.4.1 进口情况

2020 年进口额 28 亿元，较 2016 年的 14 亿元，增长了 93%，其中兽用生物制品 14.2 亿元、兽用抗微生物药物 3.6 亿元、兽用抗寄生虫药 2.4 亿元。

1.3.4.2 出口情况

与进口相反，出口产品主要以原料药为主，且增长明显。2020 年出口额 58 亿元，较 2016 年的 31 亿元，增长了 97%。其中，原料药 42 亿元，占 2020 年出口额的 72%，较

2016年的17亿元，增长了147%。

1.4
我国兽药行业发展方向

1.4.1　高质量发展

1.4.1.1　优化产业结构

（1）**发挥市场主体作用**　充分发挥市场在资源配置中的决定性作用，激发各类市场主体在兽药产业发展中的活力。引导社会资本投资新兽药研发、兽药生产和营销，形成一批研发能力强、生产技术先进和营销网络完善的兽药产业集团。鼓励兽药企业通过兼并、重组、入股、收购等方式，加快淘汰"小、散、差"等落后产能，提高兽药产业规模化水平和集约化程度。引导兽药企业与养殖企业、动物诊疗机构等兽药使用单位建立更紧密的联系，提高兽药产品和营销服务的针对性和适用性。

（2）**抑制企业盲目扩张**　加强宏观调控，坚决遏制兽药生产企业低水平重复建设势头。完善强制免疫疫苗定点企业指定制度。严格控制和逐步压减转瓶培养方式、粉散预混剂等简单剂型的过剩生产能力。提高兽药产品批准文号技术审查标准，严格控制兽药产品批准文号发放数量。修订完善兽药GMP管理规范，提高兽药生产企业准入门槛，坚决淘汰管理水平低、生产工艺落后和质量安全隐患多的生产企业。

（3）**调整产品结构**　支持发展动物专用原料药及制剂、安全高效的多价多联疫苗、新型标记疫苗及兽医诊断制品。加快发展宠物、牛羊、蜂蚕以及水产养殖用动物专用药，微生态制剂及低毒环保消毒剂。加快开发水禽、宠物、牛羊和水产用疫苗。逐步淘汰有潜在安全风险、疗效不确切等问题的兽药。

（4）**优化生产技术结构**　重点发展悬浮培养、浓缩纯化、基因工程等疫苗生产研制技术，提高疫苗生产技术水平。加大兽医诊断制品规模化、标准化和产业化生产技术研发力度，重点强化稳定性和可重复性等生产工艺的研究。支持利用现代先进技术开发浇泼剂（透皮剂）、缓释、控释剂、靶向、黏膜给药制剂等新剂型、新工艺。

（5）**加快兽用中药产业发展**　支持兽用中药产业发展，建立符合兽用中药特点的注册制度。鼓励并支持对疗效确切的传统兽用中药进行"二次开发"，简化源自经典名方复方制剂的审批。整合兽用中药企业优势资源，打造一批知名兽用中药生产企业。加大传统兽用中药传承和现代兽用中药创新研究。加大知识产权保护力度，支持兽用中药新产品研发。鼓励兽用中药应用现代中药生产新技术、新工艺提高兽用中药质量控制技术。加强疗效确切兽用中药和药物饲料添加剂研发，扶持饲用抗生素替代产品创制，支持兽医专用药材标准化种植基地建设。

1.4.1.2　加强技术创新

（1）**推进创新体系建设**　支持产学研用相结合，鼓励建立企业间、院企间、校企间的研究共享平台，推进国家重大科研设施和大型仪器设备向社会开放，形成分工协作、优势互补的兽药科技创新和转化格局，引导企业在科技创新中发挥主体作用，支持有条件的企业建立研发机构，增强具有自主知识产权产品的研发能力。加强兽药科技信息采集发布工作，定期发布兽药科研、市场等信息，减少盲目开发与重复建设。

（2）**强化质控技术研发**　大力开展兽药检验检测新技术研究。以禁用兽药和人用抗菌药为重点，加大兽药特别是兽用中药中非法添加其他成分检测方法标准的研究、制定力度。推进兽药快速检验技术研究以及在基层的应用。鼓励生产企业和检验机构开展兽用生物制品效力检验替代方法的研究和应用。开展原辅材料质量控制、无特定病原体（SPF）鸡（胚）病原微生物检测方法、标准试剂研究。开展疫苗免疫效果评价和风险分析研究。加强残留检测技术研究，研制高通量快速检测试剂盒。开展动物源细菌耐药性监测、风险评估和控制技术研究。

（3）**加强人才队伍建设**　充分发挥兽药检验机构、大专院校、科研单位和行业协会等方面优势，加快培养兽药产业科技领军人才和创新团队，增强兽药产业科技力量。顺应市场需求和产业结构调整，有序扩大社会化职业技能鉴定范围，开展新兴职业能力考核认证。加强技能服务型实用人才培训，鼓励社会力量参与职业技能开发，不断完善学校教育与企业培养、政府推动与社会支持相结合的兽药技能人才培养体系。

1.4.1.3　完善技术支撑体系

（1）**完善质量标准体系**　研究出台兽药标准管理办法，探索建立以兽药典为基础、注册标准为主体、企业标准为补充，内容完整、层次分明的兽药标准体系。加强标准的科学研究，提高标准的科学性、先进性和适用性。建立兽药标准评价和淘汰机制，及时清理、淘汰风险较高、检测项目不全的质量标准。积极开展兽药生产用辅料、包装材料的质量标准研究。逐步完善兽医器械标准体系。鼓励企业实施高于国家标准的企业标准。加强国际合作和交流，推动我国兽药标准与国际接轨。

（2）**完善质量检验体系**　研究制定省、地（市）兽药检验机构建设标准。加强兽药检验机构检测能力建设。开展地（市）级兽药检测能力考核，对符合条件的机构，依法授权其开展兽药检测活动。加快区域兽用生物制品检测实验室建设步伐，鼓励企业兽药质量检测室申请实验室认证，完善兽用生物制品检测体系。建立全国兽药检验技术信息数据管理平台，促进技术交流和资源共享。

（3）**完善残留监控体系**　在加强国家兽药残留基准实验室和各省级兽药残留检测机构基础建设的同时，强化地市级兽药残留检测能力建设。完善兽药残留限量标准体系，制定完善兽药残留检测办法，为全面开展残留检测提供技术支持。鼓励企业兽药残留检测室申请实验室认证，提高企业的检验水平。完善兽药残留快速检测试剂盒管理，鼓励开展动物产品兽药残留快速检测。持续实施兽药残留监控计划，提高检测覆盖面，强化阳性样品追溯管理。

（4）**完善风险评估体系**　制定兽药风险评估和安全评价技术规范。完善新兽药安全评价标准，强化兽药上市前风险评估。加强对有潜在安全风险兽药品种的安全性监测和再评价工作，推进药物饲料添加剂再评价。合理布局全国动物源细菌耐药性监测点，完善国家动物源细菌耐药性监测数据库，为临床科学用药提供技术支撑。

（5）**完善标准物质制备体系** 加强兽药标准物质管理，完善标准物质制备和标定规程，建立兽药标准物质审核制度，实行兽药标准物质与新兽药注册、进口兽药注册与再注册或变更注册关联审批。建立无法定标准物质的兽药产品退市制度，清理无法定标准物质的进口兽药注册标准和产品批准文号。鼓励科研机构和生产企业参与标准物质研发和制备工作，提升兽药标准物质制备和供应能力。

1.4.1.4 创新营销发展模式

（1）**加强品牌建设** 实施兽药品牌创新战略，引导兽药企业通过技术创新、服务创新和品质创新，培育一批拥有自主知识产权、市场竞争能力强、国际影响力大的兽药知名品牌、驰名商标。完善兽药广告审查制度，加大对兽药品牌宣传推广力度，提高品牌兽药知名度和市场占有率。加大兽药品牌保护力度，会同有关部门严厉打击虚假宣传、假冒侵权等违法行为。

（2）**构建现代营销模式** 推进兽药流通企业资源整合，加快构建现代兽药物流体系。加快推进兽药 GSP 修订步伐，适当简化兽药连锁经营许可手续，放宽仓储设施要求，允许跨地（市）设立仓储中心，发展兽药连锁经营。鼓励大型兽药生产企业设置区域配送中心，主动适应现代物流业态。加快研究制定互联网兽药经营管理办法，推动兽药电子商务发展，规范兽药网络经营行为。

（3）**加强诚信体系建设** 建立兽药诚信管理制度，改善市场诚信环境。建立兽药研发、生产和经营企业信用记录，依法、客观收集信用信息。实施跨部门失信行为联合惩戒，严把行政许可审批关。鼓励各地开展企业信用等级评价，实施差别化监管。充分发挥行业协会在促进行业自律、规范行业秩序、维护行业声誉等方面的重要作用。加强对兽药企业的社会诚信监督，推行行业自律公约，引导企业加强自律，营造健康有序发展环境。

1.4.1.5 深化对外合作

（1）**拓展国际发展空间** 充分利用国内国际两个市场、两种资源，不断拓展兽药产业发展空间。研究制订兽药加工出口管理制度，允许国内兽药生产企业开展国际代加工服务。开展境外兽药管理法律法规研究，提高企业国际注册能力。鼓励有条件的兽药企业"走出去"，以参股控股、并购、租赁、境外上市、设立研发中心或在外设厂等方式进入国际市场，引导和支持兽药领域国际产能和技术合作。

（2）**深化对外开放** 建立公开、透明、平等、规范的兽药产业准入制度，不断扩大开放领域，对外商投资兽药生产企业实行国民待遇管理，推进进口兽用生物制品代理制度改革，完善境外兽药企业在华经营自身产品的管理制度。积极引进先进的管理经验和科学技术，加快推进兽药企业的技术升级和产业转型，提升我国兽药的国际竞争力。

1.4.1.6 提高监管能力

（1）**提高监督执法能力和水平** 按照"属地管理，分级负责，强化监督"的原则，整合执法资源，大力推进综合执法。加强基层执法队伍和执法能力建设。加强与公安、食药等部门的协调配合，建立行政管理、监督执法、质量检验机构协作机制，做好行政执法与刑事司法衔接。完善上下级和同级政府兽药行政许可、监督执法、质量检验信息通报制度，加强对大案、要案、跨区域案件协查、督查力度，依法从重处罚兽药生产经营使用违法行为。全面落实《全国兽药（抗菌药）综合治理五年行动方案（2015—2019年）》，开展系统全面的兽用抗菌药滥用及非法兽药综合治理行动。

（2）**强化质量全程监管** 督促企业落实兽药质量安全主体责任，严格执行生物安全管理等规定。全面推进兽药"二维码"标识管理。建立完善兽用疫苗从生产到使用的全程可追溯制度，强化疫苗存储、运输冷链监督管理。完善兽药监督抽检制度，强化假劣兽药的溯源执法。建立健全生产经营企业重点监控制度，实施精准监督检查。加大兽药分类管理制度实施力度，规范兽用处方药销售、使用行为。健全完善兽药不良反应报告制度，保证兽药的安全有效。加大养殖安全用药宣传培训力度，严格执行休药期制度，规范养殖用药行为。

（3）**加强管理信息化建设** 完善兽药行政审批和监管信息为基础的国家兽药产品基础信息数据库，及时采集、发布兽药行业信息。完善兽药行政审批信息系统，构建网上申报平台，逐步实现行政许可事项审批全程网络化。完善国家兽药产品追溯系统，建立贯穿兽药生产、经营和使用各环节，覆盖各品种、全过程的兽药"二维码"追溯监管体系。

1.4.1.7 完善产业发展措施

（1）**健全完善法规规章** 加快兽药法律法规制修订步伐，探索建立兽药分级分类管理、知识产权保护、兽药委托生产等制度，完善兽药注册、兽药生产许可、产品批准文号管理、兽用生物制品经营管理、兽药质量监督抽检、兽药临床和非临床试验监督检查等规章，严格新兽药界定，为兽药产业健康发展提供法治保障。

（2）**改革技术审评制度** 探索建立全程责任到人、终身负责的审评制度。合理界定兽药注册申请人、兽药审评责任人和专家的权利和职责，推进兽药审评职业化，建立科学高效的兽药技术审评新机制。加强审评队伍建设，调整审评及检测收费政策，平衡兽药审评能力与注册申请数量，确保审评质量。完善重大动物疫病应急兽药审批制度。简化审评环节、缩短审评周期，加快宠物、蜂、蚕、运动马匹以及水产养殖用新兽药，特别是水生动物用疫苗的审评审批进程。采取宠物用兽药标准单列、靶动物增加、人用药标准转化等措施，加快宠物用兽药上市步伐。突出制品特异性、敏感性、一致性和可重复性评价，简化兽医诊断制品审评程序。开展兽药注册资料现场核查工作，规范兽药研制秩序。建立审评单位与申请人沟通交流机制，提高审评审批透明度，实现审评标准、审批程序、审批结果"三公开"。

（3）**加大投入和政策扶持力度** 积极协调、争取各有关部门提供必要的信贷、税收等政策支持和资金保障，支持兽药监管基础设施建设，配备必要的交通、通信工具和执法取证、信息化办公设备，提高兽药监管能力，保证兽药监管工作顺利开展。

（4）**营造良好社会氛围** 充分利用广播、电视、报纸等传统媒体及互联网、移动互联网等新兴媒体进行广泛宣传，提高兽药行业社会认知度。加强行业综合性展会的管理，充分利用展会宣传兽药产业发展成就，提高兽药行业形象。加大对优秀企业、单位宣传，积极营造有利于提振行业信心、促进产业健康发展的舆论氛围。

1.4.2 创新驱动

1.4.2.1 推进创新体系建设

支持产学研用相结合，鼓励建立企业间、院企间、校企间的研究共享平台，推进国家重大科研设施和大型仪器设备向社会开放，形成分工协作、优势互补的兽药科技创新和转化格局，引导企业在科技创新中发挥主体作用，支持有条件的企业建立研发机构，增强具有自主知识产权产品的研发能力。加强兽药科技信息采集发布工作，定期发布兽药科研、市场等信息，减少盲目开发与重复建设。

1.4.2.2　强化质控技术研发

大力开展兽药检验检测新技术研究。以禁用兽药和人用抗菌药为重点，加大兽药特别是兽用中药中非法添加其他成分检测方法标准的研究、制定力度。推进兽药快速检验技术研究以及在基层的应用。鼓励生产企业和检验机构开展兽用生物制品效力检验替代方法的研究和应用。开展原辅材料质量控制、无特定病原体（SPF）鸡（胚）病原微生物检测方法、标准试剂研究。开展疫苗免疫效果评价和风险分析研究。加强残留检测技术研究，研制高通量快速检测试剂盒。开展动物源细菌耐药性监测、风险评估和控制技术研究。

1.4.2.3　加强人才队伍建设

充分发挥兽药检验机构、大专院校、科研单位和行业协会等方面优势，加快培养兽药产业科技领军人才和创新团队，增强兽药产业科技力量。顺应市场需求和产业结构调整，有序扩大社会化职业技能鉴定范围，开展新兴职业能力考核认证。加强技能服务型实用人才培训，鼓励社会力量参与职业技能开发，不断完善学校教育与企业培养、政府推动与社会支持相结合的兽药技能人才培养体系。

1.4.3　"放管服"改革

深入贯彻落实国务院"放管服"改革精神，持续推动兽药行政审批事项取消、下放和"三减一优"（减材料、减环节、减时限、优化审批服务）工作，持续健全完善行政审批服务指南和规范，切实提高审批效率和服务质量。党的十八大以来，先后取消了兽药安全性评价单位认定、已取得进口兽药注册证书的兽用生物制品进口审批、地方实施的新兽药临床试验审批（调整为备案），将兽药生产许可证审批下放至省级畜牧兽医主管部门负责，并经国务院同意取消全国重点媒体发布兽药广告审批。目前，兽药产品批准文号审批事项等已经实现全流程网上审批、进口兽药通关核发事项已经实现电子证照管理。坚决贯彻落实党中央、国务院决策部署，不断加快兽药行政审批领域"放管服"改革步伐，兽药研发环节，将着力优化精简兽用生物制品临床试验审批有关资料要求；改革兽药注册管理制度，建立符合中国特点的兽药注册评审机制，全面修订兽用生物制品、兽用化学药品、兽用中药注册资料要求。兽药生产环节，将着力优化兽药产品批准文号及标签说明书审批事项，改革文号换发审批制度，向国务院提出取消兽药产品批准文号有效期限的建议，实行"一次批准、长期有效"制度，推动国务院修改《兽药管理条例》予以确认，同时研究制定兽药产品批准文号电子证照国家标准，推进兽药产品批准文号审批电子证照管理制度落实落地。

1.4.4　发展展望

当前，农业农村部开启了全面建设社会主义现代化国家新征程，以习近平同志为核心的党中央统筹中华民族伟大复兴战略全局和世界百年未有之大变局，深刻认识社会主要矛盾变化带来的新特征、新要求，深刻认识错综复杂的国际环境带来的新矛盾、新挑战，在继续推动发展的基础上，着力解决发展不平衡不充分问题，大力提升发展质量和效益，更好满足人民在经济、政治、文化、社会、生态等方面日益增长的需要，更好推动人的全面发展、社会全面进步。民以食为天、食以安为先。兽药作为养殖业必需投入品，关系养殖业生产安全、动物源性食品安全、公共卫生安全和生物安全。这些都直接体现人民群众日益增长的对安全优质食品、对公共卫生和生物安全的需要。2021年9月29日，习近平总书记在中共中央政治局第三十三次集体学习加强我国生物安全建设时，强调要织牢织密生物安全风险检测预警网络，健全监测预警体系，要快速感知识别微生物耐药性风险因素，做到早发现、早预警、早应对；要坚持人病兽防、关口前移，从源头前端阻断人兽共患病的传播路径；要加强对抗微生物药物使用和残留的管理。习近平总书记重要讲话和重要指示批示精神，为推进兽药行业监督管理、实施兽用抗菌药治理、有效遏制动物源细菌耐药、控制兽药残留超标，促进兽药产业高质量发展都指明了努力方向、提供了基本遵循。

在"十四五"时期至2035年，乃至2050年，兽药行业将实现高质量发展，预计2025年兽药生产产值突破1000亿元，2035年产值超过1500亿元，2050年产值达到3000亿元，产业集中度进一步提高、产品结构进一步优化，兽药生产质量管理水平、兽药经营质量管理水平将达到世界先进水平，形成一批具有世界影响力的中国兽药品牌。兽药规范使用能力显著增强、兽用抗菌药使用水平与欧盟等发达国家和地区保持一致，安全、优质畜禽产品供应充足，杜绝兽药残留超标现象，养殖环节生物安全风险防控体系健全完善，动物源细菌、真菌、寄生虫等耐药性得到有效控制。

参考文献

[1] 浙江兽药监察所. 兽医药政药检监察文件汇编. 1989.

[2] 徐矾. 当代中国的畜牧业[M]. 北京：当代中国出版社，1991.

[3] 农业部畜牧兽医司. 兽药管理文件选编. 1995.

[4] 中国畜牧兽医学会第十届全国会员代表大会暨学术年会论文集（兽医卷）[M]. 北京：中国农业大学出版社，1996.

[5] 于船，王万钦. 中国兽药知识大全[M]. 成都：四川科学技术出版社，1997.

[6] 农业部畜牧兽医局. 兽药监督管理法规汇编. 1998.

[7] 农业部畜牧兽医局. 中国兽药GMP培训教材. 1999.

[8] 梁圣. 中国兽医生物制品发展简史[M]. 北京：中国农业出版社，2001.

[9] 农业部畜牧兽医局. 兽药管理法规汇编. 2002.

[10] 张穹. 就《兽药管理条例》答新华社记者问. 2004.

[11] 张穹，贾幼陵. 兽药管理条例释义[M]. 北京：中国农业出版社出版，2005.

[12] 改革开放三十年兽药篇参考资料2002-2007.

[13] 农业部畜牧兽医局. 兽药管理政策法规选编：2007年版[M]. 北京：中国农业出版社，2007.

[14] 农业农村部畜牧兽医局．中国兽医科技发展报告（2015-2017 年）[M]．北京：中国农业出版社，2018．

[15] 农业部兽医局．兽药管理政策法规选编（2016 年版）[M]．北京：中国农业出版社，2016．

[16] 中国兽药协会．兽药产业发展报告，2016．

[17] 农业部兽医局．兽药管理政策法规选编（2020 年版）[M]．北京：中国农业出版社，2020．

[18] 中国兽药协会．兽药产业发展报告．2020．

[19] 中国兽药协会．兽药产业发展报告．2021．

[20] 中国兽药协会．兽药产业发展报告．2022．

[21] 中国兽医药品监察所，中国兽药协会．中国兽药产业发展报告．2019．

第 2 章
新兽药管理

本章详细阐述了新兽药注册管理的相关内容，包括新兽药注册管理的发展历程、法规体系、新兽药定义、注册分类、非临床试验管理规范、临床试验管理规范、注册现场核查、中间试制管理、新兽药研究中的生物安全管理和实验室活动管理，重点介绍了兽用化学药品、兽用中药/天然药物、兽用消毒剂、治疗用兽用生物制品、预防用兽用生物制品、兽医诊断制品的注册资料要求和评审标准以及技术指导原则，为兽药研发和评审提供参考。

2.1

概述

2.1.1 新兽药注册管理的发展历程

兽用药品也就是兽药，是药品的一部分，世界各国都把兽药作为一种特殊商品严格管理。兽药质量关系到畜禽、宠物等动物疾病的防治，关系到养殖业的持续健康发展，关系到动物源性食品安全和人体健康，还关系到环境安全、公共卫生安全甚至大粮食安全。加强兽药的研发工作，依法管理兽药，兽药上市前进行注册评价，是世界各国对兽药进行管理的主要手段和通行做法。我国新兽药注册管理的发展历程如下：

1952年，中央人民政府农业部兽医生物药品监察所成立，组织专家技术会议审查评议新生物制品；1973年，组织新制品鉴定会，承担新兽医生物制品的技术审查工作。1980年，根据《兽药管理暂行条例》，由省、自治区、直辖市畜牧（农业）局批准新研制的兽药中成药和中、西兽药制剂，并报农业部备案。1983年，农业部成立兽医生物制品规程委员会，承担了新生物制品的技术审查工作。1987年，中国兽药监察所设兽药典办公室，并成立进口及新化药审评小组和进口动物生物制品审评小组，负责进口化药、动物生物制品及国内新化药、抗生素等的审查和评议工作。1991年，农业部第一届兽药审评委员会成立，下设化学药品（包括抗生素、生化制品、放射性药品）、中药、生物制品三个分委员会。1996年，农业部第二届兽药审评委员会成立，下设化学药品、生物制品两个分委员会。1999年，农业部第三届兽药审评委员会成立，并颁布农业部兽药审评委员会章程，下设化学药品、生物制品、中药三个分委员会。农业部兽药审评委员会下设办公室，挂靠在中监所，与中国兽药典办公室合署办公，具体负责兽药典和新兽药审评工作。2005年，农业部组建第四届兽药审评专家库，分设生物制品专业组、化学药品药学专业组、化学安全评价与统计专业组、中药专业组、鱼蚕蜂用药组、临床组。中监所内设机构改革，成立审评中心。

2006年，农业部在中国兽医药品监察所加挂农业部兽药评审中心牌子，设立兽药评审一处、兽药评审二处、兽药评审三处，分别负责化学药品、中药和生物制品的技术评审工作。2007年，中国兽医药品监察所（农业部兽药评审中心）内设机构调整，兽药评审一处、兽药评审二处合并为化药评审处，兽药评审三处更名为生药评审处。2009年，农业部第五届兽药审评专家库建立，下设生物制品专业组、化学药品专业组（含药学与检验、安全评价与统计、少数用药与少数动物）、中药药品专业组（含中药药学、中药临床）。2013年，农业部第六届兽药审评专家库建立，下设生物制品专业组、化学药品专业组〔分化学药品药学组、安全评价组、少数动物用药与少数动物组（水产、蚕药、蜂药、寄生虫与小动物临床）〕、中药专业组（中药药学专业组、中药临床组）、共用专业组（畜产品安全、生物统计、环境、实验动物等专业）。2017年，农业部第七届兽药审评专家库建立，下设生物制品专业组、化学药品专业组〔含化学药品药学、药理毒理代谢、临床残留与生态评价、少数动物用药与少数动物组（水产、蚕药、蜂药、寄生虫与小动物临床）〕、中药专业组（中药药学专业组、中药临床组）。

2018年，农业部兽药评审中心更名为农业农村部兽药评审中心。2021年，根据农业农村部公告（第392号），农业农村部兽药评审中心建立实施专职评审与专家咨询相结合的兽药注册评审工作制度。在中国兽医药品监察所（农业农村部兽药评审中心）内遴选兽药注册评审员161名，兽药注册评审员分级管理，分首席评审员、高级评审员、中级评审员和助理评审员四级，负责兽用化学药品、兽用中药和兽用生物制品的技术评审工作。2023年对退休的6名评审员进行了调整，同时增补了6名新的评审员，仍为161人。根据技术评审需要，可以听取咨询专家的意见，咨询专家按照咨询专家库管理，2022年建立第一届咨询专家库。

2.1.2 我国新兽药注册的法规体系

在中国境内从事兽药注册相关活动，需要遵守《行政许可法》《兽药管理条例》（中华人民共和国国务院令第404号），生物制品注册还应遵守《农业转基因生物安全管理条例》《病原微生物实验室生物安全管理条例》相关规定。

在中国境内从事新兽药注册和变更注册，应当遵守《新兽药研制管理办法》（农业部令第55号，2005年发布，2016年第一次修订，2019年第二次修订）和《兽药注册办法》（农业部令第44号）。为规范兽药的研制活动，《新兽药研制管理办法》对兽药临床前研究和临床研究及其监督管理做了要求，承担新兽药安全性评价的单位由"具有农业部认定的资格"于2016年修订为"应当符合《兽药非临床研究质量管理规范》"的要求，执行《兽药非临床研究质量管理规范》。进行临床试验前，兽用化学药品及中兽药的临床试验方案要在申请人所在地省级人民政府兽医行政管理部门进行备案，生物制品的新兽药临床试验，由农业农村部审查。兽药临床试验应当执行《兽药临床试验质量管理规范》。《兽药非临床研究质量管理规范监督检查标准》《兽药临床试验质量管理规范监督检查标准》及其监督检查相关要求见农业部公告第2464号（2016年）。农业农村部公告第330号规定"为鼓励支持蜂、蚕、鸽子、赛马等少数动物用药研发工作，满足用药需求，其临床试验承担单位可不需报告和接受兽药GCP监督检查，但试验方案、过程和原始记录等应按照兽药GCP要求实施"（2020年）。

研制新兽药需要使用一类病原微生物的，应当按照《病原微生物实验室生物安全管理条例》和《高致病性动物病原微生物实验室生物安全管理审批办法》等有关规定，在实验室阶段前取得实验活动批准文件，并在取得《高致病性动物病原微生物实验室资格证书》

的实验室进行试验。申请使用一类病原微生物时，除提交《高致病性动物病原微生物实验室生物安全管理审批办法》要求的申请资料外，还应当提交研制单位基本情况、研究目的和方案、生物安全防范措施等书面资料。必要时，农业农村部指定参考实验室对病原微生物菌（毒）种进行风险评估和适用性评价。

临床试验用兽药应当在取得《兽药 GMP 证书》的企业制备，制备过程应当执行《兽药生产质量管理规范》，农业农村部或者省级人民政府兽医行政管理部门可以对制备现场按照新版《兽药生产质量管理规范》（农业农村部公告第 292 号，2020 年修订）进行检查验收。

兽药注册的分类及资料要求见农业部公告第 442 号（2004 年），包括兽用生物制品注册分类及注册资料要求、化学药品注册分类及注册资料要求、中兽药、天然药物分类及注册资料要求、兽用消毒剂分类及注册资料要求和兽药变更注册事项及申报资料要求。兽医诊断制品注册分类及注册资料要求见农业农村部公告第 342 号（2020 年）。宠物用化学药品注册临床资料要求见农业农村部公告第 261 号（2020 年），人用化学药品转宠物用化学药品注册资料要求、废止的药物饲料添加剂品种增加治疗用途注册资料要求见农业农村部公告第 330 号（2020 年）、人用中药转宠物用中药注册资料要求见农业农村部公告第 610 号（2022 年）、预防类兽用生物制品临床试验审批资料要求和治疗类兽用生物制品临床试验审批资料要求见农业农村部公告第 558 号（2022 年）。

依据《兽药注册评审工作程序》（原农业部公告第 2599 号，现农业农村部公告第 392 号，2021 年修订），农业农村部畜牧兽医局主管全国兽药注册评审工作和行政审批。农业农村部兽药评审中心负责兽药注册申请的技术评审、现场核查、技术评审标准制修订、注册评审资料的档案保存、制修订指导原则、申请人沟通交流。中国兽医药品监察所负责样品复核检验、菌毒种检验和申请人复核有关咨询。

兽药注册主要是评价申请注册的兽药产品的安全性、有效性和质量可控性，具体研究可参考兽药相关的指导原则，指导原则是基于当前研究进展的共识，不是强制要求，没有兽药指导原则的，可参考国际指导原则，为兽药产品的安全性、有效性和质量可控性提供支持性数据。

兽药注册的申报数据必须真实、可靠。兽药注册研制现场核查要点、兽用化学药品（含中药）研究资料及图谱真实性问题判定标准、兽药研究色谱数据工作站及色谱数据管理要求见农业部公告第 2368 号（2016 年）。

2.2

新兽药的定义与分类

2.2.1　定义

新兽药的概念和范围，在不同的国家和地区均有所不同，甚至在同一国家的不同时期都有可能不尽相同。目前，我国的新兽药主要从科学物质和管理逻辑进行划分，根据《兽药管理条例》第七十四条规定，"新兽药"是指未曾在中国境内上市销售的兽用产品。兽药根据其性质可分为兽用化学药品、兽用中药及天然药物、兽用生物制品，另外还包含消毒剂。不同的兽药有不同的注册分类（农业部公告第442号），兽用化学药品注册分为五类、消毒剂注册分三类、兽用中药及天然药物注册分四类、预防用兽用生物制品注册分三类、治疗用兽用生物制品注册分三类、兽医诊断制品注册分两类。

2.2.2 分类

2.2.2.1 兽用化学药品分类

兽用化学药品的新兽药分为五类：第一类为国内外未上市销售的原料及其制剂，第二类为国外已上市销售但在国内未上市销售的原料及其制剂；第三类为改变国内外已上市销售的原料及其制剂；第四类为国内外未上市销售的制剂；第五类为国外已上市销售但在国内未上市销售的制剂。具体包含的情形见表2-1。

表2-1 兽用化学药品分类

注册分类	包含的情形
第一类:国内外未上市销售的原料及其制剂	通过合成或者半合成的方法制得的原料及其制剂
	天然物质中提取或者通过发酵提取的新的有效单体及其制剂
	用拆分或者合成等方法制得的已知药物中的光学异构体及其制剂
	由已上市销售的多组分药物制备为较少组分的原料及其制剂
	境外上市但境内原料药及制剂均未上市的原料药及其制剂
第二类:国外已上市销售但在国内未上市销售的原料及其制剂	
第三类:改变国内外已上市销售的原料及其制剂	改变药物的酸根、碱基(或者金属元素)
	改变药物的成盐、成酯
	人用药物转为兽药
第四类:国内外未上市销售的制剂	复方制剂,包括以西药为主的中、西兽药复方制剂
	单方制剂
第五类:国内未上市销售的制剂	复方制剂,包括以西药为主的中、西兽药复方制剂
	单方制剂

2.2.2.2 兽用中药、天然药物分类

兽用中药是指在中兽医药理论指导下使用的药用物质及其制剂。兽用中药、天然药物分为四类，第一类为未在国内上市销售的原药及其制剂，第二类为未在国内上市销售的部位及其制剂，第三类为未在国内上市销售的制剂，第四类为改变国内已上市销售产品的制剂。兽用中药、兽用天然药物具体分类情形见表2-2。

2.2.2.3 预防用兽用生物制品分类

预防用兽用生物制品的新兽药分为三类；第一类为未在国内外上市销售的制品。第二类为已在国外上市销售但未在国内上市销售的制品。第三类为对已在国内上市销售的制品使用的菌（毒、虫）株、抗原、主要原材料或生产工艺等有根本改变的制品。具体包含的情形见表2-3。

表 2-2 兽用中药/天然药物分类

注册分类	包含的情形(及说明)
第一类:未在国内上市销售的原药及其制剂	从中药、天然药物中提取的有效成分及其制剂(是指兽药国家标准中未收载的从中药、天然药物中得到的未经过化学修饰的单一成分及其制剂)
	来源于植物、动物、矿物等药用物质及其制剂(是指未被兽药国家标准收载的中药材及天然药物制成的兽用制剂)
	中药材代用品(是指用来代替中药材某些功能的药用物质,包括已被兽药国家标准收载的中药材和未被兽药国家标准收载的药用物质)
第二类:未在国内上市销售的部位及其制剂	中药材新的药用部位制成的制剂(是指具有兽药国家标准的中药材原动、植物新的药用部位制成的制剂)
	从中药、天然药物中提取的有效部位制成的制剂(是指从中药、天然药物中提取的一类或数类成分制成的制剂)
第三类:未在国内上市销售的制剂	传统中兽药复方制剂(是指中兽医理论下组方,功能主治用传统的中医理论表述,传统工艺制成的复方制剂)
	现代中兽药复方制剂,包括以中药为主的中西兽药复方制剂(是指中兽医理论下组方,包括中兽医理论下使用非传统药材,功能主治与中兽医理论相关,工艺不作要求)
	兽用天然药物复方制剂(是指不按中兽医理论组方制成的制剂)
	由中药、天然药物制成的注射剂(包括水针、粉针之间的相互改变及其他剂型改成的注射剂)
第四类:改变国内已上市销售产品的制剂	改变剂型的制剂(是指在给药途径不变的情况下改变剂型的制剂)
	改变工艺的制剂(包括工艺有质的改变的制剂、工艺无质的改变的制剂。工艺有质的改变主要是指在生产过程中改变提取溶媒、纯化工艺或其他制备工艺条件等,使提取物的成分发生较大变化。)

表 2-3 预防用兽用生物制品分类

注册分类	包含的情形
第一类:未在国内外上市销售的制品	
第二类:已在国外上市销售但未在国内上市销售的制品	
第三类:对已在国内上市销售的制品使用的菌(毒、虫)株、抗原、主要原材料或生产工艺等有根本改变的制品	已在国内上市销售但采用新的菌(毒、虫)株生产的制品
	已在国内上市销售但保护性抗原谱、DNA、多肽序列等不同的制品
	已在国内上市销售但表达体系或细胞基质不同的制品
	由已在国内上市销售的非纯化或全细胞(细菌、病毒等)疫苗改为纯化或组分疫苗
	采用国内已上市销售的疫苗制备的联苗
	已在国内上市销售但改变靶动物、给药途径、剂型、免疫剂量的疫苗
	已在国内上市销售但改变佐剂、保护剂或其他重要生产工艺的疫苗

2.2.2.4 治疗用兽用生物制品分类

治疗用兽用生物制品的新兽药分为三类:第一类为未在国内外上市销售的制品。第二类为已在国外上市销售但未在国内上市销售的制品。第三类为对已在国内上市销售的制品使用的菌(毒、虫)株、抗原、主要原材料或生产工艺等有根本改变的制品。具体包含的情形见表 2-4。

表 2-4 治疗用兽用生物制品分类

注册分类	包含的情形
第一类:未在国内外上市销售的制品	

注册分类	包含的情形
第二类:已在国外上市销售但未在国内上市销售的制品	
第三类:对已在国内上市销售的制品使用的菌(毒、虫)株、抗原、主要原材料或生产工艺等有根本改变的制品	已在国内上市销售但采用新的菌(毒、虫)株、抗原或工艺生产的血清或抗体
	已在国内上市销售但采用新的杂交瘤细胞株生产的单克隆抗体
	已在国内上市销售但采用新的方法生产的干扰素
	已在国内上市销售但使用新的菌株生产的微生态制剂
	已在国内上市销售但改变靶动物、给药途径、剂型的制品
	通过免疫学方法有目的地调节动物生理机能的制品,亦作为治疗用兽用生物制品管理

2.2.2.5 兽医诊断制品分类

兽医诊断制品分为两类,分别是创新型兽医诊断制品和改良型兽医诊断制品。创新型兽医诊断制品是指首次应用新诊断方法研制、具有临床使用价值且未在国内上市销售的兽医诊断制品。改良型兽医诊断制品是指与已在国内上市销售的兽医诊断制品相比,在敏感性、特异性、稳定性、便捷性或适用性等方面有所改进的兽医诊断制品。

2.2.2.6 兽用消毒剂分类

兽用消毒剂包括环境消毒剂、动物体表及带畜消毒剂,分为三类,具体分类情形见表2-5。

表2-5 兽用消毒剂注册分类

注册分类	包含的情形
第一类:未在国内外上市销售的兽用消毒剂	通过合成或者半合成的方法制得的原料药及其制剂
	天然物质中提取的新的有效单体及其制剂
	新的复方消毒剂
第二类:已在国外上市销售但尚未在国内上市销售的兽用消毒剂	通过合成或者半合成的方法制得的原料药及其制剂
	天然物质中提取的新的有效单体及其制剂
	新的复方消毒剂
第三类:改变已在国内外上市销售的处方、剂型等的消毒剂	

2.3

新兽药的实验室研究管理

2.3.1 研究项目与要求

《兽药管理条例》规定"研制新兽药,应当进行安全性评价。从事兽药安全性评价的单位应当遵守国务院兽医行政管理部门制定的兽药非临床研究质量管理规范和兽药临床试验质量管理规范。"2015年12月农业部发布了《兽药非临床研究质量管理规范》(农业部公告第2336号),从组织机构和人员、实验设施、仪器设备和实验材料、标准操作规程、研究工作的实施、资料档案等方面，对兽药非临床安全性评价研究机构的资质能力提出了相关要求。2016年4月发布施行的《兽药非临床研究与临床试验质量管理规范监督检查办法》（农业部公告2387号）对兽药非临床研究质量管理规范（GLP）的资料申报、技术审查、现场检查以及监督管理等程序做出了明确规定。农业农村部负责兽药GLP监督检查的组织实施，授权中国兽医药品监察所依据《兽药管理条例》《兽药非临床研究质量管理规范》等法规制度承担兽药GLP监督检查的具体工作。省级人民政府兽医行政管理部门负责本行政区域内兽药GLP的日常监督检查工作。

兽药GLP相关法规及标准为《兽药非临床研究质量管理规范》（农业部公告第2336号）、《兽药非临床研究与临床试验质量管理规范监督检查办法》（农业部公告第2387号）、《兽药非临床研究质量管理规范监督检查标准》（农业部公告第2464号）。

兽药非临床安全性评价研究机构（简称兽药GLP申请机构）应符合下列要求：①应具有独立的法人资格或经法定代表人授权，并建立完善的组织管理体系，具有一定资质的机构负责人、质量保证部门负责人、项目负责人和相应的工作人员；②应具有相应的实验设施和仪器设备，各类设施布局应合理，能正常运转，工作环境应当保证安全性评价数据和结论的真实、准确；③应有与实验工作相适应的标准操作规程，确保操作过程有据可依，记录完整，具有可追溯性；④应当按照兽药GLP要求，完成兽药GLP试验项目至少一次的安全性评价工作，并有完整记录；⑤符合国家有关法律法规及相关兽药GLP原则规定的其他条件。

符合上述要求后，首次开展兽药非临床安全性评价的兽药GLP机构，应根据农业部公告第2464号要求向中国兽医药品监察所提交材料，包括（但不限于）如下文件资料：①《兽药非临床研究质量管理规范监督检查报告表》；②法人资格证明文件；③申报单位概要；④组织机构设置与职责；⑤人员构成情况、人员基本情况以及参加培训情况；⑥机构主要人员情况；⑦动物饲养区域及动物试验区域情况；⑧机构主要仪器设备一览表；⑨检验仪器、仪表、量具、衡器等校验和分析仪器验证情况；⑩标准操作规程目录；⑪计算机系统运行和管理情况；⑫兽药安全性评价研究实施情况；⑬实施《兽药非临床研究质量管理规范》的自查报告；⑭既往接受兽药GLP和相关检查的情况；⑮其他有关资料。同时填写申请类别，如首次报告、增加试验项目以及变更机构名称、变更关键人员等。

兽药GLP资料审查程序：中国兽医药品监察所承担兽药GLP监督检查资料的接收、登记和审查工作。兽药GLP监督检查资料采取三级审查方式进行，审核后做出"退回"、"补充资料"或"通过"的审查结论。对做出退回或补充资料结论的审查意见，将函告兽药GLP申请机构。对做出通过结论的，按照《中国兽医药品监察所兽药GLP/GCP检查员选派工作程序》选派检查组实施监督检查，同时函告有关单位及其所在辖区省级人民政府兽医行政管理部门。在兽药GLP/GCP资料审查中，出现不按规定时间补充相关资料、发现资料中存在弄虚作假及其他情况，将视情节严重程度分别做出退回、规定时间内不受理或及时将相关情况函告农业农村部畜牧兽医局。

兽药GLP监督检查工作程序：检查组人员从农业农村部兽药GLP专家库中随机抽取，由3～5名人员组成，实行组长负责制。检查组按照检查方案和《兽药非临床研究质量管理规范监督检查标准》进行检查，重点检查法人资质、人员构成及培训、动物饲养及试验条件、设施设备配置及运行、试验过程质量控制、项目试验结果等情况。实施检查时，检查人员应当对检查对象的研究、试验、管理场所进行查看，并查验有关研究、试验、工作记录等文件和资料。被检查单位应当保证所提供的资料真实、可靠，并按要求协助开展检查工作。检查组根据检查发现的问题，填写现场检查缺陷项目表，并由被检查单位法定代表人或其授权人签字确认。被检查单位对现场检查人员、检查方式、检查程序及初步结论等有异议的，可当场向检查组提出或在检查结束之日起 10 个工作日内向农业农村部提出书面申诉。检查组在完成现场检查后 7 个工作日内向农业农村部提交检查报告和综合评价意见，综合评价意见由检查组全体成员签字确认。农业农村部对现场检查报告和综合评价意见进行审查确认，并对兽药 GLP 申请人做出是否符合兽药 GLP 要求的决定并公布结果。中国兽医药品监察所根据公布结果及时在中国兽药信息网"兽药 GLP/GCP 监督检查"专栏公布有关信息。

兽药 GLP 监督检查工作图见图 2-1。

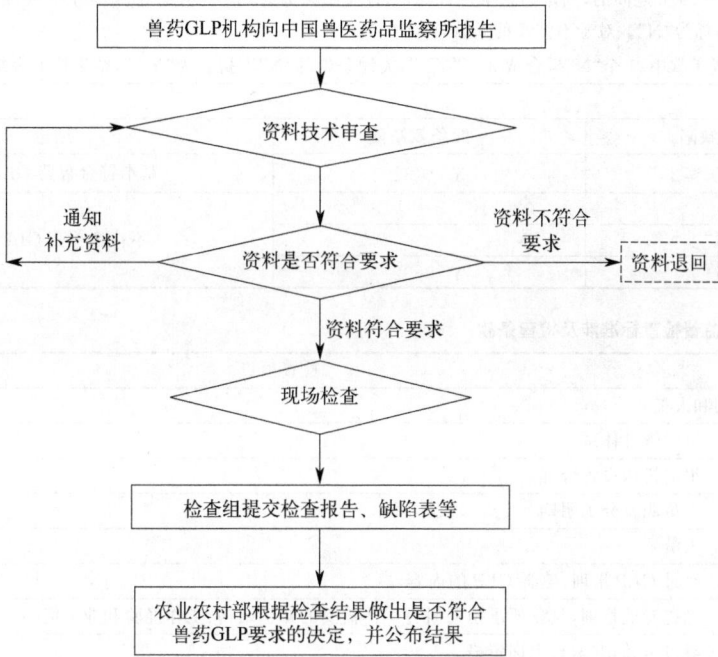

图 2-1　兽药 GLP 监督检查工作图

2.3.2　兽药 GLP 分类

目前，兽药 GLP 仅限于毒理学安全性评价的相关内容，不包括药效学试验、散毒传播、毒力返强试验、临床前药物代谢动力学试验等，也不包括环境毒性相关的水生和陆生生物的环境毒性研究、生物富集实验、模拟生态系统和自然生态系统的影响研究、水和土壤和空气中行为学研究等。

兽药 GLP 的试验项目包括：急性毒性试验；亚慢性毒性试验；繁殖毒性试验（含致畸试验）；遗传毒性试验（Ames、微核、染色体畸变、小鼠淋巴瘤试验、显性致死试验、精子畸形试验）；慢性毒性试验；致癌试验；局部毒性试验；安全性药理试验；毒代动力学试验；放射性或生物危害性药物毒性试验；其他毒性试验。

2.3.3　兽药 GLP 监督检查评定标准

兽药 GLP 监督检查评定标准见表 2-6 和表 2-7。

表 2-6　兽药非临床研究质量管理规范监督检查评定标准

使用说明：

1. 根据《兽药非临床研究质量管理规范》(以下简称兽药 GLP)制定本标准。

2. 本标准共涉及检查条款 285 项，关键条款(条款后加"＊")75 条，一般条款 210 条。

3. 在实施兽药 GLP 监督检查时，须确定相应的检查项目。根据检查项目分别进行评定，在对应项目下填写评定结果。

4. 评定方式：评定结果分为"Y""Y⁻""N"3 档。凡某条款得分在 75 分以上的，判定为符合要求，评定结果标为"Y"；凡某条款得分在 50～75 分之间的，判定为基本符合要求，评定结果标为"Y⁻"；凡某条款得分在 50 分以下的，判定为不符合要求，评定结果标为"N"。对于不涉及的条款，标为"/"。

5. 结果统计：一般条款中，1 个"N"折合成 3 个"Y⁻"，关键条款的"N"不折合为"Y⁻"，结果按下表统计。

6. 结果评定

关键条款缺陷	一般条款缺陷	结论
N<1 且 Y⁻≤2	Y⁻≤32	基本符合兽药 GLP 要求
N≥1		不符合兽药 GLP 要求
N<1 且 Y⁻>2		
	Y⁻>32	

表 2-7　兽药 GLP 监督检查标准涉及检查条款

序号		检查项目
	A. 组织机构和人员	
	A1	组织管理体系
1	A1.1＊	组织机构设置合理
2	A1.2＊	人员职责分工明确
	A2	人员
3	A2.1＊	经过 GLP 培训，熟悉 GLP 的内容
4	A2.2＊	经过专业培训，具备所承担的研究工作需要的知识结构、工作经验和业务能力
5	A2.3	经过考核，并取得上岗资格
6	A2.4	严格履行各自职责
7	A2.5	熟练掌握所承担工作有关的标准操作规程
8	A2.6＊	严格执行与所承担工作有关的标准操作规程
9	A2.7	对实验中发生的可能影响实验结果的任何情况应及时向项目负责人报告
10	A2.8	着装符合所从事工作的需要
11	A2.9	确保受试品、对照品和实验系统不受污染
12	A2.10	定期体检，遵守个人卫生和健康规定，无影响研究结果可靠性的患病者参加研究工作
	A3	机构负责人
13	A3.1	具备兽医学、药学、生物学等相关专业本科以上学历
14	A3.2	具有高级专业技术职称
15	A3.3	具有兽药非临床研究经验
16	A3.4	本领域工作 5 年以上
17	A3.5＊	能够全面负责本机构的建设和管理
18	A3.6	建有工作人员学历的档案资料
19	A3.7	建有工作人员专业培训和 GLP 培训的档案资料
20	A3.8	建有工作人员专业工作经历的档案资料

	序号	检查项目
21	A3.9	建有工作人员健康档案资料
22	A3.10	负责突发事件应急预案的制定及实施
23	A3.11 *	确保有足够数量的合格人员,并按规定履行其职责
24	A3.12	任命质量保证部门的负责人,并确保其履行职责
25	A3.13	制订计划表,掌握各项研究工作的进展
26	A3.14	在每项研究工作开始前,指定项目负责人
27	A3.15	如存在更换项目负责人的情况,有更换的原因和时间的记录
28	A3.16	组织制定、修订、废止标准操作规程
29	A3.17	审查批准实验方案
30	A3.18	审查批准总结报告
31	A3.19	及时处理质量保证部门的报告,提出处理意见
32	A3.20	确保受试品、对照品的质量和稳定性符合要求
33	A3.21	与委托或协作单位签订书面合同
	A4	质量保证部门(QAU)
34	A4.1	具有独立的质量保证部门
35	A4.2	质量保证部门负责人具备兽医学、药学、生物学等相关专业本科以上学历
36	A4.3 *	具备相应的业务素质、工作能力和工作经验,能够独立履行质量保证职责
37	A4.4	人员数量和非临床研究机构的规模相适应
38	A4.5	保存本机构主计划表的副本
39	A4.6	保存本机构正在进行的实验方案的副本
40	A4.7	保存本机构未归档的总结报告的副本
41	A4.8	审核实验方案
42	A4.9	审核实验记录
43	A4.10	审核总结报告
44	A4.11 *	对每项研究项目实施检查,并制订检查计划
45	A4.12 *	检查记录完整,包括检查的内容、发现的问题、采取的措施、跟踪复查情况等
46	A4.13	定期检查动物饲养等实验设施
47	A4.14	定期检查实验仪器设备
48	A4.15	定期检查档案管理工作
49	A4.16	向机构负责人和/或项目负责人书面报告检查发现的问题及建议
50	A4.17	参与制定并确认标准操作规程
51	A4.18	保存所有标准操作规程的副本
	A5	项目负责人(SD)
52	A5.1	具备兽医学、药学、生物学等相关专业本科以上学历
53	A5.2	具有高级职称或10年以上相关工作经验
54	A5.3	组织或参加过兽药非临床研究
55	A5.4 *	全面负责所承担项目的运行、质量和管理
56	A5.5	制订并严格执行实验方案
57	A5.6	分析研究结果,撰写总结报告
58	A5.7	及时提出修订或补充相应的标准操作规程的建议
59	A5.8	确保参与工作人员明确职责

	序号	检查项目
60	A5.9 *	保证实验人员掌握并严格执行标准操作规程
61	A5.10	负责研究具体涉及的技术问题
62	A5.11	掌握研究工作的进展,检查各种实验记录,确保记录及时、直接、准确和清楚
63	A5.12	详细记录实验中出现的意外情况和采取的措施
64	A5.13	妥善保管实验过程中的有关资料和标本
65	A5.14	实验结束后,将实验方案、原始资料、应保存的标本、各种有关的文件和总结报告及时归档
66	A5.15	及时处理质量保证部门提出的问题,确保研究工作的各环节符合要求
	A6	其他岗位负责人
67	A6.1	受试品管理负责人符合岗位职能要求
68	A6.2	动物饲育管理负责人符合岗位职能要求
69	A6.3	临床检验负责人符合岗位职能要求
70	A6.4	病理负责人符合岗位职能要求
71	A6.5	标本保管负责人符合岗位职能要求
72	A6.6	档案管理负责人符合岗位职能要求
73	A6.7	实验设施保障负责人符合岗位职能要求
	B. 实验设施与管理	
	B1	实验设施
74	B1.1 *	具有与申报的安全性试验项目相适应的实验设施,实验室须通过计量认证或实验室认可,且证书在有效期内
75	B1.2	各类实验设施保持清洁卫生
76	B1.3 *	实验设备设施运转正常
77	B1.4 *	实验设施布局合理,防止交叉污染
78	B1.5	配备相应的环境调控设施
79	B1.6	实验设施周边环境条件(有害化学品、花粉、噪音、粉尘、污染源、绿化面积、居民区等)符合相关要求
80	B1.7	具备排污设备设施和处理措施
81	B1.8	具备双路供电系统(或备用电源)
	B2	实验动物饲养管理设施
82	B2.1 *	动物饲养设施设计合理、配置适当,试验动物饲养设施与所使用的试验动物级别相符合,应具有《实验动物使用许可证》。试验场所须自建,不得租用
83	B2.2 *	饲养设施能够根据需要调控温度、湿度、空气洁净度、氨浓度、通风和照明等环境条件
84	B2.3	具有监测温度、湿度和压差等环境条件的设备设施
85	B2.4	根据实验动物级别,饲养设施内的不同区域保持合理的温度、湿度、压力梯度等环境条件
86	B2.5	具备所需实验系统的饲养和管理设施
87	B2.6	具备所需种属动物的饲养和管理设施
88	B2.7	用于不同研究的实验动物不应饲养于同一饲养室,必须饲养于同一饲养室内的,应有适当的分隔及标记措施
89	B2.8	动物设施条件与所使用的实验动物级别相符合
90	B2.9	具有动物的检疫和患病动物的隔离治疗设施
91	B2.10	具备收集和处置动物尸体、试验废弃物的设施和处理措施
92	B2.11	具有清洗消毒设施
93	B2.12 *	具备饲料、垫料、笼具及其他动物用品的存放设施,各类设施的配置合理,防止与实验系统相互污染
94	B2.13	具备易腐败变质的动物用品的保管措施

序号		检查项目
	B3	受试品和对照品的处置设施
95	B3.1*	具备接收和贮藏受试品、对照品的设施
96	B3.2	具备受试品、对照品的配制设施和配制物贮存设施
97	B3.3	具有对受试品的浓度、稳定性、均匀性等质量参数的分析测定的仪器设备或措施
98	B3.4	受试品和对照品含有挥发性、放射性和生物危害性等物质时,设置相应的实验、储存、配制和处置设施等应符合国家有关规定
	B4	实验资料保管设施
99	B4.1	具备文字资料的保管设施
100	B4.2	具备各类标本的保管设施
101	B4.3	具备电子数据存储保管的设施
102	B4.4	具备防火、防潮和防盗等安全保管措施
	C. 仪器设备和实验材料	
	C1	仪器设备
103	C1.1*	配备与研究工作相适应的仪器设备
104	C1.2	放置地点合理
105	C1.3	专人负责保管
106	C1.4	定期进行检查、维护保养
107	C1.5	定期进行校正或自检
108	C1.6	需要进行计量检定的仪器,有计量检定证明
109	C1.7	实验室内备有本实验室仪器设备保养、校正及使用方法的标准操作规程
110	C1.8	具有仪器的状态标识和编号
111	C1.9*	仪器设备具有购置、安装、验收、使用、检查、测试、保养、校正及故障修理的详细记录并存档
112	C1.10	根据仪器性能的要求定期进行操作和性能验证,安装、操作、性能验证(IQ/OQ/PQ)的数据和记录应存档
	C2	受试品和对照品
113	C2.1	专人保管
114	C2.2*	有完善的接收、登记、分发和返还记录
115	C2.3	有批号、稳定性、含量或浓度、纯度及其他理化性质的记录
116	C2.4	贮存保管条件应符合要求
117	C2.5*	贮存的容器贴有标签,标示品名、缩写名、代号、批号、有效期和贮存条件
118	C2.6	分发过程中避免污染或变质的措施
119	C2.7	分发时应贴有准确的标签
120	C2.8	按批号记录分发、归还的日期和数量
121	C2.9	受试品和对照品与介质混合时,应定期测定混合物中受试品和对照品的浓度和稳定性
122	C2.10	受试品和对照品与介质混合后,混合物标签标识准确并注明有效期
123	C2.11	每个批次的受试品都应保留足够用于分析的样品量,留样期限应与实验的原始数据和留样样本的保留期限相同
124	C2.12*	特殊药品的贮存、保管和使用符合有关规定
	C3	实验室的试剂和溶液
125	C3.1*	实验室的试剂和溶液均贴有标签,标明品名、浓度、贮存条件、配制人、配制日期、启用日期及有效期等,并建立相应的配制及使用记录台账
126	C3.2	试验中未使用变质或过期的试剂和溶液
	C4	动物的饲养和使用
127	C4.1	动物的饲料和饮水定期检验,确保其符合营养和卫生标准
128	C4.2	动物的饲料和饮水中污染物质的含量符合国家相关规定

序号		检查项目
129	C4.3	动物的垫料污染物质的含量符合规定
130	C4.4	动物的饲料和垫料应贴有标签,标明来源、购入日期、有效期等
131	C4.5	动物的饲料、饮水和垫料的定期检验结果作为原始资料保存
132	C4.6	动物饲养室内使用的清洁剂、消毒剂及杀虫剂应符合要求,不影响实验结果,并详细记录其名称、浓度、使用方法和使用的时间等
133	C4.7	实验动物的使用应经由动物伦理委员会及技术委员会的论证批准
134	C4.8 *	使用健康无病、无人畜共患疾病病原体的动物
	C5	体外实验材料(微生物、细胞、组织、器官等)
135	C5.1	体外实验使用材料有明确的来源
136	C5.2	体外实验使用材料的保存和使用条件适当
137	C5.3	体外实验使用材料的保存和使用记录完整
D. 标准操作规程(SOP)		
	D1	SOP 的制订
138	D1.1 *	制订有与实验工作相适应的 SOP
139	D1.2	SOP 的制订、修改、销毁和管理的 SOP
140	D1.3	质量保证的 SOP
141	D1.4	受试品和对照品接收、登记、标识、保存、分发、返还的 SOP
142	D1.5	受试品和对照品处理、配制、领用的 SOP
143	D1.6	受试品和对照品取样分析的 SOP
144	D1.7	动物实验设施管理和环境调控的 SOP
145	D1.8	功能实验室管理和环境调控的 SOP
146	D1.9	实验设施和仪器设备使用、维护、保养、校正和管理的 SOP
147	D1.10	计算机系统操作和管理的 SOP
148	D1.11	实验动物运输与接收的 SOP
149	D1.12	实验动物检疫的 SOP
150	D1.13	实验动物分组与识别的 SOP
151	D1.14	实验动物饲养管理的 SOP
152	D1.15	实验动物的观察记录及实验操作的 SOP
153	D1.16	各种实验样品采集、各种指标的检查和测定等操作技术的 SOP
154	D1.17	濒死或已死亡动物检查处理的 SOP
155	D1.18	动物尸检以及组织病理学检查的 SOP
156	D1.19	实验标本的采集、编号和检验的 SOP
157	D1.20	各种实验数据管理和统计处理的 SOP
158	D1.21	工作人员培训、考核及健康检查制度的 SOP
159	D1.22	动物尸体及其他废弃物处理的 SOP
160	D1.23	资料档案管理的 SOP
161	D1.24	其他工作的 SOP
	D2	SOP 的管理和实施
162	D2.1	SOP 的制定和修订经质量保证部门负责人审查确认
163	D2.2	SOP 的制定和修订经机构负责人书面批准
164	D2.3	废止的 SOP 除一份存档之外均应及时销毁
165	D2.4 *	具有 SOP 的制定、修改、生效日期及分发、销毁记录并归档
166	D2.5	SOP 的存放应方便使用

	序号	检查项目
		E. 研究工作的实施
	E1	项目名称与代号
167	E1.1	每项研究均有项目名称或代号,并在有关资料及实验记录中统一使用该名称或代号
168	E1.2	实验中所采集的各种标本均标明项目名称或代号、动物编号和收集日期
	E2	实验方案的制定
169	E2.1	经项目负责人签名
170	E2.2	经质量保证部门负责人审查签名
171	E2.3	经机构负责人批准并签名
172	E2.4	接受委托的研究实验方案应经委托单位认可
	E3	实验方案的内容
173	E3.1	研究项目的名称或代号及研究目的
174	E3.2	非临床研究机构和委托单位的名称、地址及联系方式
175	E3.3	项目负责人和参加实验的工作人员信息
176	E3.4	受试品和对照品的名称、缩写名、代号、批号、有关理化性质及生物特性等
177	E3.5	实验系统及选择理由
178	E3.6	实验动物的种、系、数量、年龄、性别、体重范围、来源和等级
179	E3.7	实验动物的识别方法
180	E3.8	实验动物饲养管理的环境条件
181	E3.9	饲料名称或代号、来源、批号
182	E3.10	实验用溶媒、乳化剂及其他介质名称和质量要求
183	E3.11	受试品和对照品的给药途径、方法、剂量、频率和用药期限及选择的理由
184	E3.12	所用安全性研究指导原则的文件及文献
185	E3.13	各种指标的检测方法和频率
186	E3.14	数据统计处理方法及统计软件
187	E3.15	实验资料的保存地点
	E4	研究过程中实验方案的修改
188	E4.1	经质量保证部门审查
189	E4.2	经委托单位认可、机构负责人批准
190	E4.3	有变更的内容、理由及日期的记录并保存
	E5	实验操作与记录
191	E5.1*	参加实验的工作人员,执行实验方案
192	E5.2*	参加实验的工作人员,执行相应的 SOP
193	E5.3	发现异常时及时记录并向项目负责人报告
194	E5.4	偏离 SOP 的操作经项目负责人批准
195	E5.5	研究过程中偏离 SOP 和实验方案的操作及原因有记录
196	E5.6*	记录及时、准确、清晰并不易消除
197	E5.7	注明记录日期,记录者签名
198	E5.8	数据修改符合要求
	E6	动物出现与受试品无关的异常反应的处理
199	E6.1	动物出现非受试品引起的疾病或出现干扰研究目的的异常情况时,应立即隔离或处死,及时报告项目负责人并采取措施
200	E6.2	需要用药物治疗时,治疗措施不得干扰研究结果的可靠性,并经项目负责人批准
201	E6.3	详细记录治疗的理由、批准手续、检查情况、药物处方、治疗日期和结果等

序号		检查项目
	E7	总结报告
202	E7.1	经项目负责人签名
203	E7.2	经质量保证部门负责人审查和签署意见
204	E7.3	经机构负责人批准
	E8	总结报告的内容
205	E8.1	研究项目的名称或代号及研究目的
206	E8.2	非临床研究机构和委托单位的名称、地址和联系方式
207	E8.3	研究及实验起止日期
208	E8.4	受试品和对照品的名称、缩写名、代号、批号、稳定性、含量、浓度、纯度、组分及其他特性
209	E8.5 *	实验动物的种、系、数量、年龄、性别、体重范围、来源、合格证号及签发单位、接收日期和饲养条件
210	E8.6	动物饲料、饮水和垫料的种类、来源、批号和质量情况
211	E8.7	受试品和对照品的给药途径、剂量、方法、频率和给药期限
212	E8.8	受试品和对照品的剂量设计依据
213	E8.9 *	影响研究可靠性和造成研究工作偏离实验方案的异常情况
214	E8.10	各种指标检测方法和频率
215	E8.11	项目负责人和所有参加工作的人员相关信息和承担的工作内容
216	E8.12	试验数据；分析数据所用的统计方法及统计软件
217	E8.13	实验结果分析和结论
218	E8.14	原始资料和标本的保存地点
	E9	研究报告的修改
219	E9.1	总结报告经机构负责人签字后，需要修改或补充时注明修改或补充的内容、理由和日期
220	E9.2	经项目负责人认可
221	E9.3	经质量保证部门负责人审查
222	E9.4	经机构负责人批准
	F. 资料档案	
	F1	试验项目归档材料
223	F1.1	实验方案（如有修改，同时保存修改前的方案）
224	F1.2	标本（归档应符合要求）
225	F1.3 *	原始资料（包括电子数据）
226	F1.4	总结报告的原件
227	F1.5	与实验有关的各种书面文件
228	F1.6	质量保证部门的检查记录和报告
229	F1.7	取消或中止实验的原因的书面说明
230	F1.8 *	完成此次申报兽药 GLP 试验项目 1 次以上（近 5 年）
	F2	档案管理符合要求
231	F2.1 *	资料档案室有专人负责，并按 SOP 的要求进行管理
232	F2.2	实验方案保存至实验结束后至少 7 年
233	F2.3	标本保存至实验结束后至少 7 年
234	F2.4	原始资料保存至实验结束后至少 7 年
235	F2.5	总结报告及其他资料的保存至实验结束后至少 7 年
236	F2.6	申请人应保存资料至兽药被批准上市后 5 年
237	F2.7	如果中止开发的，保存至实验结束后 2 年
238	F2.8	质量容易变化的标本，如组织器官、电镜标本、血液涂片及繁殖毒性试验标本等的保存期，应以能够进行质量评价为保存时限

	序号	检查项目
	F3	其他归档资料完整
239	F3.1	人员档案(包括体检、人员履历、培训记录等)
240	F3.2	实验设施、仪器设备档案资料或复印件
241	F3.3	其他需要存档的资料
	G. 其他	
	G1	实验技术现场考核(抽查)
242	G1.1	称量、配制、给药、动物解剖等
243	G1.2	盲样测试(病理诊断、样品检测等)
244	G2	计算机管理系统
245	G3	数据采集系统
246	G4 *	未发现弄虚作假行为
247	G5 *	现场检查中无干扰或不配合检查行为
248	G6	按照兽药 GLP 的要求完成此次申报试验项目的兽药安全性评价研究
	H. 申请的试验项目	
	H1	急性毒性试验
249	H1.1 *	项目负责人数量和能力能够满足试验项目的需要
250	H1.2 *	专业人员的数量和能力能够满足该试验项目的需要
251	H1.3 *	具有相适应的试验设施
252	H1.4 *	仪器设备能够满足该试验项目的需要
	H2	亚慢性毒性试验
253	H2.1 *	项目负责人数量和能力能够满足试验项目的需要
254	H2.2 *	专业人员的数量和能力能够满足该试验项目的需要
255	H2.3 *	具有相适应的试验设施
256	H2.4 *	仪器设备满足试验项目的需要
	H3	繁殖毒性试验(含致畸试验)
257	H3.1 *	项目负责人数量和能力能够满足试验项目的需要
258	H3.2 *	专业人员的数量和能力能够满足试验项目的需要
259	H3.3 *	具有相适应的试验设备设施
260	H3.4 *	仪器设备满足试验项目的需要
	H4	遗传毒性试验
261	H4.1 *	项目负责人数量和能力能够满足试验项目的需要
262	H4.2 *	专业人员的数量和能力能够满足试验项目的需要
263	H4.3 *	具有相适应的试验设备设施
264	H4.4 *	仪器设备满足试验项目的需要
	H5	慢性毒性试验(含致癌试验)
265	H5.1 *	项目负责人数量和能力能够满足试验项目的需要
266	H5.2 *	专业人员的数量和能力能够满足试验项目的需要
267	H5.3 *	具有相适应的试验设备设施
268	H5.4 *	仪器设备满足试验项目的需要
	H6	局部毒性试验
269	H6.1 *	项目负责人数量和能力能够满足试验项目的需要
270	H6.2 *	专业人员的数量和能力能够满足试验项目的需要
271	H6.3 *	具有相适应的试验设备设施
272	H6.4 *	仪器设备满足试验的需要

序号		检查项目
	H7	安全性药理试验
273	H7.1*	项目负责人数量和能力能够满足试验项目的需要
274	H7.2*	专业人员的数量和能力能够满足试验项目的需要
275	H7.3*	具有相适应的试验设备设施
276	H7.4*	仪器设备满足试验项目的需要
	H8	毒代动力学试验
277	H8.1*	项目负责人数量和能力能够满足试验项目的需要
278	H8.2*	专业人员的数量和能力能够满足试验项目的需要
279	H8.3*	具有相适应的试验设备设施
280	H8.4*	仪器设备满足试验项目的需要
	H9	放射性或生物危害性药物毒性试验
281	H9.1*	项目负责人数量和能力能够满足试验项目的需要
282	H9.2*	从事放射性同位素实验或生物危害性实验技术人员的专业知识、防护知识、教育培训、健康条件和上岗考核等符合国家有关规定,专业人员数量能够满足试验项目的需要
283	H9.3*	放射性同位素的使用、射线装置的安全和防护设施和其他生物安全防护设施等符合国家有关规定
284	H9.4*	具有相适应的试验设备设施,实验场所、设施和设备符合相关国家标准、职业卫生标准和安全防护等要求
285	H9.5*	仪器设备满足试验项目的需要
	H10	其他毒性试验

2.3.4 兽药 GLP 实施要点

兽药 GLP 与其他 GxP 在理念上相同,均属于数据质量保证体系内容,将质量保证引入兽药的临床前安全性评价试验数据就是我国兽药 GLP。GLP 就是将标准的管理和管理方法用于兽药临床前安全性评价试验的计划、实施、监督、记录、完成和报告等各项工作,来降低影响毒理学试验结果的系统误差、避免偶然误差和杜绝过失误差。GLP 规范要求研究人员按照制定的试验方案开展试验研究,规范了实验方案的起草、记录、报告、归档程序,GLP 规范与实施研究的科学内容无关,GLP 规范不是评价所实施试验设计和研究的科学价值,科学价值由注册机构进行评审评价。

GLP 实施中强调的要点包括资源（机构、人员、设施、设备）、规章制度、试验系统、文档资料和质量保证。对于试验计划、实施、过程、制度所有要素均应进行质量保证和标准化,以确保试验质量、试验的可靠性和完整性,确保试验能按照事实得出的结论进行报告,以及保证原始数据的可追溯性。

2.3.4.1 组织机构和人员

（1）组织机构和人员职责　GLP 机构要有确定的组织机构和人员职责,人员要各司其职,组织机构设置应合理,即适合 GLP 试验。组织机构框架图应真实,反映现状并及时更新。组织机构框架图应能说明实验室功能及不同岗位之间的关系。

（2）参与人员　参与研究的人员要有足够履行其职责的教育、培训和经验,以及有足够的人员。人员需要经过 GLP 和专业培训,参加外部和内部培训,能够及时准确地进行研究，以维持研究机构的研究水平。

（3）机构负责人　具备医学、药学或其他相关专业本科以上学历；能够全面负责本机构的建设和管理；能确保有足够数量的合格人员，并按规定履行各自职责；制订主计划表，掌握各项研究工作的进展；在每项研究工作开始前，聘任项目负责人；组织制订、修订、废弃 SOP；审查批准试验方案审查批准总结报告；确保供试品、对照品的质量和稳定性符合要求。

（4）质量保证部门（QAU）　QAU 负责人具有相应的学历、专业；能够独立履行质量保证职责，具备相应的能力和工作经验；审核试验方案、试验记录、总结报告；对每项研究项目实施检查，并制订检查计划；检查记录完整，包括检查的内容、发现的问题、采取的措施、跟踪复查情况等；向机构负责人和/或项目负责人书面报告检查发现的问题及建议。

（5）项目负责人（SD）　GLP 规范中最重要的就是项目负责人，是研究过程质量控制的关键。SD 全面负责所承担专题的运行、质量和管理；保证实验人员掌握并严格执行 SOP。

2.3.4.2　实验设施与管理

（1）实验设施　GLP 强调实验设施的数量要满足研究需要，具有与申报的安全性试验项目相适应的实验设施；实验设备设施运转正常，实验设施布局合理，防止交叉污染。

（2）实验动物饲养管理设施　饲养设施设计合理、配置适当；具有监测温度、湿度和压差等环境条件的设备设施；饲养设施能够根据需要调控温度、湿度、空气洁净度、氨浓度、通风和照明等环境条件；具备不同实验系统的饲养和管理设施，具备不同种属动物的饲养和管理设施；动物设施与所使用的实验动物级别相符合；具备饲料、垫料、笼具及其他动物用品的存放设施，各类设施的配置合理，防止与实验系统相互污染。

（3）供试品和对照品的处置设施　具备接收和贮藏供试品和对照品的设施；具备供试品和对照品的配制设施和配制物贮存设施；具有对供试品的浓度、稳定性、均匀性等质量参数的分析测定的仪器设备或措施。

2.3.4.3　仪器设备和实验材料

（1）仪器设备　GLP 要求要配备与研究工作相适应的仪器设备；定期进行检查、维护保养；定期进行校正或自检；需要进行计量检定的仪器，有计量检定证明；具有仪器的状态标识和编号；仪器设备具有购置、安装、验收、使用、保养、校正、维修的详细记录并存档。

（2）供试品和对照品　专人保管；有完善的接收、登记、分发和返还记录；有批号、稳定性、含量或浓度、纯度和其他理化性质的记录；贮存的容器贴有标签，标示品名、缩写名、代号、批号、有效期和贮存条件；分发过程中避免污染或变质的措施；分发时应贴有准确的标签；记录分发、归还的日期和数量；特殊药品的贮存、保管和使用符合有关规定。

（3）试剂和溶液　实验室的试剂和溶液均贴有标签，标明品名、浓度、贮存条件、配制人、配制日期及有效期等。

（4）动物的饲养和使用　动物的饲料和饮水定期检验，确保其符合营养和卫生标准；动物的饲料和饮水污染物质的含量符合国家相关规定；动物的垫料污染物质的含量符合规定；动物饲料和垫料标签标明来源、购入日期、效期等；使用健康无病、无人畜共患疾病病原体的动物。

2.3.4.4 标准操作规程（SOP）

良好的标准操作规程是实施 GLP 规范的首要条件，良好的管理体系应具有良好的、标准的、获得批准的、适合现有实验室的实验室标准操作规程。标准化的、一致的标准操作规程可以使人与人之间、人员变动、实验室与实验室之间的差异达到最小，技术和管理上得到提高。

要对所有的员工进行 SOP 的培训，使所有工作人员按照相同的方式执行 SOP，优秀的 SOP 管理体系可以确保最新版的 SOP 能够很容易地调用。

良好 SOP 具有以下特征：①能够完全融入实验室的文件系统中，不是独立的；②SOP 涵盖全面，所有研究设计、管理、操作、报告、评价、步骤、管理政策和规程、文件等等；③具有可读性；④具有可用性和可追溯性，最好建立二级 SOP 系统，一级包括总体政策和规程，如实验方案的制定、检查、批准、分发、修改、存档等。二级 SOP 描述技术方法，如动物编号方法、组织染色方法等；⑤人员必须准确理解 SOP 并严格遵守；⑥每个 SOP 要有项目负责人处理问题和及时更新，最好进行周期性检查；⑦SOP 要具有可重复性，需要有反映正常发展和变化规律的增加、删减和修订工作中的存在，变化和修订是研究机构执行 SOP 的最好证据。⑧SOP 应该能被试验人员直接调用；⑨及时归档。

2.3.4.5 研究工作的实施

在任何试验开始前，专题负责人 SD 需要确认：要有胜任试验的足够数量和质量的科研人员；试验方案完整，试验人员理解并掌握试验方案的要求；实验室有一份试验方案副本；制定了 SOP，实验室可以方便查阅 SOP；实验室有必需的仪器设备和试剂耗材供应；在试验区域有试验记录表格。

在使用仪器前，操作者应检查设备是否正常运行，按照相应试验日志或设备标签要求进行检查。比如天平，天平的感量要与所称物质的要求相匹配，称量动物体重与称量器官重量的天平可能不一致，称量前用砝码校准。

按照试验方案和 SOP 要求通力合作，实施试验和记录数据。实施试验记录是证明试验进行情况的唯一方法，应清晰明确地记录试验的观察和测量，由专门记录人员直接、及时、准确、明确地记录，如有修改也要有明确的记录，特殊要求实验数据记录甚至要准确至分或秒。试验记录不仅仅是记录数据，还能够体现所有的试验操作是否是按照要求在正确的时间并正确地实施，没有记录就被视为没有发生，如果记录不完整就会被质疑是否实施了试验。

出现与供试品无关的异常反应时及时报告项目负责人并采取措施，需要用药物治疗时，治疗措施不得干扰研究结果的可靠性，并经项目负责人批准；详细记录治疗的理由、检查情况、药物处方、治疗日期和结果等。

试验结束后，检查人员要对原始数据进行数据检查，检查试验是否严格按照试验方案规定的试验进行，记录是否与试验方案和 SOP 一致，试验是否完整，光敏纸等不易保存的记录是否有复印，所有的修改是否有记录，数据修改是否符合要求，是否注明了修改的原因，偏离 SOP 的操作是否进行了变更并被批准，如果有与试验方案和 SOP 不一致的部分，检查人员应予以指出。示例给出了一般毒理学检查参考记录表，见表 2-8。

表 2-8 一般毒理学检查参考记录表

序号	内容	是否检查	备注
1	研究方案,修改和违背		
2	相关 SOP		
3	动物饲养和管理,和其他试验有无交叉		
4	动物健康检查和检疫		
5	动物随机分组		
6	动物试验设施环境条件(换气次数、温度、相对湿度、光照时间)		
7	饲料及饲料消耗量		
8	饮水管理及饮水消耗量		
9	天平校准和使用记录		
10	体重记录		
11	试验动物一般观察及临床观察		
12	死亡率及死亡动物处理		
13	动物组织取样		
14	生物化学、血液及尿液分析		
15	靶器官列表		
16	事故报告		
17	中期处死动物及动物计划外死亡		
18	尸检记录		
19	病理报告		
20	关联文件		

项目负责人出具完整的总结报告,保证研究报告内容准确地描述研究内容,并负责对研究结果进行科学解释,打印,项目负责人签名,质量保证部门负责人审查和签署质量保证声明,机构负责人批准。报告及试验材料要及时归档。

2.3.4.6 资料档案

原始资料是指记载研究工作的原始观察记录和有关文书材料,包括工作记录、各种照片、缩微胶片、缩微复制品、计算机打印资料、磁性载体和自动化仪器记录材料等。而档案是指非临床安全性评价研究机构在从事非临床研究以及其他各项活动时直接形成的对机构和社会具有保存价值的各种文字、图表、声像等不同形式的历史记录。

(1)资料和标本的保管 试验结束后,项目负责人必须将有关试验的原始记录、试验计划书、试验报告书、质量保证部门的检查报告等资料送资料保管室,按标准操作规程的要求进行保管,并便于检索。试验标本应及时送交标本保管室保管。资料及标本保管室应设专人负责,借阅资料需经机构负责人同意。从登记之日起,试验报告、原始记录至少保存 5 年;标本保存期一般 5 年,超期时与委托方另议。保管期间注意保管物质量,对容易变质的标本(如组织脏器、电镜标本、血液涂片等)的保存期以能够进行质量评价为时限。工作人员技术档案、仪器设备档案等一般应长期保存。

(2)档案管理符合要求 档案保管设施应齐全,档案管理人员应尽责,档案管理程序应更规范。

(3)分类、立卷和归档

① 研究记录和材料:是指按照研究计划实施的单一研究中所产生的记录和材料,包括研究计划、原始数据、最终报告、与研究相关的文件和通讯等、样本、分析证书等。即这些记录和材料是专属于某项特定研究的。

② 仪器设备、实验设施记录和材料:这些记录和材料是由仪器设备或场所产生的,

并可能由仪器设备或场所完成的一项或多项特定研究而生成。例如，仪器设备的使用与维护记录、试验样品及试验系统相关管理记录、实验动物房管理记录等。

③ 人员记录：GLP试验机构的每一位正式人员都应建立相应的档案，以便需要时对人员的基本情况进行了解。其内容主要包括：人员身份证明、资历证明、培训记录、健康记录等。

④ QA记录：质量保证部门的所有工作记录也应归档保存。这些记录主要包括基于研究的检查记录、基于设施的检查记录和基于过程的检查记录，同时还包括试验机构的年度检查计划和培训计划等。

⑤ 其他记录：上述范围之外的一些与实验室有关的、值得保存的相关记录。

2.4

新兽药的中间试制管理

新兽药的中间试制是在实验室工艺研究基础上，采用与大生产基本相符的条件进行工艺放大的模拟试验，根据中间试制，可为兽药工业化提供可行方案，并提供设计依据。

中试生产是新兽药由实验室阶段向产业化过渡的重要环节，它对上市兽药的质量具有决定性的影响。实验室的小试生产只能说明兽药的研发已具雏形，而中试生产则是对理论进行实践检验，中试是兽药能否批准上市生产的重要依据。上市兽药是否安全有效，其关键就是中试生产产品能确切反映研究兽药质量，并与上市兽药质量保持一致。要充分认识新兽药研发规律，科学地按照小试—中试—工业化生产的程序进行。

为保证质量标准的制订、稳定性考察、药理毒理和临床研究结果的可靠，所用样品都应经中试研究确定的工艺制备而成。

2.4.1 兽用中化药的中试要求

新兽药中试生产一般应在符合兽药GMP生产条件的车间进行，特别是用于临床研究的中试样品。不同制剂的生产工艺、设备、生产车间条件以及辅料、包装等往往存在一定差异，中试生产要结合剂型，特别要考虑如何适应大生产的特点开展。中试生产应明确中试场地、处方、工艺过程、设备、样品质量、生产规模、批次等生产数据相关内容。注册申报资料一般要求提供经检验合格的3批中试产品报告。

2.4.1.1 样品生产企业信息

应明确生产企业的名称、生产场所的地址等信息。

2.4.1.2 处方

以表格的方式列出产品的处方组成，列明原料药及辅料执行的标准，对于制剂工艺中使用到但最终去除的溶剂也应列出。

2.4.1.3 工艺描述

按单元操作过程描述样品的工艺（包括包装步骤），明确操作流程、工艺参数和范围。

2.4.1.4 辅料、生产过程中所用材料

应明确所用辅料、生产过程中所用材料的级别、生产商/供应商、执行的标准。必要时，可建立辅料内控标准。应对辅料、生产过程中所用材料进行检验并出具检验报告。如所用辅料需要精制的，应对精制工艺进行研究并建立内控标准。

2.4.1.5 主要生产设备

应明确中试过程中所用主要生产设备的信息。生产设备的选择应适应大生产工艺的要求。中试设备应该与大生产设备的技术参数基本相符。

2.4.1.6 关键步骤和中间体的控制

应列出所有关键步骤及其工艺参数控制范围。关键步骤确定以及工艺参数控制范围应有研究结果支持。还应明确关键工艺参数控制点。列出中间体的质量控制标准，包括项目、方法和限度。明确中间体的得率范围。应明确各关键工序的工艺参数及相关的检测数据，建立中间体的内控质量标准。兽用中药品种还应有与样品含量测定相关的药材及中试样品有关成分含量测定数据，并计算转移率。

2.4.1.7 生产数据及中试总结

中试生产应有具体的生产数据和样品情况汇总资料，包括：生产时间和地点、批号、批规模、用途（如用于质量研究或临床试验等）、质量检测结果（如含量及其他主要质量指标）以及投料量、半成品率、成品率等生产数据。

一般情况下，中试生产的投料量为制剂处方量（以制成1000个制剂单位计算）的10倍以上。装量大于或等于100ml的液体制剂应适当扩大中试规模。以中药有效成分、有效部位为原料或以全生药粉入药的制剂，可适当降低中试研究投料量，但均要达到中试目的。半成品率、成品率应相对稳定。中试生产一般需经过多批次，以达到工艺稳定的目的。中试生产应有批记录，包括批生产记录、批包装记录和批检验记录。

2.4.2 兽用中化药中试生产应关注的问题

（1）高度重视兽药试验生产与上市生产的密切联系　要注意把握实验室生产、试生产与上市生产三者之间的内在联系。实验室阶段所用的原料一般为上等原料，且试验设备以精密仪器为主，因此得出的成品量少而精，确定的生产工艺条件也严格。而试验产品一旦投入到试生产阶段时，其生产规模被扩大，原有的实验条件是否合理需要试生产来验证。特别是仿制药研发追求速度效率，有的兽用中药产品按照国家食品药品监督管理局批准的质量标准进行生产，但成品中却检测不出所用原料成分（主要以中药新药常见）或者含量很低，达不到批件的要求；有的产品生产出来以后却发现成品率极低或杂质含量极高；还有一些兽用中药产品在实验室阶段提取出的挥发油较多，于是就在生产工艺项中增

加了提取挥发油成分，而一旦国家注册批准以后，其在放大投入生产时却提取不出挥发油成分，有的虽然能提出却少之又少，根本达不到质量标准的要求。要注意避免新药研发试生产阶段与兽药实际生产阶段的严重脱节。

（2）合理确定新兽药的中试生产规模的扩大程度　新兽药的中试生产规模的扩大程度并没有严格的界限，企业在新药研发阶段为了节约成本，盲目地追求速度，试生产的规模并没有向大生产靠拢，故产品仅能验证试验室阶段的生产工艺，从而造成试生产出的兽药成品率和理论值并不能真正代表兽药上市以后生产的成品率，使试生产与上市生产严重脱节，无法保证试生产与上市生产兽药质量的一致性。

（3）按 GMP 要求生产中试产品　从兽药的原料开始就按照 GMP 的要求进行管理，层层把关，层层分析，对每一道工序、每一个步骤都要进行详细记录，做好试验的预分析和预生产，做好理论与实际的预算，才能保证新兽药注册报批的生产工艺与兽药上市后生产工艺的一致性。

（4）做好新兽药试生产阶段数据积累　从兽药生产验证角度来看，新药的试生产阶段缺乏足够的生产验证数据，企业在新兽药试生产阶段所积累的数据与兽药正式生产上市所具备的验证数据相比较为缺乏。不少研发机构往往忽略了兽药中试生产的验证环节，认为中试生产阶段只要生产出符合质量标准的产品就可以。正是由于研发机构对验证环节的重视程度不够，使兽药在中试阶段所暴露出来的弊端较少，合格率均能达到 98% 以上，致使一些细小的关键环节在兽药生产工艺的确定中被忽略，从而影响了兽药批准上市以后的生产，造成兽药注册生产工艺与上市生产工艺不相匹配。

（5）注意解决中试生产与上市生产的兽药质量不一致的问题　中试生产与上市生产的兽药质量不一致往往体现在生产工艺的一些细节上，如原料药的提纯时间，中药原液的浓缩比重、烘干温度及沸腾干燥一步制粒的时间等。要确保兽药生产工艺中注明兽药生产所需条件的重要参数前后一致，在按照注册报批的生产工艺进行大生产时，才能达到试生产阶段所能达到的成品率和理论值。

2.4.3　兽用生物制品中间试制要求及应关注的问题

① 兽用生物制品的中试生产应在申请人的相应 GMP 生产线进行，并严格按照兽药 GMP 要求进行生产管理。

② 中间试制报告应由中间试制单位出具，一般包括中间试制单位的生产负责人和质量负责人签名、试制时间和地点；中试生产 GMP 车间生产条件的情况说明，每批制品产量不得低于上市批生产规模三分之一；生产产品的批数、批号、批量，改良型不少于 3批，创新型不少于 5 批。报告还应包括中试过程中发现的问题及解决措施等。

③ 每批中间试制产品应有详细生产和检验记录。批生产记录应与工艺规程相对应，批生产检验记录和报告应按兽药 GMP 规定在中试企业归档。

④ 中间试制产品应具有出入库记录。产品试制量、库存量与使用量之间的关系对应一致。

⑤ 中间试制产品的说明书、内包装标签、储存条件应符合要求。

2.5

兽药临床试验管理（GCP）

临床试验是利用靶动物对试验兽药进行的系统性研究，以证实或揭示试验兽药的作用、不良反应和/或试验兽药的吸收、分布、代谢和排泄，确定试验兽药的有效性与安全性。兽药临床试验是新兽药研发的关键环节，兽药临床试验管理是我国兽药管理的重要内容。

《兽药管理条例》第七条规定：研制新兽药，应当具有与研制相适应的场所、仪器设备、专业技术人员、安全管理规范和措施。研制新兽药，应当进行安全性评价。从事兽药安全性评价的单位，应当经国务院兽医行政管理部门认定，并遵守《兽药非临床研究质量管理规范》（以下简称"兽药GLP"）和《兽药临床试验质量管理规范》（以下简称"兽药GCP"）。《新兽药研制管理办法》第十二条规定：兽药临床试验应当执行《兽药临床试验质量管理规范》。

2011年，农业部启动对兽药临床试验质量管理规范的制定工作，经多次调查研究后起草了《兽药临床试验质量管理规范》，2016年，农业部第2337号公告发布实施《兽药临床试验质量管理规范》，与其相配套的《兽药非临床研究与兽药临床试验质量管理规范监督检查办法》、监督检查相关要求和《兽药临床试验质量管理规范监督检查标准（化药、中药、兽用生物制品）》先后于2016年4月和10月，由农业部公告第2387号、2464号发布实施。

《兽药临床试验质量管理规范》全文共十四章，七十二条。兽药GCP是对临床试验全过程管理的标准化规定，包括方案设计、组织实施、检查监督、记录、分析总结和报告等，可概括为5个核心要素，分别为临床试验主体、临床试验实施主体、质量保证体系、质量控制与质量保证措施、临床试验监查主体。兽药GCP的实施旨在规范兽药临床试验过程，保证试验数据的完整、准确，结果可靠，实现提高兽药临床研究质量，保障新兽药注册产品的安全、有效和质量可控的良好目标。兽药临床试验中涉及的各个机构、部门和人员，均应遵守此规范。

《兽药非临床研究与临床试验质量管理规范监督检查办法》全文共十七条，适用于省级以上人民政府兽医行政管理部门依法对兽药安全性评价单位遵守兽药GCP情况进行的监督检查，明确了农业农村部、中国兽医药品监察所和省级人民政府畜牧兽医行政主管部门对兽药GCP监督检查的职责及监督检查方式，规定了兽药GCP监督检查流程和未按规定开展试验的罚则。

《兽药临床试验质量管理规范监督检查标准（化药、中药、兽用生物制品）》（以下简称"《标准》"）分为监督检查综合标准（A表）和试验项目监督检查标准（B表）两部分，共计评定条款190条。其中A表条款58条，关键条款（条款号前加"＊"）15条，一般条款43条；B表条款132条，关键条款33条，一般条款99条。监督检查过程中依据《标准》进行逐条评定，逐条记录评定结果。评定结果分为"N"、"Y⁻"和"Y"3档。凡某条款得分在75分以上的，判定为符合要求，评定结果标为"Y"；凡某条款得分在50～75分之间的，判定为基本符合要求，评定结果标为"Y⁻"；凡某条款得分在50分以下的，判定为不符合要求，评定结果标为"N"。根据评定结果判定该机构及报告项目是否符合兽药 GCP 要求。其中，作为评定结果的重要指标，任一关键条款（条款号前加"＊"）如被评为"N"，该临床试验机构或项目不符合兽药 GCP 要求。在实施兽药 GCP 监督检查时，先使用 A 表对兽药临床试验机构进行综合评价，符合要求后，才使用 B 表逐一对每个试验项目进行评定。

2.5.1 兽用中化药试验项目分类

2.5.1.1 指导原则中的试验项目名称与分类

已发布的兽药临床试验项目相关指导原则共有 23 项。根据兽药注册管理对试验内容的要求，分别采用了 3 种命名方法对兽药临床试验项目进行命名，体现了临床试验的科学性。具体命名方法如下。

① 按照靶动物＋兽药类别＋试验项目命名。靶动物划分为畜禽、宠物、蚕、蜂、水产大类，兽药类别为兽药用途。例如：宠物外用抗微生物药药效评价试验、宠物外用抗微生物药药效评价田间试验、宠物用抗菌药药效评价试验、宠物用抗菌药药效评价田间试验、宠物用抗蠕虫药药效评价试验、宠物用抗蠕虫药药效评价田间试验、宠物用抗体外寄生虫药药效评价试验、宠物用抗体外寄生虫药药效评价田间试验、蚕用抗寄生虫药药效评价、蚕用抗微生物药药效试验、水产养殖用抗菌药物药效试验、水产养殖用抗菌药物田间药效试验、水产养殖用驱（杀）虫药物药效试验、水产养殖用驱（杀）虫药物田间药效试验、水产养殖用消毒剂药效试验、蚕药靶动物安全性试验。

② 按照病症＋兽药类别＋试验项目命名。例如：防治奶牛乳腺炎的抗微生物药靶动物安全性和有效性试验、防治奶牛临床子宫内膜炎的抗微生物药靶动物安全性和有效性试验、畜禽用药物靶动物安全性试验。

③ 仅按照试验项目名称命名。例如：兽用化学药品生物等效性试验、兽用化学药物临床药代动力学试验、兽药残留消除试验指导原则、抗菌药物Ⅱ、Ⅲ期临床药效评价试验。

2.5.1.2 兽药 GCP 监督检查中采用的试验项目名称与分类

兽用中化药 GCP 监督检查中采用的试验项目名称命名方式为：靶动物＋试验项目。此种分类方式是考量兽药安全性评价单位开展各类靶动物的各项临床试验时是否具备满足其试验要求的试验人员、动物试验场所和实验室设施设备等软、硬件条件，主要体现兽药安全性评价单位的试验能力和管理能力，关注的是临床试验的规范性。

兽用中化药临床试验靶动物共有 13 类，分别为马、牛、羊、猪、宠物类、兔、禽类、水生动物、蚕、蜂、狐狸、水貂、其他动物，其中宠物类靶动物包括猫、犬；禽类靶动物包括鸡、鸭、鹅和鸽；其他动物包括鹿、驴、骡、骆驼、麝和獭等未列入上述类别的其他动物。试验项目共计 11 项，分别为药效评价试验（Ⅱ期临床试验）、药效评价田间试验（Ⅲ期临床试验）、药效评价田间试验（临床验证试验）、生物等效性试验、残留消除试验（休药期验证试验）、药代动力学试验、药物代谢试验、靶动物安全性试验、实验室消毒试验、现场消毒试验、体表消毒试验。

兽药安全性评价单位的试验项目由 13 类靶动物和 11 个试验项目组合而成，其中消毒试验相关的 3 个试验项目不包括靶动物，共有 104 种组合方式。

2.5.2　兽用中化药试验项目实施要求

兽用中化药试验项目实施要求参考相关指导原则实施。

涉及的兽药研究技术指导原则包括：兽用化学药品生物等效性试验，兽用化学药物临床药代动力学试验，兽药残留消除试验指导原则，抗菌药物Ⅱ、Ⅲ期临床药效评价试验，宠物外用抗微生物药药效评价试验，宠物外用抗微生物药药效评价田间试验，宠物用抗菌药药效评价试验，宠物用抗菌药药效评价田间试验，宠物用抗蠕虫药药效评价试验，宠物用抗蠕虫药药效评价田间试验，防治奶牛乳腺炎的抗微生物药靶动物安全性和有效性试验，防治奶牛临床子宫内膜炎的抗微生物药靶动物安全性和有效性试验，畜禽用药物靶动物安全性试验。

以试验兽药为马波沙星注射液，靶动物为牛，开展药效评价试验（Ⅱ期临床试验）为例。在临床试验报告中，项目名称体现该试验的研究目的和试验内容。一般命名方式为试验兽药＋靶动物＋试验项目，如马波沙星注射液牛药效评价试验（Ⅱ期临床试验）。而对于开展该临床试验的兽药安全性评价单位来说，该兽药安全性评价单位应具备开展"牛药效评价试验（Ⅱ期临床试验）"的动物试验场所、实验室等各类试验条件、试验能力和管理能力，兽药GCP试验项目名称应写为"牛药效评价试验（Ⅱ期临床试验）"。这种临床试验项目和名称的分类方式与临床试验活动监管工作方式相适应。

2.5.3　兽用生物制品试验项目的名称与分类

兽用生物制品临床试验分类与兽用中化药一样，由靶动物＋试验项目表示。靶动物共有13类，分别为马、牛、羊、猪、宠物类、兔、禽类、水生动物、蚕、蜂、狐狸、水貂、其他动物，其中宠物类靶动物包括猫、犬；禽类靶动物包括鸡、鸭、鹅和鸽；其他动物包括鹿、驴、骡、骆驼、麝和獭等未列入上述类别的其他动物。兽用生物制品类临床试验项目有2项，分别为安全性试验和有效性试验。

兽药安全性评价单位的试验项目由13类靶动物和2个试验项目组组合而成。兽用生物制品临床试验机构开展的动物试验由靶动物＋试验项目表示，例如猪的有效性试验。

2.5.4　兽用生物制品试验项目实施要求

根据《兽药管理条例》《新兽药研制管理办法》等规定，进行预防和治疗类兽用生物制品的临床试验，应当在试验前提出申请。基本流程为：农业农村部政务服务大厅审查申请人递交的《新兽用生物制品临床试验申请表》及其相关材料，申请材料齐全的予以受理。受理申请的，农业农村部政务服务大厅向申请人开具《农业农村部行政审批综合办公受理通知书》。农业农村部兽药评审中心根据国家有关规定对申请材料进行技术审查。必要时，农业农村部组织专家对临床前研究和试制情况进行现场核查。农业农村部畜牧兽医局根据技术审查意见提出审批方案，按程序报签后办理批件。

申请材料包括《新兽用生物制品临床试验申请表》、生产工艺研究资料、新兽用生物制品临床前研究资料、中间试制产品研究总结报告、批生产检验记录及检验报告、临床试验方案等。2022 年 6 月 1 日，农业农村部公告第 558 号发布了《预防类兽用生物制品临床试验审批资料要求》和《治疗类兽用生物制品临床试验审批资料要求》，申请预防类和治疗类新兽用生物制品的临床试验审批按照此要求提供申请材料。该公告进一步简化了新兽用生物制品临床试验审批资料，不要求保存期研究报告和同类制品比较研究报告，减少了中试生产产品批数，减少了用于治疗宠物非传染性疾病的制品临床试验病例数等，还对实验室制品效力研究与临床效力研究中替代方法的应用情形进行了明确。需要注意的是，该公告发布的审批资料要求仅适用于申请临床试验审批，相关制品申请新兽药注册时，应按照兽用生物制品注册分类及注册资料要求提交注册资料。

实施兽药临床试验必须有充分的科学依据。临床试验前，必须有完整、充分的临床前研究数据。临床试验实施要符合兽药 GCP 要求。临床试验开始前应制定试验方案，方案应符合农业部公告第 2337 号及有关试验指导原则规定。

临床试验应使用 3 批经检验合格的中间试制产品。根据疫病流行情况、靶动物品种差异等因素，对不同品种的靶动物开展制品的临床安全性和有效性试验。原则上应在疫病流行地区开展临床试验，每个省份均需进行每种靶动物的安全性和有效性试验。宠物、稀有动物疫苗的临床有效性评价原则上可采用替代方法进行。

临床试验中每种靶动物的数量应符合农业部公告第 2326 号有关要求。用于治疗宠物非传染性疾病的制品，临床试验中治疗病例数应不低于 50 例。

2.5.4.1　对临床试验的一般要求

对所使用的试验动物，在试验前应确定是否曾接种过针对同种疾病的其他单苗或联苗。在近期是否发生过同种疾病。为确证这种免疫或感染状态，在进行试验前应当对试验动物进行特异性抗体检测，并评估其是否对试验产生影响。在开始试验后，动物一般不应再接种针对同种疾病的其他单苗或联苗。

2.5.4.2　对临床效力试验的特殊要求

所选择的动物种类应当涵盖说明书中描述的各种靶动物，并选择使用不同品种的动物进行试验。对动物年龄没有特殊规定的，还应当选择使用不同年龄的幼龄动物和成年动物进行试验。

临床效力试验中使用的产品批数、试验地点的数量、养殖场和动物数量，应符合《兽药注册办法》中的规定。

接种动物后，应当定期随机选择动物对其生理状态和生产性能进行评价，并定期通过免疫学或血清学方法对特异性免疫应答反应进行测定和评价。

对可以通过攻毒试验确定产品保护效力的，应当随机选择一定数量的〔一般动物，应不少于 20 只（头），个体大或经济价值高的动物一般应不少于 5 只（头），鱼、虾应不少于 50 尾〕动物进行攻毒保护试验。

如果产品对被接种动物的后代会产生保护或影响，应当通过免疫学、血清学方法或攻毒试验对其后代的被动免疫保护力或影响进行检测。

对治疗用的生物制品，应对发病动物进行治疗试验，而且必须对疾病进行确诊。

2.5.4.3　对临床安全试验的特殊要求

所选择的动物种类应当涵盖说明书中描述的各种靶动物，并选择使用不同品种的动物进行试验。对动物年龄、生理或生产状态没有特殊规定的，还应当选择使用不同年龄的幼龄动物、成年动物、怀孕动物、处于特殊生产状态（如处于产蛋期、泌乳期等）的动物进行临床安全试验。临床安全试验中使用的产品批数、试验地点的数量、养殖场和动物数量，应符合《兽药注册办法》中的规定。

可以同时使用高于推荐使用剂量（如 2 倍、10 倍剂量）进行临床安全试验。接种动物后，应当定期随机选择动物对其生理状态和生产性能进行测定评价。为了发现不良的局部或全身反应，必须以足够的频率和时间观察试验动物。

必要时，应定期随机选择一定数量［一般动物，应不少于 20 只（头），个体大或经济价值高的动物一般应不少于 5 只（头），鱼、虾应不少于 50 尾］的动物进行剖检，观察可能由于接种疫苗而引起的局部或全身反应。对灭活疫苗，还应定期检查注射部位的疫苗吸收情况。

临床试验中还需有目的地就制品对环境及其他非靶动物的安全性影响进行评价。

2.5.5　兽药 GCP 实施要点

兽药 GCP 是确保试验数据的真实性、完整性和准确性，规范兽药临床试验过程的标准规定。适用范围包括申请人、兽药临床试验机构、部门和各类人员。

2.5.5.1　申请人的管理

申请人是指承担相应法律责任、提出新兽药注册、进口兽药注册、临床试验或兽药产品批准文号的申请，并在该申请获得批准后持有新兽药证书、进口兽药注册证书或兽药产品批准证明文件的企业或研究机构。因此，有时候申请人和承担临床试验的机构并不是同一个。如果是境内的申请人，应为具有法人资格且合法工商登记的机构。如果是境外的申请人，应为境外合法的兽药生产企业。境外申请人在申请上述行政审批事项时可由其驻中国境内的办事机构或者其委托的中国境内代理机构办理。在开展兽用中药、化学药品的临床试验前，申请人应按照有关规定，向所在地省级人民政府兽医行政主管部门递交临床试验的备案资料。完成备案后，申请人负责组织临床试验，并选择经农业农村部监督检查符合要求的安全性评价单位开展临床试验。

在临床试验过程中，申请人需要承担以下必要工作。试验正式开始前，申请人应提供完整的、充分的受试兽药临床前研究数据，可以是自己的研发资料，也可以是文献资料，说明与此次试验相关的受试兽药的性质、作用、临床前研究总结以及与该兽药有关的新信息。与安全性评价单位相关试验人员共同设计临床试验方案，尤其对临床试验方案实施、数据管理、统计分析、结果报告等方面的职责进行划分，对具体工作进行分配。与安全性评价机构达成一致意见后，签署试验方案及合同（协议），据此临床试验方可正式实施。

除临床试验相关经费外，临床试验过程中所使用的受试兽药和标准品也应由申请人提供，同时要根据试验方案对受试兽药进行编号，贴上特有标签，确保受试兽药易于识别、质量合格，并且进行正确保存。虽然安全性评价单位已经建立了适用于自身运转的临床试验质量保证体系和质量保证系统，申请人为保障临床试验质量仍然可以对其临床试验质量控制和质量保证系统进行评估，确保受试兽药管理规范、相关管理制度完善、记录准确及时。在临床试验过程中，申请人要积极履行监督职责，选派人员对承担临床试验的兽药安全性评价单位进行不定期检查、督办试验进度，确保临床试验按照试验方案实施，及时了解试验过程中的不良反应事件。

临床试验过程中，发生以下情况之一，申请人应及时终止试验并向省级人民政府畜牧兽医主管部门报告：

① 申请人发现兽药安全性评价单位不遵从已批准试验方案或有关法规进行临床试验情况严重的，应终止试验，并向省级人民政府畜牧兽医主管部门报告。

② 发生严重不良事件时，申请人应立即终止试验，并及时报告试验实施所在地省级人民政府畜牧兽医行政主管部门。

③ 申请人因其他原因提前终止临床试验的，报所在地省级人民政府畜牧兽医行政主管部门，说明终止临床试验的理由。

2.5.5.2 兽药临床试验机构的管理

安全性评价单位即为兽药临床试验机构。兽药临床试验机构首先要具有独立的法人资格，其次要建立合理的组织和管理结构，各部门职能应明确，还要制定适用于自身的质量管理制度，配置满足试验要求试验场所、设施、设备，胜任试验要求的试验者和管理者，这样才能保障兽药 GCP 顺畅地运行。

（1）实验动物管理委员会或伦理委员会 实验动物管理委员会，英文全称 Institutional Animal Care and Use Committee，简称 IACUC。它的设置是为了保证机构在从事与动物相关的活动时，符合法规和标准的要求，并以人道和科学的方式管理和使用动物。实验动物管理委员会应有明确的章程和运作管理程序，保证履行职责完整、公正和一致，其运行应保证其专业判断能力和决定不受机构任何压力影响，能够独立审核批准或否定机构动物使用计划。实验动物管理委员会应与试验者、动物饲养管理人员之间保持密切合作，与试验者共同制定动物管理、使用计划及应急计划。

实验动物管理委员会至少由 3 人组成，它的成员和任职期限应由临床试验机构法定代表人或其授权人任命，应包括一名兽医师、一名非本机构的从事社会科学、人文科学或法律工作的人员，一名熟悉机构所从事涉及动物试验的科学工作者。原则上，临床试验机构管理层人员不作为实验动物管理委员会的成员。实验动物管理委员会的负责人不宜由兽医师担任。如果机构规模较大或者涉及的专业领域较多，应增加委员会成员数量，科学工作者和兽医师的专业领域应可覆盖机构所涉及的专业领域和所用试验动物，以提供适当的专业判断。

（2）办公室 办公室为临床试验机构的中枢部门，负责试验合同的签署，报告的编制、印刷，印章和资料的管理工作，协调各部门工作和临床试验过程中出现的问题。办公室应设有样品接收、设盲和揭盲室、档案室，配置相应的办公设备。办公室负责人应由试验机构法定代表人或其授权人任命，不宜由项目负责人兼任。办公室负责人应具有兽医、生物、药学等相关专业基本知识和兽药临床试验的工作经历，熟悉临床试验技术和相关法律法规。

（3）质量管理部 质量管理部是维持机构质量保证体系正常运行的关键部门。主要职能包括质量管理体系的策划、建立、实施、监督和评审，确保试验机构设备、仪器和设施满足试验要求，负责实验室 CNAS 认可或 CMA 认证活动、试验方案的制定、样品的接收、设盲、揭盲、试验结果分析、试验报告的起草及人员培训工作。

（4）实验室 临床试验机构根据功能类别可以分为两类，一类是样品分析实验室，一类是动物实验室。实验室的设置均应满足相对独立、功能明确，符合检测和分析流程的要求，并通过 CMA 认证或 CNAS 认可。实验室作为临床试验机构的一个部门，其 CNAS 实验室认可证书上的"法人"或 CMA 资质认定证书上的"名称"内容应为兽药临床试验机构的名称或者是兽药临床试验机构授权的下属二级机构名称，认证认可的检测参数应属于兽药临床试验项目相关领域，包括微生物检测、化学检测、动物检疫、实验动物检测、基因扩增检测领域等，能够满足兽药临床试验需求。

实验室应具备能满足试验项目要求的检验、检测仪器设备，例如样本分离、储存以及运输的基本设备、制备样品的专用工作台及通风设备、试验用药品及试验用品专用储藏设施等，并具有分析仪专用计算机及数据分析处理软件。需要进行动物实验（攻毒试验）的，还应具有与试验项目相符的生物安全设施。各试验项目关键检测仪器列表参见农业部公告第 2464 号《监督检查评定标准关键仪器设备》。

实验室除了自建外，也可以有条件租赁。首先租赁实验室的租期至少为 2～3 年，其次租赁的实验室不得由其他单位使用，设备设置及配套的管理体系应纳入试验机构 GCP 管理体系，通过 CNAS 认可或 CMA 资质认定。值得注意的是兽用生物制品涉及的攻毒类试验的开展场所为动物实验室，该实验室应为本机构所有，也要通过 CNAS 实验室认可或者 CMA 资格认定。

（5）**动物试验场所**　动物试验场所是试验动物饲养、开展试验的场所，应为合法的生产营业企业，应具备与试验动物级别相符合的饲养条件、动物尸体及试验废弃物收集、处置的设施，并获得《动物防疫条件合格证》或《实验动物使用许可证》。动物试验场所可以自建也可以租用。动物试验场所具备检疫隔离室、动物饲养室、动物解剖室、临床检验室、样品采集室、微生物实验室、病理室等功能间，设置有临时处理、储存试验样品的仪器、设备。动物试验场所现场应保存动物试验相关制度及 SOP、试验动物饲养管理相关制度及 SOP，便于动物试验技术人员和试验动物管理人员使用。

兽用生物制品临床试验机构动物试验场所除满足上述要求外，在数量上和地理分布上还有特殊要求。按照农业部公告第 2326 号规定，预防及治疗用生物制品临床试验应在不少于 3 个省（自治区、直辖市）进行。因此兽用生物制品安全性评价单位在开展临床试验时，至少在 3 个省（自治区、直辖市）各选择 1 家动物试验场所开展试验。

（6）**人员的管理**　试验机构的人员应为该机构专职人员，不得在其他单位兼职。以不妨碍履行岗位职责为原则，试验机构人员可兼任本机构中不同岗位。

① 机构负责人。机构负责人是试验机构的最高管理者，一般由机构法定代表人担任或法定代表人授权其他人担任，全面负责试验机构的运转、试验项目的运行，解决试验中的问题，因此应具备相应的专业技术知识和工作经验，除此之外机构负责人还要熟悉试验机构承担的临床试验相关的资料与文献，当然这些资料与文献是由申请人来提供的。机构负责人的主要职责包括机构人事的任命、设施设备的调配、文件的终审、试验方案最高管理、突发事件的处置和报告等。

② 试验者。试验者是试验机构组织和实施临床试验的技术人员，包括项目负责人和独立出具试验数据的技术人员。按照工作内容不同，可细分为实验室技术人员和动物试验技术人员。试验者均应为 CMA 或者 CNAS 体系内的人员。项目负责人为试验项目运行的管理者，对临床试验质量负责，在试验机构中不可兼任其他岗位。项目负责人应具备相应的专业技术知识和丰富的兽药临床试验理论知识和实际工作经历，一般为专业领域有一定成就的专家担任，负责项目试验方案的制定、变更及试验的推进和过程管理，支配参与该

项试验的人员，配置试验用设施设备的使用，同时，项目负责人为突发事件的处置第一人。每个试验项目应只有一个项目负责人，但一个项目负责人可能同时负责多个试验项目。

实验室技术人员应具有兽医、药学、分析等专业本科及以上学历或中级及以上专业技术职称及临床相关试验经验，具有完整实施生物样品测试经验和实施样品分析的能力，能够熟练操作试验用仪器、设备，熟练运用专业图谱分析软件和数据分析处理软件。在人员数量方面，每个试验项目应至少配备3名实验室技术人员。动物试验技术人员应具有兽医相关专业中级或以上职称及相关临床试验经验，能够熟练操作各项试验设备设施，熟悉应急处理和紧急救治突发临床事件操作规程，具备独立完成动物试验中观察、测温、采血等项目操作的能力。在人员数量方面，每个试验项目应至少配备3名动物试验技术人员。

（7）试验机构运行　兽药临床试验机构的运行与管理应符合《兽药临床试验管理规范》要求，建立较为完善的管理制度、顺畅的管理机制、良好的操作规程，配置满足机构运行和试验实施要求的设施设备，配备符合资质要求的管理和技术人员。保障机构兽药GCP运行和高效管理，良好的文件系统是必不可少的。良好的文件和记录是质量保证体系的基本要素，制定权责明晰、表述准确、易于理解的文件，要从横向文件层级设计、纵向文件分类、编写规范和培训执行方面对文件进行有效管理，在权限设置、流程细化和表格的配合上下功夫，不断优化文件系统的建设和管理，不断提高文件系统的有效性和全面性，不断优化临床试验质量管理体系运行水平，进一步提升试验活动管理效率。与各类质量管理体系相似，兽药GCP文件系统也可分为4个层次，分别为管理制度、技术标准、标准操作规程和记录。

管理制度类文件应覆盖质量体系的建立、运行和维护全过程，是机构人员在试验活动中须遵守的规定和准则，应包括机构组织机构设计、职能部门划分及各职能分工，岗位职责、权限以及相互协调关系的规定。需要重点关注的是保障试验质量的管理人员、文件管理、试验者的管理、试验用兽药的管理、设备设施管理、生物安全管理、废弃物及毒危、易制毒化学品管理、动物福利管理等方面的制度。

技术标准类文件具有一定强制性要求或指导性功能。例如试验设计技术要求，内容含有细节性技术要求和有关技术方案的文件，对临床试验过程或结果设立的必须符合要求的条件以及能达到此标准的实施技术。如临床试验方案，其中包含试验过程中各项参数判定依据、试验指导原则等属于技术标准类文件。

标准操作规程类文件是指导仪器设备操作、维护与清洁、动物试验操作、环境控制等兽药临床试验活动的通用性文件，也称为操作规程（SOP），包括人员管理、设施设备管理、生物安全管理、用药管理，要能够充分体现临床试验运行的科学性、有效性、可追溯性。

记录类文件是对各项试验活动进行记载的规范性文件，是支持和落实上层文件最为详细的文件体系，是各项活动实施过程能够完整复现文件要求的证据性文件，为试验数据查证、追溯提供证据，并作为试验活动质量分析的依据。

2.5.5.3　其他要求

临床试验机构可以采用模拟临床试验的方式运行兽药GCP，并申请兽药GCP监督检查。模拟临床试验可采用已批准上市产品按照符合兽药GCP要求的临床试验方案开展试验。兽用生物制品有效性试验的模拟试验中应选择需要开展攻毒试验的产品。试验地点方面仅选择一个地点开展试验即可。试验动物数量采用至少1/3注册用临床试验动物量即可。

2.5.6 兽药临床试验机构的监管

2.5.6.1 监管职责

行政管理部门和临床试验发起单位具有兽药临床试验监管职责，可分为行政监管和申请人监管。行政监管由政府方发起，由农业农村部、省级人民政府畜牧兽医主管部门各司其职实施，重点检查试验机构的运行是否符合兽药 GCP 的要求。农业农村部负责制定兽药 GCP 检查标准，并组织实施监督检查，具体工作由中国兽医药品监察所负责。省级人民政府畜牧兽医主管部门负责本行政区域内兽药 GCP 的日常监督检查工作。申请人监管由临床试验发起单位选派协查员实施。

2.5.6.2 监管措施

不同监管主体的检查目的和内容不同。申请人监管重点检查试验项目的实施是否与试验方案一致，记录是否完整、准确，试验报告是否规范等，目的是监督试验项目的实施情况、是否需要修正及资金的使用情况。申请人监管是临床试验质量管理体系中的重要组成部分，协查员可随时对试验项目实施情况进行检查，形成的文件作为检查记录保存在试验项目档案中。行政监管主要检查目的是对临床试验机构兽药 GCP 的法规符合性和涉嫌违法事件核查等情况进行检查，下面重点介绍的是行政监管措施。

行政监管措施可分为两类，第一类是监督检查类监管措施，包括常规监督检查和有因检查。常规监督检查一般是农业农村部开展的首次监督检查或省级人民政府畜牧兽医主管部门开展的事中、事后监督检查。根据农业部公告第 2387 号要求，临床试验机构首次开展兽药安全性评价的，应当在开展兽药安全性评价前向农业农村部报告。中国兽医药品监察所组织实施对其进行监督检查。除此之外，临床试验机构如需要增加试验项目时，仍旧需要按首次监督检查流程向农业农村报告，由中国兽医药品监察所组织实施监督检查。兽药临床试验机构的日常监督检查工作由省级人民政府兽医行政主管部门组织实施，对其执行国家法律、法规、标准和规范等情况进行检查。检查前，需要提前通知被检查单位检查安排，以便于被检查单位进行准备和配合。

行政监管措施的第二类是行政管理类监管措施，以行政手段对临床试验资格进行限定。

① 对临床试验机构的实验室条件进行限定：临床试验机构的实验室必须通过 CNAS 实验室认可或 CMA 资格认定，确保实验室仪器设备、人员及管理制度等符合质量保障体系要求。

② 对数据的使用进行限定：临床试验机构如果采用研究或试验的数据进行兽药产品批准文号的申请或者兽药注册，必须通过农业农村部组织的监督检查，而且所有实验室（包括动物实验室）试验或检测需要自行完成，不能委托其他单位完成。

③ 对临床试验机构信息的变更管理：临床试验机构的机构负责人、项目负责人等主要人员、动物试验场所发生变更时，需要向中国兽医药品监察所提交变更内容的证明性资料，由中国兽医药品监察所对其进行资格确认或核查。

④ 属地年度总结制度：临床试验机构所在地管理部门需要在每年 1 月 31 日前将辖区内上年度开展临床试验工作情况报告农业农村部和省级人民政府畜牧兽医主管部门。

2.5.6.3 监督检查工作流程

首次开展兽药临床试验或增加试验项目的试验机构，应当根据农业部公告第 2464 号相关要求向中国兽医药品监察所提交临床试验报告资料。中国兽医药品监察所对其报告资料进行技术审查，通过审查的，组织实施监督检查。根据兽药临床试验机构报告的试验项目从农业农村部兽药 GCP 专家库中选派 3～5 名人员组成检查组，其中 1 人任检查组组长。检查组实行组长负责制。

检查前，中国兽医药品监察所会提前通知临床试验机构具体检查时间和检查组人员安排，并将检查计划通知省级人民政府畜牧兽医行政管理部门。检查组接到工作任务后制定检查方案，合理分配检查内容。检查内容主要包括法人资质、人员构成及培训、动物饲养及试验条件、设施设备配置及运行、试验过程质量控制、项目试验结果等情况。

实施检查时，检查人员按照检查方案开展检查，查验有关研究、试验、工作记录等文件和资料，并依据《兽药临床试验质量管理规范监督检查标准》对兽药临床试验机构是否符合兽药 GCP 要求进行评价。评价过程中，检查组根据检查发现的问题，填写现场检查缺陷项目表，形成检查报告和综合评价意见。完成现场检查后 7 个工作日内，检查组要向农业农村部提交现场检查文件等相关资料，由农业农村部对现场检查报告和综合评价意见进行确认，并公布结果。检查结果可在农业农村部官网和中国兽药信息网"兽药 GLP/GCP 监督检查"专栏查询。临床试验机构如对现场检查人员、检查方式、检查程序及初步结论等有异议，可在检查结束之日起 10 个工作日内向农业农村部提出书面申诉。

2.5.6.4 试验机构信息的变更

临床试验机构的机构负责人、项目负责人或者动物试验场所发生变化时，可申请信息变更。按照农业部公告第 2464 号规定，申请变更机构负责人、项目负责人或动物试验场所时，原则上不需要进行现场监督检查，仅需向中国兽医药品监察所提交相应资料，由其进行资格确认或核查。人员信息发生变化的，需提交有关人员简历及试验经历证明性资料；动物试验场所发生变化的，需提交在新的动物试验场所完成的兽药临床试验的方案、报告及目的场所相关资料。变更的有关资料通过中国兽医药品监察所资格确认或核查后会在中国兽药信息网"兽药 GLP/GCP 监督检查"专栏中公布其变更信息。

2.5.6.5 兽用中药、化学药品临床试验的备案

根据《兽药管理条例》第八条规定，省级人民政府兽医行政管理部门负责对兽用化学药品、兽用中药、兽用消毒剂的新兽药临床试验进行备案。

申请兽药临床试验备案，首先向拟开展临床试验的试验场所所在地省级人民政府兽医行政管理部门提出申请，收到申请后，省级人民政府兽医行政管理部门应当对临床前研究结果的真实性和完整性，以及临床试验方案进行审查。必要时，可以派至少 2 人对申请人临床前研究阶段的原始记录、试验条件、生产工艺以及试制情况进行现场核查，并形成书面核查报告。省级人民政府兽医行政管理部门自受理申请之日起 60 个工作日内做出是否批准的决定，确定试验区域和试验期限，并书面通知申请人。省级人民政府兽医行政管理部门做出批准决定后，应当及时报农业农村部备案。临床试验批准后应当在 2 年内实施完毕。逾期未完成的，可以延期一年，但应当经原批准机关批准。临床试验方案发生改变，应向省级人民政府兽医行政管理部门做变更并备案。

备案时提交的资料包括：

①《新兽药临床试验申请表》；

② 申请报告，内容包括研制单位基本情况，新兽药名称、来源和特性；

③ 临床试验方案原件；

④ 委托试验合同书正本；

⑤ 新兽药临床前研究的药学、药理学和毒理学研究内容。

a. 兽药（化学药品、抗生素、消毒剂、生化药品、放射性药品、外用杀虫剂）：生产工艺、结构确证、理化性质及纯度、剂型选择、处方筛选、检验方法、质量指标、稳定性、药理学、毒理学等。

b. 中药制剂（中药材、中成药）：除具备其他兽药的研究项目外，还应当包括原药材的来源、加工及炮制等。

⑥ 试制产品生产工艺、质量标准（草案）、试制研究总结报告及检验报告；

⑦ 提供符合《兽药临床试验质量管理规范》要求的兽药安全评价实验室出具的安全性评价试验报告原件一份，或者提供国内外相关药理学和毒理学文献资料。

2.6

新兽药注册资料要求

2.6.1　兽用化学药品注册技术资料要求

（1）兽用化学药品注册申报项目

兽用化学药品注册具体的申报项目见表 2-9。

表 2-9　兽用化学药品注册具体申报项目

项目	具体项目内容
（一）综述资料	1. 兽药名称 2. 证明性文件 3. 立题目的与依据 4. 对主要研究结果的总结及评价 5. 兽药说明书样稿、起草说明及最新参考文献 6. 包装、标签设计样稿
（二）药学研究资料	7. 药学研究资料综述 8. 确证化学结构或者组分的试验资料及文献资料 9. 原料药生产工艺的研究资料及文献资料 10. 制剂处方及工艺的研究资料及文献资料；辅的来源及质量标准 11. 质量研究工作的试验资料及文献资料 12. 兽药标准草案及起草说明 13. 兽药标准物质的制备及考核材料 14. 药物稳定性研究的试验资料及文献资料 15. 直接接触兽药的包装材料和容器的选择依据及质量标准 16. 样品的检验报告书

项目	具体项目内容
（三）药理毒理研究资料	17. 药理毒理研究资料综述
	18. 主要药效学试验资料（药理研究试验资料及文献资料）
	19. 安全药理学研究的试验资料及文献资料
	20. 微生物敏感性试验资料及文献资料
	21. 药代动力学试验资料及文献资料
	22. 急性毒性试验资料及文献资料
	23. 亚慢性毒性试验资料及文献资料
	24. 致突变试验资料及文献资料
	25. 生殖毒性试验（含致畸试验）资料及文献资料
	26. 慢性毒性（含致癌试验）资料及文献资料
	27. 过敏性（局部、全身和光敏毒性）、溶血性和局部（血管、皮肤、黏膜、肌肉等）刺激性等主要与局部、全身给药相关的特殊安全性试验资料
（四）临床试验资料	28. 国内外相关的临床试验资料综述
	29. 临床试验批准文件，试验方案、临床试验资料
	30. 靶动物安全性试验资料
（五）残留试验资料	31. 国内外残留试验资料综述
	32. 残留检测方法及文献资料
	33. 残留消除试验研究资料，包括试验方案
（六）生态毒性试验资料	34. 生态毒性试验资料及文献资料

（2）部分兽用化学药品注册资料具体项目内容说明

① 资料项目1（兽药名称）：包括通用名、化学名、英文名、汉语拼音，并注明其化学结构式、分子量、分子式等。新制定的名称，应当说明命名依据。

② 资料项目2（证明性文件）：申请人合法登记证明文件、《兽药生产许可证》复印件；申请的兽药或者使用的处方、工艺等专利情况及其权属状态说明，以及对他人的专利不构成侵权的保证书；《兽药临床试验备案文件》原件；直接接触兽药的包装材料和容器符合药用要求的证明性文件。

③ 资料项目3（立题目的与依据）：包括国内外有关该兽药研发、上市销售现状及相关文献资料或者生产、使用情况的综述，复方制剂的组方依据等。

④ 资料项目4（对研究结果的总结及评价）：包括申请人对主要研究结果进行的总结，并从安全性、有效性、质量可控性等方面对所申报品种进行综合评价。

⑤ 资料项目5（兽药说明书样稿、起草说明及最新参考文献）：包括按农业部有关规定起草的说明书样稿、说明书各项内容的起草说明，相关最新文献或原发厂商最新版的正式说明书原文及中文译文。

⑥ 资料项目7（药学研究资料综述）：是指所申请兽药的药学研究（合成工艺、结构确证、剂型选择、处方筛选、质量研究和质量标准制定、稳定性研究等）的试验和国内外文献资料的综述。

⑦ 资料项目9（原料药生产工艺的研究资料）：包括工艺流程和化学反应式、起始原料和有机溶媒、反应条件（温度、压力、时间、催化剂等）和操作步骤、精制方法及主要理化常数，并注明投料量和收率以及工艺过程中可能产生或夹杂的杂质或其他中间产物。

⑧ 资料项目11（质量研究工作的试验资料及文献资料）：包括理化性质、纯度检查、溶出度、含量测定及方法学研究和验证等。

⑨ 资料项目12（兽药标准草案及起草说明）：质量标准应当符合《中国兽药典》现行

版的格式，并使用其术语和计量单位。所用试药、试液、缓冲液、滴定液等，应当采用《中国兽药典》现行版收载的品种及浓度，有不同的，应详细说明。兽药标准起草说明应当包括标准中控制项目的选定、方法选择、检查及纯度和限度范围等的制定依据。

⑩ 资料项目 13（兽药标准物品或对照物质的制备及考核资料）：提供标准物质或对照物质，并说明其来源、理化常数、纯度、含量及其测定方法和数据。

⑪ 资料项目 14（药物稳定性研究的试验资料）：包括直接接触药物的包装材料和容器共同进行的稳定性试验。

⑫ 资料项目 16（样品的检验报告书）：指申报样品的自检报告，应提供连续 3 批样品的自检报告。

⑬ 资料项目 17（药理毒理研究资料综述）：是指所申请兽药的药理毒理研究（包括药效学、作用机制、安全药理、毒理等）的试验和国内外文献资料的综述。

⑭ 资料项目 20（微生物敏感性试验资料及文献资料）：是指所申请的兽药为抗感染药物或抗球虫药物时，必须提供抗微生物或抗寄生虫药物对历史和现行临床分离的细菌和寄生虫的敏感性比较研究。

⑮ 资料项目 28（国内外相关的临床试验资料综述）：是指国内外有关该品种临床研究的文献、摘要及近期追踪报道的综述。

⑯ 资料项目 31（国内外残留试验资料综述）：是指研究申请的兽药或代谢物在给药动物组织是否产生残留，残留的程度和残留时间。该资料应说明兽药的残留标识物，残留靶组织，每日允许摄入量，最高残留限量，残留检测方法和休药期等。

⑰ 资料项目 33（残留消除试验研究资料）：是指通过研究申请的兽药在靶动物的体内消除过程，以确定是否在推荐的使用条件下在给药的动物组织中是否产生残留，并确定需要遵守的休药期。用于动物微生物或寄生虫感染的药物还应提供残留物对人肠道菌群的潜在作用，评价对食品加工业的影响。

⑱ 资料项目 34（生态毒性试验资料）：是指通过研究申请的兽药在靶动物体内的代谢和排泄情况，研究排出体外的兽药及代谢物在环境中的各种降解途径，及对环境潜在的影响，并提出为减少这种影响而需要采取的必要预防措施。同时还需要提供盛装药物的容器、未使用完的药物或废弃物对环境、水生生物、植物和其他非靶动物的影响和有效的处理方法。

（3）兽用化学药品不同注册类别及相应项目要求　兽用化学药品根据不同的注册类别在资料项目 1 至 34 中要求不尽相同，如第一类需要提供全部的研究资料，而第五类在适合的情形中可以采用生物等效性试验代替临床试验。另外，根据靶动物的类别不同，资料项目 1 至 34 中要求同样有所差异，比如拟用于非食品动物（如宠物、经济动物等）则不需要开展残留试验研究，而拟靶动物为食品动物的兽药，需要提交残留试验研究资料。再者根据已有信息的满足程度也有所差异，比如已有国家残留检测方法标准的拟用于食品动物的兽药，则不需要再进行残留检测方法标准相关研究。需要强调的是，随着兽药注册技术评审体系的不断完善，需要及时跟踪法规的更新情况，如 2020 年农业农村部发布的宠物用化学药品注册临床资料要求（农业农村部公告第 261 号），2020 年发布的人用化学药品转宠物用化学药品注册资料要求（农业农村部公告第 330 号），废止的药物饲料添加剂品种增加治疗用途注册资料要求（农业农村部公告第 330 号）等。兽用化学药品新兽药具体注册类别及相应项目要求见表 2-10。

表 2-10 具体注册类别及相应项目要求表

资料分类	资料项目	注册分类及资料项目要求				
		第一类	第二类	第三类	第四类	第五类
综述资料	1	＋	＋	＋	＋	＋
	2	＋	＋	＋	＋	＋
	3	＋	＋	＋	＋	＋
	4	＋	＋	＋	＋	＋
	5	＋	＋	＋	＋	＋
	6	＋	＋	＋	＋	＋
药学研究资料	7	＋	＋	＋	＋	＋
	8	＋	＋	＋	－	－
	9	＋	＋	＋	－	＋
	10	＋	＋	＋	－	＋
	11	＋	＋	＋	＋	＋
	12	＋	＋	＋	＋	＋
	13	＋	＋	＋	＋	＋
	14	＋	＋	＋	＋	＋
	15	＋	＋	＋	＋	＋
	16	＋	＋	＋	＋	＋
药理毒理研究资料	17	＋	＋	＋	＋	＋
	18	＋	±	＊8	＊9	＊9
	19	＋	±	＊8	＊9	＊9
	20	＋	±	＊8	＊9	＊9
	21	＋	±	±	＊11	＊11
	22	＋	±	＊8	－	－
	23	＋	±	±		
	24	＋	±	±		
	25	＋	±	±		
	26	＊5	＊5	＊5	－	－
	27	＊10	＊10	＊10	＊10	＊10
临床试验资料	28	＋	＋	＋	＋	＋
	29	＋	5-3	5-3	5-4	5-4
	30	＋	5-3	5-3	5-4	5-4
残留试验资料	31	＋	＋	＋	＋	＋
	32	＋	＋	＊12	＊13	＊13
	33	＋	＋	＊12	＊13	＊13
生态毒性试验资料	34	＋	＋	±	±	±

① 申请用于食品动物的新兽药注册，按照《注册资料项目表》的要求报送资料项目，并按申报资料项目顺序排列；申请用于非食品动物的新兽药注册，可以免报资料项目31~33，资料项目34仅需提供盛装药物的容器、未使用完的药物或废弃物对环境、水生生物、植物和其他非靶动物的影响和有效的处理方法。

② 单独申请药物制剂，必须提供原料药的合法来源证明文件，包括原料药生产企业的《营业执照》、销售发票、检验报告书、兽药标准等资料复印件。使用进口原料药的，应当提供《进口兽药注册证书》或者《兽药注册证书》、检验报告书、兽药标准等复印件。所用原料药不具有兽药批准文号、《进口兽药注册证书》或者《兽药注册证书》的，必须经农业农村部批准。

③ 同一活性成分制成的小水针、粉针剂、大输液之间互相改变的兽药注册申请，应当由具备相应剂型生产范围的兽药生产企业申报。

④ 下列新兽药应当报送致癌试验资料：a. 新兽药或其代谢产物的结构与已知致癌物质的结构相似的；b. 在长期毒性试验中发现有细胞毒作用或者对某些脏器、组织细胞生长有异常促进作用的；c. 致突变试验结果为阳性的。

⑤ 属于注册分类一类的新药，可以在重复给药毒性试验过程中进行毒代动力学研究。

⑥ 属于注册分类一类中3的兽药，应当报送消旋体与单一异构体比较的药效学、药代动力学和毒理学（一般为急性毒性）研究资料或者相关文献资料。在其消旋体安全范围较小、已有相关资料可能提示单一异构体的非预期毒性（与药理作用无关）明显增加时，还应当根据其临床疗程和剂量、适应证等因素综合考虑，提供单一异构体的重复给药毒性（一般为3个月以内）或者其他毒理研究资料（如生殖毒性）。

⑦ 属于注册分类一类中4的兽药，如其组分中不含有本说明4所述物质，可以免报资料项目23～25。

⑧ 属于注册分类三类的新兽药，应当提供与已上市销售药物比较的靶动物药代动力学、主要药效学、安全药理学和急性毒性试验资料，以反映改变前后的差异，必要时还应当提供重复给药毒性和其他药理毒理研究资料。如果改变后的此类药物已在国外上市销售，则按注册分类2的申报资料要求办理。

⑨ 属于注册分类四～五类中的复方制剂，应当提供复方制剂的主要药效学试验资料或者文献资料、安全药理研究的试验资料或者文献资料，复方抗微生物药物的敏感性试验资料或者文献资料，靶动物药代动力学试验资料或者文献资料。属于注册分类四～五类中的单方制剂，只需提供靶动物药代动力学试验资料或者文献资料。

⑩ 局部用药除按所属注册分类及项目报送相应资料外，应当报送资料项目27，必要时应当进行局部吸收试验。

⑪ 速释、缓释、控释制剂应当同时提供与普通制剂比较的单次或者多次给药的靶动物药代动力学研究资料。

⑫ 注册分类三类中3，人用药物转兽用的，用于食品动物，需要提供残留检测方法、残留消除试验。

⑬ 注册分类四、五用于食用动物的制剂，如果能进行生物等效试验，仅需制订残留检测方法，不需要进行残留消除试验；否则需要制订残留检测方法，并进行残留消除试验；复方制剂则应当建立复方中各有效成分残留的检测方法，并进行复方制剂残留消除试验。注册分类四、五中新的复方制剂，复方制剂中的多种成分药效、毒性、药代动力学相互影响的试验资料及文献资料未作要求。

⑭ 临床试验要求

a. 申请新兽药注册，应当进行临床试验。新兽药的临床试验包括Ⅰ、Ⅱ和Ⅲ期临床试验。

Ⅰ期临床试验：其目的是观察靶动物对于新药的耐受程度和药代动力学，测定可以耐受的剂量范围，明确按照推荐的给药途径、给药时适宜的安全范围和不能耐受的临床症状，为制定给药方案提供依据。

Ⅱ期临床试验：其目的是初步评价兽药对靶动物目标适应证的防治作用和安全性，确定合理的给药剂量方案。此阶段的研究设计可以根据具体的研究目的，采用人工发病模型或自然病例，进行随机对照临床试验。

Ⅲ期临床试验：其目的是进一步验证兽药对靶动物目标适应证的防治作用和安全性，评价利益与风险关系，最终为兽药注册申请获得批准提供充分的依据。试验应为具有足够样本量的随机盲法对照试验。

b. 临床试验的动物数应当符合统计学要求和最低动物数要求。各种临床试验的最低动物数（每个试验组）要求见具体试验指导原则。

c. 属于注册分类二、三类的新兽药，应当进行靶动物药代动力学试验和临床试验。

d. 属于注册分类四、五类的新兽药，临床试验按照下列原则进行。

（a）改变给药途径的新单方制剂，需进行靶动物的药代动力学和临床试验。

（b）仅改变已上市销售的兽药，但不改变给药途径的新单方制剂，按以下原则进行。

ⅰ 口服制剂可仅进行血药生物等效性试验；

ⅱ 难以进行血药生物等效性试验的口服制剂，可进行临床生物等效性试验；

ⅲ 速释、缓释、控释制剂应当进行单次和多次给药的临床试验；

ⅳ 同一活性成分制成的小水针、粉针剂、大输液之间互相改变的兽药注册申请，给药途径和方法、剂量等与原剂型药物一致的，一般可以免临床试验。

（c）其他，应进行靶动物的药代动力学和临床试验。

⑮ 残留试验要求

a. 申请注册用于食用动物的兽药，应当进行残留试验。残留试验包括建立残留检测方法和确定休药期的残留消除试验。

b. 在进行残留试验前，应根据实验动物的毒理学研究结果，确定最大无作用剂量，根据国际通行的规则制定出人每日允许摄入量，再分别计算出各种可食组织中的最高残留限量。

c. 根据拟定的最高残留限量，研究建立相应的残留定性和定量检测方法。

d. 根据临床试验确定的有效使用剂量，研究推荐剂量下兽药在靶动物组织中的代谢，以确定残留标示物和残留检测靶组织；研究在靶动物组织中的残留消除，以确定休药期。

e. 残留消除试验的动物数应当符合统计学要求和最低动物数要求，残留消除试验的最低动物数（每个试验组）要求见具体试验指导原则。

（4）食品动物用兽药产品注册要求补充规定（农业部公告第 2223 号） 为加强兽药管理，保障动物源性食品安全，根据《兽药管理条例》《兽药注册办法》规定，农业部公告第 2223 号就食品动物用兽药产品注册要求补充规定，2015 年 3 月 2 日起开始实施，具体要求如下：

在我国申请注册用于食品动物的兽药产品，其有效成分尚无国家兽药残留限量标准和兽药残留检测方法标准的，注册申报时应提交兽药残留限量标准和兽药残留检测方法标准建议草案。批准兽药注册时，兽药残留限量标准（试行）和兽药残留检测方法标准（试行）与兽药质量标准一并发布实施。

兽药注册申请单位在提交兽药残留检测方法标准研究资料时，除提交兽药残留检测方法标准草案、起草说明及相关数据，还应提交 2 家有资质单位出具的该兽药残留检测方法标准验证试验报告及其说明。

新兽药注册类应在农业部公告第 442 号中《化学药品注册分类及注册资料要求》项目 32 "残留检测方法及文献资料" 项下提交有关材料；进口兽药注册类应在补充材料中提交有关材料。

在兽药产品注册复核检验的同时，中国兽医药品监察所应对兽药残留检测方法标准实施复核检验，并出具复核检验报告及其说明。

在新兽药监测期内或进口兽药注册证书有效期内，兽药注册申请单位应向全国兽药残留专家委员会办公室提交兽药残留限量标准（试行）、兽药残留检测方法标准（试行）转为国家标准的申请及其相关材料，并通过全国兽药残留专家委员会的技术审查。监测期内或有效期届满前未通过全国兽药残留专家委员会审查的，应暂停生产或进口该产品。自暂停生产或暂停进口之日起 2 年内，仍未通过全国兽药残留专家委员会审查的，注销该产品质量标准、兽药残留限量标准（试行）和兽药残留检测方法标准（试行），并注销该产品已取得的产品批准文号或进口兽药注册证书。

拟申报或已进入兽药评审程序的产品，按农业部公告第 2223 号规定执行。

（5）宠物用化学药品注册临床资料要求（农业农村部公告第 261 号）　为促进宠物用药创新研制，有效满足宠物临床用药需求，农业农村部调整了宠物用化学药品注册临床资料要求，农业农村部公告第 261 号对新兽药注册中第二类和第五类中资料减免的情形进行了规定，于 2020 年 1 月 19 日起开始实施，具体要求如下：

① 注册分类第二类。国外已上市销售但在国内未上市销售的兽用原料及其制剂。

a. 兽用原料药及其宠物用制剂均未在境内上市的。临床试验研究资料应提供该制剂与原研兽药比较的药代动力学研究资料和与原研兽药对照的Ⅲ期临床试验研究资料。不需要提供靶动物安全性试验资料（在临床使用中观察不良反应情况，并按规定上报）。

b. 兽用原料药未在境内上市，但其宠物用制剂已在境内上市的。临床试验研究资料应提供该制剂与原研兽药进行的生物等效性研究资料；不能进行生物等效性研究的，应提供与原研兽药对照的Ⅲ期临床试验研究资料。如果符合生物等效性豁免的产品，制剂可不提交临床试验资料。不需要提供靶动物安全性试验资料（在临床使用中观察不良反应情况，并按规定上报）。

② 注册分类第五类　国外已上市销售但在国内未上市销售的制剂。

a. 临床试验研究资料应提供该制剂与原研兽药进行的生物等效性研究资料；不能进行生物等效性研究的或符合生物等效性豁免的产品，应提供与原研兽药对照的Ⅲ期临床试验研究资料。

b. 不需要提供靶动物安全性试验资料（在临床使用中观察不良反应情况，并按规定上报）。

③ 其他注册类别用于宠物的新兽药，均应按照原农业部公告第 442 号的要求提交临床试验资料。

（6）人用化学药品转宠物用化学药品注册资料要求（农业农村部公告第 330 号）　为解决当前兽医临床上宠物用药的短缺问题，推动宠物用化学药品的研发和上市，在保证安全、有效、质量可控的前提下，借鉴相关评审评价方法，制定人用化学药品转宠物用化学药品注册资料要求。已批准上市的人用化学药品拟转宠物用的，按照该要求提交产品注册资料，但处于药品监测期、行政保护期内的人用化学药品以及人用关键抗菌药物不得转为宠物用。农业农村部公告第 330 号于 2020 年 9 月 7 日发布，并自发布之日起开始实施。

① 人用化学药品的范围。人用化学药品包括《中国药典》或国家药品标准（不含试行标准）收载的原料药和制剂。

② 原料药注册要求

a. 药理毒理研究资料要求：农业部公告第 442 号化学药品注册分类及注册资料要求中 22 急性毒性试验资料及文献资料、23 亚慢性毒性试验资料及文献资料、24 致突变试验资料及文献资料、25 生殖毒性试验（含致畸试验）资料及文献资料、26 慢性毒性（含致癌试验）资料及文献资料、27 过敏性（局部、全身和光敏毒性）、溶血性和局部（血管、皮肤、黏膜、肌肉等）刺激性等主要与局部、全身给药相关的特殊安全性试验资料免报。

b. 残留试验资料：不需要提供确定最大无作用剂量（NOEL）、人每日允许摄入量（ADI）、可食组织中的最高残留限量（MRL）的依据等资料。农业部公告第442号化学药品注册分类及注册资料要求中31国内外残留试验资料综述、32残留检测方法及文献资料、33残留消除试验研究资料免报。

c. 生态毒性试验资料：农业部公告第442号化学药品注册分类及注册资料要求中34生态毒性试验资料及文献资料免报。

d. 获得原料药品生产企业的授权和技术转让的药学资料要求：仅需提供原料药品生产企业的授权和技术转让的证明性文件、国家药品监督管理局批准的原料药生产工艺、药品注册标准、工艺验证资料及自检报告。

③ 制剂注册要求

a. 药学资料要求：应提供与药品原研产品或通过一致性评价的产品的药学比对研究资料，具体内容参照《农业部办公厅关于印发〈兽药比对试验产品药学研究等资料要求〉的通知》（农办医〔2016〕60号）。

b. 药理毒理研究资料要求：农业部公告第442号化学药品注册分类及注册资料要求中22急性毒性试验资料及文献资料、23亚慢性毒性试验资料及文献资料、24致突变试验资料及文献资料、25生殖毒性试验（含致畸试验）资料及文献资料、26慢性毒性（含致癌试验）资料及文献资料免报。

c. 残留试验资料：农业部公告第442号化学药品注册分类及注册资料要求中31国内外残留试验资料综述、32残留检测方法及文献资料、33残留消除试验研究资料免报。

d. 生态毒性试验资料：农业部公告第442号化学药品注册分类及注册资料要求中34生态毒性试验资料及文献资料免报。

e. 单独申报制剂时的原料部分药学资料要求：根据《兽药注册办法》和农业部442号公告的要求，国内企业申报人用药物转兽用注册时，需要同时注册原料药。考虑到原料药已经被药品主管部门批准，其生产工艺、质量标准、临床前药理毒理等已得到评价，作为兽药使用，仅需评价制剂在靶动物上的安全性、有效性和质量可控性即可。原料可以不注册，但应提供原料生产企业《药品生产许可证》《药品GMP证书》、原料药批件的复印件（以上复印件需要加盖原料生产企业公章）、采购合同、发票、检验报告的复印件、原料药检验报告。

f. 获得药品制剂生产企业的授权和技术转让的药学资料要求：仅需提供药品制剂生产企业的授权和技术转让的证明性文件、国家药品监督管理局批准的制剂处方及生产工艺、药品注册标准、工艺验证资料及自检报告。

④ 其他要求同农业部公告第442号、农业农村部公告第261号。

（7）废止的药物饲料添加剂品种增加治疗用途注册资料要求（农业农村部公告第330号） 农业农村部公告第246号废止了仅有促生长作用药物作为饲料添加剂的产品质量标准。被废止标准的品种如增加治疗用途，应重新申请兽药注册或进口兽药注册，按照农业农村部公告第330号中《废止的药物饲料添加剂品种增加治疗用途注册资料要求》提交产品注册资料。符合注册要求的境内兽药注册，予以公告，发布或核准兽药质量标准和标签说明书，不核发新兽药注册证书，生产企业按照《兽药产品批准文号管理办法》有关规定申请核发兽药产品批准文号。符合注册要求的进口兽药注册，予以公告，发布兽药质量标准和标签说明书，核发进口兽药注册证书。农业农村部公告第330号于2020年9月7日发布，并自发布之日起开始实施。

① 在农业农村部公告 246 号废止标准目录中的企业（简称"目录企业"）申请新兽药注册或进口兽药注册，若药学部分（处方、生产工艺、兽药标准、检验方法、原辅料来源、包材等）与批准内容相比没有改变的（进口兽药与最近一次再注册比较），可简化提交申报资料。

a. 综述资料部分：按农业部公告第 442 号要求提供，进口兽药注册还应提供生产企业所在国家（地区）兽药管理机构批准变更的证明性文件及公证文书。

b. 药学部分：提供药学研究资料综述（处方、生产工艺、检验方法、原辅料来源、标准品信息、稳定性等）、质量标准、最近 1～3 批样品检验报告，不再提供批生产记录。

c. 药理毒理部分：仅提供药理毒理部分综述资料。

d. 临床和残留部分：按农业部公告第 442 号要求提供详细完整的 I 期临床试验（药动学、剂量筛选）、II 期临床试验、III 期临床试验（包括致病菌临床分离株敏感性研究资料）、靶动物安全和残留部分研究资料。

e. 生态毒性部分：免报。

② 未在农业农村部公告 246 号废止标准目录中的企业（简称："非目录企业"）申请，或目录企业药学部分有改变的。境内注册按农业部公告第 442 号 4 类兽药注册资料要求提交申报资料，进口兽药注册按照进口兽药注册资料要求提交资料。

③ 对目录企业的注册申请，视改变的风险决定是否进行复核检验。对非目录企业的注册申请，全部进行复核检验。

2.6.2　兽用中药、兽用天然药物注册技术资料要求

（1）兽用中药、兽用天然药物注册具体的申报项目

兽用中药、兽用天然药物注册具体的申报项目见表 2-11。

表 2-11　兽用中药、兽用天然药物注册具体申报项目

项目	具体项目内容
（一）综述资料	1. 兽药名称 2. 证明性文件 3. 立题目的与依据 4. 对主要研究结果的总结及评价 5. 兽药说明书样稿、起草说明及最新参考文献 6. 包装、标签设计样稿
（二）药学研究资料	7. 药学研究资料综述 8. 药材来源及鉴定依据 9. 药材生态环境、生长特征、形态描述、栽培或培植（培育）技术、产地加工和炮制方法等 10. 药材性状、组织特征、理化鉴别等研究资料（方法、数据、图片和结论）及文献资料 11. 提供植、矿物标本，植物标本应当包括花、果实、种子等 12. 生产工艺的研究资料及文献资料，辅料来源及质量标准 13. 确证化学结构或组分的试验资料及文献资料 14. 质量研究工作的试验资料及文献资料 15. 兽药质量标准草案及起草说明，并提供兽药标准物质的有关资料 16. 样品的检验报告书 17. 药物稳定性研究的试验资料及文献资料 18. 直接接触兽药的包装材料和容器的选择依据及质量标准

项目	具体项目内容
（三）药理毒理研究资料	19. 药理毒理研究资料综述 20. 主要药效学试验资料及文献资料 21. 安全药理研究的试验资料及文献资料 22. 急性毒性试验资料及文献资料 23. 长期毒性试验资料及文献资料 24. 致突变试验资料及文献资料 25. 生殖毒性试验(含致畸试验)资料及文献资料 26. 致癌试验资料及文献资料 27. 过敏性(局部、全身和光敏毒性)、溶血性和局部(血管、皮肤、黏膜、肌肉等)刺激性等主要与局部、全身给药相关的特殊安全性试验资料
（四）临床试验资料	28. 临床试验资料综述 29. 临床研究计划与试验方案 30. 临床研究与试验报告 31. 靶动物药代动力学和残留试验资料及文献资料

（2）部分兽用中药、兽用天然药物注册资料具体项目内容说明

① 资料项目1（兽药名称）：包括兽药的中文名、汉语拼音、英文名及命名依据。

② 资料项目2（证明性文件）：a. 申请人合法登记证明文件；b. 申请的兽药或者使用的处方、工艺等专利情况及其权属状态情况说明，以及对他人的已有专利不构成侵权的保证书；c. 兽用麻醉药品、精神药品、毒性药品研制立项批复文件复印件；d. 直接接触兽药的包装材料（或容器）应符合药用包装材料的有关规定。

③ 资料项目3（立题目的与依据）：中药材、天然药物应当提供有关古、现代文献资料综述。中兽药、天然药物制剂应当提供处方来源和选题依据，有关传统中兽医或中医理论、古籍文献资料、国内外研究现状或生产、使用情况的综述，以及对该品种创新性、可行性等的分析，包括和已有兽药国家标准的同类品种的比较。

④ 资料项目4（对研究结果的总结及评价）：包括申请人对主要研究结果进行的总结，及从安全性、有效性、质量可控性等方面对所申报品种进行的综合评价。

⑤ 资料项目5（兽药说明书样稿、起草说明及最新参考文献）：包括按有关规定起草的兽药说明书样稿、说明书各项内容的起草说明、有关安全性和有效性等方面的最新文献。

⑥ 资料项目16（样品的检验报告是指对申报样品的自检报告）：报送资料时应提供连续3批样品的自检报告及样品。

⑦ 由于新兽药品种的多样性和复杂性，在申报时，应当结合具体品种的特点进行必要的相应研究。如果申请减免试验，应当充分说明理由。

（3）兽用中药、兽用天然药物注册具体注册类别的申报项目

① 申请新兽药注册，按照兽用中药、兽用天然药物具体注册类别的要求报送资料项目1～31的资料（表2-12）。

② 中药材的代用品如果未被兽药国家标准收载，除按注册分类第一类2的要求提供申报资料外，还应当与被替代药材进行药效、毒理的对比试验，并通过相关制剂进行临床等效性研究；中药材的代用品如果已被兽药国家标准收载，应当通过相关制剂进行临床等效性研究。中药材的代用品获得批准后，申请使用该代用品的制剂应当按补充申请办理，但应严格限定在被批准的可替代的功能范围内。如果代用品为单一成分，应当提供动物药代动力学试验资料及文献资料，用于食品动物时应当提供残留试验资料，并制定休药期。

表 2-12　兽用中药、兽用天然药物具体注册类别及相应项目要求表

资料分类	资料项目	第一类 (1)	(2)	(3)	第二类 (1)	(2)	(3)	第三类 (1)	(2)	(3)	第四类
综述资料	1	+	+	+	+	+	+	+	+	+	+
	2	+	+	+	+	+	+	+	+	+	+
	3	+	+	+	+	+	+	+	+	+	+
	4	+	+	+	+	+	+	+	+	+	+
	5	+	+	+	+	+	+	+	+	+	+
	6	+	+	+	+	+	+	+	+	+	+
药学资料	7	+	+	+	+	+	+	+	+	+	+
	8	+	+	+	+	+	+	+	+	+	+
	9	−	+	▲		▲		▲	▲	▲	
	10	−	+	▲	−	▲	−	▲	▲	▲	
	11	−	+	▲		▲		▲	▲	▲	
	12	+	+	▲	+		+	+	+	+	+
	13	+	+				−	*6	*7		
	14	+	+								
	15	+	+	▲	+	+	+	+	+	+	+
	16	+	+	+	+	+	+	+	+	+	+
	17	+	+	▲	+	+	+	+	+	+	+
	18	+	+	+	+	+	+	+	+	+	+
药理毒理资料	19	+	+	*2	+	+	*5	+	+	+	*11
	20	+	+	*2	+	+	*5	+	+	+	*11
	21	+	+	*2	+	+	−	*6	*7	+	−
	22	+	+	*2	+	+	*5	+	+	+	*11
	23	+	+	*2	+	+	*5	+	+	+	*11
	24	+	+	▲	+	+	−	*6	*7	+	−
	25	+	+	▲	+	+	−	*6	*7	+	−
	26#	+	+	▲	+	▲	−	*6	*7	+	−
	27	*9	*9	*9	*9	*9	*9	*9	*9	+	*9
临床资料	28	+	+	+	+	+	+	+	+	+	+
	29	+	+	+	+	+	+	+	+	+	*11
	30	+	+	+	+	+	+	+	+	+	*11
	31			*2				*6	*7	−	

注："+"指必须报送的资料；"±"指可以用文献综述代替试验资料；"−"指可以免报的资料；"*"指按照说明的要求报送资料，如*7，指见说明之第7条；"26#"表示与已知致癌物质有关、代谢产物与已知致癌物质相似的新兽药，在长期毒性试验中发现有细胞毒作用或对某些脏器、组织细胞有异常显著促进作用的新兽药，致突变试验阳性的新兽药，均需报送致癌试验资料；"▲"表示具有兽药国家标准的中药材、天然药物（除"#"所标示的情况外）可以不提供，否则必须提供资料。

③ 未在国内上市销售的中药、天然药物中提取的有效成分及制剂，其单一成分的含量应当占总提取物的90%以上，固体制剂同时还需提供溶出度的试验资料。

④ 未在国内上市销售的中药、天然药物中提取的有效部位制成的制剂，其有效部位的含量应占总提取物的50%以上。有效部位的制剂除按要求提供申报资料外，尚需提供以下资料：a.申报资料项目第12项中需提供有效部位筛选的研究资料或文献资料；申报资料项目第13项中需提供有效部位主要化学成分研究资料及文献资料（包括与含量测定有关的对照品的相关资料）；b.由数类成分组成的有效部位，应当测定每类成分的含量，并对每类成分中的代表成分进行含量测定且规定下限（对有毒性的成分增加上限控制）。申请由同类成分组成的有效部位制成的制剂，如其中含有已上市销售的从中药、天然药物

中提取的有效成分，且功能主治相同，则应当与该有效成分进行药效学及其他方面的比较，以证明其优势和特点。

⑤ 传统中兽药复方制剂，处方中药材必须具有兽药国家标准，并且该制剂的主治病证在国家中成药标准中没有收载，可免做药效、毒理研究。但是，如果有下列情况之一者需要做毒理试验：a. 含有兽药国家标准中标示有毒性（剧毒或有毒）及现代毒理学证明有毒性的药材；b. 含有十八反、十九畏的配伍禁忌。

⑥ 现代中兽药复方制剂，处方中使用的药用物质应当具有兽药国家标准，如果处方中含有无兽药国家标准的药用物质，应当参照注册分类中第一类2的要求提供临床前的相应申报资料；如果处方中含有天然药物、有效成分或化学药品，则应当对上述药用物质在药理、毒理方面的相互作用（增效、减毒或互补作用）进行相应的研究；如处方中含有化学药品并用于食品动物时应当提供残留试验资料，并制定休药期。

⑦ 兽用天然药物复方制剂应当提供多组分药效、毒理相互影响的试验资料及文献资料，处方中如果含有无兽药国家标准的药用物质，还应当参照注册分类中第一类2的要求提供临床前的相应申报资料。

⑧ 进口中兽药、天然药物制剂按注册分类中的相应要求提供申报资料。

⑨ 局部用药的制剂尚需报送局部用药毒性研究的试验资料及文献资料。

⑩ 中兽药、天然药物注射剂的主要成分应当基本清楚。鉴于对中兽药、天然药物注射剂安全性和质量控制复杂性的考虑，对其技术要求另行制定。

⑪ 改变剂型应当说明新制剂的优势和特点。新制剂的适应证原则上应当同原制剂。其中某些适应证疗效不明显或无法通过药效或临床试验证实的，应当提供相应的研究资料。

a. 改变剂型或改变生产工艺时，如果生产工艺有质的改变，申报资料应当提供新制剂与原制剂在制备工艺、剂型、质量标准、稳定性、药效学、临床等方面的对比试验及毒理学的研究资料。

b. 改变剂型或改变生产工艺时，如果生产工艺无质的改变，可减免药理、毒理和临床的申报资料。

c. 改变工艺的制剂，仅限于有该品种批准文号的生产企业申报，其中工艺无质的改变，按照补充申请办理。

⑫ 按新兽药申请的药物应当按照兽药临床试验指导原则的要求进行临床试验。

⑬ 中药材代用品的功能替代研究应当从兽药国家标准中选取能够充分反映被代用药材功效特征的中兽药制剂作为对照药进行比较研究，每个功效或适应证需经过两种以上中药制剂进行验证。

⑭ 改变给药途径、改变剂型或者工艺有质的改变的制剂，应当根据兽药的特点，设计不同目的的临床试验；进行生物等效性试验的兽药，可以免临床试验；缓释、控释制剂，应当进行动物药代动力学研究和临床试验。临床前研究工作应当包括缓释、控释制剂与其普通制剂在药学和生物学方面的比较研究，以揭示此类制剂特殊释放的特点。

（4）人用中药转为宠物用中药注册资料要求（农业农村部公告第610号） 为进一步优化宠物用兽药注册工作，合理利用现有药物资源，加快丰富宠物用兽药品种，更好地满足宠物诊疗需要，农业农村部公告第610号发布了《人用中药转为宠物用中药注册资料要求》，自2022年10月11日发布之日起开始实施。

① 适用范围：人用中药转为宠物用中药是按现行有效的人用中药药品标准生产和检验的，用于宠物的中药制剂。人用中药转为宠物用中药的处方组成、制法、包装材料应与

人用中药一致，功能应与人用中药相同，主治应相同或基本相同。处于药品监测期、行政保护期内的人用中药不适用本注册资料要求。

② 注册要求

a. 药学研究资料要求

（a）注册申请人为人用中药原研单位或获得该人用中药产品批准文号企业技术转让的，直接提交注册人用中药时的药学研究资料，无需进行新的药学试验。

（b）注册申请人为自行研究人用中药产品的，对于标准中制法参数明确的，需提供详细的工艺验证资料；对于参数不明确的，应提供详细的工艺研究资料。鼓励注册申请人采取挑战试验（参数接近可接受限度）验证工艺的可行性和可靠性。质量标准应不低于人用中药质量标准，并提供至少 3 批自研产品与人用中药产品对比检验报告。鼓励注册申请人制定优于原标准的质量标准。注册申请人应提供影响因素试验、加速试验和至少 6 个月的长期试验的稳定性研究资料，提出贮存条件和有效期，并承诺继续进行长期稳定性考察，以确保有效期。

（c）对于因人用中药产品规格不适用于兽医临床使用的、仅对规格（如胶囊剂、片剂等）调整的情况，注册申请人应提供工艺验证资料和至少 6 个月的长期试验的稳定性研究资料，并承诺继续进行长期稳定性考察，以确保有效期。

b. 药理毒理研究资料要求：农业部公告第 442 号中《中兽药、天然药物分类及注册资料要求》注册资料项目 20 至 26 项资料免报。

c. 临床研究资料要求

（a）制剂或处方在中（兽）医典籍中有相关宠物用药剂量依据，可减免实验性临床试验研究资料，但须提供典籍出处的详细背景资料，如典籍封面、所涉及的目录、正文资料等，必要时应进行考证。

（b）处方在宠物临床上已有试验数据（累计病例数不少于 100 例且有完整的病历记录），且用药剂量明确，申报制剂与临床实践剂型、制备工艺基本一致，可减免靶动物安全性试验资料和实验性临床试验资料，但须提供临床使用情况资料，包括临床使用的宠物诊疗机构（名称、地域）、起始年月、科室、靶动物群体、靶动物数量、使用剂次、不良反应情况等背景资料和病历记录数据等。

（c）已有安全性研究或文献资料证实对靶动物无毒性的，可减免靶动物安全性试验。

（d）对于静脉给药的注射剂，应提供靶动物安全性试验资料。

d. 其他要求：同农业部公告第 442 号。

2.6.3　预防用兽用生物制品注册技术资料要求

（1）预防用兽用生物制品注册具体的申报项目

预防用兽用生物制品注册具体的申报项目见表 2-13。

表 2-13　预防用兽用生物制品注册具体的申报项目

项目	具体内容
（一）一般资料	1. 生物制品的名称 2. 证明性文件 3. 制造及检验试行规程（草案）、质量标准及其起草说明，附各项主要检验的标准操作程序 4. 说明书、标签和包装设计样稿

项目	具体内容
（二）生产与检验用菌（毒、虫）种的研究资料	5. 生产用菌（毒、虫）种来源和特性 6. 生产用菌（毒、虫）种种子批建立的有关资料 7. 生产用菌（毒、虫）种基础种子的全面鉴定报告 8. 生产用菌（毒、虫）种最高代次范围及其依据 9. 检验用强毒株代号和来源 10. 检验用强毒株纯净、毒力、含量测定、血清学鉴定等试验的详细方法和结果
（三）生产用细胞的研究资料	11. 来源和特性：生产用细胞的代号、来源、历史（包括细胞系的建立、鉴定和传代等），主要生物学特性、核型分析等研究资料 12. 细胞库：生产用细胞原始细胞库、基础细胞库建库的有关资料，包括各细胞库的代次、制备、保存及生物学特性、核型分析、外源因子检验、致癌/致肿瘤试验等 13. 代次范围及其依据
（四）主要原辅材料选择的研究资料	14. 来源、检验方法和标准、检验报告等
（五）生产工艺的研究资料	15. 主要制造用材料、组分、配方、工艺流程等 16. 制造用动物或细胞的主要标准 17. 构建的病毒或载体的主要性能指标（稳定性、生物安全） 18. 疫苗原液生产工艺的研究
（六）产品的质量研究资料	19. 成品检验方法的研究及其验证资料 20. 与同类制品的比较研究报告 21. 用于实验室试验的产品检验报告 22. 实验室产品的安全性研究报告 23. 实验室产品的效力研究报告 24. 至少3批产品的稳定性（保存期）试验报告
（七）中间试制研究资料	25. 由中间试制单位出具的中间试制报告
（八）临床试验研究资料	26. 临床试验研究资料 27. 临床试验期间进行的有关改进工艺、完善质量标准等方面的工作总结及试验研究资料

（2）预防用兽用生物制品注册资料说明

① 一般资料

a. 新制品的名称包括通用名、英文名、汉语拼音和商品名。通用名应符合"兽用生物制品命名原则"的规定。必要时，应提出命名依据。

b. 证明性文件包括：申请人合法登记的证明文件、基因工程产品的安全审批书、实验动物合格证、实验动物使用许可证、临床试验批准文件等证件的复印件；申请的新制品或使用的配方、工艺等专利情况及其权属状态的说明，以及对他人的专利不构成侵权的保证书；研究中使用了一类病原微生物的，应当提供批准进行有关实验室试验的批准性文件复印件；直接接触制品的包装材料和容器合格证明的复印件。

c. 制造及检验试行规程（草案）、质量标准，应参照有关要求进行书写。起草说明中应详细阐述各项主要标准的制定依据和国内外生产使用情况。各项检验的标准操作程序应详细并具有可操作性。

d. 说明书、标签和包装设计样稿，应按照国家有关规定进行书写和制作。

② 生产与检验用菌（毒、虫）种的研究资料

a. 生产用菌（毒、虫）种来源和特性包括原种的代号、来源、历史（包括分离、鉴定、选育或构建过程等），感染滴度，血清学特性或特异性，细菌的形态、培养特性、生化特性，病毒对细胞的适应性等研究资料。

b. 生产用菌（毒、虫）种种子批（生产用菌（毒、虫）种原始种子批、基础种子批）建立的有关资料，包括各种子批的传代方法、数量、代次、制备、保存方法。

c. 生产用菌（毒、虫）种基础种子的全面鉴定报告（附各项检验的详细方法），包括：外源因子检测、鉴别检验、感染滴度、免疫原性、血清学特性或特异性、纯粹或纯净性、毒力稳定性、安全性、免疫抑制特性等。

d. 检验用强毒株包括试行规程（草案）中规定的强毒株以及研制过程中使用的各个强毒株。对已有国家标准强毒株的，应使用国家标准强毒株。

③ 生产用菌（毒、虫）种和生产用细胞研究资料的免报。细菌类疫苗一般可免报资料项目 11、12、13。DNA 疫苗和合成肽疫苗一般可免报资料项目 5、6、7、8、11、12、13。

④ 主要原辅材料选择的研究资料。对生产中使用的原辅材料，如国家标准中已经收载，则应采用相应的国家标准，如国家标准中尚未收载，则建议采用相应的国际标准。牛源材料符合国家有关规定的资料。

⑤ 生产工艺的研究资料。资料项目 18 中应包括优化生产工艺的主要技术参数，根据适用情况，可能包括细菌（病毒或寄生虫等）的接种量、培养或发酵条件、灭活或裂解工艺的条件；活性物质的提取和纯化；对动物体有潜在毒性物质的去除；联苗中各活性组分的配比和抗原相容性研究资料；乳化工艺研究；灭活剂、灭活方法、灭活时间和灭活检验方法的研究。

⑥ 产品的质量研究资料

a. 资料项目 20 仅适用于第三类制品。根据（毒、虫）株、抗原、主要原材料或生产工艺改变的不同情况，可能包括下列各项中的一项或数项中部分或全部内容：与原制品的安全性、效力、免疫期、保存期比较研究报告；与已上市销售的其他同类疫苗的安全性、效力、免疫期、保存期比较研究报告；联苗与各单苗的效力、保存期比较研究报告。

b. 资料项目 22 根据适用情况，可能包括的内容有：用于实验室安全试验的实验室产品的批数、批号、批量，试验负责人和执行人，试验时间和地点，主要试验内容和结果；对非靶动物、非使用日龄动物的安全试验；疫苗的水平传播试验；对最小使用日龄靶动物、各种接种途径的一次单剂量接种的安全试验；对靶动物单剂量重复接种的安全性；至少 3 批制品对靶动物一次超剂量接种的安全性；对怀孕动物的安全性；疫苗接种对靶动物免疫学功能的影响；对靶动物生产性能的影响；根据疫苗的使用动物种群、疫苗特点、免疫剂量、免疫程序等，提供有关的制品毒性试验研究资料。必要时提供休药期的试验报告。

c. 资料项目 23 根据适用情况，可能包括的内容有：用于实验室效力试验的实验室产品的批数、批号、批量，试验负责人和执行人，试验时间和地点，主要试验内容和结果；至少 3 批制品通过每种接种途径对每种靶动物接种的效力试验；抗原含量与靶动物免疫攻毒保护结果相关性的研究；血清学效力检验与靶动物免疫攻毒保护结果相关性的研究；实验动物效力检验与靶动物效力检验结果相关性的研究；不同血清型或亚型间的交叉保护试验研究；免疫持续期试验；子代通过母源抗体获得被动免疫力的效力和免疫期试验；接种后动物体内抗体消长规律的研究；免疫接种程序的研究资料。

⑦ 中间试制报告。中间试制报告应由中间试制单位出具，应包括：中间试制的生产负责人和质量负责人、试制时间和地点；生产产品的批数（连续 5～10 批）、批号、批量；

每批中间试制产品的详细生产和检验报告；中间试制中发现的问题等。

⑧ 临床试验研究资料。应按照有关技术指导原则的要求提出拟进行的临床试验的详细方案，并报告已经进行的临床试验的详细情况。临床试验中应使用至少 3 批经检验合格的中间试制产品进行较大范围、不同品种的使用对象动物试验，进一步观察制品的安全性和效力。

临床试验中每种靶动物的数量应符合农业部公告 2326 号和农业农村部公告第 588 号要求，申请第一类制品的临床试验动物数量应加倍。

（3）预防用兽用生物制品注册资料项目

预防用兽用生物制品注册资料项目见表 2-14。

表 2-14　预防用兽用生物制品注册资料项目

注："＋"表示必须报送的资料。

资料分类	资料项目	注册分类及资料项目要求		
		第一类	第二类	第三类
一般资料	1	＋	＋	＋
	2	＋	＋	＋
	3	＋	＋	＋
	4	＋	＋	＋
生产与检验用菌（毒、虫）种的研究资料	5	＋	＋	＋
	6	＋	＋	＋
	7	＋	＋	＋
	8	＋	＋	＋
	9	＋	＋	＋
	10	＋	＋	＋
生产用细胞的研究资料	11	＋	＋	＋
	12	＋	＋	＋
	13	＋	＋	＋
主要原辅材料选择的研究资料	14	＋	＋	＋
生产工艺的研究资料	15	＋	＋	＋
	16	＋	＋	＋
	17	＋	＋	＋
	18	＋	＋	＋
产品的质量研究资料	19	＋	＋	＋
	20	＋	＋	＋
	21	＋	＋	＋
	22	＋	＋	＋
	23	＋	＋	＋
	24	＋	＋	＋
中间试制研究资料	25	＋	＋	＋
临床试验研究资料	26	＋	＋	＋
	27	＋	＋	＋

2.6.4　治疗用兽用生物制品注册技术资料要求

（1）治疗用兽用生物制品注册具体的申报项目

治疗用兽用生物制品注册具体的申报项目见表 2-15。

表 2-15　治疗用兽用生物制品注册具体的申报项目

项目	具体内容
（一）一般资料	1. 生物制品的名称 2. 证明性文件 3. 制造及检验试行规程(草案)、质量标准及其起草说明,附各项主要检验的标准操作程序 4. 说明书、标签和包装设计样稿
（二）生产用原材料 研究资料	5. 生产用动物、生物组织或细胞、原料血浆的来源、收集及质量控制等研究资料 6. 生产用细胞的来源、构建(或筛选)过程及鉴定等研究资料 7. 菌(毒、虫)种、细胞种子库的建立、检验、保存及传代稳定性资料 8. 生产用其他原材料的来源及质量标准
（三）检验用强毒株的 研究资料	9. 代号和来源 10. 纯净、毒力、含量测定、血清学鉴定等试验的详细方法和结果
（四）生产工艺研究资料	11. 原液或原料生产工艺的研究资料 12. 制品配方及工艺的研究资料 13. 辅料的来源和质量标准
（五）制品质量研究资料	14. 成品检验方法的研究及其验证资料 15. 与同类制品的比较研究报告 16. 用于实验室试验的产品检验报告 17. 至少 3 批实验室产品的安全性研究报告 18. 至少 3 批实验室产品的疗效研究报告 19. 至少 3 批产品的稳定性(保存期)试验报告
（六）中间试制报告	20. 由中间试制单位出具的中间试制报告
（七）临床试验研究资料	21. 临床试验研究资料 22. 临床试验期间进行的有关改进工艺、完善质量标准等方面的工作总结及试验研究资料

（2）治疗用兽用生物制品注册资料说明

① 一般资料

a. 新制品的名称包括通用名、英文名、汉语拼音和商品名。通用名应符合"兽用生物制品命名原则"的规定。必要时,应提出命名依据。

b. 证明性文件包括：申请人合法登记的证明文件、基因工程产品的安全审批书、实验动物合格证、实验动物使用许可证等证件的复印件；申请的新制品或使用的配方、工艺等专利情况及其权属状态的说明,以及对他人的专利不构成侵权的保证书；研究中使用了一类病原微生物的,应当提供批准进行有关实验室试验的批准性文件复印件；直接接触制品的包装材料和容器合格证明的复印件。

c. 制造及检验试行规程(草案)、质量标准,应参照有关要求进行书写。起草说明中应详细阐述各项主要标准的制定依据和国内外生产使用情况。各项检验的标准操作程序应详细并具有可操作性。

d. 说明书、标签和包装设计样稿,应按照国家有关规定进行书写和制作。

② 生产用原材料研究资料。制品的生产中涉及菌(毒、虫)种或细胞株时,则应按照"预防用兽用生物制品"申报资料中的有关要求提交生产用菌(毒、虫)种或生产用细胞的研究资料。

③ 检验用强毒株的研究资料。检验用强毒株包括试行规程(草案)中规定的强毒株以及研制过程中使用的各个强毒株。对已有国家标准强毒株的,应使用国家标准强毒株。

④ 原液或原料生产工艺的研究资料。根据适用情况,可能包括细菌(病毒或寄生虫等)的接种量、培养或发酵条件、灭活或裂解工艺的条件。活性物质的提取和纯化。制品

中可能存在对动物有潜在毒性的物质时，应提供生产工艺去除效果的验证资料，制定产品中的限量标准并提供依据。各活性组分的配比和相容性研究资料。

⑤ 辅料的来源和质量标准。对生产中使用的辅料，如国家标准中已经收载，则应采用相应的国家标准，如国家标准中尚未收载，则建议采用相应的国际标准。

⑥ 制品质量研究资料

a. 资料项目15仅适用于第三类制品。根据（毒、虫）株、抗原、细胞、主要原材料或生产工艺改变的不同情况，可能包括下列各项中的一项或数项中部分或全部内容：与原制品的安全性、疗效等的比较研究报告；与已上市销售的其他同类制品的安全性、疗效等的比较研究报告。

b. 资料项目17根据适用情况，可能包括的内容有：用于实验室安全试验的实验室产品的批数、批号、批量，试验负责人和执行人，试验时间和地点，主要试验内容和结果；对最小使用日龄靶动物、各种使用途径的一次单剂量使用的安全试验；对靶动物单剂量重复使用的安全性；至少3批产品对靶动物一次超剂量使用的安全性；对怀孕动物的安全性；根据制品的使用动物种群、制品特点、使用剂量、使用程序等，提供有关的毒性试验研究资料。

c. 资料项目18根据适用情况，可能包括的内容有：用于实验室疗效试验的实验室产品的批数、批号、批量，试验负责人和执行人，试验时间和地点，主要试验内容和结果；至少3批产品通过每种使用途径对每种靶动物使用的疗效试验；使用程序的研究资料。

⑦ 中间试制报告。中间试制报告应由中间试制单位出具，应包括：中间试制的生产负责人和质量负责人、试制时间和地点；生产产品的批数（连续5～10批）、批号、批量；每批中间试制产品的详细生产和检验报告；中间试制中发现的问题等。

⑧ 临床试验研究资料。应按照有关技术指导原则的要求提出拟进行的临床试验的详细方案，并报告已经进行的临床试验的详细情况；临床试验中应使用至少3批经检验合格的中间试制产品进行较大范围、不同品种的使用对象动物试验，进一步观察制品的安全性和效力；临床试验中每种靶动物的数量应符合农业部公告2326号和农业农村部公告第588号要求，申请第一类制品的临床试验动物数量应加倍。

（3）治疗用兽用生物制品注册资料项目

治疗用兽用生物制品注册资料项目见表2-16。

表2-16 治疗用兽用生物制品注册资料项目

资料分类	资料项目	注册分类及资料项目要求		
		第一类	第二类	第三类
一般资料	1	+	+	+
	2	+	+	+
	3	+	+	+
	4	+	+	+
生产用原材料研究资料	5	+	+	+
	6	+	+	+
	7	+	+	+
	8	+	+	+
检验用强毒株研究资料	9	+	+	+
	10	+	+	+
生产工艺研究资料	11	+	+	+
	12	+	+	+
	13	+	+	+

资料分类	资料项目	注册分类及资料项目要求		
		第一类	第二类	第三类
制品质量研究资料	14	+	+	+
	15	+	+	+
	16	+	+	+
	17	+	+	+
	18	+	+	+
	19		+	+
中间试制研究资料	20	+	+	+
临床试验研究资料	21	+	+	+
	22	+	+	+

注："＋"表示必须报送的资料。

2.6.5　兽医诊断制品注册技术资料要求

（1）兽医诊断制品注册资料项目与说明

① 一般资料

a. 诊断制品的名称。包括通用名、英文名。通用名应符合"兽用生物制品命名原则"的规定。

b. 证明性文件。包括：申请人合法登记的证明文件复印件。对他人的知识产权不构成侵权的保证书。研究中使用了高致病性动物病原微生物的，应当提供有关实验活动审批的批准性文件复印件。

c. 生产工艺规程、质量标准及其起草说明，附各主要成品检验项目的标准操作程序。

d. 说明书和标签文字样稿。

e. 申报创新型兽医诊断制品的，应提供创新性说明。

② 生产用菌（毒、虫）种或其他抗原的研究资料

a. 来源和特性。包括来源、血清学特性、生物学特性、纯粹或纯净性等研究资料。

b. 使用合成肽或表达产物作为抗原的，应提供抗原选择的依据。

c. 对于分子生物学类制品，应明确引物、探针等的选择依据。

③ 主要原辅材料的来源、质量标准和检验报告等

a. 对生产中使用的细胞、单克隆抗体、血清、核酸材料、酶标板、酶标抗体、酶等原辅材料，应明确来源，建立企业标准，提交检验报告。有国家标准的，应符合国家标准要求。

④ 生产工艺研究资料。主要制造用材料、组分、配方、工艺流程等资料及生产工艺的研究资料。包括抗原、抗体、核酸、多肽等主要物质的制备和检验报告；阴、阳性对照品的制备和检验报告；制品组分、配方和组装流程等资料。

⑤ 质控样品的制备、检验、标定等研究资料。成品检验所用质控样品的研究、制备、检验、标定等资料。包括检验标准、检验报告、标定方法和标定报告等。使用国际或国家标准品/参考品作为质控样品的，仅需提供其来源证明材料。

⑥ 制品的质量研究资料

a. 用于各项质量研究的制品批数、批号、批量，试验负责人和执行人签名，试验时间和地点。

b. 诊断方法的建立和最适条件确定的研究资料。

c. 敏感性研究报告。包括对已知弱阳性、阳性样品检出的阳性率，最低检出量（灵敏度）等。如检测标的物包含多种血清型/基因型，应提供制品对主要流行血清型/基因型样品检测的研究报告。

d. 特异性研究报告。包括对已知阴性样品、可能有交叉反应的抗原或抗体样品进行检测的阴性率等。

e. 重复性研究报告。至少 3 批诊断制品的批间和批内可重复性研究报告。

f. 至少 3 批诊断制品成品的保存期试验报告。

g. 符合率研究报告。与其他诊断方法比较的试验报告。

h. 对于体内诊断制品，应提供 3 批制品对靶动物的化学物质残留、不良反应等安全性研究报告。

上述研究中，涉及多血清型/基因型/致病型等病原体或国内尚未发现的疫病病原体的，如需用到的病原体样品难以获得，可使用生物信息学方法等进行分析。

⑦ 中试生产报告和批记录

a. 兽医诊断制品的中试生产应在申请人的相应 GMP 生产线进行。中试生产报告应经生产负责人和质量负责人签名，主要内容包括：中试时间、地点和生产过程；制品批数（至少连续 3 批）、批号、批量；制品生产和检验报告；中试过程中发现的问题及解决措施等。

b. 至少连续 3 批中试产品的批生产和批检验记录。

⑧ 临床试验报告　应详细报告已经进行的临床试验的详细情况，包括不符合预期的所有试验数据。临床试验中使用的制品应不少于 3 批。每种靶动物临床样品检测数量应不少于 1000 份；若为犬猫等宠物样品，检测数量应不少于 500 份；若为难以获得的动物疫病临床样品，检测数量应不少于 50 份。至少 10％ 的临床样品检测结果需用其他方法（最好是金标准方法）确认。临床样品中应包括阴性样品、阳性样品（阳性样品一般应不少于 10％）。

⑨ 创新型兽医诊断制品的说明

a. 中试生产批数和临床试验样品数量要求加倍。

b. 由不少于 3 家兽医实验室（分布于不同省份）对 3 批诊断制品进行适应性检测（包括敏感性、特异性，所用样品应包括阳性、弱阳性、阴性等各类临床样品或质控样品），并出具评价报告（含批内、批间差异分析）。

2.6.6　兽用消毒剂注册技术资料要求

（1）兽用消毒剂注册具体的申报项目

兽用消毒剂注册具体的申报项目见表 2-17。

表 2-17　兽用消毒剂注册申报项目

项目	具体项目内容
（一）综述资料	1. 兽药名称 2. 证明性文件 3. 立题目的与依据 4. 对主要研究结果的总结及评价 5. 消毒剂说明书样稿、起草说明及最新参考文献 6. 包装、标签设计样稿

项目	具体项目内容
（二）药学研究资料	7. 消毒剂生产工艺的研究资料及文献资料 8. 确证化学结构或者组分的试验资料及文献资料 9. 质量研究工作的试验资料及文献资料 10. 兽药标准草案及起草说明，并提供兽药标准品或对照物质 11. 辅料的来源及质量标准 12. 样品的理化指标检验报告书 13. 药物稳定性研究的试验资料及文献资料 14. 直接接触兽药的包装材料和容器的选择依据
（三）毒理研究资料	15. 毒理研究综述资料及文献资料 16. 急性毒性研究的试验资料及文献资料 17. 长期毒性试验资料及文献资料 18. 致突变试验资料及文献资料 19. 生殖毒性试验资料及文献资料 20. 致癌试验资料及文献资料 21. 过敏性（局部和全身）和局部（皮肤、黏膜等）刺激性等主要与局部消毒相关的特殊安全性试验研究及文献资料
（四）消毒试验和残留研究资料	22. 复方消毒剂中多种成分消毒效果、毒性相互影响的试验资料及文献资料 23. 样品杀灭微生物效果试验资料及文献资料 24. 环境毒性试验资料及文献资料 25. 残留研究资料

（2）兽用消毒剂注册资料项目说明

① 消毒剂分为环境消毒剂和带畜消毒剂。环境消毒剂不需要提供资料项目 25。

② 资料项目 1（兽用消毒剂名称）：包括通用名、化学名、英文名、汉语拼音，并注明其化学结构式、分子量、分子式等。新制定的名称，应当说明命名依据。

③ 资料项目 2（证明性文件）：a. 申请人合法登记证明文件复印件；b. 申请的消毒剂或者使用的处方、工艺等专利情况及其权属状态说明，以及对他人的专利不构成侵权的保证书。

④ 资料项目 3（立题目的与依据）：包括国内外有关该消毒剂研发、使用及相关文献资料或者生产、使用情况的综述。

⑤ 资料项目 4（对研究结果的总结及评价）：包括申请人对主要研究结果进行的总结，并从安全性、有效性、质量可控性等方面对所申报品种进行综合评价。

⑥ 资料项目 5（消毒剂说明书样稿、起草说明及最新参考文献）：包括按农业部有关规定起草的说明书样稿、说明书各项内容的起草说明，相关最新文献或原发明厂商最新版的正式说明书原文及中文译文。

⑦ 资料项目 7（原料药生产工艺的研究资料及文献资料）：包括工艺流程和化学反应式、起始原料和有机溶媒、反应条件（温度、压力、时间、催化剂等）和操作步骤、精制方法及主要理化常数，并注明投料量和收率以及工艺过程中可能产生或夹杂的杂质或其他中间产物。制剂应提供消毒剂的配方和依据。

⑧ 资料项目 9（质量研究工作的试验资料及文献资料）：包括理化性质、纯度检查、含量测定及方法学研究和验证等。

⑨ 资料项目 10（兽药标准草案及起草说明，并提供标准物质或对照物质）：质量标准

应当符合《中国兽药典》现行版的格式，并使用其术语和计量单位。所用试药、试液、缓冲液、滴定液等，应当采用《中国兽药典》现行版收载的品种及浓度，有不同的，应详细说明。提供的标准品或对照品应另附资料，说明其来源、理化常数、纯度、含量及其测定方法和数据。兽药标准起草说明应当包括标准中控制项目的选定、方法选择、检查及纯度和限度范围等的制定依据。

⑩ 资料项目12（样品的理化指标检验报告书）：指申报样品的检验报告，包括有效成分含量测定结果、pH值测定结果、化学稳定性检测结果、金属腐蚀性检测结果。

⑪ 资料项目13（药物稳定性研究的试验资料）：包括采用直接接触药物的包装材料和容器共同进行的定性试验。

⑫ 资料项目15～20（消毒剂毒理学安全性试验资料）：参照《消毒剂鉴定技术指导原则》。包括急性经口毒性试验；急性吸入毒性试验；急性皮肤刺激试验；急性眼刺激试验；皮肤变态反应试验；亚急性毒性试验资料；致突变试验；亚慢性毒性试验；致畸试验；慢性毒性试验；致癌试验。

⑬ 资料项目23（样品杀灭微生物效果试验资料）：包括实验室微生物杀灭效果试验资料；各种因素（如温度、pH值、有机物等）对微生物杀灭效果影响试验资料；生物稳定性试验资料；现场试验资料和模拟现场试验资料；能量试验资料。

⑭ 项目24（环境毒性试验资料及文献资料）：是指申请药物对环境、水生生物、植物和其他非靶动物的影响。

⑮ 资料项目25（残留研究资料）：是指用于食品动物或带畜消毒的消毒剂在给药动物组织中是否产生残留及残留的程度和残留时间。应说明兽药的残留标识物，残留靶组织，每日允许摄入量，最高残留限量。同时应注明在推荐的使用条件下在给药的动物组织中是否产生残留，并确定需要遵守的休药期，及残留检测方法。

（3）兽用消毒剂注册具体注册类别申报项目

兽用消毒剂注册具体注册类别的申报项目见表2-18。

表2-18 兽用消毒剂注册具体注册类别的申报项目

资料分类	资料项目	环境消毒剂注册分类及项目要求			食品动物体表或带畜消毒剂注册分类及项目要求		
		1	2	3	1	2	3
综述资料	1	+	+	+	+	+	+
	2	+	+	+	+	+	+
	3	+	+	+	+	+	+
	4	+	+	+	+	+	+
	5			+			+
	6	+	+	+	+	+	+
药学研究资料	7	+	+	+	+	+	+
	8	+		+			+
	9	+	+	+	+	+	+
	10	+	+	+	+	+	+
	11	+	+	+	+	+	+
	12	+	+	+	+	+	+
	13	+	+	+	+	+	+
	14	+	+	+	+	+	+

资料分类	资料项目	环境消毒剂注册分类及项目要求			食品动物体表或带畜消毒剂注册分类及项目要求		
		1	2	3	1	2	3
毒理研究资料	15	+	+	+	+	+	+
	16	+	±	−	+	±	−
	17	+	±	−	+	±	−
	18	+	±	−	+	±	−
	19	+	±	−	+	±	−
	20	+	±	−	+	±	−
	21	−	−	−	＊5	＊5	＊5
	22	＊4	＊4	−	＊4	＊4	−
消毒试验和残留研究资料	23	+	+	+	+	+	+
	24	+	±	−	+	±	−
	25	−	−	−	+	±	−

注："+"指必须报送的资料；"±"指可以用文献综述代替试验资料；"−"指可以免报的资料；"＊"指按照说明的要求报送资料，如＊5，指见说明的第5条。

① 消毒剂分环境消毒剂和食品动物体表或带畜消毒剂，它们的注册分类相同。

② 按申报资料项目顺序排列，申请注册环境用新消毒剂，按照《申报资料项目表》的要求报送资料项目1～20、22～24；申请注册用于食品动物体表消毒或带畜消毒的消毒剂，应提供资料项目1～25。

③ 单独申请制剂，必须提供消毒剂原料药的合法来源证明文件，包括原料药生产企业的《营业执照》、销售发票、检验报告书、兽药标准等资料复印件。使用进口原料药的，应当提供《进口兽药注册证书》或者《兽药注册证书》、检验报告、兽药标准等复印件。

④ 属注册分类1、2中"新的复方消毒剂"，应当报送资料项目22。

⑤ 局部用药除按所属注册分类及项目报送相应资料外，应当报送资料项目21，同时应提供局部刺激性试验。

2.6.7　兽药变更注册事项及申报资料要求

（1）兽药变更注册事项

兽药变更分为不需要进行审评的变更注册事项和需要进行审评的变更注册事项，具体见表2-19。

（2）兽药变更注册申报资料项目

① 兽药批准证明文件及其附件的复印件。

② 证明性文件

a. 申请人是兽药生产企业的，应当提供《兽药生产许可证》《营业执照》《兽药GMP证书》复印件。申请人不是兽药生产企业的，应当提供其机构合法登记证明文件的复印件。由境外制药厂商常驻中国代表机构办理注册事务的，应当提供外国企业常驻中国代表机构登记证复印件。境外制药厂商委托中国代理机构代理申报的，应当提供委托文书、公证文书及其中文译本，以及中国代理机构的营业执照复印件。

表 2-19　兽药变更注册事项

类别	具体变更内容
不需要进行审评的变更注册事项	1. 变更进口兽药批准证明文件的登记项目 2. 变更国内兽药生产企业名称 3. 变更进口兽药注册代理机构 4. 变更兽药商品名称 5. 变更兽药的包装规格 6. 修改兽药包装标签式样 7. 补充完善兽药说明书的安全性内容 8. 改变兽药外观,但不改变兽药标准的 9. 兽药生产企业内部变更兽药生产场地 10. 根据国家兽药质量标准或者农业部的要求修改兽药说明书
需要进行审评的变更注册事项	11. 增加靶动物 12. 增加兽药新的适应证或者功能主治 13. 变更兽药含量规格 14. 改变兽药生产工艺 15. 变更兽药处方中已有药用要求的辅料 16. 变更兽药制剂的原料药产地 17. 修改兽药注册标准 18. 改变进口兽药制剂的原料药产地 19. 变更兽药有效期 20. 变更直接接触兽药的包装材料或者容器 21. 改变进口兽药的产地

b. 对于不同申请事项,应当按照"申报资料项目表"要求分别提供有关证明文件。

c. 对于进口兽药,应当提交其生产国家或者地区兽药管理机构出具的允许兽药变更的证明文件、公证文书及其中文译本。其格式应当符合中药、天然药物、化学兽药、生物制品申报资料项目中对有关证明性文件的要求。

③ 修订的兽药说明书样稿,并附详细修订说明。

④ 修订的兽药包装标签样稿,并附详细修订说明。

⑤ 药学研究资料。

⑥ 药理毒理研究资料。

⑦ 临床研究资料:需要进行临床研究的,应当按照中药、天然药物、化学兽药、生物制品申报资料项目中的要求,在临床研究前后分别提交所需项目资料。要求提供临床研究资料,但不需要进行临床研究的,可提供有关的临床研究文献。

⑧ 残留研究资料。

⑨ 兽药实样。

（3）兽药变更注册申报资料项目表

兽药变更注册申报资料项目见表 2-20。

（4）注册事项、申报资料项目说明及有关要求

① 注册事项 2:变更国内兽药生产企业名称,是指国内的兽药生产企业经批准变更企业名称以后,申请将其已注册的兽药生产企业名称作相应变更。

② 注册事项 4:兽药商品名称仅适用于新化学兽药、新生物制品。

③ 注册事项 11:增加靶动物,仅适用于已批准生产该品种企业的补充申请。

④ 注册事项 12:增加兽药新的适应证或者功能主治,其药理毒理研究和临床研究应当按照下列进行。

表 2-20　兽药变更注册申报资料项目表

注册事项	1	2①	2②	2③	3	4	5	6	7	8	9
1. 变更进口兽药批准文件的登记项目,如兽药名称、制药厂商名称、注册地址、兽药包装规格等	+	+	—	+	+	+					
2. 变更国内兽药生产企业名称	+	+	*8	—	+	+	—	—	—	—	—
3. 改变进口兽药注册代理机构	+	+	*14	—	—	—	—	—	—	—	—
4. 变更兽药商品名称	+	+	*2	+	+	+	—	—	—	—	—
5. 变更兽药包装规格	+	+	—	-	+	+	—	—	—	—	—
6. 修改药品包装标签式样	+	+	—	+							
7. 补充完善兽药说明书的安全性内容	+	+	—	+	+	+	—		*11	*12	—
8. 改变兽药外观,但不改变兽药标准	+	+	—	—		*3	+				+
9. 国内兽药生产企业内部变更兽药生产场地	+	+	*9	—	*3	*3	*1				+
10. 根据国家兽药标准或者农业部的要求修改兽药说明书	+	+	*10		+						—
11. 增加靶动物	+	+	—	+	+	+	—	—	*15	*16	—
12. 增加兽药新的适应证或者功能主治	+	+	—	+	+	+	—	#4	#4	#5	—
13. 变更兽药含量规格	+	+	—	+	+	+	+				+
14. 改变兽药生产工艺	+	+	—	+	*3	*3	+	#7	#7		+
15. 变更兽药处方中已有药用要求的辅料	+	+	—	+	*3	*3	+				+
16. 改变兽药制剂的原料药产地	+	+	—	+	—	*3	*13				+
17. 改变进口兽药制剂的原料药产地	+	+	—	+	—	-	+				
18. 修改兽药注册标准	+	+	—	+	*3	*3	*4				—
19. 变更兽药有效期	+	+	—	+	+	+	*5				—
20. 变更直接接触药品的包装材料或者容器	+	+	—	+	*3	*3	*6				+
21. 改变进口兽药的产地	+	+	—	+	+	+	+				+

注：*1表示仅提供连续3个批号的样品检验报告书。

*2表示提供商标查询、受理或注册证明。

*3表示如有修改的应当提供。

*4表示仅提供质量研究工作的试验资料及文献资料、兽药标准草案及起草说明、连续3个批号的样品检验报告书。

*5表示仅提供兽药稳定性研究的试验资料和连续3个批号的样品检验报告书。

*6表示仅提供连续3个批号的样品检验报告书、药物稳定性研究的试验资料、直接接触兽药的包装材料和容器的选择依据及质量标准。

*7表示同时提供经审评通过的原新药申报资料综述和药学研究部分及其有关审查意见。

*8表示提供有关管理机构同意更名的文件,兽药权属证明文件,更名前与更名后的营业执照、兽药生产许可证、兽药生产质量管理规范认证证书。

*9表示提供有关管理机构同意兽药生产企业的生产车间异地建设的证明文件。

*10表示提供新的国家兽药标准或者国务院畜牧兽医行政管理部门要求修改兽药说明书的文件。

*11表示可提供毒理研究的试验资料或者文献资料。

*12表示可提供文献资料。

*13表示仅提供原料药的批准证明文件及其合法来源证明、制剂1个批号的检验报告书。

*14表示提供境外制药厂商委托新的中国代理机构代理申报的委托文书、公证文书及其中文译本,中国代理机构的营业执照复印件,原代理机构同意放弃代理的文件或者有效证明文件。

*15表示提供临床研究资料包括国内外相关的临床试验资料综述,临床试验批准文件、试验方案和临床试验资料以及靶动物安全性试验资料。

*16表示提供残留研究资料包括国内外残留试验资料综述,残留检测方法及文献资料和残留消除试验研究资料以及试验方案。

"#"表示见"注册事项、申报资料项目说明及有关要求"中对应编号。

a. 增加新的适应证或者功能主治，需延长用药周期或者增加剂量者，应当提供主要药效学试验资料及文献资料、一般药理研究的试验资料或者文献资料、急性毒性试验资料或者文献资料、长期毒性试验资料或者文献资料，局部用药应当提供有关试验资料。并须进行临床试验；

b. 增加新的适应证，国外已有同品种获准使用此适应证者，应当提供主要药效学试验资料或者文献资料，并须进行临床试验；

c. 增加新的适应证或者功能主治，国内已有同品种获准使用此适应证者，须进行临床试验，或者进行以获准使用此适应证的同品种为对照的生物等效性试验。

⑤ 注册事项 12：增加兽药新的适应证或者功能主治，如果增加剂量，需进行残留研究。

⑥ 注册事项 13：变更兽药含量规格，如果改变用法用量或者适用人群，应当提供相应依据，必要时须进行临床研究。

⑦ 注册事项 14：改变兽药生产工艺的，其生产工艺的改变不应导致药用物质基础的改变，中药、生物制品必要时应当提供药效、急性毒性试验的对比试验资料，根据需要也可以要求进行临床试验

⑧ 注册事项 16：改变国内生产兽药制剂的原料药产地，是指国内兽药生产企业改换其生产兽药制剂所用原料药的生产厂，该原料药必须具有《兽药产品批准文号》或者《进口兽药注册证书》，并提供获得该原料药的合法性资料。

2.7

研究技术指导原则

2.7.1 兽用化学药品、中药/天然药物研究技术指导原则

（1）兽用中药/天然药物药学相关指导原则（农业部公告第 630 号，2006. 3. 29；农业部公告第 1596 号，2011. 6. 8）

① 兽用中药/天然药物原料前处理技术指导原则：兽用中药、天然药物制剂的原料包括药材、中药饮片、提取物和有效成分。原料的前处理是指原料的鉴定与检验、炮制与加工。为保证中药、天然药物新药的安全性、有效性和质量可控性，应对原料进行必要的前处理。该指导原则要求兽用中药/天然药物原料（中药材、中药饮片、提取物和有效成分）的鉴定和检验以法定标准为依据；炮制和制剂的关系密切，大部分药材需经过炮制才能用于制剂的生产。在完成药材的鉴定与检验之后，应根据处方对药材的要求以及药材质地、特性的不同和提取方法的需要，对药材进行必要的炮制与加工，即净制、切制、炮炙、粉碎等。

② 兽用中药/天然药物提取纯化工艺研究的技术指导原则：兽用中药/天然药物提取

纯化工艺研究是指根据临床用药和制剂要求，用适宜的溶剂和方法从净药材中富集有效成分、除去杂质的过程。中药、天然药物的成分复杂，为提高疗效、减小剂量、便于制剂，一般需要对药材进行提取、纯化处理。这是中药、天然药物制剂特有的工艺步骤，提取、纯化工艺的合理、技术的正确运用直接关系到药材的充分利用和制剂疗效的充分发挥。在提取、纯化及后续的制剂过程中，浓缩、干燥也是必要的工艺环节，亦属于该指导原则范围。中药/天然药物的提取、纯化、浓缩、干燥等工艺的设计研究，既要遵循药品研究的一般规律，注重对其个性特征的研究，又要根据用药理论与经验，认真分析处方组成与复方中各药味的相互关系，参考各药味所含成分的理化性质和药理作用，结合制剂工艺和大生产的实际以及对环境保护的要求，综合各方面的因素后提出合理的试验设计和评价指标，确定工艺路线，优选工艺条件。

③ 兽用中药/天然药物制剂研究技术指导原则：兽用中药/天然药物制剂研究是指将原料通过制剂技术制成适宜剂型的过程，应根据临床用药需求、处方组成及剂型特点，结合提取、纯化等工艺，以达到"高效、速效、长效"，"剂量小、毒性小、副作用小"和"生产、运输、贮藏、携带、使用方便"的要求。该指导原则主要阐述中药/天然药物剂型选择的依据、制剂处方设计、制剂成型工艺研究、直接接触药品的包装材料的选择的基本内容，并对以上研究提供技术指导。

④ 兽用中药/天然药物中试研究技术指导原则：兽用中药/天然药物的中试研究是指在实验室完成系列工艺研究后，采用与生产基本相符的条件进行工艺放大研究的过程。中试研究是对实验室工艺合理性的验证与完善，是保证工艺达到生产稳定性、可操作性的必经环节，是药物研究工作的重要内容之一，直接关系到药品的安全、有效和质量可控。该指导原则为中试研究规模、批次、样品质量、中试场地、设备等相关内容提供技术指导。一般情况下，中试研究的投料量为制剂处方量（以制成1000个制剂单位计算）的10倍以上。装量≥100mL的液体制剂应适当扩大中试规模。以有效成分、有效部位为原料或以全生药粉入药的制剂，可适当降低中试研究投料量，但均要达到中试研究的目的。半成品率、成品率应相对稳定。

⑤ 兽用中药/天然药物稳定性试验技术指导原则：稳定性试验是考察药物在温度、湿度、光线、微生物的影响下随时间变化的规律，目的是为中药/天然药物制剂的生产、包装、贮存、运输条件以及最终药品有效期的确定提供科学依据。稳定性试验包括加速试验与长期试验。加速试验与长期试验要求用三批供试品进行。中药制剂的供试品至少应是中试规模产品。如片剂10000片以上，大体积包装的制剂（如静脉输液、口服液等）每批放大规模的数量至少应为各项试验所需总量的10倍。特殊品种、特殊剂型所需数量，根据情况，灵活掌握。供试品的质量标准应与各项基础研究及临床验证所使用的供试品质量标准一致。加速试验与长期试验所用供试品的容器和包装材料及包装方式应与上市产品一致。中药/天然药物的稳定性，要采用专属性强、准确、精密、灵敏的分析方法并对方法进行验证，以保证稳定性试验结果的可靠性。

⑥ 兽用中药/天然药物质量标准分析方法验证指导原则：该指导原则是为了证明所采用的方法是否适合于相应检测要求。中药/天然药物在建立质量标准、处方工艺等变更或改变原分析方法时，均需对分析方法进行验证。方法验证过程和结果均应在兽药标准起草说明或修订说明中描述。需验证的分析项目有：鉴别试验、限量检查、含量测定、中药/天然药物制剂中其他需控制成分（如残留物、添加剂等）测定。另外，在中药制剂溶出度、释放度等检查中，其溶出量等检测方法也应作必要验证。验证内容有：准确度、精密

度（包括重复性、中间精密度和重现性）、专属性、检测限、定量限、线性、范围、耐用性和系统适用性等。应视具体方法拟订验证的内容。分析项目和相应的验证内容见表2-21。

表2-21　检验项目和验证内容

注：① 表示已有重现性验证，不需验证中间精密度。
② 表示如一种方法不够专属，可用其他分析方法予以补充。
③ 表示视具体情况予以验证。

验证内容	鉴别	限量检查		含量测定及溶出量测定
		定量	限度	
准确性	—	+	—	+
重复性	—	+	—	+
中间精密度	—	+①	—	+①
重现性②	+	+	+	+
专属性③	+	+	+	+
检测限	+	—	+	—
定量限	—	+	—	—
线性	—	+	—	+
范围	—	+	—	+
耐用性	+	+	+	+
系统适用性试验	+	+	+	+

⑦ 兽用中药/天然药物质量控制研究技术指导原则：兽药质量控制是贯穿于兽药研发、生产、贮运全过程的系统工程，需要从原料、工艺、质量标准、稳定性、包装等多方面进行研究。兽用中药、天然药物的质量控制研究的基本内容包括处方及原料、制备工艺、质量研究及质量标准、稳定性研究等。

（2）兽用化学药品药学相关指导原则（农业部公告第630号，2006.3.29）

① 兽用化学原料药制备和结构确证研究技术指导原则

a. 兽用化学原料药的制备是兽药研究和开发的基础，是兽药研发的起始阶段，其主要目的是为兽药研发过程中药理毒理研究、制剂研究、临床研究提供合格的原料药，为质量研究提供详细的信息，为工业化生产提供稳定、可行的生产工艺，为上市兽药的生产提供符合要求的原料药。该指导原则是一个通用原则，适用于经化学全合成或半合成、从动/植物中提取的兽用原料药研制，包括新兽药、进口兽药和已有国家标准的兽药，经微生物发酵得到的兽药也可参考该指导原则的要求。该指导原则对原料药制备研发内容要求进行了阐述，包括工艺选择、起始原料和试剂的选择原则、溶剂和试剂的选择、内控标准、工艺数据积累、中间体研究及质量控制、工艺的优化与中试放大、杂质分析、"三废"处理、工艺综合分析。

b. 结构确证的一般过程：根据化合物的结构特征制订科学、合理、可行的结构确证研究方案，制备符合研究要求的样品，进行有关的研究，对各个研究结果进行综合分析，确证测试品的结构（包括立体结构）。主要包括了药物的命名、理化常数研究、样品的制备、样品的测试、常用的分析测试方法如紫外可见吸收光谱、红外吸收光谱、核磁共振谱、质谱、比旋度、X-射线单晶衍射或/和X-射线粉末衍射、热分析法、热重等，同时可根据化合物结构特征而增加其他测试方法，进行综合解析等。原料药结构确证研究的基本内容包括制订研究方案、测试样品需要精制、兽药元素组成和结构确证、手性兽药结构确证、晶型、兽药结晶水或结晶溶剂分析、参考文献和对照品对结构确证的意义及要求、综合解析、兽药分子式和分子量和结构式及理化常数。

② 兽用化学药物制剂研究基本技术指导原则：药物必须制成适宜的剂型才能用于临床。制剂研发的目的就是要保证药物的安全、有效、稳定、使用方便。如果剂型选择不

当，处方、工艺设计不合理，对产品质量会产生一定的影响，甚至影响到产品的疗效及安全性。该指导原则阐述了制剂研究的基本思路和方法，包括剂型选择、处方研究、制剂工艺研究、兽药包装材料（容器）选择、质量研究、稳定性研究。

a. 剂型的选择和设计：着重考虑兽药的理化性质和生物学性质、临床治疗需要、临床使用的便利性、不同靶动物需要、食用动物产品安全、确定合理的剂型。

b. 处方研究：包括根据兽药的理化性质、稳定性试验结果和药物代谢等情况，结合所选剂型的特点，确定适当的指标，选择适宜的辅料，进行处方筛选和优化，初步确定处方。

c. 制备工艺研究：包括工艺设计、工艺研究和工艺放大三部分。根据剂型的特点，结合兽药理化性质和稳定性等情况，考虑生产条件和设备，进行工艺研究及优化，初步确定实验室样品的生产工艺，并建立相应的过程控制指标。为实现制剂工业化生产，保证生产中兽药质量稳定，必须进行工艺放大研究，必要时对处方、生产工艺、生产设备等进行调整。

d. 兽药包装材料（容器）的选择：主要侧重于兽药内包装材料（容器）的考察。可通过文献调研，或通过制剂与包装材料相容性研究等试验，初步选择内包装材料（容器），并通过加速试验和长期留样试验继续进行考察。

③ 兽用化学药物杂质研究技术指导原则：杂质的研究是兽用化学药物研发的一项重要内容。包括选择合适的分析方法，准确地分辨与测定杂质的含量并综合药学、毒理及临床研究的结果确定杂质的合理限度。杂质研究贯穿于兽药研发的整个过程。由于兽药在临床使用中产生的不良反应除了与兽药本身的药理作用有关外，还与兽药中的杂质有关。所以规范地进行杂质的研究，把杂质控制在一个安全、合理的范围之内，将直接关系到上市兽药的质量及安全性。该指导原则范围包括新的及仿制已有国家标准的化学原料药及制剂。发酵生产的抗生素类药物参考该指导原则。兽药中的杂质按其理化性质一般分有机杂质、无机杂质和残留溶剂。按照其来源可分为工艺杂质（包括合成中未反应完全的反应物及试剂、中间体、副产物等）、降解产物、从反应物及试剂中混入的杂质等。按照其毒性可分为毒性杂质和普通杂质等。杂质按其化学结构可分为几何异构体、光学异构体和聚合物等。在进行杂质研究时要选择合适的杂质分析方法，直接关系到杂质测定结果的专属性与准确性。杂质分析方法还要进行方法学验证，根据稳定性考察、制剂工艺、降解途径等的研究及批次检测结果制定合理的杂质限度。

④ 兽用化学药物有机溶剂残留量研究技术指导原则：很多有机溶剂对环境、人体有一定的危害，为保障靶动物和动物食品安全，控制产品质量，需要对有机溶剂残留量进行研究和控制。该指导原则通过对原料药有机溶剂残留问题的讨论，探讨和总结药物研究过程中对有机溶剂残留量控制的一般性原则，同时建议药物研发者关注制剂和辅料中有机溶剂残留的控制。有机溶剂分为四类，第一类溶剂是指人体致癌物、疑为人体致癌物或环境危害物的有机溶剂，建议重新设计不使用第一类溶剂的合成路线，或者进行替代研究。二类溶剂是指有非遗传毒性致癌（动物实验）、可能导致其他不可逆毒性（如神经毒性或致畸性）或可能具有其他严重的但可逆毒性的有机溶剂，建议限制使用。第三类溶剂是GMP或其他质量要求限制使用，对人体和动物低毒的溶剂，建议可仅对用于终产品精制的第三类溶剂进行研究。第四类溶剂是指在药物的生产过程中可能会使用到，但目前尚无足够的毒理学资料的溶剂。对于这类溶剂，建议药物研发者根据生产工艺和溶剂的特点，必要时进行残留量的研究。确定了需要进行残留量研究的溶剂后，需要通过方法学研究建

立合理可行的检测方法，并进行方法学验证，并制定限度。

⑤ 兽用化学药物质量控制分析方法验证技术指导原则：为达到控制质量的目的，需要多角度、多层面来控制产品质量，也就是说要对药物进行多个项目测试，来全面考察产品质量。一般地，每一测试项目可选用不同的分析方法，为使测试结果准确、可靠，必须对所采用的分析方法的科学性、准确性和可行性进行验证，以充分表明分析方法符合测试项目的目的和要求。只有经过验证的分析方法才能用于控制产品质量，该指导原则主要包括方法验证的一般原则、方法验证涉及的三个主要方面、方法验证的具体内容、对方法验证的评价等内容。检验项目和验证内容可参考表 2-22。

表 2-22　检验项目和验证内容

注：① 表示已有重现性验证，不需验证中间精密度。
② 表示如一种方法不够专属，可用其他分析方法予以补充。
③ 表示视具体情况予以验证。

验证内容	鉴别	杂质测定		含量测定及溶出量测定
		定量	限度	
准确度	—	+	—	+
精密度				
重复性	—	+	—	+
中间精密度	—	+①	—	+①
专属性②	+	+	+	+
检测限	—	—③	+	—
定量限	—	+	—	—
线性	—	+	—	+
范围	—	+	—	+
耐用性	+	+	+	+

⑥ 兽用化学药物质量标准建立的规范化过程技术指导原则：该指导原则针对兽药研发的不同情况（原料药及各种制剂）和申报的不同阶段（临床研究和生产），阐述质量研究和质量标准制订的一般原则和内容，规范质量标准建立的过程。引导研发者根据所研制药物的特点和药物研发的自身规律，理清研究思路，规范质量研究、质量标准的制订以及质量标准的修订和完善的过程，提高质量标准的质量。该指导原则包括质量标准建立的基本过程、兽药的质量研究、质量标准的制订和质量标准的修订。对不同制剂，应根据影响其质量的关键因素，进行相应的质量研究和稳定性考察，相关项目参考表 2-23。

表 2-23　主要剂型及其基本评价项目

剂型	制剂基本评价项目
片剂	性状、硬度、脆碎度、崩解时限、水分、溶出度或释放度、有关物质、含量、颗粒流动性、含量均匀度
胶囊剂	性状、内容物的流动性和堆密度、水分、溶出度或释放度、含量均匀度、有关物质、含量
颗粒剂	性状、粒度、流动性、溶出度或释放度、溶化性、干燥失重、有关物质、含量
注射剂	溶液型：性状、溶液的颜色与澄清度、澄明度、pH 值、不溶性微粒检查、渗透压、有关物质、含量、细菌内毒素或热原、无菌、刺激性等 混悬型：性状、pH 值、沉降体积比、粒度、再分散性（多剂量产品）、有关物质、含量、细菌内毒素或热原、无菌等
滴眼剂	溶液型：性状、可见异物、pH 值、渗透压、有关物质、含量 混悬型：性状、pH 值、沉降体积比、粒度、渗透压、再分散性（多剂量产品）、有关物质、含量
软膏剂、乳膏剂、糊剂	性状、粒度（混悬型）、稠度或黏度、有关物质、含量
溶液剂、混悬剂、乳剂	溶液型：性状、溶液的颜色、澄清度、pH 值、有关物质、含量、乳剂稳定性 混悬型：性状、沉降体积比、粒度、pH 值、再分散性、干燥失重（干混悬剂）、有关物质、含量 乳剂型：性状、物理稳定性、有关物质、含量

剂型	制剂基本评价项目
栓剂	性状、融变时限、溶出度或释放度、有关物质、含量
粉剂	性状、粒度、干燥失重、有关物质、含量
可溶性粉剂	性状、粒度、干燥失重、溶解性、有关物质、含量
预混剂	性状、粒度、干燥失重、有关物质、含量、含量均匀度（小规格）
酊剂	性状、溶液的颜色、pH 值、有关物质、含量
乳房注入剂	性状、溶液的颜色、澄清度、pH 值、有关物质、无菌、挤压试验（乳膏型）、含量
浇泼剂	性状、溶液的颜色、有关物质、含量

⑦ 兽用化学药物稳定性研究技术指导原则：兽用化学药物的稳定性是指原料药及制剂保持其物理、化学、生物学和微生物学的性质，通过对原料药和制剂在不同条件（如温度、湿度、光照等）下稳定性的研究，掌握兽药质量随时间变化的规律，为兽药的生产、包装、运输、贮存条件和有效期的确定提供依据，以确保临床用药的安全性和临床疗效。稳定性研究的设计应根据不同的研究目的，结合原料药的理化性质、剂型的特点和具体的处方及工艺条件进行。稳定性研究包括影响因素试验、加速试验和长期试验。原料药需进行影响因素试验、加速试验和长期试验；制剂需进行影响因素试验中的光照试验、加速试验和长期试验。

⑧ 兽用化学药品注射剂灭菌和无菌工艺研究及验证指导原则（2022 年 2 月 10 日发布）：由于目前检验手段的局限性，绝对无菌的概念不能适用于对整批产品的无菌性评价，目前所使用的"无菌"概念，是概率意义上的"无菌"，即用无菌保证水平来表征，须通过合理设计和全面验证的灭菌/除菌工艺过程、良好的无菌保证体系以及在生产过程中严格执行兽药GMP 予以保证。该指导原则重点阐述了注射剂常用的灭菌/无菌工艺，即湿热灭菌为主的最终灭菌工艺（Terminal Sterilization Process）和无菌生产工艺（Aseptic Process）研究和工艺验证，相关仪器设备等的确认/验证及常规再验证不包括在本指导原则的范围内。

（3）临床前毒理学研究指导原则（农业部公告第 1247 号，2009. 8. 20）

① 兽用化学药物安全药理学试验指导原则：该指导原则适用于一类新兽用化学药品的临床前评价，其他类别可用文献综述信息。包括神经系统、心血管系统和呼吸系统的核心试验，根据药物研究情况可能还涉及其他补充或替代的试验，如消化系统、泌尿系统等研究。

② 兽药临床前毒理学评价试验指导原则：对兽药的安全性进行评价一般采取毒理学评价方法，包括三性（急性、亚慢性、慢性毒性）试验和三致（致突变、致畸、致癌）试验，以预测新兽药的安全性。该指导原则适用于评价兽用化学药品（化学合成药、抗生素、药物饲料添加剂）及消毒剂临床前的安全性。包括毒理学评价程序及内容、毒理学评价试验结果的评定、评定程序各阶段试验的选择原则、兽药安全性毒理学评价应注意的问题。

③ 兽药急性毒性（LD_{50} 测定）指导原则：该指导原则适用于兽用化学药品、中兽药、消毒剂及饲料药物添加剂的急性毒性作用测定。给出了寇氏法测定半数致死量 LD_{50} 的试验设计及试验报告撰写。急性毒性的方法很多，应根据药物特点选择合适的试验方法。

④ 兽药 30 天和 90 天喂养试验指导原则：在了解受试药物的纯度、溶解特性、稳定性等理化性质和有关毒性的初步资料之后，可进行 30 天或 90 天喂养试验，以提出较长期喂饲不同剂量的受试药物对动物引起有害效应的剂量、毒作用性质和靶器官，估计亚慢性摄入的危险性，计算最大无作用剂量（NOAEL），适用于评价兽用化学药品、中兽药、消毒剂及饲料药物添加剂对动物引起的有害效应，该数据也是制定每日允许摄入量（ADI）的依据，亚慢性的剂量是慢性试验的剂量确定依据。

⑤ 兽药Ames试验指导原则：Ames试验是遗传毒性的核心试验之一，利用鼠伤寒沙门氏菌变异型菌株，即一系列组氨酸缺陷型菌株，测定受试药物诱导细菌回复突变的能力，以判断受试药物对遗传行为的影响。该指导原则给出了试验设计中的仪器设备、试剂、培养基、菌株、受试制剂、剂量设计、试验操作、结果判定、结果评价及试验报告撰写。

⑥ 兽药小鼠骨髓细胞染色畸变试验指导原则：小鼠骨髓细胞染色畸变试验是遗传毒性的核心试验之一，染色体是细胞核中具有特殊结构和遗传功能的小体，当化学物质作用于细胞周期G1期和S期时，诱发染色体型畸变，而作用于G2期时则诱发染色体单体型畸变。适用于兽用化学药品、中兽药、消毒剂及饲料药物添加剂的哺乳动物体细胞遗传毒性检测。

⑦ 兽药小鼠精子畸形试验指导原则：小鼠精子畸形试验是通过观察精子在药物影响下出现畸变，以评价药物对生殖细胞的致突变作用的一种毒理学评价方法。小鼠精子畸形受基因控制，具有高度遗传性，许多常染色体及X、Y性染色体基因直接或间接地决定精子形态。已知精子的畸形是决定精子形成的基因发生突变的结果。该指导原则适用于兽用化学药品、中兽药、消毒剂及饲料药物添加剂对哺乳动物雄性生殖细胞的遗传毒性检测。

⑧ 兽药小鼠骨髓细胞微核试验指导原则：微核试验是通过测量微核率来评价染色体损伤的一种细胞遗传学方法。微核是在细胞的有丝分裂后期染色体有规律地进入子细胞形成细胞核时，仍然滞留在细胞质中的染色单体或染色体的无着丝粒断片或环。微核往往是受到染色体断裂剂作用的结果。该指导原则适用于兽用化学药品、中兽药、消毒剂及饲料药物添加剂的哺乳动物体细胞遗传毒性检测。

⑨ 兽药大鼠传统致畸试验指导原则：传统致畸试验是通过观察药物对母体子宫内的胚胎或胎儿产生的毒作用，包括外观、内脏和骨骼畸形，对药物的胚胎毒性进行评价的一种方法。在受孕动物的胚胎着床后，并已开始进入细胞及器官分化期时给予受试药物，可检出受试药物对胎儿的致畸作用。适用于兽用化学药品、中兽药、消毒剂及饲料药物添加剂的大鼠致畸作用测定。

⑩ 繁殖毒性试验指导原则：繁殖毒性试验是研究药物对动物整个生殖过程影响的评价方法，如对性周期、性腺功能、交配、受孕、胚胎发育等的影响。受试药物能引起生殖机能障碍，干扰配子的形成或使生殖细胞受损，其结果除可影响受精卵或孕卵的着床而导致不孕外，尚可影响胚胎的发生及胎儿的发育，如胚胎死亡导致自然流产、胎儿发育迟缓以及胎儿畸形。如果对母体造成不良影响会出现妊娠、分娩和乳汁分泌的异常，亦可出现胎儿出生后发育异常。该指导原则适用于兽用化学药品、中兽药、消毒剂及饲料药物添加剂大鼠繁殖毒性作用的测定。可分为一代、二代、三代繁殖试验法，可检测胎儿毒性和母体毒性，并能分别得出NOAEL值。

⑪ 兽药慢性毒性和致癌试验指导原则：慢性和致癌性的试验目的不同，但试验可以合并实施。慢性试验考察不同剂量的受试药物对动物引起慢性有害效应的剂量、毒作用性质和靶器官，用于食品动物计算ADI时，一般一年的啮齿类慢性毒性试验数据已经足够。而致癌性试验是条件性试验，在有致癌结构或者遗传毒性试验阳性时需要进行短期和长期致癌试验。具有致癌作用的物质不能用于食品动物。

（4）药代动力学及生物等效性指导原则（农业部公告第1247号，2009.8.20）

① 兽用化学药物非临床药代动力学试验指导原则：该指导原则通过实验动物（有时还有靶动物）体内、外及靶动物体外的试验方法及方法学验证，获取基本的药代动力学参数，从而阐明药物吸收、分布、代谢、排泄过程与特点。

② 兽用化学药物临床药代动力学试验指导原则：该指导原则是研究药物在靶动物体

内的吸收、分布、代谢和排泄的规律，对药物在动物体内随时间变化而发生的量变规律进行测定，其目的是通过试验获取新兽药在靶动物的药动学参数。该指导原则是制剂质量的研究工具，也是制定合理的给药方案（包括剂量、疗程、给药途径、给药间隔等）的重要理论和实践依据。

③ 兽用化学药品生物等效性试验指导原则：该指导原则包括血药浓度法生物等效性的选择方法、方法学验证、交叉试验设计、单次或多次给药、受试药物、参比制剂的选择、血样采集、样品测定、数据管理和剔除、等效性判定、统计学分析方法及试验报告。另外，对生物等效性豁免、生物等效性试验后的残留消除和休药期也做了规定。

（5）兽用化学药品临床安全性及有效性指导原则（农业部公告第1247号，2009.8.20）

① 抗菌药物Ⅱ、Ⅲ期临床药效评价试验指导原则：抗菌药物Ⅱ、Ⅲ期临床药效评价试验是指在一定条件下，科学地考察和评价新药对特定的感染性疾病的靶动物治疗、预防的有效性作出评价。Ⅱ期临床药效评价试验初步评价兽药对靶动物目标适应证的防治作用和安全性，确定合理的给药剂量方案。Ⅲ期临床试验进一步验证兽药对靶动物目标适应证的防治作用和安全性。根据Ⅱ期临床试验推荐的给药途径和给药方案进行，包括开始给药时间、给药剂量、时间间隔和持续时间等。

② 畜禽用药物靶动物安全性试验技术指导原则：靶动物安全性试验的目的是了解畜禽对使用受试药物推荐剂量、多倍剂量和延长用药时间时的临床反应、组织病理学和生理生化指标变化的特征，从而为明确受试药物的不良反应和临床应用时的注意事项提供依据。适用于申报用国内外已上市的原料药研发的畜禽用药物新制剂或增加靶动物的已上市制剂等。一般对局部应用的药物通常不要求进行靶动物安全性试验，但供全身皮肤用药、可能引起全身吸收作用的药物以及通过局部用药发挥全身作用的药物则应进行靶动物安全性试验。具有局部作用的制剂应进行局部耐受性试验，如乳房注入剂。用于种畜种禽的使用还应进行靶动物生殖毒性试验。

③ 防治奶牛乳腺炎的抗微生物药的靶动物安全性和有效性试验指导原则：该指导原则适用于通过乳房灌注给药防治奶牛乳腺炎的抗微生物制剂。用于评价抗微生物药物防治奶牛乳腺炎的安全性和有效性。包括防治乳腺炎产品的靶动物安全性试验（刺激性试验）、防治乳腺炎产品的药物有效性研究。

④ 防治奶牛临床子宫内膜炎的抗微生物药的靶动物安全性和有效性试验指导原则：指导抗微生物药防治奶牛临床子宫内膜炎的安全性和有效性研究，包括抗微生物药防治奶牛临床子宫内膜炎的安全性研究，有效性研究包括Ⅱ期临床试验、Ⅲ期临床试验和临床分离株的相关要求。

（6）蚕用药物指导原则（农业部公告第1425号，2010.7.22）

① 蚕药靶动物安全性试验技术指导原则：在推荐剂量或超过推荐剂量的应用条件下，评价受试药物对家蚕的安全性。适用于与蚕体有直接接触的消毒剂和添食治疗类药物，包括蚕用抗菌药物、蚕用抗寄生虫药物、蚕用桑叶叶面消毒剂、蚕用烟熏剂、蚕体蚕座消毒剂等。试验以家蚕为主要对象。试验设计包括家蚕品种来源及数量、受试药物、给药方案、试验周期、剂量分组、观察指标、结果分析和试验报告。

② 蚕用抗寄生虫药药效评价试验技术指导原则：蚕用抗寄生虫药药效评价试验是蚕用抗寄生虫药的剂量确定试验，即Ⅱ期临床试验，了解不同剂量的受试药物对蚕寄生虫的杀（驱）虫效果，确定受试药物的治疗作用和推荐剂量。

③ 蚕用抗微生物药药效评价试验技术指导原则：蚕用抗微生物药药效评价试验是蚕

用抗微生物药的剂量确定试验，了解不同剂量的受试药物对蚕病原菌的抗菌效果，确定受试药物的治疗作用和剂量。适用于治疗蚕细菌和真菌的抗微生物药。

④ 蚕用消毒剂药效评价试验技术指导原则：蚕用消毒剂临床消毒效果评价以家蚕为主要对象，其目的是评价一种蚕用消毒剂是否对家蚕病原微生物具有消毒（杀灭）作用，并确定临床推荐的用法与用量。广谱蚕用消毒剂必须对本指导原则中列出的所有菌、毒种进行消毒试验，专用消毒剂可选择一种或几种菌、毒种进行试验。适用于蚕室蚕具消毒剂、蚕用烟熏剂和桑叶叶面消毒剂对各种病原体的消毒效果评价。

（7）宠物用药物指导原则（农业部公告第 1425 号，2010.7.22）

① 宠物外用抗微生物药药效评价试验技术指导原则：宠物外用抗微生物药药效评价试验是宠物外用抗微生物药的剂量确定试验，即Ⅱ期临床试验，通过观察不同剂量的受试药物对适应证的抗微生物效果，确定受试药物的治疗作用和剂量。一般应采用人工诱发感染病例，条件不允许时可选择自然感染病例，按每种适应证分别进行试验。适用于治疗宠物皮肤细菌和真菌的外用抗微生物药。

② 宠物外用抗微生物药药效评价田间试验技术指导原则：宠物外用抗微生物药药效评价田间试验是宠物外用抗微生物药的剂量确认试验，即Ⅲ期临床试验，通过进一步验证受试药物对目标适应证的防治作用和给药方案，确定受试药物对目标适应证的临床效果，观察受试药物的不良反应和制定防治措施。一般采用自然感染病例，每种适应证分别按照推荐剂量和给药方案进行试验。适用于治疗宠物皮肤（或耳）细菌和真菌的外用抗微生物药。

③ 宠物用抗菌药药效评价试验技术指导原则：宠物用抗菌药药效评价试验是宠物用抗菌药的剂量确定试验，即Ⅱ期临床试验，了解不同剂量的受试药物对靶动物的抗菌效果，确定受试药物的治疗作用和剂量。一般应采用人工诱发感染病例，条件不允许时可选择自然感染病例，按每种适应证分别进行试验。适用于治疗宠物细菌的抗菌药物。

④ 宠物用抗菌药药效评价田间试验技术指导原则：宠物用抗菌药药效评价田间试验是宠物全身用抗菌药的剂量确认试验，即Ⅲ期临床试验，通过进一步验证受试药物对目标适应证的防治作用和给药方案，确定受试药物对目标适应证的临床效果，观察受试药物的不良反应和制定防治措施。药效评价田间试验一般采用自然感染病例动物，每种适应证分别按照推荐剂量和给药方案进行试验。药效评价田间试验的次数和每次所选用的实验动物数量取决于动物品种、地理位置、地区条件。由于我国各地气候和地域地理条件的不同，一般应在至少 2 个地区（南、北方各一个）开展药效评价田间试验。适用于治疗宠物细菌病的抗菌药。

⑤ 宠物用抗螨虫药药效评价试验技术指导原则：宠物用抗螨虫药药效评价试验是宠物用抗螨虫药的剂量确定试验，即Ⅱ期临床试验，了解不同剂量的受试药物对靶动物的抗螨虫效果，确定受试药物的治疗作用和剂量。按每种适应证进行试验，一般采用人工诱发感染，条件不允许时也可选择自然感染病例。人工诱发感染可以选择少量最新野外分离的螨虫株进行诱导感染；对于稀有螨虫种类可以使用实验室保存的螨虫株进行诱导感染。对于幼虫阶段的螨虫应当使用诱导感染；选择自然感染病例，研究受试药物对螨虫成虫的药效；对于定居阶段的螨虫只能使用自然感染病例。不能选用对药物有耐药性的螨虫种进行试验。适用于防治宠物螨虫感染的抗螨虫药物。

⑥ 宠物用抗螨虫药药效评价田间试验技术指导原则：宠物用抗螨虫药药效评价田间试验是宠物用抗螨虫药的剂量确认试验，即Ⅲ期临床试验，通过进一步验证受试药物对目标适应证的防治作用和给药方案，确定受试药物对目标适应证的临床效果，观察受试药物的不良反应和制定防治措施。一般采用自然感染病例动物，每种适应证分别按照推荐的给药方案进

行试验。药效评价田间试验的次数和每次所选用的实验动物数量取决于动物品种、地理位置、地区条件。由于我国各地气候和地域地理条件的不同，一般应在至少2个地区（南、北方各一个）开展药效评价田间试验。适用于申报防治宠物消化道蠕虫感染的所有抗蠕虫药物。

⑦ 宠物用抗体外寄生虫药药效评价试验技术指导原则：宠物用抗体外寄生虫药药效评价试验是宠物用抗体外寄生虫药的剂量确定试验，即Ⅱ期临床试验，通过了解不同剂量的受试药物对靶动物的抗体外寄生虫效果，确定受试药物的治疗作用和剂量。按每种适应证分别进行试验，首选人工诱发感染，如果条件不允许可采用自然感染病例。选择自然感染病例，研究受试药物对寄生虫成虫的药效；也可以选择少量最新野外分离的寄生虫株进行诱导感染；对于稀有寄生虫种类可以使用实验室保存的寄生虫株进行诱导感染。对于幼虫阶段的寄生虫应当使用诱导感染；对于定居阶段的寄生虫只能使用自然感染病例。不能选用对药物有耐药性的寄生虫种进行试验。适用于宠物用的抗体外寄生虫药物。

⑧ 宠物用抗体外寄生虫药药效评价田间试验技术指导原则：宠物用抗体外寄生虫药药效评价田间试验是宠物用抗体外寄生虫药的剂量确认试验，即Ⅲ期临床试验，通过进一步验证受试药物对目标适应证的防治作用和给药方案，确定受试药物对目标适应证的临床效果，观察受试药物的不良反应和制定防治措施。药效评价田间试验一般采用自然感染病例动物，每种适应证分别按照推荐剂量和给药方案进行试验。药效评价田间试验的次数和每次所选用的实验动物数量取决于动物品种、地理位置、地区条件。由于我国各地气候和地域地理条件的不同，一般应在至少2个地区（南、北方各一个）进行药效评价田间试验。适用于宠物用的抗体外寄生虫药物。

⑨ 宠物用药物靶动物安全性试验技术指导原则：宠物用药物靶动物安全性试验，目的是了解受试药物在宠物中的剂量-反应曲线，即从有效作用到毒性作用，或至致死作用的持续动态变化过程；了解宠物对药物中毒剂量的临床反应特征；了解受试药物有效剂量、推荐剂量和中毒剂量对靶动物的组织病理学和生理生化指标影响的变化特征。一般对局部应用的药物通常不要求进行靶动物安全性试验，但供全身皮肤用药、可能引起全身吸收作用、局部刺激或过敏反应的药物以及通过局部用药发挥全身作用的药物则应进行靶动物安全性试验。适用于宠物用化学药品及其制剂。

（8）蜂用药物指导原则（农业部公告第1425号，2010.7.22）

① 蜜蜂用抗微生物药药效评价试验技术指导原则：蜜蜂用抗微生物药药效评价试验是蜜蜂用抗微生物药的剂量确定试验，即Ⅱ期临床试验，通过了解不同剂量的受试药物对蜂群疾病的抗微生物效果，确定受试药物的治疗作用和剂量。按每种适应证进行试验，一般采用人工诱发感染（接种），条件不具备时也可选择自然感染病例。适用于治疗蜜蜂细菌或真菌疾病的抗微生物药。

② 蜜蜂用抗微生物药药效评价田间试验技术指导原则：蜜蜂用抗微生物药药效评价田间试验是蜜蜂用抗微生物药的剂量确认试验，即Ⅲ期临床试验，通过进一步验证受试药物对目标适应证的防治作用和剂量，确定受试药物对目标适应证的临床效果，观察受试药物的不良反应和副作用。药效评价田间试验一般采用自然感染病例，每种适应证分别按照推荐剂量和给药方案进行试验。由于我国各地气候和地域地理条件的不同，一般应在至少2个地区（南、北方各一个）进行药效评价田间试验，其中的一个试验地点为药物申请人所在地。适用于治疗蜜蜂细菌或真菌疾病的抗微生物药。

③ 蜜蜂用杀螨剂药效评价试验技术指导原则：蜜蜂用杀螨剂药效评价试验是蜜蜂用杀螨剂的剂量确定试验，即Ⅱ期临床试验，通过了解不同剂量的受试药物对蜂群寄生螨的

杀灭效果，确定受试药物的治疗作用和剂量。按每种适应证进行试验，采用人工诱发感染（接种），条件不具备时也可选择自然感染病例。适用于杀灭蜜蜂寄生螨的杀螨剂。

④ 蜜蜂用杀螨剂药效评价田间试验技术指导原则：蜜蜂用杀螨剂田间药效评价试验是蜜蜂用杀螨剂的剂量确认试验，即Ⅲ期临床试验，通过进一步验证受试药物对目标适应证的防治作用和给药方案，确定受试药物对目标适应证的临床效果，观察受试药物的不良反应和制定防治措施。一般采用自然感染病例，按照推荐给药剂量和给药方法试验，按每种适应证进行试验。由于我国各地气候和地域地理条件的不同，一般应在至少2个地区（南、北方各一个）进行田间药效评价试验，其中的一个试验地点为药物申请人所在地。适用于蜜蜂用杀螨剂。

（9）水产养殖用药物指导原则（农业部公告第2017号，2013.11.20）

① 水产养殖用抗菌药物药效试验技术指导原则：用于评价抗菌药物防治水产动物目标适应证的效果和发现可能存在的不良反应，以确定药物的有效性和给药方案。适用于水产养殖用抗菌药物的药效试验。对试验涉及的环境条件、受试动物、受试药品、人工感染和自然感染的疾病模型、试验分组、给药方案、观察时间、观察指标、效果评价和试验报告都给出了建议。

② 水产养殖用抗菌药物田间药效试验技术指导原则：该指导原则适用于水产动物用抗菌药物的田间药效试验，用于进一步验证水产养殖用抗菌药物在实际生产条件下对靶动物目标适应证的有效性和安全性。包括试验池要求、试验动物种类、动物数量、感染检查动物数、受试药物、对照药物、自然感染病例确诊及选择、试验分组、给药方案、观察时间、观察指标、效果评价和试验报告。

③ 水产养殖用驱（杀）虫药物药效试验技术指导原则：该指导原则适用于水产养殖用驱（杀）虫药物的药效试验，用于评价驱（杀）虫药物防治水产动物目标适应证的效果和发现可能存在的不良反应，以确定药物的有效性和给药方案。包括环境条件、受试动物、受试药品、人工感染和自然感染的疾病模型、体外杀虫试验、试验分组、给药方案、观察时间、观察指标、效果评价和试验报告。

④ 水产养殖用驱（杀）虫药物田间药效试验技术指导原则：该指导原则适用于水产养殖用驱（杀）虫药物的田间药效试验，用于进一步验证水产养殖用驱（杀）虫药物在实际生产条件下对靶动物目标适应证的有效性和安全性。包括试验池要求、试验动物种类、动物数量、感染检查动物数、受试药物、对照药物、自然感染病例确诊及选择、试验分组、给药方案、观察时间、观察指标、效果评价和试验报告。

⑤ 水产养殖用消毒剂药效试验技术指导原则：该指导原则适用于水产养殖用消毒剂的药效试验（包括消毒效果试验和目标适应证的防治效果试验），用于评价水产养殖用消毒剂对水产动物机体外环境、工具及设施的消毒效果和（或）水产动物目标适应证的防治效果的相关试验，以确定消毒剂的有效性和合理使用方案，并发现可能存在的不良反应。新研制、仿制及其复合型水产养殖用消毒剂需根据本指导原则要求完成全部消毒试验项目；已批准在卫生或陆生动物上使用的消毒剂移植水产动物使用时，需完成实验室定性、定量消毒效果试验和现场消毒试验；国外注册水产养殖用消毒剂需复核定量及现场消毒试验；以泼洒或药浴方式用于养殖水体，并具有治疗水产动物疾病功效的消毒剂除完成相关要求的消毒效果试验外，还需进行田间药效试验。

（10）兽用中药/天然药物临床试验指导原则（农业部公告第1596号，2011.6.8）

① 兽用中药/天然药物临床试验技术指导原则：根据试验目的的不同，兽用中药/天

然药物的临床试验一般包括靶动物安全性试验、实验性临床试验和扩大临床试验。申请注册新兽药时，应根据注册分类的要求和具体情况的需要，进行一项或多项临床试验。靶动物安全性试验是观察不同剂量受试兽药作用于靶动物后从有效作用到毒性作用，甚至到致死作用的动态变化的过程。实验性临床试验是以符合目标适应证的自然病例或人工发病的试验动物为研究对象，确证受试兽药对靶动物目标适应证的有效性及安全性，同时为扩大临床试验合理给药剂量及给药方案的确定提供依据。扩大临床试验是对受试兽药临床疗效和安全性的进一步验证，一般应以自然发病的动物作为研究对象。

兽用中药/天然药物临床试验的共性要求包括以中兽医学理论为指导、试验的设计随机对照和重复原则、试验设计、试验实施、试验结果和试验报告要求。

② 兽用中药/天然药物临床试验报告的撰写原则：临床试验报告不仅要对试验结果进行分析，还需重视对临床试验设计、试验管理、试验过程进行完整表达，这样才能对兽药的临床效应作出合理评价，以阐明试验结论的科学基础。一个设计科学、管理规范的试验只有通过科学、清晰的表达，它的结论才易于被接受。真实、完整地描述事实，科学、准确地分析数据，客观、全面地评价结局是撰写试验报告的基本准则。中药的临床试验报告应该分析和重视描述受试兽药在适应证、靶动物、使用方法等方面的中医中药特色。

③ 兽用中药/天然药物安全药理学研究技术指导原则：安全药理学研究的目的在于，确定受试物可能关系到靶动物安全性的非期望出现的药物效应；评价受试物在毒理学和/或临床研究中观察到的药物不良反应和/或病理生理作用；研究所观察到的和/或推测的药物不良反应机制。适用于中药/天然药物的安全药理学研究。

④ 兽用中药/天然药物通用名称命名指导原则：兽药通用名称是兽药的法定名称，也是兽药质量标准中收载的名称。该指导原则对命名基本原则、药材、提取物、成方、制剂的命名细则做了要求。

⑤ 证候类兽用中药临床研究技术指导原则：证候（简称证）是中兽医学对动物疾病发展到一定阶段的病因、病性、病位及病势等的高度概括，具体表现为一组有内在联系的症状和体征，是中兽医临床诊断和治疗疾病的依据。证候类兽用中药是指主治为证候的兽用中药制剂。该指导原则适用于证候类兽用中药临床试验的有效性和安全性研究。包括证候类兽用中药的处方来源及基本要求、临床定位、证候诊断、基本研究思路、试验设计、疗程及观测时点、有效性评价、临床试验过程中的安全性评价、试验质量控制与数据管理及说明书撰写原则。

（11）兽药残留指导原则（农业农村部公告第 326 号，2013.11.20）

确定兽药产品休药期的靶动物残留消除试验指导原则：用于食品动物的兽药产品均需通过残留消除试验制定休药期。凡申请在食品动物（如牛、羊、猪、禽等）使用的兽药均需进行残留消除试验确定休药期。该指导原则介绍了分析方法、方法学验证、试验设计（受试动物数量及饲养管理、受试药物、给药、采样）、残留消除试验、样品测定、数据分析、试验报告。

2.7.2 兽用生物制品研究技术指导原则

（1）《兽用生物制品通用名命名指导原则》 制定统一的兽用生物制品通用名的命名原则，使兽用生物制品的名称更科学、简练、明确，并使每个具有不同特性的产品具有唯一的通用名。兽用生物制品的通用名采用规范的汉字进行命名，标注微生物的群、型、亚型、株名和毒素的群、型、亚型等时，可以使用字母、数字或其他符号。采用的病名、微生物名、毒素名等应为其最新命名或学名。采用的译名应符合国家有关规定。兽用疫苗的通用名一般采用"病名＋制品种类"的形式命名。用于预防或治疗的抗血清、抗体的命名，采用"微生物名＋抗血清/抗体"的形式命名。活菌制剂的命名，采用"微生物名＋活菌制剂"或"若干微生物名＋复合活菌制剂"的形式命名。诊断制品的通用名，一般采用"病名＋试验名称＋制品种类"的形式；对抗体检测试剂盒的命名，采用"微生物名＋试验名称＋抗体检测试剂盒"的形式。对抗原检测试剂盒的命名，采用"微生物名＋试验名称＋检测试剂盒"的形式。

（2）《兽用生物制品安全和效力试验报告编写指导原则》 制定统一的兽用生物制品安全和效力试验报告编写原则，使试验报告的格式统一、结构良好、层次分明、内容完整、易于评价。兽用生物制品安全和效力试验报告是对兽用生物制品的安全和效力试验过程和结果进行的系统总结，是对兽用生物制品的安全性、有效性等进行合理评价的重要依据，也是我国兽用生物制品注册所需的重要资料。试验报告中，对试验的整体设计及其关键点，应给予清晰、完整的阐述；对试验实施过程的描述，应条理分明；应包括翔实的基础数据和统计分析方法，以便对关键数据和结果进行分析。各类试验报告中均应包含：引言、试验目的、试验管理、试验设计、生物安全事项、材料和方法、结果、讨论、结论、参考文献和人员签名等。

（3）《兽用生物制品生产用细胞系试验研究指导原则》 制定兽用生物制品生产用细胞系的试验指导原则，确保兽用生物制品生产用细胞系的纯净性和安全性。细胞系泛指细胞系和细胞株。狭义的细胞系一般由人或动物肿瘤组织或发生突变的正常细胞传代转化而来。细胞株是通过选择或克隆培养，从原代培养物或细胞系中获得的具有特殊遗传、生化性质或特异标记的细胞群。细胞系可单层培养、悬浮培养或用载体培养，能大规模生产。这些细胞可以有限或无限传代，但有些细胞系传到一定代次后，会对动物产生致瘤性；并且对病毒的适应性降低。同时，细胞系在建系和传代过程中可能污染细菌、霉菌、支原体和病毒。所以，对生产用细胞系应进行严格检验，并限定使用代次。细胞系的检验包括显微镜检查、细菌和霉菌检验、支原体检验、病毒检验、细胞鉴别、胞核学检查、致瘤和致癌性检验、病毒培养适应性检验等。

（4）《兽用生物制品菌（毒、虫）种种子批建立试验技术指导原则》 为兽用新生物制品研制人员进行兽用生物制品菌（毒、虫）种种子批建立及各级种子鉴定提供原则性指导。《兽药注册办法》和农业部第442号公告规定，兽用生物制品的制造应以种子批系统为基础。种子批分三级：原始种子、基础种子和生产种子。只有按照规定项目和方法进行检验证明合格的种子，方可用于生产兽用生物制品。原始种子批建立基本原则为对选定的菌（毒、虫）株进行纯培养，并将培养物分成一定数量、装量和成分一致的小包装（如安瓿），于液氮中或其他适宜条件下保存。对原始种子批要按照有关要求做系统鉴定。通常情况下，应对原始种子的繁殖或培养特性、免疫原性、血清学特性、鉴别特征和纯净性进行鉴定。基础种子由原始种子经适当方式传代扩增而来，增殖到一定数量后，将相同代次的所有培养物均匀混合成一批，定量分装（如安瓿），保存于液氮中或其他适宜条件下备用。按照规定项目和方法进行系统鉴定合格后，方可作为基础种子使用。基础种子批应达到足够的规模，以便能够保证相当长时间内的生产需要。生产种子由基础种子经适当方式传代扩增而来，达到一定数量后，均匀混合，定量分装，保存于液氮或其他适宜条件下备用。根据特定生产种子批的检验标准逐项（一般应包括纯净性检验、特异性检验和含量测定等）进行检验，合格后方可用于生产。并须确定生产种子在特定保存条件下的保存期。生产种子批应达到一定规模，并含有足量活病毒（或细菌、虫），以确保能满足生产一批或一个亚批产品。

（5）《兽用生物制品菌（毒、虫）种毒力返强试验技术指导原则》 为兽用活疫苗进行菌（毒、虫）种的毒力返强试验提供指导。毒力返强试验是评估疫苗的基础种子经靶动物连续传代后的毒力或遗传稳定性，以确保疫苗接种动物后不会导致毒力增强。应根据菌（毒、虫）种的特点制定毒力返强试验的试验方案，包括试验动物的品种、日龄、数量，接种时间、途径和接种量，传代方法，观察内容和时间，微生物分离鉴定方法，以及传代后毒力返强程度的评价标准。在继代过程中，如果适宜的动物组织或分泌物或排泄物中不能重分离到微生物，则应适当增加接种剂量或试验动物数量，以提高重分离率。

（6）《兽用生物制品实验室安全试验技术指导原则》 为兽用生物制品实验室安全试验研究提供原则性指导。实验室安全试验方案，其内容应包括受试制品的种类，试验开始和结束的日期，试验动物的年龄、品种、性别等特征，制品的配方，对照组的设置，每组动物的数量，实验动物来源、圈舍、试验管理和观察方式，结果的判定方法及标准等。实验室安全试验的内容包括一次单剂量接种的安全试验、单剂量重复接种安全试验和一次超剂量接种的安全试验。根据制品的种类、使用对象等不同，在新制品研制中也应部分或全部进行对怀孕动物的安全性及对动物生殖功能影响试验、对非靶动物、非使用日龄动物的安全试验、疫苗接种对靶动物免疫学功能影响试验、疫苗水平传播试验、对靶动物生产性能的影响试验、基因工程产品的安全评价、其他安全试验等。

（7）《兽用生物制品实验室效力试验技术指导原则》 为兽用生物制品实验室效力试验研究提供原则性指导。实验室效力试验的内容包括靶动物免疫攻毒试验、疫苗抗原（细菌或病毒）含量与靶动物免疫攻毒保护力相关性的研究（最小免疫剂量试验）、免疫产生期及免疫持续期试验。根据制品的种类、使用对象等不同，在新制品研制中也应部分或全部进行血清学效力检验与靶动物免疫攻毒保护相关性的研究、不同血清型或亚型间的交叉保护力试验、实验动物效力检验与靶动物效力检验结果相关性的研究、子代通过母源抗体获得被动免疫力的效力和免疫期试验、不同接种途径对靶动物的效力试验、接种后动物体内抗体消长规律的研究等。对攻击用强毒的要求，对已经有国家标准强毒株的，应使用标准强毒株，必要时增加使用当时的流行株；对没有国家标准强毒株的，可使用自行分离的强毒株，但需报告其来源、历史和有关鉴定结果。

（8）《兽用生物制品稳定性试验技术指导原则》 为兽用生物制品的稳定性试验提供原则性指导。每种兽用生物制品的注册资料中必须提交至少3批产品的实验室保存期试验报告。兽用生物制品的稳定性试验应在实时/实温条件下进行。在加速和强化条件下获得的稳定性试验数据，不作为最终确定制品有效期的依据。但是，加速稳定性试验数据有助于提供证明有效期的支持数据，并为将来的产品开发提供稳定性资料。

（9）《兽用生物制品临床试验技术指导原则》 为兽用生物制品临床效力和安全试验的设计和完成提供原则性指导，确保临床试验数据的科学性、完整性和正确性，同时，对实验动物的健康、环境和试验人员的影响以及有害物质的残留提出了相应要求。临床试验是在实际生产条件下考察制品的安全性和效力，是对实验室试验数据的必要补充和验证。试验方案应包括开始试验、攻毒和结束试验的日期、试验的地点、试验的主持人、执行人、观察人、记录人，以便必要时对试验进行考察和核查。对所使用的试验动物，在试验前应确定是否曾接种过针对同种疾病的其他单苗或联苗，在近期是否发生过同种疾病。为确证这种免疫或感染状态，在进行试验前应当对试验动物进行特异性抗体检测，并评估其是否对试验产生影响。在开始试验后，动物一般不应再接种针对同种疾病的其他单苗或联苗。临床试验报告是在完成试验的基础上完成的综合性的记述。最终试验报告包括材料和方法的描述、结果的介绍和评估、统计分析。

（10）《兽医诊断制品试验研究技术指导原则》 为研制兽医诊断制品的人员提供原则性指导。兽医诊断制品的主要技术指标包括敏感性、特异性、重复性、符合率和适应性。包括实验室试验、中试生产和临床试验。实验室研究包括菌（毒、虫）种、主要原辅材料、生产工艺、质控样品及制品质量研究。临床试验应采用一定数量的试剂盒对临床样品（包括阳性和阴性样品）进行检测，分析诊断制品的实际应用效果。

2.7.3 申请与受理

申报资料接收和受理。农业农村部政务服务大厅（以下简称"政务服务大厅"）接收兽药注册申报资料。评审中心按照农业农村部行政审批办事指南的办事条件、兽药注册资料相关要求，对接收的申报资料进行形式审查，并将形式审查意见报农业农村部畜牧兽医局和政务服务大厅。政务服务大厅根据形式审查意见办理予以受理或不予受理手续，并书面通知申请人和评审中心。申请人应在受理后登录农业农村部兽药评审系统提交电子申报资料。

2.7.4 评审与审批程序

农业农村部公告第 392 号规定了兽药评审和审批程序，兽药注册申请形式审查受理后需要经过申报资料技术评审、兽药质量标准复核和样品注册检验、补充资料、审批等。技术评审工作方式包括四类：一般评审、优先评审、应急评价和备案审查。

2.7.4.1 技术评审工作方式

（1）**一般评审** 常规兽药注册均采取一般评审方式，是最常见的评审方式。一般评审根据法规、规章和技术指导原则要求对注册产品进行安全性、有效性和质量可控性技术评审，农业农村部给出批准或不批准的建议。具体见图 2-2。

（2）**优先评审** 优先评审是符合优先条件的兽药注册申请采用的评审方式，下列四种情形符合优先评审条件：①针对口蹄疫、高致病性禽流感、猪瘟、新城疫、布鲁氏菌病、狂犬病、包虫病、猪繁殖与呼吸综合征等优先防治的疫病，可实现鉴别诊断的且具有配套诊断方法或制品的疫苗。②临床急需、市场短缺的赛马和宠物专用兽药以及特种经济动物、蜂、蚕和水产养殖用兽药。③未在中国境内外上市销售的创新兽用化学药品。④重大动物疫病防疫急需兽药等。对符合优先评审条件的兽药注册申请，评审中心第一时间进行评审，评审中心第一时间报出评审意见和评审结论，中监所第一时间安排复核检验。但优先评审技术要求不降低，评审步骤不减少，评审流程同一般评审。

（3）**应急评价** 对重大动物疫病应急处置所需的兽药，农业农村部可启动应急评价。评审中心按照农业农村部畜牧兽医局要求开展应急评价，重点把握兽药产品安全性、

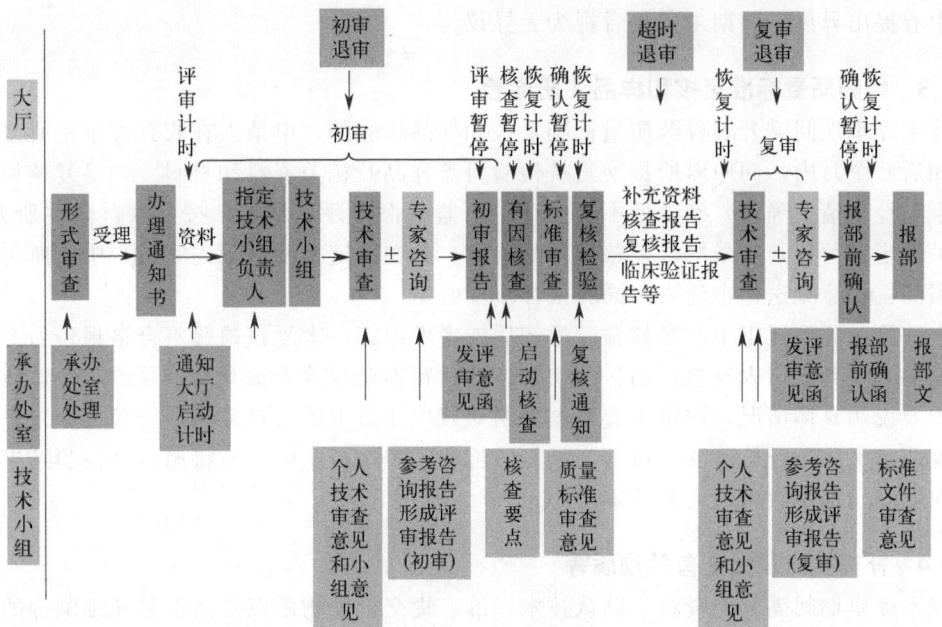

图 2-2 一般评审流程图

有效性、质量可控性，非关键资料可暂不提供。经评价建议可应急使用的，农业农村部畜牧兽医局根据评审中心评价意见提出审核意见，报分管部领导批准后发布技术标准文件。有关兽药生产企业按《兽药产品批准文号管理办法》规定申请临时兽药产品批准文号。

（4）备案审查　根据动物防疫需要，强制免疫用疫苗生产所用菌毒种的变更可采取备案审查方式。具体评审流程和要求见《高致病性禽流感和口蹄疫疫苗生产毒种变更备案工作程序》及变更技术资料要求。

2.7.4.2　申报资料技术评审

评审中心收到受理的申报资料后，会在法定评审时限内提出评审结论，并报农业农村部畜牧兽医局。评审过程通常分为初次评审和复评审，初次评审和复评审均不超过一次，经初次评审可得出评审结论的，可不进行复评审。评审中心目前的评审工作机制是评审中心专家主审与兽药注册评审专家库其他专家咨询相结合的评审工作机制，对受理的申报资料进行技术评审，提出评审意见。评审中心专家根据工作需要咨询兽药注册评审专家库中其他专家的意见，咨询形式灵活，如现场或远程咨询会、函审/网审咨询等。

评审中按照兽药注册资料要求、指导原则、技术规范以及相关技术评审标准对申报资料进行科学评审。原则上，初次评审应一次性提出全面审查意见，并明确是否进行验证试验、复核检验和现场核查等。申请的兽药属于疫苗的，基于风险管理原则，必要时可提出对生产用菌毒种进行检验的要求。评审中心可根据注册申请人的申请安排沟通交流。根据初次评审意见，申请人一次性提交补充资料。收到申请人的补充资料后，评审中心进行复评审。如初次评审意见要求开展验证试验、复核检验、现场核查等，评审中心在收到有关报告后一并进行复评审。申请人未能一次性提交补充资料或者补充资料明显不符合评审意见要求的，评审中心会做出拟退审结论。对于拟退审的注册产品，评审中心会将退审意见反馈申请人。如果申请人对退审意见有异议，在收到意见后 10 个工作日内以书面形式向评审中心提出异议，逾期未提出者视为无异议。

2.7.4.3 兽药质量标准复核和样品注册检验

技术评审期间需开展兽药质量标准复核和样品检验的，申请人在收到评审中心复核检验通知后 6 个月内，向中监所提交复核检验所需样品及相关资料和材料。产品复核检验质量标准先经申请人确认，确认后不得修改。中监所根据评审意见，按照《兽药注册办法》等相关规定进行兽药质量标准复核和样品检验，并在法定检验时限内完成，中监所将检验报告书和复核意见送达申请人，同时报评审中心。

中监所在收到评审中心复核检验通知后或者发出第一次复核检验不合格报告后 6 个月内，如果未收到申请人复核样品、相关资料或材料不全导致无法开展检验的，中监所应向评审中心说明具体情况，评审中心根据说明对该项注册申请按自动撤回处理。如果评审意见对疫苗菌毒种进行检验的，可与产品复核检验同步进行。中监所将菌毒种检验结果和结论报农业农村部畜牧兽医局和评审中心。

2.7.4.4 补充资料及提交有关物质等

技术评审期间需补充资料、确认技术标准、提交标准物质以及菌毒种和细胞等的，评审中心以书面形式通知申请人。申请人按照评审意见应在规定时限内一次性提交补充资料、确认技术标准、向中监所提交标准物质等。

2.7.4.5 审批

农业农村部畜牧兽医局根据评审中心的技术评审意见和结论以及中监所的复核检验结论，提出审批方案。建议予以批准的，报分管部领导审批，并根据分管部领导审批意见印发公告、制作注册证书等；建议不予批准的，由农业农村部畜牧兽医局局长审签。

2.7.4.6 办结

政务服务大厅根据审批结论办结，并书面通知申请人。

2.7.5 评审技术标准

兽药评审中心进行技术评审依据法律法规和技术指导原则，并且需要具体问题具体分析。所谓的技术标准是在技术评审中需要强调的安全性、有效性和质量可控性要点，是一些共性问题，不代表所有情形，但这些对兽药评审和兽药研发具有参考价值。技术标准格式上包含基本要求、结论和退审情形，技术要求是对申报资料要求所作的提炼，而退审情形即为注册产品在安全性、有效性和质量可控性上不能把控或存在重大缺陷。目前畜牧兽医局原则上同意的技术标准有兽用化学药品药学研究评审技术标准、兽用中药/天然药物药学研究评审技术标准、兽用中药/天然药物药理毒理与临床研究评审技术标准、兽用化学药物临床药代动力学试验资料评审技术标准、兽用化学药品生物等效性试验资料评审技术标准。另外还包括废止的药物饲料添加剂品种增加治疗用途重新注册临床及残留试验资料评审标准。

2.7.5.1 兽用化学药品药学研究评审技术标准

（1）药学研究资料综述 包括全部药学研究工作及结果的总结、分析和自我评价；

各项药学研究工作的关联性，以及与非临床研究和临床研究工作的关联性。

① 基本要求

a. 原料药药学研究资料综述：简述制备工艺、结构确证、质量研究和质量标准的制订、稳定性考察等方面的研究结果，并对结果进行综合分析与评价。

b. 制剂药学研究资料综述：简述剂型选择、处方筛选与制备工艺、质量研究和质量标准的制订、稳定性考察等方面的研究结果，并对结果进行综合分析与评价。

c. 主要对试验方法的科学性、试验过程的规范性进行分析，将试验结果与相关文献进行比较，并应关注各项研究结果之间的相互关联性。

d. 制剂处方工艺筛选涉及的质量评价方法与质量研究中方法建立的关系；质量标准建立与工艺、质量研究、稳定性研究的关系等。

e. 各项研究工作所用样品的质量、批次、批量以及用途。

② 评价要点与结论

a. 原料药药学研究综述资料是否齐全，是否包括制备工艺、结构确证、质量研究和质量标准的制订、稳定性考察等。其研究方法、结果是否与相关文献进行比较，并对结果进行了综合分析与评价。原料药质量标准是否符合《中国兽药典》的相关要求。

b. 制剂药学研究资料综述是否齐全，是否包括剂型选择、处方筛选与制备工艺、质量研究和质量标准的制订、稳定性考察等，其研究方法、结果是否与相关文献进行比较，并对结果进行了综合分析与评价。制剂质量标准是否符合《中国兽药典》的相关要求。

c. 对药学研究综述资料进行评判，提出存在的问题，做出是否符合要求的结论。

（2）确证化学结构或者组分的试验资料及文献资料 应包含原料药结构确证样品的精制方法、纯度及其检测方法；采用的结构确证手段；有无立体异构体、多晶现象及结晶溶剂；有无文献数据及图谱。所用对照品/标准品来源、批号、用途、纯度及提供单位的资质。重点评价所做研究工作是否能够确证本品的结构。

① 基本要求

a. 提供实验室资质证明资料。提供仪器型号及其检定、校准或测试证书复印件、测试条件、样品制备或预处理方法、测试结果和图谱、解析过程。

b. 多晶型兽药：新化学实体兽药应进行在不同结晶条件下（溶剂、温度、压力、结晶速度等）是否存在多种晶型的研究，提供 X 射线衍射、热分析研究资料及相关图谱；仿制晶型兽药应提供晶型选择依据；对于混晶兽药应与原研药或文献数据进行比较；考察生产工艺的重复性，提供的工艺能否稳定地生产药用晶型样品，说明药用晶型物质状态的稳定性，是否易发生转晶现象。对于难溶性内服固体制剂，如已知晶型对生物利用度、稳定性、毒理作用有明显影响时，应在兽药研发、生产过程中对制剂晶型进行控制。

c. 对于生物来源的多组分化学兽药，应明确各组分的组成成分和比例，应尽量对其主要药效成分进行结构确证。

② 评审要点：原料药结构确证样品的精制方法、纯度及其检测方法是否符合要求；采用的结构确证手段是否可行，检测单位资质是否符合要求，图谱解析是否正确，与文献报道的数据及图谱是否一致；所用对照品/标准品来源、批号、用途、纯度是否符合要求。若有立体异构体、多晶现象及结晶溶剂，是否进行了相关研究，方法、稳定性是否可靠，数据是否详实，结论是否正确。

③ 评审结论：所做研究工作是否能够确证本品的结构。

④ 建议退审的情况

a. 研究方法不合理，研究结果不能充分说明原料药结构特征的。

b. 对原料结构进行的研究不全面，未能根据化合物的结构特点全面研究原料药的骨架结构、构型、晶型、结晶溶剂等的。

（3）原料药生产工艺的研究资料及文献资料　简述合成路线，说明是参照文献或为自行设计，所用起始物料和试剂是否易得，中间体有无质控，所用Ⅱ类以上有机溶剂种类，目前的生产批量、三废处理是否得当。重点评价工艺是否合理可控。

① 基本要求

a. 提供生产工艺的详细流程图；详细描述生产工艺过程，包括所有使用的起始物料和溶剂种类及数量、设备和操作条件及至少3批有代表性的中试或工业化生产批量收率。生产工艺表述的详略程度应能使本专业的技术人员根据申报的生产工艺可以完整地重复生产过程，并制得符合标准的产品。

b. 提供生产工艺中所有起始物料的质量标准、关键中间体的质量控制方法。

c. 提供工艺路线的选择依据、工艺开发过程中生产工艺的主要变化（包括批量、设备、工艺参数和工艺路线等）、过程控制方法、关键工艺参数应经过验证并提供工艺验证报告和评估。提供生产工艺、中试工艺和小试工艺的异同性分析，说明这些变化对产品收率、质量的影响程度。

d. 起始物料的一般要求：组成和结构明确；有商业来源；理化性质明确、稳定性满足工艺要求；有明确的制备工艺可查，质量可控；越接近兽药活性成分的起始物料质控应越严格。

e. 原料药规模：原料药的制备工艺研究应在中试制备规模下开展，所取得的研究数据（包括工艺条件、工艺参数、起始物料和中间体的质量控制要求等）应能直接用于或指导原料药的工业化生产，用于质量研究、稳定性研究用样品的质量也应能代表工业化生产产品的质量。

f. 溶剂/试剂选择：尽可能选择毒性较低的溶剂和试剂，合成工艺尽可能避免使用《兽用化学药物有机溶剂残留量研究技术指导原则》中规定的Ⅰ类溶剂，严格控制Ⅱ类溶剂，并应结合生产工艺制订合理的"三废"处理方案。

② 评审要点

a. 对原料合成的起始物料、试剂种类与用量、三废处理方法等进行分析判断，所用起始物料和试剂是否易得，所用有机溶剂及其类别，三废处理是否得当。起始物料的质量标准、关键中间体的质量控制方法、残留溶剂、有关物质检测方法等是否可行，方法学验证是否符合要求。

b. 工艺路线的选择是否合理，关键工艺参数是否经过验证，评估工艺是否可行，三批有代表性的中试或工业化生产批量收率是否符合要求。

c. 发酵工艺生产的菌种来源、鉴别和选育、工艺流程、培养条件、最终放罐控制参数等选择是否可行，提取精制中间体质量标准和检查方法等是否能控制质量，方法学是否经过验证。

③ 评审结论：工艺是否合理、可控、三废处理是否得当。

④ 建议退审的情形

a. 对工艺路线和工艺条件的选择未提供文献依据和/或相关的研究结果，且无科学合理解释的。

b. 采用市售原料药粗品精制制备原料药，或者采用市售游离酸/碱经一步成盐、精制制备原料药，且未提供充分、详细的粗品或游离酸/碱生产工艺和过程控制资料的（注：

不适用于原料药为无机化合物的情况，以及市售游离酸/碱为已批准上市原料药的情况）。

c. 经综合评价认为，研究资料和内容存在严重缺陷，无法对原料药生产工艺的合理性、可行性进行评价的。

d. 对于原料药的制备规模和制剂的需求量相比过小，不能代表工业化生产水平，且未做出合理说明并提供科学合理依据的。

e. 对于工艺中使用了Ⅰ类溶剂，但未进行替代研究或提供充分文献支持该溶剂不可替代性的。

f. 未对起始物料和关键中间体进行详细质量控制研究的。

（4）制剂处方及工艺的研究资料及文献资料　说明剂型及其选择依据，列出完整处方，各辅料在处方中的作用，有无药用标准并说明出处，处方筛选指标（包括初步稳定性考察），规格依据；简述制备工艺，有无特殊之处和原因及现有规模；重点评价剂型选择是否有据，处方及工艺是否合理。

① 基本要求

a. 处方：提供产品的处方组成（含处方中用到但最终除去的溶剂），如生产中需要过量加入的原辅料应提供依据。提供处方研究开发过程和确定依据，提供处方筛选时的制剂基本性能评价指标、至少 2 个处方的稳定性评价数据，确定影响制剂质量的关键因素，重点说明在兽药开发阶段处方组成的主要变更、原因及支持变化的验证过程。对比原料药和制剂制备及储存过程中有关物质的变化情况，如发现制剂中的有关物质出现明显增加或测定结果明显高于已批同品种所含有关物质的现象，一般认为该制剂品种的处方或工艺过程不合理，需要对处方进行适当修改以提高产品的稳定性。

b. 工艺：提供生产工艺的选择和优化，工艺研究中的主要变更（包括批量、设备和工艺参数等）及相关的支持性验证资料。汇总研发中的代表性批次样品情况，如批号、生产时间和地点、规模、用途、分析结果。考察工艺各环节对产品质量的影响，确定制备工艺的关键环节。对于关键环节，考察制备条件和工艺参数在一定范围内改变时对产品质量的影响，建立相应质控参数。提供工艺流程图和工艺描述。生产工艺表述的详略程度应能使本专业的技术人员根据申报的生产工艺可以完整地重复生产过程，并制得符合标准的产品。提供工艺验证和评价。提供工艺验证方案、验证报告和批生产检验记录，工艺应在预定参数范围内进行，并对工艺的合理性进行评价。采用最终灭菌工艺的，应提供空载和装载热分布、热穿透试验、生物指示剂试验、微生物负荷等研究资料；采用无菌生产工艺的，应提供培养基无菌灌装模拟试验验证等研究资料。

c. 原辅料：提供原辅料来源、证明性文件、执行标准和检验报告及供货协议。所用原辅料系在已上市原辅料基础上根据制剂给药途径需要精制而得，如精制为注射给药途径用，需提供精制方法和精制工艺选择依据；详细的精制工艺及验证资料；精制前后的质量对比研究资料；精制原辅料的注射用内控标准及起草依据。重点评价内容是在原质量标准基础上加强对影响兽药安全性指标的控制参数，如杂质检查、无菌检查等。

d. 辅料：选用符合《中国兽药典》《中国药典》标准和已有国家药用标准的辅料。对于已有国家药用标准的辅料，避免使用不常见的特殊辅料和有活性作用的辅料，如必须使用则需提供相关的支持性资料。制剂中的辅料已收载于国外药典，但国内药用标准尚未收载，可参照国外药典制订内控标准。已在上市制剂中使用的辅料，但在国外药典和国内药用标准均未收载的，需提供上市产品中使用的依据，并提供内控标准。内服制剂中使用的矫味剂或诱食剂，无国内外药用标准，可使用符合食品标准要求的食品添加剂。如无国内外相关标准但又必须使用的，需提供相关的支持性资料。外用制剂中使用的辅料，若无国家药用标准，在充分考虑安全性的前提下，可使用符合国家化妆品标准要求的辅料。对《中国兽药典》和《中国药典》已收载的、但未明确具体给药途径的辅料，若用于注射剂、滴眼剂、体内注入剂等，应在内控标准中增加相应检测项目并提高相关的限度要求。

e. 剂型：改变国内已上市销售产品的剂型，但不改变给药途径的制剂，需要关注剂型选择的合理性，并通过合理设计的临床试验，将剂型选择的合理性体现在临床应用优势方面，体现在对已有剂型产品的质量和安全性的提高上，以最终确证其剂型选择和立题依据的合理性和必要性。注射剂剂型：原则上首选能采用最终灭菌工艺的剂型。对于有充分的依据证明不适宜采用最终灭菌工艺且临床上必须注射给药的品种，可考虑选择采用无菌生产工艺。通常无菌生产工艺仅限于粉针剂、小容量注射剂和非静脉注射的大容量注射剂。大容量、小容量注射剂和粉针剂之间互改，所改剂型的无菌保证水平不得低于原剂型。

f. 规格：产品规格的确定必须符合科学性、合理性和必要性的原则。申请的产品规格应当根据靶动物的用法用量、剂型特点等合理确定，以《中国兽药典》收载或已经上市规格为合理性的依据。原研产品上市规格（常指进口或国外上市规格）如能满足用法用量基本需求的，应视为规格设置的重要依据，如不能满足用法用量基本需求的，应从临床应用的实际需要出发，判断规格的合理性；已完成临床试验，如规格不合理，应修订规格。增加规格需提供原规格和新增规格处方工艺的对比资料。新兽药监测期内不受理变更规格的注册申请。

② 评审要点：评价制剂所用原辅料来源、供货协议、质量标准、给药途径等是否符合要求。评价剂型选择依据是否符合要求，处方筛选指标是否可行、结论是否正确；制备工艺是否合理；产品规格的确定是否符合科学性、合理性和必要性的原则。

③ 建议退审的情形

a. 单独申请注册制剂，提供原料药虚假证明性文件的。

b. 单独申请注册制剂，发现所用原料药未注册或未取得批准文号的。单独申请注册进口制剂，未提供原料药的完整主控系统文件（Drug Master File，DMF）的。

c. 单独申请注册制剂，所用原料药的批准文号已被废止的，或原料药生产企业已被吊销《兽药/药品生产许可证》的。

d. 所用原辅料的质量控制不能保证药品安全性和有效性的。例如对于注射剂所用原辅料不符合注射用要求的；或按相关要求进行充分研究，原料药和辅料的质量达不到注射用要求的。

e. 处方设计明显不合理或研究工作存在重大缺陷，且后续质量研究、稳定性研究以及安全性、有效性研究已经提示药品质量、稳定性、安全性和有效性方面存在隐患或问题的。

f. 申报处方与实际处方不一致的。

g. 注射剂无菌/灭菌工艺的无菌保证水平不符合规定的。

h. 制剂的制备规模过小，无法证明是否可以进行工业化放大生产的。

i. 所申请的规格与同品种已上市规格不一致，而未提供充分依据支持所申请规格的科学性、合理性和必要性的。

j. 对于改剂型的产品，所改剂型的质量、稳定性、安全性、有效性较原剂型降低的；所改剂型无明显临床优势的。

k. 对于注射剂中大容量注射剂、小容量注射剂和粉针剂之间的互改，如所改剂型的无菌保证水平低于原剂型，且兽药质量、稳定性或安全性没有明显提高的。

（5）质量研究工作的试验资料及文献资料 简述质量研究的主要和特殊项目的研究

情况，列出质量标准的主要项目和规定，与《中国兽药典》或已批同类品种的标准比较，原则上要求不得降低。如有变化，应说明理由。

① 基本要求

a. 提供该品种在国内外药典的收录情况并进行比较，同时参照相关的技术指导原则，对拟定的质量标准是否合理进行分析，评价质量标准是否符合当前技术要求。

b. 进口注册兽药的质量标准原则上按原标准内容执行，但格式上按《中国兽药典》进行规范。进口注册兽药的质量标准不得低于《中国兽药典》收载的同品种质量标准。

c. 抗生素类药物的组分，仅采用 HPLC 等相对保留时间的方法难以判断注册兽药与已上市兽药组分的异同时，建议采用 LC/MS 和 LC/DAD 等检测器、注册兽药与所研究对照兽药混合进样等多种方法从不同侧面综合判断，并以列表方式全面反映研究结果，综合分析二者所含组分种类和含量的差异，进而评价其质量的差异。在上述规范研究的基础上，结合相关技术指导原则，制定科学合理的组分比例。组分比例范围要与国外上市同品种保持一致。国外没有的，则应明确各组分的组成比例。

d. 有关物质：原料药和制剂均需进行有关物质研究。有关物质研究中需进行杂质谱研究，制订检查方法时注意检测波长的选择、破坏性试验条件（主成分一般降解 10%～20%）下主成分与杂质的物料平衡、检测限、定量限、忽略限度等考察。不宜采用面积归一化法进行有关物质的研究。方法学验证中，要求进行主成分和关键中间体与破坏性降解产物分离情况的研究。可结合影响因素试验考察情况确定，对于破坏性试验，可结合兽药本身的稳定性，选择较为敏感的破坏条件。复方制剂中有关物质的研究，复方制剂杂质研究相对于原料药及单方制剂，重点是进行杂质来源归属研究，明确各兽药在加速试验条件下和一般贮藏条件下的主要降解产物，并在此基础上制定检查方法及相关限度。检测方法应能够有效分离各杂质，方法的灵敏度除符合一般要求外，还应关注对制剂中含量较小的药物产生杂质的检出能力；检查方法还应兼顾不同来源的杂质，同时应重点监控稳定性较差药物的降解产物及有毒或有害杂质。杂质校正因子的测定需要用到特定杂质及主成分的对照品，这些对照品应具备量值准确的特点，符合相关要求；确定校正因子的分析方法应与最终确定的质量标准方法一致，如有变化，需考察对校正因子的影响，必要时重新确定。

e. 溶出度：溶出度检查方法学研究中需注意对检查方法分辨力的考察，选择具有良好分辨力的检查条件。应提供与原研同品种兽药在不同介质中的溶出曲线对比研究资料。水难溶性药物制备颗粒剂，如溶化性检查无法达到符合《中国兽药典》中"全部溶化或轻微浑浊，不得有异物"的规定，需做溶出度/释放度检查，提供详细方法学研究资料，并建议将溶出度/释放度检查订入质量标准中。

f. 辅料：对注射剂处方中含重要的功能性辅料如抑菌剂、抗氧剂等，需要进行定量检查并在稳定性试验中进行研究。

（6）**兽药标准草案及起草说明**　质量标准应按《中国兽药典》《兽药质量标准编写细则》的格式和用语进行规范，注意用词准确、语言简练、逻辑严谨、避免产生误解或歧义。起草说明应提供各项目设置依据、方法的可行性和限度的依据（注意列出有关的研究数据和文献数据）以及部分研究项目不列入质量标准的理由等。

（7）**兽药对照品/标准品的制备及考核材料**　提供对照品/标准品来源、标签和使用说明书，自制对照品/标准品还需提供理化常数、纯度、含量及其测定方法和数据。评价重点：自制对照品/标准品制备时量值的溯源和恒定。

① 基本要求

a. 使用国内外药典对照品/标准品，应提供来源、批号、含量、标签和使用说明书；使用方法应与说明书使用方法一致。

b. 自制对照品/标准品：提供对照品原料的精制方法、质检报告，提供理化常数和纯度的测定数据及分析结果（包括相关图谱）。用于抗生素微生物检定法的标准品原则上用上市国的国家标准品或原研厂的工作标准品为基准标准品进行标定，如果无法得到，应用设计科学的方法进行标定。提供原料的精制方法、质检报告，提供理化常数和纯度的测定数据及分析结果（包括相关图谱）。仅用于鉴别定性的化学对照品，注重其结构确证的研究资料。杂质对照品用作限度检查时，应具备较高的纯度和含量，并提供纯度和含量的测定结果，提供质量控制标准。对于多组分抗生素的对照品，应进行有关组分的定性研究，并规定组分的相对比例范围。

② 评审要点

a. 质量标准各项目的设置是否合理、全面，如原料药的晶型、原料药和制剂的有关物质，以及难溶性药物内服制剂的溶出行为、特殊剂型药物的释放特性、无菌制剂的无菌检查和方法验证等；已进行了质量研究但没有列入质量标准的理由是否充分。

b. 质控限度是否合理，如溶出度/释放度、有关物质和含量测定等项目的方法选择和限度确定。

③ 评审结论：建立的质量标准及起草说明是否齐全、合理、可行，能否控制产品质量。

④ 建议退审的情形

a. 质量研究内容不全面，例如未结合兽药特点，对反映和控制兽药质量的主要质控项目（如有关物质等）未进行研究，且未合理说明原因的。

b. 主要质控项目方法不合理、不可行，或方法学验证不充分，例如与具体品种相关的检测方法研究未参考相关指导原则等进行详细的方法学验证，且未合理说明原因的。

c. 多组分或纯度较低的注射剂，未进行必要的质量对比研究，无法判断与已上市产品或原剂型产品一致性的；注射剂及所用的原料药未进行必要的有关物质对比研究，不能说明杂质安全性的；缓控释等特殊制剂未进行必要的释放度对比研究，无法判断与已上市产品一致性且未合理说明原因的。

d. 研究结果显示兽药的质量低于已上市产品或原研产品质量的。

e. 质量研究中未采用专属有效的分析方法对产品中主要组分的种类与含量进行研究，也未界定活性成分并对活性成分测定进行研究；质量标准中未对活性成分或主要成分进行活性和含量测定控制，也未对其他组分或杂质的种类与含量进行检查控制，限度的确定未提供充分的依据，不能保证各批次产品的均一性与安全性的。

（8）药物稳定性研究的试验资料及文献资料　列出影响因素考察的种类、检测项目及结果，说明拟上市包装和贮藏条件，加速试验及长期留样试验的样品规模、试验结果。评价现有稳定性资料能否保证用药稳定。

① 基本要求：提供的研究资料应包括规格、批号、批量、生产时间、试验时间（年月日）、检测用质量标准、稳定性试验条件、具体数据和原始图谱复印件。发生显著变化应终止试验，改变试验条件后再进行。提供复溶药物的稳定性、使用中药物（如多剂量包装时多次开启）的稳定性、合并用药载体中药物的稳定性（如饲料/水）试验资料。消毒剂的稳定性试验考察条件可参照相关指导原则中稳定性试验考察条件或《消毒技术规范》的要求。

② 评审要点：样品的批次和规模、包装等是否符合要求；主要质量指标、检测方法、考察时间点等是否符合要求；试验结果是否真实反映兽药稳定性，结论是否正确、可靠，是否保证临床用药的稳定性。

③ 建议退审的情形

a. 样品的批次和规模、包装等不符合指导原则要求，且未合理说明原因的。

b. 主要质量指标不全面或检测方法不科学、考察时间点过少，试验结果不能评价或不能真实反映兽药稳定性的。

c. 研究结果显示产品的稳定性不如已上市产品或原剂型产品，且未合理说明原因的。

（9）**直接接触兽药的包装材料和容器的选择依据及质量标准**　提供选择依据及质量标准；采用新包装材料、特定剂型需提供兽药和内包材的相容性研究。

① 基本要求：选择药包材时需进行药包材与兽药的相容性研究或提供选择依据。对包装在半透性容器中的制剂，应进行容器的水蒸气透气性能考察。兽用专用包材，如乳房注入剂、子宫注入剂等，企业应提供内控标准，并提供药包材材质、包材企业的资质证明、兽药与包材的相容性试验等研究资料。

② 评审要点：高风险制剂所用药包材是否进行药包材与兽药的相容性研究。半透性容器是否进行水蒸气透气性能的考察。

③ 评审结论：药包材是否与所包装的兽药给药途径和制剂类型相适应。

2.7.5.2　兽用中药、天然药物药学研究评审技术标准

（1）药学研究资料综述

① 基本要求：申请人应提供药材（包括饮片、提取物）的鉴定与前处理、剂型选择、制备工艺研究、中试研究、质量研究及质量标准的制订、稳定性研究（包括直接接触药品的包装材料或容器的选择）等资料的简述，并对药学研究结果进行总结、分析与评价。

a. 剂型选择的依据。根据试验研究结果和/或文献，简述剂型选择及规格确定的依据。

b. 制备工艺的研究。简述制剂处方和制法。若为改变剂型品种，还需简述现工艺和原工艺的异同及有关参数的变化情况。简述制备工艺参数及确定依据，如：提取、分离、纯化、浓缩、干燥、成型工艺的试验方法、考察指标、辅料种类和用量等。简述中试研究结果和质量检测结果，包括批次、投料量、辅料量、中间体得量（率）、成品量（率）。说明成品中含量测定成分的实际转移率。评价工艺的合理性，分析工艺的可行性。

c. 质量研究及质量标准。包括原料药、辅料的质量标准，说明原料药、辅料法定标准出处。简述原料药新建立的质量控制方法及含量限度。无法定标准的原料药或辅料，说明是否按照相关技术要求进行了研究及申报，简述结果；说明是否建立了中间体的相关质量控制方法，简述检测结果。成品质量标准应包括、鉴别、检查、浸出物测定、含量测定等内容。应说明非法定来源的对照品是否按照相关技术要求进行了研究，简述研究结果。简述样品的自检结果。评价所制订质量标准的合理性和可控性。

d. 稳定性研究。简述稳定性考察结果，包括考察样品的批次、时间、方法、考察指标与结果、直接接触药品的包装材料和容器等。需要进行影响因素考察的，还需简述影响因素的考察结果。评价样品的稳定性。

② 分析与判断：对剂型选择、工艺研究、质量控制研究、稳定性考察的结果进行总结，分析各项研究结果之间的联系。结合临床应用背景、药理毒理研究结果及相关文献

等，分析药学研究结果与药品的安全性、有效性之间的相关性。评价工艺合理性、质量可控性，初步判断稳定性。

③ 评审要点与结论

a. 药材药学研究综述资料是否齐全，是否包括药材鉴定与前处理，是否对其研究方法、结果进行了综合分析与评价，并与相关文献进行比较。药材或饮片的质量是否符合《中国兽药典》等相关标准要求。

b. 制剂药学研究资料综述是否齐全，是否包括提取、纯化、浓缩、干燥，剂型选择、处方与制备工艺、质量研究和质量标准的制订、稳定性考察等，其试验方法、结果与相关文献进行比对，并对结果进行了综合分析与评价。建立的标准是否符合《中国兽药典》要求。

c. 对药学研究综述资料进行评判，做出是否符合要求的结论。

（2）药材来源及鉴定依据资料

① 基本要求：须提供药材原植（动）物的科名、植（动）物名、学名及药用部位，矿物药则注明类、族、矿石（或岩石）名及主要成分。此外，还包括采收季节和产地加工等资料。

a. 明确药材来源。注册资料应说明选用药材的品种、基源和产地，一般应固定品种、基源和产地，如不能固定，应说明不能固定的原因。

b. 药材的鉴定依据应为法定标准。注册资料应有对药材的鉴定报告与检验报告，报告数据应符合标准要求。

c. 应有相对稳定的药材资源和购货渠道，提供相关的购货发票，药材厂商资质等证明文件。

d. 无法定标准的药材，应按照相关技术要求进行研究或申报。应考察药材种植过程中植物的外观、性状、内部成分等稳定性。

e. 申报新药材及药材新的药用部位，应说明药材的生态环境、生长特性、栽培技术、组织特征等情况。

② 评审要点：药材的基源、品种和产地是否明确，药材鉴定与前处理或有效部位、有效成分的研究方法、结果是否与相关文献进行比较，并对结果进行了综合分析与评价。所用对照药材或对照品来源、批号、用途、纯度是否符合要求。药材的鉴定报告是否符合要求，药材来源、厂商是否符合要求。

③ 评审结论：药材研究数据是否详实，结论是否正确，所做研究工作是否符合要求，其质量是否符合《中国兽药典》要求。

④ 建议退审的情形

a. 对药材、饮片或有效部位、有效成分进行的研究不全面，未能根据药材、饮片或有效部位、有效成分的特点全面研究药材的基源、产地或有效部位、有效成分的理化特性等的。

b. 研究方法不合理，研究结果不能充分说明药材基源、产地或有效部位、有效成分结构特征的。

c. 申报新药材，未提供连续三年药材质量监测报告（包括主要成分指标），无法考察作为药材基源的原植物质量稳定性的。

（3）生产工艺研究资料

① 基本要求

a. 药材前处理工艺应提供对药材进行必要的前处理研究资料，包括鉴定与检验、炮制与加工。注册资料应说明药材的炮制和加工方法，如药材是如何净制的，以饮片形式投料的药材，药材是如何切制和炮制的，以及选择该方法的依据，粉碎后投料的，应说明粉碎的粒度以及依据。

b. 药材和制剂提取、纯化、浓缩、干燥工艺评审要求：工艺路线是否合理科学，是否提供了工艺流程图。工艺路线是否结合了处方的特点和药材的性质，制剂的类型和临床用药要求，大生产的可行性和生产成本，以及环境保护的要求。在此基础上，还要充分注意工艺的科学性和先进性，是否对工艺条件进行优化。工艺路线初步确定后，对采用的工艺方法，应进行科学、合理的试验设计，对工艺条件进行优化。应根据具体品种的情况选择适宜的工艺及设备。为了保证工艺的稳定、减少批间质量差异，应固定工艺流程及相应设备。是否制定了科学量化的工艺评价指标，应提供从有效成分、生物学指标以及环保、工艺成本等多方面综合评价提取、纯化、浓缩、干燥等工艺的合理性的数据资料。实验设计方法是否科学正确，是否采用了数理试验设计的方法，对试验数据进行了统计和分析。应考虑方法适用的范围，因素、水平设置的合理性，避免方法上的错误。例如，因素、水平选择不当，样本量不符合要求，指标选择不合理，评价方法不妥，适用对象不符等。同时应注意对试验结果的处理、分析。工艺优化的结果是否通过中试放大试验加以验证。

c. 制剂工艺研究的评审要求：应提供制剂处方设计、剂型选择的依据、制剂成型工艺研究、直接接触药品的包装材料的选择的资料。应提供制剂处方研究资料。提供制剂处方筛选研究，如采用单因素比较法，正交设计、均匀设计或其他适宜的方法。明确辅料的选用依据、种类和用量。应说明剂型选择的依据。如临床需要及用药对象、药物性质及处方剂量、药物的安全性等因素。在选择注射剂剂型时，应特别说明其安全性、有效性、质量可控性以及临床需要，并提供充分的选择依据。已有兽药标准品种的剂型改变，应在对原剂型的应用进行全面、综合评价的基础上有针对性地进行，充分阐述改变剂型的必要性和所选剂型的合理性。应提供制剂成型工艺研究资料。包括制剂成型工艺路线和制备技术的选择，实验室条件与中试和生产的衔接，大生产制剂设备的可行性、适应性。应提供详细的制剂成型工艺流程，各工序技术条件试验依据等资料。在制剂过程中，对于含有有毒药物以及用量小而活性强的药物，应保证其均匀性。应提供制剂设备的有关资料。

d. 中试工艺研究的评审要求：应进行至少 3 批、1000 个制剂单位的 10 倍以上的中试试验，以考察中试放大规模后工艺的稳定性和可操作性，并提供相应中试试验和检测数据，以反映工艺放大后的基本情况。中试研究设备与生产设备的技术参数应基本相符。中试样品应当在符合《兽药生产质量管理规范》条件的车间制备。投料量、半成品率、成品率是衡量中试研究可行性、稳定性的重要指标。一般情况下，中试研究的投料量为制剂处方量（以制成 1000 个制剂单位计算）的 10 倍以上。装量大于或等于 100mL 的液体制剂应适当扩大中试规模；以有效成分、有效部位为原料或以全（生药）粉入药的制剂，可适当降低中试研究的投料量，但均要达到中试研究的目的。半成品率、成品率应相对稳定。应提供中试设备情况和中试总结报告。应提供相应的批生产记录。

② 评审要点

a. 对药材或饮片的基源、产地、质量标准或有效部位、有效成分的提取、纯化的方法、提取溶剂种类与用量等进行分析判断，是否采用有机溶剂，三废处理是否得当。药材或饮片质量标准的项目与限度设置是否合理，中间体质量控制方法、残留溶剂检测方法等是否可行，方法学验证是否符合要求。

b. 工艺路线的选择是否准确，关键工艺参数是否经过验证，评估是否可行，三批有代表性的中试生产收率是否符合要求。

c. 提取、纯化、浓缩、干燥及制剂等评价指标的选择是否可行，提取精制中间体质量标准和检查方法等是否能控制质量，方法学是否经过验证。

③ 评审结论：生产工艺是否合理、可控。

④ 建议退审的情形

a. 对工艺路线和工艺条件的选择未提供文献依据或相关的研究依据，并无科学合理解释的。如未对煎煮提取的加水量等进行有针对性研究；未对参考标准中不明确的纯化工艺参数进行研究；未对大孔树脂纯化工艺的药液上样浓度等进行研究；采用环糊精包合挥发油未对包合条件进行研究；改剂型时未对制剂处方（辅料种类及用量）等进行考察；由难溶性有效成分制备的内服固体制剂未在制剂处方筛选时对溶出度进行考察。

b. 经综合评价认为，研究资料和内容存在严重缺陷，无法对生产工艺的合理性、可行性进行评价的。

c. 对于工艺中使用了规定的Ⅰ类溶剂，但未进行替代研究或提供充分的文献支持该溶剂不可替代性的。

d. 试验方法、试验设计不合理的，如正交试验的因素（如水提与醇沉工艺一并考察）、水平或指标选择不当的；正交试验研究中存在明显错误的。

e. 批生产记录与处方工艺研究资料中选择的工艺不一致的。

f. 批生产记录内容不全，不足以说明其生产真实性的。

（4）质量研究试验资料

① 基本要求

a. 质量研究的文献资料：应提供处方中各药味所含主要化学成分，特别是主要药效成分的相关文献资料，内容包括主要成分或类别成分的理化性质、鉴别、检测方法及含量测定等内容。

b. 质量研究的试验资料：质量研究的试验资料包括原辅料质量研究和制剂质量研究两部分。原料质量研究包括来源及鉴定依据、有效部位筛选、产地加工、性状、组织特征、理化性质、鉴别、检查、含量测定等研究资料（方法、数据、图片和结论）及文献资料。提取物还应包括工艺筛选研究。法定标准中收载的品种，应符合相关标准规定；无法定标准的，应研究建立相应的标准，其标准应符合《中国兽药典》现行版的格式。毒性药材用量和涉及濒危物种药材的使用应符合国家的有关规定。辅料的研究包括理化性质、用量、质量要求及相容性研究等。制剂质量研究的试验内容包括制剂的性状、鉴别、检查、浸出物、含量测定等，资料中应将研究的结果写明。

c. 质量标准草案及起草说明：药材与饮片质量标准应包括名称、汉语拼音、药材拉丁名、来源、性状、鉴别、检查、浸出物、含量测定、炮制、性味与归经、功能、主治、用法与用量、注意及贮藏等项。提取物质量标准应包括名称、汉语拼音、来源（提取原植物及部位）、提取方法或制法、性状、鉴别、检查、特征图谱/指纹图谱、含量测定、贮藏等项。起草说明应说明制订质量标准中各个项目的理由，规定各项目指标的依据、技术条件和注意事项等。制剂的质量标准内容一般包括中文名称、汉语拼音、处方、制法、性状、鉴别、检查、浸出物、含量测定、功能、主治、用法与用量、注意、规格、贮藏、有效期等项目。书写格式与术语参照现行版《中国兽药典》。起草说明应对标准草案中所设定项目的研究方法及方法验证等内容进行说明。

d. 标准物质内容及要求：提供对照品/标准品来源、标签和使用说明书，自制对照品/标准品还需提供理化常数、纯度、含量及其测定方法和数据。评价重点：自制对照品/标准品制备时量值的溯源和恒定。使用国内外药典对照品/标准品，应提供来源、批号和含量、标签和使用说明书；使用方法应与说明书使用方法一致。自制对照品/标准品应提供对照品原料的精制方法、质检报告，提供理化常数和纯度的测定数据及分析结果（包括相关图谱）。仅用于鉴别定性的化学对照品，注重其结构确证的研究资料。杂质对照品用作限度检查时，应具备较高的纯度和含量，并提供纯度和含量的测定结果，提供质量控制标准。

e. 样品及检验报告书：至少3批成品的检验报告书以及批检验记录。

② 评审要点

a. 质量标准各项目的设置是否合理、全面，如药材或饮片的基源、产地、鉴定与前处理，有效部位、有效成分的专属性鉴别、含量测定等；已进行了质量研究但没有列入质量标准的理由是否充分。

b. 质控限度设置是否科学、合理，方法的选择、限度确定的依据是否充分、准确。

③ 评审结论：建立的质量标准是否合理、可行，能否控制产品质量。起草说明的依据是否充分。

④ 建议退审的情形

a. 质量研究内容存在严重缺陷。例如，未结合药材特点，对反映和控制药材质量的主要质控项目（如专属性鉴别等）进行研究，且未合理说明原因的；未根据品种的具体情况建立与安全性相关的检查项的；未建立毒性成分的限量检查项；处方中含矿物药，未进行重金属、砷盐检查，或检查方法、检查结果不符合要求的；含量测定方法学研究不合理的（如供试品浓度超过线性范围）。

b. 主要质控项目方法不合理、不可行，或方法学验证不充分且未合理说明原因的。质量标准中限量检查、含量测定未进行分析方法验证的。复核检验结果与自检的含量测定数据相差较大的；复核检验认为质量标准存在较大缺陷。

c. 研究结果显示药材或制剂的质量低于《中国兽药典》或已上市产品或原剂型产品质量的。

d. 处方中的药味未采用合法原料药投料且未建立标准的。

e. 批检验记录中的检验方法与质量标准草案不一致的且未提供对比研究资料的。

f. 批检验记录内容严重不全或不是原始记录的。

（5）稳定性研究试验资料

① 基本要求：提供的研究资料应包括规格、批号、批量、生产时间、试验时间（年月日）、检测用质量标准、稳定性试验条件、具体数据和原始图谱复印件。发生显著变化应终止试验，改变试验条件后再进行。提供复溶药物的稳定性、使用中药物（如多剂量包装时多次开启）的稳定性、合并用药载体中药物的稳定性（如饲料/水）试验资料。消毒剂的稳定性试验考察条件可参照相关指导原则中稳定性试验考察条件或《消毒技术规范》的要求。

② 评审要点与结论：样品的批次和规模、包装等是否符合要求；主要质量指标、检测方法、考察时间点等是否符合要求；试验结果是否真实反映兽药稳定性，结论是否正确、可靠，是否保证临床用药的稳定性。

③ 建议退审的情形：样品的批次和规模、包装等不符合指导原则要求，且未合理说

明原因的；主要质量指标不全面或检测方法不科学、考察时间点过少，试验结果不能评价或不能真实反映药品稳定性的；研究结果显示产品的稳定性不如已上市产品或原剂型产品，且未合理说明原因的。

（6）直接接触兽药的包装材料和容器的选择依据及质量标准。

① 基本要求：选择药包材时需进行药包材与兽药的相容性研究；对包装在半透性容器中的制剂，应进行容器的水蒸气透气性能考察；兽用专用包材，如乳房注入剂、子宫注入剂等，企业应提供内控标准，并提供药包材材质、包材企业的资质证明、兽药与包材的相容性试验等研究资料。

② 评审要点：高风险制剂所用药包材是否进行药包材与兽药的相容性研究；半透性容器是否进行水蒸气透气性能的考察。

③ 评审结论：药包材是否与所包装的兽药给药途径和制剂类型相适应。

2.7.5.3　兽用中药/天然药物药理毒理与临床研究评审技术标准

（1）药理毒理研究

兽用中药/天然药物的药理毒理研究包括主要药效学、安全药理学、药代动力学和毒理学研究等。

① 基本要求

a. 安全药理、毒理等临床前安全性研究实验室应符合《兽药非临床研究质量管理规范》（GLP）的要求，主要药效学研究应参照 GLP 的要求。

b. 试验方案应有科学依据，并符合《兽药非临床研究质量管理规范》（GLP）的要求。研究过程按照试验方案实施。

c. 试验项目负责人的要求应符合《兽药非临床研究质量管理规范》（GLP）的要求，有较高的药理毒理学理论水平和相关工作经验，以确保试验设计合理、数据可靠、结果可信、结论判断准确。

d. 受试药物应处方固定、制备工艺及质量稳定。

e. 受试对象可用常规实验动物、靶动物或其他生物材料。

f. 试验报告应有试验主要负责人和全部参与人员签字，并加盖试验单位公章。报告中应明确所有参加研究人员各自承担的工作，并签字。

② 主要药效学研究评审技术要求

a. 试验方案的制定应科学，符合研究的一般过程。以中兽医药理论或现代药理学理论为指导，根据受试药物的功能主治，运用现代科学方法，选用或建立相应的动物模型和试验方法。主治用中兽医证候表述的，药效学试验应有中兽医理论做指导，选用的病症模型应符合相应的证候。药效学试验应与临床主治或适应证相关联，并能支持临床主治。

b. 药效试验应以在体试验为主，必要时配合离体试验，从不同层次证实其药效。

c. 受试对象应根据试验的具体要求合理选择。受试对象包括整体动物、胚胎、离体器官和组织等。实验动物应有种属、性别、年龄、体重、健康状况、饲养管理条件、动物来源及合格证号等详细记录，其他受试对象应提供必要的信息资料。

d. 观测指标应特异性强、敏感性高、重复性好、关联性强，尽可能采用定量或半定量的指标。

e. 受试药物至少应设 3 个剂量，剂量选择应尽量反映量效和时效关系。给药途径应与临床给药途径相同，若选择其他给药途径，须说明原因。给药剂量和时间（何时给药、给药间隔期、给药持续期）应有依据。给药过程应有详细的试验数据，如受试物为提取物还是制剂、其生产情况、受试物的配制过程、配制溶剂的信息、给药的体积或重量、数据的计算过程、灌喂方法等。

f. 试验应设对照组，以保证试验系统的可靠性。根据需要一般有空白对照组、阴性对照（溶媒或赋形剂等）组、模型对照组、阳性药物对照组。阳性对照药物应选用正式批准生产的兽药或药品。

③ 安全药理学研究评审技术要求：试验至少应设 3 个剂量，低剂量应相当于临床推荐剂量的等效剂量，给药途径应与主要药效学试验相同，至少应观察药物对中枢神经系统、心血管系统、呼吸系统的影响。必要时，还应再选择其他相关检测指标。

④ 药代动力学研究评审技术要求：以有效成分注册的一类新药，可参照化学药品的药代动力学研究方法，评价药物在动物体内的吸收、分布、代谢及排泄，并计算各项参数。

⑤ 毒理学研究评审技术要求

a. 急性毒性试验：根据药物毒性特点，可选择以下方法进行急性毒性试验。

（a）半数致死量（LD_{50}）测定：染毒途径应与拟推荐临床试验的给药途径一致，如不一致，应有科学的依据。试验方法推荐寇氏法、改良寇氏法或序贯法。给药后至少观察 7 天，记录动物毒性反应情况及动物死亡时间分布。毒性反应观察记录应详实，包含但不限于选择的考察指标、观测方法、观测结果、观测和记录人员、时间、地点，观测结果的分析和评价等。观察记录应有具体的试验数据并能反映试验的操作过程，不接受笼统简单的文字描述，如在无试验数据的情况下，下无毒性反应的结论。

（b）最大给药量试验：如因受试药物的浓度或体积限制，无法测出 LD_{50} 时，可做最大给药量试验。试验首选拟推荐临床试验的给药途径，以动物能耐受的最大浓度、最大体积的药量一次或一日内多次给予动物，连续观察 7 天，详细记录动物反应情况，计算出总给药量。观察记录的要求同前一方法。

b. 长期毒性试验。试验动物：根据受试药特点应选用啮齿类或非啮齿类。啮齿类可选用大鼠，非啮齿类可选用犬。试验分组：一般不少于三个剂量组。原则上低剂量应略高于主要药效学研究的有效剂量，此剂量下动物应不出现毒性反应，高剂量可有部分动物出现明显毒性反应。染毒方法：应与推荐临床试验的给药途径相一致（如不一致，应有充分理由）。口服药应采取灌胃法或混饲法。应每天定时给药，如试验周期在 90 天以上者，可每周给药 6 天。混饲给药要提供饲料中药物含量和稳定性数据。试验周期：应为临床疗程的 3～4 倍，且不少于两周。啮齿类一般最长不超过 6 个月，非啮齿类不超过 9 个月。治疗局部疾患的外用药，如方中不含毒性药材或有毒成分的，一般可不做长期毒性试验。但须做局部刺激试验、过敏试验，必要时做光敏试验。一、二类中兽药以及含有毒药材、无法定标准药材或有十八反、十九畏等配伍禁忌的三、四类中兽药，应做两种动物（啮齿类和非啮齿类）的长期毒性试验。

⑥ 评审要点

a. 试验方案设计有无科学依据。试验分组、每组动物数等试验设计是否符合相关指导原则要求。例如，随机分组应提供具体的随机方法和相关数据。应设置必要的对照组，对照组数据应能证明试验系统的可靠性等。

b. 试验过程、统计方法是否合理，试验数据与结果是否可信，结论是否准确。例如，试验过程应有详细的记录和数据，包括但不限于受试物的配制过程、试验动物的饲养过程

（试验前中后）、给药过程、试验观察记录过程，这些试验过程的数据应能证明试验的科学性和可操作性，依据这些记录数据应能重复出相同的试验。根据生物统计原理，应选用适宜的统计方法，样本量应明确，除每组之间进行比较外，还应有必要的组内比较或动物自身比较。应提供试验动物的个体数据，尤其是安全性考察指标的个体数据，此情况下，仅进行组间的指标平均值比较是不够的，还要重点关注波动大的个体数据，应提供正常参考值范围（如有的话）。在分析数据的统计学意义时，应关注生物学意义，避免机械的比较差异显著性，以便得出科学的结论。

c. 试验报告应全面、准确、完整的反映试验的全过程和所有数据，原始数据以报告附件的形式呈现。

⑦ 评审结论：所进行的试验研究、数据与结果、结论是否能得出产品安全有效的结论。

⑧ 建议退审的情形：对存在下列情况之一的注册申请，应退审。

a. 试验报告不完整，未能全面报告原始数据。

b. 未按照指导原则的要求完成相应试验，且未说明原因或理由不充分；无相关研究指导原则的研究，提供的科学依据不足。

c. 因试验设计或试验质量及技术控制等问题，如试验动物不符合要求、试验用药物浓度低于临床最高用药浓度、给药次数或给药体积不合理等，导致试验结果数据不可靠，无法对试验结果进行评价。

d. 试验数据前后不一致，或者存在逻辑错误，影响评判或无法评判产品药效和安全性；或试验数据不符合常理，如试验动物的体重与正常动物体重差异较大，或某些对照药物本该抑制动物增重，研究数据未能反映该事实。

e. 主要药效学试验与临床试验缺少关联性，功效与主治不匹配；通过筛方试验得到的新组方，其药效学试验结论不能支持临床主治或适应证。

f. 毒理学试验研究不符合 GLP 要求。例如，受试药、试验动物背景不清晰，动物标记、编号、随机分组方法不具体，动物饲养记录、毒性反应观测记录不详细或者不全，缺少动物个体数据等。

（2）临床研究

兽用中药、天然药物的临床研究一般包括靶动物安全性试验、实验性临床试验和扩大临床试验。临床研究须符合相关指导原则和农业农村部《兽药临床试验质量管理规范》（GCP）的有关规定。

① 一般要求

a. 试验设计：临床试验单位应符合农业农村部确定的具有兽医临床试验条件的兽药临床研究机构。试验方案应符合 GCP 和相关研究指导原则的有关要求，如无指导原则的，应提供科学依据。其内容不限于：试验题目和目的、试验承担单位和主要负责人、试验场所、试验预期的进度和完成时间、试验用兽药和对照用兽药、病例选择或人工发病的依据和方法、靶动物品种/品系及数量、试验设计与分组、主要观察指标的选择、数据处理与统计、诊断和疗效评定标准、病例记录表等内容。试验方案由申报者和研究者共同商定并签字、盖章，并经省级兽医行政主管部门审批后实施。临床试验设计应遵循随机、对照和重复的原则，临床试验样本量不得少于最低临床试验病例数规定。对罕见或特殊病种减少试验病例数应说明具体情况。宠物自然病例可采取多点观察法。试验分组应符合相关临床试验要求。临床试验用兽药和对照用兽药应分别为中试和已上市产品，其含量、规格、试制批号、试制日期、有效期、中试或生产企业名称等信息应明确，并经过省级兽药检验机构检验合格。人工发病使用的菌（毒、虫）种应采用标准株，采用其他来源的菌（毒、虫）种应来源清晰，并提供生物学信息等背景资料。主要效应指标应具有特异性、关联性、准确性和灵敏性，其指标可包括临床体征指标、功能或代偿指标，感染性、传染性疾病的病原学、血清学等指标。疗效判定应具有客观、明确、操作性强的标准，疗效等级一般包括痊愈、显效、无效。

b. 观察和记录：临床试验承担单位应按照试验方案，制订周密详细的病例报告表，逐项详细记录，注册时应提交病例报告表（不是空表，应包括记录数据），并按规定保存原始记录以备核查。对方案中制定的检测指标，应当按方案规定的时间点和方法进行检测。应结合药物成分特点设计严密的不良反应观察方案，试验中应密切观察和记录各种不良反应，包括症状、体征、实验室检查等，并分析原因、作出判断、统计不良反应发生率。对不良反应应认真处理并详细记录处理经过及结果。临床研究期间若发生严重不良反应事件，承担临床研究的单位须立即采取必要措施保持受试动物安全，并在 24 小时内向当地省级兽医行政管理部门和农业农村部报告。选择的统计方法应正确。结论推导应以研究样本的同质性为基础，试验数据处理应准确，试验结论应与功能主治、适用范围相一致，并与相关文献报告相比较，若不一致需充分讨论分析。结论应准确、可靠。临床试验报告应按照试验方案和过程如实撰写，所有原始数据均应反映在报告中。试验设计者、试验负责人员和全部参与人员应签字，临床试验单位应盖章，并对试验报告的真实性负责。临床试验方案有部分调整的，需要说明和解释，同时提供新版本的试验方案。试验报告中应明确所有参加人员承担的工作，并签名。临床评价应根据本次试验结果对新兽药的功能主治、适应范围、给药方案、疗效、安全性、不良反应（包括处理方法）、禁忌、注意等作出结论。并根据其临床意义及数据统计结果，对新兽药的特点作出客观评价。

② 靶动物安全性试验评审技术要求：给药途径、间隔时间和疗程应与临床试验相一致，允许延长给药时间，深入观察安全性；给药剂量设置一般为临床推荐剂量的 1 倍、3 倍、5 倍；观察指标一般包括临床体征、血液学、血液生化指标、二便等指标，必要时需提供生产性能相关指标；减少指标需说明理由。

③ 实验性临床试验评审技术要求

a. 试验过程应在严格控制可变因素的条件下进行，保证不附加治疗方案范围以外的任何治疗因素，并有可靠的隔离措施。试验各组的处置方法包括给药剂量、给药途径与方式、给药时间与间隔、给药周期、观察时间和动物的处置等。给药剂量的选择、单次给药剂量的设定、给药周期的确定等应以药效学、安全性试验数据为依据。

b. 受试动物来源、品系、日龄、性别、体重、健康状况、免疫接种、日粮组成及饲养管理等背景资料应清晰。

c. 人工发病或造模应提供详细的科学依据和采用广泛认可的方法，采用新方法的应说明方法的优势、建立的依据（包括菌种、药物、人工环境等致病因素选择、染毒或给药途径的选择、剂量筛选过程、染毒后生物学效应，并附有相关研究数据）。

d. 人工发病试验分组应为三个剂量试验组（高、中、低剂量组）和三个对照组（已上市兽药对照、阳性对照和阴性对照）。自然病例分组应包括高、中、低三个剂量组和阳性药物对照组、安慰剂或不治疗对照组，预防试验增设阴性对照组。

e. 自然病例选择应有明确的诊断标准、纳入标准和排除标准。诊断应采用公认的标准，并符合特异性、科学性、客观性和可操作性原则；病例纳入应考虑病型、病期、病程、品种、年龄、性别、体质、胎次等；脱落病例应有记录。

f. 制定的评价标准应有详细的科学依据。

④ 扩大临床试验评审技术要求：选择的病例应有确切的诊断标准、纳入标准、排除标准；治疗试验分组应设推荐剂量组和药物对照组；预防试验应增设不处理对照组；推荐剂量、给药方法和疗程应与质量标准草案、说明书样稿表述一致；评价标准应有主要指标和次要指标，指标的选取应有详细的科学依据。

⑤ 评审要点

a. 试验方案有无科学依据。试验分组、每组动物数等试验设计是否符合指导原则要求，例如，随机（盲法）分组应提供具体的方法和相关数据。应设置必要的对照组，对照组数据应能证明试验系统的可靠性。每组动物数应根据统计学方法计算出样品量，同时不低于指导原则规定的最低动物数。

b. 试验过程、统计方法是否合理，试验数据与结果是否可信，结论是否准确。例如，试验过程应有详细的记录和数据，包括但不限于试验动物的饲养过程（试验前中后）、给药过程（如混饲或混饮，应明确药量、饲料或水量、混合方法、混合后的含药饲料或饮水的量、给药设备、饲饮过程药物可控制的稳定性数据等）、试验观察记录过程，这些试验过程的数据应能证明试验的科学性和可操作性，依据这些记录数据应能重复出相同的试验。根据生物统计原理，应选用适宜的统计方法，样本量应明确，除每组之间进行比较外，还应有必要的组内比较或动物自身比较。应提供试验动物的病例记录表，病例记录表数据应涵盖病例的诊断记录、入组记录、给药记录、考察指标观测记录、疗效判定记录，记录中应有详细的临床症状观察结果和明确的指标检测数据，应有明确的动物标识或编号以唯一确定动物身份，应提供试验操作人员、观察人员、试验时间、地点等数据，相关人员应签字、时间地点应明确，如具体到某房间、某笼、某圈、某时、某分等，具体到何种程度以有助于评价试验为原则。统计设计应明确是优效设计还是非劣效设计，在分析数据的统计学意义时，应关注药物的临床意义，分析评价药物的优势和特点，避免机械的比较差异显著性，以便得出科学而有临床价值的结论。

c. 试验报告能否全面、准确、完整的反映试验的全部数据，原始数据应以报告附件的形式呈现。

⑥ 评审结论：所进行的试验研究、数据与结果、结论是否能得出产品安全有效的结论。根据临床试验结果并经生物统计学分析得出的结论，外推药物疗效时，应逻辑严密，严格把握外推范围。如动物的代表性，临床试验采用蛋鸡、肉鸡、仔猪、母猪、奶牛等，靶动物不应笼统表述为鸡、猪、牛。临床试验设计以中兽医证候或现代兽医疾病表述的，主治应采用相应的表述，主治的范围不能超出临床试验的病症。

⑦ 建议退审的情形：对于存在下列情况之一的注册申请，应退审。

a. 试验报告与方案内容不一致、不完整、不规范；没有全部反映试验的原始数据。

b. 未按照指导原则的要求完成相应试验，且未说明原因或理由不充分；无相关研究指导原则的研究，提供的科学依据不足。

c. 因试验设计或试验质量及技术控制等问题，如试验动物不符合要求、试验用药物浓度低于临床最高用药浓度、给药次数或给药体积不合理等，导致试验结果数据不可靠，无法对试验结果进行评价。

d. 试验数据前后不一，无法评判产品有效性；试验数据不合常理。

e. 诊断标准不明确或标准明确但不能确诊病例，导致入组病例不可靠。

f. 疗效评价指标选取不科学或疗效评价标准不合理，导致难以评价药物临床疗效。

g. 临床试验质量控制差，未能提供病例诊断入组、给药治疗、疗效观察等全过程试验记录，导致试验系统和数据不可靠，影响评价药物疗效和安全性。

h. 临床定位不明确，立题依据与临床试验设计相矛盾，实验性临床试验与扩大临床试验不相衔接，临床试验设计混乱（如不能判定药物用于治疗、预防或辅助治疗等）。

2.7.5.4　兽用化学药物临床药代动力学试验资料评审技术标准

该技术标准主要审查临床药代动力学试验设计的合理性、检测方法的可行性、统计分析结果的可靠性、提供数据的完整性。

（1）**基本要求**　简述试验设计概况、使用的动物、样品收集的方法和时间、分析方法、药物标记的情况和稳定性、给药途径和方法、剂量和周期等。在进行药动学试验时，应结合体内外药效试验，推荐合理的给药方案，必要时还应和已有制剂的药动学参数进行比较，提出本制剂和参比制剂的优缺点，以便于合理评价药物。

（2）**药动学试验的主要内容包括**　建立活性成分及其主要代谢物的分析方法及方法学验证；对体液和组织中的化合物浓度进行测定；对数据的处理及药动学参数的拟合计算；对药物的分布、代谢及排泄研究；结合药效学试验结果等，制定合理的给药方案；根据药动学试验结果，对药物和制剂进行评价。

① 受试动物选择和/或受试动物数量应满足试验结果的评价要求。

② 使用对照药物的试验应采用随机分组。尽可能采用交叉设计，采用平行组设计时应说明理由。采用交叉设计时，应有足够的清洗期（一般应大于5～7个消除半衰期）。

③ 受试制剂处方、工艺生产规模，应能代表大批量生产产品的质量。

④ 给药剂量的选择应有依据并符合临床用药安全的原则。

⑤ 生物样本采集时间点应科学、合理，以真实反映药物的体内过程。采样点：吸收相不少于3个点，消除相4～6个点，达峰浓度附近3个点。

⑥ 采样时间：至少持续3～5个消除半衰期或血药浓度低于 C_{max} 的 1/20～1/10。

⑦ 应提供详细完整的方法学研究资料和样本分析资料（包括至少20%受试动物样品测试的色谱图复印件和相应分析批次的标准曲线和质控样品的色谱图复印件）。

⑧ 速释、缓释、控释制剂应当同时提供与普通制剂比较的单次或者多次给药的靶动物药代动力学研究资料。

⑨ 药动学试验数据包括在样品检测方法建立的过程中产生的数据，如精密度、回收率、灵敏度等，还包括药动学试验中产生的数据，如标准曲线、血药浓度。应提供每头动物所有采样点的测定数据及所有动物的平均值、标准差。

⑩ 参数计算：用药代动力学计算软件采用房室模型和/或非房室模型处理每一动物的血药浓度-时间数据，提供每头动物的药代动力学参数并对其进行分析。

⑪ 药代动力学典型色谱图的基本要求：应提供方法学研究的所有色谱图。

⑫ 在药动学试验报告中，应提供有代表性的空白血浆色谱图以及动物给药后实测样品色谱图。在附录中应按分析批提供每头动物每个试验点的实测原始图谱。对于每一张实测样品色谱图应注明该样品的来源，即动物编号及采样的时间点。

⑬ 长效制剂（包括缓释、控释制剂）药动学试验要求：长效制剂必须进行与常规制剂比较的单次药代动力学试验（必要时应做多次给药的药动学试验），以证实制剂的长效特征。一般而言，参比制剂应选择普通制剂或其他已经上市的长效制剂。试验结果应说明

长效制剂在靶动物体内的药代动力学特征，同时应与参比制剂的相应药代动力学参数进行比较，观察它们之间是否存在明显的差异，特别在吸收和消除或有效血药浓度维持时间等方面是否有显著的改变。最后和文献对比，确定给药方案、给药的依据。受试制剂和参比制剂每次给药的剂量和每日用药的次数，则应该按照各自临床用药的方案来制订。

（3）评审要点

① 测定方法及方法学验证：方法学验证的各个参数是否满足药代研究的需要；方法学验证过程中所有制备样品是否遵循了与待测样品具有相同的生物基质这一原则；方法学质控：报告标准曲线的同时应该报告其各个 QCs 样品的测定结果；样品测定质控：样品测定时，报告样品测定结果的同时也要报告全部随行 QCs 的测定结果；对于高浓度样品的测定，会有样品稀释的操作，评价方法学验证中是否包括该参数的验证。尤其是采用质谱方法进行样本测定时，如果样本浓度超过标准曲线上限，必须提供稀释效应验证数据。样品稳定性考察是否依据样品采集、制备、存储、处理、测定等各个阶段的实际时长，最终确定不同保存条件的稳定性时长；药动学试验方案和报告中应该有对"复测"以及"复测后数据的选择标准"内容的清晰叙述；优选空白样品添加标准溶液曲线进行定量。如果未采用，应说明理由。

② 试验设组、每组生物样品数等试验设计是否符合指导原则要求；给药方式的描述是否详细具体，试验动物的相关信息描述是否符合指导原则要求。

③ 试验过程是否规范完整可行；试验数据与结果、统计方法是否合理、可信；结论是否准确。受试动物：应根据药物使用的靶动物，选择合适性别的动物；给药剂量选择是否合理；LOQ 是否满足测定 3～5 个消除半衰期时样品中的药物浓度或能检测出 C_{max} 的 $1/20～1/10$ 的药物浓度；采样点应覆盖药物的吸收相、分布相和消除相。主要药代动力学参数应包括 T_{max}、C_{max}、AUC、V_d、$t_{1/2}$ 或 MRT 和 CL、F 等；多次给药时应与单剂量给药的相应药代动力学参数进行比较，观察它们之间是否存在明显的差异，特别在吸收和消除等方面是否有显著的改变。药代动力学参数还应包括峰浓度、谷浓度、平均稳态血药浓度（C_{av}）、稳态血药浓度-时间曲线下面积（AUC_{ss}）、蓄积因子等；缓释、控释制剂应与参比制剂的相应药代动力学参数进行比较，观察它们之间是否存在明显的差异，特别在吸收和消除或有效血药浓度维持时间等方面是否有显著的改变；所选择的参比制剂是否适用。

（4）评审结论：用于样品测定的方法及所进行的方法学验证过程是否适用；所进行的试验研究是否科学、客观；数据与结果是否准确；结论是否能结合体内外药效试验，推荐合理的给药方案。

（5）不予认可的情形

① 对真实性存疑的，经现场核查不能证明其真实性，予以退审。

② 不认可试验报告：不符合指导原则的基本要求，也不能证明科学性，需重新进行试验。试验设计不合理，严重违反相关指导原则，无法完整准确反映药动学特征。所用分析方法不能满足生物样本检测要求的；生物样本检测方法学验证不充分，无法对样品测定结果的准确性进行评价。缓释、控释制剂未与已上市常规制剂同时给药进行相应药代动力学的参数比较。

③ 重新规范：所述内容不完整，需重新规范、补充或者解释。样品稳定性考察不全。未提供主要的药动学参数。选用房室模型不合适，导致药动学拟合的部分参数与实测值吻合度差，t_{max}、C_{max} 与实测值相差太大，应重新拟合。所提供图表不符合要求，无法对

实验结果进行评价。提供的报告不规范。

2.7.5.5 兽用化学药品生物等效性试验资料评审技术标准

该技术标准主要审查血药法生物等效性试验设计有关的因素/变量（药物 PK 特点、给药剂量、给药途径、单次/多次给药、动物是否有药物残留、动物膳食状态、动物容量计算、剔除条件、采血方案等）的合理性、检测方法的可行性、统计分析结果的可靠性、提供数据的完整性。

（1）基本要求

① 生物等效性试验的实施必须遵守 GCP 原则。

② 药物要求：受试产品为最终上市产品；参比制剂的选择和来源符合要求；受试制剂和参比制剂应含有相同的活性成分。

③ 给药剂量：一般情况，血药法生物等效性试验中应以参比制剂标签标示的最高剂量给药。如果采用标签低剂量，应提供支持数据。高于批准剂量给药时，一般不能超过 3 倍，应提供超剂量时的 PK 特征及安全范围数据。非线性 PK 特征的药物、饱和吸收的药物、零级动力学消除的药物、与内源性物质相同的药物均要根据药物特点设计试验，并给出科学依据。

④ 给药途径：受试和参比制剂应采用相同的给药途径和给药部位；如果存在多种给药途径，应分别提交不同给药途径的生物等效性研究报告。

⑤ 试验设计：首选双周期双序列交叉试验设计（2×2），随机分组，交叉设计，应证明清洗期符合要求（一般应大于 7 个消除半衰期）。由于本身特点（如肝药酶诱导剂、半衰期过长等）导致第二周期生物利用度改变、药物残留、血容量过少无法持续采血等应采用平行试验设计。其他替代性试验设计如序贯试验设计、部分重复试验设计、完全重复试验设计等，相应的统计学方法也应提前确定。

⑥ 单次/多次给药：大多数情况，采用单次给药。重复给药的缓释制剂，存在蓄积效应的应采用多次给药。

⑦ 试验动物 BE 试验必须使用靶动物。为了单独注册用于特定靶动物的仿制药，必须根据参比制剂标签中的每一种主要靶动物单独进行 BE 试验。提供动物的入选和排除标准。

⑧ 喂饲状态试验方案和报告应阐明在饲喂或禁食状态下开展 BE 试验的合理性，并且要描述饮食和饲料配方。

⑨ 样本数量根据指导原则的要求或者统计学达到生物等效所必需的动物数量，所计算的样本数量是正式试验的最少动物数量。

⑩ 具有特殊特点的药物，如半衰期长和高变异药物、内源性物质、对映异构体、窄治疗窗药物等，应根据药物的特点进行试验设计。

⑪ 采样和分析同兽用化学药物临床药代动力学试验资料评审技术标准（试行）。

（2）评审要点

① 是否有规范的方法学验证。

② 试验设组、每组生物样品数等试验设计是否符合指导原则要求；注意评价对于半衰期长和高变异药物、内源性物质、对映异构体、窄治疗窗药物等特殊特点药物的试验设计是否合理。

③ 试验过程、试验数据与结果、统计方法是否合理、可信，结论是否准确。采样点、

采样时间是否合理。受试药物应当在符合《兽药生产质量管理规范》条件的车间制备的中试产品，检验报告等信息完整。参比制剂应符合规定。受试动物：应为标签规定健康靶动物，数量应符合要求。给药途径、剂量选择是否合理；所进行的动力学试验项目是否充分，如对具有非线性动力学特征的药物，是否开展了不同剂量的生物等效性研究；对多次给药的口服缓、控释制剂是否同时进行了单次给药和多次给药研究。LOQ 是否满足测定 $3\sim5$ 个消除半衰期时样品中的药物浓度或能检测出 C_{max} 的 $1/20\sim1/10$ 的药物浓度。生物等效性评价关键参数（单剂量给药参数 AUC、C_{max} 等，优先选择 AUC_{0-t}。多次给药稳态下测定的参数如 $AUC_{0\to\infty}$、$C_{max\ ss}$、$T_{max\ ss}$ 等），是否进行了统计分析比较。

（3）**评审结论** 所进行的试验研究、数据与结果、结论是否能得出产品生物等效的结论。

（4）**不予认可的情形**

① 对真实性存疑的，经现场核查不能证明其真实性，予以退审。

② 不认可试验报告：不符合指导原则的基本要求，也不能证明科学性，需重新进行试验。试验设计不合理，严重违反相关指导原则，无法完整准确反映药动学特征。所用分析方法不能满足生物样本检测要求的；生物样本检测方法学验证不充分，无法对样品测定结果的准确性进行评价的。因试验数据不完整、不可靠，以及数据处理方法不正确、统计分析方法不合理等问题致使试验结果无法评价的。

③ 重新规范：不完善，重新规范或者解释。样品稳定性考察不全；未提供主要的生物等效性评价参数；开展的动力学研究不充分，无法完整评价生物等效性，补充进行缺失的动力学研究；因试验数据不完整、不可靠，如定量限不在标准曲线线性范围内，提供的血药浓度实测值低于定量限；数据处理方法不正确、统计分析方法不合理等问题致使试验结果无法评价的；所提供图表不符合要求，无法对实验结果进行评价；提供的报告不规范。

2.7.5.6 废止的药物饲料添加剂品种增加治疗用途重新注册临床及残留试验资料评审标准

为统一评审尺度，针对 246 号公告废止的药物饲料添加剂品种，增加治疗用途重新注册时，制定临床及残留试验资料评审标准如下。

（1）**适应证定位** 药物作为促生长使用时用法为低剂量长期添加，作为治疗作用的效果需要充分证明，以临床Ⅰ期试验、临床Ⅱ期试验和/或 PK-PD 研究等为临床给药方案提供依据。为防止继续低剂量长期内服给药产生细菌耐药性的风险，适应证不建议批准"预防"，只批准"治疗"和/或"控制"（控制为群体动物中有少数动物发病，对同群中与已发病动物密切接触、确定已经感染致病菌但未表现临床症状动物的给药）。

（2）**药动学** 由于剂型均为预混剂，靶动物经内服给药后，分两种情形发挥药效，一种是肠道吸收较少，绝对生物利用度低（小于 5％），相当于在肠道内发挥局部作用（A）；一种是肠道吸收较好，绝对生物利用度较高，吸收后具有全身药理学作用（B）。

肠道内吸收较少的药物（A）可豁免血药法药动学试验，但需检测给药后肠道内药物浓度，并结合肠道内致病菌 MIC 值进行剂量筛选来确定给药方案。

肠道吸收较好的药物（B），尽可能提供经口给药的绝对生物利用度资料。PK-PD 参数是临床给药剂量和给药间隔的支持依据。给药剂量改变，需提供完整的药动学研究资料及方法学验证资料。评审标准遵照发布的药动学评审标准，如采用内标法，测定时采用随行标准曲线定量，样品处理采用基质添加等。

（3）**剂量筛选**　剂量筛选需要多个探索试验（这些探索试验可以是非兽药 GCP 试验），包括剂量、用药间隔和用药时程的筛选，也可结合致病菌 MIC 值测定和 PK-PD 研究提供科学充分的剂量选择依据。

（4）**临床Ⅱ期**　根据临床Ⅰ期的试验结果确定临床Ⅱ期试验给药方案，按照兽药指导原则遵守兽药 GCP 规则进行试验。

（5）**临床Ⅲ期**　按照兽药指导原则遵守兽药 GCP 规则进行试验，需提供不同试验地点（不同地理气候带区域）的临床分离株 MIC_{50} 及 MIC_{90} 值，每种菌至少 100 株。同时分析细菌的敏感性。进口兽药的临床验证试验需测定国内临床分离株的 MIC_{50} 及 MIC_{90} 值，以证实产品在国内田间环境的有效剂量水平，必要时提供临床折点值。

（6）**靶动物安全**　需按照兽药指导原则实施。

（7）**残留试验**　由于治疗作用剂量一般大于促生长剂量，所以需进行残留消除试验，制定合理的休药期。对于未规定残留标志物和 MRL 的药物，可借鉴日本肯定列表规定的残留标志物和限度值（$10\mu g/kg$）制定休药期。如申请人希望缩短以 $10\mu g/kg$ 的 MRL 限度所制定的休药期，可按照国际指导原则采用放射性标记法开展精确到 95％ 的代谢学研究，按严格保守方法制定科学的 MRL，制定休药期。

（8）**发酵类产品**　发酵类产品不允许多家生产企业联合申报注册。如产品的有效成分为孢子内成分，要充分证明有效成分暴露与药效的关系，产品的胃肠道不同 pH 部位的暴露程度，即提供 PK-PD 支持数据。

（9）如产品存在特殊问题，遵循"具体问题具体分析"原则。

2.7.6　注册现场核查

2.7.6.1　兽药注册研制现场核查要点

兽药注册现场核查目前仅限于有因核查，核查申报的注册资料与实际试验或生产的一致性、完整性和规范性。有因核查并不能代替《兽药生产质量管理规范》（GMP）检查，诱因检查是根据评审需要启动的检查，检查结果会在评审中予以充分考虑。兽药注册研制现场核查要点以表格的形式列出，具体见表 2-24。

表 2-24　兽药注册研制现场核查要点

序号	现场核查要点
一、临床前研究数据现场核查要点	
1. 研究基本条件与合规性	
1.1	研究机构
1.1.1	应具有合法的研究资质
1.1.2	证明性文件应与原件一致
1.2	研究人员的条件与合规性
1.2.1	研究人员应具有相应的专业知识和背景
1.2.2	研制人员应从事过该项研制工作，并与申报资料的记载一致
1.3	研究条件
1.3.1	应具有与研究项目相适应的场所、设施（含实验动物）、设备和仪器
1.3.2	开展兽用生物制品研发的，其生物安全条件应符合要求

序号	现场核查要点
1.3.3	计量仪器应通过检定,主要仪器设备应校验合格,应具有使用记录,并与研究工作有对应关系
1.4	研究记录与档案管理
1.4.1	研究记录应完整、清晰、规范,包含试验方案、主要原辅材料的来源与标准
1.4.2	研究报告应包括材料与方法、试验过程和结果、讨论与原因分析、结论等具体内容
1.4.3	试验数据、试验起止时间、地点、人员签名等应与申报资料一致
1.4.4	试验记录和研究档案应按所述地点存放
1.5	制度建立与管理
1.5.1	生物安全管理、实验室管理、病原微生物、危险品及易制毒的管理、试验记录及归档管理等制度完善,并按制度执行
2. 质量研究	
2.1	菌(毒、虫)种的来源与鉴定
2.1.1	生物制品生产、检验用菌(毒、虫)种应具有合法来源,如为自己分离,应有详细完整的分离鉴定研究报告和试验记录
2.1.2	所制备的生产、检验用菌(毒、虫)种基础种子批的库存情况应与其制备鉴定记录和鉴定报告相符,与申报资料一致
2.2	主要原辅材料资料的完整性
2.2.1	应有细胞、血清等主要原辅材料的研究报告和试验记录
2.2.2	所制备的基础细胞库的库存情况应与其制备鉴定记录和鉴定报告相符,与申报资料一致
2.3	用于质量研究的样品制备、检验等应与质量研究时间对应
2.4	外购原料药应具有合法来源、质量标准
2.5	对照品/标准品的合法性
2.5.1	对照品/标准品、抗原与血清等应具有合法来源,如为自制,应具有完整的标化记录
2.5.2	所制备的对照品/标准品等的库存情况应与其制备、标定记录和检测报告相符,与申报资料一致
2.6	质量研究项目的完整性
2.6.1	质量研究各项目以及方法学内容应完整,各检验项目中应记录了所有的原始数据,数据格式应与所用的仪器设备匹配
2.6.2	质量研究各项目(鉴别、检查、含量测定等)应具有实验记录、实验图谱及实验方法学考察内容
2.7	质量研究及稳定性研究实验图谱应可溯源
2.7.1	IR、UV、HPLC、GC、ELISA、DNA测序、内切酶图谱、电泳等根据数字信号处理系统打印的图谱应具有可追溯的关键信息(如带有存盘路径的图谱原始数据文件名和数据采集时间)
2.7.2	各图谱的电子版应保存完好
2.7.3	需目视检查的项目(如薄层色谱、纸色谱、电泳等)应有照片或数码照相所得的电子文件
2.8	质量研究及稳定性研究原始实验图谱应真实可信
2.9	稳定性研究过程中各时间点的实验数据应合乎常规,原始记录数据与申报资料应一致
3. 委托研究	
3.1	申请人委托其他部门或单位进行的研究、试制、检测等工作,应具有委托证明材料
3.2	委托证明材料反映的委托单位、时间、项目及方案、结果等应与申报资料记载一致
3.3	被委托机构出具的报告书或图谱应是加盖其公章的原件
3.4	必要时,可将现场核查延伸至被委托机构,以确证其研究条件和研究情况
4. 实验动物及其场所	
4.1	应具有实验所用动物的确切购入凭证
4.2	实验动物购入时间和数量应与申报资料对应一致

序号	现场核查要点
4.3	购入实验动物的种系、等级、合格证号、个体特征等应与申报资料对应一致
4.4	实验动物的饲养单位应具备相应的资质,实验动物为本单位饲养繁殖的,应提供本单位具有饲养动物的资质证明及动物饲养繁殖的记录
4.5	动物实验场所应满足试验规模、条件和要求以及生物安全要求
5. 原始记录	
5.1	各项实验原始记录应当真实、准确、完整、可追溯,并与申报资料一致
5.2	原始记录中的实验单位、实验地点、人员、日期、数据以及实验结果等应与申报资料一致
5.3	原始资料中供试品、对照品的配制、储存等记录完整,并与申报资料中反映的情况相对应
5.4	原始图表(包括电子图表)和照片保存完整,并与申报资料一致
5.5	组织病理切片、病理报告及病理试验记录保存完整并与申报资料一致;若病理照片为电子版,应保存完好
5.6	生物制品生产检验用菌(毒、虫)种分离鉴定记录、试验记录应完整并归档
二、工艺研究及中间试制	
6. 生产条件	
6.1	样品试制现场应具有与试制该样品相适应的场所、设备,并能满足样品生产的要求
6.2	生产和检验等情况应符合《兽药生产质量管理规范》要求,生产批量与其实际生产条件和能力应匹配
6.3	原料药、菌(毒、虫)种、原辅材料等样品试制所需的原辅料、菌(毒、虫)种、细胞、中药材及提取物、直接接触兽药的包装材料等应具有合法来源(如供货协议、发票、批准证明性文件复印件等)
6.4	原辅材料应具有内控标准及自检报告书,购入时间或供货时间应与样品试制时间对应,购入量应满足样品试制的需求
7. 工艺研究方案与研究报告	
7.1	工艺研究各项目以及方法学内容应完整
7.2	各检验项目中应记录了所有的原始数据
7.3	数据格式应与所用的仪器设备匹配
7.4	工艺研究各项目应具有实验记录、实验图谱及实验方法学考察内容
8. 批记录及检验报告	
8.1	样品试制应建立制备记录或批生产记录和批检验记录
8.2	记录项目及其内容应齐全,如试制时间、试制过程及相关关键工艺参数,应包括半成品检验、成品检验报告等
9. 中间试制	
9.1	严格按照兽药 GMP 要求进行生产管理
9.2	批生产记录应与申报工艺相对应
9.3	批生产记录应与申报的质量标准相对应
9.4	人员签名真实
9.5	批生产检验记录和报告应按兽药 GMP 规定在中试企业归档
10. 中试产品	
10.1	中试产品应具有出入库记录
10.2	产品试制量、库存量与使用量之间的关系对应一致
10.3	试制产品的说明书、内包装标签、储存条件应符合要求
10.4	尚在进行的长期稳定性研究应具有留样

序号	现场核查要点
三、临床试验	
11. 临床试验方案和试验条件	
11.1	临床试验承担单位与人员应具备承担兽药临床试验的资格和条件
11.2	应取得《兽药临床试验批件》
11.3	应按照《兽药临床试验批件》批准的产品、时间、地点及实验方案开展临床实验
11.3.1	临床试验管理制度的制定与执行情况一致
11.3.2	试验人员应从事过该项研究工作,其承担的相应工作、研究时间应与原始记录和申报资料的记载一致
11.3.3	临床试验设备、仪器应与试验项目相适应,其设备型号、性能、使用记录等应与申报资料一致
11.3.4	临床试验场所应从事过相关研究,其开展的工作、时间应与原始记录和申报资料的记载一致
11.3.5	动物、饲养管理、饲料等应具有确切凭证
11.3.6	动物舍应具备开展相应动物试验的饲养条件
12. 实验动物	
12.1	购买的动物应具有购入的确切凭证
12.2	使用养殖场或畜主的动物病例应有确切凭证
12.3	使用实验动物时间和数量应与申报资料对应一致
12.4	使用实验动物的种系、个体特征等应与申报资料对应一致
13. 临床试验记录	
13.1	临床试验记录应包括:动物品种、年龄、来源和健康状况,动物分组,动物给药剂量、给药途径、给药期限、观察期限、动物观察、实验室检查、影像学检查、微生物学等检查记录,生物制品免疫接种记录、免疫攻毒记录、特异性和敏感性试验记录,统计学参数的确定和统计方法等,记录内容详实,统计结果与实验结论应与申报资料一致
13.2	临床试验用兽药(包括对照兽药)
13.2.1	试验用兽药应具有省级以上检验机构出具的合格报告
13.2.2	其批号与质量检验报告、临床试验报告、申报资料对应一致
13.3	试验用兽药的出入库、接收、使用和回收应有原始记录
13.4	兽药的出入库数量、接收数量、使用数量及剩余数量之间的关系应对应一致
13.5	试验用兽药的用法用量、使用总量应与试验原始记录、临床试验报告对应一致
13.6	临床试验数据的溯源
13.6.1	病例报告表(CRF)与原始资料(如:原始病历、实验室检查、影像学检查等检查的原始记录、微生物学检查原始记录等)以及申报资料应对应一致
13.6.2	原始资料中的临床检查数据应能够溯源,必要时对临床检验部门进行核查,以核实临床检查数据的真实性
13.7	临床试验过程中应对发生严重不良事件(SAE)、合并用药情况进行记录,并与临床报告一致
13.8	申报资料临床试验报告中完成临床试验的动物数与实际使用动物数应对应一致
13.9	药代动力学与生物等效性试验中原始图谱的溯源
13.9.1	药代动力学与生物等效性试验中原始图谱能够溯源
13.9.2	纸质图谱包含完整的信息,并与数据库中电子图谱一致
13.9.3	原始图谱与数据应与临床试验总结报告对应一致
13.9.4	进样时间(或采集时间)应与试验时间、仪器使用时间对应一致
13.9.5	图谱记录的测试样品编号应与相应受试动物血液标本编号的记录对应一致
14. 委托研究 按照本要点 3.1～3.4 开展核查	
四、拒绝或逃避检查	
15. 出现下列情况,视为拒绝或逃避检查	
15.1	拖延、限制、拒绝检查人员进入被检查场所或者区域的,或者限制检查时间的

序号	现场核查要点
15.2	无正当理由不提供或者规定时间内未提供与检查相关的文件、记录、票据、凭证、电子数据等材料的
15.3	以声称相关人员不在、故意停止经营等方式欺骗、误导、逃避检查的
15.4	拒绝或者限制拍摄、复印、抽样等取证工作的
15.5	其他不配合检查的情形

2.7.6.2 兽药注册研究资料及图谱真实性判断标准

《兽药管理条例》《兽药注册办法》和《新兽药研制管理办法》等均对注册申报资料真实性有明确规定，要求申请人应当提供充分可靠的研究数据，证明兽药的安全性、有效性和质量可控性，并对资料真实性负责。

研究资料和图谱真实性判定是一个比较复杂的过程，在工作中需认真、细致、慎重，注意结合具体试验方法从多方面着手，根据掌握的数据、存在真实性疑问的研究内容、图谱的数量和相似程度进行判定。

（1）申报资料内容和数据雷同，申报资料存在一图多用、数据造假等问题

a. 不同品种的研究资料、数据相同或雷同：该项雷同是指同一单位不同品种，或不同单位同一品种/不同品种之间的研究资料的文字、实验数据、照片/图谱相同或有较明确证据的雷同，包括研究资料中主要试验数据一致，TLC 照片特征明显、可以确认相同，研究图谱雷同（如 HPLC 图谱峰形相似可以重叠并有多数峰或全部峰保留时间相同）等。

b. 不同申请人申请原料药的合成工艺路线相同，且经试验摸索确定的工艺条件相同（只是投料量按比例放大/缩小的）；不同申请人申请制剂的处方工艺雷同，且经试验摸索确定的关键工艺参数完全相同。

c. 同一品种 HPLC/GC 图谱各峰的保留时间、峰面积（和/或峰高）完全一致，或多个峰中仅个别峰有微小差别，或 TLC 照片完全一致，存在一图多用的问题（包括：同一时间点不同批号样品、不同时间点相同批号或不同批号样品等）。该项问题是指同一品种存在较明确的一图多用（包括认为修改图谱和/或数据）的证据。对于 TLC 照片，主要通过斑点的形状、R_f 值、原点和溶剂前沿特征、薄板边角特征和薄板斑点外其他区域显色情况等综合判定是否一致。对于 HPLC/GC 图谱，主要从保留时间、峰面积（和/或峰高）判定，其中保留时间相同，多个峰（半数以上）峰面积和/或峰高一致的情况在实际工作中不可能出现，可以判定是人为修改获得。

d. HPLC/GC 图谱的峰形相似，各峰的保留时间完全一致或多数峰的保留时间完全一致，峰面积（峰高）不同或仅有少数峰的峰面积（峰高）相同（包括：同一时间点不同批号样品、不同时间点相同批号或不同批号样品等）。该种现象在实际工作中也几乎不可能出现，可依据图谱及色谱峰的数量、保留时间相同峰的比例等进行判定。对于同时存在少数峰的峰面积和/或峰高，半峰宽、塔板数等一致的，是更充分的证据；对于试验日期相隔数日或数月仍出现上述问题的，也是较充分的证据。判断时还应注意：对于 HPLC 图谱中容量因子小于 3 的色谱峰，出现个别色谱峰保留时间一致的概率可能较高；对于 GC 图谱，色谱峰保留时间一致的概率可能较 HPLC 图谱高；保留时间的有效位数和保留时间出现一致的概率有关，较少的有效位数出现保留时间一致的概率大。

e. HPLC/GC 图谱的峰形相似，各峰的峰面积（和/或峰高、峰宽）完全一致或多数峰的峰面积（和/或峰高、峰宽）一致，但各峰的保留时间不同（包括：同一时间点不同

批号样品、不同时间点相同批号或不同批号样品等）。该项问题主要依据色谱峰峰面积是否一致进行判定。此处"多数峰"可根据半数以上色谱峰峰面积一致判定。

f. HPLC 图谱中仅显示一个峰，但多张图谱保留时间（和峰面积）完全一致（包括：同一时间点不同批号样品、不同时间点相同批号或不同批号样品等）。该项问题主要依据多张图谱的单峰的保留时间（和峰面积）是否一致进行判定。对于研究资料中存在大量图谱的单峰的保留时间（和峰面积）一致，尤其是试验跨度较大、试验间隔较长时出现上述问题，均是较充分的证据。

g. HPLC 色谱图采集时间与运行时间矛盾：该项问题主要依据连续试验得到的图谱中的采集时间先于研究资料中方法规定的时间和图谱显示的试验时间进行判定，还包括连续多张 HPLC 图谱中运行时间与采样时间衔接正好吻合的问题。

h. HPLC 色谱图保留时间与坐标轴标示矛盾，或数据表与图中保留时间不一致。

i. 不同申报单位或同一申报单位不同批号样品的 IR、粉末 X 线衍射、UV、核磁共振等图谱及相关数据（UV 指波长和吸收度）完全一致。

j. HPLC 色谱图中各峰保留时间的绝对差值相同或呈规律性变化，不符合色谱行为的基本规律（包括：同一时间点不同批号样品、不同时间点相同批号或不同批号样品等）。该项问题主要依据图谱之间各峰保留时间的绝对差值规律性变化进行判定，比对中需注意图谱之间的相似性和图谱中色谱峰数量，如色谱峰过少可能会影响判定。

k. 效价测定中，抑菌圈数据相同；或微生物方法学研究中，试验组的数据相同（包括：不同时间点、不同批号等）。

l. 临床前药理毒理试验、药代动力学试验、生物等效性试验、临床试验、靶动物安全性试验和残留消除试验等研究资料中数据、照片、图谱相同或雷同（包括：不同时间点、不同批号等）。

m. 上述研究资料中数据、图谱和照片相同包括以下六种情况：不同单位同一品种、不同单位不同品种、同一单位不同品种、同一单位同一品种不同动物编号、同一单位同一品种同一动物不同部位的安全性试验的试验数据、照片相同。

n. 其他申报资料图谱、数据造假现象（指申报资料图谱、数据存在不合常理之处）。主要现象包括：多张或多组 HPLC/GC 图谱的进样时间（小时、分、秒）完全相同；不同 HPLC/GC 图谱之间峰形相似，图中显示的峰高接近，数据表（分析结果表）中多数峰的峰面积、峰高数据相近，但个别峰的峰面积、峰高数据相差数倍以上；HPLC/GC 图谱数据表中各峰的峰面积、峰高加和与数据表中显示的总峰面积、总峰高数据不一致，且相差较大；图谱信息部分存在明显有悖常理的地方；大量 HPLC 图谱中所有峰保留时间末位或后 2～3 位数呈现特征性；图谱的打印时间（或报告时间）早于其进样时间（或试验运行时间）；HPLC 方法学研究中破坏性试验在不同破坏试验条件下得到的图谱相似、叠放能够重合，特别是采用低波长检测时，溶剂峰的峰形相似；临床试验规模、试验周期不合常理，采用的技术不能支持试验结论。

（2）存在资料/图谱类似或有研究资料造假嫌疑，可作为进一步查证的线索

a. HPLC/GC 图谱叠放能够重合，各峰的峰面积不一致，少数峰保留时间相同；TLC照片类似（包括：同一时间点不同批号样品、不同时间点相同批号或不同批号样品等）。

b. HPLC 色谱图的保留时间完全一致或多数峰的保留时间一致，但峰形不同。

c. 合成工艺、处方及工艺研究、质量研究、稳定性试验等资料文字、撰写思路和模式雷同，但研究数据不同。

d. 相同保留时间的色谱峰在数据表中重复出现，但峰高和峰面积不同，对于容量因子小于 3 的色谱峰，出现上述问题的概率增加，需注意。

e. 同一品种不同用途图谱（不同试验可以合理共用图谱除外）的文件名、图谱和数据完全相同（如仅发现一对可继续查证）。

f. 色谱图数据表中个别峰保留时间位数与多数峰不一致等。

g. 研究资料有其他异议的。

2.7.6.3　兽药研究色谱数据工作站及色谱数据管理要求

本文规定了兽药注册申报研究工作采用的色谱数据工作站的基本要求和色谱数据的管理要求。同时，为保证色谱数据的完整性和可靠性，色谱数据工作站需建立信息安全管理体系。

（1）**色谱数据工作站基本要求**　色谱数据工作站获得的色谱数据应当可靠、安全、完整、可溯源。鼓励采用经规范和系统验证的色谱数据工作站进行研究工作。色谱数据工作站验证可由工作站制造商进行，注册申请人依据工作站制造商的评估和验证报告对工作站获得色谱数据的完整性、可靠性、安全性和可溯源性进行评价。色谱数据工作站验证也可由注册申请人自行开展，注册申请人可以通过建立工作站的风险评估办法，制订风险管理文件，对工作站进行评估，确定需要进行验证的项目及内容，并进行系统验证。

（2）**色谱数据工作站信息安全管理要求**　为保证色谱数据的完整性和可靠性，色谱数据工作站需建立信息安全管理体系。色谱数据工作站应设系统管理员和信息安全管理负责人。色谱数据只允许经过授权的进入，并能追踪和记录数据的创建、修改和删除。

对于重要色谱数据的任何修改和删除必须获得授权，必须记录修改和删除的原因。重要色谱数据建议采用审计追踪模式记录全部修改和删除情况及原因，审计追踪信息是色谱数据的组成部分，应当和谱图数据和分析结果等仪器归档储存。色谱数据工作站必须定期对色谱数据进行完全和准确的拷贝。色谱数据工作站应当可以防止突发情况下色谱数据的丢失，并能追踪和记录到系统的错误和色谱数据错误，同时采取相应的正确措施进行处理。在系统出现故障或瘫痪后，应有明确的和经过验证的恢复处理措施，保证可以将色谱数据恢复到与故障前相同的状态。

（3）**色谱数据的管理要求**　色谱数据的存储、保管、存档、备份应当按照本要求进行。色谱数据的输出须采用符合规定的方式，任何提交的报告的数据应具有可溯源性。

① 色谱数据的存储、存档和备份：色谱数据应当采用适当的存储介质（如光盘等电子方式和/或纸面文件等物理方式）进行保存，须注意对存储介质的质量、可靠性和耐用性进行评估和选择，注意防止人为或突发情况下色谱数据的丢失和破坏。应当根据兽药研究工作情况构建色谱数据的存档文件（文件夹和命名等）。存档数据应当采用适当的存储介质（如光盘等电子方式和/或纸面文件等物理方式）进行保存，对存储介质的要求同上。应当定期对色谱数据进行安全备份。备份数据应当保存在独立和安全的设备和存储介质中。对于保存备份数据的存储介质的要求同上。在备份过程中以及备份完成后，应当对备份数据的准确性和完整性进行检查。

② 色谱数据的输出：用于准备兽药注册申报资料的色谱数据的纸面文件应采用色谱数据工作站自动形成的输出文件形式；申报资料的色谱数据的纸面文件还应包括色谱数据的审计追踪信息（如色谱数据的修改删除记录及原因）。用于纸面存档的色谱数据也应采用色谱数据工作站自动形成的输出文件形式。不应采用色谱数据工作站软件以外的其他软件进行色谱数据的输出。不得使用其他软件对色谱数据进行修改。对于输出的色谱数据，应当采用适当的存储介质（如光盘等电子方式和/或纸面文件等物理方式）进行保存。

（4）**色谱数据输出图谱规范要求**

① 标明使用的色谱数据工作站，并保留色谱数据工作站固有的色谱图谱头信息，包

括：实验者、样品名称、试验内容、进样时间、运行时间等，进样时间（指 injection time）精确到秒，对于软件本身使用"acquired time"、"作样时间"、"试验时间"等含糊表述的，需说明是否就是进样时间。

② 应带有存盘路径的数据文件名。这是原始性、追溯性的关键信息，文件夹和文件名的命名应合理、规范和便于图谱的整理查阅。

③ 色谱峰参数应有保留时间（保留到小数点后 3 位）、峰高、峰面积、定量结果、积分标记线、理论板数等。

（5）色谱数据的保管　色谱数据用于兽药注册申报时，在产品获准注册后 5 年以内所有色谱数据应得到有效保管。在规定保管期内应定期对存储的色谱数据进行检查，如数据可再次进入情况和数据的准确性。当保管色谱数据的计算机设备或程序发生变化时，必须立即进行检查，确认不会对色谱数据产生影响。

（6）数据的可溯源性　任何提交的报告（包括纸面文件）均应可以追踪到相对应的色谱数据。

（7）术语

① 色谱数据工作站（workstation of chromatography data）：能完成色谱仪的数据采集、计算、统计、比较、报告、检索、存储功能的装置，还可以具有色谱仪控制、网络支持等扩展功能。

② 色谱数据（chromatography data）：包括仪器信息（仪器编号、仪器控制和序列参数日志等）、样品名称、操作者姓名、谱图数据、分析结果（积分参数和结果、重新积分参数和结果、校准表、报告模板、分析报告等）、审计跟踪信息。

③ 验证（validation）：考察证明色谱数据工作站获得的色谱数据是否可靠、安全、完整、可溯源的过程。

④ 审计跟踪（audit-trial）：在保证初始的色谱数据不被修改和删除的同时，能够发现和记录对色谱数据的增补、修改、删除详细情况，并能够同时保存这些增补、修改、删除信息。

2.8
研究中的生物安全管理

2.8.1　概述

2.8.1.1　我国的生物安全管理机构

兽医生物制品是一种特殊药品，其质量优劣直接关系到对畜禽防病的有效性和安全性，也关系到人类的健康和可能给生态环境造成的影响（主要是基因工程生物制品）。因此，世界各国对兽医生物制品的质量和安全都非常重视，不仅制定了严格的生产、检验技术法规和质量标准（如中国兽药典、兽用生物制品规程等），而且对制品研究和生产中的生物安全也进行严格管理。

几十年来，我国的《兽医生物制品规程》经过不断修改、补充，制品的质量标准和生产工艺规程不断完善，新品种逐年增加，质量安全水平不断提高，为控制与消灭我国畜禽传染病起了巨大作用。

国务院 1987 年发布了《兽药管理条例》，其中规定由国务院农牧行政管理机构主管全国的兽药管理工作，并对兽医生物制品的生产、质量、经营和使用实行监督。凡生产生物制品的单位必须经农业农村部批准，取得《兽药生产许可证》和当地工商行政管理机构批准发给的《营业执照》。生产的各种制品还必须取得农业农村部兽医行政主管部门发给的《批准文号》。

《病原微生物实验室生物安全管理条例》第三条指出，国务院兽医主管部门主管与动物有关的实验室及其实验活动的生物安全监督工作。以农业农村部兽医局、中国动物疫病预防控制中心、中国兽医药品监察所、中国动物卫生与流行病学中心及北京、哈尔滨、兰州和上海四个分中心为主体，已经构成了较为完整的国家级动物疫病防控管理和技术支持体系。

中监所是农业农村部领导下的兽医生物制品质量监督、检验、鉴定的专业技术机构，负责全国兽医生物制品质量的最终技术仲裁。负责检验标准品、参照品和生产、检验用菌、毒、虫种的研究、制备、标定、鉴定、保管和供应，培训技术人员，开展学术交流活动等。

新研制的兽医生物制品必须经过农业农村部兽药审评委员会审评通过后报农业农村部批准，才能投入批量生产。外国企业首次向我国出口生物制品，必须向农业农村部申请注册，并经质量复核符合标准，取得《进口兽药注册许可证书》后，才能按规定程序办理产品进口并在我国境内出售。出口生物制品，必须符合进口国的质量要求，并报农业农村部批准。

2021 年 4 月 15 日实施《中华人民共和国生物安全法》，其中第五章病原微生物实验室生物安全规定了实验室管理设立单位的实验室生物安全标准，病原微生物实验室应当符合生物安全国家标准和要求。设立病原微生物实验室，应当依法取得批准或者进行备案。国家根据对病原微生物的生物安全防护水平，对病原微生物实验室实行分等级管理。从事病原微生物实验活动应当在相应等级的实验室进行。低等级病原微生物实验室不得从事国家病原微生物目录规定应当在高等级病原微生物实验室进行的病原微生物实验活动。我国县级以上各级人民政府兽医行政管理部门都负有生物安全监督管理职责，同时又各有分工。农业农村部主要负责组织制定法律法规和部门规章，开展兽医菌毒种进口和使用审批以及高致病性禽流感、口蹄疫、小反刍兽疫等部分高致病性动物病原微生物实验活动审批；省级兽医行政管理部门主要负责组织制定各省兽医生物安全管理制度和规定，开展高致病性禽流感、口蹄疫、小反刍兽疫以外的高致病性动物病原微生物实验活动审批以及跨省运输或出口动物病原微生物的审批；其他县级以上人民政府兽医行政管理部门负责对辖区内的兽医研究、教学、生产等单位开展生物安全监督检查和查处。

2.8.1.2 兽医生物安全管理规定

动物病原微生物实验室生物安全是生物安全的重要组成部分，不仅直接关系到动物疫病防控和公众健康，而且关系到国家安全和社会稳定。近年来，各级兽医主管部门认真贯彻落实《中华人民共和国生物安全法》《病原微生物实验室生物安全管理条例》（以下简称

《条例》）《兽药管理条例》《兽医实验室生物安全管理规范》《高致病性动物病原微生物实验室生物安全管理审批办法》《农业生物基因工程安全管理实施办法》等法律法规和农业农村部要求，严格依法开展动物病原微生物实验室生物安全监管工作，督促有关实验室落实生物安全责任制、完善内部管理制度，有力保障了公共卫生安全和生物安全。

（1）**总则** 兽医实验室生物安全防护内容包括安全设备、个体防护装置和措施（一级防护），实验室的特殊设计和建设要求（二级防护），严格的管理制度和标准化的操作程序与规程。

兽医实验室除了防范病原体对实验室工作人员的感染外，还必须采取相应措施防止病原体的逃逸。未经农业农村部审批，不得跨省运输高致病性病原微生物菌（毒、虫）种，不得从国外进口菌（毒、虫）种或者将菌（毒、虫）种运到国外。

各实验室应制定有关生物安全防护综合措施，编写各实验室的生物安全管理手册，并有专人负责生物安全工作。

生物安全水平根据微生物的危害程度和防护要求分为 4 个等级，即Ⅰ、Ⅱ、Ⅲ、Ⅳ级。在建设实验室之前，必须对拟操作的病原微生物进行风险评估，结合人和动物对其易感性、气溶胶传播的可能性、预防和治疗措施的获得性等因素，确定相应生物安全水平等级。Ⅰ级和Ⅱ级实验室不得从事高致病性病原微生物实验活动。Ⅲ级和Ⅳ级实验室可从事高致病性病原微生物实验活动。

有关 DNA 重组操作和遗传工程体的生物安全管理应参照《农业生物基因工程安全管理实施办法》执行。

（2）**安全设备和个体防护** 安全设备和个体防护装置是确保实验室工作人员不与病原微生物直接接触的初级屏障。

实验室必须配备相应级别的生物安全设备。生物安全柜是最重要的安全设备，形成最重要的防护屏障。所有可能使病原微生物逸出或产生气溶胶的操作，必须在相应等级的生物安全控制条件下进行。

实验室所配备的离心机应在生物安全柜或者其他安全设备中使用，否则必须使用安全密封的专用离心杯。实验室工作人员必须配备个体防护用品（防护帽、护目镜、口罩、工作服、手套等）。

实验室内应合理设置清洁区、半污染区和污染区，非实验有关人员和物品不得进入实验室。实验室的工作人员必须是受过专业教育的技术人员。在独立工作前需在中高级实验技术人员指导下进行上岗培训，达到合格标准，方可开始工作。实验室的工作人员必须被告知实验室工作的潜在危险并接受实验室安全教育，自愿从事实验室工作。实验室的工作人员必须遵守实验室的规章制度和操作规程。

兽医生物制品的生产、检验过程也涉及生物安全问题，此过程不仅关系到产品的质量，还涉及操作人员的人身安全问题，生产企业必须加以重视。

《兽药生产质量管理规范》（2020 年中华人民共和国农业农村部令第 3 号）指出，从事生物制品制造的全体人员（包括清洁人员、维修人员）均应根据其生产的制品和所从事的生产操作进行卫生学、微生物学等专业和安全防护培训。各类制品生产过程中涉及高危致病因子的操作，其空气净化系统等设施还应符合特殊要求。生产过程中使用某些特定活生物体阶段，要求设备专用，并在隔离或封闭系统内进行。操作烈性传染病病原、人畜共患病病原、芽孢菌应在专门的厂房内的隔离或密闭系统内进行，其生产设备须专用，并有符合相应规定的防护措施和消毒灭菌、防散毒设施。生产操作结束后的污染物品应在原位消毒、灭菌后，方可移出生产区。如设备专用于生产孢子形成体，当加工处理一种制品时应集中生产。在某一设施或一套设施中分期轮换生产芽孢菌制品时，在规定时间内只能生产一种制品。生物制品的生产应避免厂房与设施对原材料、中间体和成品的潜在污染。

以动物血、血清或脏器、组织为原料研究的制品必须使用专用设备，并与其他生物制品的生产严格分开。使用密闭系统生物发酵罐生产的制品可以在同一区域同时生产，如单克隆抗体和重组 DNA 产品等。各种灭活疫苗（包括重组 DNA 产品）、类毒素及细胞提取物的半成品的生产可以交替使用同一生产区，在其灭活或消毒后可以交替使用同一灌装间和灌装、冻干设施，但必须在一种制品生产、分装或冻干后进行有效的清洁和消毒，清洁消毒效果应定期验证。用弱毒（菌）种生产各种活疫苗，可以交替使用同一生产区、同一灌装间或灌装、冻干设施，但必须在一种制品生产、分装或冻干完成后进行有效的清洁和消毒，清洁和消毒的效果应定期验证。操作有致病作用的微生物应在专门的区域内进行，并保持相对负压。

有菌（毒）操作区与无菌（毒）操作区应有各自独立的空气净化系统。来自病原体操作区的空气不得再循环或仅在同一区内再循环，来自危险度为二类以上病原体的空气应通过除菌过滤器排放，对外来病原微生物操作区的空气排放应经高效过滤，滤器的性能应定期检查。

使用二类以上病原体强污染性材料进行制品生产时，对其排出的污物应有有效的消毒设施。用于加工处理活生物体的生产操作区和设备应便于清洁和去除污染，能耐受熏蒸消毒。用于生物制品生产、检验的动物室应分别设置。检验动物室应设置安全检验、免疫接种和强毒攻击动物室。动物饲养管理的要求，应符合实验动物管理规定。

（3）**实验室选址、设计和建造的要求**　实验室的选址、设计和建造应考虑对周围环境的影响。实验室应设洗手池（靠近出口处）。实验室围护结构内表面应易于清洁。地面应防滑、无缝隙，不得铺设地毯。实验室中的家具应牢固。应有专门放置生物废弃物容器的台（架）。实验室台面应不透水，耐腐蚀、耐热。实验室有可开启的窗户时，应设置纱窗。动物实验室除满足相应生物安全级别要求外，还应隔离，并根据其相应生物安全级别，保持与中心实验室的相应压差。

（4）**生物安全操作规程**

① 一级生物安全实验室（BSL-1）：指按照 BSL-1 标准建造的实验室，也称基础生物实验室。在建筑物中，实验室无需与一般区域隔离。实验室人员须经一般生物专业训练。其标准操作要求如下。

a. 标准操作

ⓐ 实验室主管须加强制度建设与管理，控制进出的实验室人员。实验员处理潜在有害物质后及离开实验室前须洗手。

ⓑ 工作区内不准吃、喝、抽烟、用手接触隐形眼镜、存放个人物品（化妆品、食品等），食物应存放在实验室外专用的橱柜或冰箱中。

ⓒ 严禁用嘴移液，须使用机械装置移液。

ⓓ 防止皮肤损伤。

ⓔ 所有操作均需小心，避免外溢和气溶胶的产生。

ⓕ 所有废弃物在处理之前用公认有效的方法灭菌消毒。从实验室拿出消毒后的废弃物应放在一个牢固不漏的容器内，并按照国家和地方有关法规进行处理。

ⓖ昆虫和啮齿类动物控制方案应参照其他有关规定进行。

b. 特殊操作：无

② 二级生物安全实验室（BSL-2）：指按照 BSL-2 标准建造的实验室，也称为基础生物实验室。在建筑物中，实验室无需与一般区域隔离。实验室人员须经一般生物专业训练。其标准操作、特殊操作要求如下。

a. 标准操作

ⓐ 实验室主管须加强制度建设与管理，控制进出的实验室人员。实验员处理潜在有害物质后及离开实验室前须洗手。

ⓑ 工作区内不准吃、喝、抽烟、用手接触隐形眼镜、存放个人物品（化妆品、食品等），食物应存放在实验室外专用的橱柜或冰箱中。

ⓒ 严禁用嘴移液，须使用机械装置移液。

ⓓ 操作传染性材料后要洗手，离开实验室前脱掉手套并洗手。

ⓔ 制定对利器的安全操作对策。

ⓕ 所有操作均须小心，以减少实验材料外溢、飞溅、产生气溶胶。

ⓖ 每天完成实验后对工作台面进行消毒。实验材料溅出时，要用有效的消毒剂消毒。

ⓗ 所有培养物和废弃物在处理前都要用高压蒸汽灭菌器消毒。消毒后的物品要放入牢固不漏的容器内，按照国家法规进行包装，密闭传出处理。

ⓘ 昆虫和啮齿类动物的控制应参照其他有关规定进行。

ⓙ 妥善保管菌、毒种，使用前须负责人批准并登记使用量。

b. 特殊操作

ⓐ 操作传染性材料的人员，由负责人指定。一般情况下，受感染概率增加或受感染后后果严重的人员不允许进入实验室。例如，免疫功能低下或缺陷的人员受感的风险增加。

ⓑ 负责人要告知工作人员工作中的潜在危险和所需的防护措施（如免疫接种），否则不能进入实验室工作。

ⓒ 操作病原微生物期间，在实验室入口处须标记生物危险信号，其内容包括微生物种类、生物安全水平、是否需要免疫接种、研究者的姓名和电话号码、进入人员须佩戴的防护器具、退出实验室的程序。

ⓓ 实验室人员需操作某些人畜共患病病原体时应接受相应的疫苗免疫或检测试验（如狂犬病疫苗和 TB 皮肤试验）。

ⓔ 应收集和保存实验室人员及其他受威胁人员的基础血清，进行试验病原微生物抗体水平的测定，以后定期或不定期收取血清样本进行监测。

ⓕ 实验室负责人应制定具体的生物安全规则和标准操作程序，或制定实验室特殊的安全手册。

ⓖ 实验室负责人对实验人员和辅助人员要定期进行有针对性的生物危害防护专业训练。须防止微生物暴露，掌握评价暴露危害的方法。

ⓗ 须高度重视对污染利器（包括针头、注射器、玻璃片、吸管、毛细管和手术刀）的安全对策。

ⓘ 培养物、组织或体液标本的收集、处理、加工、储存、运输过程，应放在防漏的容器内进行。

ⓙ 操作传染性材料后，应对使用的仪器表面和工作台面进行有效消毒，特别是发生传染性材料外溢、溅出或其他污染时更要严格消毒。污染的仪器在送出设施检修、打包、

运输之前都要进行消毒。

ⓚ 发生传染性材料溅出或其他事故时须立即报告负责人，负责人应进行恰当的危害评价、监督、处理，并记录存档。

ⓛ 非本实验所需动物不允许进入实验室。

③ 三级生物安全实验室（BSL-3）：指按照 BSL-3 标准建造的实验室，也称为生物安全实验室。实验室需与建筑物中的一般区域隔离。其具体标准微生物操作、特殊操作要求如下。

a. 标准操作

ⓐ 完成传染性材料操作后，对手套进行消毒冲洗，离开实验室之前，脱掉手套并洗手。

ⓑ 设施内禁止吃、喝、抽烟，不准触摸隐形眼镜和使用化妆品。戴隐形眼镜的人也要佩戴防护镜或面罩。食物只能存放在工作区以外。

ⓒ 禁止用嘴吸取试验液体，要使用专用移液管。

ⓓ 一切操作均要小心，以减少和避免产生气溶胶。

ⓔ 至少每天清洁实验室一次，工作后随时消毒工作台面，传染性材料外溢、溅出污染时要立即消毒处理。

ⓕ 所有培养物、储存物和其他日常废弃物在处理之前都要用高压灭菌器进行有效的灭菌处理。需在实验室外处理的材料，要装入牢固不漏的容器内，加盖密封后传出实验室。实验室的废弃物在送往处理地点之前应消毒、包装，避免污染环境。

ⓖ BSL-3 内操作的菌、毒种必须由两人保管，保存在安全可靠的设施内，使用前应办理批准手续，说明使用剂量，并详细登记，两人同时到场方能取出。试验中须有详细使用和销毁记录。

ⓗ 昆虫和啮齿类动物控制应参照其他有关规定执行。

b. 特殊操作

ⓐ 制定安全细则。实验室负责人应根据实际情况制定本实验室特殊而全面的生物安全规则和具体的操作规程，以补充和细化各项操作要求，并报请生物安全委员会批准。工作人员须了解细则，认真贯彻执行。

ⓑ 生物危害标志。须在实验室入口处的门上展示国际通用生物危害标志。实验室门口处应标记实验微生物种类、实验室负责人的名单和电话号码，明确进入本实验室的特殊要求，诸如需要免疫接种、佩戴防护面具或其他个人防护器具等。实验室使用期间，谢绝无关人员参观。如要参观，须经过批准并在个体条件和防护达到要求时方能进入。

ⓒ 生物危害警告。实验过程中实验室或物理防护设备中放有传染性材料或感染动物时，实验室的门须保持紧闭，无关人员一律不得进入。门口要示以危害警告标志，如挂红牌或文字说明实验的状态，禁止进入或靠近。

ⓓ 进入实验室的条件。实验室负责人要指定控制或禁止进入实验室的实验人员和辅助人员。未成年人不允许进入实验室。受感染概率增加或感染后果严重的实验室工作人员不允许进入实验室。只有了解实验室潜在的生物危害和特殊要求并能遵守有关规定的人员才能进入实验室。与工作无关的动植物和其他物品不允许带入实验室。

ⓔ 工作人员的培训。对实验室工作人员和辅助人员要定期和不定期进行与工作有关的生物安全防护专业培训。实验人员需经专门的生物专业训练和生物安全训练，并由有经验的专家指导，或在生物安全委员会指导监督下工作。

在 BSL-3 实验室进行传染性病原工作之前，实验室负责人要保证和证明，所有工作人员熟练掌握了微生物标准操作和特殊操作要求，熟练掌握本实验室设备、设施的特殊操作运转技术。包括操作致病因子和细胞培养的技能，或实验室负责人培训的特殊内容，或包括在微生物安全操作方面具有丰富经验的专家和安全委员会指导下规定的内容。

须掌握气溶胶暴露危害的评价和预防方法。避免气溶胶暴露：一切传染性材料的操作均不得直接暴露于空气之中，不得在开放的台面上和开放的容器内进行，均应在生物安全柜内或其他物理防护设备内进行。需要保护人体和样品的操作可在室内排放式 2A 型生物安全柜内进行。只需保护人体不需保护样品的操作可在 Ⅰ 级生物安全柜内进行。操作带有放射性或化学性有害物时应在 2B2 型生物安全柜内进行。禁止使用超净工作台。避免利器的感染：对可能被污染的利器，包括针头、注射器、刀片、玻璃片、吸管、毛细吸管和手术刀等，须经常采取高度有效的防范措施，预防经皮肤发生实验室感染。

在 BSL-3 实验室工作中，尽量不使用针头、注射器和其他锐利器件。只有在必要时，如实质器官的注射、静脉切开或从动物体内和瓶子（密封胶盖）里吸取液体时才能使用，尽量用塑料制品代替玻璃制品。

在注射和抽取传染性材料时，使用一次性（针头与注射器一体的）注射器。使用过的针头在消毒之前避免进行不必要的操作，如不可折弯、折断、破损，不要用手直接盖上原来的针头帽；要小心地把其放在固定方便且不会刺破的处理利器的容器里，然后进行高压消毒灭菌。

破损的玻璃不能用手直接操作，必须用机械方法清除，如使用刷子、夹子和镊子等。

ⓕ 污染的清除和消毒。传染性材料操作完成之后，实验室设备和工作台面应用有效的消毒剂进行常规消毒，特别是发生传染性材料溢出、溅出等污染后，更要及时消毒。溅出的传染性材料的消毒由有关专业人员处理和清除，或由其他经过训练和具有使用高浓度传染物工作经验的人处理。一切废弃物处理之前都要高压灭菌，一切潜在的实验室污物（如手套、工作服等）均需在处理或丢弃之前消毒。需要修理、维护的仪器，在包装运输之前要进行消毒。

ⓖ 感染性样品的储藏运输。一切感染性样品如培养物、组织材料和体液样品等在储藏、搬动、运输过程中都要放在不泄漏的容器内，容器外表面要彻底消毒，包装要有明显、牢固的标记。

ⓗ 病原体痕迹的监测。采集实验室所有工作人员和其他有关人员的本底血清样品，进行病原体痕迹跟踪检测。依据操作的病原体和设施功能情况或以往工作实际中发生的事件等，定期或不定期地采集血清样本，进行特异性检测。

ⓘ 医疗监督与保健。在 BSL-3 实验室工作期间，应对工作人员进行医疗监督和保健，针对实验室操作的病原体，工作人员要接受相应的试验或免疫接种（如狂犬病疫苗、TB 皮肤试验）。

ⓙ 暴露事故的处理。当生物安全柜或实验室出现持续正压时，室内人员应立即停止操作并戴上防护面具，采取措施恢复负压。如不能及时恢复和保持负压，应停止实验，及早按规程退出。

发生此类事故或具有传染性暴露潜在危险的其他事故和污染时，当事者除了采取紧急措施外，应立即向实验室负责人报告，听候指示，同时报告国家兽医实验室生物安全管理委员会。负责人和当事人应对其事故进行紧急科学、合理的处理。事后，当事人和负责人应提供切合实际的医学危害评价，进行医疗监督和预防治疗。

实验室负责人对事件的过程要予以调查和公布，提出书面报告，呈报国家兽医实验室生物安全管理委员会，同时抄报实验室生物安全管理委员会，并保留备份。

④ 四级生物安全实验室（BSL-4）：指按照 BSL-4 标准建造的实验室，也称为高度生物安全实验室。实验室为独立的建筑物，或在建筑物内与其他区域相隔离的可控制的区域。

为防止微生物传播和污染环境，BSL-4 实验室必须实施特殊的设计和工艺。在此没有提到的 BSL-3 要求的各条款在 BSL-4 中都应做到。其具体的标准微生物操作、特殊操作要求如下。

a. 标准操作

ⓐ 限制进入实验室的人员数量。

ⓑ 制定安全操作利器的规程。

ⓒ 减少或避免气溶胶发生。

ⓓ 工作台面每天至少消毒一次，任何溅出物都要及时消毒。

ⓔ 一切废弃物在处理前要高压灭菌。

ⓕ 昆虫和啮齿类动物控制按有关规定执行。

ⓖ 严格控制菌、毒种。

b. 特殊操作

ⓐ 人员进入。只有工作需要的人员和设备运转需要的人员经过系统的生物安全培训，并经过批准后方能进入实验室。负责人或监督人有责任慎重处理每一个情况，确定进入实验室工作的人员。采用门禁系统限制人员进入。进入人员由实验室负责人、安全控制员管理。人员进入前要告知他们潜在的生物危险，教会他们使用安全装置。工作人员要遵守实验室进出程序。制定应对紧急事件切实可行的对策和预案。

ⓑ 危害警告。当实验室内有传染性材料或感染动物时，应在所有的入口处上展示危险标志和普遍防御信号，说明微生物的种类、实验室负责人和其他责任人的名单和进入此区域的特殊要求。

ⓒ 负责人职责。实验室负责人有责任保证，在 BSL-4 内工作之前，所有工作人员已经高度熟练掌握标准微生物操作技术、特殊操作和设施运转的特殊技能。包括实验室负责人和具有丰富的微生物操作和工作经验的专家培训时所提供的内容和安全委员会的要求。

ⓓ 免疫接种。工作人员须接受针对试验病原体或实验室内潜在病原微生物的免疫接种。

ⓔ 血清学监测。对所有实验室工作人员和其他有感染危险的人员采集本底血清并保存，再根据操作情况和实验室功能不定期进行血样采集，并进行血清学监测。对致病微生物抗体评价方法要注意适用性。项目进行中，要保证每个阶段均进行血清样本的检测，并把结果通知本人。

ⓕ 安全手册。制定生物安全手册。告知工作人员特殊的生物危险，要求他们认真阅读并在实际工作当中严格执行。

ⓖ 技术培训。工作人员须经过操作最危险病原微生物的全面培训，建立普遍防御意识，掌握对暴露危害的评价方法，学习物理防护设备和设施的设计原理和特点。每年训练一次，规程一旦修改要增加训练次数。由对这些病原微生物工作受过严格训练和具有丰富工作经验的专家或安全委员会指导、监督进行工作。

ⓗ 紧急通道。只有在紧急情况下才能经过气闸门进出实验室。实验室内要有紧急通

道的明显标识。

⑪ 在安全柜型实验室中，工作人员的衣服在外更衣室脱下保存。穿上全套的实验服装（包括外衣、裤子、内衣或者连衣裤、鞋、手套）后进入。在离开实验室进入淋浴间之前，在内更衣室脱下实验服装。服装洗前应高压灭菌。在防护服型实验室中，工作人员必须穿正压防护服方可进入。离开时，必须进入消毒淋浴间消毒。

⑫ 实验材料和用品要通过双扉高压灭菌器、熏蒸消毒室或传递窗送入，每次使用前后对这些传递室进行适当消毒。

⑬ 对利器，包括针头、注射器、玻璃片、吸管、毛细管和手术刀，必须采取高度有效的防范措施。

尽量不使用针头、注射器和其他锐利器具。只有在必要时，如实质器官的注射、静脉切开或从动物体内和瓶子里吸取液体时才能使用，尽量用塑料制品代替玻璃制品。

在注射和抽取传染性材料时，只能使用锁定针头的或一次性的（针头与注射器一体的）注射器。使用过的针头在处理之前，不能折弯、折断、破损，要精心操作，不要盖上原来的针头帽；放在固定方便且不会刺破的用于处理利器的容器里。不能处理的利器，须放在器壁坚硬的容器内，运输到消毒区，进行高压消毒灭菌。可以使用套管针管和套管针头、无针头注射器和其他安全器具。

破损的玻璃不能用手直接操作，须用机械方法清除，如使用刷子、簸箕、夹子和镊子。盛污染针头、锐利器具、碎玻璃等，在处理前一律进行消毒，消毒后按国家和地方有关规定进行处理。

⑭ 从 BSL-4 拿出活的或原封不动的材料时，应先将其放在坚固密封的一级容器内，再密封在不能破损的二级容器里，经过消毒剂浸泡或消毒熏蒸后通过专用气闸取出。

⑮ 除活体或原封不动的生物材料以外的物品，除非经过消毒灭菌，否则不能从 BSL-4 拿出。不耐高热和蒸汽的器具物品可在专用消毒通道或小室内进行熏蒸消毒。

⑯ 完成传染性材料工作之后，特别是有传染性材料溢出、溅出或污染时，都要严格进行彻底灭菌。实验室内仪器要进行常规消毒。

⑰ 传染性材料溅出的消毒清洁工作，由适宜的专业人员进行。并将事故的经过在实验室内公示。

⑱ 建立报告实验室暴露事故、雇员缺勤制度和系统，以便对与实验室潜在危险相关的疾病进行医学监测。对该系统要建造一个病房或观察室，以便需要时，检疫、隔离、治疗与实验室相关的病人。

⑲ 与实验无关的物品（植物、动物和衣物）不许进入实验室。

⑤ 生物制品企业生产操作。农业农村部颁布的《兽药生产质量管理规范》规定，为防止在药品生产中发生污染或混淆，生产操作中应采取以下措施。

a. 兽药生产企业应有防止污染的卫生措施，制订环境、工艺、厂房、人员等各项卫生管理制度，并由专人负责。

b. 兽药生产车间、工序、岗位均应按生产和空气洁净度级别的要求制订厂房、设备、管道、容器等清洁操作规程，内容应包括清洁方法、程序、间隔时间，使用的清洁剂或消毒剂，清洁工具的清洁方法和存放地点等。

c. 生产区内不得吸烟及存放非生产物品和个人杂物，生产中的废弃物应及时处理。

d. 更衣室、浴室及厕所的设置及卫生环境不得对洁净室（区）产生不良影响。

e. 工作服的选材、式样及穿戴方式应与生产操作和空气洁净度级别要求相适应，不同级别洁净室（区）的工作服应有明显标识，并不得混用。洁净工作服的质地应光滑、不产生静电、不落纤维和颗粒物质。无菌工作服必须包盖全部头发、胡须及脚部，并能最大限度地阻留人体脱落物。

f. 不同空气洁净度级别区域使用的工作服应分别清洗、整理，必要时进行消毒或灭菌。工作服洗涤、灭菌时不应带入附加的颗粒物质。应制订工作服清洗制度，确定清洗周期。病原微生物培养或操作区域内使用的工作服应在消毒后清洗。

g. 洁净室（区）内人员数量应严格控制，仅限于该区域生产操作人员和经批准的人员进入。进入洁净室（区）的人员不得化妆和佩戴饰物，不得裸手直接接触兽药。

兽医生物制品的生产操作须遵守《兽医生物制品制造及检验规程》。操作程序包括针对每一制品制定的生产工艺操作规程、针对各工序按照工艺操作规程制定的岗位技术安全操作法（简称岗位操作法）和组成岗位操作法基本单元的岗位标准操作程序（简称岗位SOP）。

（5）研究用危害微生物及其毒素的生物安全管理

① 危害性微生物及其毒素样品的引进、采集、包装、标识、传递和保存

采集的样品应放入安全的防漏容器内，传递时须包装结实严密，标识清楚牢固，容器表面消毒后由专人送递或邮寄至相应实验室。加强对动物病料采集管理，要认真贯彻落实《重大动物疫情应急条例》，切实加强动物病料管理，防止因采集和使用病料不当造成病原传播。除动物防疫监督机构外，其他任何单位和个人未经农业农村部或省级兽医主管部门批准，不得擅自采集、运输、保存病料；不得转让、赠送已初步认定为重大动物疫病或已确诊为重大动物疫病的病料；不得将病料样本寄往国外或携带出境。

进口危害性微生物及其毒素样品时，申请者须有与该微生物危害等级相应的生物安全实验室，并经国务院兽医行政管理部门批准。危害性微生物及其毒素样品的保存应根据其危害等级分级进行。

《病原微生物实验室生物安全管理条例》第十七条指出，高致病性病原微生物菌（毒）种或样本在运输、储存中被盗、被抢、丢失、泄漏的，承运单位、护送人、保藏机构应当采取必要的控制措施，并在2小时内分别向承运单位的主管部门、护送人所在单位和保藏机构的主管部门报告，同时向所在地的县级人民政府卫生主管部门或兽医主管部门报告，发生被盗、被抢、丢失的，还应当向公安机关报告；接到报告的卫生主管部门或兽医主管部门应当在2小时内向本级人民政府报告，并同时向上级人民政府卫生主管部门或兽医主管部门和国务院卫生主管部门或兽医主管部门报告。

② 去污染与废弃物（废气、废液和固形物）处理

去污染包括灭菌（彻底杀灭所有微生物）和消毒（杀灭特殊种类的病原体），是防止病原体扩散造成生物危害的重要防护屏障。

被污染的废弃物或各种器皿在废弃或清洗前须进行灭菌处理；实验室在病原体意外泄漏、重新布置或维修、可疑污染设备的搬运以及空气过滤系统检修时，均应对实验室设施及仪器设备进行消毒处理。

根据被处理物的性质选择适当的处理方法，如高压灭菌、化学消毒、熏蒸、γ-射线照射或焚烧等。

对实验动物尸体及动物产品应按规定作无害化处理。

实验室应尽量减少用水，污染区、半污染区产生的废水须排入专门配备的废水处理系

统，经处理达标后方可排放。

（6）研究用病原微生物废弃物处理

① 污水的无害化处理

a. 概述。实验室的污水可能含有感染性微生物及其他病原微生物、化学污染物、放射性同位素等有毒有害的污染物，若不对排放的污水进行严格的消毒灭菌处理，将会对水资源、生态环境造成严重污染甚至引起疾病流行，严重危害人类和动物健康。

b. 污水的来源。污水主要来自实验室研制过程中产生的细菌菌液和病毒液、消毒液、动物的尿粪液、笼器具洗刷、实验中废弃的试剂等。此类污水来源与成分复杂，可含有病原性微生物、有毒、有害的物理化学污染物和放射性污染物等，具有急性传染和潜伏性传染等特征，未经有效处理则会对环境造成严重污染。若含有酸、碱、BOD、COD、重金属、有机溶剂、消毒剂等有毒有害物质，则可能具有三致（致畸、致癌或致突变）作用。

c. 污水的处理。排出的污水应首先收集消毒，目的是杀灭污水中的各种致病菌。常用消毒方法有氯消毒（如氯气、二氧化氯、次氯酸钠）、氧化剂消毒（如臭氧、过氧乙酸）、辐射消毒（如紫外线、γ射线）等化学处理法和加热处理法。最简便方法是向污水中通以氯气（1000～2000mg/L，作用2～6小时）或通以臭氧（100～750mg/L，作用30～90分钟）。臭氧通过氧化作用，除可杀菌外还可使其他污物无害化，故常被使用。但一般认为，加热处理法更为可靠，将污水加热至200°F（93℃）作用30分钟，如有炭疽杆菌芽孢存在，则需加热至260°F（127℃）作用10分钟，然后方可排入公用下水管道。

对于含有活毒的废水或是动物感染实验所产生的污水，则必须先彻底灭菌后方可排入污水贮水池进行消毒。对于生产或检验中产生的废弃试剂，则应该按照有关规定对其分类处理。对于安全的废弃试剂，如氯化钠、氯化钾溶液等，则可直接排入下水道；对于有毒有害的废弃试剂，则需分类回收，妥善安置，由有关部门或无害化处理中心定期回收、集中处理；对于含有微生物的培养液及试剂，则需进行集中高温高压（121℃，30分钟）灭菌后方可排放。总之，所有污水经处理均应达到《污水综合排放标准》的要求后方可排放。

② 带毒粪便、残渣和垫草等的处理

a. 概述。动物实验过程中会产生许多废弃物，主要包括带毒粪便、残渣和垫草等，这些都必须按照国家有关规定进行妥善处理，以达到不污染环境的目的。

b. 处理。带毒粪便须经无害化处理，检测合格后才能作为肥料利用，禁止未经处理的带毒粪便直接进入农田。从实验动物中心清理出来的垫料一般无害，可直接进行堆肥和苗圃处理、焚烧、经下水道排放或视作一般废弃物掩埋。但是，感染性废弃垫料须经灭菌后方可作为无害化废弃垫料予以掩埋。

③ 实验动物及其尸体处理

a. 概述。对实验动物涉及的生物安全管理，《实验动物管理条例》中有明确规定。如第三章"实验动物的检疫和传染病控制"中第十六条规定：对引入的实验动物，必须进行隔离检疫。为补充种源或开发新品种而捕捉的野生动物，必须在当地进行隔离检疫，并取得动物检疫部门出具的证明。野生动物运抵实验动物处所，须经再次检疫，方可进入实验动物饲育室。第十七条规定：对必须进行预防接种的实验动物，应当根据实验要求或者按照《家畜家禽防疫条例》的有关规定，进行预防接种，但用作生物制品原料的实验动物除外。第十八条规定：实验动物患病死亡的，应当及时查明原因，妥善处理，并记录在案。实验动物患有传染性疾病的，必须立即视情况分别予以销毁或者隔离治疗。对可能被传染的实验动物，进行紧急预防接种，对饲育室内外可能被污染的区域采取严格消毒措施，并报告上级实验动物管理部门和当地动物检疫、卫生防疫单位，采取紧急预防措施，防止疫病蔓延。

动物实验过程中，也会产生废弃的动物和实验后的尸体，这些废弃物一般都有感染性。由于其携带有各种病原，若未经有效的无害化处理，不仅会造成严重的环境污染，还可能引起重大动物疫情，影响生产和食品安全，特别是一旦流入消费市场，将直接威胁人民群众身体健康，引发严重的食品安全和公共卫生安全事件。

b. 处理方法。无害化处理是指用物理、化学等方法处理动物尸体及相关动物产品，消灭其所携带的病原体，消除动物尸体危害的过程。一般包括焚烧法、化制法、掩埋法和发酵法。

实验结束后，活体动物应采用安乐死术处理。动物尸体不得随意丢弃或乱放，应装入专用尸体袋中，然后经蒸汽高温高压灭菌，较大受试动物尸体需经适当肢解后再进行消毒，最后放入冰柜冷冻保存，由持有许可证的商业化医疗垃圾处置机构定期进行无害化处理。动物尸体最终都要经高压焚烧处理。若动物尸体含有放射性物质，则须按有关部门制定的放射性废弃物处理方法进行处理。

④ 废气的无害化处理

a. 概述。生产车间或生物实验室带菌、带毒的废气排放到大气中，将会对人群和动物造成感染，引起疾病的暴发，甚至威胁到人类生命健康。因此，生产车间或生物实验室产生的废气必须经过严格的消毒后方可排放。

b. 废气的来源。废气主要来自实验室的空调、生物安全柜、负压通风橱、动物舍负压隔离器、干/湿热消毒灭菌柜、离心机排风罩等易产生带毒、带菌气溶胶的设备的排风，以及焚烧炉排放的烟尘、动物呼出的废气和排泄物产生的废气（由动物粪尿发酵分解产生的具有特殊气味的有害气体，主要含有氨、氯、硫化氢和硫醇等气体）、化学消毒剂的挥发和试剂样品的挥发物等。

⑤ 废气的处理。一般实验室中直接产生有毒有害气体的实验均要求在通风橱内进行，通过通风系统对这些气体进行无害化处理。兽医生物制品生产车间或实验室排出的废气必须经过无害化处理，达到国家允许的排放标准后，再利用通风设备排入大气。生产车间和实验室的排风应经高效过滤装置过滤后由排风机向空中排放。须控制排风系统与其他排风设备（生物安全柜、负压通风橱、动物舍负压隔离器、离心机排风罩等）排风的压力平衡和响应速度匹配。可安装自动联锁装置，以确保实验室内不出现正压和确保其他排风设备气流不倒流。在送风和排风总管处应安装气密型密封阀，必要时可完全关闭排风设备并进行室内或对风管进行化学熏蒸或循环消毒灭菌。

2.8.2 实验活动管理

首先须了解生物危害的含义和来源，才能透彻地理解生物安全。生物危害主要是指病原微生物和具有潜在危险的重组 DNA 直接或间接地给人、动物带来的不良影响和损伤。

生物安全，广义上是指在一个特定的时空范围内，由于自然或者人类活动引起的新的物种迁入，并由此对当地其他物种和生态系统造成危害，造成环境的变化对生物多样性构成威胁，形成对人类和动物健康、生存环境和社会活动有害的影响。一般包括外来生物侵入、重大生物灾害、转基因生物安全问题和生物武器等。

2.8.2.1 自然微生物实验活动的生物安全管理

（1）病原微生物的分类 《病原微生物实验室生物安全管理条例》规定，国家对病原微生物实行分类管理，并根据病原微生物的传染性、感染后对个体或者群体的危害程度，将病原微生物分为四类。

第一类病原微生物是指能够引起人类或者动物非常严重疾病的微生物，以及我国尚未发现或者已经宣布消灭的微生物，典型的包括埃博拉病毒、天花病毒等。

第二类病原微生物是指能够引起人类或者动物严重疾病，比较容易直接或间接在人与人、动物与人、动物与动物间传播的微生物，典型的包括炭疽芽孢杆菌、狂犬病病毒、荚膜组织胞浆菌等。

第三类病原微生物是指能够引起人类或者动物疾病，但一般情况下不会对人、动物或者环境构成严重危害，传播风险有限，实验室感染后很少引起严重疾病，并且具备有效治疗和预防措施的微生物，典型的包括沙门氏菌、登革热病毒、黄曲霉等。

第四类病原微生物是指在通常情况下不会引起人类或者动物疾病的微生物，包括危险性小、致病力低、实验室感染机会少的生物制品、疫苗生产用的各种弱毒病原微生物，以及不属于第一、二、三类的各种低毒力的病原微生物。

上述第一类、第二类病原微生物统称为高致病性病原微生物。

WHO根据感染性微生物的相对危害程度制定了仅适用于实验室工作的微生物危险度等级的划分标准（WHO的危险度分为1级、2级、3级和4级），该分级标准与美国等世界上多数国家的分级标准相同，其危险度为4级的病原微生物相当于我国的第一类病原微生物。

危险度1级（无或极低的个体和群体危险性）：不太可能引起人或动物致病的微生物。

危险度2级（个体危险性中等，群体危险性低）：病原体能够使人或动物患病，但不易对实验室工作人员、社区、牲畜或环境造成严重危险。实验室暴露也许会引起严重感染，但对感染有有效的预防和治疗措施，并且疾病传播的危险性有限。

危险度3级（个体危险性高，群体危险性低）：病原体通常能引起人或动物的严重疾病，但一般不会发生感染个体向其他个体传播的情况，并且对感染有有效的预防和治疗措施。

危险度4级（个体和群体的危险性均高）：病原体通常能引起人或动物的严重疾病，并且很容易发生个体之间的直接或间接传播，对感染一般没有有效的预防和治疗措施。

实验室根据所操作的病原体的危险度，需要采取不同的生物安全防护措施，也就是要达到一定的生物安全水平。

（2）微生物的危险度评估 生物安全工作的前提和核心是危险度评估。进行微生物危险度评估最有用的工具之一就是列出微生物的危险度等级。然而对于一个特定的微生物来说，在进行危险度评估时仅仅参考危险度等级的分类是远远不够的，还应考虑其他一些因素，包括：①微生物的致病性和感染剂量；②暴露的后果；③自然感染途径；④实验室操作所造成的其他感染途径（非消化道途径、空气传播、食入）；⑤微生物在环境中的稳定性；⑥所操作微生物的浓度和浓缩样品的体积；⑦适宜宿主（人或动物）的存在；⑧从动物研究和实验室感染报告或临床报告中得到的信息；⑨计划进行的实验室操作（如浓缩、超声波处理、气溶胶化、离心等）；⑩可能会扩大微生物的宿主范围的基因技术；⑪会改变微生物对于已知有效治疗方案敏感性的基因技术；⑫当地是否可以进行有效的预防或治疗干预。

在进行危险度评估时，只有在明确了上述信息的基础上，才能明确所计划开展的研究工作的生物安全水平级别，并选择合适的环境和个体防护的装备和设施。

（3）自然微生物生物安全技术措施　生物安全防护中使用的技术非常广泛，涉及生物学、医学、建筑结构、装修、暖通空调、给水排水、电气和自控、水处理、环境保护、消防等领域，目的是保证生物安全。在生物安全设施、设备的制造中和工作中常用的技术主要有围场隔离、负压通风、空气过滤、消毒灭菌等。

① 围场隔离技术。围场隔离技术主要有两大类：建筑密封隔离和空气动力学隔离。

a. 建筑密封隔离。整个实验室区域分为污染区、半污染区和清洁区。用密闭可靠的围护结构把实验室分隔开，把污染区、半污染区、清洁区的房间彼此分开，把实验室与外界隔开。原则上污染区设在整个实验室区域的中心，清洁区设在实验室区域的外周围，半污染区置于污染区和清洁区之间。人员从外界进入实验室、从清洁区进入半污染区、从半污染区进入污染区均必须通过缓冲室（气闸）。缓冲室的门为互锁门，即在同一时刻只有一扇门可以开启。应该指出，化学喷淋室可以被认为是一种特殊的缓冲室。

b. 空气动力学隔离。用控制气流速度和方向控制某一个小空间的空气不能自由地与其他空间的空气交换，只能通过高效过滤器过滤排放。这种原理主要应用在设备上，比如生物安全柜、负压动物饲养柜等。

② 负压通风。在实验室通风空调系统设计中使各区（室）内的空气压力保持一定的压力梯度，使空气单向流动，保证气流方向永远是从清洁区流向半污染区，从半污染区流向污染区，污染的空气不会扩散到外界。例如，某个生物安全实验室清洁区的空气压力与大气压相比压差为零，而半污染区的压差为−20Pa，污染区的压差为−30Pa，这样就能保证气流向污染区流动。

③ 空气过滤。微生物污染的空气中悬浮着很多的微生物粒子，称作微生物气溶胶粒子。当它们被吸入人体呼吸道时就有一部分或大部分沉着在呼吸道表面或肺泡表面，在那里繁殖扩散，进入体内的各个器官或组织，再进一步繁殖，致使人体产生反应。

因此，实验室内污染的空气是不允许自由扩散的，不能让这样的空气被人体吸入，也不能进入大气。为此，生物安全实验室的空气按要求一律经过高效过滤后才能排放。高效过滤器过滤机理是：空气中粒子随空气运动，运动中的粒子由于惯性力、地心引力、扩散力的作用，在遇到障碍物时就可能黏着在其上。利用这种原理制作的纤维过滤器用以过滤空气，即为高效过滤器。高效过滤器分为 3 类：对于 $0.5\mu m$ 的粒子，过滤效率不低于99.9%的为 A 类、不低于 99.99%的为 B 类、不低于 99.999%的为 C 类。生物安全柜、室内送风及排风系统、污水处理系统、消毒系统、传递系统、生命支持系统等都需要安装高效过滤器。

④ 消毒和灭菌。消毒是指杀死微生物的物理手段或化学手段，但不一定杀死其孢子；而灭菌是指利用物理的方法或化学的方法杀死物体上或介质中的所有微生物及其孢子。消毒和灭菌对于实验室生物安全至关重要。生物安全实验室内所有污染物均需消毒或灭菌后才能传出，包括废物、废液和使用过的器材、物品。生物安全实验室内常用消毒、灭菌方

法如下：

a. 湿热灭菌。湿热灭菌通常在高压蒸汽灭菌器中进行。原则上，所有能够高压蒸汽灭菌的污染物品都应进行彻底的高压蒸汽灭菌。生物安全实验室内的高压灭菌器应是双开门、双门互锁、冷凝水自动回收再消毒的。灭菌最高温度通常为121℃（15分钟）或134℃（3.5分钟），需要进行验证后确定。湿热灭菌与干热灭菌各有特点，互相很难完全取代，但总的说来，湿热灭菌的消毒效果较干热灭菌好，所以使用也更为普遍。湿热灭菌较干热灭菌消毒效果好的原因有3点：蛋白质在含水多时易变性，含水量越多越易凝固；湿热灭菌穿透力强，传导快；蒸汽具有潜热，当蒸汽与被灭菌的物品接触时，可凝结成水而放出潜热，使温度迅速升高，加强灭菌效果。

b. 干热灭菌。干热灭菌与湿热灭菌虽然都是利用热的作用杀菌，但由于本身的性质与传导介质不同，所以干热灭菌和湿热灭菌的特点也不一样，干热灭菌需要更高的温度（160～400℃）和更长的时间（1～5小时）。

c. 紫外线消毒。紫外线消毒多用于室内包括传递窗和生物安全柜等设备表面的消毒、空气的消毒，可以是固定的也可以是活动式的。紫外线消毒法方便实用，但不能彻底灭菌，特别是对细菌的芽孢杀灭效果很差。

d. 气溶胶喷雾消毒。各种化学消毒药物的喷雾气溶胶消毒也很有用，它可对空气和表面消毒取得良好效果，例如过氧乙酸气溶胶的腐蚀性很强，使用时应加以注意。

e. 气体熏蒸消毒。福尔马林、臭氧等气体熏蒸也常用于生物安全实验室的消毒。特别是在进行房间和仪器设备消毒时常用。也可采用过氧化氢溶液汽化后的气雾熏蒸污染的空间，但对此还需进行进一步验证。

f. 浸泡法消毒。浸泡法消毒即用杀菌谱广、腐蚀性弱的水溶性化学消毒剂，将物品浸没于消毒剂内，在标准浓度和一定时间内进行消毒杀菌。常用的有含氯消毒剂和醇类消毒剂等。

2.8.2.2 转基因微生物实验活动的生物安全管理

转基因生物是通过重组DNA技术导入外源基因的生物，因此，从某种意义上来说，转基因生物也是外来生物。随着现代科学技术的发展，世界上出现了越来越多的转基因生物。动物用转基因微生物产品主要是指经过人工修饰基因的基因工程疫苗、饲料添加微生物。转基因技术打破了不同微生物之间天然杂交的屏障，实现了微生物间的基因转移，获得了新的生物学性状。同时，由于未知及不确定等因素，转基因微生物在研究开发利用中可能对人类、动物、微生物及生态环境带来不利影响或潜在风险甚至灾难。在此，生物安全是指对由现代生物技术的开发和应用可能产生的负面影响所采取的有效预防和控制措施，目的是保护生物多样性、生态环境和人体健康。

（1）转基因微生物安全评价法规体系

① 开展兽用转基因微生物安全管理的意义。转基因微生物安全是一个科学问题，是基于转基因微生物及其产品可能导致的潜在风险进行的科学分析。新的基因、新的目标性状、新的遗传转化方法、新用途的转基因微生物，及其长期使用与累积过程都有可能带来新的风险。

转基因微生物安全管理，是以科学为基础的风险分析过程，包括风险评估、风险管理和风险交流三个方面。风险评估（即安全评价）是兽用转基因微生物安全管理的核心；而风险管理是兽用转基因微生物安全管理的关键，风险管理以风险评估为依据；风险交流是兽用转基因微生物安全管理的纽带，不同国家、不同领域和行业间的交流对有效落实风险评价和风险管理是必不可少的。实施管理的目的是保障人类和动物健康、微生物安全，保护生态环境，保障和促进兽用转基因微生物技术研究及其产业的健康发展。

② 兽用基因工程疫苗的研发情况。我国常规疫苗产品偏重猪、禽用疫苗，牛羊、宠物和水产疫苗不足，新型疫苗较少，且同质化现象严重，创新能力不足，常规产品生产能力过剩，研发力量不足，科研成果向下游生产企业转化不畅，各企业生产规模较小、竞争激烈。因此，利用生物技术手段进行改造或开发新型疫苗是必然趋势。近几年来，在以基因工程疫苗为代表的动物用转基因微生物的研究方面取得了很大进展，并且呈现出加速发展的态势。多种基因工程疫苗已经问世并已投入使用，还有一大批新技术新产品研究处于安全性评价的不同阶段。

如在禽流感疫苗研究方面，英国剑桥大学的 Acambis 公司用乙肝核心蛋白融合 M2e 的重组疫苗 ACAM-FLU-A，Ⅰ期临床试验已完成；美国的 VaxInnate 公司将细菌的鞭毛蛋白和 M2e 抗原偶联，去年 9 月也进入了Ⅰ期临床研究阶段。又如在狂犬病口服疫苗的研究方面：牛痘病毒载体口服疫苗已投入生产和应用，该产品由美国 wistar 研究所和法国 trangen 合作，由 kieny 等通过将 ERA 株 G 蛋白的 cDNA 插入牛痘病毒（哥本哈根株）胸苷激酶基因内，制备了一种表达狂犬病病毒 G 蛋白基因（V-RG）的重组牛痘病毒，已广泛应用于野生动物的口服免疫；人 5 型腺病毒载体口服疫苗的研究中，加拿大学者 Prevec 等首先将狂犬病病毒 ERA 株的 G 蛋白基因 cDNA 重组到人腺病毒 5 型基因组 SV40 早期启动子和 PolyA 之间，使 G 基因与 E3 区的转录方向一致，获得重组体 HAd5RG 病毒，动物试验表明，臭鼬口服 HAd5RG 后，保护率为 100%。以人腺病毒为载体具有对热和 pH 值稳定、动物可经口服感染的优点，使其适用于作为口服疫苗。在猪圆环病毒病基因工程亚单位疫苗的研究上，青岛易邦生物工程有限公司利用大肠杆菌表达系统研制的猪圆环病毒基因工程亚单位疫苗（易圆净）于 2014 年获得了新兽药注册证书；普莱柯生物工程股份有限公司利用大肠杆菌表达系统制备的猪圆环病毒 2 型基因工程亚单位疫苗也已获得兽医生物制品临床试验批件；勃林格殷格翰公司利用杆状病毒-昆虫细胞表达系统制备的猪圆环病毒 Cap 蛋白亚单位疫苗，拥有高度免疫原性纯化抗原与创新佐剂，免疫机体后产生快速、高效和持久的免疫反应；武汉中博生物股份有限公司利用杆状病毒-昆虫细胞表达系统研制的猪圆环病毒 2 型杆状病毒载体灭活疫苗（CP08 株）于 2015 年获得了新兽药注册证书。在口蹄疫新型疫苗研究方面：中国农业科学院兰州兽医研究所郑海学等利用口蹄疫病毒反向遗传操作系统，对影响病毒增殖的 3'UTR 序列进行突变改造，筛选获得了可在细胞上高滴度生长的疫苗种毒株，对猪和牛无致病性，可产生早期免疫应答，免疫保护期可达 300 日，且可成功区分疫苗免疫和自然感染。近年来，以转基因植物为表达系统的可食性疫苗也已成为我国的研究热点。

③ 转基因生物安全法规体系。转基因生物安全管理是通过具有一定强制效力的政策、法规、制度等实现的。在目前国际国内形势下，实现转基因生物的安全利用并发挥其最大效用是转基因生物安全管理的主要目标，政策手段和法律法规等则是实现手段，为目标服务。然而，不论是美国还是欧盟，抑或中国、马来西亚等发展中国家，政策法规层面的转基因生物管理措施都需要完善。

④ 国际上有关生物安全管理的法规。近年来，转基因生物的安全性问题已成为国际社会普遍关注的焦点。在 20 世纪 70 年代中后期，少数发达国家开始建立生物安全管理的

法规。到 20 世纪 90 年代，美国、加拿大、澳大利亚、日本等国及欧盟陆续建立起比较完善的生物安全管理法规体系。在管理方式上各国虽然存在一定的差异，尚无统一的国际标准，但安全评估所遵循的科学原理与基本原则是相似的。目前，有关生物安全管理的国际协调也在进行中，并已达成了一些共识性文件，如国际《生物安全议定书》、CAC（国际食品法典委员会）转基因食品安全评估原则等。

⑤ 我国转基因生物安全管理法规。随着转基因生物技术的研发、推广和应用，我国政府十分重视转基因生物安全管理问题，先后制定了一系列管理法规、规章，明确了主管部门，设立了管理机构，逐步建立了监督法规体系、管理体系和技术支撑体系。

我国最早的基因工程管理法规是 1993 年 12 月 24 日原国家科委颁布的《基因工程安全管理办法》。1996 年 7 月 10 日，农业部发布了《农业生物基因工程安全管理实施办法》，并于 1997 年上半年开始实施。2001 年 5 月 23 日，国务院颁布了《农业转基因生物安全管理条例》，该《条例》管理范围为利用基因工程技术改变基因组构成，用于农业生产或者农产品加工的动物、植物、微生物及其产品（转基因种子、种畜禽、水产苗种和微生物、转基因产品、直接加工品和含有转基因成分的产品），将农业转基因生物安全管理范围延伸到研究、试验、生产、加工、经营和进出口活动的全过程，其实施以保障人体健康、保障动植物、微生物安全、保护生态环境、促进农业转基因生物技术研究为目标。

2002 年 1 月 5 日，农业部发布了《农业转基因生物安全评价管理办法》《农业转基因生物进口安全管理办法》和《农业转基因生物标识管理办法》3 个配套规章，并于同年 3 月 20 日起实施。2004 年 5 月 24 日，国家质量监督检验检疫总局以 62 号令发布并实施《进出境转基因产品检验检疫管理办法》。2006 年 1 月 27 日，农业部以第 59 号令发布了《农业转基因生物加工审批办法》。

（2）转基因微生物实验活动生物安全技术措施

① 转基因生物安全管理体系

a. 部际联席会议。职责：研究、协商农业转基因生物安全管理的重大问题。组成：农业农村部牵头，农业、科技、卫生、商务、环境保护、检验检疫等部门组成。

b. 农业农村部。职责：负责全国农业转基因生物安全的监督管理工作。包括安全评价、监督检查、体系建设、标准制定、进口审批、进口标识管理、科普宣传与应急应对等。机构：农业农村部农业转基因生物安全管理领导小组、农业农村部农业转基因生物安全管理办公室。

c. 县级以上农业行政主管部门。职责：负责本区域监督管理，生产、加工和标识许可。机构：各省农业转基因生物安全管理办公室（挂靠在农业农村厅科教处）。

d. 质检总局。负责进出境转基因检验检疫。

e. 食药总局。负责转基因食品标识监管。

② 技术支撑体系

a. 农业转基因生物安全委员会。负责农业转基因生物的安全评价工作。由从事农业转基因生物研究、生产、加工、检验检疫、卫生、环境保护等方面专家组成，每届任期 3 年。

b. 全国农业转基因生物安全管理标准化技术委员会。负责转基因植物、动物、微生物及其产品的研究、试验、生产、加工、经营、进出口及与安全管理相关的国家标准制修订工作。秘书处设在农业农村部科技发展中心。

c. 转基因检测机构。2005 年 9 月，转基因生物安全监督检验测试机构列入农业部第五批部级质检中心筹建计划。截至 2015 年 9 月，已有 42 个机构通过了"2+1"认证，涵盖了"综合性、区域性、专业性"3 个层次、"转基因植物、动物、微生物"3 个领域和"产品成分、环境安全、食用安全"3 个类别，初步形成了功能完善、管理规范的农业转基因生物安全检测体系，为相关法律法规的实施提供了重要技术保障。

③ 我国转基因微生物安全评价制度

a. 三类评价对象：动物、植物、微生物。

b. 四个安全等级。安全等级Ⅰ：尚不存在危险；安全等级Ⅱ：具有低度危险；安全等级Ⅲ：具有中度危险；安全等级Ⅳ：具有高度危险。

c. 五个评价阶段：实验研究；中间试验——指在控制系统内或控制条件下进行的小规模试验；环境释放——指在自然条件下采取相应安全措施所进行的中规模试验；生产性试验——指在生产和应用前进行的较大规模的试验；申请领取安全证书。

④ 两种评价方式

a. 报告制。适用范围：实验研究、中间试验。

程序：ⓐ 本单位生物安全小组审查试验所在地省级农业行政主管部门审核。

ⓑ 报农业农村部行政审批办公室。

ⓒ 不上安委会，有问题咨询。

ⓓ 农业农村部转基因办公室备案。

b. 审批制。适用范围：实验研究、中间试验、环境释放、生产性试验、生物安全证书。

程序：ⓐ 本单位生物安全小组审查。

ⓑ 试验所在地省级农业行政主管部门审核。

ⓒ 报农业农村部行政审批办公室。

ⓓ 安委会技术审查。

ⓔ 农业农村部审批。

兽用转基因微生物的生物安全评价是一项复杂的工作，它既牵涉到政策法规，又涉及实验室的检测技术和评定标准；既要积极鼓励该产业的发展，还要将风险降低到最低程度。由于我们对转基因微生物潜在风险的认识还不是十分清楚，因此，兽用转基因微生物的生物安全评价检测还需进一步研究和完善。只有通过不断地兴利除弊，才能使兽用转基因微生物在动物疾病控制中发挥更好的作用。

⑤ 生产许可制度。生产转基因植物种子、种畜禽、水产苗种，应当取得农业农村部颁发的生产许可证。申请条件包括：取得安全证书并通过品种审定；在指定的区域种植或者养殖；有相应的安全管理、防范措施；农业农村部规定的其他条件。

⑥ 加工许可制度。在中国境内从事具有活性的转基因生物为原料生产加工活动的单位，应当取得省级人民政府农业行政主管部门颁发的《农业转基因生物加工许可证》。

⑦ 经营许可制度。经营转基因植物种子、种畜禽、水产苗种，应当取得农业农村部颁发的经营许可证。申请条件包括：有专门的管理人员和经营档案；有相应的安全管理、防范措施；农业农村部规定的其他条件。

⑧ 与其他法规的衔接。《农业转基因生物安全管理条例》第十七条规定：利用农业转基因生物生产的或者含有农业转基因生物成分的种子、种畜禽、水产苗种、农药、兽药、肥料和添加剂等，在依照有关法律、行政法规的规定进行审定、登记或者评价、审批前，应当依照本条例第十六条的规定取得农业转基因生物安全证书。

《农业转基因生物安全评价管理办法》附录 1 规定：转基因植物在取得农业转基因生物安全证书后方可作为种质资源利用。用取得农业转基因生物安全证书的转基因植物作为亲本与常规品种杂交得到的杂交后代，应当从生产性试验阶段开始申报安全性评价。

参考文献

[1] 中国兽药典委员会. 中国兽药典（2020 年版）[M]. 北京：中国农业出版社，2020.

[2] 农业农村部. 兽药生产质量管理规范（2020 年修订）. 2020.

[3] 国家药监局药审中心. 化学药品注射剂灭菌和无菌工艺研究及验证指导原则（试行）（2020 年第 53 号）. 2020.

[4] 国家药典委员会. 中华人民共和国药典（2020 年版）[M]. 北京：中国医药科技出版社，2020.

[5] 卫生部. 消毒技术规范（2002 年版）（卫法监发 282 号）. 2022.

[6] 中华人民共和国国务院. 兽药管理条例（国务院令第 404 号）. 2004.

[7] 农业部. 兽药注册办法（农业部令第 44 号）. 2004.

[8] 农业部. 新兽药研制管理办法（农业部令第 55 号）. 2005.

[9] 农业部. 兽药注册分类及注册资料要求（农业部公告第 442 号）. 2004.

[10] 农业农村部. 宠物用化学药品注册资料要求（农业农村部公告第 261 号）. 2020.

[11] 农业农村部. 人用药品转宠物用药、改变靶动物或适应症等兽药注册事宜（农业农村部公告第 330 号）. 2020.

[12] 农业农村部. 兽医诊断制品注册分类和资料要求（农业农村部公告第 342 号）. 2020.

[13] 农业部. 兽药评审注册现场核查规定（农业部公告第 2368 号）. 2016.

[14] 农业部. 兽药非临床研究质量管理规范（农业部公告第 2336 号）. 2015.

[15] 农业部. 兽药临床研究质量管理规范（农业部公告第 2337 号）. 2015.

[16] 农业部. 兽药非临床研究、临床试验质量管理规范检查标准及其监督检查相关要求. （农业部公告第 2464 号）. 2016.

[17] 农业部. 食品动物用兽药产品注册要求补充规定（农业部公告第 2223 号）. 2015.

[18] 农业部. 兽医诊断制品注册规定修订（农业部公告第 2335 号）. 2015.

[19] 农业农村部. 兽药注册评审工作程序（农业农村部公告第 392 号）. 2021.

[20] 农业农村部. 人用中药转为宠物用中药注册资料要求（农业农村部公告第 610 号）. 2022.

[21] 农业农村部. 预防类兽用生物制品临床试验审批资料要求、治疗类兽用生物制品临床试验审批资料要求（农业农村部公告第 558 号）. 2022.

[22] 中华人民共和国第十三届全国人民代表大会常务委员会第二十五次会议. 中华人民共和国动物防疫法. 2021.

[23] 农业部. 农业部兽药评审专家管理办法（农业部公告第 2507 号）. 2017.

第 3 章
兽药生产
管理

本章介绍了我国兽药生产管理现状及其演变过程，系统阐述了兽用生物制品、兽用原料药、兽用化药制剂、兽用中药等生产的基本条件、安全生产与劳动保护，相关剂型生产过程、质量控制要点，质量管理、贮藏运输、销售召回、生产许可、产品批准文号等方面的相关法规规章、制度措施、申报流程、技术审查与要求。为保障动物用药安全、养殖业健康发展和动物源性食品安全、公共卫生安全，近年来，我国不断加强产业规划布局，提升生物安全防护要求，推进兽药风险管控，强化信息化建设，兽药生产全链条管控机制日趋完善。

3.1

兽药生产的基本条件

3.1.1 概述

3.1.1.1 兽药生产与兽药质量的概念

兽药是特殊商品，它不像一般商品有一级品、二级品或等外品、副品等。依据国家兽药标准，兽药只有合格品与不合格品。所有不合格兽药不准出厂、不准销售、不准使用。

生产管理是对企业生产系统的设置和运行的各项管理工作的总称，兽药生产是指将兽药原料加工制备成能供临床使用的各种剂型产品的过程。按照生产兽药的产品结果不同，兽药生产可分为原料药生产和制剂生产。根据原材料性质、加工制造方法的不同，分为兽用生物制品、兽用化学药品和兽用中药的生产。生产的剂型一般分注射剂、口服制剂以及外用制剂。不同制剂的加工制造方法都不同。兽药生产又涉及人员素质、厂房条件、设备设施、新兽药的研发、材料供应、生产组织、工艺过程控制、质量检验等诸多方面，是一个系统工程。

从事兽药生产活动，应当遵守《兽药管理条例》《兽药生产质量管理规范》及相关标准和规范，保证全过程信息真实、准确、完整和可追溯。

兽药质量的好坏，直接关系到动物健康和养殖业的持续健康发展，也关系到动物源食品安全、公共卫生安全和生物安全。兽药产品要质量第一，确保安全有效，均一稳定，这样才能有效地防止药源性疾病的发生。

要生产优质的兽药产品，必须执行兽药生产质量管理规范，它对兽药生产的基本条件，如人员、厂房、环境、设备、卫生、质量管理、生产操作、标准等，都提出了严格的要求。

质量管理是指确定质量方针、目标和职责并在质量体系中通过诸多质量策划、质量控制、质量保证和质量改进使其实施的全部管理职能的所有活动，是为使产品和服务质量能满足不断更新的质量要求而开展的策划、组织、计划、实施、检查、监督审核、改进等所有管理活动的总和。质量管理应由企业的最高管理者负责和推动，同时要求企业的全体人员参加并承担义务。只有每一位员工都参加有关的质量活动并承担义务，才能实现所期望的质量。质量管理包括质量策划、质量控制、质量保证、质量改进等活动。

兽药质量是指兽药产品满足动物和社会需要的一切特征的总和，兽药质量管理是指从事兽药科研、生产、经营、使用、进出口企业和单位对确定或达到质量所必需的全部职能和活动的管理。兽药质量不仅仅是检验出来的，而是计划和生产出来的。兽药质量体现在从原料到销售的全过程中，各个环节都要进行严格的管理与控制，只有把产品的检验与生产过程的管理结合起来，才能保证兽药质量。

3.1.1.2 兽药生产管理的发展历史

我国兽药生产管理实行双重许可管理，即企业许可和产品许可。兽药生产企业经向所在地省级兽医行政管理部门申请，经检查许可后核发《兽药生产许可证》；所生产产品还要按照相关工艺试生产和相应标准检验合格后向农业农村部申请该品种的兽药产品批准文号。

全国解放后，20世纪50年代初陆续组建兽医生物制品厂，生产动物防疫所需的疫苗。但一直处于投资少、规模小、技术相对落后、设备较差、自主研发能力较弱的状态。建国初期，生产兽用化学药品仅有上海、武汉、长春、丹东、常州等几个兽药厂。由于兽药产品缺乏，20世纪70年代一些地方兽医站生产自用的兽药制剂室逐步发展成为兽药厂，随着我国畜牧业发展，一些单位也相继办起了兽药厂。由于兽药厂大量增加，管理手段跟不上，一时造成假劣兽药充斥市场。1978年成立中国畜牧兽医药械公司，收回原部属的4个兽医生物药品厂，负责部属4个兽医生物药品厂的管理工作。1979年中央决定对药品管理进行全面整顿，由卫生部、国家计委、经委、化工部、农业部、商业部、总后勤部和国家医药管理局等八个部、委、局组成药品整顿办公室，在整顿药厂的同时涉及对兽药的整顿和管理问题，由农业部整顿和管理，国务院于1979年批转卫生部等八个部委《关于在全国开展整顿药厂的报告》（国发〔1979〕144号）文件规定，兽药厂由农牧部门负责整顿，归口统一管理。

随着兽药产业行业不同阶段发展要求的变化，兽药生产管理经历3次大的变化。1980年《兽药管理暂行条例》对不同类别产品进行分部门、分级管理，明确按规划生产，兽医生物药品和兽医专用化学药品，由农业部统一规划生产；人、畜共用的药品，由国家医药管理总局统一规划生产；中、西兽药制剂，由省、自治区、直辖市畜牧（农业）局和医药行政部门协商，纳入地方计划，归口安排生产，体现计划经济特色。生产兽药的工厂或车间，由主管单位报省、自治区、直辖市畜牧（农业）局批准，并报经省、自治区、直辖市工商行政管理部门核发"营业执照"后，方可生产兽药。同时明确须有合格制药和检验技术人员、相应的制药设备和检验仪器以及防止有害物质污染环境的设施。1987年版《兽药管理条例》未提及规划生产，但提高了技术人员要求，须有助理工程师、助理兽医师以上技术职务，以及相适应的厂房、设施和卫生环境，且须符合劳动安全、卫生标准，对兼产兽药明确须有单独兽药生产区。1988年6月30日农业部还根据《兽药管理条例》制定发布了《兽药管理条例实施细则》（［1988］农［牧］字第39号）、1989年7月10日发布《核发〈兽药生产许可证〉、〈兽药经营许可证〉、〈兽药制剂许可证〉管理办法》（农业部令第2号），进一步细化了兽药生产企业应具备的条件和应履行的程序。2004年《兽药管理条例》第十一条规定，从事兽药生产的企业，应当符合国家兽药行业发展规划和产业政策，并具备下列条件：①与所生产的兽药相适应的兽医学、药学或者相关专业的技术人员；②与所生产的兽药相适应的厂房、设施；③与所生产的兽药相适应的兽药质量管理和质量检验的机构、人员、仪器设备；④符合安全、卫生要求的生产环境；⑤兽药生产质量管理规范（以下简称兽药GMP）规定的其他生产条件。不仅须有兽药生产质量管理规范规定的其他生产条件，且应符合国家兽药行业发展规划和产业政策，是从产业布局、动物疫病防控和生物安全角度考虑，要求更加细化。兽药GMP中对其硬件设施、软件管理提出了具体详细要求，同时明确兽药生产许可程序和时限要求。2015年按照国务院"放管服"要求，国务院对新版条例进行了再次修订，将兽药生产许可下放各省兽医行政管理部门进行许可管理。

兽药制剂加工与药物制剂加工，都是从手工操作开始。在古代，中国的医药不分家，医生行医开方、配方并加工制剂，大多制剂是即配即用。唐代开始了作坊式加工，"前店后坊"。从20世纪50年代初开始，各厂逐步增设一定数量的单机生产设备，较多工序由机械生产取代了手工制作。改革开放以来，随着科学技术的迅猛发展、对外交流不断扩大和兽药GMP的实施，特别是新版兽药GMP的实施，以及国际市场竞争又要靠技术优势、规模化生产经营和规范化管理来实现，兽药制剂新技术、新辅料、新设备和新剂型，从引进、仿制到开发创新，不断开发并应用于制剂生产，有力地推动了兽药制剂生产的发展，提升兽药制剂产品技术含量，制剂生产从手工到机械化，逐步实现自动化，也有力推动生产过程自动化、产品质量标准化的进程。制剂产品质量从感观到仪器分析，从成分量化到生物量化，生产规模不断扩大，并创下单品种超千万、超亿元的纪录，口蹄疫、禽流感等品种质量已达国际领先水平。

3.1.2 产业规划与布局要求

国家没有制定发布专门的国家兽药产业发展规划，但在不同时期审批兽用疫苗生产企业时会考虑到动物疫病防控的有关要求。《农业部关于促进兽药产业健康发展的指导意见》（农医发〔2016〕15号，2016年4月22日），提出加快宏观调控，坚决遏制兽药生产企业低水平重复建设势头。严格控制和逐步压减转瓶培养方式、粉散预混剂等简单剂型的过剩生产能力，修订完善兽药GMP管理规范，提高兽药生产企业准入门槛。鼓励兽药企业通过兼并、重组、入股、收购等方式，加快淘汰"小、散、差"等落后产能，提高兽药产业规模化水平和集约化程度。

3.1.2.1 限制落后生产方式

国家发展和改革委员会发布的《产业结构调整指导目录》（2011年本），将兽用粉剂、散剂、预混剂生产线和转瓶培养生产方式的兽用细胞苗生产线列入该指导目录限制类项目管理。2012年1月5日，农业部据此发布了农业部公告第1708号，明确自2012年2月1日起，各省级兽医行政管理部门停止受理新建兽用粉剂、散剂、预混剂生产线项目和转瓶培养生产方式的兽用细胞苗生产线项目兽药GMP验收申请，但持有兽用粉剂、散剂、预混剂产品或转瓶培养生产方式兽用细胞苗产品新兽药注册证书的，兽用粉剂、散剂、预混剂具有从投料到分装全过程自动化控制、密闭式生产工艺的，采用动物、动物组织或胚胎等培养方式改为转瓶培养方式生产兽用细胞苗的，以及在原批准生产范围内复验、改扩建、重建的，仍可受理检查验收，提升了产业准入技术门槛。

为规范新建粉剂/预混剂、散剂生产线的监督管理，农业部制定发布了《新建兽用粉剂、散剂、预混剂 GMP 检查验收细则》（农办医［2013］7 号），明确新建粉剂、散剂、预混剂生产线从投料到分装应具备全过程自动化控制、密闭式生产工艺，以及相应的设备设施、自动化控制、清洁验证、库房面积等的细化要求。如单个生产车间使用面积不少于 800 平方米，中药材仓库应独立设置且有效使用面积不少于 1000 平方米；投料精度误差控制在 1%以内；粉剂、中药提取物制成的散剂混合容器不小于 1 立方米，散剂不小于 3 立方米，预混剂不小于 5 立方米；根据设备、设施等不同情况，配置相适应的在线清洗系统（设施）和干燥设施，应能保证清洗后的药物残留对下批产品的影响控制在 5ppm 以下等。

3.1.2.2　提升生物安全风险防控

鉴于口蹄疫、高致病性禽流感是传染性强、危害性大的动物疫病，属于我国实施强制免疫的病种，按照国家动物疫病预防、控制政策和策略及"供需平衡、鼓励创新、确保安全"原则，推动口蹄疫、高致病性禽流感疫苗生产合理布局和结构优化，严格管控生物安全风险，提升口蹄疫、高致病性禽流感疫苗生产企业技术装备和管理水平，确保疫苗产品质量，更好地满足重大动物疫病防控工作需求，根据《兽药管理条例》有关规定，2016 年 11 月 11 日，农业部制定发布了《口蹄疫、高致病性禽流感疫苗生产企业设置规划》（农办医［2016］37 号），自发布之日起施行，明确了三个条件要求。

（1）**设施条件要求**　口蹄疫、高致病性禽流感疫苗生产企业，涉及口蹄疫和禽流感活病毒操作的生产区域、质检室、检验用动物房、污物（水）处理设施以及防护措施等应符合生物安全三级防护要求。

（2）**创新要求**　国家鼓励疫苗创制，规划发布施行后取得新兽药注册证书的口蹄疫、高致病性禽流感新疫苗，其安全性或有效性应明显优于现有疫苗，其中生产种毒为口蹄疫、禽流感活病毒且可实现免疫动物与感染动物鉴别诊断或生产工艺有重大突破的，可在新兽药注册证书署名单位中新指定一家生产企业；采用非口蹄疫、禽流感活病毒生产工艺且无生物安全风险的，可在新兽药注册证书署名单位中新指定不超过三家生产企业。已取得采用非口蹄疫、禽流感活病毒生产口蹄疫、高致病性禽流感疫苗生产资格的，如增加生产种毒为口蹄疫、禽流感活病毒的疫苗品种，应符合前述相关要求。

（3）**企业布局要求**　涉及口蹄疫、禽流感活病毒的疫苗生产或检验，指定的生产企业应在已存在生产检验种毒为活病毒的同病种疫苗生产企业的省（区、市）设置。

3.1.2.3　厂址选择和厂区总体布局要求

（1）**厂址选择原则**　应在总体规划的基础上，根据工厂的性质、规模、生产流程、交通运输、环境保护、消防、生物安全、卫生防疫、施工、检修、生产经营管理和厂区发展等要求，结合场地自然条件布局各建筑物的具体位置。

（2）**总平面布局要求**

① 应符合国家有关用地控制指标的规定和所在地城市规划主管部门的有关规定。

② 建筑物应符合生产流程、操作规程、使用功能、消防、安全和卫生等要求。

③ 厂区、功能分区和建筑物的外形应规整。

④ 相对污染较大的建筑或设施，应处于厂区常年主导风向的下风向。

⑤ 总平面布局应防止或减少有害气体、烟、雾、粉尘、强烈震动和强噪声对周围环

境的污染和危害。

⑥ 依照兽药工业特点，厂区通常分为生产区、仓储区、质量控制区、辅助区、动力公用设施区、办公区和生活服务区。

厂房选址、设计、布局、建造、改造和维护必须符合兽药 GMP 要求，应当最大限度地避免污染、交叉污染、混淆和差错，便于清洁、操作和维护。厂房所处的环境应当能够最大限度地降低物料或产品遭受污染的风险。厂区有整洁的生产环境，其地面、路面等设施及厂内运输等活动不得对兽药的生产造成污染，生产、行政、生活和辅助区的总体布局应当合理，不得互相妨碍；厂区和厂房内的人、物流走向应当合理。厂房应当有适当的照明、温度、湿度和通风，确保生产和贮存的产品质量以及相关设备性能不会直接或间接地受到影响。

厂房、设施的设计和安装应当能够有效防止昆虫或其他动物进入，应当采取必要的措施，避免所使用的灭鼠药、杀虫剂、烟熏剂等对设备、物料、产品造成污染。应采取适当措施，防止未经批准人员的进入。生产、贮存和质量控制区不得作为非本区工作人员的直接通道。

生产区和贮存区应当有足够的空间，确保有序地存放设备、物料、中间产品和成品，避免不同产品或物料的混淆、交叉污染，避免生产或质量控制操作发生遗漏或差错。

（3）兽药生产特殊要求 生产厂房不得用于生产非兽药产品。为降低污染和交叉污染的风险，厂房、生产设施和设备应当根据所生产兽药的特性、工艺流程及相应洁净度级别要求合理设计、布局和使用。根据兽药的特性、工艺等因素，确定厂房、生产设施和设备供多产品共用的可行性，并有相应的评估报告。

生产青霉素类等高致敏性兽药应使用相对独立的厂房、生产设施及专用的空气净化系统，分装室应保持相对负压，排至室外的废气应经净化处理并符合要求，排风口应远离其他空气净化系统的进风口。如需利用停产的该类车间分装其他产品时，则必须进行清洁处理，不得有残留并经测试合格后才能生产其他产品。

生产高生物活性兽药（如性激素类等）应使用专用的车间、生产设施及空气净化系统，并与其他兽药生产区严格分开。

生产吸入麻醉剂类兽药应使用专用的车间、生产设施及空气净化系统；配液和分装工序应保持相对负压，其空调排风系统采用全排风，不得采用回风方式。

生产青霉素类、高生物活性兽药、吸入麻醉剂类兽药和兽用生物制品类产品的空调排风系统，其排风应当经过无害化处理。

对易燃易爆、腐蚀性强的消毒剂（如固体含氯制剂等）生产车间和仓库应设置独立的建筑物。

根据兽药品种、生产操作要求及外部环境状况等配置空气净化系统，使生产区有效通风，并有温度、湿度控制和空气净化过滤，保证兽药的生产环境符合要求。洁净区与非洁净区之间、不同级别洁净区之间的压差应当不低于 10Pa，并应有指示压差的装置和（或）设置监控系统。兽药生产洁净室（区）分为 A 级、B 级、C 级和 D 级 4 个级别，生产不同类别兽药的洁净室（区）设计应当符合相应的洁净度要求，包括达到"静态"和"动态"的标准。

排水设施应当大小适宜，并安装防止倒灌的装置。含高致病性病原微生物以及有感染人风险的人兽共患病病原微生物的活毒废水，应有效的无害化处理设施。

3.1.3 兽用生物制品生产企业生物安全三级防护要求

为加强兽用疫苗生产企业生物安全管理，原农业部制定发布了《兽用疫苗生产企业生物安全三级防护标准》（农业部公告第 2573 号），明确兽用疫苗生产检验生物安全防护条件，应达到生产企业生物安全三级防护要求，其疫苗生产检验过程中涉及活病毒操作的生产区域、检验用动物房、质室、污物处理、活毒废水处理设施以及防护措施等适用该标准。

3.1.3.1 平面布局

生产车间应明确区分辅助工作区、防护区和一般工作区，应在建筑物中设置为相对独立区域或为独立建筑物，应有出入控制。生产车间辅助工作区应至少包括监控室、洗涤间、清洁物品暂存间；防护区应至少包括防护服更换间、淋浴间、缓冲间及核心工作区、活毒废水处理间；一般工作区包括抗原灭活后的操作工作间和接毒前的健康细胞培养间或鸡胚前孵化间等。

生产车间防护区内气压控制为绝对负压。核心工作区中涉及活毒操作的工作间的气压（负压）与室外大气压的压差值应不小于 40Pa，与相邻洁净走廊（或缓冲间）的压差（负压）应不小于 15Pa。车间（生产单元）洁净区最外围与非洁净区相通的辅助工作间应设置为正压，以保护车间内的洁净级别。安装传递窗的承压能力及密闭性应符合所在区域的要求，并具备对传递窗内物品进行消毒灭菌的条件。必要时应设置具备送排风或自净化功能的传递窗，排风应经高效过滤器过滤后排出。

3.1.3.2 围护结构

围护结构（包括墙体）应符合国家对该类建筑的抗震要求和防火要求。生产车间防护区的围护结构应能承受送风机或排风机异常时导致的空气压力载荷，围护结构的所有缝隙和贯穿处的接缝都应可靠密封，采用烟雾测试等目视方法检查其围护结构的严密性时，所有缝隙应无可见泄漏。生产车间核心工作区内所有的门应可自动关闭，需要时应设观察窗。

3.1.3.3 通风空调系统

防护区应安装独立的送排风系统，应确保在生产区域运行时气流由低风险区向高风险区流动，同时确保防护区空气只能通过双高效过滤器过滤后经专用的排风管道排出。生产车间防护区工作间内送风口和排风口的布置应符合定向气流的原则，利于减少房间内的涡流和气流死角；送排风应不影响其他设备的正常功能。涉及人畜共患病病原微生物操作的，防护区空气不应循环利用。不涉及人畜共患病病原微生物操作的，防护区空气不宜循环利用，如需循环利用应仅在本区域内循环，回风必须经高效过滤，高效过滤器性能应定期检测。按产品的设计要求安装生物安全柜及其排风管道。

生产车间防护区的送风应经高效过滤器过滤，宜同时安装粗效和中效过滤器。车间的外部排风口应设置在主导风的下风向（相对于新风口），与新风口的直线距离应大于12m，应至少高出本生产车间所在建筑的顶部 2m，应有防风、防雨、防鼠、防虫设计，但不应影响气体向上空排放。高效过滤器的安装位置应尽可能靠近送风管道在生产车间防护区内的送风口端和排风管道在生产车间防护区内的排风口端。防护区排风高效过滤器应可以在原位进行消毒灭菌和检漏。

在生产车间防护区外使用高效过滤排风装置,其结构应牢固,应能承受2500Pa的压力;高效过滤排风装置的整体密封性应达到在关闭所有通路并维持腔室内温度在设计范围上限的条件下,若使空气压力维持在1000Pa时,腔室内每分钟泄漏的空气量应不超过腔室净容积的0.1%。在生产车间防护区外使用高效过滤空调箱,其结构应达到国标对空调机组严密性要求,即在箱体内保持1000Pa的静压值时,箱体漏风率不应大于2%。

生物型密闭阀的设置应与消毒方式匹配,采用系统消毒时应在生产车间防护区送风(或新风)和排风总管道的关键节点安装,采用房间密闭消毒时应在防护区房间送风和排风管道的关键节点安装。生物型密闭阀与生产车间防护区相通的送风管道和排风管道应牢固、易消毒灭菌、耐腐蚀、抗老化,宜使用不锈钢管道;管道的密封性应达到在关闭所有通路并维持管道内的温度在设计范围上限的条件下,若使空气压力维持在500Pa时,管道内每分钟泄漏的空气量应不超过管道内净容积的0.2%。

防护区应有备用排风机,宜有备用送风机。尽可能减少排风机后排风管道正压段的长度,该段管道不应穿过其他房间。

3.1.3.4 供水与供气系统

防护区的给水管道应采取设置倒流防止器或其他有效的防止回流污染装置,并且这些装置应设置在辅助工作区。进出防护区的液体和气体管道系统应牢固、不渗漏、防锈、耐压、耐温(冷或热)、耐腐蚀。应有足够的空间清洁、维护和维修防护区内暴露的管道,在关键节点安装截止阀、防回流装置或高效过滤器等。含有供气(液)罐等,应放在生产车间防护区外易更换和维护的位置,安装牢固,不应将不相容的气体或液体放在一起。输送有生物危害的管道不应在非防护区暴露,且易损件应安装在防护区。

防护区内有真空装置的,应有防止真空装置的内部被污染的措施。

3.1.3.5 污物处理及消毒灭菌系统

应在生产车间防护区和辅助区之间设置双扉高压灭菌器。高压灭菌器应为生物安全型或有专门的排水、排气生物安全处理措施。其主体应安装在易维护的位置,与围护结构的连接之处应可靠密封。应对灭菌效果进行监测,以确保达到相关要求。高压灭菌器的安装位置不应影响生物安全柜等安全隔离装置的气流。防护区内淋浴间的地面液体收集系统应有防液体回流的装置。生产车间防护区内如果有下水系统,应与建筑物的下水系统完全隔离;下水应直接通向本生产车间的活毒废水处理系统。所有下水管道应有足够的倾斜度和排量,确保管道内不存水;管道的关键节点应按需要安装防回流装置、存水弯(深度应适用于空气压差的变化)或密闭阀门等;下水系统应符合相应的耐压、耐热、耐化学腐蚀的要求,安装牢固,无泄漏,便于维护、清洁和检查。

设置活毒废水处理系统处理防护区排水的,该系统应与生产规模相匹配,并设有备用处理装置。活毒废水处理系统应设置在密闭区域且与室外大气压的压差值(负压)应不小于20Pa。该区域应设置人流、物流通道及淋浴间,其排风应设可进行原位消毒灭菌和检漏的高效过滤器。应定期对活毒废水处理系统消毒灭菌效果进行监测,以确保达到安全要求。

具备对生产车间防护区设备和安全隔离装置(包括与其直接相通的管道)进行消毒灭菌的条件。在生产车间防护区内的关键部位配备便携的局部消毒灭菌装置,并备有足够的适用消毒灭菌剂。

3.1.3.6　电力供应系统

电力供应应满足生产车间的所有用电要求，并应有不低于 20% 冗余。除车间内部设备的电控设备之外，车间区域的专用配电箱应设置在辅助区域的安全位置，便于维护人员检修维护。生物安全柜、送风机和排风机、照明、自控系统、监视和报警系统等应配备双路供电和 UPS，保证电力供应。其中生物安全柜、送风机和排风机、自控系统、监视和报警系统的 UPS 电力供应应至少维持 30min。

3.1.3.7　照明系统

应按兽药 GMP 相关要求设计，设置不少于 30min 的应急照明系统。

3.1.3.8　自控、监视与报警系统

进入生产车间防护区的门及监控室的门应有门禁系统。互锁门附近应设置紧急手动解除互锁的按钮，应急需要时，可立即解除互锁系统，以保证生产车间应急出口安全畅通。启动生产车间通风系统时，应先启动防护区排风，后启动送风；关停时，应先关闭送风，后关排风。当排风系统出现故障时，应有机制避免防护区出现正压和影响定向气流。当送风系统出现故障时，应有应急措施避免防护区内的负压影响生产车间人员的安全、影响生物安全柜等安全隔离装置的正常功能和围护结构的完整性。应通过对可能造成防护区压力波动的设备和装置实行连锁控制等措施，并应在任何工况下保持防护区处于负压状态。

防护区应设装置连续监测送排风系统高效过滤器的阻力，需要时，及时更换高效过滤器。应在有负压控制要求的工作间入口的显著位置，安装显示房间负压状况的压力显示装置和压力控制区间提示。

中央控制系统应可以实时监控、记录和存储生产车间防护区内有控制要求的参数、关键设施设备的运行状态；应能监控、记录和存储故障的现象、发生时间和持续时间；应可以随时查看历史记录。中央控制系统的信号采集间隔时间应不超过 1min，各参数应易于区分和识别。中央控制系统应能对所有故障和控制指标进行报警，报警应区分一般报警和紧急报警。紧急报警应为声光同时报警，应可以向生产车间内外人员同时发出紧急警报。

应在生产车间防护区的关键部位设置监视器，需要时，可实时监视并录制生产车间活动情况和生产车间周围情况。监视设备应有足够的分辨率，影像存储介质应有足够的数据存储容量。有关数据应保存至产品有效期后一年。

3.1.3.9　防护区通讯系统

生产车间防护区内应设置向外部传输资料和数据的传真机或其他电子设备。监控室和生产车间内应安装语音通讯系统。如果安装对讲系统，宜采用向内通话受控、向外通话非受控的选择性通话方式。通讯系统的复杂性应与生产车间防护区的规模和复杂程度相适应。

3.1.3.10　检验用动物房

检验用动物房效力检验攻毒区的生物安全三级防护标准，一般情况下应高于生产区域的防护标准。

检验用动物房为独立建筑物，明确区分安全检验区、效力检验免疫区和效力检验攻毒区，并有出入控制。

效力检验攻毒区动物饲养间设置气密门，而且能够自动关闭，需要时可以锁闭。效力检验攻毒区动物饲养间内应配备便携式局部消毒灭菌装置，应备有足够的适用消毒灭菌剂。效力检验攻毒区至少包括淋浴间、防护服更换间、缓冲间及攻毒动物饲养间、解剖间、污物处理间和活毒废水处理间。淋浴间设强制淋浴装置。效力检验攻毒区空气不能循环利用，排风必须经双高效过滤器过滤，高效过滤器性能定期检测。效力检验攻毒区出入口处设置缓冲间，且有严格限制进入效力检验攻毒区的门禁措施。效力检验攻毒区内安装监视设备和通讯设备。

安全隔离装置内从事可能产生有害气溶胶的活动，安全隔离装置需符合《实验室设备生物安全性能评价技术规范》要求。不能有效利用安全隔离装置饲养动物时，需要根据进一步的风险评估确定动物实验室的生物安全防护要求。攻毒动物饲养间和解剖间的缓冲间采用气锁式。

效力检验攻毒区内气压控制为负压。能有效利用安全隔离装置饲养动物时，效力检验攻毒区动物饲养间的室内气压与室外大气压（负压）的绝对压差值应不小于 60Pa，与相邻区域的压差（负压）应不小于 15Pa。否则效力检验攻毒区动物饲养间的室内气压与室外大气压（负压）的绝对压差值应不小于 80Pa，与相邻区域的压差（负压）应不小于 25Pa。

设有效力检验攻毒区内活毒废水（包括污物）处理系统，而且该系统与饲养规模相匹配，并设有备用活毒废水处理罐。系统设置在独立的密闭区域，排风设高效过滤器，排风高效可进行原位消毒灭菌和检漏。活毒废水监测按照有关规定，并结合生产实际制定和执行合理的监测制度。

在风险评估的基础上，处理效力检验攻毒区内淋浴间的污水，并对灭菌效果进行监测，以确保达到排放要求。定期在原位对高效过滤器进行检漏，确保高效过滤器性能。效力检验攻毒区的送排风系统配备 UPS。效力检验攻毒区如果安装传递窗，其结构承压能力及密闭性符合所在区域的要求，并具备对传递窗内物品进行消毒灭菌的条件。

当不能有效利用安全隔离装置饲养动物时，效力检验攻毒区动物饲养间及其缓冲间、解剖间的气密性应达到在关闭受测房间所有通路并维持房间内的温度在设计范围上限的条件下，若使空气压力维持在 250Pa 时，房间内每小时泄漏的空气量应不超过受测房间净容积的 10%。

3.1.3.11 质量检验室

涉及活病原微生物操作的质量检验室有关区域，应达到《实验室生物安全通用要求》中 BSL-3 实验室相关要求。

3.1.4 兽用生物制品生产要求

3.1.4.1 兽用生物制品定义与分类

兽用生物制品是指以天然或人工改造的微生物、寄生虫、生物毒素或生物组织及代谢产物等为材料，采用生物学、分子生物学或生物化学、生物工程等相应技术制成，用于预防、治疗、诊断动物疫病或改变动物生产性能的制品。按用途可分为预防用生物制品、诊断用生物制品和治疗用生物制品。由于制品种类的不同，使用的原辅料和采用的生产工艺也不一样，从而决定了生物制品在生产过程中的不同技术要求。

根据疫苗株构建技术或抗原设计技术的应用，可将疫苗分为传统疫苗、亚单位疫苗、合成肽疫苗、基因工程疫苗等。传统疫苗分为活疫苗、灭活疫苗，根据培养病毒方式不同，又可分为胚培养病毒疫苗、细胞培养病毒疫苗（转瓶/悬浮培养工艺）和细菌培养疫苗。

活疫苗是指用来源于田间的自然弱毒株或采用传统的物理、化学、生物学致弱方法获得的弱毒株培养繁殖后制备的疫苗。灭活疫苗是指用化学或物理灭活方法将细菌或病毒灭活后制成的疫苗。抗原抗体复合物是指将弱毒株与特异性抗体按一定比例混合制成的疫苗。

随着科学技术的快速发展，各类制品的范畴都在不断发生变化。如抗体类制品中既包含了传统意义上的靶动物抗血清、抗毒素，还包括来源于异源动物的抗血清（或精制提纯抗体）、单克隆抗体、蛋黄抗体等；生化制品中除了包括组分极其复杂结构多种多样的动物组织提取物外，有时还包括组分单一、分子组成和结构非常明确的动物组织或培养物的提取物、表达产物或合成物。

3.1.4.2　兽用疫苗的特点

（1）由于动物种类多、疫病多，相关病原十分复杂，而且兽用生物制品的品种虽多，但大多产量比较低，为了满足动物疫病诊断、预防和治疗的需要，在生产方式上多采用集中轮换生产。

（2）兽用生物制品生产工艺特殊，最终产品不能灭菌消毒，因此在生产过程中必须严防产品的污染和交叉污染。

（3）兽用生物制品是用活的微生物，特别是致病性微生物经加工制成，在生产过程中要防止由于病原体的逃逸而造成对环境的污染，特别是使用外来病原微生物、某些基因生物工程体和一、二类动物病原微生物制备兽用生物制品时必须有严格的隔离设施。

（4）由于某些用来制造兽用生物制品和检验用的微生物对人体有致病性，特别是人兽共患病类病原微生物，因此生产和检验人员必须采取特殊的防护措施，选择包装或包装外处理也应有相应措施。

3.1.4.3　厂房设施基本要求

生物制品的厂房与设施主要包括生产车间、仓储室、质检室、生产与检验用动物房、污水处理系统、动物粪便处理系统、动物尸体处理系统、动力供应系统等。生产企业的厂房设施的设计、规模、条件等要能满足生产与检验的需要，也符合兽药 GMP 的有关要求。

（1）厂房

① 厂房设计原则。既要保证产品质量，又要防止微生物对环境产生污染，因此兽用生物制品生产应按照微生物类别、性质的不同分开生产，强毒菌种与弱毒菌种、病毒与细菌、活疫苗与灭活疫苗、灭活前与灭活后、脱毒前与脱毒后其生产操作区域和存储设备等应严格分开。

生产兽用生物制品涉及高致病性病原微生物、有感染人风险的人兽共患病病原微生物以及芽孢类微生物的，应在生物安全风险评估基础上，至少采取专用区域、专用设备和专用空调排风系统等措施，确保生物安全。有生物安全三级防护要求的兽用生物制品的生产，还应符合相关规定。

生产过程中涉及高危因子的操作，其空气净化系统等设施还应当符合以下特殊要求：

操作高致病性病原微生物、牛分枝杆菌以及特定微生物（如高致病性禽流感灭活疫苗生产用毒株）应在专用的厂房内进行，其生产设备须专用，并有符合相应规定的防护措施和消毒灭菌、防散毒设施。生产操作结束后的污染物品应在原位消毒、灭菌后，方可移出生产区。

布氏菌病活疫苗生产操作区（含细菌培养、疫苗配制、分装、冻干、轧盖）应使用专用设备和功能区，生产操作区应设为负压，空气排放应经高效过滤，回风不得循环使用，培养应使用密闭系统，通气培养、冻干、高压灭菌过程中产生的废气应经除菌过滤或经验证确认有效的方式处理后排放。疫苗瓶在进入贴签间前，应有对疫苗瓶外表面进行消毒的设施设备。布氏菌病活疫苗涉及活菌的实验室检验操作应在检验实验室的生物安全柜中进行；不能在生物安全柜中进行的，应对检验实验室采取防扩散措施。布氏菌病活疫苗安全检验应在带有负压独立通风笼具（IVC）的负压动物实验室内进行。

芽孢菌类微生态制剂、干粉制品应当使用专用的车间，产尘量大的工序应经捕尘处理。生产炭疽芽孢疫苗应当使用专用设施设备。致病性芽孢菌（如肉毒梭状芽孢杆菌、破伤风梭状芽孢杆菌）操作直至灭活过程完成前应当使用专用设施设备。涉及芽孢菌生产操作结束后的污染物品应在原位消毒、灭菌后，方可移出生产区。

以动物血、血清或脏器、组织为原料生产的制品的特有生产阶段应当使用专用区域和设施设备，与其他制品的生产严格分开。如设备专用于生产孢子形成体，当加工处理一种制品时应集中生产。在某一设施或一套设施中分期轮换生产芽孢菌制品时，在规定时间内只能生产一种制品。

制品生产中物料准备、产品配制和灌装（灌封）或分装等操作应在洁净区内分区域（室）进行。

生产中涉及活的微生物时，应采取有效的防护措施，确保生物安全。生物制品生产环境的空气洁净度级别应当与产品和生产操作相适应，厂房与设施不应对原料、中间产品和成品造成污染。制品的生产操作应按照GMP示例要求的环境进行设计生产操作。

厂房及各区内工艺流程布局要合理，按工序流程布局。

② 兽用疫苗洁净级别要求。根据兽用疫苗工序的不同要求，其空气洁净度级别控制要求也不同。有开口暴露操作的细胞制备、半成品制备中的接种、收获，灌装前不经除菌过滤制品的混合、配制，分装（灌封）、冻干、加塞、轧盖前处于非完全密封状态的轧盖，在暴露情况下添加稳定剂、佐剂、灭活剂等在B级背景下的局部A级进行操作。

胚苗的半成品制备、组织苗的半成品制备（含脏器组织的采集）等在C级背景下的局部A级进行操作。半成品制备中的培养过程，包括细胞的培养、细菌的培养，灌装前需经除菌过滤制品的配制、精制、除菌过滤、超滤等在C级进行操作。

采用生物反应器密闭系统，可通过密闭管道对接添加且可在线灭菌、无暴露环节的生产操作，鸡胚的前孵化、溶液或稳定剂的配制与灭菌，血清等提取、合并、非低温提取和分装前的巴氏消毒，卵黄抗体生产中的蛋黄分离过程，球虫苗的制备、配制、分装过程，口服制剂的制备、分装、冻干等过程，轧盖前产品处于较好密封状态下的轧盖，制品最终容器的精洗、消毒等在D级进行操作。

③ 诊断制品洁净度要求。抗原、血清等的处理操作应当在10000级环境下或在100000级净化环境下设置的超净台或生物安全柜中进行。质粒/核酸等的处理操作与相邻

区域应保持相对负压，应当在 10000 级环境下或 100000 级净化环境下设置的生物安全柜中进行。

酶联免疫吸附试验试剂、免疫荧光试剂、免疫发光试剂、聚合酶链反应（PCR）试验、金标试剂、干化学法试剂、细胞培养基、标准物质、酶类、抗体和其他活性类组分的配液、包被、分装、点膜、干燥、切割、贴膜等工艺环节，至少应在 100000 级净化环境中进行操作。

生产中涉及三、四类动物病原微生物操作的，应在 10000 级背景下局部 100 级的负压环境进行或在 10000 级净化环境下设置的生物安全柜中进行。

④ 环境控制与环境设施。活微生物的培养、加工，特别是有致病作用的病原体的培养加工应在厂房的洁净/隔离区或洁净/控制区内进行，并保持相对负压。操作一、二、三类动物病原微生物应在专门的区域内进行，并保持绝对负压，空气应通过高效过滤后排放，滤器的性能应定期检查。生产操作结束后的污染物品应在原位消毒、灭菌后，方可移出生产区。有菌（毒）操作区与无菌（毒）操作区应有各自独立的空气净化系统且人流、物流应分开设置。来自一、二、三类动物病原微生物操作区的空气不得再循环或仅在同一区内再循环。灭活疫苗制造，其灭活前（接毒、收毒）应在负压洁净操作区域或密闭系统内进行，并有相应的防护和消毒灭菌措施，生产操作结束后的污染物品应在原位消毒灭菌后，方可移出生产区。污水应无害化处理并经检验合格后排放。

灭活疫苗（包括重组 DNA 产品）、类毒素及细胞提取物的半成品的生产可以交替使用同一生产区，在其灭活或消毒后可以交替使用同一灌装间和灌装、冻干设施设备，但应当在一种制品生产、分装或冻干后进行有效的清洁和消毒，清洁消毒效果应定期验证。

活疫苗可以交替使用同一生产区、同一灌装间或灌装、冻干设施设备，但应当在一种制品生产、分装或冻干完成后进行有效的清洁和消毒，清洁和消毒的效果应定期验证。

制品生产的 A/B 级洁净区内禁止设置水池和地漏。在其他洁净区内设置的水池或地漏，应当有适当的设计、布局和维护，安装易于清洁且带有空气阻断功能的装置以防倒灌。同外部排水系统的连接方式应当能够防止微生物的侵入。

灭活后微生物的操作、细胞和培养基制备等应在洁净区进行，并保持相对正压。

聚合酶链式反应（PCR）试剂的生产和检验必须独立进行，以防扩增时形成气溶胶造成交叉污染。分子生物学制品的生产应有独立区域，阳性组分操作与阴性组分操作的功能间及其人流、物流应分开设置，其中阳性对照组分生产操作间的空调净化系统或生物安全柜的排风应采取直排，不能回风循环。核酸电泳操作应有独立的房间，有排风和核酸污染物处理设施，并设置缓冲间，不能设在生产区域。

洁净区内应设置人员和物品通道。生产的人员、设备和物料应通过气锁间进入洁净区，采用机械连续传输物料的，应当用正压气流保护并监测压差。人员、洁净物品与污染物品的出入口严格分开，人员出入要配备洗手及更衣设施，并有防止交叉污染的消毒设施。

⑤ 污水处理系统。厂房应有污水处理设施，将被微生物污染的废水集中处理。产生的含活微生物的废水应收集在密闭的罐体内进行无害化处理。致病性微生物，特别是高致病性病原体可用高温灭菌方法，其他微生物可用化学消毒药品处理。生产和检验中产生的污水要做无害化处理并检验合格后方可排放。具有对制品生产、检验过程中产生的污水、废弃物等进行无害化处理的设施设备。

（2）**质量检验室** 质量检验室应与生产区分开，自成独立系统。质量管理部门应根据制品的品种、剂型、质量标准或特殊要求确定，一般设置准备室、常规检验室、仪器室、细菌类制品检验室、病毒类制品检验室、支原体检验室、强菌（毒）实验室、留样观察等实验室，能根据需要对实验室洁净度、温湿度进行控制。检验中涉及病原微生物操作的，应配有生物安全柜，并在符合生物安全要求的实验室内进行。分子生物学的检验操作应在单独的区域内进行，其设计和功能间的设置应符合相关规定，并有防止气溶胶等造成交叉污染的设施设备。

（3）仓储设施 兽用生物制品的活性原材料、半成品、成品的保存有特定条件要求，仓储的设施应满足生产和检验的需要，要有 2～8℃ 和－15℃ 等冷库。洁净区内设置的冷库和温室，应当采取有效的隔离和防止污染的措施，避免对生产区造成污染。

3.1.4.4　设备的要求

（1）设备的配置 生产企业采用的生产设备和工具体现了工艺的先进程度。不同兽用生物制品的生产应有与生产相适应的设备，其设计和构造应符合每种产品生产的特殊需要。常用的设备有发酵罐、孵化器、生物安全柜、接种机、收获机、转瓶机、过滤器、离心机、冷冻干燥机、乳化器、分装机、压盖机、贴签机、二维码赋码机、高压灭菌器、干热灭菌器、温室及冷藏设备等，投产前需进行性能及状态确认。密闭容器（如发酵罐）、管道系统、阀门和呼吸过滤器便于清洁和灭菌，宜采用在线清洁、在线灭菌系统，以防止不同微生物或产品间的混杂。

检验设备应适应制品检验的需要，常用的显微镜、天平、离心机、水浴锅、酶联阅读仪、紫外分光光度计、水分测定仪、超净工作台、生物安全柜、高压灭菌器、干热灭菌器、恒温培养箱、冰箱等。

（2）设备的安装、使用和管理 生产设备跨越两个洁净级别不同的区域时应采取密封的隔离装置。除传送带本身能连续灭菌（如隧道式灭菌设备）外，传送带不得在 A/B 级洁净区与低级别洁净区之间穿越。以动物血、血清或脏器、组织为原料生产的制品必须使用专用设备，并与其他生物制品的生产严格分开。接毒和未接毒的培养容器、不同种类的微生物及细胞不能同时使用一个恒温培养箱。用于贮存微生物或产品的设备要防止发生混杂，每一物件应有清晰标签并于防漏的密闭容器中贮存。设备的温控装置应与警报系统相连。最好采用高压蒸汽对设备进行消毒。生产过程中被污染的物品和设备应当与未使用过的灭菌物品和设备分开，并有明显标志。

检验用仪器、仪表、量器等计量设备，应经具有检定/校准资格的部门检定或校准，并保持在有效期内。

3.1.5　兽用原料药生产要求

3.1.5.1　总体要求

兽药原料药应有专用的厂房。

3.1.5.2　厂房要求

法定兽药标准中列有无菌检查项目的原料药，为无菌原料药，其精制、烘干、混合、包装等生产暴露工序需在 B 级背景下的 A 级条件下生产。

非无菌原料药精制、干燥、粉碎、包装等生产操作的暴露环境应当按照 D 级洁净区的要求设置。

仅用于生产杀虫剂、消毒剂等制剂的原料药，其精制、干燥、粉碎、包装等生产操作的暴露环境可按照一般生产区的要求设置。

法定兽药质量标准规定可在商品饲料和养殖过程中使用的兽药制剂的原料药，其精制、干燥、粉碎、包装等生产操作的暴露环境可按照一般生产区的要求设置。

采用传统发酵工艺生产原料药的，应当在生产过程中采取防止微生物污染的措施。质量标准中有热原或细菌内毒素等检验项目的，厂房的设计应当特别注意防止微生物污染，根据产品的预定用途、工艺要求采取相应的控制措施。

3.1.5.3 设备要求

企业根据生产实际需要配备与生产品种相适应的设备，设备选型充分考虑产能需求，结合环境控制要求，尽可能配置自动化生产设备，实现生产过程密闭控制，减少污染风险。因此生产宜使用密闭设备，密闭设备、管道可以安置于室外。使用敞口设备或打开设备操作时，应当有避免污染的措施。接触药液的设备材质不得与药液发生反应、吸附药液或向药液中释放有影响物质，精烘包车间内设备一般多采用不锈钢材质。原料药设备一般包括培养罐、反应釜、离心机、板框压滤机、浓缩器、结晶罐、干燥机、配料罐、贮罐等。

设备所需的润滑剂、加热或冷却介质等，应当避免与中间产品或原料药直接接触，以免影响中间产品或原料药的质量。当任何偏离上述要求的情况发生时，应当进行评估和恰当处理，保证对产品的质量和用途无不良影响。

3.1.5.4 质量检验室要求

质量检验实验室通常应当与生产区分开。当生产操作不影响检验结果的准确性，且检验操作对生产也无不利影响时，中间控制实验室可设在生产区内。

3.1.6 兽用化学制剂生产要求

3.1.6.1 无菌制剂

法定兽药标准中列有无菌检查项目的制剂为无菌制剂。按生产工艺可分为两类，采用最终灭菌工艺的为最终灭菌制剂，部分或全部工序采用无菌生产工艺的为非最终灭菌制剂。

（1）厂房要求　无菌兽药的生产须满足其质量要求，应当最大限度降低微生物、各种微粒和热原的污染。

物料准备、产品配制和灌装（灌封）或分装等操作应当在洁净区内分区域（室）进行。根据产品特性、工艺和设备等因素，确定无菌兽药生产用洁净区的级别。每一步生产操作的环境都应当达到适当的动态洁净度标准，尽可能降低产品或所处理的物料被微粒或微生物污染的风险。

无菌制剂洁净区的设计应当符合相应的洁净度要求，包括达到"静态"和"动态"的标准，生产所需的洁净区可分为 A、B、C、D 级 4 个级别，并按照要求对洁净区的悬浮粒子、微生物进行动态监测。

洁净厂房的设计，应当尽可能避免管理或监控人员不必要的进入，B级洁净区的设计应当能够使管理或监控人员从外部观察到内部的操作。为减少尘埃积聚并便于清洁，洁净区内货架、柜子、设备等不得有难清洁的部位。门的设计应当便于清洁。

高污染风险的操作宜在隔离操作器中完成。隔离操作器及其所处环境的设计，应当能够保证相应区域空气的质量达到设定标准。传输装置可设计成单门或双门，也可是同灭菌设备相连的全密封系统。物品进出隔离操作器应当特别注意防止污染。隔离操作器所处环境取决于其设计及应用，无菌生产的隔离操作器所处的环境至少应为D级洁净区。

用于生产非最终灭菌产品的吹灌封设备至少应当安装在C级洁净区环境中，设备自身应当装有A级空气风淋装置，操作人员着装应当符合A/B级洁净区的式样。在静态条件下，此环境的悬浮粒子和微生物均应当达到标准，在动态条件下，此环境的微生物应当达到标准。用于生产最终灭菌产品的吹灌封设备至少应当安装在D级洁净区环境中。

无菌生产的A/B级洁净区内禁止设置水池和地漏。在其他洁净区内，水池或地漏应当有适当的设计、布局和维护，并安装易于清洁且带有空气阻断功能的装置以防倒灌。同外部排水系统的连接方式应当能够防止微生物的侵入。

应当按照气锁方式设计更衣室，使更衣的不同阶段分开，尽可能避免工作服被微生物和微粒污染。更衣室应当有足够的换气次数。更衣室后段的静态级别应当与其相应洁净区的级别相同。必要时，可将进入和离开洁净区的更衣间分开设置。一般情况下，洗手设施只能安装在更衣的第一阶段。气锁间两侧的门不得同时打开，可采用连锁系统或光学或（和）声学的报警系统防止两侧的门同时打开。任何运行状态下，洁净区通过适当的送风应当能够确保对周围低级别区域的正压，维持良好的气流方向，保证有效的净化能力。

使用或生产某些有致病性、剧毒或活病毒、活细菌的物料与产品时，空气净化系统的送风和压差应当适当调整，防止有害物质外溢。必要时生产操作的设备及该区域的排风应当作去污染处理（如排风口安装过滤器），应当能够证明所用气流方式不会导致污染风险并有记录（如烟雾试验的录像）。应设送风机组故障的报警系统。

应在压差十分重要的相邻级别区之间安装压差表，压差数据应当定期记录或者归入有关文档中。

轧盖会产生大量微粒，原则上应当设置单独的轧盖区域和适当的抽风装置。不单独设置轧盖区域的，应当能够证明轧盖操作对产品质量没有不利影响。

（2）最终灭菌无菌制剂洁净度要求　大容量（≥50毫升）静脉注射剂（含非PVC多层共挤膜）的灌封，容易长菌、灌装速度慢、灌装用容器为广口瓶、容器须暴露数秒后方可密封的高污染风险产品的灌装（或灌封）等在C级背景下的局部A级进行操作。

大容量非静脉注射剂、小容量注射剂、注入剂和眼用制剂等产品的稀配、过滤、灌装（或灌封），容易长菌、配制后需等待较长时间方可灭菌或不在密闭系统中配制的高污染风险产品的配制和过滤，直接接触兽药的包装材料最终处理后的暴露环境等在C级进行操作。

轧盖，灌装前物料的准备，大容量非静脉注射剂、小容量注射剂、乳房注入剂、子宫注入剂和眼用制剂等产品的配制（指浓配或采用密闭系统的稀配）和过滤，直接接触兽药的包装材料和器具的最后一次精洗等在D级进行操作。

（3）非最终灭菌无菌制剂洁净度要求　注射剂、注入剂等产品处于未完全密封状态下的操作和转运，如产品灌装（或灌封）、分装、压塞、轧盖等，注射剂、注入剂等药液或产品灌装前无法除菌过滤的配制，直接接触兽药的包装材料、器具灭菌后的装配以及处于未完全密封状态下的转运和存放，无菌原料药的粉碎、过筛、混合、分装等在B级背景下的 A 级进行操作。

注射剂、注入剂等产品处于未完全密封状态下置于完全密封容器内的转运等在 B 级进行操作。注射剂、注入剂等药液或产品灌装前可除菌过滤的配制、过滤，直接接触兽药的包装材料、器具灭菌后处于密闭容器内的转运和存放等在 C 级进行操作。

直接接触兽药的包装材料、器具的最终清洗、装配或包装、灭菌等在 D 级进行操作。

（4）**设备要求**　企业应根据生产实际需求配置与生产品种相适应的设备。以最终灭菌小容量注射液为例，其生产设备仪表包括玻瓶洗瓶机、隧道灭菌烘箱、配液罐（浓配罐、稀配罐）、过滤设备、缓冲罐、安瓿拉丝灌封机（或其他灌装设备）、湿热灭菌柜、灯检设备、印字机、装盒机、二维码扫描设备等。

除传送带本身能连续灭菌（如隧道式灭菌设备）外，传送带不得在 A/B 级洁净区与低级别洁净区之间穿越。生产设备及辅助装置的设计和安装，应当尽可能便于在洁净区外进行操作、保养和维修。需灭菌的设备应当尽可能在完全装配后进行灭菌。过滤器应当尽可能不脱落纤维，严禁使用含石棉的过滤器。过滤器不得因与产品发生反应、释放物质或吸附作用而对产品质量造成不利影响。进入无菌生产区的生产用气体（如压缩空气、氮气，但不包括可燃性气体）均应经过除菌过滤，应当定期检查除菌过滤器和呼吸过滤器的完整性。

3.1.6.2　非无菌制剂

（1）**生产环境**　非无菌兽药是指法定兽药标准中未列有无菌检查项目的制剂为非无菌制剂，按照生产环境要求可分为三类：

按照 D 级洁净区的要求设置的，包括片剂、颗粒剂、胶囊剂、丸剂、口服溶液剂、酊剂、软膏剂、滴耳剂、栓剂、中药浸膏剂与流浸膏剂、兽医手术器械消毒制剂等暴露工序的生产环境。

参照洁净区管理的包括粉剂、预混剂（含发酵类预混剂）、散剂、蚕用溶液剂、蚕用胶囊剂、搽剂等及第一类非无菌兽药产品一般生产工序的生产环境，需符合一般生产区要求，门窗应能密闭，并有除尘净化设施或除尘、排湿、排风、降温等设施，人员、物料进出及生产操作和各项卫生管理措施；参照洁净区管理的杀虫剂、消毒剂等，其生产环境，需符合一般生产区要求，门窗一般不宜密闭，并有排风、降温等设施，人员、物料进出及生产操作和各项卫生管理措施。

质量标准有微生物限度检查等要求或对生产环境有温湿度要求的产品，应有与其要求相适应的生产环境和设施。

非无菌兽药生产、仓储区应避免啮齿动物、鸟类、昆虫和其他害虫的侵害，并建立虫害控制程序。

产尘操作间（如干燥物料或产品的取样、称量、混合、包装等操作间）应当保持相对负压或采取专门的措施，防止粉尘扩散、避免交叉污染并便于清洁。产尘量大的洁净室（区）经捕尘处理仍不能避免交叉污染时，其空气净化系统不得利用回风。

粉剂、预混剂、散剂生产线从投料到分装应采用密闭式生产工艺，尽可能实现生产过程自动化控制。散剂车间生产工序应从中药材拣选、清洗、干燥、粉碎等前处理开始，并根据中药材炮制、提取的需要，设置相应的功能区，配置相应设备。粉剂、预混剂可共用车间，但应与散剂车间分开。生产车间应当按照生产工序及设备、工艺进行合理布局，干湿功能区相对分离，以减少污染。中药材仓库应独立设置，并配置相应的防潮、通风、防霉等设施。粉剂、预混剂、散剂车间应设置独立的中央除尘系统，在粉尘产生点配备有效除尘装置，称量、投料等操作应在单独除尘控制间中进行。中药粉碎应设置独立除尘及捕尘设施。

杀虫剂、消毒剂车间在选址上应注意远离其他兽药制剂生产线，并处于常年下风口位置。杀虫剂、消毒剂车间的厂房建筑、设施，可采用耐腐蚀材料建设。应根据产品特性，配置良好的通风条件以及避免环境污染的设施。生产固体含氯消毒剂等易燃易爆产品，生产车间应设置为独立建筑物，可为开放式。

（2）**生产设备** 干燥设备的进风应当有空气过滤器，进风的洁净度应与兽药生产要求相同，排风应当有防止空气倒流装置。

有微生物限度检查要求的产品，其生产配料工艺用水及直接接触兽药的设备、器具和包装材料最后一次洗涤用水应符合纯化水质量标准。

粉剂、中药提取物制成的散剂最终混合设备容积不小于 1 立方米，其他散剂、预混剂一般不小于 2 立方米。混合设备应具备良好的混合性能，混合、干燥、粉碎、暂存、主要输送管道等与物料直接接触的设施设备内表层，均应使用具有较强抗腐蚀性能的材质，并在设备确认时进行检查。粉剂、散剂、预混剂分装工序应根据产品特性，配置符合各类制剂装量控制要求的自动上料、分装、密封等自动化联动设备，并配置适宜的装量监控装置。应根据设备、设施等不同情况，配置相适应的清洗系统（设施），应能保证清洗后的药物残留对下批产品无影响。

杀虫剂、消毒剂的生产设备应耐腐蚀，不与兽药发生化学变化。杀虫剂可与消毒剂共用生产车间，但生产设备原则上不能共用。

粉剂、预混剂生产设备一般包括称量设备、粉碎机、过筛机、烘干设备、负压投料站或真空上料装置、混合机、分装机、在线自动清洗系统等设备。片剂、颗粒剂、胶囊剂生产设备一般包括粉碎机、电动筛、混合机、颗粒机、干燥机、整粒机、压片机、筛片机、数片机、铝塑包装机、分装机、胶囊灌装机、二维码扫描设备等设备。液体溶液剂设备一般包括配液罐、过滤设备、灌装机、轧盖机、旋盖机、铝箔封口机、贴标机、灭菌设备、洗瓶机、烘箱、二维码扫描设备等设备。液体消毒剂、外用杀虫剂生产设备一般包括配液罐、灌装机、理盖机、旋盖机、铝箔封口机、贴标机等设备，生产中使用易燃易爆溶剂须配置防爆设施设备。

3.1.7 兽用中药生产要求

中药制剂的生产包括中药材前处理、中药提取和中药制剂的生产、质量控制、贮存、发放和运输。

中药材和中药饮片的取样、筛选、称重等操作易产生粉尘的，应当采取有效措施，以控制粉尘扩散，避免污染和交叉污染，如安装捕尘设备、排风设施等。直接入药的中药材和中药饮片的粉碎，应设置专用厂房（车间），其门窗应能密闭，并有捕尘、除湿、排风、降温等设施，且应与中药制剂生产线完全分开。中药材前处理的厂房内应当设拣选工作台，工作台表面应当平整、易清洁，不产生脱落物；根据生产品种所用中药材前处理工艺流程的需要，还应配备洗药池或洗药机、切药机、干燥机、粗碎机、粉碎机和独立的除尘系统等。

中药提取、浓缩等厂房应当与其生产工艺要求相适应，有良好的排风、防止污染和交叉污染等设施；含有机溶剂提取工艺的，厂房应有防爆设施及有机溶剂监测报警系统。中药提取、浓缩、收膏工序宜采用密闭系统进行操作，并在线进行清洁，以防止污染和交叉污染；对生产两种以上（含两种）剂型的中药制剂或生产有国家标准的中药提取物的，应在中药提取车间内设置独立的、功能完备的收膏间，其洁净度级别应不低于其制剂配制操作区的洁净度级别。浸膏的配料、粉碎、过筛、混合等操作，其洁净度级别应当与其制剂配制操作区的洁净度级别一致。

中药提取设备应与其产品生产工艺要求相适应，提取单体罐容积不得小于 3 立方米。中药提取后的废渣如需暂存、处理时，应当有专用区域。

中药饮片经粉碎、过筛、混合后直接入药的厂房应当能够密闭，有良好的通风、除尘等设施，人员、物料进出及生产操作应当参照洁净区管理。

中兽药生产设备一般包括洗药机、切药机、干燥机、粉碎机、振动筛、炮制设备、提取罐、浓缩罐、过滤设备等设备。

3.1.8 安全生产与劳动保护

3.1.8.1 生产安全

实现安全生产的最基本的条件，就是保证人和机器设备在生产中的安全。因为人是生产决定因素，机器设备是主要的生产手段。如果没有人和机器设备的安全，生产就不能顺利进行，特别是人的安全，如果不能保证人的安全，机器设备的作用也无法发挥，生产也就不能顺利进行。企业的劳动保护工作，正是职工在生产过程中安全和健康的重要保证。保障职工在生产劳动中的安全就必须把安全作为进行生产的条件，也就是必须安全第一。

安全管理的内容可根据各企业的生产方式、生产性质、生产条件等不同而有所不同，但总的一点应该能有效防止或减少对人员和设备损伤事故的发生。安全管理主要有以下几个方面工作。

（1）安全制度　企业应根据对安全生产所制定的政策、法规，结合企业的生产特点，制定出科学合理、适合本企业的安全制度。主要的安全制度有：安全机构和安全网制度；安全教育制度；安全检查制度；安全措施管理制度；事故管理制度；动火制度；劳动防护用品管理制度；登高作业安全制度；受压容器安全制度；尘毒岗位安全制度。

（2）安全教育及培训　必须对全体员工进行安全生产的教育和培训，使员工懂得如何安全生产，如何防止和排除事故的发生，从而使安全生产有保证。

① 三级安全教育。新职工对企业的生产实际、规章制度了解很少，容易出事故，必须对他们进行三级安全教育。厂级教育包括国家关于安全生产的法规、政策，本企业的生产特点及主要安全制度；车间教育包括本车间的生产情况及特点，车间的主要安全制度，典型事故实例等；班组教育包括本班组的性质和特点，安全设施的使用方法，个人防护用品的使用方法及事故案例等。

② 在职职工的日常安全教育。定期对在岗职工进行安全教育和培训。培训内容主要是结合岗位技术安全操作法，讲解基础技术知识，操作原理，可能出现的异常情况及处理办法等，有关防火、防爆、防毒、防伤的基础技术知识，安全专业知识，如静电知识、燃烧原理等。

（3）安全措施

① 防火防爆。在有火灾、爆炸危险的生产区域及仓库区域内，严格禁止吸烟和进行

可能引起火灾、爆炸的作业，如焊割作业；在有火灾、爆炸危险的厂房、贮罐、管道及阴沟等区域内，不得用明火照明；爆炸危险场所应采用防爆电气照明；加热易燃液体时，避免使用明火，应采用热水、蒸汽或油浸的电加热；在有火灾、爆炸危险场的贮罐和管道内部作业，应采用安全电压电器或防爆电器，检修动火时必须严格执行动火证制度。

② 防止产生静电。静电对安全生产的危害很大，但往往不为人所觉察而忽视。控制静电的主要措施有：接地，对容易产生静电的设备、贮槽、管道等应有良好的接地；增湿，提高空气的湿度以消除静电荷的积累，有静电危险的场所，增加空气的相对湿度在70%以上较为适宜，而最低应不低于30%；控制流速，就是将易燃液体或气体转移到其他容器或贮罐时的流速加以控制，不能太快，甲醇、乙醇在管道的流速为2～3m/s，输送易燃流体不能采用塑料管道，采用防静电材料（如一步制粒机滤袋）；禁止穿丝绸或化纤织物的工作衣裤进入易燃易爆生产区域内。

③ 其他。车间内临时存放易燃和可燃物品时，应根据生产需要，限额存放，一般不得超过当天用量，易燃、易爆液体不能用敞口容器盛装。有可燃气体、蒸汽和粉尘的车间，必须加强通风。在洁净区域内含有较多粉尘的作业场所的空气必须经除尘后排放。对使用易燃、易爆液体的生产区域必须按防爆设计，例如片剂生产中的包衣间，对送入该区域的空气不宜回收；禁止带钉鞋类进入易燃易爆的生产区域内；禁止金属在该区域内的撞击；电线接地应连接紧固，以防接触电阻过大，发热起火。

（4）安全检查　安全检查的目的是搜索和发现不安全因素和隐患，是对劳动过程中的安全进行经常性的、突击性的或者专业性的检查活动。检查内容主要包括查思想、查制度、查措施、查设备、设施（报警器、灭火器等）、查教育、查工作环节、查操作行为、查防护用品的使用、查伤亡事故的处理等。对安全检查中查出的问题和隐患，应从全面安全管理的角度出发，寻找问题的根源，提出消除隐患的措施。对整改项目要有专人负责，整改项目要有具体内容、整改方法、进度计划及验收标准。整改完成后，由有关部门组织检查验收。

（5）事故处理　发生的事故必须按事故性质分别由各职能部门负责处理，以便于发现自己工作中存在的问题，便于改进工作，避免类似事故的发生。对发生的事故做到"三不放过"，即事故原因不查清不放过；事故责任人和职工没有受到教育不放过；没有防范措施不放过。对发生的死亡事故、重伤事故必须认真做好伤亡事故的调查、统计、报告工作，并向上级上报调查处理的书面报告。

3.1.8.2　劳动保护

在我国，国家为了改善劳动条件，保护职工在劳动生产过程中的健康，预防和消除职业中毒而制定的涉及劳动卫生的各种法律规范，这些法律文件既包括劳动卫生工程技术措施，也包括了预防医学的保健措施。中国现行的劳动卫生方面的法规主要有：《工厂安全卫生规程》《国务院关于防止厂矿企业矽尘危害的决定》《工业企业设计卫生标准》《工业企业噪声卫生标准》《微波辐射暂行卫生标准》《放射性同位素工作卫生防护管理办法》《防暑降温暂行办法》《职业病范围和职业病患者处理办法》等法规标准。劳动保护措施主要是"五防"。

（1）防尘　预防粉尘危害的措施有：通过工艺的改革和生产设备的改进，努力减少生产过程中粉尘的飞扬。凡是能产生粉尘的设备均应尽可能密闭，并用局部机械吸风捕尘，使密闭设备内保持一定的负压，防止粉尘外逸，抽出的含尘空气必须经过除尘净化处理，才能排出，避免污染大气。目前，国内生产的部分粉碎机、压片机就采用该措施。湿法作业是一种经济易行的防止粉尘飞扬的有效措施。

（2）**防毒**　预防职业中毒的防治措施：避免毒物，通过工艺改革，使用无毒或低毒物质代替有毒或高毒的物质；降低毒物浓度，通过控制毒物逸散，采用远距离控制或应用局部抽风等不同方法，减少或消除工人接触毒物的机会，同时要加强设备的维修，防止有毒物质的跑、冒、滴、漏污染环境；个人防护，严格执行防护用品的使用规定，对有毒物质的作业要有防毒口罩或防毒面具，保持良好的个人卫生状况，加强体育锻炼，提高机体的抵抗能力；严格环境监测与健康检查，要定期监测作业场所空气中毒物浓度，将其控制在最高容许浓度之下，实行就业前健康检查，排除职业禁忌者参加接触毒物的作业。坚持定期健康检查，早期发现工人健康问题并能及时处理。

（3）**防噪声**　防止噪声的措施：控制和消除噪声源，采用无声或低声设备代替发生噪声的设备，提高机器的精度，以减少机器部件的撞击、摩擦和振动所产生的噪声，将噪声源移至车间外等措施；控制噪声的传播，在车间内墙、房顶装饰吸声材料，使用消声器减少噪声，使用吸声材料把声源封闭，使其与周围环境隔绝起来；隔振，在设备的基础和地面、墙壁联结处设减振装备，如减振垫、胶垫、沥青等，以防止通过地板和墙壁等固体材料传播振动噪声；卫生保健措施，加强个人防护，在需要较高噪声条件下工作时，佩戴耳塞或耳罩是保护听觉器官的有效措施，隔声效果可达 30dB 左右。

（4）**防辐射**　预防辐射危害的措施：场源屏蔽，将电磁能量限制在规定的空间内，阻止其传播扩散。屏蔽材料要选用铜、铝等金属材料，利用金属的吸收和反射作用，使操作地点的电磁场强度减低。屏蔽罩应有良好的接地，以免成为二次辐射源。远距离操作，在屏蔽辐射源有困难时，可采用自动或半自动的远距离操作，在场源周围设有明显标示，禁止人员靠近。个人防护，在难以采取其他措施时，短时间作业可以穿戴专用的防护衣帽和眼镜。

（5）**防暑**　防暑降温措施：制订合理的劳动休息制度，应根据生产特点和具体条件，适当调整夏季高温作业劳动休息制度，尽可能缩短劳动持续时间，增加工间休息次数，延长午休时间等。改革工艺，改革工艺过程，改进生产设备，消除或减少高温、热辐射对人体的影响。隔热，隔热是防暑降温的一项重要措施。隔热方式有水隔热、泡沫塑料等隔热材料隔热、防止热辐射的隔热措施等。通风降温，采用自然通风和机械通风方式，加强空气流动，降低工作场所的气温。加强个人防护，个人应注意休息，合理饮食，及时补充营养，尤其要补偿因高温作业大量出汗而损失的水分和盐分。

3.2

各类兽药生产管理细则

3.2.1　概述

兽药生产过程是一个以工序生产为基础的过程，任何一个工序出现波动（如人员、设备、原辅料、工艺、环境等），必然引起兽药产品的质量波动。因此，通过生产过程的控制来保证质量是兽药GMP的基本思想。生产管理的目的就是采取有效措施，最大限度地降低兽药生产过程中污染、交叉污染以及混淆、差错等风险，确保生产按照验证批准的生产工艺和其他相关程序要求进行；通过批次管理确保批产品的均质性和可追溯性；通过生产的管理要求、产品批次的划分、物料平衡的检查、防止污染和交叉污染的措施、生产过程的中间控制等，保证生产过程始终处于受控状态。

3.2.2 粉剂/预混剂

粉剂是指原料药物与适宜的辅料经粉碎、均匀混合制成的干燥粉末状制剂，分为内服粉剂和局部用粉剂，用于深部组织创伤或皮肤损伤的粉剂应无菌，参照无菌制剂进行管理。预混剂是指原料药物与适宜的辅料均匀混合制成的粉末状或颗粒状制剂。

3.2.2.1 粉剂、预混剂生产条件

粉剂、预混剂生产条件应符合以下要求：

① 在原批准生产范围内复验、改扩建、重建的粉剂、预混剂生产线应符合兽药GMP（2020年修订）要求。新建的兽用粉剂、预混剂生产线项目还应符合原农业部第1708号公告等相关要求。

② 粉剂、预混剂各工序的生产环境需符合一般生产区要求，门窗应能密闭，人员、物料进出及生产操作和各项卫生管理措施参照洁净区管理。车间的布局应符合工艺流程的要求，各工序有独立的生产操作间，设置相对分离的功能区以减少污染和交叉污染，有合理的人流和物流设计，有足够的空间便于物料的存放和转运，对贮藏有特殊要求的、质量不稳定的兽药要有防潮等相应措施。

③ 粉剂、预混剂生产车间应配备独立的中央除尘系统，以防止车间内生产时扬尘引起产品的交叉污染和对员工健康造成损害，以及粉尘外泄对环境产生影响。生产区粉尘产生点应配备有效的除尘设施，称量、投料等操作应在除尘控制间中进行。

3.2.2.2 生产过程管理

生产过程控制应符合兽药GMP对粉剂、预混剂的控制要求，尽可能实现生产过程全密闭，减少粉尘产生。各项生产操作及管理工作严格执行文件规定。

（1）**生产准备** 生产操作前，由专人对生产准备情况进行检查，并记录。检查应包括以下内容：①检查确认该品种的批生产指令及相应配套文件，如工艺规程、岗位SOP、清洁规程、中间产品质量监控规程及记录等是否准备齐全，并是现行文件。②检查确认本批生产的原辅料是否与生产指令相符，并有合格证书。设备器具和现场是否有"清场合格证"。③对设备状况进行检查，挂有"合格"、"已清洁"标志的设备方可使用。④称量前，称量器必须每次校零，并定期由计量部门专人校验，做好记录。

（2）**生产过程**

① 粉碎：应设专为粉碎载体使用的粉碎机，另设粉碎机专为粉碎原料用。对原辅料进行目检、过筛，液体原辅料应过滤，以除去异物。含有结晶水、易潮解或水分过高的物料必要时干燥后再粉碎。每一种物料粉碎结束，须对粉碎机进行清洗，以防止改变品种时

相互污染。原辅料应粉碎至规定细度，再进行粗筛、精筛。粉碎后的物料装入洁净容器中，贴上标志，注明名称、规格、批号、数量、日期、操作者等。

② 称量、配料：直接使用的原辅料或中间产品，须清洁或除去外包装。称量人认真校对物料名称、规格、批号等，确认无误后按规定的方法和生产指令的定额称量，记录并签名。称量必须复核，复核人校对称量后的物料的名称、重量，确认无误后记录、签名。需要进行计算后称量的物料，计算结果先经复核无误后再称量。配好批次的原辅料装于洁净容器中，并附上标志，注明品名、批号、规格、数量、称量人、日期等。剩余物料包装好后，贴上标志，放入备料室。

③ 混合：混合前先核对物料的品名、批号、数量等，确认无误后再进行下一步操作。混合机的效能须经过验证，每一产品的投料方法、加料顺序、混合时间，必须经过验证，以防止配伍禁忌、混合不均或过混现象发生。混合机的装量一般不超过该机总容量的三分之二。经过最后一次混合具有均一性的物料为一个批量，编为一个批号。混合好的物料装在洁净的容器中，容器内外均应有标签，写明品名、规格、批号、重量、日期和操作者，及时送中间站并进行半成品化验。

④ 包装：根据批包装指令和半成品化验单，核对物料的品名、批号、数量、规格等，按包装岗位 SOP 进行操作。分装前应校正称量用具和计量分装机，并定期验证。分装时应经常检查装量，做好记录。包装结束后，要清点、校对包装材料、标签，按包材、标签规定处理。剩余半成品密封后贴上标志交留存室，并做好记录。

⑤ 清场与清洁：每批产品每一个生产阶段完成后，必须由生产操作人员按照清洁规程对生产厂房、设备、容器具等进行清场、清洁，并填写清场记录。相关负责人员应对生产现场进行检查，对清场、清洁效果进行确认，填写相关记录，发放"清场合格证"。各工序接到清场合格证后，方可准备下一批次的生产。

⑥ 物料平衡管理：生产结束后按规定计算收率，其偏差应在合理的范围内。当偏差超出合理范围时，由车间负责人、操作人员、质量人员对生产过程、设备、原辅料使用情况进行综合调查，并做出结论。

⑦ 生产记录：每个岗位在生产过程中和生产结束后应及时填写生产记录，生产记录的填写应符合要求。各工序或岗位将本批生产操作有关记录如生产指令、运行状态记录、中间产品合格证、中间产品流转单、领料单、过程监控记录、清场清洁记录、检验报告书及偏差处理、异常信息等整理汇总后，经岗位负责人签字后交车间。车间将记录审核、整理、汇总、并由车间负责人签字后交质量管理部门审核归档。

3.2.2.3 质量控制要点

粉剂、预混剂质量控制要点见表 3-1。

表 3-1 粉剂、预混剂质量控制要点

工序	质控要点	监控项目	频次
粉碎	原辅料	异物、干湿度	每批
	粉碎过筛	细度、异物	每批
配料	称量	品种、规格、数量	1次/批
混合	投料	品种、数量	1次/批
	搅拌	时间、温度、均匀度	随时/批
分装	半成品	装量	随时/批
包装	在包装品	数量、批号	每箱
	标签	内容、数量、使用记录	1次/批
	装箱	数量、合格证、标签	每箱

3.2.3　口服制剂

口服制剂主要分为口服固体制剂和口服液体制剂。口服固体制剂包括片剂、颗粒剂和胶囊剂等，口服液体制剂包括口服溶液剂、酊剂等。

3.2.3.1　口服固体制剂

片剂、颗粒剂、胶囊剂均为原料与适宜辅料混合制成的口服固体制剂。片剂为圆片状或异形片状固体制剂，以内服普通片为主，另有咀嚼片、泡腾片、缓释片及肠溶片等。颗粒剂是具有一定粒度的干燥颗粒状制剂，分为可溶颗粒（通称颗粒）、混悬颗粒、泡腾颗粒、肠溶颗粒、缓释颗粒和控释颗粒等。胶囊剂是将混合后的药物填充于胶囊或密封于软胶囊内制成的固体制剂，分为硬胶囊、软胶囊、缓释胶囊、控释胶囊和肠溶胶囊。

（1）生产过程管理

① 生产前准备。生产前先核对生产指令，检查所准备的生产文件、批生产记录、物料是否与生产指令相符，并确认生产现场清场清洁状况。设备状态及设备、器具清洁已符合要求，方可进行下一步工作。

② 生产过程。称量和预处理：物料经缓冲区脱去外包装或经适当清洁处理后才能进入备料室。称量器具在使用前应校正，并由计量部门定期校验。原辅料使用前要目检、核对毛重并过筛。液体原料必要时应过滤、除去异物。过筛前核对物料品名、规格、批号和重量等。过筛后的原辅料应在盛器内外附上标签，写明品名、规格、重量、代号、批号、日期和操作者等，作好相关记录。过筛后应粉碎至规定细度。筛网和滤网每次使用前后，应检查其磨损破裂状况，发现问题及时更换。

③ 配料。配料前应按领料单先核对原辅料品名、规格、代号、批号、生产厂、包装情况。处方计算、称量及投料必须复核，操作者及复核者均应在记录上签名。配好的料装在清洁的容器里，容器内、外都应有标签，写明物料品名、规格、批号、重量、日期和操作者姓名。

④ 制粒。使用的容器、设备和工具应洁净，无异物。制粒时，必须按规定将原辅料混合均匀，加入黏合剂，对主药含量小或有毒剧药物的品种应按药物的性质用适宜的方法使药物均匀度符合规定，一个批号分几次制粒时，颗粒的松紧要一致。采用高速湿法混合颗粒机制粒时，按工艺要求设定干混、湿混时间以及搅拌桨和制粒刀的速度与加入黏合剂的量。当混合制粒结束时，彻底将混合器的内壁、搅拌桨和盖子上的物料擦刮干净，以减少损失，消除交叉污染的风险。对黏合剂的品种、温度、浓度、数量、流化喷雾法制粒的喷雾、颗粒翻腾状态以及干压制粒的压力等技术条件，必须按品种特点制订必要的技术参数，严格控制操作。流化法制粒时应注意防爆。

⑤ 干燥。按品种制订参数以控制干燥盘中的湿粒厚度、数量，干燥过程中应按规定翻料，并记录。严格控制干燥温度，防止颗粒熔融、变质，并定时记录温度。采用流化床干燥时所用的空气应净化除尘，排出的气体要有防止交叉污染的措施。操作中随时注意流化室温度，颗粒流动情况，应不断检查有无结料现象。更换品种时必须洗净或更换滤袋。应定期检查干燥温度的均匀性。

⑥ 整粒与混合。整粒机必须装有除尘装置。整粒机的落料漏斗应装有金属探测器，除去意外进入颗粒中的金属屑。宜采用V形混合机或多向运动混合机进行总混，每混合一次为一个批号。混合机内的装量一般不宜超过该机总容积的三分之二。混合好的颗料装

在洁净的容器内，容器内、外均应有标签，写明品名、规格、批号、重量、日期和操作者等，及时送中间站。

⑦ 中间站。必要时，可按工艺要求设中间站，其环境区域为三十万级。中间站的职责范围包括：制订各工序半成品的入站、移交、验收、贮存及发放制度，各工序容器保管、发放制度。中间站必须有专人负责验收、保管半成品。按品种、规格、批号明显标志，加盖分区存放，并按作业计划向各工序发放，做好记录。统一管理车间半成品的各种周转容器及盛具，各工具使用后的容器及盛具退回中间站后要检查，清洗并烘干后才能再使用。

⑧ 压片。压片室与外室保持相对负压，粉尘由吸尘装置排除。压片工段应设冲模室，由专人负责冲模的核对、检测、维修、保管和发放。建立冲模使用档案和冲模清洁保养管理制度，保证冲模质量，提高冲模使用率。冲模使用前后均应检查品名、规格、光洁度，检查有无凹槽、卷皮、缺角、爆冲和磨损，发现问题应追查原因并及时更换。为防止片重和厚度差异，必须控制冲头长度。宜采用刻字冲头，使用前必须核对品名、规格，冲头应字迹清晰、表面光洁。压片前应试压，并检查片重、硬度、厚度、崩解度、脆碎度和外观，必要时可根据品种要求，增测含量、溶出度或均匀度。符合要求后才能开车，开车后应定时（最长不超过 30 分钟）抽样检查平均片重。压片机的加料宜采用密闭加料装置，减少粉尘飞扬。压片机应有吸尘装置，除去粉尘。压制好的半成品放在清洁干燥的容器中，容器内外都应有标签，写明品名、规格、批号、重量、操作者姓名，然后送中间站。压片过程中取出的供测试或其他目的药片不应放回成品中。

⑨ 颗粒剂包装。根据颗粒剂包装指令单，先核对颗粒的品名、规格、批号、重量，并检查半成品报告单，合格产品才能包装。分装前须对计量包装机或称量器具进行校正。分装过程中要经常抽检装量，如有偏差及时调整。分装结束，对包装袋等包装材料和颗粒进行清点，剩余材料按规定程序进行处理。

⑩ 胶囊剂灌装。生产作业场所与室外保持相对负压，粉尘由吸尘装置排除。室内应根据工艺要求控制温度和湿度。在灌装前核对颗粒的品名、规格、批号、重量，并检查颗粒的外观质量和空胶壳规格、颜色是否与工艺要求相符。灌装前应试车，并检查胶囊的装量、崩解度。符合要求后才能正常开车、开车后应定时抽样检查装量。已灌装的胶囊，筛去附在胶囊表面的细粉，拣去瘪头等不合格品，并用干净的不脱落纤维的织物将胶囊表面的细粉揩净。盛于清洁的容器内，标明品名、规格、批号、重量等。

⑪ 包装。包装材料在使用前应经预处理：玻璃瓶用饮用水洗干净，最后用纯化水冲洗并经高温干燥灭菌，清洁贮存，贮存时间不得超过 3 天，超过规定时间应重洗。塑料瓶、袋、铝塑材料等的外包装应严密，内部清洁干燥。必要时采取适当方法清洁消毒；直接接触药品的内包装材料应与药品不起作用并采取适当方法清洁消毒，消毒后干燥密闭保存。旋转式分装机和铝塑包装机上部都应有吸尘装置，排除粉尘。数片用具应由专人检查、保管和发放。对包装标签的品名、规格、批号、有效期等必须复核校对。包装结束后，应准确统计标签的实用数、损坏数和剩余数，与领用数相符。剩余标签和报废标签按规定处理。包装全过程应随时检查包装质量。要求贴签端正、批号正确、封口纸平整严密、PVP 泡罩和铝箔热压熔合均匀、装箱数量准确及外箱文字内容清晰正确。

⑫ 清场。现场生产在换批号和更换品种、规格时，每一生产工序需进行彻底清场。清场合格后应挂标示牌。清场合格证应纳入批生产记录。

⑬ 生产记录。各工段应即时填写本工段的生产记录，并由车间质量管理员按批及时

汇总，审核后交质量管理部门放入批档案，以便进行批成品质量审核及评估，符合要求者出具成品合格证书，放行出厂。

（2）质量控制要点

片剂、颗粒剂、胶囊剂质量控制要点见表 3-2。

表 3-2 片剂、颗粒剂、胶囊剂质量控制要点

工序	质量控制点	质量控制项目	频次
粉碎	原辅料	原辅料标识、检验报告单、异物、干湿度、性状	每批
	粉碎过筛	细度、异物	每批
配料	称量	品种、规格、数量	1 次/批
制粒	颗粒	黏合剂浓度、温度、加入量	1 次/批、班
		纯化水	
		筛网、粒度	
烘干	烘箱	温度、时间、清洁度	随时/批
	沸腾床	温度、滤袋完好、清洁度	随时/批
	颗粒	水分	随时/批
整粒	颗粒	筛网	每批
总混	颗粒	总混时间	每批
		粒度、水分、含量	
颗粒分装	半成品	装量、平均装量、装量差异	随时/批
压片	片	平均片重	定时/批
		片重差异	3～4 次/批
		硬度、崩解时限、脆碎度	1 次以上/批
		外观	随时/批
		含量、均匀度、溶出度（指规定品种）	每批
灌装	硬胶囊	温度、湿度	随时/班
		装量差异	3～4 次/班
		崩解时限	1 次以上/班
		外观	随时/班
		含量、均匀度	每批
洗瓶	纯化水	《中国兽药典》全项	1 次/月
	瓶子	清洁度	随时/批
		干燥	随时/批
包装	贴签	牢固、位正、外壁清洁、批号、二维码等文字信息	随时/批
	装盒	数量、批号、说明书、标签	每批
	装箱	数量、箱签、批号、二维码等文字信息、封箱牢固	每箱

3.2.3.2　口服液体制剂

以口服溶液剂为例，口服溶液剂包括内服溶液剂、内服混悬剂、内服乳剂、合剂等。

（1）生产过程管理

① 生产前准备

a. 检查所生产品种的批生产指令及相应配套文件，记录是否准备齐全。

b. 检查本批生产所需的原辅料是否已准备妥当，是否是合格产品。

c. 检查设备状况，挂有"合格"、"已清洁"状态标志牌的方可投入使用。

d. 检查是否有清场合格证。

e. 对计量器具进行校零，并定期检定。

② 生产过程

a. 称量、配料：进入备料室的原辅料或中间产品，必须除去外包装或经净化处理。

生产混悬液的原料，其不溶性药物的颗粒度应达到规定要求。称量人核对原辅料、中间产品的品名、批号、合格证等，确认无误后，按规定的方法和生产指令的定额量称量、记录、签名。称量必须复核，复核人核对称量后的原辅料、中间产品的品名、数量，确认无误后记录、签名。需计算后称量的原辅料、中间产品，计算结果先经复核无误后再称量。配好的批量原辅料、中间产品装入洁净密闭容器中，附上标志，注明品名、批号、规格、数量、称量人、日期等。剩余原辅料、中间产品包装好，附上标志，放备料室，记录、签名。

b. 配制：口服液配制使用的纯化水，其贮存时间不宜超过 24 小时。按工艺规程规定的工艺条件进行配制，配制好的药液应作性状、pH 值、相对密度、定性、定量等质量检验。口服液中若加附加剂，其品种与用量应符合国家标准的有关规定，不得影响产品的稳定性。混悬剂中的混悬物应分散均匀，不应很快下沉并不得结块。混悬液的沉降体积比应符合规定。

c. 过滤：按工艺要求选用适宜的滤材及过滤方法；过滤效果应经验证确认；过滤后药液贮于洁净密闭容器中，通气口应有过滤装置，容器上附有标志，注明品名、规格、批号、数量、操作日期、班次、操作者等，经含量、澄清度等检查合格后方可供灌装用。

d. 洗瓶、干燥：根据瓶子的规格、形状，选用适宜的清洁及清洗方法。粗洗时应洗净瓶子内外壁；清洗效果经验证确认。瓶子以纯化水精洗后及时干燥（灭菌），干燥后的瓶子应有防止再污染的措施，瓶子存放时间应经验证确定。直接接触药液的内塞，用清洁剂、饮用水洗净后，用纯化水精洗，以适宜消毒方法消毒或以酒精浸泡后使用。

e. 灌装、压盖：先用纯化水冲洗灌装管道，灌装机上的容器、管件、软管应选用不脱落微粒的材质；开机灌装初期应检查装量，调整至灌装量符合要求后，正式开始灌装操作；配制好的药液一般应在当天灌装完毕，否则应将药液在规定条件下保存，确保药液不变质；压盖时检查瓶盖的紧密度，质量符合要求后正式操作；操作过程中随时检查装量和压盖质量，剔除不合格品；中间产品容器中应有标志，注明品名、规格、批号、日期、班次、设备号、操作者等。

f. 灭菌：宜采用双扉式灭菌柜，或采取其他能防止灭菌前后中间产品混淆的措施；药液从过滤到灭菌，其间隔不得超过工艺规定的时间；灭菌的工艺技术参数应经验证确认；严格执行岗位 SOP，并按要求做好记录；灭菌后中间产品按灭菌柜编号分开存放，必须逐柜取样，分别做微生物检验。

g. 灯检：应按规定标准及方法灯检。同一灯检室内，若同时灯检两个以上品种或两个批号以上的同一品种，必须设有有效的隔离；灯检后中间产品置于专用容器中，每个容器上附有标志，注明品名、批号、规格、灯检日期、班次、灯检员等。由专人按规定逐盘抽查，并做好记录，不符合要求及时返工重检；灯检剔出的不合格品，应有明显的红色不合格标志或待返工标志，注明品名、规格、批号、数量等，由专人负责返工，并记录。

h. 包装：必须是灯检合格的中间产品，方可贴签、包装；贴签、包装、装箱过程中随时检查包装质量和数量，药品零头只限两个批号为一合箱。箱外标明全部批号，并建立合箱记录；车间用标签和批号印，应由专人、专柜上锁保管，并做好领、发、退记录；包装结束后，应准确统计标签的数量，做到领用数等于实用数、残损数、剩余数之和，印有批号的标签退库后，专人负责销毁，并做好销毁记录。包装好的成品入车间待检库，检验合格后入库。

i. 物料平衡的检查：生产过程中，各产品每一阶段的收率是否正常，应有检查、控制和处理方法并记录。

j. 清场：生产结束或在换批号和更换品种及规格时，应按有关清场管理的规定进行清场处理，清场合格后应挂标示牌和出具清场合格证。

k. 生产记录：每批结束时，应由专人负责各工序操作记录的收集、记录并审稿、汇编成批生产记录和批包装记录。

（2）质量控制要点

口服溶液剂质量控制要点见表 3-3。

表 3-3　口服溶液剂质量控制要点

工序	质量控制点	质量控制项目	频次
配料	称量	原辅料标识、检验报告单、数量	每批
配制	配液	药液性状、pH、含量、相对密度	每批
	过滤	药液澄清度、过滤器完整性	
洗瓶、盖	洗涤	清洁度	定时
	干燥（灭菌）	温度、微生物限度	
灌装	灌装	装量	随时
	轧盖/旋盖	严密度、外观	
	封口	严密度	
灭菌	灭菌产品	性状、微生物限度	每柜
包装	贴签	牢固、位正、外壁清洁、批号、二维码等文字信息	随时
	装盒	数量、批号、说明书、标签	
	装箱	数量、箱签、批号、二维码等文字信息、封箱牢固	每箱

3.2.4　无菌制剂

无菌制剂是指法定兽药标准中列有无菌检查项目的制剂，如注射剂、滴眼剂、注入剂等。无菌制剂按生产工艺可分为两类：采用最终灭菌工艺的为最终灭菌产品；部分或全部工序采用无菌生产工艺的为非最终灭菌产品。以最终灭菌小容量注射剂生产管理为例。最终灭菌小容量注射剂是指装量小于 50mL，供注入体内的灭菌制剂。主要包装形式有玻璃安瓿、塑料安瓿、西林瓶等。

3.2.4.1　生产过程管理

（1）生产前准备

① 检查确认生产场所是否还留存有前批生产的产品或物料，生产场所是否已清洁，并取得"清场合格证"。

② 检查确认生产现场的机器设备和器具是否已清洁并准备完毕和挂上"合格"标示牌。

③ 检查确认所使用的原辅材料是否准备齐全。是否有相关质检报告单，合格品才能使用。

④ 检查确认与生产品种相适应的批生产指令、相应配套文件及有关记录是否已准备齐全。

⑤ 检查确认生产场所的温度与湿度是否在规定范围之内（除特殊规定以外，洁净室温度应控制在 $18 \sim 26 ℃$，相对湿度控制在 $30\% \sim 65\%$）。

（2）生产过程

① 瓶的洗涤及干燥灭菌。安瓿在准备室脱去外包装后送入粗洗室粗洗，然后送入精

洗室洗涤。无论采取何种洗涤方式，外壁应冲洗，内壁至少用纯化水洗两次，每次必须除去残水，最后用经过孔径为 $0.45\mu m$ 滤膜滤过的澄明度合格的注射用水洗净，干燥、灭菌、冷却。灭菌后的安瓿应立即使用或清洁存放。贮存不得超过 2 天，如已超过，则必须重新灭菌或重新洗涤灭菌。洗涤后的瓶子应进行清洁度及澄明度检查。

② 称量。只有质量部门批准放行的原辅材料，方可配料使用。称量前应核对原辅料品名、批号、生产厂、规格等，应与检验报告单相符。调换原辅料供应商应有小样试验合格单或已经过验证的报告。称量时必须有复核人，操作人和复核人均应在称量原始记录上签名。剩余的原辅料应密封贮存，并在容器外标明品名、批号、日期、剩余量及使用人姓名。称量前，称量器必须每次校零，并定期由计量部门专人校验，做好记录。处方必须复核，原料的使用量应根据原料的实际含量或效价、含水量等因素进行换算，按处方量的100％投料。

③ 配制。每一个配制罐必须标明配制液的品名、规格、批号和配制量。配制时，每一种原辅料的加入和调制，必须由核对人确认并做好记录。配制过程中的温度调节和配制的最后定量均要由复核人确认，并由操作人和复核人签字。药液配制完毕后，须进行中间体含量、pH 值等检查。调整含量后须经复核。

④ 粗滤及精滤。药液的粗滤和精滤应分别在不同洁净级别的不同房间进行。砂滤棒按品种专用，用于同一品种连续生产时要每天清洗、煮沸消毒。凡接触药液的设备、管道和容器等，应根据品种制定清洗要求，定期用清洁剂进行处理。更换品种时必须用清洁剂处理，处理后应用注射用水洗涤至清洁。药液经含量、pH 值检验合格后方可精滤，精滤药液经澄明度检查合格后才能灌装。药液的精滤用孔径为 $0.22\sim0.80\mu m$ 滤膜进行过滤，使用时先用注射用水漂洗或压滤至无异物脱落，并在使用前后做起泡点试验。精滤药液的盛装容器应封闭，并标明药液的品种、规格、批号。在精滤过程中，如发现过滤压力突发下降或过滤速度突然加快，则应重新测试滤膜的完好性。药液自溶解至灭菌一般应在 24 小时内完成，特殊品种另行规定。

⑤ 灌封。灌装管道、针头等使用前用注射用水洗净并煮沸灭菌，必要时应干燥灭菌。软管应选用不落微粒者，特殊品种应专用。盛装药液的容器应密闭，置换入的空气要经过滤。直接与药液接触的惰性气体、压缩空气，使用前需净化处理，其纯度（只指惰性气体）、无油及所含微粒量应符合规定要求。充惰性气体的品种在灌装操作过程中要注意气体压力变化，保证充填足够的惰性气体。为了保证做到灌注规定的量，按《中国兽药典》规定注射液应装的增加量必须保证。灌装后，应及时抽取少量半成品检查澄明度、装量、封口等质量状况。半成品盛器内应标明产品名称、规格、批号、日期、灌封机号及顺序号和操作者姓名。

⑥ 灭菌。宜选用双扉式灭菌柜。如采用单门灭菌柜时，应有防止待灭菌品与已灭菌品相混淆的措施。不同品种、规格产品的灭菌条件，应按确认达到无菌的方法加以验证。验证后的灭菌程序，如温度、时间、柜内放置数量和排列层次等，不得随意更改。并应定期对灭菌程序进行再验证。每批产品灭菌前，应核对品名、批号、数量，按规定的灭菌标准操作程序操作。灭菌时应及时做好记录，并密切注意温度、压力、时间，如有异常情况应及时处理。灭菌后的产品应进行检漏。检漏的真空度必须在 $-8kPa$。灭菌后须逐柜取样，按柜编号做无菌试验。灭菌结束出料后，仔细清除灭菌柜中遗漏的半成品，以防混入下一批。灭菌柜应定期进行再验证，校核温度计、压力表，测定柜内温度的均一性。灭菌产品的存放应按品种、规格分开，并制定措施，严

防灭菌前后产品混淆。

⑦ 灯检。应按澄明度检验标准和方法逐支目检。检查员视力应在 0.9 以上，视力状况每年检查一次；连续灯检时间不宜过长。检查后的半成品应注明检查者的姓名或标记，由专人抽查，不符合要求时应返工重检。灯检不合格产品应及时分类记录，标明品名、规格、代号、批号，置于盛器内移交专人处理。每批结束后做好清场工作。

⑧ 印制包装。操作前应核对半成品的名称、规格、批号及数量是否与领用的包装材料、标签、说明书一致。印字、包装、装箱过程中应随时检查品名、规格、批号及各层次包装是否相符。包装结束后应统计标签的实用数、损坏数及剩余数，与领用数做物料平衡检查。并按标签管理 SOP 规定处理剩余标签和报废标签。包装结束后待检，检验合格后入库。

⑨ 物料平衡检查。生产加工包装过程中，各产品每一阶段的收率是否正常，应有检查、控制和处理的方法。

⑩ 清场。生产现场在换批号和更换品种及规格时，应按本章中有关清场管理的规定进行清场处理，清场合格后应挂标示牌和出具清场合格证。合格证正证纳入批生产记录，副证纳入下批次产品生产记录。

⑪ 生产记录。每批产品生产结束时，应由专人负责各工序操作记录的收集、汇总并审核，汇编成批生产记录和批包装记录。

3.2.4.2 质量控制要点

最终灭菌小容量注射剂质量控制要点见表 3-4。

表 3-4 最终灭菌小容量注射剂质量控制要点

工序	质量控制点	质量控制项目	频次
制水	纯化水	电导率	1 次/2h
		《中国兽药典》全项	1 次/周
	注射用水	电导率、pH 值、氯化物、铵盐、澄明度	1 次/2h
		《中国兽药典》全项	1 次/周
理瓶	原包装安瓿	检验报告单、清洁度	定时/班
洗瓶	隧道烘箱（或箱式烘箱）	温度	定时/班
	洗净后安瓿	清洁度	定时/班
配药	药液	批号划分与编制、主药含量、pH 值、澄明度、色泽、过滤器材的检查（如起泡点等）	每批
灌封	烘干的安瓿	清洁度	随时/班
	药液	色泽	随时/班
		澄明度	随时/班
	封口	长度、外观	随时/班
	灌封后半成品	药液装量、澄明度	随时/班
灭菌	灭菌柜	标记、装量、温度、时间、记录、真空度	每锅
	灭菌前后半成品	外观清洁度、标记、存放区	每批
灯检	灯检品	抽查澄明度	定时/班
		每盘标记、灯检者代号、存放区	随时/班
包装	在包装品	每盘标记、灯检者代号	每盘
	印字	批号、内容、字迹	随时/班
	装盒	数量、说明书、标签	随时/班
	标签	内容、数量、使用记录	每批
	装箱	数量、装箱单、印刷内容、装箱者代号	每箱

3.2.5 兽用疫苗生产

3.2.5.1 兽用疫苗生产中应遵循的原则

（1）保证原辅料的一致性　制造兽用生物制品的原辅材料多数具有生物活性，其成分复杂，必须对生产中的原辅材料建立相应标准，进行严格的质量控制。

（2）保证生产过程各个环节条件的一致性　兽用生物制品生产工艺复杂，生产过程环节较多，而且微生物自身存在易变性，要保证制品的最终质量必须严格执行《兽药生产质量管理规范》和兽用生物制品规程，满足制品生产过程的各种特定要求。

（3）保证制品质量检验条件的一致性　兽用生物制品的质量检验多采用生物学、微生物学、免疫学等技术和其他分析方法，对反映制品的安全、生物活性、生物效价、免疫效力等的检验，必须采用同质性的生物材料（包括实验动物）和一致性的检验条件，并有同质性标准物质作对照试验。

3.2.5.2 细胞培养病毒活疫苗生产管理

（1）生产前的检查与确认

① 文件检查。现场是否有产品批生产指令、工艺规程、岗位标准操作规程、设备操作规程、清场标准操作规程等文件；批生产指令是否明确指出所生产产品的名称、批号、生产批量等内容；是否有上批生产清场记录副本；各种岗位生产记录表格、领料单、书写工具等是否齐全；其他有关执行的文件。

② 生产现场状态检查。检查生产区域清场状态标识，是否有清场合格证；检查设备设施的状态标识，设备是否可正常运行，是否已清洁/灭菌，且在有效期内；检查计量器具是否符合生产要求，并有检定标识或检定合格证；检查水、电、气是否可正常使用。

③ 物料检查。依据生产指令单核对物料名称、规格、批号、数量等内容；检查物料包装是否完好，称量、核对等。

（2）工艺用水制备　检查制水设备是否运行正常，分配系统回水流量、水温等是否正常，完成相关记录。检查工艺用水系统是否在灭菌效期内，贮罐、水及空气滤芯是否在灭菌、完整性测试效期内。配制的注射用水以及直接接触制品的设备、器具和包装材料最后一次洗涤用水是否符合《中国兽药典》注射用水质量要求。配制用水是否是新制备的注射用水，其贮存时间经过验证确认。

（3）生产过程管理（以细胞培养病毒活疫苗为例）

① 细胞复苏。核对生产用细胞信息，包括细胞名称、批号、代次，确认无误后按操作规程进行细胞复苏。操作结束后及时记录。

② 细胞扩繁

a.转瓶培养工艺扩繁。细胞传代次数符合生产工艺要求，确保细胞传代次数与批准工艺规定一致。每次扩繁前进行细胞挑选，挑选标准为肉眼观察营养液清亮、细胞贴壁均匀，镜下观察细胞轮廓清晰，形态符合细胞特性。操作人员按操作规程进行操作，确保扩繁比例、培养条件等关键参数符合工艺要求。传代后细胞做好标识，标识内容包括细胞名称、传代次数、传代日期，并及时记录。

b.悬浮培养工艺细胞扩繁。细胞传代次数符合生产工艺要求，确保细胞传代次数与已批准工艺规定一致。每次扩繁前进行细胞计数，读取细胞密度、细胞活率等关键指标。操作人员按操作规程操作，确保初始细胞密度、培养条件等关键参数符合工艺要求。传代后细胞做好标识，标识内容包括细胞名称、传代次数、传代日期，并及时记录。

③ 接种与培养。核对生产用种毒信息，确认无误后按操作规程进行配制操作。配制过程执行双人复核，并及时记录。按照工艺要求配制细胞营养液，经除菌过滤后按接种比例加入种毒，确保接种比例符合工艺规程要求。接种后的细胞应有标识，标识的内容包括中间产品名称、批号、接种日期。接种后在工艺规程规定条件下进行培养，及时记录。

④ 收获

a. 转瓶培养工艺收获。培养时间符合工艺要求后，逐个观察病变情况，先接种的先观察。细胞出现细胞圆缩、拉网，少量细胞脱落等即为细胞病变，收获时确保病变程度达到工艺要求。观察细胞培养液颜色，如有颜色发黄发浑现象剔除该瓶。达到收获病变程度后将细胞转瓶放到冻存架上，放入−20℃以下冷库冻存，标明中间产品名称、批号、收获数量、日期。收获病毒液在规定时间内冻实。冻融次数应有规定。

b. 悬浮培养工艺收获。细胞培养过程中根据工艺要求取样细胞计数，观察病变情况。细胞出现直径变大、活率降低等即为细胞病变，收获时确保病变程度达到工艺要求。收获病毒液，标明中间产品名称、批号、重量、日期。

⑤ 配苗。操作人员按操作规程先加入定量稳定剂，再加入定量病毒液至磁力搅拌称重罐内进行配苗操作，搅拌均匀，确保稳定剂和抗原占比符合工艺规程要求，计算和添加过程执行双人复核，并及时记录。

⑥ 分装、加塞。管制玻璃瓶颈立式超声波洗瓶机洗涤、热风循环隧道灭菌烘箱灭菌干燥，胶塞清洗灭菌烘干，灭菌效果需验证确认有效。分装机上的分装泵、管件、软管等使用前需经消毒灭菌。应选用不脱落微粒的材质，特殊品种的设备及器具应专用。按照分装机使用操作规程对分装泵进行组装，并将磁力搅拌称重罐连接至分装机。根据工艺要求的瓶分装量设定分装参数。分装初期检查装量，调整至分装量符合要求后正式开始分装操作。分装后加塞。分装过程中定时进行装量检查，装量出现偏差时及时进行调整。每批疫苗在规定时间内分装完毕。

⑦ 冻干。所需冻干的半加塞产品均匀摆放在每一冻干板层上，同一台冻干机只能冻干同一品种、同一装量制品。将温度监测探头插入至制品底部，胶塞玻璃瓶保持半加塞状态。入箱完毕对冻干机各板层进行检查，确保各板层位置无空缺，探头无脱落，确保压塞时板层之间保持平衡，检查完毕后关闭冻干箱门。选择与产品匹配的冻干曲线，进入自动控制程序，确保冻干曲线符合工艺规程要求。冻干结束前做压力上升测试，确保符合标准。待前箱真空度降至 0.05mbar（1mbr＝100Pa）以下时开始压塞，确保胶塞与玻璃瓶紧密贴合，压塞后 2～8℃一般存放不超过 24h。

⑧ 轧盖。随时检查轧盖紧密度，剔除不合格品，出现异常时，及时调整。注意铝塑组合盖在轨道上的运行情况，发现卡盖、掉盖情况和设备报警时应及时处理。

⑨ 包装赋码。包装操作前检查包装岗位或生产线有无明显的生产状态标识，标明产品名称、批号、规格和批量与所生产品种是否一致；包装岗位有多条生产线包装时，需对各生产线进行有效物理隔离；检查领用的标签、盒签、箱贴、说明书、合格证、保温盒、保温箱正确无误，核对待包装产品所用的标签、盒签、箱贴、说明书、合格证、保温盒、保温箱的名称、规格、数量、质量状态，并与工艺规程相符。检查印刷包装材料上的二维码信息是否与待包装产品及印刷包装材料的信息一致。轧盖后应在线贴标、包装。贴标、包装、装箱过程中检查品名、规格、批号、喷印信息及包装质量和数量。采集印刷材料的二维码，完成两级以上包装关联，并及时上传。印刷包装材料领用、打印、发放、退回由专人负责，并按品种专柜上锁保管，做好领用、发放、退回记录。

⑩ 物料平衡检查。生产结束后按规定计算物料平衡，确保物料平衡符合设定的限度。物料平衡超过设定限度，由指定人员进行偏差调查处理，查找原因并制定纠正预防措施。偏差调查未得出结论前，成品不得放行。

⑪ 清场。生产结束、更换批号、更换品种及规格时，应按清场管理规定进行清场。清场时操作人员按批准的清洁SOP进行操作并记录。清洁后的生产场所、设施设备、容器具等应清洁无异物、无上一批次制品的残留物。清洁后经车间质量管理人员检查合格后，悬挂清洁状态标识，标明清场日期及有效期。

⑫ 生产记录。各工序操作人员及时填写各自工序的生产记录，每批结束时，车间质量管理人员收集汇总各工序生产记录，按批次进行整理汇总成批生产记录并进行物料平衡计算。经质量管理部质量管理人员审核后交质量部入档保存。成品放行前，需对批产品进行质量检验，批生产记录进行质量审核和评估，经批签发符合要求才能批准放行。

（4）质量控制要点

细胞培养病毒活疫苗质量控制要点见表3-5。

表3-5　细胞培养病毒活疫苗质量控制要点

工序	质量控制点	质量控制项目	频次
洗瓶灭菌		清洁度、温度、微生物数	定时
细胞制备	细胞复苏	细胞信息、复苏条件	每批
	细胞扩繁	传代次数、培养条件	每批
接种	种毒配制	种毒信息	每批
	接种	接种比例	每批
收获	收获	病变程度、冻融次数（转瓶培养工艺）	每批
中间检验	无菌检验、病毒含量	半成品标准规定的项目	每批
配苗	疫苗配制	配苗组分比例、配苗效价	每批
分装上塞	分装	装量	随时
	上塞	半加塞	随时
冻干	冻干	冻程、冻型	每批
轧盖	轧盖	严密度、外观	随时
包装赋码	贴标	平整、牢固、位正	随时
	喷码	字体清晰可辨、不易擦除	随时
	二维码采集	二维码外观、内容、识读率、关联信息	随时
	装盒	数量完整、外观清洁、塑封牢固	随时
	装箱	数量完整、外观整洁、封箱牢固	每箱

3.2.6　兽用诊断制品生产

兽医诊断制品，是指用于动物体外疫病诊断或免疫检测的试剂（盒）。体内诊断制品的生产按照兽药GMP（2020修订）执行。

诊断制品生产中涉及使用动物病原微生物制备抗原、抗体等，可自制或委托加工。制备涉及三、四类动物病原微生物的，应在诊断制品GMP要求的生产线进行，制备涉及一、二类动物病原微生物的，制备场所应具有与所涉及动物病原微生物相适应的兽药GMP证书，或具有《高致病性动物病原微生物实验室资格证书》规定等条件。委托加工的，应委托具备相应生产条件的兽用生物制品GMP企业或具备相应实验室生物安全资格证书的实验室，并签订委托加工合同。

3.2.6.1 诊断制品的生产

生产中应遵循的原则、生产前的检查与确认、工艺用水制备同兽用疫苗。

3.2.6.2 生产过程管理（以酶联免疫吸附试剂盒为例）

（1）抗原制造及分装 同兽用疫苗生产。

（2）兔抗鸡 IgG 抗体制备 无菌采集 SPF 健康血清，按操作规程提取、处理、检测鸡 IgG，计算每毫升蛋白量。将浓缩的鸡 IgG 与佐剂按操作规程混合，反复吹打，直至完全乳化。选择健康兔 2～3 只，按照操作规程皮下注射鸡 IgG，检测抗体效价检验合格。无菌采集检验合格的兔颈动脉血，按操作规程分离血清、提取抗体、检验合格。

（3）兔抗鸡 IgG 酶联标记抗体制备 按照操作规程进行酶处理、抗体标记、酶标抗体的提取，并进行抗体检验合格，计算酶标记抗体的蛋白总量，定量分装，成品检验。

（4）阳性血清、阴性血清制备 按照操作规程分别制备阳性血清、阴性血清。

（5）其他工序要求 分装、加塞、轧盖、包装赋码、物料平衡检查、清场、生产记录管理同兽用疫苗。

3.2.6.3 质量控制要点（以酶联免疫吸附试剂盒为例）

酶联免疫吸附试剂盒质量控制要点见表 3-6。

表 3-6 酶联免疫吸附试剂盒质量控制要点

工序	质量控制点	质量控制项目	频次
洗瓶灭菌		清洁度、温度、微生物数	定时
细胞制备	细胞复苏	细胞信息、复苏条件	每批
	细胞扩繁	传代次数、培养条件	每批
接种	种毒配制	种毒信息	每批
	接种	接种比例	每批
收获	收获	病变程度、冻融次数(转瓶培养工艺)	每批
中间检验	无菌检验、病毒含量	半成品标准规定的项目	每批
抗原	抗原配制	抗原效价	每批
酶标抗体	抗体制备	抗体效价	每批
阳性血清	阳性血清制备	无菌检验、效价检验	每批
阴性血清	阴性血清制备	无菌检验、抗体检验	每批
分装上塞	分装	装量	随时
	上塞	半加塞	随时
轧盖	轧盖	严密度、外观	随时
包装赋码	贴标	平整、牢固、位正	随时
	喷码	字体清晰可辨、不易擦除	随时
	二维码采集	二维码外观、内容、识读率、关联信息	随时
	装盒	数量完整、外观清洁、塑封牢固	随时
	装箱	数量完整、外观整洁、封箱牢固	每箱

3.2.7 兽用中药生产

中药提取生产须具备与其生产相适应的厂房和设施，包括空气净化系统、水系统、卫生清洁设施等。对生产两种以上（含两种）剂型的中药制剂或生产有国家标准的中药提取物的，应在中药提取车间内设置独立的、功能完备的收膏间，其洁净度级别应不低于其制剂配制操作区的洁净度级别，一般至少为 D 级区设置。

生产过程控制应符合兽药 GMP 对中药提取物的控制要求，各项生产操作及管理工作严格执行文件规定。称量投料按生产工艺规程进行，应执行双人复核，防止出现投料偏差。药液过滤应按工艺要求选用相应滤径的滤芯，并考虑其材质不与药液发生反应，使用前后应检测滤芯完好性。设备的温度表、压力表等精度应达到工艺要求。生产后的中药提取物的微生物限度符合标准要求。生产结束后及时进行清场，防止发生交叉污染和混淆。进行物料平衡检查，超出标准规定范围必须进行偏差调查，制定纠正预防措施。

3.2.7.1　生产过程管理

（1）称量、投料

① 进入备料室的中药材或中药饮片，除去外包装，附上物料标识，标明品名、批号、数量等信息。

② 称量人核对中药材或中药饮片的品名、批号、合格证或放行报告书等，确认无误后，按规定的方法和生产指令的定额量称量、记录、签名。

③ 称量操作执行双人复核，确认无误后记录、签名，然后按生产工艺规程进行投料。

（2）提取　应严格按 SOP 进行操作。采用流水清洗药材，不得浸泡。如果药材处理洁净度达到企业内控标准要求时，可以不清洗。开启蒸汽阀门，开始加热，打开冷却水阀门，待温度达到要求的温度，开始恒温循环提取，恒温后开始计时。

（3）出渣　操作人员应首先确认提取液出净，出渣车完好。将出渣车推至提取罐出料口，按出料控制钮，使出料口自动开启，药渣自动倾倒入出渣车内。操作人员将出渣车推至指定地点将药渣倒掉。出渣结束后，清洁现场和出渣车至表面清洁无残留。洒落在地面的药渣不得扫入明沟，应集中收集到出渣车内。

（4）浓缩　提取液经过滤（或离心后）抽进浓缩器里浓缩至工艺规定的药液密度后，停止浓缩。提取浓缩结束，关闭夹层进气阀门，再将放液阀门打开，使药液通过滤网进入管道并打入贮液罐中。

（5）精制　精制方法很多，如酸/碱沉淀、乙醇沉淀、层析、膜分离等。下面以苦参注射液为例：

① 醇提（酸性）。先用 0.1%～0.2% 盐酸乙醇润湿膨胀苦参药材，装入渗漉筒中，再加 0.1%～0.2% 盐酸乙醇过药面，浸泡过滤，渗漉。回收渗漉液至无醇味，静置过夜，将滤液和残渣的水洗液合并。

② 碱沉。用氨水调节合并后药液的 pH 值至 9～10，放置，过滤。

③ 配液。将沉淀加注射用水搅拌均匀，调节 pH 值至 5～6 使沉淀溶解，加活性炭煮沸 15 分钟，过滤，取滤液，即得。

（6）收膏　对于只需提取、浓缩工序后即可收膏的中药提取物，此环节收膏；有的中药因成分的不同和制剂工艺要求的不同，可做不同程度的精制，在精制后收膏。

收膏前部分提取物最后一次少量乙醇的浓缩：部分提取物如浓缩到所需密度可能流动性会很差，黏度大，不能正常打入收膏间，因此常浓缩到一定程度后进入收膏间进行最后的浓缩。

（7）干燥　干燥方式包括喷雾干燥、真空干燥、微波干燥、带式干燥等，根据每个品种不同的理化特性，或标准中规定的干燥方法，选取合适的干燥方式。

① 收粉。生产过程中时刻观察出粉状态，进风、出风温度。生产时应通知质检员检测药粉的粒径、含水量，并由质检员及时反馈给操作者，操作者根据所检测的结果更改参

数进而保证药粉的质量。收粉时将装粉的袋子或者周转贮存罐放于自动收粉器出料口下方并密闭，每袋/罐装满后换下一个包装或周转贮存罐。收集的中药粉末及时称重并密封，避免药粉吸潮、变质影响药品质量，将所收得的药粉称重并将写好标识，标识应写明品名、批号、重量等。

② 混合、分装。对药粉进行混合操作，每批混合时间应验证确认。混合完成后重新进行分装并标明状态标识，避免混批或交叉污染。每班生产任务完成后，停机检查喷塔内部有无粘塔现象，如有须及时进行清理。

（8）包装　干粉应及时包装，防止暴露时间过长吸湿、滋生微生物，影响质量。

3.2.7.2　质量控制要点

中药提取质量控制要点见表 3-7。

表 3-7　中药提取质量控制要点

工序	质量控制点	质量控制项目		频次
		生产过程	中间产品	
配料	称量	核对物料标识、合格证		每批
	配料	数量与品种的复核		
提取	煎煮	溶剂浓度、加入量、煎煮温度、时间、次数	药液数量、性状	每批
	渗漉	溶剂浓度、加入量、渗漉时间、温度、速度	渗漉液数量性状澄清度	
	浸渍	溶剂浓度、加入量、浸渍时间、温度、次数	浸渍液数量、性状	
	回流	溶剂浓度、加入量、回流温度、时间、次数	回流液数量性状，芳香油数量性状，定性定量	
精制	水提醇沉	转溶溶剂浓度、用量、静置时间、温度	药液含醇量	每次
	醇提水沉			
过滤	常压、加压、减压	滤材清洁度、孔径均匀度、过滤时间、压力或真空度	药液数量、澄清度、性状	随时/每批
	离心	转速、进料速度、离心时间		
浓缩	真空浓缩	真空度、蒸汽压力、温度、进料速度、时间	浓度/温度、数量、pH、性状	随时/每批
	多效浓缩	真空度、蒸汽压力、温度、进料速度、时间		
干燥	烘箱	温度、时间、装量、热风循环	性状、水分	随时/每批
	真空干燥	真空度、温度、时间、装量	性状、水分	
	喷雾干燥	进出口温度、喷液速度、雾化温度、压力	性状、水分、细度	
	粉碎、过筛	粉碎转速、筛网	性状、水分、细度	每批
	存放库	清洁卫生、温度、湿度	分区、分品种、分批、货位卡、状态标识	定时

3.2.8　原料药生产

原料药是生产药物制剂的主要原料，有非无菌原料药和无菌原料药之分。原料药一般由化学合成、DNA 重组技术、发酵、酶反应或从天然物质提取而成。无菌原料药的粉碎、过筛、混合、分装的生产环境应设置在 B 级背景下的 A 级条件下。非无菌原料药的精制、干燥、粉碎、包装等生产操作的暴露环境一般应当按照 D 级洁净区的要求设置。用于生产消毒剂、外用杀虫剂及法定兽药质量标准规定可在商品饲料中使用的兽药制剂的原料药，其精制、干燥、包装工序可在一般生产区生产。

3.2.8.1 生产过程管理

生产过程控制应符合兽药 GMP 对原料药控制的要求，各项生产操作及管理工作严格执行文件规定。

（1）称量 物料用的容器应与物料具有良好的兼容性，不分解或者释放出干扰物质，建议采用原料厂家原包装或相近物料，与厂家不同的容器需要评估对物料的影响，尤其是用于溶剂分装的容器。适用于固体分装的内包容器有：普通塑料袋、带有硬质衬里的塑料袋、大宗固体物料使用的装料斗等；用来盛装液体物料的容器通常有：不锈钢桶、塑料桶、铁桶、高位槽、储罐、计量罐等，根据物料使用量和性质选择适宜的内包装容器。

（2）配料 原料药生产过程中物料用量一般较大。对于大宗固体原料，比如发酵罐投料用的粮食类物料，通常采用装料斗投料或者人工投料的方式（比如五十公斤的包装）。若采取人工投料的方式来进行，称量一般通过多次完成，应记录每次的称量；应保证投料口的清洁，以及采取适当的措施，比如吸风罩或者防尘罩进行粉尘的控制。对于大宗液体投料，通常采用直接溶剂储罐抽取或者使用中转桶，可以通过计量泵、流量计、计量罐等实现加量的控制。若使用多用途的容器盛装分装的物料时（如装料斗、中转桶）应当被清晰地识别。此类设备应当根据规程进行清洗。

（3）反应及分离

① 抗生素发酵产品应严格执行灭菌工艺，确保消毒后的培养基无菌，保证培养过程中无菌；在培养过程中，严格执行无菌操作，不得造成培养基染菌。

② 应严格执行反应工艺控制条件，确保中间控制条件，如温度、压力、pH、通气、搅拌等符合工艺控制要求。

③ 加强反应过程的控制，保证反应液的质量，既能保证反应彻底，又不过度反应合成较多杂质，确保每步反应控制符合标准，不合格物料不进入下道工序。

④ 反应过程中，尽可能保持密闭环境，在满足工艺控制条件的前提下，防止异物进入。

⑤ 在原料药生产的最后工序，如精制、干燥、包装工序，应按照兽药 GMP 的要求，在相应的环境下进行。

⑥ 原料药岗位间中间体转移要有交接单和检验报告单，投料前须核对物料的批号、数量、质量情况。

⑦ 各步操作的物料的投料量的计算、称量及投料必须复核，操作人、复核人均应在原始记录上签名。

⑧ 生产过程中所用的各种仪器仪表、计量器具应定期校验，使用前做好计量有效期的检查，合格后方能使用，并做好记录。

⑨ 应加强生产过程中的巡检，关注各种异常情况，如滤液是否澄清，开始收集的滤液必须返回重新过滤，确认无漏炭现象后方可连续过滤；过滤器及滤材是否符合工艺要求；粉碎时严格检查筛网破损情况，防止异物落入等。

（4）过程控制（中间控制） 根据原料药生产过程的特点，生产过程的中间控制可分为以下几个方面。

① 中间体检验。原料药的生产是在一定条件下通过生物或化学的反应而得到的，这种反应需要控制在一定的物理化学条件下才能完成，辅之以一定的中间体检测及控制。可以根据公司的特点，设立中间体检验室进行中间体检验。中间体检验室（IPC）的技术管理要求应同 QC 实验室的要求一致。

常见的中间过程控制情况有 pH 控制、反应终点检查、中间体检验、结晶过程检查等，还有干燥过程检查。这些情况下，中控数据往往用来监控过程。根据工艺控制情况，控制项目需要设立标准，若检测结果是用于工艺调节依据，若达不到标准，车间应继续进行工艺控制，直至达到规定的标准，若是检测结果是用于评价工艺执行质量，则不符合标准的情况应按偏差的要求进行调查处理。

制定并批准工艺规程时，应包括对关键中间控制的批准。所有的关键中间控制步骤，如果偏离既定标准，应考虑作为偏差来进行调查和处理。

② 中间体取样。过程样品的代表性预先决定了检验的准确性，取样过程遵循以下几个原则：由经过取样操作培训的，有资质的人员来完成；取样量要适当，比如指定的关键检验需要 OOS 调查，那么样品至少足够用来完成检验以及可能的调查；取样方法要适当，应该能够证明所取样品在整批中具有代表性；应有充分的管理制度来保证取得真正具有代表性的样品，应包括对取样设备的要求以及清洁等细节，还应确保取样设备不会对物料带来污染。

③ 中间产品的贮存。原料药生产过程中可能由于工艺特点需要对中间产品进行短期贮存，中间产品的存放状态，有时会对产品质量带来较大影响。应该在产品工艺规程中基于对中间产品的研究制定合理的中间产品贮存时限、贮存条件、贮存区域等，中间产品的贮存条件应该能防止外部污染或物料之间的交叉污染，并保护中间产品免受高温和潮湿等条件的影响。

④ 中间产品的投料管理。原料药生产形式一般是按分批生产，中间产品在整个生产过程中是整批投入，其在生产过程中的管理原则应与配料过程中的管理一致。

对于某些中间体，以湿品或溶液的形式，直接参与下一步反应，每批的重量/体积都会不同。这种情况下，不容易在批生产指令中规定其他反应物料具体的重量或者体积，可采用检验中间体的含量，折纯的方式来计算其他物料的使用量，也可以根据上一步反应物料的投料来计算，投料数量的计算方式应有中小试的数据做支持并具有足够的科学性。

3.2.8.2 无菌原料药生产特殊要求

对无菌原料药，除达到以上非无菌原料药的要求外，还应做到以下要求：①所有设备包括结晶罐、离心机、干燥器、过滤器、灭菌、空气过滤设备、水处理系统均应定期进行维修保养和验证。所有设备、工器具及管道必须定期清洗及灭菌，做好记录；②防止微生物污染，纯化水、注射用水和药液贮罐的通气口应装有不脱落纤维的疏水性除菌过滤器；输送纯化水或注射用水的管道和设备应根据验证结果制定清洗、消毒规程，定期清洗、消毒并做好记录；③洁净区内应避免使用容易散发尘粒或纤维的物料及用具，进入洁净区的人员应控制到最低限度；④不得以石棉为过滤介质，若必须采用时，应再经孔径为 $0.22\mu m$ 的滤膜过滤；⑤内包装材料清洗干净后，必须用经过滤的注射用水冲洗，并在 4 小时内灭菌。存放和传递时，应有防止污染的措施。灭菌后的内包装材料应在 24 小时内使用；⑥宜采用不锈钢双扉式电热烘箱灭菌，烘箱入口的门开向洁净室内，电热烘箱新空气进口应开在无菌室内并装有空气过滤器。烘箱安装鉴定后应进行灭菌有效性和温度均一性的验证，灭菌物品的放置形式和数量一经验证不得任意变动。每年或大修后都应重新验证其有效性。

3.2.8.3 质量控制要点

原料药精制、干燥、包装质量控制要点见表3-8。

表3-8 原料药精制、干燥、包装质量控制要点

工序	质量控制点	质量控制项目	频次
精制	粗品	理化指标	每批
	压滤液	澄清度	1次/批
	结晶	浓度、pH	按要求
	分离	洗涤溶剂量、甩滤时间、洗涤次数	1次/批
干燥粉碎	湿品	理化指标	1次/批
	干燥设备	温度、时间、压力	按要求
	粉碎过筛	筛网	1次/批
	容器	清洁度	每件
包装	在包产品	装量、数量、批号	每件
	标签	内容、数量、使用记录	1次/批
	装桶、装箱	数量、合格证、标签	1次/批

3.2.9 消毒剂生产

消毒剂是指用于杀灭传播媒介上病原微生物，使其达到无害化要求的制剂。按用途分类：环境消毒剂和带畜禽体表消毒剂（包括饮水和器械）。按产品性状分类：固体、液体、气体。按化学性质分类：过氧化物类、含氯类、含碘类、醛类、酚类、醇类、环氧乙烷、双胍类、季铵盐类。

常用环境用消毒剂的生产环境为一般区；用于兽医手术器械消毒、乳头浸泡消毒和质量标准中有微生物限度检查要求的消毒剂，其生产环境应按照D级洁净区的要求设置。

环境用消毒剂不宜与需洁净区生产的消毒剂产品共用生产车间。如共用，其生产环境应按照D级洁净区的要求设置，并应做好环境用消毒剂对D级洁净区的污染控制和风险评估。

生产固体含氯消毒剂等易燃易爆产品，生产车间应设置为独立建筑物，其生产区应按防爆要求设计和管理。

3.2.9.1 生产过程管理

（1）称量、配料

① 称量人核对原辅料、中间产品的品名、批号、合格证等，确认无误后，按规定的方法和生产指令的定额量称量、记录、签名。

② 称量操作执行双人复核，复核人核对称量后的原辅料、中间产品的品名、数量，确认无误后记录、签名。

③ 需折计含量投料的原辅料，计算结果先经复核无误后再称量。

④ 配好的原辅料装入清洁密闭容器中，附上标志，标明品名、批号、规格、数量、称量人、日期等。

⑤ 剩余原辅料按原包装密封保存，附上标志，标明剩余数量，放备料间保存并记录、签名。

⑥ 称量设备每班使用前应进行校准，并记录，定期进行检定。

⑦ 称量应在称量室内进行，有相应的除尘或排风设施。

（2）配制

① 配制液体消毒剂及杀虫剂的工艺用水及清洗用水为饮用水或适宜的有机溶剂；有微生物限度检查要求产品的配制应使用纯化水或适宜的有机溶剂。

② 配料人员按操作规程进行配制操作，配制工艺条件符合工艺规程要求，配制过程执行双人复核，并及时记录。

③ 配制好的药液应进行性状、pH 值、含量等检验。调整含量后需经复核检验合格，才可放行。

④ 生产中若添加附加剂，其品种与用量应符合国家标准的有关规定，不得影响产品的质量和稳定性。

（3）过滤

① 按工艺要求选用适宜材质和孔径的滤材及过滤方法。根据产品和工艺特点，可采用适当的预过滤方法。

② 滤材按品种专用。

③ 过滤效果应经验证确认。

④ 过滤后药液贮于洁净密闭容器中，容器上附有标志，注明品名、规格、批号、数量、操作日期、班次、操作者等，经含量、澄清度等检验合格后方可灌装。

⑤ 药液应在当天灌装完，特殊品种另行规定。药液自配制至灌装时间间隔，应经过验证。

（4）灌装、轧盖/旋盖

① 根据产品特性选用适宜的包装瓶，瓶子内外壁清洁无异物。

② 灌装机上的容器、管件、针头、软管等使用前用饮用水清洗干净并无水残留。应选用不脱落微粒的材质，特殊品种的设备及器具应专用。

③ 灌装初期应检查装量，调整至灌装量符合要求后，正式开始灌装操作。

④ 灌装过程中应定时进行装量检查，装量出现偏差时，应及时进行调整。

⑤ 配制好的药液一般应在当天灌装完毕，否则应将药液在规定条件下保存，确保药液不变质，贮存最长时间应经过验证确认。

⑥ 轧盖/旋盖紧密度应随时检查，剔除不合格品，出现异常时，及时调整。

⑦ 拧盖、热封应随时检查拧盖质量及热封口质量，剔除不合格品，出现异常时，及时调整。

⑧ 装有中间产品的容器应有标识，注明品名、规格、批号、日期、班次、操作者等。

3.2.9.2　质量控制要点

液体消毒剂质量控制要点见表 3-9。

表 3-9　液体消毒剂质量控制要点

工序	质量控制点	质量控制项目	频次
配料	称量	原辅料标识、检验报告单	每批
配制	配液	药液性状、pH、含量	每批
	过滤	药液澄清度	
灌装	灌装	装量	随时
	轧盖	严密度、外观	
	封口	严密度	
包装	贴签	牢固、位正、外壁清洁、批号、二维码等文字信息	随时
	装盒	数量、批号、说明书、标签	
	装箱	数量、箱签、批号、二维码等文字信息、封箱牢固	每箱

3.2.10 外用杀虫剂生产

外用杀虫剂指能杀灭动物体外寄生虫，从而防治由这些外寄生虫所引起的畜禽皮肤病的一类药物。控制外寄生虫感染的杀虫剂很多，目前国内应用的主要是有机磷类、拟除虫菊酯及双甲脒等。外用杀虫剂的生产环境通常为一般区；质量标准中有微生物限度检查要求的外用杀虫剂，其生产环境应按照 D 级洁净区的要求设置。

3.2.10.1 生产过程管理

外用杀虫剂生产过程控制与消毒剂生产基本一致。

3.2.10.2 质量控制要点

外用杀虫剂生产过程中质量控制要点与消毒剂相似。

3.3
兽药质量管理

3.3.1 概述

质量管理是对确定和达到质量要求所必需的职能和活动的管理。质量管理是企业全部质量管理职能的一个重要方面，其工作目的是保证产品质量。

质量目标是指企业在质量方面所追求的目的，通常是对企业的相关职责和层次分别规定质量目标。

质量管理体系是指在质量方面指挥和控制组织的管理体系。质量管理体系是组织内部建立的、为实现质量目标所必需的、系统的质量管理模式，是组织的一项战略决策。一般以文件化的方式成为组织内部质量管理工作的要求。

随着药品（含兽药）GMP 生产质量管理理念的不断发展，质量管理体系的建立和完善已成为全球制药企业进行质量管理的必然趋势。ICHQ10 首先基于 ISO 质量管理体系的理念给出了建立制药质量管理体系的综合模型，从药品（含兽药）研发一直到药品（含兽药）退市的不同阶段都提出了质量管理的要求，如要求组织制定明确的质量方针、质量目标，强调管理者的作用，强调产品质量从设计开始，强调以顾客为关注焦点，强调通过数据分析达到持续改进的目的，适用于制剂用原料药和制剂产品包括生物制剂在内的整个生命周期。目前 FDA、欧盟和我国药品均将质量体系纳入 GMP 建立和检查范围。兽药 GMP 未提出建立质量管理体系，但要求企业加强质量管理，配备适宜的人员、厂房、设施和设备等资源，制定企业高层管理人员及不同层次人员质量管理职责，实施质量控制和质量保证活动，将质量管理要求全面贯彻到兽药生产、控制及产品放行、贮存、销售等全过程中，并通过不断开展质量风险分析活动实现生产过程的有效控制和改进，确保质量管理体系的持续、稳定、有效，实现质量目标要求。

3.3.2　质量保证

质量保证是质量管理的一部分，强调的是为达到质量要求应提供的保证。质量保证涵盖影响产品质量的所有因素，是为确保产品质量满足其预期用途并达到规定的质量要求所采取的所有措施的总和。

3.3.3　质量控制

质量控制也是质量管理的一部分，致力于满足质量要求，是指按照规定的方法和规程对原辅料、包装材料、中间产品和成品进行取样、检验和复核，以保证物料和产品的成分、含量、纯度及其他制备符合质量标准要求。

3.3.3.1　质量控制实验室

质量控制实验室的人员、设施、设备和环境洁净要求应当与产品性质和生产规模相适应。质量控制负责人应当具有足够的管理实验室的资质和经验，可以管理同一企业的一个或多个实验室。质量控制实验室的检验人员至少应当具有药学、兽医学、生物学、化学等相关专业大专学历或从事检验工作 3 年以上的中专、高中以上学历，并经过与所从事的检验操作相关的实践培训且考核通过。

质量控制部门可以根据生产规模设立一个或几个实验室，一般应包括天平室、理化实验室、仪器分析实验室、微生物实验室、电热室、车间中控实验室等。实验室的设计应确保其适用于预定的用途，满足开展检测的环境需求。质量控制实验室的设置，通常应与生产区分开，实验室的设计应与产品质量控制要求和生产规模相适应，避免混淆和交叉污染。无菌检查实验室、微生物限度检查实验室、抗生素效价测定实验室、阳性菌实验室应彼此分开。应设置专门的仪器室，实验室应根据仪器的工作环境要求配置适当的控制措施，使灵敏度高的仪器免受静电、震动、电磁波、潮湿等因素干扰，并定期监测记录。实验室应设有专门的区域或房间用于清洗玻璃器皿、取样器具等用于样品检测的器具。同时还应有足够的区域用于样品处置、留样和稳定性考察样品的存放及记录保存。

用于微生物检验的实验室应有符合无菌检查法、微生物限度检查法要求的独立设置的洁净区或隔离系统，并为上述检验配备相应的阳性菌实验室、培养室、培养基及实验用具准备区、标准菌种贮存区、污物处理区等。微生物实验室的洁净区管理应与《中国兽药典》及兽药 GMP（2020 年修订）要求一致，并定期进行监测。

处理生物或放射性样品等特殊样品的实验室应符合特殊要求。

动物实验室要独立设置，建立具有相应设施的动物房、活动场地和相应的辅助用房。场址应选在能保持安静、清洁、无不良外界影响的地方。对于确实不具备设立动物实验室的企业，可委托具有相应检测资质的实验室检测，并签订委托检验协议。

实验室应根据生产品种和生产规模配备相应的检验设备，各种检验设备应经确认或验证，并制订设备管理制度及标准操作程序。

质量控制部门可以根据生产规模和质量控制需要设立原辅料检验组、成品检验组、仪器分析组、理化分析组、微生物检验组、包材检验组、车间中控检验组等。

3.3.3.2 文件系统

（1）质量控制实验室文件　质量控制实验室应当配备《中华人民共和国兽药典》《兽药质量标准》《标准图谱》等必要的工具书，以及标准品或对照品等相关的标准物质。质量控制实验室的文件至少包括：

① 质量标准。

② 取样操作规程和记录。

③ 检验操作规程和记录（包括检验记录或实验室工作记事簿）。

④ 检验报告或证书。

⑤ 必要的环境监测操作规程、记录和报告。

⑥ 必要的检验方法验证方案、记录和报告。

⑦ 仪器校准和设备使用、清洁、维护的操作规程及记录。

⑧ 实验室样品的管理规程。

⑨ 检验超标结果的处理。

⑩ 生产工艺用水的监测操作规程和记录。

⑪ 实验室分析仪器的确认方案及报告。

⑫ 实验室试剂的管理规程及配制、使用记录等（包括剧毒物品、易制毒品的管理）。

⑬ 标准物质、标准溶液的管理规程及标定、使用记录等。

⑭ 检定菌的管理规程及记录。

（2）检验记录　检验记录是检验人员对其检验工作的实时记录，检验的内容应和检验规程一致，检验记录应涵盖检验过程的所有信息。所有的检验记录均应受控管理。记录中涉及的原始数据和计算受控管理，应符合本指南文件管理中各项规定。以纸质记录存档，原始图谱应打印并签字附在批检验记录中，检验仪器打印的数据应经检验员签字确认。易褪色打印数据，如热敏纸应复印，将原件和复印件一并保存。以电子数据保存，所使用的系统应有详细规程，记录和计算结果的准确性经过确认，系统要经过验证。电子数据处理系统应进行授权管理，最少应实现三级授权管理，人员登录需要输入密码，不同级别人员拥有权限不同。系统中的任何操作、数据更改等均应有记录，便于审计追踪管理。电子数据保存的批记录，需以纸质副本、电子拷贝副本或其他适合的方法进行备份，确保记录的安全。

每批兽药的检验记录应当包括中间产品和成品的质量检验记录，可追溯该批兽药所有相关的质量检验情况；应保存和统计（宜采用便于趋势分析的方法）相关的检验和监测数据（如检验数据、环境监测数据、制药用水的微生物监测数据）；除与批记录相关的资料信息外，还应当保存与检验相关的其他原始资料或记录，便于追溯查阅。批检验记录应保存至该批兽药产品有效期后一年，与检验记录对应的所有控制记录也要同步保存。

（3）检验操作规程编制格式和内容　检验操作规程的编制格式和内容至少包括：①检品名称；②性状；③鉴别（使用的试剂、仪器设备）；④检验项目、限度与操作方法，包括检验注意事项；⑤检验使用的试剂、仪器设备；⑥计算公式；⑦编制人（签名、日期）；⑧审核人（签名、日期）；⑨批准人（签名、日期）；⑩执行日期；⑪制订日期。检验操作方法还应规定检验操作步骤、计算公式、检验过程注意事项等。

（4）**检验档案**　每批兽药的批检验档案包括中间产品/成品的检验记录、请验单、检验报告、原始数据图谱、中间产品/成品放行单等，应能涵盖该批兽药产品所有相关质量检验的情况。原辅料检验档案包括检验记录、物料请验单、物料检验报告、原始数据图谱、物料放行单（若有）等，可追踪该批物料所有相关质量检验的情况。技术文件、稳定性试验、验证报告、方法验证报告等重要文件不得销毁，需长期保存。

（5）**检验报告单**　检验报告单是产品放行的重要依据之一，对每一批成品都要出具检验报告单。检验报告单的内容应包括：产品名称、规格、批号、批量、生产日期、报告日期、有效期、检测依据、检测项目、标准规定、检验结果、项目结论、报告人、复核人、审批人等。

（6）**环境监控规程**　有洁净要求的实验室应该有环境监控的规程，包括取样方式、取样频率、取样点、警戒限度、纠偏限度、异常结果的调查及处理等内容。环境监控记录至少包括取样点、取样日期、取样（检测）方式、取样人、结果等内容，并定期做趋势分析。

（7）**分析方法确认或验证资料内容**　分析方法验证或确认资料应该包括验证目的、适用范围、职责、验证项目及标准、方法描述、验证结论等。执行《中国兽药典》等国家法定标准的分析方法不需要再进行验证，中间产品检验使用非国家法定标准的分析方法需要进行分析方法验证。根据分析方法的特性，验证内容包括适用性、专属性、准确性、重复性、线性范围、检测限及定量限等内容。

（8）**仪器校准或校验**　实验室仪器的日常使用应经过校准或校验，取得相关证书，并对检定/校准结果进行确认后，在仪器上粘贴合格证。所有确认校验文件应长期保存。

（9）**仪器操作规程与记录**　实验室的仪器和设备要制订使用、清洁、维护的操作规程并在使用后及时填写仪器使用、维护保养记录等。仪器操作规程应包括仪器的开关机、使用环境及检定、校准状态检查、具体操作步骤、使用注意事项等；仪器和设备如需要进行自校准，应制定自校准规程，自校准规程应包括校准周期、校准内容、校准项目及合格标准，还应规定校准失败后应采取的措施等；仪器的维护规程应包括维护项目、维护方法、维护周期等内容。

（10）**管理制度**　实验室应制订样品管理制度，对原辅料、包装材料、中间产品（半成品）、成品取样进行规定，同时对原辅料留样、成品留样、稳定性试验样的取样进行规定。应对样品进行标识，及时填写取样、发放记录。实验室要制订有检验结果超标（OOS）处理程序，当检验结果超标时要按制度开展OOS调查处理，开展OOS调查时要将与超标批次相关联的全部批次纳入调查范围。

（11）**工艺用水规程**　工艺用水应依据监测规程定期监测，规程内容包括工艺用水的种类、取样点、取样方法、取样频率、检验项目、接收标准及异常结果的调查及处理等内容。工艺用水的检验记录至少包括取样日期、取样点、检验日期、检验项目等内容，每次检验都应有检验报告单，应定期对其关键项目进行趋势分析。

（12）**试剂管理规程**　实验室应有试剂管理规程，包括试剂的领用、发放、配制、贮存、使用、滴定液的配制标定等规定。应根据试剂、试液的性质规定相应的有效期。购买的试剂可根据管理需要粘贴企业内部标签，内容包括名称、编号、未开口效期、开口效期、开口日期、开口人等信息。试液、滴定液应粘贴瓶签，内容包括名称、编号、浓度、配制日期、有效期、配制人、复核人，滴定液还应有标定日期、复标日期等内容。试剂的购入、领用、发放、使用及试液、滴定液的配制应及时记录。剧毒物品、易制毒品、易燃易爆品的管理应符合国家有关规定，应设有独立的管控试剂室或安全柜，建立相关管理制度，进行双人双锁管理，并建有试剂领用、发放、使用和销毁记录。

（13）**标准物质管理规程**　实验室制定的标准物质的管理规程内容应包括：①来源于国际和国家药典、中国兽药典的标准物质不需要进一步标定，对使用前有预处理要求的标准物质（如：干燥处理），应按照标签或证书的要求进行。药典标准物质一般均要求打开后一次性使用，企业如要多次使用或制备成贮备液后多次使用，应自己进行贮存条件和有效期的验证，并保存验证记录。②非药典官方来源的标准物质原则上无法确定是否能满足预期用途，如要使用，必须经过方法验证，确定其能满足预期用途后才能使用。③企业可以自制工作标准物质，建立工作标准物质的制备和标定程序，制定标准物质质量标准，工作标准物质可以用法定药典来源的标准物质进行标定；如无法取得法定标准物质进行溯源，企业可以参照《中国兽药典》附录标准物质制备指导原则相关要求进行结构鉴定、理化检查、定值、稳定性和均匀性检验等，并保存相关记录。④标准物质的管理应涵盖标准物质的使用、工作标准物质的标定、标准物质的保存等内容。⑤所有相关标准物质都应建立使用记录，并在有效期内使用。

（14）**实验室菌毒种**　实验室使用的菌毒种，应该有相应的规程规定菌毒种的领用、登记、贮存、使用及销毁等，并应有详细的记录。应规定检定菌贮存条件，菌的接种传代及周期等要求。

（15）**工具书配备**　质量控制实验室还应当配备《中国兽药典》《中国药典》《兽药质量标准》《红外对照光谱图》等必要的工具书。

3.3.3.3　检验原始记录与数据管理

原始数据的管理涉及原辅料入厂、生产过程、产品销售等全过程。数据的可靠性、准确性、完整性和可追溯性是原始数据管理的重点。原始数据不仅是完善的质量保证体系的需要，同时也为审计提供强有力的证据。

（1）**定义**　数据完整性是指数据的精确性（Accuracy）和可靠性（Reliability），数据来源没有发生变化，且没有被无意或故意修改、改变或销毁。数据的完整性对于兽药生产企业非常关键，作为质量控制人员，报告准确和正确的数据是需要履行的法定义务。为确保数据的完整性，对员工进行培训，增强全体人员的意识，并通过良好的管理体系进行恰当的控制。

原始数据是最初观察和活动的结果，也是对项目、工艺或研究报告改进和评估的必要条件。原始数据可以采用纸质形式也可以采用电子形式，但需要在操作规程中予以规定。原始数据包括手写原始数据和电子原始数据两类。实验室应建立有关原始数据的操作规程，明确其范围、填写、复核、更改、拷贝、保存的相关要求。

（2）**原始数据范围**　实验室原始数据的范围包括各种记录、台账、报告等。包括但不限于以下内容：①取样、分样记录；②留样管理及留样稳定性考察记录；③检验记录、报告；④仪器中打印的记录、图谱和曲线图等，如液（气）相色谱图、紫外可见图谱、红外图谱、天平的打印记录等；⑤试剂、试液、滴定液等的配制、领用、发放记录；⑥实验室记录，包括检验台账、仪器的维护和使用记录、色谱柱使用记录、标准品使用记录等；⑦微生物菌种传代、培养、无菌检测、微生物限度检测等记录；⑧电子数据处理系统、照相技术或其他可靠方式记录的数据资料；⑨检验设备和仪器的确认和校准记录，计量器具的校准记录；⑩方法验证、仪器设备验证方案和报告。

（3）**原始数据记录要求** 所有原始数据应真实、及时、清晰、完整和准确，不得杜撰。在检验过程中应当及时记录检验过程和结果，并及时填写相应的记录、台账。内容应真实、完整准确、字迹清晰、不易擦除。不得事后补记或提前记录。记录应保持清洁，不得撕毁和任意涂改。不得使用铅笔填写，书写错误不得使用涂改液、修正带和橡皮进行涂改。表格内容应填写齐全，不得留有空格；若无内容填写时，要用"-"表示；内容与前项相同时，应重复抄写，不得用"〃"或"同上"、"同左"等表示。记录内容不得简写，不得使用自造的"简化字"。原始记录不应留有空白区域或空白页。在确认空白区域或空白页不需填写后，应在相应的区域填写"N/A"或用斜线划掉，具体方法可由企业在操作规程中明确规定。必要时，需标注没有填写的原因。应尽可能采用检验设备自动打印的记录、图谱和曲线图等。自动打印的记录、图谱和曲线图上应标明产品或样品的名称、批号和记录设备的信息，操作人还应签注姓名和日期。如打印出的原始记录纸张小，除在记录上标注相关信息外，可将其贴在相应检验记录的前面或背面，便于管理和防止丢失。使用电子数据处理系统、照相技术或其他可靠方式记录数据资料，记录的准确性应经过核对。使用电子数据处理系统，只有经授权的人员方可输入或更改数据，更改和删除情况应有记录；应使用密码或其他方式来控制系统的登录；关键数据输入后，应由他人独立进行复核。

操作者、复核者等签名均应署全名，不得只写姓或只写名，以免同姓或同名的误解。记录中的日期建议按年、月、日顺序横写，并应按年份四位、月两位、日两位原则书写，不得简写。如2020年4月8日，应写成2020年04月08日（月、日按两位数填写，可避免将1、2月改为11、12月或将1～9日改为11～19日和31日的可能性）。

原始记录由操作人员填写，由其他有资质的人员进行复核，并签名和日期。检验记录和报告的复核应由其他有资质的人根据批准的操作规程和质量标准进行。

实验室记录包括检验台账、仪器的维护和使用记录、色谱柱使用记录、标准品使用记录等。如必要，应由责任人员定期复核。复核过程中如果发现错误，由检验人员进行更正，并签注姓名和日期。必要时应当说明更改的理由。

（4）**记录更改遵循原则** 记录填写的任何更改都应当遵循以下原则：在错误的地方画一条横线并使原有信息仍清晰可辨，书写正确信息后签注姓名和日期。对于更改的记录，必要时可记录内容更改的理由。所用的更改方式需要在操作规程中明确规定。记录如因污损需重新誊写，需经批准同意后方可进行。原有记录不得销毁，而应作为重新誊写记录的附件保存，同时还应说明誊写的原因，原则上记录不应当进行誊写。

（5）**记录保存** 所有原始记录应保存。原则上不得使用热敏纸，如果不可避免，可复印并在复印件上签注姓名和日期，并将原记录与复印件一起保存。如果原始数据没有作为最终实验结果出具，它仍需保存并注明其结果不被提供的原因。所有原始数据在审核批准后，原件均应在专门的贮存区域集中存档，并由专门人员采用安全有序的方式进行管理和保存，以便在文件的规定保存期内能够容易查阅。贮存区域应有人员进入的限制，且贮存环境不应有导致记录被损害的因素（如水、火、潮湿、油烟、虫蛀等）。用电子方法保存的原始数据，应采用移动硬盘、云盘、异地数据库、纸质副本或其他方法进行备份，以确保记录的安全及数据资料在保存期内便于查阅。同时，备份和原件需分别保存在不同房间，必要时应不在同一建筑物内保存。应建立相应的操作规程规定所有记录的保留期限，其中批检验记录应保存至兽药有效期后一年。稳定性考察、确认、验证等其他重要文件应当长期保存。超过保存期的文件应按相关规定进行粉碎或其他方式销毁，不得随意丢弃。

3.3.3.4 取样与留样

（1）取样要求　取样应当至少符合以下要求。

① 质量管理部门的人员可进入生产区和仓储区进行取样及调查。

② 应当按照经批准的操作规程取样，操作规程应当详细规定：经授权的取样人；取样方法；取样用器具；样品量；分样的方法；存放样品容器的类型和状态；实施取样后物料及样品的处置和标识；取样注意事项，包括为降低取样过程产生的各种风险所采取的预防措施，尤其是无菌或有害物料的取样以及防止取样过程中污染和交叉污染的取样注意事项；贮存条件；取样器具的清洁方法和贮存要求。

③ 取样方法应当科学、合理，以保证样品的代表性。

④ 样品应当能够代表被取样批次的产品或物料的质量状况，为监控生产过程中最重要的环节（如生产初始或结束），也可抽取该阶段样品进行检测。

⑤ 样品容器应当贴有标签，注明样品名称、批号、取样人、取样日期等信息；

⑥ 样品应当按照被取样产品或物料规定的贮存要求保存。

（2）留样要求　按规定保存的、用于兽药质量追溯或调查的物料、产品样品为留样。用于产品稳定性考察的样品不属于留样。留样至少符合以下要求。

① 应当按照操作规程对留样进行管理。

② 留样应当能够代表被取样批次的物料或产品。

③ 成品的留样：每批兽药均应当有留样；如果一批兽药分成数次进行包装，则每次包装至少应当保留一件最小市售包装的成品；留样的包装形式应当与兽药市售包装形式相同，大包装规格或原料药的留样如无法采用市售包装形式的，可采用模拟包装；每批兽药的留样量一般至少应当能够确保按照批准的质量标准完成两次全检（无菌检查和热原检查等除外）；如果不影响留样的包装完整性，保存期间内至少应当每年对留样进行一次目检或接触观察，如发现异常，应当调查分析原因并采取相应的处理措施；留样观察应当有记录；留样应当按照注册批准的贮存条件至少保存至兽药有效期后一年；企业终止兽药生产或关闭的，应当告知当地畜牧兽医主管部门，并将留样转交授权单位保存，以便在必要时可随时取得留样。

制剂生产用每批原辅料和与兽药直接接触的包装材料均应当有留样。与兽药直接接触的包装材料（如安瓿瓶），在成品已有留样后，可不必单独留样。物料的留样量应当至少满足鉴别检查的需要。除稳定性较差的原辅料外，用于制剂生产的原辅料（不包括生产过程中使用的溶剂、气体或制药用水）的留样应当至少保存至产品失效后。如果物料的有效期较短，则留样时间可相应缩短。物料的留样应当按照规定的条件贮存，必要时还应当适当包装密封。

3.3.3.5 物料和产品的检验

兽药检验是对兽药产品及物料质量评价的重要方式，检验的过程应符合标准规范的要求。检测方法及过程应制定相关的操作规程，操作规程的内容应该符合国家及行业的标准，应该确保兽药检测过程中所采用的方法科学合理。兽药检验应该严格按照检验规程进行，操作过程应有记录，记录内容应真实完整。检验完成后，应编写检验报告，凡是有数据要求的项目，如尺寸、规格等，应填写实测的数据，而不应该只简单地填写"合格"或"不合格"。

物料和不同生产阶段产品的检验应当至少符合以下要求。

（1）企业应当确保成品按照质量标准进行全项检验。

（2）有下列情形之一的，应当对检验方法进行验证：①采用新的检验方法；②检验方法需变更的；③采用《中华人民共和国兽药典》及其他法定标准未收载的检验方法；④法规规定的其他需要验证的检验方法。

（3）对不需要进行验证的检验方法，必要时企业应当对检验方法进行确认，确保检验数据准确、可靠。

（4）检验应当有书面操作规程，规定所用方法、仪器和设备，检验操作规程的内容应当与经确认或验证的检验方法一致。

（5）检验应当有可追溯的记录并应当复核，确保结果与记录一致。所有计算均应当严格核对。

（6）检验记录应当至少包括以下内容：①产品或物料的名称、剂型、规格、批号或供货批号，必要时注明供应商和生产商（如不同）的名称或来源；②依据的质量标准和检验操作规程；③检验所用的仪器或设备的型号和编号；④检验所用的试液和培养基的配制批号、对照品或标准品的来源和批号；⑤检验所用动物的相关信息；⑥检验过程，包括对照品溶液的配制、各项具体的检验操作、必要的环境温湿度；⑦检验结果，包括观察情况、计算和图谱或曲线图，以及依据的检验报告编号；⑧检验日期；⑨检验人员的签名和日期；⑩检验、计算复核人员的签名和日期。

（7）所有中间控制（包括生产人员所进行的中间控制），均应当按照经质量管理部门批准的方法进行，检验应当有记录。

（8）应当对实验室容量分析用玻璃仪器、试剂、试液、对照品以及培养基进行质量检查。

（9）必要时检验用实验动物应当在使用前进行检验或隔离检疫。

3.3.3.6　实验室结果超标调查

质量控制实验室应当建立检验结果超标调查的操作规程。任何检验结果超标都必须按照操作规程进行调查，并有相应的记录。

（1）**定义**　超出质量标准的实验结果（out of specification，OOS）：结果超出设定质量标准（超标），其中包括法定标准以及企业内控标准。如果对于产品有多个接受标准，结果的评判采用严格的标准执行。

超出趋势（out of trend，OOT）的实验结果：结果虽在质量标准之内，但是仍然比较反常，与长期观察到的趋势或者预期结果不一致。一般来讲，OOT的限度应由企业根据以下原则制定：①稳定性试验数据；②对历史批次实验结果的回顾总结，可以通过数学统计工具计算出；③企业对产品特性的了解。

通常情况下理化试验的OOT限度：活性成分的含量检测正常值在97%～98%，该批样品结果为99%；通过研磨方法制备样品的含量检测，两份平行样品之间的差异大于3.0%；稳定性试验含量测定的检测值与上一个监测点的结果绝对偏差大于3.0%，且与初始值的绝对偏差大于5.0%。

异常数据（abnormal data，AD）：指超出标准及超趋势以外的异常数据或来自异常测试过程的数据或事件。例如仪器设备停机、人为差错、系统适用性不合格、样品或样品溶液异常等等产生的数据或事件。

（2）**调查**　对于上述任何超出质量标准及趋势或异常的分析结果都须进行实验室调查。此调查应当遵循真实、科学、有效的原则，且应符合相应的法规要求。

经调查后一般采取原液复测、原样重测、重取样复验、实验室偏差、非实验室偏差等措施开展工作。

对实验室分析结果的调查是判断产品是否放行或从市场中召回（例如持续稳定性结果超标时）的依据之一，即使最终判断为非产品原因，亦可以指导实验室发现实验过程缺陷，进行整改并采取相应的预防措施。适用于所有在质量控制实验室以及中控实验室发生的任何对初始物料（包括原料、辅料、包装材料等）、中间产品以及成品的检验。

出现超标或超趋势的结果，应进行实验室调查以便确认结果是否有效。即使已根据确认有效的超标结果判定一批产品为不合格时，仍需进行调查以找出确切的或可能的不合格原因，并评估该产品或其他产品的其他批次是否受该超标结果的影响。在调查过程中，应对发现的任何错误采取相应的预防和整改措施。实验室调查应迅速开展，优先权高于其他工作。如果初步调查结论确凿，已上市销售的产品相关的实验室调查（如投诉样品，稳定性试验等），建议应于 24 小时内开始并在最短时间内完成，同时上报相关责任人，并及时跟踪调查进展和调查结果。

对于与上市产品无关的超标或超趋势的结果，也应立即进行调查，以确定超标是否来源于生产过程的偏差，以便及时进行纠正。如在实验中出现明显的错误时（如突然停电造成仪器自动关机、玻璃仪器爆裂等），在通知相关负责人后，可停止实验，做好相应记录和调查，该实验视为无效。应重新进行实验以获取有效结果。

一般情况下，报告结果是分析结果的平均值（如分析报告），但下列情况除外：①不要把超标的结果和其他结果平均得到一个符合标准的结果，任何超标个值都需要进行调查。②不要平均那些可以显示批产品个值差异的结果（例如溶出度、含量均匀度）。实验室的分析结果只是针对部分样品的测定。因此取样过程应正确，保证样品具有代表性，保证实验结果能代表该批产品的质量。

（3）**存在超标或超趋势原因**　实验室结果调查后存在超标或超趋势的原因主要有以下几种。

① 分析错误：造成分析结果与真值的偏差的原因是实验进行中的错误，如技术问题的结果。有如下两方面分析错误：表面的（可重复性的）与非表面的（不可重复性的）。前者可以归结于执行分析错误（例如文件的错误、非正确的计算/评估、试验条件不合规、不正确的标准、不正确的样品/标准品的初始称重、不正确的稀释、未校验的分析仪器），后者可归结于以前从未检出过的潜在的错误（例如分析方法的不精确性、耐用性不强的分析方法引起）。

② 产品问题：造成分析结果与真值偏差的原因是制造的错误引起产品质量的缺陷。分为与制造流程无关（例如不正确的初始称重、不正确的混合时间、操作错误）以及与制造流程有关（例如流程验证的不足、不精确的/不正确的生产配方）两种。

③ 样品错误：造成分析结果与真值的偏差的原因是样品准备的错误。例如取样、样品混淆、不正确的标识、样品质量自身的变化。

④ 未知错误：造成分析结果与真值的偏差的原因不能被定义为以上几种类型，还有一些是偶然发生、不可控的。

实验者对于每一个分析结果都须对照相应的质量标准和历史趋势进行评判，以断定是否为超标或超出趋势结果。如发现有异常数据，需立即报告相关责任人，并保留所有样品、标准品、玻璃仪器、试剂和样品溶液直到实验室调查批准总结为止。后续的调查应去确认每一个 OOS/OOT/AD 结果的原因。

（4）**实验室结果超标原因分析**　实验室结果超标分析由质量管理部门负责组织进行，通过对数据计算、样品管理、人员操作、仪器设备性能、试剂试液使用、检测方法、试验环境等方面调查分析，确认产生超标原因。①计算错误调查分析：对试验数据重新进行计算，确保计算公式、标准值、校正因子和其他参数使用正确，以确定是否为计算错误。如确定为计算错误，改正后的结果为最终结果，不需要进一步调查。②样品调查分析：检查原始样品（包括外观、标签及包装、贮存条件，并与同时检测的其他批次样品比较），同时对取样过程进行调查（包括取样环境、取样方法、取样工具和取样人员的操作过程等），以确定原始样品是否具有代表性。可提取其他批次留样和超标批次重新进行检测，比对结果的一致性。如确定为样品问题，则初始结果及原始样品判为无效，需重新取样检测。③人员操作调查分析：与分析人员讨论分析方法，确定分析人员的理解和操作过程的正确性，是否存在操作错误或偏差，对试验结果造成影响，评估检验人员的检验操作能力。检查所使用的玻璃器皿、器具，是否符合要求，是否存在使用玻璃仪器错误的原因。如确定是人员操作问题，则重新进行检验，并对人员进行培训。④仪器设备性能调查分析：确认所用仪器已经过校验且操作正确，包括可能会对结果有影响的仪器软件的核实。确认参数设定是否正确，色谱和光谱等原始数据是否有异常或可疑的信息。如存在问题，则需更正后进行重新检测。⑤试剂试液调查分析：检查所用标准品、溶剂、试剂和其他溶液，是否符合要求，使用是否正确并在有效期内，溶液配制是否正确。⑥检测方法调查分析：检验时使用的检测方法是否为现行版本，内容是否与法定标准规定一致。如存在检测方法不一致的问题，应修订检测方法，并重新按正确方法进行检测。⑦检测环境调查分析：调查分析检测操作过程中实验室环境是否符合要求，是否因环境温度、湿度、震动、电磁干扰等原因对试验数据造成影响。如存在问题应改进后重新进行检测。

（5）**超标复测**　质量管理部门进行实验室结果超标调查时，可选 2 名具有丰富经验的检验人员进行调查分析和复核检测。复核检测主要包括：①重新对原样、原液进行检测。②重新取样检测，必要时可提取其他批次样品进行比对检测，重新取样复验，指按取样规程重新取样进行检验。重新取样复验只许检验 3 次，如有一次不合格，则判为不合格，不予放行。③使用其他品牌或型号仪器设备进行比对检测。④重新配制溶液进行检测。调查过程还可收集该产品的历史数据（一般推荐该批次附近的 10 个连续批次的数据或两年的历史数据）并评估，以确认是否有趋势或相关的问题。经过以上初始调查，应得到明确的结论证明 OOS/OOT/AD 是否为明显的实验室错误引起。

（6）**记录与处理**　实验室调查中所有结果的状态都应记录和评估并为最终的产品放行或否决提供一部分依据。批产品质量的评估是基于调查结果和是否通过批准。调查结果证明对产品质量有影响，应经过产品质量风险评估后做出是否放行的决定。质量管理部门要重新审查质量管理过程及培训系统是否存在问题，及时纠正。如经实验室调查后，确认OOS/OOT 的根本原因非实验室原因所致，则应由质量部与生产部共同进行进一步的调查，进行偏差处理、合规调查等行动。质量控制实验室应按要求提供必要的支持性工作。

针对实验室结果超标调查结果，质量管理部门应制定相应的纠正预防措施，预防类似OOS/OOT 结果的发生。纠正预防措施应有针对性，根据调查确认的原因制定行之有效的方案措施，并对实施效果进行评估。

企业应制定实验室结果调查管理制度，按标准要求开展调查分析和处理。质量管理部门负责调查分析，调查结束后编制调查报告，用以记录所有的调查过程、调查结果和结论及纠正预防措施。调查记录应按规定要求编制调查记录编号，方便查询管理。调查报告应由相关质量负责人批准。

调查记录至少包括以下几部分：①OOS/OOT/AD的描述；②原始数据、样品、仪器设备、人员操作、试剂试液、试验方法、检测检测环境的调查；③复检计划及试验结果，如涉及复检；④调查结果，应阐明调查的各个方面及其结果，汇总可能性的原因；⑤调查结论，应阐明结果的有效性；⑥纠正预防措施；⑦涉及产品、物料的处理决定；⑧所有调查过程中的原始数据和相应实验记录均须作为调查报告的附件保留。

3.3.3.7 试剂、试液及检定菌管理

企业应制定试剂、试液管理制度，规定试剂、试液等的采购、接收、编码、领用、发放、报废等相关要求。规程的内容应全面、科学，应包含质量检验中用到的所有试剂、试液等，能正确、全面指导兽药检验工作的进行。

试剂、试液、培养基和检定菌的管理至少符合以下要求。

（1）商品化试剂和培养基应当从可靠的、有资质的供应商处采购，必要时应当对供应商进行评估。

（2）应当有接收试剂、试液、培养基的记录，必要时，应当在试剂、试液、培养基的容器上标注接收日期和首次开口日期、有效期（如有）。

（3）应当按照相关规定或使用说明配制、贮存和使用试剂、试液和培养基。特殊情况下，在接收或使用前，还应当对试剂进行鉴别或其他检验。

（4）试液和已配制的培养基应当标注配制批号、配制日期和配制人员姓名，并有配制（包括灭菌）记录。不稳定的试剂、试液和培养基应当标注有效期及特殊贮存条件。标准液、滴定液还应当标注最后一次标化的日期和校正因子，并有标化记录。

（5）配制的培养基应当进行适用性检查，并有相关记录。应当有培养基使用记录。

（6）应当有检验所需的各种检定菌，并建立检定菌保存、传代、使用、销毁的操作规程和相应记录。

（7）检定菌应当有适当的标识，内容至少包括菌种名称、编号、代次、传代日期、传代操作人。

（8）检定菌应当按照规定的条件贮存，贮存的方式和时间不得对检定菌的生长特性有不利影响。

3.3.3.8 标准品及对照品管理

标准品、对照品是指国家兽药标准中用于鉴别、检查、含量测定的标准物质。标准品是指用于生物检定或效价测定的标准物质，其特性量值一般按效价单位（μg）计；对照品是指采用理化方法进行鉴别、检查或含量测定时所采用的标准物质，其特性量值一般按纯度（%）计。

兽药生产企业应建立标准品、对照品的管理规程，内容应包含标准品管理的全过程。应按照标准品管理规程加强对标准品、对照品的管理，并记录所有的管理内容。

标准品或对照品的管理应当至少符合以下要求。

（1）标准品或对照品应当按照规定贮存和使用。

（2）标准品或对照品应当有适当的标识，内容至少包括名称、批号、制备日期（如有）、有效期（如有）、首次开启日期、含量或效价、贮存条件。

（3）企业如需自制工作标准品或对照品，应当建立工作标准品或对照品的质量标准以及制备、鉴别、检验、批准和贮存的操作规程，每批工作标准品或对照品应当用法定标准品或对照品进行标化，并确定有效期，还应当通过定期标化证明工作标准品或对照品的效价或含量在有效期内保持稳定。标化的过程和结果应当有相应的记录。

3.3.3.9 物料和产品放行

（1）**放行规程** 兽药生产企业应建立物料及成品的放行规程，内容应包括放行的标准要求及职责部门。物料的放行决定应结合供应商的结果分析，经检测合格放行。成品的检测应对成品的生产过程管理及质量检测进行综合评估，合格后放行。放行与否的决定应由质量管理负责人做出。建立的物料和产品批准放行的操作规程，应明确批准放行的标准、职责，并有相应的记录。

（2）**物料放行要求** 物料的放行至少符合：①物料的质量评价内容应当至少包括生产商的检验报告、物料入库接收初验情况（是否为合格供应商、物料包装完整性和密封性的检查情况等）和检验结果；②物料的质量评价应当有明确的结论，如批准放行、不合格或其他决定；③物料应当由指定的质量管理人员签名批准放行。

（3）**产品放行要求** 产品的放行至少符合以下要求。

① 在批准放行前，应当对每批兽药进行质量评价，并确认以下各项内容：已完成所有必需的检查、检验，批生产和检验记录完整；所有必需的生产和质量控制均已完成并经相关主管人员签名；确认与该批相关的变更或偏差已按照相关规程处理完毕，包括所有必要的取样、检查、检验和审核；所有与该批产品有关的偏差均已有明确的解释或说明，或者已经过彻底调查和适当处理；如偏差还涉及其他批次产品，应当一并处理。

② 兽药的质量评价应当有明确的结论，如批准放行、不合格或其他决定。

③ 每批兽药均应当由质量管理负责人签名批准放行。

④ 兽用生物制品放行前还应当取得批签发合格证明。

3.3.3.10 持续稳定性考察

（1）**考察目的** 持续稳定性考察的目的是在有效期内监控已上市兽药的质量，以发现兽药与生产相关的稳定性问题（如杂质含量或溶出度特性的变化），并确定兽药能够在标示的贮存条件下，符合质量标准的各项要求。主要针对市售包装兽药，但也需兼顾待包装产品。此外，还应当考虑对贮存时间较长的中间产品进行考察。

（2）**考察方案** 持续稳定性考察应当有考察方案，结果应当有报告。用于持续稳定性考察的设备（即稳定性试验设备或设施）应当按照第七章和第五章的要求进行确认和维护。持续稳定性考察的时间应当涵盖兽药有效期，考察方案内容至少包括：①每种规格、每种生产批量兽药的考察批次数；②相关的物理、化学、微生物和生物学检验方法，可考虑采用稳定性考察专属的检验方法；③检验方法依据；④合格标准；⑤容器密封系统的描述；⑥试验间隔时间（测试时间点）；⑦贮存条件（应当采用与兽药标示贮存条件相对应的《中华人民共和国兽药典》规定的长期稳定性试验标准条件）；⑧检验项目，如检验项目少于成品质量标准所包含的项目，应当说明理由。考察批次数和检验频次应当能够获得足够的数据，用于趋势分析。通常情况下，每种规格、每种内包装形式至少每年应当考察一个批次，除非当年没有生产。某些情况下，持续稳定性考察中应当额外增加批次数，如重大变更或生产和包装有重大偏差的兽药应当列入稳定性考察。此外，重新加工、返工或回收的批次，也应当考虑列入考察，除非已经过验证和稳定性考察。应当对不符合质量标准的结果或重要的异常趋势进行调查。对任何已确认的不符合质量标准的结果或重大不良趋势，企业都应当考虑是否可能对已上市兽药造成影响，必要时应当实施召回，调查结果以及采取的措施应当报告当地畜牧兽医主管部门。应当根据获得的全部数据资料，包括考察的阶段性结论，撰写总结报告并保存。应当定期审核总结报告。

3.3.3.11　变更控制

企业应建立变更控制系统，制定变更管理制度及相应的变更管理记录。企业对生产中原辅料、包装材料、质量标准、检验方法、操作规程、厂房、设施、设备、仪器、生产工艺和计算机软件等任何有影响产品质量的变更进行控制管理，任何变更均要经过申请、评估、审核、批准后再组织变更实施。变更实施后应进行结果评估，确认变更达到了预期的目标，不对产品质量产生不良影响。对经过评估验证结果较好的变更，企业应制订计划，确保变更内容得到确认并实施。变更过程中的所有过程，均应进行记录并存档保存。

企业应当建立变更控制系统，对所有影响产品质量的变更进行评估和管理。企业应当建立变更控制操作规程，规定原辅料、包装材料、质量标准、检验方法、操作规程、厂房、设施、设备、仪器、生产工艺和计算机软件变更的申请、评估、审核、批准和实施。质量管理部门应当指定专人负责变更控制。企业可以根据变更的性质、范围、对产品质量潜在影响的程度进行变更分类（如主要、次要变更）并建档。与产品质量有关的变更由申请部门提出后，应当经评估、制定实施计划并明确实施职责，由质量管理部门审核批准后实施，变更实施应当有相应的完整记录。改变原辅料、与兽药直接接触的包装材料、生产工艺、主要生产设备以及其他影响兽药质量的主要因素时，还应当根据风险评估对变更实施后最初至少三个批次的兽药质量进行评估。如果变更可能影响兽药的有效期，则质量评估还应当包括对变更实施后生产的兽药进行稳定性考察。变更实施时，应当确保与变更相关的文件均已修订。质量管理部门应当保存所有变更的文件和记录。

3.3.3.12　偏差处理

兽药生产企业应制定措施、加强培训，确保企业所制定的各项管理制度得到实施。企业应建立偏差管理制度和相应的偏差管理记录表格。企业确保对全体人员进行偏差管理培训，确保人员能有效识别偏差，及时报告、记录、调查、处理偏差，填写并保存相关的记录和报告。偏差调查应彻底，在偏差产生根本原因被确认和纠正效果确认前，所涉及的产品不得放行。企业应记录偏差台账，进行偏差趋势分析，制定具体的预防措施并开展实施，确保后期工作中的同类偏差得到有效预防，防止偏差产生。

各部门负责人应当确保所有人员正确执行生产工艺、质量标准、检验方法和操作规程，防止偏差的产生。企业应当建立偏差处理的操作规程，规定偏差的报告、记录、评估、调查、处理以及所采取的纠正、预防措施，并保存相应的记录。企业应当评估偏差对产品质量的潜在影响。质量管理部门可以根据偏差的性质、范围、对产品质量潜在影响的程度进行偏差分类（如重大、次要偏差），对重大偏差的评估应当考虑是否需要对产品进行额外的检验以及产品是否可以放行，必要时，应当对涉及重大偏差的产品进行稳定性考察。任何偏离生产工艺、物料平衡限度、质量标准、检验方法、操作规程等的情况均应当有记录，并立即报告主管人员及质量管理部门，重大偏差应当由质量管理部门会同其他部门进行彻底调查，并有调查报告。偏差调查应当包括相关批次产品的评估，偏差调查报告应当由质量管理部门的指定人员审核并签字。质量管理部门应当保存偏差调查、处理的文件和记录。

3.3.3.13　纠正措施和预防措施

企业应当建立纠正措施和预防措施系统，对投诉、召回、偏差、自检或外部检查结果、工艺性能和质量监测趋势等进行调查并采取纠正和预防措施。调查的深度和形式应当与风险的级别相适应。纠正措施和预防措施系统应当能够增进对产品和工艺的理解，改进产品和工艺。企业应当建立实施纠正和预防措施的操作规程，内容至少包括以下要点。

① 对投诉、召回、偏差、自检或外部检查结果、工艺性能和质量监测趋势以及其他来源的质量数据进行分析，确定已有和潜在的质量问题。

② 调查与产品、工艺和质量保证系统有关的原因。

③ 确定需采取的纠正和预防措施，防止问题的再次发生。

④ 评估纠正和预防措施的合理性、有效性和充分性。

⑤ 对实施纠正和预防措施过程中所有发生的变更应当予以记录。

⑥ 确保相关信息已传递到质量管理负责人和预防问题再次发生的直接负责人。

⑦ 确保相关信息及其纠正和预防措施已通过高层管理人员的评审。实施纠正和预防措施应当有文件记录，并由质量管理部门保存。

3.3.3.14　供应商的评估和批准

质量管理负责人负责评估和批准物料供应商。物料供应商的确定及变更应当进行质量评估，并经质量管理部门批准后方可采购。必要时对关键物料进行现场考察。质量管理部门应当对生产用关键物料的供应商进行质量评估，必要时会同有关部门对主要物料供应商（尤其是生产商）的质量体系进行现场质量考察，并对质量评估不符合要求的供应商行使否决权。

应当建立物料供应商评估和批准的操作规程，明确供应商的资质、选择的原则、质量评估方式、评估标准、物料供应商批准的程序。如质量评估需采用现场质量考察方式的，还应当明确考察内容、周期、考察人员的组成及资质。需采用样品小批量试生产的，还应当明确生产批量、生产工艺、产品质量标准、稳定性考察方案。

质量管理部门应当指定专人负责物料供应商质量评估和现场质量考察，被指定的人员应当具有相关的法规和专业知识，具有足够的质量评估和现场质量考察的实践经验。

现场质量考察应当核实供应商资质证明文件。应当对其人员机构、厂房设施和设备、物料管理、生产工艺流程和生产管理、质量控制实验室的设备、仪器、文件管理等进行检查，以全面评估其质量保证系统。现场质量考察应当有报告。必要时，应当对主要物料供应商提供的样品进行小批量试生产，并对试生产的兽药进行稳定性考察。

质量管理部门对物料供应商的评估至少应当包括：供应商的资质证明文件、质量标准、检验报告、企业对物料样品的检验数据和报告。如进行现场质量考察和样品小批量试生产的，还应当包括现场质量考察报告，以及小试产品的质量检验报告和稳定性考察报告。

改变物料供应商，应当对新的供应商进行质量评估；改变主要物料供应商的，还需要对产品进行相关的验证及稳定性考察。质量管理部门应当向物料管理部门分发经批准的合格供应商名单，该名单内容至少包括物料名称、规格、质量标准、生产商名称和地址、经销商（如有）名称等，并及时更新。质量管理部门应当与主要物料供应商签订质量协议，在协议中应当明确双方所承担的质量责任。质量管理部门应当定期对物料供应商进行评估或现场质量考查，回顾分析物料质量检验结果、质量投诉和不合格处理记录。如物料出现质量问题或生产条件、工艺、质量标准和检验方法等可能影响质量的关键因素发生重大改变时，还应当尽快进行相关的现场质量考查。企业应当对每家物料供应商建立质量档案，档案内容应当包括供应商资质证明文件、质量协议、质量标准、样品检验数据和报告、供应商检验报告、供应商评估报告、定期的质量回顾分析报告等。

3.3.3.15 产品质量回顾分析

企业应建立产品年度质量回顾分析管理规程和操作规程，原则上由企业质量管理负责人牵头负责实施，各企业可根据实际情况，在积极学习和充分借鉴国内外先进经验的基础上，结合兽药 GMP（2020 年修订）不断完善相关内容。

企业应当建立产品质量回顾分析操作规程，每年对所有生产的兽药按品种进行产品质量回顾分析，以确认工艺稳定可靠性，以及原辅料、成品现行质量标准的适用性，及时发现不良趋势，确定产品及工艺改进的方向。

企业至少应当对下列情形进行回顾分析：①产品所用原辅料的所有变更，尤其是来自新供应商的原辅料；②关键中间控制点及成品的检验结果以及趋势图；③所有不符合质量标准的批次及其调查；④所有重大偏差及变更相关的调查、所采取的纠正措施和预防措施的有效性；⑤稳定性考察的结果及任何不良趋势；⑥所有因质量原因造成的退货、投诉、召回及调查；⑦当年执行法规自查情况；⑧验证评估概述；⑨对该产品该年度质量评估和总结。

企业对产品进行年度质量回顾分析时，应全面回顾可能影响质量的各环节，进行风险评估及排查，消除安全隐患，分析质量趋势，提出改进的措施和建议，确保产品质量。企业可采取合适的分析方法或软件对数据进行趋势分析，在做趋势分析中，应参考历史数据，分析产品质量变化情况。产品年度质量报告一般应在回顾周期后 3 个月内完成，并对上一年度质量报告中建议的改进措施执行情况进行跟踪报告。

应当对回顾分析的结果进行评估，提出是否需要采取纠正和预防措施，并及时、有效地完成整改。

3.3.3.16 投诉与不良反应报告

兽药不良反应包括所有危及动物健康或生命，以及产量或饲料报酬明显下降的不良反应；新兽药投产使用后可能发生的各种不良反应，疑为兽药所致的致畸、致癌、致突变；各种类型的过敏反应；疑为兽药间相互作用导致的不良反应；因兽药质量或稳定性问题引起的不良反应；其他一切意外的不良反应等。

兽药生产企业应主动承担兽药不良反应监察和报告的义务，及时、妥善、正确处理客户对兽药质量和不良反应方面的投诉。同时，应该在标签和说明书上明确标识兽药成分、注意事项及可能发生的兽药不良反应。

应当建立兽药投诉与不良反应报告制度，设立专门机构并配备专职人员负责管理。应当主动收集兽药不良反应，对不良反应应当详细记录、评价、调查和处理，及时采取措施控制可能存在的风险，并按照要求向企业所在地畜牧兽医主管部门报告。应当建立投诉操作规程，规定投诉登记、评价、调查和处理的程序，并规定因可能的产品缺陷发生投诉时所采取的措施，包括考虑是否有必要从市场召回兽药。应当有专人负责进行质量投诉的调查和处理，所有投诉、调查的信息应当向质量管理负责人通报。投诉调查和处理应当有记录，并注明所查相关批次产品的信息。应当定期回顾分析投诉记录，以便发现需要预防、重复出现以及可能需要从市场召回兽药的问题，并采取相应措施。企业出现生产失误、兽药变质或其他重大质量问题，应当及时采取相应措施，必要时还应当向当地畜牧兽医主管部门报告。

3.3.4　质量风险管理

3.3.4.1　概念

质量风险管理是在掌握足够的知识、事实和数据后，通过分析前瞻性地推断未来可能会发生的事件，通过采用风险控制措施，避免危害的发生可能或降低危害所造成的不良影响。风险管理的理念已被有效运用在了经济、社会、企业管理等众多方面，是现代质量管理体系的重要组成部分。

兽药GMP（2020年修订）中增加了质量风险管理的内容，强调质量风险管理是在整个产品生命周期中采用前瞻或回顾的方式，对质量风险进行评估、控制、沟通、审核的系统过程。

"风险"是指危害发生的可能性和严重性的组合，质量风险管理的目的是按照一个完整的风险管理流程，使风险发生的可能性降低或者提高风险发生时的可预测性，将风险危害降低到可接受程度。

质量风险管理应贯穿兽药生产的全过程，一般在以下活动或过程中使用质量风险管理工具：偏差、变更、CAPA、投诉的评估；新项目、新系统、新工艺、新设备引入时；前瞻性风险分析；回顾性风险分析；关键工艺步骤；关键公用系统、设备；多产品共线；确认与验证。

3.3.4.2　职责

企业的管理者应负责本公司内各部门间的质量风险管理协调，确保已建立质量风险管理机制，确保有相应的资源保障。质量风险管理工作通常由各领域成员组成的专项小组完成，必要时质量风险管理工作小组的成员还应包括其他适合领域的专家及风险管理的专业人士。

3.3.4.3　质量风险管理流程

质量风险管理由风险评估、风险控制和风险回顾三部分组成，其中风险评估包括风险识别、风险分析和风险评价。风险沟通贯穿于风险管理的各个阶段（图3-1）。

（1）风险评估

① 风险识别：是对尚未发生的、潜在的和客观存在的各种风险进行识别和归类，并分析产生风险事故的原因，识别风险主要包括感知风险和确认风险两方面工作。

启动质量风险管理程序

建立质量风险小组

风险评估
- 风险识别
- 风险分析
- 风险评估

风险控制
- 风险降低
- 风险接受

不接受

风险沟通

风险管理工具

质量风险过程结果/输出

风险回顾
- 审核事件

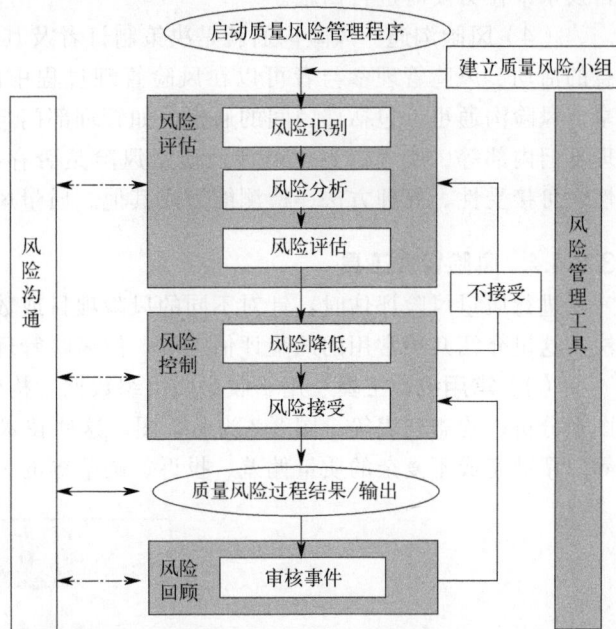

图 3-1　质量风险管理模式图

②风险分析：风险分析是对所确定的与危害源有关的风险进行预估，针对不同的风险项目需选择不同的分析工具。关注于风险发生的可能性有多大？风险发生的后果是什么？选择合适的风险评估工具。确定风险的因素，如发生的可能性危害的严重性、可测量性。界定风险因素的范围。确定采取的行动。

③风险评价：应用风险评估工具进行风险评价，确定风险的严重性，将已识别和分析的风险与预先确定的可接受标准比较。风险评价的结果可以是对风险的定量评估，也可以是对风险的定性描述。风险评估可以应用定性和定量的过程确定风险的严重性。

（2）风险控制　风险控制包括制定降低和/或接受风险的决定。风险控制的目的是降低风险至可接受水平，包括风险降低和风险接受。

①风险降低。确定风险降低的方法，当风险超过可接受的水平时，风险降低将致力于减少或避免风险。包括采取行动来降低风险的严重性或风险发生的可能性；应用一些方法和程序提高鉴别风险的能力。需要注意的是，风险降低的一些方法可能对系统引入新的风险或显著提高其他已存在的风险，因此风险评估必须重复进行以确定和评估风险的可能变化。如，兽药生产过程中要求在批生产完成后要进行设备清洁，清洁剂如果选用工艺溶剂或者水，由于没有增加风险因素，因而不会给兽药产品带来新的污染。但是如果选用一种新的溶剂或一类溶剂，如苯、四氯化碳等致癌物质，由于清洁后这类物质不会完全除去，会给兽药产品增加新的风险。

②风险接受。确定可接受风险的最低限度，设计适宜的质量风险管理策略来降低风险至可接受的水平。即使是最好的质量管理措施，某些损害的风险也不会完全被消除。在这些情况下，可以认为已经采取了最佳的质量风险策略，质量风险已经降低至可接受水平。这个可接受水平由许多参数决定，并且应根据具体情况分别对待。

（3）风险回顾　在整个风险管理流程的最后阶段，应该对风险管理的结果进行审核。风险管理是一个持续性的质量管理过程，应当建立定期回顾检查的机制，回顾频率应基于相应的风险水平确定，审核结果应根据新知识、新环境而进行更新，根据风险控制项目及水平在必要时进行回顾。

（4）**风险沟通**　风险沟通就是决策制订者及其他人员间交换或分享风险及其管理信息的活动。风险管理参与者可以在风险管理过程中的任何阶段进行交流，进行信息的共享。风险沟通也可包括部门间的通报，如管理部门与企业、企业与使用者，以及公司或管理部门内部等。所含信息也可涉及质量风险是否存在，及其本质、形式、可能性、严重性、可接受性、处理方法、检测能力或其他。质量风险管理过程的所有结果都应记录。

3.3.4.4　风险管理工具

进行质量风险评估时，针对不同的风险项目或数据，可选择不同的风险评估工具和方法。这里介绍几种常用的风险评估工具，但风险管理工具不仅限于以下几种。

（1）**常用统计工具**　用于收集或组织数据、构建项目管理等，包括流程图、鱼骨图、图形分析、检查列表等，图 3-2 为鱼骨图。这些技术分析数据可用于汇总数据、分析趋势等以帮助完成不复杂的质量偏差、投诉、缺陷等的风险管理。

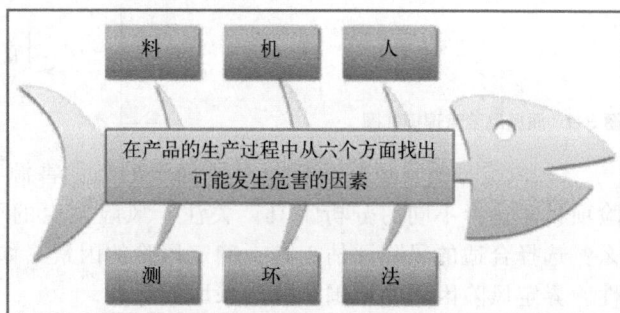

图 3-2　鱼骨图

（2）**风险排列和过滤**　风险排列和过滤是一个用于比较风险并将风险分级的工具。复杂体系中的风险等级，通常需要对每一个风险中复杂多样的定量、定性因素作出评估。该方法是将风险因素进行排列和比较，对每种风险因素作多重的定量和定性的评价，并确定风险得分。

风险评价可以使用风险"低""中""高"分类（表 3-10）和简单的矩阵（图 3-3）。

表 3-10　风险排列和过滤表

潜在的风险	风险分析		风险评价
	可能性	严重性	得分
风险 1	低（1）	高（3）	中（3）
风险 2	中（2）	低（1）	低（2）
风险 3	中（2）	中（2）	中（4）

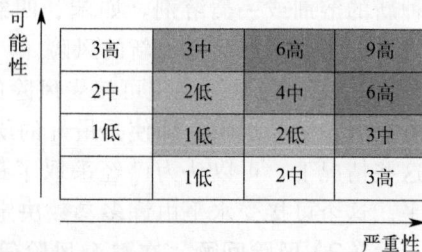

图 3-3　矩阵图

风险排列和过滤通常用于优选待检查/审计的生产地点。当风险的组合及潜在的需处理的后果多样且较难用单一工具衡量时，风险分级方法尤为有效。当管理需要定量和定性地评价同一组织框架内的估定风险时，风险分级也同样有用。

（3）初步危害分析　初步危害分析（Preliminary Hazard Analysis，PHA）是一种通过利用已有的关于危害源或失败的经验或知识，来识别将来的危害源、危险局面和会导致危害的事件的分析方法，也应用于评估既定活动、设施、产品或系统中危险发生的可能性。这种方法包括：确定风险事件发生的可能性；定量评估对动物健康可能导致的损害或毁坏程度；确定可能的补救办法。

这个方法基于在给定的条件下对风险矩阵的开发，包括：严重性的定义和排列，即严重，主要，次要，可忽略；发生频次（可能性）的定义和排列，即频繁，可能，偶尔，罕见；风险的水平和定义，即高——此风险必须降低，中——此风险必须适当地降低至尽可能低，低——考虑收益和支出，降低至尽可能低，微小——通常可以接受的风险。

初步危害分析的矩阵见表 3-11。

表 3-11　初步危害分析矩阵

可能性	严重性			
	可忽略	次要	主要	严重
频繁	低	中	高	高
可能	低	中	高	高
偶尔	微小	中	中	高
罕见	微小	低	中	中

应用领域：当实际情况不允许使用更进一步的技术，来分析现存系统或对危害源进行有限排序时，可应用 PHA。它可被用于产品、工艺和设备的设计，也可用于评估从某一类别的产品，到某一等级的产品，直至某种产品的危害种类。PHA 最常应用于项目的早期开发阶段，此时在设计细节以及运行程序方面的信息比较缺乏，因此它经常成为进一步分析的基础。

（4）失败模式效果分析　失败模式效果分析（Failure Mode Effects Analysis，FMEA）是一种对工艺的失败模式及其对结果和/或产品性能的可能产生的潜在影响的评估。一旦失败模式被建立，风险降低就可被用来消除、减少或控制潜在的失败。这有赖于对产品和过程的理解。FMEA 合理地对复杂过程进行分析，将其分解为可操作的步骤。在总结重要的失败模式、引起这些失败的因素和这些失败的潜在后果方面，这是一个强有力的工具。

FMEA 的重要步骤之一就是对风险进行评估，一般从三个方面进行：严重度、发生概率、可探测性。不同的企业、不同的活动有不同的评价方式，一般采用 3～5 个层级进行评价，以下以 3 分制为例说明。

严重度（S）：是风险事件发生后对质量体系影响的严重程度，在企业内可约定一个统一的判定准则。严重度判定标准见表 3-12：

表 3-12　严重度（S）判定标准

后果	判定准则	得分
不符合安全或法规要求，可能导致严重后果	风险事件发生后，会造成产品不符合国家法定标准，可能对用户带来不可挽回的损失或其他严重后果	3
主要或次要功能丧失，会影响到产品的质量、产量	风险事件发生后，会导致产品产生明显的质量问题，但一般易于识别，不会导致严重的后果	2
较轻微的质量问题，一般不会影响到产品的质量	风险事件发生后，会导致不明显的质量问题，一般不易被用户察觉，但可能对公司声誉带来不良影响	1

发生概率（P）：指风险事件发生的可能性。发生概率划分原则见表 3-13。

表 3-13　发生概率（P）划分原则

发生概率	得分
发生概率极高，经常发生	3
发生概率中等，偶尔发生	2
很少发生	1

可探测性（D）：指风险事件发生时，能够用现有控制方法进行识别的能力。可探测性（D）判定标准见表 3-14。

表 3-14　可探测性（D）判定标准

可探测性	得分
在风险事件发生时，现有方法很难及时识别出来	3
在风险事件发生时，能够进行识别，但容易疏忽或缺漏	2
能够很容易识别，并可以采取行动予以避免	1

风险系数（risk priority number，RPN）＝严重度（S）×发生概率（P）×可探测性（D），便于我们量化识别风险的等级。通常风险等级的划分见表 3-15。

表 3-15　风险等级划分原则

风险系数	风险等级	行动
12、18、27	高	此风险必须降低
8、9	中	此风险必须适当地降至尽可能低
3、4、6	低	在考虑费用和收益的情况下，此风险应降至尽可能低
1、2	微小	通常可以接受的风险

在我们决定对多个风险进行优先措施排序时，可参考 RPN 值，但不建议仅仅参考 RPN 值来决定优先次序，例如从表 3-16 中看出，A 风险的 RPN 值较低，但严重度较高。企业在对风险采取应对措施时，应根据具体情况，综合多方面因素来进行资源配置。对于严重度高的风险项，应采取控制措施降低风险。

表 3-16　风险评估表示例

风险事件	S	P	D	RPN
A	3	2	1	6
B	2	2	2	8

（5）危害分析和关键控制点　危害分析和关键控制点（Hazard Analysis and Critical Control Point，HACCP）是一个系统的、前瞻性的和预防性的用于确保产品质量、可靠性和安全性的方法。它是一个结构化的方法，应用了技术和科学的原理分析、评估、预防和控制风险或与设计、开发、生产和产品有关的危害的负效应。HACCP 共有 7 步，该工具的应用需基于对过程或产品有深刻的理解。

① 列出过程每一步的潜在危害，进行危害分析和控制。

② 确定主要控制点。

③ 对主要控制点建立可接受限度。

④ 对主要控制点建立监测系统。

⑤ 确定出现偏差时的正确行动。

⑥ 建立系统以确定 HACCP 被有效执行。

⑦ 确定所建立的系统被持续维持。

HACCP用于产品的物理、化学性质等危害分析，只有对产品和过程有全面的了解、认识时方可正确地确定控制点，其输出结果可推广用于不同的产品生命周期阶段。

应用领域：可以用来确定和管理与物理、化学和生物学危害源（包括微生物污染）有关的风险。当对产品和工艺的理解足够深刻、足以支持危机控制点的设定时，HACCP是最有效的。HACCP分析的结果是一种风险管理工具，有助于监控生产过程中的关键点。

（6）过失树分析　过失树分析（Fault Tree Analysis，FAT）是鉴别假设可能会发生过失的原因分析方法（图3-4）。FAT结合过失产生原因的多种可能假设，基于对过程的认识做出正确的判断。

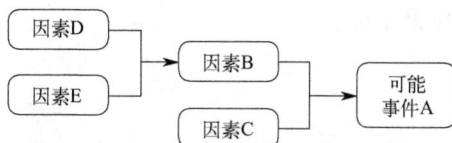

图3-4　过失树分析图

可应用领域：这种方法可被用于建立一个途径以找到错误的根源。在对投诉或者偏差进行调查时，可以利用FTA充分了解造成错误的根本原因，确保针对性的改进方法能根本性地解决一个问题，而不引起其他问题。FTA是一个评估多种因素如何影响一个既定结果的好方法，其分析结果既包括了对错误模式的一种形象化描述，又包括了对每一个错误模式发生可能性的量化评估。它在风险评估及设计阶段的监控程序都十分有用。

3.3.5　其他特殊要求

3.3.5.1　动物房

实验动物房应当与其他区域严格分开，其设计、建造应当符合国家有关规定，并设有专用的空气处理设施以及动物的专用通道。

采用动物生产兽用生物制品，生产用动物房必须单独设置，并设有专用的空气处理设施以及动物的专用通道。

生产兽用生物制品的企业应设置检验用动物实验室。同一集团控股的不同生物制品生产企业，可由每个生产企业分别设置检验用动物实验室或委托集团内具备相应检验条件和能力的生产企业进行有关动物实验。有生物安全三级防护要求的兽用生物制品检验用实验室和动物实验室，还应符合相关规定。

生产兽用生物制品外其他需使用动物进行检验的兽药产品，兽药生产企业可采取自行设置检验用动物实验室或委托其他单位进行有关动物实验。接受委托检验的单位，其检验用动物实验室必须具备相应的检验条件，并应符合相关规定要求。采取委托检验的，委托方对检验结果负责。

兽用制品检验用动物实验室和生产车间应当分开设置，且不在同一建筑物内。检验用动物实验室应根据检验需要设置安全检验、免疫接种和强毒攻击区，强毒攻击区应有严格的隔离设施。生产和检验动物房应设置解剖室，生产用动物房解剖室应能满足无菌采集需要。动物房应有污水、粪便和带毒动物尸体处理设施。污水、动物粪便、垫草、带毒动物尸体应进行无害化处理，带毒动物尸体处理应采用双扉式高压灭菌柜。

生产布氏菌病活疫苗的，安全检验动物房应配置有负压独立通风笼具（IVC）的负压动物实验室。

3.3.5.2 易燃易爆物品要求

易燃易爆、腐蚀性强的消毒剂（如固体含氯制剂等）生产车间和仓库应设置独立的建筑物。易燃、易爆和其他危险品的生产和贮存的厂房设施应符合国家有关规定。兽用麻醉药品、精神药品、毒性药品的贮存设施应符合有关规定。

易燃易爆、强氧化性等特殊物料，应当建立专用的独立库房。可在室外存放的物料，应当存放在适当容器和环境中，根据物料特性有清晰的标识，并在开启和使用前应当进行适当清洁。含有机溶剂中药提取工艺的，厂房应有防爆设施及有机溶剂监测报警系统。

3.4

兽药贮藏与运输管理

3.4.1 概述

物料指原料、辅料、包装材料和其他辅助生产物料，产品包括中间产品（半成品）和成品。兽药存储与运输管理是兽药 GMP 关于物料管理中的重要内容，其管理核心是围绕兽药加工、销售过程，对每个环节中物料的管理进行规定，以确保物料在该环节中的质量。物料流转涵盖从原辅料进厂到成品出厂的全过程，涉及企业生产和质量管理的所有部门，物料管理就是对物料流转的全过程进行控制，保障不合格原辅料、包装材料不进库，不合格的中间产品（半成品）不流入下道工序，不合格的成品不出厂。因此，物料管理的主要方式包括：一是确保兽药生产所用的原辅料、包装材料符合相应的质量标准，并不得对药品质量有不利影响；二是建立明确的物料和产品的管理规程，确保物料和产品的正确接收、贮存、发放、使用和发运，采取措施防止污染、交叉污染、混淆和差错。通过建立物料管理系统，使物料的采购、验收、贮存、使用和发放有章可循；使物料流向明晰，从而保证物料的质量和可追溯性。

3.4.2 贮藏设施及要求

3.4.2.1 贮藏设施与条件

按照兽药所要求的贮存条件，放置在合适库位，并注意库位的温湿度监控和防潮、防漏、防晒、防虫、防鼠等措施。

在区域设施控制方面，要求建立满足物料贮存条件的、可以有序存放的物料接收、待检/合格、不合格区域，以及特殊要求的仓储区域（剧毒、防爆、阴凉、冷藏、冷冻等）。

计算机化仓储管理系统（如 ERP 系统）是一种建立在信息技术基础上的先进管理平台。企业如果通过计算机化系统进行物料管理，该计算机化系统必须是经过验证的。ERP 系统可将企业的计划、生产、质检、进销存实现一体化，按照 GMP 要求实现流程化管理。物流管理是 GMP/ERP 的一个重要模块，通常包括物料的采购、入库、存储、发放以及物料状态控制管理。

3.4.2.2 原辅料贮藏要求

（1）基本要求

① 物料应尽可能选择分类分库存放，通常分为以下几类：一是原料、辅料库，主要存放生产所需各类原料、辅料，还可再分为固体原料库、液体原料库、菌（毒、虫）种库、细胞库、危化品库等。二是包材库，主要存放生产所需各类包装材料，如标签、说明书、内包装材料等，如 PE 袋、包装瓶、塑料瓶等。三是特殊药品库，如危化品库。四是不合格品库，存放不合格的物料，有条件时可以按种类划分。

② 仓库管理员应合理安排仓库货位，按物料的品种、规格、批号分区码放。一个货位上，只能存放同一品种、同一规格、同一批号、同一状态的物料。否则，应采取有效的隔断标识措施，确保能将不同批号的物料分开。

③ 根据风险评估的结果确定一种物料的贮存条件，除根据物料的性质、厂家标识外，还应注意不同物料之间的相互影响或混淆。

④ 兽用生物制品细胞库应分类（原始细胞库、基础细胞库和工作细胞库）分别存放于液氮罐中。兽用生物制品菌（毒、虫）种须由专人负责保管，根据菌（毒、虫）种的类别和级别不同，设专库分类存放，保存于低温冰柜中，实行双人双锁管理，确保菌（毒、虫）种安全和分类清晰。物料要整齐、稳固地码放在托盘上，托盘须保持清洁，不得对物料带来污染，底部要通风、防潮。

⑤ 中药材、中药饮片和提取物应当贮存在单独设置的库房中；贮存鲜活中药材应当有适当的设施（如冷藏设施）。毒性和易串味的中药材和中药饮片应当分别设置专库（柜）存放。

仓库内应当配备适当的设施，并采取有效措施，保证中药材和中药饮片、中药提取物以及中药制剂按照法定标准的规定贮存，符合其温、湿度或照度的特殊要求，并进行监控。贮存的中药材和中药饮片应当定期养护管理。

⑥ 合格、不合格、待检状态应采用不同的标识，如分别由绿色、红色、黄色标签进行标识。

⑦ 仓库内所有物料的账、卡，由相应仓库管理员保管，仓库管理员应及时填写台账，确保账、卡、物一致。

⑧ 物料在贮存过程中发生泄漏时应及时处理，固体物料泄漏时使用吸尘器收集，液体物料泄漏时使用吸液垫吸取。收集后的废品放入废品专用袋中，贴上"废品/废料"标签，注明名称、重量、来源等，如果含有药物活性成分，则在"废品/废料"标签右下角贴上"活性成分"标签，运送至废品、废料库。

（2）温湿度监控

① 物料贮存期间，每天应至少进行一次温度、湿度监控和记录，鼓励采取自动在线记录存贮方式。应对库房的温度、湿度分布情况进行研究，并将温度、湿度监控点安装于有代表性的区域。温湿度的监控设施包括报警设施连同其他辅助设备，需定期校验并维护。

室温控制：产品的贮存条件若为室温控制，在贮存区域应确保有合适数量的温度和湿度记录仪。当出现温度或湿度超出限度时，需有合适的报告程序，确保能立刻采取适当的措施。

阴凉或冷藏：产品若有温湿度贮存条件要求，则相应的库房应安装24小时连续监测或有能保证正常运行的设施。建议安装温湿度报警装置，以保证温度或湿度超出限度时，能及时通知相关人员，采取适当措施。监测设施的数量和安装位置应依据各自企业的实际情况，能保证控制的有效性和代表性；应建立适当的温湿度监控程序，以确保产品的贮存条件；相关的控温设备性能应经确认，并有书面的管理程序。

冷冻贮存：库房应安装温度连续监测设施，对于冷冻设施需有维修手册，并包括可能的紧急情况的处理方案。若为液氮冻存，则应定期监测并维护冻存容器（如液氮罐），保证贮存环境中液氮高度稳定。

② 温湿度监控点的选择。库房的不同方位，其温湿度存在着一定的差异。应科学评估库房中不同位置的温湿度特点，从而确定温湿度监控记录仪放置点，确认过程中需考虑以下因素。

a. 公司产品的贮存条件要求，如：有无特殊的贮存条件，对温湿度的要求是什么。

b. 评估温湿度过高或过低对产品的影响，如：泡腾片对湿度的控制要求很高，则在监测点选择过程中，需密切关注湿度。

c. 考虑以上因素，结合库房的空间特点，如温控设施的位置（空调等）、墙面是否朝阳、天花板或屋顶高度以及库房的地理位置等。

d. 不同季节极端温湿度条件分布的差异。

根据以上评估，以最恶劣的情况作为确认过程中的代表性点，确认库房的贮存条件能否达到既定要求。

3.4.2.3 兽药成品贮藏要求

兽药应分类、分品种、分批号存放。仓库根据该成品规定的贮存条件，将成品有序地存放在常温库、阴凉库或冷库内。将成品送到货位上时，同批产品应集中存放；对于合箱的、有零头装箱的，应注意将合箱、零箱兽药放在底层货架的上表面处，以便清点、拼箱。在交货记录上记录相应的库位号码，填上日期并签名。

成品码放时应离墙、离地，与其他货位之间留有一定间距，应建立货位卡，标明品名、规格、批号、入库数量和发放情况。成品的贮存管理要求同原辅料管理要求基本一致。

3.4.3 运输管理要求

3.4.3.1 运输控制

对可能影响物料质量的因素进行控制，如：

① 需要冷藏的物料的运输就需要有温度监控的冷藏车辆进行。

② 运输工具可能在各种天气情况下运输，需要考虑对雨雪的防护及短时间内跨越不同地区可能导致的温度急剧变化等影响，例如必要时应有适当的防冻措施。

③ 大量溶剂运输需要由具有危险品运输资质的运输企业或物流企业派符合国家法规要求的车辆和人员进行，剧毒品也是类似要求。

3.4.3.2 运输方式的选择

应根据物料的特性选择合适的运输方式，物料的运输过程中尽可能减少对产品的质量造成影响。

对运输公司的选择,应考察其对物料运输条件的保障能力,关注其在守法经营、特殊运输条件(如阴凉、冷链运输)及异常情况的保证能力。对于危险化学品、剧毒品等物料的运输,还应符合相关行业的特殊规定。运输菌(毒、虫)种时,应按国家有关部门的规定办理。运输种蛋等易碎物料时,应采取有效措施防止颠簸碰撞对物料质量带来影响。在中药运输过程中,应当采取有效可靠的措施,防止中药材和中药饮片、中药提取物以及中药制剂发生变质。

3.4.3.3 运输的基本要求

① 标识完整,清晰可辨。

② 未受污染,未被其他产品或物料污染,以及免受外部的影响。

③ 物料运输应保证其包装的完整性,有充分的措施防止泄漏、破损、丢失。

④ 确保不受不适当的温度、光照、湿度或其他不利条件的影响,无虫害。

⑤ 保证物料在运输中的贮存条件,必要时,采用相应的监测手段(如温度记录计)对运输过程进行监控。

3.5

兽药产品销售与召回管理

3.5.1 概述

产品销售活动一般由企业销售部门单独完成,而售后服务、质量信息反馈、用户访问等方面的工作,生产、质量等管理部门也需要参与或组织。产品销售管理的基本原则是使被销售的产品具有可溯源性,一旦发现产品质量存在问题,即可以追溯产品从生产到终端用户的流向。

兽药召回是指兽药生产企业或经销商主动从市场上收回存在质量问题或安全隐患的产品,以及畜牧兽医管理部门暂停或永久取消生产许可的兽药产品,以消除不良兽药产品对客户养殖动物的影响或降低产品对动物的伤害程度。

兽药生产企业应当建立产品退货和召回的管理制度。因质量原因退货和召回的产品,均应按照规定监督销毁。

3.5.2 销售管理要求

企业应建立科学合理的销售管理制度、SOP 和相应的记录,确保按制度执行,能够及时准确完整地记录产品的销售情况,以便于产品质量追溯。

3.5.2.1 销售原则

（1）**质量合格的兽药产品方能销售**　兽药产品只有经企业质量管理部门检验合格，签发成品检验合格报告单，并经审核放行后方能销售，兽用生物制品还需经批签发审批后方可销售。

有下列情况之一的兽药不能销售：①未经质量管理部门检验合格的；②无批准文号的；③与国家法律、法规规定不符的；④无生产批号、生产日期的；⑤标签、说明书等资料不全的；⑥包装不牢固、破损或标签模糊不清的；⑦变质或被污染的；⑧未取得进口兽药注册证书并办理《进口通关单》的；⑨不注明或超过规定期限的；⑩未向国家兽药产品追溯系统上传产品出库信息的；⑪尚未获得批签发审批的兽用生物制品。

（2）**兽药销售执行先产先销**　兽药质量具有时效性，有效期一般都是从生产之日起开始计算的。为了保证稳定、有效的兽药及时销售，防止先生产产品在仓库内长期滞留，或尽管在规定时限内销出，但大大缩短产品的售后保存期限，可能给用户带来损失，兽药销售执行"先产先销"。

3.5.2.2 产品入库、出库信息采集与处理

根据农业农村部有关规定，兽药生产企业生产的在我国市场销售的产品，应在产品标签或最小销售包装上按照规定印制二维码，并上传入库信息和出库信息。因技术原因无法在产品标签或最小销售包装上加印兽药二维码的，应在最小销售包装的上一级包装上加印唯一的兽药二维码。兽药生产企业免税申请和下载使用兽药二维码，负责兽药二维码的印刷，不得伪造或者冒用兽药二维码确保识读率，保证二维码数据安全，在兽药全链条各个环节正常使用。产品生产下线后，应及时将兽药产品入库信息上传至国家兽药产品追溯系统，产品上市销售前将产品出库信息上传至国家兽药产品追溯系统。

3.5.2.3 产品销售记录

销售记录的内容应包括：产品名称、规格、批号、数量、收货单位和地址、联系方式、发货日期、运输方式等，合同或订单号也应填写清楚。

销售记录作用，可准确掌握库存产品结构及市场需求，为制定生产计划提供依据；作为兽药批追溯依据，发现质量问题时，可及时准确找到该批产品所有客户，及时召回处理；可作为兽药生产企业开展市场服务、用户访问及顾客满意度调查依据。

3.5.2.4 销售产品的贮存和运输

企业应建立兽药销售过程中产品的贮存、运输和防护制度，确保销售产品的储存、运输过程与产品的贮存条件相适应，保证产品顺利交付。兽用生物制品贮存期较短，需更加注意储存温度和运输方式。

3.5.3 召回管理要求

企业应建立科学合理的产品召回系统，包括召回管理制度文件、SOP 和相应的记录表格，确保按制度执行，应能够及时准确记录产品的召回情况，以便于产品质量回顾。

3.5.3.1 建立召回管理制度

根据产品的安全隐患和危害程度，对召回进行分级管理，并制定不同级别召回的程

序。应明确召回过程中相关责任部门或人员的职责，一般包含企业负责人、质量部、生产部、仓储部、销售部、财务部、研发部等，也可邀请法律专家等其他领域专家参与召回。因产品存在安全隐患决定从市场召回的，应当立即向当地畜牧兽医主管部门报告。

3.5.3.2 实施召回的情形

如出现一些情况，应及时召回产品：①留样检验或产品查库发现不符合产品质量标准时；②兽药质量检验机构抽检发现产品不符合质量标准时；③销售或顾客反映效期内产品存在质量问题，经留样和产品所在地取样检验认为产品不合格；④质量管理部门有足够证据怀疑产品存在质量隐患时。

3.5.3.3 产品召回程序

产品召回流程一般包括：成立召回小组、制定召回计划、启动召回、召回产品的接收和处理、召回总结、制定纠正与预防措施、记录存档。

实施召回应根据召回的级别制定召回计划，接收的召回产品应隔离存放并做好标识，质量管理部门对召回的产品进行原因调查，并制定产品处理意见和纠正预防措施。

由于召回涉及部门较多，为确保召回系统的有效性，制定召回演练周期，定时进行模拟演练。在演练周期内有召回发生，可以不进行模拟召回。

3.6

兽药生产许可管理与要求

3.6.1 生产线命名

3.6.1.1 生产线名录

为进一步规范兽药 GMP 检查验收及兽药生产许可证核发工作，2016 年农业部发布《关于兽药生产许可证核发有关工作的通知》（农办医〔2016〕20 号），首次明确了兽药 GMP 生产线名称。2021 年农业农村部修订发布兽药 GMP 生产线名录（农办牧〔2021〕45 号），进一步规范兽药 GMP 生产线命名，要求各省级人民政府兽医主管部门核发兽药 GMP 证书及兽药生产许可证时，应按照《兽药 GMP 生产线名录》列出的生产线名称，载明与生产实际相对应的兽药 GMP 生产线及生产范围名称。对于《兽药 GMP 生产线名录》未列出、属于新生产线的，各省级人民政府兽医主管部门应在检查验收前，报农业农村部兽药 GMP 办公室核准新生产线名称，并附有关材料。未经核准的，不得用于生产线命名。对于仅供出口的兽药产品，各省级人民政府兽医主管部门应根据企业申请开展兽药 GMP 检查验收，核发证书中相应的兽药 GMP 生产线和生产范围后注明"仅供出口"字样。现行兽药 GMP 生产线名录见表 3-17、表 3-18。

表 3-17 兽用中药、化学药品类 GMP 生产线名录（65种）

序号	生产线名称	备注
1	粉剂	适用于无微生物限度检查要求的内服化药粉剂、化药可溶性粉
2	粉剂（D级）	适用于有微生物限度检查要求的内服化药粉剂、化药可溶性粉
3	散剂	适用于内服散剂、中药可溶性粉、微粉剂
4	锭剂	
5	预混剂	适用于非全发酵类预混剂
6	发酵预混剂（产品通用名称）	适用于全发酵类预混剂
7	片剂	
8	颗粒剂	
9	胶囊剂	
10	丸剂	
11	口服溶液剂	
12	口服溶液剂（激素类）	
13	口服糊剂	
14	口服酊剂	
15	吸入麻醉剂	
16	最终灭菌小容量注射剂	
17	最终灭菌小容量注射剂（吹灌封）	
18	最终灭菌小容量注射剂（预灌封）	
19	最终灭菌小容量注射剂（激素类）	
20	最终灭菌大容量非静脉注射剂	
21	最终灭菌大容量非静脉注射剂（非PVC多层共挤膜）	
22	最终灭菌大容量非静脉注射剂（吹灌封）	
23	最终灭菌大容量非静脉注射剂（激素类）	
24	最终灭菌大容量静脉注射剂	
25	最终灭菌大容量静脉注射剂（非PVC多层共挤膜）	
26	最终灭菌大容量静脉注射剂（吹灌封）	
27	非最终灭菌小容量注射剂	
28	非最终灭菌小容量注射剂（激素类）	
29	非最终灭菌大容量注射剂	
30	粉针剂	
31	冻干粉针剂	
32	冻干粉针剂（激素类）	
33	最终灭菌乳房注入剂	
34	最终灭菌子宫注入剂	
35	非最终灭菌乳房注入剂	
36	非最终灭菌子宫注入剂	
37	滴眼剂	
38	眼膏剂	
39	无菌原料药（产品通用名称）	
40	非无菌原料药（产品通用名称）	适用于法定兽药质量标准规定可在商品饲料和养殖过程中使用的兽药制剂的原料药,其精烘包工序可在一般区

序号	生产线名称	备注
41	非无菌原料药(D级,产品通用名称)	适用于除"法定兽药质量标准规定可在商品饲料和养殖过程中使用的兽药制剂的原料药"外的其他非无菌原料药,其精烘包工序应按D级洁净区要求设置
42	消毒剂原料药(产品通用名称)	
43	外用杀虫剂原料药(产品通用名称)	
44	中药提取(产品通用名称)	适用于具备中药提取能力且生产有国家标准的中药提取物
45	消毒剂(固体)	适用于含氯和非氯消毒剂,消毒片剂归消毒剂(固体)管理
46	非氯消毒剂(固体)	适用于非氯固体消毒剂
47	消毒剂(液体)	适用于含氯和非氯液体消毒剂
48	非氯消毒剂(液体)	适用于非氯液体消毒剂
49	消毒剂(液体,D级)	适用于手术器械消毒、乳头浸泡消毒以及有微生物限度检查要求的含氯和非氯液体消毒剂
50	非氯消毒剂(液体,D级)	适用于手术器械消毒、乳头浸泡消毒以及有微生物限度检查要求的液体非氯消毒剂
51	外用杀虫剂(固体)	
52	外用杀虫剂(挂片)	
53	外用杀虫剂(液体)	
54	外用杀虫剂(液体,D级)	适用于有微生物限度检查要求的外用杀虫剂
55	搽剂	
56	蚕用溶液剂	
57	蚕用胶囊剂	
58	滴耳剂	
59	耳用乳膏剂	
60	外用软膏剂	
61	外用乳膏剂	
62	曲剂	
63	栓剂	
64	阴道用海绵(激素类)	
65	阴道用缓释剂(激素类)	

表 3-18　兽用生物制品类 GMP 生产线名录（61种）

序号	生产线名称
1	胚培养高致病性禽流感病毒灭活疫苗
2	细胞悬浮培养高致病性禽流感病毒灭活疫苗
3	细胞悬浮培养口蹄疫病毒灭活疫苗
4	兔病毒性出血症灭活疫苗(组织毒)
5	提纯牛型结核菌素
6	山羊传染性胸膜肺炎灭活疫苗(组织毒)
7	猪瘟活疫苗(兔源)
8	球虫活疫苗
9	梭菌灭活疫苗(干粉制品)
10	梭菌灭活疫苗(含干粉制品)
11	微生态制剂(芽孢菌类)

序号	生产线名称
12	微生态制剂（非芽孢菌类）
13	微生态制剂（芽孢菌类＋非芽孢菌类）
14	炭疽芽孢活疫苗
15	布氏菌病活疫苗
16	合成肽疫苗
17	梭菌灭活疫苗
18	转移因子口服液
19	转移因子注射液
20	卵黄抗体
21	猪白细胞干扰素
22	破伤风抗毒素
23	血清白蛋白
24	免疫球蛋白
25	非最终灭菌无菌蛋白静脉注射剂
26	细菌表达重组细胞因子
27	DNA 疫苗
28	酵母表达亚单位疫苗
29	胚培养病毒灭活疫苗
30	细胞培养病毒灭活疫苗
31	细胞培养病毒亚单位疫苗
32	细胞培养亚单位疫苗
33	细胞培养病毒灭活疫苗（含细胞培养病毒亚单位疫苗）
34	细胞培养病毒灭活疫苗（含细胞培养亚单位疫苗）
35	细胞培养病毒灭活疫苗（含细胞培养病毒亚单位疫苗和细胞培养亚单位疫苗）
36	细胞悬浮培养病毒灭活疫苗
37	细胞悬浮培养病毒亚单位疫苗
38	细胞悬浮培养亚单位疫苗
39	细胞悬浮培养病毒灭活疫苗（含细胞悬浮培养病毒亚单位疫苗）
40	细胞悬浮培养病毒灭活疫苗（含细胞悬浮培养亚单位疫苗）
41	细胞悬浮培养病毒灭活疫苗（含细胞悬浮培养病毒亚单位疫苗和细胞悬浮培养亚单位疫苗）
42	细菌灭活疫苗
43	细菌培养亚单位疫苗
44	细菌灭活疫苗（含细菌培养亚单位疫苗）
45	胚培养病毒活疫苗
46	胚培养病毒活疫苗（含片剂活疫苗）
47	细胞培养病毒活疫苗
48	细胞培养病毒活疫苗（含细胞培养病毒亚单位疫苗）
49	细胞培养病毒活疫苗（含细胞培养亚单位疫苗）
50	细胞培养病毒活疫苗（含细胞培养病毒亚单位疫苗和细胞培养亚单位疫苗）
51	细胞悬浮培养病毒活疫苗
52	细胞悬浮培养病毒活疫苗（含细胞悬浮培养病毒亚单位疫苗）
53	细胞悬浮培养病毒活疫苗（含细胞悬浮培养亚单位疫苗）
54	细胞悬浮培养病毒活疫苗（含细胞悬浮培养病毒亚单位疫苗和细胞悬浮培养亚单位疫苗）
55	细菌活疫苗

序号	生产线名称
56	细菌活疫苗(含细菌培养亚单位疫苗)
57	胚培养细菌活疫苗
58	免疫学类诊断制品(A 类)
59	分子生物学类诊断制品(A 类)
60	免疫学类诊断制品(B 类)
61	分子生物学类诊断制品(B 类)

3.6.1.2 兽药生产许可证生产线名称填写应注意的问题

（1）证书中兽用中化药生产线名称填写时应注意问题

① 根据兽药的特性、工艺等因素，经评估确定厂房、生产设施和设备供多产品共用的，生产线名称之间可用"/"分隔，例如粉剂/预混剂；不存在共用的，生产线名称之间以"、"分隔。

② 涉及多品种原料药生产时，各产品通用名称之间用"、"分隔。

③ 具备中药提取能力的，应遵照以下要求：a. 某生产线验收时，仅试生产了中药产品，该生产线写为"生产线名称（中药提取）"；b. 某生产线验收时，对化药、中药产品均进行了试生产，该生产线写为"生产线名称（含中药提取）"。

（2）证书中兽用生物制品生产线名称填写时应注意问题

① 生产线名称中有"含"表示其他设施设备可共用。

② 制品常规剂型为液体制品的，生产线若生产冻干制品，需增加冻干设备，生产线名称后增加"（含冻干制品）"。

③ 在符合农业部公告第 1708 号关于转瓶培养生产方式兽用细胞苗生产线设置要求的前提下，细胞悬浮培养生产方式可以在转瓶培养生产线增加相应的设施设备，在有效防止交叉污染的前提下，共用其他制备区域，生产线名称为"细胞培养病毒灭活疫苗（含悬浮培养工艺）"或"细胞培养病毒活疫苗（含悬浮培养工艺）"。

④ 原生产线名称中含有"水产用"内容的，因其产品生产工艺无特殊要求，仅是检验设施有所不同，此次生产线名录中不再单独列出。

3.6.2 生产许可条件

现行 2004 年版《兽药管理条例》规定，从事兽药生产的企业，应当符合国家兽药行业发展规划和产业政策，并具备下列条件：

① 与所生产的兽药相适应的兽医学、药学或者相关专业的技术人员。

② 与所生产的兽药相适应的厂房、设施。

③ 与所生产的兽药相适应的兽药质量管理和质量检验的机构、人员、仪器设备。

④ 符合安全、卫生要求的生产环境。

⑤ 兽药生产质量管理规范规定的其他生产条件。符合上述条件的申请人方可向兽医行政管理部门提出申请。

根据《兽药管理条例》规定，由原农业部负责兽药生产许可管理。2015 年根据国务院国发〔2015〕11 号文件要求，兽药生产许可证核发事项自 2015 年 2 月 24 日起下放至省级人民政府兽医主管部门，由其负责辖区内兽药生产企业的生产许可管理工作。

2012 年，农业部发布了兽药生产许可证审批综合办公办事指南（农业部公告第 1704 号）。兽药生产许可事项下放后，各省级人民政府兽医主管部门按照《中华人民共和国行政许可法》和《兽药管理条例》有关规定，参照农业部公告第 1704 号以及农业部建立的许可事项有关管理制度，分别制定发布各省的办事指南，完善制度内容，规范工作程序。

3.6.3　许可审批程序

（1）**新建、有效期满换发及改扩建的，需提供材料**　①《〈兽药生产许可证〉申请表》一式两份（原件）；②《兽药 GMP 检查验收申请表》及其他书面和电子文档申报资料；③新建企业还需提交工商管理机构出具的企业名称预先核准通知书；④有效期满换发的，还需提交《兽药 GMP 申请资料审核表》。

（2）《兽药生产许可证》有效期内变更不需要兽药 GMP 检查验收事项的，需提交《兽药生产许可证》原件。变更企业法定代表人的，还需提交变更后的企业法人营业执照（复印件）；变更企业名称的，还需提交《兽药 GMP 证书》和兽药产品批准文号批件原件。

（3）**材料受理**　①不需要兽药 GMP 检查验收的，省行政审批综合办公室审查申请人递交的《〈兽药生产许可证〉申请表》及其相关材料，申请材料齐全的予以受理；②需要兽药 GMP 检查验收的，省行政审批综合办公室审查申请人递交的《〈兽药生产许可证〉申请表》及其相关材料，申请材料齐全的予以接收。

（4）**项目审查**　行政审批办审查材料是否符合国家兽药行业发展规划和产业政策，是否具备兽药生产条件。①不需要兽药 GMP 检查验收的，省级人民政府兽医主管部门根据有关规定对申请材料进行审查；②需要兽药 GMP 检查验收的，省级人民政府兽医主管部门或兽药 GMP 办公室根据有关规定组织专家对申请材料进行技术审查及兽药 GMP 现场检查验收，提出兽药 GMP 检查验收结论。

（5）**批件办理**　省级人民政府兽医主管部门根据审查意见及兽药 GMP 检查验收结论提出审批方案，报经主管厅（局）长审批后办理批件。

（6）**办理时限**　40 个工作日（需要兽药 GMP 检查验收、专家评审的，检查验收和专家评审时间不超过 160 个工作日）。

省级以上人民政府兽医主管部门对兽药生产企业是否符合兽药生产质量管理规范的要求进行检查验收。符合上述要求的，向兽药生产企业发放《兽药生产许可证》。

3.6.4　兽药 GMP 检查验收

兽药 GMP 是从事兽药生产活动的准入条件，兽药管理部门对企业兽药生产全过程实施监督管理。为进一步规范兽药 GMP 检查验收工作，原农业部先后 3 次组织修订《兽药生产质量管理规范检查验收办法》，现行办法明确农业农村部负责制定兽药 GMP 及其检查验收评定标准，负责全国兽药 GMP 检查验收工作的指导和监督，具体工作由农业农村部兽药 GMP 工作委员会办公室（现由中国兽医药品监察所）承担。省级人民政府兽医主管部门负责本辖区兽药 GMP 检查验收申报资料的受理和审查、组织现场检查验收、省级兽药 GMP 检查员培训和管理及企业兽药 GMP 日常监管工作。

3.6.4.1 兽药 GMP 资料申报与审查

兽药生产企业兽药 GMP 申报类型分为新建、复验、原址改扩建、异地扩建和迁址重建等 5 类企业，复验企业应当在《兽药生产许可证》有效期届满 6 个月前提交申请。申请验收企业应当填报《兽药 GMP 检查验收申请表》，并按《兽药生产质量管理规范检查验收办法》要求报送申报资料（含纸质和电子文档）。

省级人民政府兽医主管部门应当自受理之日起 30 个工作日内组织完成申请资料技术审查。申请资料不符合要求的，书面通知申请人在 20 个工作日内补充有关资料；逾期未补充的或补充材料不符合要求的，退回申请。通过审查的，20 个工作日内组织现场检查验收。申请资料存在弄虚作假的，退回申请并在一年内不受理其验收申请。对涉嫌或存在违法行为的企业，在行政处罚立案调查期间或消除不良影响前，不受理其兽药 GMP 检查验收申请。

3.6.4.2 现场检查验收

兽药 GMP 申请资料通过审查的，省级人民政府兽医主管部门向申请企业发出《现场检查验收通知书》，同时通知企业所在地市、县人民政府兽医主管部门和检查组成员。

检查组成员从农业部兽药 GMP 检查员库或省级兽药 GMP 检查员库中遴选，必要时，可以特邀有关专家参加。检查组由 3～7 名检查员组成，设组长 1 名，实行组长负责制。申请验收企业所在地市、县人民政府兽医主管部门可以派 1 名观察员参加验收活动。

现场检查验收开始前，检查组组长应当主持召开首次会议，明确《兽药 GMP 现场检查验收工作方案》，确认检查验收范围，宣布检查验收纪律和注意事项，告知检查验收依据，公布举报电话。

申请验收企业应当提供相关资料，如实介绍兽药 GMP 实施情况。

现场检查验收结束前，检查组组长应当主持召开末次会议，宣布综合评定结论和缺陷项目。企业对综合评定结论和缺陷项目有异议的，可以向省级人民政府兽医主管部门反映或上报相关材料。验收工作结束后，企业应当填写《检查验收组工作情况评价表》，直接寄送省级人民政府兽医主管部门。

检查组应当按照检查验收办法和《兽药 GMP 检查验收评定标准》开展现场检查验收工作，并对企业主要岗位工作人员进行现场操作技能、理论基础和兽药管理法规、兽药 GMP 主要内容、企业规章制度的考核。现场检查验收时，所有生产线应当处于生产状态。

检查员应当如实记录检查情况和存在问题。组长应当组织综合评定，撰写《兽药 GMP 现场检查验收缺陷项目表》《兽药 GMP 现场检查验收报告》，作出"推荐"或"不推荐"的综合评定结论。《兽药 GMP 现场检查验收报告》和《兽药 GMP 现场检查验收缺陷项目表》应当经检查组成员和企业负责人签字。所有验收相关资料报省级人民政府兽医主管部门。《兽药 GMP 现场检查验收报告》和《兽药 GMP 现场检查验收缺陷项目表》等资料分别由省级人民政府兽医主管部门、被检查验收企业和市、县人民政府兽医主管部门留存。

对作出"推荐"评定结论，但存在缺陷项目须整改的，企业应当提出整改方案并组织落实。企业整改完成后应将整改报告寄送检查组组长。检查组组长负责审核整改报告，填写《兽药 GMP 整改情况审核表》，必要时，可以进行现场核查，并在 5 个工作日内将整改报告和《兽药GMP整改情况审核表》报省级人民政府兽医主管部门。对作出"不推荐"评定结论的，省级人民政府兽医主管部门向申报企业发出检查不合格通知书。收到检查不合格通知书3个月后，企业可以再次提出验收申请。连续两次做出"不推荐"评定结论的，一年内不受理企业兽药GMP检查验收申请。

3.6.4.3 审批与管理

省级人民政府兽医主管部门收到所有兽药GMP现场检查验收报告并经审核符合要求后，应当将验收结果在本部门网站上进行公示，公示期不少于15日。

公示期满无异议或异议不成立的，省级人民政府兽医主管部门根据有关规定和检查验收结果核发《兽药GMP证书》和《兽药生产许可证》，并予公开。

企业停产6个月以上或关闭、转产的，由省级人民政府兽医主管部门依法收回、注销《兽药GMP证书》和《兽药生产许可证》，并报农业农村部注销其兽药产品批准文号。

3.6.4.4 其他要求

兽药生产企业申请验收（包括复验、原址改扩建和异地扩建）时，可以同时将所有生产线（包括不同时期通过验收且有效期未满的生产线）一并申请验收。

新建兽用生物制品企业，首先申请静态验收，再动态验收；兽用生物制品企业部分生产线在《兽药生产许可证》有效期内从未组织过相关产品生产的，验收时对该生产线实行先静态验收，后动态验收，静态验收符合规定要求的，申请企业凭《现场检查验收通知书》组织相关产品试生产。其中，每条生产线应当至少生产1个品种，每个品种至少生产3批。试生产结束后，企业应当及时申请动态验收，省级人民政府兽医主管部门根据动态验收结果核发或换发《兽药生产许可证》，并予公开。

兽用粉剂、散剂、预混剂生产线和转瓶培养生产方式的兽用细胞苗生产线的验收，还应当符合农业部公告第1708号要求。

3.6.5 生产许可证管理

3.6.5.1 证件管理

（1）证书格式 根据《兽药管理条例》规定，兽药生产许可证应当载明生产范围、生产地点、有效期和法定代表人姓名、住址等事项。证书有效期为5年。有效期届满，需要继续生产兽药的，应当在许可证有效期届满前6个月到发证机关申请换发兽药生产许可证。兽药生产企业变更生产范围、生产地点的，应当依照《兽药管理条例》规定申请换发兽药生产许可证；变更企业名称、法定代表人的，应当在办理工商变更登记手续后15个工作日内，到发证机关申请换发兽药生产许可证。

根据《农业部办公厅关于兽药生产许可证核发下放衔接工作的通知》（农办医〔2015〕11号）要求，省级人民政府兽医主管部门对兽药生产许可事项审查合格的，发布公告，核发《兽药生产许可证》和《兽药GMP证书》。兽药生产许可证和兽药GMP证书式样由农业部统一印制。

① 证书编号。《兽药生产许可证》证书编号形式为"（××××）兽药生产证字×××××号"，编制格式为：年号（4位数字）＋兽药生产证字＋编号（企业所在地省份序

号 2 位数字＋企业顺序号 3 位数字）。兽药 GMP 证书编号形式为"（××××）兽药 GMP 证字×××××号"，编制格式为：年号（4 位数字）＋兽药 GMP 证字＋编号（企业所在地省份序号 2 位数字＋办理顺序号 3 位数字）。省份序号由农业农村部统一规定。

② 证书发放。《兽药 GMP 证书》和《兽药生产许可证》核发原则为：一家兽药生产企业原则上持有一张《兽药 GMP 证书》和一张《兽药生产许可证》；对同时具有兽用生物制品和兽用化学药品（中药）生产线的，核发一张《兽药生产许可证》，并分别核发兽用生物制品、兽用化学药品（中药）《兽药 GMP 证书》。

证书有效期为 5 年。兽药生产企业仅申请部分复验、扩建、新增生产线的，省级人民政府兽医主管部门换发《兽药 GMP 证书》时，应将"检查验收范围"并入企业已取得的最早核发的其他生产线《兽药 GMP 证书》并予以换证，有效期限与原证一致；换发的《兽药生产许可证》有效期限保持不变。

2020 年 4 月，农业农村部发布了《兽药生产质量管理规范（2020 年修订）》，自 2020 年 6 月 1 日起施行。根据农业农村部公告第 293 号要求，所有兽药生产企业均应在 2022 年 6 月 1 日前达到兽药 GMP（2020 年修订）要求。未达到兽药 GMP（2020 年修订）要求的兽药生产企业（生产车间），其兽药生产许可证和兽药 GMP 证书有效期最长不超过 2022 年 5 月 31 日。同时根据《农业农村部畜牧兽医局关于兽药 GMP 检查验收有关事宜的通知》（农牧便函［2020］596 号）要求，对于现有兽药生产企业，如部分生产线通过兽药 GMP（2020 年修订）检查验收的，其兽药 GMP 证书应单独发放，有效期 5 年。但同一兽药生产企业兽用生物制品类和中化药类 GMP 证书分别最多有 2 个，一个是符合兽药 GMP（2020 年修订）要求的，一个是符合兽药 GMP（2002 年版）要求的，每个兽药 GMP 证书有效期均与该类最早核发并在有效期内的兽药 GMP 证书有效期一致。到期后依据符合兽药 GMP（2020 年修订）要求的生产线确定生产范围并换发《兽药生产许可证》，其有效期与符合新版兽药 GMP 要求的 GMP 证书有效期一致。

（2）许可信息报送　各省级人民政府兽医主管部门在《兽药生产许可证》核发、换发、变更、吊销、注销等工作办理结束后 5 个工作日内，应当及时通过《国家兽药生产许可证信息管理系统》报送兽药生产许可证审批信息。经中国兽医药品监察所、农业农村部畜牧兽医局对信息进行审核，信息无误进入数据库并予以公开。

3.6.5.2　信息化管理

2016 年 3 月份，中央政府工作报告明确要求大力推行"互联网＋政务服务"，2016 年 9 月份国务院发布关于加快推进"互联网＋政务服务"工作的指导意见。2017 年 12 月份，国务院常务会议部署加快推进政务信息系统整合共享，密集的政策指向和工作部署，体现出党中央、国务院对政务服务信息化的重视和推进此项工作的决心。

信息化管理是推进"互联网＋政务服务"的必要手段，是贯彻落实中央简政放权、放管结合、优化服务改革推向纵深的有力措施。为深化兽药行业"放管服"改革，进一步提升信息查询服务质量，推进政务信息公开，2017 年，农业部按照《农业部办公厅关于兽药生产许可证核发下放衔接工作的通知》和《农业部办公厅关于兽药生产许可证核发有关工作的通知》要求，组织开发了"国家兽药生产许可证信息管理系统"（以下简称"系统"），用于兽药生产许可证信息备案核查工作，并于 2018 年 4 月正式上线使用。该系统建立起由省到部的兽药生产许可证信息备案工作流程（图 3-5），它的上线实现了兽药生产企业新增、换证、注销等信息的电子化报送，农业农村部备案信息审核、归档和发布全流程网上审批。

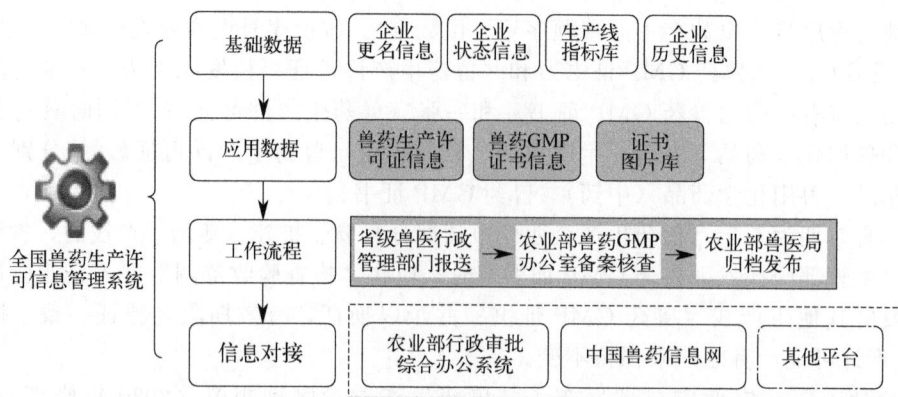

图 3-5　兽药生产许可证信息备案工作流程

（1）**系统的架构**　该系统以备案信息核查工作流程为基础，先后建立了兽药生产许可证数据库、兽药 GMP 证书数据库、兽药生产许可证历史数据库、兽药 GMP 证书历史数据库、更名企业信息数据库、生产线指标数据库、证书图片库 7 个数据库作为数据支撑，集成了法规应用模块、状态识别模块、角色管理模块和业务流程模块，双服务器模式最大限度保障数据安全，便于系统性能扩展。

（2）**系统的功能**

① 兽药生产许可证信息共享。系统兽药生产许可证信息可共享至农业农村部兽药产品批准文号核发系统、兽药产品电子追溯系统（二维码）、国家兽药基础信息查询平台、农业农村部政务公开平台（https：//zwfw.moa.gov.cn/nyzw/index.）4 个公众服务平台，最大限度地提高基础数据使用效率，保证数据的准确性和时效性。

② 智能填报与审查。系统将兽药生产许可证变更的 7 个类别、证书核发原则、证书有效期计算方法等要求转化为系统填报与审查规则，区分企业状态，标记同一企业兽药生产许可证新旧信息差别项目，提醒提示填报者和审查者作出正确判断，最大限度减少人工填报和审查的失误。

③ 统计查询。系统可实现按地域、发证时间、失效时间等查询条件对兽药生产企业新建、迁址、扩建、吊销和注销等变化情况和企业生产线变化进行统计，了解兽药生产企业变化趋势。可结合地域、生产范围和时间的查询条件，可统计一定时间内某一区域内兽药产品生产条件的变化趋势，为政府对兽药行业发展实施决策提供可靠的技术分析支持。

④ 生产企业追溯。基于系统内设兽药生产许可证书数据库、兽药 GMP 证书数据库和企业更名库等数据库信息，建立企业历史数据库，可以清楚地了解每一个兽药生产企业的诞生和在发展过程中包括企业名称、生产地址、企业负责人变更、复验、迁址、扩建等检查验收信息的每一次变化，实现兽药生产企业全生命周期信息监管。

⑤ 用户账号和权限动态管理。系统用户包括 admin 用户、省级用户和国家级用户，不同用户对系统数据的操作权限不同。admin 用户为系统最高权限用户，可以对所有系统使用者进行使用权限授予、U 盾分配和密码变更等进行管理。省级用户（录入员）为信息编辑权限，国家级用户（中监所）为信息核查权限，不能对信息进行更改，国家级用户（畜牧兽医

局）为信息审批权限，根据审批结果实现信息的入库或退回。用户权限设计表见图3-6。

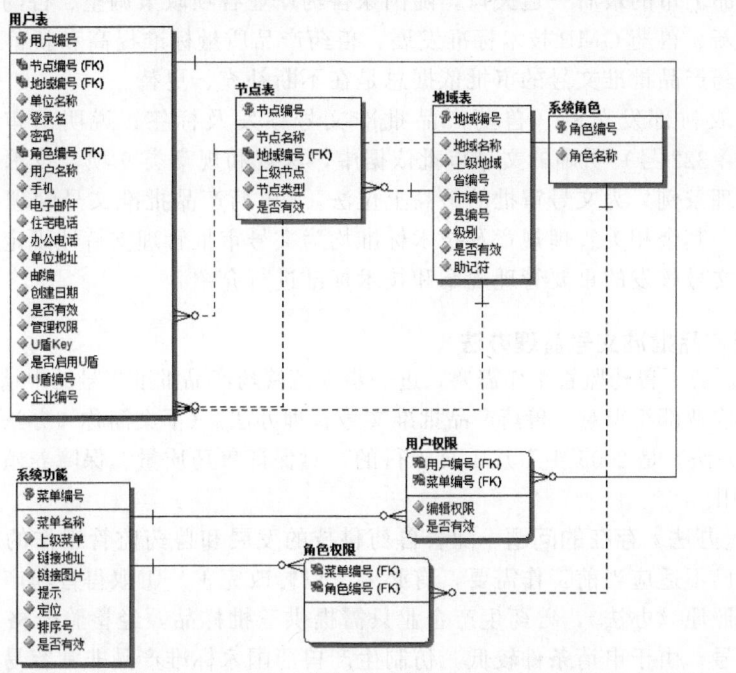

图 3-6　用户权限设计表

（3）社会经济效益　互联网报送模式降低了行政人员人力成本，提高了兽药生产许可证信息备案核查工作的质量和效率，缩短了企业申请兽药产品批准文号等待时间。该系统的使用，满足了各级畜牧兽医主管部门数据统计查询的需求，并通过数据共享，准确快速的公布权威数据，为兽药产品准入行政审批进入快速路提供了基础条件，为兽药监管工作提供了更有力的支持。未来，随着信息化管理不断深化，将逐步构建兽药物联网、兽药电子追溯和兽药云计算组成的兽药大数据分析体系，创新兽药智慧管理新模式，使信息公开更及时、更准确，以技术手段进一步提高政府服务效率和透明度，不断提升政府决策质量，持续增强政务服务供给能力，推进兽药监管工作高质量发展。

3.7

兽药产品批准文号核发与要求

3.7.1　法规规定与要求

兽药产品批准文号是农业农村部根据兽药国家标准、生产工艺和生产条件批准特定兽药生产企业生产特定兽药产品时核发的兽药批准证明文件。兽药产品批准文号审批作为兽药生产企业产品上市的最后一道关口，随国家兽药产业各项政策调整、兽药监管规章变化与监管方式创新、兽药 GMP 技术标准发展、兽药产品质量标准提高和新兽药研发而不断变化，因此兽药产品批准文号的审批依据总是在不断补充、更替。

根据农业农村部发布的《兽药产品批准文号核发及标签、说明书审批服务指南》（2019 年公告第 222 号）明确的文号审批依据中，法规和规章类 9 项、技术标准类 16 项，其中《兽药管理条例》为文号审批的最高上位法，《兽药产品批准文号管理办法》为文号审批工作规章，其余相关管理规章及技术标准均为文号审批管理支持性规定文件。下面对兽药产品批准文号核发的重要管理规章和技术标准进行介绍。

3.7.1.1　兽药产品批准文号管理办法

为适应新形势下兽药监管工作需要，进一步规范兽药产品批准文号的申请、核发和监督管理，2015 年农业部组织对《兽药产品批准文号管理办法》（下文简称《办法》）进行了全面修订。原《办法》是 2005 年 1 月 1 日施行的，对保证兽药质量、保障养殖业健康发展等起到了积极作用。

（1）原《办法》存在的问题　随着兽药科技的发展和兽药监管工作的深入，原《办法》有关内容已不适应当前工作需要，有必要予以修改完善。①取得兽药产品批准文号的门槛较低。按照原《办法》，兽药生产企业只需提供三批样品，经检验合格，即可取得兽药产品批准文号。由于申请条件较低，仿制生产兽药国家标准产品非常容易。目前，我国 1700 余家化学药品（含中兽药）生产企业，大多数都申报了大量的兽药产品批准文号，一方面导致兽药产品同质化严重，市场无序竞争；另一方面导致企业缺少技术研究和产品创新的动力，同类产品生物等效性差。②企业提交虚假样品的行为难以监管。原《办法》规定，企业自行提交检验样品。出于节约生产成本、确保样品质量等原因，企业往往通过市场购买或委托生产的方式，提交不是本企业生产的样品。对此，兽医部门难以审查样品的合法性，企业弄虚作假行为得不到有效监督。③兽药产品批准文号相关违法行为处理规定有待完善。《兽药管理条例》和原《办法》对兽药产品批准文号的相关违法行为都作出了规定，但对撤销及注销兽药产品批准文号的具体情形、撤销兽药产品批准文号后再申报的要求、发现兽药产品批准文号违法行为的处理程序等，还需要进一步明确。

（2）主要修改的内容　按照"提高门槛，规范程序，强化手段"的总体思路，对原《办法》兽药产品批准文号管理模式进行完善，着力提高兽药产品质量，促进兽药行业发展。现行《办法》对原《办法》主要修改了以下内容：①增加兽药产品批准文号申报资料要求。在目前提交申报资料基础上，要求企业提交兽药生产工艺、配方以及知识产权转让合同或授权书等资料。②实行比对试验管理制度。对申请非技术转让或非本企业研制的非生物制品类兽药产品批准文号的，逐步实行比对试验管理，即对申请企业仿制产品与原研发单位产品进行生物等效性验证，比对试验结果作为核发兽药产品批准文号的主要依据。实行比对试验管理的兽药品种目录及比对试验要求由农业农村部制定，开展比对试验的检验机构名单由农业农村部公布。③实行现场核查和抽样制度。对申请非本企业研制的生物制品类兽药产品批准文号，以及非本企业研制或非转让的非生物制品类兽药产品批准文号，实行现场核查和抽样管理，规定了现场核查程序、内容和要求，具体由省级兽医部门负责组织实施。为鼓励企业自主创新，对申请自主研制并获得《新兽药注册证书》以及转让知识产权的兽药产品批准文号，通过增加提交样品资料考察样品的真实性，不再实行现场核查抽样。④细化兽药产品批准文号违法行为的情形。对改变组方添加其他成分、产品主要成分含量高于或低于相应标准等违法情形，明确按照《兽药管理条例》的规定予以撤销兽药产品批准文号，与 2014 年农业农村部第 2071 号公告对兽药违法行为从重处罚的情形保持一致，便于执法工作开展。三年内被撤销兽药产品批准文号的或者连续两次复核检验结果不符合规定的，对其再申请兽药产品批准文号进行限制。⑤改变省级兽医管理部门管理方式。原《办法》关于省级兽医管理部门负责初审的规定，为地方实施的许可事项。按照国务院行政审批制度改革的最新要求，不再将省级初审单独作为地方的许可事项，而是作为初步技术审查，规定省级兽医管理部门将审查结果报农业农村部。⑥简化兽药产品批准文号编制格式。删除了兽药产品批准文号编制格式中"年号"的规定，便于管理兽药产品批准文号，也有利于企业节约生产成本。

现行的《兽药产品批准文号管理办法》，以 2015 年 12 月 3 日农业部令第 4 号公布，自2016 年 5 月 1 日起施行，2004 年 11 月 24 日农业部公布的《兽药产品批准文号管理办法》（农业部令第 45 号）同时废止。2019 年 4 月 25 日农业农村部令第 2 号部分修订。

现行《兽药产品批准文号管理办法》共 5 章 33 条。

第一章总则，共 4 条，明确了兽药产品批准文号管理办法的制定依据、适用范围、兽药产品批准文号的地位及农业农村部和省级人民政府畜牧兽医主管部门的管理职责。

第二章兽药产品批准文号的申请和核发，共 16 条，明确了兽药产品批准文号的申请条件、禁止性要求、核发条件和工作流程。第六条到第十二条，规定了申请不同类型兽药产品批准文号的资料要求和申请流程。表 3-19 为兽药产品批准文号兽药类别及流程简表。表 3-20 为申请不同类型兽药产品批准文号的资料要求。

表 3-19 兽药产品批准文号兽药类别及流程简表

	1.1 新兽药注册时的复核样品系申请人生产的	不经省，首次不复核换发看监督检验情况
1.（第六条）申请本企业研制的已获得《新兽药注册证书》的兽药产品批准文号	1.2 新兽药注册时的复核样品非申请人生产的（生物制品类）	不经省，省抽样，企业送部
	1.3 新兽药注册时的复核样品非申请人生产的（非生物制品类）	经省，送样
2.（第七条）申请他人转让的已获得《新兽药注册证书》或《进口兽药注册证书》的生物制品类兽药产品批准文号	2.1 国内标准	不经省，省抽样，企业送部
	2.2 进口标准	不经省，省抽样，企业送部
3.（第八条）申请第六条、第七条规定之外的生物制品类兽药产品批准文号	3.1 申请 1 类型和 2 类型之外生物制品类产品批准文号	不经省，省抽样，企业送部
4.（第九条）申请他人转让的已获得《新兽药注册证书》或《进口兽药注册证书》的非生物制品类的兽药产品批准文号	4.1 国内标准	经省，送样
	4.2 进口标准	经省，送样
5.（第十条）申请第六条、第九条之外的非生物制品类兽药产品	5.1（第十一条）第十条规定的兽药尚未列入比对试验目录的	经省，现场核查、抽样
	5.2（第十二条）第十条规定的兽药已列入比对试验目录的	经省，现场核查、在线抽样

表 3-20 不同类型兽药产品批准文号的资料要求

申请资料	申请类型									
	1.1	1.2	1.3	2.1	2.2	3	4.1	4.2	5.1	5.2
（一）《兽药产品批准文号申请表》		√		√	√	√	√	√	√	√
（二）《新兽药注册证书》复印件		√		√			√			
（三）复核检验报告复印件										

申请资料	申请类型									
	1.1	1.2	1.3	2.1	2.2	3	4.1	4.2	5.1	5.2
(四)标签和说明书样本		√		√	√	√	√	√	√	√
(五)产品的生产工艺、配方等资料		√				√	√	√	√	√
(六)《现场核查申请单》									√	√
(七)抽样单		√		√	√				√	
(八)《现场核查报告》									√	√
(九)《复核检验报告》									√	√
所提交样品的批生产、批检验原始记录复印件及自检报告							√	√		
样品的自检报告		√				√				
知识产权转让合同或授权书复印件							√	√		
知识产权转让合同				√						
授权书复印件					√					
菌(毒、虫)种合法来源证明复印件										

第十四条和第十六条为对比对试验目录产品的管理要求。实行比对试验管理的兽药品种目录发布前已获得兽药产品批准文号的兽药，应当在规定期限内补充比对试验并提供相关材料（参见第十二条材料要求），未在规定期限内通过审查的，依照《兽药管理条例》第六十九条第一款第二项药效不确定、不良反应大以及可能对养殖业、人体健康造成危害或者存在潜在风险，撤销该产品批准文号。兽药生产企业发生迁址重建、异地新建或其他改变生产场地的情形，应当重新申请兽药产品批准文号，原兽药产品批准文号注销。如原产品已经进行过比对试验其结果符合规定的，重新申请兽药产品批准文号时，不再进行比对试验。

第十五条为产品监测期的要求。新兽药产品批准文号，根据新兽药类别设立监测期，最长不超过5年。在监测期内，不批准其他企业生产或者进口该新兽药。监测期满后可根据第七或九条的规定申请兽药产品批准文号，应当提交与知识产权人签订的转让合同或授权书，或者对他人专利权不构成侵权的声明。如该产品已列入比对试验目录，也可按照第十二条的规定申请兽药产品批准文号。

第十七条为换发兽药产品批准文号的要求。首先换发申请兽药产品批准文号应在原文号有效期届满前6个月按原批准程序申请换发。在兽药产品批准文号有效期内，生物制品类1批次以上或非生物制品类3批次以上经省级以上人民政府兽医行政管理部门监督抽检且全部合格的，兽药产品批准文号换发时不再做复核检验。已进行过比对试验且结果符合规定的兽药产品，兽药产品批准文号换发时不再进行比对试验。

第十九条为临时兽药产品批准文号的核发条件和该种兽药产品批准文号的有效期。国内突发重大动物疫病防控急需的兽药产品，必要时农业农村部可以核发临时兽药产品批准文号。临时兽药产品批准文号有效期不超过2年。

第二十条为样品检验时限的要求。兽药检验机构应当自收到样品之日起90个工作日内完成检验，对样品应当根据规定留样观察。样品属于生物制品的，检验期限不得超过120个工作日。中国兽医药品监察所专家评审时限不得超过30个工作日；实行比对试验的，专家评审时限不得超过90个工作日。

第三章兽药现场核查和抽样，共有3条，是对兽药现场核查和抽样工作程序、工作内容的规定。《办法》规定，省级人民政府兽医主管部门负责组织现场核查和抽样工成立2～4人的现场核查抽样组。现场抽样应当按照兽药抽样相关规定进行，保证抽样的科学性和公正性。样品量应足够，按检验用量和比对试验方案载明数量的3～5倍抽取，并单独封签。《兽药封签》由抽样人员和被抽样单位有关人员签名，并加盖抽样单位兽药检验抽样专用章和被抽样单位公章。现场核查应当包括以下内容：

① 管理制度制定与执行情况；

② 研制、生产、检验人员相关情况；

③ 原料购进和使用情况；

④ 研制、生产、检验设备和仪器状况是否符合要求；

⑤ 研制、生产、检验条件是否符合有关要求；

⑥ 相关生产、检验记录；

⑦ 其他需要现场核查的内容。

现场核查人员可以对研制、生产、检验现场场地、设备、仪器情况和原料、中间体、成品、研制记录等照相或者复制，作为现场核查报告的附件。

第四章监督管理，共8条，规定了县级以上地方人民政府兽医行政管理部门在现查核查、上市产品监管的职责和发现不符合要求的情形作出的罚则，同时明确了文号注销和撤销的几种情况及欺骗手段取得兽药产品批准文号的罚则。

现场检查中，发现兽药生产企业有下列情形之一的，县级以上地方人民政府兽医行政管理部门依法作出处理决定，应当撤销、吊销、注销兽药产品批准文号或者兽药生产许可证的，及时报发证机关处理：

① 生产条件发生重大变化的；

② 没有按照《兽药生产质量管理规范》的要求组织生产的；

③ 产品质量存在隐患的；

④ 其他违反《兽药管理条例》及本办法规定情形的。

对上市兽药产品进行监督检查，发现有违反本办法规定情形的，县级以上地方人民政府兽医行政管理部门依法作出处理决定，应当撤销、吊销、注销兽药产品批准文号或者兽药生产许可证的，及时报发证机关处理。

兽药产品批准文号不得买卖、出租、出借，如违反按照《兽药管理条例》第五十八条"没收违法所得，并处1万元以上10万元以下罚款；情节严重的，吊销兽药生产许可证、兽药经营许可证或者撤销兽药批准证明文件；构成犯罪的，依法追究刑事责任；给他人造成损失的，依法承担赔偿责任"进行处罚。

申请人隐瞒有关情况或者提供虚假材料、样品申请兽药产品批准文号的，农业部不予受理或者不予核发兽药产品批准文号；申请人1年内不得再次申请该兽药产品批准文号。对已经取得兽药产品批准文号的，根据《兽药管理条例》第五十七条撤销兽药批准证明文件，并处5万元以上10万元以下罚款；给他人造成损失的，依法承担赔偿责任。其主要负责人和直接负责的主管人员终身不得从事兽药的生产活动，申请人3年内不得再次申请该兽药产品批准文号。

第五章附则，共2条，规定了兽药产品批准文号的编制格式和《办法》实施的时间。

3.7.1.2 处方药管理

为加强兽药监督管理，促进兽医临床合理用药，保障动物产品安全，2013年9月，农业部令 2013 年第 2 号公布了《兽用处方药和非处方药管理办法》，对兽药实行分类管理。根据兽药的安全性和使用风险程度，将兽药分为兽用处方药和非处方药。兽用处方药需凭借兽医处方笺购买和使用，以目录形式对兽用处方药进行公布和管理。

办法中明确规定了各级畜牧兽医主管部门对兽用处方药和非处方药的管理职责。农业农村部主管全国兽用处方药和非处方药管理工作。县级以上地方人民政府畜牧兽医主管部门负责本行政区域内兽用处方药和非处方药的监督管理，具体工作可以委托所属执法机构承担，并规定了兽用处方药的标签和说明书标注方式、经营和使用要求、兽医处方笺的标准内容及未按规定经营和使用兽用处方药的罚则。

兽药生产企业应当跟踪本企业所生产兽药的安全性和有效性，发现不适合按兽用非处方药管理的，应当及时向农业农村部报告。兽药经营者、动物诊疗机构、行业协会或者其他组织和个人发现有不适合按兽用非处方药管理的，应当向当地兽医行政管理部门报告。

兽药经营者应当在经营场所显著位置悬挂或者张贴"兽用处方药必须凭兽医处方购买"的提示语。单独建立兽用处方药的购销记录，并保存二年以上。兽用处方药、兽用非处方药应当分区或分柜摆放。兽用处方药不得采用开架自选方式销售。

不可买卖兽用处方药的几种情形：①进出口兽用处方药的；②向动物诊疗机构、科研单位、动物疫病预防控制机构和其他兽药生产企业、经营者销售兽用处方药的；③向聘有依照《执业兽医管理办法》规定注册的专职执业兽医的动物饲养场（养殖小区）、动物园、实验动物饲育场等销售兽用处方药的。

依法注册的执业兽医按照其注册的执业范围开具兽医处方笺，兽医处方笺应当记载畜主姓名或动物饲养场名称；动物种类、年（日）龄、体重及数量；诊断结果；兽药通用名称、规格、数量、用法、用量及休药期；开具处方日期及开具处方执业兽医注册号和签章。

兽用处方药应当依照处方笺所载事项使用。兽用麻醉药品、精神药品、毒性药品等特殊药品的生产、销售和使用，还应当遵守国家有关规定。

《兽药管理条例》第五十九条第一款、第六十条第二款、第六十六条均为未按规定经营和使用兽用处方药的罚则。

为做好《兽用处方药和非处方药管理办法》贯彻实施工作，有效规范兽药产品标签和说明书，2014 年，农业部公告第 2066 号发布了《兽药标签和说明书有关问题的规定》，就标签说明书上兽用处方药的标注方式进行了细化规定。属于兽用处方药的品种，应在产品标签和说明书的右上角以宋体红色标注"兽用处方药"，不再标注"兽用"；属于外用药的，还应按照规定标注"外用药"。对附加在包装盒内的说明书，"兽用处方药"标识的颜色可与说明书文字颜色一致。不得通过粘贴或盖章方式对产品的标签和说明书增加"兽用处方药"标识。"兽用处方药"标识可以按照《兽药产品说明书范本》式样设置外框。兽用原料药不属于制剂，标签只需标注"兽用"标识。最小包装为安瓿、西林瓶等产品的，如受包装尺寸限制，瓶身标签可以不标注"兽用处方药"标识。

2013 年，农业部公告第 1997 号公布了《兽用处方药品种目录（第一批）》，227 个兽药品种纳入兽用处方药管理。随着兽用处方药目录的不断完善、补充，目前农业农村部已相继公布了三批兽用处方药品种目录，268 个兽药品种已纳入兽用处方药的管理。

3.7.1.3　比对试验目录产品的管理

新药的研发，需要建立动物模型以及开展临床试验，研发成本一般较大，因此原研药品的价格相对来说比较高。为解决部分原研药品供应短缺、价格昂贵及对垄断市场的问题，降低畜禽养殖业防疫与治疗成本，农业农村部以养殖需求为导向，按照科学合理、分类实施、逐步推进的思路，鼓励、指导与原研药品等效的仿制兽药生产，依据产品注册情况以及兽药剂型性质与特点选择疗效确切、供应短缺、价格较高的产品，制定了比对试验目录。2016年5月，农业部办公厅印发了《兽药比对试验要求》和《兽药比对试验目录（第一批）》（农办医〔2016〕32号）；2016年至2021年，相继发布了兽药比对试验目录四批。比对试验目录产品的构成包括进口注册产品、2016年5月1日起监测期满的国内新兽药注册产品等。比对试验目录产品的管理方式，打破原研兽药市场垄断，满足临床用药需求。

企业生产需要开展兽药比对试验的产品，在申请兽药产品批准文号之前应完成该产品与原研产品的比对试验，包括生物等效性试验和休药期验证试验。生物等效性试验应按照农业农村部发布的《兽用化学药品生物等效性试验指导原则》进行；休药期验证试验应按照农业农村部颁布的《兽药残留试验技术规范（试行）》进行。

《兽药比对试验要求》和《兽药比对试验目录（第一批）》明确了比对试验的基本原则、参比品受试品选择、试验动物种类、血药浓度法生物等效性试验、临床疗效验证试验、休药期验证试验和在线抽样量等要求，并公布了进口兽药、新兽药和其他兽药三类159个品种的血药法、临床疗效验证、休药期验证的具体要求，还在附录提出了全发酵工艺生产的兽药产品药学研究资料要求。2016年12月7日，农业部办公厅印发了《兽药比对试验产品药学研究等资料要求的通知》（农办医〔2016〕60号），为鼓励我国兽药出口，对于国内兽药生产企业已经在欧盟、美国、日本获得批准上市的兽药产品，兽药生产企业在申请比对试验目录中同品种兽药产品批准文号时，在提交药学研究资料基础上，如提供了在欧盟、美国或日本注册申报资料及翻译件，经评审符合要求，可不再送样品至比对试验机构开展试验，并提出了拟申报原料药批准文号的和拟申报制剂批准文号的资料要求。

2019年7月8日农业农村部公布了《兽药比对试验目录（第二批）》（公告第192号），明确尚在监测期内的新兽药可以开展比对试验，监测期期满后方可进行兽药产品批准文号申报。对不同单位注册的同品种产品，按执行的兽药质量标准各自进行比对试验，参比品原则上应为原研发生产单位的产品，对于多家单位联合注册的新兽药，优先选择联合申报单位中首家取得产品批准文号的兽药生产企业的产品作为参比品。

2016年5月1日起监测期满的所有中兽药品种实施比对试验，不需要提供BE、临床验证及休药期验证试验报告，但需要提供药学研究资料。有效期期满前未进行再注册的进口兽药产品，《进口兽药注册证书》失效，但兽药质量标准继续有效；如相同品种有新的兽药国家标准，则执行新的兽药质量标准。对无法取得参比品的，可参照化学药品注册分类及注册资料要求进行产品批准文号申报（原料参照三类、制剂参照五类），核发兽药产品批准文号，不核发新兽药注册证书，不设监测期。取得《进口兽药注册证书》后1年内未进口的品种，以及新兽药取得产品批准文号后1年内未生产的品种，其他单位可参照化学药品注册分类及注册资料要求（原料参照三类、制剂参照五类）进行文号申报，核发兽药产品批准文号，但不核发新兽药注册证书，不设监测期。对2012年至2018年4月公告批准的新兽药均统一纳入《兽药比对试验目录（第二批）》，并设定了比对试验的技术要求。

2020年11月19日农业农村部发布了《兽药比对试验目录（第三批）》及相关要求

（公告第 362 号），修订了第一批、第二批相关产品内容。

（1）比对试验基本原则　按照科学合理、分类实施、逐步推进的思路，依据产品注册情况以及兽药剂型性质与特点，分期、分类实施比对，具体品种以农业农村部发布的比对试验目录为准。首先对进口兽药和 2016 年 5 月 1 日起监测期满的新兽药实施比对试验，之后再分步对其他兽药实施比对试验。原则上，受试品应与参比品最高含量规格实施比对，其他低含量规格不再实施比对。若受试品有多个规格，而参比品只有一个规格的，则只与参比品批准的规格实施比对。

（2）参比品、受试品的选择与要求　参比品原则上应为原研发生产企业的产品。若原研发生产企业的产品不再销售，则应选择市售合格的该品种主导产品，并由农业农村部公布。参比品由比对试验实施机构负责购买，经中国兽医药品监察所检验合格后方可进行比对试验。受试品应为符合兽药国家标准的产品，并在兽药 GMP 生产线上抽取，经省级兽药监察所检验合格后方可用于比对试验。

（3）试验动物的种类要求　原则上应为参比品批准使用的靶动物。其中批准使用的靶动物为多种动物的，畜禽应分别开展试验，家畜优先选择猪，家禽优先选择鸡，宠物优先选择狗。只有牛羊的，优先选择羊。

（4）血药浓度法生物等效性试验要求　能够用血药浓度法进行生物等效性试验的制剂品种，应优先进行血药浓度法生物等效性试验。除应遵循农业农村部发布的《兽用化学药品生物等效性试验指导原则》外，还应注意几点：

① 试验设计。用家畜作为试验动物的，一般选择交叉设计。若药物有很长的消除半衰期或者交叉设计时两阶段间的清洗期持续时间太长，以至试验动物出现明显的生理变化时，可选用平行设计。用鸡作为试验动物的，一般选择平行设计。选择平行设计的，试验动物数量每组不少于 30 头（只）。

② 给药剂量。一般只做单剂量试验。给药剂量应与临床单次用药剂量一致，通常选用参比品的最高给药剂量进行试验。

有关生物样品采集、样品分析方法的建立与确证、数据处理与统计分析、结果评价和研究报告内容等按照农业部发布的《兽用化学药品生物等效性试验指导原则》执行。

（5）临床疗效验证试验要求　不能采用血药浓度法进行生物等效性试验的兽药品种，应进行临床疗效验证试验。

① 发病动物模型。一般使用人工发病动物。无法人工发病的，可使用自然发病动物进行试验。

② 试验设计。一般采用 3 个处理的平行设计，即参比品组（阳性对照组）、受试品组（试验组）和发病不给药组（阴性对照组）。

每组动物数量、观察指标、统计分析和结果判断等按照相关药物类（抗菌药物、抗寄生虫药物）的Ⅱ期临床药效评价试验指导原则有关规定执行。用于乳房炎防治的药物按抗菌药物Ⅲ期临床试验指导原则的要求进行临床疗效验证试验。

（6）休药期验证试验要求　生物等效性试验反映的是制剂产品中活性药物的吸收过程，不能反映药物代谢及药物/代谢物的消除，因此不能直接采用参比品的休药期。用于食品动物的产品还应验证受试品的休药期是否与参比品相同或少于参比品休药期天数。对于需要休药期验证品种，注射剂需包含注射部位肌肉休药期验证，用猪或其他动物代替奶牛做比对试验的产品，需增加奶牛弃奶期验证。休药期验证试验可采用单一时间点法进行，即按照参比品的休药期，设计一个受试品组，设置动物数 10 头（只），在参比品休药期时间点宰杀全部动物，测定靶组织中残留标示物的残留量。弃奶期验证试验与休药期验证试验相同，可采用单一时间点法进行，设置奶牛 20 头，按照《兽药残留试验技术规范（试行）》取样，测定牛奶中残留标示物的残留量。

有关生物样品采集、样品分析方法的建立与确证、数据处理与统计分析、结果评价和研究报告内容等按照农业农村部发布的《兽药残留试验技术规范（试行）》执行。

（7）在线抽样量　受试品应在产品生产线上抽取，抽样量应满足产品质量检验、生物等效性和休药期验证 3 个试验的用量。

（8）全发酵工艺生产的兽药产品药学研究等资料要求　由兽药生产企业自己开展相关试验研究，不再送样品至比对试验机构开展试验。需提供以下资料：①生产用菌种的来源和选育指标；②发酵工艺和工艺优化的研究资料；③质量研究工作的试验资料；④企业现行内控标准；⑤标准品或对照品来源、制备及考核材料；⑥近年来生产异常情况（包括染菌情况）的统计报告，及异常情况的实际处理方法；⑦6 个月的加速稳定性试验和长期稳定性试验资料，包括检验结果、图谱等；⑧样品的检验报告书；⑨大鼠至少 6 个月的饲喂试验资料，试验单位符合农业农村部 GLP 要求并经过检查合格；⑩残留试验资料；⑪不良反应报告。

（9）兽药比对试验产品药学研究等资料要求

① 拟申请兽药比对试验目录原料药产品批准文号时，应提供以下资料。

a. 产品合成工艺、结构确证、质量研究、稳定性研究等药学研究资料综述。

b. 确证化学结构或者组分的试验资料和文献资料。结合合成路线及各种结构确证方法解析产品结构，具体要求参见《兽用化学原料药制备和结构确证研究技术指导原则》。

c. 生产工艺研究资料和文献资料。

（a）生产工艺和过程控制：以本专业技术人员可以完整地重复生产过程为标准，进行详细的工艺描述。列明各反应物料的投料量及各步收率范围，明确关键生产步骤、关键工艺参数以及中间体的质控指标。如为化学合成的原料药，还应提供其化学反应式，其中应包括起始原料、中间体、所用反应试剂的分子式、分子量、化学结构式。

（b）物料控制：按照工艺流程图中的工序，以表格的形式列明生产中用到的所有物料（如起始物料、反应试剂、溶剂、催化剂等），并说明所使用的步骤。示例如下（表3-21）。

表 3-21　物料控制信息

物料名称	质量标准	生产商	使用步骤

（c）关键步骤和中间体的控制：列出所有关键步骤（包括终产品的精制、纯化工艺步骤）及其工艺参数控制范围。列出已分离的中间体质量控制标准，包括项目、方法和限度，并提供必要的方法学验证资料。

（d）工艺验证：对无菌原料药应提供工艺验证资料，包括工艺验证方案和验证报告；对非无菌原料药提供工艺验证方案。所有原料药均应提供空白的批生产记录样稿。

（e）工艺开发：提供工艺路线的选择依据和详细的工艺研究资料（表 3-22）。

表 3-22　工艺研究数据汇总表

批号	试制日期	试制地点	试制目的/样品用途①	批量	收率	生产工艺编号②	样品质量		
							含量	杂质	性状等

① 说明生产该批次的目的和样品用途，例如工艺验证/稳定性研究。

② 表中所列批次的生产工艺如不一致，应注明各工艺的编号，并在表格下另行说明各工艺的不同点。

  d. 质量研究资料和文献资料。结合起始原料、中间体控制、生产工艺和关键生产步骤等开展质量研究工作，应与比对试验目录中的同品种进行比较研究。提供相应的方法学研究资料和验证资料。具体要求参见《兽用化学药物质量标准建立的规范化过程技术指导原则》《兽用化学药物杂质研究技术指导原则》《兽用化学药物有机溶剂残留量研究技术指导原则》《兽用化学药物质量控制分析方法验证技术指导原则》等以及《中华人民共和国兽药典》附录中有关的指导原则。

  根据质量研究结果，说明各项目设定的考虑，总结分析各检查方法选择以及限度确定的依据。方法学验证资料，可逐项提供，以表格形式整理验证结果，并提供相关验证数据和图谱。示例见表 3-23。

表 3-23　含量测定方法学验证总结

项目	可接受标准	验证结果
专属性	分离度不得小于 2.0，主峰的纯度因子应大于 980	
线性和范围		
定量限		
准确度	各浓度下的平均回收率均应在 98.0%～102.0% 之间，9 个回收率数据的相对标准差（RSD）应不大于 2.0%	
精密度	相对标准差应不大于 2.0%	
溶液稳定性		
耐用性	主峰的拖尾因子不得大于 2.0，主峰与杂质峰必须达到基线分离；各条件下的含量数据（n＝6）的相对标准差应不大于 2.0%	

  e. 兽药质量标准。执行标准应为比对试验目录中同品种质量标准。

  f. 兽药标准品或对照物质的制备及考核资料。研制过程中如使用国内外药典或兽药典对照品，应说明来源并提供说明书和批号。研制过程中如使用自制对照品，应提供详细的含量和纯度标定等资料。

  g. 稳定性研究资料。提供影响因素试验、加速试验和至少 6 个月的长期试验的稳定研究资料，提出贮存条件和有效期。并承诺继续进行长期稳定性考察，以确保有效期。具体要求参见《兽用化学药物稳定性研究技术指导原则》。

  以表格形式提供稳定性研究的具体结果，并附稳定性研究的试验图谱。总结所进行的稳定性研究的样品情况、考察条件、考察指标和考察结果，对变化趋势进行分析，提出贮存条件和有效期。

  h. 直接接触兽药的包装材料和容器。提供包材类型、标准、选择依据、来源及相关证明文件。

  ② 拟申报药学比对试验产品的制剂产品批准文号时，应提供以下资料。

  a. 提供相关研究资料和文献资料论证处方组成、生产工艺、包装材料选择和确定的合理性。以表格的方式列出单位剂量产品的处方组成（表3-24），列明各成分在处方中的作用和执行的标准。如有过量加入的情况需给予说明。对于处方中用到但最终需去除的溶剂也应列出。

表3-24 单位剂量产品的处方组成

成分	用量	过量加入	作用	执行标准

b. 制剂处方及工艺研究资料和文献资料

原料药：参照《兽用化学药物制剂研究基本技术指导原则》，提供原料来源、相关证明文件和执行标准。

辅料：说明辅料种类和用量选择的依据，分析辅料用量是否在常规用量范围内，是否适合所用的给药途径。提供辅料来源、相关证明文件和执行标准（表3-25）。

表3-25 原辅料的来源、相关证明文件、执行标准

成分	生产商	批准文号	执行标准

处方研究：参照《兽用化学药物制剂研究的技术指导原则》，提供处方的研究开发过程和确定依据，包括文献信息（如比对试验产品的处方信息）、研究信息（包括处方设计、处方筛选和优化、处方确定等研究内容）以及与比对试验产品的理化性质、质量特性（如pH、离子强度、溶出度、再分散性、粒径分布、多晶型等）对比研究结果（需说明比对试验产品的来源、批次和有效期，并提供证明性资料），并列表分析。如生产中存在过量投料的问题，应说明并分析过量投料的必要性和合理性。

制剂工艺研究：简述生产工艺的选择和优化过程，及相关的支持性验证研究。

3.7.1.4 标签说明书管理

兽药标签说明书管理办法规定了标签说明书的基本要求。

（1）兽药标签的基本要求

① 兽药产品（原料药除外）必须同时使用内包装标签和外包装标签。

② 内包装标签必须注明兽用标识、兽药名称、适应证（或功能与主治）、含量/包装规格、批准文号或《进口兽药登记许可证》证号、生产日期、生产批号、有效期、生产企业信息等内容。安瓿、西林瓶等注射或内服产品由于包装尺寸的限制而无法注明上述全部内容的，可适当减少项目，但至少须标明兽药名称、含量规格、生产批号。

③ 外包装标签必须注明兽用标识、兽药名称、主要成分、适应证（或功能与主治）、用法与用量、含量/包装规格、批准文号或《进口兽药登记许可证》证号、生产日期、生产批号、有效期、停药期、贮藏、包装数量、生产企业信息等内容。

④ 兽用原料药的标签必须注明兽药名称、包装规格、生产批号、生产日期、有效期、贮藏、批准文号、运输注意事项或其他标记、生产企业信息等内容。

⑤ 对贮藏有特殊要求的必须在标签的醒目位置标明。

⑥ 兽药有效期按年月顺序标注。年份用四位数表示，月份用两位数表示，如"有效期至 2002 年 09 月"或"有效期至 2002.09"。

（2）兽药说明书的基本要求

① 兽用化学药品、抗生素产品的单方、复方及中西复方制剂的说明书必须注明以下内容：兽用标识、兽药名称、主要成分、性状、药理作用、适应证（或功能与主治）、用法与用量、不良反应、注意事项、停药期、外用杀虫药及其他对人体或环境有毒有害的废弃包装的处理措施、有效期、含量/包装规格、贮藏、批准文号、生产企业信息等。

② 中兽药说明书必须注明以下内容：兽用标识、兽药名称、主要成分、性状、功能与主治、用法与用量、不良反应、注意事项、有效期、规格、贮藏、批准文号、生产企业信息等。

③ 兽用生物制品说明书必须注明以下内容：兽用标识、兽药名称、主要成分及含量（型、株及活疫苗的最低活菌数或病毒滴度）、性状、接种对象、用法与用量（冻干疫苗须标明稀释方法）、注意事项（包括不良反应与急救措施）、有效期、规格（容量和头份）、包装、贮藏、废弃包装处理措施、批准文号、生产企业信息等。

（3）兽药标签和说明书等管理要求　《兽药标签和说明书管理办法》明确了标签和说明书的法定地位、作用，管理要求及电子追溯码（二维码）的印制要求。兽药标签和说明书经农业农村部批准后方可使用。农业农村部制定的兽药标签和说明书编写细则、范本，作为兽药标签和说明书编制、审批和监督执法的依据。

① 兽药标签和说明书必须按照本规定的统一要求印制，其文字及图案不得擅自加入任何未经批准的内容。

② 兽药标签和说明书的内容必须真实、准确，不得虚假和夸大，也不得印有任何带有宣传、广告色彩的文字和标识。尤其产品【作用与用途】项目的表述，不得违反法定兽药标准的规定，并不得有扩大疗效和应用范围的内容；其用法与用量、停药期、有效期等项目内容必须与法定兽药标准一致，并使用符合兽药国家标准要求的规范性用语。

③ 兽药标签和说明书的内容不得超出或删减规定的项目内容；不得印有未获批准的专利、兽药 GMP、商标等标识。已获批准的专利产品，可标注专利标记和专利号，并标明专利许可种类；注册商标应印制在标签和说明书的左上角或右上角；已获兽药 GMP 合格证的，必须按照兽药 GMP 标识使用有关规定正确地使用兽药 GMP 标识。

④ 兽药标签和说明书所用文字必须是中文，并使用国家语言文字工作委员会公布的现行规范化汉字。根据需要可有外文对照。

⑤ 兽药标签和说明书的字迹必须清晰易辨，兽用标识及外用药标识应清楚醒目，不得有印字脱落或粘贴不牢等现象，并不得用粘贴、剪切的方式进行修改或补充。

⑥ 兽药标签和说明书上必须标识兽药通用名称，可同时标识商品名称。商品名称不得与通用名称连写，两者之间应有一定空隙并分行。通用名称与商品名称用字的比例不得小于 1∶2（指面积），并不得小于注册商标用字。

兽药最小销售单元的包装必须印有或贴有符合外包装标签规定内容的标签并附有说明书。兽药外包装箱上必须印有或粘贴有外包装标签。

兽药标签或最小销售包装上应当按照农业农村部的规定印制兽药产品电子追溯码，电子追溯码以二维码标注；凡违反本办法规定的，按照《兽药管理条例》有关规定进行处罚。兽药产品标签未按要求使用电子追溯码的，按照《兽药管理条例》第六十条第二款处罚。

（4）**兽药产品标签或包装上印制兽药二维码规定**　农业农村部于 2019 年发布公告第 174 号，对兽药产品二维码的标注进行了补充规定。兽药生产企业生产的、在我国市场销售的所有兽药产品，应在兽药产品标签或最小销售包装上按照规定印制兽药二维码。

① 6～20mL（包括 20mL）包装的兽药产品，自 2020 年 1 月 1 日起，产品标签或最小销售包装原则上也应按要求加印统一的兽药二维码，并上传入库信息和出库信息。因技术原因无法在产品标签或最小销售包装上加印兽药二维码的，应在最小销售包装的上一级包装上加印统一的兽药二维码，涉及的具体产品由兽药生产企业提出申请，企业所在地省级畜牧兽医行政管理部门审查确认，确认结果抄报农业农村部畜牧兽医局。

② 对于安瓿、5mL 及 5mL 以下的西林瓶或属于异型瓶等特殊情况的产品，因包装尺寸的限制无法在产品标签或最小销售包装上加印兽药二维码的，应在最小销售包装的上一级包装上加印统一的兽药二维码。其中属于异型瓶的产品，由兽药生产企业提出申请，企业所在地省级畜牧兽医行政管理部门审查确认，确认结果抄报农业农村部畜牧兽医局。

（5）**兽药标签和说明书编写细则**　2003 年农业部公告第 242 号发布了《兽药标签和说明书编写细则》，就兽药标签说明书上标识、兽药名称、性状、药理作用、作用与用途、用法与用量、不良反应、注意事项、休药期、有效期、规格、包装、贮藏共 13 个项目的编写作出了细化的规定。2014 年农业部公告第 2066 号发布了《兽药标签和说明书有关问题的规定》，明确实施过程相关问题。

① 明确《兽药产品说明书范本》在编制标签说明书中的法定作用。《兽药产品说明书范本》未收载的产品应按照批准的标签和说明书样稿印制。

② 企业可根据实际需要对产品标签和说明书项目顺序和背景颜色（不包括图案）自行进行调整，也可根据实际需要将说明书印制在包装袋或包装盒上（标签和说明书合一），但批准的内容不得改变。

③ 规定兽用处方药标识的标注方式，最小包装为安瓿、西林瓶等产品的，如受包装尺寸限制，瓶身标签可以不标注"兽用处方药"标识。兽用处方药品种目录外的兽药品种目前可不标注"兽用非处方药"标识。标注"兽用非处方药"的，不再标注"兽用"。

按照要求需增加"兽用处方药"标识或按照《兽药产品说明书范本》要求修改标签说明书内容的，企业可自行修改。进口兽药的标签和说明书应按照农业农村部公告批准内容印制，属于兽用处方药的品种，应增加"兽用处方药"标识。

④ 明确兽用原料药的正确标识为"兽用"。

⑤ 兽药产品标签标注的〔有效期〕可具体到"月"，也可具体到"日"。说明书中的〔有效期〕项可标注为固定期限，如 2 年或 24 个月，但标注的期限应与兽药国家标准等规定的有效期一致。

⑥ 标签和说明书〔性状〕项内容应严格按照兽药国家标准的有关规定编写。

⑦ 标签和说明书规定项无批准内容的，除〔商品名称〕项外，其他应保留项目名称，内容空白不填。

⑧ 可根据实际使用情况在说明书〔不良反应〕、〔注意事项〕中自行增加安全性内容的警示语，如在兽用生物制品中增加"仅在兽医指导下使用"。

⑨ 对"羊梭菌病多联干粉灭活疫苗"进行拆分组合的，企业应按《兽药产品说明书范本》中"羊快疫、猝狙、羔羊痢疾、肠毒血症、黑疫、肉毒梭菌（C 型）中毒症、破伤风七联干粉灭活疫苗"的备注规定编制相应的说明书，并根据实际成分调整疫苗名称（通用名称、英文名称和汉语拼音名称）、主要成分、作用与用途等项目内容。

⑩ 布氏杆菌病活疫苗（S2 株），可按照《中华人民共和国兽药典》（2010 版）或农业部兽医局农医药便函〔2012〕193 号的规定编制相应的产品标签和说明书。

此外，《兽药产品说明书范本》发布后变更产品规格的，其标签和说明书内容按照变更注册公告批准的内容编写。

（6）**兽药商品名称命名原则**　为规范兽药商品名称命名和审批工作，2006 年农业部发布了《兽药商品名称命名原则》（农办医〔2006〕48 号），明确兽药生产企业要按照《兽药商品名称命名原则》命名兽药商品名称，兽医主管部门按照《兽药商品名称命名原则》审查和审批兽药商品名称。兽药生产企业在申请兽药产品批准文号时，可填写三个商品名称供审查；兽药产品批准文号审查部门依次对 3 个商品名进行审查。3 个商品名称均不符合命名原则的同时，产品批准号有效期内不再受理增加兽药商品名称等变更申请。

① 由汉字组成，不得使用图形、字母、数字、符号等标志。

② 不得使用同中华人民共和国国家名称相同或者近似的，以及同中央国家机关所在地特定地点名称或者标志性建筑物名称相同的文字。

③ 不得使用同外国国家名称相同或者近似的文字，但该国政府同意的除外。

④ 不得使用同政府间国际组织名称相同或者近似的文字，但经该组织同意或者不易误导公众的除外。

⑤ 不得使用带有民族歧视性的文字。

⑥ 不得使用夸大宣传或带有欺骗性的文字。

⑦ 不得使用有害于社会主义道德风尚或者有其他不良影响的文字。

⑧ 不得使用国际非专利药名（INN）中文译名及其主要字词的文字。

⑨ 不得使用不科学地表示功效、扩大或者夸大产品疗效的文字。

⑩ 不得使用明示或暗示适应所有病症的文字。

⑪ 不得使用直接表示产品剂型、原料的文字。

⑫ 不得使用与兽药通用名称音似或者形似的文字。

⑬ 不得使用兽药习用名称或者曾用名称。

⑭ 不得使用人名、地名或者其他有特定含义的文字。

⑮ 不同品种兽药不得使用同一商品名称。

⑯ 同一兽药生产企业生产的同一种兽药，成分相同但剂型或规格不同的，应当使用同一商品名称。

3.7.1.5　中药提取物管理

为规范中兽药制剂生产行为，保证中药提取物和中药制剂质量，2007 年 12 月，农业部公告第 954 号发布实施，打开了中药提取物委托加工和兽药集团公司内部调剂生产的大门。公告规定了不具备中药提取工艺的中兽药制剂生产企业，可采取委托加工中药提取物方式或兽药集团公司内部调剂方式，解决中兽药制剂产品生产问题。省级人民政府畜牧兽医主管部门按照兽药 GMP 规范要求，对具备中药提取条件的中兽药制剂生产企业组织生产条件的现场核查，并上报采取委托加工中药提取物方式或兽药集团公司内部调剂方式生产中兽药制剂的企业概况、拟生产品种和证明性文件及相关资质批件复印件，农业农村部将以企业名录的方式公布委托双方或调剂双方有关信息。

（1）采取委托加工中药提取物方式生产中兽药制剂的企业应从列入农业农村部发布的《具备中兽药提取物加工资质企业名录》中选择被委托加工企业。采取兽药集团公司内部调剂方式生产中兽药制剂的企业应从兽药集团公司内选择一家已具备中药提取设施并通过 GMP 检查验收的企业提供中药提取物。

（2）中药提取物制法须与兽药法定标准收载的制剂的制法（未稀释前）一致。

（3）中药提取物直接接触的包装材料和容器应符合药用要求，并符合 GMP 规范相关规定。

（4）中药提取物委托加工企业和被委托生产企业须同时具备低温保存和运输设施。

2008 年 5 月，农业部办公厅公布了首批《具备中药提取物加工资质企业名录》和《中药提取物兽药集团内部调剂企业名录》，并规定列入《资质企业名录》的企业可开展中药提取物委托加工业务，列入《调剂企业名录》的企业可开展中药提取物调剂业务。

兽药集团内部关系发生变化或解除关系的，省级人民政府畜牧兽医主管部门应及时上报农业部。人用药品生产企业不列入中药提取物委托加工范畴。采用委托方式但不符合以上原则要求的，不受理相关兽药产品批准文号的申报。

2010 年 2 月，农业部办公厅发布了《关于中兽药提取物委托加工生产有关事宜的通知》（农办医［2010］8 号），停止采取委托加工中兽药提取物方式从事中兽药制剂生产活动，并注销以委托加工中兽药提取物方式取得的中兽药制剂产品批准文号。至此，中药提取物仅执行兽药集团内部调剂政策。同时，新申请中兽药提取物调剂的，增加控股原则。截至 2018 年 5 月，农业农村部依据《兽药生产质量管理规范》、农业部公告第 954 号和《农业部办公厅关于中兽药提取物委托加工生产有关事宜的通知》（农办医〔2010〕8 号）有关规定，先后公布了共二十一批《中药提取物兽药集团内部调剂企业目录》，涉及中兽药制剂企业 82 家次。

随着改革的深入推进，为进一步提高行政效能，优化服务方式，2020 年 1 月，农业农村部公告第 263 号发布《中药提取物集团内部调剂兽药产品批准文号申请规定》（以下简称"规定"），将兽药集团内部中药提取物调剂纳入兽药产品批准文号申请统一审查，不再以省级人民政府畜牧兽医行政主管部门上报、农业农村部发布《中药提取物兽药集团内部调剂企业目录》的方式确定兽药集团公司内部中药提取物调剂的合规性。但就参与兽药集团内部调剂生产的兽药生产企业的控股情况、生产条件、中药提取物质量标准、质量控制措施等内容进行了以下规定。

（1）调剂生产双方其中一方持有另一方 50% 及以上股权，或者双方均为同一企业控股 50% 及以上的子公司。

（2）供方中药提取制剂生产线的配制间或提取液（物）接收间洁净级别应不低于需方申报制剂生产线的配制间洁净级别。

（3）供方与需方共同制定调剂生产中药提取物内控质量标准、工艺、制法，中药提取物制法须与兽药法定标准收载的制剂制法一致。

（4）供方应按中药提取物内控质量标准、工艺、制法组织生产并建立中药提取物批生产、批检验记录。需方应按照内控质量标准建立储存、运输、使用等相关质量保证制度和操作规程，需方对生产的最终产品质量负责。

兽药集团内部调剂生产的中兽药制剂兽药产品批准文号的申请方式和需提交的申请资料，需通过兽药产品批准文号核发系统进行兽药产品批准文号的申请，经"其他附件"项上传以下申请资料。

（1）需方申请集团内部调剂申请报告（企业概况、理由等），加盖需方公章。

（2）双方各自所在地工商管理部门出具的 6 个月内的出资证明，或会计师事务所出具的 6 个月内的验资报告。

（3）中药提取物保存、运输管理制度或操作规程，加盖需方公章。中药提取物保存、运输低温设施设备证据材料（设备购置发票、图片或文字描述等），加盖双方公章。

（4）双方签订的委托加工协议或合同，加盖双方公章。

（5）中药提取物质量标准、工艺、制法及制剂稳定性相关材料。

3.7.2 兽药产品批准文号审查程序

兽药产品批准文号核发行政审批工作由农业农村部负责。中国兽医药品监察所承担兽药产品批准文号技术审查工作。2016 年 5 月 1 日，兽药产品批准文号核发系统上线。兽药产品批准文号核发工作改为全流程网上审批。

兽药产品批准文号审查流程可分为企业申报、省级审查、部政务服务大厅受理、中监所技术审查、部兽医局审批、制证、大厅办结和信息发布，共 8 个环节。根据申请产品的类别，审查程序略有不同。

申请本企业研制的已获得《新兽药注册证书》的兽药产品批准文号和兽用生物制品批准文号的，不经过省级人民政府畜牧兽医主管部门审查。

审查比对试验目录产品时，根据产品类别，聘请兽药评审专家就产品药学研究资料和比对试验资料进行审查，专家评审时限不得超过 90 个工作日。

兽药检验机构应当自收到样品之日起 90 个工作日内完成检验，对样品应当根据规定留样观察。样品属于生物制品的，检验期限不得超过 120 个工作日。

申请兽药产品批准文号的兽药，应在《兽药生产许可证》载明的生产范围内，申请前 3 年内无被撤销该产品批准文号的记录。申请兽药产品批准文号连续 2 次复核检验结果不符合规定的，1 年内不再受理该兽药产品批准文号的申请。

3.7.2.1 申请资料要求

（1）申请条件要求　申请兽药产品批准文号的兽药，应在《兽药生产许可证》载明的生产范围内，申请前 3 年内无被撤销该产品批准文号的记录。申请兽药产品批准文号连续 2 次复核检验结果不符合规定的，1 年内不再受理该兽药产品批准文号的申请。

（2）申请资料要求

① 申请本企业研制的已获得《新兽药注册证书》的兽药产品批准文号，且新兽药注册时的复核样品系申请人生产的，申请人应当向农业农村部提交下列资料：《兽药产品批准文号申请表》一式一份；《新兽药注册证书》复印件一式一份；复核检验报告复印件一式一份；标签和说明书样本一式二份；产品的生产工艺、配方等资料一式一份。

② 申请本企业研制的已获得《新兽药注册证书》的兽药产品批准文号，但新兽药注册时的复核样品非申请人生产的，申请人还需提交样品的自检报告一式一份（兽用生物制品）、现场核查申请单一式二份（中化药），但无需提交知识产权转让合同或授权书复印件。

属于兽用生物制品的，提交的样品应当由省级兽药检验机构现场抽取，并加贴封签，自农业农村部受理之日起 5 个工作日内将样品送中国兽医药品监察所按规定进行复核检验。

属于兽用化学药品和中兽药的，省级人民政府兽医主管部门自收到有关资料之日起5个工作日内组织对申请资料进行审查，符合规定的，应与申请人商定现场核查时间，组织现场核查；核查结果符合要求的，当场抽取3批样品，加贴封签后送省级兽药检验机构进行复核检验。

③ 申请他人转让的已获得《新兽药注册证书》或《进口兽药注册证书》的生物制品类兽药产品批准文号的，申请人应当向农业农村部提交本企业生产的连续3个批次的样品和下列资料：《兽药产品批准文号申请表》一式一份；《新兽药注册证书》或《进口兽药注册证书》复印件一式一份；标签和说明书样本一式二份；所提交样品的自检报告一式一份；产品的生产工艺、配方等资料一式一份；知识产权转让合同或授权书一式一份（首次申请提供原件，换发申请提供复印件并加盖申请人公章）。

提交的样品应当由省级兽药检验机构现场抽取，并加贴封签。自农业农村部受理之日起5个工作日内将样品及申请资料送中国兽医药品监察所按规定进行复核检验。

④ 申请非新兽药注册单位、非转让产品且有国家标准的生物制品类兽药产品批准文号的，申请人应当向农业农村部提交本企业生产的连续3个批次的样品和下列资料：《兽药产品批准文号申请表》一式一份；标签和说明书样本一式二份；所提交样品的自检报告一式一份；产品的生产工艺、配方等资料一式一份；菌（毒、虫）种合法来源证明复印件（加盖申请人公章）一式一份。提交的样品应当由省级兽药检验机构现场抽取，并加贴封签。自农业农村部受理之日起5个工作日内将样品及申请资料送中国兽医药品监察所按规定进行复核检验。

⑤ 申请他人转让的已获得《新兽药注册证书》或《进口兽药注册证书》的非生物制品类的兽药产品批准文号的，申请人应当向所在地省级人民政府兽医主管部门提交本企业生产的连续3个批次的样品和下列资料：《兽药产品批准文号申请表》一式二份；《新兽药注册证书》或《进口兽药注册证书》复印件一式二份；标签和说明书样本一式二份；所提交样品的批生产、批检验原始记录复印件及自检报告一式二份；产品的生产工艺、配方等资料一式二份；知识产权转让合同或授权书一式二份（首次申请提供原件，换发申请提供复印件并加盖申请人公章）。

省级人民政府兽医主管部门自收到有关资料和样品之日起5个工作日内将样品送省级兽药检验机构进行复核检验。

⑥ 申请列入比对试验目录的非生物制品类兽药产品批准文号的，申请人应向所在地省级人民政府兽医主管部门提交下列资料：《兽药产品批准文号申请表》一式二份；标签和说明书样本一式二份；产品的生产工艺、配方等资料一式二份；《现场核查申请单》一式二份。

省级人民政府兽医主管部门应自收到有关资料之日起5个工作日内组织对申请资料进行审查。符合规定的，应与申请人商定现场核查时间，组织现场核查；核查结果符合要求的，当场抽取3批样品，其中有1批在线抽样，加贴封签后送省级兽药检验机构进行复核检验。通过初步审查的，通知申请人将相关药学研究资料及加贴封签的在线抽样样品送至其自主选定的比对试验机构。比对试验机构应严格按照药物比对试验指导原则开展比对试验，并将比对试验报告分送省级人民政府兽医主管部门和申请人。

⑦ 申请未列入比对试验目录的非生物制品类兽药产品批准文号的，申请人应向所在地省级人民政府兽医主管部门提交下列资料：《兽药产品批准文号申请表》一式二份；标签和说明书样本一式二份；产品的生产工艺、配方等资料一式二份；《现场核查申请单》

一式二份。

省级人民政府兽医主管部门应当自收到有关资料之日起 5 个工作日内组织对申请资料进行审查。符合规定的，应与申请人商定现场核查时间，组织现场核查；核查结果符合要求的，当场抽取三批样品，加贴封签后送省级兽药检验机构进行复核检验。

⑧ 兽药监测期届满后，其他兽药生产企业可根据他人转让或比对试验要求的规定申请兽药产品批准文号，但应提交与知识产权人签订的转让合同或授权书，或者对他人专利权不构成侵权的声明。

⑨ 迁址重建的、异地新建车间的或其他改变生产场地的兽药生产企业，应按照非新兽药单位、非他人转让的兽用生物制品类和非比对试验资料要求规定重新申请兽药产品批准文号。兽药产品已进行过比对试验且结果符合规定的，不再进行比对试验。

⑩ 兽药产品批准文号有效期届满需要继续生产的，兽药生产企业应当在有效期届满 6 个月前按原批准程序申请兽药产品批准文号的换发。

在兽药产品批准文号有效期内，生物制品类 1 批次以上或非生物制品类 3 批次以上经省级以上人民政府兽医行政管理部门监督抽检且全部合格的，兽药产品批准文号换发时不再做复核检验。已进行过比对试验且结果符合规定的兽药产品，兽药产品批准文号换发时不再进行比对试验。在申请兽药产品批准文号时，在系统【是否进行复核检验】项目处选择否，即可无需提交复核检验相关资料。

3.7.2.2 技术审查

中国兽医药品监察所负责兽药产品批准文号的技术审查。

3.7.2.3 批准文号的核准

兽药产品批准文号的有效期为 5 年。农业农村部在核发新兽药的兽药产品批准文号时，可以设立不超过 5 年的监测期。在监测期内，不批准其他企业生产或者进口该新兽药。

3.7.2.4 现场核查与抽样要求

省级人民政府兽医主管部门负责组织兽药产品批准文号的现场核查和抽样工作，并根据工作需要成立 2~4 人组成的现场核查抽样组。

现场核查抽样人员进行现场抽样，应当按照兽药抽样相关规定进行，保证抽样的科学性和公正性。样品应当按检验用量和比对试验方案载明数量的 3~5 倍抽取，并单独封签。《兽药封签》由抽样人员和被抽样单位有关人员签名，并加盖抽样单位兽药检验抽样专用章和被抽样单位公章。

现场核查应当包括以下内容：管理制度制定与执行情况；研制、生产、检验人员相关情况；原料购进和使用情况；研制、生产、检验设备和仪器状况是否符合要求；研制、生产、检验条件是否符合有关要求；相关生产、检验记录；其他需要现场核查的内容。

现场核查人员可以对研制、生产、检验现场场地、设备、仪器情况和原料、中间体、成品、研制记录等照相或者复制，作为现场核查报告的附件。

3.7.3 兽药产品批准文号信息化管理

2005 年以前，兽药产品批准文号由各省级人民政府畜牧兽医行政主管部门属地核发、管理。2005 年初为了规范兽药管理，促进行业发展，兽药产品批准文号审批权移至农业部。随着兽药行业的蓬勃发展，兽药生产企业的数量由 2005 年的 200 多家发展壮大到上千家，兽药产品批准文号行政审批的数量也一再突破高峰，延续了十多年的纸质资料申请方式随着兽药产品批准文号申请数量的不断激增日益凸显出产品准入审查效率低、易出错，审批数据难以公开、执法监督缺乏依据、可溯源性差等弊端。2009 年，为提高审查效率，中国兽医药品监察所自发建立了初代文号审查系统，由于当时信息系统开发技术有限、互联网还不够发达，初代文号审查系统在半人工半自动运算的状态下，坚持了 6 年。初代系统虽然审查功能不够完善，但建立了标准化的产品质量标准库和兽药生产企业信息库，为兽药产品批准文号管理信息化建设打下了坚实的基础。2015 年，在"互联网＋"的时代背景下，信息化建设高速发展，通过创建"兽药审查监督数据库"，农业部设计开发了"兽药产品批准文号核发系统"（图 3-7），以业务数据为纽带，系统分 6 个结构层次开发，涉及硬件、软件、数据等方面。基础设施层包括服务器、网络、安全措施、运维保障等；基础数据层创建了"兽药审查监督数据库"，包含生产企业库、兽药产品库、标签和说明书库及质量标准库共 4 个行业数据库和退回产品库、退回理由库、商品名库 3 个对内数据库等 7 个数据库，是文号核发依据，同时为系统提供功能支撑；工作链条层涵盖企业申报、省级审查、农业农村部政务服务大厅受理、中监所技术审查、农业农村部审批、制证、大厅办结和信息发布共 8 个环节；应用数据层是工作链条层实时审批的结果，又是下次文号审查的依据；系统对接层分别与中国兽药信息网、农业农村部行政审批综合办公系统对接并及时推送相关数据对外公开，同时预留了与其他平台的接口；数据发布层及时、准确、动态地将兽药企业、产品等有关行业数据发布。6 个结构层次以数据为纽带，交互作用、协同增效，满足了业务管理的需要。

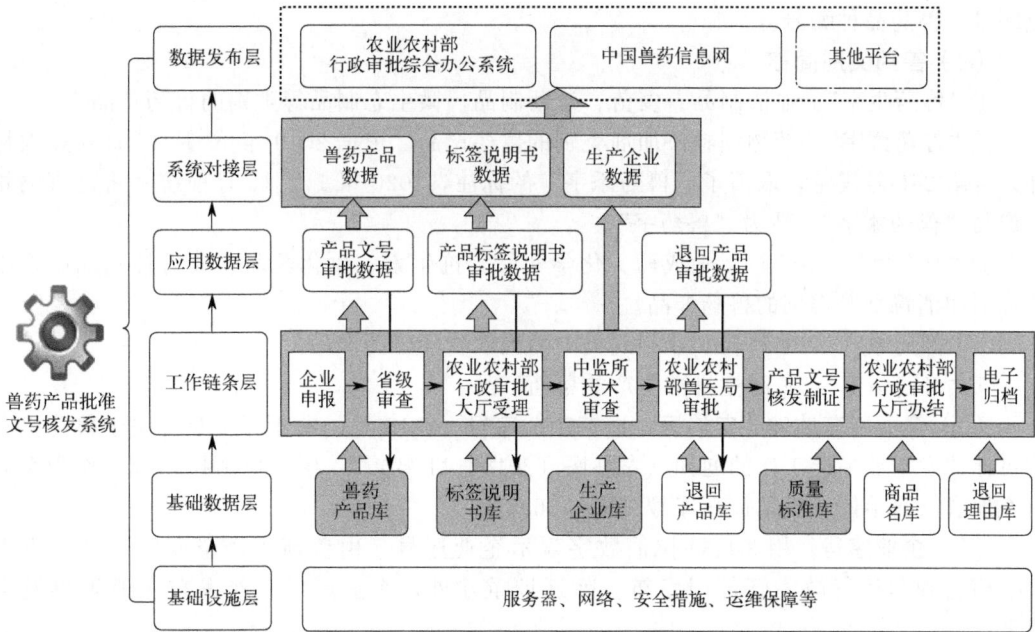

图 3-7　兽药产品批准文号核发系统逻辑结构示意图

"兽药产品批准文号核发系统"实现了兽药产品准入的规范化、标准化、科学化、信息化、现代化管理,支撑政府决策和执法监督,推动我国兽药产业转型升级、提质增效。

2019年,农业农村部公告第205号发布了《兽药产品批准文号核发和标签、说明书审批事项实施全程电子化办公规定》,文号审批工作迈入了"无纸化阶段"。兽药产品批准文号核发系统是国家兽药管理和农业农村部首个全流程信息化智慧行政审批系统,从企业用户开始到省级用户、部级用户以及终端信息查询等全部用户、全部操作均在网上进行,不同用户、不同环节产生的资料全部电子化,具有就地申报、即时接收、多级审查、状态查询、限时办结、终身留痕及绩效考核等功能,实现了兽药产品准入的全流程智慧审批,显著提高了工作质量和效率。

3.7.4 兽药产品批准文号批件管理

3.7.4.1 兽药产品批准文号文件

兽药产品批准文号是农业农村部根据兽药国家标准、生产工艺和生产条件批准特定兽药生产企业生产特定兽药产品时核发的兽药批准证明文件(简称"文号批件")。

文号批件上共包含9项内容,分别为批件号、企业名称、生产地址、通用名称、商品名称、含量规格、兽药产品批准文号、有效期、发证日期。并加盖中华人民共和国农业农村部兽药审批专用章。

3.7.4.2 兽药产品批准文号格式

兽药产品批准文号格式:兽药类别简称+企业所在地省(自治区、直辖市)序号+企业序号+兽药品种编号。

(1)兽药类别简称

①"兽药生字"。血清制品、疫苗、诊断制品、微生态制品等类别的兽药产品。

②"兽药添字"。药物饲料添加剂类别的兽药产品。依据2019年12月19日农业农村部公告第246号规定,取消了"兽药添字"的标注,2020年1月15日前统一将已有的相关产品"兽药添字",转为"兽药字"。

③"兽药字"。中药材、中成药、化学药品、抗生素、生化药品、放射性药品、外用杀虫剂和消毒剂等类别的兽药产品。

④"兽药原字"。原料药和非制剂类中药提取物的兽药产品。

⑤"兽药临字"。临时性批准生产的兽药产品。

(2)企业所在地省(自治区、直辖市)序号 2015年,农业部发布《关于兽药生产许可证核发下放衔接工作的通知(农办医〔2015〕11号)》,用2位阿拉伯数字作为企业所在地省(自治区、直辖市)序号(表3-26)。

(3)企业序号 用3位阿拉伯数字表示企业序号,由兽药生产企业所在地省级人民政府畜牧兽医行政主管部门发布。除迁址重建外,企业序号一经发布一般不再发生改变。

(4)兽药品种编号 兽药品种编号由农业农村部规定并公告。2005年3月11日农业部公告第472号首次发布《兽药品种编号》。

表 3-26 企业所在省（自治区、直辖市）序号

所在地	序号	所在地	序号
北京市	01	湖北省	17
天津市	02	湖南省	18
河北省	03	广东省	19
山西省	04	广西壮族自治区	20
内蒙古自治区	05	海南省	21
辽宁省	06	四川省	22
吉林省	07	重庆市	23
黑龙江省	08	贵州省	24
上海市	09	云南省	25
江苏省	10	西藏自治区	26
浙江省	11	陕西省	27
安徽省	12	甘肃省	28
福建省	13	青海省	29
江西省	14	宁夏回族自治区	30
山东省	15	新疆维吾尔自治区	31
河南省	16		

① 中、化药类兽药品种编号。由 4 位阿拉伯数字构成，其中第 1 位数字代表该品种质量标准的初始来源，后三位为顺序编号。"1"代表《兽药典》产品，"2"代表公告所发布的非进口兽药质量标准产品，"3"代表公告所发布的进口兽药质量标准产品，"4"代表《兽药规范 1992 年版》产品，"5"代表中兽药产品，"6"代表地标升国标产品，"7"作为"2"的补充外，还包括《兽药典》产品增加规格产品。注射剂不同规格编号不同。同一产品质量标准来源不同，编号不同。

② 兽用生物制品品种编号。由 4 位阿拉伯数字构成，其中第 1 位数字代表靶动物类别（表 3-27），后三位为顺序编号。

表 3-27 靶动物编号

品种编号	靶动物	品种编号	靶动物	品种编号	靶动物
1	猪	2	禽	3	牛
4	羊	5	马	6	兔、鱼、犬、猫、狐狸、水貂
7	重大疫病	8	诊断制品	9	转移因子

3.7.4.3 兽药产品批准文号文件的变更

（1）可变更内容　取得兽药产品批准文号后，存在以下情形的，可向农业农村部申请变更产品批准文号批件上的相关信息。

① 实际生产地址未发生改变，仅兽药生产企业名称或生产地址域名发生改变的。

② 品种编号未发生改变，仅执行的兽药质量标准中兽药产品通用名称或者同一规格描述方式发生改变的。

③ 兽用生物制品质量标准和品种编号未发生改变，仅规格发生改变的。

④ 除商品名称外，其他仅需变更产品批准文号批件中相应事项、不需重新核发产品批准文号的。

（2）变更程序和要求　兽药生产企业通过兽药产品批准文号核发系统向农业农村部提交已有文号批件变更申请，并将变更产品的原批件在农业农村部受理后文号变更申请的 5 个工作日内交至农业农村部政府服务大厅，经农业农村部批准后，将对文号批件进行变更。除变更事项外，其他批准信息不变，变更后的批准文号批件有效期为本次变更批准日

期至原批准文号批件有效期截止日期。

（3）兽药产品批准文号有效期　产品批准文号的有效期为5年。临时兽药产品批准文号有效期不超过2年。兽药产品批准文号有效期届满需要继续生产的，兽药生产企业应当在有效期届满前6个月内按原批准程序申请兽药产品批准文号的换发。换发文号的有效期按照以下方法执行。

① 兽药生产企业在文号失效日前6个月内申请换发的，经审核批准后，该文号有效期为原文号失效日起5年。例如，某文号有效期为2016年12月2日～2021年12月1日，失效日为2021年12月2日。兽药生产企业应在2021年5月31日～2021年12月1日申请文号换发。

② 兽药生产企业在文号过期后申请换发的，经审核批准后，该文号有效期为该文号批准日期起5年。

③ 换发文号涉及农业农村部公告2481号规定情形的：一是兽药生产企业在文号失效日前6个月以上申请换发的，经审核批准后，该文号失效日与原文号失效日一致。二是兽药生产企业在文号失效日前6个月内申请换发的，按照①执行。三是兽药生产企业在文号过期后申请换发的，按照②执行。

④ 除农业农村部公告第2481号规定情形换发文号外，兽药生产企业在文号失效日前6个月以上申请换发的，不予换发。例如，某文号有效期为2016年12月2日～2021年12月1日，失效日为2021年12月2日。兽药生产企业在2021年5月31日前申请文号换发的，不予换发。

参考文献

[1] 李钧. 药品GMP实施与认证[M]. 北京: 中国医药科技出版社, 2000.

[2] 朱盛山. 药物制剂工程[M]. 北京: 化学工业出版社, 2002.

[3] 李钧. 药品GMP卫生教程[M]. 北京: 中国医药科学出版社, 2003.

[4] 于船. 中国兽药大全[M]. 成都: 四川科学技术出版社, 1997.

[5] 农业部畜牧兽医局. 兽药生产质量管理规范培训指南[M]. 北京: 中国农业出版社, 2002.

[6] 农业农村部畜牧兽医局. 兽药生产质量管理规范指南[M]. 北京: 中国农业出版社, 2021.

第 4 章
兽药经营
管理

本章阐述了兽药经营的概念和发展历史，详细介绍了兽药经营许可、兽药经营质量管理规范、兽用处方药和非处方药分类经营管理、经营环节兽药产品电子追溯码标识管理、兽药不良反应报告和兽药广告审查等各项基本制度，兽用生物制品与非生物制品经营许可证审批、兽药广告管理审查等兽药经营许可的审批与要求，以及兽用生物制品、兽用麻醉药品和精神药品等特殊药品经营管理的相关规定，简要分析了兽药网络销售的发展现状、存在问题和管理思路。同时对兽药采购入库、陈列与储存、销售与运输等几个关键环节的管理要求进行了说明。

4.1

兽药经营管理的基本内容

4.1.1　概述

4.1.1.1　经营与经营管理的概念

经营是指个人或团体为了实现某些特定的目的，运用经营权使某些物质发生运动从而获得某种结果的人类最基本的活动。经营管理是指在企业内，为使生产、采购、物流、营业、劳动力、财务等各种业务，能按经营目的顺利地执行、有效地调整而所进行的系列管理、运营的活动。

经营含有筹划、谋划、计划、规划、组织、治理、管理等含义。和管理相比，经营侧重于动态性谋划发展的内涵，而管理侧重于使其正常合理地运转。经营和管理合称经营管理。

兽药经营管理是指兽药经营企业从其所具有的经济实体性的角度，将内部的质量管理、经济管理与服务管理有机结合，使社会效益与经济效益相统一的管理活动和过程。随着我国社会主义市场经济体制的确立和兽药管理法规的不断完善，要求兽药经营管理必须主动地与之相适应，要按照《兽药管理条例》及相关法规依法加强兽药经营管理。

4.1.1.2　兽药经营的发展历史

20世纪80年代以前，我国畜禽防疫所用的疫苗主要由各地兽医生物药品制造厂直接向省、市兽医部门供应，其余药品由医药公司或县、乡镇供销店等其他经营主体经营。改革开放以来，兽药经营企业从无到有、从小到大、从数量少到迅速增多得到了快速发展。1980年，我国发布了《兽药管理暂行规定》，兽药生产企业逐渐开始规模化和标准化，各地纷纷兴建了一些规模较小的兽药厂，兽药经营也随之出现。1987年国务院发布了《兽药管理条例》，首次规定了兽药经营企业必须具备的条件，并开展了《兽药经营许可证》的验收发证工作。这一时期，主要由政府畜牧兽医系统负责兽药销售和使用，以县、乡镇畜牧兽医站集体经营为主。随着我国市场经济的不断发展和完善，原有的统购代销兽药经营模式逐步瓦解，个体经营者和公司允许进入兽药销售行业，到 20 世纪末，一种多渠道、少环节、多点购销、相互竞争的兽药经营格局已逐步形成，个体经营和集体经营占市场主导地位。

2000 年 3 月 5 日国家药品监督管理局、农业部联合发布了《关于切实加强药品兽药管理工作的通知》（国药管市〔2000〕85 号），规定兽药经营单位为满足兽药使用需求，以人用合格药品弥补兽药品种不足时，采购的人用药品必须是国家兽药标准、农业部专业标准收载的品种，并在购进或入库时加盖"兽用"印章，强调严禁兽药经营单位经营人用药品，严禁药品生产、经营企业将不合格药品转为兽药。

进入 21 世纪后，全国兽药经营取得蓬勃发展，企业数量众多，但也出现一些问题：比如，经营企业技术力量、经营规模、设施设备参差不齐，兽药质量难以得到保障；一些从事兽药采购、保管、销售、技术服务等工作的人员，不具备相应兽药、兽医等专业知识，不熟悉兽药管理法律、法规及政策规定，对于供应商的审查要求不严格；个别兽药采购人员对供应商的生产许可证、营业执照、产品批文等未经审核，直接采购；尽管国家对于兽用生物制品出台了相关政策规定，在经营过程中，部分经营企业为了谋求利益，不顾国家的明文规定，无证经营兽用生物制品甚至强制免疫兽用生物制品；少数经营者为了谋求利益，甚至偷偷经营违禁兽药、原料药等。这些不法经营者为一己之私，知法犯法，给整个兽药行业的健康发展带来了极坏的影响，也严重影响到我国动物防疫政策的顺利实施。

在兽用生物制品经营管理方面，1996 年以前国家实行计划免疫，基本没有兽用生物制品经营。1994 年 2 月 26 日，农业部发布了《兽用生物制品管理规定》（〔94〕农〔牧〕字 4 号），规定兽用生物制品的供应以各级动物防疫部门为主渠道，兽用生物制品的《兽药经营许可证》由省、自治区、直辖市畜牧行政主管部门核发。1996 年 5 月 28 日，农业部发布了《兽用生物制品管理办法》（农业部令 1996 年第 6 号），规定县级以上动物防疫机构负责组织预防用生物制品逐级订购、分发和周转贮存；县以上动物防疫机构在组织供应预防用生物制品前必须取得《兽药经营许可证》；规定进口兽用生物制品，必须是已在我国注册登记的产品，并按《进口兽药管理办法》的规定获得农业部发给的《进口兽药许可证》，进口兽用生物制品由省级动物防疫机构或省级农牧行政管理机关指定的一家单位统一组织。2007 年 3 月 29 日，农业部发布了《兽用生物制品经营管理办法》（农业部令 2007 年第 3 号），规定兽用生物制品分为国家强制免疫计划所需兽用生物制品和非国家强制免疫计划所需兽用生物制品。国家强制免疫用生物制品由农业部指定的企业生产，依法实行政府采购，省级人民政府兽医行政管理部门组织分发。非国家强制免疫用生物制品经销商应当依法取得《兽药经营许可证》和工商营业执照。兽用生物制品生产企业可以自主确定、调整经销商，并与经销商签订销售代理合同。2021 年 3 月 17 日，农业农村部修订并发布了新的《兽用生物制品经营管理办法》（农业农村部令 2021 年第 2 号），规定允许所有兽药经营企业可以经营国家强制免疫计划所需兽用生物制品。一是放开国家强制免疫用生物制品经营，实施"先打后补"政策后，养殖场（户）可以方便、及时地购买到国家强制免疫用生物制品，允许兽用生物制品生产企业可将本企业生产的兽用生物制品（不再区分强免与非强免）销售给各级畜牧兽医行政管理部门或使用者，也可授权其经销商销售；二是优化兽用生物制品经销机制，允许两级经营，一级经销商可向二级经销商销售兽用生物制品，一级经销商和二级经销商均可向养殖场（户）销售兽用生物制品。三是增加冷链贮存运输和追溯管理要求。

在兽药广告管理方面，1980 年发布的《兽药管理暂行条例》规定兽药生产、供应单位和兽医医疗单位要做好用药宣传工作，普及兽药知识，指导合理用药；通过报刊、电台和广泛散发印刷品宣传介绍新兽药，其稿件须报经省级兽医管理部门审批。1987 年发布的《兽药管理条例》规定兽药广告必须经国务院畜牧兽医行政管理部门或者省、自治区、直辖市人民政府畜牧兽医行政管理部门审查批准。未经批准的，不得刊登、设置、印刷、播放、散发和张贴。1988 年 1 月 9 日，国家工商行政管理局发布的《广告管理条例施行细则》（工商广字［1988］第 13 号）规定兽药广告应当提交省级兽医行政管理机关审查批准的证明。1995 年 4 月 7 日，国家工商行政管理局、农业部发布《兽药广告审查办法》（部令 1995 年第 29 号），规定国务院农牧行政管理机关和省、自治区、直辖市农牧行政管理机关，在同级广告监督管理机关的监督指导下对兽药广告进行审查，终审合格的，颁发《兽药广告审查表》及广告审查批准号，兽药广告审查批准号的有效期为一年。2004 年发布的《兽药管理条例》规定兽药广告的内容应当与兽药说明书内容相一致，在全国重点媒体发布兽药广告的，应当经国务院兽医行政管理部门审查批准，取得兽药广告审查批准文号；在地方媒体发布兽药广告的，应当经省级兽医行政管理部门审查批准，取得兽药广告审查批准文号；未经批准的，不得发布。1987 年版《兽药管理条例》规定兽药广告及内容必须经省级农牧部门审查批准。1995 年 3 月 28 日，国家工商行政管理局发布《兽药广告审查标准》（局令 1995 年第 26 号）。1998 年 1 月 5 日，修订的《兽药管理条例实施细则》规定兽药广告宣传必须遵守国家广告管理法律、法规和《兽药管理条例》的有关规定。兽药广告的审批及具体管理，按《兽药广告审查办法》及《兽药广告审查标准》办理。2015 年 12 月 24 日，国家工商行政管理总局公布《兽药广告审查发布标准》（局令 2015 年第 82 号），同时废止 1995 年 3 月 28 日公布的《兽药广告审查标准》。2020 年 10 月 23 日，国家市场监督管理总局修订了《兽药广告审查标准》（局令 2020 第 31 号）。2017 年 10 月 27 日，国家工商行政管理总局发布的《国家工商行政管理总局关于废止和修改部分规章的决定》（局令 2017 年第 92 号）将《兽药广告审查办法》废止。

1987 年 10 月 26 日国务院发布《广告管理条例》（国发［1987］94 号）未对兽药广告单独作出规定。1994 年 10 月 27 日发布的《广告法》（第 8 届全国人民代表大会常务委员会第 10 次会议通过）规定兽药等法律、行政法规规定应当进行审查的其他广告，必须在发布前进行审查，未经审查，不得发布。2015 年 4 月 24 日修订的《广告法》删除了兽药广告需进行审查内容，增加了兽药广告的禁止内容。2018 年 10 月 26 日修订的《广告法》保留了兽药广告的禁止内容，增加了对违法兽药广告的处罚等内容。2021 年 4 月 29 日修订的《广告法》保留了 2018 年涉及兽药广告内容，未增加新的内容。2023 年 2 月 25 日国家市场监督管理总局发布的《互联网广告管理办法》（局令 2023 年第 72 号）规定发布兽药等法律、行政法规规定应当进行审查的广告，应当在发布前由广告审查机关对广告内容进行审查，未经审查，不得发布。

兽药经营环节是兽药流通过程中承上启下的关键环节，做好经营环节的监管工作一直是兽药监管工作的重点。为了加强兽药管理，保证兽药质量，2004 年国务院修订发布了新版《兽药管理条例》，对兽药经营企业应当具备的条件作了更加明确和细化的规定，要求"兽药经营企业，应当遵守国务院兽医行政管理部门制定的兽药经营质量管理规范"，首次提出了兽药经营质量管理规范的概念。2010 年，农业部正式发布《兽药经营质量管理规范》（农业部令 2010 年第 3 号），对兽药经营的各个环节做出严格的规定，成为我国对兽药经营企业规范管理的基本要求，并开始在全国范围内推行实施，对全面提升我国兽药经营企业质量管理水平、防治动物疾病、促进养殖业的发展、维护人体健康，发挥了积极作用。

近年来，随着畜禽养殖向规模化、集约化、产业化发展，大型养殖企业开始实施集团招标采购，兽药生产企业直接向养殖企业服务延伸，传统的兽药零售企业逐步萎缩，兽药经营企业的数量逐渐减少。兽药经营企业要在市场竞争中站稳脚跟，除了保证兽药质量外，产品和服务成为企业生存的关键因素。运用现代企业管理模式，配备技术服务人员，强化质量管理，提供优质的产品和服务，是决定兽药企业能否长远发展的关键。

4.1.1.3 实施兽药 GSP 的目的和作用

兽药经营质量管理规范，简称兽药 GSP，是规范兽药经营管理的基本准则。GSP 作为一个质量管理体系，要求兽药经营企业任何经营活动都必须以质量为核心，确保兽药质量。企业实施 GSP 将有利于企业的发展，促进企业经营思想和经营组织结构的优化，促使企业运用先进的管理理念和手段保证所经营兽药产品的质量和安全有效。具体来说，实施兽药 GSP 有以下目的和作用。

（1）提升企业质量管理理念 兽药的质量直接关系到畜产品质量安全和人民群众身体健康，实施兽药 GSP 是兽药质量管理的客观需要，是企业保障兽药质量的有效手段。通过推行实施兽药 GSP，可以倒逼企业改变落后的经营理念，促进全体员工进一步树立兽药质量管理理念。兽药经营企业的员工，不仅要有一般的医药职业道德，还必须具有一定的专业知识和技能，懂得兽药的特性和贮藏保管条件，在管理方式、工作习惯上保持整洁的经营环境，建立完整的文件系统和档案记录，改变凭经验、主观判断等落后的管理习惯，建立质量管理制度化、程序化、规范化的经营模式。

（2）优化企业组织结构 质量管理是企业各个部门的共同任务，企业组织构架是质量管理水平的重要保证。全面质量管理要求兽药经营企业必须优化组织结构，建立可以独立履行质量职能的管理部门，设置质量负责人，质量管理部门必须形成对相关业务部门的质量监督，把兽药 GSP 理念和管理方式渗透到兽药经营活动的方方面面。

（3）提高软件、硬件水平 过去兽药经营企业在人员、设施设备配备标准低，规章、制度不健全，工作效率低，进货质量把关不严，兽药储存养护不规范，兽药质量难以得到保证。兽药 GSP 强调，在兽药经营过程中要建立涉及各环节的标准、制度、标识、记录和档案等，这些标准和制度的建立规范了兽药进、销、存行为，避免随意性、不稳定性、不科学性、不完整性，以确保所经营兽药产品的质量稳定可靠。

（4）促进兽药行业健康发展 兽药 GSP 从制度上规范了兽药经营行为，提升了兽药经营企业的管理水平和社会形象，保障了兽药产品质量。企业严格执行兽药 GSP 的规定，建立良性的市场竞争环境，可有效避免经营假劣兽药和各类违法产品，同时也便于兽药监管部门加强经营环节的监督管理，对于进一步促进兽药行业健康发展也有着积极的意义。

4.1.1.4 兽药 GSP 的主要内容

《兽药经营质量管理规范》共九章 37 条，从场所设施、机构人员、规章制度等质量管理要素各方面，对兽药采购、验收、储存、养护、销售、运输、售后管理等做出明确的规定，具体内容如下。

第一章：总则，共 2 条，阐述了实施兽药 GSP 的法律依据、目的以及适用范围。凡在中华人民共和国境内的兽药经营企业都应当遵循规范的要求。

第二章：场所与设施，共 7 条，规定了兽药经营企业营业场所、仓库和设施设备的基本要求。考虑到全国各地经济发展水平的差异和兽药经营品种的不同，明确场所面积大小由省、自治区、直辖市人民政府兽医行政管理部门结合辖区内实际情况规定。

第三章：机构与人员，共 5 条，对兽药经营企业的人员做出规定，兽药经营企业主管质量的负责人和质量管理机构的负责人应当具备相应兽药专业知识，其专业学历或技术职称由省、自治区、直辖市人民政府兽医行政管理部门规定。要求企业定期对员工进行兽药管理法律、法规、政策规定和相关专业知识、职业道德培训、考核。

第四章：规章制度，共 3 条，要求兽药经营企业制订质量目标、岗位职责、环境卫生、兽药追溯等 11 个方面的质量管理文件，建立培训考核、进销存、兽药清查等 9 个方面的记录，并对档案管理做出规定。

第五章：采购与入库，共 3 条，阐述了兽药采购和验收应当遵循的原则，并要求企业将入库信息上传至部、省兽药产品追溯系统。

第六章：陈列与储存，共 4 条，规定兽药应当按照品种、类别、用途分类或分区陈列和储存，要求实施兽药标识管理，定期开展清查工作。

第七章：销售与运输，共 6 条，阐述兽药销售和运输的要求，做到有效凭证、账、货、记录相符。销售兽用处方药应当遵守兽用处方药管理规定，销售兽用中药材、中药饮片应当注明产地。

第八章：售后服务，共 3 条，对兽药宣传、咨询服务做出规定，明确企业不良反应报告制度。

第九章：附则，共 4 条，对麻、精、毒等特殊药品做出规定，并要求省、自治区、直辖市人民政府兽医行政管理部门按照规范的要求制定兽药 GSP 实施细则。

4.1.2　兽药经营管理的基本制度

兽药经营是兽药行业当中一个非常重要的环节，它一头连接生产企业，一头连接养殖企业。兽药经营企业的管理水平直接影响到兽药产品质量和动物产品质量安全。我国对兽药经营实施严格的行政许可制度，并要求兽药经营企业严格执行质量管理规范、处方药和非处方药分类管理、二维码追溯和不良反应报告等管理制度。

4.1.2.1　兽药经营许可制度

为了强化兽药经营的管理，我国对兽药经营实施行政许可制度，即从事兽药经营的企业需要具备一定的条件，取得《兽药经营许可证》方可从事兽药经营活动。未经批准并取得兽药经营许可证而从事兽药经营活动的，属于违法行为，将被追究法律责任。

（1）经营条件　按照《兽药管理条例》的规定，经营兽药的企业，应当具备下列条件。

① 与所经营的兽药相适应的兽药技术人员；

② 与所经营的兽药相适应的营业场所、设备、仓库设施；

③ 与所经营的兽药相适应的质量管理机构或者人员；

④ 兽药经营质量管理规范规定的其他经营条件。

符合规定条件的，申请人方可向市、县级兽医行政管理部门提出申请，并附具符合规定条件的证明材料。经营兽用生物制品的，应当向省级兽医行政管理部门提出申请，并附具符合规定条件的证明材料。随着国务院"放管服"改革深入推进，从2016年开始，各省级兽医行政管理部门逐步将兽用生物制品的经营许可权下放到县级兽医行政管理部门。

（2）**发证程序** 按照《兽药管理条例》的规定，县级兽医行政管理部门应当自收到申请之日起30个工作日内完成审查。审查合格的，发给兽药经营许可证；不合格的，应当书面通知申请人。兽药经营许可证应当载明经营范围、经营地点、有效期和法定代表人姓名、住址等事项。兽药经营许可证有效期为5年。有效期届满，需要继续经营兽药的，应当在许可证有效期届满前6个月到发证机关申请换发兽药经营许可证。

（3）**许可证变更** 兽药经营企业变更经营范围、经营地点的，应当申请换发兽药经营许可证；变更企业名称、法定代表人的，应当在办理工商变更登记手续后15个工作日内，到发证机关申请换发兽药经营许可证。

4.1.2.2 兽药经营质量管理规范（兽药GSP）

兽药是特殊商品，对于经营基本条件和销售管理都有特殊的要求，只有对每个环节采取严格的控制措施，才能保证兽药质量。随着养殖业的快速发展，兽药经营企业也快速增加。由于兽药经营企业门槛低，从业人员多，以及经营市场盲目性等多种原因，兽药经营企业存在数量多、规模小、从业人员素质不高、管理不规范等问题。因此，制定经营企业的管理规范，既是贯彻法律法规的需要，也是提高我国兽药经营质量管理水平的需要。2010年对于兽药经营来讲是一个里程碑，农业部正式发布施行《兽药经营质量管理规范》，在兽药流通过程中，针对兽药采购、储存、销售等环节制定了防止质量事故发生、保证兽药符合质量标准的一整套管理制度和规程，其核心是通过严格的管理制度来规范兽药经营行为，对兽药经营过程进行质量控制，防止质量事故发生，向养殖企业/户提供合格的兽药。

各省、市、自治区畜牧兽医主管部门根据农业农村部《兽药经营质量管理规范》的要求，纷纷出台了实施细则，对人员学历职称、经营场所和仓库面积、质量管理机构的设定等做出具体的规定。通过大力推进兽药GSP，淘汰一批落后经营企业，兽药经营企业的数量明显减少，兽药经营规范性逐步提升，兽药经营秩序明显好转，兽药质量得到有效保证。

4.1.2.3 兽用处方药和非处方药分类经营管理

合理使用兽药，可以有效防治动物疾病，促进养殖业的健康发展，使用不当、使用过量或违规使用，将会造成动物或动物源性产品质量安全风险。因此，实施兽用处方药和非处方药分类管理制度十分必要。将兽药按处方药和非处方药分类管理，有利于促进我国兽药管理模式与国际通行做法接轨。《兽药管理条例》第四条规定："国家实行兽用处方药和非处方药分类管理制度"，从法律上明确了该管理制度的合法性和必要性。2013年，农业部发布《兽用处方药和非处方药管理办法》，以促进兽医临床合理用药，保障动物产品安全。

根据兽药的安全性和使用风险程度，将兽药分为兽用处方药和非处方药。兽用处方药是指凭兽医处方笺才可购买和使用的兽药；兽用非处方药是指不需要兽医处方笺即可自行购买并按照说明书使用的兽药。兽用处方药、非处方药须在标签和说明书上分别标注"兽用处方药"和"兽用非处方药"字样。对安全性和使用风险程度较大的品种，实行处方管理，在执业兽医指导下使用，减少兽药的滥用，促进合理用药。

兽药经营企业应当在经营场所显著位置悬挂或者张贴"兽用处方药须凭兽医处方购买"的提示语，并对兽用处方药、兽用非处方药分区或者分柜摆放。兽用处方药不得采用开架自选方式销售。兽药经营企业应当凭兽医处方笺方可销售处方药，兽医处方笺由执业兽医按照备案的执业范围开具。但进出口兽用处方药或者向动物诊疗机构、科研单位、动物疫病预防控制机构和其他兽药生产企业、经营者，向聘有依照《执业兽医管理办法》规定注册的专职执业兽医的动物饲养场（养殖小区）、动物园、实验动物饲育场等销售兽用处方药的，则无需凭处方销售。处方笺一式三联，第一联由开具处方药的动物诊疗机构或执业兽医保存，第二联由兽药经营者保存，第三联由畜主或动物饲养场保存。兽药经营企业的处方笺应当保存二年以上。

兽药经营企业不执行兽用处方药和非处方药分类管理的规定，未经注册执业兽医开具处方销售、购买兽用处方药的，监督管理部门可责令企业限期改正，没收其违法所得，并处 5 万元以下罚款；如给他人造成损失的，还要依法承担赔偿责任。

4.1.2.4 经营环节兽药"二维码"标识管理

2015 年 1 月，农业部发布第 2210 号公告，利用国家兽药产品追溯系统实施兽药产品电子追溯码（二维码）标识制度，形成功能完善、信息准确、实时在线的兽药产品查询和追溯管理系统。随后组织开展兽药经营环节追溯管理试点，自 2016 年 1 月 1 日起全面启动实施兽药经营和监管环节追溯管理。2017 年农业部发布了《农业部关于修改和废止部分规章、规范性文件的决定》（农业部令 2017 年 8 号）对《兽药经营质量管理规范》（农业部令 2010 年 3 号）进行了修订，增加了兽药经营企业实施兽药电子追溯管理的具体要求。2021 年农业农村部修订发布的《兽用生物制品经营管理办法》也作出规定，兽用生物制品生产、经营企业以及承担国家强制免疫用生物制品政府采购、分发任务的单位，应当按照兽药产品追溯要求及时、准确、完整地上传制品入库、出库追溯数据至国家兽药追溯系统。2017 年，农业部开发了"国家兽药产品经营进销存系统"，该系统为兽药经营企业提供方便实用的进销存管理系统，同时对接兽药生产环节信息，形成兽药生产经营对接通道。

采用国家兽药产品追溯系统实施兽药二维码追溯的主要流程：用户注册（已注册用户需登记企业社会统一信用代码或营业执照注册号）→注册信息审核后获得用户名和密码……兽药入库时，采集入库产品二维码数据→上传入库信息（新增追溯设备厂商代码）→兽药出库时，采集出库产品二维码数据→上传出库信息（新增追溯设备厂商代码）。自 2019 年 9 月 1 日起，兽药经营企业应按照《国家兽药产品追溯系统数据交换文件规范》或《国家兽药产品追溯系统备案登记和接口调用规范》要求上传兽药追溯数据信息至国家兽药产品追溯系统，追溯系统将不再接收按旧标准上传的入库和出库文件。

4.1.2.5 兽药不良反应报告制度

不良反应是指在按规定用法与用量正常应用兽药的过程中产生的与用药目的无关或意外的有害作用。有害作用与兽药的应用有因果关系，一般停止使用兽药后即会消失，有的则需要采取一定的处理措施才会消失。

《兽药管理条例》规定，"国家实行兽药不良反应报告制度，兽药生产企业、经营企业、兽药使用单位和开具处方的兽医人员发现可能与兽药使用有关的严重不良反应，应当立即向所在地人民政府兽医行政管理部门报告"。以法律的形式规定了不良反应的报告制度，并规定"兽药生产企业、经营企业、兽药使用单位和开具处方的兽医人员发现可能与兽药使用有关的严重不良反应，不向所在地人民政府兽医行政管理部门报告的，给予警告，并处 5000 元以上 1 万元以下罚款"。因此，兽药经营者在销售兽药过程中，也要注重收集掌握不良反应情况，并及时履行报告义务。

有些兽药在申请注册或者进口注册时，由于科学技术发展的限制或者人们认识水平的限制，当时没有发现对环境或者人类有不良影响，在使用一段时间后，该兽药的不良反应才被发现。此时，应当立即采取有效措施，防止这种不良反应的扩大或者造成更严重的后果。为了保证兽药的安全、可靠，最终保障人体健康，在使用兽药过程中发现某种兽药有严重的不良反应时，兽药生产、经营企业、使用单位和开具处方的兽医师均有义务及时向所在兽医行政主管部门报告。目前，我国尚未建立切实可行的不良反应报告制度，有待于今后进一步完善。

4.1.2.6　兽药广告管理

兽药广告的内容是否真实，对正确指导养殖户合理用药、安全用药十分重要。因此，兽药广告的内容必须真实、准确，对公众负责，不允许有误导欺骗、夸大等情形。不切实际的广告宣传不但会误导经营者和养殖户，而且会延误治疗。所以，兽药广告必须与国务院兽医行政管理部门批准的兽药说明书内容一致。在全国重点媒体发布兽药广告的，应当经国务院兽医行政管理部门审查批准，取得兽药广告审查批准文号。在地方媒体发布兽药广告的，应当经省、自治区、直辖市人民政府兽医行政管理部门审查批准，取得兽药广告审查批准文号。因此，兽药经营企业要发布广告，必须经过批准，取得兽药广告审查批准文号，否则不得发布。

4.1.3　兽药经营范围

经营范围是指所经营兽药的类别，如兽用化学药品（经营固体消毒剂、外用杀虫剂等应注明）、中兽药（经营中药材、中药饮片等要注明）、兽用原料药、特殊药品（兽用麻醉药品、精神药品、易制毒化学药品、毒性药品、放射性药品），以及兽用生物制品（国家强制免疫用生物制品、非国家强制免疫用生物制品）等。

从目前兽药市场普遍存在的经营状况来看，《兽药经营许可证》常见的核定兽药经营范围主要有三种：一是兽药（不含生物制品）；二是兽用生物制品；三是兽药（含生物制品）。以前有的地方核发《兽药经营许可证》的经营范围依照使用对象来区分，如兽药、渔药、蚕药、蜂药、兽用生物制品等。总之，经营企业能否经营某种类别的兽药，主要看是否具备经营该类兽药的基本条件，这是核发经营许可证的重要前提，也是注明兽药经营范围的依据。

2022 年 7 月 15 日农业农村部公告第 581 号，对兽药经营范围进行了具体明确，规定新版《兽药经营许可证》的经营范围表述应为：兽用中药、化学药品；兽用生物制品（应载明国家强制免疫用生物制品或非国家强制免疫用生物制品）；兽用特殊药品（兽用麻醉药品、兽用精神药品、兽用易制毒化学药品、兽用毒性药品、兽用放射性药品等）；兽用原料药。

4.1.4 兽用生物制品经营管理

4.1.4.1 兽用生物制品经营管理相关规定

（1）强制免疫生物制品　为保障动物及人类的健康，依据《中华人民共和国动物防疫法》，国家对严重危害养殖业生产和人体健康的动物疫病实施强制免疫。据此，现阶段我国将兽用生物制品分为国家强制免疫计划所需兽用生物制品（简称国家强制免疫用生物制品）和非国家强制免疫计划所需兽用生物制品（简称非国家强制免疫用生物制品），国家强制免疫用生物制品品种名录由农业农村部确定并公布。

（2）防疫政策调整　以前，国家强制免疫用生物制品只能通过政府部门招标采购方式统一分发到养殖场户，或者相关生产企业直接销售给符合条件的规模养殖场，禁止兽药经营企业经营。为切实提高动物疫病防控能力，2019年农业农村部会同财政部启动实施动物疫病强制免疫补助改革，探索采用"先打后补"模式，允许养殖场户自主采购疫苗、自行开展免疫，免疫达到要求后申请财政补贴。这样，原先不允许兽用生物制品经营企业销售国家强制免疫用生物制品，将不便于"先打后补"政策的实施。

（3）兽用生物制品经营管理　2021年，农业农村部修订了《兽用生物制品经营管理办法》，允许兽药经营企业经营强制免疫用生物制品，规定从事兽用生物制品经营的企业，应当依法取得《兽药经营许可证》。《兽药经营许可证》的经营范围应当具体载明国家强制免疫用生物制品、非国家强制免疫用生物制品等产品类别和委托的兽用生物制品生产企业名称。经销商只能经营所代理兽用生物制品生产企业生产的兽用生物制品，不得经营未经委托的其他企业生产的兽用生物制品。经销商可以将所代理的产品销售给使用者和获得生产企业委托的其他经销商。这样养殖场户能够方便、快捷地购买到国家强制免疫用生物制品，及时进行重大动物疫病免疫接种。

4.1.4.2 兽用生物制品经营的条件

兽用生物制品需要在一定温度下冷藏、冷冻保存，其进、销、存、运都需要一定的设施设备来保证其质量，一旦出现问题就可能影响动物防疫效果。

（1）基本设施设备　用于陈列和储存的冰箱、冰柜，与其经营规模和品种相适应的冷库，用于冷库温度记录、显示的设备，备用发电机组或者双回路供电系统。冷库合理划分验收、储存、退货等区域，并有明显标志。

（2）运输设施设备　兽用生物制品经营企业自行配送兽用生物制品的，应当具备相应的冷链贮存、运输条件，也可以委托具备相应冷链贮存、运输条件的配送单位配送，并对委托配送的产品质量负责。冷链贮存、运输全过程应当处于规定的贮藏温度环境下。

（3）台账记录　兽用生物制品经营企业应当遵守兽药经营质量管理规范各项规定，建立真实、完整的贮存、销售、冷链运输记录，经营企业应当建立真实、完整的采购记录。贮存记录应当每日记录贮存设施设备温度；销售记录和采购记录应当载明产品名称、产品批号、产品规格、产品数量、生产日期、有效期、供货单位或收货单位和地址、发货日期等内容；冷链运输记录应当记录起运和到达时的温度。兽用生物制品经营企业以及承担国家强制免疫用生物制品政府采购、分发任务的单位，应当按照兽药产品追溯要求及时、准确、完整地上传制品入库、出库追溯数据至国家兽药追溯系统。

4.1.5　兽用麻醉药品等特殊药品的经营管理

4.1.5.1　兽用特殊药品

兽用特殊药品主要包括兽用麻醉药品、精神药品、毒性药品及放射性药品。目前兽用特殊药品使用除大家畜和宠物用药以外，其他动物使用的量很小，我国兽医专用的特殊药品的品种很少，其管理基本参照人用特殊药品的管理规定执行。

根据《药品管理法》和其他有关法律的规定，国务院先后颁布了《麻醉药品管理办法》（1987年11月）、《精神药品管理办法》（1988年11月）、《医疗用毒性药品管理办法》（1988年12月）及《放射性药品管理办法》（1989年1月），严防因管理不善或使用不当而造成危害。2005年，国务院修订发布了《麻醉药品和精神药品管理条例》，进一步加强麻醉药品和精神药品的管理，保证麻醉药品和精神药品的合法、安全、合理使用，防止流入非法渠道。

目前，宠物医院是兽用特殊药品采购、使用量最多的单位，加强对特殊药品的管理，关键是要控制宠物诊疗机构对特殊管理药品的使用管理，严格贯彻执行国务院和国家药品监督管理局发布的法规条例，加强特殊药品使用管理工作。

4.1.5.2　特殊药品的经营规定

（1）**特殊药品的经营条件**　麻醉药品和精神药品定点批发企业除应当具备《药品管理法》第五十二条规定的药品经营企业的开办条件外，还应当具备下列条件。

① 有符合《麻醉药品和精神药品管理条例》规定的麻醉药品和精神药品储存条件。

② 有通过网络实施企业安全管理和向药品监督管理部门报告经营信息的能力。

③ 单位及其工作人员2年内没有违反有关禁毒的法律、行政法规规定的行为。

④ 符合国务院药品监督管理部门公布的定点批发企业布局。

麻醉药品和第一类精神药品的定点批发企业，还应当具有保证供应责任区域内医疗机构所需麻醉药品和第一类精神药品的能力，并具有保证麻醉药品和第一类精神药品安全经营的管理制度。

（2）**特殊药品的采购和入库**　在进行特殊药品的采购时，首先应严格按照《药品管理法》的要求，掌握麻醉、精神药品相关的法律法规和政策，从国家定点生产或批发的企业按规定程序采购。要配备工作责任心强、对业务熟悉的兽药专业技术人员负责麻醉、精神药品的采购和管理工作。进行特殊药品采购的人员应当保持相对稳定。采购时，要根据企业需要，按有关规定购进麻醉、精神药品，保持合理的库存。麻醉药品、精神药品入库验收必须货到即验，至少双人开箱验收，记录双人签字。麻醉药品、精神药品的经营、使用单位应当设立专库或者专柜储存，专库应当设有防盗设施并安装报警装置，专柜应当使用保险柜，专库和专柜应当实行双人双锁管理。

（3）**麻醉药品和第一类精神药品不得零售**　禁止使用现金进行麻醉药品和精神药品交易。第二类精神药品零售企业应当凭执业医师/执业兽医师出具的处方，按规定剂量销售第二类精神药品，并将处方保存2年备查；禁止超剂量或者无处方销售第二类精神药品。应按规定做好相关销售记录。

（4）**特殊药品的报废**　过期、失效或破损的麻醉、精神药品应当登记造册，经所在地药品监督管理部门或兽医行政主管部门批准，并在其监督下销毁，销毁情况应进行登记，记录包括销毁日期、地点、品名、规格、剂型、数量、销毁方式、销毁批准人、销毁人，监督人签字。在运输、储存、保管过程中发生丢失或者被盗、被抢的应当立即报告当地公安部门、兽药主管部门。

4.1.5.3 几种兽用特殊药品的管理

1980 年，农业部、卫生部、国家医药管理总局联合发布《兽用麻醉药品的供应、使用、管理办法》，首次对兽用麻醉药品供应作出具体规定：麻醉药品由国家指定的中国医药公司的麻醉药品供应点统一供应，县级以上兽医医疗单位（包括动物园、牧场）和科研大专院校等部门，可向当地畜牧（农业）局办理申购手续。麻醉药品要有专柜加锁、专用账册、单独处方，专册登记，严格保管并建立领发制度等。随着兽用特殊药品品种的不断丰富和管理需要，农业部针对几种兽用特殊药品又陆续出台了一系列管理规定。

（1）安钠咖 1999 年，农业部发布《兽用安钠咖管理规定》（农牧发〔1999〕5 号，2007 年农业部令第 6 号修订），认定安钠咖属于国家严格控制管理的精神药品，同时也是治疗动物疫病的兽药产品，必须加强管理，防止滥用。

兽用安钠咖由农业部畜牧兽医局指定的生产单位按计划生产，其他任何单位和个人不得从事生产活动。各省负责本辖区兽用安钠咖的监督管理工作，并确定省级总经销单位和基层定点经销单位、定点使用单位，负责核发兽用安钠咖注射液经销、使用卡。省级总经销单位凭兽用安钠咖注射液经销、使用卡负责本辖区定点经销单位的产品供应，不得擅自扩大供应范围，严禁跨省、跨区域供应。各兽用安钠咖注射液定点经销单位需严格凭兽用安钠咖注射液经销、使用卡向本辖区兽医医疗单位供应产品，并建立相应账卡。兽用安钠咖注射液仅限量供应乡以上畜牧兽医站（个体兽医医疗站除外）、家畜饲养场兽医室以及农业科研教学单位所属的兽医院等兽医医疗单位临床使用。各兽医医疗单位仅允许在临床医疗时使用该产品，必须建立相应的兽医处方制度和账目，并接受兽药管理部门的监督检查等。

目前，兽用安钠咖注射液已无企业生产，相关产品批准文号已作废。

（2）氯胺酮 2005 年，农业部下发《关于加强氯胺酮生产、经营、使用管理的通知》（农办医〔2005〕22 号），认定氯胺酮属一类精神药品，实行定点供应生产、统一协调调拨、专营专供专用管理。随后，每年由农业农村部和国家药监局联合下达年度氯胺酮原料药供应和兽用氯胺酮制剂生产计划。

一是原料药定点供应。由农业农村部和国家药监局确定的原料药企业，严格按计划向兽用复方氯胺酮注射液、盐酸氯胺酮注射液定点兽药制剂生产企业供应原料药。二是定点生产。企业严格按照计划组织生产，不得扩大产量，不得变更产品含量规格和包装规格。三是产品统一调拨。由农业农村部认定的中亚动物保健品有限公司负责组织协调氯胺酮原料药按计划供应，负责汇总报告兽用复方氯胺酮注射液、盐酸氯胺酮注射液年度生产计划和产品统一调拨工作。四是专营专供专用。省级畜牧兽医行政管理部门负责确定一家省级兽用复方氯胺酮注射液、盐酸氯胺酮注射液定点批发单位（企业），报中亚公司备案。省级定点批发单位（企业）负责向辖区内动物诊疗机构统一供应兽用复方氯胺酮注射液、盐酸氯胺酮注射液；严禁向其他兽药经营企业和非动物诊疗机构供应产品。五是各使用单位购进的兽用复方氯胺酮注射液、盐酸氯胺酮注射液仅限自用，严格控制使用范围；要按照《兽用处方药和非处方药管理办法》规定，建立处方药管理制度和使用、保管等相关管理制度；要做好购进、使用记录，不得转手倒卖；要配置专用存储设施设备，实行双人双锁；对过期失效产品，应当实施两人以上在场的无害化销毁处理，并做好销毁记录；使用记录和销毁记录保存两年以上备查。

（3）**麻黄碱**　麻黄碱过去是动物疾病防治常用兽药品种，为人畜共用药品。2005年国务院公布《易制毒化学品管理条例》（国务院令第445号），把麻黄素列为第一类易制毒化学品管理。2008年，农业部、国家食品药品监督管理局联合下发《关于加强麻黄碱监管工作的紧急通知》（农医发〔2008〕24号），将兽用盐酸麻黄碱注射液纳入国家管制品种。兽用盐酸麻黄碱注射液生产、经营、使用等活动参照兽用氯胺酮和兽用安钠咖的管理模式，实行定点供应生产、统一协调调拨、专营专供专用管理。各级畜牧兽医行政管理部门负责兽用盐酸麻黄碱注射液生产、经营、使用的监督管理工作。各级食品药品监督管理部门负责麻黄碱原料药生产经营的监督管理。从2009年1月1日起，兽用盐酸麻黄碱注射液生产企业不得向非定点经销单位销售，非定点经营单位不得经营，定点兽药经营单位不得向非兽医医疗机构和非动物养殖场销售。生产、经营和使用单位必须建立相应管理制度，指定专人做好相应购销、使用记录和台账，接受兽医行政管理部门的监督检查。

2011年农业部发布第1540号公告，鉴于兽用盐酸麻黄碱注射液存在流入非法渠道被用于制毒的安全隐患，且同为平喘药的兽用氨茶碱制剂可作为替代品满足兽医临床需要，以及复方甘草合剂组方中的复方樟脑酊质量标准农业部已于2007年废止（农业部公告第839号），经研究，决定自本公告发布之日起废止兽用盐酸麻黄碱注射液和复方甘草合剂质量标准，注销上述产品批准文号，并对凡含有麻黄碱类物质（包括麻黄素、伪麻黄素、消旋麻黄素、甲基麻黄素、麻黄浸膏、麻黄浸膏粉）的新兽药及进口兽药注册申请一律不予受理。至此，所有含麻黄碱制剂产品全部退出市场。

4.1.6　网络销售兽药管理

4.1.6.1　网络销售兽药发展现状

近年来，移动互联网等新一代信息技术加速发展，技术驱动下的商业模式创新层出不穷，线上线下互动成为最具活力的经济形态之一，成为促进消费的新途径和商贸流通创新发展的新亮点。兽药作为一种特殊商品，过去主要依靠传统的线下渠道进行销售。随着社会信息化的发展，兽药企业也开始利用互联网开展电子商务，以期拓宽销售渠道，降低营销成本。随着京东、天猫、微信、抖音等网上销售平台的快速发展，兽药网络销售模式也呈现快速增长趋势。

目前兽药网络营销模式大致有以下4种。

①兽药生产企业自营模式，企业主导开设电子商务类平台，宣传并销售本公司的产品。

②兽药经营企业销售模式，建立自己的交易平台或租用第三方网上兽药销售平台开设网店。

③兽药推广服务模式，生产企业、经营企业或其他机构设立的兽药网络平台，对某些企业或产品进行推广和宣传，仅通过线下进行兽药产品的买卖交易。

④专门的兽药营销平台，可涵盖品种齐全的兽药产品，能在线支付和银行汇款。

4.1.6.2　网络售药存在的问题

《兽药管理条例》《兽药经营质量管理规范》及《兽用生物制品经营管理办法》对开办

兽药经营企业的硬件、设施设备、人员、管理制度、采购、销售等提出了明确要求；《兽用处方药和非处方药管理办法》《执业兽医管理办法》《乡村兽医管理办法》及《兽医处方格式及应用规范》等对兽用处方药的开具、购买和使用作出了规定；《兽药广告审查办法》《兽药广告审查发布标准》明确了兽药广告审查的依据、程序和内容。随着电子商务的发展，网络销售兽药越来越普遍，网络销售兽药属于兽药经营范畴，同样应遵守兽药经营管理相关法律法规要求，但现有法规尚未针对网络销售兽药这一新生事物细化明确相关管理要求。

通过网上搜索国内电商平台，各类兽药品种丰富，既有宠物用药，也有畜禽水产用药；既有消毒剂，也有水针剂、粉剂、散剂、疫苗等多种剂型产品；既有处方药也有非处方药。网上售药同时也面临一系列问题与挑战，由于缺少相关兽药网络销售的法律监管依据，使得部分兽药网络经营者故意销售假、劣兽药，违规销售兽用处方药，夸大广告宣传等问题逐渐凸显，既容易引起质量纠纷，又给畜产品质量安全带来了较大隐患。同时，有的电商由于没有实体店，且未经审批，消费者投诉后，给监管部门查处也带来了一定的困难。

4.1.6.3　网络销售兽药的管理

（1）建立健全兽药网络销售管理的相关法规　可以借鉴人用药品网络销售监管的政策，国家药品监管部门会同其他部门共同出台了《互联网药品信息服务管理办法》和《互联网药品交易服务审批暂行规定》，明确规定从事互联网药品交易服务的企业，必须取得药品管理部门颁发的《互联网药品交易服务机构资格证书》和电信部门颁发的《互联网增值电信业务经营许可证》，从而将药品网络销售行为纳入监管范围。

可制定出台《兽药网络销售管理办法》，明确兽药网络销售的准入标准、审批程序及监管措施。按照线上线下对等原则，网络销售兽药的，应取得《兽药经营许可证》并具有实体店。同时制定《禁止互联网经营兽药产品目录》，划定可以实施兽药网络销售的产品范围，将国家管控的兽用麻醉药品、精神药品、毒性药品、放射性药品、兽药类易制毒化学品等国家实行特殊管理的兽药列入禁止目录管理，不得在网络上销售。修订《执业兽医管理办法》《乡村兽医管理办法》，明确执业兽医或乡村兽医开展远程互联网诊断等执业活动的合法性，以及进行相应执业备案管理的程序。修订《兽药广告审查办法》和《兽药广告审查标准》，将兽药网络宣传纳入管理范畴，明确审查程序及审查内容。

（2）对兽药网络营销实施准入或备案管理　一是界定相关定义和范围。兽药网络销售，是指通过互联网等信息网络销售兽药的经营活动；兽药网络销售平台经营者，是指在兽药网络销售中为交易双方或者多方提供网络经营场所、交易撮合、信息发布等服务，供交易双方或者多方独立开展交易活动的法人或者非法人组织；兽药网络经营者，是指通过自建或第三方兽药网络销售平台销售兽药的经营企业或销售自产兽药的生产企业。

二是明确兽药网络经营者的基本条件和责任、义务。按照线下线上对等原则，兽药网络经营者应当依法取得《兽药经营许可证》；兽用处方药的网络销售，应符合《兽用处方药和非处方药管理办法》的规定；应当建立兽药二维码追溯管理有关制度，配备相关追溯设备，进出库信息应当上传到国家兽药追溯系统；在兽药网络销售平台上传、发布的兽药产品图片，应当清晰显示兽药产品批准文号或进口兽药注册证书号等信息，并与批准信息一致，不得遮挡、模糊不清，对产品的描述不得夸大宣传，并遵守兽药广告审查相关规定。

三是明确兽药网络销售平台经营者的责任义务。兽药网络销售平台经营者应当向所在地省级畜牧兽医行政管理部门报告，提供有关兽药网络销售经营者注册、交易、经营者身份等相关信息；应当要求申请进入平台销售商品或者提供服务的网络兽药经营者提交其身份、地址、联系方式、《兽药经营许可证》等真实信息，进行核验、登记，建立登记档案，并定期核验更新；应当对平台内网络兽药经营者进行监督管理，审核网络兽药经营者发布的兽药产品照片是否清晰显示相关规定的内容，核验网络兽药经营者销售的兽药产品是否具有兽药产品批准文号或进口兽药注册证书等合法产品许可资质。兽药网络销售平台经营者应当记录、保存平台上发布的兽药产品信息、交易信息；对平台内经营者及其兽药产品的资质资格未尽到审核义务，造成违规违法后果的，依法承担相应的责任。

（3）加大对网络销售兽药的监管力度　一是对兽药网络经营者无证经营、超范围经营、不按《兽用处方药和非处方药管理办法》规定销售处方药的、经营假劣兽药、无购销记录等违规行为应加大处罚力度；二是对兽药网络销售平台经营者不履行应尽责任义务的，也应给予相应的处罚；三是建立兽药网络信用评价和追责机制，对有不良信用网络经营者提供网络预警，将失信者列入"黑名单"，动态向社会公布，使互联网违法销售兽药的行为得到有效的治理，促进兽药行业健康有序发展。

4.2

兽药采购入库管理要求

4.2.1　供货单位的资质审核

兽药经营企业应当采购合法兽药产品。兽药经营企业应当对供货单位审核，包括对供货单位资质的审核和所购兽药产品的审核。

供货单位应符合下述条件：①国内兽药的供货单位应当为具有合法资格的兽药生产企业或者兽药经营企业；②进口兽药的供货单位应当为国外企业依法在国内设立的销售机构或者依法委托的国内代理机构；③供货企业有较好的质量信誉、商业信誉和较强的供货能力。

所购兽药产品应该符合下述条件：①国内兽药应当为具有合法资质的兽药生产企业生产或者兽药经营企业经营的，进口兽药应当为国外企业依法在国内设立的销售机构或者依法委托的国内代理机构销售的；②国内兽药应当为具有依法取得产品批准文号的，进口兽药应当为具有依法取得进口兽药注册证书的；③兽药包装、标签和说明书应当为符合国家兽药管理有关规定的；④所购兽药产品具有检验报告的；⑤中药材应当为符合注册产地要求的；⑥必要的话还要审核该企业法人的授权委托书及业务员的身份证。

供货单位审核程序一般分为三步：①由采购人员填写《供货单位资质审核表》；②质

量负责人会同采购人员对供货单位进行审查并提出审查意见；③企业负责人审核批准。

审核方式一般为书面审核。必要时，可到供货单位进行现场审计。书面审核内容一般包括营业执照（或统一社会信用代码）、兽药生产许可证、兽药 GMP 证书、兽药经营许可证（供货单位为兽药经营企业的）、兽药产品批准文号、进口兽药注册证书（所购兽药为国外生产的）、标签、说明书、检验报告等，还应审核供货单位法人委托书、质量保证协议、销售业务员身份信息等内容。现场审计为兽药经营企业到供货单位进行实地审核。如供货单位为兽药生产企业的，主要从机构与人员、厂房与设施、物料管理、生产管理、质量管理等方面考察供货单位兽药生产质量规范执行情况和供货单位生产能力以及产品质量。如供货单位为兽药经营企业的，可对其兽药经营质量管理规范执行情况进行实地考察，包括人员素质、库房管理、质量档案管理、销售记录以及物流配送等。

4.2.2 采购合同签订

对于审核通过评为合格供货商的供货单位，兽药经营企业应当与其签订采购合同。采购合同应在公平公正、互利互惠和自愿的原则下，经双方充分沟通和协商，达成合作条款，形成正式书面合同，签字确认后共同遵守。

采购合同一般包括下述内容：①甲方、乙方企业名称。一般甲方为采购单位，乙方为供货单位。②双方职责。甲方向乙方提供实际经营情况，并对乙方的合同及附件内容进行维护和保密工作。乙方需要给甲方提供营业执照（或统一社会信用代码）、兽药生产许可证、兽药 GMP 证书、兽药经营许可证（供货单位为兽药经营企业的）、兽药产品批准文号、进口兽药注册证书（所购兽药为国外生产的）、标签、说明书、检验报告、法人委托书、质量保证协议、销售业务员身份信息等资料的原件或加盖公章的复印件作为合同附件一并提供给甲方存档备查。③供货品种及数量、费用和物流。甲方采购人员通过电话或者电子邮件等方式告知乙方所需兽药名称和数量。乙方接到订单后在约定时间内将兽药产品运输至甲方指定地点，并负责兽药运输、装卸及退换货等费用。④验收。甲方根据相关兽药管理规定和质量标准对到货兽药进行查验，发现产品外包装（如破损、污损）及产品标签说明书不符等情况的拒收入库；发现兽药无有效期、临期、过期时，应当办理退货手续。⑤质量承诺。按照《质量承诺书》要求，因兽药质量问题而造成的一切不良后果及发生的费用由乙方承担。⑥结算方式。约定一定周期，甲方与乙方进行兽药品种和数量的核对。核对无误后，乙方根据甲方要求开具对应的正规发票；甲方在接收到乙方开具的正规发票后及时办理转账付款到指定账户。⑦违约责任。甲乙双方任何一方违约，由违约方承担违约责任并赔偿给对方造成的损失。⑧其他条款。补充规定如约定合同有效期及其他未尽事宜处理方式。

4.2.3 入库质量验收

入库质量验收是兽药经营企业在兽药经营过程中的关键环节，也是兽药产品实物到达经营环节的第一道关口。入库验收的主要内容有兽药质量、相关证明文件、数量三个方面。兽药质量的检查验收包括兽药外观质量的检查和兽药包装质量的检查。有条件的企业，可以设立兽药检验室对产品质量进行检测，或者送到第三方有检测能力的检测机构进行检验，检验合格的方可收货。

4.2.3.1 兽药质量检查验收

（1）**兽药外观质量的检查验收**　主要检查购进兽药产品是否符合相应的外观质量检查标准的规定。

（2）**兽药包装质量的检查验收**　从外包装看，包装箱是否牢固、干燥；封签、封条有无破损；外包装上应清晰注明兽药产品通用名称、规格、生产企业、生产批号、产品批准文号、有效期、贮藏条件。内包装上检查，兽药的每件包装中应有产品合格证，兽药包装容器或方式使用合理、清洁、干燥、无破损；封口严密，包装上印刷的字体应清晰，品名、规格、批号等不得缺项；瓶签等粘贴牢固。

（3）**标签和说明书的检查验收**　兽药产品（原料药除外）必须同时使用内包装标签和外包装标签。外包装标签必须注明兽用标识、兽药名称、主要成分、适应证（或功能与主治）、用法与用量、含量/包装规格、批准文号或《进口兽药登记许可证》证号、生产日期、生产批号、有效期、停药期、贮藏、包装数量、生产企业信息等内容。内包装标签必须注明兽用标识、兽药名称、适应证（或功能与主治）、含量/包装规格、批准文号或《进口兽药登记许可证》证号、生产日期、生产批号、有效期、生产企业信息等内容。安瓿、西林瓶等注射或内服产品由于包装尺寸的限制而无法注明上述全部内容的，可适当减少项目，但至少须标明兽药名称、含量规格、生产批号。兽用原料药的标签必须注明兽药名称、包装规格、生产批号、生产日期、有效期、贮藏、批准文号、运输注意事项或其他标记、生产企业信息等内容。对贮藏有特殊要求的必须在标签的醒目位置标明。兽药有效期按年月顺序标注。年份用四位数表示，月份用两位数表示，如"有效期至 2002 年 09 月"，或"有效期至 2002.09"。

不同的兽药产品说明书有不同的要求，一般分三大类。一是兽用化学药品、抗生素产品的单方、复方及中西复方制剂的说明书必须注明以下内容：兽用标识、兽药名称、主要成分、性状、药理作用、适应证（或功能与主治）、用法与用量、不良反应、注意事项、停药期、外用杀虫药及其他对人体或环境有毒有害的废弃包装的处理措施、有效期、含量/包装规格、贮藏、批准文号、生产企业信息等。二是中兽药说明书必须注明以下内容：兽用标识、兽药名称、主要成分、性状、功能与主治、用法与用量、不良反应、注意事项、有效期、规格、贮藏、批准文号、生产企业信息等。三是兽用生物制品说明书必须注明以下内容：兽用标识、兽药名称、主要成分及含量（型、株及活疫苗的最低活菌数或病毒滴度）、性状、接种对象、用法与用量（冻干疫苗须标明稀释方法）、注意事项（包括不良反应与急救措施）、有效期、规格（容量和头份）、包装、贮藏、废弃包装处理措施、批准文号、生产企业信息等。

兽药标签和说明书应当经农业农村部批准后方可使用。目前，市面上部分制剂的标签和说明书是融合在一起的，如袋装的粉剂、散剂、预混剂及颗粒剂等，还有大包装规格瓶装的口服溶液剂及液体消毒剂等产品。其他制剂，如粉针剂、小容量注射剂等兽药产品标签和说明书是分别配置的。

（4）**中药材和中药饮片的检查验收**　这类药品应有包装，并附质量合格的标识。

中药材每件包装上应标明品名、规格、产地、来源、采收（加工）日期和生产企业名称。

（5）**兽药数量的检查验收**　进行购进兽药数量验收时，应根据兽药经营企业采购人员填报的订单和供货单位提供的发货凭证对实物逐一核对。兽用生物制品入库，应当由两人以上进行检查验收。

4.2.3.2　兽药入库

兽药产品在进行逐批验收合格后方可入库，并做好入库记录。入库记录包括的内容有入库时间、通用名称、商品名、生产批号、规格、有效期、生产单位、供货单位、购入数量、经办人等。

库房管理人员应按照兽药标签和说明书上的贮藏条件要求把货物一一存放于相应的常温库、阴凉库、冷库或冰箱（冰柜）里。库房管理人员要做好各个库房的温湿度记录，要定期对温湿度控制设备进行维护和保养。常温库的温度不超过 30℃，阴凉库的温度要保持在 10～20℃，冷藏库的温度要保持在 2～10℃，冷冻库要保持在 -15℃ 或 -20℃ 以下。

有下列情形之一的兽药，不得入库：①与进货单不符的；②内、外包装破损可能影响产品质量的；③没有标识或者标识模糊不清的；④质量异常的；⑤其他不符合规定的。

4.3

兽药陈列与储存要求

4.3.1　兽药陈列要求

规范的兽药陈列能确保兽药经营企业经营场所内陈列兽药的质量，避免发生质量问题。因此，经营场所必须配备适当的用于陈列兽药的设施设备，包括与经营规模相适应的货柜（货架）、橱窗、冰箱、药品阴凉柜、空调、办公桌等。兽药应按品种、规格、剂型或用途以及储存条件要求分类整齐陈列，类别标签应放置准确，物价标签必须与陈列兽药一一对应，字迹清晰。陈列药品的货柜（货架）、橱窗等要保持干净卫生。

兽药产品与非兽药产品（如兽医器械、饲料添加剂等）、兽用处方药和非兽用处方药、易串味药（如消毒剂、杀虫剂等易挥发的）与一般兽药应分开摆设。兽用处方药不能开架自选，应放在购买者不易获取的隔断货架或带锁的橱窗里面。拆零兽药最好设置于拆零专柜，做好记录并保留原包装标签说明书至该产品全部销售完，每次拆零销售应将标签说明书复印件一并拿给购买者。需要阴凉、冷藏或冷冻保存的兽药只能陈列在冰箱、药品阴凉柜内，不能陈列在常温条件下。如缺少相关存储设备，可在陈列时只陈列包装。危险品不能陈列，如需要必须陈列时，只能陈列代用品或空包装。中药饮片，装斗前需要复核，不得错斗、串斗，药斗标签采用正名正字。

4.3.2　兽药储存要求

为避免兽药经营企业因储存兽药不当而造成产品药效降低甚至失效，应从以下五个方面做好兽药储存工作。

（1）防潮湿　大部分兽药受潮后，都会发霉、黏结、变色、松散、变形、发出异味甚至生虫，完全失去使用价值。有些兽药极易吸收空气中的水分，而且吸收水分后开始缓慢分解成水杨酸和醋酸，产生浓烈的酸味，对畜禽的肠胃的刺激性大大增加。另外空气中的氧气能使药物氧化变质，因此，兽药经营企业储存兽药，无论是内服药还是外用药，一定要注意防潮，装药的容器应当密封，对库房做好湿度的控制。

（2）防光照　大部分兽药都是化学制剂，日光中所含有的紫外线对兽药变化常起催化作用，能加速兽药的氧化或分解等，从而使兽药变质。例如维生素、抗生素类药物，遇光后都会使颜色加深，药效降低。因此，在储存的时候，要做好库房的光线管理，宜安装遮光的窗帘。遇光易变质的兽药通常采用棕色瓶包装，以防止紫外线的透入；需要避光保存的兽药，应存放在干燥、光线不易直射到的地方。购进的兽药应以原瓶保存。

（3）选择适宜的温度　很多兽药在温度过高或者过低的环境下很容易变质。所以兽药在储存时需要根据兽药的不同性质分别保存在适宜的温度下。一般化学制剂和兽用中药制剂根据性质分为三类保存温度："室温"指不超过 30℃；"阴凉处"或"凉暗处"是指 10～20℃；"冷处"是指 2～10℃。兽用疫苗类的兽用生物制品一般分为两类保存温度：2～8℃冷藏保存和−15℃以下或−20℃以下的冷冻保存。还有部分特殊疫苗产品需要使用专门的容器在液氮条件下储存。

（4）避免混放　将兽药混放、乱放，容易导致发错药，给销售出库带来麻烦。兽药应按品种、批号相对集中堆放，并分开堆码，不同品种或同品种不同批次的兽药不得混垛，防止发生错发混发事故。应严格遵守兽药外包装图示标志的要求，规范操作，怕压兽药应控制堆放高度，防止造成包装箱挤压变形。

兽药货垛与仓库地面、墙壁、顶棚、散热器之间应有相应的间距或隔离措施，设置足够宽度的货物通道，防止库房内设施对兽药质量产生影响。一般情况下，兽药与墙壁、屋顶/梁的间距不小于 30 厘米，与库房散热器或供暖设备间距不小于 30 厘米，与仓库地面的间距不小于 10 厘米。

（5）养护管理　为了避免药物贮存过久，必须掌握"先进先出，易坏先出""近期（临近有效期）先出"的原则，定期检查和盘存。储存的兽药必须定期进行养护检查，并做好养护记录。避免储存的兽药因储存时间和环境的变化而影响产品质量。特别要注意近效期、易霉变、易潮解的药品，应提高检查频率。发现有质量问题的药品，应立即停止销售并及时通知质量负责人进行处理。

4.3.3　标识管理

兽药经营企业的经营场所和仓库应根据兽药品种、类别、用途等设立醒目标志。

经营场所要对兽用处方药和兽用非处方药设立明显标识，在此基础上可以根据业务所需再进行药品的分类标识，应当在经营场所显著位置悬挂或者张贴"兽用处方药必须凭兽医处方购买"的提示语。营业场所还应该明示企业服务公约、质量承诺、禁用药物清单等规章制度，并设立信息公示栏，公开监督电话。

兽药库房首先要把不同功能的房间名称标识清楚，如常温库、阴凉库、冷库、消毒剂专用库房、兽用生物制品专用库房等。每个库房内兽药的存放实行色标分区管理。用绿色标识合格区，用黄色标识待验区，用红色标识不合格区和退货区。

4.3.4　质量清查

兽药经营企业要定期或不定期地开展兽药质量清查工作以保证经营产品的良好质量状态。首先，清查过期产品或近效期产品。一旦发现过期产品应进行报废处理，近效期产品可以联系供货单位进行退货处理或及时销售。其次，清查假兽药和劣兽药。兽药经营企业可根据各级畜牧兽医行政主管部门发布的假劣兽药信息及时开展经营场所和库房相关产品的清查工作，一旦发现，应立即停止销售，并召回已销售出去的产品，最后对召回产品和未销售产品进行销毁处理。

4.4

兽药销售与运输管理

4.4.1　兽药销售模式的变迁

兽药销售模式随着社会发展、政府管理水平的提高和养殖模式的变化，分为几个明显的阶段。首先，改革开放初期，人民群众生活水平和物资需求急剧上升，畜牧业开始发展。作为服务养殖业的兽药行业也进入发展的快车道，市场处于供不应求阶段，此时兽药销售的主要渠道是计划经济时代建设的基层兽医站。同时，也诞生了一批服务意识优于兽医站的一些个体户，并且逐渐取代兽医站。其次，省级代理阶段。1990 年以后，随着兽药生产企业的增多和销售企业的壮大，原有的混乱的销售模式产生了众多问题。一些有实力的经营企业做起了兽药厂家的省级代理，形成了第一次上下游合理分工的友好合作模式。接着，后面新入行的兽药生产企业在各地省代经销商的话语权始终处于劣势，被迫下沉到一线，与县乡级在当地有影响力并提供动保技术服务的小型经销商合作，开启了终端销售的阶段。2000 年后，随着养殖集约化的程度不断提高，大型养殖集团的不断涌现，很多优秀的兽药生产企业开始自己培养养殖顾问，直接到大型养殖场进行技术营销，逐渐建立直销渠道。大批依靠小散养殖户的兽药经销商慢慢消亡。

随着养殖户意识的提升和整个行业的逐步成熟，兽药销售的方式也将出现以下变化趋势。第一，兽药销售专一化。一部分销售企业开始调整经营模式和产品结构，由原来经销几十家产品缩减为几家，重点选择大品牌企业的产品，或只代理一个名牌企业的产品，走上"简、专、精"道路。第二，兽药销售向技术服务转化。从单纯的"卖药"向技术服务的方向转化，组建专业的服务队伍，为养殖户提供免费保健方案、疾病诊断等，靠服务赢得客户。

4.4.2　销售管理与销售记录

4.4.2.1　销售管理的要求

兽药销售管理要严格，树立公司良好信誉，严格遵守《兽药管理条例》，认真执行《兽药经营质量管理规范》，依法经营，合规销售兽药。兽用处方药不得采用开放、自选的方式销售。销售处方药时必须开具处方笺，对处方笺所列药品不得擅自更改或代用。必须认真审核处方笺，必须有执业兽医师签字。遇有配伍禁忌或超剂量的处方，应当拒绝销售。处方笺要按规定留存，如不能保留原件，可留存复印件备查。兽药经营企业销售兽药必须要先行出库。出库时，应当遵循先产先出和按批号出库的原则进行检查、核对，并真实、准确、完整地填写《兽药经营单位出库记录》。兽药出库记录应当包括兽药通用名称、商品名称、批号、剂型、规格、生产厂商、数量、日期、经手人或者负责人等内容。有下列情形之一的兽药，不得出库销售：标识模糊不清或者脱落的；外包装出现破损、封口不牢、封条严重损坏的；超出有效期限的；其他不符合规定的。

兽药可拆零销售，但必须严格控制拆零销售过程，确保兽药的质量。兽药的拆零销售应符合相关国家规定，原料药禁止拆零销售或销售给兽药生产企业以外的单位或个人。兽药拆零销售应当保证兽药产品质量均一性。如片剂可以拆零至片，胶囊剂可以拆零至粒、注射剂可以拆零至支。总之，制剂只许拆零至最小内包装。在经营门市最好设置专门的拆零销售专柜，并配有拆零销售使用的工具、包装袋等设施设备。拆零销售兽药制剂产品导致产品标签、说明书不全时，应当附有与原兽药制剂产品标签、说明书和注意事项等内容一致的标签或者说明书复印件。最后，做好拆零销售记录。

兽药出库时，应当进行检查、核对，建立出库记录，并将出库信息上传"兽药产品追溯系统"。上传内容至少包括：产品通用名称、生产企业、兽药产品批准文号、兽药生产批号、规格、使用单位信息、休药期等。各省也建有《××省兽药信息监管平台》等二维码追溯系统，负责本省兽药经营企业销售信息上传和监督管理。

4.4.2.2　兽药销售记录

销售记录应当载明兽药通用名称、商品名称、批准文号、批号、有效期、剂型、规格、生产厂商、购货单位、销售数量、销售日期、经手人或者负责人等内容。兽药经营企业销售兽药，应当开具有效凭证，做到有效凭证、账、货、记录相符。兽药经营企业销售兽用处方药的，应当遵守兽用处方药管理规定；销售兽用中药材、中药饮片的，应当注明产地。兽药拆零销售时，不得拆开最小销售单元。销售兽用生物制品的，应当建立兽用生物制品销售、贮存等管理制度，贮存记录应当每日记录贮存设施设备温度。

4.4.3 运输管理要求

《兽药经营质量管理规范》规定，运输兽药应当遵守兽药外包装图示标志的要求。兽药经营企业自行配送有温度控制要求的兽药时，应当具备相应的冷链贮存、运输条件，也可委托具备相应冷链贮存、运输条件的配送单位配送，并对委托配送的产品质量负责。冷链贮存、运输全过程应当处于规定的贮藏温度环境下，在冷链运输过程中还应配备使用可全程记录温度的设备，并建立冷链运输记录。冷链运输记录应当记录起运和到达时的温度。记录应当保存至制品有效期满2年后。

兽用生物制品生产、经营企业自行配送兽用生物制品的，应当具备相应的冷链贮存、运输条件，也可以委托具备相应冷链贮存、运输条件的配送单位配送，并对委托配送的产品质量负责。冷链贮存、运输全过程应当处于规定的贮藏温度环境下。

4.4.4 售后服务要求

《兽药经营质量管理规范》规定，兽药经营企业应当向购买者提供技术咨询服务，在经营场所明示服务公约和质量承诺，公布企业服务电话和当地兽药管理部门的监督电话、设置意见簿。指导购买者科学、安全、合理使用兽药。并注意收集兽药使用信息，发现假、劣兽药和质量可疑兽药以及严重兽药不良反应时，应当及时向所在地兽医行政管理部门报告，并根据规定做好相关工作。

4.5

兽药经营许可审批与要求

4.5.1 生物制品类经营许可证审批

经营兽用生物制品的，需按照《兽药管理条例》的有关规定，提供与所经营的兽用生物制品适应的兽药技术人员；与所经营的兽用生物制品相适应的营业场所、设备、仓库设施；与所经营的兽用生物制品相适应的质量管理机构或者人员；兽药经营质量管理规范规定的其他经营条件等证明材料，向省级兽医行政管理部门提出申请。近几年，随着国务院"放管服"改革精神的进一步深化和落实，部分省级兽医行政管理部门将兽用生物制品经营许可这一事项下放或委托到市级或县级兽医行政管理部门来办理。

省级兽医行政管理部门按照《兽药管理条例》《兽药经营质量管理规范》《兽用生物制品经营管理办法》以及各地制定的《兽药经营质量管理规范实施细则》《兽药GSP现场检查评定标准》等相关法律法规要求，认真核实申请人的人员条件、培训情况、场地、库房、保存条件、运输设备、环境卫生、文件档案、各种记录是否符合规定，并提出明确的缺陷项目，经申请企业针对缺陷项进行整改，并向相应的兽医管理部门提交整改报告，整改到位后，各级兽医行政管理部门派出检查组对申请企业进行兽药 GSP 现场验收，兽药 GSP 检查员需熟悉兽用生物制品管理的法律规章、兽用生物制品验收的有关规定、兽用生物制品生产、保存、运输使用的有关知识，能熟练掌握评分标准，确保验收质量。检查组对申请企业的场所与设施、机构与人员、规章制度、采购与入库、陈列与储存、销售与运输、售后服务等情况进行现场勘验，并出具现场验收报告和缺陷项报告，做出推荐或不推荐的结论。受理许可事项的兽医行政管理部门将验收结果在官方网站公示 7日，申请企业针对缺陷项进行整改，整改情况经所在地兽医行政管理部门现场确认后，出具审核意见，与整改材料一并报受理许可事项的兽医行政管理部门，整改到位且公示无异议的，受理许可事项的兽医行政管理部门 10 个工作日内作出是否准予行政许可的决定准予行政许可的，发给《兽药经营许可证（兽用生物制品）》；不合格的，书面通知申请人。

兽用生物制品经营许可载明内容及换发规定。《兽药经营许可证（兽用生物制品）》应当载明经营范围、经营地点、有效期和法定代表人姓名、住址等事项，《兽药经营许可证（兽用生物制品）》的经营范围应当具体载明国家强制免疫用生物制品、非国家强制免疫用生物制品等产品类别和委托的兽用生物制品生产企业名称。

《兽药经营许可证（兽用生物制品）》有效期为 5 年。有效期届满，需要继续经营兽用生物制品的，应当在许可证有效期届满前 6 个月到发证机关申请换发《兽药经营许可证（兽用生物制品）》。兽用生物制品经营企业变更经营范围、经营地点的，应申请换发《兽药经营许可证》；变更企业名称、法定代表人的，应在办理工商变更登记手续后 15 个工作日内，到发证机关申请换发《兽药经营许可证（兽用生物制品）》。

2022 年 7 月 15 日农业农村部公告第 581 号，明确新版《兽药经营许可证》设立正本、副本，具有同等法律效力，是兽药经营企业取得相应许可的合法凭证，正本悬挂和摆放在生产或经营场所显著位置，副本用于记载企业相关内容的变更情况。明确新版《兽药经营许可证》证号格式为"兽药经营证字×××××××××号"，其中数字为 9 位，由企业所在省份序号（2 位，以原农业部公告第 452 号公布的省份序号为准）、县级以上行政区域序号（4 位，各省份统一编制并发布）及企业序号（3 位，县级行政区域内排序）组成。《兽药经营许可证（兽用生物制品）》核发原则为：一家兽用生物制品经营企业持有一张《兽药经营许可证（兽用生物制品）》；对同时具有兽用生物制品和兽用化学药品（中药）经营门店的，应分别核发《兽药经营许可证（兽用生物制品）》和《兽药经营许可证》。已经发证的经营兽用疫苗的兽用生物制品经营企业仅申请增加经营品种的，应当到原发证机关进行经营范围变更，可不再重新验收，有效期、证书编号与原证一致，起始日期和截止日期不变，只变更发证日期；已经发证的经营非兽用疫苗的兽用生物制品经营企业仅申请增加经营品种时，要根据申请增加产品性质，按规定进行变更或重新验收。新发证企业和申请复验企业证书编号按新编号规定进行。发证机关要依法及时公开许可事项办理情况，并在《兽药经营许可证（兽用生物制品）》核发、换发、变更、补发、吊销、注销等工作办理结束后 5 个工作日内，将审批结果和信息，及时上报上级部门，同时在"兽药产品追溯系统"进行注册。

4.5.2 非生物制品类兽药经营许可证审批

经营兽药的，需按照《兽药管理条例》的有关规定，提供与所经营的兽药相适应的兽药技术人员；与所经营的兽药相适应的营业场所、设备、仓库设施；与所经营的兽药相适应的质量管理机构或者人员；兽药经营质量管理规范规定的其他经营条件等证明材料，向县级兽医行政管理部门提出申请。

县级兽医行政管理部门按照《兽药管理条例》《兽药经营质量管理规范》以及各地制定的《兽药经营质量管理规范实施细则》《兽药GSP现场检查评定标准》等相关法律法规要求，认真核实申请人的人员条件、培训情况、场地、库房、保存条件、运输设备、环境卫生、文件档案、各种记录是否符合规定，并提出明确的缺陷项目，经申请企业针对缺陷项进行整改，并向县级兽医管理部门提交整改报告，整改到位后，县级兽医行政管理部门派出检查组对申请企业进行兽药GSP现场验收，检查组对申请企业的场所与设施、机构与人员、规章制度、采购与入库、陈列与储存、销售与运输、售后服务等情况进行现场勘验，并出具现场验收报告和缺陷项报告，做出推荐或不推荐的结论。县级兽医行政管理部门将验收结果在官方网站进行公示，申请企业针对缺陷项进行整改，整改到位且公示无异议的，县级兽医行政管理部门作出是否准予行政许可的决定，准予行政许可的，发给《兽药经营许可证（中、化药）》；不合格的，书面通知申请人。

兽药经营许可载明内容及换发规定。兽药经营许可证应当载明经营范围、经营地点、有效期和法定代表人姓名、住址等事项。兽药经营许可证有效期为5年。有效期届满，需要继续经营兽药的，应当在许可证有效期届满前6个月到发证机关申请换发《兽药经营许可证（中、化药）》。变更企业名称、法定代表人的，应在办理工商变更登记手续后15个工作日内，到发证机关申请换发《兽药经营许可证（中、化药）》。

4.5.3 兽药经营许可办理实例

以四川某县一企业申请办理非兽用生物制品类兽药经营许可证为例。经营企业按照《兽药经营质量管理规范》和《四川省兽药经营质量管理规范实施办法》要求，从经营门市和库房的选址及布局，经营设施设备（空调、发电机、冷柜、温湿度计、遮光窗帘、货架、粘鼠板、灭蝇灯、信息公示栏等）的设置，管理制度（组织机构图、各类人员职能职责、库房管理制度、供应商档案管理制度、产品质量管理制度、处方药销售管理制度、兽药产品追溯管理制度、兽药产品验收管理制度等）的建立，记录（培训记录、采购记录、入库记录、销售记录、温湿度记录、设备维护保养记录、退货记录、不良反应记录等）样表，档案管理（人员档案、设备档案、房屋产权或租赁合同档案、处方笺档案、购货凭证档案等）的建立等多方面完成前期准备工作。

接着，按照县级行政审批局或农业农村局公布的《兽药经营许可证核发办事指南》要求准备涉及以下方面的材料：《兽药经营许可证申请表》；《四川省兽药经营质量规范检查验收申请表》；企业基本情况说明；企业负责人、质量负责人、质量管理人员等人员的学历证书或专业技术职称证书件；经营场所和仓库的平面布局图；经营场所和仓库的使用证明复印件；主要设施设备及其图片和说明；兽药经营质量管理文件和兽药记录样表；兽药生产企业的《兽药生产许可证》《兽药 GMP 证书》和产品批准文号；进口代理商的《兽药经营许可证》《营业执照》和《进口兽药注册证书》。

申请人将准备好的纸质材料和电子材料递交给审批大厅相应工作窗口，窗口工作人员接件后进行申报材料形式审查，审查合格的出具受理通知书，形式审查不合格的不予受理，并书面说明原因。申请材料齐全符合法定形式的申报材料经审批负责人签转现场检查；在规定时限内由相关部门组织兽药 GSP 检查员对申请企业开展现场检查验收，对照《四川省兽药经营质量管理规范检查验收评定标准》逐条打分。有关键项缺陷或重要项缺陷大于 15％或一般项缺陷大于 20％的，未通过兽药 GSP 检查验收，做出"不合格"结论。反之，通过兽药 GSP 检查验收，做出"合格"结论，但是经营企业要针对检查组提出的缺陷项逐项整改，整改合格后，现场检查验收部门把相关资料转回窗口，由窗口制证发证。该申请企业在取得《兽药经营许可证》以后，方可开展兽药经营活动。

4.5.4　兽药广告管理

在全国重点媒体发布的兽药广告，以及保护期内新兽药、境外生产的兽药的广告，需经国务院兽医行政管理部门审查，并取得广告审查批准文号后，方可发布。在地方媒体发布兽药广告需经省、自治区、直辖市人民政府兽医行政管理部门审查，并取得广告审查批准文号后，方可发布。

为了保证兽药广告的真实、合法、科学，国家市场监督管理总局制修订了《兽药广告审查标准》（2020 年 10 月 23 日国家市场监督管理总局令第 31 号）。该标准规定下列兽药不得发布广告：①兽用麻醉药品、精神药品以及兽医医疗单位配制的兽药制剂；②所含成分的种类、含量、名称与兽药国家标准不符的兽药；③临床应用发现超出规定毒副作用的兽药；④国务院农牧行政管理部门明令禁止使用的，未取得兽药产品批准文号或者未取得《进口兽药注册证书》的兽药。同时要求兽药广告不得含有下列内容：①表示功效、安全性的断言或者保证；②利用科研单位、学术机构、技术推广机构、行业协会或者专业人士、用户的名义或者形象作推荐、证明；③说明有效率；④违反安全使用规程的文字、语言或者画面；⑤法律、行政法规规定禁止的其他内容。兽药广告不得贬低同类产品，不得与其他兽药进行功效和安全性对比。不得含有"最高技术""最高科学""最进步制法""包治百病"等绝对化的表示。不得含有评比、排序、推荐、指定、选用、获奖等综合性评价内容。不得含有直接显示疾病症状和病理的画面，也不得含有"无效退款""保险公司保险"等承诺。兽药的使用范围不得超出国家兽药标准的规定。兽药广告的批准文号应当列为广告内容同时发布。

4.5.4.1　在全国重点媒体发布兽药广告的审批

在全国重点媒体发布兽药广告的需按照《中华人民共和国广告法》《兽药管理条例》和《兽药广告审查标准》等有关规定，提供《兽药广告审查申请表》、兽药产品批准文号批件、法定兽药质量标准、农业农村部批准的兽药标签和说明书、其他涉及广告样稿内容真实性的证明性文件和广告样稿（包括文字、视频、音频等形式）；进口兽药广告还需提供《进口兽药注册证书》或《兽药注册证书》、进口兽药质量标准、境外兽药生产企业办理兽药广告的委托书、广告样稿（包括文字、视频、音频等形式）、非中文证明性文件的中文译文及其他广告真实性的证明文件等证明性材料，向农业农村部提出申请。申请材料的技术审查工作由农业农村部兽药评审中心承担。

农业农村部按照《中华人民共和国广告法》《兽药管理条例》和《兽药广告审查标准》等相关法律法规要求，认真核实申请人的兽药产品批准文号批件、法定兽药质量标准、兽药标签和说明书及文字、视频、音频等形式广告样稿和其他涉及广告样稿内容真实性的证明性文件进行技术审查，审查其是否符合规定。符合规定的，农业农村部作出准予行政许可的决定，核发兽药广告审查批准文号，同时将批准的相关材料送同级广告监督管理机关一份；不合格的，书面通知申请人。

兽药广告审查批准文号有效期一年。有效期届满，需要继续发布兽药广告的，应当在许可证有效期届满前 1 个月到发证机关申请换发兽药广告审查批准文号。变更企业名称等信息的，应在办理工商变更登记手续后 15 个工作日内，到发证机关申请换发签发兽药广告审查批准文号的《兽药广告审查表》。

4.5.4.2 在地方媒体发布兽药广告的审批

在地方媒体发布兽药广告的需按照《中华人民共和国广告法》《兽药管理条例》和《兽药广告审查标准》等有关规定，提供《兽药广告审查申请表》、兽药产品批准文号批件、法定兽药质量标准、农业农村部批准的兽药标签和说明书、省级兽药监督检验机构出具的近期（三个月内）产品检验报告单、其他涉及广告样稿内容真实性的证明性文件和广告样稿（包括文字、视频、音频等形式）；进口兽药广告还需提供《进口兽药注册证书》或《兽药注册证书》、进口兽药质量标准、境外兽药生产企业办理兽药广告的委托书、广告样稿（包括文字、视频、音频等形式）、非中文证明性文件的中文译文及其他广告真实性的证明文件等证明性材料，向省、自治区、直辖市人民政府兽医行政管理部门提出申请。

省、自治区、直辖市人民政府兽医行政管理部门按照《中华人民共和国广告法》《兽药管理条例》和《兽药广告审查标准》等相关法律法规要求，认真核实申请人的兽药产品批准文号批件、法定兽药质量标准、兽药标签和说明书、省级兽药监督检验机构出具的近期（三个月内）产品检验报告单及文字、视频、音频等形式广告样稿和其他涉及广告样稿内容真实性的证明性文件进行技术审查，审查其是否符合规定。符合规定的，省、自治区、直辖市人民政府兽医行政管理部门作出准予行政许可的决定，核发兽药广告审查批准文号，同时将批准的相关材料送同级广告监督管理机关一份；不合格的，书面通知申请人。

兽药广告审查批准文号有效期一年。有效期届满，需要继续发布兽药广告的，应当在许可证有效期届满前 1 个月到发证机关申请换发兽药广告审查批准文号。变更企业名称等信息的，应在办理工商变更登记手续后 15 个工作日内，到发证机关申请换发签发兽药广告审查批准文号的《兽药广告审查表》。

参考文献

[1] 国务院 .《兽药管理条例》(2004 年 4 月 9 日国务院令第 404 号公布，2014 年 7 月 29 日国务院

令第 653 号部分修订，2016 年 2 月 6 日国务院令第 666 号部分修订，2020 年 3 月 27 日国务院令第 726 号部分修订）.

[2] 农业部.《兽药经营质量管理规范》（2010 年农业部令第 3 号）. 2010.

[3] 农业部.《兽用生物制品管理规定》（（94）农（牧）字第 4 号）. 1994.

[4] 农业农村部.《兽用生物制品经营管理办法》（2021 年农业农村部 2 号令）. 2021.

[5] 农业部.《兽用处方药和非处方药管理办法》（农业部令第 2 号）. 2013.

[6] 农业部.《兽药标签和说明书管理办法》（农业部令 22 号）. 2002.

[7] 农业部.《兽药进口管理办法》（2007 年农业部、海关总署令第 2 号）. 2007.

[8] 农业农村部.《进口兽药管理目录》（2020 年农业农村部 海关总署公告第 369 号）. 2020.

[9] 农业部.《推进兽药产品质量安全追溯工作》（农业部公告第 2210 号）. 2015.

[10] 农业部.《兽药追溯系统规定》（2019 年农业部公告第 174 号）. 2019.

[11] 农业部.《农业部办公厅关于对兽药生产企业办理兽药经营许可证有关问题的复函》（农医发〔2011〕12 号）. 2011.

[12] 农业部.《农业部办公厅关于兽用生物制品经营有关问题的函》. 2015.

[13] 农业部.《食品动物禁用的兽药及其它化合物清单》（2002 年农业部公告第 193 号）. 2002.

[14] 农业农村部.《食品动物禁用的兽药及其它化合物清单》（2019 年农业农村部公告第 250 号）. 2019.

[15] 农业部.《甘草和麻黄草采集管理办法》（2001 年农业部令第 1 号）. 2001.

[16] 农业农村部.《兽药严重违法行为从重处罚情形公告》（农业农村部公告第 97 号）. 2018.

[17] 农业农村部.《药物饲料添加剂退出计划和调整相关管理政策》（2019 年农业农村部公告第 194 号）. 2019.

[18] 农业农村部.《废止的药物饲料添加剂质量标准目录 》（2019 年农业农村部公告第 246 号）. 2019.

[19] 农业部.《兽用处方药品种目录（第一批）》（2013 年农业部公告第 1997 号）. 2013.

[20] 农业部.《兽用处方药品种目录（第二批）》（2016 年农业部公告 2471 号）. 2016.

[21] 农业农村部.《兽用处方药品种目录（第三批）》（2019 年农业农村部公告第 245 号）. 2019.

[22] 农业部.《乡村兽医基本用药目录》（2014 年农业部公告第 2069 号）. 2014.

[23] 农业部.《兽医处方格式及应用规范》（2016 年农业部公告第 2450 号）. 2016.

[24] 农业部.《食品动物中停止使用洛美沙星等 4 种兽药》（2015 年农业部公告第 2292 号）. 2015.

[25] 农业部.《停止硫酸粘菌素用于动物促生长》（2016 年农业部公告第 2428 号）. 2016.

[26] 农业部.《禁止非泼罗尼用于食品动物》（2017 年农业部公告第 2583 号）. 2017.

[27] 农业部.《停止喹乙醇等三种生产经营和使用》（2018 年农业部公告第 2638 号）. 2018.

[28] 农业部.《兽用麻醉药品的供应、使用、管理办法》（1980 年农业部卫生部国家医药管理总局公布）. 1980.

[29] 农业部.《兽用安钠咖管理规定》（农牧发[1999]5 号）. 1999.

[30] 农业部.《农业部办公厅关于加强氯胺酮生产、经营、使用管理的通知》（农办医[2005]22 号）. 2005.

[31] 农业部/国家工商行政管理总局.《兽药广告审查办法》（国家工商行政管理局、农业部令第 29 号）. 1995.

[32] 国家市场监督管理总局.《兽药广告审查标准》（2020 年 10 月 23 日国家市场监督管理总局令第 31 号）. 2020.

[33] 孙鲁威. 动物疫苗必须专供——农业部六号令提出了新的《兽用生物制品管理办法》[J]. 吉林畜牧兽医，1997，10：33-33.

[34] 章海欧. 农业部 6 号令贯彻新进展[J]. 中国牧业通讯，1998，10：45-45.

[35] 晓东.《兽药广告审查办法》开始实施[J]. 中国饲料，1995（12）：7.

第 5 章
兽药使用
管理

本章系统介绍了我国兽药使用管理现状及其简要演变过程，包括相关法规、制度、标准、举措及取得的成效。为保障动物性食品安全、公共卫生安全和畜禽养殖业健康发展，我国持续推进兽药风险管理、兽药残留监控、动物源细菌耐药性监测和兽用抗菌药使用减量化行动，兽药使用管理机制不断趋于完善。

5.1

概述

5.1.1 兽药使用关乎食品安全和公共卫生安全

我国是动物养殖大国，肉类、蛋类、水产品生产总量均居世界首位，犬、猫等宠物动物饲养数量也很大，特别是城市饲养量增长很快。2022年，我国肉类总产量9328.4万吨，禽蛋产量3456.4万吨，奶类产量4026.5万吨，水产品产量6865.9万吨。2021年，我国宠物犬的数量为5429万只，宠物猫为5806万只。数量众多的食品动物和宠用动物，维护其健康必需的兽药投入品需求量也逐年增大。据我国兽药产业基本情况调查，2022年全国兽药生产总值755亿元，销售额673亿元。

兽药是重要的农业投入品，是一把"双刃剑"，具有两面性。规范、合理、科学使用兽药，能有效防治动物疫病，提高生产性能，保障动物养殖业健康发展。相反，不规范、不合理的用药，不仅不能充分发挥防病治病的作用，还会损害动物健康，造成动物源性食品中药物残留超标，危害食品安全，过度或不合理、不规范使用抗菌药还可能诱发动物源细菌耐药性的滋生和蔓延，影响动物养殖业健康发展，影响公共卫生安全和生物安全。

我国动物诊疗机构和畜禽养殖场从事诊疗服务的人员整体水平不高，执业兽医数量还远远不足，且分布不均衡。兽药使用整体水平偏低，不规范用药、盲目用药、滥用药的情况普遍存在，非法使用违禁药物的情况时有发生，兽药监管面临的形势复杂而严峻。

5.1.2 兽药使用管理走向法制化

我国政府历来高度重视兽药监管工作，特别是对兽药使用环节的监管，已经形成了一整套行之有效的法律法规及制度体系，包括《农业法》《畜牧法》《动物防疫法》《食品安全法》《农产品质量安全法》和《兽药管理条例》等，配套上述这些法律法规建立了一系列包括与兽药使用在内的行政规章、管理制度、标准准则和技术指南，既维护了兽药行业的健康发展，也保障了动物产品安全和公共卫生安全。

《兽药管理条例》是兽药使用监管的主要行业法规，现行法规是2004年国务院令第404号发布的《兽药管理条例》（中华人民共和国国务院，2004），后经2014年国务院令第 653 号、2016 年国务院令第 666 号和 2020 年国务院令第 726 号多次部分修订，其中第六章专门就兽药使用做出 6 条规定。事实上，兽药管理相关法规可追溯到更早时候，1980年国务院批准《兽药管理暂行条例》是我国兽药管理法制化的开端。1987 年，国务院正式颁布《兽药管理条例》，直至 2004 年进行修订。

除了《兽药管理条例》，2006 年《农产品质量安全法》发布实施，2009 年《食品安全法》发布实施，都要求严格做好对兽药使用的管理，明确食用农产品生产者应当按照食品安全标准和国家有关规定使用兽药以及严格执行休药期规定，不得使用国家明令禁止的农业投入品等。《中华人民共和国农产品质量安全法》和《中华人民共和国食品安全法》后来又经过多次修订，不断强化兽药等投入品使用管理的相关内容，特别是增加地方管理部门建立健全农业投入品安全使用制度的职责和责任，如推动建立农业投入品使用记录制度，加强对农业投入品的监督管理和指导。

经过多年的努力和探索，我国在兽药使用管理上已经基本形成主体明确、依法行政、执法有力的格局。

5.1.3　不断完善兽药残留监控机制

实施兽药残留监控计划是兽药监管的重要手段，是检验、监督养殖环节用药行为是否规范的一种行之有效的反馈机制，通过监控动物及动物性食品中兽药残留发现并改正养殖过程中存在的不规范用药行为。在欧美等发达国家，都非常重视兽药残留监控计划的制定和组织实施，从一定意义上讲，兽药残留监控计划能否得到有效实施，是一个国家兽药监管水平的具体体现，是衡量一个国家兽药使用管理水平的具体指标。

我国自 1999 年开始实行兽药残留监控计划，不断发现并持续改进养殖中不规范、不合理，甚至不合法的用药行为，推进形成规范、合理用药的良好局面。

5.2

依法规范使用兽药

5.2.1　使用合法批准的兽药

5.2.1.1　只有经合法批准的兽药才能上市销售使用

兽药上市经营使用的，包括国外向中国出口的兽药，依据现行《兽药管理条例》（2004 年国务院令第 404 号），应履行注册审批程序。注册申请人提出申请，经农业农村部兽药评审中心技术审查后向农业农村部报批。通过审批的，农业农村部核发新兽药证书或进口兽药证书，发布质量标准、工艺规程，以及说明书和标签，取得上市许可。只有经农业农村部合法批准的兽药才能生产上市销售和使用。

5.2.1.2 实施兽药退出淘汰机制

为保障用药安全，保障动物性食品安全和公共卫生安全，对于合法使用的兽药品种开展安全风险评估，形成有进有出的管理机制，特别是不断加大对药物饲料添加剂和兽用抗菌药的监管力度。近年来，农业农村部经风险评估决定，洛美沙星等近 20 种兽药品种停止在食品动物上使用，甲紫、甲紫溶液等 65 个兽药品种不再收载入 2020 年版《中国兽药典》。

2015 年，农业部明令停止洛美沙星、培氟沙星、氧氟沙星、诺氟沙星等四种药物及其制剂在食品动物上的使用，废止相关标准，撤销相关文号。主要原因在于，洛美沙星等属人兽共用品种，也是人医临床当前使用的重要抗菌药物，监测表明洛美沙星等对猪源和鸡源大肠杆菌已经产生了明显的耐药性，欧美国家从未批准 4 种药物在食品动物使用，存在很大的公共卫生安全风险。2016 年，农业部明令停止硫酸黏菌素用于动物促生长剂，保留其治疗用途。主要原因在于，多年监测显示硫酸黏菌素诱发大肠杆菌 MCR-1 耐药基因，耐药基因可在不同细菌之间复制和转移，有蔓延到其他肠杆菌科细菌如肺炎克雷伯菌、铜绿假单胞菌并通过食物链向人转移的风险。2018 年，农业部明令停止喹乙醇、氨苯胂酸、洛克沙肿等三种兽药及其制剂在食品动物上的使用，废止相关标准，撤销相关文号。主要是基于有机胂制剂环境评估及 CAC 关于喹乙醇的使用建议。2019 年，农业农村部就药物饲料添加剂管理政策作出调整，实施"退出行动"。自 2020 年 1 月 1 日起，取消兽药产品"兽药添字"批准文号，停止除中药类外所有促生长用药物饲料添加剂使用，修订早期批准的金霉素预混剂、吉他霉素预混剂等 15 个药物饲料添加剂品种的质量标准和说明书，适于在商品饲料中添加使用的品种，仅在产品说明书中注明"可在商品饲料和养殖过程使用"字样。主要原因在于，基于以促生长为目的长期亚剂量使用抗菌药物致使细菌耐药性滋长和蔓延的共识，欧、美、日等国家和地区已采取或正在采取一定的应对措施，加强对以兽用抗菌药促生长剂治理为主要内容的管理。

通过在饲料中添加兽药是兽医群体用药的一种特殊用药方式，20 世纪 50 年代、60 年代兴起于欧美，在我国大范围使用始于 20 世纪 80 年代、90 年代，早先被称作饲料药物添加剂，到本世纪前二十年达到顶峰。1994 年农业部发布饲料药物添加剂允许使用品种目录。1997 年农业部发布允许作饲料添加剂的兽药品种及使用规定。2001 年农业部印发《饲料药物添加剂使用规范》，将药物饲料添加剂区分为附录一和附录二两类，附录一收载二硝托胺预混剂等 33 个品种，大多具有预防动物疾病、促进动物生长作用，可在饲料中长时间添加使用，批准文号须用"药添字"，附录二收载磺胺喹噁啉二甲氧苄啶预混剂等 24 个品种，多用于防治动物疾病，有疗程规定，仅通过混饲给药，批准文号须用"兽药字"（2001 年 9 月 4 日农业部公告第 168 号）。对药物饲料添加剂的管理趋于规范。

5.2.1.3 为违禁药品和其他化合物划定红线

根据《饲料和饲料添加剂管理条例》《兽药管理条例》《药品管理法》的规定，农业部、卫生部和国家药品监督管理局于 2002 年制定并发布了《禁止在饲料和动物饮水中使用的药物品种目录》，目录包括盐酸克伦特罗等 7 种肾上腺素受体激动剂、己烯雌酚等 12 种性激素、碘化酪蛋白等 2 类蛋白同化激素、氯丙嗪等 18 种精神药品以及各种抗生素滤渣等。2010年，农业部发布《禁止在饲料和动物饮水中使用的物质》（农业部公告第1519号），追加苯乙醇胺A、班布特罗等9种肾上腺素受体激动剂和盐酸可乐定、盐酸赛庚啶等为禁用品种。

依据《食品安全法》《农产品质量安全法》以及《兽药管理条例》的有关规定，禁止使用国务院兽医行政管理部门规定禁止使用的药品和其他化合物。现行禁用清单是2019年农业农村部重新发布的《食品动物中禁止使用的药品和其他化合物清单》，即农业农村部公告第250号。清单（表5-1）明确规定了食品动物中禁止使用的药品和其他化合物。

表5-1 食品动物中禁止使用的药品和其他化合物清单

序号	禁用药品和其他化合物
1	酒石酸锑钾（Antimony potassium tartrate）
2	β-兴奋剂（β-agonists）类及其盐、酯
3	汞制剂：氯化亚汞（甘汞）（Calomel）、醋酸汞（Mercurous acetate）、硝酸亚汞（Mercurous nitrate）、吡啶基醋酸汞（Pyridyl mercurous acetate）
4	毒杀芬（氯化烯）（Camahechlor）
5	卡巴氧（Carbadox）及其盐、酯
6	呋喃丹（克百威）（Carbofuran）
7	氯霉素（Chloramphenicol）及其盐、酯
8	杀虫脒（克死螨）（Chlordimeform）
9	氨苯砜（Dapsone）
10	硝基呋喃类：呋喃西林（Furacilinum）、呋喃妥因（Furadantin）、呋喃它酮（Furaltadone）、呋喃唑酮（Furazolidone）、呋喃苯烯酸钠（Nifurstyrenate sodium）
11	林丹（Lindane）
12	孔雀石绿（Malachite green）
13	类固醇激素：醋酸美仑孕酮（Melengestrol Acetate）、甲基睾丸酮（Methyltestosterone）、群勃龙（去甲雄三烯醇酮）（Trenbolone）、玉米赤霉醇（Zeranal）
14	安眠酮（Methaqualone）
15	硝呋烯腙（Nitrovin）
16	五氯酚酸钠（Pentachlorophenol sodium）
17	硝基咪唑类：洛硝达唑（Ronidazole）、替硝唑（Tinidazole）
18	硝基酚钠（Sodium nitrophenolate）
19	己二烯雌酚（Dienoestrol）、己烯雌酚（Diethylstilbestrol）、己烷雌酚（Hexoestrol）及其盐、酯
20	锥虫砷胺（Tryparsamile）
21	万古霉素（Vancomycin）及其盐、酯

对于食品动物中禁用药品和其他化合物清单品种，我国始终坚持"零容忍"的全方位、全链条打击，包括生产、经营、使用以及动物性食品中检出等各个层面，是不可逾矩的红线。

5.2.2 要求严格按照兽药说明书用药

5.2.2.1 兽药产品说明书是指导临床用药的依据

依据《兽药管理条例》第三十八条规定，兽药使用应当遵守国务院兽医行政管理部门制定的兽药安全使用规定。兽药安全使用规定是农业农村部（原农业部）发布的关于安全使用兽药以确保动物安全和人的食品安全等方面的有关规定，是一系列规定的集合体，比如食品动物中禁止使用的药品及其他化合物清单、动物源性食品中兽药最高残留限量、兽药休药期规定、兽用处方药管理办法、兽药质量标准、批准的兽药标签和说明书等。这一系列安全使用规定，从实施要求看，主要可分为禁止性规定、限制性规定、规范性要求等。《兽药管理条例》为了与《中华人民共和国食品安全法》等相关法律有效衔接，也在有关法律法规的条款中明确了兽药安全使用规定的衔接要求。所说的安全使用规定，除了国家关于兽药使用的政策外，兽药生产经营和使用者主要就是指依法发布的兽药说明书，兽医临床用药应严格遵守兽药说明书的规定。

我国兽药法规不支持标签外用药，任何超出兽药说明书规定内容的兽药使用行为都是违规的，其权益不受法律保护。常见超出兽药说明书规定用药的情形包括：不按贮藏条件运输和储存兽药；超出有效期；超出规定的靶动物；超出规定的适应证；改变规定的用法用量和疗程；不严格执行休药期规定；忽视注意事项的提示、警示等。

为了指导兽医临床用药，农业农村部先后组织编写了《兽药使用指南》（2005 年版和2010 年版）和《兽药产品说明书范本》（2010 年版、2015 年版和 2020 年版），《兽药质量标准》（2017 年版）也有相关兽药品种说明书范本的内容，新兽药上市与进口兽药注册时同时核批了相关产品的使用说明书，以便相关兽药产品使用时有据可依。

5.2.2.2　兽药说明书的管理

兽药说明书是兽医临床用药的基本依据，也是用药指南，兽药说明书应当经农业农村部批准后方可使用，在中国境内生产、经营、使用的兽药的说明书必须符合《兽药标签和说明书管理办法》的规定（农业部令 2002 年第 22 号、2004 年第 38 号、2007 年第 6 号、2017 年第 8 号）。

兽药说明书必须注明以下基本内容。对于兽用化学药品、抗菌药制剂应包括兽用标识、兽药名称、主要成分、性状、药理作用、适应证（或功能与主治）、用法与用量、不良反应、注意事项、停药期、有效期、含量/包装规格、贮藏、批准文号、生产企业信息等；中兽药说明书应包括兽用标识、兽药名称、主要成分、性状、功能与主治、用法与用量、不良反应、注意事项、有效期、规格、贮藏、批准文号、生产企业信息等；兽用生物制品说明书应包括兽用标识、兽药名称、主要成分及含量（型、株及活疫苗的最低活菌数或病毒滴度）、性状、接种对象、用法与用量（冻干苗须标明稀释方法）、注意事项（包括不良反应与急救措施）、有效期、规格（容量和头份）、包装、贮藏、废弃包装处理措施、批准文号、生产企业信息等。

兽药说明书对产品作用和用途项目的表述不得违反法定兽药标准的规定，并不得有扩大疗效和应用范围的内容，其用法与用量、停药期、有效期等项目内容必须与法定兽药标准一致，并使用符合兽药国家标准要求的规范性用语。

5.2.3　落实兽药安全使用规定

依据《兽药管理条例》，兽药使用应遵守国务院兽医行政管理部门制定的兽药安全规定，除严格按照适应证、用法用量等规范用药外，还要重点执行好不良反应报告、注意事项和休药期三个方面的规定。

5.2.3.1 推进不良反应报告制度

依据《兽药管理条例》，国家实行兽药不良反应报告制度。一旦发现可能与兽药使用有关的严重不良反应，兽药生产企业、经营企业、兽药使用单位和开具处方的兽医人员均有责任向所在地兽医行政管理部门报告。

考虑到兽药科学技术发展的渐进过程，对兽药的认识需要一个过程，对批准的新兽药以及使用过的兽药，是否存在不良反应，需要长期考察产品使用情况，特别是对动物健康、食品安全、公共卫生安全、生态环境安全、生物安全的影响。

从多年来的情况看，兽药不良反应监测和报告工作没有落实到位，主要表现在主体认识偏差、责任意识不强和报告途径不通畅等几个方面。

5.2.3.2 明确且用好兽药安全事项

兽药品种产品说明书里的注意事项，涉及相关品种安全使用的内容，特别是警示性条款，对于做好安全用药是非常重要的。对于兽药产品研发、生产者来讲，有责任在注意事项下详细罗列任何可能导致该品种不安全使用的内容，并在长期使用中不断补充完善。对于兽药使用者来讲，注意事项下的内容是安全用药的重要指导，须了然于心，落实于行。

在食品安全国家标准食品中兽药最大残留限量（GB 31650—2019）和部分品种兽药质量标准中，标注了"蛋鸡产蛋期禁用"或"产蛋供人食用的鸡，在产蛋期内不得使用"内容，属警示性内容，只是提示养殖者在蛋鸡产蛋期、乳畜泌乳期、蜜蜂流蜜期等特殊的生理时期应避免使用相关兽药，否则相关成分因在短时间内难以消除到安全水平，造成在蛋、奶、蜜中产生兽药残留，对蛋、奶、蜜产品质量产生持续性的影响，危及食品安全。

5.2.3.3 严格执行休药期规定

食用农产品生产者应当严格执行农业投入品使用的安全间隔或者休药期（也有称停药期）的规定。控制动物性食品药物残留的对策，就是严格遵守休药期规定。《食品安全法》和《农产品质量安全法》规定，食品生产经营者应对其生产经营食品的安全负责，禁止生产经营兽药残留以及其他危害人体健康的物质含量超过食品安全标准限量的食品及食品相关产品。

休药期（Withdrawal period），也叫停药期，是指食品动物从停止给药到许可屠宰或它们的产品（乳、蛋）许可上市的间隔时间，简单地说，就是最后一次用药到上市屠宰前的间隔时间。具体地讲，为了上市的动物组织及乳、蛋等产品符合兽药最大残留限量标准，使用兽药后的动物在屠宰上市或其产品（蛋、奶）许可用作人的食品前停止使用兽药的一段时间，休药期是在兽药质量标准、标签和说明书规定的使用剂量下，通过测定组织中的残留量来确定的。休药期是从最后一次用药开始计算的。每一个兽药产品都有不同的休药期，同一产品针对不同食品动物也有不同的休药期。但是，不是所有用于食品动物的兽药都有休药期的规定，比如兽用中药都不需要制定休药期。

现行兽药质量标准和说明书中都明确规定了休药期的要求。不需要制定休药期的兽药，其质量标准和说明书中有"无需制定休药期"明确规定；需要制定休药期的兽药，其质量标准和说明书中按猪、鸡（禽）、牛、羊等不同靶动物分别列出具体的休药期、弃蛋期、弃奶期的具体要求；对于应该制定休药期但尚无研究数据的，一律执行最长休药期规定，即畜禽 28 日、水产 500 度日（水温与停药天数的乘积）、7 日弃蛋期和 7 日弃奶期。

蛋鸡产蛋期用药的情况比较特殊，部分兽药质量标准和说明书中有"产蛋供人食用的鸡，在产蛋期不得使用"或"蛋鸡产蛋期禁用"的内容。因此，对开产或接近开产的蛋鸡而言，必要的兽药使用应该受到严格的控制，凡质量标准和说明书中有"产蛋供人食用的鸡，在产蛋期不得使用"或"蛋鸡产蛋期禁用"相关提示内容的不能使用，否则很难保证所生产鸡蛋兽药残留能符合相关规定。蛋鸡产蛋期禁用和乳畜泌乳期禁用的药物，一般都有明确的每日允许摄入量和其他动物、组织的残留限量标准，与禁用清单品种有本质区别。规定产蛋期禁用或泌乳期禁用的主要原因是药物研发时缺乏相关研究数据和产蛋期间或泌乳期间较难执行休药期。临床上使用蛋鸡产蛋期或乳畜泌乳期禁用的药物，或在鸡蛋、牛奶中检出相关药物的残留，属于养殖环节超范围、不规范用药范畴。在停药期的相关描述中部分药物规定蛋鸡产蛋期禁用、乳畜泌乳期禁用，食品动物中禁止使用的药品，与蛋鸡产蛋期禁用、乳畜泌乳期禁用、停止使用的药物不是一回事，不能简单画等号，故在本节中讨论。

执行休药期规定是减少兽药残留的关键措施，使用兽药时，需要严格执行休药期规定，以保证动物性产品没有兽药残留超标。我国对兽药制剂休药期的要求，较早见于2000年版《中国兽药典》。2003年，农业部集中发布了兽药制剂的休药期规定，涉及乙酰甲喹片等202种兽药制剂在不同靶动物的休药期和乙酰胺注射液等91种不需要制定休药期的兽药制剂，规定中药及中药成分制剂、维生素类、微量元素类、兽用消毒剂、生物制品类等五类产品（产品质量标准中有除外）不需制定休药期（农业部公告第278号公告）。直至2019年，农业部第278号公告废止（农业部令2017年第8号），兽药休药期规定以各品种项下的规定为准。

5.2.3.4 禁止直接使用原料药

依据《兽药管理条例》，禁止将原料药直接添加到饲料及动物饮用水中或者直接饲喂动物。兽药通常需要被制成适用于动物临床的剂型和规格，有充分数据证明其安全、有效和质量可控，经国务院兽医行政管理部门合法批准，才能在兽医临床使用。常见的剂型，经口途径给药的有片剂、丸剂、粉剂（散剂）、预混剂、胶囊剂、颗粒剂、内服溶液剂等，非经口途径给药的有注射剂、子宫注入剂、乳房注入剂等。在以往有关部门查处的案件中，一些养殖者为了节约所谓的用药成本，冒着违法风险，将原料药直接添加到动物饲料或饮用水中使用，或直接饲喂动物，这种做法是十分危险的。因为，一是用药剂量难以掌握，二是稀释不均匀，三是原料药多数化合物以原型使用难以吸收或生物利用度相对较低，四是原料药没有规定休药期数据，规定的休药期都是针对制剂产品。这四个方面的原因，可能造成动物中毒死亡和带来严重的兽药残留问题。同样，饲料厂作为兽药使用单位，也严禁将原料药添加到饲料和饲料添加剂中。

5.2.3.5 禁止将人用药品用于动物

将人用药用于动物是《兽药管理条例》明令禁止的行为。为什么存在这样的现象？客观上兽药品种尚不能完全满足兽医临床用药的需求，特别是小品种、小用途用药，主观上也不排除受利益驱使和法律意识淡薄的影响。多年来，为缓解兽医临床小品种、小用途用药难的问题，兽医行政管理部门进行了不懈的努力。一方面，加快小品种、小用途兽药品种的审批，农业部于2017年发布《宠物用兽药说明书范本》，集中发布了可以用于宠物的183个中、化药品种的说明书（农业部公告第2512号）。另一方面，研究转化兽医临床急需的人用药品种，组织制定注射用头孢噻呋钠（宠物用）、硫酸阿米卡星注射液（注射液)、头孢羟氨苄片（宠物用）、西咪替丁片（宠物用）、异氟烷（宠物用）、吸入用七氟烷（宠物用）、马来酸依那普利片（宠物用）、曲安奈德注射液（宠物用）等质量标准，并发布说明书样稿（农业农村部公告第 56 号）。

5.3

落实兽药使用管理制度

5.3.1　落实兽用处方药和非处方药分类管理制度

5.3.1.1　建立制度

国家实行兽用处方药和非处方药分类管理制度。2013 年，农业部发布《兽用处方药和非处方药管理办法》，自 2014 年 3 月 1 日起施行，规定了兽用处方药和非处方药标识、生产经营使用的要求、处方笺要求、监督管理等内容，特别是明确兽用处方药实行目录管理。农业部同时加快执业兽医队伍建设，积极推动兽用处方药和非处方药分类管理制度的落实。

5.3.1.2　制定兽用处方药目录

兽用处方药是指凭兽医处方方可购买和使用的兽药，具体品种由国务院兽医行政管理部门公布。兽用非处方药是指不需要凭兽医处方就可以自行购买并按照说明书使用的兽药。2013 年，农业部发布第一批兽用处方药品种目录，随后分别于 2016 年和 2019 年两次增补兽用处方药品种，截至目前纳入兽用处方药管理的有 269 个品种。列入兽用处方药管理的，主要是抗微生物药、抗寄生虫药、作用于神经系统和生殖系统药、甾体抗炎药、抗过敏药和解毒药等。

5.3.1.3　兽用处方药遴选的原则

兽用处方药的遴选主要依据兽药自身使用和监管的风险：①是否属国家特殊管制的兽药品种；②因兽药残留问题对动物产品构成安全隐患的兽药品种；③用于食品动物属群体用药者；④使用方法有特殊要求，必须由兽医根据诊断和临床评价情况使用的兽药品种；⑤安全范围窄、毒副作用大，使用时需要特别注意的兽药品种；⑥其他不适合按非处方药管理的兽药品种。

5.3.2　兽药使用单位应建立用药记录

依据《畜牧法》《农产品质量安全法》和《兽药管理条例》，使用兽药应当遵守国务院兽医行政管理部门制定的兽药安全使用规定，并建立用药记录。

兽药使用记录包括：用药时间、用药对象、日龄、发病数、病因、药物名称、给药途径、给药剂量、诊疗效果、停药时间、执行人、休药期。

兽药的使用记录是兽药产品安全和功效性回顾的主要依据，是动物产品质量安全追溯的主要手段。用药记录必须做到真实、详实、规范，否则就失去记录的意义。为了规范用药记录行为，农业农村部印发了畜禽养殖场（户）兽药使用记录（样式），要求参照记录样式编印本行政区域畜禽养殖场（户）兽药使用记录，记录内容不得少于记录样式规定项目。

5.3.3 不断完善安全标准

5.3.3.1 健全兽药残留食品安全国家标准

兽药残留标准，特别是限量规定，是规范养殖用药行为、维护动物性食品安全的武器。按照《食品安全法》的要求，兽药残留食品安全国家标准体系建设工作快速推进。2019 年，食品动物中兽药最大残留限量作为食品安全国家标准（GB 31650—2019）发布，代替了原农业部公告第 235 号。2022 年，作为对 GB 31650—2019 的重要补充，食品中 41 种兽药最大残留限量食品安全国家标准发布（GB 31650.1—2022）。

在残留检测方法方面，目前正在加快推进检测方法的国标化工作。截至 2022 年底，已国标化的兽药残留检测方法标准已经达到 95 项。

5.3.3.2 不断完善兽药标准中关于休药期的规定

农业农村部在完善兽药关于休药期规定的方面做了系统的改进工作，改变过去集中发布休药期规定的做法，在 2020 年版《中国兽药典》和 2017 年版《兽药质量标准》化学药品各品种质量标准中增加【休药期】项，明确该品种关于休药期的规定。无需制定休药期的，明确"无需制定"；需要制定的，分动物种类明确具体需要休药的时间；需要制定而尚无休药期规定依据的，按照《兽药标签和说明书编写细则》的要求，食品动物的肉、脂肪和内脏执行 28 天休药期，奶执行 7 天弃奶期，蛋执行 7 天弃蛋期，水产品执行 500 度日（水温×天数≥500）休药期。

5.4

建立兽药残留监控机制

5.4.1 兽药残留监控计划

1999 年，为促进畜禽产品出口，我国政府在欧盟帮助下制定并发布《中华人民共和

国动物及动物源食品中残留物质监控计划》（简称兽药残留监控计划）和《官方取样程序》
（农牧发［1999］8号），开始实施兽药残留监控计划。同年，农业部批准成立全国兽药残留专家委员会（农牧发［1999］25号）。

为了做好残留监控工作，原农业部依托中国兽医药品监察所、中国农业大学、华南农业大学和华中农业大学建立4个国家兽药残留基准实验室，制定动物性食品中兽药残留限量和检测方法，有序开展动物及动物性食品中兽药残留监控工作。

我国政府禁止在动物养殖过程中使用己烯雌酚及具有促蛋白合成作用的β-受体激动剂等激素或甲状腺素样作用的物质，制定了动物源性食品中农药、兽药及有害化学物质的最大残留限量。兽药残留监控计划需要对兽药生产、分销、零售及使用进行监控，并对动物饲养和动物源性初级产品的生产过程进行监控。我国的残留监控计划是结合中国国情并参考了欧盟96/22/EC理事会指令和96/23/EC理事会指令而制定，适用于出口动物及动物源性产品的生产。

为统一实施监控，特制定兽药残留监控计划，包括：①与残留监控相关的法律法规及受监控物质的使用、销售管理规定；②主管部门及有关部门的组织结构；③实验室检测网络及其检测能力；④养殖企业自控和官方控制措施；⑤官方抽样细则；⑥检测项目，分析方法，准备抽取样品的数量及理由；⑦对违规的动物及动物产品的处理措施。

农业农村部负责全国兽药在动物性食品中的残留监控工作，制定修订有关法规规定，发布兽药残留标准，制定年度监控计划并组织、协调、实施。国家出入境检验检疫局负责制定国家进出口产品的药物残留检测方法管理，制定针对进出口动物及动物产品的残留监控计划，负责进出口产品的检验和监管工作。

参与监控计划检测的实验室应按ISO/IEC导则25-1990等标准编制体系文件并进行规范化管理，实验室定期参加国际水平测试并组织国内协同试验、比对实验等活动，具备相关仪器条件。检验人员持上岗证书从事有关检验。

从事动物产品生产和/或动物饲养的企业（个人或法人）必须遵守国内有关管理规定或贸易国规则。经农业农村部认可的官方兽医负责对饲养条件以及用药情况进行监控和认可。养殖过程中使用的药品必须是有关法规允许使用的药物，并认真填写"用药登记"，内容至少包括用药名称、用药方式、剂量、停药日期，处方保留5年。养殖场饲养的商品动物按规定停药期出栏，屠宰场应认真检查动物的用药卡及检疫证明。

为了获得有代表性的样品，基于中国国情并参照欧盟98/179/EC指令和FAO/WHO农药残留法典委员会所推荐的取样方法制定官方取样程序。残留监控计划严格按照官方取样程序取样。

5.4.2　建立兽药残留标准体系

为配合兽药残留监控计划实施，我国农业部门组织制定动物性食品中兽药最大残留限量及其配套的残留检测方法，为动物及动物性食品中兽药残留的检测、控制乃至农产品质量安全、动物性食品安全监管提供了强有力的支撑和保障。兽药残留标准是开展残留监测的基础，包括食品中兽药最大残留限量及与之配套的检测方法。兽药限量标准是兽药残留控制的核心，是指对食品动物用药后，允许存在于食物表面或内部的该兽药残留的最高量/浓度（以鲜重计，表示为g/kg），是兽药在动物性食品中残留检测、执法监管和国际进出口贸易的判定依据，是残留监控工作的基础和技术指南，是食品安全国家标准的重要组成部分。兽药残留检测方法是具体监测和判定手段，是对动物源性食品和/或动物产品中某种或某一类兽药残留定性或定量的测定方法或分析技术的规范性文件。

5.4.2.1　残留限量标准

现行标准《食品安全国家标准 食品中兽药最大残留限量》（GB 31650—2019），是2019年经农业农村部、国家卫生健康委员会和国家市场监督管理总局公告第114号发布的，自2020年4月1日起实施。标准共涉及兽药267种（类）。第一部分是按批准的质量标准、产品说明书规定用于食品动物，需要制定最高残留限量的兽药共104种（类），包括ADI、残留标志物以及猪、牛、羊、鸡（禽）等食品动物肌肉（或皮＋肉）、脂肪（或皮＋脂）、肝脏、肾脏、副产品、可食组织、蛋、奶等组织或产品中的最大残留限量规定共2191项。第二部分是允许用于食品动物，但不需要制定残留限量的兽药共154种，即通常所说的豁免清单。第三部分是允许用于治疗，但不得在动物性食品中检出的兽药共9种。GB 31650—2019替代了原农业部公告第235号。

在GB 31650—2019之前，我国已经多次发布并修订动物性食品中兽药最大残留限量标准。最早是在1994年，以（1994）农（牧）字第5号发布，涉及丙硫苯咪唑、双甲脒等43种兽药的残留限量。随后分别在1997年和1999年，两次对动物性食品中兽药最大残留限量标准进行了修订。2002年再次修订《动物性食品中兽药最高残留限量》并以农业部公告第235号发布，分为四个附录，附录1是凡农业部批准使用的兽药，按质量标准、产品使用说明书规定用于食品动物，不需要制定最高残留限量，共88个兽药品种；附录2是凡农业部批准使用的兽药，按质量标准、产品说明书规定用于食品动物，需要制定最高残留限量，共94个（类）兽药；附录3是凡农业部批准使用的兽药，按质量标准、产品使用说明书规定可以用于食品动物，但不得检出兽药残留，涉及兽药品种9个；附录4是明令禁止用于所有食品动物的兽药，包括氯霉素、己烯雌酚、林丹、氨苯砜、呋喃唑酮等。

2022年9月20日，由中国兽医药品监察所标准处（全国兽药残留专业委员会办公室）组织起草的《食品安全国家标准 食品中41种兽药最大残留限量》（GB 31650.1—2022）和21项兽药残留检测方法食品安全国家标准，经农业农村部、国家卫生健康委员会和国家市场监督管理总局联合公告第594号发布。《食品安全国家标准 食品中41种兽药最大残留限量》规定了41种药物424项残留限量值，对《食品安全国家标准 食品中兽药最大残留限量》（GB 31650—2019）做了重要补充。同时发布的21项兽药残留检测方法涉及动物性食品中β－受体激动剂类、酰胺醇类、硝基咪唑类、头孢类、阿维菌素类及运动员违禁药物残留的检测。本批标准的公告发布，进一步健全完善了我国兽药残留标准体系，为停用药物、产蛋期不得使用药物的检出提供法定判定依据，为我国食品安全监管、保障食品质量安全和促进进出口贸易提供重要技术支撑。该公告，在GB 31650—2019的基础上新增药物18种（另含25种已有药物在蛋中的限量），使药物种类达283种（类），限量达2615项。

5.4.2.2　残留检测方法标准

依据《食品安全法》，兽药残留限量及检测方法标准纳入食品安全国家标准体系，由农业农村部、国家卫生健康委员会和国家市场监督管理总局联合发布。2013年首批发布了食品安全国家标准—牛奶中左旋咪唑残留量的测定—高效液相色谱法等 29 项食品安全国家标准兽药残留检测方法。2019 年第二批发布了食品安全国家标准—水产品中大环内酯类药物残留量的测定—液相色谱-串联质谱法等 9 项食品安全国家标准兽药残留检测方法。2021 年又发布了食品安全国家标准 —牛可食性组织中氨丙啉残留量的测定—高效液相色谱法和液相色谱-串联质谱法等 36 项食品安全国家标准兽药残留检测方法。截至目前共发布 74 项国标化兽药残留检测方法标准。

早在 1982 年，原国家标准总局就发布了残留检测方法的国家标准。1998 年 12 月，农业部以农牧发 [1998] 17 号发布了第一批兽药残留检测方法标准，共 39 项；2001 年以农牧发 [2001] 38 号发布 17 项兽药残留检测方法标准。2003 年农业部公告第 236 号发布了 12 种兽药残留检测方法标准。自此起，农业部门以部公告的形式发布兽药残留检测方法国家标准，至食品安全法实施前，共发布 150 项，另外发布 19 项兽药残留检测方法行业标准，含 15 项水产品中兽药残留检测方法。2002 年起国家质量监督检验检疫总局、国家标准化管理委员会、卫生部等以 GB/T 发布兽药残留检测方法 201 项。国家进出口部门以 S/N 发布进出口检验用标准 143 项。这些标准大部分为确证方法，含部分筛查方法标准。新的食品安全国家标准发布后，原有的关于同类检测方法的农业部公告、GB/T 标准自动作废。在没有食品安全国家标准的前提下，进出口部门根据需要制定 S/N 标准，作为内部检测使用。

5.4.3　取得的成效

二十多年来，我国通过兽药残留监控计划、农产品质量安全监测等专项计划的实施，无论是在监控体系建设、实验室建设管理、人员队伍建设、实施设备配备和兽药残留标准体系建设方面取得了长足进步。兽药残留监控合格率保持在 99％以上，农产品质量安全从 2001 年的 66％提高到 97％以上，为保障我国动物性食品安全和科学合理使用兽药起到积极作用，为促进我国动物源性食品的出口发挥了不可替代的作用。同时也存在抽检频率和数量偏少等问题，需要进一步加以重视。

5.5

遏制动物源细菌耐药

进入新世纪以来，动物源细菌耐药性问题已经逐步引起全社会的关注，成为跨行业、跨领域研究和合作的热点，我国兽医行政管理部门对此高度重视，从提高认识到科学研究，从开展监测到有目标、有计划地采取行动，成效显著。

5.5.1 动物源细菌耐药性监测计划

5.5.1.1 监测计划

我国从 2008 年开始实施动物源细菌耐药性监测计划。国家每年制订耐药性监测计划，由各实验室进行监测，并登录耐药性监测系统，将采样信息以及耐药性检测结果录入数据库，运用数据库的强大分析功能统一进行结果汇总分析和数据溯源。

各监测机构根据采样要求，从全国不同地区的养殖场或屠宰场采样，包括泄殖腔/肛拭子、盲肠或其内容物、牛奶、猪扁桃体、病料组织等。

2008 年以来，一直连续监测的细菌包括大肠杆菌、沙门氏菌和金黄色葡萄球菌，2011 年后还相继增加了对弯曲杆菌（分空肠弯曲杆菌和结肠弯曲杆菌）和肠球菌（分屎肠球菌和粪肠球菌）的监测。

5.5.1.2 采样

定点采样和随机采样相结合，每个监测实验室每年选择 10～20 个养殖场或屠宰场（代表不同规模）进行随机采样，选择 2 个定点的养殖场为跟踪监测场。采样时，须同时记录与耐药性相关的重要信息，如饲料和饲料添加剂、抗菌药的使用情况等，据实填写记录表。

5.5.1.3 细菌鉴定和耐药性检测

按照计划中明确的细菌分离和鉴定方法开展分离鉴定工作。与丹麦的 DANMAP、美国的 NARMS 等耐药性检测系统一致，我国采用微量肉汤稀释法，以便能准确定量检测动物源细菌对抗菌药物的最小抑菌浓度（MIC 值）。

为了保证检测结果的准确性和可比性，根据我国动物临床用药实际、药物选择原则和药物敏感性判定标准，中国兽医药品监察所组织设计了我国动物源细菌耐药性检测板，提供给各检测机构使用。检测板预先设定了检测药物和浓度范围，以方便使用。

5.5.1.4 结果汇总

各监测机构完成对样品的 MIC 值测定后，及时登录动物源细菌耐药性数据库，将采样信息以及耐药性检测结果录入数据库，统一进行结果汇总分析和数据溯源。

5.5.2 动物源细菌耐药性监测体系建设

5.5.2.1 早期研究

抗菌药物在畜牧业上的大量使用导致的药物残留给食品安全造成的危害已引起大家的关注，但是其潜在的耐药性风险却一直被忽视。20 世纪 90 年代中期，欧美等发达国家和地区最早提出细菌耐药性问题的潜在危害，并投入研究和监测。我国在动物源细菌耐药性方面的研究相对较晚，从 21 世纪初开始关注并致力于对动物源细菌耐药性问题的全面了解和认识。2004 年，应中国兽医药品监察所邀请，美国专家来华作食源性细菌耐药性专题交流。同一时期，中国兽医药品监察所开始按照政府要求探索性地开展动物源大肠杆菌、沙门氏菌耐药性的检测工作。

5.5.2.2 建立监测网络

2008 年，农业部成立了国家兽药安全评价实验室，发布《动物源细菌耐药性监测计划》，开始将动物源细菌耐药性监测纳入年度计划，有序开展监测工作。

我国动物源细菌耐药性监测网络也组建于 2008 年，当时由中国兽医药品监察所、中国动物卫生与流行病学中心、辽宁省兽药饲料畜产品质量安全检测中心、上海市兽药饲料检测所、广东省兽药饲料质量检验所和四川省兽药监察所 6 家机构的耐药性监测实验室组成，2013 年后又相继有中国动物疾病预防控制中心、河南省兽药饲料监察所、湖南省兽药饲料监察所和陕西省兽药检测所等机构的实验室加入，最多时增加到 23 家。这些实验室组成了我国动物源细菌耐药性监测网络，负责全国动物源细菌耐药性的监测和《动物源细菌耐药性监测计划》的具体实施工作。

5.5.2.3 成立咨询机构

2017 年，农业部印发通知成立全国兽药残留与耐药性控制专家委员会（农业部文件 农医发〔2017〕13 号），该委员会由兽药、饲料、渔业、卫生、食品等领域的 116 位专家组成，下设兽药残留和耐药性控制两个专业委员会，将在农业部领导下承担有关兽药残留、抗菌药耐药性风险评估工作，提供风险管理和政策建议，为兽药残留监控、动物源细菌耐药性监测监管体系建设和完善提供专业指导和技术支撑。

我国的耐药性监测标准一直与世界药敏监测方法同步，紧跟国际药敏监测水平，参考美国临床和实验室标准协会 CLSI 标准，建立起了与国际接轨的动物源肠道细菌药敏实验标准操作规程和药敏评判标准，统一规范了我国的药敏实验方法，建立动物源细菌耐药性监测的技术平台。主要以禽和猪的大肠杆菌、沙门氏菌和空肠弯曲菌的耐药性检测作为攻关重点，从样品采集、细菌分离、血清型鉴定至药敏性检测方法，建立起完整的标准操作规程，尤其要建立一些国际上尚没有研究，但我国又急需的兽用专用抗菌药物检测方法，为我国细菌耐药性监测提供技术保证，同时提升我国的耐药监测水平。

5.5.3 取得的成效

养殖企业通过提高生物安全意识、提升饲养管理水平、加强动物疫病防控、科学合理使用兽用抗菌药物、选择微生态制剂、酶制剂、中草药等产品提升动物机体免疫机能等措施降低兽用抗菌药物使用量。经过多年努力，我国兽用抗菌药物使用量显著下降。以每吨动物产品的抗菌药物使用量为指标，自 2009 年以来，2014 年我国每吨动物产品的抗菌药物使用量达到顶峰，之后开始显著下降，2018 年下降到接近 2009 年的水平。与欧盟 2015 年的数据相比，我国抗菌药物的使用情况与波兰和葡萄牙基本相当，优于比利时。

我国的动物源细菌耐药性监测网络组建于 2008 年，当时由 6 家实验室组成，2008 年—2020 年期间，实验室的数量增至 23 家。为加强兽用抗菌药物管理，保障我国动物源性食品安全和公共卫生安全，根据《兽药管理条例》，农业农村部决定在全国兽药残留专家委员会的基础上，成立全国兽药残留与耐药性控制专家委员会。该委员会在农业农村部领导下，承担有关兽药残留、动物源细菌耐药性控制以及兽用抗菌药物控制方面的技术支持工作。

5.6

兽用抗菌药使用减量化行动

我国是畜禽、水产养殖大国，兽用抗菌药在我国有相当大的使用量，动物源细菌耐药性问题突出，已成为全社会普遍关注的焦点。响应中共中央、国务院《关于实施乡村振兴战略的意见》、中共中央办公厅、国务院办公厅《关于创新体制机制推进农业绿色发展的意见》和2018年中央1号文件精神，将大力发展科技农业、绿色农业、品牌农业和质量农业作为今后的发展方向，倡导实现投入品减量化，全面提高畜产品质量安全。为适应新形势新变化，对照新目标新要求，紧紧围绕乡村振兴和食品安全战略，农业农村部将2018年确定为"农业质量年"，将"规范使用饲料添加剂，减量使用兽用抗菌药物"列为2018年及今后相当长一段时间兽药监管的重点任务。

5.6.1 兽用抗菌药使用减量化试点探索

5.6.1.1 推进兽用抗菌药使用减量化试点

2018年4月，农业农村部畜牧兽医局发布《兽用抗菌药使用减量化行动试点工作方案（2018—2021年）》，提出力争通过3年时间，实施养殖环节兽用抗菌药使用减量化行动试点工作，推广兽用抗菌药使用减量化模式，减少使用抗菌药类药物饲料添加剂，兽用抗菌药使用实现"零增长"，兽药残留和动物细菌耐药性问题得到有效控制。减量化试点实施内容包括规范合理使用抗菌药、科学审慎使用兽用抗菌药、减少使用促生长类兽用抗菌药以及实施兽药使用追溯。

农业农村部畜牧兽医局依据我国养殖业用药实际制定第一阶段兽用抗菌药使用减量化标准，要求按每生产1吨畜禽产品（毛重）计算，抗菌药使用量应分别控制在鸡蛋100g，肉鸡、肉鸭100g（生长期不超过60天）或120g（生长期超过60天），生猪150g，肉羊、肉牛100g，牛奶50g以内。

具体实施措施包括养殖场基本条件、养殖场基本制度、相关记录以及兽用抗菌药使用情况等四个方面。①养殖场基本条件：要求养殖场应有与养殖规模相适应的专职兽医人员或兽医技术服务，兽医人员需具备一定的动物疾病诊疗能力，鼓励养殖场开展药物敏感性测试工作；养殖场应具备或有可委托使用的开展疾病诊疗、细菌分离、药物敏感性测试的必要的条件。②养殖场基本制度：养殖场应有完善的疫病防控和安全用药制度，包括兽药供应商评估、兽药库存管理、兽医诊断用药和用药记录制度等。③相关记录：包括兽药进用存记录、兽医诊疗记录、兽医处方记录、养殖记录等。④兽用抗菌药使用情况：主要指生产单位畜禽产品抗菌药的使用量能否控制在标准水平；与试点前相比兽用抗菌药使用量降低的幅度；实施减量化试点对养殖场的影响。

连续通过2018—2021年三年试点的300多家养殖场中，有223家达到"减抗"标准要求，被推荐为兽用抗菌药使用减量化达标养殖场。

5.6.1.2　加强科学用药宣传，增进对兽用抗菌药的认知

抗菌药及合成抗菌药物不仅在医药界被广泛滥用，在农业和畜牧业中，这类药物的使用亦十分普遍。据美国统计，所生产的抗菌药及合成抗菌药物用于人类疾病治疗和用于农牧业各占 50%。在农牧业领域中 20% 用于兽医治疗用药，80% 则为预防用药和促使动物生长用药，估测其滥用率高达 40%～80%。避免农牧业中抗菌药的过多、盲目使用，具有十分重要的意义。

近年来，中国兽医药品监察所在全国范围内开展以"合理审慎使用兽用抗菌药，规范养殖环节用药行为"为主题的减抗科技下乡活动，通过强化生物安全、饲草饲料、疫病防控、规范用药和残留耐药控制等全方位的综合防控理念，增强全行业对兽用抗菌药的认知能力，推进健康养殖理念，广泛开展宣传培训活动。

一是消除大家对兽用抗菌药的不正确的认识。抗菌药不是"万能药"，不能包治百病，不准确的诊断、不合适的选药、不正确的用法用量，都不可能取得满意的疗效。二是要认识到兽用抗菌药作为促生长剂得不偿失。只看到了些许的眼前利益，看不到对养殖环节的长期的破坏，不符合健康养殖、绿色养殖的理念。三是要充分认识到精准用药的优势。兽用抗菌药不是越广谱越好，能针对病原选用敏感药物，结合临床对症下药，才能达到"一剑封喉"的效果。

合理使用抗菌药物的原则通常为：应有效地控制感染，争取最佳疗效；预防和减少抗菌药物的不良反应；注意合适的剂量和疗程，避免产生耐药菌株；密切注意药物对人体内正常菌群的影响；根据微生物的药敏试验，调整经验用药，选择有针对性的药物，确定给药途径，防止浪费。

5.6.1.3　探索兽用抗菌药使用减量化的新型养殖模式

兽用抗菌药使用减量化是一个系统工程，合理、谨慎地使用抗菌药，避免细菌耐药性产生，是目前最有效、易推行的方法。寻找抗菌药替代品或替代疗法，结合耐药性监测，采用轮换、穿梭用药可以减少细菌耐药性甚至恢复细菌敏感性，针对耐药菌，研制新的抗菌药。在坚持养殖示范场已有生物安保体系基础上，从"加强管理"提高意识不染病、"固本强元"增强体质少得病、"精准治疗"科学诊断少用药等方面，引导示范场通过改善养殖条件、调优饲料营养结构和饲养管理、强化生物安全管理、加强动物疫病防控管理以及合理使用替抗产品等综合技术措施，探索减少兽药使用的新型养殖模式，实现整个养殖周期内减少兽药使用品种和数量。

一是改善兽医基础条件。兽用抗菌药减量示范场应具备一定基础条件。要有固定兽药储存设施，与养殖区域严格分开，药品存放符合处方药、非处方药、消毒剂等分开储存要求，并有明显的状态标识。对需要阴凉或冷藏保存的兽药产品，需有相应储存条件。兽用生物制品须按规定温度储存，配备冷藏柜、冷冻柜，疫苗使用量大的禽类养殖企业还应建有疫苗专用冷藏库。要有固定兽医室，地址选择尽量远离生产区，具备相应的诊疗设备、消毒灭菌设备和医疗废弃物无害化处理设施，符合国家生物安全要求。要具备相应的检测能力，配备兽药、饲料等投入品检验及细菌药敏实验场所和仪器设备。要至少配备 1 名执业兽医师，执业兽医师备案。

二是提升生物安全水平。继续完善"密罐式"管理和大清洗、大消毒制度，对外来人员、养殖场人员、管理人员、运输工具、饲料兽药等进场实施严格控制，减少病原引入，实施消毒灭源，降低病原微生物存活量和致病力。改善环境减少病原二次污染。充分利用

各市已建成的病死动物无害化处理厂，规范处置畜禽养殖废弃物，做好病死畜禽无害化处理，确保病死畜禽无害化处理率达到100%。加强畜禽规模养殖场粪污无害化处理和资源利用，每个示范场必须配备1套粪污无害化处理设施，确保改善示范场环境。严格按照要求，对医疗和疫苗废弃物进行无害化处理，从而实现"少得病"。

三是增强动物机体抵抗力。充分发展中药材种植、中兽药、饲料和微生态制剂生产，注重预防，增强动物机体体质，通过在示范场推介使用优质中兽药、中药提取物和酸化剂、酶制剂、微生态制剂等新型兽药和饲料添加剂，及推广使用新型低毒无残留抗菌药，替代现用的具有治疗、预防用兽用抗菌药制剂，达到调节肠道菌群平衡、改善养殖环境和机体的内环境，促进营养全面吸收，提高机体免疫力，改善动物亚健康状态，从而实现"不得病"。

5.6.2 全面实施

为贯彻落实党中央、国务院决策部署，切实做好兽用抗菌药使用减量工作，农业农村部在2018—2021年减抗试点基础上，于2021年印发了《全国兽用抗菌药使用减量化行动方案（2021—2025年）》（农牧发〔2021〕31号），旨在"十四五"时期进一步深入实施畜禽养殖减抗行动。一是关于行动目标。确保"十四五"时期全国产出每吨动物产品兽用抗菌药的使用量保持下降趋势；到"十四五"末50%以上规模养殖场实施减抗工作，做到规范科学用药。二是关于行动任务。既立足当前可行又兼顾长远创新，提出强化兽用抗菌药全链条监管、加强兽用抗菌药使用风险控制、支持兽用抗菌药替代产品应用、加强兽用抗菌药使用减量化宣传培训、构建兽用抗菌药使用减量化激励机制5个方面12项重点任务。三是关于实施要求。方案从工作部署、组织实施、抓好落实3个方面提出具体要求，确保有序推进、取得实效。四是关于保障措施。方案主要从强化组织领导、政策支持、技术支撑3个方面明确了具体保障措施。同时，为更好指导养殖场（户）实施减抗，组织专家从怎么养、如何防、规范用药、科学审慎用药、替代用药5个方面，提出了养殖减抗的指导原则。

5.6.3 取得的成效

5.6.3.1 取得初步经验

采取综合措施保护好兽用抗菌药（抗微生物药）这个宝贵资源，不能妖魔化抗菌药，这也是保护动物健康、维护人类健康的具体体现；实施减抗行动是一种用药导向，不是要求"无抗"养殖，不能走极端；坚持安全合理规范科学用药为基础，狠抓健康养殖、生物安全防护。中国兽用抗菌药物使用总量2021年比2017年启动年下降22.2%，下降趋势初步形成。畜禽产品兽药残留合格率持续保持较高水平。推进兽用抗菌药有关措施，已经位列全球前列，彰显担当，现代化治理能力和水平持续提高。随着农产品质量安全监管不断深入，处罚力度加大，兽药滥用的情况得到一定的遏制，兽药残留的整体状况较好。例如监测数据显示，2015年下半年的畜禽及蜂产品的兽药残留合格率达到99.9%。

5.6.3.2 探索形成减抗养殖模式

加强全链条监管。强化源头管控，积极推进新版兽药 GMP 标准实施，确保"产好药"。强化过程控制，严格落实经营环节兽药 GSP、兽用处方药管理和二维码追溯制度，确保"卖好药"。强化使用管理，督促养殖者认真执行用药记录制度、休药期制度和处方药管理制度，确保"用好药"和"少用药"。持续开展兽药专项整治行动，坚决执行促生长类药物饲料添加剂退出计划，严厉打击非法添加国家禁用药品和其他化合物、擅自改变组方、非法生产、经营、使用"自家苗"和非洲猪瘟疫苗等违法行为。严格兽药抽检与执法联动，加大对违规违法企业的监管和处罚力度。

加强技术创新。以兽药饲料生产及养殖企业为主体，运用市场机制集聚创新资源，实现企业、高校和科研机构、社会组织等在战略层面的有效结合，建成相互信任、交流合作、研发创新、利益共享、共同发展的平台，合力突破产业发展的共性技术瓶颈，提升产业技术创新能力和市场竞争力。

提供技术支撑。充分发挥涉农院校、科研院所、产业体系岗位专家的作用，对养殖场开展技术咨询、现场指导、监测跟踪、评估论证等工作，为养殖场提供技术支撑服务。针对不同畜种在管理方式、常见病治疗、饲养模式、疾病预防等方面出台用药方案和养殖管理指导手册，向全行业进行推介。

加强宣传培训。加大兽用抗菌药使用减量化宣传力度，提高公众认知度和参与度。积极开展执业兽医、养殖业者健康养殖和安全用药知识培训，为养殖场提供技术支撑。总结宣传减抗试点养殖场成效以及典型经验，以点带面引导其他养殖主体开展兽用抗菌药使用减量，推动形成政府主导、企业参与、社会共治的良好局面。

参考文献

[1] 农业部．禁止在饲料和动物饮水中使用的物质（农业部公告第 1519 号）．2010.

[2] 农业部、卫生部和国家药品监督管理局．禁止在饲料和动物饮水中使用的药物品种目录（农业部、卫生部和国家药品监督管理局公告第 176 号）．2002.

[3] 农业农村部．食品动物中禁止使用的药品和其他化合物清单（农业农村部公告第 250 号）．2019.

[4] 中华人民共和国国务院．兽药管理条例（国务院令第 404 号）．2004.

[5] 农业部．食品动物中停止使用洛美沙星等 4 种兽药（农业部公告第 2292 号）．2015.

[6] 农业部．停止硫酸黏菌素用于动物促生长（农业部公告第 2428 号）．2016.

[7] 农业部．食品动物中停止使用喹乙醇等 3 种兽药（农业部公告第 2638 号）．2018.

[8] 农业农村部．药物饲料添加剂退出计划和调整相关管理政策（农业农村部公告第 194 号）．2019.

[9] 农业部．农业部关于印发《饲料药物添加剂使用规范》的通知（农业部公告第 168 号）．2001.

[10] 农业部．兽用处方药品种目录（第一批）（农业部公告第 1997 号）．2013.

[11] 农业部．兽用处方药品种目录（第二批）（农业部公告第 2471 号）．2016.

[12] 农业农村部．兽用处方药品种目录（第三批）（农业农村部公告第 245 号）．2019.

[13] GB 31650—2019. 食品安全国家标准 食品中兽药最大残留限量[S]. 北京: 中国农业出版

社，2019.

[14] GB 31650. 1—2022. 食品安全国家标准 食品中 41 种兽药最大残留限量[S]. 北京：中国农业出版社，2022.

[15] 农业部．部分兽药品种的休药期规定（农业部公告第 278 号）. 2003.

[16] 农业部．兽药标签和说明书编写细则（农业部公告第 242 号）. 2003.

[17] 农业部．农业部关于成立全国兽药残留与耐药性控制专家委员会的通知（农医发〔2017〕13 号）. 2017.

[18] 农业部．动物性食品中兽药最高残留限量标准（农业部公告第 235 号）. 2002.

[19] 农业部．关于批准成立全国兽药残留专家委员会的通知（农牧发[1999]25 号）. 1999.

[20] 农业部．兽药注册办法（农业部令第 44 号）. 2004.

[21] 农业部、海关总署．兽药进口管理办法（农业部、海关总署令第 2 号）. 2007.

[22] 农业部．兽用处方药和非处方药管理办法（农业部令 2013 年第 2 号）. 2013.

[23] 农业部．关于发布《中华人民共和国动物及动物源食品中残留物质监控计划》和《官方取样程序》的通知（农牧发[1999]8 号）. 1999.

[24] 邢嘉琪．关于有效改进动物及动物产品兽药残留监控计划的几点建议[J]. 中国兽医杂志，2015，51（10）：110-112.

[25] 高素芹，姚绘华．国家农产品质量安全例行监测的发展历程、现状及趋势[J]. 新农业，2021，09.

[26] 熊佳梁．我国农产品质量安全例行监测发展历程、现状和展望[J]. 农产品质量与安全，2021，（4）：5-17.

[27] 冯忠泽．我国兽药残留监控工作发展现状与思考[J]. 中国兽药杂志，2009，43（6）：1-3.

[28] 董义春．我国兽药残留监控现状及对策[J]. 中国禽业导刊，2008，25（16）：3-6.

[29] 周岚．我国兽药残留监控工作借鉴[J]. 中国兽药杂志，2004，38（4）：5-7.

[30] 农业部．农业部关于印发《全国遏制动物源细菌耐药行动计划（2017—2020 年）》的通知（农医发〔2017〕22 号）. 2017.

第6章
兽药进出口管理

6.1

进口兽药注册管理

6.1.1　概述

参照世界许多国家通行做法，我国对进口兽药实行审查、注册制度。进口兽药审查、注册制度，是指对国外已上市的兽药进入我国市场前由政府主管部门进行审查、注册的制度。通常做法是对申报的技术资料和有关证明材料进行查验，要在中国境内符合兽药GCP、GLP的机构进行安全性和有效性试验，对兽药质量标准要进行实验室复核审查，以系统评价拟进口到中国上市销售的兽药的安全性、有效性、质量可控性。在审查、注册过程中，农业农村部可以对向中国出口兽药的企业是否符合兽药生产质量管理规范的要求进行考查。进口兽药注册申报主体可以是出口方驻中国境内的办事机构或者委托的中国境内代理机构，也可以由出口方委托中国境内代理机构负责。

6.1.1.1　进口兽药注册分类

依据《兽药管理条例》，首次向中国出口的兽药，应当向农业农村部申请注册，审查合格的发给进口兽药注册证书。进口兽药注册证书有效期为5年，有效期届满，需继续向中国出口兽药的，应当在有效期届满前6个月到原发证机关申请再注册。因此，进口兽药注册分为进口兽药注册和进口兽药再注册，审查、注册合格的均核发进口兽药注册证书。这里读者需要准确理解"首次"的概念，是针对特定企业而言的。比如一种兽药从未在中国境内上市，由不同境外企业生产，则对于每一个企业而言，都存在是否是"首次"的问题，也就是说某个企业获得了某个兽药产品的进口兽药注册证书，另外的企业在向中国出口相同兽药产品时，即使执行同一个质量标准，也属于"首次"的范畴，也必须申请进口兽药注册。如同一个企业的同一个兽药产品，进口兽药注册证书到期需要再出口中国的，按照规定时限申报注册，即为进口兽药再注册。同时，进口兽药注册完成后，在注册证书有效期范围内，拟变更原批准事项的，应当向农业农村部申请兽药变更注册，其称谓与新兽药注册后的兽药变更注册一致。

6.1.1.2　进口兽药管理历史沿革

（1）起步阶段　我国最早的兽药评审活动可追溯到20世纪50年代初。1952年农业部在"兽医生物制品制造及检验总则"中提出各兽医生物制造厂新发明的兽医生物药品或建议新的制造方法，须经中央农业部兽医药品监察所技术会议通过，并得到中央人民政府农业部批准，才能制造应用。这可以看成是我国新兽药评审的最早规定，当时评审范围仅限于生物制品。

国务院1980年8月26日批转了原农业部制定的《兽药管理暂行条例》，标志我国兽药管理进入法制化管理阶段。1980—1987年新化学药品和中兽药的技术审查由研制单位或生产单位组织新兽药鉴定会完成。

1985 年 8 月 30 日农业部发布的《中华人民共和国农牧渔业部对外国企业在我国进行兽药试验、登记管理办法》，1987 年 5 月 15 日又发布了《新兽药审批程序》，初步确立了进口兽药管理，明确了进口兽药注册类别、资料要求和审批程序。

（2）发展阶段

1987 年《兽药管理条例》实施以后，兽药评审工作日益规范，评审制度也日益健全完善。同年 8 月由农牧渔业部畜牧局［1987］农［牧药］字第 282 号批准成立了进口化药及新化药审评小组和进口动物生物制品审评小组，进口化药及新化药审评小组聘请专家 11 名，进口动物生物制品审评小组聘请专家 10 名，负责进口化药、动物生物制品及国内新化药、抗生素等的审查、评议工作。

1988 年 6 月 30 日农业部发布《兽药管理条例实施细则》，提出对进口兽药注册、进出口兽药管理等方面的具体条款。同年 7 月 11 日《外国企业在中华人民共和国注册兽药管理办法》（［1988］农［牧］字第 48 号），进一步充实完善了进口兽药评审制度，明确了进口兽药的申报资料要求、审批权限及审批程序。

1991 年 5 月农业部成立第一届兽药审评委员会，标志着兽药评审工作走上专业化道路。

1998 年农业部令第 34 号《进口兽药管理办法》，对《外国企业在中华人民共和国注册兽药管理办法》和 1989 年发布的《进口兽药管理办法》进行了修订，进一步健全了进口兽药注册相关要求和程序。并且首次提出外国企业在中国销售产品必须在中国国内委托合法的兽药经营企业作为代理商，其中兽用生物制品只能委托一家总代理商进行销售，并明确了代理商的条件。同时提出注册产品在审查期间，我国可派员到生产企业进行考核，考核不合格的不予注册。

6.1.2　法规依据

拟在中国境内上市销售的进口兽药，均需根据《兽药管理条例》《兽药注册办法》《农业农村部行政许可事项服务指南》及其他与兽药注册相关法规文件的规定向农业农村部提出进口兽药注册申请。需按照有关法规要求提交注册技术资料文件，注册技术资料经农业农村部兽药评审中心组织专业技术评审，且兽药产品经指定的兽药检验机构复核检验合格后，由农业农村部审批，获得《进口兽药注册证书》或《兽药注册证书》。

现行版《兽药管理条例》（2004 年发布实施）和《兽药注册办法》对拟向中国出口的兽药产品首次注册及再注册作出以下规定。

（1）**进口兽药注册**　由出口方驻中国境内的办事机构或者其委托的中国境内代理机构向农业农村部申请注册，填写《兽药注册申请表》，并提交下列资料和物品：

①生产企业所在国家（地区）兽药管理部门批准生产、销售的证明文件；

②生产企业所在国家（地区）兽药管理部门颁发的符合兽药生产质量管理规范的证明文件；

③兽药的制造方法、生产工艺、质量标准、检测方法、药理和毒理试验结果、临床试验报告、稳定性试验报告及其他相关资料；用于食用动物的兽药的休药期、最高残留限量标准、残留检测方法及其制定依据等资料；

④ 兽药的标签和说明书样本；

⑤ 兽药的样品、对照品、标准品；

⑥ 环境影响报告和污染防治措施；

⑦ 涉及兽药安全性的其他资料。

申请向中国出口兽用生物制品的，还应当提供菌（毒、虫）种、细胞等有关材料和资料。

申请进口兽药注册所报送的资料应当完整、规范，数据必须真实、可靠。引用文献资料应当注明著作名称、刊物名称及卷、期、页等；外文资料应当按照要求提供中文译本。

农业农村部应当自收到申请之日起 10 个工作日内组织初步审查。经初步审查合格的，予以受理，书面通知申请人。予以受理的，农业农村部将进口兽药注册申请资料送农业农村部兽药评审委员会进行技术评审，并通知申请人提交复核检验所需的连续 3 个生产批号的样品和有关资料，送指定的兽药检验机构进行复核检验。农业农村部自收到评审和复核检验结论之日起 60 个工作日内完成审查；必要时，可派员进行现场核查。申请人在申请进口兽药注册时，应当向中国兽医药品监察所提供制备该兽药标准物质的原料，并报送有关标准物质的研究资料。审查合格的，发给《进口兽药注册证书》并予以公告；中国香港、澳门和台湾地区的生产企业申请注册的兽药，发给《兽药注册证书》。审查不合格的，书面通知申请人。农业农村部在批准进口兽药注册的同时，发布经核准的进口兽药标准和产品的标签、说明书。进口兽药注册的评审和检验程序适用新兽药注册的相关规定。国内急需兽药、少量科研用兽药或者注册兽药的样品、对照品、标准品的进口，按照农业农村部的规定办理。

申请进口注册的兽用化学药品，应当在中华人民共和国境内指定的机构进行相关临床试验和残留检测方法验证；必要时，农业农村部可以要求进行残留消除试验，以确定休药期。申请进口注册的生物制品，农业农村部可以要求在中华人民共和国境内指定的机构进行安全性和有效性试验。

对于具有下列情形之一的进口兽药注册申请，不予受理：

① 农业农村部已公告在监测期，申请人不能证明数据为自己取得的兽药；

② 经基因工程技术获得，未通过生物安全评价的灭活疫苗、诊断制品之外的兽药；

③ 我国规定的一类疫病以及国内未发生疫病的活疫苗；

④ 来自疫区可能造成疫病在中国境内传播的兽用生物制品；

⑤ 申请资料不符合要求，在规定期间内未补正的；

⑥ 不予受理的其他情形。

（2）进口兽药再注册　在获得《进口兽药注册证书》或《兽药注册证书》后，境外企业在中国境内代理机构方可按照相关规定继续办理兽药进口手续。进口兽药注册证书的有效期为 5 年。有效期届满，需要继续向中国出口兽药的，应当在有效期届满前 6 个月到发证机关申请再注册。申请进口兽药再注册时，应当填写《兽药再注册申请表》，并按《兽药注册资料要求》提交相关资料。农业农村部在受理进口兽药再注册申请后，应当在 20 个工作日内完成审查。符合规定的，予以再注册。不符合规定的，书面通知申请人。

有下列情形之一的，不予再注册：

① 未在有效期届满 6 个月前提出再注册申请的；

② 未按规定提交兽药不良反应监测报告的；

③ 经农业农村部安全评价被列为禁止使用品种的；

④ 经考察生产条件不符合规定的；

⑤ 经风险分析存在安全风险的；

⑥ 我国规定的一类疫病以及国内未发生疫病的活疫苗；

⑦ 来自疫区可能造成疫病在中国境内传播的兽用生物制品；

⑧ 其他依法不予再注册的。

不予再注册的，由农业农村部注销其《进口兽药注册证书》或《兽药注册证书》，并予以公告。

此外，为加强兽药管理，保障动物源性食品安全，农业农村部根据《兽药管理条例》及《兽药注册办法》规定，于2015年发布第2223号公告，就食品动物用兽药产品注册时的兽药残留限量标准和兽药残留检测方法标准进行补充规定。明确要求在我国申请注册用于食品动物的兽药产品，其有效成分尚无国家兽药残留限量标准和兽药残留检测方法标准的，注册申报时应提交兽药残留限量标准和兽药残留检测方法标准建议草案。批准兽药注册时，兽药残留限量标准（试行）和兽药残留检测方法标准（试行）与兽药质量标准一并发布实施。兽药注册申请单位在提交兽药残留检测方法标准研究资料时，除提交兽药残留检测方法标准草案、起草说明及相关数据，还应提交2家有资质单位出具的该兽药残留检测方法标准验证试验报告及其说明，其中进口兽药注册类应在补充材料中提交有关材料。在兽药产品注册复核检验的同时，中国兽医药品监察所应对兽药残留检测方法标准实施复核检验，并出具复核检验报告及其说明。在进口兽药注册证书有效期内，兽药注册申请单位应向全国兽药残留专家委员会办公室提交兽药残留限量标准（试行）、兽药残留检测方法标准（试行）转为国家标准的申请及其相关材料，并通过全国兽药残留专家委员会的技术审查。如有效期届满前未通过全国兽药残留专家委员会审查的，应暂停生产或进口该产品。自暂停进口之日起2年内，仍未通过全国兽药残留专家委员会审查的，注销该产品质量标准、兽药残留限量标准（试行）和兽药残留检测方法标准（试行），并注销该产品已取得的进口兽药注册证书。

6.1.3 注册资料分类与要求

农业部公告第442号将进口兽药注册作为单独一项注册类别，注册资料要求参照一类或二类新兽药注册。

6.1.3.1 兽用化学药品进口兽药注册资料要求

（1）申报资料项目

1）综述资料

①兽药名称；②证明性文件；③立题目的与依据；④对主要研究结果的总结及评价；⑤兽药说明书样稿、起草说明及最新参考文献；⑥包装、标签设计样稿。

2）药学研究资料

⑦药学研究资料综述；⑧确证化学结构或者组分的试验资料及文献资料；⑨原料药生产工艺的研究资料及文献资料；⑩制剂处方及工艺的研究资料及文献资料；辅料的来源及质量标准；⑪质量研究工作的试验资料及文献资料；⑫兽药标准草案及起草说明；⑬兽药

标准物质的制备及考核材料；⑭兽药稳定性研究的试验资料及文献资料；⑮直接接触兽药的包装材料和容器的选择依据及质量标准；⑯样品的检验报告书。

3）药理毒理研究资料

⑰药理毒理研究资料综述；⑱主要药效学试验资料及文献资料；⑲一般药理学研究的试验资料及文献资料；⑳非临床药代动力学试验资料及文献资料；㉑单次给药（急性）毒性试验资料及文献资料；㉒重复给药（亚慢性和慢性）毒性试验资料及文献资料；㉓致突变试验资料及文献资料；㉔繁殖毒性试验资料及文献资料；㉕致癌试验资料及文献资料；㉖过敏性（局部、全身和光敏毒性）、溶血性和局部（血管、皮肤、黏膜、肌肉等）刺激性等与局部、全身给药相关的特殊安全性试验资料，以及与使用者安全相关的特殊安全性试验资料。

4）临床试验资料

㉗国内外相关的临床试验资料综述；㉘临床试验备案文件，含临床试验方案等资料；㉙临床试验资料。

5）残留试验资料

㉚国内外残留试验资料综述；㉛代谢及残留消除试验研究资料，包括试验方案；㉜残留检测方法及文献资料。

6）生态毒性研究资料

㉝生态毒性研究资料及文献资料。

（2）申报资料项目说明　本章节仅列出与新兽药注册资料要求不同之处，要求相同部分可参见第二章。

1）资料项目要求：

① 申报资料按照化学药品《申报资料项目》要求报送。申请未在国内外获准上市销售的兽药，按照注册分类一类的规定报送资料；其他品种按照注册分类二类的规定报送资料。

② 资料项目5兽药说明书样稿、起草说明及最新参考文献，尚需提供生产企业所在国家（地区）兽药管理部门核准的原文说明书，在生产企业所在国家或者地区上市使用的说明书实样，并附中文译本。资料项目6尚需提供该兽药在生产企业所在国家或者地区上市使用的包装、标签实样。

③ 资料项目28应当报送该兽药在生产企业所在国家或者地区为申请上市销售而进行的全部临床研究的资料。

④ 资料项目31应当报送该兽药在生产企业所在国家或者地区为申请上市销售而进行的全部残留研究的资料。

⑤ 资料项目34应当报送该兽药在生产企业所在国家或者地区为申请上市销售而进行的全部生态毒性研究的资料。

⑥ 全部申报资料应当使用中文并附原文，原文非英文的资料应翻译成英文，原文和英文附后作为参考。中、英文译文应当与原文内容一致。

⑦ 兽药标准的中文本，必须符合中国兽药标准的格式。

2）资料项目2证明性文件的要求和说明

① 资料项目2证明性文件包括以下资料：

a. 生产企业所在国家（地区）兽药管理部门出具的允许兽药上市销售及该兽药生产企业符合兽药生产质量管理规范的证明文件、公证文书及其中文译本。

申请未在国内外获准上市销售的药物，本证明文件可于完成在中国进行的临床研究后，与临床研究报告一并报送。

b. 由境外兽药生产企业常驻中国代表机构办理注册事务的，应当提供《外国企业常驻中国代表机构登记证》复印件。

境外兽药生产企业委托中国代理机构代理申报的，应当提供委托文书、公证文书及其中文译本，以及中国代理机构的《营业执照》复印件。

c. 申请的药物或者使用的处方、工艺等专利情况及其权属状态说明，以及对他人的专利不构成侵权的保证书。

② 说明

a. 生产企业所在国家（地区）兽药管理部门出具的允许兽药上市销售及该兽药生产企业符合兽药生产质量管理规范的证明文件应当符合世界卫生组织推荐的统一格式。其他格式的文件，必须经所在国公证机关公证及驻所在国中国使领馆认证。

b. 在一地完成制剂生产由另一地完成包装的，应当提供制剂厂和包装厂所在国家（地区）兽药管理部门出具的该兽药生产企业符合兽药生产质量管理规范的证明文件。

c. 未在生产企业所在国家或者地区获准上市销售的，可以提供在其他国家或者地区获准上市销售的证明文件，并须经农业农村部兽医行政管理机关认可。但该兽药生产企业符合兽药生产质量管理规范的证明文件须由生产企业所在国家（地区）兽药管理部门出具。

d. 原料药可提供生产企业所在国家（地区）兽药管理部门出具的允许兽药上市销售及该兽药生产企业符合兽药生产质量管理规范的证明文件。

（3）在中国进行临床药效试验的要求

① 申请未在国内外获准上市销售的药物，应当按照注册分类1的规定进行临床试验。所申请的药物，应当是在国外已完成临床试验的兽药。

② 其他申请，应当按照注册分类二类的规定进行临床药效试验。

③ 单独申请进口尚无中国兽药标准的原料药，应当使用其制剂进行临床药效试验。

（4）在中国进行残留试验的要求

① 申请未在国内外获准上市销售的兽药，应当按照注册分类一类的规定进行残留消除试验。所申请的兽药，应当是在国外已完成残留消除试验的兽药。

② 其他申请，应当按注册分类二类的规定进行残留消除试验。

③ 单独申请进口尚无中国兽药标准的原料药，应当使用其制剂进行靶动物药代动力学和残留消除试验。

6.1.3.2 兽用中药进口兽药注册资料要求

（1）申报资料项目

1）综述资料

①兽药名称及品种概述；②证明性文件；③立题目的与依据；④对主要研究结果的总结及评价；⑤兽药说明书样稿及起草说明；⑥包装、标签设计样稿。

2）药学研究资料

⑦药学研究资料综述；⑧处方药味研究及药材资源评估；⑨生产工艺研究资料及文献资料；⑩制剂质量与质量标准研究试验资料及文献资料；⑪药物稳定性研究试验资料及文献资料；⑫直接接触兽药的包装材料和容器的选择依据及质量标准。

3）药理毒理研究资料

⑬药理毒理研究资料综述；⑭主要药效学试验资料及文献资料；⑮安全药理学试验资料及文献资料；⑯急性毒性（单次给药毒性）试验资料及文献资料；⑰长期毒性（重复给药毒性）试验资料及文献资料；⑱致突变（遗传毒性）试验资料及文献资料；⑲生殖毒性试验资料及文献资料；⑳致癌性试验资料及文献资料；㉑过敏性（局部、全身和光敏毒性）、溶血性和局部（血管、皮肤、黏膜、肌肉等）刺激性等主要与局部、全身给药相关的特殊安全性试验资料及文献资料。

4）临床研究资料

㉒临床研究资料综述；㉓临床研究背景和靶动物使用经验；㉔临床试验资料和临床价值评估；㉕靶动物药代动力学和残留试验资料及文献资料。

（2）申报资料项目说明

本章节仅列出与新兽药注册资料要求不同之处，要求相同部分可参见第二章。

资料项目2证明性文件包括以下资料：

① 生产国家（地区）兽药管理机构出具的允许申请的该兽药上市销售及该兽药生产企业符合兽药生产质量管理规范的证明文件、公证文书；出口国物种主管当局同意出口的证明。

② 由境外生产企业常驻中国代表机构办理注册事务的，应当提供《外国企业常驻中国代表机构登记证》复印件。

境外生产企业委托中国代理机构代理申报的，应当提供委托文书、公证文书以及中国代理机构的《营业执照》复印件。

③ 安全性试验资料应当提供相应的药物非临床研究质量管理规范（GLP）证明文件；临床及其他试验用样品应当提供相应的药品或兽药生产质量管理规范（GMP）证明文件。

6.1.3.3 兽用消毒剂进口兽药注册资料要求

（1）申报资料项目

1）综述资料

①消毒剂名称；②证明性文件；③立题目的与依据；④对主要研究结果的总结及评价；⑤兽药说明书样稿、起草说明及最新参考文献；⑥包装、标签样稿。

2）药学研究资料

⑦药学研究资料综述；⑧确证化学结构试验资料及文献资料；⑨原料药生产工艺的研究资料及文献资料；⑩制剂处方及工艺的研究资料及文献资料；⑪辅料的来源及质量标准；⑫质量研究工作的试验资料及文献资料；⑬兽药标准草案及起草说明；⑭兽药标准物质的制备及考核材料；⑮兽药稳定性研究的试验资料及文献资料；⑯直接接触兽药的包装材料和容器的选择依据及质量标准；⑰样品的检验报告书。

3）毒理学研究资料综述。

⑱毒理学评价程序及试验要求；⑲残留消毒剂的去除方法和中和剂的选择与鉴定；⑳微生物杀灭试验。

4）临床试验资料

㉑国内外相关的临床试验资料综述；㉒临床试验方案及试验报告；㉓环境消毒剂现场消毒试验；㉔动物体表/或腔内及带畜消毒剂现场消毒试验。

5）残留试验资料

㉕国内外残留试验资料综述；㉖残留代谢及消除试验研究资料；㉗残留检测方法及文献资料。

6）生态毒性研究资料

㉘生态毒性研究资料及文献资料。

（2）申报资料项目说明

本章节仅列出与新兽药注册资料要求不同之处，要求相同部分可参见第二章。

1）资料项目要求：

① 申报资料按照消毒剂《申报资料项目》要求报送。不受理未在国外获准上市销售的消毒剂的申请；其他品种的申请按照注册分类2的规定报送资料。

② 资料项目5消毒剂说明书样稿、起草说明及最新参考文献，尚需提供生产企业所在国家（地区）兽药管理机构核准的原文说明书，在生产企业所在国家（地区）上市使用的说明书实样，并附中文译本。资料项目6尚需提供该消毒剂在生产企业所在国家（地区）上市使用的包装、标签实样。

③ 资料项目24应当报送该兽药在生产企业所在国家（地区）为申请上市销售而进行的全部环境毒性研究的资料。

④ 全部申报资料应当使用中文并附原文，原文非英文的资料应翻译成英文，原文和英文附后作为参考。中、英文译文应当与原文内容一致。

⑤ 兽药质量标准的中文版，必须符合中国兽药标准的格式。

2）资料项目2证明性文件的要求和说明

① 资料项目2证明性文件包括以下资料：

a. 生产企业所在国家（地区）兽药管理机构出具的允许消毒剂上市销售及该兽药生产企业符合兽药生产质量管理规范的证明文件、公证文书及其中文译本；

b. 由境外生产企业常驻中国代表机构办理注册事务的，应当提供《外国企业常驻中国代表机构登记证》复印件。

境外生产企业委托中国代理机构代理申报的，应当提供委托文书、公证文书及其中文译本，以及中国代理机构的《营业执照》复印件。

c. 申请的消毒剂或者使用的处方、工艺等专利情况及其权属状态说明，以及对他人的专利不构成侵权的保证书。

② 说明

a. 生产企业所在国家（地区）兽药管理机构出具的允许消毒剂上市销售及该兽药生产企业符合兽药生产质量管理规范的证明文件应当符合世界卫生组织推荐的统一格式。其他格式的文件，必须经生产企业所在国家（地区）公证机关公证及驻生产企业所在国家（地区）中国使领馆认证；

b. 在一地完成制剂生产由另一地完成包装的，应当提供制剂厂和包装厂所在国家（地区）兽药管理机构出具的该兽药生产企业符合兽药生产质量管理规范的证明文件；

c. 未在生产企业所在国家（地区）获准上市销售的，可以提供在其他国家（地区）获准上市销售的证明文件，但须经农业部认可。但该兽药生产企业符合兽药生产质量管理规范的证明文件由生产企业所在国家（地区）兽药管理机构出具；

d. 原料药可提供生产企业所在国家（地区）兽药管理机构出具的允许消毒剂上市销售及该兽药生产企业符合兽药生产质量管理规范的证明文件。

6.1.3.4 预防用兽用生物制品进口兽药注册资料要求

（1）进口注册的申报资料项目

① 一般资料。

a. 证明性文件。

b. 生产纲要、质量标准，附各项主要成品检验项目的标准操作程序。

c. 说明书和标签样稿。

② 生产用菌（毒、虫）种或其他抗原的研究资料。

③ 主要原辅材料的来源、质量标准和检验报告等。

④ 生产工艺研究资料。

⑤ 质控样品的制备、检验、标定等研究资料。

⑥ 制品的质量研究资料。

⑦ 至少 3 批制品的批生产和检验报告、批生产和检验记录。

⑧ 临床试验报告。

（2）进口注册资料的说明

① 申请进口注册时，应报送资料项目1~8。

a. 生产企业所在国家（地区）有关管理部门批准生产、销售的证明文件，颁发的符合兽药生产质量管理规范的证明文件，上述文件应当经公证或认证后，再经中国使领馆确认。

b. 由境外企业驻中国代表机构办理注册事务的，应当提供《外国企业常驻中国代表机构登记证》复印件。

c. 由境外企业委托中国代理机构代理注册事务的，应当提供委托文书及其公证文件，中国代理机构的《营业执照》复印件。

d. 申请的制品或使用的处方、工艺等专利情况及其权属状态说明，以及对他人的专利不构成侵权的保证书。

e. 该制品在其他国家注册情况的说明。

② 用于申请进口注册的实验数据，应为申请人在中国境外获得的试验数据。未经批准，不得为进口注册在中国境内进行试验。在注册过程中，如经评审认为有必要，可要求申请人提交由我国有关单位进行的临床验证试验报告。体内诊断试剂的临床验证试验应符合我国《兽药临床试验质量管理规范》的要求。

③ 进口注册申报资料应当使用中文并附原文，原文非英文的资料应翻译成英文，原文和英文附后作为参考，中、英文译文应当与原文一致。

④ 进口注册申报资料的其他要求原则上与国内制品注册申报资料相应要求一致。

6.1.3.5 治疗用兽用生物制品

（1）进口注册的申报资料项目

① 一般资料。

a. 生物制品的名称；

b. 证明性文件；

c. 生产纲要、质量标准，附各项主要检验的标准操作程序；

d. 说明书、标签和包装设计样稿。

② 生产用原材料研究资料。

③ 检验用强毒株的研究资料。

④ 原液或原料生产工艺的研究资料。

⑤ 制品配方及工艺的研究资料，辅料的来源和质量标准。

⑥ 制品质量研究资料。

⑦ 至少 3 批产品的生产和检验报告。

⑧ 临床试验报告。

（2）进口注册资料的说明

① 申请进口注册时，应报送资料项目 1～8。

a. 生产企业所在国家（地区）政府和有关机构签发的企业注册证、产品许可证、GMP 合格证复印件和产品自由销售证明。上述文件必须经公证或认证后，再经中国使领馆确认；

b. 由境外企业驻中国代表机构办理注册事务的，应当提供《外国企业常驻中国代表机构登记证》复印件；

c. 由境外企业委托中国代理机构代理注册事务的，应当提供委托文书及其公证文件，中国代理机构的《营业执照》复印件；

d. 申请的制品或使用的处方、工艺等专利情况及其权属状态说明，以及对他人的专利不构成侵权的保证书；

e. 该制品在其他国家注册情况的说明，并提供证明性文件或注册编号。

② 用于申请进口注册的试验数据，应为申报单位在中国境外获得的试验数据。未经许可，不得为进口注册在中国境内进行试验。

③ 全部申报资料应当使用中文并附原文，原文非英文的资料应翻译成英文，原文和英文附后作为参考。中、英文译文应当与原文内容一致。

④ 进口注册申报资料的其他要求与国内新制品申报资料的相应要求一致。

6.1.3.6　进口兽药再注册申报资料项目

（1）证明性文件

①《进口兽药注册证书》或者《兽药注册证书》原件及农业农村部批准有关变更注册批件的复印件；

② 兽药生产国或地区兽药管理机构出具的允许该兽药上市销售及该兽药生产企业符合《兽药生产质量管理规范》的证明文件、公证文书及其中文译本；

③ 兽药生产国或地区兽药管理机构允许兽药进行变更的证明文件、公证文书及其中文译本；

④ 由境外制药厂商常驻中国代表机构办理注册事务的，应当提供《外国企业常驻中国代表机构登记证》复印件；

⑤ 境外制药厂商委托中国代理机构代理申报的，应当提供委托文书、公证文书及其中文译本，以及中国代理机构的《营业执照》复印件。

（2）5 年内在中国进口、销售情况的总结报告，对于不合格情况应当作出说明

（3）兽药进口销售 5 年来临床使用及不良反应情况的总结报告

（4）再注册兽药有下列情形的，应当提供相应资料或者说明

① 需要进行Ⅳ期临床试验的，应当提供Ⅳ期临床试验总结报告；

② 兽药批准证明文件或者再注册批准文件中要求继续完成工作的，应当提供工作总

结报告，并附相应资料。

（5）提供兽药处方、生产工艺、兽药标准和检验方法

凡兽药处方、生产工艺、兽药标准和检验方法与上次注册内容有改变的，应当指出具体改变内容，并提供批准证明文件，并按照兽药变更注册事项中的相关要求提供资料，进行变更注册申请。

（6）生产兽药制剂所用原料药的来源

改变原料药来源的，应当提供批准证明文件，并按照兽药变更注册事项中的相关要求提供资料，进行变更注册申请。

（7）在中国市场销售兽药最小销售单元的包装、标签和说明书实样

（8）兽药生产国或地区兽药管理机构批准的现行说明书原文及其中文译本

如改变已批准的标签说明书中安全性内容或样式，应进行变更注册申请，并提供相应资料。

6.1.4　申请与受理

6.1.4.1　进口兽药注册与再注册申请流程

进口兽药注册与再注册申请人需按照《农业农村部行政许可事项服务指南》（农业农村部公告第 222 号）规定，于农业农村部政务服务平台进行线上申请，提交资料并填写《兽药注册申请表》，同时将纸质版《兽药注册申请表》及按照进口兽药注册、进口兽药再注册资料要求整理的注册申报材料一式两份递交至农业农村部政务服务大厅（以下简称服务大厅）畜牧兽医窗口。申请材料齐全的服务大厅予以接收，并向申请人开具《农业农村部行政审批综合办公受理通知书》（进口兽药注册）或《农业农村部行政审批综合办公办理通知书》（进口兽药再注册）。

6.1.4.2　进口兽药注册受理流程

服务大厅将申请人提交的《兽药注册申请表》、注册申报材料转交农业农村部兽药评审中心（以下简称评审中心）进行形式审查。评审中心按照农业农村部行政审批办事指南的办事条件、兽药注册资料相关要求，在 10 个工作日内对接收的申报资料进行形式审查并将形式审查意见报服务大厅。服务大厅根据形式审查意见办理材料受理或不予受理手续。形式审查受理的，申请人应按照农业农村部公告第 75 号有关要求，将注册申报材料电子版上传至农业农村部兽药评审系统。同时，按照《兽药注册评审工作程序》（农业农村部公告第 392 号）要求，在收到注册申请事项受理通知后 20 个工作日内向评审中心提交注册评审纸质材料 10 份。

6.1.5　评审与审批程序

6.1.5.1　技术评审程序

评审中心收到受理的申报资料后，应在法定评审时限内提出评审结论，并报农业农村部畜牧兽医局。评审过程通常分为初次评审和复评审，原则上，对每个兽药注册申请的评

审，初次评审和复评审均不超过一次。经初次评审即可得出评审结论的，可不进行复评审。评审中心专家对受理的申报资料进行技术评审，提出评审意见。根据工作需要，并按照开展评审专家咨询工作原则，可咨询兽药注册评审专家库中其他专家的意见。召开评审专家咨询会时，由评审中心专家任产品主审专家，介绍注册资料和审查意见，并提出需要咨询的事项和问题。评审中心咨询专家意见时，按照评审中心制定的专家选取原则从兽药注册评审专家库中遴选专家，对于涉及到不同专业的品种或有疑难问题的品种，可分别或同时向不同专业的专家进行咨询。评审中心可根据注册申请人的申请安排沟通交流。原则上，初次评审应一次性提出全面审查意见，并明确是否进行验证试验、复核检验和现场核查等。申请的兽药属于疫苗的，基于风险管理原则，必要时可提出对生产用菌毒种进行检验的要求。评审中心可根据注册申请人的申请安排沟通交流。根据初次评审意见，申请人一次性提交补充资料。收到申请人的补充资料后，评审中心进行复评审。如初次评审意见要求开展验证试验、复核检验、现场核查等，应在收到有关报告后一并进行复评审。未能一次性提交补充资料或者补充资料明显不符合评审意见要求的，予以退审。对拟退审的，评审中心应将退审意见反馈申请人。如申请人有异议，应在收到意见后 10 个工作日内以书面形式提出，逾期未提出视为无异议。

进口兽药注册期间，需申请人在中国境内进行临床验证试验或兽药残留检测方法验证试验时，评审中心向服务大厅提出暂停评审计时 6 个月申请。申请人应在 6 个月内完成相关试验，服务大厅收到申请人临床验证试验结果报告原件或兽药残留检测方法验证试验报告原件后，恢复评审计时。

6.1.5.2　兽药质量标准复核和样品检验程序

技术评审期间需开展兽药质量标准复核和样品检验的，申请人应在收到评审中心复核检验通知后 6 个月内，向中监所提交复核检验所需样品及相关资料和材料。产品复核检验质量标准经申请人确认后，不得修改。中监所根据评审意见，按照《兽药注册办法》等相关规定开展兽药质量标准复核和样品检验工作，并在法定检验时限内完成，将检验报告书和复核意见送达申请人，同时报评审中心。中监所在收到评审中心复核检验通知后或者发出第一次复核检验不合格报告后 6 个月内，未收到申请人复核样品、相关资料或材料不全导致无法开展检验的，中监所应向评审中心说明具体情况，评审中心根据说明对该项注册申请按自动撤回处理。第二次送样的复核检验应重新进行检验计时。根据评审意见对疫苗菌毒种进行检验的，可与产品复核检验同步进行。中监所将菌毒种检验结果和结论报农业农村部畜牧兽医局和评审中心。

6.1.5.3　审批与办结程序

农业农村部畜牧兽医局根据评审中心的技术评审意见和结论以及中监所的复核检验结论，提出审批方案。建议予以批准的，报分管部领导审批，并根据分管部领导审批意见印发公告、制作注册证书等；建议不予批准的，由农业农村部畜牧兽医局局长审签。政务服务大厅根据审批结论办结，并书面通知申请人。

6.1.5.4　审批服务流程图

（1）进口兽药注册

进口兽药注册审批服务流程图见图 6-1。

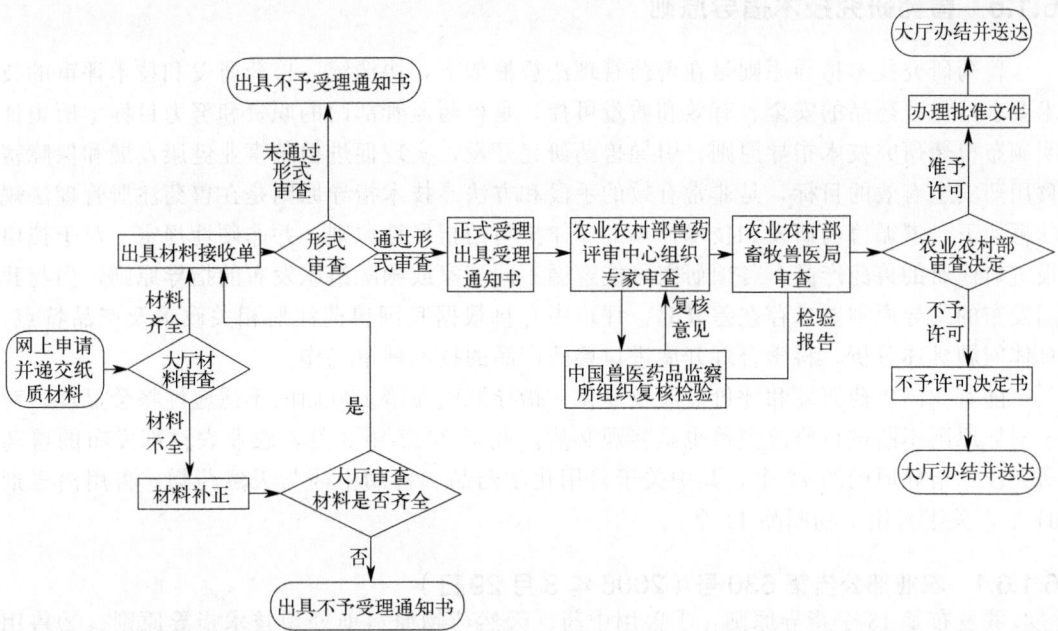

图 6-1　进口兽药注册审批服务流程图

（2）进口兽药再注册

进口兽药再注册审批服务流程图见图 6-2。

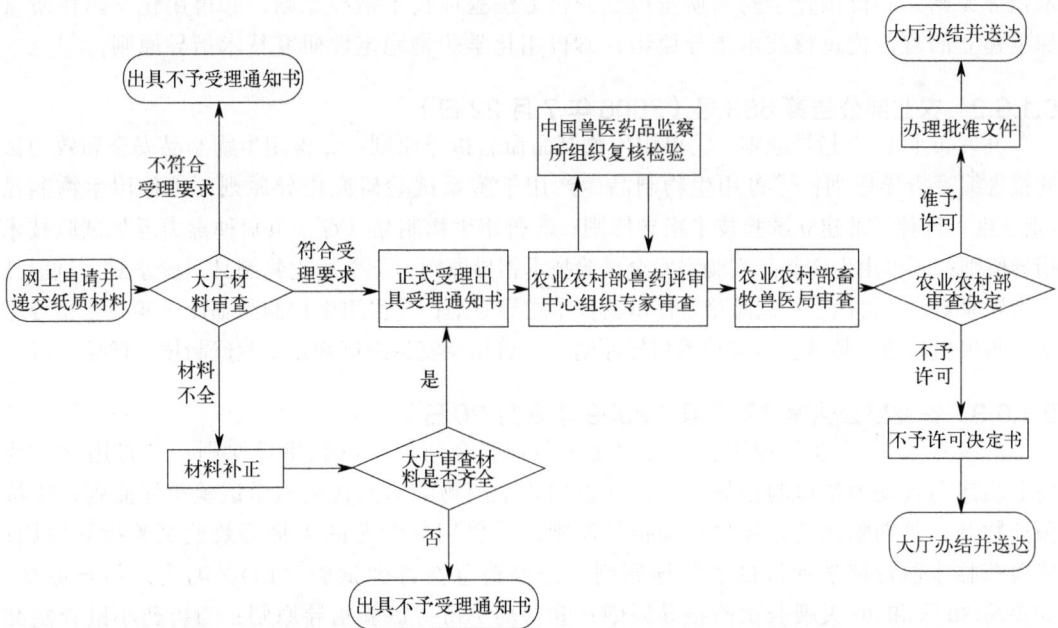

图 6-2　进口兽药再注册审批服务流程图

6.1.6　兽药研究技术指导原则

兽药研究技术指导原则是在兽药管理法规框架下，协调统一兽药研发和技术评审的技术要求，保证药品的安全、有效和质量可控，是兽药监管部门的职责和努力目标。历史证明颁布兽药研究技术指导原则，引导兽药研究开发，实现促进兽药事业健康发展和保障畜禽用药安全有效的目标，是非常有效的手段和方法。技术指导原则是在兽药注册管理法规的框架下，遵循兽药研发和技术评审的规律撰写的指导性原则，并非硬性规定。对于拟申报进口注册的兽药产品，各项研究可能遵循不同国家或国际组织发布的指导原则，当与我国发布的指导原则要求存在差异时，评审中心将根据我国兽药注册相关政策及产品特点，具体问题具体分析，科学合理开展进口兽药产品的技术评审工作。

随着我国兽药研发和评价发展及变化，指导原则在诸多方面的不适应性将会显现，对于指导原则不断进行修改完善也是客观必然。截至 2022 年 3 月，农业农村部发布的兽药研究技术指导原则约 72 个，其中关于兽用化学药品、兽用中药与天然药物、兽用消毒剂 61 个，关于兽用生物制品 11 个。

6.1.6.1　农业部公告第 630 号（2006 年 3 月 29 日）

共发布了 13 个指导原则：①兽用中药、天然药物原料前处理技术指导原则；②兽用中药、天然药物提取纯化工艺研究的技术指导原则；③兽用中药、天然药物制剂研究技术指导原则；④兽用中药、天然药物中试研究技术指导原则；⑤兽用中药、天然药物稳定性试验技术指导原则；⑥兽用中药、天然药物质量标准分析方法验证指导原则；⑦兽用化学原料药制备和结构确证研究技术指导原则；⑧兽用化学原料药制备和结构确证研究技术指导原则；⑨兽用化学药物杂质研究技术指导原则；⑩兽用化学药物有机溶剂残留量研究技术指导原则；⑪兽用化学药物质量控制分析方法验证技术指导原则；⑫兽用化学药物质量标准建立的规范化过程技术指导原则；⑬兽用化学药物稳定性研究技术指导原则。

6.1.6.2　农业部公告第 683 号（2006 年 7 月 22 日）

共发布了 11 个指导原则：①兽用生物制品命名指导原则；②兽用生物制品安全和效力试验报告编写指导原则；③兽用生物制品生产用细胞系试验研究指导原则；④兽用生物制品（毒、虫）种种子批建立试验技术指导原则；⑤兽用生物制品（毒、虫）种毒力返强试验技术指导原则；⑥兽用生物制品实验室安全试验技术指导原则；⑦兽用生物制品实验室效力试验技术指导原则；⑧兽用生物制品稳定性试验技术指导原则；⑨兽用生物制品临床试验技术指导原则；⑩兽用诊断制品试验研究技术指导原则；⑪兽用免疫诊断试剂盒试验研制技术指导原则。

6.1.6.3　农业部公告第 1247 号（2009 年 8 月 20 日）

共发布了 15 个指导原则：①兽用化学药物安全药理学试验指导原则；②兽用化学药物非临床药代动力学试验指导原则；③兽用化学药物临床药代动力学试验指导原则；④抗菌药物 Ⅱ、Ⅲ 期临床药效评价试验指导原则；⑤兽用化学药品生物等效性试验指导原则；⑥兽药临床前毒理学评价试验指导原则；⑦兽药急性毒性试验（LD_{50} 测定）指导原则；⑧兽药 30 天和 90 天喂养试验指导原则；⑨兽药 Ames 试验指导原则；⑩兽药小鼠骨髓细胞染色体畸变试验指导原则；⑪兽药小鼠精子畸形试验指导原则；⑫兽药小鼠骨髓细胞微核试验指导原则；⑬兽药大鼠传统致畸试验指导原则；⑭兽药繁殖毒性试验指导原则；⑮兽药慢性毒性和致癌试验指导原则。

6.1.6.4 农业部公告第 1425 号（2010 年 7 月 20 日）

共发布了 17 个指导原则：①蚕药靶动物安全性试验技术指导原则；②蚕用抗寄生虫药药效评价试验技术指导原则；③蚕用抗微生物药药效评价试验技术指导原则；④蚕用消毒剂药效评价试验技术指导原则；⑤宠物外用抗微生物药药效评价试验技术指导原则；⑥宠物外用抗微生物药药效评价田间试验技术指导原则；⑦宠物用抗菌药药效评价试验技术指导原则；⑧宠物用抗菌药药效评价田间试验技术指导原则；⑨宠物用抗螨虫药药效评价试验技术指导原则；⑩宠物用抗螨虫药药效评价田间试验技术指导原则；⑪宠物用抗体外寄生虫药药效评价试验技术指导原则；⑫宠物用抗体外寄生虫药药效评价田间试验技术指导原则；⑬宠物用药物靶动物安全性试验技术指导原则；⑭蜜蜂用抗微生物药药效评价试验技术指导原则；⑮蜜蜂用抗微生物药药效评价田间试验技术指导原则；⑯蜜蜂用杀螨剂药效评价试验技术指导原则；⑰蜜蜂用杀螨剂药效评价田间试验技术指导原则。

6.1.6.5 农业部公告第 1596 号（2011 年 6 月 8 日）

共发布了 5 个指导原则：①兽用中药、天然药物临床试验技术指导原则；②兽用中药、天然药物临床试验报告的撰写原则；③兽用中药、天然药物安全药理学研究技术指导原则；④兽用中药、天然药物通用名称命名指导原则；⑤兽用中药、天然药物质量控制研究技术指导原则。

6.1.6.6 农业部公告第 2017 号（2013 年 11 月 12 日）

共发布了 5 个指导原则：①水产养殖用抗菌药物药效试验技术指导原则；②水产养殖用抗菌药物田间药效试验技术指导原则；③水产养殖用驱（杀）虫药物药效试验技术指导原则；④水产养殖用驱（杀）虫药物田间药效试验技术指导原则；⑤水产养殖用消毒剂药效试验技术指导原则。

6.1.6.7 农业农村部公告第 326 号（2020 年 8 月 26 日）

共发布了 4 个指导原则：①畜禽用药靶动物安全性试验指导原则；②防治奶牛临床子宫内膜炎的抗微生物药靶动物安全性和有效性试验指导原则；③防治奶牛乳腺炎的抗微生物药靶动物安全性和有效性试验指导原则；④兽药残留消除试验指导原则。

6.1.6.8 农业农村部兽药评审中心文件（2022 年 2 月 10 日）

共授权发布了 2 个指导原则：①证候类中兽药临床研究技术指导原则；②兽用化学药品注射剂灭菌和无菌工艺研究及验证指导原则。

6.2

兽药进口管理

6.2.1 概述

为切实加强兽药进口管理，进一步强化兽药进口中国的销售、使用管理，《兽药管理条例》《兽药注册办法》《进口兽药管理办法》等均对兽药进口管理工作作出了明确的规定。因此，兽药进口管理主要是针对已经取得中国政府核发的进口兽药注册证书的境外兽药产品，重点从进口通关、上市销售、监督管理、急需兽药进口等方面管理进行阐述，监督执法和案件查处参见第八章有关内容。兽药进口到中国境内后，与国内兽药管理的要求基本一致。在实施管理的环节上，主要涉及产品进口关的审批准入，上市后的抽查检验，以及特批兽药准入和监管工作。

6.2.2　制度规定

为加强进口兽药监督管理，保证进口兽药质量、规范进口兽药市场、打击走私进口兽药、确保食用动物产品安全、维护人体健康，特别是保护国内兽药生产企业合法权益和国家生物安全，农业部于 1998 年 1 月 5 日发布了《进口兽药管理办法》，对加强进口兽用生物制品监督管理工作起到了积极作用。为贯彻实施《中华人民共和国行政许可法》，该办法于 2004 年 11 月 1 日被废止。2004 年 11 月 1 日实施的《兽药管理条例》对进口兽药管理、进口兽药通关办理、进口兽药经营等都有具体要求和明确规定。依据《兽药管理条例》，农业部和海关总署于 2007 年 7 月 31 日，联合发布了《兽药进口管理办法》（农业部令 2007 年第 2 号），进一步完善了进口兽药管理措施，夯实了监管制度基础。此后，落实"放管服"改革要求，根据《国务院取消和下放一批行政许可事项的决定》（国发〔2019〕6 号），农业农村部自 2019 年 2 月 27 日起不再实施"已经取得进口兽药证书的兽用生物制品进口审批"事项。2019 年 4 月 25 日农业农村部令 2019 年第 2 号，对《兽药进口管理办法》进行了修订。

6.2.2.1　法规规定

《兽药管理条例》专章对进口兽药管理进行要求，确立了进口兽药进入中国境内的管理体系，主要包括进口通关单管理制度、进口兽药销售管理制度、禁止进口的管理规定等。一是进口兽药通关管理方面，条例明确进口在中国已取得进口兽药注册证书的兽药，凭进口兽药注册证书到口岸所在地人民政府兽医行政管理部门办理进口兽药通关单。党的十八大以来，国务院大力推进"放管服"改革，自 2019 年 2 月 27 日起不再实施"已经取得进口兽药证书的兽用生物制品进口审批"，因此无论是兽用生物制品还是非兽用生物制品类兽药，都直接办理进口兽药通关单即可。《进口兽药通关单》实行一单一关，有效期为 30 天。海关部门凭进口兽药通关单放行。二是进口兽药销售管理方面，明确境外企业不得在中国直接销售兽药，这个根本原则。同时，允许境外企业在中国境内依法设立的销售机构或者委托符合条件的中国境内代理机构，在中国销售该进口兽药。同时，在中国境内从事进口兽药的机构也必须符合兽药经营管理要求，也就是说，只有中国境内的兽药经营企业，才能开展进口兽药经营活动。三是禁止进口方面，条例第三十六条规定禁止进口的四类情形，包括：禁止进口药效不确定、不良反应大以及可能对养殖业、人体健康造成危害或者存在潜在风险的；来自疫区可能造成疫病在中国境内传播的兽用生物制品；经考查生产条件不符合规定的；国务院兽医行政管理部门禁止生产、经营和使用的兽药。

6.2.2.2 规章要求

《兽药管理条例》明确授权国务院兽医行政管理部门会同海关总署制定《兽药进口管理办法》。2007年7月31日农业部、海关总署令第2号，公布了现行的《兽药进口管理办法》。该办法共五章三十二条，全面细化了《兽药管理条例》关于进口兽药的有关管理要求，除对进口兽药申请、进口兽药经营等管理要求外，还明确实行进口兽药目录管理，提出了海关特殊监管区域和保税监管场所的监督管理政策和措施。同时，对禁止进口兽药的情况具体化，形成了九类禁止进口的兽药情形，包括：一是经风险评估可能对养殖业、人体健康造成危害或者存在潜在风险的；二是疗效不确定、不良反应大的；三是来自疫区可能造成疫病在中国境内传播的兽用生物制品；四是生产条件不符合规定的；五是标签和说明书不符合规定的；六是被撤销、吊销《进口兽药注册证书》的；七是《进口兽药注册证书》有效期届满的；八是未取得《进口兽药通关单》的；九是农业部禁止生产、经营和使用的。

6.2.2.3 进口兽药目录管理

为了加快推进进口兽药通关，提高通关管理效率，《兽药进口管理办法》明确对进口兽药实行目录管理，并授权农业农村部会同海关总署制定《进口兽药管理目录》。兽药进口单位进口兽药填报进口通关单申请表时，根据申请进口兽药品种与《进口兽药管理目录》进行核对，填写相应的商品编码，海关部门以该商品编码核对《进口兽药通关单》信息，即可快速便捷的实现通关审批。

由于进口兽药注册和产品进口，因市场需求、技术审查等，进口兽药品种会有增减变化。经过多年的实践协调，目前农业农村部和海关总署形成了固定的工作机制，按照年度调整公布当年《进口兽药管理目录》，满足市场需求。经过近几年的丰富和完善，逐步形成了较为完整的《进口兽药管理目录》（2022年版），以2022年1月28日农业农村部、海关总署公告第507号进行公布，主要包括兽用血清制品、兽用疫苗、兽用免疫学体内诊断制品（已配剂量的）、其他兽用体内诊断制品（已配剂量的）、兽用体外诊断制品（用于一、二、三类动物疫病诊断的诊断试剂盒、试纸条）等5类兽用生物制品，以及兽用已配剂量的阿莫西林制剂等83类兽用化学药品。

6.2.2.4 进口兽药"单一窗口"电子通关

为贯彻落实《国务院办公厅关于进一步优化营商环境更好服务市场主体的实施意见》（国办发〔2020〕24号）有关要求，实现进口兽药通关单通过国际贸易"单一窗口"申领，农业农村部会同海关总署国家口岸管理办公室依托国际贸易"单一窗口"建设了进口兽药通关单核发管理系统。2021年11月25日，农业农村部发布公告第496号，明确自2021年11月29日起正式启用进口兽药通关单核发管理系统。目前，申请人通过国际贸易"单一窗口"在线申领进口兽药通关单，农业农村部和各级农业农村部门通过核发系统核发进口兽药通关单。进口兽药通关单核发后，相关电子数据将直接发送至海关联网核查系统，报关时录入通关单编号即可进行联网核查。国际贸易"单一窗口"为互联网平台，访问地址为 https：//www.singlewindow.cn。申请人实名注册登录后，点击"标准版应用"，选择"许可证件"项下"进口兽药通关单"进入管理系统申请端进行申领，用户手册可在国际贸易"单一窗口"首页"服务指南"项下载。各相关管理部门通过密钥（USBkey）登录核发系统审批端办理业务，用户手册可在审批端下载。该系统实施全面提升了通关单核发管理信息化水平，一方面实现国际贸易"单一窗口"核发进口兽药通关单，为申请人提供便捷高效的通关单核发服务，同时便于通关单进行联网核查；另一方面能够建立上下贯通，覆盖国家、省、市、县四级的通关单核发系统，实时汇总统计全国进口兽药通关单核发数据信息。

6.2.2.5 特殊用途兽药进口管理

考虑到国内急需、少量科研用药需求，《兽药管理条例》第三十三条规定国内急需兽药、少量科研用兽药或者注册兽药的样品、对照品、标准品的进口，按照国务院兽医行政管理部门的规定办理。经过多年的实施实践，目前这些产品只能通过农业农村部按照进口兽药通关单许可事项进行申请，近些年这类进口兽药的主要用途包括5种类型，一是国内急需兽药，二是少量科研用兽药，三是兽药注册复核检验用的样品、对照品、标准品，四是进口兽药注册临床验证试验用兽药，五是转基因生物安全评价用兽药。需要说明的是，这类兽药产品不能作为商品在市场上进行销售使用，特批进口的相关兽药产品数量很少，并明确了使用用途和具体收货人、使用对象等。

6.2.3 兽药进口申请

进口兽药申请主要是申请办理兽药进口审批的《进口兽药通关单》。一般涉及两类对象，一类是取得进口兽药注册证书的兽药产品，进口后与国内兽药生产企业生产的兽药产品一样，在中国境内可以自由销售、使用；另一类是少量科研用药等特殊用途的特批产品，不能上市自由销售，仅作为特定用途、特定使用对象。当发生大的动物疫情或者其他突发事件，国内缺少相关兽药或兽药供应量不能满足需求时，农业农村部可以指定有关单位进口所需兽药，并发给《进口兽药通关单》。《进口兽药通关单》实行一单一关，在30日有效期内只能一次性使用，内容不得更改，过期应当重新办理。

6.2.3.1 取得进口兽药注册证书的进口兽药通关单办理

（1）**申请主体** 依据兽药管理相关法规规定，已取得进口兽药注册证书的进口兽药通关单办理的主体为中国境内代理商。

（2）**申请材料** 主要包括六项材料，一是兽药进口申请表，二是代理合同（授权书）和购货合同复印件，三是工商营业执照复印件，四是产品出厂检验报告，五是装箱单、提货单和货运发票复印件，六是产品中文标签、说明书式样。需要说明的是，申请表中需要列明每一种兽药的通用名称、进口兽药注册证书号以及《进口兽药管理目录》对应的商品编码。因为有国家兽药基础数据信息作为共享信息平台，就不再需要提交进口兽药注册证书复印件等资料。

此外，兽用生物制品的进口申请，还需要提供生产企业所在国家（地区）兽药管理部门出具的批签发证明。

（3）**办理机构** 各省级畜牧兽医主管部门。有的省份将此事项下放到了地市级或者县级畜牧兽医主管部门，但是办理要求、审查标准、电子办理系统都是一致的。

（4）**办理流程** 各地办理流程或有差异，但主要流程包括四项：一是各地或相关部门政务服务大厅受理窗口审查申请人递交的《兽药进口申请表》及其相关材料，申请材料齐全的予以受理，向申请人开具《受理通知书》。二是予以受理的，各地畜牧兽医主管部门内设业务部门对申请材料组织审查。三是各地畜牧兽医主管部门根据审查意见提出审批方案，按程序报签后办理批件，予以许可的打印《进口兽药通关单》，不予许可的，作出不予许可的书面决定。四是各地或相关部门政务服务大厅受理窗口办结该事项，并通过进口兽药通关单核发管理系统发布审批结果。

目前，这类兽药进口，每年度办理数量在 2500 单左右，主要集中于北京、上海、天津、成都等大型城市和口岸。

6.2.3.2　特殊用途兽药的进口兽药通关单办理

（1）**申请主体**　国内从事兽药相关工作的事业单位、企业等法人主体。

（2）**申请材料**　不同用途的申请材料有所不同，但都需要提交《兽药进口申请表》。少量科研用兽药的申请，需要提交科研项目立项报告、试验方案等材料。进口注册兽药样品、对照品、标准品、菌（毒、虫）种、细胞等，需要提交农业农村部兽药评审中心审查意见文件。国内急需兽药进口，兽药进口（通关单）申请还应提供以下材料：一是进口单位的合法登记的证明文件或《兽药经营许可证》复印件。二是代理合同（授权书）和购货合同复印件。三是生产企业所在国家（地区）兽药管理部门出具的批签发证明（适用疫苗）。四是产品出厂检验报告。五是装箱单、提运单和货运发票复印件。

（3）**办理机构**　农业农村部（国务院畜牧兽医主管部门）。

（4）**办理流程**　主要流程包括四项：一是农业农村部政务服务大厅畜牧兽医窗口审查申请人递交的《兽药进口申请表》及其相关材料，申请材料齐全的予以受理，向申请人开具《农业农村部行政审批综合办公受理通知书》。二是受理申请的，农业农村部畜牧兽医局对申请材料组织风险评估和审查。三是农业农村部畜牧兽医局根据评估结论和审查意见提出审批方案，按程序报签后办理批件，予以许可的打印《进口兽药通关单》，不予许可的，作出不予许可的书面决定。四是农业农村部政务服务大厅畜牧兽医窗口办结该事项，并通过进口兽药通关单核发管理系统发布审批结果。

目前，农业农村部办理特殊用途兽药进口主要包括 5 种情形：国内急需兽药、少量科研用兽药、进口兽药注册复核检验用、进口兽药注册临床验证试验用、转基因生物安全评价用。一是国内急需兽药。主要是我国为一些珍稀保护动物及保障国内赛马疾病防治等需要，所特批进口的兽药产品。目前批准的单位有成都大熊猫繁育研究基地、中国大熊猫保护研究中心、陕西省珍稀野生动物救护基地、广州香港马会赛马训练有限公司、中国马术协会以国内急需兽药为用途进口兽药。进口兽药品种为雪貂犬瘟热重组疫苗、马流感破伤风灭活疫苗、马流感灭活疫苗、美洛昔康注射液等 200 余种兽药产品。进口单位应按照《兽药管理条例》《兽药进口管理办法》和农业农村部公告第222 号的有关规定办理兽药进口事宜。申请材料需提供兽药进口申请表以及农业农村部畜牧兽医局关于同意特需兽药进口的函。二是少量科研用兽药。用于新兽药研发时所需的标准品。申请材料需提供兽药进口申请表、科研项目的立项报告、试验方案等材料。三是进口兽药注册复核检验用。四是进口兽药注册临床验证试验用兽药。均为在我国注册过程中在兽药注册评审过程中对兽药进行检测，根据检测结果需要企业补充的兽药产品。申请材料需提供兽药进口申请表以及农业农村部兽药评审中心审查意见文件。五是转基因生物安全评价用。申请材料需提供兽药进口申请表以及农业转基因生物材料入境审批书。

6.2.4 兽药进口经营

进口兽药经营的管理，与国内生产的兽药经营管理基本一致，经营企业必须符合《兽药经营质量管理规范》，属于兽用生物制品的，还必须符合《兽用生物制品经营管理办法》《兽药标签和说明书管理办法》以及兽药追溯信息管理的有关规定，这些内容在相关章节都进行了详细描述，这里就不再赘述。这里重点阐述进口兽药经营的一些特殊性要求和规定。进口兽药主要分为进口兽用生物制品和进口兽用化学药品，兽用中药是我国独特的兽药品种，不存在进口的问题。

6.2.4.1 进口兽用生物制品经营

（1）**经营主体** 兽用生物制品不仅关系到全国动物疫病防控工作，还关系到国家生物安全，为加强兽药经营环节管理，规范兽药市场，保证兽药质量，《兽药进口管理办法》重点强化了兽用生物制品经营环节管理要求。《兽药管理条例》规定，境外企业不得在中国直接销售兽药。境外企业在中国销售兽药，应当依法在中国境内设立销售机构或者委托符合条件的中国境内代理机构。《兽药进口管理办法》明确规定，进口兽用生物制品，境外企业不得直接销售，应当委托中国境内兽药经营企业作为代理商进行销售，外商独资、中外合资和合作经营企业不得销售进口兽用生物制品。

（2）**销售模式** 一是进口兽药销售代理商有境外企业确定、调整，但需要报农业农村部备案；二是境外企业在中国境内确定两家以上代理商销售进口兽用生物制品的，代理商只能将进口兽用生物制品直接销售给养殖户、养殖场、动物诊疗机构等使用者，不得再确定经销商进行销售；三是境外企业在中国境内确定一家代理商销售进口兽用生物制品的，代理商可以将代理产品直接销售给使用者，也可以经销销售代理的产品。但经销商只能将进口兽用生物制品直接销售给使用者，不得销售给其他兽药经营者。四是进口兽用生物制品除境外企业确定的代理商及代理商确定的经销商外，其他兽药经营企业不得经营。

此外，需要重点关注超范围经营问题，如代理商、经销商超出《兽药经营许可证》范围经营进口兽用生物制品的，属于无证经营，按照《兽药管理条例》第五十六条的规定处罚。

（3）**批签发管理** 对兽用生物制品实行批签发管理是国际通行做法。为严格进口兽用生物制品管理，根据《兽药管理条例》规定，并借鉴国际通行做法，对进口兽用生物制品实行批签发管理。兽用生物制品进口后，代理商应当向中国兽医药品监察所申请办理审查核对和抽查检验手续。未经审查核对或者抽查检验不合格的，不得销售。也就是进口兽用生物制品只有经过批签发合格后，才能由代理商组织销售。

6.2.4.2 进口非兽用生物制品类兽药的经营

（1）**经营主体** 《兽药管理条例》规定，境外企业不得在中国直接销售兽药。境外企业在中国销售兽药，应当依法在中国境内设立销售机构或者委托符合条件的中国境内代理机构。《兽药进口管理办法》规定，兽用生物制品以外的其他进口兽药，境外企业可以依法在中国境内设立销售机构或者委托具备相应条件的境内兽药经营企业作为代理商销售。经营主体的准入要求，低于进口兽用生物制品经营。

（2）**销售模式** 兽用化学药品等非兽用生物制品类兽药进口后的经销商由代理商自行确定，可以多级设立经销商。经营该产品的经营企业，销售对象可以是其他兽药经营企业，也可以是养殖场等使用单位。

（3）质量抽查　兽用化学药品等非兽用生物制品类兽药进口后，由进口口岸的所在地省级人民政府兽医行政管理部门通知相关兽药检验机构进行抽查检验。这种质量抽查已被列入年度国家兽药质量监督抽检计划。需要说明的是，这种抽查检验属于监督抽查，不是产品上市的必要条件，兽用化学药品等非兽用生物制品类兽药进口后即可由代理商或经营企业进行销售，这与进口兽用生物制品有着严格的区别。

6.2.5　兽药进口监管

6.2.5.1　进口注册监管

除进口兽药注册技术资料审查外，还要重点抽查境外生产企业是否符合《兽药生产质量管理规范》（兽药 GMP）要求，同时对于注册审查过程中发现存在问题，也可启动核查机制，对外方有关研究现场进行视频检查等。

6.2.5.2　进口报关监管

进口单位申请《进口兽药通关单》办理报关手续，申报不实或者伪报用途产生的后果，由进口兽药申请单位承担相应的法律责任。提供虚假资料或者采取其他欺骗手段取得进口兽药证明文件的，按照《兽药管理条例》第五十七条的规定处罚。伪造、涂改进口兽药证明文件进口兽药的，按照《兽药管理条例》第四十七条、第五十六条的规定处理。

禁止买卖、出租、出借《进口兽药通关单》，违法的将按照《兽药管理条例》第五十八条的规定处罚。

6.2.5.3　特殊贸易方式和区域的监管

根据《中华人民共和国海关法》和《保税区海关监管办法》《中华人民共和国对出口加工区监管的暂行办法》等规定，借鉴了其他进口货物已有的管理制度和管理模式，《进口兽药管理办法》对特殊贸易方式和海关特殊监管区域的兽药管理予以明确。

（1）加工贸易方式进口兽药　经批准以加工贸易方式进口兽药的，海关按照有关规定实施监管。进口料件或加工制成品属于兽药且无法出口的，应当按照《进口兽药管理办法》规定办理《进口兽药通关单》，海关凭《进口兽药通关单》办理内销手续。未取得《进口兽药通关单》的，由加工贸易企业所在地省级人民政府兽医行政管理部门监督销毁，海关凭有关证明材料办理核销手续。销毁所需费用由加工贸易企业承担。

（2）暂时进口方式进口兽药　以暂时进口方式进口的不在中国境内销售的兽药，不需要办理《进口兽药通关单》。暂时进口期满后应当全部复运出境，因特殊原因确需进口的，依照本办法和相关规定办理进口手续后方可在境内销售。无法复运出境又无法办理进口手续的，经进口单位所在地省级人民政府兽医行政管理部门批准，并商进境地直属海关同意，由所在地省级人民政府兽医行政管理部门监督销毁，海关凭有关证明材料办理核销手续。销毁所需费用由进口单位承担。

（3）特殊监管区域的兽药　从境外进入保税区、出口加工区及其他海关特殊监管区域和保税监管场所的兽药及海关特殊监管区域、保税监管场所之间进出的兽药，免予办理《进口兽药通关单》，由海关按照有关规定实施监管。从保税区、出口加工区及其他海关特殊监管区域和保税监管场所进入境内区外的兽药，办理《进口兽药通关单》。

6.2.5.4　进口兽药质量抽检

《兽药进口管理办法》明确规定，县级以上地方人民政府兽医行政管理部门应当将进口兽药纳入兽药监督抽检计划，加强对进口兽药的监督检查，发现违反《兽药管理条例》和本办法规定情形的，应当依法作出处理决定。具体抽检计划和有关处理处罚措施，兽药监管执法章节有详细阐述。

6.2.5.5　进口兽药经营监管

在境内上市销售的监管在兽药监管执法章节进行详细的描述，不再赘述。这里重点说明进口兽药监管的特殊要求。《兽药进口管理办法》明确规定，养殖户、养殖场、动物诊疗机构等使用者将采购的进口兽药转手销售的，或者代理商、经销商超出《兽药经营许可证》范围经营进口兽用生物制品的，属于无证经营，按照《兽药管理条例》第五十六条的规定处罚。这些规定与《兽用生物制品经营管理办法》有关要求相一致。

6.3

兽药出口管理

6.3.1　概述

鼓励和支持国内兽药生产经营企业开展出口业务，为国内企业办理出口手续提供便利、优质服务。国外进口方要求提供证明文件的，农业农村部或者企业所在省、自治区、直辖市人民政府兽医行政管理部门可以根据进口国或地区要求，出具相应的证明文件。如进口方要求出具政府法定机构出具的质量检验合格证明，应由出口兽药企业所在省、自治区、直辖市检验机构提供，涉及兽用生物制品提供批签发证明的应由中国兽医药品监察所提供。

6.3.2　规定要求

《兽药管理条例》第三十七条规定向中国境外出口兽药，进口方要求提供兽药出口证明文件的，国务院兽医行政管理部门或者企业所在地的省、自治区、直辖市人民政府兽医行政管理部门可以出具出口兽药证明文件。国内防疫急需的疫苗，国务院兽医行政管理部门可以限制或者禁止出口。

6.3.3 出口证明文件

依据有关法律法规规定，出具出口证明文件列为行政办事服务事项，不是许可事项。

（1）**申请主体**　需要出口的兽药生产经营企业。

（2）**申请材料**　一是出具兽药出口证明的申请（加盖申请人公章）；二是进口国（地区）相关要求的证明材料；三是兽药出口证明模板［同一进口国（地区）、同一生产企业可使用一个出口证明］；四是《兽药 GMP 证书》复印件；五是《兽药生产许可证》复印件（申请表中加上相关证书信息）；六是兽药产品批准文号批件复印件；七是《申请出口兽药产品目录》《申请人承诺书》。

申请资料中的中英文内容一致。

（3）**办理机构**　进口国不要求农业农村部出具出口证明文件，申请人应向企业所在地的省、自治区、直辖市人民政府兽医行政管理部门申请出口证明；若进口方要求农业农村部提供兽药出口证明文件的，申请人应向农业农村部申请出口证明。

（4）**办理流程**　主要流程包括：一是申请人递交兽药出口证明等材料到农业农村部政务服务大厅畜牧兽医窗口，申请材料齐全、符合要求的，予以受理；不符合要求的，告知申请人补充材料。二是农业农村部畜牧兽医局对兽药出口证明申请材料进行审查，按程序报签后，作出是否出具兽药出口证明文件的决定。

（5）**办理结果**　有关主管部门对审查合格的材料，出具出口证明文件。出口证明有效期以《兽药 GMP 证书》《兽药生产许可证》和兽药产品批准文号三者有效期最短为准，但有效期最长不超过 2 年。

6.3.4 出口产品标签要求

随着我国兽药走出去步伐加快，应进口方使用需要，2011 年 10 月 8 日农业部办公厅发布《关于国内兽药生产企业出口兽药使用外文标签和说明书问题的函》（农办医函〔2006〕48 号），明确我国境内的兽药生产企业生产供出口的兽药产品，其标签和说明书可以使用进口国家或地区文字，不需要批准，但内容应与农业部批准的中文兽药标签和说明书相一致，并报企业所在地省级兽医行政管理部门存档备查。使用外文标签和说明书的供出口的兽药产品，不得在国内销售。

6.4

中国进出口兽药品种

我国是养殖大国，兽药市场向全世界开放，我国已经成为仅次于美国的第二大动物保健品市场。据中国兽药协会统计，20 多年来，我国进口兽药产品销售额从几亿元（人民币）跃升到几十亿元（人民币），2021 年进口兽药产品销售额达到 36.81 亿元（人民币）；除猪、牛、羊、禽用药外，宠物及其他用药 14.95 亿元（人民币），占进口总额的 40.61%。

近年来，进口兽药销售额呈上下波动趋势。2014 年—2021 年进口兽药销售额统计见表 6-1。

表 6-1　2014 年—2021 年进口兽药销售额统计　　　　　　　　　　　　　　　　　　单位：亿元（人民币）

年份	生物制品销售额	化学药品销售额
2014 年	7.76	5.58
2015 年	9.95	6.9
2016 年	6.98	7.26
2017 年	16.71	7.83
2018 年	20.78	16.79
2019 年	16.81	18.38
2020 年	14.20	13.38
2021 年	16.75	20.06

2014—2021 年，进口化学药品制剂主要有抗球虫类＋抗微生物类预混剂（药物饲料添加剂）、抗微生物药、抗寄生虫药等，进口化学药品制剂销售额峰值呈下降趋势（表 6-2）。

表 6-2　2014—2021 年进口化学药品分类销售额　　　　　　　　　　　　单位：亿元（人民币）

进口化学药品	2014 年	2015 年	2016 年	2017 年	2018 年	2019 年	2020 年	2021 年
抗球虫类＋抗微生物类预混剂(药物饲料添加剂)	4.17	3.91	3.28	3.03	8.71	5.69	3.65	未单独统计
抗微生物药	0.56	1.83	2.39	2.48	2.95	3.88	3.61	5.99
抗寄生虫药	0.71	0.64	1.00	1.90	3.32	5.87	2.97	10.34
其他化学药品	0.14	0.52	0.59	0.42	1.81	2.94	3.15	3.73
合计	5.58	6.9	7.26	7.83	16.79	18.38	13.38	20.06

为做好进口兽药管理，我国制定颁布了《兽药进口管理办法》。我国规定，外国企业向中国出口兽药，必须在我国进行进口兽药注册，5 年后再注册。据资料统计，1996 年进口兽药企业共 88 家，经过近 30 年的兼并重组，截至 2021 年底，在我国注册进口兽药的仍有 91 家。2017 年—2021 年，各外国企业在中国注册和再注册的进口兽药品种 424 个，其中，兽用化学药品 308 个，兽用生物制品 116 个。

随着改革开放的不断深入，我国生产的兽药逐步走向世界。我国连年出口量较大的原料药品种是延胡索酸泰妙菌素、磷酸替米考星、盐酸多西环素、氟苯尼考、酒石酸泰乐菌素、盐酸林可霉素、氯羟吡啶、芬苯达唑、多拉菌素、酒石酸泰万菌素、盐酸金霉素、伊维菌素 12 种产品，占原料药出口总额的 47.8%。兽药制剂出口也主要以抗微生物药、抗寄生虫药、解热镇痛药为主。

6.4.1　进出口兽药原料品种

6.4.1.1　β-内酰胺类

（1）青霉素钾（Benzylpenicillin Potassium）　本品为(2S,5R,6R)-3,3-二甲基-6-

（2-苯乙酰氨基）-7-氧代-4-硫杂-1-氮杂双环［3.2.0］庚烷-2-甲酸钾盐。分子式 $C_{16}H_{17}KN_2O_4S$；分子量 372.49。含 $C_{16}H_{17}KN_2O_4S$ 不少于 96.0%。白色结晶性粉末；无臭或微有特异性臭；有引湿性；遇酸、碱或氧化剂等即迅速失效，水溶液在室温放置易失效。在水中极易溶解，在乙醇中略溶，在脂肪油或液状石蜡中不溶。青霉素类抗生素。青霉素是从青霉菌培养液中提制的，性质不稳定，通常用碱中和为盐，青霉素通常以青霉素工业盐的形式进行贸易。

出口国/企业：中国。

（2）**阿莫西林（Amoxicillin）** 本品为（2S,5R,6R）-3,3-二甲基-6-〔（R）-(-)-2-氨基-2-(4-羟基苯基)乙酰氨基〕-7-氧代-4-硫杂-1-氮杂双环［3.2.0］庚烷-2-甲酸三水合物。分子式 $C_{16}H_{19}N_3O_5S \cdot 3H_2O$；分子量 419.46。白色或类白色结晶性粉末。本品在水中微溶，在乙醇中几乎不溶，在酸性条件下稳定。青霉素类抗生素。

出口国/企业：中国。

（3）**头孢噻呋（Ceftiofur）** 本品为（6R-7R）-7-{［（2-氨基-4-噻唑基）（甲氧亚氨基）乙酰基］氨基}-3-{［（2-呋喃羰基）硫代］甲基}-8-氧代-5-硫杂-1-氮杂双环［4.2.0］辛-2-烯-2-甲酸。分子式 $C_{19}H_{17}N_5O_7S_3$；分子量 523.56。白色至灰褐色的粉末。头孢菌素类抗生素。

出口国/企业：中国。

（4）**盐酸头孢噻呋（Ceftiofur Hydrochloride）** 本品为{6R-〔6α,7β(Z)〕}-7-{［（2-氨基-4-噻唑基）（甲氧亚氨基）乙酰基］氨基}-3-{［（2-呋喃羰基）硫代］甲基}-8-氧代-5-硫杂-1-氮杂双环［4.2.0］辛-2-烯-2-甲酸盐酸盐。按无水物计算，含头孢噻呋（$C_{19}H_{17}N_5O_7S_3$）不少于 85.0%。分子式 $C_{19}H_{17}N_5O_7S_3 \cdot HCl$；分子量 560.02。白色或类白色结晶性粉末。在二甲基乙酰胺和甲醇中易溶，在乙醇中略溶，在四氢呋喃中极微溶解，在水中不溶。头孢菌素类抗生素。

出口国/企业：中国。

6.4.1.2　氨基糖苷类

（1）**硫酸链霉素（Streptomycin sulfate）** 本品为 O-2-甲氨基-2-脱氧-alpha-L-葡吡喃糖基-(1→2)-O-5-脱氧-3-C-甲酰基-alpha-L-来苏呋喃糖基-(1→4)-N1,N3-二胍基-D-链霉胺硫酸盐。分子式（$C_{21}H_{39}N_7O_{12}$）2 · $3H_2SO_4$；分子量 1457.40。按干燥品计算，每 1mg 的效价不少于 720 链霉素单位。白色或类白色的粉末；无臭或几乎无臭；有引湿性。在水中易溶，在乙醇中不溶。氨基糖苷类抗生素。

出口国/企业：中国。

（2）**硫酸安普霉素（Apramycin Sulfate）** 本品为 4-O-［（2R,3R,4aS,6R,7S,8R,8aR）-3-氨基-6-(4-氨基-4-脱氧基-α-D-吡喃葡萄糖苷)-8-羟基-7-甲氨基-全氢化吡喃葡萄糖［3,2-b］吡喃基-2-］-2-脱氧链霉胺硫酸盐。分子式 $C_{21}H_{41}N_5O_{11} \cdot 21/2H_2SO_4$；分子量 784.77。按干燥品计算，每 1mg 的效价不少于 550 安普霉素单位。微黄色或黄褐色粉末；有引湿性。在水中易溶，在甲醇、丙酮、三氯甲烷或乙醚中几乎不溶。氨基糖苷类抗生素。

出口国/企业：中国。

（3）**硫酸大观霉素（Spectinomycin Sulfate）** 本品为（2R,4aR,5aR,6S,7S,8R,9S,9aR,10aS)十氢-4,7,9-三羟基-2-甲基-6,8-双甲氨基-4H-吡喃并［2,3-b］［1,4］苯并二氧

六环-4-酮硫酸盐四水合物(硫酸大观霉素四水合物)和(2R,4R,4aS,5aR,6S,7S,8R,9S,9aR,10aS)-2-二甲基-6,8-双甲氨基十氢-2H-吡喃并[2,3-b][1,4]苯并二氧六环-4,4a,7,9-四醇硫酸盐四水合物[(4R)-双氢硫酸大观霉素四水合物]的混合物。

按无水物计算,(4R)-双氢硫酸大观霉素不得超过 2.0%,硫酸大观霉素和(4R)-双氢硫酸大观霉素的含量之和应为 93.0%～102.0%。白色或类白色粉末。本品在水中易溶,在乙醇中不溶。氨基糖苷类抗生素。

出口国/企业:辉瑞集团法玛西亚·普强公司 (Pharmacia & Upjohn Company, A Division of Pfizer Inc.)。

(4)硫酸新霉素(Neomycin Sulfate)　本品为 2-脱氧-4-O-(2,6-二氨基-2,6-二脱氧-α-D-吡喃葡萄糖基)-5-O-[3-O-(2,6-二氨基-2,6-二脱氧-β-L-吡喃艾杜糖基)-β-D-呋喃核糖基]-D-链霉胺硫酸盐。分子式 $C_{23}H_{46}N_6O_{13}$;分子量 614.64。本品按干燥品计算,每 1mg 的效价不少于 650 新霉素单位。白色或类白色的粉末;无臭;极易引湿。在水中极易溶解,在乙醇、乙醚或丙酮中几乎不溶。氨基糖苷类抗生素。

出口国/企业:中国。

(5)硫酸庆大霉素(Gentamicin Sulfate)　本品为庆大霉素 C_1、C_{1a}、C_2、C_{2a} 等组分为主要混合物的硫酸盐,见表 6-3。

表 6-3　硫酸庆大霉素主要混合物

庆大霉素	分子式	R1	R2	R3
C_1	$C_{21}H_{43}N_5O_7$	CH_3	CH_3	H
C_{1a}	$C_{19}H_{39}N_5O_7$	H	H	H
C_2	$C_{20}H_{41}N_5O_7$	H	CH_3	H
C_{2a}	$C_{20}H_{41}N_5O_7$	H	H	CH_3

按无水物计算,每 1mg 的效价不少于 590 庆大霉素单位。白色或类白色的粉末;无臭;有引湿性。在水中易溶,在乙醇、丙酮或乙醚中不溶。氨基糖苷类抗生素。

出口国/企业:中国。

6.4.1.3　四环素类

(1)土霉素(Oxytetracycline)　本品为 6-甲基-4-(二甲氨基)-3,5,6,10,12,12α-六羟基-1,11-二氧代-1,4,4α,5,5α,6,11,12α-八氢-2-并四苯甲酰胺二水物。分子式 $C_{22}H_{24}N_2O_9 \cdot 2H_2O$;分子量 496.46。按无水物计算,含土霉素($C_{22}H_{24}N_2O_9$)不少于 95.0%。淡黄色至暗黄色的结晶性粉末或无定形粉末;无臭;在日光下颜色变暗,在碱溶液中易破坏失效。在乙醇中微溶,在水中极微溶解;在氢氧化钠试液和稀盐酸中溶解。四环素类抗生素。

出口国/企业:中国。

(2)盐酸土霉素(Oxytetracycline Hydrochloride)　本品为 6-甲基-4-(二甲氨基)-3,5,6,10,12,12α-六羟基-1,11-二氧代-1,4,4α,5,5α,6,11,12α-八氢-2-并四苯甲酰胺盐酸盐。分子式 $C_{22}H_{24}N_2O_9 \cdot HCl$;分子量 496.90。按无水物计算,含土霉素($C_{22}H_{24}N_2O_9$)不少于 88.0%。黄色结晶性粉末;无臭,有引湿性;在日光下颜色变暗,在碱溶液中易破坏失效。在水中易溶,在甲醇或乙醇中略溶,在乙醚中不溶。四环素类抗生素。

出口国/企业:中国。

（3）盐酸多西环素（强力霉素）（Doxycycline Hyclate）　本品为6-甲基-4-(二甲氨基)-3,5,10,12,12a-五羟基-1,11-二氧代-1,4,4a,5,5a,6,11,12a-八氢-2-并四苯甲酰胺盐酸盐半乙醇半水合物。分子式 $C_{22}H_{24}N_2O_8 \cdot HCl \cdot 1/2\ C_2H_5OH \cdot 1/2\ H_2O$；分子量512.93。按无水与无乙醇物计算，含多西环素（$C_{22}H_{24}N_2O_8$）88.0%～94.0%。淡黄色至黄色结晶性粉末；无臭。在水或甲醇中易溶，在乙醇或丙酮中微溶。四环素类抗生素。

出口国/企业：中国。

6.4.1.4　大环内酯类

（1）硫氰酸红霉素（Erythromycin thiocyanate）　本品为红霉素硫氰酸盐。分子式 $C_{37}H_{67}NO_{13} \cdot HSCN$；分子量793.02。按干燥品计算，每1mg的效价不少于750红霉素单位。白色或类白色的结晶或结晶性粉末；无臭；微有引湿性。在甲醇或乙醇中易溶，在水或三氯甲烷中微溶。大环内酯类抗生素。

出口国/企业：中国。

（2）酒石酸泰乐菌素（Tylosin Tartrate）　本品为泰乐菌素的酒石酸盐。按干燥品计算，每1mg的效价不少于800泰乐菌素单位。白色至淡黄色粉末。在三氯甲烷中易溶，在水或甲醇中溶解，在乙醚中几乎不溶。大环内脂类抗生素。泰乐菌素（Tylosin）是1959年由美国研究人员从弗氏链霉菌（Streptomyces fradiae）的培养液中获得的。白色板状结晶，微溶于水，呈碱性。

出口国/企业：中国。

（3）磷酸泰乐菌素（Tylosin Phosphate）　本品为泰乐菌素磷酸盐，按干燥品计算，每1mg的效价不少于800泰乐菌素单位。白色至淡黄色粉末。在三氯甲烷中易溶，在水或甲醇中溶解，在乙醚中几乎不溶。大环内酯类抗生素。

出口国/企业：中国。

（4）酒石酸泰万菌素（Tylvalosin Tartrate）　分子式 $C_{53}H_{87}NO_{19} \cdot x(C_4H_6O_6)$；分子量1192.3437。大环内酯类抗生素。酒石酸乙酰异戊酰泰乐菌素（Acetylisovaleryltylosin Tartrate）简称"泰万菌素"（Aivlosin Tartrate，简称AIV）。泰万菌素（Tylvalosin）是在泰乐菌素的基础上经生物发酵半合成而得到的一种大环内酯类禽畜专用抗生素（动物专用第三代大环内酯类药物）。白色或类白色粉末；在甲醇中易溶，在水、丙酮或氯仿中溶解，在乙酸乙酯或乙醚中微溶，在乙烷中几乎不溶。

出口国/企业：中国。

（5）磷酸替米考星（Tilmicosin Phosphate）　替米考星（Tilmicosin）为 4A-O-脱(2,6-二脱氧-3-C-甲基-a-L-核糖-吡喃己基)-20-脱氧-20-(3,5-二甲基-1-哌啶基)-泰乐菌素。按无水物计算，含替米考星（$C_{46}H_{80}N_2O_{13}$）不少于85.0%。白色或类白色粉末。在甲醇、乙腈或丙酮中易溶，在水中不溶。大环内酯类抗生素。

替米考星是20世纪80年代开发的半合成大环内酯类畜禽专用抗生素。由泰乐菌素的一种水解产物半合成制得。替米考星是在研究泰乐菌素脱糖后进行醛基的胺化反应得到的一个活性很好的产物，该胺化反应采用以甲酸作催化剂的 Wallach 反应，能获得收率很高的替米考星。替米考星对革兰氏阳性菌、部分革兰氏阴性菌、霉形体及螺旋体等均有抑制作用，替米考星抗菌活性明显优于泰乐菌素。替米考星与泰乐菌素相比，其用药量少、作用持久、副作用小、体内残留低。

药用其磷酸盐——磷酸替米考星，将泰乐菌素与 3，5-二甲基哌啶反应生成替米考星碱，再加磷酸和水即形成磷酸替米考星，它是顺反异构体的混合物。

出口国/企业：中国。

6.4.1.5 酰胺醇类

（1）氟苯尼考（Florfeniol） 本品为〔R-(R*，R*)〕-2,2-二氯-N-〔1-氟甲基-2-羟基-2-(4-甲基磺酰基)苯基〕乙基乙酰胺。分子式 $C_{12}H_{14}Cl_2FNO_4S$；分子量 358.22。按无水物计算，含 $C_{12}H_{14}Cl_2FNO_4S$ 不少于 98.0%。白色或类白色粉末或结晶性粉末，无臭。在二甲基甲酰胺中极易溶解，在甲醇中溶解，在冰醋酸中略溶，在三氯甲烷中极微溶解，在水中几乎不溶。熔点 153℃。酰胺醇类抗生素。

氟苯尼考是人工合成的甲砜霉素的单氟衍生物，是在 20 世纪 80 年代后期成功研制的一种新的兽医专用氯霉素类的广谱抗菌药，1990 年首次在日本上市。

出口国/企业：中国。

6.4.1.6 多肽类、截短侧耳素类

（1）维吉尼亚霉素（Virginiamycin） 本品为大环内酯组分和环状多肽组分的复合体，主要含 70%～80%的大环内酯组分和 20%～30%的环状多肽组分。按干燥品计算，每 1mg 的效价不少于 1600 维吉尼亚霉素单位。浅黄色粉末；有特臭味；味苦。在三氯甲烷中易溶，在丙酮或乙醇中溶解，在水或乙醚中极微溶，在石油醚中不溶。多肽类抗生素。

出口国/企业：美国辉宝有限公司巴西生产厂。

（2）延胡索酸泰妙菌素（Tiamulin Fumarate） 本品为 (3aS，4R，5S，6S，8R，9R，9aR，10R)-6-乙烯基-5-羟基-4,6,9,10-四甲基-1-氧代十氢-3a,9-丙基-3aH-环戊环辛烯基-8-基〔2-(二乙基胺)乙基〕硫醋酸酯氢(E)丁烯二酸盐。分子式 $C_{28}H_{47}NO_4S \cdot C_4H_4O_4$；分子量 609.82。按干燥品计算，含延胡索酸泰妙菌素 $(C_{28}H_{47}NO_4S \cdot C_4H_4O_4)$ 97.0%～102.0%。白色至浅黄色结晶性粉末。本品在乙醇中易溶，在水或甲醇中溶解。截短侧耳素类抗生素。

出口国/企业：瑞士诺华公司意大利 Sandoz 生产厂；中国。

6.4.1.7 磺胺类

（1）磺胺嘧啶（Sulfadiazine） 本品为 N-2-嘧啶基-4-氨基苯磺酰胺。分子式 $C_{10}H_{10}N_4O_2S$；分子量 250.28。按干燥品计算，含 $C_{10}H_{10}N_4O_2S$ 不少于 99.0%。白色或类白色的结晶或粉末；无臭；遇光色渐变暗。在乙醇或丙酮中微溶，在水中几乎不溶，在氢氧化钠试液或氨试液中易溶，在稀盐酸中溶解。磺胺类抗菌药。

出口国/企业：中国。

（2）磺胺间甲氧嘧啶钠（Sulfamonomethoxine Sodium） 本品为 N-(6-甲氧基-4-嘧啶基)-4-氨基苯磺酰胺钠盐一水合物。分子式 $C_{11}H_{11}N_4NaO_3S \cdot H_2O$；分子量 320.29。按无水物计算，含 $C_{11}H_{11}N_4NaO_3S$ 不少于 98.0%。白色结晶或结晶性粉末；无臭。在水中易溶，在乙醇中微溶，在丙酮中极微溶解。磺胺类抗菌药。

出口国/企业：中国。

（3）磺胺氯达嗪钠（Sulfachlorpyridazine Sodium） 本品为 4-氨基-N-(6-氯-3-哒嗪基)苯磺酰胺的钠盐。按无水物计算，含 $C_{10}H_8ClN_4NaO_2S$ 不少于 99.0%。白色至淡黄色粉末。在水中易溶，在甲醇中溶解，在乙醇中略溶，在三氯甲烷中微溶。磺胺类抗

菌药。

出口国/企业：中国。

（4）磺胺氯吡嗪钠（Sulfachloropyrazine Sodium） 本品为 N-(5-氯-3-吡嗪基)-4-氨基苯磺酰胺钠盐一水化合物。分子式 $C_{10}H_8ClN_4NaO_2S \cdot H_2O$；分子量 324.72。含 $C_{10}H_8ClN_4NaO_2S \cdot H_2O$ 不少于 99.0%。白色或淡黄色粉末。在水或甲醇中溶解，在乙醇或丙酮中微溶，在三氯甲烷中不溶。磺胺类抗球虫药。

出口国/企业：中国。

6.4.1.8 喹诺酮类

（1）恩诺沙星（Enrofloxacin） 本品为 1-环丙基-6-氟-4-氧代-1,4-二氢-7-(4-乙基-1-哌嗪基)-3-喹啉羧酸。分子式 $C_{19}H_{22}FN_3O_3$；分子量 359.40。按干燥品计算，含 $C_{19}H_{22}FN_3O_3$ 不少于 99.0%。微黄色或淡橙黄色结晶性粉末；无臭；遇光色渐变为橙红色。在三氯甲烷中易溶，在二甲基甲酰胺中略溶，在甲醇中微溶，在水中极微溶解；在氢氧化钠试液中微溶。喹诺酮类抗菌药。

出口国/企业：中国。

（2）马波沙星（Marbofloxacin） 本品为 9-氟-3-甲基-10-(4-甲基-1-哌嗪基)-7-氧-2,3-二氢-7H-吡啶-[3,2,1-ij][4,1,2]-苯并噁二嗪-6-羧酸。分子式 $C_{17}H_{19}FN_4O_4$；分子量 362.36。按干燥品计算，含 $C_{17}H_{19}FN_4O_4$ 不少于 99.0%。淡黄色结晶性粉末；无臭；遇光颜色加深。本品在水中微溶，在二氯甲烷中微溶，在乙醇中极微溶解。喹诺酮类抗菌药。

出口国/企业：中国。

6.4.1.9 喹啉与异喹啉类

（1）乙酰甲喹（痢菌净）（Mequindox） 本品为 3-甲基-2-乙酰基喹噁啉-1,4-二氧化物。分子式 $C_{11}H_{10}N_2O_3$；分子量 218.21。鲜黄色结晶或黄色粉末；无臭、味微苦，遇光色渐变深；在丙酮、三氯甲烷或苯中溶解，在水、甲醇、乙醚或石油醚中微溶。抗菌药。

出口国/企业：中国。

（2）盐酸小檗碱（Berberine Hydrochloride） 本品为 5,6-二氢-9,10-二甲氧苯并 [g]-1,3-苯并二氧戊环[5,6-α]喹嗪盐酸盐二水合物。分子式 $C_{20}H_{18}ClNO_4 \cdot 2H_2O$；分子量 407.85。按无水物计算，含 $C_{20}H_{18}ClNO_4$ 提取品不少于 97.0%，合成品不少于 98.0%。黄色结晶性粉末；无臭。在热水中溶解，在水或乙醇中微溶，在三氯甲烷中极微溶解，在乙醚中不溶。抗菌药。小檗碱又称黄连素，是一种异喹啉生物碱，存在于小檗科等 4 科 10 属的许多植物中。溶于水，难溶于苯、乙醚和氯仿。

出口国/企业：中国。

6.4.1.10 抗寄生虫类

（1）伊维菌素（Ivermectin） 本品为伊维菌素 H_2B_{1a} 和伊维菌素 H_2B_{1b} 的混合物。白色结晶性粉末；微有引湿性；在甲醇、乙酸乙酯或三氯甲烷中易溶，在乙醇或丙酮中溶解，在水中几乎不溶。大环内酯类抗寄生虫药。

出口国/企业：中国。

（2）二硝托胺（Dinitolmide） 本品为 3,5-二硝基-2-甲基苯甲酰胺。分子式

$C_8H_7N_3O_5$；分子量 225.16。按干燥品计算，含 $C_8H_7N_3O_5$ 不少于 98.0%。淡黄色或淡黄褐色粉末；无臭。在丙酮中溶解，在乙醇中微溶，在三氯甲烷或乙醚中极微溶解，在水中几乎不溶。二硝基类抗球虫药。

出口国/企业：中国。

（3）拉沙洛西钠（Lasalocid Sodium） 本品分子式 $C_{34}H_{53}O_8Na$；分子量 612.78。白色或类白色粉末，有特臭；在三氯甲烷、四氢呋喃、甲醇或乙酸乙酯中溶解；在水中极微溶解。聚醚类抗生素类抗球虫药。

出口国/企业：硕腾公司（Zoetis Inc.）。

（4）托曲珠利（Toltrazuril） 本品为1-[3-甲基-4(4-三氟甲硫基苯氧基)苯基]-3-甲基-1,3,5-三嗪-2,4,6(1H,3H,5H)-三酮。分子式 $C_{18}H_{14}F_3N_3O_4S$；分子量 425.38。按干燥品计算，含 $C_{18}H_{14}F_3N_3O_4S$ 不少于 98.0%。白色或类白色结晶性粉末；无臭；在乙酸乙酯或二氯甲烷中溶解，在甲醇中略溶，在水中不溶。抗原虫药。

出口国/企业：KVP Kiel 有限责任公司。

（5）青蒿琥酯（Artesunate） 本品为还原青蒿素琥珀酸单酯（二氢青蒿素-10-α-丁二酸单酯），来源于菊科植物黄花蒿。分子式 $C_{19}H_{28}O_8$；分子量 384.43。含 $C_{19}H_{28}O_8$ 不少于 99.0%。白色结晶性粉末；无臭。在乙醇、丙酮或三氯甲烷中易溶，在水中略溶。抗原虫药。

出口国/企业：中国。

（6）氢溴酸常山酮（Halofuginone Hydrobromide） 本品为(DL)-反式-7-溴-6-氯-3-[3-(3-羟基哌啶-2-基)-2-氧代丙基]-4(3H)-喹唑啉酮氢溴酸盐。由来源于植物常山的常山酮经分子修饰或通过合成得到或。分子式 $C_{16}H_{17}BrClN_3O_3 \cdot HBr$；分子量 495.60。按干燥品计算，含 $C_{16}H_{17}BrClN_3O_3 \cdot HBr$ 不少于 98.0%。类白色结晶性粉末；无臭。在水中微溶，在乙醇、乙腈或氯仿中几乎不溶。抗球虫药。

氢溴酸常山酮具有广谱抗球虫的作用，对柔嫩和巨型艾美耳球虫有良好的杀灭作用，对堆型艾美耳球虫则有抑制作用。1967 年，美国氰胺公司（Cyanamid）人工合成氢溴酸常山酮成功。法国罗素-优克福（Roussel Uclaf）公司接受转让生产，冠以商品名"速丹"（Stenorol）上市。氢溴酸常山酮在美国自 1986 年使用以来一直保持了良好的效果。由于具有安全高效、广谱低毒、无交叉耐药等特点，上市后被大量使用。在 1995 年和 1996 年，在美国的抗球虫物市场上氢溴酸常山酮位居前列，大约占市场份额的 5%～10%。20 世纪 80 年代后期，氢溴酸常山酮预混剂进入我国抗寄生虫药物市场，成为我国用量较大的抗球虫药物之一。2020 年，我国山西美西林药业有限公司合成成功并完成二类新兽药注册。

出口国/企业：美国赫斯特·赫美罗公司；中国山西美西林药业有限公司。

6.4.1.11　解热镇痛抗炎类

（1）安乃近（Metamizole Sodium） 本品为[(1,5-二甲基-2-苯基-3-氧代-2,3-二氢-1H-吡唑-4-基)甲氨基]甲烷磺酸钠盐一水合物。分子式 $C_{13}H_{16}N_3NaO_4S \cdot H_2O$；分子量 351.36。按干燥品计算，含 $C_{13}H_{16}N_3NaO_4S$ 不少于 99.0%（供注射用）或 98.5%（供内服用）。白色至略带微黄色的结晶或结晶性粉末；无臭；水溶液放置后渐变黄色。在水中易溶，在乙醇中略溶，在乙醚中几乎不溶。解热镇痛抗炎药。

出口国/企业：中国。

（2）卡巴匹林钙（Carbasalate Calcium） 本品为双-(2-乙酰氧基苯甲酸)钙脲。

分子式 $C_{18}H_{14}CaO_8 \cdot CH_4N_2O$；分子量 458.44。按无水物计算，含 $C_{18}H_{14}CaO_8 \cdot CH_4N_2O$ 不少于 98.0%。白色粉末。在水中易溶，在丙酮或无水甲醇中几乎不溶。解热镇痛、非甾体抗炎药。

出口国/企业：中国。

6.4.1.12 激素类

（1）**氯前列醇钠（Cloprostenol Sodium）** 本品为（±）-(5Z)-7-{(1R,3R,5S)-2-[(1E,3R)-4-(3-氯苯氧基)-3-羟基-1-丁烯基]-3,5-二羟基环戊烷基}-5-庚烯酸钠。分子式 $C_{22}H_{28}ClNaO_6$；分子量 446.90。白色或类白色无定性粉末，有引湿性；在水、甲醇或乙醇中易溶，在丙酮中不溶。激素类药。

出口国/企业：中国台湾永光化学工业股份有限公司。

（2）**氨基丁三醇前列腺素 F2α（Prostaglandin F2α Tromethamine）** 本品为(E,Z)-(1R,2R,3R,5S)-7-[3,5-二羟基-2-[(3S)-(3-羟基-1-辛烯基)]环戊基]-5-庚烯酸化合物-2-氨基-2-(羟甲基)-1,3-丙二醇(1∶1)。分子式 $C_{24}H_{45}NO_8$；分子量 475.62。白色或类白色粉末；有引湿性；在水中极易溶解，在乙醇中易溶，在乙腈中几乎不溶。前列腺素类药。

出口国/企业：匈牙利奇诺英药物与化学制品有限公司。

6.4.2 进出口兽用化学药品制剂品种

6.4.2.1 抗微生物药

（1）**阿莫西林可溶性粉（Amoxicillin Soluble Powder）** 阿莫西林三水合物与聚乙二醇6000或六偏磷酸钠等制成。青霉素类抗生素。主要用于治疗鸡对阿莫西林敏感的革兰氏阳性菌和阴性菌感染。

出口国/企业：英特威国际有限公司意大利生产厂（Intervet Productions s. r. l.）、法国维克有限公司（VIRBAC）。

（2）**阿莫西林注射液（Amoxicillin Injection）** 阿莫西林三水合物的无菌混悬液。青霉素类抗生素。用于治疗猪、牛由阿莫西林敏感菌引起的革兰氏阳性菌和革兰氏阴性菌感染。

出口国/企业：意大利豪普特制药厂（HauptPharmaLatina s. r. l.）；法国诗华动物保健公司（Ceva Sante Animales S. A.）。

（3）**阿莫西林克拉维酸钾片（Amoxicillin and Clavulanate Potassium Tablets）** 阿莫西林与克拉维酸钾的混合制剂［阿莫西林（$C_{16}H_{19}N_3O_5S$）与克拉维酸（$C_8H_9NO_5$）标示量之比为 4∶1］。青霉素类抗生素。用于治疗犬、猫敏感菌引起的感染，如皮肤及软组织感染（脓性皮炎、脓肿和肛腺炎）、牙感染（牙龈炎）、尿道感染、呼吸道感染和肠炎。

出口国/企业：意大利豪普特制药厂（Haupt Pharma Latina s. r. l）。

（4）**阿莫西林克拉维酸钾注射液（Amoxicillin and Clavulanate Potassium Injection）** 阿莫西林、克拉维酸钾加适宜稳定剂与椰子油制成的油状混悬液。青霉素类抗生素。用于小动物青霉素敏感菌引起的感染。

出口国/企业：意大利豪普特制药厂（Haupt Pharma Latina s. r. l.）。

（5）复方阿莫西林乳房注入剂（泌乳期）[Compound Amoxicillin Intramammary Infusion（Lactating Cow）] 阿莫西林、克拉维酸钾、泼尼松龙与矿物油制成的供乳房灌注用灭菌油性混悬溶液。（阿莫西林三水合物、舒巴坦钠、泼尼松龙与大豆油、氢化蓖麻油等制成的灭菌混悬溶液。）抗生素类药。主要用于治疗革兰氏阳性菌和阴性菌引起的奶牛泌乳期乳腺炎。

出口国/企业：意大利豪普特制药厂（Haupt Pharma Latina s. r. l.）；中国佛山市南海东方澳龙制药有限公司、浙江海正动物保健品有限公司、齐鲁动物保健品有限公司。

（6）苄星氯唑西林乳房注入剂（干乳期）[Cloxacillin Benzathine Intramammary Infusion（Dry Cow）] 苄星氯唑西林与硬脂酸铝、硬脂酸和液体石蜡制成的无菌混悬液。青霉素类抗生素。主要用于治疗敏感菌引起的奶牛干乳期的乳腺炎。

出口国/企业：意大利豪普特制药厂（Haupt Pharma Latina s. r. l.）。

（7）硫酸头孢喹肟乳房注入剂（泌乳期）[Cefquinome sulfate Intramammary Infusion（Lactating Cow）] 硫酸头孢喹肟与液体石蜡等制成的软膏。头孢菌素类抗生素。主要用于治疗由乳房链球菌、停乳链球菌、金黄色葡萄球菌和大肠杆菌等对头孢喹肟敏感的致病菌引起的泌乳期奶牛乳腺炎。

出口国/企业：英特威国际有限公司德国厂（Intervet International GmbH）。

（8）硫酸头孢喹肟注射液（Cefquinome sulfate Injection） 硫酸头孢喹肟与油酸乙酯（或中链甘油三酯）等配制而成的混悬注射液。头孢菌素类抗生素。用于治疗由胸膜肺炎放线杆菌、副猪嗜血杆菌和多杀性巴氏杆菌引起的猪呼吸道疾病。

出口国/企业：英特威国际有限公司德国厂（Intervet International GmbH）；中国齐鲁动物保健品有限公司。

（9）盐酸头孢噻呋乳房注入剂（干乳期）[Ceftiofur Hydrochloride Intramammary Infusion (Dry Cow)] 盐酸头孢噻呋与微晶石蜡、油酸聚乙二醇甘油酯和棉籽油等制成的无菌混悬液。头孢菌素类抗生素。用于防治由金黄色葡萄球菌、停乳链球菌和乳房链球菌引起的干乳期奶牛亚临床型乳腺炎。

出口国/企业：硕腾公司美国卡拉玛祖生产厂（Zoetis LLC，Kalamazoo，USA）。

（10）盐酸头孢噻呋乳房注入剂（泌乳期）[Ceftiofur Hydrochloride Intramammary Infusion（Lactating Cow）] 盐酸头孢噻呋与微晶石蜡、油酸聚乙二醇甘油酯和棉籽油等制成的无菌混悬液。头孢菌素类抗生素。用于治疗由凝固酶阴性葡萄球菌、停乳链球菌及大肠杆菌引起的泌乳期奶牛的乳腺炎。

出口国/企业：硕腾公司美国卡拉玛祖生产厂（Zoetis LLC，Kalamazoo，USA）。

（11）盐酸头孢噻呋注射液（Ceftiofur Hydrochloride Injection） 头孢菌素类抗生素。

盐酸头孢噻呋与单硬脂酸铝、油酸山梨坦等配制成的无菌混悬液。用于治疗由多杀性巴氏杆菌、胸膜肺炎放线杆菌及猪链球菌等引起的猪细菌性呼吸道疾病；用于治疗由溶血性曼氏杆菌、多杀性巴氏杆菌和睡眠嗜血杆菌等敏感菌引起的牛细菌性呼吸道疾病。

盐酸头孢噻呋与卵磷脂、油酸山梨坦、大豆油等制成的注射液。主要用于治疗猪的细菌性呼吸系统疾病；治疗奶牛产后子宫炎。

出口国/企业：硕腾公司美国卡拉玛祖生产厂（Zoetis LLC，Kalamazoo，USA）；西班牙海博莱生物大药厂（LABORATORIOS HIPRA S. A.）；中国浙江海正动物保健品有限公司。

（12）注射用头孢噻呋钠（Ceftiofur Sodium for Injection）　头孢噻呋钠的无菌冻干品。头孢菌素类抗生素。用于治疗畜禽细菌性疾病，如猪细菌性呼吸道感染和鸡的大肠杆菌、沙门氏菌的感染等。

出口国/企业：韩国 CTCBIO 有限公司（CTCBIO INC.）。

（13）注射用头孢维星钠（Cefovecin Sodium for Injection）　头孢维星钠和枸橼酸钠二水合物等经冷冻干燥制成的无菌制品。头孢菌素类抗生素。用于治疗犬由葡萄球菌和链球菌敏感菌株引起的皮肤感染（如继发性浅表脓皮病、脓肿和创伤）；由大肠杆菌和/或变形杆菌引起的尿道感染；治疗猫由多杀性巴氏杆菌和葡萄球菌敏感菌株引起的皮肤感染（如创伤和脓肿），由大肠杆菌引起的尿道感染。

出口国/企业：硕腾公司美国卡拉玛祖（Kalamazoo）生产厂。

（14）头孢氨苄片（Cefalexin Tablets）　头孢氨苄制成的片剂。头孢菌素类抗生素。用于治疗犬和猫由敏感的大肠杆菌和变形杆菌引起的轻度尿路感染、由敏感的葡萄球菌引起的脓皮病等皮肤感染。

出口国/企业：法国维克有限公司（VIRBAC）。

（15）头孢噻呋晶体注射液（牛用）（Ceftiofur Crystalline Free Acid Injection）　头孢噻呋晶体制成的供牛用的注射液。动物专用第三代广谱头孢类抗菌药物。用于治疗和预防溶血性巴氏杆菌、多杀性巴氏杆菌和睡眠嗜血杆菌感染引起的牛呼吸系统疾病（肺炎、运输热）。

出口国/企业：硕腾公司美国卡拉玛祖生产厂（Zoetis LLC.，Kalamazoo，USA）。

（16）头孢噻呋晶体注射液（猪用）（Ceftiofur Crystalline Free Acid Injection）　头孢噻呋晶体制成的供猪用的注射液。动物专用第三代广谱头孢类抗菌药物。用于治疗胸膜肺炎放线杆菌、多杀性巴氏杆菌、副猪嗜血杆菌和猪链球菌引起的猪呼吸系统疾病。

出口国/企业：硕腾公司美国卡拉玛祖生产厂（Zoetis LLC.，Kalamazoo，USA）。

（17）硫酸安普霉素预混剂（Apramycin Sulfate Premix）　硫酸安普霉素与大豆粕粉等辅料配制而成。氨基糖苷类抗生素。用于大肠杆菌、沙门氏菌及部分支原体感染。

出口国/企业：美国礼蓝动物保健有限公司英国生产厂（Elanco UK AH Limited）。

（18）土霉素注射液（Oxytetracycline Injection）　土霉素二水合物与 N-甲基吡咯烷酮等制成的无菌水溶液。四环素类抗生素。用于治疗猪革兰氏阳性菌、革兰氏阴性菌及支原体引起的感染。

出口国/企业：拜耳动物保健公司美国生产厂 Bayer；荷兰优诺威动物保健公司（Eurovet Animal Health BV）。

（19）长效土霉素注射液（Oxytetracycline Long Acting Injection）　土霉素与 α-吡咯烷酮等制成的灭菌水溶液。四环素类抗生素。用于治疗牛、羊、猪由敏感的革兰氏阳性菌、革兰氏阴性菌、立克次体、支原体等引起的感染性疾病，如巴氏杆菌病、大肠杆菌病、布鲁氏菌病、炭疽、沙门氏菌病等。

出口国/企业：硕腾公司巴西生产厂（Zoetis Industria de Produtos Veterinarios Ltda）。

（20）盐酸土霉素注射液（Oxytetracycline Hydrochloride Injection）　盐酸土霉素与聚乙烯吡酮等制成的无菌注射液。四环素类抗生素。用于治疗由敏感的革兰氏阳性和阴性菌、立克次氏体、支原体等引起的感染性疾病。

出口国/企业：英特威国际有限公司德国厂（Intervet International GmbH）。

（21）加米霉素注射液（Gamithromycin Injection）　加米霉素与甘油缩甲醛等配

制而成的无菌溶液。大环内酯类抗生素。用于治疗对加米霉素敏感的溶血性曼氏杆菌、多杀性巴氏杆菌引起的牛呼吸道疾病。

出口国/企业：勃林格殷格翰动物保健有限公司法国吐鲁兹生产厂（Boehringer Ingelheim Animal Health France）；中国华北制药集团动物保健品有限责任公司。

（22）泰乐菌素注射液（Tylosin Injection）　泰乐菌素的丙二醇无菌溶液。大环内酯类抗生素。用于治疗犬猫支原体、巴氏杆菌等感染所致的肺炎、支气管炎。

出口国/企业：保加利亚标伟特股份有限公司（Biovet Jiont Stock Company-Peshtera Bulgaria）。

（23）酒石酸泰乐菌素可溶性粉（Tylosin Tartrate Soluble Powder）　酒石酸泰乐菌素制成的可溶性粉。大环内酯类抗生素。用于鸡革兰氏阳性菌及支原体感染。

出口国/企业：保加利亚标伟特股份有限公司（Biovet Joint Stock Company）。

（24）酒石酸泰万菌素预混剂（Tylvalosin Tartrate Premix）　酒石酸泰万菌素与黄豆粉等配制而成。大环内酯类抗生素。用于治疗猪、鸡支原体感染和猪赤痢螺旋体以及其他敏感细菌的感染。

出口国/企业：英国伊科动物保健有限公司 GGS 工厂（ECO Animal Health Ltd.，Gallows Green Services Limited）。

（25）磷酸泰乐菌素预混剂（Tylosin Phosphate Premix）　磷酸泰乐菌素、麦麸（或稻壳）与碳酸钙等配制而成。大环内酯类抗生素。主要用于防治猪、鸡支原体感染引起的疾病，也用于治疗鸡产气荚膜梭菌引起的坏死性肠炎。

出口国/企业：保加利亚标伟特股份有限公司（Biovet Joint Stock Company）；美国礼蓝动物保健有限公司美国生产厂（Elanco Clinton Laboratories）。

（26）泰地罗新注射液（牛用）（Tildipirosin injection solution for Cattle）　泰地罗新与丙二醇等制成的无菌溶液。大环内酯类抗生素。用于治疗和预防对泰地罗新敏感的溶血性曼氏杆菌、多杀性巴氏杆菌和睡眠嗜组织菌等引起的牛细菌感染性呼吸道疾病。

出口国/企业：英特威国际有限公司德国厂（Intervet International GmbH）。

（27）泰地罗新注射液（猪用）（Tildipirosin injection solution for Swine）　泰地罗新与丙二醇等制成的无菌溶液。大环内酯类抗生素。用于治疗和预防对泰地罗新敏感的胸膜肺炎放线杆菌、多杀性巴氏杆菌、支气管败血波氏杆菌和副猪嗜血杆菌等引起的猪呼吸道疾病。

出口国/企业：英特威国际有限公司德国厂（Intervet International GmbH）。

（28）泰拉霉素注射液（Tulathromycin Injection）　泰拉霉素与硫代甘油等配制而成的无菌水溶液。大环内酯类抗生素。治疗和预防对泰拉霉素敏感的溶血巴氏杆菌、多杀性巴氏杆菌、睡眠嗜血杆菌和支原体引起的牛呼吸道疾病；治疗和预防对泰拉霉素敏感的胸膜肺炎放线杆菌、多杀性巴氏杆菌和肺炎支原体引起的猪呼吸道疾病。

出口国/企业：因诺特医药有限公司（Inovat Indústria Farmacêutica LTDA）；法瑞瓦公司法国生产厂（FAREVA AMBOISE）。

（29）替米考星溶液（Tilmicosin Solution）　替米考星的水溶液。大环内酯类抗生素。用于预防和治疗由鸡毒支原体和滑液囊支原体感染引起的鸡呼吸系统疾病。预防和治疗由猪肺炎支原体、出血败血性巴氏杆菌、胸膜肺炎放线杆菌、副猪嗜血杆菌和其他敏感菌感染引起的猪呼吸系统疾病。

出口国/企业：美国礼蓝动物保健有限公司英国生产厂（Elanco UK AH Limited）。

（30）替米考星预混剂（Name of Veterinary Drug: Tilmicosin Premix）　替米考星与玉米蕊等配制而成。大环内酯类抗生素。用于治疗猪胸膜肺炎放线杆菌、巴氏杆菌及支原体引起的感染。

出口国/企业：保加利亚标伟特股份有限公司（Biovet Joint Stock Company）；美国礼来公司英国生产厂（Eli Lilly and Company Limited）。

（31）氟苯尼考预混剂（Florfenicol Premix）　氟苯尼考（$C_{12}H_{24}C_{12}FNO_4S$）制成的预混剂。酰胺醇类抗生素。用于治疗敏感菌所致的猪细菌性疾病，如放线菌性胸膜肺炎及多杀性巴氏杆菌、副嗜血杆菌、链球菌、支气管败血波氏杆菌等引起的猪呼吸道疾病。

出口国/企业：英特威国际有限公司墨西哥厂（Intervet Mexico，S. A. DE. C. V.）。

（32）氟苯尼考注射液（Florfenicol Injection）　氟苯尼考的无菌溶液。酰胺醇类抗生素。用于治疗由猪胸膜肺炎放线杆菌和多杀性巴氏杆菌等敏感菌引起的急性呼吸道疾病。

出口国/企业：先灵葆雅动物保健公司法国厂（Schering-Plough Sante Animale）。

（33）阿维拉霉素预混剂（Avilamycin Premix）　阿维拉霉素与大豆粉和矿物油/大豆油配制而成。多糖类抗生素。用于辅助控制由大肠杆菌引起的断奶仔猪腹泻。

出口国/企业：美国礼蓝动物保健有限公司（Elanco AH Limited）。

（34）黄霉素预混剂（Flavomycin Premix）　黄霉素发酵液与碳酸钙喷雾干燥配制而成。多糖类抗生素。促进畜禽生长。

出口国/企业：保加利亚标伟特股份有限公司（Biovet Joint Stock Company）。

（35）延胡索酸泰妙菌素可溶性粉（Tiamulin Fumarate Soluble Powder）　延胡索酸泰妙菌素与乳糖配制而成。截短侧耳素类抗生素。用于治疗鸡慢性呼吸道病；猪支原体肺炎和放线菌性胸膜肺炎，也可用于猪密螺旋体性痢疾和猪增生性肠炎（猪回肠炎）。

出口国/企业：奥地利 Sandoz 生产厂。

（36）延胡索酸泰妙菌素预混剂（Tiamulin Fumarate Premix）　延胡索酸泰妙菌素与羧甲基纤维素钠和一水乳糖配制而成。截短侧耳素类抗生素。用于治疗猪支原体肺炎和猪放线杆菌胸膜肺炎，也可用于密螺旋体引起的痢疾；用于防治由鸡毒支原体引起的鸡慢性呼吸道疾病。

出口国/企业：保加利亚标伟特股份有限公司（BIOVET Joint Stock Company）；浩卫制药股份有限公司（Huvepharma EOOD）。

（37）维吉尼亚霉素预混剂（Virginiamycin Premix）　维吉尼亚霉素与羟甲基纤维素钠、碳酸钙等配制而成。抗生素类药。主要用于猪、鸡促生长。

出口国/企业：美国辉宝有限公司巴西生产厂（Phibro Saude Animal Internacional Ltd.）。

（38）普鲁卡因青霉素萘夫西林钠硫酸双氢链霉素乳房注入剂（干乳期）[Procaine benzylpenicillin and Nafcillin Sodium and Dihydrostreptomycin Sulphate Intramammary Ointment（Dry cow）]　普鲁卡因青霉素、萘夫西林钠和硫酸双氢链霉素加液状石蜡等制成的软膏。抗生素类药。主要用于治疗干乳期奶牛由葡萄球菌、链球菌或革兰氏阴性菌引起的亚临床型乳房炎和预防干乳期奶牛由青霉素、萘夫西林和/或双氢链霉素敏感的细菌引起的乳房炎。

出口国/企业：英特威国际有限公司（Intervet International B. V.）。

（39）复方制霉菌素软膏（Compound Nystatin Ointment）　制霉菌素（$C_{47}H_{75}NO_{17}$）1000万单位、硫酸新霉素35万单位、氯菊酯（$C_{21}H_{20}Cl_2O_3$）1.0g、曲安奈德（$C_{24}H_{31}FO_6$）0.1g与聚乙烯石蜡4.12g、液状石蜡适量复配制成的软膏。复方抗菌药。犬和猫耳部外用药。用于治疗犬和猫因细菌、酵母菌和寄生虫引起的耳部感染（外耳炎）。

出口国/企业：法国威隆制药股份有限公司（Vetoquinol S. A）。

（40）复方磺胺嘧啶混悬液（Compound Sulfadiazine Suspension）　磺胺嘧啶、甲氧苄啶的混悬液。磺胺类抗菌药。主要用于防治鸡大肠杆菌、沙门氏菌感染。

出口国/企业：法国维克有限公司（VIRBAC）

（41）恩诺沙星片（宠物用）[Enrofloxacin Tablets (for Pets)]　恩诺沙星（$C_{19}H_{22}FN_3O_3$）制成的片剂。氟喹诺酮类抗菌药。用于治疗对恩诺沙星敏感的革兰氏阴性菌和革兰氏阳性菌引起的犬和猫呼吸道、消化道、泌尿道和皮肤及伤口感染，如大肠杆菌、沙门氏菌、巴氏杆菌、嗜血杆菌和葡萄球菌等。

出口国/企业：KVP Kiel 有限责任公司（KVP Pharma ＋ Veterinär Produkte GmbH）。

（42）恩诺沙星注射液（Enrofloxacin Injection）　恩诺沙星与正丁醇等适宜辅料制成的无菌水溶液。氟喹诺酮类抗菌药。用于治疗对恩诺沙星敏感的革兰氏阴性菌和革兰氏阳性菌引起的犬、猫泌尿道感染。

出口国/企业：KVP Kiel 有限责任公司（KVP Pharma ＋ Veterinar Produkte GmbH）。

（43）马波沙星片（Marbofloxacin Tablets）　马波沙星制成的片剂。氟喹诺酮类抗菌药。用于治疗由敏感菌引起的犬皮肤和软组织感染（如皮肤褶皱脓皮病、脓包性皮炎、毛囊炎、疖病和蜂窝组织炎等），治疗伴发或未伴发前列腺炎的尿路感染；用于治疗猫皮肤和软组织感染（如创伤、脓肿和蜂窝组织炎等）。

出口国/企业：法国威隆制药股份有限公司（Vetoquinol S. A.）。

（44）马波沙星注射液（Marbofloxacin Injection）　马波沙星的无菌水溶液。氟喹诺酮类抗菌药。用于治疗由敏感菌引起的母猪子宫炎-乳腺炎-无乳综合征，牛呼吸道感染和牛泌乳期乳腺炎。

出口国/企业：法国诗华动物保健公司（Ceva Sante Animale S. A.）。

（45）复方克霉唑滴耳液（Compound Clotrimazole Ear Drops）　马波沙星、克霉唑、醋酸地塞米松制成的滴耳液。复方抗菌药。用于治疗对马波沙星敏感的细菌和对克霉唑敏感的真菌（尤其是厚皮马拉色菌）引起的犬外耳道炎。

出口国/企业：法国威隆制药股份有限公司（V etoquinol S. A.）。

（46）复方克霉唑软膏（Compound Clotrimazole Ointment Clotrimazole Ointment）　克霉唑（$C_{22}H_{17}ClN_2$）、倍他米松戊酸酯制成的软膏。复方抗菌药。犬耳部外用药，用于治疗犬由真菌（皮屑芽孢菌）感染和对庆大霉素敏感的细菌感染引起的急性和慢性外耳炎。

出口国/企业：法玛蒙特利尔公司加拿大厂（Famar Montreal Inc.）。

（47）复方咪康唑滴耳液（Compound Miconazole Ear Drops）　氢化可的松醋丙酯、硝酸咪康唑、硫酸庆大霉素与液体石蜡配制而成的滴耳液。复方抗微生物药。用于治疗对庆大霉素敏感的细菌感染和对硝酸咪康唑敏感的真菌感染，如皮屑芽孢菌等引起的犬外耳道炎和反复发作的犬外耳道炎。

出口国/企业：法国维克有限公司（Virbac）。

6.4.2.2　抗寄生虫药

（1）双甲脒溶液（Amitraz Solution）　双甲脒加适宜的乳化剂和溶剂等制成。广谱杀寄生虫药。用于治疗和控制牛、羊、猪体外寄生虫。主用于杀螨；也可用于杀蜱、虱等外寄生虫。

出口国/企业：英特威国际有限公司法国生产厂（Intervet Productions）。

（2）阿福拉纳咀嚼片（Afoxolaner Chewable Tablets）　阿福拉纳（$C_{26}H_{17}ClF_9N_3O_3$）制成的咀嚼片。抗寄生虫药。用于治疗犬跳蚤、蜱虫感染。

出口国/企业：梅里亚有限公司法国吐鲁兹生产厂（MERIAL Toulouse）。

（3）阿福拉纳米尔贝肟咀嚼片（Afoxolaner and Milbemycin Oxime Chewable Tablets）　阿福拉纳（$C_{26}H_{17}ClF_9N_3O_3$）、米尔贝肟（A_3+A_4）制成的咀嚼片。抗寄生虫药。用于治疗犬跳蚤、蜱感染，同时预防犬心丝虫感染和/或治疗胃肠道线虫感染。

出口国/企业：梅里亚有限公司法国吐鲁兹生产厂（MERIAL Toulouse）。

（4）吡虫啉滴剂（猫用）（Imidacloprid Spot-on Solution）　吡虫啉制成的猫用滴剂。用于预防和治疗猫的跳蚤感染。

出口国/企业：KVP Kiel 有限责任公司（KVP Pharma＋Veterinär Produkte GmbH）。

（5）吡虫啉氟氯苯氰菊酯项圈（Imidacloprid and Flumethrin Collar）　吡虫啉、氟氯苯氰菊酯与聚氯乙烯等适宜辅料制成的项圈。抗体外寄生虫药。

猫：用于预防和治疗跳蚤（猫栉首蚤）感染，作用可达 7~8 个月；抑制幼蚤发育，保护动物周围环境可达 10 周；用于辅助治疗跳蚤引起的过敏性皮炎。对蜱有持续的杀灭作用（篦子硬蜱、图兰扇头蜱）和驱避作用（篦子硬蜱），作用达 8 个月，对蜱幼虫、若虫和成虫也有效。

犬：用于预防和治疗跳蚤（猫栉首蚤、犬栉首蚤）感染，作用可达 7~8 个月；抑制幼蚤发育，保护动物周围环境可达 8 个月；用于辅助治疗跳蚤引起的过敏性皮炎。对蜱有持续的杀灭作用（篦子硬蜱、血红扇头蜱、网纹革蜱）和驱避作用（篦子硬蜱、血红扇头蜱），作用达 8 个月；对蜱幼虫、若虫和成虫也有效；间接预防血红扇头蜱传播的犬巴贝斯虫和犬埃利希体感染，减少其患病风险，作用达 7 个月。用于治疗犬咬虱或嚼虱（犬啮毛虱）感染。减少利什曼原虫（由白蛉传播）的感染风险，作用达 8 个月。

在治疗前已有蜱感染的猫、犬，佩戴项圈后 48 小时内仍可见蜱附着。建议在佩戴项圈时去除已附着蜱。项圈佩戴两日后可预防新感染蜱虫。

出口国/企业：KVP Kiel 有限责任公司（KVP Pharma＋Veterinär Produkte GmbH）。

（6）吡虫啉莫昔克丁滴剂（猫用）（Imidacloprid and Moxidectin Spot-on Solutions for Cats）　吡虫啉、莫昔克丁与苯甲醇等适宜辅料制成的溶液。抗寄生虫药。用于预防和治疗猫的体内、外寄生虫感染。预防和治疗跳蚤感染（猫栉首蚤），治疗耳螨感染（耳痒螨），治疗胃肠道线虫感染（猫弓首蛔虫和管形钩口线虫的成虫、未成熟成虫和 L4 期幼虫），预防心丝虫病（犬恶丝虫的 L3 和 L4 期幼虫）。并可辅助治疗因跳蚤引起的过敏性皮炎。

出口国/企业：KVP Kiel 有限责任公司（KVP Pharma ＋ Veterinär Produkte GmbH）。

（7）吡虫啉莫昔克丁滴剂（犬用）（Imidacloprid and Moxidectin Spot-on Solutions for Dogs）　吡虫啉、莫昔克丁与苯甲醇等适宜辅料制成的溶液。抗寄生虫药。用于预防和治疗猫的体内、外寄生虫感染。预防和治疗跳蚤感染（猫栉首蚤），治疗耳螨感染（耳痒螨），治疗胃肠道线虫感染（猫弓首蛔虫和管形钩口线虫的成虫、未成熟成虫和L4 期幼虫），预防心丝虫病（犬恶丝虫的 L3 和 L4 期幼虫）。并可辅助治疗因跳蚤引起的过敏性皮炎。

出口国/企业：KVP Kiel 有限责任公司（KVP Pharma ＋ Veterinär Produkte GmbH）。

（8）多拉菌素注射液（Doramectin Injection）　多拉菌素无菌油溶液。大环内酯类抗寄生虫药。用于治疗猪线虫病；治疗螨病等外寄生虫病。

出口国/企业：硕腾公司巴西生产厂（Zoetis Indústria de Produtos Veterinários Ltda）。

（9）多杀霉素咀嚼片（Spinosad Chewable Tablets）　由多杀霉素与人工牛肉味粉、微晶纤维素、羟丙基纤维素、交联羧甲基纤维素钠、硬脂酸镁和胶态二氧化硅等制成。大环内酯类药物。用于预防、治疗和控制犬和猫的跳蚤感染。

出口国/企业：美国艾伯维公司（AbbVie，Inc.）。

（10）多杀霉素米尔贝肟咀嚼片（Spinosad and Milbemycin Oxime Chewable Tablets）　多杀霉素［多杀霉素 A（$C_{41}H_{65}NO_{10}$）＋ 多杀霉素 D（$C_{42}H_{67}NO_{10}$）］和米尔贝肟［米尔贝肟 A_3（$C_{31}H_{43}NO_7$）＋ 米尔贝肟 A_4（$C_{32}H_{45}NO_7$）］制成的片剂。大环内酯类抗寄生虫药。用于预防犬心丝虫病；预防和治疗犬的跳蚤（猫栉首蚤）感染；治疗和控制犬钩虫（犬钩口线虫）成虫、犬蛔虫（犬弓蛔虫和狮弓蛔虫）成虫、犬鞭虫（狐毛尾线虫）成虫感染。

出口国/企业：美国艾伯维公司（Abb Vie Inc.）。

（11）二氯苯醚菊酯吡虫啉滴剂（Permethrin and Imidacloprid Spot-on Solutions）　二氯苯醚菊酯、吡虫啉与适宜溶剂制成的溶液。抗体外寄生虫药。用于预防和治疗犬体表蚤、蜱、虱的寄生，抑制白蛉、厩蝇和蚊子的叮咬，并可用作辅助治疗因蚤引起的过敏性皮炎。

出口国/企业：KVP Kiel 有限责任公司（KVP Pharma ＋ Veterinär Produkte GmbH）。

（12）氟雷拉纳咀嚼片（Fluralaner Chewable Tablets）　氟雷拉纳（$C_{22}H_{17}Cl_2F_6N_3O_3$）制成的咀嚼片。抗寄生虫药。用于治疗犬体表的跳蚤和蜱感染，还可辅助治疗因跳蚤引起的过敏性皮炎。

出口国/企业：英特威国际有限公司奥地利厂（Intervet GesmbH）。

（13）赛拉菌素溶液（Selamectin Solution）　赛拉菌素与异丙醇等配制而成的溶液。抗寄生虫药。

犬：用于治疗和预防跳蚤（栉首蚤属）感染；预防心丝虫病；治疗虱（啮毛虱）、螨（耳螨、疥螨）和成熟蛔虫（犬弓首蛔虫）感染。

猫：用于治疗和预防跳蚤（栉首蚤属）感染；预防心丝虫病；治疗虱（猫羽虱）、螨（耳螨）和成熟蛔虫（猫弓首蛔虫）、成熟肠钩虫（管形钩虫）感染。

出口国/企业：硕腾公司（ZOETIS INC.）美国卡拉玛祖生产厂

（14）赛拉菌素沙罗拉纳滴剂（猫用）[Selamectin and Sarolaner Spot-on Solutions（for Cats）]　赛拉菌素和沙罗拉纳制成的猫用滴剂。复方抗寄生虫药。用于治疗和预防猫跳蚤感染，辅助治疗由跳蚤引起的过敏性皮炎；治疗猫的蜱虫、耳螨和虱感染；治疗猫蛔虫和钩虫感染；预防猫心丝虫病。

出口国/企业：硕腾公司美国卡拉玛祖生产厂（Zoetis LLC，Kalamazoo，USA）。

（15）地克珠利混悬液（Diclazuril Suspension）　地克珠利制成的混悬液。三嗪类广谱抗球虫药。用于预防因牛艾美耳球虫、邱氏艾美耳球虫、阿拉巴艾美耳球虫和柱状艾美耳球虫等引起的犊牛球虫病。

出口国/企业：Lusomedicamenta 药业技术有限公司（Lusomedicamenta-Technical Pharmaceutical Society.，A. S.）。

（16）尼卡巴嗪预混剂（Nicarbazin Premix）　尼卡巴嗪与玉米粉配制而成。抗球虫药。用于预防鸡球虫病。

出口国/企业：美国辉宝有限公司以色列生产厂。

（17）甲基盐霉素尼卡巴嗪预混剂（Narasin and Nicarbazin Premix）　甲基盐霉素发酵产物和尼卡巴嗪分别制成的颗粒与米糠、玉米芯等辅料配制而成。抗球虫药。用于预防鸡球虫病。

出口国/企业：美国礼来公司美国生产厂（Eli Lilly and Company）。

（18）莫能菌素预混剂（Monensin Premix）　莫能菌素与脱脂米糠、玉米粉、稻壳粉、碳酸钙配制而成。抗生素类药。用于防治鸡球虫病；辅助缓解奶牛酮病症状，提高产奶量。

出口国/企业：美国礼蓝动物保健有限公司美国生产厂（Elanco Clinton Laboratories）。

（19）拉沙洛西钠预混剂（lasalocid Sodium Premix）　拉沙洛西钠与玉米芯、大豆油、卵磷脂等辅料配制而成。畜禽专用聚醚类抗生素类抗球虫药。用于预防肉鸡球虫病，提高肉牛的增重速度和饲料转化率。

出口国/企业：硕腾公司美国索尔兹伯里（Salisbury）生产厂（Zoetis Inc.，Salisbury，USA）。

（20）甲基盐霉素预混剂（Narasin Premix）　甲基盐霉素发酵产物制成的颗粒与适宜的辅料配制而成。抗球虫药。用于防治鸡球虫病。

出口国/企业：美国礼来公司美国生产厂（A Division of Eli Lilly and Company U. S. A.）。

（21）伊维菌素预混剂（Ivermectin Premix）　伊维菌素与玉米芯细粉等配制而成。大环内酯类抗寄生虫药。用于治疗猪的胃肠道线虫、肺线虫、猪疥螨和猪血虱。

出口国/企业：都法玛制药（Dopharma B. V.）。

（22）伊维菌素注射液（Ivermectin Injection）　伊维菌素与适宜溶剂配制而成的无菌油溶液。大环内酯类抗寄生虫药。用于治疗牛胃肠道线虫、皮蝇蛆和纹皮蝇蛆病；羊胃肠道线虫、鼻蝇蛆和痒螨病；猪胃肠道线虫、疥螨病。

出口国/企业：勃林格殷格翰动物保健（巴西）有限公司（Boehringer Ingelheim Animal Health do Brasil Ltda）。

（23）伊维菌素双羟萘酸噻嘧啶咀嚼片（L 片）（Ivermectin and Pyrantel Pamoate Chewable Tablets） 伊维菌素（$H_2B_{1a}＋H_2B_{1b}$）、双羟萘酸噻嘧啶（$C_{11}H_{14}N_2S \cdot C_{23}H_{16}O_6$）制成的片剂。抗蠕虫药。通过清除犬心丝虫幼虫来预防犬心丝虫病，治疗和控制犬蛔虫（犬弓首蛔虫、狮弓蛔虫）病和钩虫（犬钩口线虫、狭头钩口线虫、巴西钩口线虫）感染。

出口国/企业：梅里亚有限公司巴塞洛内塔生产厂（Merial Barceloneta，LLC）。

（24）**芬苯达唑粉**（Fenbendazole Powder） 芬苯达唑与蚕豆蛋白复合物配制而成。抗蠕虫药。用于治疗猪胃肠道线虫病和绦虫病。

出口国/企业：法国维克有限公司 VIRBAC。

（25）**复方非班太尔片**（Compound Febantel Tablets） 非班太尔（$C_{20}H_{22}N_4O_6S$）、吡喹酮（$C_{19}H_{24}N_2O_2$）、双羟萘酸噻嘧啶（$C_{11}H_{14}N_2S \cdot C_{23}H_{16}O_6$）制成的片剂。抗蠕虫药。用于治疗犬的线虫和绦虫引起的混合感染。线虫包括犬蛔虫、狮弓首线虫（成虫及晚蚴）、狭头刺口钩虫、犬钩虫（成虫）和犬鞭虫（成虫）；绦虫包括细粒棘球绦虫、多房棘球绦虫、泡状带绦虫、豆状带绦虫、粗颈带绦虫和犬复孔绦虫（成虫及晚蚴）。

出口国/企业：爱尔兰夏奈尔制药有限公司（Chanelle Pharmaceuticals Manufacturing Limited）。

（26）**莫奈太尔内服溶液**（Monepantel Oral Solution） 莫奈太尔制成的内服溶液。抗蠕虫药。用于治疗和控制绵羊胃肠线虫感染。

出口国/企业：英国阿金塔-邓地有限公司（Argenta Dundee Limited）；美国礼蓝动物保健有限公司（Elanco Animal Health Incorporated）。

（27）**双羟萘酸噻嘧啶吡喹酮片**（Pyrantel Pamoate and Praziquantel Tablet） 双羟萘酸噻嘧啶（$C_{11}H_{14}N_2S \cdot C_{23}H_{16}O_6$）、吡喹酮（$C_{19}H_{24}N_2O_2$）制成的片剂。抗蠕虫药。用于治疗猫的线虫和绦虫混合感染。如猫弓首蛔虫成虫、管形钩口线虫成虫、巴西钩口线虫成虫、多房棘球绦虫、犬复孔绦虫、泡状带绦虫、中殖孔绦虫属、乔伊绦虫等。

出口国/企业：德国 KVP Kiel 有限责任公司（KVP Pharma＋Veterinär Produkte GmbH）。

（28）**非泼罗尼喷剂**（Fipronil Spray） 非泼罗尼的异丙醇水溶液。杀虫药。用于驱杀犬、猫体表的跳蚤和犬的蜱。

出口国/企业：梅里亚有限公司法国吐鲁兹生产厂（MERIAL Toulouse）。

（29）**复方非泼罗尼滴剂（猫用）**（Compound Fipronil Spot-On for Cats） 非泼罗尼、甲氧普烯与适宜的溶剂配制而成供猫用的滴剂。杀虫药。用于驱杀猫体表的成年跳蚤、跳蚤卵、幼虫。

出口国/企业：梅里亚有限公司法国吐鲁兹生产厂（Merial Toulouse）。

（30）**复方非泼罗尼滴剂（犬用）**（Compound Fipronil Spot-On for Dogs） 非泼罗尼、甲氧普烯与适宜的溶剂配制而成供犬用的滴剂。杀虫药。用于驱杀犬体表的成年跳蚤、跳蚤卵、幼虫和蜱。

出口国/企业：梅里亚有限公司法国吐鲁兹生产厂（Merial Toulouse）。

（31）**复方非泼罗尼吡喹酮滴剂**（Compound Fipronil and Praziquantel Spot On Solution） 非泼罗尼（$C_{12}H_4Cl_2F_6N_4OS$）、甲氧普烯（$C_{19}H_{34}O_3$）、乙酰氨基阿维菌素（$B1_a＋B1_b$；$C_{50}H_{75}NO_{14}$）与吡喹酮（$C_{19}F_{24}N_2O_2$）制成的滴剂。抗寄生虫药。用于预防和治疗猫跳蚤、蜱虫感染，治疗胃肠道线虫、绦虫感染，并可用作辅助治疗因跳蚤引

起的过敏性皮炎。

出口国/企业：梅里亚有限公司法国吐鲁兹生产厂（MERIAL Toulouse）。

（32）托曲珠利混悬液（Toltrazuril Suspension）　托曲珠利配制而成的混悬液。三嗪类广谱抗球虫药。用于预防仔猪和犊牛的球虫病。

出口国/企业：德国 KVP Kiel 有限责任公司（KVP Pharma ＋ Veterinär Produkte GmbH）。

（33）沙罗拉纳咀嚼片（Sarolaner Chewable Tablets）　沙罗拉纳（$C_{23}H_{18}Cl_2F_4N_2O_5S$）制成的咀嚼片。异噁唑啉类抗寄生虫药。用于预防和治疗犬跳蚤感染，治疗和控制犬蜱感染。

出口国/企业：硕腾公司美国林肯生产厂。

（34）烯啶虫胺片（Nitenpyram Tablets）　烯啶虫胺（$C_{11}H_{15}ClN_4O_2$）制成的片剂。杀虫药。用于杀灭寄生于犬、猫体表的跳蚤。

出口国/企业：美国礼蓝动物保健有限公司（Elanco Animal Health Incorporated），法国礼蓝股份有限公司（Elanco France）。

（35）辛硫磷浇泼溶液（Phoxim Pour-on Solution）　辛硫磷与适宜溶剂制成的溶液。有机磷酸酯类杀虫药。用于驱杀猪螨、虱、蜱等体外寄生虫。

出口国/企业：德国 KVP Kiel 有限责任公司（KVP Pharma ＋ Veterinär Produkte GmbH）。

（36）二嗪农项圈（Dimpylate Collar）　二嗪农制成的塑料项圈。有机磷类杀虫药。用于驱杀犬和猫体表的蚤和虱。

出口国/企业：法国维克有限公司（Virbac S. A.）。

（37）双甲脒项圈（Amitraz Collar）　双甲脒的塑料项圈。体外杀虫药。用于驱杀犬体表寄生虫，如蜱、蠕形螨等。

出口国/企业：法国维克有限公司（Virbac S. A.）。

6.4.2.3　解热镇痛消炎药

（1）美洛昔康内服混悬液（犬猫用）[Meloxicam Oral Suspension（for Dogs and Cats）]　美洛昔康制成的供犬猫内服的混悬液。解热镇痛非甾体类抗炎药。用于减缓犬急性和慢性肌肉骨骼疾病引起的炎症和疼痛；用于减缓猫外科手术后的轻度至中度术后疼痛和炎症，减缓猫急性和慢性肌肉骨骼疾病引起的炎症和疼痛。

出口国/企业：德国勃林格殷格翰动物保健有限公司墨西哥生产厂（Boehringer Ingelheim Promeco，S. A. de C. V.）；中国上海汉维生物医药科技有限公司。

（2）美洛昔康注射液（Meloxicam Injection）　美洛昔康与葡甲胺等制成的灭菌水溶液。解热镇痛非甾体抗炎药。犬：用于缓解急慢性肌肉骨骼疾病引起的炎症和疼痛，以及骨科或者软组织手术后疼痛及炎症。猫：用于缓解卵巢子宫切除术和小型软组织手术的术后疼痛。

出口国/企业：西班牙 Labiana 生命科学制药厂（Labiana Life Sciences S. A.）。

（3）卡洛芬咀嚼片（犬用）（Carprofen Chewable Tablets for Dogs）　卡洛芬（$C_{15}H_{12}ClNO_2$）制成的犬用咀嚼片。非甾体类抗炎药。用于缓解犬骨关节炎引起的疼痛和炎症，用于软组织和骨外科手术的术后镇痛。

出口国/企业：硕腾公司美国林肯生产厂（Zoetis Inc.）。

（4）卡洛芬注射液（犬用）（Carprofen Injection for Dogs）　卡洛芬的灭菌混悬液。非甾体类抗炎药。用于缓解犬骨关节炎引起的疼痛和炎症，用于软组织和骨外科手术的术后镇痛。

出口国/企业：巴西因诺特医药有限公司（Inovat Industria Farmaceutica LTDA）。

（5）托芬那酸片（Tolfenamic acid Tablets）　托芬那酸（$C_{14}H_{12}ClNO_2$）制成的片剂。解热镇痛、非甾体抗炎药。用于治疗猫发热综合征；用于治疗犬炎症的急性期以及慢性运动系统疾病的疼痛。

出口国/企业：法国威隆制药股份有限公司（Vetoquinol S. A.）。

（6）托芬那酸注射液（Tolfenamic Acid Injection）　托芬那酸的灭菌水溶液。非甾体类抗炎药。用于治疗犬的骨骼-关节和肌肉-骨骼系统疾病引起的炎症和疼痛。

出口国/企业：法国威隆制药股份有限公司（Vetoquinol S. A.）；中国山东信得科技股份有限公司、河北威远动物药业有限公司、施维雅（青岛）生物制药有限公司等。

（7）西米考昔片（Cimicoxib Tablets）　西米考昔（$C_{16}H_{13}ClFN_3O_3S$）制成的片剂。非甾体类解热镇痛抗炎药（NSAIDs）。用于犬进行整形外科手术和软组织手术前后的止痛；用于犬关节炎的止痛和消炎。

出口国/企业：法国威隆制药股份有限公司（Vetoquinol S. A.）。

（8）非罗考昔咀嚼片（Firocoxib Chewable Tablets）　非罗考昔（$C_{17}H_{20}O_5S$）制成的咀嚼片。非甾体类抗炎药。用于缓解犬骨关节炎及临床手术等引起的疼痛和炎症。

出口国/企业：梅里亚有限公司法国吐鲁兹生产厂（MERIAL Toulouse）。

（9）氟尼辛葡甲胺注射液（Flunixin Meglumine Injection）　氟尼辛葡甲胺的无菌溶液。解热镇痛抗炎药。用于控制奶牛呼吸道疾病引起的发热；用于家畜及小动物发热性、炎症性疾患、肌肉痛和软组织痛等。

出口国/企业：先灵葆雅动物保健品公司法国生产厂（Schering-Plough Sante Animale）；中国齐鲁动物保健品有限公司。

（10）盐酸阿替美唑注射液（Atipamezole Hydrochloride Injection）　盐酸阿替美唑的灭菌水溶液。抗肾上腺素类药。用于解除犬和猫右美托咪定的镇静和止痛作用，及逆转其他的作用，如心血管作用和呼吸作用。

出口国/企业：芬兰Orion制药厂Espoo生产厂（Orion Corporation, Orion Pharma Espoo site）。

6.4.2.4　激素

（1）D-氯前列醇钠注射液（D-Cloprostenol Sodium Injection）　D-氯前列醇钠的无菌水溶液。前列腺素类药。用于治疗母牛持久黄体，诱导黄体溶解，使母牛恢复正常发情。

出口国/企业：西班牙海博莱生物大药厂（Laboratorios Hipra, S. A.）；中国宁波第二激素厂。

（2）氯前列醇钠注射液（Cloprostenol Sodium Injection）　氯前列醇钠的灭菌水溶液。前列腺素类药。用于治疗母牛持久黄体，诱导黄体溶解，使母牛恢复正常发情，控制奶牛的同期发情。

出口国/企业：礼蓝新西兰（Elanco New Zealand）。

（3）烯丙孕素内服溶液（Altrenogest Oral Solution）　烯丙孕素制成的内服溶

液。用于控制后备母猪同期发情。

出口国/企业：法国维克有限公司（Virbac）；中国宁波第二激素厂；宁波三生生物科技有限公司。

（4）黄体酮阴道缓释剂（Intravaginal Progesterone Insert） 尼龙刺体部和聚酯尾组成，尼龙刺表皮为黄体酮和硅胶制成的阴道插入翼形缓释装置。性激素类药。控制青年育成母牛和经产母牛的发情周期，适用于牛的同期发情和胚胎移植，以及治疗产后和泌乳期不发情。

出口国/企业：新西兰 DEC 国际有限公司生产厂（DEC InternationaI，NZ，Ltd）。

（5）乙酸地洛瑞林植入剂（Deslorelin Acetate Implant） 乙酸地洛瑞林制成的皮下植入剂。性激素类药。用于健康、性成熟、未阉割雄性犬的暂时节育。

出口国/企业：法国维克有限公司（VIRBAC）。

（6）注射用血促性素绒促性素（Serum Gonadotrophin and Chorionic Gonadotrophin for Injection） 血促性素（PMSG）、绒促性素（hCG）加适宜的赋形剂，经冷冻干燥制成的无菌制品。激素类药。具有促进卵泡成熟和排卵作用，用于缩短经产母猪和初产母猪的发情间隔，控制同步发情。

出口国/企业：荷兰英特威国际有限公司（Intervet International B. V.）；西班牙海博莱生物大药厂（Laboratorios Hipra, S. A.）。

（7）氢化可的松醋丙酯喷剂（Hydrocortisone Aceponate Spray） 氢化可的松醋丙酯的喷雾剂。糖皮质激素类药。用于犬过敏性和瘙痒性皮肤病的对症治疗。

出口国/企业：法国维克有限公司（Virbac S. A.）。

（8）盐酸右美托咪定注射液（Dexmedetomidine Hydrochloride Injection） 盐酸右美托咪定的灭菌水溶液。拟肾上腺素类药。用作犬猫的镇静剂和止痛剂，便于临床检查、临床治疗、小的手术和小的牙处理。也可用于犬深度麻醉前的前驱麻醉剂。

出口国/企业：芬兰 Orion 制药厂 Espoo 生产厂（Orion Corporation，Orion Pharma Espoo site）。

6.4.2.5　消毒剂

（1）碘甘油混合溶液（Iodine and Glycerol Mixed Solution） 碘甘油制成的混合溶液。消毒防腐药。用于泌乳期奶牛的乳头消毒。

出口国/企业：德国利拉伐 N. V. 公司（DeLaval N. V.）；中国利拉伐（天津）有限公司。

（2）碘混合溶液（Iodine Mixed Solution） 碘、聚乙烯基吡咯烷酮、泊洛沙姆335、碘酸钠、碘化钠、甘油、山梨醇与辅料制成的溶液。消毒防腐药。用于泌乳期奶牛的乳头消毒。

出口国/企业：德国利拉伐 N. V 公司（DeLaval N. V.）。

（3）碘酸混合溶液（Iodine and Acid Mixed Solution） 碘、硫酸、磷酸制成的水溶液。消毒防腐药。用于外科手术部位、畜禽房舍、畜产品加工场所及用具的消毒。

出口国/企业：英国 Evans 生产厂（Evans Vanodine International PLC）。

（4）葡萄糖酸氯己定溶液（泌乳期）[Chlorhexidine Gluconate solution（Lactating Cow）] 20％葡萄糖酸氯己定溶液，加适量的异丙醇、甘油等制成的溶液。消毒防腐药。用于奶牛乳头消毒和预防泌乳奶牛乳房炎。

出口国/企业：比利时世德来有限公司（CID LINES NV）。

（5）复方酚溶液（Compound Phenols Solution）　邻苯基苯酚和对氯间甲酚加适宜的辅料配制而成的水溶液。消毒药。用于动物圈舍表面、器具、设备的消毒。

出口国/企业：英国安德国际有限公司（Antec International Limited）。

（6）复方季铵盐戊二醛溶液（Compound Quaternary Ammonium salts and Glutaral Solution）　氯化二辛基二甲基铵、氯化二癸基二甲基铵、氯化辛基癸基二甲基铵、氯化烷基二甲基苄铵及戊二醛等配制而成的水溶液。消毒剂。用于牧场及畜禽栏舍、兽医临床器械的消毒。

出口国/企业：法国禧欧公司（THESEO）。

（7）复方甲醛溶液（Compound Formaldehyde Solution）　甲醛、乙二醛、戊二醛和苯扎氯铵与适宜辅料配制而成的水溶液。消毒药。主要用于动物厩舍及器具消毒。

出口国/企业：比利时世德来有限公司（CID LINES NV/SA）。

（8）复方戊二醛溶液（Compound Glutaral Solution）　戊二醛、苯扎氯铵和适宜辅料配制而成的水溶液。消毒防腐药。主要用于动物厩舍及器具消毒。

出口国/企业：英国考文垂化学药品有限公司（Coventry Chemicals Limited，United Kingdom）。

（9）戊二醛癸甲氯铵溶液（Glutaral and Didecyl Dimethyl Ammonium Chloride Solution）　戊二醛与癸甲氯铵配制而成的水溶液。消毒防腐药。主要用于厩舍、器具和设备消毒。

出口国/企业：英国 EVANS 生产厂（Evans Vanodine International PLC，UK）。

（10）戊二醛溶液（Glutaral Solution）　浓戊二醛溶液加适量非离子表面活性剂稀释制成的水溶液。醛类消毒剂。主要用于动物厩舍、运载工具及器具（械）等消毒。

出口国/企业：泰国 MC 农用化学品有限公司（MC AGRO-CHEMICALS CO. LTD）。

（11）中性电解氧化水（Neutralized Electrolyzed Oxidized Water）　通过 Microcyn^{TM}技术将水电解后制备而成。消毒剂。用于杀灭细菌，预防和辅助治疗伤口的感染，促进伤口愈合。

出口国/企业：美国欧库鲁斯创新科学公司（Oculus Innovative Sciences，Inc.）。

6.4.2.6　其他

（1）右旋糖酐铁注射液（Iron Dextran Injection）　右旋糖酐（重均分子量为5000～7500）与氢氧化铁的络合物的灭菌胶体溶液。抗贫血药。主要用于驹、犊、仔猪、幼犬和毛皮兽的缺铁性贫血。

出口国/企业：丹麦 Pharmacosmos A/S 公司（Pharmacosmos A/S，Denmark）；法国维克有限公司（Virbac）。

（2）替米沙坦内服溶液（猫用）[Telmisartan Oral Solution（For Cats）]　替米沙坦制成的猫用内服溶液。血管紧张素Ⅱ受体Ⅰ型（AT1）拮抗剂。用于治疗猫慢性肾病引起的蛋白尿。

出口国/企业：德国勃林格殷格翰动物保健有限公司墨西哥生产厂（Boehringer Ingelheim Promeco，S. A. de C. V.）。

（3）匹莫苯丹咀嚼片（Pimobendan Chewable Tablets）　匹莫苯丹

（$C_{19}H_{18}N_4O_2$）制成的咀嚼片。非苷类强心药。用于治疗由心脏瓣膜关闭不全（二尖瓣和/或三尖瓣反流）或扩张型心肌病引起的犬充血性心力衰竭；用于治疗大型犬临床前扩张型心肌病（无症状，经超声心动图诊断伴随左心室收缩末期和舒张末期直径加大）；用于治疗犬临床前黏液瘤性二尖瓣疾病（无症状的心脏收缩期二尖瓣杂音和心脏增大），延缓充血性心力衰竭临床症状的发生。

出口国/企业：德国勃林格殷格翰动物保健有限公司墨西哥生产厂（Boehringer Ingelheim Promeco, S. A. de C. V.）；中国北京欧博方医药科技有限公司；海门慧聚药业有限公司。

（4）注射用盐酸替来他明盐酸唑拉西泮（Tiletamine Hydrochloride and Zolazepam Hydrochloride for Injection）　盐酸替来他明和盐酸唑拉西泮的无菌粉末。麻醉药。用于犬、猫的保定和全身麻醉。

出口国/企业：法国维克有限公司（VIRBAC）。

（5）马来酸奥拉替尼片（Oclacitinib Maleate Tablet）　马来酸奥拉替尼制成的片剂。非受体酪氨酸激酶抑制剂。用于控制犬过敏性皮炎引起的瘙痒症和异位性皮炎。

出口国/企业：辉瑞意大利阿斯科利制药厂（Pfizer Italia S. R. L.）。

（6）葡萄糖甘氨酸补液盐可溶性粉（Glucose, Glycine and Electrolyte for Oral Hydration Powder）　A 包含无水柠檬酸 0.5g、磷酸二氢钾 4.2g、一水柠檬酸钾 0.12g、氯化钠 8.82g 和甘氨酸 6.36g；B 包含葡萄糖 44g。电解质补充药。用于控制犊牛腹泻引起的脱水和电解质失衡。降低新购买犊牛腹泻的发生。可用于腹泻犊牛的早期治疗，也可以用于严重脱水犊牛在静脉补液治疗后的持续治疗。

出口国/企业：硕腾公司美国林肯生产厂（Zoetis Inc., Lincoln, USA）。

（7）奥美拉唑内服糊剂（Omeprazole Oral Paste）　奥美拉唑（$C_{17}H_{19}N_3O_3S$）制成的内服糊剂。质子泵抑制药。用于治疗成年马和 4 周龄及以上马驹胃溃疡和预防胃溃疡复发。

出口国/企业：勃林格殷格翰动物保健（巴西）有限公司（Boehringer Ingelheim Animal Health do Brasil Ltda.）；中国北京欧博方医药科技有限公司。

（8）醋酸曲普瑞林凝胶（Triptorelin Acetate Gel）　醋酸曲普瑞林与适宜的辅料配制而成。激素类药。用于诱导断奶母猪群同步排卵，有助于促进单次、定时人工授精。

出口国/企业：美国 DPT 实验室有限公司（DPT Laboratories, Ltd.）。

（9）复方布他磷注射液（Compound Butaphosphan Injection）　布他磷（〔1-（丁基氨基）-1-甲基乙基〕-膦酸）（$C_7H_{18}NO_2P$）与维生素 B_{12} 的灭菌水溶液。磷补充剂。用于猪急、慢性代谢紊乱疾病。

出口国/企业：KVP Kiel 有限责任公司德国工厂（KVP Pharma ＋ Veterinar Produkte GmbH）；中国青岛蔚蓝生物股份有限公司；河北远征禾木药业有限公司；河北远征药业有限公司

（10）枸橼酸苹果酸粉（Citric Acid and Malic Acid Powder）　枸橼酸、DL 苹果酸与适量六偏磷酸钠等配制而成。消毒药。用于畜禽舍、空气和饮用水等的消毒。

出口国/企业：韩国 RNL 科技公司（RNL ANIMAL HEALTH Co., Ltd）。

（11）枸橼酸马罗匹坦片（Maropitant Citrate Tablets）　枸橼酸马罗匹坦制成的片剂。神经激肽 1（NK1）受体拮抗剂类止吐药。用于预防化疗药物引起的呕吐；治疗和预防除晕动性呕吐以外的呕吐。

出口国/企业：法瑞瓦公司法国生产厂（Fareva Amboise）。

（12）枸橼酸马罗匹坦注射液（Maropitant Citrate Injection）　枸橼酸马罗匹坦的灭菌水溶液。神经激肽1（NK1）受体拮抗剂类止吐药。用于预防和治疗犬使用化疗药物引起的呕吐；预防除晕动性呕吐以外的呕吐；与其他支持疗法合用治疗呕吐。

出口国/企业：法瑞瓦公司法国生产厂（Fareva Amboise）。

（13）过硫酸氢钾复合物粉（Compound Potassium Peroxymonosulphate Powder）　过硫酸氢钾复合物、十二烷基苯磺酸钠、氯化钠与有机酸等配制而成。消毒药。用于畜禽舍、空气和饮用水等的消毒。防治水产养殖鱼、虾的出血、烂鳃、肠炎等细菌性疾病。

出口国/企业：英国安德国际有限公司（Antec International Limited）。

（14）碱式硝酸铋乳房注入剂（干乳期）[Bismuth Subnitrate Intramammary Infusion (Dry cow)]　碱式硝酸铋与液体石蜡等制成的灭菌制剂。乳头封闭剂。单独使用，用于预防干乳期奶牛乳房内新生感染；与抗菌性干乳期乳房注入剂联合使用，用于辅助治疗奶牛干乳期乳房炎。

出口国/企业：爱尔兰十字动保药业集团有限公司（Cross Vetpharm Group Ltd.）；中国浙江海正动物保健品有限公司；齐鲁动物保健品有限公司；浙江海正药业股份有限公司。

6.4.3　进出口兽用生物制品品种

6.4.3.1　禽用生物制品

（1）雏鸡新城疫灭活疫苗（La Sota株）　[Newcastle Disease Vaccine, Inactivated (Strain La Sota)]

出口国/企业：罗曼动物保健国际（Lohmann Animal Health International）。

（2）鸡病毒性关节炎活疫苗（1133株）　[Tenosynovitis Vaccine, Modified Live Virus (Strain 1133)]

出口国/企业：硕腾公司美国查理斯堡生产厂（Zoetis Inc., Charles City, USA）。

（3）鸡病毒性关节炎灭活疫苗（1733株+2408株）　[Avian Reovirus Vaccine, Inactivated (Strain 1733+ Strain 2408)]

出口国/企业：荷兰英特威国际有限公司（Intervet International B. V.）。

（4）鸡病毒性关节炎灭活疫苗（S1133株+1733株）　[Avian Reovirus Vaccine, Killed Virus (Strain S1133+1733)]

出口国/企业：美国罗曼动物保健国际（Lohmann Animal Health International）。

（5）鸡肠炎沙门氏菌病活疫苗（Sm24/Rif12/Ssq株）　[Salmonella Enteritidis Vaccine, Live (Strain Sm24/Rif12/Ssq)]

出口国/企业：德国罗曼动物保健有限公司（Lohmann Animal Health GmbH）。

（6）鸡传染性鼻炎灭活疫苗（A型+C型）　[Coryza Vaccine, Inactivated (Serotype A+Serotype C)]

出口国/企业：梅里亚有限公司法国生产厂（Merial SAS, France）。

（7）鸡传染性鼻炎三价灭活疫苗 （Coryza Trivalent Vaccine，Inactivated）

出口国/企业：印度尼西亚美迪安有限公司（P. T. Medion）；荷兰英特威国际有限公司（Intervet International B. V.）。

（8）鸡传染性法氏囊病病毒火鸡疱疹病毒载体活疫苗（vHVT-013-69株） （Bursal Disease-Marek's Disease Vaccine，Serotype 3，Live Marek's Disease Vector）

出口国/企业：梅里亚有限公司（美国）（Merial，Inc.）。

（9）鸡传染性法氏囊病复合冻干活疫苗（2512株） [Infectious Bursal Disease Vaccine，Live Freeze-dried Complex（Strain 2512）]

出口国/企业：梅里亚有限公司美国精选大药厂（Merial Select，Inc.）。

（10）鸡传染性法氏囊病复合冻干活疫苗（W2512 G-61株） [Infectious Bursal Disease Vaccine，Live Freeze-dried Complex（Strain W2512 G-61）]

出口国/企业：匈牙利诗华—费拉西亚兽医生物制品有限公司（CEVA - PHYLAXIA Veterinary Biologicals Co. Ltd.）。

（11）鸡传染性法氏囊病活疫苗（CH/80株） [Infectious Bursal Disease Vaccine，Live（Strain CH/80）]

出口国/企业：西班牙海博莱生物大药厂（Laboratorios Hipra，S. A.）。

（12）鸡传染性法氏囊病活疫苗（D22株） [Infectious Bursal Disease Vaccine，Live（Strain D22）]

出口国/企业：印度尼西亚美迪安有限公司（PT MEDION FARMA JAYA）。

（13）鸡传染性法氏囊病活疫苗（D78株） [Infectious Bursal Disease Vaccine，Live（Strain D78）]

出口国/企业：荷兰英特威国际有限公司（Intervet International B. V.）。

（14）鸡传染性法氏囊病活疫苗（LC75株） [Infectious Bursal Disease Vaccine，Live（Strain LC75）]

出口国/企业：德国罗曼动物保健有限公司（Lohmann Animal Health GmbH）。

（15）鸡传染性法氏囊病活疫苗（LIBDV株） （Live vaccine，LIBDV strain，for the active immnisation of chickens against Infectious Bursal Disease）

出口国/企业：匈牙利诗华-费拉西亚兽医生物制品有限公司（CEVA - PHYLAXIA Veterinary Biologicals Co. Ltd.）。

（16）鸡传染性法氏囊病活疫苗（Lukert株） [Infectious Bursal Disease Vaccine，Live（Strain Lukert）]

出口国/企业：硕腾公司美国查理斯堡生产厂（Zoetis Inc.，Charles City，USA）。

（17）鸡传染性法氏囊病活疫苗（M. B. 株） [Infectious Bursal Disease Vaccine，Live（Strain M. B.）]

出口国/企业：以色列雅贝克生物实验有限公司（ABIC Biological Laboratories Ltd.）。

（18）鸡传染性法氏囊病活疫苗（S706株） [Infectious Bursal Disease Vaccine，Live（Strain S706）]

出口国/企业：梅里亚有限公司法国生产厂（Merial SAS，France）。

（19）鸡传染性法氏囊病活疫苗（W2512 G-61株） [Infectious Bursal Disease Vaccine，Live（Strain W2512 G-61）]

出口国/企业：匈牙利诗华-费拉西亚兽医生物制品有限公司（CEVA - PHYLAXIA Veterinary Biologicals Co. Ltd.）。

（20）鸡传染性法氏囊病灭活疫苗（D78株）　〔Infectious Bursal Disease Vaccine，Inactivated (Strain D78)〕

出口国/企业：荷兰英特威国际有限公司（Intervet International B. V.）。

（21）鸡传染性法氏囊病灭活疫苗（VNJO株）　〔Infectious Bursal Disease Vaccine，Inactivated (Strain VNJO)〕

出口国/企业：梅里亚有限公司法国生产厂（Merial SAS，France）。

（22）鸡传染性喉气管炎活疫苗　〔Infectious Laryngotracheitis Vaccine，Live〕

出口国/企业：印度尼西亚美迪安有限公司（P. T. Medion）。

（23）鸡传染性喉气管炎活疫苗（CHP50株）　〔Laryngotracheitis Vaccine，Live (Strain CHP50)〕

出口国/企业：西班牙海博莱生物大药厂（Laboratorios Hipra, S. A.）。

（24）鸡传染性喉气管炎活疫苗（LT-IVAX株）　（Fowl Laryngotracheitis Vaccine，Modified Live Virus)

出口国/企业：英特威美国分公司（Intervet Inc.）。

（25）鸡传染性喉气管炎活疫苗（Salsbury＃146株）　〔Fowl Laryngotracheitis Vaccine，Modified Live Virus (Strain Salsbury ♯146)〕

出口国/企业：硕腾公司美国查理斯堡（Charles City）生产厂（Zoetis Inc.，Charles City，USA）。

（26）鸡传染性喉气管炎活疫苗（Serva株）　〔Infectious Laryngotracheitis Vaccine，Live (Strain Serva)〕

出口国/企业：荷兰英特威国际有限公司（Intervet International B. V.）。

（27）鸡传染性喉气管炎重组鸡痘病毒二联活疫苗　〔Fowl Pox-Laryngotracheitis Vaccine，Live Fowl Pox Vector〕

出口国/企业：诗华美国百妙动物保健公司（Biomune Company）。

（28）鸡传染性支气管炎活疫苗（Ma5株）　〔Avian Infectious Bronchitis Vaccine，Live (Strain Ma5)〕

出口国/企业：荷兰英特威国际有限公司（Intervet International B. V.）。

（29）鸡痘活疫苗　〔Fowl Pox Vaccine，Live Virus (Avian Pox Vaccine，Live)〕

出口国/企业：硕腾公司美国查理斯堡生产厂（Zoetis Inc. CharlesCity，USA）；梅里亚有限公司意大利生产厂（Merial Italia S. p. A.）。

（30）鸡毒支原体活疫苗（MG 6/85株）　〔Mycoplasma gallisepticum Vaccine，Live Culture (Strain MG 6/85)〕

出口国/企业：英特威美国分公司（INTERVETINC.）。

（31）鸡毒支原体活疫苗（TS-11株）　〔Mycoplasma gallisepticum Vaccine，Live (Strain TS-11)〕。

出口国/企业：澳大利亚生物资源公司（Bioproperties Pty. Ltd.）。

（32）鸡呼肠孤病毒活疫苗（1133株）　〔Avian Reovirus Vaccine，Live (Strain 1133)〕

出口国/企业：荷兰英特威国际有限公司（Intervet International B. V.）。

（33）鸡滑液支原体活疫苗（MS-H 株）　　［Mycoplasma Synoviae Live（Strain MS-H）］

出口国/企业：澳大利亚生物资源公司（BIOPROPERTIES Pty Ltd）。

（34）鸡减蛋综合征灭活疫苗（127 株）　　［Egg Drop Syndrome Vaccine, Inactivated（Strain 127）］

出口国/企业：以色列雅贝克生物实验有限公司（ABIC Biological Laboratories Ltd.）。

（35）鸡减蛋综合征灭活疫苗（BC14 株）　　［Avian Egg Drop Syndrome Vaccine, Inactivated（Strain BC14）］

出口国/企业：荷兰英特威国际有限公司（Intervet International B. V.）。

（36）鸡马立克氏病Ⅰ型、Ⅲ型二价活疫苗　　［Marek's Disease（Serotype Ⅰ, Ⅲ）Bivalent Vaccine, Live］

出口国/企业：勃林格殷格翰动物保健（美国）有限公司 Gainesville 生产厂（Boehringer Ingelheim Animal Health USA Inc.）。

（37）鸡马立克氏病Ⅰ型、Ⅲ型二价活疫苗（CVI988 株＋FC-126 株）　　（Marek's Disease Vaccine Serotypes 1&3, Live Virus）

出口国/企业：硕腾公司美国查理斯堡生产厂（Zoetis Inc.）。

（38）鸡马立克氏病活疫苗（CVI988 株）　　［Marek's Disease Vaccine, Live（Strain CVI988）］

出口国/企业：勃林格殷格翰动物保健（美国）有限公司 Gainesville 生产厂（Boehringer Ingelheim Animal Health USA Inc.）；日本 vaxxinova Japan 株式会社（vaxxinova Japan K. K.）。

（39）鸡马立克氏病火鸡疱疹病毒活疫苗（FC-126 株）　　［Marek's Disease Vaccine, Live（Strain FC-126）］

出口国/企业：硕腾公司美国查理斯堡生产厂（Zoetis Inc., Charles City, USA）。

（40）鸡新城疫、传染性法氏囊病二联灭活疫苗（Clone 30 株＋D78 株）［Newcastle Disease and Infectious Bursal Disease Vaccine, Inactivated（Strain Clone 30＋Strain D78）］

出口国/企业：荷兰英特威国际有限公司（Intervet International B. V.）。

（41）鸡新城疫、传染性支气管炎、传染性法氏囊病、呼肠孤病毒感染四联灭活疫苗（Newcastle Disease, Infectious Bronchitis, Infectious Bursal Disease and Reovirus-Vaccine, Inactivated）

出口国/企业：荷兰英特威国际有限公司（Intervet International GmbH）。

（42）鸡新城疫、传染性支气管炎、传染性法氏囊病三联灭活疫苗（Ulster 2C 株＋M41 株＋VNJO 株）　　［Newcastle Disease, Infectious Bronchitis and Infectious Bursal Disease Vaccine, Inactivated（Strain Ulster 2C＋Strain M41＋Strain VNJO）］

出口国/企业：勃林格殷格翰动物保健有限公司法国生产厂（Boehringer Ingelheim Animal Health France SCS）。

（43）鸡新城疫、传染性支气管炎、减蛋综合征三联灭活疫苗　　（Newcastle Disease, Infectious Bronchitis and Egg Drop Syndrome Vaccine, Inactivated）

出口国/企业：印度尼西亚美迪安有限公司（PT Medion Farma Jaya）。

（44）鸡新城疫、传染性支气管炎、减蛋综合征三联灭活疫苗（Clone30 株＋M41 株＋BC14 株）　［Newcastle Disease，Infectious Bronchitis and Egg Drop Syndrome Vaccine，Inactivated（Strain Clone30＋Strain M41＋Strain BC14)］

出口国/企业：荷兰英特威国际有限公司（Intervet International B. V.）。

（45）鸡新城疫、传染性支气管炎、减蛋综合征三联灭活疫苗（La Sota 株＋M41 株＋B8/78 株）　［Newcastle Disease，Infectious Bronchitis and Egg Drop Syndrome Vaccine，Inactivated（StrainLa Sota＋Strain M41＋Strain B8/78)］

出口国/企业：匈牙利诗华—费拉西亚兽医生物制品有限公司（CEVA - PHYLAXIA Veterinary Biologicals Co. Ltd.）。

（46）鸡新城疫、传染性支气管炎二联灭活疫苗（Clone30 株＋M41 株）［Newcastle Disease and Infectious Bronchitis Vaccine，Inactivated（Strain Clone30＋Strain M41)］

出口国/企业：荷兰英特威国际有限公司（Intervet International B. V.）。

（47）鸡新城疫、减蛋综合征二联灭活疫苗　（Newcastle Disease and Egg Drop Syndrome Vaccine，Inactivated）

出口国/企业：印度尼西亚美迪安有限公司（PT Medion Farma Jaya）。

（48）鸡新城疫、减蛋综合征二联灭活疫苗（Komarov 株＋127 株）　［Newcastle Disease and Egg Drop Syndrome Vaccine，Inactivated（Strain Komarov ＋Strain 127)］

出口国/企业：以色列雅贝克生物实验有限公司（ABIC BIOLOGICAL LABORATO-RIES LTD.）。

（49）鸡新城疫灭活疫苗（Clone 30 株）　［Newcastle Disease Vaccine，Inactivated（Strain Clone 30)］

出口国/企业：荷兰英特威国际有限公司（Intervet International B. V.）。

（50）鸡新城疫灭活疫苗（La Sota 株）　［Newcastle Disease Vaccine，Inactivated（Strain La Sota)］

出口国/企业：印度尼西亚美迪安有限公司（P. T. Medion）；匈牙利诗华-费拉西亚兽医生物制品有限公司（CEVA - PHYLAXIA Veterinary Biologicals Co. Ltd.）。

（51）鸡新城疫灭活疫苗（Ulster 2C 株）　［Newcastle Disease Vaccine，Inactivated（Strain Ulster 2C)］

出口国/企业：梅里亚有限公司法国生产厂（Merial SAS，France）。

（52）肉鸡球虫活疫苗　（Coccidiosis Vaccine，Live Oocysts，Chicken Isolates）

出口国/企业：英特威美国分公司（Intervet Inc.）。

（53）种鸡球虫活疫苗　（Coccidiosis Vaccine，Live Oocysts）

出口国/企业：英特威美国分公司（Intervet Inc.）。

（54）种鸡新城疫灭活疫苗（La Sota 株）　［Newcastle Disease Vaccine，Inactived（Strain La Sota)］

出口国/企业：匈牙利诗华-费拉西亚兽医生物制品有限公司（CEVA-PHYLAXIA Veterinary Biologicals Co. Ltd.）。

6.4.3.2　猪用生物制品

（1）仔猪 C 型产气荚膜梭菌病、大肠杆菌病二联灭活疫苗　（Clostridium Perfringens Type C - Escherichia Coli Bacterin-Toxoid)

出口国/企业：硕腾公司美国林肯生产厂（Zoetis Inc.，Lincoln，USA）。

（2）猪大肠杆菌病、C型产气荚膜梭菌病、诺维氏梭菌病三联灭活疫苗 （Multivalent Vaccine against Piglet Colibacillosis，Necrotic Enteritis and Sudden Death for Swine，Inactivated）

出口国/企业：西班牙海博莱生物大药厂（Laboratorios Hipra，S. A.）。

（3）猪繁殖与呼吸综合征活疫苗 （Porcine Reproductive and Respiratory Syndrome Vaccine，Live）

出口国/企业：勃林格殷格翰动物保健（美国）有限公司（Boehringer Ingelheim Vetmedica，Inc.）。

（4）猪副猪嗜血杆菌病灭活疫苗 （Glasser's Disease Vaccine，Inactivated）

出口国/企业：西班牙海博莱生物大药厂（Laboratorios Hipra S. A.）。

（5）猪副猪嗜血杆菌病灭活疫苗（12型Z-1517株） ［Haemophilus parasuis Vaccine，Inactivated（Serotype 12 Strain Z-1517）］

出口国/企业：勃林格殷格翰动物保健（美国）有限公司St. Joseph生产厂（Boehringer Ingelheim Animal Health USA Inc.）。

（6）猪回肠炎活疫苗 （Lawsonia Intracellularis Vaccine，Live）

出口国/企业：勃林格殷格翰动物保健（美国）有限公司St. Joseph生产厂（Boehringer Ingelheim Animal Health USA Inc.）。

（7）猪伪狂犬病活疫苗（K-61株） ［Swine Pseudorabies Vaccine，Live（Strain K-61）］

出口国/企业：勃林格殷格翰动物保健（美国）有限公司St. Joseph生产厂（Boehringer Ingelheim Animal Health USA Inc.）。

（8）猪伪狂犬病活疫苗（Bartha K-61株） ［Swine Pseudorabies Vaccine，Live（Strain Bartha K-61）（Pseudorabies Vaccine，Modified Live Virus）］

出口国/企业：西班牙海博莱生物大药厂（Laboratorios Hipra，S. A.）；硕腾公司美国查理斯堡生产厂（Zoetis Inc.，Charles City，USA）。

（9）猪伪狂犬病活疫苗（Bartha株） ［Pseudorabies Vaccine，Live（Strain Bartha）］

出口国/企业：梅里亚有限公司法国生产厂（Merial SAS，France）。

（10）猪伪狂犬病灭活疫苗（Bartha K61株） ［Swine Pseudorabies Vaccine，Inactivated（Strain Bartha K61）］

出口国/企业：西班牙海博莱生物大药厂（Laboratorios Hipra，S. A.）。

（11）猪萎缩性鼻炎灭活疫苗 ［Swine Atrophic Rhinitis Vaccine，Inactivated（Bordetella Bronchiseptica-Pasteurella Multocida Bacterin-Toxid）］

出口国/企业：荷兰英特威国际有限公司（Intervet International B. V.）；西班牙海博莱生物大药厂（Laboratorios Hipra，S. A.）；硕腾公司美国林肯生产厂（Zoetis Inc.，Lincoln，USA）。

（12）猪萎缩性鼻炎灭活疫苗（支气管败血波氏杆菌833CER株＋D型多杀性巴氏杆菌毒素） （Inactivated vaccine to prevent progressive and non-progressive atrophic rhinitis in pigs）

出口国/企业：西班牙海博莱生物大药厂（Laboratorios Hipra，S. A.）。

（13）猪细小病毒病、猪丹毒二联灭活疫苗（NADL-2 株 + 2 型 R32E11 株）
(Porcine Parvovirosis and Erysipelas Vaccine，Inactivated)

出口国/企业：西班牙海博莱生物大药厂（Laboratorios Hipra，S. A.）。

（14）猪胸膜肺炎放线杆菌亚单位灭活疫苗　（Porcine subunit Actinobacillus pleuropneumoniae vaccine，Inactivated)

出口国/企业：荷兰英特威国际有限公司（Intervet International B. V.）。

（15）猪圆环病毒 2 型杆状病毒载体灭活疫苗　（Porcine Circovirus Type 2 Baculovirus VectorVaccine，Inactivated)

出口国/企业：勃林格殷格翰动物保健（美国）有限公司（Boehringer Ingelheim Vetmedica，Inc.）。

（16）猪圆环病毒 2 型灭活疫苗（1010 株）　[Porcine Circovirus Vaccine Type 2，Inactivated (Strain 1010)]

出口国/企业：梅里亚有限公司法国生产厂（Merial SAS，France）。

（17）猪支原体肺炎复合佐剂灭活疫苗（P 株）　[Swine Mycoplasma Hyopneumoniae Vaccine in Compound Adjuvant，Inactivated (Strain P)]

出口国/企业：美国法玛威生物制品股份有限公司（Pharmgate Biologics Inc.）。

（18）猪支原体肺炎灭活疫苗（J 株）　[Swine Mycoplasma Hyopneumoniae Vaccine，Inactivated (Strain J) (Mycoplasma Hyopneumoniae Bacterin)]

出口国/企业：勃林格殷格翰动物保健（美国）有限公司（Boehringer Ingelheim Vetmedica，Inc.）；西班牙海博莱生物大药厂（Laboratorios Hipra，S. A.）；英特威美国分公司（Intervet Inc.）。

（19）猪支原体肺炎灭活疫苗（P-5722-3 株，Ⅰ）　（Mycoplasma Hyopneumoniae Bacterin)

出口国/企业：硕腾公司美国查理斯堡生产厂（Zoetis Inc.）。

（20）猪支原体肺炎灭活疫苗（P-5722-3 株，Ⅱ）　（Mycoplasma Hyopneumoniae Bacterin)

出口国/企业：硕腾公司美国查理斯堡生产厂（Zoeties Inc.，Charles City，USA）。

（21）猪支原体肺炎灭活疫苗（P 株）　[Swine Mycoplasma Hyopneumoniae Vaccine，Inactivated (Strain P)]

出口国/企业：美国普泰克国际有限公司（Prota Tek International，Inc)。

（22）公猪异味控制疫苗　（Vaccine for the Control of Boar Taint)

出口国/企业：硕腾公司澳大利亚（Parkeville）生产厂（Zoetis Australia Pty Ltd)。

6.4.3.3　犬、猫用生物制品

（1）狂犬病灭活疫苗（G52 株）　[Rabies Vaccine，Inactivated (Strain G52)]

出口国/企业：勃林格殷格翰动物保健有限公司法国生产厂（Boehringer Ingelheim Animal Health France SCS）。

（2）狂犬病灭活疫苗（HCP-SAD 株）　（Rabies Vaccine，Killed Virus)

出口国/企业：勃林格殷格翰动物保健（美国）有限公司（Boehringer Ingelheim Vetmedica，Inc.）。

（3）狂犬病灭活疫苗（VP12 株）　[Rabies Vaccine，Inactivated (Strain VP12)]

出口国/企业：法国维克有限公司（VIRBAC LABORATORIES）。

（4）猫鼻气管炎、嵌杯病毒病、泛白细胞减少症三联灭活疫苗 （Feline Rhinotra-cheitis-Calici-Panleukopenia Vaccine，Killed Virus）

出口国/企业：勃林格殷格翰动物保健（美国）有限公司（Boehringer Ingelheim Vet-medica，Inc.）。

（5）禽病毒性关节炎油乳剂灭活疫苗（Olson WVU2937 株） ［Infectious Ar-thritis Vaccine，Inactivated（Strain Olson WVU2937）］

出口国/企业：勃林格殷格翰动物保健有限公司意大利生产厂（Boehringer Ingelheim Animal Health Italia S. p. A）。

（6）犬、猫狂犬病灭活疫苗 （Canine and feline Rabies Vaccine，Inactivated）

出口国/企业：荷兰英特威国际有限公司（Intervet International B. V.）。

（7）犬钩端螺旋体病（犬型、黄疸出血型）二价灭活疫苗 （Inactivated combined L. canicola and L. icterohaemorrhagiae Vaccine）

出口国/企业：荷兰英特威国际有限公司（Intervet International B. V.）。

（8）犬瘟热、传染性肝炎、细小病毒病、副流感四联活疫苗 （Canine Distemper，Adenovirus，Parvovirus，Parainfluenza Vaccine，Live）

出口国/企业：荷兰英特威国际有限公司（Intervet International B. V.）。

（9）犬瘟热、细小病毒病二联活疫苗 （Canine Distemper and Parvovirus Vaccine，Live）

出口国/企业：荷兰英特威国际有限公司（Intervet International B. V.）。

（10）犬瘟热、腺病毒 2 型、副流感、细小病毒病四联活疫苗 （Canine Distem-per，Adenovirus Type 2，Parainfluenza and Parvovirus Vaccine，Modified Live Virus）

出口国/企业：硕腾公司美国林肯厂（Zoetis Inc.，Lincoln，USA）。

（11）犬瘟热、腺病毒 2 型、副流感、细小病毒病四联活疫苗-犬钩端螺旋体病（犬型、黄疸出血型）二价灭活疫苗-犬冠状病毒病灭活疫苗 （Canine Distemper-Adenovi-rus Type 2-Coronavirus-Parainfluenza-Parvovirus Vaccine，Modified Live and Killed Vi-rus，Leptospira Canicola-Icterohaemorrhagiae Bacterin）

出口国/企业：硕腾公司美国林肯厂（Zoetis Inc.）。

（12）犬瘟热、腺病毒病、细小病毒病、副流感病毒 2 型呼吸道感染症四联活疫苗-犬钩端螺旋体病、黄疸出血钩端螺旋体病二联灭活疫苗 （Canine Distemper，Adenovir-oses，Parvovirosis and Parainfluenza Type 2 Respiratory Infections Vaccine，Live-Lepto-spira Canicola And Leptospira Icterohaemorrhagiae Leptospiroses Vaccine，Inactivated）

出口国/企业：梅里亚有限公司法国生产厂（Merial SAS，France）。

（13）犬瘟热、腺病毒病、细小病毒病、副流感四联活疫苗-犬钩端螺旋体病（犬型、黄疸出血型）二价灭活疫苗 ［Live Vaccine against Canine Distemper，Adenovirus Type 2，Parvovirosis，Parainfluenza Virus and Inactivated Vaccine Against Canine Lepto-spirosis（Canicola＋ Icterohaemorrhagiae）］

出口国/企业：西班牙海博莱生物大药厂（LABORATORIOS HIPRA，S. A.）。

（14）犬细小病毒病活疫苗 （Parvovirus Vaccine，Modified Live Virus）

出口国/企业：硕腾公司美国林肯厂（Zoetis Inc.，Lincoln，USA）。

（15）犬细小病毒病活疫苗（NL-35-D 株） ［Parvovirus Vaccine，Live（Strain NL-35-D）］

出口国/企业：硕腾公司美国林肯厂（Zoetis Inc.）。

6.5

兽医微生物菌、毒种进出口审批

2004年6月29日，国务院发布《国务院对确需保留的行政审批项目设定许可的决定》（中华人民共和国国务院令第412号），明确将兽医微生物菌（毒、虫）种进出口和使用审批事项予以保留。2021年11月17日，农业农村部发布公告第492号，明确将兽医微生物菌（毒、虫）种进出口和使用审批事项列入实施全程电子化审批事项。

为深入落实国务院"放管服"改革精神，2022年1月30日国务院办公厅发布《关于全面实行行政许可事项清单管理的通知》（国办发〔2022〕2号），对兽医微生物菌（毒、虫）种进出口和使用审批进行了调整，确定审批事项为"兽医微生物菌、毒种进出口审批"。

6.5.1 法规要求

2004年11月12日，中华人民共和国国务院令第424号公布施行《病原微生物实验室生物安全管理条例》第二十二条规定，取得从事高致病性病原微生物实验活动资格证书的实验室，需要从事某种高致病性病原微生物或者疑似高致病性病原微生物实验活动的，应当依照国务院卫生主管部门或者兽医主管部门的规定报省级以上人民政府卫生主管部门或者兽医主管部门批准。

2008年11月农业农村部发布《动物病原微生物菌（毒）种保藏管理办法》，其第十七条规定，保藏机构应当按照以下规定提供菌（毒）种或者样本：一是提供高致病性动物病原微生物菌（毒）种或者样本的，查验从事高致病性动物病原微生物相关实验活动的批准文件；二是提供兽用生物制品生产和检验用菌（毒）种或者样本的，查验兽药生产批准文号文件。《动物病原微生物菌（毒）种保藏管理办法》第二十九条规定，从国外引进和向国外提供菌（毒）种或者样本的，应当报原农业部批准。

6.5.2 申请主体

从事相关业务的事业单位，企业。

6.5.3 申请材料

6.5.3.1 进口审批材料

申请从国外引进和向国外提供菌（毒）种的，应属于动物病原微生物菌（毒）种。提供《兽医微生物菌、毒种进出口审批申请表》，以附件方式提供菌、毒种的详细背景及鉴定报告。

6.5.3.2　出口审批材料

申请进出口菌（毒、虫）种时需以附件方式提供菌（毒、虫）种的详细背景及鉴定报告，且中国兽医微生物菌种中心需保藏 2 支备份。提供《兽医微生物菌、毒种进出口审批申请表》，以附件方式提供菌、毒种的详细背景及鉴定报告。

6.5.4　办理主体

受理机构为农业农村部政务服务大厅；决定机构为农业农村部。

6.5.5　办理流程

主要流程包括：一是农业农村部政务服务大厅畜牧兽医窗口审查申请人提交的《兽医微生物菌（毒、虫）种进出口和使用审批申请表》及其相关材料，申请材料齐全的予以受理。二是农业农村部畜牧兽医局组织有关单位对申请材料进行审查，必要时组织专家进行技术评审。三是农业农村部畜牧兽医局根据审查意见提出审批方案，按程序报签后办理批件。

6.5.6　技术审查要点

一是《兽医微生物菌、毒种进出口审批申请表》是否填写正确、完整。二是进出口菌、毒种的理由及必要性，包括：申请进口的菌、毒种是否属于我国已消灭或尚未发现的疫病菌、毒种；是否与我国流行的病原微生物存在差异；属于致病性菌株还是非致病菌株；是否会带来生物安全风险。申请出口的菌（毒、虫）种是否为我国特殊微生物资源；是否侵犯知识产权。三是该单位实验室、动物房环境和生物安全条件是否符合开展引进菌（毒、虫）种相关操作的要求。

参考文献

[1] 张穹,贾幼陵. 兽药管理条例释义[M]. 北京: 中国农业出版社出版, 2005.
[2] 中华人民共和国国务院. 兽药管理条例（国务院令第 404 号）. 2004.

[3] 农业部 . 兽用生物制品注册分类及注册资料要求（农业部公告第 442 号）. 2004.

[4] 农业农村部畜牧兽医局 . 兽药管理政策法规汇编 . 2020.

[5] 中华人民共和国国务院 . 病原微生物实验室生物安全管理条例 . 2004.

[6] 农业部 . 动物病原微生物菌（毒）种保藏管理办法（农〔牧〕字第 181 号）. 2009.

[7] 农业部、海关总署 . 兽药进口管理办法（农业部、海关总署令第 2 号）. 2007.

[8] 农业部畜牧兽医局 . 进口兽药指南[M]. 北京：中国农业大学出版社 . 1999.

[9] 中国兽药典委员会 . 中国兽药典 2020 年版一部[M]. 北京：中国农业出版社 . 2020.

第 7 章
兽药标准与
检验检测

本章系统介绍了以《中国兽药典》为核心的完善的兽药标准体系的发展历史，梳理了我国兽药检验体系 70 多年的创建和演变历程，首次完整总结了兽药标准物质的管理和研制技术要求，以及兽药产品注册检验和监督检验的要求。不断完善的兽药标准和检验管理体系，为保证我国兽药产品的质量和食品安全奠定了坚实的基础。

7.1

概论

兽药产品的生产历史悠久，尤其是我国的兽用生物制品制造历史最早起源于 1928 年，但是开始阶段仅限于简单的生产，并未制定产品检验标准对质量进行控制，直至新中国成立后，为了获得品质良好的兽药产品，有效地对产品进行质量控制，原农业部开始启动兽药检验标准的制订工作，从兽用生物制品规程的编写着手，到开展兽用中化药质量标准的制订工作，经历了从开始的《兽药规范》的形成到目前以《中国兽药典》为核心的较为完善的兽药标准体系建立历程。

同时，农业部于 1952 年建立了我国第一个兽药检验检测实验室，也就是现在的中国兽医药品监察所，该实验室隶属于农业部，其后从 20 世纪 80 年代开始着手建立省级兽药检验机构，通过十多年的努力，建立了由国家和各省级兽药检验机构组成的完善的兽药检验体系队伍，成为我国兽药行业管理的重要技术支持机构，承担对兽药产品的检验检测、监督检查和标准制修订等工作，包括对兽药产品的日常监督检验、注册检验、文号复核检验等。中国兽医药品监察所还承担着兽药国家标准物质的制备和供应工作。

至 20 世纪 90 年代初，随着国民生活质量的提高，食品质量安全也随之越来越受到关注，加上国际出口对食品中兽药残留的要求，农业部开始承担畜产品中兽药残留的检测任务并负责制定兽药残留限量标准和检验方法。兽药残留标准明确纳入食品安全国家标准体系，其主要包括兽药最大残留限量及与之配套的检测方法，是兽药残留监控工作的基础和技术法规。随着对兽药残留工作的开展，兽药检验检测队伍也承担起兽药残留监控工作和兽药标准的制修订工作，同时原农业部还成立了兽药残留基准实验室，承担兽药残留技术标准研究、检验、检测和培训工作。

7.2

兽药标准

7.2.1　发展历史

新中国成立后，为使兽用生物制品的生产规范化、兽药质量标准化，避免因使用不良生物药品造成传染病散播的悲惨结果，满足全国对血清和疫苗等的需求，原农业部启动了《兽医生物制品制造及检验规程》的制订工作，其后随着兽用化学药品生产企业的不断建立、化学药品产品的不断增多，为了控制兽用化学药品和中药产品的质量，原农业部又启动了《兽药规范》的编制工作，《兽医生物制品制造及检验规程》和《兽药规范》的出版，成为当时我国兽药生产和检验的重要技术法规。

随着科学技术的发展，以及疫病防治中对兽用生物制品、兽用中药和兽用化学药提出的新要求，需要进一步增订新品种的标准和完善相关质量标准，在原农业部主持下，先后对《兽医生物制品制造及检验规程》进行了 6 次修订和增补，对《兽药规范》进行了 2 次修订和补充。在此基础上，中国兽药典委员会开始进行了《中国兽药典》的编制工作，成熟的兽药质量标准收入《中国兽药典》内，编纂了第一版《中国兽药典》（1990 年版），内容包括兽用化学药品、中药和生物制品，《中国兽药典》的出版，成为我国兽药标准的最高技术法规。其后每五年更新一次，形成新一版《中国兽药典》，迄今已完成共六版《中国兽药典》的编纂出版和发布。另外从《中国兽药典》2010 年版起，未收录现行版《中国兽药典》中的兽药质量标准，统一汇编成《国家兽药质量标准》。

至此我国形成了目前的标准框架，即以《中国兽药典》为核心、其他兽药质量标准为补充的兽药标准体系格局。

7.2.1.1 《兽用生物制品规程》的编制

1952 年农业部成立中央兽医生物药品监察所（现中国兽医药品监察所）后，学习苏联兽医科学与实际工作的成就，包括鼻疽、炭疽、小牛副伤寒、小猪副伤寒、羊痘、布氏杆菌病、结核、羔羊痢疾、家畜家禽出血性败血病、猪瘟等畜禽主要传染病及有关生物制品的制造方法，提出了兽医生物药品制造及检验规程的草稿，正式编写成 1952 年版《兽医生物药品制造及检验规程》，其中收载了兽医生物药品制造及检验规程总则、兽医生物药品制造用菌种/种毒的保发及寄存细则草案、兽医生物药品制造用牲畜检验细则以及血清制品 11 个品种，菌苗和疫苗制品 17 个品种，诊断液 7 个品种，其他 2 个品种，共计 37 个品种。随后又相继发布了 1957 年版、1959 年版、1963 年版和 1973 年版《兽医生物药品制造及检验规程》。

1981 年，中国兽医药品监察所成立了规程修改小组，由 1 名副所长、3 名技术干部组成，按诊断产品、禽用疫（菌）苗、牛羊及马用产品、猪用疫（菌）苗，分别召开了专题讨论会，提出了《兽医生物制品制造及检验规程》修订稿。1983 年 12 月，第一届规程委员会审议通过，1984 年，农业部以"农牧渔业部（84）农（牧）字第 144 号"文批准，自 1985 年 1 月 1 日起实施，称为 1985 年版《兽医生物制品制造及检验规程》。

1992 年，第二届兽医生物制品规程委员会扩大会议审议通过了 1992 年版《兽用生物制品规程》。2001 年农业部以农牧发〔2001〕43 号文"关于颁布《中华人民共和国兽用生物制品规程》（2000 年版）"颁布，自 2002 年 1 月 1 日起执行。2000 年版《兽用生物制品规程》"总则"部分收载了《兽用生物制品命名原则》《兽用生物制品国家标准品的制备和标定》《生产用菌（毒、虫）种和标准品管理规定》《防止散毒办法》《生产、检验用动物暂行标准》《生产、检验用细胞标准；制品组批与分装规定》《瓶签、说明书与包装的规定》《制品检验的有关规定》《制品的贮藏、运输和使用办法》。"灭活疫苗"部分收载了 26 个制品规程，"活疫苗"部分收载了 41 个制品规程，"抗血清"部分收载了 6 个制品规程，"诊断制品"部分收载了 33 个制品规程。"附录"部分收载了培养基制造方法、溶液配制、注射用白油（轻质矿物油）标准等 34 项。

7.2.1.2　《兽药规范》的编制

1964 年 8 月，农业部、化工部和商业部组织《兽医药品规范》编订小组，于 1965 年 3 月形成《兽医药品规范》（草稿），收载原料药及制剂 325 个品种、附录制剂通则 8 项、生物制品通则 9 项、各种检测方法 39 项、试药试液等 8 项、毒药表、剧药表、极量表，不同年龄家畜用药比例、不同用药途径、用药剂量比例、不同浓度乙醇配制表、乙醇比重表、度量衡表、原子量表等 11 项，及中文索引、拉丁文索引。

1965 年 8 月，农业部在北京召开了《兽医药品规范》（草稿）审定会，邀请 6 个兽药厂的技术人员、8 个大专院校的药理教授、3 个研究所的兽药专家共 33 人，对《兽医药品规范》（草稿）进行了审议、修订，历时 27 天。会议的修订意见，经过整理，编写成 1967 年版《兽医药品规范》（草案），农业部于 1968 年发布。该版《兽医药品规范》收载原料及制剂 310 个品种，凡例、附录 68 项以及中文索引、拉丁文索引。

1975 年，中国兽医药品监察所组织修订《兽医药品规范》。分为两册，一册为《兽药规范》1978 年版一部，一册为《兽药规范》1978 年版二部。一部为兽用化学药品部分，共收载 383 个品种，制剂通则、检验方法通则 80 个；二部为兽医中草药部分，共收载中药材 531 种、成方制剂 141 种，附录 7 个。本版规范，农林部于 1978 年 8 月颁布。

1989 年，中国兽药典委员会组织修订 1978 年版的《兽药规范》。经过三年的组织起草、技术复核和审定，于 1992 年出版了《兽药规范》1992 年版，该版规范收载了原 1978 年版《兽药规范》且未纳入 1990 年版《中国兽药典》仍在使用的品种，以及新颁布的新兽药质量标准。《兽药规范》1992 年版分为一部和二部，一部收载化学药品、抗生素和生化制品，共 93 个品种；二部收载中药材及成方制剂，其中药材 175 个、成方制剂 52 个和锭剂制剂通则。

7.2.1.3　《中国兽药典》的编纂

1986 年 5 月，农牧渔业部按照国家标准局要求（国家标准发［1986］153 号文）正式成立中国兽药典委员会（第一届），聘请委员 76 名、顾问委员 2 名，共计 84 人。兽药典委员会下设化学药品、中药、抗生素、生化、兽药评价 5 个专业组及生物制品委员会和办公室。兽药典编纂工作全面启动。1990 年编撰完成我国第一版兽药典——《中国兽药典》（1990 年版）。

第二届中国兽药典委员会于 1996 年成立，2000 年 7 月 14 日，农业部以农牧发［2000］8 号文发布《中华人民共和国兽药典》（2000 年版），自 2001 年 7 月 1 日起执行。

第三届中国兽药典委员会于 2002 年成立，《中国兽药典》（2005 年版），下设安全评价、化学药品、抗生素、中药、生物制品以及水生动物、蚕、蜂用药六个专业委员会。2005 年 12 月 21 日经农业部批准发布《中华人民共和国兽药典》（2005 年版），于 2006 年 7 月 1 日正式实施。同时配套出版了第一版英文版《中国兽药典》。

第四届中国兽药典委员会于 2006 年成立，《中国兽药典》（2010 年版）于 2010 年 12 月 27 日由农业部公告第 1521 号予以颁布，自 2011 年 7 月 1 日起施行。同时配套出版了第二版英文版《中国兽药典》。

第五届中国兽药典委员会于 2011 年成立，《中国兽药典》（2015 年版）于 2016 年 8 月 23 日，由农业部公告第 2438 号发布，自 2016 年 11 月 15 日起实施。

第六届中国兽药典委员会于 2017 年成立，《中国兽药典》（2020 年版）于 2020 年 11 月 19 日由农业农村部公告第 363 号批准颁布，自 2021 年 7 月 1 日起实施。

7.2.1.4 兽药地方标准的清理

2004 年版《兽药管理条例》实施之前，省级兽医行政管理部门负责批准第四、五类新兽药，使得同品种兽药有多个质量标准，造成产品混乱，且处方工艺不合理和标准质量较低的情况较多。为了理清兽药地方标准，先后组织开展了三次地方标准清理工作，第一次为 20 世纪 80 年代，第二次为 20 世纪 90 年代，第三次为 21 世纪后，经过三次地方标准的清理，完全取消了地方标准，兽药标准全部由农业农村部统一审批。

（1）**第一次地方标准的清理**　1993 年 6 月，农业部畜牧兽医司发布"关于清理、整顿兽药地方标准的通知"，委托中国兽药典委员会办公室开展兽药地方标准清理工作。

中国兽药典委员会办公室通过调查，收集整理"558 庆增安注射液"等兽药地方标准 2149 个，并组织召开兽药地方标准审查会议，针对 912 个地方标准中存在的越权审批、处方不明确、不合理、疗效不确切、标准不完善等问题，分别提出撤销地方标准或补报资料意见。1995 年 11 月，农业部畜牧兽医司发布"关于清理兽药地方标准产品的通知"，公布第一批撤销品种目录，共有 2138 个品种。

1996 年 3 月，农业部兽医司发布"关于做好清理兽药地方标准工作的通知"，对后续清理兽药地方标准工作做了安排。截至 1998 年，各地撤消兽药品种 511 个，酝酿第二批撤消品种 768 个，继续保留 1803 个品种。本次兽药地方标准的清理，从 1993 年至 1998 年，历经 6 年时间，通过清理，完全摸清了全国兽药地方兽药审批情况，总结了地方评审经验，也客观分析了地方评审中存在的问题，为后续地方标准升国家标准工作打下基础。

（2）**第二次地方标准的清理**　2004 年版《兽药管理条例》发布实施，取消了地方对兽药新制剂的审批权。同年农业部公告第 426 号启动兽药地方标准清理工作，并于 2005 年农业部办公厅以农医办［2005］35 号发文，通知要求开展地方标准升国家标准的工作。

此次地方标准清理的工作共分为两个阶段：2004—2008 年为第一阶段，该阶段对全国兽药地方标准进行全面清理，将符合要求的地方标准上升为国家标准，上升的国家标准试行期为两年；2008—2012 年为第二阶段，经过试行，将上升为国家标准的试行标准进行技术审查，通过复核后正式转为国家标准。

在第一阶段的兽药地方标准上升试行国家标准期间，这时首先需由生产企业提出地方标准升国家标准的申请，然后对申请需要升国家标准的地方标准进行技术评审和标准复核，对组方、工艺、疗效确切、质量可控的地方标准方可上升为国家标准。在此期间共全面清理了约 5000 个兽药地方标准，发布《兽药国家标准 兽药地方标准上升国家标准》共十册，含 708 个标准。标准试行期内，生产企业应对产品的稳定性、安全性、质量可控性和不良反应进行考察，未上升的标准全部废止。

在第二阶段的《兽药国家标准汇编-兽药地方标准上升国家标准》标准试行期内，生产企业应按试行标准组织生产，并抓紧做好标准修订完善工作，发现问题及时上报。2008 年《农业部办公厅关于开展兽药试行标准转正工作的通知》（农医办［2008］11 号）启动试行期满的试行标准转正工作，由农业部兽药评审中心具体负责技术审查，各省、自治区、直辖市兽药监察所承担标准复核工作。至 2012 年 4 月，完成标准转正工作，发布《兽药国家标准汇编-兽药地方标准上升国家标准》共三册，含 434 个标准，其中化学药品标准 188 个，中药 247 个，未转正的标准全部废止。

7.2.1.5　兽药国家标准的评价

为保证兽药安全有效和动物产品安全,原农业部组织开展了部分兽药品种的安全评价工作。2012 年农业部发布公告第 1845 号,将质量不可控、毒副作用大、制剂产品生产无原料药合法来源、长期未生产、兽医临床使用量小且已有替代产品、国家重点保护动物药材及可归属饲料添加剂管理存在的 109 个品种列入《废止兽药质量标准目录》。

为加强兽用生物制品标准管理工作,确保产品安全、有效、质量可控,原农业部组织开展了兽用生物制品标准清理工作。2015 年农业部发布公告第 2294 号,对不符合当前国家动物防疫政策、存在较大生物安全隐患、已被新产品取代且至少 5 年无企业生产,以及检验项目不全、不能保证产品质量的 81 个兽用生物制品标准予以废止。

兽用化学药品、兽用中药和兽用生物制品此次废止标准共 190 个,目录见表 7-1。

表 7-1　废止标准目录

序号	标准名称	标准归属
1	水杨酸软膏	《兽药规范》1967 年版
2	注射用促皮质素	
3	乙醚	
4	麻醉乙醚	
5	干燥明矾	
6	硝酸银	
7	硝酸银棒	
8	炉甘石	
9	炉甘石洗剂	
10	干燥硫酸钙	
11	氯胺 T	
12	三氯化铁	
13	注射用盐酸二氯苯肼	
14	己烷雌酚	
15	催产素注射液	
16	异烟肼	
17	醋酸钾	
18	溴化钾	
19	碳酸镁	
20	硫锑钠	
21	注射用硫锑钠	
22	注射用硫代硫酸钠	
23	薄荷油	
24	磺胺	
25	合霉素	
26	合霉素片	
27	醋酸维生素 E	
28	硼酸软膏	
29	仙鹤草色素注射液	《兽药规范》1978 年版一部
30	右旋糖酐铁钴注射液	
31	芳香氨醑	
32	鱼肝油	
33	盐酸噻咪唑注射液(驱虫净注射液)	
34	氨甲酰胆碱	
35	氨甲酰胆碱注射液	
36	氯磷定	

序号	标准名称	标准归属
37	氯磷定注射液	《兽药规范》1978 年版一部
38	乳酸钙	
39	硝酸毛果芸香碱注射液	
40	六氯酚	
41	石蜡	
42	戊四氮	
43	戊四氮注射液	
44	台盼蓝	
45	吩噻嗪	
46	注射用台盼蓝	
47	杏仁水	
48	注射用新胂凡钠明	
49	单软膏	
50	浓氨溶液（浓氨水）	
51	稀氨溶液（稀氨水）	
52	洋地黄毒甙注射液	
53	盐酸士的宁	
54	盐酸士的宁注射液	
55	桂皮酊	
56	倍硫磷	
57	硫酸喹啉脲（阿卡普林）	
58	硫酸喹啉脲注射液（阿卡普林注射液）	
59	氯仿	
60	碳酸钠	
61	碳酸铵	
62	稀醋酸	
63	樟脑醑	
64	复方樟脑搽剂	
65	橙皮酊	
66	溴化钙	
67	溴化钙注射液	
68	羟萘酸苄酚宁	
69	水银	《兽药规范》1978 年版二部
70	信石	
71	十枣汤	
72	石膏知母汤	
73	防风汤	
74	参附汤	
75	黄土汤	
76	白降丹	
77	七味诃子散	
78	氢溴酸槟榔碱	《兽药规范》1992 年版一部
79	氢溴酸槟榔碱片	
80	盐酸噻咪唑	
81	盐酸噻咪唑片	
82	敌敌畏溶液	
83	硫双二氯酚	
84	硫双二氯酚片	
85	硝硫氰醚	
86	硝酸二甲硫胺	

序号	标准名称	标准归属
87	氯硝柳胺哌嗪	《兽药规范》1992 年版一部
88	碘仿	
89	鞣酸	
90	鞣酸蛋白	
91	吩噻嗪	农牧发
92	吩噻嗪烟剂	（1993）7 号
93	复方吩噻嗪烟剂	
94	乙胺嘧啶	《中国兽药典》
95	萘啶酸	1990 年版一部
96	萘啶酸片	
97	磷酸左旋咪唑	
98	磷酸左旋咪唑片	
99	磷酸左旋咪唑注射液	
100	穿山甲	《中国兽药典》1990 年版二部
101	洋地黄酊	《中国兽药典》
102	桔梗流浸膏	2000 年版二部
103	注射用抗血促性素血清	《兽药质量标准》
104	盐酸甜菜碱	2003 年版
105	盐酸甜菜碱预混剂	
106	氯化胆碱	
107	氯化胆碱溶液	
108	新保灵	
109	金荞麦散	
110	口蹄疫 O、A 型活疫苗	《生物制品规程》2000 年版
111	鸡新城疫中等毒力活疫苗	
112	兽用炭疽油乳剂疫苗	《生物制品质量标准》1992 年版
113	牛 O 型口蹄疫灭活疫苗	
114	猪 O 型口蹄疫灭活疫苗	
115	口蹄疫 A 型活疫苗	
116	猪巴氏杆菌病活疫苗（TA53 株）	
117	羊传染性脓疱皮炎活疫苗	
118	鸡新城疫、鸡传染性支气管炎和鸡痘三联活疫苗	
119	家兔巴氏杆菌病活疫苗	
120	猪巴氏杆菌病活疫苗	[1993]农（牧）函字第 22 号
121	兔病毒性出血症、多杀性巴氏杆菌病二联干粉灭活疫苗	农牧函[1994]6 号
122	噬菌蛭弧菌微生态制剂（生物制菌王）	农牧函[1994]37 号
123	牛羊口蹄疫活疫苗	农牧函[1995] 27 号
124	猪囊虫病油乳剂灭活疫苗	农牧函[1996] 6 号
125	牛 O 型口蹄疫灭活疫苗（NMxw-99 株＋NWzg-99 株）	农牧发[2001]23 号
126	鸡新城疫、传染性气管炎、减蛋综合征三联灭活疫苗（La Sota＋M41＋ KIBV-SD＋ AV127 株）	农业部公告第 326 号
127	猪瘟兔化弱毒牛体反应冻干疫苗	《生物制品规程》1984 年版
128	猪瘟结晶紫疫苗	
129	羊痘鸡胚化弱毒羊体反应冻干疫苗	
130	狂犬病疫苗	
131	抗猪、牛出血性败血病血清	
132	抗猪出血性败血病血清	
133	抗牛瘟血清	
134	布氏杆菌三用抗原	

序号	标准名称	标准归属
135	鸡白痢全血凝集反应抗原与阳性血清	《生物制品规程》1984 年版
136	牛肺疫补体结合反应抗原与阴、阳性血清	
137	口蹄疫 O 型和 A 型鼠化弱毒疫苗	
138	无毒炭疽芽孢苗（通气培养法）	
139	Ⅱ号炭疽芽孢苗（通气培养法）	
140	羊链球菌氢氧化钠铝菌苗	
141	羊链球菌弱毒氢氧化钠铝菌苗	
142	猪丹毒、猪肺疫氢氧化铝二联菌苗	
143	布氏杆菌羊型五号菌苗	
144	牛肺疫兔化弱毒疫苗	
145	牛肺疫兔化绵羊适应毒弱毒疫苗	
146	牛肺疫兔化藏系绵羊化弱毒疫苗	
147	猪水疱病猪肾传代细胞弱毒疫苗	
148	猪水疱病细胞毒结晶紫疫苗	
149	羊痘鸡胚化羊体反应毒羊睾丸细胞疫苗	
150	锥虫补体结合反应抗原与阴、阳性血清	
151	牛副伤寒氢氧化铝菌苗	
152	禽霍乱 731 弱毒菌苗	
153	禽霍乱氢氧化铝菌苗	
154	猪链球菌氢氧化铝菌苗	
155	猪瘟、猪丹毒、猪肺疫（TA-53）弱毒三联苗	
156	兽用乙型脑炎疫苗	
157	口蹄疫 O 型、A 型鼠化弱毒双价疫苗	
158	猪瘟兔化弱毒湿苗	《生物制品规程》1973 年版
159	厌气菌多联氢氧化铝菌苗	
160	仔猪副伤寒弱毒冻干菌苗	
161	牛传染性胸膜肺炎补体结合反应抗原与阴、阳性血清	
162	羊猝狙快疫氢氧化铝菌苗	《生物制品规程》1963 年版
163	羊猝狙快疫甲醛菌苗	
164	猪丹毒氢氧化铝菌苗	
165	猪丹毒氢氧化铝（加血清）菌苗	
166	猪丹毒半固体菌苗	《生物制品规程》1959 年版
167	山羊传染性胸膜肺炎氢氧化铝疫苗	
168	牛瘟脏器苗	
169	鸡新城疫弱毒（印度系）疫苗	
170	羊痘氢氧化铝疫苗	
171	羊肠毒血症菌苗	
172	羔羊痢疾菌苗	
173	猪肺疫半固体菌苗	
174	鸡痘蛋白筋胶活毒疫苗（鸽痘原）	
175	利用猪瘟耐过猪制造猪瘟血清	
176	牛传染性胸膜肺炎疫苗	《生物制品规程》1957 年版
177	猪肺疫浓菌苗	
178	出血性败血病菌苗	《生物制品规程》1952 年版
179	猪瘟血毒、猪瘟结晶紫疫苗、抗猪瘟血清	
180	抗猪瘟、猪丹毒二价血清	
181	小牛副伤寒菌苗	
182	抗小牛副伤寒血清	
183	抗小牛副伤寒、大肠菌二价血清	
184	小猪副伤寒菌苗	

序号	标准名称	标准归属
185	抗小猪副伤寒血清	
186	羊痘活毒疫苗	
187	抗羊痘血清	《生物制品规程》1952年版
188	抗羔羊痢疾血清	
189	小牛、小猪副伤寒噬菌体	
190	马腺疫反病毒	

7.2.2 国家标准

《兽药管理条例》第四十五条规定，兽药应当符合兽药国家标准。国家兽药典委员会拟定的、国务院兽医行政管理部门发布的《中华人民共和国兽药典》（简称《中国兽药典》）和国务院兽医行政管理部门发布的其他兽药质量标准均为兽药国家标准。兽药国家标准是国家对兽药质量监督管理的技术法规，是兽药生产、经营、使用及检验、监督管理部门共同遵循的法定依据，同时也是有效防止畜禽等动物疾病，促进畜牧和水产养殖业发展的保证，属强制性标准。

《中国兽药典》依据《兽药管理条例》组织制定和颁布实施，是国家监督管理兽药质量的法定技术标准，是兽药研制、生产（进口）、经营、使用和监督管理活动应遵循的法定技术标准，是兽药国家标准体系的核心，也是我国兽药科技、产业发展和兽药监管水平的综合体现，在一定程度上反映出国家在某一时间内兽药生产和科研水平。《中国兽药典》首先是生产企业必须执行的产品质量标准，为国家对该兽药品种的最基本要求，达不到它的要求的产品不得出厂，更不能在市场上流通和使用。这一要求对兽药生产、经营和使用等各环节均具有法律约束力，违反者将受到行政处罚。

其他兽药质量标准是国务院兽医行政管理部门发布的《中国兽药典》以外的兽药质量标准，含兽药注册标准、现行版《中国兽药典》未收载的兽药标准以及补充检查方法等。兽药注册标准是指在兽药注册过程中，由兽药注册申请人提出，经国务院畜牧兽医行政主管部门核准的兽药标准，是生产该兽药的兽药生产企业必须执行的标准，注册标准不得低于兽药国家标准的通用要求。兽药补充检查方法是指根据兽药安全监管需要，检验兽药产品现行质量标准项下未包括的检验项目或检验方法，用于检测兽药非处方成分或掺加物质而建立的补充检查方法，是兽药国家标准的补充，具有与兽药国家标准同等效力（农医发[2009] 17号），可用于兽药监督抽检、风险监测、应急处置等。

7.2.2.1 《中国兽药典》

现行《中国兽药典》是2020年版，由一部、二部和三部组成，一部收载化学药品和抗生素，二部收载中兽药品种，三部收载兽用生物制品，各部自成体系，均包括凡例、正文和附录。

《中国兽药典》凡例是正确使用《中国兽药典》进行兽药质量检定的基本原则，是对《中国兽药典》正文、附录及与兽药质量检定有关的共性问题的统一规定。由总则、正文、附录、名称与编排、项目与要求、标准物质、计量、检验方法和限度、精确度、试药试液指示剂、动物试验和说明书包装标签等组成，每部根据各自特色会有所不同。

《中国兽药典》收载的品种为临床常用、使用安全、疗效确切、工艺成熟、质量可控、在质量、技术和行业发展水平等方面具有代表性的兽药品种的国家标准。各品种项下收载的内容为标准正文，正文所设各项规定是针对符合《兽药生产质量管理规范》的产品而言，是根据药物自身的理化与生物学特性，按照批准的处方来源、生产工艺、贮藏运输条件等所制定的，用以检测兽药质量是否达到用药要求并衡量其质量是否稳定均一的技术规定。

《中国兽药典》附录主要收载与兽药质量检定有关的通用原则、通用检测方法、指导原则以及其他事项。制剂通则是兽药典关于某一类型制剂（即剂型）的共性问题和一般的原则要求，是对兽药制剂的定义、生产贮藏和质量标准所指定的原则性规定。通用检测方法是各正文品种进行相同检查项目的检测时所应采用的统一设备、程序、方法及通用方法要求等。指导原则是为执行兽药典、考察兽药质量、起草与复核兽药标准等所制定的指导性规定。

《中国兽药典》的凡例、附录是兽药标准的通用技术要求，对未载入《中国兽药典》但经国务院兽医行政管理部门颁布的其他兽药标准和注册标准具有同等效力，适用于在中华人民共和国境内上市的所有兽药产品。新版《中国兽药典》一经国务院兽医行政管理部门颁布实施，同品种的上版标准或其原国家标准同时废止。

(1)《中国兽药典》(1990年版)基本情况 《中国兽药典》(1990年版)为我国第一版兽药典，分为一部和二部。一部收载化学药品、抗生素、生物制品和各类制剂等。二部收载中药材和成方制剂。两部均有各自的凡例、正文、附录、索引等，共收载兽药品种878种和附录115项。一部收载兽用化学药品与抗生素343种，其中原料290种，制剂53种；原料药项下含结构式、分子式、分子量、性状、溶解性、熔点、鉴别、检查、含量测定、作用与用途、制剂等项；制剂项下除上述项目外增加了含量限度要求、用法与用量、规格和贮藏；收载兽用生物制品36种，其中芽孢苗2种、活疫苗20种、灭活疫苗6种、抗血清4种、菌素/抗毒素4种，标准项下含制法、性状、纯粹检验、鉴别检验、安全检验、效力检验、作用与用途、用法与用量、注意事项和贮藏等。二部收载中药药材和成方制剂499种，其中中药材418种（含中药西制的品种22个），成方制剂81种，其中散剂79种。每味药材先述来源，分述性状、鉴别、检查、炮制、性味与归经、功能、主治、用法与用量以及贮藏；成方制剂质量标准项下包括处方、制法、性状、鉴别、检查、功能、主治、用法与用量、注意以及贮藏，鉴别主要采用显微鉴别方法。一部收载化学药品附录61项，含片剂、注射液、酊剂、软膏剂、眼膏剂、预混剂6个制剂通则，最低装量检查法等44个检查法，试药、试液、试纸等8项，其中含49幅红外图谱；收载生物制品附录10个，含生物制品通则、无菌检验或纯粹检验法、支原体检验法、禽沙门氏菌检验法、外源病毒检验法、冻干制品剩余水分测定法、甲醛含量测定法、苯酚（石炭酸）含量测定法、汞类防腐剂含量测定法、铝胶盐水稀释液配制及检验方法。二部收载附录44项，其中制剂通则7项，含散剂、胶剂、片剂、注射液、酊剂、浸膏剂与流浸膏剂和软膏剂。

(2)《中国兽药典》(2000年版)基本情况 《中国兽药典》(2000年版)为我国第二版兽药典，分为一部和二部，收载兽药品种1125种和附录163项。两部均有各自的凡例、附录和索引。一部收载化学药品、抗生素、生物制品和各类制剂469种，新增132种，其中兽用化学药品与抗生素423种，新增122种；兽用生物制品46种，新增10种；二部收载中药药材和成方制剂656种，新增179种。现代分析技术在本版药典中得到进一步的扩大应用，包括高效液相色谱法、气相色谱法、薄层色谱法等，较第一版有大幅度增加。由于食品动物药物残留越来越引起人们的关注，本版药典根据国内外的资料规定了有关兽药的休药期。随着人民生活水平的提高，宠物的数量逐年增加，本版兽药典为了适应宠物用药要求，适当增加了小动物的用药剂量。增加了部分药品和药材在犬、猫、兔、禽等动物的用法用量；增加了渔、蚕、蜂等动物应用的重要成方制剂，如"虾蟹脱壳促长散""筋骨草蜕皮液""蜂螨液"等。不再收载红外图谱，另行发布《兽药红外图谱集（第一版）》，作为兽药典配套丛书。

《中国兽药典》（2000年版）一部收载附录95项，其中，化学药品部分收载附录77项，含制剂通则11项，增收了胶囊剂、滴眼剂、粉剂、溶液剂、混悬剂5种剂型；增加了高效液相色谱法在鉴别、检查及含量测定中的应用；增加了气相色谱法在含量测定及有机杂质检查中的应用；增加了原子吸收分光光度法；收载红外鉴别的品种111种；薄层色谱法、可见-紫外分光光度法用于原料及制剂鉴别、检查、含量的测定的品种大量增加，增加了薄层色谱法在抗生素中的应用；生物制品部分收载附录18项，新增检验用培养基、杂菌计数和病原性鉴定法、活菌计数法、亲白血病病毒检验法（COFAL试验）、菌落结晶紫染色法、真空度测定法、马传染性贫血补体结合试验和马传染性贫血琼脂扩散试验8项。二部收载附录68项，含制剂通则11项，增收了锭剂、合剂（口服液）、颗粒剂、灌注剂4项制剂通则。

（3）《中国兽药典》（2005年版）基本情况　　《中国兽药典》（2005年版）为我国第三版兽药典，首次将生物制品单列为一部，至此《中国兽药典》形成一部、二部和三部的格局。一部收载化学药品、抗生素、生化药品原料及制剂及辅料等；二部收载中药材、中药成方制剂及单味制剂；三部收载生物制品。每部设立各自的凡例、附录，自成体系。2005年版《中国兽药典》共收载兽药品种1246种，附录202项。一部收载原料与制剂446种，其中新增品种27个，兽医专用药品种157个，动物专用药品种5个。二部收载药材491种，成方制剂194种，其中新增药材20种、成方制剂11种，修订成方制剂16种。三部收载115种，其中新增69种。一部收载附录101项，新增21项，增加了质谱法、分子排阻色谱法、残留溶剂测定法、粒度和粒度分布测定法、释放度测定法、结晶性检查法、片剂的脆碎度检查法、乳化性检查法、融变时限检查法等检查和测定方法，增加外用液体制剂、颗粒剂、乳房注入剂及阴道给药制剂等反映动物用药特色制剂通则。此外还首次收载了兽药质量标准分析方法验证指导原则、兽药杂质分析指导原则、兽药稳定性试验指导原则和缓释、控释和迟释制剂指导原则4项。二部收载附录69项，增加了11项附录，增加了原子吸收分光光度法、毛细管电泳法、粒度测定法、可见异物检查法、灭菌法、重金属和农药残留测定法、中药质量标准分析方法验证指导原则等方法和原则，散剂定义中增加了"药材提取物"，胶剂增加了水分测定，片剂增加了糖衣片、薄膜衣片、泡腾片，颗粒剂增加了挥发油环糊精包合处理，薄层色谱法将市售薄层板列为首选项，高效液相色谱法、气相色谱法等方法增加了对仪器的要求。对中药软膏剂、酊剂、合剂增加了微生物限度检查。三部收载附录32项，新增16项，增加了生产检验用动物标准、生产检验用细胞标准等。

2005年版《中国兽药典》一部不再收载与临床使用有关的内容，首次编制《中国兽药典》配套丛书《兽药使用指南》，分化学药品卷和生物制品卷。化学药品卷收载了2005年版兽药典收载的所有品种和2004年12月底前农业部批准的新兽药、进口兽药品种以及一些仍保留在旧版兽药典、兽药规范中的品种。详细介绍其药理、药物相互作用、不良反应、临床适应证、用法与用量、注意事项、制剂、规格等，以及部分品种的最大残留限量和休药期等。生物制品卷收载了国内批准的兽用生物制品和进口产品共326种，具体包括产品简介、性状、作用与用途、用法与用量、注意事项、规格、贮存与有效期。

（4）《中国兽药典》（2010年版）基本情况　　《中国兽药典》（2010年版）为我国第四版兽药典，分为一部、二部、三部，共收载兽药品种1829个和附录252项，其中一部收载化学药品、抗生素、生化药品及药用辅料592种，新增147种，增加药用辅料126种，包括兽药专用辅料6种；二部收载中药材和饮片、植物油脂和提取物、成方制剂和单味制剂共1114种（包括372种饮片标准），新增431种（含药材37种，饮片372种，植物油脂和提取物16种，成方制剂6种）；三部收载兽用生物制品123种，新增26种。一部收载附录121项，其中新增20项，修订54项。增加了栓剂、子宫注入剂和眼用制剂3项制剂通则；新增药用辅料通则、"制药用水电导率测定法""渗透压摩尔浓度测定法"，加大对大输液、眼用制剂等有等渗要求的产品的渗透压摩尔浓度检查，新增的"可见异物检查法"替代了2005版兽药典中的澄明度检查项，增收了"兽药引湿性试验指导原则""兽用化学药品注射剂安全性检查法应用指导原则""抑菌效力检查法指导原则"等8项指导原则。二部收载附录93项，新增17项，修订60项。增加了丸剂和胶囊剂2项制剂通则；增收了"红外分光光度法""琼脂糖凝胶电泳法""离子色谱法"等11项检验方法，增收了"中药注射剂安全检查法应用指导原则""中药生物活性测定指导原则""微生物限度检查法应用指导原则"和"药品微生物实验室规范指导原则"4项指导原则；增加了中药指纹（特征）图谱鉴别技术，新增了6个品种（提取物）的指纹（特征）图谱鉴别。三部收载附录37项，新增5项，修订30项，首次收载了生物制品通则6项。新增兽用生物制品的标签、说明书与包装规定，兽用生物制品的贮藏、运输和使用规定，生产用菌（毒、虫）种管理规定等6项管理规定，增加了生物制品生产和检验用新生牛血清质量标准等5项标准，修订了外源病毒检验法等30项检验方法和标准。

2010版药典继续发布配套丛书《兽药使用指南》，分化学药品卷、中药卷和生物制品卷共三卷，并首次发布中药卷。本版《兽药使用指南》收载的品种数量达到1492个，化学药品卷收载821个品种，其中化学药品卷新增46个，各品种分别列出适应证、用法与用量、休药期、最高残留限量；中药卷收载192个成方制剂品种；生物制品卷收载479个品种，其中新增233个。同时，首次编译出版了《中国兽药典》（2005年版）的英文版，并出版了兽药典配套丛书《中药显微鉴别和薄层色谱彩色图集》和《兽药红外光谱集》（第二版）。

（5）《中国兽药典》（2015年版）基本情况　　《中国兽药典》（2015年版）为我国第五版兽药典，分为一部、二部、三部，共收载兽药品种2030种和附录288项，其中一部收载兽用化学药品与抗生素品种752种。新增166个，含药用辅料标准144个，解决了药用辅料标准欠缺和不足的问题。收载附录116项，新增24项。二部收载中药药材和成方制剂1148种，收载附录107项，新增15项。三部收载兽用生物制品131种，附录37项，收载通则8项，其中新增2项，修订4项。

2015年版《中国兽药典》在凡例中明确了对不按处方生产情况的判定："即使符合《中国兽药典》或按照《中国兽药典》没有检出其添加物质或相关杂质，亦不能认为其符合规定"，为违规添加非处方成分行为的定性提供了依据。本版兽药典改进了附录方法编排方式，首次建立附录编号，每个附录设定一个永久性编号，彻底解决了正文品种和附录方法的对应问题。

2015年版《中国兽药典》一部和三部全部恢复了正文品种临床使用部分的相关内容，含作用与用途、用法与用量、不良反应、注意事项和休药期。2015年版兽药典对安全性及安全性检查的总体要求更严格。一部加强了对静脉输液等高风险制剂品种渗透压控制、乳状注射液增加乳粒大小检查等安全性检查；二部增加对药材霉菌毒素及其加工中硫的控制，大幅度修订了农药残留量测定法；在正文品种中，增加了对毒性成分或易混杂成分的检查与控制，如二部正文品种中规定了部分药材二氧化硫残留量限量标准，规定了珍珠、海藻等海洋类药物中有害元素限量标准，增加了山楂、丹参中有机氯等16种农药残留的检查，对柏子仁等易受黄曲霉毒素污染药材增加了黄曲霉毒素检查，完成多个标准中对含苯等毒性溶剂的替换；三部新增了口蹄疫灭活疫苗细菌内毒素检验项目及标准。

2015年版《中国兽药典》加强了对兽药检测新技术的收载，新增国家兽药标准物质通则、药用辅料功能性指标研究指导原则、药用包材通用要求指导原则、药用玻璃材料和容器指导原则等多个通用性指导原则，强化了兽药行业在标准物质、药包材、药用玻璃容器等方面的管理，为兽药产品研发、推动行业发展提供了正确导向。

（6）《中国兽药典》（2020年版）基本情况　2020年版《中国兽药典》为我国第六版兽药典，由一部、二部和三部组成，收载品种总计2221种。一部收载化学药品、抗生素、生化药品和药用辅料共752种，包括原料及制剂476种，辅料276种。收载附录139项；二部收载药材和饮片、植物油脂和提取物、成方制剂和单味制剂共1370种，包括药材和饮片1139种（含药材625种）、植物油脂和提取物22种、制剂209种。收载附录110项；三部收载生物制品共99种，其中新增11种，不再收载43种。收载附录50项。本版兽药典各部均由凡例、正文品种、附录和索引等部分构成。

2020年版兽药典在前几版的基础上，突出兽医临床和养殖用药需求，在确保安全的前提下增加宠物用品种、兽医专用品种以及兽医特色剂型、制剂通则及方法、兽医专用药材及传统兽医特色制剂的收载。一部新增兽医专用品种、宠物用药和兽药专用制剂，如马波沙星、卡巴匹林钙、盐酸头孢噻呋等兽用原料及制剂，盐酸利福昔明、盐酸头孢噻呋、盐酸头孢喹肟乳房注入剂等兽医专用制剂。二部增加广东紫珠、臭灵丹草等新药材和玉屏风口服液、板蓝根注射液等极具传统兽医学特色的兽医专用药材和传统兽医特色制剂。三部增加小反刍兽疫活疫苗、大菱鲆迟钝爱德华氏菌活疫苗等11个反映疫病防治需求和水产养殖需求的品种。对重点正文品种和附录做了修订。一部重点对兽医专用品种的溶出度、含量均匀度、细菌内毒素、含量测定和休药期关键指标进行制修订。二部加强对中药材及中药成方制剂质量的整体控制，重点增强薄层鉴别、一法多测和专属性检查；加大检验操作中苯替代的品种范围；取消了人参、甘草、黄芪的六六六检查，取消了人参的艾氏剂检查，将山楂、丹参、甘草、白芍、金银花、枸杞子、黄芪的镉限度由0.3mg/kg修订为1mg/kg。三部重点修订效力检验和安全性检验方法，在山羊痘活疫苗、鸡新城疫灭活疫苗等多个标准中增加了检验用动物的血清学筛选方法，简化试验方法，减少动物的使用。附录中增加制剂通则的收载，一部增加了内服糊剂和制药用水总有机碳通则，二部增加了可溶性粉剂通则、微粉剂通则，三部新增兽用生物制品生产用原材料及辅料的一般要求等6个附录。

2020年版兽药典修订了临床用药相关内容，一部重点将残留限量、休药期等产品安全要求和药理药效、作用与用途、用法与用量、注意事项等合理用药规定统筹考虑，协同处理。针对"蛋鸡产蛋期禁用"品种在鸡蛋中检出，在执法中误判误罚等突出问题，修订为"产蛋供人食用的鸡，在产蛋期不得使用"，加强对药物使用的指导内容的规范。二部适当充实"症候"相关内容，部分药材和饮片增加或修订含乙醇制剂的症候，使其可用于犬、猫。

为加大风险或老旧品种退出力度，2020版兽药典不再收载高风险、工艺落后、长期不生产的品种。一部不再收载甲紫及其制剂、安钠咖注射液、咖啡因、盐酸哌替啶及其制剂、苯甲酸雌二醇、苯丙酸诺龙等 22 个品种；三部不再收载鸡痘活疫苗（汕系弱毒株）、鸡传染性支气管炎活疫苗（W93 株）、绵羊痘活疫苗和体外诊断制品等 43 个生物制品标准。

历版《中国兽药典》收载情况见表 7-2。

表 7-2　历版《中国兽药典》收载情况汇总表　　　　　　　　　　　　　　　　　　单位：个

版次	化药	中药	生物制品	制剂通则	其他通则	方法及其他	指导原则
1990 版	343	499	36	13	5	97	0
2000 版	423	656	46	21	5	137	0
2005 版	446	685	115	26	5	169	5
2010 版	592	1114	123	29	11	193	17
2015 版	752	1148	131	30	16	210	32
2020 版	752	1370	99	33	17	217	32

7.2.2.2　其他兽药质量标准

（1）兽药注册标准　兽药注册标准是由注册申请人制定，经国务院兽医行政管理部门核准的特定兽药的质量标准，生产该兽药的生产企业必须执行该注册标准，按其注册类别，实行 3～5 年的监测期，分进口兽药质量标准和国内新兽药质量标准。

① 进口企业注册标准。即进口兽药质量标准。为加强对进口兽药的监督管理，指导广大使用单位对进口兽药的正确使用，原农业部组织了有关专家和技术人员，对 1985 年以来的进口兽药质量标准进行了全面修订和审定，汇编成册，形成《进口兽药质量标准》，收载化学药品共 81 个，1993 年 10 月 12 日由农业部发布。《进口兽药质量标准》是我国对来中国销售的外国企业和港、澳、台地区的企业生产的兽药进行监督检验的法定依据，是我国第一版对进口兽药进行监督检验的法定标准，是进口兽药正确使用的指南。研制《进口兽药质量标准》中收载品种必须按照新兽药注册要求履行新药报批手续。

1999 年 1 月 20 日，农业部以农牧发［1999］2 号发布《进口兽药质量标准》（1999 年版），规定进口兽药质量标准属国家法定技术标准，是进行进口兽药质量复核、质量仲裁、质量监督检验的法定依据，凡从事进口兽药生产、国内分装、经营、使用、质量监督的单位和个人均需遵守（《进口兽药质量标准（1999 年版）》）；国内企业研制、生产其中的同品种产品，需按注册程序申报。该标准中收载化学药品和生物制品两部分，化学药品含 146 个品种的原料和制剂质量标准，生物制品含 5 个一般检验方法和 34 个品种的生物制品质量标准，其中灭活疫苗质量标准 21 个、活疫苗质量标准 34 个。

2006 年农业部发布《进口兽药质量标准》（2006 年版），收载了从 2000 年至 2005 年批准的所有进口兽药质量标准。

② 国内企业注册标准。即国内新兽药质量标准。1996 年农业部发布《兽药质量标准》（第一册），将 1995 年 12 月底前批准的新兽药质量标准，包括 1990 年前批准但未收载入《中国兽药典》（1990 年版）、《兽药规范》（1992 年版）的品种进行汇编，共收载新兽药质量标准 102 个。

1999 年农业部发布《兽药质量标准》（第二册）（农牧发［1999］16 号发布），收载 1996 年至 1999 年间经农业部批准的新兽药质量标准 57 个，附有《中国兽药典》（1990 年版）一部、《兽药质量标准》第一册和第二册的有效期药品品种及期限表。

其后农业部组织修订了截止到 2002 年 12 月底的兽药产品质量标准，并发布《兽药质量标准》（2003 年版），共收载化学药品 158 种，其后又补充了 37 个品种。2006 年发布《兽药质量标准》2006 年版，收载了 2004 年至 2005 年新批准的新兽药质量标准。

2006 年以前注册标准基本按年份由中国兽医药品监察所内设部门收载并汇编成册。从 2006 年之后，对各时期的所有注册标准进行汇编，形成《兽药标准汇编》，对兽药监督检验单位开展监督检验、兽药研究单位研究和注册新兽药具有指导意义，也对兽药生产企业规范质量标准和标签说明书、兽药使用单位正确合理使用兽药具有指导作用。

《兽药标准汇编》（2006—2011 年版）汇编了 2007—2011 年农业部公告批准的进口兽药注册标准和 2007—2011 年农业部公告批准的新兽药质量标准，共收载 229 个兽药产品质量标准，其中进口兽药质量标准 93 个，国内新兽药质量标准 136 个。《兽药质量标准汇编》（2012 年版）共收载 54 个兽药产品质量标准，其中进口兽药质量标准 27 个，国内新兽药质量标准 27 个。《兽药质量标准汇编》（2013 年版）共收载 62 个兽药产品质量标准，其中进口兽药质量标准 25 个，国内新兽药质量标准 37 个。《兽药质量标准汇编》（2014 年版）共收载 75 个兽药产品质量标准，其中进口兽药质量标准 39 个，国内新兽药质量标准 36 个。《兽药质量标准汇编》（2015 年版）共收载 74 个兽药产品质量标准，其中进口兽药质量标准 27 个，国内新兽药质量标准 47 个。《兽药质量标准汇编》（2016 年版）共收载 71 个兽药产品质量标准，其中进口兽药质量标准 28 个，国内新兽药质量标准 43 个。

2016 年之后，出于保护原研企业技术资料的目的，农业（农村）部不再公开新兽药注册标准，且不再整理成书，注册标准均散在各农业农村部公告中。截止到 2020 年底，发布的新兽药公告（含进口注册）182 个，含兽药质量标准 637 个。

（2）已过监测期和兽药典未持续收载兽药标准汇编 2013 年，在农业部兽医局的组织和第四届中国兽药典委员会的努力下，将已过监测期的注册标准和未被 2010 年版《中国兽药典》持续收载的兽药国家标准，汇集、编制完成《兽药国家标准（化学药品、中药卷）第一册》，经农业部公告第 1960 号批准发布，自 2013 年 9 月 1 日起实施。《兽药国家标准（化学药品、中药卷）第一册》分为两部分，第一部分为化学药品，收载品种共 219 种；第二部分为中药（药材、制剂与提取物），收载品种共 124 种。

《兽药国家标准（化学药品、中药卷）第一册》收载了 2005 年 12 月 31 日前发布的，以及未列入《中国兽药典》（2010 年版）一部、二部的兽药质量标准。收载的品种主要来源于《兽药规范》（一、二部）、旧版《中国兽药典》（一、二部）、《兽药质量标准》2003 年版、《兽药质量标准》2006 年版及农业部农牧发（1993）7 号（蜂用药）未收载在 2010 年版《中国兽药典》的品种。自此，除《中国兽药典》（2010 年版）和《兽药国家标准（化学药品、中药卷）第一册》外，2005 年 12 月 31 日前收载于历版兽药典、兽药规范、2003 年版和 2006 年版《兽药质量标准》汇编以及发布的兽用化学药品和中药质量标准同时废止。

其后，农业部继续部署兽药标准清理工作，经第五届中国兽药典委员会全体委员历时 5 年的努力工作，对截至 2010 年 12 月 31 日农业部批准且未收载在《中国兽药典》2015 年版的所有质量标准进行了清理。2017 年版，《兽药质量标准》（2017 年版）由农业部公告第 2513 号发布，自 2017 年 11 月 1 日起施行。收录了截至 2010 年 12 月 31 日农业部批准且未被《中国兽药典》（2015 年版）持续收载的兽药质量标准，包括《兽药国家标准》（化学药品、中药卷）（第一册）和已过监测期截止到 2010 年 12 月 31 日的所有新兽药注册标准和地方标准升国家标准品种。2017 年版《兽药质量标准》分为化学药品卷、中药卷和生物制品卷，每卷均由兽药质量标准篇和兽药产品说明书范本两部分内容组成，收录兽药标准分别为404、384和229种，总计有1017种。2017年版《兽药质量标准》编制工作的完成，彻底改变了以往标准出处多、规格杂、状态不清的局面，促进了兽药标准新格局的形成。

7.2.2.3　补充检查方法与标准

2008年起，检验人员在监督抽检中发现兽药处方外添加其他化合物的现象时有发生，添加药物的种类繁多，常见有抗菌类、解热镇痛类、抗病毒类药物，多见于中兽药散剂、预混剂和可溶性粉剂，但依据《中国兽药典》等兽药国家质量标准，只能对按既定工艺生产和正常贮藏过程中可能含有或产生并需要控制的杂质进行检查，并不能针对处方外非法添加的物质进行检验和结果判定，难以进行查处和打击，给养殖业和动物性食品安全带来安全隐患。

中国兽医药品监察所最早开始研究建立兽药补充检查方法，为非法添加处方外成分的检验和判定提供执法依据。农业部于2009年以农医发〔2009〕17号首次发布兽药国家标准补充检验方法，并明确建立完善的兽药国家标准补充检查方法是加强兽药质量检测的重要保障，根据兽药质量监管工作需要，继续组织开展补充检查方法制定工作。其后其他省级兽药检验机构也逐渐参与到补充检查方法的制定中。

2015年版《中国兽药典》凡例总则第六条明确规定"任何违反兽药GMP或有未经批准添加物质所生产的兽药，即使符合《中国兽药典》或按照《中国兽药典》暂不能将其添加物或相关杂质定性为何物质，亦不能认为其符合规定"，为补充检查方法的建立提供了执法依据。

2016年以前，补充检查方法的检测对象和目标物质开始时仅针对单个制剂或单个目标化合物进行检测，后逐渐向一类制剂或一类目标化合物的检测方向发展，扩大了一个检测方法的应用范围。2016年由中国兽医药品监察所牵头，组织部分省级兽药检验机构对之前发布的所有31个检查方法进行了修订，扩大其适用范围，并以农业部公告2448号发布。新发布的标准注重同时测定多种非法添加成分的检测，有效提高了检测效率，同时增加了"用于其他制剂中某种药物（物质）检查时，需进行空白试验和检测限测定"的要求等内容，扩大了方法的适用范围。

2019年农业农村部公告第169号首次发布了快速筛查方法《兽药中非法添加药物快速筛查法（液相色谱-二极管阵列法）》，该方法适用于兽药及其原料与辅料中包含的153种非法添加药物的筛查，含中药固体制剂、中药液体制剂、化药液体制剂，及其他化药制剂中茶碱类、喹噁啉类、喹诺酮类、磺胺类、解热镇痛类、硝基咪唑类、酰胺醇类、头孢菌素类、抗菌增效剂、硝基呋喃类、β-兴奋剂类、镇静剂类、糖皮质激素类、抗病毒类、苯并咪唑类等常见的153种药物的检查，包括不同色谱条件下的最大吸收波长及光谱图300余幅，该方法的建立为快速筛查打下坚实的基础。

2020年，农业农村部第289号公告发布了《兽药中非特定非法添加物质检查方法》，适用于无相应兽药中非法添加物质检查方法标准时的检验，这里的非法添加物质包括对人或动物具有药理活性或毒理作用等的物质。检查方法包括液相色谱-二极管阵列法、液相色谱-高分辨质谱法和液相色谱-串联质谱法三种方法；《中药固体制剂中非法添加物质检查方法—显微鉴别法》适用于不含动物类、矿物类药材的中兽药散剂、颗粒剂、胶囊剂、片剂、烷基和锭剂等各类制剂中非法添加处方外化学成分的检查，检出非处方晶片且多见，即可判定为不符合规定。简言之，只要检出处方外成分，可以不需要确定为何种添加物质，即可判为不符合规定，为兽药中非法添加物质的检测和判定提高了工作效率和震慑力度。

截至 2021 年年底，农业农村部共发布兽药补充检查方法公告 24 个，检查方法 83 项，经过修订现行有效的检查方法共有 52 个，收载了 153 个化合物的紫外光谱图，可检测非法添加化合物 133 种，并能定性筛查一些非特定物质，具体见表 7-3。兽药检验机构可以采用兽药国家标准和补充检查方法对相关兽药产品进行检验，检验结果可以作为产品合格与否的判定依据。农业农村部发布的系列补充检查方法对《中国兽药典》起到重要补充作用。

表 7-3　52 个现行有效兽药非法添加物检测标准与方法统计表

序号	非法添加物检测方法标准名称	兽药制剂	非法添加物	发布时间	文件/公告号
01	《硫酸卡那霉素注射液中非法添加尼可刹米检查方法》	硫酸卡那霉素注射液	尼可刹米	2016.05.09	公告 2395 号
02	《恩诺沙星注射液中非法添加双氯芬酸钠检查方法》	恩诺沙星注射液	双氯芬酸钠	2016.05.19	公告 2398 号
03	《中药散剂中非法添加呋喃唑酮、呋喃西林、呋喃妥因检查方法》	中药散剂：止痢散、清瘟败毒散、银翘散	呋喃唑酮、呋喃西林、呋喃妥因	2016.09.23	
04	《中兽药散剂中非法添加氯霉素检查方法》	中兽药散剂：白头翁散、苍术香连散、银翘散	氯霉素	2016.09.23	
05	《中药散剂中非法添加乙酰甲喹、喹乙醇检查方法》	中药散剂：止痢散、健胃散、清瘟败毒散、胃肠活、肥猪散、清热散、银翘散	乙酰甲喹、喹乙醇	2016.09.23	
06	《黄芪多糖注射液中非法添加解热镇痛类、抗病毒类、抗生素类、氟喹诺酮类等 11 化学药物（物质）检查方法》	黄芪多糖注射液	解热镇痛类：对乙酰氨基酚、安乃近、氨基比林、安替比林；抗病毒类：利巴韦林、盐酸吗啉胍；抗生素类：林可霉素；氟喹诺酮类：诺氟沙星、氧氟沙星、环丙沙星、恩诺沙星等 11 种化学药物（物质）	2016.09.23	公告 2448 号《兽药制剂中非法添加磺胺类药物检查方法》等 34 项检查方法（修订 31 个；新建 3 个）
07	《肥猪散、健胃散、银翘散等中药散剂中非法添加氟喹诺酮类药物（物质）检查方法》	肥猪散、健胃散、银翘散	氟喹诺酮类药物（物质）；氧氟沙星、诺氟沙星等	2016.09.23	
08	《氟喹诺酮类制剂中非法添加乙酰甲喹、喹乙醇等化学药物检查方法》	氟喹诺酮类制剂：氧氟沙星制剂、诺氟沙星（及其盐）制剂、恩诺沙星（及其盐）制剂、环丙沙星（及其盐）制剂	乙酰甲喹、喹乙醇	2016.09.23	
09	《氟苯尼考粉和氟苯尼考预混剂中非法添加氧氟沙星、诺氟沙星、环丙沙星、恩诺沙星检查方法》	氟苯尼考粉、氟苯尼考预混剂	氧氟沙星、诺氟沙星、环丙沙星、恩诺沙星	2016.09.23	
10	《氟苯尼考制剂中非法添加磺胺二甲嘧啶、磺胺间甲氧嘧啶检查方法》	氟苯尼考制剂：氟苯尼考可溶性粉、氟苯尼考粉、氟苯尼考预混剂、氟苯尼考溶液、氟苯尼考注射液	磺胺二甲嘧啶、磺胺间甲氧嘧啶	2016.09.23	

序号	非法添加物检测方法标准名称	兽药制剂	非法添加物	发布时间	文件/公告号
11	《乳酸环丙沙星注射液中非法添加对乙酰氨基酚检查方法》	乳酸环丙沙星注射液	对乙酰氨基酚	2016.09.23	
12	《阿莫西林可溶性粉中非法添加解热镇痛类药物检查方法》	阿莫西林可溶性粉	解热镇痛类药物：对乙酰氨基酚、安替比林、氨基比林、安乃近、萘普生	2016.09.23	
13	《注射用青霉素钾(钠)中非法添加解热镇痛类药物检查方法》	注射用青霉素钾(钠)	解热镇痛类药物：安乃近、对乙酰氨基酚、氨基比林、安替比林、	2016.09.23	
14	《氟苯尼考制剂中非法添加烟酰胺、氨茶碱检查方法》	氟苯尼考制剂：氟苯尼考粉、氟苯尼考可溶性粉、氟苯尼考预混剂	烟酰胺、氨茶碱	2016.09.23	
15	《氟喹诺酮类制剂中非法添加对乙酰氨基酚、安乃近检查方法》	氟喹诺酮类制剂：氧氟沙星、诺氟沙星(及其盐)、恩诺沙星(及其盐)、环丙沙星(及其盐)注射液、可溶性粉及粉剂	对乙酰氨基酚、安乃近	2016.09.23	
16	《硫酸庆大霉素注射液中非法添加甲氧苄啶检查方法》	硫酸庆大霉素注射液	甲氧苄啶	2016.09.23	
17	《氟苯尼考固体制剂中非法添加β-受体激动剂检查方法》	氟苯尼考固体制剂：氟苯尼考粉、可溶性粉、预混剂	β-受体激动剂：克伦特罗、莱克多巴胺、沙丁胺醇、西马特罗、西布特罗、妥布特罗、马布特罗、特布他林、氯丙那林	2016.09.23	公告 2448 号《兽药制剂中非法添加磺胺类药物检查方法》等 34 项检查方法(修订 31 个；新建 3 个)
18	《盐酸林可霉素制剂中非法添加对乙酰氨基酚、安乃近检查方法》	盐酸林可霉素制剂：盐酸林可霉素可溶性粉、注射液	乙酰氨基酚、安乃近	2016.09.23	
19	《黄芪多糖注射液中非法添加地塞米松磷酸钠检查方法》	黄芪多糖注射液	地塞米松磷酸钠	2016.09.23	
20	《氟苯尼考液体制剂中非法添加β-受体激动剂检查方法》	氟苯尼考液体制剂：氟苯尼考注射液、溶液	β-受体激动剂：克伦特罗、莱克多巴胺、沙丁胺醇、西马特罗、西布特罗、妥布特罗、马布特罗、特布他林、氯丙那林	2016.09.23	
21	《柴胡注射液中非法添加利巴韦林检查方法》	柴胡注射液	利巴韦林	2016.09.23	
22	《柴胡注射液中非法添加盐酸吗啉胍、金刚烷胺、金刚乙胺检查方法》	柴胡注射液	盐酸吗啉胍、金刚烷胺、金刚乙胺	2016.09.23	
23	《柴胡注射液中非法添加对乙酰氨基酚检查方法》	柴胡注射液	对乙酰氨基酚	2016.09.23	
24	《鱼腥草注射液中非法添加甲氧氯普胺检查方法》	鱼腥草注射液	甲氧氯普胺	2016.09.23	
25	《鱼腥草注射液中非法添加林可霉素检查方法》	鱼腥草注射液	林可霉素	2016.09.23	

序号	非法添加物检测方法标准名称	兽药制剂	非法添加物	发布时间	文件/公告号
26	《鱼腥草注射液中非法添加水杨酸、氧氟沙星检查方法》	鱼腥草注射液	水杨酸、氧氟沙星	2016.09.23	
27	《中兽药散剂中非法添加金刚烷胺和金刚乙胺检查方法》	中兽药散剂：白头翁散、苍术香连散、银翘散	金刚烷胺、金刚乙胺	2016.09.23	
28	《扶正解毒散中非法添加茶碱、安乃近检查方法》	扶正解毒散	茶碱、安乃近	2016.09.23	
29	《黄连解毒散中非法添加对乙酰氨基酚、盐酸溴己新检查方法》	黄连解毒散	对乙酰氨基酚、盐酸溴己新	2016.09.23	
30	《酒石酸泰乐菌素可溶性粉中非法添加茶碱检查方法》	酒石酸泰乐菌素可溶性粉	茶碱	2016.09.23	
31	《硫酸安普霉素可溶性粉中非法添加诺氟沙星检查方法》	硫酸安普霉素可溶性粉	诺氟沙星	2016.09.23	公告 2448 号《兽药制剂中非法添加磺胺类药物检查方法》等 34 项检查方法（修订 31 个；新建 3 个）
32	《硫酸黏菌素预混剂中非法添加乙酰甲喹检查方法》	硫酸黏菌素预混剂	乙酰甲喹	2016.09.23	
33	《硫酸安普霉素可溶性粉中非法添加头孢噻肟检查方法》	硫酸安普霉素可溶性粉	头孢噻肟	2016.09.23	
34	《阿维拉霉素预混剂中非法添加莫能菌素检查方法》	阿维拉霉素预混剂	莫能菌素	2016.09.23	
35	《甘草颗粒中非法添加吲哚美辛检查方法》	甘草颗粒	吲哚美辛	2016.09.23	
36	《兽药制剂中非法添加磺胺类药物检查方法》	阿莫西林可溶性粉、氟苯尼考粉、盐酸林可霉素注射液、伊维菌素注射液、恩诺沙星注射液、盐酸环丙沙星可溶性粉、鱼腥草注射液、止痢散、黄芪多糖注射液、健胃散	磺胺类药物：磺胺嘧啶、磺胺二甲嘧啶、磺胺对甲氧嘧啶、磺胺间甲氧嘧啶、磺胺甲噁唑	2016.09.23	
37	《兽药中非法添加甲氧苄啶检查方法》	替米考星预混剂、磷酸泰乐菌素预混剂、盐酸多西环素可溶性粉、乳酸环丙沙星可溶性粉及注射液、恩诺沙星注射液	甲氧苄啶	2016.10.08	
38	《兽药中非法添加氨茶碱和二羟丙茶碱检查方法》	环丙沙星注射液及可溶性粉、恩诺沙星注射液、替米考星注射液及预混剂、盐酸多西环素可溶性粉、酒石酸泰乐菌素可溶性粉、磷酸泰乐菌素预混剂、金花平喘散、荆防败毒散、麻杏石甘散	氨茶碱、二羟丙茶碱	2016.10.08	公告 2451 号
39	《兽药中非法添加对乙酰氨基酚、安乃近、地塞米松和地塞米松磷酸钠检查方法》	氟苯尼考粉及预混剂、泰乐菌素预混剂、替米考星预混剂及注射液、板蓝根注射液、穿心莲注射液	对乙酰氨基酚、安乃近、地塞米松和地塞米松磷酸钠	2016.10.08	
40	《兽药中非法添加喹乙醇和乙酰甲喹检查方法》	硫酸黏菌素可溶性粉及预混剂、黄连解毒散、白头翁散	喹乙醇和乙酰甲喹	2016.10.08	
41	《硫酸黏菌素制剂中非法添加阿托品检查方法》	硫酸黏菌素制剂：硫酸黏菌素可溶性粉、硫酸黏菌素预混剂	阿托品	2016.10.08	

序号	非法添加物检测方法标准名称	兽药制剂	非法添加物	发布时间	文件/公告号
42	《鱼腥草注射液中非法添加庆大霉素检查方法》	鱼腥草注射液	庆大霉素	2017.02.27	公告 2494 号
43	《兽药中非法添加非泼罗尼检查方法》	阿维菌素粉	非泼罗尼	2017.08.31	公告 2571 号
44	《兽药中非法添加药物快速筛查法(液相色谱-二极管阵列法)》	兽药	兽药及其原料与辅料中紫外光谱图库中所列 153 种药物	2019.05.16	公告 169 号
45	《麻杏石甘口服液、杨树花口服液中非法添加黄芩苷检查方法》	麻杏石甘口服液、杨树花口服液	黄芩苷	2019.07.31	公告 199 号
46	《兽药中非特定非法添加物质检查方法》	兽药	非特定非法添加物质;对人或动物具有药理活性或毒性作用等的物质	2020.05.09	公告 289 号
47	《中兽药固体制剂中非法添加物质检查方法—显微鉴别法》	不含动物类、矿物类药材的中兽药散剂;中兽药散剂、颗粒剂、胶囊剂、片剂、丸剂、锭剂	化学成分;其他药味	2020.05.09	
48	《兽药中非法添加硝基咪唑类药物检查方法》	盐酸多西环素可溶性粉、硫酸新霉素可溶性粉	罗硝唑、甲硝唑、替硝唑、地美硝唑、奥硝唑或异丙硝唑	2020.05.09	
49	《兽药中非法添加四环素类药物的检查方法》	麻杏石甘散、银翘散、替米考星预混剂、氟苯尼考预混剂、磺胺氯吡嗪钠可溶性粉	四环素类药物:土霉素、盐酸四环素、盐酸金霉素或多西环素	2020.11.19	公告 361 号
50	《兽药固体制剂中非法添加酰胺醇类药物的检查方法》	健胃散、止痢散、球虫散、胃肠活、阿莫西林可溶性粉、氨苄西林可溶性粉、硫酸新霉素可溶性粉、盐酸大观霉素林可霉素可溶性粉、盐酸土霉素预混剂、注射用盐酸土霉素、盐酸金霉素可溶性粉、酒石酸泰乐菌素可溶性粉、硫酸红霉素可溶性粉、替米考星预混剂、盐酸林可霉素可溶性粉、硫酸黏菌素可溶性粉、恩诺沙星可溶性粉、盐酸环丙沙星可溶性粉、氧氟沙星可溶性粉、盐酸环丙沙星小檗碱预混剂、阿苯达唑伊维菌素预混剂、阿维菌素粉、地克珠利预混剂、维生素 C 可溶性粉、复方维生素 B 可溶性粉	酰胺醇类药物:甲砜霉素、氟苯尼考、氯霉素	2020.11.19	

序号	非法添加物检测方法标准名称	兽药制剂	非法添加物	发布时间	文件/公告号
51	《兽药制剂中非法添加磺胺类及喹诺酮类 25 种化合物检查方法》	黄芪多糖注射液、维生素 C 可溶性粉、硫酸卡那霉素注射液	磺胺脒、磺胺、磺胺二甲异嘧啶钠、磺胺醋酰、磺胺嘧啶、甲氧苄啶、磺胺吡啶、马波沙星、磺胺甲基嘧啶、氧氟沙星、培氟沙星、洛美沙星、达氟沙星、恩诺沙星、磺胺间甲氧嘧啶、磺胺氯达嗪钠、沙拉沙星、磺胺多辛、磺胺甲噁唑、磺胺异噁唑、磺胺苯甲酰、磺胺氯吡嗪钠、磺胺地索辛、磺胺喹噁啉或磺胺苯吡唑等磺胺类及喹诺酮类 25 种化合物	2021.01.11	公告 384 号
52	林可霉素注射液中非法添加盐酸左旋咪唑检查方法	林可霉素	盐酸左旋咪唑	2021.11.8	公告 485 号

7.3

兽药残留标准

我国兽药残留标准起于 20 世纪 90 年代初，在满足食品数量的同时，国内越来越关注食品质量安全，兽药残留在动物性食品中残留的风险越来越重视，同时某些出口农副产品兽药残留超标问题频发，动物性产品质量问题已引起全社会的广泛关注，成为政府工作的重点问题。1991 年国务院办公厅关于加强农药、兽药管理的通知（国办发 [1991] 67 号）发布，兽药残留限量标准和检测方法标准的制定提上议事日程，农业部负责制定兽药残留限量标准和检验方法标准。国家进出口商品检验局负责制定出口商品中农药、兽药残留限量标准和检验方法标准。

1999 年开始实施兽药残留监控计划起，动物性食品中兽药残留限量及其检测方法的制修订工作快速发展。特别是 2009 年《食品安全法》实施后，兽药残留标准被明确纳入食品安全国家标准体系，兽药残留标准进入了全新的发展阶段。

兽药残留标准主要包括两个方面，一是兽药最大残留限量，二是与兽药残留限量配套的检测方法标准。兽药残留标准既是兽药残留监控工作的基础和技术支撑，也是兽药残留监测、进出口贸易和监管执法的判定依据，反映了一个国家的兽药残留检测能力和水平，是动物性食品安全的重要保障。

7.3.1 兽药残留限量标准

兽药残留限量标准经历了两个发展阶段。第一阶段《食品安全法》实施之前，由原农业部制定发布，1994 年首次发布兽药最高残留限量试行版，其后分别于 1997 年、1999 年和 2002 年进行了修订。第二阶段《食品安全法》实施之后，残留限量标准和检测方法标准归属食品安全标准体系，由原农业部、国家卫生健康委员会和国家市场监督管理总局联合制订，原农业部发布的限量标准经再次修订，于 2019 年和 2022 年两次以国家食品安全标准形式发布最高残留限量，原标准废止。

7.3.1.1 《动物性食品中兽药最高残留限量（试行）》 1994 年版

1994 年 2 月 4 日，农业部以（1994）农（牧）字第 5 号文发布了《动物性食品中兽药最高残留限量（试行）》，共包含了丙硫苯咪唑、双甲脒等 43 种兽药及化合物的最大残留限量，技术指标涵盖药物中英文名称、日允许摄入量（ADI），动物品种包含牛、羊/山羊、猪、家禽、马和鱼，制定限量的动物性食品包含肌肉、脂肪、肝脏、肾脏、牛奶和蛋等，以及各组织的限量。

7.3.1.2 《动物性食品中兽药最高残留限量》 1997 年版

农业部组织有关专家对 1994 年版限量标准进行了审定和修订，1997 年农业部以农牧发〔1997〕7 号文发布了《动物性食品中兽药最高残留限量》，在 1994 年版试行限量的基础上增加了氯霉素、地美硝唑、蝇毒磷和氰戊菊酯 4 种兽药的限量标准，品种数量达 47种，技术指标中增加了残留标志物，增加日允许摄入量、动物性食品、蛋、鱼、兽药最高残留限量、肉、奶、肌肉、禽类、兽药残留、组织和残留总量等定义，原试行限量同时废止。

7.3.1.3 《动物性食品中兽药最高残留限量》 1999 年版

1999 年为配合兽药残留监控计划的实施，农业部再次组织修订了《动物性食品中兽药最高残留限量》，并于 1999 年 9 月 13 日发布。1999 年版限量标准，兽药品种数量大幅增加，品种数量增加至 109 种，其中含有激素类或类激素物质苯甲酸雌二醇、孕酮、丙酸睾酮、林丹和制霉菌素，以及限量值为零的药物或化合物，含玉米赤霉醇、氯霉素、氯丙嗪、秋水仙素、氨苯砜、己烯雌酚、呋喃唑酮、甲硝唑和地美硝唑，食品动物的范围进一步扩大，部分品种增加了蜂蜜的限量或将食品动物扩大至所有食品动物。

7.3.1.4 《动物性食品中兽药最高残留限量》 2002 年版

2002 年，为贯彻落实兽药残留监控计划的有效实施，《动物性食品中兽药最高残留限量》再次被修订，并于 2002 年以农业部公告第 235 号发布。235 号公告在前几版的基础上，进行了大幅度的修订，将药物及化合物品种根据残留风险等级分为四大类，并按类别以 4 个附录列出。附录 1 为凡农业部批准使用的兽药，按质量标准、产品说明书规定用于食品动物，不需要制定最高残留限量，共 88 个兽药品种；附录 2 为农业部批准使用的兽药，按质量标准、产品说明书规定用于食品动物，需要制定最高残留限量，共 94 个（类）兽药，规定最大残留限量 1548 个；附录 3 涉及兽药品种 9 个，是农业部批准使用但不得在动物性食品中检出的兽药，分别为氯丙嗪、地西泮、地美硝唑、苯甲酸雌二醇、潮霉素 B、甲硝唑、苯丙酸诺龙、丙酸孕酮和赛拉嗪 9 个品种；附录 4 是禁止使用的药物，在动物性食品中不得检出，包括氯霉素、己烯雌酚、林丹、氨苯砜、呋喃唑酮等 31 种。

7.3.1.5 《食品安全国家标准 食品中兽药最大残留限量》（GB 31650—2019）

2009 年，《食品安全法》出台，明确规定兽药残留限量标准和检测方法标准等属于强制性食品安全国家，由国家农业、卫生行政主管部门共同制定。农业农村部启动了 235 公告的修订工作，由全国兽药残留专家委员会办公室和残留专家委员会部分委员具体负责。修订稿经多次反复沟通上报，于 2019 年，由农业农村部、国家卫生健康委员会和国家市场监督管理总局联合公告第 114 号发布，即《食品安全国家标准 食品中兽药最大残留限量》（GB 31650—2019），GB 31650—2019 是首次以食品安全国家标准发布的现行有效的兽药最大残留限量标准，自 2020 年 4 月 1 日起实施。

GB 31650—2019 包括前言、范围、规范性引用文件、术语和定义、技术要求和索引五部分。术语和定义中增加了可食下水和其他食品动物的定义。技术要求为标准的核心部分，依据其在动物性食品中残留的风险级别分类规定限量要求，第一类为批准用于食品动物，需要制定最大残留限量的兽药，共含兽药 104 种（类），限量标准 2191 项。该部分重点完善了每种药物的残留技术指标，包括中英文通用名称、兽药分类、日允许摄入量（ADI）、残留标志物和最大残留限量中的动物种类、靶组织、残留限量和特殊时期使用规定。其中，新增限量品种 13 个；修订中文或英文名称 17 种；增加了 ADI 15 种、修订 9 种；修订残留标志物 15 种；28 种兽药修订了动物种类，其中 13 个品种项下增加了鱼的限量；29 种兽药修订了靶组织或最大残留限量值等。第二类为允许用于食品动物，但不需要制定残留限量的兽药，即通常所说的豁免清单，该清单在原 235 公告的基础上新增了 73 种，共涉及兽药 154 种。第三类共含 9 种兽药，是允许做治疗用，但不得在动物性食品中检出的兽药。GB 31650—2019 涵盖了 267 种兽药在畜禽产品、水禽品、蜂产品的残留限量，基本覆盖了我国常用兽药品种和主要食品动物及组织。

7.3.1.6 《食品安全国家标准 食品中 41 种兽药最大残留限量》（GB 31650.1—2022）

2021 年，针对市场监管中鸡蛋中的药物检出和 4 种停用的氟喹诺酮类在动物性食品中检出频发，缺少限量标准，农业农村部启动相关限量的制定工作，由全国兽药残留专家委员会办公室具体负责起草。2022 年《食品安全国家标准 食品中 41 种兽药最大残留限量》（GB 31650.1—2022），经农业农村部、国家卫生健康委员会和国家市场监督管理总局联合公告第 594 号发布，该标准作为 GB 31650—2019 的增补版，与其配套使用。

GB 31650.1—2022 规定了 41 种兽药的最大残留限量，含阿莫西林等 25 种兽药在鸡蛋/禽蛋中的限量，氧氟沙星等 4 种氟喹诺酮类药物在动物性食品中的限量，美洛昔康等 7 种近年来我国新批准兽药的限量以及 5 种药物转化食品法典限量标准。

7.3.2 兽药残留检测方法标准

兽药残留检测方法标准的发展同样经历了两个阶段。第一阶段标准由各部委分别负责，从 1998 年至 2008 年，农业部以农业部文件共发布了 150 项国家标准；另外其他部委也发布了相关的兽药残留检测方法标准，用于动物性食品日常监管检测和进出口检验。第二阶段《食品安全法》实施后，兽药残留检测方法标准纳入强制性食品安全国家标准体系。从 2013 年起，先后以国家食品安全标准的形式发布。目前还处于老标准与新标准并存的状态，旧标准还未完全被取代。

关于兽药残留检测方法中使用的标准物质，在《中华人民共和国动物及动物源食品中残留物质监控计划》（农牧发〔1999〕8 号）中明确规定需采用国际认可的标准物质。也就是说国际认可的计量标准物质、计量标准样品、药品标准物质和我国提供的兽药国家标准物质等均可作为残留标准物质用于兽药残留的检测，这点与兽药产品检验使用的标准物质不同。

7.3.2.1 原农业部发布的兽药残留检测方法标准

1998 年 12 月，农业部以农牧发［1998］17 号首次发布了第一批兽药残留检测方法标准，共 39 项；2001 年农牧发［2001］38 号发布了 17 项兽药残留检测方法标准；2003 年农业部公告第 236 号发布了 12 种兽药残留检测方法标准。其后分别于 2003 年、2006 年、2008 年至《食品安全法》实施前，以不同批次共发布 150 项兽药残留检测方法国家标准，19 项兽药残留检测方法行业标准，含 15 项水产品中兽药残留检测方法。

7.3.2.2 其他部委发布的兽药残留检测方法标准

同期，国家质量监督检验检疫总局、标准化管理委员会、卫生部等以 GB/T 发布兽药残留检测方法 201 项。国家进出口部门以 S/N 发布进出口检验用标准 143 项。

7.3.2.3 兽药残留检测方法食品安全国家标准

随着《中华人民共和国食品安全法》的颁布实施，2010 年，根据《国务院办公厅关于印发 2010 年食品安全整顿工作安排的通知》和《国务院办公厅关于 2010 年食品安全整顿工作主要任务分工的通知》，卫生部、农业部联合制定并印发了《2010 年食品安全国家标准清理工作方案的通知》，规定兽药残留标准为重点工作之一，通过对现行标准的清理整合解决标准缺失、重复和矛盾的问题。

全国兽药残留专家委员会办公室承担了兽药残留标准相关任务，经过对大量并存的各种兽药残留检测方法标准整合后，重新立项、组织起草、进行技术评审和修改报批，2013 年《食品安全国家标准 牛奶中左旋咪唑残留量的测定-高效液相色谱法》等 29 项检测方法标准首次以食品安全国家标准发布。其后，先后于 2019 年发布 9 项、2021 年发布 36 项和 2022 年发布 21 项食品安全国家标准兽药残留检测方法标准，至 2021 年底前共发布食品安全国家标准 95 项（表7-4），作为残留限量的配套检测方法标准用于动物性食品质量安全的日常监管和进出口贸易。

表 7-4 食品安全国家标准 兽药残留检测方法标准汇总表

序号	标准编号	标准名称	公告号
1	GB 29681—2013	食品安全国家标准 牛奶中左旋咪唑残留量的测定 高效液相色谱法	农业部、国家卫生计生委公告第 1927 号
2	GB 29682—2013	食品安全国家标准 水产品中青霉素类药物多残留的测定 高效液相色谱法	
3	GB 29683—2013	食品安全国家标准 动物性食品中对乙酰氨基酚残留量的测定 高效液相色谱法	
4	GB 29684—2013	食品安全国家标准 水产品中红霉素残留量的测定 液相色谱-串联质谱法	
5	GB 29685—2013	食品安全国家标准 动物性食品中林可霉素、克林霉素和大观霉素多残留的测定 气相色谱-质谱法	
6	GB 29686—2013	食品安全国家标准 猪可食性组织中阿维拉霉素残留量的测定 液相色谱-串联质谱法	
7	GB 29687—2013	食品安全国家标准 水产品中阿苯达唑及代谢物多残留的测定 高效液相色谱法	
8	GB 29688—2013	食品安全国家标准 牛奶中氯霉素残留量的测定 液相色谱-串联质谱法	

序号	标准编号	标准名称	公告号
9	GB 29689—2013	食品安全国家标准 牛奶中甲砜霉素残留量的测定 高效液相色谱法	
10	GB 29690—2013	食品安全国家标准 动物性食品中尼卡巴嗪残留量的测定 液相色谱-串联质谱法	
11	GB 29691—2013	食品安全国家标准 鸡可食性组织中尼卡巴嗪残留量的测定 高效液相色谱法	
12	GB 29692—2013	食品安全国家标准 牛奶中喹诺酮类药物多残留的测定 高效液相色谱法	
13	GB 29693—2013	食品安全国家标准 动物性食品中常山酮残留量的测定 高效液相色谱法	
14	GB 29694—2013	食品安全国家标准 动物性食品中 13 种磺胺类药物多残留的测定 高效液相色谱法	
15	GB 29695—2013	食品安全国家标准 水产品中阿维菌素和伊维菌素多残留的测定 高效液相色谱法	
16	GB 29696—2013	食品安全国家标准 牛奶中阿维菌素类药物多残留的测定 高效液相色谱法	
17	GB 29697—2013	食品安全国家标准 动物性食品中地西泮和安眠酮多残留的测定 气相色谱-质谱法	
18	GB 29698—2013	食品安全国家标准 奶及奶制品中 17β-雌二醇、雌三醇、炔雌醇多残留的测定 气相色谱-质谱法	
19	GB 29699—2013	食品安全国家标准 鸡肌肉组织中氯羟吡啶残留量的测定 气相色谱-质谱法	农业部、国家卫生计生委公告第 1927 号
20	GB 29700—2013	食品安全国家标准 牛奶中氯羟吡啶残留量的测定 气相色谱-质谱法	
21	GB 29701—2013	食品安全国家标准 鸡可食组织中地克珠利残留量的测定 高效液相色谱法	
22	GB 29702—2013	食品安全国家标准 水产品中甲氧苄啶残留量的测定 高效液相色谱法	
23	GB 29703—2013	食品安全国家标准 动物性食品中呋喃苯烯酸钠残留量的测定 液相色谱-串联质谱法	
24	GB 29704—2013	食品安全国家标准 动物性食品中环丙氨嗪及代谢物三聚氰胺多残留的测定 超高效液相色谱-串联质谱法	
25	GB 29705—2013	食品安全国家标准 水产品中氯氰菊酯、氰戊菊酯、溴氰菊酯残留量的测定 气相色谱法	
26	GB 29706—2013	食品安全国家标准 动物性食品中氨苯砜残留量的测定 液相色谱-串联质谱法	
27	GB 29707—2013	食品安全国家标准 牛奶中双甲脒残留标示物残留量的测定 气相色谱法	
28	GB 29708—2013	食品安全国家标准 动物性食品中五氯酚钠残留量的测定 气相色谱-质谱法	
29	GB 29709—2013	食品安全国家标准 动物性食品中氮哌酮及其代谢物多残留的测定 高效液相色谱法	
30	GB 31660.1—2019	食品安全国家标准 水产品中大环内酯类 液相色谱-串联质谱法	
31	GB 31660.2—2019	食品安全国家标准 水产品中辛基酚、壬基酚、双酚 A、己烯雌酚、雌酮、17α-雌二醇、17β-雌二醇、雌三醇残留量的测定 气相色谱-质谱法	农业农村部、国家卫生健康委员会、国家市场监督管理总局公告第 114 号
32	GB 31660.3—2019	食品安全国家标准 水产品中氟乐灵残留量的测定 气相色谱法	

序号	标准编号	标准名称	公告号
33	GB 31660.4—2019	食品安全国家标准 动物性食品中醋酸甲地孕酮和醋酸甲羟孕酮 液相色谱-串联质谱法	农业农村部、国家卫生健康委员会、国家市场监督管理总局公告第 114 号
34	GB 31660.5—2019	食品安全国家标准 动物性食品中金刚烷胺残留量的测定 液相色谱-串联质谱法	
35	GB 31660.6—2019	食品安全国家标准 动物性食品中 5 种 α2 受体激动剂残留量的测定 液相色谱-串联质谱法	
36	GB 31660.7—2019	食品安全国家标准 猪组织和尿液中赛庚啶及可乐定残留量的测定 液相色谱-串联质谱法	
37	GB 31660.8—2019	食品安全国家标准 牛可食性组织及牛奶中氮氨菲啶残留量的测定 液相色谱-串联质谱法	
38	GB 31660.9—2019	食品安全国家标准 家禽可食组织中乙氧酰胺苯甲酯残留量的测定 高效液相色谱法	
39	GB 31613.1—2021	食品安全国家标准 牛可食性组织中氮丙啉残留量的测定 液相色谱-串联质谱法和高效液相色谱法	农业农村部、国家卫生健康委员会、国家市场监督管理总局公告第 388 号
40	GB 31613.2—2021	食品安全国家标准 猪、鸡可食性组织中泰万菌素和 3-乙酰泰乐菌素残留量的测定 液相色谱-串联质谱法	
41	GB 31613.3—2021	食品安全国家标准 鸡可食性组织中二硝托胺残留量的测定 高效液相色谱法和液相色谱-串联质谱法	
42	GB 31656.1—2021	食品安全国家标准 水产品中甲苯咪唑及代谢物残留量的测定 高效液相色谱法	
43	GB 31656.2—2021	食品安全国家标准 水产品中泰乐菌素残留量的测定 高效液相色谱法	
44	GB 31656.3—2021	食品安全国家标准 水产品中诺氟沙星、环丙沙星、恩诺沙星、氧氟沙星、噁喹酸、氟甲喹残留量的测定 高效液相色谱法	
45	GB 31656.4—2021	食品安全国家标准 水产品中氯丙嗪残留量的测定 液相色谱-串联质谱法	
46	GB 31656.5—2021	食品安全国家标准 水产品中安眠酮残留量的测定 液相色谱-串联质谱法	
47	GB 31656.6—2021	食品安全国家标准 水产品中丁香酚残留量的测定 气相色谱-质谱法	
48	GB 31656.7—2021	食品安全国家标准 水产品中氯硝柳胺残留量的测定 液相色谱-串联质谱法	
49	GB 31656.8—2021	食品安全国家标准 水产品中有机磷类药物残留量的测定 液相色谱-串联质谱法	
50	GB 31656.9—2021	食品安全国家标准 水产品中二甲戊灵残留量的测定 液相色谱-串联质谱法	
51	GB 31656.10—2021	食品安全国家标准 水产品中四聚乙醛残留量的测定 液相色谱-串联质谱法	
52	GB 31656.11—2021	食品安全国家标准 水产品中土霉素、四环素、金霉素、多西环素残留量的测定	
53	GB 31656.12—2021	食品安全国家标准 水产品中青霉素类药物多残留的测定 液相色谱-串联质谱法	
54	GB 31656.13—2021	食品安全国家标准 水产品中硝基呋喃类代谢物多残留的测定 液相色谱-串联质谱法	
55	GB 31657.1—2021	食品安全国家标准 蜂蜜和蜂王浆中氟胺氰菊酯残留量的测定 气相色谱法	
56	GB 31657.2—2021	食品安全国家标准 蜂产品中喹诺酮类药物多残留的测定 液相色谱-串联质谱法	

序号	标准编号	标准名称	公告号
57	GB 31658.1—2021	食品安全国家标准 动物性食品中头孢噻呋残留量的测定 高效液相色谱法	
58	GB 31658.2—2021	食品安全国家标准 动物性食品中氯霉素残留量的测定 液相色谱-串联质谱法	
59	GB 31658.3—2021	食品安全国家标准 猪尿中巴氯芬残留量的测定 液相色谱-串联质谱法	
60	GB 31658.4—2021	食品安全国家标准 动物性食品中头孢类药物残留量的测定 液相色谱-串联质谱法	
61	GB 31658.5—2021	食品安全国家标准 动物性食品中氟苯尼考及氟苯尼考胺残留量的测定 液相色谱-串联质谱法	
62	GB 31658.6—2021	食品安全国家标准 动物性食品中四环素类药物残留量的测定 高效液相色谱法	
63	GB 31658.7—2021	食品安全国家标准 动物性食品中 17β雌二醇、雌三醇、炔雌醇和雌酮残留量的测定 气相色谱-质谱法	
64	GB 31658.8—2021	食品安全国家标准 动物性食品中拟除虫菊酯类药物残留量的测定 气相色谱-质谱法	
65	GB 31658.9—2021	食品安全国家标准 动物性食品及尿液中雌激素类药物多残留的测定 液相色谱-串联质谱法	
66	GB 31658.10—2021	食品安全国家标准 动物性食品中氨基甲酸酯类杀虫剂残留量的测定 液相色谱-串联质谱法	
67	GB 31658.11—2021	食品安全国家标准 动物性食品中阿苯达唑及其代谢物残留量的测定 高效液相色谱法	
68	GB 31658.12—2021	食品安全国家标准 动物性食品中环丙氨嗪残留量的测定 高效液相色谱法	
69	GB 31658.13—2021	食品安全国家标准 动物性食品中氯苯胍残留量的测定 液相色谱-串联质谱法	
70	GB 31658.14—2021	食品安全国家标准 动物性食品中 α-群勃龙和 β-群勃龙残留量的测定 液相色谱-串联质谱法	
71	GB 31658.15—2021	食品安全国家标准 动物性食品中赛拉嗪及代谢物 2,6-二甲基苯胺残留量的测定 液相色谱-串联质谱法	
72	GB 31658.16—2021	食品安全国家标准 动物性食品中阿维菌素类药物残留量的测定 高效液相色谱法和液相色谱-串联质谱法	
73	GB 31658.17—2021	食品安全国家标准 动物性食品中四环素类、磺胺类和喹诺酮类药物残留量的测定 液相色谱-串联质谱法	
74	GB 31659.1—2021	食品安全国家标准 牛奶中赛拉嗪残留量的测定 液相色谱-串联质谱法	
75	GB 31653.4—2022	食品安全国家标准 牛可食性组织中吡利霉素残留量的测定 液相色谱-串联质谱法	
76	GB 31653.5—2022	食品安全国家标准 鸡可食性组织中抗球虫药物残留量的测定 液相色谱-串联质谱法	
77	GB 31653.6—2022	食品安全国家标准 猪和家禽的可食性组织中维吉尼亚霉素 M1 残留量的测定 液相色谱-串联质谱法	
78	GB 31659.2—2022	食品安全国家标准 禽蛋、奶和奶粉中多西环素残留量的测定 液相色谱-串联质谱法	农业农村部公告第 594 号
79	GB 31659.3—2022	食品安全国家标准 奶和奶粉中头孢类药物残留量的测定 液相色谱-串联质谱法	
80	GB 31659.4—2022	食品安全国家标准 奶及奶粉中阿维菌素类药物残留量的测定 液相色谱-串联质谱法	
81	GB 31659.5—2022	食品安全国家标准 牛奶中利福昔明残留量的测定 液相色谱-串联质谱法	

序号	标准编号	标准名称	公告号
82	GB 31659.6—2022	食品安全国家标准 牛奶中氯前列醇残留量的测定 液相色谱-串联质谱法	
83	GB 31656.14—2022	食品安全国家标准 水产品中27种性激素残留量的测定 液相色谱-串联质谱法	
84	GB 31656.15—2022	食品安全国家标准 水产品中甲苯咪唑及其代谢物残留量的测定 液相色谱-串联质谱法	
85	GB 31656.16—2022	食品安全国家标准 水产品中氯霉素、甲砜霉素、氟苯尼考和氟苯尼考胺残留量的测定 气相色谱法	
86	GB 31656.17—2022	食品安全国家标准 水产品中二硫氰基甲烷残留量的测定 气相色谱法	
87	GB 31657.3—2022	食品安全国家标准 蜂产品中头孢类药物残留量的测定 液相色谱-串联质谱法	
88	GB 31658.18—2022	食品安全国家标准 动物性食品中三氮脒残留量的测定 高效液相色谱法	
89	GB 31658.19—2022	食品安全国家标准 动物性食品中阿托品、东莨菪碱、山莨菪碱、利多卡因、普鲁卡因残留量的测定 液相色谱-串联质谱法	
90	GB 31658.20—2022	食品安全国家标准 动物性食品中酰胺醇类药物及其代谢物残留量的测定 液相色谱-串联质谱法	
91	GB 31658.21—2022	食品安全国家标准 动物性食品中左旋咪唑残留量的测定 液相色谱-串联质谱法	
92	GB 31658.22—2022	食品安全国家标准 动物性食品中β-受体激动剂残留量的测定 液相色谱-串联质谱法	
93	GB 31658.23—2022	食品安全国家标准 动物性食品中硝基咪唑类药物残留量的测定 液相色谱-串联质谱法	
94	GB 31658.24—2022	食品安全国家标准 动物性食品中赛杜霉素残留量的测定 液相色谱-串联质谱法	
95	GB 31658.25—2022	食品安全国家标准 动物性食品中10种利尿剂残留量的测定 液相色谱-串联质谱法	

7.3.3　兽药残留检测试剂（盒）备案

兽药残留监控计划的实施使得兽药残留检测试剂（盒）应用激增，为加强对试剂盒的管理，2005年1月21日农办医〔2005〕3号文发布了《关于加强兽药残留检测试剂（盒）管理的通知》，对兽药残留检测试剂（盒）实行备案制，即进口试剂（盒）和国产试剂（盒）均须向原农业部兽医局申报备案，全国兽药残留专家委员会负责技术审查工作。全国兽药残留专家委员会组织制定了《兽药残留酶联免疫试剂盒备案审查技术资料要求》《试剂盒备案参考评判标准》，并依次开展技术审查。根据审查结果，原农业部定期发布试剂盒备案目录。

2017年农业部8号令废止了农医办〔2005〕3号文，至此不再对兽药残留检测试剂（盒）进行备案。

7.4

兽药标准物质

7.4.1　定义与分类

7.4.1.1　兽药标准物质的定义和作用

兽药标准物质是为《中国兽药典》及兽药质量标准等国家质量标准服务的，是相对于纸质标准而言的实物标准，是具有准确量值的测量标准，是量值传递的安全载体，与纸质质量标准共同构成国家标准的一部分。兽药标准物质是为保证国家质量标准顺利执行而不可分割的一部分，在对检验方法进行评价的过程中，标准方法和标准物质的作用是等效的，也是相辅相成的。在物理、化学和生物领域的检验检测中，使用标准物质传递量值，实现检验检测的准确、一致，是当前普遍采用的一种方式。

兽药标准物质是一种特殊的标准物质，前提必须满足兽药质量标准物质所需的用途，该标准物质的特性量值需满足特定的质量标准的需求。兽药标准物质在各种剂型的兽药质量标准中的鉴别、检查及含量测定等检验项目上有着广泛的应用，不同的用途对兽药标准物质的需求也不一样，如仅用于定性的兽药标准物质不能用于定值，高效液相色谱用的标准物质不能于生物效价的测定等。因此目前很多国家计量用的标准物质，由于其不是为控制兽药质量标准所需而制备的标准物质，其制备的目的决定了其并不一定能用作兽药标准物质，用于兽药质量标准需要。

7.4.1.2　兽药标准物质的基本要求

从以上定义可以看出，兽药标准物质应具有特性量值，具有量值准确性的显著特点。标准物质是以特性量值的稳定性、均匀性和准确性为其主要特征的。这三个特征也是标准物质的基本要求，兽药标准物质必须具备材料均匀、性能稳定、量值准确等条件才能发挥其统一量值的作用。

稳定性是指兽药标准物质在规定的时间和环境条件下，其特性量值保持在规定范围内的能力。影响稳定性的因素有：光、温度、湿度等物理因素，溶解、分解、化合等化学因素和细菌作用等生物因素。在保证其"同质"的前提下应具有稳定的固态结构，具有物理化学稳定性。如选用盐酸头孢噻呋而不用头孢噻呋钠制备头孢噻呋对照品；选用阿莫西林三水合物制备阿莫西林对照品，而不用阿莫西林一水合物或阿莫西林钠制备其对照品，其原因均是因为选用的原料稳定，最适合用于制备标准物质。

均匀性是指兽药标准物质各部分之间特性量值没有差异。影响均匀性的因素有：物理性（密度、粒度等）和物质成分的化学形态及结构状况。兽药标准物质必须均匀才能保证每个单元兽药标准物质量值的一致性，否则就失去了兽药标准物质定值的意义。

准确性是指兽药标准物质具有准确计量的或严格定义的标准值。标准值是特性量值的最佳估计，标准值与真值的偏离不应超过不确定度。在某些情况下，标准值不能用计量方法求得，而用商定一致的规定来指定，这种指定的标准值是一个约定值，如无法溯源的生物标准物质，均是在研制时指定一个值作为标准值，以后各代均溯源至指定值。

7.4.1.3　兽药标准物质的分类

根据检测对象不同，将兽药标准物质主要分为兽用化学药品、兽用中药和兽用生物制品三类，这三类标准物质在《中国兽药典》一部、二部和三部中均有明确的定义和要求。

（1）**兽用化学药品标准物质**　兽用化学药品标准物质是指供兽用化学药品标准中兽药的物理、化学及生物学等测试用，具有确定的特性或量值，用于校准设备、评价测量方法、给供试兽药赋值或鉴别用的物质。

兽用化学药品标准物质又分为两类：标准品和对照品。标准品是指含有单一成分或混合成分，用于生物检定、抗生素或生化药品中效价、毒性或含量测定的兽用化学药品国家标准物质。其生物学活性以国际单位（IU）、单位（U）或以重量单位（g、mg、μg）表示。对照品，是指含有单一成分、组合成分或混合组分，用于化学药品、抗生素、部分生化药品、药用辅料等检验及仪器校准用的兽用化学药品标准物质。

（2）**兽用中药标准物质**　兽用中药标准物质是指用于鉴别中药材或中成药中某一类成分或组分鉴别、检查和含量测定的对照物质。

兽用中药标准物质又分为对照品、对照提取物和对照药材。对照品是指含有单一成分、组合成分或混合组分，用于中药材（含饮片）、提取物、中成药、药用辅料等检验及仪器校准用的兽药标准物质。对照提取物是指经特定提取工艺制备的含有多种主要有效成分或指标性成分，用于中药材（含饮片）、提取物、中成药等鉴别或含量测定用的兽药标准物质。对照药材是指基原明确、药用部位准确的优质中药材经适当处理后，用于中药材（含饮片）、提取物、中成药等鉴别用的兽药标准物质。

（3）**生物制品标准物质**　兽用生物制品标准物质是指按照法定标准制备，用于兽用生物制品效价、活性和含量等质量检验或对其特性鉴别、检查或技术验证，并经国务院兽医行政管理部门批准的物质。

兽用生物制品标准物质分为生物标准品和生物参考品。生物标准品是指用国际生物标准品标定的，或由我国自行研制的用于定量测定兽用生物制品效价、含量或毒性的标准物质，其生物学活性以国际单位（IU）或以单位（U）表示。生物参考品是指用国际生物参考品标定的，或由我国自行研制的用于定性或定量测定兽医微生物（或其产物）、兽用生物制品特性、效价、纯度、含量或毒性等的标准物质，其效价以特定活性单位表示，不以国际单位（IU）或单位（U）表示。

7.4.1.4　兽药标准物质的分级

在《中国兽药典》一部中，将兽用化学药品国家标准物质分为两级。一级兽用化学药品国家标准物质具有很好的质量特性，其特征量值采用定义法或其他精准、可靠的方法进行计量。二级兽用化学药品国家标准物质具有良好的质量特性，其特征量值采用准确、可靠的方法或直接与一级标准物质相比较的方法进行计量。

这种分级有利于保证兽药标准物质的合理、经济使用。由于一级兽药标准物质原料要求高，定值准确需要采用多种方法，标定难，因此制备和标定的成本很高。这种一级兽药标准物质一般由国家级实验室统一制备和标定，由于制备的数量较少，不能满足广大实验室和生产企业的需求，因此可以允许用一级兽药标准物质作为溯源标准物质，来标定二级兽药标准物质，同时对兽药标准物质的质量特性也比一级兽药标准物质低，可以更好地制备和标定，来满足一般实验室的需要。

7.4.2 兽药标准物质的管理

兽药标准物质是执行兽药国家质量标准的重要保证，是衡量兽药产品质量的根本尺度。《兽药管理条例》第七章第四十五条规定国家兽药典委员会拟定的、国务院兽医行政管理部门发布的《中华人民共和国兽药典》和国务院兽医行政管理部门发布的其他兽药质量标准为兽药国家标准。兽药国家标准的标准品和对照品的标定工作由国务院兽医行政管理部门设立的兽药检验机构负责。该规定明确了兽药标准物质的范畴是指兽药国家标准中的标准品和对照品，这里的兽药国家标准包括《中国兽药典》《兽药国家标准汇编》《进口兽药质量标准》和农业农村部有关公告发布的质量标准等。

我国兽药标准物质不同于目前的计量有证标准物质。计量标准物质是由国家质检总局委托中国计量测试学会统一管理，而我国兽药标准物质主要借鉴国际和我国药品标准物质的管理方式，根据管理方式不同，可将兽药标准物质分为国家兽药标准物质和企业生产检验用兽药标准物质。我国对国家兽药标准物质实行兽药行业内统一管理，企业生产检验用兽药标准物质由企业自行负责质量，但在《兽药质量管理规范》中对该类标准物质的定值有相应的要求。

7.4.2.1 国家兽药标准物质的管理相关规定

国家兽药标准物质是由国务院畜牧兽医行政主管部门指定的检验机构负责制备和供应。《兽药注册办法》（农业部令第 44 号）第七章"兽药标准物质的管理"第三十七条规定："中国兽医药品监察所负责标定和供应国家兽药标准物质。中国兽医药品监察所可以组织相关的省、自治区、直辖市兽药监察所、兽药研究机构或兽药生产企业协作标定国家兽药标准物质。"该规定进一步明确了兽药标准物质的标定和供应机构为中国兽医药品监察所，该机构负责保证国家兽药质量标准所需的兽药标准物质的制备和标定，根据质量标准需要确定制备的兽药标准物质品种，可以选择自己制备和标定，也可以组织其他单位一起制备和标定，并由该机构负责对外发放和供应兽药标准物质，同时也明确指出了其他省级兽药检验机构、研究机构和生产企业等有协作标定的职责。

2003 年 10 月 21 日下发的农业部办公厅农办牧函〔2003〕33 号《关于委托审批兽药标准物质质量标准的函》规定："根据《兽药管理条例》和《兽药管理条例实施细则》的规定，经研究，自本文发布之日起，委托你所负责全国兽药标准物质质量标准的制定、审批、发布工作，并负责制定、发布相关管理办法、工作程序和技术规程等工作。发布的兽药标准物质质量标准及相关管理办法、工作程序和技术规程须上报我部备案。"这里的"你所"即是指中国兽医药品监察所。

《兽药注册办法》的规定和农业部办公厅农办牧函〔2003〕33 号明确了国家兽药标准物质的管理单位和组织研制单位，国家兽药标准物质由中国兽医药品监察所全权负责，包括国家兽药标准物质的管理、制备、标定和供应，农业农村部负责相关管理制度和技术要求的备案。

7.4.2.2 国家兽药标准物质管理制度和技术规范

中国兽医药品监察所为了全面落实国家兽药标准物质的制备和供应职责，制定和落实了标准物质管理的各项规章制度和工作程序，包括《兽药标准物质管理办法》《兽药标准物质研制审批程序》《兽药标准物质保管和供应程序》和《中国兽医药品监察所菌（毒）

种制备和审批程序》，以及从标准物质研制立项、计划批准、研制报告审查、报批等各种配套表格，使国家兽药标准物质制备和供应工作有章可循。并制定了《兽药标准物质研制技术规范》，规范了标准物质的研制定值要求，使标准物质研制和技术审查有据可依；制定了《菌毒种标准品制备及检定操作规程》和《兽药标准品、对照品、对照药材质量标准》，并定期更新标准，满足研制的国家兽药标准物质能满足兽药质量检验预期用途，充分保证其适用性和定值的准确性。

标准物质作为与质量标准相配套的实物标准，只有与质量标准同步制备，才能有效保证国家质量标准的执行，因此从《中国兽药典》2020年版开始，在编制工作中就要求凡涉及需要增加新的兽药标准物质同时，研制单位在研究质量标准同时，应进行标准物质的研究，保证新版《中国兽药典》开始实施时，兽药标准物质能同步保证供应。

中国兽医药品监察所作为国家兽药标准物质研制单位，同时负责国家兽药标准物质的供应，中国兽医药品监察所在海淀本部和大兴分部分别设立了化学药品标准物质销售和生物制品标准物质销售负责部门。中国兽医药品监察同时在兽药信息网上设有标准物质专栏，发布有关国家兽药标准物质的信息，收集兽药标准物质的供需要求及使用反馈情况。中国兽医药品监察所也分别设置了化学药品标准物质和生物制品标准物质（包括菌毒种）供应网站，从该网站上查询供应信息，直接下订单购买。截至2021年底前中国兽医药品监察所研制并可对外供应295种标准物质，其中包括57种抗生素、96种化学药品和42种中药标准物质。具体品种见表7-5。

表 7-5　国家兽药标准物质供应目录表

种类		名称
抗生素	标准品	安普霉素、大观霉素、恩拉霉素、杆菌肽锌、海南霉素、红霉素、黄霉素、吉他霉素、卡那霉素、链霉素、那西肽、黏菌素、庆大霉素、庆大-小诺霉素、青霉素、土霉素、泰乐菌素、泰万菌素、维吉尼亚霉素、新霉素、盐霉素、盐酸金霉素
	对照品	阿莫西林、阿莫西林系统适用性、阿维菌素、氨苄西林、苄星氯唑西林、苄星青霉素、苯甲磺酰胺截短侧耳素、多拉菌素、多西环素、癸氧喹酯、氟苯尼考、甲砜霉素、酒石酸沃尼妙林、林可霉素、马度米星、马能菌素、青霉素、头孢喹肟、头孢洛宁、头孢噻呋、头孢噻呋系统适用性、头孢噻肟、泰地罗新、泰拉菌素、替米考星、土霉素、沃尼妙林峰鉴别、沃尼妙林杂质E、烯丙孕素、延胡索酸泰妙菌素、盐酸金霉素、盐酸四环素、盐酸沃尼妙林、伊维菌素、乙酰氨基阿维菌素
化学药品对照品		2-氨基-4,6-双环丙氨基三嗪、2,4-二甲基苯胺 、2-甲基-5-硝基咪唑 、2,4,6-三氨基三嗪（三聚氰胺）、2,4,6-三环丙氨基三嗪、2-氯-4,6-二氨基三嗪、6-氨基-2-氯-4-环丙氨基三嗪、阿苯达唑、氨基比林 、安乃近、安替比林、吡喹酮、丙氧苯咪唑、布他磷、茶碱、敌百虫、地克珠利、地美硝唑、对氨基苯甲酸、对乙酰氨基酚、多菌灵、噁喹酸、恩诺沙星、二甲氧苄啶、二羟基丙茶碱、二硝托胺、非班太尔、非罗考昔、非泼罗尼、芬苯达唑、呋喃妥因、呋喃西林 、呋喃唑酮、氟甲喹、氟喹啉酸、氟尼辛葡甲胺、环丙氨嗪、磺胺、磺胺地索辛、磺胺二甲嘧啶、磺胺对甲氧嘧啶、磺胺甲噁唑、磺胺间甲氧嘧啶、磺胺喹噁啉、磺胺氯吡嗪钠、磺胺氯达嗪钠、磺胺嘧啶、甲苯咪唑、甲磺酸达氟沙星、甲磺酸培氟沙星、甲基吡啶磷、甲萘醌、甲氧苄啶、甲硝唑、卡巴匹林钙、喹烯酮、喹乙醇、氯氰碘柳胺钠、氯硝柳胺、马波沙星 、马波沙星杂质A、马波沙星杂质B、马波沙星杂质C、乳酸诺氟沙星、沙拉沙星、马波沙星杂质D、马波沙星杂质E、马拉硫磷、萘普生、尼卡巴嗪、诺氟沙星、羟基地美硝唑、氰戊菊酯、乳酸环丙沙星、三氯苯达唑、双甲脒、托曲珠利 、维生素B_6、维生素E、氧氟沙星、盐酸氨丙啉、盐酸氯苯胍、盐酸环丙沙星、盐酸二氟沙星 、盐酸洛美沙星、盐酸吗啉胍、盐酸诺氟沙星、烟酸诺氟沙星、烟酰胺、盐酸左旋咪唑、西米考昔、硝唑沙奈、溴氰菊酯、氧阿苯达唑、乙氧酰胺苯甲酯、乙酰甲喹
中药	对照药材	白术、白芷、板蓝根、槟榔、苍术、常山、柴胡、当归、独活、大黄、钩吻、关黄柏、诃子、虎杖、红花、黄连、黄芩、秦皮、黄柏、连翘、龙胆、木香、青蒿、五倍子、杨树花、栀子
	对照品	中药博落回总碱、大黄素、大黄酸、大黄酚、黄芩苷、黄芪甲苷、连翘苷、龙胆苦苷、绿原酸、芍药苷、β-蜕皮激素、熊果酸、血根碱、盐酸小檗碱、淫羊藿苷、栀子苷

7.4.2.3　国家兽药标准物质技术专家组

中国兽医药品监察所作为负责国家兽药标准物质的标定和供应机构，致力于标准物质的研制、标定和供应工作，2012年首次组建了由所内外42名专家组成的标准物质技术小组，制定技术小组章程，明确其工作职责，对标准物质研制实行计划制定、实施方案审查、研制资料审核等各个环节的全面技术把关。2018年在"标准物质技术小组"基础上建立兽药标准物质委员会，成立了第一届委员会，委员会下设生物制品专业委员会和化学药品专业委员会，2021年换届成立了第二届兽药标准物质委员会。

7.4.3　国家兽药标准物质的研制技术要求

《中国兽药典》2020版一部中收载了《兽用化学药品国家标准物质通则》和《国家兽药标准物质制备指导原则》，《中国兽药典》2020版二部中收载了《国家兽药标准物质制备指导原则》，《中国兽药典》2020版三部中收载了《兽用生物制品国家标准物质的制备与标定规定》，分别对建立国家兽药化学药品标准物质、中药标准物质和生物制品标准物质的制备与标定作了原则性规定。

国家兽药标准物质制备基本程序包括：国家兽药标准物质品种的确定、候选国家兽药标准物质原料的筛选、国家兽药标准物质的分装或冻干、国家兽药标准物质的标定以及协作标定。

7.4.3.1　兽药标准物质品种的确定

国家兽药标准物质研制的品种是根据兽药质量标准的需要来确定的。在兽药质量标准中的鉴别、检查、含量测定、效力检验等明确要求需要用到标准物质时，或者兽药质量标准在制订或修订时需要增加标准物质时，将此品种列入制备计划。化学药品和中药标准物质根据质量标准需要可以分为鉴别用标准物质、检查用标准物质和含量测定用标准物质。鉴别用标准物质用于鉴别项下，如红外、紫外、薄层色谱等的鉴别；检查用标准物质用于检查项下，包括有关物质、溶出度、抑菌剂、残留溶剂等检查；含量测定用标准物质用于含量测定，按测定方法又可分为高效液相色谱法测定用、紫外分光光度法测定用、微生物检定用等。

7.4.3.2　国家兽药标准物质原料的获得及要求

候选标准物质原料是指可直接用于制备标准物原（材）料。原料的选择应满足适用性、代表性及可获得性的原则。一般来说，候选标准物质原料应从正常工艺生产的原料中获取一批质量满意的产品或从中药材（含饮片）中提取获得。候选对照提取物应从基原明确的中药材（含饮片）或其他动植物中提取获得。候选对照药材应从基原和药用部位明确的中药材获得。国家兽药标准物质原（材）料主要通过向国内外有生产能力的单位购买、委托制备或自行制备。兽药标准物质原（材）料的特性应与标准物质的使用要求相一致，原（材）料的均匀性、稳定性、纯净性、特异性、一致性以及特性量值范围等应适合该标准物质的用途，每批原（材）料应有足够的数量，以满足供应的需要。如候选原料即为兽药产品原料，不需另行考察生产工艺，但如果纯度达不到标准物质的特殊要求，应进一步对精制工艺进行研究，以获得高纯度的原料，这种原料一般获得比较容易，制备难度小。但如候选物原料不是兽药产品原料，而是杂质、降解产物、中药提取物等，则需另行研究候选物原料的生产工艺，这类原料制备难度大，成本高，时间长。不同用途的标准物质对原（材）料的要求不同，如：供薄层鉴别、检查用的化学对照品原料纯度一般应不低于90.0%；抗生素标准品原（材）料应与供试品同质，不含有干扰性杂质，性质稳定；中药对照药材的原料应符合兽药标准规定要求，应基源准确，无污染，无虫霉，且为当年或近1~2年生产的药材。多种来源的对照药材，须有共性的鉴别特征等。

7.4.3.3 国家兽药标准物质的定值

兽药标准物质的包装容器必须能够保证内容物的稳定性。安瓿主要用于易氧化及液体标准物质等，常规品种可采用玻璃瓶或塑料瓶（管）包装。分装、冻干和熔封过程中，需密切关注能造成各分装容器之间标准物质特性值发生差异变化的各种影响因素，并采取有效措施，确保每个分装容器之间标准物质特性值的一致性。

国家兽药标准物质的均匀性、稳定性、定值的准确性和溯源性是保证标准物质质量的重要因素。标准物质的研制过程包括化学结构或组分的确证、理化性质检查、纯度及有关物质检查、均匀性检验、定值和稳定性监测等。兽药标准物质的定值方法应在理论上和实践上经检验证明是准确可靠的方法。标准物质研制的实验室必须具备可靠的质量保证体系，以保证测量结果的溯源性。标准物质可溯源是含量、效价测定用标准物质的基本要求。一般情况下，标准物质定值应溯源至国际/国家标准物质或上批标准物质，无法溯源的标准物质，可采用国内外认可的方法或建立合适的定值方法并进行验证，新研制的化学对照品目前国际上更推荐采用质量平衡法进行定值，并用其他方法进行验证。

兽药标准物质定值时，如无法采用两种方法进行定值，原则上应由多个外部实验室协作标定，负责定值的实验室必须对其他参加实验室制定明确的指导原则并进行质量控制。每个实验室按照统一的实验方案进行测定。对用于鉴别、检查等含量（效价）测定以外的标准物质可由一个实验室进行检测，按其相关用途确定定性或定量值。负责组织协作标定的实验室应制定明确的协标方案并进行质量控制，实验如涉及国家规定的病原微生物，实验室还应符合《病原微生物实验室生物安全管理条例》的要求。

7.4.3.4 国家兽药标准物质的贮存和稳定性监测

兽药标准物质一般应贮存于干燥、阴凉、洁净的环境中，某些有特殊贮存要求的，应有特殊的贮存措施，并应在标签与使用说明中注明，一般化学药品和中药标准物质应置于阴凉干燥处保存，某些标准物质需避光低温保存，抗生素由于其不稳定的特性，大部分均应冷藏保存，有些甚至需要冷冻保存，如黄霉素标准品。兽药标准物质一般不设"有效期"，研制/制备部门需对兽药标准物质进行稳定性监测。兽药标准物质的稳定性监测遵循以下原则：稳定性监测的时间间隔可以按先疏后密的原则安排。在使用期间内应有多个时间间隔的监测数据；当兽药标准物质有多个特性量值时，应选择易变的和有代表性的特性量值进行监测；考察稳定性所用样品应从分装成最小包装单元的样品中随机抽取，抽取的样品数应对于总体样品有代表性和统计学意义；按时间顺序进行的测量结果在测量方法的偏差范围内波动，则该特性量值在试验的时间间隔内是稳定的，在兽药标准物质发放期间要不断积累稳定性数据；稳定性监测时，当产生新的杂质或纯度、含量、效价等特性值的改变损害了该批标准物质的一致性时，应立即公布并停止使用该批标准物质。

7.4.3.5　国家兽药标准物质的使用

标准物质应按说明书规定的条件妥善保存，过期、变质的标准物质不能使用。为了保证标准物质定值的准确性，一般标准物质分装量应保证一次检验用量，以免标准物质打开后，因密封或保存不当，导致特性量值发生变化，影响检验结果。在兽药质量检验时应严格按兽药标准物质所说明的用途进行使用，使用不当将造成严重后果。如将以效价标示的庆大霉素标准品用于高效液相含量测定，将用于鉴别用的氯氰碘柳胺钠对照品直接当成含量对照品用于含量测定，将紫外测定法用的对照品用于高效液相含量测定等，这些都将引起检验结果产生偏差，严重的直接导致合格产品判定为不合格，给生产企业造成严重损失。

7.4.4　新兽药注册标准物质的要求

《兽药注册办法》（农业部令第 44 号）第六章"兽药复核检验"第三十四条规定："申请人应当向兽药检验机构提供兽药复核检验所需的有关资料和样品，提供检验用的标准物质和必需材料。"第三十八条规定："申请人在申请新兽药注册和进口注册时，应当向中国兽医药品监察所提供制备该兽药标准物质的原料，并报送有关标准物质的研究资料。"第三十九条规定："中国兽医药品监察所对兽药标准物质的原料选择、制备方法、标定方法、标定结果、定值准确性、量值溯源、稳定性及分装与包装条件等资料进行全面技术审核；必要时，进行标定或组织进行标定，并做出可否作为国家兽药质量标准物质的推荐结论，报国家兽药典委员会审查。"第四十条规定："农业部根据国家兽药典委员会的审查意见批准国家兽药质量标准物质，并发布兽药标准物质清单及质量标准。"

根据相关要求，为了保证新兽用化学药品（包括抗生素和中药）的质量，配合好新兽药的注册工作，中国兽医药品监察所制定了《新兽药注册和进口注册中兽药标准物质原料管理规定》，要求申请人申请新兽药注册、进口兽药注册或变更注册时，确认申请注册质量标准中需要但没有国家兽药标准物质提供的新标准物质，应提供制备该兽药标准物质的原料和所需标定用标准物质，同时报送有关标准物质的研究资料。该规定中对申请人提供的标准物质的原料质量、数量等提出了明确的要求。

通过在评审注册同时就收集标准物质原料，有效地保证了国家兽药标准物质的同步供应，更及时解决了市场对兽药质量控制的需求。

7.4.5　生产中检验用标准物质的要求

企业生产检验中用到的兽药标准物质，应采用法定标准物质，原则上应用国家兽药标准物质进行质量检验，如无国家兽药标准物质可用国家药品标准物质，或国际药品标准物质，如美国药典委员会、欧洲药典委员会等提供的药品标准物质。如未证明符合兽药质量检验的用途，不能用计量标准物质直接作为检验用标准物质。国家兽药标准物质、国家药品标准物质和国际药品标准物质均不标明有效期，而是通过长期稳定性监测来确定发放和使用中的标准物质是否可以继续使用，所以生产企业应该时刻关注所购买批的标准物质的最新动态，了解是否已经被换批或已经不能使用。兽药和药品标准物质一般规定打开后一次性使用，如果需要再次使用，企业需要密封好后，严格按贮存条件进行保存，并自己证明其量值的合适性。有些企业将标准物质配成溶液后，必须自己验证其保存条件和有效期，按照经验证的要求进行保存和使用，并留存验证记录。

如果不用于对外出具具有法定效力的检验报告，可用企业自制的标准物质。对于企业自制标准物质，《兽药生产质量管理规范（2020年修订）》有明确的要求：企业自制工作标准品或对照品，应当建立工作标准品或对照品的质量标准以及制备、鉴别、检验、批准和贮存的操作规程，每批工作标准品或对照品应当用法定标准品或对照品进行标化，并确定有效期，还应当通过定期标化证明工作标准品或对照品的效价或含量在有效期内保持稳定。标化的过程和结果应当有相应的记录。企业可以参照国家兽药标准物质的制备原则等要求，制定自制标准物质的制备和标定程序，明确溯源用标准物质的来源，溯源用标准物质应采用国家兽药标准物质，如无国家兽药标准物质可用国家药品标准物质，或国际药品标准物质，如美国药典委员会、欧洲药典委员会等提供的药品标准物质，原则上如未证明符合兽药检验的用途，不能用计量标准物质作为溯源标准物质。一般企业应由两人以上进行标定工作标准物质的，每人不少于5份平行数据，在标定程序中对这些数据均应有相应要求。企业应保证自制工作标准品或对照品的均匀性、稳定性和定值准确性。企业用标准品或对照品标识应明确，每个包装瓶上应当标上适当的标识，内容至少包括名称、批号、制备日期（如有）、有效期（如有）、首次开启日期、含量或效价、贮存条件。

7.5

兽药检验体系

7.5.1　兽药检验实验室的发展及其体系的建立

根据《兽药管理条例》，兽药检验工作由国务院兽医行政管理部门和省、自治区、直辖市人民政府兽医行政管理部门设立的兽药检验机构承担。国务院兽医行政管理部门可以根据需要认定其他检验机构承担兽药检验工作。兽药检验实验室是保证兽药质量的重要的技术支撑，承担着政府委托的各项检验工作。

新中国成立后，原农业部即成立了第一个国家兽药检验监察机构，即现在的中国兽医药品监察所，负责监督兽药企业的生产和检验兽药产品的质量。但这是远不能满足对全国各省生产企业的监督和检验工作的，在此基础上，在原农业部的大力支持下，中国兽医药品监察所协助地方建立了各省级生物药品监察室，负责生物药品的监察工作。随着化学药品生产企业的不断增加，20世纪80年代开始，中国兽医药品监察所又开始协助地方建立省级兽药检验机构，至20世纪90年代末，各省兽药检验机构均已成立，形成了目前的兽药检验体系，有效地保证了兽药产品的质量控制。

7.5.1.1　全国兽用生物药品监察室体系的建立

中国兽医药品监察所成立后，遵照原农业部颁布的兽药监察制度，认真执行监察任务，首先到生物药品厂，与当地地方主管部门会商，协助组建了各生物药品厂驻厂监察室。同时拟定了"中央农业部驻兽医生物药品厂监察室办事细则暂行草案"，经原农业部批准执行。并在总结经验的基础上于1956年和1959年两次对草案进行了修改，制定了"驻兽医生物药品厂监察室组织办法和办事细则"，确定了监察室的管理体制，改变了监察室主任由原农业部任免的规定，确定监察室由中国兽医药品监察所和所在省厅（局）双重领导，监察室主任由省厅任免，为全国兽医生物制品监察工作的开展创造了条件。1987年，国务院颁布《兽药管理条例》后，为进一步加强和完善兽用生物制品的质量监督体制，受农业部委托进行了全国各兽医生物药品厂监察室的验收工作并对部分生药厂的技术改造工作进行了探索。1993年时全国已建立了28个兽医生物药品监察室，建立了从中央到地方的生物制品兽药监察体系。为开展监察工作，多次组织技术人员下厂协助监察室执行监察任务，培训监察人员，同时深入生产过程，及时发现问题并提出改进方法，或拟定研究课题进行试验，将积累的经验和试验数据作为补充和修改规程的依据，使生物药品监察制度得到不断完善，使之更加符合我国的生产实际。

但是后来随着时代的发展，这些兽医生物药品监察室均已逐渐撤销，目前全国仅中国兽医药品监察所负责生物制品的监督、检验等工作。

7.5.1.2　全国兽用化学药品检测体系的初步建立

1980年，国务院批准颁布了《兽药管理暂行条例》，中国兽医药品监察所根据条例规定，协助地方陆续建立了省级兽药监察所，帮助各所培训了兽药检验技术人员。同时起草了《兽药监察所工作细则》，由原农业部颁布实施。至1997年，全国除西藏外的30个省、自治区、直辖市均设立了省级兽药监察所，建立了从中央到地方的兽用化学药品监察体系。我国至此有了较完善的兽药质量监察制度和较健全的监察机构，基本具备了保证兽药质量的条件。各省级兽药监察所均承担着各省（直辖市、自治区）级兽药质量监督、检验专业技术机构，负责辖区内兽药产品质量及进口兽药质量的监督检验工作；指导辖区内兽药生产、经营企业的业务技术工作；协助解决技术上疑难问题；负责兽药检验技术交流和技术培训，并开展兽药质量标准、兽药检验新技术、新方法的研究工作。

7.5.1.3　兽药检测体系的巩固

（1）兽药监察所工作细则的发布　　国家和各省级兽药监察所，是兽药质量保证体系的重要组成部分，是国家对兽药质量实施技术监督、检验、鉴定的法定专业技术机构。为加强兽药监察所的工作，保证兽药质量，促进养殖业的发展和维护人体健康，根据《兽药药政药检工作管理办法》的有关规定，农业部于1994年6月6日正式发布了《兽药监察所工作细则（试行）》。

《兽药监察所工作细则（试行）》中规定兽药监察所必须依法办事，保证监督检验工作的科学性、公正性、权威性，提高工作质量和工作效率，适应兽药监督检验管理工作的需要。规定了兽药监察所体系的设置和要求，明确国家设置的兽药监察所有三个层次：中国兽药监察所；省、自治区、直辖市兽药监察所；根据需要，经省、自治区、直辖市农牧行政部门审查同意设立的地（市）、县兽药监察所。各级兽药监察所受同级农牧行政部门直接领导，并具有独立法人地位，业务技术受上一级兽药监察所指导。中国兽药监察所应通过原农业部的资格认证和国家计量认证；省级兽药监察所，应通过原农业部的资格认证和省级计量认证；省级以下兽药监察所均需通过省级农牧行政部门的资格认证。

《兽药监察所工作细则（试行）》中明确规定了各兽药监察所的职责。中国兽药监察所是原农业部领导下的国家兽药质量监察、检验、鉴定的法定技术机构，是全国兽药检验的最高技术仲裁单位，是全国兽药监察业务技术指导中心。其主要职责是：负责全国兽药质量的监督，抽检兽药产品和对兽药质量检验、鉴定的最终技术仲裁；承担或参与国家兽药标准的制定、修订；负责第一、二、三类新兽药、新生物制品和进口兽药的质量复核，并制定、修订质量标准，提交质量标准制定、修订编制说明和复核报告；负责兽药检验用标准品（对照品）、参照品和生产检验用菌、毒、虫种的研究、制备、标定、鉴定、保存和供应；开展有关兽药质量标准、检验新技术、新方法的研究，承担国家下达的其他研究任务；负责国家兽医微生物菌种保藏工作，调查兽药检验工作，了解生产、经营、使用单位对兽药质量的意见，掌握全国兽药质量情况，承担兽药产品质量的监督抽查工作，参与假冒伪劣兽药的查处工作；指导省、自治区、直辖市兽药监察所和生物制品厂监察室的质量监督工作；培训兽药检验技术人员，推广检验新技术；开展国内外兽药学术、情报交流。

省、自治区、直辖市兽药监察所的主要职责是负责本辖区的兽药质量监督、检验、技术仲裁工作，并定期抽检兽药产品，掌握兽药质量情况，及时向农牧行政部门和中国兽药监察所报告抽检结果；承担兽药地方标准制定、修订，参与部分国家兽药标准的起草、修订工作；负责兽药新制剂的质量复核试验，提出试验报告；调查、监督本辖区的兽药生产、经营和使用情况；指导辖区内兽药生产、经营企业和制剂室质检机构的建设，并提供技术咨询、服务；负责本辖区兽药检验技术交流和技术培训；开展有关兽药质量标准、兽药检验新技术、新方法及其他有关的研究工作；承担中国兽药监察所委托的部分国家标准品、对照品的原料初选和协作标定工作；参与兽药厂的考核验收工作，进行技术把关。

地（市）、县兽药监察所的主要职责是配合省兽药监察所做好本辖区流通领域中的兽药质量监督、检验；协助省兽药监察所对本辖区兽药生产、经营企业进行质量监督。

《兽药监察所工作细则（试行）》中也明确了省级兽药监察所的基本机构设置，应有业务技术管理机构（包括兽药质量情报机构）和中药、化学药品、抗生素、药理、添加剂等科室，也可根据需要设置其他职能科室或实验科室。地（市）、县兽药监察所可参照上一级兽药监察所的机构设置，建立有关科室。更是对各级兽药监察所的所长、科室主任、检验人员的要求作出了具体规定。

《兽药监察所工作细则（试行）》对各级兽药监察所的具体检验、标准物质、科研管理和业务技术管理要求明确。将兽药检验明确分为抽检、委托检验、复核检验、审批检验、优质品考核、仲裁检验和出口检验等。口岸兽药监察所负责进口兽药的检验工作。兽药监察所配合农牧行政部门制定年度抽检计划，承担兽药监督检验工作。甚至对检验报告出具的结论都有要求，必须作出"符合规定"或"不符合规定"的结论。这里可以说第一次明确了国家兽药标准、原农业部专业标准使用的标准品、对照品，由中国兽药监察所负责统筹安排研制、标定、保存和提供。地方兽药标准规定使用的标准品、对照品，由所在省、自治区、直辖市兽药监察所负责统筹安排、标定、保存和提供。标准品、对照品的原料，由指定的单位提供。各级兽药监察所应做好中药标本（包括动植物标本和药材标本）的收集、整理、鉴定、保存和研究工作，不断充实和完善本地区生产和常用品种的标本。对市场上出现的假冒和混杂品种，也应及时收集、鉴定和保管。国家兽药标准收载的中药材品种的对照标本，由中国兽药监察所统一组织收集、鉴定。地方兽药标准收载的中药材品种的对照标本，由省、自治区、直辖市兽药监察所组织收集和鉴定。兽药监察所在完成兽药检验工作的前提下，应积极围绕新兽药、质量标准、检验方法、兽药安全性等问题开展科学研究工作，提高兽药检测的科学技术水平，适应兽药事业发展的需要。兽药监察所必须按照标准化、规范化、科学化的要求加强业务技术管理，不断提高兽药检验的工作质量和效率。

（2）省级兽药监察所基本条件的发布　省级兽药监察所是国家兽药监察保证体系的重要组成部分，是国家对兽药质量实施技术监督检验的法定机构，并执行农牧行政部门交办的兽药监督检验任务，其组织机构，人员配备、仪器设备、规章制度、实验室环境、技术管理与后勤保障等方面均应与其职能相适应。为加强兽药监察所的工作，保证兽药质量，促进养殖业的发展和维护人体健康，根据《兽药监察所工作细则》，农业部于1994年6月6日正式发布了《省级兽药监察所基本条件（试行）》。

《省级兽药监察所基本条件（试行）》首先明确了兽药监察所应按国家技术监督局发布的"产品质量检验机构计量认证技术规范"要求，通过计量认证。《省级兽药监察所基本条件（试行）》中对兽药监察所的人员数量、职称比例、各类人员的学历、检验经历、外文水平等提出了更进一步明确的要求。兽药监察所中具有技术职称的技术人员不得少于80%，其中药学专业人员应不少于50%；行政和后勤人员不得超过在编总人数的20%。高级、中级、初级职称人员的配备比例应不低于1∶4∶3。所长、副所长均应具有大专以上学历、中级以上技术职称，具有一定的外语水平，有组织领导能力并有实验室检验工作经验。科（室）主任，应具有大专以上学历，中级以上技术职称，三年以上药检工作经验，能有效地组织和指导本科（室）业务工作；对在监督、检验中出现的问题能作出正确判断和处理。科（室）检验人员应有高中以上学历，并经过至少一年专业技术实践或专业技术培训，经考试合格取得上岗合格证方可从事检验工作。

《省级兽药监察所基本条件（试行）》中更是对各项工作作出了具体要求，如对抽检工作，农牧行政部门会同兽药监察所制定并下达全年抽检计划；本地区新兽药连续抽检二年；发生过质量问题的品种应作适当增抽；对经营、使用单位均有定期或不定期的抽检，并纳入有关科室的工作计划。品种全检率应占抽检品批数的1/3以上。对培训工作，兽药监察所应负责本辖区的兽药检验技术培训，有计划地培训生产企业、经营企业的质检人员，培训可采用专题讲座、学习班、带教、现场指导、业务检查、专业考试、考核及样品会检等。

《省级兽药监察所基本条件（试行）》中是对各兽药监察所的质量管理提出了系统要求。应健全质量保证体系有秩序地开展工作。兽药监察所应有健全的管理体系和与其任务相适应的工作制度，这些制度至少应包括以下几项：①兽药检验制度；②各级人员的岗位责任制度；③计量管理制度；④实验室管理制度；⑤各项技术操作规程；⑥精密仪器管理制度；⑦实验动物饲养管理制度；⑧考勤考绩制度；⑨兽药质量信息的搜集、整理、储存、上报、反馈、检索、使用等制度；⑩口岸兽药监察所应制定相应的报验、抽样、检验技术审核、留样管理等制度；⑪财务管理制度；⑫技术资料档案管理制度；⑬安全保密制度；⑭差错事故认证及处理制度；⑮留样管理制度；⑯危险品、剧毒品管理制度。对样品管理、设备管理、标准管理、标准物质管理、检验记录和报告等全面提出了要求。

（3）省级兽药监察所认证工作的开展　我国作为畜牧业大国，兽药业理应在国际市场上占有一席之地。无论是我国的兽药产品进入国际市场，还是境外、国外的产品进入我国市场，随着我国兽药行业的崛起，这些交流将越来越多，越来越频繁，而对其产品质量负有检验职责的兽药监察所出具的检验数据和报告就有一个是否能得到双边或多边认可的问题。而一个产品检测机构要想获得双边或多边认可，其前提是必须先在国内通过资格认证和计量认证，也就是说，对国外、境外兽药产品而言，进入我国后，未通过资格认证的兽药监察所不具备对其产品进行质量检验的资格。

农业部依据《兽药管理条例》于 1994 年 16 号文件中规定："省级兽药监察所应通过农业部的资格认证和省级计量认证"，从此兽药监督管理进入法制化的轨道。省级兽药监察所通过资格认证是一项必须进行的法定程序，也是事关兽药行政管理和兽药检验部门是否在依法办事。省级兽药监察所的资格认证工作除了是对兽药监察所取得合法地位必须进行的法定程序外，也是对兽药监察所综合能力的评定。随着我国由计划经济向市场经济过渡和事业单位体制改革的进程，仅从兽药产品质量检测这一角度来讲，兽药监察机构也逐步从过去兽药行业内的检验机构向面向全社会、面向市场的社会中介机构过渡。一个兽药检验机构能否承担兽药产品质量的检验，除了法定程序外不再是靠机构的级别来决定，而要由是否具备了承担兽药各类产品检测能力、是否具备了一个质检机构的"公正性、科学性和权威性"来决定。

为加强我国兽药质量监督体系建设，全面提高省级兽药监察所整体水平，农业部畜牧兽医局从 1993 年起开始对省级兽药监察所进行资格认证准备工作，1998 年起全面组织实施认证工作，到 2001 年底，30 个省级兽药监察所的首轮认证工作全部完成。其中正式认证工作历时 4 年，从组织机构、仪器设备、人员配备、职责任务、管理、职业道德及行业作风、实验室环境及安全卫生七个方面对省级兽药监察所进行了全面评审。为确保省级兽药监察所认证工作的顺利完成，各省级兽药监察所投入了大量的人力、物力，中国兽医药品监察所也组织了认证评审专家 100 多人次进行技术指导。此项工作全面提高了我国兽药检验管理水平。据统计从 1987 年至 1997 年的 10 年间，从中央到地方共投入 2000 万元用于新、改建实验室，购置大型仪器设备 500 多台。从事检验工作的人员（含兼饲料检测任务）共有 646 人，其中技术人员 550 人，占 85％，拥有实验室 28000m²。

省级兽药监察所认证工作的试点阶段。1996 年，中国兽医药品监察所受农业部委托，在当时各方面工作开展较好的江苏省兽药监察所、辽宁省兽药监察所进行认证试点工作，并取得成功。在总结试点验收经验的基础上，修订完善了"省级兽药监察所资格认证评审内容及考核办法"，1997 年底农业部下发农牧发 [1997] 144 号"关于发布省级兽药监察所资格认证程序和认证工作"，并将此项工作正式委托中国兽医药品监察所负责实施。

省级兽药监察所认证工作的全面开展。中国兽医药品监察所依据《兽药监察所工作细则》《省级兽药监察所基本条件》、"省级兽药监察所资格认证评审内容及考核办法"等规定从 1998 年起全面开展省级兽药监察所认证工作。在农业部畜牧兽医局、各省农牧行政管理部门的大力支持下，在各省级兽药监察所的积极配合下，分别于 1998 年完成广东、上海、山东、河北、湖北 5 所，1999 年完成北京、广西、贵州、河南、湖南、江西、陕西 7 所，2000 年完成山西、湖北、甘肃、陕西、内蒙古 5 所，2001 年完成天津、吉林、黑龙江、安徽、福建、云南、海南、浙江、重庆、新疆、青海、宁夏 12 所的认证工作。

首轮省级兽药监察所认证工作的效果。通过省级兽药监察所资格认证，首先使实验室环境得到显著改善。从 1997 年至 2001 年的 5 年间，国家及地方财政累计投入 2580 万元用于实验室建设，实验室面积由 28000m² 增加至 36000m²，各所都做到了办公区与检验区分开，各功能实验室分开，并有近一半的省级兽药监察所建立了万级环境下局部百级的无菌实验室，使实验室的布局更趋合理。其次仪器设备配备齐全。为准备资格认证工作，各省级兽药监察所利用世界银行贷款、无规定疫病区及饲料安全工程等项目资金 4120 万元，共新购或更新高效液体色谱仪等大型仪器设备 150 台套，并利用自筹资金对中小型仪器进行了更新换型，基本满足了兽药检验、科研、培训及残留检测工作的需要。通过资格认证，人员素质普遍提高，依法治所得到了落实，管理工作得到加强，检验操作进一步规范，检测能力增强，检品数量大幅上升。在认证工作中，通过邀请省农业（畜牧）厅（局）主管领导参加认证评审工作的全过程，使他们进一步了解省级兽药监察所各项工作对保障畜牧健康、可持续发展和人类食品安全的重要性，对相关工作引起高度重视并现场解决了许多过去多年不能解决的问题，如海南省兽药监察所的实验用房、法人地位问题等。

省级兽药监察所认证工作的进一步加强。根据《兽药监察所实验室管理规范》第三条，2002 年 2 月 27 日，农业部颁布了《农业部省级兽药监察所资格认证管理办法》。原农业部畜牧兽医局主管全国省级兽药监察所的资格认证工作，负责评审报告的审批及核发《省级兽药监察所资格证书》。中国兽医药品监察所负责省级兽药监察所资格认证评审及日常监督的组织工作，并向原农业部畜牧兽医局提出评审报告。至 2005 年期间，共组织了两轮省级兽药监察所资格认证工作，极大推动了省级兽药检验监察所的"三件建设"和质量管理水平。

7.5.1.4 兽药监察所实验室管理不断科学规范

中国兽医药品监察所和各省级兽药监察所按照资质认定评审准则要求，依法为兽医行政管理部门提供兽药质量监督抽检、兽药残留检测以及新兽药质量复核等大量检测报告，履行了法定检验机构的职责，中国兽医药品监察所于 1999 年首次通过国家计量认证，并于 2003 年通过国家计量认证复评审。但在通过资质认定同时，兽药监察所在工作中也遇到了新的问题和挑战：一是随着市场经济的发展，客户要求越来越多样化；二是为兽药和动物产品出口出具检验报告的要求日益增加；三是兽药生产中利用科技手段造假，在兽药中添加非处方成分等违法生产现象屡禁不止。如何解决这些问题，继续履行好检测实验室职责，原则性和开放性兼具的实验室认可准则提供了有效的解决途径，在这种要求和需求下，2008 年中国兽医药品监察所申请了国家实验室认可并通过了评审，并再次通过计量认证复评审。通过实验室认可工作，实现检测能力和服务水平双提高，中国兽医药品监察所更加注重检测能力建设，历年来均参加 CNAS 组织的能力验证，参加了英国食品分析实验室质量评估体系（FAPAS）实验室的能力验证，每次均取得满意的结果。为了扩大实验室认可活动在兽药检测行业的影响，在 2010 年全国兽药监察工作会议，特别邀请了CNAS 实验室处领导和资深认可评审专家为全国省级兽药监察所长、业务副所长就实验室认可的基本概况、药品实验室的质量管理等方面进行培训，引导行业不断提高实验室质量管理水平。同时，还积极利用中国兽药信息网和中国兽药杂志等媒体进行宣传，让从业人员了解实验室活动的重要意义。自 2005 年第一个省级兽药监察所通过国家实验室认可以来，先后有 12 个实验室申请并通过了认可，实验室认可促进兽药检验系统实验室管理水平不断提高。

其后中国兽医药品监察所和一些省级兽药监察所一直坚持同时进行实验室认可和资质认定双认评审。中监所为了进一步加强生物实验室的工作，于 2017 年通过了国家三级生物安全实验室认可。中国兽医药品监察所的检验工作自成立以后不断多元化，检测领域逐步拓宽，在兽用化学药品和生物制品检验检测基础上，增加了兽医器械检验检测、兽药残留检验检测和动物检疫。

中国兽医药品监察所和一些省级兽药监察所的实验室管理水平也不断优化升级，充分利用现代电子化管理技术手段不断强化和规范检验检测工作。中监所于 2014 年开始启动实验室信息管理系统建设，于 2016 年正式上线检验流程电子化的试运行，并于 2020 年再次优化升级，至此不仅实现了所有实验记录的电子化，在实验室信息管理系统中还增加了仪器管理、标准管理和实验室管理等各种电子管理模块，实现了实验室管理的现代化。一些省级兽药监察所，如重庆、四川和广东等地也于近些年开始启动实验室信息管理系统建设，取得了很好的规范化管理的效果。

7.5.1.5　兽药检验机构的现状

21 世纪以来随着社会的不断变革，原有兽药监察体系也随着时代发生了变化，各省级兽药监察所根据目前承担的职责，明确定位为承担兽药检验的实验室，因此原各省的"兽药监察所"也逐渐被更名为"兽药检测中心""兽药检测所"等名称，"省级兽药监察所"的名称被改为省级兽药检验机构。虽然名称换了，但其承担兽药检验的职责不变，仍是兽药检测体系中不可缺少的一个重要组成部分。

7.5.2　残留检测实验室的发展及其体系的建立

我国的兽药残留监测机构包括中国兽医药品监察所、国家兽药残留基准试验室、农业农村部认可的相关检测机构、各省兽药检测机构以及动物防疫机构和部分省以下的残留检测机构。责任分别是：中国兽医药品监察所负责国家兽药残留监控计划中安排的中央级的监测任务；指导省级兽药残留监测机构的检测工作；负责残留检测标准物质的制备、标定和发放；参与残留标准的制定工作。农业农村部指定的相关检测机构承担国家兽药残留监控计划中安排的相关检测任务。各省级兽药检验机构负责本省范围的国家兽药残留监控计划中的检测任务和本省兽药残留监控计划的检测工作；参与残留标准制定工作。省级动物防疫机构负责本省国家兽药残留监控计划和本省兽药残留监控计划的取样工作。国家兽药残留基准实验室主要参与残留标准的制定；参与国家残留控计划的制定与实施；负责残留检测结果的最终仲裁；负责对残留检测实验室的技术指导、人员培训，组织比对试验；负责提供技术咨询意见和建议。

7.5.2.1　全国兽药残留专家委员会

农业部于 1999 年农牧发［1999］25 号批准成立全国兽药残留专家委员会（简称残留委员会），是组织开展动物及动物源性食品中兽药残留及有毒有害物质的残留进行预防和监控技术审议咨询机构，归属原农业部领导，同时发布了全国兽药残留专家委员会管理办法。

全国兽药残留专家委员会依据农业农村部批准的委员会章程开展工作。委员会设主任委员、副主任委员和委员，委员会下设办公室。委员是由从事兽药监督管理、兽药残留或耐药性工作、教学与科研领域的专家中推举产生，由原农业部聘任。委员实行任期制，每届任期一般为 5 年。常设机构设在中国兽医药品监察所，负责兽药残留及耐药性控制委员会的日常工作。其后，农业部分别于 2005 年、2013 年和 2017 年对残留专家委员会进行了换届。

全国兽药残留专家委员会负责审核、拟定、修订动物产品中兽药最大残留限量标准；审议、拟定、修订兽药残留检测方法；制定和修订国内年度残留抽样计划；审议兽药残留检测报告，并汇总检测结果；审议兽药残留研究项目立项报告，拟定兽药残留研究项目计划，审查研究项目经费及工作经费使用计划；收集国内兽药使用情况及有关环保监控信息，组织评估残留监控计划的效果及效率；与相关国际专业组织的技术交流及对话；审议农业农村部提交的其他议题。

7.5.2.2 残留检测实验室

农业部（96）农牧（药）字第 20 号函中，认为在中国兽医药品监察所设立兽药残留研究室很有必要，根据该函中国兽医药品监察所率先设立了残留研究室。

1998 年农业部发布《关于开展兽药残留检测工作的通知》（农牧发［1998］10 号），明确省级兽药监察所负责兽药残留项目和检测任务的实施，定期对本地兽药及饲料药物添加剂生产、使用情况进行检查和技术指导，做好国内市场动物性食品中兽药残留监测工作。1999 年中国兽医药品监察所设立临时办公室，负责起草兽药残留监控计划和年度计划的总结报告，2001 年成立兽药安全评价研究室，主要承担兽药残留监控计划、畜禽产品质量安全例行监测、开展兽药残留检测方法研究、组织能力验证和技术培训等。各省级兽药监察所逐渐建立残留检测实验室并发挥其作用。

2018 年之前，兽药残留监控计划一般由 1 个国家级基准实验室、2 个部级认可实验室、31 个已批准认可的省级兽药监察所实验室以及 31 个水产品质检中心共 65 家单位承担，同时省级兽药监察所还承担本辖区内部的残留监控任务。认可实验室是经原农业部批准、承担官方样品中残留物质检测的实验室。几乎所有的实验室均按 ISO/IEC 导则 25-1990 的标准编制了质量管理体系文件，并通过了国家计量认证（CMA）或 CNACL 等实验室认可机构的认可。各实验室拥有经过培训的合格专业技术人员及承担残留分析所必需的仪器设备和材料，并定期参加国内的水平测试。

2018 年之后，由于机构改革和相关政策的改变，大多数省级兽药监察所不再承担兽药残留监控计划任务，由部级检测中心和第三方检测机构承担检测任务。每年年初农业农村部招标选择第三方检测机构，中标的检测机构和指定的部级检测中心承担检验任务。

7.5.2.3 国家兽药残留基准实验室

2004 年，国家启动动物防疫体系建设项目，依托中国兽医药品监察所、中国农业大学、华中农业大学和华南农业大学，批准建立了 4 个国家兽药残留基准实验室（农计函［2004］585 号文），简称基准实验室。2008 年农业部发布《国家兽药残留基准实验室管理规定》，明确基准实验室是承担兽药残留技术标准研究、检验、检测、培训的国家级主要技术支撑机构。原农业部兽医局负责基准实验室资格认定及监督管理工作。全国兽药残留专家委员会办公室承担基准实验室的技术协调工作。

（1）**国家兽药残留基准实验室主要职能** 起草相关兽药（药物）品种残留检测方法；参与制定国家兽药残留监控计划；负责兽药（药物）残留检测最终仲裁检验；提供兽药（药物）残留检测基准物质；对省级残留检测实验室进行技术指导；定期有针对性地组织比对试验；承担相应残留检测技术培训工作；负责收集、整理、分析和报告所承担品种的国内外残留监控信息；参与农业部组织的相关国际标准制定工作；为主管部门提供相关的技术咨询意见和建议；完成主管部门交办的其他任务。

（2）**国家兽药残留基准实验室条件**　除应通过国家认可委员会的实验室资格认定外，还必须通过农业农村部组织的检查验收；应建立完善的行政组织结构，具有较高水平的学科带头人，配备足够的、具有相应专业资格和工作经验、能胜任残留分析工作的专职工作人员，专职人员应当接受相关培训，熟练掌握实验操作技能，数量不得少于15人；应具备相应的实验场所，配备相应的仪器设备和设施，建立配套的基础保障条件；应建立并执行健全的规章制度，严格遵守相关技术规范和标准，保证兽药残留检测方法的可靠性和可操作性，保证检测结果的客观公正。基准实验室应建立员工工作经历和技术培训档案。

（3）**国家兽药残留基准实验室工作规则**　基准实验室应当保证兽药残留检测工作科学、客观、公正，不受任何部门、经济利益等的影响，应对出具的检测结果和意见负责；主任由基准实验室依托单位聘任，每届任期五年，并报农业农村部兽医局备案。根据工作需要，主任可以提名并报请依托单位聘任副主任1～2人。基准实验室实行主任负责制，主任在依托单位领导下全面负责实验室的人员、财务、行政和业务等管理工作；应当指定专人（专职/兼职）负责检验质量和实验室安全管理；应建立和完善质量保证体系，制定相应的质量体系建设规范；应保证其员工对涉密问题和信息交流保守机密。

（4）**国家兽药残留基准实验室管理**　农业农村部兽医局负责制定、发布基准实验室检查验收办法和评定标准，并组织实施基准实验室检查验收工作。检查验收活动每五年一次；承担的兽药（药物）品种范围，由农业农村部兽医局确定并公布；对不能履行工作职责的基准实验室，农业农村部兽医局视情况作出通报批评或提出变更基准实验室主任的意见；农业农村部兽医局定期对基准实验室进行绩效评估，对成绩突出的单位和个人，给予表彰和奖励；基准实验室应于每年十二月底前向农业农村部兽医局和全国兽药残留专家委员会办公室提交年度工作报告、存在问题和下年度工作计划和建议。

2007年农业部对4个国家兽药残留基准实验室药物残留检测范围进行了明确分工，并于2011年进一步修订完善。具体分工见表7-6。

表7-6　国家兽药残留基准实验室药物残留检测范围分工表

国家兽药残留基准实验室（中国兽医药品监察所）	
四环素类	四环素、土霉素、金霉素、多西环素
氟喹诺酮类	诺氟沙星、环丙沙星、恩诺沙星、达氟沙星、二氟沙星、沙拉沙星、氟甲喹、噁喹酸
二硝基类	二硝托胺、尼卡巴嗪
β-受体兴奋剂类	西马特罗、克仑特罗、沙丁胺醇
其他	乙氧酰胺苯甲酯
国家兽药残留基准实验室（中国农业大学）	
酰胺醇类	甲砜霉素、氟苯尼考
磺胺类	磺胺二甲嘧啶、磺胺甲噁唑、磺胺对甲氧嘧啶、磺胺二甲嘧啶、磺胺甲、磺胺间甲氧嘧啶、甲氧苄啶、磺胺喹噁啉、磺胺氯吡嗪钠、磺胺喹钠
阿维菌素类	伊维菌素、阿维菌素、多拉菌素
离子载体抗球虫药	莫能菌素钠、盐霉素钠、拉沙洛西
雌激素样作用物质	玉米赤霉醇、氯霉素（包括琥珀氯霉素）
硝基咪唑类	替硝唑、地美硝唑、甲硝唑、洛硝达唑

国家兽药残留基准实验室（中国农业大学）	
镇静药	安眠酮、氯丙嗪、地西泮（安定）
其他	马度米星铵、赛杜霉素、氯羟吡啶、盐酸氯苯胍、盐酸氨丙啉、氮哌酮、癸氧喹酯、氢溴酸常山酮
国家兽药残留基准实验室（华南农业大学）	
β-内酰胺类	青霉素、氨苄西林、阿莫西林、苯唑西林、氯唑西林、头孢氨苄、头孢噻呋、头孢喹肟、克拉维酸
多肽类	杆菌肽、黏菌素、维吉尼霉素
咪唑并噻唑类	左旋咪唑、噻咪唑、哌嗪、氮胺菲啶
有机磷类	二嗪农、巴胺磷、倍硫磷、敌敌畏、甲基吡啶磷、马拉硫磷、蝇毒磷、敌百虫、辛硫磷
拟除虫菊酯类	氰戊菊酯、溴氰菊酯、氟氯苯氰菊酯、氟胺氰菊酯
性激素类	苯甲酸雌二醇、甲基睾丸酮、苯丙酸诺龙、丙酸睾酮、己烯雌酚
具有雌激素样作用的物质	醋酸甲孕酮、去甲雄三烯醇酮
杀虫剂	锥虫肿胺、呋喃丹（克百威）、杀虫脒（克死螨）、林丹（丙体六六六）、毒杀芬（氯化烯）、氯化亚汞（甘汞）、硝酸亚汞、醋酸汞、吡啶基醋酸汞、酒石酸锑钾
抗血吸虫药	吡喹酮
抗锥虫药	三氮脒
三嗪类	地克珠利、托曲珠利
有机氯类	氯芬新
其他	泰妙菌素、洛克沙肿、氨苯肿酸、群勃龙、醋酸氟孕酮
国家兽药残留基准实验室（华中农业大学）	
氨基糖苷类	链霉素、庆大霉素、卡那霉素、新霉素、大观霉素、安普霉素、越霉素 A、潮霉素 B
大环内酯类	红霉素、泰乐菌素、替米考星、吉他霉素、泰万菌素
林可胺类	林可霉素
喹噁啉类	乙酰甲喹、喹乙醇、卡巴氧
苯并咪唑类	阿苯达唑、芬苯达唑、非班太尔、奥芬达唑、甲苯咪唑、氟苯达唑、苯氧丙咪唑
抗吸虫药	三氯苯达唑、硝碘酚腈、碘醚柳胺、氯氰碘柳胺
糖皮质激素类	地塞米松、倍他米松
硝基呋喃类	呋喃它酮、呋喃唑酮、呋喃苯烯酸钠、呋喃妥因、呋喃西林
杀虫剂	孔雀石绿、五氯酚酸钠、双甲脒（水生食品动物）
硝基化合物	硝基酚钠、硝呋烯腙
解热镇痛类	安乃近
砜类抑菌剂	氨苯砜
其他	双甲脒

7.6

兽药产品检验

根据《兽药管理条例》《新兽药注册办法》和《文号管理办法》等法规的规定，我国对兽药产品实行注册检验、质量监督检验和文号报批检验。因此中国兽医药品监察所及各省级兽药检验机构承担相应的兽药检验职责，负责相应的兽药产品检验工作，包括兽药产品注册复核检验、兽药产品批准文号检验和兽药质量监督检验，另外也可以接受相应的委托检验工作。

7.6.1 兽药产品注册复核检验

对申报的兽药产品进行复核检验是兽药产品注册过程中的一个重要环节，是在对申请注册的资料完成技术审查后，对产品质量的落到实际的检验和质量把关，对保证产品质量具有非常重要的意义。

《兽药注册办法》规定申请新兽药注册和进口兽药注册应当进行兽药复核检验，包括样品检验和兽药质量标准复核。因此注册复核检验单位在注册检验时，一方面应对兽药产品质量标准进行试验复核，通过试验确定申请注册产品的拟定质量标准是否可全面控制质量，判定标准的可行性；另一方面需对产品的质量进行检验，判定产品是否符合标准规定。

农业农村部兽药注册评审程序规定，新兽药注册和进口兽药注册资料经技术评审符合要求后，兽药评审中心与申报人进行质量标准确认，产品检验质量标准经申请人确认后，不再允许修改。评审中心收到申请人的确认函后，向申请人发复核检验通知。

7.6.1.1 质量复核

新兽药和进口兽药的注册复核检验由中国兽医药品监察所负责。申请人在收到评审中心复核检验通知后，应在规定时限 132 个工作日内向中国兽医药品监察所提交复核检验所需样品、相关资料和材料。申请兽药注册复核要求提交 3 批样品，且这些样品应是在取得《兽药 GMP 证书》的车间生产的，每批的样品应为拟上市销售的 3 个最小包装，并为检验用量的 3～5 倍。相关资料和材料包括检验用标准物质以及非常用试剂、耗材等物质，申请人同时应提交复核检验用质量标准起草说明、质量标准方法学研究资料，提交资料是为了复核时能有助于复核人清楚掌握标准起草过程、试验过程情况和结果，更好地结合试验过程对质量标准的可行性和产品质量进行更好的判定。

中国兽医药品监察所在接到样品后，根据评审意见，按照《兽药注册办法》等相关规定开展兽药质量标准复核和样品检验工作，应当在 90 个工作日内完成样品检验，出具检验报告书；需用特殊方法检验的兽药应当在 120 个工作日内完成。

在进行兽药质量标准复核时，除进行样品检验外，还应当根据该兽药的研究数据、国内外同类产品的兽药质量标准、检验项目和方法等提出复核意见。需要进行样品检验和兽药质量标准复核的，要求应当在 120 个工作日内完成相关工作，需用特殊方法检验的兽药，复核单位应当在 150 个工作日内完成。中国兽医药品监察所完成检验和质量标准复核后，将检验报告书和复核意见送达申请人，同时抄送评审承办处室。

对于非一类新兽药、非新剂型、质量标准涉及项目少、操作简单的注册检验品种，中国兽医药品监察所也会适当组织一些省级兽药检验机构进行复核检验。其中变更规格但质量标准不变的，或非首家注册但质量标准与首家一致的品种，也可能根据情况组织申请人所在地的省级兽药检验机构进行复核检验。中监所收到检验报告后，再将检验报告书和复核意见送达申请人，同时抄送评审承办处室。

2019 年之前，质量标准复核一直坚持全部项目均检验的原则。从 2019 年开始，农业农村部进一步优化了评审检验程序和要求，调整了注册检验的要求。按照"突出重点、把控质量"原则，为了合理分配检验资料，提升质量效率，既要充分发挥检验工作在新兽药注册和进口兽药注册中的作用，又要确保产品质量，对于同时申请多品种多种规格的制剂时，若主药浓度相同，可仅对一种规格的样品进行全项检验，其他规格的样品可只进行关键项目的检验；若主药浓度不一致，应对申请的所有规格样品进行全项检验。关键项目包括鉴别、有关物质、组分检查、无机离子、细菌内毒素或热原、无菌检查、含量均匀度和含量测定。

近些年随着评审检验程序的进一步改进，参照药品检验方式，兽药的注册检验逐步在推进风险评估检验的方式，即评审专家可按照风险评估原则确定需要检验的项目，中国兽医药品监察所按照确定的检验项目进行部分检验和标准复核。

7.6.1.2 撤回申请和复核不合格情况处理

中国兽医药品监察所在收到评审中心复核检验通知后，或者质量复核检验期间，出现申请人不能按期提交复核检验用样品、试剂、材料或材料不全导致无法开展检验的，质量标准或检测方法不具可操作性的，中国兽医药品监察所应向评审中心说明具体情况，评审中心根据说明对该项注册申请按申请人自动撤回申请处理，报农业农村部畜牧兽医局。

在复核检验中出现第一次检验不符合规定时，申请人可以在中国兽医药品监察所发出第一次复核检验不合格报告后6个月内，提交复核样品和相关资料，可以再次提交样品进行检验。第二次送样的复核检验应重新进行检验计时。但随着评审程序的不断改革，2021年起对注册产品原则上只给一次复核检验的机会，检验不合格直接退审。

7.6.1.3 残留检测方法复核

在我国申请注册用于食品动物的兽药产品，其有效成分尚无国家兽药残留限量标准和兽药残留检测方法标准的，注册申报时应提交兽药残留限量标准和兽药残留检测方法标准建议草案和残留检测方法研究资料及验证报告。在兽药产品注册复核检验的同时，中国兽医药品监察所会对兽药残留检测方法标准实施复核检验，并出具复核检验报告及其说明。

同一种产品有多家申请需要进行残留检测方法复核的，中国兽医药品监察所对第一家的残留检测方法复核无疑议后，其他家的残留检测如与第一家的残留检测方法一致，可不再进行复核检验。

7.6.1.4 标准物质检验

如提交的质量标准中用到了新的目前国内外尚没有的法定兽药标准物质，要求申请人在申请复核同时需要提交标准物质原料和相关研究资料。在注册检验同时中国兽医药品监察所会对提交的标准物质原料进行初步质量核查和研究资料审查，确定提供的原料和资料的适宜性；生物制品产品根据评审意见如需要对疫苗菌（毒、虫）种/对照品等进行检验的，可与产品检验同步进行，并报送检验结果和结论。

7.6.1.5 暂停评审计时特殊情况

在开展复核检验期间，因检验用动物、特殊检验设施与设备或标准物质无法获得等特殊原因造成复核检验无法进行，且申请人不能提供有效帮助的，中国兽医药品监察所会提出暂停检验计时报农业农村部，待检验条件成熟时再恢复计时，这时暂停计时阶段的时间不纳入复核检验总时间。

7.6.2 兽药产品批准文号检验

兽药产品根据《兽药产品批准文号管理办法》要求进行检验。2015 年 1 月 1 日施行的《兽药产品批准文号管理办法》（农业部令第 45 号），要求兽药生产企业在申报文号时需提供三批样品进行检验，检验合格，即可取得兽药产品批准文号。2016 年 5 月 1 日施行的《兽药产品批准文号管理办法》（农业部令 2015 年 第 4 号），进一步完善了产品批准文号的检验管理，实现现场核查和抽样制度，细化了检验要求，对兽用中药、化学药品和生物制品有不同的检验要求。

最初的产品批准文号检验要求检验机构应按照兽药国家标准或相应注册标准对三批样品进行全项检验，并出具检验报告。为进一步提高兽药产品批准文号工作效率，原农业部办公厅发布《兽药产品批准文号复核检验工作指导原则》（农办医［2017］29 号）按照"突出重点，把控产品质量"原则，规定兽药（兽用生物制品除外）产品批准文号核发过程中的复核检验工作的基本原则，确定了复核检验关键项目，加快了检验工作。

2022 年，农业农村部修订了产品批准文号复核检验指导原则，印发了《兽药产品批准文号复核检验工作指导原则》（农办牧［2022］7 号），原 2017 年发布的指导原则作废。该检验指导原则在兽用中药和化学药品的基础上增加了对生物制品检验的规定，对检验项目也有了新的要求。该指导原则要求兽用中药、化学药品和国家强制免疫疫苗首次申请文号、注销或被撤销文号的兽药产品重新申请文号、文号有效期内监督抽检不合格产品换发文号的，3 批样品总的复核检验项目应覆盖兽药质量标准中所有检验项目。国家强制免疫疫苗以外的兽用生物制品首次申请文号、文号过期后重新申请文号的以及异地扩建、迁址重建、原址重建企业原生产地址取得过文号的产品申请文号的，从抽样的 3 批样品中随机抽取 1 批，按指导原则要求选择相应检验项目进行复核检验；如文号有效期内有监督抽检不合格记录，则 3 批样品总的复核检验项目仍应覆盖兽药质量标准中所有检验项目。

7.6.2.1 化学药品和中药类兽药产品批准文号检验

化学药品和中药类兽药产品批准文号检验分为新兽药产品批准文号检验和非新兽药产品批准文号检验两类进行不同的管理，由省级兽药检验机构负责产品检验工作。根据《兽药产品批准文号复核检验工作指导原则》（农办牧［2022］7 号），两类产品的检验项目指导原则相同。

根据该指导原则，产品质量标准中包含"无菌"和"微生物限度"检验项目的，则此项目必检，另外可溶性粉剂的溶解性，片剂的溶出度/释放度/崩解时限，胶囊剂的溶出度/释放度/崩解时限，丸剂的溶散时限，注射剂的可见异物（如涉及）、细菌内毒素/热原（如涉及）和不溶性微粒（如涉及），眼用制剂的可见异物/金属性异物、渗透压摩尔浓度（如涉及），栓剂的融变时限，阴道用制剂的释放度/释放速率、发泡量（如涉及），以及颗粒剂的溶化性均为必检项目。在必检项目基础上，指导原则也规定了鉴别、含量测定、有关物质、组分检查、抑菌剂、无机离子和含量均匀度为关键项目。批准文号检验时，除必检项目必检外，还应从关键项目中选择至少 2 项进行复核检验。

（1）化学药品和中药类新兽药产品批准文号检验　生产企业如申请的兽药产品为本企业研制的已获得《新兽药注册证书》的兽药产品（包括化学药品、抗生素和中药产品），且新兽药注册时的复核样品是申请人生产的，则该生产企业在申请该产品批准文号时不需再进行复核检验，在提交批准文号申请资料时，可直接提交新兽药注册时的复核检验报告。

生产企业如申请的兽药产品为申请他人转让的已获得《新兽药注册证书》或《进口兽

药注册证书》的兽药产品批准文号的，生产企业申请批准文号时除向所在地省级人民政府兽医主管部门提交所需的资料外，还应提交本企业生产的连续三个批次的样品。所在地省级人民政府兽医行政管理部门在收到有关资料和样品之日起 5 个工作日内将样品送省级兽药检验机构进行复核检验。

（2）化学药品和中药类非新兽药产品批准文号检验　生产企业如申请的兽药产品不是本企业已获得《新兽药注册证书》的兽药产品（包括化学药品、抗生素和中药产品），生产企业在申请批准文号时，应遵循农业农村部的比对试验管理要求，实行比对试验管理的兽药品种目录及比对试验的要求由农业农村部制定。开展比对试验的检验机构应当遵守兽药非临床研究质量管理规范和兽药临床试验质量管理规范，其名单由农业农村部公布。已列入比对试验品种目录的，在省级人民政府兽医主管部门对收到的批准文号申请资料审查符合规定后，与申请人商定现场核查时间，并自商定的现场核查日期起 5 个工作日内组织完成现场核查；核查结果符合要求的，当场抽取三批样品，抽取三批样品应当有一批是在线抽样的样品，三批样品均加贴封签后送省级兽药检验机构进行复核检验。

如申请批准文号的兽药产品尚未列入比对试验品种目录的，则在省级人民政府兽医主管部门对收到的批准文号申请资料审查符合规定后，与申请人商定现场核查时间，并自商定的现场核查日期起 5 个工作日内组织完成现场核查；核查结果符合要求的，当场抽取三批样品，加贴封签后送省级兽药检验机构进行复核检验。

7.6.2.2　生物制品类兽药产品批准文号检验

生物制品类兽药产品批准文号检验也同样分为新兽药产品批准文号检验和非新兽药产品批准文号检验两类进行不同的管理，由中国兽医药品监察所负责产品检验工作。根据《兽药产品批准文号复核检验工作指导原则》（农办牧〔2022〕7 号），两类产品的检验项目指导原则相同。根据该指导原则，对兽用生物制品类又按病毒类活疫苗、细菌类活疫苗、病毒类灭活疫苗、细菌类灭活疫苗、诊断制品，以及抗体、干扰素、转移因子及其他制品 6 类分别有不同的要求，但总的来说都要求除该类制品的必检项目外，还应从关键项目中选择至少 2 项（关键项目不超过 2 项时，则应全选）进行检验，各类制品的必检项目和关键项目见表 7-7。

表 7-7　各类生物制品文号检验的项目要求

类别	必检项目	关键项目
病毒类活疫苗	病毒含量测定/蚀斑计数 耐老化试验	无菌检验 支原体检验 剩余水分测定 真空度测定 安全检验 效力检验（替代法） 效力检验（靶动物免疫攻毒法）
细菌类活疫苗	活菌计数/芽孢计数/卵囊计数 耐老化试验	纯粹检验 运动性检查 荚膜检查 鉴别检验 剩余水分测定 真空度测定 安全检验 效力检验（替代法） 效力检验（靶动物免疫攻毒法）

类别	必检项目	关键项目
病毒类灭活疫苗	146S 含量测定 效力检验/安全检验	性状 无菌检验 鉴别检验 内毒素含量 总蛋白含量 甲醛残留量测定 汞类防腐剂残留量测定 抗原含量测定 灭活检验 氢氧化铝含量测定 黏度测定
细菌类灭活疫苗	效力检验/安全检验	性状 无菌检验 鉴别检验 重量差异限度 甲醛残留量测定 汞类防腐剂残留量测定 苯酚残留量测定 灭活检验 氢氧化铝含量测定 黏度测定
诊断制品	效价测定 特异性检验 敏感性检验	灵敏度检验 型特异性鉴定
抗体、干扰素、转移因子及其他制品	无菌检验 效价测定	甲醛残留量测定 辛酸含量测定 汞类防腐剂残留量测定 苯酚残留量测定 剩余水分测定 真空度测定 鉴别检验 效力检验

对于基因工程类等其他兽用生物制品，根据生产工艺和成品特性参照相关类别制品的检验项目执行。

（1）生物制品类新兽药产品批准文号检验

生产企业如申请的生物制品产品为本企业研制的已获得《新兽药注册证书》的兽药产品（包括化学药品、抗生素和中药产品），且新兽药注册时的复核样品是申请人生产的，则该生产企业在申请该产品批准文号时不需再进行复核检验，在提交批准文号申请资料时，可直接提交新兽药注册时的复核检验报告。

生产企业如申请的生物制品产品为申请他人转让的已获得《新兽药注册证书》或《进口兽药注册证书》的兽药产品批准文号的，生产企业申请批准文号时除向农业农村部提交所需的资料外，还应提交本企业生产的连续三个批次的样品。农业农村部在收到有关资料和样品之日起 5 个工作日内将样品送中国兽医药品监察所进行复核检验。生产企业在提交检验用样品时，还应同时提交检验所需相关试剂及生物学材料、生产与检验报告。

（2）生物制品类非新兽药产品批准文号检验　生产企业如申请的生物制品产品不是

本企业已获得《新兽药注册证书》的兽药产品，生产企业在申请产品批准文号时除向农业农村部提交申请所需的资料外，还需提交本企业生产的连续三个批次的样品。提交的样品应当由省级兽药检验机构现场抽取，并加贴封签。农业农村部自受理之日起5个工作日内将样品及申请资料送中国兽医药品监察所按规定进行复核检验。

7.6.3　监督检验

我国兽药质量监督抽样检验最早可追溯至1994年。兽药质量监督抽样检验是兽药产品上市后的质量监管技术手段，是兽药监管部门根据兽药监督管理的实际需要，依法对生产、经营和使用的兽药所采取的质量抽查检验工作，其目的是评价某类或一定区域内兽药质量状况，探寻影响兽药质量安全的潜在问题或安全隐患，维持震慑，消除隐患，保障动物用药安全和公共卫生有效，助推兽药产业高质量发展。兽药抽检是兽药质量管理的重要手段，承担着为兽药行政监督提供技术支撑的重任，我国十分重视兽药检验与质量控制工作，我国畜牧兽医行政管理部门通过每年组织对兽药生产、经营和使用环节进行抽样检验，同时实行兽药质量监督检查，有力推动了我国兽药质量的提升，有效保证了动物产品的供应和质量安全。

2023年2月5日，农业农村部发布了《兽药质量监督抽查检验管理办法》（农业农村部公告第645号），并自发布之日起实施，进一步规范了兽药质量监督抽查检验工作，提高了质量监督工作效能。该公告明确规定农业农村部负责组织全国兽药质量监督抽查检验工作，制定国家年度兽药质量监督抽查检验计划，根据需要对全国生产、经营、使用环节的兽药组织开展抽查检验，指导协调地方兽药质量监督抽查检验工作。省级农业农村主管部门负责本行政区域兽药质量监督抽查检验工作，承担农业农村部下达的监督抽查检验任务，制定实施本行政区域年度兽药质量监督抽查检验计划；组织查处监督抽查检验结果不符合规定的兽药和发现的违法违规行为。市县级农业农村主管部门负责本行政区域内兽药质量监督抽查工作，承担上级农业农村主管部门下达的监督抽查检验任务；查处监督抽查检验结果不符合规定的兽药和发现的违法违规行为。

7.6.3.1　检验机构

我国《兽药管理条例》第四十四条规定：县级以上人民政府兽医行政管理部门行使兽药监督管理权；兽药检验工作由国务院兽医行政管理部门和省、自治区、直辖市人民政府兽医行政管理部门设立的兽药检验机构承担；国务院兽医行政管理部门，可以根据需要认定其他检验机构承担兽药检验工作。从最早开始监督抽检起，均是由中国兽医药品监察所和各省兽药检验机构承担监督抽检抽样和检验任务，从2018年起，部级监督抽检采用招标方式遴选兽药检验机构，一些第三方兽药检验机构加入了检验队伍，承担风险监测的抽样和检验工作。

承担兽药检验的机构要求取得国家认证认可监督管理委员会或省级市场监督管理部门颁发的检验检测机构资质认定证书，具备所承担任务的检测能力，向社会出具的检验报告具有法律效力。因此要求这些检验机构应当具备健全的质量管理体系；应当加强检验人员、仪器设备、实验物料、检测环境等质量要素的管理，强化检验质量过程控制；做到原始记录及时、准确、真实、完整，保证检验结果准确可追溯。

7.6.3.2 监督检验程序和要求

（1）**接收样品**　兽药检验机构首先要对接收的检验样品进行验收，各检验机构收到抽取的样品后会检查样品的完好性，包括样品的外观、状态、兽药封签有无破损，能否保证样品在收到样品的有效期内完成检验，及其他可能影响检测结果的情况。如果发现抽样条件不符合要求、样品破损、有效期太短以至不能保证能完成样品的检验、样品数量不能满足检验需求导致不能完成必须的检验项目、样品的贮藏条件不符合要求等，实验室都会拒绝接收样品。当然在个别情况下，如样品包装数量少但检验量足够的情况下，为了保证有复检的留样，在不影响样品检验结果的情况下，实验室也会根据检验需求对样品进行分装或者重新包装编号。

（2）**检验**　承担检验任务的兽药检验机构对监督工作负责，不得将承担的兽药检验任务委托给其他检验机构。2023 年之前要求当季抽取的样品收到后立即按照工作时限进行检验，原则上应当季完成检验，对检验周期较长的，才可在抽样后的下季度完成检验。《兽药质量监督抽查检验管理办法》（农业农村部公告第 645 号）发布实施后，要求兽药检验机构自收到样品之日起，兽用生物制品类样品应当在 60 个工作日内出具检验报告，按照有关规定需重检的应当在 90 个工作日内出具检验报告；非兽用生物制品类样品应当在 30 个工作日内出具检验报告；因特殊原因需延期的，应当报下达监督抽查检验任务的农业农村主管部门批准。

实验室必须严格按照监督抽样检验计划的要求开展全项检验或部分项目检验，以及非法添加其他药物成分的筛查。按照兽药国家标准或注册标准开展检验工作，并进行结果判定。

我国兽药质量监督抽样检验原只有一个监督抽检计划，2018 年抽检计划分为监督抽检和风险监测两部分内容，从 2019 年起抽检计划分为省级监督抽检、部级监督抽检和风险监测，其中部级监督抽检和风险监测又分为兽用生物制品监督抽检、部级风险监测和部级跟踪抽检。

在进行我国化学药品的监督检验时，鉴别和含量测定项通常必须进行检验，其他项目会根据实际情况进行相应调整，一般会至少选择一个能反映当前产品主要质量情况的参数，如注射液的可见异物、有关物质和细菌内毒素等，并根据具体产品情况对其他检验项目进行适当关注。另外，还要求承担监督抽检的检验机构需开展非法添加其他药物成分的检验，部级跟踪抽检和风险监测则必须先进行非法添加其他药物成分的检验，且可根据兽药产品情况，对其中 20% 的产品适当增加其他检验项目，如有关物质、组分、含量均匀度、注射剂的可见异物、片剂的溶出度等。

在进行生物制品的监督检验时，要求国家动物疫病强制免疫疫苗检验项目应为效力检验、病毒含量测定、活菌计数等直接影响产品质量的关键项目。常规疫苗和进口疫苗检验项目应涵盖性状、无菌检验、支原体检验、鉴别检验、外源病毒检验、活菌计数、芽孢计数、效力检验、安全检验、敏感性检验、特异性检验等项目。

（3）**检验结果报送要求**　兽药检验机构在完成当季检验任务后，需要按每个季度要求的时限按时向下达监督抽检检验任务的畜牧兽医主管部门报送检验结果汇总情况，如为部级监督检验，则需要向农业农村部畜牧兽医行政主管部门汇报当季检验情况。在中国兽医药品监察所 2019 年建立兽药监督抽检数据信息平台后，还需要在平台上及时上传检验结果。

另外，在检验过程中如果遇到检验不合格，即检验结果不符合规定的情况，则要求检验机构在自检验报告签发之日起5个工作日内报送被抽样单位省级农业农村主管部门，由其于收到检验报告之日起5个工作日内通知被抽样单位。

（4）复检 被抽样检验单位有申请复检的权利，因此在其收到不合格检验报告，如果对检验结果有异议，可以在收到检验报告之日起在规定的7个工作日内向实验检验的原实验室申请复检，或者也可向上一级行政部门设立的检验机构（中国兽医药品监察所）申请复检，但必须说明复检理由，如说明自己生产工艺过程，提供自己的检验结果和检验记录，或者其他实验室的复检结果等，实验室可以根据复检要求，在收到复检申请后及时安排进行复检，检验时限要求与首次检验要求一致。但是对于一些兽药国家标准中明确规定的不能进行复试或重检的项目，如可见异物、无菌、装量、细菌内毒素、热原和微生物限度等，或者样品明显不均匀、样品超过有效期或者有效期内实验室无法完成复检等不能复检的情况下，实验室有权利拒绝被抽样单位的复检要求。

承担复检的实验室要求在复检报告签发后立即将检验报告发送或邮寄给申请复检的单位、下达监督抽样检验任务的畜牧兽医主管部门、抽样地畜牧兽医主管部门和标称兽药生产企业所在地省级畜牧兽医主管部门，如果承担复检的实验室不是原检验室，还应将检验报告发送给原检验机构。

参考文献

[1] 顾进华，张秀英，汪霞，等．兽药中非法添加物检测及风险防范技术研究[J]．中国兽药杂志，2021，055（009）：71-77．

[2] 陈永儒．解放思想，振奋精神全面开创兽药监察工作新局面 在中国兽药监察所建所四十周年庆祝会上的讲话[J]．中国兽药杂志，1993．

[3] 陈永儒．为进一步做好兽药监察工作而努力——在中国兽药监察所建所三十五周年庆祝会上的讲话[J]．兽医药品通讯，1987．

[4] 欧阳林山．省级兽药监察所资格认证工作回顾[J]．中国兽药杂志，2002，36（4）：8-10．

[5] 冯忠武．推进实验室认可 提高兽药检测质量管理水平[J]．中国兽药杂志，2011，45（9）：3．

[6] 董义春．食品安全与兽药残留监控[J]．中国兽药杂志，2009，43（10）：24-26．

[7] 农业农村部．兽药质量监督抽查检验管理办法（农业农村部公告第645号）．2023．

[8] 农业部．兽药注册办法（农业部令第44号）．2004．

[9] 农业农村部．兽药产品批准文号管理办法（农业农村部令2022年第1号修订）．2022．

[10] 中华人民共和国国务院．兽药管理条例（国务院令第404号）．2004．

第 8 章
兽药监督管理

兽药监督管理，是指县级以上农业农村主管部门依据《兽药管理条例》等法律法规规定，对特定的人或单位实施的影响其权利义务的具体行政行为。本章重点从兽药研制、生产、经营和使用等各环节介绍兽药行业的事中、事后监督管理，事前许可审批等工作前面章节已有介绍。本章主要是从兽药研制、生产、经营和进出口、使用等环节分别进行介绍，同时重点介绍了兽药监督管理工作实施的一些重点制度，包括兽用生物制品批签发管理、兽药追溯监管、兽药质量监督抽查、兽药违法行为从重处罚等。

8.1

兽药监督管理历程简介

兽药监督管理由来已久，1980 年发布实施的《兽药管理暂行条例》涉及兽药监督工作的条款有 2 条，明确了监管机构和主要监管职责，涉及监管执法的条款有 1 条，对兽药监督执法作了原则性规定，对兽药相关违法行为，由主管部门给予批评教育或行政处分，造成损失的，应视情况责令赔偿，情节严重的，由司法机关依法惩处。1987 年颁布实施的《兽药管理条例》对兽药监督工作单设一章，界定了假、劣兽药定义，明确了兽药主管部门和监察机构职责，建立了兽药监督员制度。对兽药监管处罚罚则也单设一章，明确兽药违法行为的行政处罚由县级以上人民政府畜牧兽医行政管理部门决定，细化了生产经营假劣兽药、无证生产经营兽药、违规使用兽药等行为的处罚要求。2004 年公布实施的《兽药管理条例》大体沿用了1987 年《兽药管理条例》条法架构，监督管理和法律责任各设一章，监督管理章节进一步细化了假劣兽药定义，明晰了行政管理部门监督检查要求；法律责任章节共 17 条，涵盖了兽药研发、生产、经营、使用、进出口等环节的违法行为处罚要求，明确兽药违法行为的行政处罚由县级以上人民政府畜牧兽医行政管理部门决定。2022 年 11 月，农业农村部制定发布《农业综合行政执法管理办法》（农业农村部令 2022 年第 9 号），规定县级以上地方人民政府农业农村主管部门依法设立的农业综合行政执法机构承担并集中行使农业行政处罚以及与行政处罚相关的行政检查、行政强制职能，以农业农村部门名义统一执法。兽药违法行为的行政处罚等职能由地方人民政府农业农村主管部门依法设立的农业综合行政执法机构承担。

8.2

兽药研制环节监督管理

8.2.1 概述

从事兽药研制的主体包括兽药生产企业、科研机构等研发单位和个人。兽药研发环节监管既包括对前期兽药实验室研究活动和临床试验研究活动的监管，也包括兽药注册过程中开展的现场核查活动。实验室研究阶段和临床试验研究阶段从事兽药安全性评价的单位（包括比对试验机构）应通过农业农村部监督检查，其完成的研究、试验数据资料才能用于兽药注册申请和兽药产品批准文号申请。兽药研制环节监管主要有两种方式，兽药非临床研究/临床试验质量管理规范（兽药 GLP/GCP）监督检查和兽药注册现查核查。两种监管方式的检查目的、检查对象、检查内容、检查组成员组成、检查程序等各不相同。新兽药研制环节检查关键点主要包括：①是否具有与研制新兽药相适应的场所、仪器设备、专业技术人员、安全管理规范和措施；②研制的新兽药是否在临床试验前向临床试验场所所在地省、自治区、直辖市人民政府兽医行政管理部门备案，并附具该新兽药实验室阶段安全性评价报告及其他临床前研究资料；③兽药研制单位兽药研究活动是否按照兽药 GLP/GCP 规范要求开展，研究数据是否真实等。

8.2.2 兽药 GLP/GCP 监督检查

8.2.2.1 现场检查主要依据

兽药 GLP/GCP 监督检查的法规依据包括：《兽药非临床试验质量管理规范》（农业部公告第 2336 号）、《兽药临床试验质量管理规范》（农业部公告第 2337 号）、《兽药非临床研究与临床试验质量管理规范监督检查办法》（农业部公告第 2387 号）、《兽药非临床研究、临床试验质量管理规范监督检查标准及其监督检查相关要求》（农业部公告第 2464 号）、《农业农村部畜牧兽医局关于兽药 GCP 监督检查工作有关事宜的通知》（农牧便函〔2019〕982 号）。

为做好兽药 GLP/GCP 监督检查工作，确保兽药质量安全，2016 年农业部公告第 2387 号发布了《兽药非临床研究与临床试验质量管理规范监督检查办法》。该办法阐述了兽药 GLP/GCP 监督检查的目的、适用范围和内容，明确了各级畜牧兽医行政主管部门兽药 GLP/GCP 监督查职责、工作程序，并规定了对违反兽药 GLP/GCP 要求进行研究试验或编造、修改隐瞒数据或者提供虚假研究、试验结果等行为的惩罚措施。

（1）兽药 GLP/GCP 现场监督检查　根据农业部公告第 2387 号《兽药非临床研究与临床试验质量管理规范监督检查办法》规定，首次开展兽药安全性评价的单位，应当在开展兽药安全性评价前向农业农村部报告，并根据农业农村部公告第 2464 号相关要求提交报告资料。中国兽医药品监察所组织专家对其报告资料进行技术审查，通过审查的，组织实施监督检查。农业农村部负责制定兽药 GLP/GCP 检查标准，并组织实施监督检查。具体工作由中国兽医药品监察所承担。省级人民政府兽医行政管理部门负责本行政区域内兽药 GLP 和兽药 GCP 的日常监督检查工作。兽药安全性评价单位监督检查报告资料通过审查后，中国兽医药品监察所根据农业部公告第 2387 号相关要求，对兽药安全性评价单位开展兽药 GLP/GCP 监督检查。根据兽药安全性评价单位报告的试验项目从农业农村部兽药 GLP/GCP 专家库中遴选检查员 2~5 名组成检查组，实行组长负责制。检查组组长一般由检查员库中星号检查员担任。

（2）检查员的选派原则

① 库选原则。参加监督检查工作的人员，原则上须从农业农村部兽药 GMP 检查员、

兽药 GLP/GCP 专家中选派，如遇特殊情况，可根据专业特点临时选择库外专家参加监督检查。

② 专业原则。经办人根据检查员的专业、工作经历和特长等，选择专业对口，能够胜任相关监督检查工作的检查员。

③ 双随机原则。在符合库选原则和专业原则的检查员中，对非有因的监督检查实施"双随机"检查，即随机选择被检查企业，随机选派检查员；对有因检查实施随机选派检查员。

④ 回避原则。检查员与被检查单位存在利益关系的，或存在其他需要回避情形的应及时告知质量监督处，主动提出回避。

⑤ 限派原则。检查员存在以下情形的，质量监督处将在其聘期内不再派出，并函告农业农村部畜牧兽医局。一是检查组成员或被检查单位反映其不能胜任检查工作，经核实达到 3 次以上的；二是被举报存在违规行为的；三是无故推迟或拒绝参与相关检查工作 3 次以上的。

检查员选派完成后，向被检查单位检查发送兽药 GLP/GCP 监督检查通知，告知检查时间、检查项目和检查组人员，同时抄送省级人民政府畜牧兽医行政主管部门。

8.2.2.2　兽药 GLP/GCP 监督检查主要内容

检查组按照检查方案和兽药非临床研究、临床试验质量管理规范监督检查标准进行检查，重点检查法人资质、人员构成及培训、动物饲养及试验条件、设施设备配置及运行、试验过程质量控制、项目试验结果等情况。实施检查时，检查人员应当对检查对象的研究、试验、管理场所进行查看，并查验有关研究、试验、工作记录等文件和资料。被检查单位应当保证所提供的资料真实、可靠，并按要求协助开展检查工作。

检查组在完成现场检查后 7 个工作日内向农业农村部提交检查报告、综合评价意见等相关资料。农业农村部对现场检查报告和综合评价意见进行审查确认，并公布结果。中国兽医药品监察所根据公布结果及时在中国兽药信息网"兽药 GLP/GCP 监督检查"专栏公布"单位名称、单位地址、靶动物＋试验项目名称、机构负责人、项目负责人和动物试验场所"等有关信息。

被检查单位根据现场检查缺陷项目表内容自行整改，整改过程形成整改报告，归档备查。因整改导致原报告资料内容发生变化的，应向中国兽医药品监察所提交整改内容电子资料，进行备案。被检查单位对现场检查人员、检查方式、检查程序及初步结论等有异议的，可当场向检查组提出或在检查结束之日起 10 个工作日内向农业农村部提出书面申诉。

8.2.2.3　监督检查实施要求

2016 年 4 月，农业部公告第 2387 号发布。根据该公告要求首次开展兽药安全性评价的单位，应当在开展兽药安全性评价前向农业部报告，接受原农业部的监督检查。此公告实施前已开展兽药安全评价的单位，尚未接受过原农业部兽药 GLP 和兽药 GCP 检查的，应接受原农业部的监督检查。同年 10 月，农业部公告第 2464 号发布《兽药非临床研究、临床试验质量管理规范监督检查标准及其监督检查相关要求》，进一步明确了首次开展兽药安全性评价的单位和已开展兽药安全性评价但尚未接受过农业部兽药 GLP/GCP 监督检查的单位，应向中国兽医药品监察所提交报告及有关资料，并接受监督检查。同时提出了以下管理要求。

① 兽药非临床研究的所有安全性评价试验，应由与新兽药研制单位无隶属或者其他利害关系的兽药安全性评价单位承担。

② 兽药产品批准文号核发工作涉及的临床验证、生物等效性和休药期验证等比对试验，应由与兽药产品批准文号申报企业无隶属或者其他利害关系的兽药安全性评价单位（包括比对试验机构）承担。

③ 未经我部监督检查或监督检查不合格的兽药安全性评价单位（包括比对试验机构），其完成的研究、试验数据资料不得用于兽药产品批准文号申请。

④ 兽药安全性评价单位于 2017 年 12 月 31 日前完成的研究、试验数据资料且已出具评价报告的，可继续用于兽药注册申请。自 2018 年 1 月 1 日起，未经我部监督检查或监督检查不合格的兽药安全性评价单位，其完成的研究、试验数据资料不得用于兽药注册申请。

⑤ 兽药安全性评价单位应严格按照《兽药管理条例》和《兽药非临床研究质量管理规范》《兽药临床试验质量管理规范》《兽药非临床研究与临床试验质量管理规范监督检查办法》等有关规定开展相关工作，切实规范研究活动。

2019 年，农业农村部畜牧兽医局农牧便函〔2019〕982 号发布《关于兽药 GCP 监督检查工作有关事宜的通知》，就兽药 GCP 监督检查工作实施以来兽药安全性评价单位机构与人员、动物试验场所、兽药临床试验和兽药 GCP 监督检查等方面暴露出的问题予以回复。主要包括以下六个方面。

① 接受兽药 GCP 监督检查的兽药安全性评价单位应至少完成申报的兽药临床试验项目 1 次。对兽药安全性评价单位近 5 年内已完成的相关临床试验项目，无论是在兽药 GCP 体系建立前后、CNAS 认可或 CMA 认证前后完成，只要试验过程符合 GCP 要求，均应视为符合兽药 GCP 监督检查评定标准中"完成此次申报的兽药临床试验项目 1 次以上"的要求。

② 模拟试验实施要求。原则上，已完成的兽药临床试验应为经审批或备案后开展的临床试验，否则可采用模拟临床试验方式检验兽药 GCP 体系运行情况。如进行模拟临床试验，一般应采用已批准上市产品按照符合兽药 GCP 要求的临床试验方案开展试验。兽用生物制品有效性模拟试验中应选择需开展攻毒试验的产品进行，可选一个试验点、至少 1/3 注册用临床试验动物开展模拟试验，并应完成至少一次攻毒试验。

③ 加强对发生变更事宜的兽药 GCP 监督检查的安全性评价单位的兽药注册现场核查或日常监督检查，发现不真实或存在违规情形的，依农业部公告第 2387 号第十六条处理。

④ 临床试验中需对试验动物开展攻毒试验的，应在临床试验机构的动物实验室开展。涉及需审批的事项，应按有关规定报批。

⑤ 临床试验机构有多个已获认证认可实验室的，监督检查范围应为纳入 GCP 体系的所有相关实验室。

⑥ 兽用体外诊断制品不需报告并接受兽药 GCP 监督检查。

8.2.3　兽药注册现场核查

8.2.3.1　兽药注册现场核查主要依据

兽药注册现场核查的法规依据包括：《新兽药注册现场核查有关事项规定》（2016 年 3

月3日农业部公告第2368号）、《农业农村部办公厅关于印发〈兽药注册现场核查工作规范〉的通知》（农办牧〔2019〕25号）。为加强兽药注册管理，打击申报资料不实、有意造假等行为，确保兽药质量安全，根据《兽药管理条例》规定，2016年农业农村部公告第2368号发布《新兽药注册现场核查有关事项规定》（以下简称"《规定》"），明确规定了兽药注册现场核查为兽药注册审查过程中发现虚假情况启动的有因核查。农业农村部负责组织实施兽药现场核查，具体工作由农业部兽药评审中心承担，兽药注册申报单位所在地省级人民政府畜牧兽医行政主管部门协助开展工作。

兽药注册受理审查过程中发现有下列情形之一的，启动现场核查：

① 涉嫌提供虚假记录、虚假报告、编造试验数据的；

② 申报资料前后明显不一致或者与其他申请人的申报资料严重雷同的；

③ 涉嫌提供虚假样品的；

④ 复核检验无法重复或检验结果明显不同于申报单位自检结果的；

⑤ 有关单位或个人对申请人的隐瞒、欺骗等行为进行实名举报的；

⑥ 其他涉嫌弄虚作假需要现场核查的情形。

农业农村部兽药评审中心在兽药评审工作中发现有涉及农业部公告第2368号中规定的应进行现场核查情形的，应组织成立现场核查组，对兽药注册申请人、中试单位或委托试验单位（以下统称"被核查单位"）实施全面现场核查，从农业农村部兽药评审专家库专家及评审中心工作人员中选派3~5人组成核查组，其中1人任组长。核查组实行组长负责制。根据工作需要，也可以邀请相关专业领域的其他专家。如现场核查工作需要执法人员参加，省级人民政府畜牧兽医行政主管部门应组织选派至少2名兽药执法人员参加核查。

核查员由评审中心根据现场核查工作需要，按照主审优先、专业对口、区域回避的原则进行选派。核查组成员应具备如下条件：

① 坚持原则，客观公正，廉洁自律；

② 熟悉兽药注册的相关法规及技术要求；

③ 具有较高的学术及专业技术水平；

④ 参加过被核查品种的评审或审查；

⑤ 具有较丰富的核查工作经验；

⑥ 与被核查单位无利益关系。

核查组组长除符合上述条件外，还应具备如下条件：

① 具有较强的组织协调能力；

② 所从事专业与核查项目相近或一致且经验丰富；

③ 在被核查品种注册评审中担任专家组组长或主审人。

8.2.3.2　兽药注册现场核查程序

（1）现场检查前准备工作　农业农村部兽药评审中心及时与核查员联系，提前将工作任务、工作时间、工作地点、相关要求及注意事项等告知核查员。核查组派出前一日，告知被核查单位及其所在地省级畜牧兽医行政管理部门。

（2）现场检查工作

第一阶段：核查组到达被核查单位后，召开会议，由核查组组长向被核查单位负责人介绍本次核查任务。被核查单位简要介绍该品种的研制及中试生产情况。

第二阶段：开展现场核查。核查组按照《兽药注册现场核查工作方案》和《兽药注册现场核查要点及判定表》完成现场核查，认真填写《兽药注册现场核查结果》。如发现涉嫌违法行为，核查组应立即联系被核查单位所在地省级畜牧兽医行政管理部门，请其组织选派2名兽药执法人员参加核查，做好笔录，并向农业农村部兽药评审中心报告。

第三阶段：确认核查结果。现场核查结果和兽药注册现场核查要点及判定表需核查组全体成员和被核查单位负责人签名，各一式两份，双方各执一份。

第四阶段：提交核查报告和相关材料。核查组在完成核查任务后1周内向评审中心提交《兽药注册现场核查结果》《兽药注册现场核查要点及判定表》《兽药注册现场核查报告》和相关材料。

被核查单位对核查结果有异议的，可提出不同意见，并以书面形式作出解释和说明。核查组应进一步核实相关情况，做好记录。对再次核查后的核查结果，如被核查单位仍不予确认，核查组将核查结果和被核查单位的解释说明等材料一并提交农业农村部兽药评审中心。

8.2.3.3 兽药注册现场核查实施要求

实施现场核查，应当按照《兽药注册研制现场核查要点》，针对发现的问题进行，并根据《兽用化学药品（含中药）研究资料及图谱真实性问题判定标准》和《兽药研究色谱数据工作站及色谱数据管理要求》等予以判定。

现场核查时，核查人员不得少于2人，并具有相应的专业背景和工作经验。核查人员可以到核查对象的研究、试验、管理场所进行查看，查阅、复制有关研究、试验、工作记录等文件和资料，要求核查对象及相关人员对有关事项作出说明。涉及合作研究、委托研究等单位和个人的，可以在核查事项范围内一并实施核查。

核查人员应当按照要求制作询问笔录，留存有关证据材料。

核查对象应当配合检查，保证提供的有关文件和资料真实、准确、完整、及时，不得拒绝、阻碍和隐瞒。

核查对象对核查结果有异议的，可提出不同意见，并以书面形式做出解释和说明。核查人员应当进一步核实相关情况，做好记录。

8.2.4 兽药 GLP/GCP 监督检查和兽药注册现场核查对比

农业农村部组织开展的兽药 GLP/GCP 监督检查和兽药注册现场核查对比见表 8-1。

表 8-1 农业农村部组织开展的兽药 GLP/GCP 监督检查和兽药注册现场核查对比表

	兽药 GLP/GCP 监督检查	兽药注册现场核查
检查/核查对象	兽药安全性评价单位	兽药注册申请人、中试单位或委托试验单位
检查/核查目的	检查被检查单位兽药 GCP 执行情况	核查注册审查中发现的虚假情况
检查/核查标准	兽药非临床研究、临床试验质量管理规范监督检查标准	兽药注册现场核查要点及判定表
检查组/核查组组成	兽药 GLP/GCP 检查员库检查员	农业农村部兽药评审专家库专家、评审中心工作人员、省级人民政府畜牧兽医行政主管部门选派的2名兽药执法人员

	兽药 GLP/GCP 监督检查	兽药注册现场核查
选派原则	库选原则、专业原则、双随机原则、回避原则、限派原则	主审优先原则、专业对口原则、区域回避原则
检查/核查程序	提前发送通知至被检查单位并抄送省级主管部门、开展检查,省级主管部门可不参加	核查前 1 日发送通知至被核查单位及省级主管部门、开展核查时要求省级主管部门协助
检查内容	兽药安全性评价单位实验室、动物试验场所、试验者及兽药 GLP/GCP 制度(SOP)及执行情况等是否符合兽药 GLP/GCP 规范要求	兽药 GLP 单位的临床前研究相关数据、中试车间生产条件、工艺研究及中间试制、兽药 GCP 单位的临床试验相关数据
检查/核查现场文件	《现场检查缺陷项目表》《检查方案》《监督检查报告》《监督检查评定表》	《兽药注册现场核查结果》《兽药注册现场核查要点及判定表》《兽药注册现场核查报告》及询问笔录
检查/核查结果	符合或不符合兽药 GLP/GCP 要求。编造、修改、隐瞒数据或者提供虚假研究、试验结果的,该单位不得再从事兽药安全性评价活动,其负责人和直接负责的主管人员终身禁止从事兽药安全性评价活动	现场核查证实申请人隐瞒有关情况或者提供虚假材料申请兽药注册的,不予受理或者不予行政许可的决定,并予以警告,申请人一年内不得再次申报兽药注册
报告和处理	被检查单位针对兽药 GLP/GCP 现场检查缺陷项目自行整改,原申报资料中内容因整改发生变化的,应向你所提交 1 份整改内容电子资料,进行备案。中国兽医药品监察所及时将监督检查结果报农业农村部畜牧兽医局,农业农村部畜牧兽医局审核后公布监督检查结果	农业农村部兽药评审中心及时对《兽药注册现场核查结果》和《兽药注册现场核查报告》组织审议,并将审议决定及相关意见报农业农村部畜牧兽医局。农业农村部畜牧兽医局根据现场核查结果和评审中心意见依法作出决定

8.2.5 兽药研制环节违法行为处罚

兽药研制违法违规行为的处罚依据《兽药管理条例》有关规定执行,主要情形如下。

① 提供虚假的资料、样品或者采取其他欺骗手段取得兽药批准证明文件的,依据《兽药管理条例》第五十七条规定处罚。

② 买卖、出租、出借兽药批准证明文件的,依据《兽药管理条例》第五十八条规定处罚。

③ 兽药安全性评价单位、临床试验单位未按照规定实施兽药研究试验质量管理规范的,依据《兽药管理条例》第五十九条规定处罚。

④ 研制新兽药不具备规定的条件擅自使用一类病原微生物或者在实验室阶段前未经批准;开展新兽药临床试验应当备案而未备案的,按照《兽药管理条例》第五十九条规定处罚。

⑤ 擅自转移、使用、销毁、销售被查封或者扣押的兽药及有关材料的,依据《兽药管理条例》第六十四条规定处罚。

⑥ 擅自将试验死亡的临床试验用食用动物及其产品作为动物性食品供人消费或者不作无害化处理,依据《兽药管理条例》第六十三条规定处罚。

8.3
兽药生产环节监督管理

8.3.1　概述

兽药生产环节的监督管理是兽药行业监督管理的重中之重，生产的兽药可以上市销售，直接影响使用的安全。《兽药管理条例》对兽药生产设立了重要的监管制度，农业农村部也不断丰富完善兽药生产环节的监管措施，目的就是要管好兽药产品质量。监督管理的主要措施包括：兽药生产质量管理规范（兽药 GMP）实施情况的监督检查、兽药质量监督抽检、兽药二维码追溯监管、兽药生产企业飞行检查、兽用生物制品批签发管理等。其中兽药二维码追溯和兽药质量监督抽检主要针对兽药生产经营，本节对兽药二维码追溯不作详细介绍，文后单独一节详细介绍兽药追溯监管。

8.3.2　兽药生产环节监督检查要点

① 是否有国务院畜牧兽医行政管理部门颁发的兽药生产许可证，同时注意生产许可证载明的生产范围、生产地点、有效期，法定代表人姓名、住址、有效期等事项。

② 兽药生产企业变更生产范围、生产地点的，是否在规定时间内申请换发兽药生产许可证，办理变更工商登记手续。

③ 兽药生产企业是否按照国务院畜牧兽医行政管理部门制定的兽药生产质量管理规范组织生产。

④ 兽药生产企业生产兽药，是否取得国务院畜牧兽医行政管理部门核发的、有效的产品批准文号。

⑤兽药生产企业是否按照兽药国家标准和国务院畜牧兽医行政管理部门批准的生产工艺进行生产，是否建立完整、准确的生产记录。

⑥ 出厂的兽药是否附有产品质量合格证、生产批号。

⑦ 生产兽药所需的原料、辅料，是否符合国家标准或者所生产兽药的质量要求；直接接触兽药的包装材料和容器是否符合药用要求。

⑧ 标签和说明书。兽药包装应当按照规定印有或者贴有标签，附具说明书，包装上在显著位置注明"兽用"字样，同时注意标签或说明书上的内容。尤其是兽用处方药的标签或者说明书应当印有国务院兽医行政管理部门规定的警示内容，其中兽用麻醉药品、精神药品、毒性药品和放射性药品还应当印有国务院畜牧兽医行政管理部门规定的特殊标志；兽用非处方药的标签或者说明书还应当印有国务院畜牧兽医行政管理部门规定的非处方药标志。

8.3.3 兽药生产环节主要监管措施及内容

8.3.3.1 兽药 GMP 监督检查

（1）**法规依据** 兽药生产质量管理规范（兽药 GMP）监督检查是指兽药监督管理部门根据监管工作需要，对兽药生产企业所实施的现场检查，目的是核查企业兽药生产质量管理方面的执行状况，以规范兽药生产行为，保证兽药质量。根据《兽药管理条例》规定，从事兽药生产的企业，应当取得《兽药生产许可证》，并按照国务院兽医行政管理部门制定的兽药生产质量管理规范组织生产。省级以上人民政府兽医行政管理部门，应当对兽药生产企业是否符合兽药生产质量管理规范的要求进行监督检查，并公布检查结果。

对兽药生产企业兽药 GMP 执行情况的监督检查是兽药事中事后监管的重要手段，对确保兽药质量安全具有重要作用。按照《兽药管理条例》规定，农业农村部可对全国范围内的兽药生产企业进行监督检查；省级兽医行政管理部门可对辖区内的兽药生产企业进行监督检查。农业农村部组织开展的兽药 GMP 监督检查，具体由中国兽医药品监察所承担。为做好检查工作，中国兽医药品监察所制定了《中国兽医药品监察所兽药 GMP 日常监督检查工作程序》。中国兽医药品监察所负责选派检查组，并协调被检查企业所在地省级兽医行政管理部门选派兽药监管人员协助检查组完成监督检查工作。组织和实施监督检查的有关人员应严格遵守检查工作纪律。

（2）**检查程序和内容** 以农业农村部层面为例进行介绍。中国兽医药品监察所根据下达的检查任务需要确定检查重点内容。检查组实施兽药 GMP 日常监督检查前，应制定检查方案，明确检查内容、时间、人员分工和方式等。对检查中发现的新问题，应列入检查内容。监督检查时间由检查组根据检查工作需要确定，以能够掌握情况为原则。

检查组抵达被检查企业后，向企业出示监督检查书面通知，通报检查要求，并及时实施现场检查。检查组应要求被检查企业明确检查现场相关负责人，开放相关场所或者区域，配合对相关设施设备的检查，保持日常生产经营状态，提供真实、有效、完整的文件、记录、票据、凭证、电子数据等相关材料，如实回答检查组的问题。检查组应根据检查方案开展检查工作，详细记录检查时间、地点、现场状况、发现的问题和内容等。

现场检查结束时，检查组应与被检查企业沟通检查情况，确定检查缺陷项目。被检查企业负责人或相关负责人员应在《兽药 GMP 日常监督检查缺陷项目表》上签字，对检查结果有异议的，应提交书面说明。

（3）**检查结果审核和处理** 监督检查结束后，检查组应撰写检查报告，详细表述发现的问题及核实的情况，并及时将《兽药 GMP 日常监督检查缺陷项目表》《兽药 GMP 日常监督检查报告》和企业的书面说明及相关证据资料报中国兽医药品监察所，同时将《兽药 GMP 日常监督检查缺陷项目表》交被检查企业所在地省级兽医行政管理部门。中国兽医药品监察所对监督检查报告进行审核并提出处理意见，并将相关资料报送农业农村部畜牧兽医局。

被检查企业针对缺陷项目进行整改后，应向所在地省级兽医行政管理部门报送整改报告，由省级兽医行政管理部门组织进行现场检查及审核，填写《兽药 GMP 日常监督检查整改情况核查表》，被检查企业应将整改报告和监督检查整改情况核查表报送检查组组长，检查组组长对企业整改报告进行技术审核，并填写《兽药 GMP 日常监督检查整改情况组长审核表》，报中国兽医药品监察所。中国兽医药品监察所将整改报告审核意见报农业农村部畜牧兽医局。

8.3.3.2 兽药质量监督抽检

兽药质量监督抽检是兽药监管部门根据兽药监督管理的实际需要，依法对生产、经营和使用的兽药所采取的质量抽查检验工作，其目的是评价某类或一定区域内兽药质量状况，探寻影响兽药质量安全的潜在问题或安全隐患，维持震慑，消除隐患，保障畜禽用药安全有效，助推兽药产业高质量发展。兽药抽检是兽药质量管理的重要手段，承担着为兽药行政监督提供技术支撑的重任，农业农村部和各级畜牧兽医管理部门十分重视兽药检验与质量控制工作，其根本目的在于将患者的用药风险控制在最低水平，促进养殖行业健康可持续发展。通过每年组织对兽药生产、经营和使用环节进行抽样检验，同时实行兽药质量监督检查，有力推动了兽药质量的提升，有效保证了动物产品的供应和质量安全。

（1）监督抽检计划 全国兽药质量抽检最早可以追溯到1994年，1994年6月6日农业部颁布的《省级兽药监察所基本条件（试行）》中明确规定，农牧行政部门会同兽药监察所制定并下达全年抽检计划。本地区新兽药连续抽检二年；发生过质量问题的品种应作适当增抽；对经营、使用单位均有定期或不定期的抽检，并纳入有关科室的工作计划。品种全检率应占抽检检品批数的1/3以上。发现不合格兽药或其他质量问题，及时报告农牧行政部门及中国兽医药品监察所，并提出处理的意见。每年7月和次年1月，分别将半年质量分析报告及抽检汇总表报农牧行政部门和中国兽医药品监察所。随着兽药行业的不断发展，兽药监督执法制度的不断完善，监督抽检程序也随之不断完善。兽药检验工作由国务院兽医行政管理部门和省、自治区、直辖市人民政府兽医行政管理部门设立的兽药承担。国务院兽医行政管理部门可以根据需要认定其他检验机构承担兽药检验工作。目前兽药质量监督抽查程序是由农业农村部每年年初下达全国兽药质量监督抽检计划，确定监督抽检指导原则、任务分工、抽样要求、检验要求、材料报送要求。兽药质量监督抽检和风险监测遵循突出重点、强化预警、固本清源、扶优劣汰的要求，按照"双随机"原则，强化高风险重点产品监管和抽检。重点抽检兽药生产经营问题较多、诚信较差企业的产品，抽检时应提高样品覆盖面，覆盖尽可能多的标称生产企业。兽用生物制品部级监督抽检重点抽检强制免疫用疫苗、人畜共患病疫苗，做到对国家动物疫病强制免疫疫苗和人畜共患病生产企业和疫苗产品的全覆盖。重点关注上年度列入监督抽检通报的产品和未开展过监督检验的品种，加大不合格企业和产品的抽检频次。

2019年以后，农业农村部每年发布的兽药质量监督抽检和风险监测计划主要由两部分组成。一是省级监督抽检，由省级畜牧兽医行政主管部门和省级兽药检验机构具体承担的非生物制品类兽药质量监督抽检。二是部级监督抽检及风险监测。部级监督抽检包括兽用生物制品监督抽检和部级跟踪检验两项活动，兽用生物制品监督抽检由中国兽医药品监察所承担，部级跟踪检验由中国兽医药品监察所及符合要求的兽药检验机构具体承担。部级风险监测由中国兽医药品监察所及农业农村部购买服务的兽药检验机构具体承担。

（2）非生物制品类兽药部级跟踪检验

① 抽样要求。农业农村部畜牧兽医局原则上根据上季度省级监督抽检、部级风险监测结果，结合飞行检查发现的问题和对近几年产品未被抽检过的兽药生产企业监管要求，组织开展部级跟踪抽检。抽调非标称生产企业所在地的省级畜牧兽医行政主管部门或兽药检验机构人员，对相关兽药生产企业进行抽样，跟踪抽样时要求抽取该企业成品库中同品种同批次产品，如无同批次或同品种产品，可抽取其他批次或其他品种产品，同时核查该

批次或该品种产品入库/出库追溯记录。如抽取其他批次或其他品种产品，需一并报送该批次或该品种产品入库/出库追溯记录核查情况；如核查中发现生产企业的相关产品生产检验记录不完整或存在造假行为、未按规定上传入库/出库追溯记录等情况，企业所在地省级畜牧兽医行政主管部门应按照《兽药管理条例》第五十九条有关规定对生产企业进行处罚，符合从重处罚情形的，按照农业农村部公告第97号有关要求进行处罚，并将核查及处罚情况及时报送农业农村部畜牧兽医局。

② 检验要求。化学药品部级跟踪检验原则上由中国兽医药品监察所和农业农村部委托的第三方兽药检验机构承担。要求当季抽取的样品原则上应当季完成检验。对兽药国家标准规定了鉴别、细菌内毒素和含量测定项的产品，原则上应全部进行上述项目的测定。各兽药检验机构可根据产品情况重点关注适当增加有关物质、组分、含量均匀度、注射剂的可见异物、片剂的溶出度等项目。兽药检验机构还应对质量监督抽检产品进行非法添加其他药物筛查。

③ 报告送达。部级跟踪检验任务承担单位应及时将不合格产品检验报告以快递方式或直接送达方式向被抽样单位所在地省级畜牧兽医行政主管部门发送检验报告。被抽样单位所在地省级畜牧兽医行政主管部门应在收到检验报告后5个工作日内将不合格检验报告送达被抽样单位，并做好记录、留存凭证。部级风险监测检验任务承担单位不需发送检验报告，但应留存不合格检验报告。

④ 结果确认和复检要求。被抽样单位收到检验报告之日起7个工作日内未提出异议的，视为认可检验结果；对检验结果有异议的，应自收到检验报告之日起7个工作日内，向原兽药检验机构或者上级畜牧兽医行政主管部门设立的检验机构申请复检，同时书面报告省级畜牧兽医行政主管部门。原兽药检验机构应及时进行复检（复检样品应为抽样留存样品），并将复检报告报送省级畜牧兽医行政主管部门。

⑤ 结果报送。承担部级跟踪检验任务的检验机构应按季度将检验结果报送中国兽医药品监察所，中国兽医药品监察所将部级跟踪检验不合格结果第一时间报送农业农村部畜牧兽医局。

⑥ 结果处理。跟踪检验结果不合格的，生产企业所在地省级畜牧兽医行政主管部门应及时组织查处，责令停止生产、召回售出产品，监督销毁库存产品和召回的产品，并依法实施立案处罚；经省级畜牧兽医行政主管部门审核认为整改合格后，方可恢复生产。

（3）非生物制品类兽药省级监督抽检　抽样要求省级监督抽检活动由省级畜牧兽医行政主管部门组织开展，按照"双随机"和重点监督相结合原则，对辖区内兽药生产企业、经营企业、使用单位进行抽样。省级监督抽检按季度组织开展。各省根据本辖区抽样计划合理安排、均衡分配每季度抽样数量，不得集中抽取样品。坚持抽样和监督检查相结合，在抽样同时对被抽样兽药生产企业、经营企业、使用单位实施监督检查。

① 检验要求。当季抽取的样品原则上应当季完成检验。对兽药国家标准规定了鉴别、细菌内毒素和含量测定项的产品，原则上应全部进行上述项目的测定。各兽药检验机构可根据产品情况重点关注和适当增加有关物质、组分、含量均匀度、注射剂的可见异物、片剂的溶出度等项目。兽药检验机构应对质量监督抽检产品进行非法添加其他药物筛查。

报告送达省级兽药检验机构后应将不合格产品的检验报告及时报送省级畜牧兽医行政主管部门。省级畜牧兽医行政主管部门应在收到检验报告后5个工作日内，将不合格产品的检验报告送达被抽样单位。

② 结果确认和复检要求。结果确认和复检要求，同前述中非生物制品类兽药部级跟

踪检验。

③ 结果报送。各省级兽药检验机构应按季度及时将省级监督抽检结果报本辖区省级畜牧兽医行政主管部门，由省级畜牧兽医行政主管部门按时报送中国兽医药品监察所。

④ 结果处理。省级畜牧兽医行政主管部门在收到监督抽检不合格检验结果后，应及时按照《兽药管理条例》有关规定对被抽样的兽药经营企业、生产企业实施处罚。对符合农业农村部第 97 号公告从重处罚的情形，应依法对相关兽药经营企业、生产企业予以从重处罚。各省级畜牧兽医行政主管部门应按季度将省级监督抽检不合格产品的查处情况报送农业农村部畜牧兽医局。

（4）兽用生物制品部级监督抽检和风险监测

① 抽样要求。由中国兽医药品监察所制定兽用生物制品监督抽检和风险监测计划报农业农村部畜牧兽医局批准后组织实施抽样工作。监督抽检抽样环节分为三类，分别为生产环节、经营环节和使用环节。国家动物疫病强制免疫疫苗原则上从经营环节抽取，这里的经营环节通常指相关省（直辖市、自治区）的疫苗储备库。常规疫苗和进口疫苗样品的抽取一般从生产企业和代理机构的成品库中抽取，若成品库中无法抽取到规定的样品，可从生产企业或代理机构的批签发样品库中抽取作为补充。风险监测由中国兽医药品监察所承担，样品购买、风险监测范围由中国兽医药品监察所依据近年疫情情况和兽用生物制品质量监控风险确定。原则上从经营和使用环节抽取，这里的经营环节包括各兽药经营门市，使用环节包括各养殖企业、畜牧兽医站等。

② 检验要求。当季抽取的样品原则上应当季完成检验，对检验周期较长的，可在抽样后的下季度完成检验。国家动物疫病强制免疫疫苗原则上应覆盖所有生产企业的所有产品种类，检验项目应为效力检验、病毒含量测定、活菌计数等直接影响产品质量的关键项目。常规疫苗和进口疫苗根据今年抽检不合格情况重点对不合格企业以及不合格产品进行抽检，同时覆盖近 5 年未被抽检过的品种，检验项目涵盖性状、无菌检验、支原体检验、鉴别检验、外源病毒检验、活菌计数、芽孢计数、效力检验、安全检验、敏感性检验、特异性检验等项目。监督抽检不合格的报告需经被抽样单位进行确认，若被抽样单位提出复检需求，原则上应予以复检，农业农村部每年会对不予复检的情形进行相关规定。风险监测根据近年疫病形势、产品存在的质量风险等制定相关方案，报农业农村部畜牧兽医局批准后完成相关风险监测任务，风险监测不发送检验报告，将风险监测结果形成总结报告报送农业农村部畜牧兽医局，风险监测结果仅作为了解产品质量风险的一种途径，不对不合格产品的生产企业进行相关处罚。

③ 检验报告送达和结果报送。中国兽医药品监察所应及时将兽用生物制品监督抽检不合格产品检验报告以快递方式或直接送达方式向被抽样单位所在地省级畜牧兽医主管部门发送检验报告。被抽样单位所在地省级畜牧兽医主管部门应在收到检验报告后 5 个工作日内将不合格检验报告送达被抽样单位，并做好记录、留存凭证。中国兽医药品监察所应将兽用生物制品监督抽检、兽用生物制品风险监测和部级跟踪检验不合格结果第一时间报送农业农村部畜牧兽医局。

（5）监督抽检不合格的重点监控　为切实加强兽药产品质量监管，不断提高兽药质量，兽药监管部门根据兽药监管实际需要，依法对生产、经营和使用的兽药所采取的质量抽查检验工作。农业农村部每年制定并发布年度兽药质量监督抽检和风险监测计划，明确抽样范围、检测数量、任务分工、进度安排等事项，并公布重点监控企业判定原则和处罚措施。

① 判定原则。每年的判定原则根据实际情况会有所调整，近年来主要是监督抽检中从兽药生产企业抽取样品进行检测的结果、部级跟踪检验的结果等符合下列条件之一的，均将相关兽药生产企业列入本年度部级重点监控企业：当期兽药质量通报产品被检出违法添加其他药物成分的；当期兽药质量通报中药产品的鉴别中有两种或两种以上成分未检出的；当期兽药质量通报产品含量低于50%（含50%）或高于150%（含150%）的；全年兽药质量通报产品含量低于80%（含80%）或高于120%（含120%）累计2批次以上的；全年兽药质量通报中同一企业被抽检产品不合格批次超过10%（含10%）的；全年兽药质量通报中同一企业兽用生物制品被抽检产品2批次以上（含2批次）不合格的。

此外，省级监督抽检中检出违法添加其他药物成分或产品有效成分含量为0，且经标称生产企业确认的，将标称生产企业列为本年度部级重点监控企业。

② 重点监控处置措施。对当年度被通报为部级重点监控的兽药生产企业，各地要切实加强监管，加大监督检查力度，增加监督抽检频次。

8.3.3.3 兽药生产企业飞行检查

（1）检查依据　兽药生产企业飞行检查是指兽医行政管理部门根据监管工作需要，对兽药生产企业实施的不预先告知的监督检查。目的是核查企业兽药生产质量管理方面的即时状况，以规范兽药生产行为，保证兽药质量。为规范兽药生产企业飞行检查工作，2006年11月农业部印发了《农业部办公厅关于印发〈农业部兽药GMP飞行检查程序〉的通知》（农办医〔2006〕59号）。经过不断实施完善，2017年11月农业农村部修订并发布《兽药生产企业飞行检查管理办法》（农业部公告第2611号），进一步强化了对兽药生产企业的监督管理。依据文件要求，农业农村部负责飞行检查工作的组织领导，中国兽医药品监察所负责飞行检查工作的具体实施。省级兽医行政管理部门负责协助开展飞行检查，并承担被检查兽药生产企业的整改情况现场核查和后续行政执法工作。

（2）启动飞行检查的情形　兽药生产企业存在下列情形之一的，农业农村部可以启动飞行检查：①投诉举报或者其他来源的线索表明可能存在严重违法生产行为的；②发现可能存在重大质量安全风险的；③产品批准文号申报资料或样品涉嫌造假的；④涉嫌严重违反兽药生产质量管理规范（简称兽药GMP）要求的；⑤其他需要开展飞行检查的情形。

（3）飞行检查程序　开展飞行检查，应当成立检查组。检查组一般由兽药GMP检查员和兽药执法人员组成，实行组长负责制。应根据工作需要确定被检查企业和重点检查内容，按照随机原则组织选派至少2名检查员，其中1名为检查组组长。根据工作需要，可以邀请相关专业领域的专家参加飞行检查工作。省级兽医行政管理部门应组织选派至少2名兽药执法人员加入检查组。

检查组应事先制定好检查方案，明确检查内容、时间、人员组成和检查方式等。必要时，可以通过省级兽医行政管理部门商请公安机关等有关部门联合开展飞行检查。涉及举报等情况的飞行检查，检查组应尽可能与举报人取得联系。飞行检查任务的派出部门应适时将检查组到达时间通知被检查企业所在地省级兽医行政管理部门。检查组应适时将飞行检查书面通知交被检查企业所在地省级兽医行政管理部门。检查组到达被检查企业后，应向企业出示相关工作证件和飞行检查书面通知，告知检查要求及被检查单位的权利和义务。检查组应第一时间直接进入检查现场，直接针对可能存在的问题开展检查。检查组应根据检查方案开展检查工作，根据实际情况收集或者复印相关文件资料，拍摄相关设施设备及物料等实物和现场情况，采集实物并对有关人员进行询问。由检查员和执法人员共同填写《飞行检查询问记录》，应当及时、准确、完整，客观真实反映现场检查情况，并经被询问对象逐页签字或者按指纹。被询问对象拒绝签字的，应当记入笔录。飞行检查过程中形成的记录及依法收集的相关资料、实物等，可以作为行政处罚中认定事实的证据。

对需要抽取成品及其他物料进行检验的，检查组或者省级兽医行政管理部门可以按照相关规定抽样。抽取的样品应当由农业农村部指定的兽药检验机构或技术机构进行检验或者鉴定，该项检验纳入农业农村部兽药质量监督抽检工作任务。检查组认为证据可能灭失或者以后难以取得的，以及需要采取行政强制措施的，应当及时通知省级兽医行政管理部门。省级兽医行政管理部门应当依法组织采取证据固化或者行政强制等相应措施。需要采取产品召回或者暂停生产、销售、使用等风险控制措施的，被检查企业应当按照要求采取相应措施。

需要立案查处或者涉嫌犯罪需要移送公安机关的，检查组应当填写《飞行检查立案查处建议单》，并交被检查企业所在地省级兽医行政管理部门。省级兽医行政管理部门应当组织当地兽医行政管理部门在20个工作日内做出是否立案决定，并将立案以及移交公安等情况报农业农村部，抄送中国兽医药品监察所；未立案的应当说明原因。

现场检查结束后，检查组应当向被检查企业通报检查情况。发现缺陷项目的，填写《飞行检查缺陷项目表》，被检查企业负责人或相关负责人应当在《飞行检查缺陷项目表》上签字，拒绝签字的，检查组应予注明。被检查企业对检查结果有异议的，可以提交书面说明和相关证据。检查组应当如实记录，并签字确认。发现违法违规行为并决定立案的，省级兽医行政管理部门负责组织开展并监督后续行政执法工作，并及时将行政处罚决定和处罚结果等报农业农村部，抄送中国兽医药品监察所。

飞行检查结束后，检查组应及时撰写《飞行检查报告》。检查报告包括：检查内容、检查过程、发现问题、相关证据、检查结论和处理建议等。检查组应在飞行检查结束后5个工作日内，将飞行检查方案、《飞行检查报告》《飞行检查缺陷项目表》《飞行检查询问记录》、企业的书面说明、《飞行检查立案查处建议单》及相关证据资料报中国兽医药品监察所。《飞行检查缺陷项目表》同时报省级兽医行政管理部门。

（4）飞行检查结果审核和处理　中国兽医药品监察所对飞行检查方案及《飞行检查报告》《飞行检查缺陷项目表》《飞行检查询问记录》《飞行检查立案查处建议单》等资料进行审核后提出处理意见，并在10个工作日内将签署意见的飞行检查报告报农业农村部。被检查企业对飞行检查缺陷项目一般应在20个工作日内完成整改，有特殊情形的按照检查组确定的整改期限完成，并向所在地省级兽医行政管理部门报送整改报告。省级兽医行政管理部门负责对被检查企业整改情况进行现场检查及审核，填写《飞行检查整改情况核查表》，并在收到企业整改报告后的10个工作日内，将企业整改报告和《飞行检查整改情况核查表》送中国兽医药品监察所。

中国兽医药品监察所收到企业整改报告和《飞行检查整改情况核查表》后10个工作日内，完成审核工作，填写《飞行检查整改情况审核表》，并将审核意见报农业农村部。审核不通过的，中国兽医药品监察所应书面告知省级兽医行政管理部门。省级兽医行政管理部门应要求被检查企业在原整改期限内继续整改，并按前述程序和要求完成后续相关工作。逾期不改正的，按照《兽药管理条例》有关规定执行。

根据飞行检查和整改结果，被检查企业涉嫌违法违规的，省级兽医行政管理部门应当按照《兽药管理条例》有关规定处理；采取风险控制措施的，风险因素消除后，应及时解除相关风险控制措施。

农业农村部按规定公开飞行检查结果，并将拒绝、逃避检查的企业列入农业农村部兽药生产失信企业名单。

8.3.3.4 兽用生物制品批签发管理

兽用生物制品是一类特殊的兽药，如果存在安全、效力、稳定性、一致性等方面的问题，可能会对使用对象和环境造成伤害或污染，因此在产品上市前实行国家层面的批签发管理，以此为手段加强产品的质量监督是非常有必要的。许多国际组织如 WHO、OIE 对兽用生物制品上市前的批签发有相关要求，一些发达国家或地区如美国、欧盟、日本等均实行批签发制度，因此实施批签发管理制度也是我国加入 WTO 后兽用生物制品走出国门，走向世界的必备条件。

兽用生物制品批签发是指兽药生产企业生产的及进口产品代理机构代理进口的兽用生物制品，其每批产品出厂前及进口后由农业农村部指定的检验机构对其进行审查核对的行为，必要时还可进行抽查检验。未经审查核对或者经审查核对或抽查检验不合格的兽用生物制品，不得销售。

（1）兽用生物制品批签发的历史背景　1996 年 4 月 25 日，农业部颁布了《兽用生物制品管理办法》（农业部令第 6 号），其中第三十一条规定"新开办的农业科研、教学单位的生物制品生产车间和三资企业生产的兽用生物制品，必须将每批产品的样品质量检验结果报中国兽医药品监察所"，首次提出对兽用生物制品进行批签发管理。2001 年 9 月 17日，农业部颁布了《兽用生物制品管理办法》（农业部令第 2 号），其中第十三条规定："国家对兽用生物制品实行批签发制度。中国兽医药品监察所在接到生产企业报送的样品和质量报告 7 个工作日内，做出是否可以销售的判定，并通知企业。生产企业取得中国兽医药品监察所的允许通知书后，方可销售"。根据上述规定，从 2002 年开始我国分三个阶段在兽用生物制品生产企业推行批签发管理。第一阶段自 2002 年 1 月 1 日开始，仅对口蹄疫疫苗和禽流感疫苗实施兽用生物制品批签发管理。第二阶段自 2002 年 6 月 1 日开始，对《兽用生物制品标准》（2001 年版）目录中Ⅱ、Ⅳ、Ⅴ、Ⅵ类兽用生物制品，即除活疫苗外的共计 131 个品种的制品实施批签发管理。第三阶段自 2003 年 1 月 1 日开始，在全国范围内对所有兽用生物制品全面实施批签发管理。2002 年，根据《兽用生物制品管理办法》（农业部令第 2 号）的相关要求，中国兽医药品监察所组织制定了《兽用生物制品批签发程序》并以中国兽医药品监察所（药）〔2002〕088 号文发布，对批签发的申请、抽样、审核、签发等程序作出了相关规定。

2004 年国务院发布实施了《兽药管理条例》（国务院令第 404 号），其中第十九条规定"兽药生产企业生产的每批兽用生物制品，在出厂前应当由国务院兽医行政管理部门指定的检验机构审查核对，并在必要时进行抽查检验；未经审查核对或者抽查检验不合格的，不得销售"；第三十五条规定"兽用生物制品进口后，应当依据本条例第十九条的规定进行审查核对和抽查检验"。自此，将批签发的地位提升到了法律层面。

为进一步做好兽用生物制品批签发工作，中国兽医药品监察所于 2010 年修订完善了《兽用生物制品批签发管理程序》，并以中国兽医药品监察所（业务）〔2010〕58 号文发布，对批签发的申请、抽样与样品管理、资料审核与签发、复审、申报资料的核查等工作内容和程序要求进行了明确的规定。同年，中国兽医药品监察所还发布了《中国兽医药品监察所兽用生物制品批签发审查核对程序》[中监所（业务）〔2010〕66 号]，对批签发审查核对过程中的人员职责、审核流程、审核时限等内容做了详尽的规定。

考虑到兽用生物制品的特点和兽药国家标准的性质，为确保兽用生物制品在有效期内安全有效，中国兽医药品监察所提出了依据高于国家标准的企业内控质量标准进行兽用生物制品批签发的思路，并于2014年发布了《中国兽医药品监察所关于开展兽用生物制品企业内控标准备案工作的通知》（中监所函〔2014〕238号）和《中国兽医药品监察所关于兽用生物制品批签发审核工作执行成品企业内控质量标准的通知》（中监所函〔2014〕541号）。2015年开始，进入了采用企业内控质量标准对兽用生物制品实施批签发审核的新阶段。

（2）**兽用生物制品批签发的发展历程**　全面实施兽用生物制品批签发管理以来，随着畜牧业的发展，兽用生物制品生产企业逐年增加，品种不断丰富，产量不断扩大。申报批签发的制品涉及的使用对象也发展到覆盖禽、猪、牛羊、宠物、皮毛动物和水产动物等近乎全部的养殖动物类型，产品种类逐步涉及活疫苗、灭活疫苗、抗体、微生态制剂和诊断试剂等。经统计，2002年申报批签发的企业为25家，涉及产品64个，8923批，总产量400余亿头（羽）份。发展到2020年，全年申报批签发的企业和代理机构达到116家，涉及国内外兽用生物制品品种497个，全年批签发2.2万批，总产量达到了2425.65亿羽（头）份。可见随着近20年兽用生物制品行业的高速发展，批签发管理的体量也在逐年增大，批签发工作在加强行业监管、保障动物防疫用制品的质量提升等方面发挥了重要的作用。

（3）**批签发申报流程**

① 首次批签发申报。兽用生物制品生产企业（以下简称"生产企业"）和中国境内代理机构（以下简称"代理机构"）首次申报批签发的，应填写《兽用生物制品批签发申请表》，同时生产企业向中国兽医药品监察所提交《兽药生产许可证》复印件、《兽药GMP证书》复印件、《兽药产品批准文号批件》复印件，代理机构向中国兽医药品监察所提交《兽药经营许可证》复印件、《进口兽药注册证书》复印件。此外，生产企业和代理机构还应向中国兽医药品监察所提交拟申报批签发的产品的内控质量标准。上述备案材料一经变更或增加产品批签发申报种类时，生产企业或代理机构应立即向中国兽医药品监察所提出重新备案。生产企业和代理机构应对备案批签发资料的真实性负责，所有资料均需加盖生产企业或代理机构的公章。

② 产品放行前的批签发申报。生产企业、代理机构在其每批产品出厂前或进口后，可先联系批签发样品库所在辖区省级兽药监察检验机构（以下简称省级兽药监察检验机构）对拟申报批签发的产品进行抽样，省级兽药监察检验机构应在收到申请后的7个工作日内完成抽样工作。样品封存后，生产企业、代理机构即可凭省级兽药监察检验机构开具的批签发产品抽样单以及加盖生产企业或代理机构公章的《兽用生物制品批签发产品目录单》《兽用生物制品生产与检验报告》正副本和《进口兽药通关单》（仅限代理机构提供）向中国兽医药品监察所申报产品放行前的批签发。对于农业农村部发布的强制免疫用疫苗名录中涉及的相关产品，如果生产企业能够提供政府采购中标的相关文件，则可以通过填写《兽用生物制品批签发加急申请表》，办理加急批签发，对于加急的批签发，审核时限将从7个工作日压缩为3个工作日。

（4）**批签发审核程序**

① 备案资料的审核。中国兽医药品监察所在收到生产企业或代理机构提交的首次批签发备案资料时，应对其《兽药生产许可证》《兽药GMP证书》《兽药产品批准文号批件》《兽药经营许可证》《进口兽药注册证书》等证照的有效期等信息进行审核，同时对《兽用生物制品批签发申请表》中相关信息是否与备案证照一致进行审核。对于其备案的内控质量标准，鼓励生产企业制定的内控质量标准高于国家标准，不允许出现低于国家标

准的情况。中国兽医药品监察所审核上述备案资料合格后，向生产企业、代理机构发放《兽用生物制品批签发通知单》，同时将通知单抄送省级兽药监察检验机构。此时，代表该生产企业或代理机构具备了申报批签发的资质。

②申报资料的审核。中国兽医药品监察所原则上应在7个工作日内完成申报资料的审核与签发。中国兽医药品监察所收到生产企业或代理机构的批签发申报资料后，由业务管理处对资料完整性、资料基本信息与备案信息是否一致等进行形式审查，形式审查合格的资料方可进入审核流程。对于进入审核流程的批签发资料，中国兽医药品监察所在2个工作日内完成资料的收文登记、编号和流转工作，相关检验室在收到流转资料后，由接收资料的检验员完成审核，主要审核内容包括生产企业出具的《兽用生物制品生产与检验报告》中检验项目、检验标准等是否与企业内控质量标准一致，检验结果是否符合内控质量标准，结果判定是否合理等。在审核过程中，如遇到不明确的数据，检验员可通过业务管理处随时调取生产企业的原始检验数据。审核完成后，检验员形成对批签发的初步意见，由检验室负责人对相关意见进行审核确认。在检验室的整个审核过程需在3个工作日内完成。检验室将审核意见反馈业务管理处后，由业务管理处的质检管理员和处室负责人在2个工作日内完成复审和签发。申报资料审查结果符合规定的，中国兽医药品监察所直接在生产企业或代理机构提交的《兽用生物制品生产与检验报告》正副本上勾选符合规定的相关意见，同时在正副本上加盖中国兽医药品监察所批签发审核专用章，正本邮寄至生产企业或代理机构，以此作为产品批签发的直接证明，副本留中国兽医药品监察所归档备查；申报资料审查结果不符合规定的，中国兽医药品监察所应出具《兽用生物制品批签发不符合规定通知单》，将《兽用生物制品批签发不符合规定通知单》加盖审核专用章后寄达申报单位及省级兽药监察检验机构。生产企业或代理机构可根据《兽用生物制品批签发不符合规定通知单》中的意见进行产品的后续处理。对于上述不符合规定的情况主要分为三类：重报、重检重报和不予签发。申报资料中有书写错误的情况，不影响产品质量判断的，通常给予重报的意见，生产企业或代理机构修改资料中的相关错误后可重新申报批签发；对于检验数据有明显不符合内控质量标准的情况，且通过调取产品批生产检验记录发现产品检验存在一定问题的，通常对其出具重检重报的意见，生产企业需根据意见对产品相关项目进行重新检验后符合内控质量标准方可签发；对于存在重大问题的申报材料，如产品超出文号有效期进行生产、产品处于被要求停产阶段仍进行生产等问题，将对其出具不予签发的意见。对于不予签发的产品，生产企业和代理机构有一次提出技术复审的机会，可通过填写《兽用生物制品批签发技术复审申请表》，对相关问题进行说明或整改后，由中国兽医药品监察所技术负责人提出是否签发的最终意见。对于确不予签发的产品，在批签发样品库所在辖区省级兽医行政管理部门的监管下，由企业负责进行无害化处理，并建立销毁记录。

（5）批签发抽样及样品管理　省级兽药监察检验机构负责本辖区内生产企业和代理机构的批签发抽样工作，在接到生产企业、代理机构提出的抽样申请并核实《兽用生物制品批签发通知单》后，应在7个工作日内完成抽样工作。抽样工作应由2人（含2人）以上完成并且必须在被抽样单位的成品库中现场进行。抽样人员在抽样过程中要认真进行现场检查，检查成品包装情况、标签上产品的名称、兽药产品批准文号、产品批号、有效期、产品追溯信息等内容，核实被抽样品的成品总量。抽样人员应遵循随机抽样的原则抽取样品。原则上灭活疫苗（抗体类）每批抽取10瓶，活疫苗每批抽取20瓶，诊断试剂（盒）每批抽取5套。抽样结束后，抽样人员应将抽取的样品签封，封条上应填写日期，并由抽样人签名，同时填写《兽用生物制品批签发样品抽样单》并加盖双方公章。

生产企业或代理机构应设有专用的批签发样品库，或在成品库中隔离出专用区域存放批签发样品。批签发样品库应由省级兽药监察检验机构和生产企业/代理机构的人员施行双人双锁共同管理，生产企业或代理机构应建立详细的批签发样品出入库记录、批签发样品库温湿度记录和制冷设备运行及维修记录。省级兽药监察检验机构应定期检查辖区内生产企业或代理机构批签发样品库的运行情况。在产品的有效期内，未经中国兽医药品监察所批准，任何单位和个人不得动用封存的批签发样品。批签发样品保存至失效期后半年，过期样品应在省级兽医行政管理部门监督下，由企业负责进行无害化处理，并建立批签发样品销毁记录。

（6）批签发检验　通常情况下，兽用生物制品批签发仅限于资料审查。对于存在特殊情况的产品，将启动批签发检验，被检验样品可为成品库产品也可为批签发留样。批签发检验是监督检验的一种类型，对于待检样品中国兽医药品监察所按照监督检验下达检验任务并出具检验报告。批签发检验根据国家标准对产品进行单项或全项检验，检验合格后方可对产品进行签发。

（7）批签发现场核查　所谓批签发现场核查是指中国兽医药品监察所根据工作需要，对生产企业和代理机构批签发申报内容及申报程序所实施的现场检查。批签发现场核查由中国兽医药品监察所组织，是批签发管理的重要组成部分，通过现场核查既可以全面真实了解待批签发产品或生产企业、代理机构的情况，又可以提高批签发的威慑力。但在此之前，如何现场核查，如何规范操作一直未进行明确。因此，2021年中国兽医药品监察所发布了《中国兽医药品监察所兽用生物制品批签发现场核查规定（试行）》（中监所业务〔2021〕1号），为强化兽用生物制品质量监管，进一步规范对生产企业和代理机构申报批签发相关情况的核查奠定了制度基础。

① 批签发现场核查的分类。批签发现场核查分为常规现场核查和专项现场核查。常规现场核查是中国兽医药品监察所根据生物制品批签发申报情况开展的日常监督检查，可结合当年的春/秋季兽用生物制品监督检查组织实施。专项现场核查是中国兽医药品监察所在实施批签发工作中，发现生产企业或代理机构存在涉嫌提供虚假报告、编造检验数据、提供虚假样品、批签发抽检不合格且存在严重质量风险等情况时，或生产企业或代理机构存在其他需要开展专项现场核查的情形，由中国兽医药品监察所报请农业农村部畜牧兽医局同意并联系生产企业或代理机构成品库所在辖区畜牧兽医行政管理部门配合开展的现场核查。

② 批签发现场核查的过程。开展现场核查前，中国兽医药品监察所业务管理处应组织成立核查组，根据核查工作需要确定核查的重点内容并制定相关核查表。核查组实施核查前，应制定核查方案，明确核查内容、时间、人员分工和方式等。核查组持公函进入被核查单位，向被核查单位通报核查要求，并及时实施现场核查。核查工作实行组长负责制，核查过程应不影响企业正常生产。核查组根据核查方案要求被核查单位明确核查现场相关负责人，开放相关场所或者区域，提供真实、有效、完整的文件、记录、票据、凭证、电子数据等相关材料。现场核查结束时，核查组应与被核查单位沟通核查情况，并将检查情况详细记录到核查表中。被核查单位相关负责人应在核查表上签字，同时在核查表中加盖生产企业或代理机构公章。对检查结果有异议的，应向核查组提交书面说明。现场核查结束后，核查组应将核查表报中国兽医药品监察所业务管理处。业务管理处根据现场核查情况，提出具体处理意见报请所领导批准后按程序进行处理，必要时请示农业农村部畜牧兽医局。

（8）批签发资料的归档与信息发布　完成审核的批签发资料，包括《兽用生物制品批签发产品目录单》《兽用生物制品生产与检验报告》副本、批签发流转单等，应由中国兽医药品监察所对其进行归档，归档资料保存至申报日期三年后。对于予以签发的兽用生物制品，中国兽医药品监察所负责将其产品名称、批号、兽药产品批准文号等信息发布至国家兽药基础数据库中，供社会大众查询。

8.3.3.5　兽药生产违法违规行为处罚

兽药生产违法违规行为的处罚依据《兽药管理条例》有关规定执行，主要情形如下。

① 无兽药生产许可证生产兽药的，或者虽有兽药生产许可证，生产假、劣兽药的，依据《兽药管理条例》第五十六条规定处罚；擅自生产强制免疫所需兽用生物制品的，按照无兽药生产许可证生产兽药处罚。

② 提供虚假的资料、样品或者采取其他欺骗手段取得兽药生产许可证或者兽药批准证明文件的，依据《兽药管理条例》第五十七条规定处罚。

③ 买卖、出租、出借兽药生产许可证和兽药批准证明文件的，依据《兽药管理条例》第五十八条规定处罚。

④ 兽药生产企业未按照规定实施兽药生产质量管理规范的，依据《兽药管理条例》第五十九条规定处罚。

⑤ 兽药的标签和说明书未经批准的，兽药包装上未附有标签和说明书，或者标签和说明书与批准的内容不一致的，依据《兽药管理条例》第六十条规定处罚。

⑥ 擅自转移、使用、销毁、销售被查封或者扣押的兽药及有关材料的，依据《兽药管理条例》第六十四条规定处罚。

⑦ 兽药生产企业发现可能与兽药使用有关的严重不良反应，不向所在地人民政府兽医行政管理部门报告的，依据《兽药管理条例》第六十五条规定处罚。

⑧ 生产企业在新兽药监测期内不收集或者不及时报送该新兽药的疗效、不良反应等资料的，依据《兽药管理条例》第六十五条规定处罚。

⑨ 兽药生产、经营企业把原料药销售给兽药生产企业以外的单位和个人的，依据《兽药管理条例》第六十七条规定处罚。

⑩ 生产的产品抽查检验连续 2 次不合格的，生产药效不确定、不良反应大以及可能对养殖业、人体健康造成危害或者存在潜在风险的，生产国务院兽医行政管理部门禁止生产、经营和使用的兽药的，依据《兽药管理条例》第六十九条规定处罚。

8.4

兽药经营环节监督管理

8.4.1　概述

兽药经营环节，是指经营兽药的专营企业或者兼营企业，包括零售和批发企业、互联网企业等环节。兽药行政管理部门依法对兽药经营环节进行监督检查。兽药经营企业，是指经营兽药的专营企业或者兼营企业，包括零售和批发企业。从境外进口兽药到国内，实质活动也是经营活动，因此本节讲述的兽药经营包括了兽药进口的经营管理。

《兽药管理条例》第四章明确规定了经营兽药的企业应具备的条件及管理要求。经营兽药的企业，应当具备下列条件：①与所经营的兽药相适应的兽药技术人员；②与所经营的兽药相适应的营业场所、设备、仓库设施；③与所经营的兽药相适应的质量管理机构或者人员；④兽药经营质量管理规范规定的其他经营条件。符合前款规定条件的，申请人方可向市、县人民政府兽医行政管理部门提出申请，并附具符合前款规定条件的证明资料；经营兽用生物制品的，应当向省、自治区、直辖市人民政府兽医行政管理部门提出申请，并附具符合前款规定条件的证明资料。

为加强兽药经营质量管理，保证兽药质量，2010 年 1 月 15 日农业部令第 3 号公布了《兽药经营质量管理规范》，并于 2017 年 11 月 30 日农业部令第 8 号进行了部分修订，该规范适用于中华人民共和国境内的兽药经营企业。该规范包括总则、场所与设施、机构与人员、规章制度、采购与入库、陈列与储存、销售与运输、售后服务和附则共九章三十七条内容，对经营企业进行了全面的要求。2021 年 3 月 17 日农业农村部令第 2 号颁布了《兽用生物制品经营管理办法》，加强了兽用生物制品经营管理，进一步保证了兽用生物制品的质量。

为加强进口兽药的管理，2007 年 7 月 31 日农业部、海关总署令第 2 号联合公布了《兽药进口管理办法》，并于 2019 年 4 月 25 日农业农村部令第 2 号部分修订。2020 年 12 月 31 日农业农村部、海关总署公告第 369 号又联合发布了《进口兽药管理目录》。

8.4.2　兽药经营环节监督检查主要措施

兽药经营企业监督检查，主要包括经营条件和经营要求等内容。检查经营条件和经营要求是否符合规定，有无合法取得兽药经营许可证、工商营业执照，有无通过兽药 GSP 认定、进货合同、票据、购销台账，有无销售假冒伪劣产品和禁用兽药，有无存在标签不规范产品等。监督抽检常与监督检查结合进行，在检查同时进行经营环节的抽样检验。

8.4.2.1　行政许可事项检查

（1）检查工商营业执照　主要核查经营主体、法人、营业范围、有效期等。

（2）检查兽药经营许可证　主要检查地址、法人、有效期、经营范围是否包含兽药和兽用生物制品等。兽药经营企业的经营地点应当与《兽药经营许可证》载明的地点一致。《兽药经营许可证》应当悬挂在经营场所的显著位置。

8.4.2.2　兽药 GSP 监督检查

兽药经营企业，应当遵守国务院兽医行政管理部门制定的兽药经营质量管理规范。县级以上地方人民政府兽医行政管理部门，应当对兽药经营企业是否符合兽药经营质量管理规范的要求进行监督检查，并公布检查结果。

（1）检查经营场所与设施　兽药经营企业应当具有固定的经营场所和仓库，其面积应当符合省、自治区、直辖市人民政府兽医行政管理部门的规定。经营场所和仓库应当布局合理，相对独立。经营场所的面积、设施和设备应当与经营的兽药品种、经营规模相适应。兽药经营区域与生活区域、动物诊疗区域应当分别独立设置，避免交叉污染。仓库内应当分区合理，包括分设合格兽药区、不合格兽药区、待验兽药区、退货兽药区，也应当按不同兽药品种分区、分类保管等。兽药经营企业的设备是否满足经营需求，具备与经营兽药相适应的货架、柜台、控制温湿度的设施、保存兽药所必需的冰箱、实施兽药电子追溯管理的相关设备等。

（2）检查经营人员资格　要求兽药经营企业直接负责的主管人员应当熟悉兽药管理法律、法规及政策规定，具备相应兽药专业知识。质量管理人员应当具有兽药、兽医等相关专业中专以上学历，或具有兽药、兽医等相关专业初级以上专业技术职称。经营兽用生物制品的，兽药质量管理人员应当具有兽药、兽医等相关专业大专以上学历，或者具有兽药、兽医等相关专业中级以上专业技术职称，并具备兽用生物制品专业知识。且兽药质量管理人员不得在本企业以外的其他单位兼职；除检查管理人员外，还应检查从事兽药采购、保管、销售、技术服务等工作的人员是否满足高中以上学历的要求，同样可以考核这些人员是否熟悉兽药的相关管理法规和专业知识。

（3）检查规章制度制定和执行情况　要求兽药经营企业应当建立质量管理体系，制定管理制度、操作程序等质量管理文件。质量管理文件应当包括下列内容：①企业质量管理目标；②企业组织机构、岗位和人员职责；③对供货单位和所购兽药的质量评估制度；④兽药采购、验收、入库、陈列、储存、运输、销售、出库等环节的管理制度；⑤环境卫生的管理制度；⑥兽药不良反应报告制度；⑦不合格兽药和退货兽药的管理制度；⑧质量事故、质量查询和质量投诉的管理制度；⑨企业记录、档案和凭证的管理制度；⑩质量管理培训、考核制度；⑪兽药产品追溯管理制度。

同时，要求兽药经营企业应当做好人员培训考核记录、温湿度监测记录、设备使用维护保养清洁等记录、兽药质量评估记录、兽药采购验收和入库等记录、兽药不良反应和投诉记录、不合格兽药的处理记录、兽药产品追溯记录等，所有记录应当真实、准确、完整、清晰，不得随意涂改、伪造和变造，修改应符合规定。并且，要求兽药经营企业应当建立兽药质量管理档案，档案应在专室或者专柜存放，并由专人负责，质量档案的内容应符合规定。

（4）检查供应商档案建立情况　检查兽药产品生产商的营业执照、生产许可证复印件，兽药产品文号批准文件、标签说明书批准文件等复印件。进口兽药需提供出口方驻中国办事机构或其委托的中国境内代理机构工商营业执照、兽药进口注册证书等复印件。要求一个企业建立一份档案；检查兽药经营台账。查看兽药购入记录、销售记录，查证两者数量是否相符；通过记录查看是否存在违禁、违规兽药；检查是否符合兽药 GSP 要求。如果经营企业的兽药 GSP 未落实到位，按照《兽药管理条例》第五十九条第一款规定处罚。

（5）检查经营产品范围情况　检查经营的兽药产品是否为合法兽药产品。有无人用药、过期药、原料药、无标签兽药等。经营企业是否对购进的兽药进行了质量检查，并保存所有供应商的档案、采购合同、采购记录、入库记录和检验报告等。检查是否有兽用生物制品，如果有销售记录，而无经营许可证的，属无证经营。要注意的是，乡镇兽医部门指定的免费领用点，不属于无证经营。要特别注意查证《兽药经营许可证》上的经营范围和检查冰箱里是否有疫苗，以此来相互印证。常见的有非法进口疫苗、科研院所提供的所谓自家苗（指养殖场出现疫病后采取病料，不做任何病原分析，就直接制成疫苗用于免疫，俗称自家苗）及血清制品。应特别关注兽药经营企业的销售是否冷链运输，冷链运输记录应当记录起运和到达时的温度。经营企业自行配送兽用生物制品的，应当检查是否具备相应的冷链贮存和运输条件。检查麻醉药品、精神药品、毒性药品和放射性药品等特殊药品。按照国务院《危险化学品安全管理条例》《易制毒化学品管理条例》规定处理。检查处方药情况。看有无建立处方药专柜、处方药销售记录，是否由注册执业兽医师开具处方笺等。在兽用处方药监督管理过程中，应注意乡村兽医用药目录中包括了 70 种兽用处方药，这些兽药由乡村兽医指导使用，不必开兽药处方笺。对于乡村兽医用药目录第二项所列兽药，应重点检查销售记录（载明兽药通用名称、规格、数量、乡村兽医的姓名及登记证号）。

（6）**检查兽药产品保存条件**　经营的兽药都应按照标签与说明书上的条件保存，特别注意一些头孢类、阿维菌素、生物制品等需冷冻或冷藏条件保存的兽药，其保存条件是否满足要求，并有相应的温湿度监测记录。

（7）**检查兽药产品标签**　看商品名、通用名：兽药标签和说明书上必须标识兽药通用名称，可同时标识商品名称。商品名称不得与通用名称连写，两者之间应有一定空隙并分行。通用名称与商品名称用字的比例不得小于 1∶2（指面积），并不得小于注册商标用字。看文字、用途表述：兽药标签和说明书中作用与用途项目的表述不得违反兽药标准的规定，并不得有扩大疗效和使用范围的内容；其用法与用量、停药期、有效期等项目内容必须与法定兽药标准一致，并使用符合兽药国家标准要求的规范性用语。看兽药生产许可证：有效期 5 年。看产品批准文号：有效期 5 年。注意地标产品及产品批准文号是否按规范书写。

检查发现标注异常的产品。如发现含量 50％、70％阿莫西林，98％氟苯尼考等应予登记待查，核实兽药产品批准文号，确定是否为假兽药。常见违法兽药：①中兽药。所标明的适应证或者功能主治超出规定范围（夸大疗效），按经营假兽药查处。②抗病毒药物。常见的有金刚烷胺、阿昔洛韦、吗啉（双）胍等。③抗生素、合成抗菌药。常见的有阿奇霉素、人用头孢类、未办理进口注册登记的进口头孢等。④明令禁止使用的药物。常见的有盐酸克仑特罗、莱克多巴胺、沙丁胺醇、己烯雌酚、氯霉素、孔雀石绿、甲硝唑、抗生素滤渣等。

此外，现场检查还要检查有无其他仓库存在。关于经营环节兽药追溯，重点检查配备的二维码上传设备和记录是否符合相关要求。

8.4.2.3　兽药进口环节监督检查

进口兽药实行目录管理，《进口兽药管理目录》由农业农村部会同海关总署制定、调整并公布。农业农村部负责全国进口兽药的监督管理工作。县级以上地方人民政府兽医行政管理部门负责本行政区域内进口兽药的监督管理工作。

（1）**检查兽药进口批准情况**　进口单位办理报关手续时，因企业申报不实或者伪报用途所产生的后果，由进口单位承担相应的法律责任。兽药进口应当办理《进口兽药通关单》。《进口兽药通关单》由中国境内代理商向兽药进口口岸所在地省级人民政府兽医行政管理部门申请。经批准以加工贸易形式进口兽药的，海关按照有关规定实施监管。进口料件或加工制成品属于兽药且无法出口的，应当按照本办法规定办理《进口兽药通关单》，海关凭《进口兽药通关单》办理内销手续。未取得《进口兽药通关单》的，由加工贸易企业所在地省级人民政府兽医行政管理部门监督销毁，海关凭有关证明材料办理核销手续。销毁所需费用由加工贸易企业承担。

兽药进口构成走私或者违反海关监管规定的，由海关根据《中华人民共和国海关法》及其相关法律、法规的规定处理。

（2）检查进口兽药经营企业

① 检查经营企业的资质情况。按照法规规定，境外企业不得在中国境内直接销售兽药。进口的兽用生物制品，由中国境内的兽药经营企业作为代理商销售，但外商独资、中外合资和合作经营企业不得销售进口的兽用生物制品。兽用生物制品以外的其他进口兽药，同境外企业依法在中国境内设立的销售机构或者符合条件的中国境内兽药经营企业作为代理商销售。境外企业在中国境内设立的销售机构、委托的代理商及代理商确定的经销商，应当取得《兽药经营许可证》，也应该同国内兽药经营一样遵守农业农村部制定的兽药经营质量管理规范。进口兽用生物制品，除境外企业确定的代理商及代理商确定的经销商外，其他兽药经营企业不得经营。养殖户、养殖场、动物诊疗机构等使用者采购的进口兽药只限自用，不得转手销售。代理商、经销商超出《兽药经营许可证》范围经营进口兽用生物制品的，属于无证经营，按照《兽药管理条例》第五十六条的规定处罚。

② 检查经营企业的质量管理情况。进口兽药经营企业的管理同国内兽药一样，也必须符合《兽药经营质量管理规范》的要求，但进口兽药经营企业还需满足下列要求：检查代理商经营产品的检验报告，兽用生物制品进口后应当向农业农村部指定的检验机构申请办理审查和抽查检验手续，经检验合格才能销售。其他兽药进口后，由兽药进口口岸所在地省级人民政府兽医行政管理部门通知兽药检验机构进行抽查检验。检查经营进口兽药的标签情况：每个兽药产品都必须有中文标签；应标注进口兽药注册证书号，有效期 5 年。如不符合上述要求则按假兽药查处。

8.4.2.4 兽药经营质量监督抽检

国家和县级以上人民政府兽医行政管理部门的兽药监督抽检计划中应包括进口兽药的监督抽检内容，加强对进口兽药的监督检查，发现违反《兽药管理条例》和《兽药进口管理办法》规定情形的，应当依法作出处理决定。

监督抽检计划同兽药生产环节监督管理的兽药质量监督抽检，经营环节除同兽药生产环节一样进行正常的监督抽检外，还包括化学药品部级风险监测和跟踪检验。

（1）非生物制品类的兽药部级风险监测　一是抽样要求。承担部级风险监测任务的兽药检验机构按季度均衡分配每季度抽样数量，采取直接购买方式从兽药经营企业（含互联网经营企业）、使用单位抽样。要求承担单位应保证抽样区域的覆盖性。原则上每个省（自治区、直辖市）的抽样区域不少于 3 个市、县，每个抽样区域均应包括经营企业和使用单位，每个区域至少应对 10 个经营企业或使用单位进行抽样。如有互联网经营企业则相应减少区域单位数量，并对经营企业、互联网经营企业、使用单位的抽样比例、抽样品种、抽样数量作详细要求。二是检验要求。当季抽取的样品原则上应当季完成检验。应先对样品进行非法添加物筛查，确认无非法添加成分的产品，再按兽药国家标准进行鉴别和含量测定，并可根据产品情况适当增加其他检测项目，如有关物质、组分、含量均匀度、注射剂的可见异物、片剂的溶出度等项目。部级风险监测检验任务承担单位不需发送检验报告，但应留存不合格检验报告。三是结果报送。承担部级风险监测任务的检验机构应按季度将检验结果报送中国兽医药品监察所，中国兽医药品监察所将风险监测检验不合格结果第一时间报送农业农村部畜牧兽医局。部级风险监测结果仅作为跟踪检验的依据，不进行处理。

（2）生物制品部级监督抽检和风险监测程序　生物制品部级监督抽检和风险监测程

序同生产环节有关要求。

8.4.3　兽药经营违法违规行为处罚

兽药经营违法违规行为的处罚依据《兽药管理条例》有关规定执行，主要情形如下。

① 无兽药经营许可证经营兽药的，或者虽有兽药经营许可证，生产、经营假、劣兽药的，或者兽药经营企业经营人用药品的，依据《兽药管理条例》第五十六条规定处罚。

② 提供虚假的资料、样品或者采取其他欺骗手段取得兽药经营许可证或者兽药批准证明文件的，依据《兽药管理条例》第五十七条规定处罚。

③ 买卖、出租、出借兽药经营许可证和兽药批准证明文件的，依据《兽药管理条例》第五十八条规定处罚。

④ 兽药经营企业未按照规定实施兽药经营质量管理规范的，依据《兽药管理条例》第五十九条规定处罚。

⑤ 经营的兽药标签和说明书未经批准的，兽药包装上未附有标签和说明书，或者标签和说明书与批准的内容不一致的，依据《兽药管理条例》第六十条规定处罚。

⑥ 境外企业在中国直接销售兽药的，依据《兽药管理条例》第六十一条规定处罚。

⑦ 擅自转移、使用、销毁、销售被查封或者扣押的兽药及有关材料的，依据《兽药管理条例》第六十四条规定处罚。

⑧ 兽药经营企业发现可能与兽药使用有关的严重不良反应，不向所在地人民政府兽医行政管理部门报告的，依据《兽药管理条例》第六十五条规定处罚。

⑨ 未经兽医开具处方销售兽用处方药的，依据《兽药管理条例》第六十六条规定处罚。

⑩ 兽药经营企业把原料药销售给兽药生产企业以外的单位和个人的，或者兽药经营企业拆零销售原料药的，依据《兽药管理条例》第六十七条规定处罚。

8.5

兽药使用环节监督管理

8.5.1　概述

兽药是畜禽养殖业中不可缺少的投入品，不合理、不规范使用兽药会造成一系列问题，如微生物耐药性增强、畜禽出现药物中毒反应、畜禽产品中有大量兽药残留等，不仅会危及畜禽健康、影响养殖户经济收入，同时也会危害人体健康和公共卫生安全。安全使用兽药已经成为养殖业必须关注的问题。《兽药管理条例》规定兽药使用单位应当遵守国务院兽医行政管理部门制定的兽药安全使用规定，并建立用药记录。《兽药经营质量管理规范》规定兽药经营企业应当向购买者提供技术咨询服务，指导购买者科学、安全、合理使用兽药，并注意收集兽药使用信息，发现假、劣兽药和质量可疑兽药以及严重兽药不良反应时，应当及时向所在地兽医行政管理部门报告，并根据规定做好相关工作。

8.5.2　兽药使用监督检查依据

近年来，我国持续加强兽药规范使用工作，坚持管理与服务并重，督促指导兽药使用单位遵守农业农村部制定的兽药安全使用规定，提高广大养殖者安全用药水平，促进养殖业健康发展。兽药使用者要严格执行兽药安全使用规定。

《兽药管理条例》规定，禁止使用假、劣兽药以及国务院兽医行政管理部门规定禁止使用的药品和其他化合物；有休药期规定的兽药用于食用动物时，饲养者应当向购买者或者屠宰者提供准确、真实的用药记录；禁止将原料药直接添加到饲料及动物饮用水中或者直接饲喂动物，禁止将人用药品用于动物。依据《兽药管理条例》有关规定，农业农村部陆续建立了兽用处方药和非处方药管理制度、休药期制度、用药记录制度和兽药不良反应报告制度，发布了禁用药物清单、停止使用兽药目录，各级兽医部门以告知书、明白纸、准许用药清单、禁用药物清单等多种形式向养殖者宣传兽药安全使用规定，指导养殖者科学规范使用兽药。

8.5.3　兽药使用环节主要监管措施

8.5.3.1　检查兽用处方药制度落实

县级以上人民政府畜牧兽医部门应当依据职责，对养殖环节和动物诊疗、乡村兽医等使用主体进行兽药使用行为的监督检查，要重点检查兽用处方药制度落实情况，核查兽医处方、用药记录等。主要制度如下：《兽药管理条例》规定，国家实行兽用处方药和非处方药分类管理制度。农业农村部组织制定了《兽用处方药和非处方药管理办法》，于2014年3月1日起施行。遴选发布了《兽用处方药品种目录（第一批、第二批）》和《乡村兽医基本用药目录》，将9大类248个兽药产品列入了处方药目录。按照《兽药典兽药使用指南》（化学药品卷、生物制品卷）（2020年版）有关要求，在全国范围内建立兽用处方药管理制度，要求必须凭执业兽医的处方才能购买、使用兽用处方药，从源头把好兽药安全使用关。

8.5.3.2　检查禁用药物和停用兽药执行

县级以上人民政府畜牧兽医部门应当依据职责，对养殖环节和动物诊疗、乡村兽医等使用主体进行兽药使用行为的监督检查，要重点打击违法使用国家明令禁止使用的药物和化合物，要严查国家发布的停止使用的兽药。主要制度要求如下：《兽药管理条例》规定，禁止使用假、劣兽药以及国务院兽医行政管理部门规定禁止使用的药品和其他化合物。禁止使用的药品和其他化合物目录由国务院兽医行政管理部门制定公布。2021年12月，农业农村部发布公告第250号，修订了食品动物中禁止使用的药品及其他化合物清单，食品动物中禁止使用的药品及其他化合物以该清单为准，原农业部公告第193号、235号、

560号等文件中的相关内容同时废止。农业农村部建立了兽药风险评估制度，适时组织开展兽药风险评估，及时淘汰存在安全隐患的兽药品种。经风险评估后，目前停止使用的兽药共8种：金刚烷胺等抗病毒药物及其盐、酯及单、复方制剂［2008年3月4日农业部公告第560号和《农业部关于清查金刚烷胺等抗病毒药物的紧急通知》（农医发〔2005〕33号）］；洛美沙星、培氟沙星、氧氟沙星、诺氟沙星4种原料药的各种盐、酯及其各种制剂（2015年9月1日农业部公告第2292号）；喹乙醇、氨苯胂酸、洛克沙胂等3种兽药的原料药及各种制剂（2018年1月11日农业部公告第2638号）。

8.5.3.3 检查兽药使用记录

县级以上人民政府畜牧兽医部门应当依据职责，对养殖环节和动物诊疗、乡村兽医等使用主体进行兽药使用行为的监督检查，要重点核查兽药休药期执行情况和兽药使用记录。主要制度要求：休药期已经通过批注具体兽药质量标准时予以明确，监督执法人员和养殖者可以查询批准的兽药说明书标签和批准的质量标准核对休药期。《中华人民共和国畜牧法》和《中华人民共和国农产品质量安全法》以及《兽药管理条例》有关条款，均明确规定养殖中必须严格登记兽药的使用情况。为此，2022年3月11日农业农村部畜牧兽医局综合法律法规规定要求，组织制定印发了《畜禽养殖场（户）兽药使用记录样式》，要求各地和养殖者严格执行记录。

8.5.3.4 兽药残留监控计划

在日常监督工作开展中，一般可通过开展畜禽产品兽药残留监控，找到阳性产品开展阳性追溯，倒逼养殖环节规范兽药使用。

兽药残留指食品动物用药后，动物产品的任何食用部分中与药物有关物质的残留，包括原型药物或（和）其代谢物。《兽药管理条例》规定国务院兽医行政管理部门应当制定并组织实施国家动物及动物产品兽药残留监控计划。从1999年开始，农业农村部（原农业部）每年均制定并组织实施国家动物及动物产品兽药残留监控计划。多年来，动物及动物产品兽药残留检测合格率稳定在99％以上。

（1）**兽药残留监控计划分工**　农业农村部畜牧兽医局负责组织制定实施畜禽及畜禽产品兽药残留监控。中国兽医药品监察所负责组织确定畜禽及畜禽产品兽药残留检测项目，对各地监控工作给予技术指导，汇总分析检测结果。省级畜牧兽医主管部门负责组织制定实施本辖区兽药残留监控计划，及时报送计划实施情况。相关检验检测单位负责指定区域畜禽及畜禽产品兽药残留检测，协助开展有关抽样活动，及时报送检测结果。

（2）**抽样和检测的总体要求**　抽样严格执行《官方取样程序》和《抽样和检测技术操作要点》要求，并按要求填写信息。畜禽产品样品原则上应从动物养殖和屠宰环节抽取。牛奶样品从奶牛养殖场（户）、生鲜乳收购站抽取。开展鸡肉、鸡肝以及鸡蛋中兽药残留检测的，从养殖场抽取的样品数量应超过抽样总数的三分之一。按照四个季度均匀抽样，除后续跟踪抽样外，不应对同一采样点重复抽样。检测工作应按照规定的检测项目和检测方法及残留限量执行，确证方法按照农业农村部发布的方法或参照国际公认的方法执行。各检测机构不得擅自变更检测方法和检测限。确需调整本计划确定的检测限、检测方法的，应事先向中国兽医药品监察所提交申请材料，经核准后再进行检测。以筛选方法或定量方法检测出的阳性样品，如已有确证方法，应进行确证检测，以确证结果作为上报数据。检测机构要严格执行阳性（超标）样品报告制度，应在发现阳性样品后5个工作日内，将检测报告送抽样单位及其所在地省、市、县畜牧兽医主管部门。省级畜牧兽医主管部门要及时启动跟踪抽样程序，每发现1份阳性样品，对被抽样单位连续跟踪抽样2次、每次5份样品。跟踪抽样检测数量列入监控计划，与其他检测数据一并报送。

（3）检验结果应用　省级畜牧兽医主管部门要做好跟踪督办，样品来源所在地畜牧兽医主管部门接到残留超标检测报告后，按有关要求启动追溯程序，对养殖场（户）用药情况进行核查，重点检查兽医处方、用药记录和库存兽药产品。发现养殖用药不规范、未执行休药期等问题，责令其立即改正；发现假劣兽药、禁止使用的药品及其他化合物，立即清缴销毁，依法严肃查处；对符合农业农村部公告第97号规定情形的，要依法对相关兽药经营企业、生产企业予以从重处罚。同时，要监督养殖场或屠宰场对涉及禁止使用的药品及其他化合物的动物及其产品，实施无害化处理。相关处理处罚结果要及时报省级畜牧兽医主管部门，并做好调查处理记录，记录存档2年以上。

8.5.4　兽药使用违法违规行为处罚

兽药使用违法违规行为的处罚依据《兽药管理条例》有关规定执行，主要情形如下。

① 未按照国家有关兽药安全使用规定使用兽药的、未建立用药记录或者记录不完整真实的，或者使用禁止使用的药品和其他化合物的，或者将人用药品用于动物的，依据《兽药管理条例》第六十二条规定处罚。

② 销售尚在用药期、休药期内的动物及其产品用于食品消费的，或者销售含有违禁药物和兽药残留超标的动物产品用于食品消费的，依据《兽药管理条例》第六十三条规定处罚。

③ 擅自转移、使用、销毁、销售被查封或者扣押的兽药及有关材料的，依据《兽药管理条例》第六十四条规定处罚。

④ 兽药使用单位和开具处方的兽医人员发现可能与兽药使用有关的严重不良反应，不向所在地人民政府兽医行政管理部门报告的，依据《兽药管理条例》第六十五条规定处罚。

⑤ 未经兽医开具处方购买、使用兽用处方药的，依据《兽药管理条例》第六十六条规定处罚。

⑥ 在饲料和动物饮用水中添加激素类药品和国务院兽医行政管理部门规定的其他禁用药品，依据《兽药管理条例》第六十八条规定，依照《饲料和饲料添加剂管理条例》的有关规定处罚。

⑦ 直接将原料药添加到饲料及动物饮用水中，或者饲喂动物的，依据《兽药管理条例》第六十八条规定处罚。

8.6

兽药信息化监管

根据原农业部关于建设"四平台"的部署和要求，原农业部兽医局会同中国兽医药品监察所经过调研、研发和调试，升级重构了原有兽药基础数据库和国家兽药产品追溯系统，建设完成国家兽药基础数据信息平台，于2017年12月1日正式运行。升级重构后，国家兽药基础数据库涵盖了所有兽药行政许可审批结果信息以及监管结果等基础数据，面向社会免费提供查询服务，为行业监管提供了强有力的技术支持，得到社会公众一致好评，打造成为我国农资监管领域"第一朵云"。国家兽药产品追溯系统目前已初步实现兽药生产企业、兽药产品、兽药经营企业"三个全覆盖"追溯监管，为逐步实现兽药产品"来源可追溯、去向可追踪、风险可预警、责任可追究"奠定了坚实基础。

8.6.1 国家兽药基础数据库

国家兽药基础数据库涵盖了兽药生产企业信息、兽药行政许可审批结果信息、兽药质量标准、兽药监督抽检结果数据以及兽用疫苗批签发等基础数据，实现了数据互联互通，满足全国兽药监督执法以及社会公众查询需要，为推进"互联网＋监管"奠定了坚实基础。国家兽药基础数据库由12个兽药基础数据库组成，包括兽药生产企业数据、兽药产品批准文号数据、进口兽用生物制品批签发数据、国产兽用生物制品批签发数据、化药监督抽检结果数据、生药监督抽检结果数据、临床试验审批数据、国内新兽药注册数据、进口兽药注册数据、国内兽药说明书数据、进口兽药说明书数据和兽药国家标准数据等。地方监管部门和社会公众可以直接登录国家兽药基础数据库，免费查询相关信息，查询方式包括逐条查询和关键字检索查询两种方式。

8.6.1.1 兽药生产企业数据库

按照《兽药管理条例》规定，省级农业农村部门组织对兽药生产企业生产条件进行审查，审查合格的，发给兽药生产许可证，兽药生产企业基础信息录入兽药生产企业数据库（图8-1）。数据库中数据信息由两部分组成：兽药生产许可证信息和兽药GMP证书信息。其中，兽药生产许可证信息包括企业名称、许可证号、生产范围、生产地址、发证日期、有效期等信息。兽药GMP证书信息包括企业名称、生产地址、GMP证书号、生产范围、发证日期、失效日期等信息。截至2022年底，数据库中收录1658家兽药生产企业基础信息。

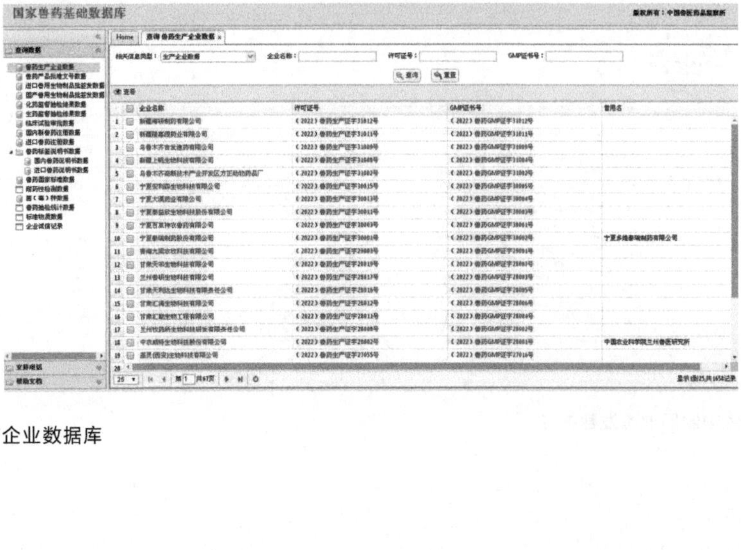

图8-1 兽药生产企业数据库

8.6.1.2 兽药产品批准文号数据库

按照《兽药管理条例》规定，兽药生产企业生产兽药，应当取得国务院农业农村主管部门核发的产品批准文号。国务院农业农村主管部门核发产品批准文号后，将产品批准文号相关信息录入兽药产品批准文号数据库（图8-2）。数据库数据信息包括企业名称、通用名、规格、商品名、批准文号、批准日期、有效期、变更情况等信息。截至2022年底，数据库中收录10.5万条兽药产品批准文号信息。

图8-2 兽药产品批准文号数据库

8.6.1.3 进口兽用生物制品批签发数据库

按照《兽药管理条例》规定，兽药生产企业生产的每批兽用生物制品，在出厂前应当由国务院农业农村主管部门指定的检验机构审查核对，并在必要时进行抽查检验。中国兽医药品监察所承担进口兽用生物制品上市前审查核对和抽查检验工作，并将相关数据录入进口兽用生物制品批签发数据库（图8-3）。数据库数据信息包括代理机构、生产企业、产品、注册证书号、生产批号、规格、失效日期、签发结果、签发日期等信息。截至2022年底，数据库中收录2722条进口兽用生物制品批签发信息。

图8-3 进口兽用生物制品批签发数据库

8.6.1.4 国产兽用生物制品批签发数据库

按照《兽药管理条例》规定，兽药生产企业生产的每批兽用生物制品，在出厂前应当由国务院农业农村主管部门指定的检验机构审查核对，并在必要时进行抽查检验。中国兽医药品监察所承担国产兽用生物制品上市前审查核对和抽查检验工作，并将相关数据录入国产兽用生物制品批签发数据库（图 8-4）。数据库数据信息包括生产企业、产品、批准文号、生产批号、失效日期、签发结果、签发日期等信息。截至 2022 年底，数据库中收录 15.96 万条国产兽用生物制品批签发信息。

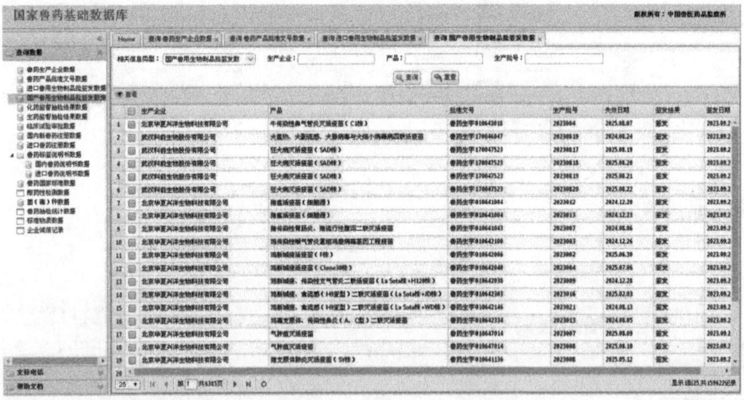

图 8-4　国产兽用生物制品批签发数据库

8.6.1.5 兽用化药监督抽检结果数据库

农业农村部制定国家年度兽药质量监督抽查检验计划，省级农业农村主管部门负责本行政区域兽药质量监督抽查检验工作，承担农业农村部下达的监督抽查检验任务，制定实施本行政区域年度兽药质量监督抽查检验计划。兽药检验机构承担兽药质量监督抽查的检验任务。兽用化学药品和兽用中药的监督抽检结果数据由中国兽医药品监察所录入化药监督抽检结果数据库（图 8-5）。数据库数据信息包括结果类型、年度、季度、批准文号、抽样环节、通用名称、商品名、用药类别、标称生产企业、被抽样单位、生产批号、备注等信息。截至 2022 年底，数据库中收录 6.69 万条化药监督抽检结果信息。

8.6.1.6 兽用生物制品督抽检结果数据库

农业农村部制定国家年度兽用生物制品质量监督抽查检验计划，省级农业农村主管部门负责本行政区域兽用生物制品监督抽样工作，中国兽医药品监察所承担兽用生物制品检验任务。兽用生物制品监督抽检结果数据由中国兽医药品监察所录入生药监督抽检结果数据库（图 8-6）。数据库数据信息包括结果类型、年度、季度、批准文号、通用名称、标称生产企业、被抽样单位、生产批号、检验机构、检验项目、检验依据、备注等信息。截至 2022 年底，数据库中收录 1807 条生药监督抽检结果信息。

8.6.1.7 临床试验审批数据库

按照《兽药管理条例》规定，研制新兽用生物制品的，应当在临床试验前向国务院农业农村主管部门提出申请。国务院农业农村主管部门将批复的兽用生物制品临床试验数据录入临床试验审批数据库（图 8-7）。数据库数据信息包括批件号、项目名称、申请单位名称、试制产品批号、试制产品数量、拟临床试验地点、有效期限等信息。截至 2022 年底，数据库中收录 694 条临床试验审批数据信息。

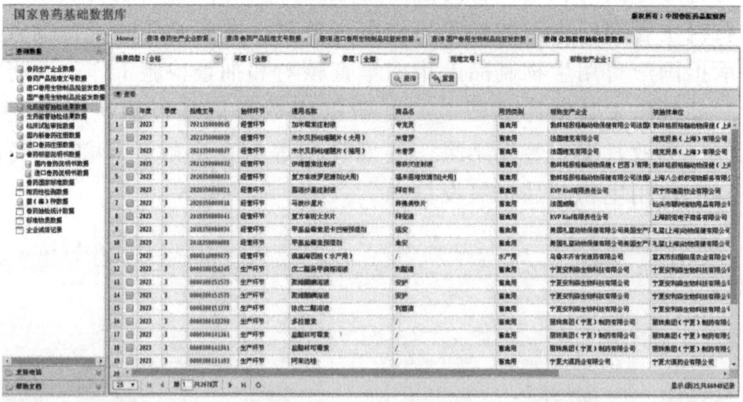

图 8-5　化药监督抽检结果数据库

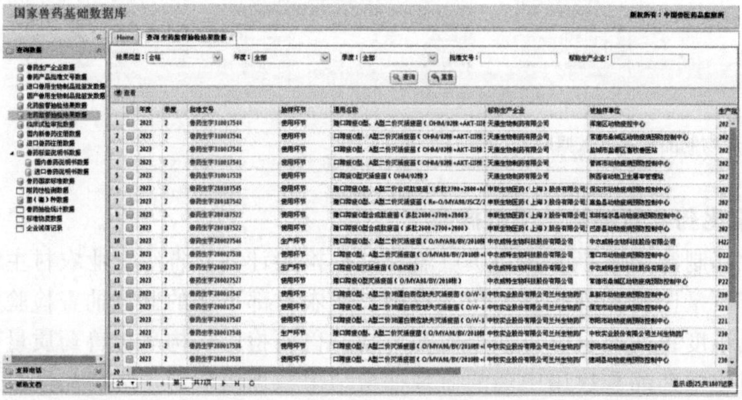

图 8-6　生药监督抽检结果数据库

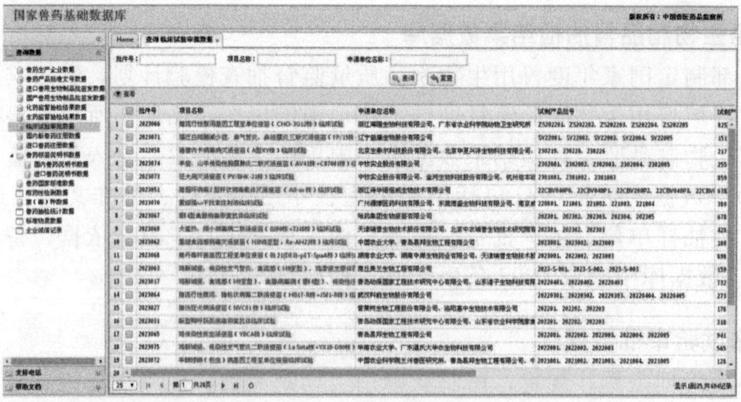

图 8-7　临床试验审批数据库

8.6.1.8 国内新兽药注册数据库

按照《兽药管理条例》规定，新兽药研制者应当在完成临床前研究和临床试验后，向国务院农业农村主管部门提出新兽药注册申请。国务院农业农村主管部门将批准注册的新兽药数据信息录入国内新兽药注册数据库（图 8-8）。数据库数据信息包括新兽药名称、研制单位、类别、规格、适应证、新兽药注册证书号、备注、公告号、公告日期等信息。截至 2022 年，数据库中收录 1064 条新兽药注册数据信息。

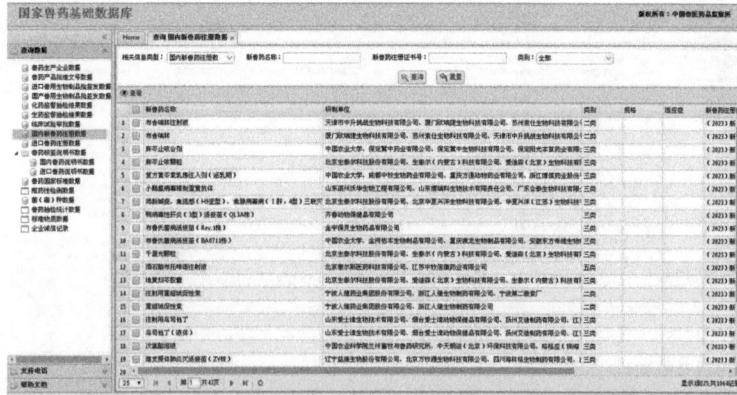

图 8-8 国内新兽药注册数据库

8.6.1.9 进口兽药注册数据库

按照《兽药管理条例》规定，首次向中国出口的兽药，应当向国务院农业农村主管部门申请注册。国务院农业农村主管部门将批准注册的进口兽药数据信息录入进口兽药注册数据库（图 8-9）。数据库数据信息包括兽药名称、兽药英文名称、生产企业名称、生产企业英文名称、生产厂名称、生产厂地址、规格、适应证、证书号、有效期限、备注、公共号、公告日期等信息。截至 2022 年底，数据库中收录 1218 条新兽药注册数据信息。

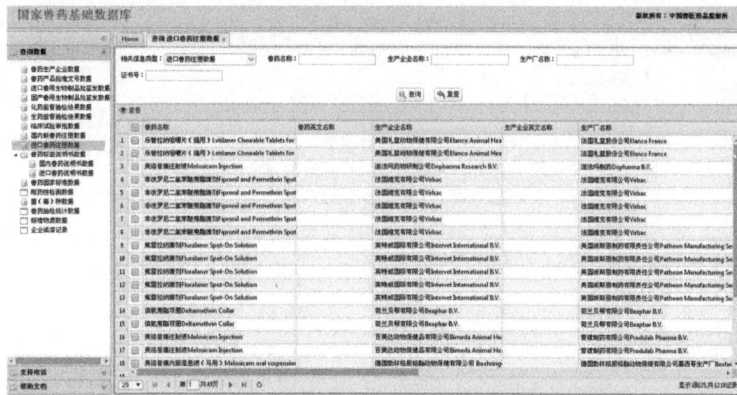

图 8-9 进口兽药注册数据库

8.6.1.10 国内兽药说明书数据库

国内兽药说明书数据库（图 8-10）收录了《中华人民共和国兽药典》（一部、二部、三部)、《兽药质量标准》(2017 年版)(化学药品卷、中药卷和生物制品卷)、新兽药注册公告中的兽药说明书范本。数据库数据信息包括兽药通用名、规格、说明书范本等信息。截至 2022 年底,数据库中收录 3645 条国内兽药说明书数据信息。

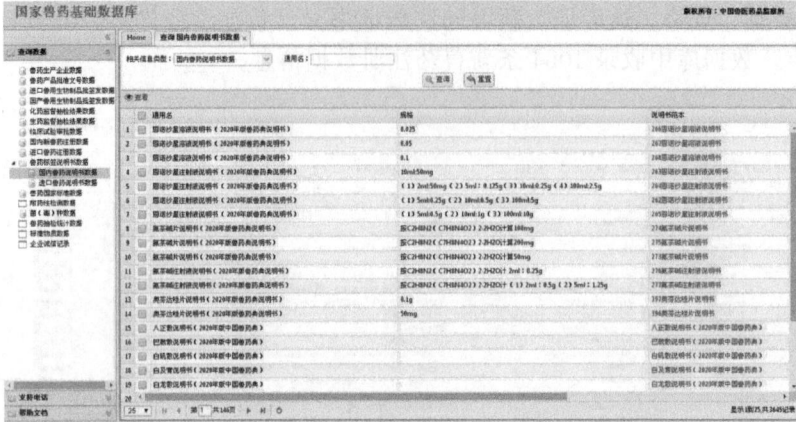

图 8-10　国内兽药说明书数据库

8.6.1.11　进口兽药说明书数据库

进口兽药说明书数据库(图 8-11)收录了进口兽药注册公告中的兽药说明书范本。数据库数据信息包括兽药通用名、规格、说明书范本等信息。截至 2022 年底,数据库中收录 304 条进口兽药说明书数据信息。

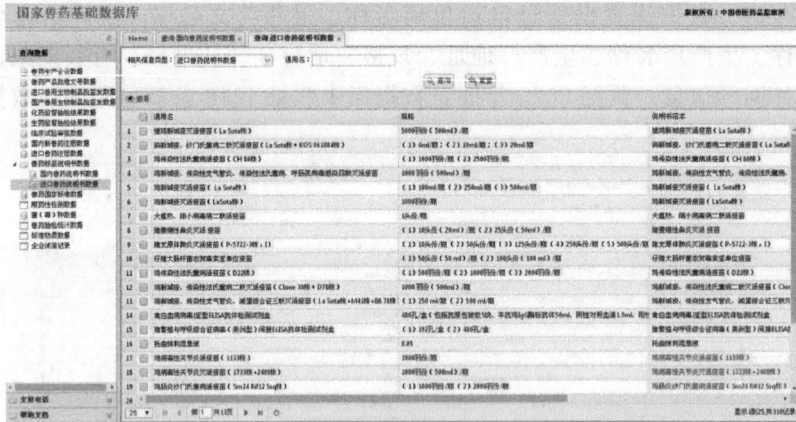

图 8-11　进口兽药说明书数据库

8.6.1.12　兽药国家标准数据库

兽药国家标准数据库(图 8-12)收录了《中华人民共和国兽药典》(一部、二部、三部)、《兽药质量标准》(2017 年版)(化学药品卷、中药卷和生物制品卷)中的兽药质量标准。截至 2022 年底,数据库中收录 1658 条兽药国家标准数据信息。

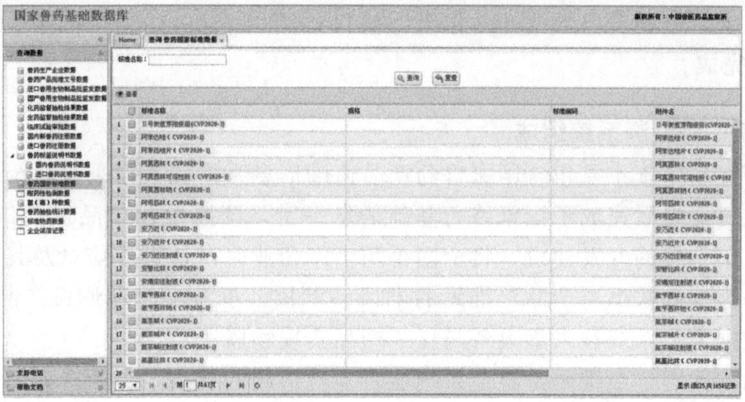

图 8-12　兽药国家标准数据库

8.6.2　兽药二维码追溯系统

兽药产品的安全与质量直接影响动物产品安全，冒用厂名、伪造批准文号、擅自改变产品配方等违法活动下生产出来的劣质兽药更是给食品安全造成极大隐患，间接地影响食品安全。由于缺乏有效的产品追溯手段，广大养殖户很难辨别真假兽药，兽药市场营销环境变得越来越艰难，合法生产企业的权益得不到更好的保障，出现因使用假劣兽药造成的损失时，更是难以追溯追责。

国内外用于产品追溯的系统主要包括农业农村部建设的全国动物标识及疫病追溯体系；国家药监局建设的中国药品电子监管网一维条码标识系统；国家质检总局建设的中国产品质量电子监管网一维条码标识系统；美国 FDA 药品推行的标识码，欧盟的 EMEA 药品标识条码和国际动物保健联合会（IFAH）公布的《应用 GS1 标识动物保健产品指南》推荐用二维码，二维码技术已广泛用于产品的追溯监管。在此背景下，为使兽药产品在兽药生产、流通和使用环节实现追溯监管，农业农村部设计建设了兽药二维码追溯系统。

8.6.2.1　兽药二维码追溯系统概述

国家兽药追溯系统自 2012 年 9 月开发完成起应用范围不断扩大，于 2014 年 12 月开始在全国设立二维码应用试点，为全国推广应用作好准备。2015 年，为进一步强化兽药产品质量安全监管，确保兽药产品安全有效，农业农村部决定在前期试点基础上，加快推进兽药产品质量安全追溯工作，利用国家兽药产品追溯系统实施兽药产品电子追溯码（二维码）标识制度，形成功能完善、信息准确、实时在线的兽药产品查询和追溯管理系统，率先将二维码技术结合网络运用到兽药产品追溯管理中，建设完成了国家兽药产品追溯信息系统。利用这个统一平台、统一的标准和中央数据库管理系统，完成了兽药产品二维码的分配、赋码和数据的管理，实现兽药产品的可在线实时统计查询、可追溯管理，破解了兽药产品无法追溯的难题。

经过多年发展，国家兽药追溯系统已实现兽药生产企业、兽药产品、兽药经营企业"三个全覆盖"，兽药产品实现"一瓶（袋）一码，赋码上市"。目前，追溯系统服务全国 6.9 万个用户，连接兽药生产企业 1700 多家，经营企业 47000 多家，监管单位 3100 多家，养殖场 9200 多家，与 16 个省级平台对接，对接设备商 130 余家。兽药生产企业申请追溯码 194 亿个，追溯节点数据 360 亿条，接口日调用 1000 万次，99.9% 的数据可以在 1 分钟内处理完成。

8.6.2.2　国家兽药追溯系统组成

国家兽药追溯系统主要包含国家兽药产品追溯信息系统和数据采集系统。为满足建设目标，农业农村部先后完成了国家兽药基础信息平台，国家兽药产品追溯信息系统平台、二维码数据采集系统的开发建设，将全国兽药生产企业生产许可证信息及其产品信息进行有效处理，作为基础数据与产品二维码的申请、审核、下载、管理形成产品追溯信息链，通过二维码数据采集系统和采集设备与任一产品实现物联。

作为追溯的关键，二维码是整个系统能否实现追溯的核心，兽药产品的流通信息主要通过二维码的扫描实现，并且要实现追溯码编码的唯一性和一次性。

追溯码由 24 位数字构成：第 1～13 位为追溯码申请号（前 8 位表示追溯码申请日期；后 5 位表示追溯码申请序号，用于标识同一申请日期的追溯码申请的序号），第 14～20 位为码序号（同一追溯码申请在审批通过的数量范围内的追溯码的序号），第 21 位为码级别（为 0 到 9 中的任一数字，1 表示最内层包装，数字越大，表示包装级别越大。0 表示追溯码不分级），22～24 位为随机码（计算机系统随机生成的 3 位数字）。编码格式如下图所示：

二维码包含如下信息：生产企业名称，注册地址，邮编，联系人，联系电话，生产许可证号，GMP 证书号，产品名称，批准文号，规格，批号，产品追溯码，生产日期，有效期，出厂日期［生产企业的出库日期］，经销商名称，经销商入库出库日期。

在数据采集过程中，利用无级别的二维码，按照"先采集、后关联"的方式，形成不同包装之间的多级关联关系。在产品出入库时，只需扫描最外包装即可获取所有信息。

国家兽药追溯系统是信息技术在兽医药品领域的创新性应用，研发并集成整合了多个软件系统、数据库以及终端软件，打造成为专业化、自动化、高效化的兽药产品追溯平台，具有追溯便捷、查询简单、数据权威等一系列特点。国家兽药追溯系统的投入使用，受到了广泛关注，它使我国兽药产品首次实现了流向可追溯、来源可查询、责任可追究，提升兽药行业监管效能和水平的同时，遏制了假冒伪劣产品生产、流通，保障了兽药行业的健康发展，对保障养殖安全、食品安全具有十分重要的意义，社会效益显著。

8.6.2.3　兽药产品电子追溯码要求

① 根据《兽药标签和说明书管理办法》相关规定，兽药产品电子追溯码以二维码标注。兽药产品追溯二维码（以下简称"兽药二维码"）由国家兽药产品追溯系统随机产生的追溯码构成，应符合国标 GB/T 18284—2000 的快速响应矩阵码（QR Code）符号的编码，码制为 QR 码，字符编码采用 UTF-8。追溯码由 24 位数字构成，第 1～8 位为追溯码申请日期，第 9～13 位为企业标识，第 14～24 位为随机位。

② 兽药二维码具有唯一性，一个二维码对应唯一一个销售包装单位。各级包装按照包装级别赋码，并对两级以上（包含两级）包装建立关联关系。

③ 兽药二维码颜色为黑色，背景色为白色。外观检测应无脱墨、污点、断线；模块边缘清晰，无发毛、虚晕或弯曲现象；深浅模块色差分明；无明显变形或缺陷。位置和大小的选择应以标识不易变形、便于扫描操作和识读为准则。

8.6.2.4 兽药生产企业实施追溯要求

① 兽药生产企业免费申请和下载使用兽药二维码，负责兽药二维码的印刷，不得伪造或者冒用兽药二维码，要确保识读率，保证兽药二维码数据安全、不外流，保证兽药二维码在兽药全链条各个环节正常使用。

② 6～20mL（包括 20mL）包装的兽药产品，自 2020 年 1 月 1 日起，产品标签或最小销售包装原则上也应按要求加印统一的兽药二维码，并上传入库信息和出库信息。因技术原因无法在产品标签或最小销售包装上加印兽药二维码的，应在最小销售包装的上一级包装上加印统一的兽药二维码，涉及的具体产品由兽药生产企业提出申请，企业所在地省级畜牧兽医行政管理部门审查确认，确认结果抄报农业农村部畜牧兽医局。

③ 安瓿、5mL 及 5mL 以下的西林瓶或属于异型瓶等特殊情况的产品，因包装尺寸的限制无法在产品标签或最小销售包装上加印兽药二维码的，应在最小销售包装的上一级包装上加印统一的兽药二维码。其中属于异型瓶的产品，由兽药生产企业提出申请，企业所在地省级畜牧兽医行政管理部门审查确认，确认结果抄报农业农村部畜牧兽医局。

④ 兽药产品追溯信息上传为兽药 GMP 工作内容之一。自 2019 年 9 月 1 日起，境内外兽药生产企业应按照《国家兽药产品追溯系统数据交换文件规范》要求，及时、规范、准确上传兽药产品入库和出库数据信息至国家兽药产品追溯系统，追溯系统将不再接收按旧标准上传的入库和出库文件。9 月 1 日前，为新旧标准并行期，新旧标准的入库和出库文件追溯系统均可接收。

⑤ 国内兽药生产企业在产品生产下线后应及时将兽药产品入库信息（新增追溯设备厂商代码和包装规格信息）上传到国家兽药产品追溯系统，并应在产品上市销售前将兽药产品出库信息（新增追溯设备厂商代码）上传到国家兽药产品追溯系统，其中收货单位为兽药经营企业的，应为已在国家兽药产品追溯系统中注册入网的合法兽药经营企业。

⑥ 获得《进口兽药注册证书》的境外兽药生产企业，应指定一家在我国境内设立的公司、办事机构或产品代理商作为兽药追溯工作的代理机构，承担境外兽药生产企业兽药二维码申请、数据上传及相关工作，并在农业农村部畜牧兽医局备案。进口兽药产品赋码时应对两级以上（包含两级）包装建立关联关系，在产品通关后及时将产品入库信息（新增追溯设备厂商代码和包装规格信息）上传到国家兽药产品追溯系统，并在产品上市销售前将产品出库信息（新增追溯设备厂商代码）上传到国家兽药产品追溯系统，其中收货单位为兽药经营企业的，应为已在国家兽药产品追溯系统中注册入网的合法兽药经营企业。

8.6.2.5 兽药经营企业实施追溯要求

自 2019 年 9 月 1 日起，兽药经营企业应按照《国家兽药产品追溯系统数据交换文件规范》或《国家兽药产品追溯系统备案登记和接口调用规范》要求上传兽药追溯数据信息至国家兽药产品追溯系统，追溯系统将不再接收按旧标准上传的入库和出库文件。9 月 1 日前，为新旧标准并行期，新旧标准的入库和出库文件追溯系统均可接收。

8.6.2.6 兽药监管单位实施追溯监管的要求

① 省级畜牧兽医主管部门自建兽药监管系统的，根据《国家兽药产品追溯系统备案登记和接口调用规范》进行备案登记，并与国家兽药产品追溯系统标准统一，做到信息互联互通，保证本辖区兽药生产经营企业、试点养殖场的产品入出库数据信息及时上传。

② 2019 年 6 月 30 日前，各省（自治区、直辖市）所有负责兽药监管工作的单位应在

国家兽药产品追溯系统中入网（注册并被审核通过），切实做好本辖区兽药生产、经营和使用环节的兽药追溯工作。

③ 各省级畜牧兽医主管部门要切实加强监督检查，督促兽药生产企业按照要求及时、规范做好兽药产品赋码和入库、出库追溯数据上传工作。加大兽药经营企业实施追溯工作力度，2019年年底前兽药经营企业实施追溯力争达到100％。未按照规定实施追溯的，按照《兽药管理条例》第五十九条相关规定处罚。

④ 各省级畜牧兽医主管部门要组织辖区内规模养殖场开展兽药使用追溯试点，其中兽用抗菌药使用减量化行动试点养殖场优先参加。2019年，存栏量（根据国家统计局上一年度统计数据）前10名的省份，参加兽药使用追溯试点的养殖场不少于5个；存栏量11~20名的省份，参加兽药使用追溯试点的养殖场不少于3个；存栏量21名以后（含21名）的省份，参加兽药使用追溯试点的养殖场不少于2个。有条件的省份，可鼓励动物诊疗机构参加兽药使用追溯试点。

8.6.2.7　兽药二维码追溯设备厂商要求

2019年9月1日起，追溯设备厂商应在国家兽药产品追溯系统中备案登记，方可获得接口开展兽药二维码数据采集工作。国家兽药产品追溯系统为国家兽药监管公益服务系统，提供无偿技术服务。可登录中国兽药信息网（www.ivdc.org.cn）下载《国家兽药产品追溯系统说明》。

8.6.3　兽药二维码追溯系统的使用

8.6.3.1　兽药生产企业的使用

兽药生产企业使用兽药二维码追溯系统的主要流程是用户注册→注册信息审核后用户得到户名和密码，下载国家兽药综合查询APP扫码登录→添加兽药产品→申请兽药二维码→审核通过后下载兽药二维码文件→企业印刷带有兽药二维码的包材→采集入库产品二维码数据→上传入库数据文件（系统自动审核）→采集出库产品二维码数据→上传出库数据文件（系统自动审核）→发货销售。

兽药生产企业首先要在中国兽药信息网找到兽药二维码追溯系统首页（http：//www.ivdc.org.cn/xxgk/syzwglpt/）（图8-13）。

兽药生产企业在登录页面选择"我是生产企业"，登入系统。如果是新建企业的，应在注册/备案页面选择"我是生产企业"，进入信息填写页面，进行注册（图8-14）。注册信息审核后，兽药生产企业获得用户名和密码。

手机下载国家兽药综合查询APP。目前一共提供了2种常见手机系统的下载版本，苹果版扫描下载和安卓版扫描下载（图8-15）。

兽药生产企业登录国家兽药综合查询APP，可以申请已获兽药产品批准文号产品的二维码。经系统审核通过后，就可以下载产品的二维码数据文件。产品的二维码需要印制在包装材料上。当生产进行到包装工序时，兽药生产企业通过采集器对二维码数据进行采集入库。当销售产品时，再次用采集器对产品包装上的二维码数据进行采集，完成产品出库。完成二维码数据出库操作后的产品就可以上市销售了。

图 8-13　兽药二维码追溯系统首页

图 8-14　追溯系统登录和注册页面

图 8-15　国家兽药综合查询 APP 下载方式

8.6.3.2 兽药经营企业的使用

兽药经营企业使用兽药二维码追溯系统的主要流程是用户注册（已注册用户需登记企业统一社会信用代码或营业执照注册号）→注册信息审核后获得用户名和密码→兽药入库时，采集入库产品二维码数据→上传入库信息（新增追溯设备厂商代码）→兽药出库时，采集出库产品二维码数据→上传出库信息（新增追溯设备厂商代码）。

兽药经营企业同样需要在兽药二维码追溯系统登录（图 8-16）。登录时，需要选择"我是经营企业"。新用户需要先进行注册，登记企业统一社会信用代码或营业执照注册号。注册成功后，会获得用户名和密码。

图 8-16 追溯系统登录和注册页面

同样兽药经营企业也需要配置二维码数据采集器，在兽药入库和出库时，采集产品二维码进行入出库。完成二维码数据出库操作后的产品就可以销售给购买人了。

8.6.3.3 兽药使用追溯试点养殖场试点的应用

养殖场试点使用兽药二维码追溯主要流程是用户注册→监管单位审核通过→完成注册（通过注册邮箱获取用户名密码）→登录试点配套 APP 或者自行购买已备案登记追溯设备厂商的终端设备→扫描采购入库兽药产品二维码→入库上传兽药追溯信息→系统自动审核→查看入库数据上传结果。

养殖场试点登录兽药二维码追溯系统或在兽药二维码追溯系统注册时，需要选择"我是使用者"，填写相应信息（图 8-17）。新注册用户，通过监管单位的审核后，会获得用户名和密码。

使用用户名密码登录国家兽药综合查询 APP，完善养殖场信息（图 8-18）。

扫描采购入库兽药产品二维码（图 8-19）。

已被养殖场入库的二维码会提示该码已经入库（图 8-20）。

入库记录可进行查询（图 8-21）。

也可通过扫描兽药二维码进行查询（图 8-22）。

图 8-17　追溯系统登录和注册页面

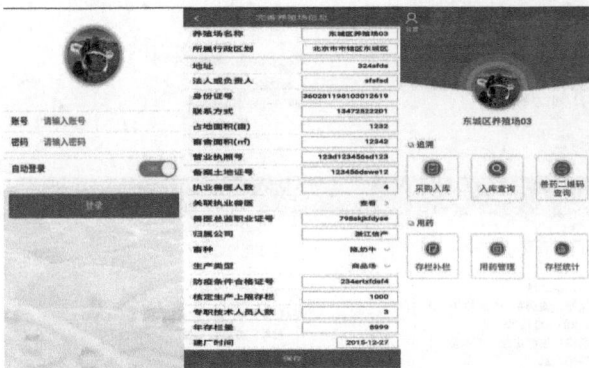

图 8-18　完善养殖场信息页面

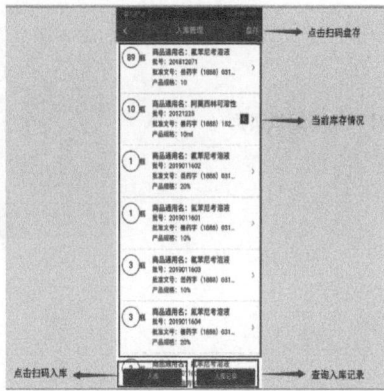

图 8-19　入库管理页面

图 8-20　扫描入库页面

图 8-21 入库记录页面

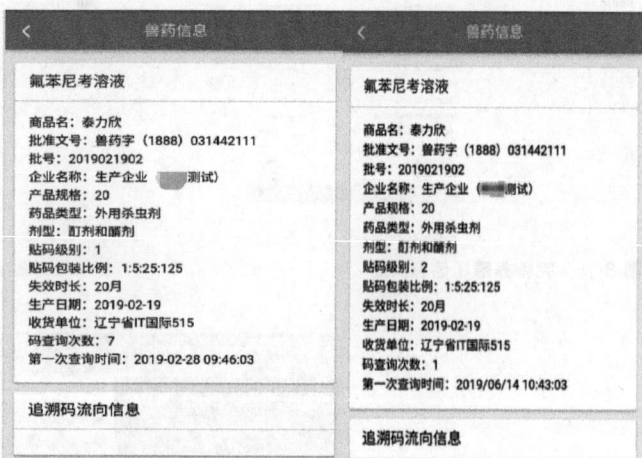

图 8-22 兽药信息页面

8.6.3.4 社会公众监管单位的应用

社会公众可以通过中国兽药信息网兽药产品追溯码公众查询系统查询兽药产品（图 8-23）。

填写追溯码，进行查询（图 8-24）。如果兽药生产企业没有将产品二维码上传入库或出库，在系统中就查询不到产品信息，只能查询兽药二维码基本信息；如果兽药生产企业已将产品二维码入库或出库，可查询到该产品二维码的基本信息和追溯信息。

如果用手机查询产品的追溯信息，需要下载使用国家兽药综合查询 APP（图 8-25）。公众可利用 APP 中的"兽药二维码公众查询"功能对兽药产品上印制的二维码进行扫描。

图 8-23　兽药产品追溯码公众查询页面

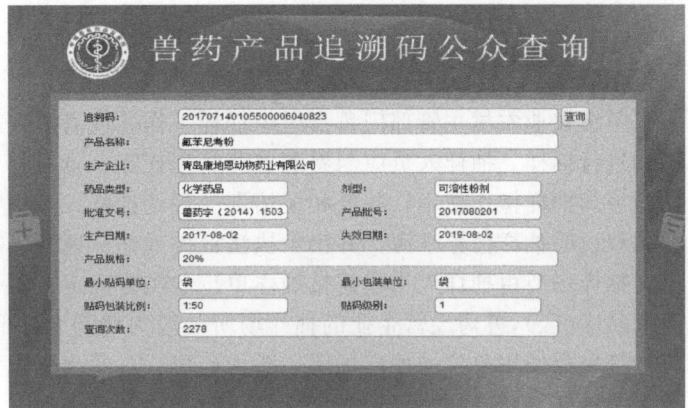

图 8-24　兽药产品追溯码公众查询页面

图 8-25　手机 APP 查询兽药产品追溯信息

8.7

兽药质量监督抽查制度

为规范兽药质量监督抽查检验工作，根据《中华人民共和国农产品质量安全法》《兽药管理条例》，2022 年农业农村部公告第 645 号公布了《兽药质量监督抽查检验管理办法》，全面规定了兽药生产、经营和使用环节兽药质量监督抽查检验的制度要求。考虑该项制度对于兽药监督管理具有重大意义和重要作用，本节重点摘要了关键要求。

8.7.1 关于兽药抽样

各级农业农村主管部门负责组织抽样工作，或者委托具有相应资质和能力的兽药检验机构进行抽样。抽样人员应当熟悉兽药管理规定，具有相应的兽药专业知识，掌握抽样工作程序和抽样操作技术，并经相关培训。现场抽样人员不得少于 2 人，抽样时应当向被抽样单位说明抽样任务来源，并出示执法证件或抽样通知、抽查检验计划等相关文件。

抽样场所由抽样人员根据被抽样单位的类型确定。兽药生产企业的抽样场所一般为兽药成品库（区），兽药经营企业的抽样场所一般为兽药仓库和经营场所，养殖场、动物诊疗机构等兽药使用单位的抽样场所一般为药房。对明确标识为待验、退货或不符合规定的兽药不予抽样。

坚持抽查检验和监督检查相结合，在抽样过程中发现违法违规线索时，及时报告抽样所在地农业农村部门依法进行调查处理；发现未赋兽药追溯二维码、兽药追溯二维码无法识读或查询不到追溯信息的兽药，依据《兽药管理条例》及配套规章有关规定进行处理，不得上市销售，并进行抽查检验，农业农村主管部门凭检验结果依法进行处理。

被抽样单位应当配合抽样人员进行抽样，并根据抽查检验工作要求，提供生产、经营资质证明性材料和抽取样品的合格证明、生产销售和库存量、购货凭证、供货单位等资料。被抽样单位为兽药经营企业和兽药使用单位的，抽样人员应当复印购货发票、收据或结算单等购货凭证，留存备查，并对现场核实复印资料负保密义务。具体抽样数量根据检验需求确定，原则上应当为监督抽查检验所需量的 3 倍。抽取同一企业相同品种原则上每次不超过 3 批次。

抽样人员在抽样时，应当对兽药贮藏条件和温湿度记录等开展现场核查，发现未按批准的贮藏要求进行存储等影响兽药质量问题的，应当固定证据，继续抽取样品送检，并由被抽样单位所在地有关监管部门依法进行处置。抽样时，抽样人员应当检查所抽样品的外观、贮藏条件和有效期等情况，确定通用名称、生产批号、批准文号、数量、包装状况等信息准确无误，并通过国家兽药产品追溯系统核实样品。对经营、使用环节抽样，应当核实供货单位信息。对近效期的兽药，应当能满足检验、结果确认和复检等工作时限需要，否则不得抽样。抽样时，原则上应当抽取兽药的最小独立包装。对于包装规格较大的兽药，在保证取样条件符合要求的前提下，可从原包装中抽取适量样品，抽样操作应当规范、迅速、安全，样品和被拆包装的兽药应当尽快密封，不得影响兽药质量。

抽样人员应当准确、规范、完整地填写农业农村部规定的兽药质量监督抽查抽样单和兽药样品封签，由抽样人员和被抽样方负责人签名，并加盖抽样单位和被抽样单位公章。

抽样单一式 3 份，1 份交被抽样方作抽样凭证，1 份封存于样品包装内，1 份由抽样单位保存备查。采用电子化信息系统填写抽样单的，兽药质量监督抽查抽样单和兽药样品封签上应当有抽样人员和被抽样方负责人的电子签名。抽样人员应当使用兽药样品封签签封样品。样品一般分成 3 份，1 份作为检验样品，2 份作为兽药检验机构的留样。

抽样单位应当按规定时限将样品、兽药质量监督抽查抽样单等相关资料送达或寄送至承担检验任务的兽药检验机构。抽取的样品应当按其规定的贮藏条件进行储运，特殊管理兽药的储运按照有关规定执行。

抽样人员在抽样过程中不得有下列行为：样品签封后擅自拆封或更换样品、泄露被抽样单位商业秘密、其他影响抽样公正性的行为。

8.7.2　关于兽药检验

兽药检验机构应当对检验工作负责，坚持科学、独立、客观、公正原则，按照兽药质量标准和检验技术要求开展检验。兽药检验机构接收样品时应当检查、记录样品的外观、状态、兽药样品封签有无破损及其他可能对检验结果或者综合判定产生影响的情况，并在确认样品与兽药质量监督抽查抽样单的记录相符、兽药样品封签完整等情况下予以收检。

有下列情形之一的，兽药检验机构可拒绝接收：①样品包装破损、污染的；②样品封签不完整或未在规定签封部位签封，可能影响样品公正性的；③兽药质量监督抽查抽样单填写信息不准确、不完整，或与样品实物明显不符的；④样品批号或品种混淆的；⑤包装容器不符合规定、可能影响检验结果的；⑥有证据证明储运条件不符合规定，可能影响样品质量的；⑦样品数量明显不符合检验要求的；⑧品种类别与当次抽查检验工作任务不符的；⑨样品效期不能满足检验等工作时限需要的；⑩其他可能影响样品质量和检验结果情形的。

兽药检验机构拒绝接收样品的，兽药检验机构应当以书面形式向抽样单位说明理由，退回样品，并及时向质量监督抽查检验任务下达单位报告。

兽药检验机构应当对签收样品逐一登记并加贴标识，分别用于检验、留样，留样应当按贮藏要求妥善保存。兽药检验机构自收到样品之日起，兽用生物制品类样品应当在 60 个工作日内出具检验报告，按照有关规定需重检的应当在 90 个工作日内出具检验报告；非兽用生物制品类样品应当在 30 个工作日内出具检验报告；因特殊原因需延期的，应当报下达监督抽查检验任务的农业农村主管部门批准。兽药质量检验结果符合规定的样品，留存期应当为检验报告发出之日起 3 个月；检验结果不符合规定的样品，应当保存至有效期结束，但最长不超过 2 年。兽药检验机构原则上不得将承担的兽药检验任务委托给其他检验机构；对不具备资质的检验项目或因其他不可抗力因素导致无法按时完成检验任务的，报下达监督抽查检验任务的农业农村主管部门批准后，可委托具有相应资质的其他检验机构承担。兽药检验机构应当对出具的兽药质量检验报告负法律责任，检验报告应当格式规范、内容真实齐全、数据准确、结论明确。检验原始记录、检验报告的保存期限不得少于 6 年。

兽药检验机构应当具备健全的质量管理体系；应当加强对检验人员、仪器设备、实验物料、检测方法、检测环境等质量要素的管理，强化检验过程质量控制；做到原始记录详细、准确、完整，保证检验结果准确、检验过程可追溯。

兽药检验机构和检验人员在检验过程中，不得有下列行为：①更换样品；②隐瞒、篡改检验数据或出具虚假检验报告；③泄露当事人技术秘密；④擅自发布抽查检验信息；

⑤其他影响检验结果公正性的行为。

兽药检验机构在检验过程中发现下列情形时，应当立即向下达监督抽查检验任务的农业农村主管部门报告，不得迟报漏报：①兽药存在严重质量安全风险需采取控制措施的；②涉嫌存在非法添加其他药物成分的；③涉嫌存在违法违规生产行为的；④同一企业3批次以上产品检验结果不符合规定的；⑤其他可能存在严重风险隐患的情形。

兽药检验机构应当按照规定时间报送检验报告。检验结果不符合规定的，应当在自检验报告签发盖章之日起5个工作日内将报告送被抽样单位所在地省级农业农村主管部门。省级农业农村主管部门收到检验报告之日起5个工作日内，应当通知被抽样单位。从经营、使用环节抽查检验的兽药，检验结果为违法添加其他药物成分或产品有效成分含量为0等严重不符合规定的情形，兽药检验机构还应当将检验报告发送标称兽药生产企业所在地省级农业农村主管部门。农业农村主管部门收到检验报告之日起5个工作日内送达标称兽药生产企业。被抽样单位或标称兽药生产企业收到检验结果不符合规定检验报告后，应当对抽查检验结果等情况进行确认，对检验结果有异议的，可以自收到检验报告之日起7个工作日内，向实施检验的兽药检验机构或其上级农业农村主管部门设立的兽药检验机构申请复检，说明复检理由。未确认也未申请复检的，视为认可检验结果。

申请复检的，应当一次性交齐以下资料：①加盖申请单位公章的复检申请书；②申请复检的项目及理由；③兽药检验机构出具的检验报告复印件。

兽药检验机构应当自收到复检申请后7个工作日内作出是否受理的决定，如不受理应当出具不予受理复检的书面意见，逾期未回复的视为受理。

涉及下列情形的，不予复检：①兽药国家标准中规定不得复试或重检的检验项目；②重（装）量差异、最低装量、无菌、热原、细菌内毒素、微生物限度等不宜复检的检验项目；③无正当理由未在规定期限内提出复检申请或已进行过复检的；④其他不能复检的情形。

受理复检申请的兽药检验机构应当及时安排复检，检验时限等检验要求与首次检验要求一致。自复检报告签发盖章之日起5个工作日内，将检验报告发送申请复检单位、下达监督抽查检验任务的农业农村主管部门、被抽样单位所在地省级农业农村主管部门，必要时还应当发送标称兽药生产企业所在地省级农业农村主管部门。因特殊原因需要延期的，应当报下达监督抽查检验任务的农业农村主管部门批准。复检机构出具的复检结论为最终检验结论。复检费用按照国家有关法律法规和相关部门规定执行。

8.7.3　关于检打联动

抽样单位在抽样的同时，应当对被抽样兽药生产企业、经营企业、使用单位实施监督检查，对发现的假、劣兽药及其他违法违规行为进行调查处理，或者交由所在地农业农村主管部门调查处理。抽样地农业农村主管部门、标称兽药生产企业所在地省级农业农村主管部门依法、依职责，对不符合规定兽药涉及的相关责任单位进行调查处理，符合立案条件的要按规定进行立案查处；对于符合农业农村部规定的兽药严重违法行为从重处罚情形的，应当予以从重处罚。涉嫌犯罪的，依法移交司法机关处理。标称兽药生产企业否认其生产的，标称兽药生产企业所在地和被抽样单位所在地省级农业农村主管部门应当分别组织对标称生产企业和被抽样单位进行调查核实，核实结果报农业农村部。

确认为假、劣兽药的或查明属于假、劣兽药的，被抽样单位或标称兽药生产企业不得擅自转移、使用、销毁该批次兽药及相关材料，并履行以下义务：①召回已销售的假、劣兽药，并在农业农村主管部门监督下销毁假、劣兽药；②立即深入进行自查，开展质量调查和风险评估；③根据调查评估情况采取必要的风险控制措施，实施整改。

农业农村部建立兽药生产企业重点监控制度，对监督抽查检验中发现存在严重违法等情形的企业实施重点监控，监控期1年。重点监控期间，农业农村主管部门应加大监督检查和抽查力度。农业农村主管部门应当监督有关企业和单位做好问题兽药处置、原因分析及整改等工作。自实施重点监控之日起，兽药生产企业应当停止生产抽查检验结果不符合规定的兽药产品；属于兽用生物制品的，还应当暂停该产品的批签发。省级农业农村主管部门应当对实施重点监控的兽药生产企业整改情况进行核查，并报农业农村部审核。审核通过后，恢复该兽药产品的生产以及批签发活动。省级以上农业农村主管部门应当根据监督抽查检验结果和风险监测情况，采取相应的风险控制和监管措施，并根据需要组织开展跟踪抽查检验。

从事兽药生产、经营、使用活动的单位或个人，不得干扰、阻挠或拒绝抽查检验工作，不得转移、藏匿兽药，不得拒绝提供证明材料或故意提供虚假资料，否则应当承担相应的法律责任。无正当理由拒绝接受兽药质量监督抽查检验的，农业农村部和被抽样单位所在地省级农业农村主管部门应当将其列入失信企业名单。农业农村主管部门根据兽药质量监督抽查检验结果对有关单位进行处罚和信息公开后，因抽样、检验、复检等工作出现差错导致有关单位正当利益受损的，由相关抽样、检验、复检机构承担相应法律责任。

8.7.4 关于抽检信息公开

组织兽药质量监督抽查检验的省级以上农业农村主管部门应当根据兽药质量监督抽查检验结果，按照有关规定公开兽药质量监督抽查检验情况。兽药质量监督抽查检验情况公开内容应当包括抽查检验兽药的通用名称、抽样环节、被抽样单位、标称生产企业、生产批号、批准文号、检验机构、检验结论、不符合规定项目等。对有证据证实导致兽药质量不符合规定原因的，可以在公开信息中备注说明。省级以上农业农村主管部门公开监督抽查检验结果不当的，发布部门应当自确认有关情况公开不当之日起5日内，在原公开信息范围内予以更正。农业农村主管部门应当及时公开抽样过程中发现的假、劣兽药等信息，评估本行政区域兽药质量信息，为加强兽药质量监管提供依据。

8.8

兽药处罚重要制度规定

8.8.1 从重处罚情形

为加强兽药管理，严厉打击兽药违法行为，保障动物产品质量安全，根据《兽药管理条例》有关规定，2018 年 12 月 4 日，农业农村部修订发布了兽药严重违法行为从重处罚情形（农业农村部公告第 97 号），自公布之日起施行，原农业部公告第 2071 号同时废止。

8.8.1.1　无兽药生产许可证生产兽药的从重处罚情形

无兽药生产许可证生产兽药，有下列情形之一的，按照《兽药管理条例》第五十六条"情节严重的"规定处理，按上限罚款，并没收生产设备：

① 生产的兽药添加国家禁止使用的药品和其他化合物，或添加人用药品等农业农村部未批准使用的其他成分的；

② 生产的兽药累计 2 批次以上或货值金额 2 万元以上的；

③ 生产兽用疫苗的；

④ 其他情节严重的情形。

8.8.1.2　兽药生产经营假劣兽药的从重处罚情形

持有兽药生产、经营许可证的兽药生产、经营者有下列情形之一的，按照《兽药管理条例》第五十六条"情节严重的"规定处理，按上限罚款，并吊销兽药生产、经营许可证：

① 生产的兽药添加国家禁止使用的药品和其他化合物，或添加人用药品等农业农村部未批准使用的其他成分的；

② 生产的兽药擅自改变组方添加其他兽药成分累计 2 批次以上的；

③ 生产未取得兽药产品批准文号兽用疫苗的，或生产未取得兽药产品批准文号的其他兽药产品累计 2 批次以上的；

④ 生产兽用疫苗擅自更换菌（毒、虫）种，或者非法添加其他菌（毒、虫）种的；

⑤ 生产主要成分含量在国家标准上限 150％以上或下限 50％以下的劣兽药累计 3 个品种以上或 5 批次以上的；

⑥ 生产的兽用疫苗未经批签发或批签发不合格即销售累计 2 批次以上的；

⑦ 生产假兽药货值金额 5 万元以上的；

⑧ 兽药经营者未审核并保存兽药批准证明文件材料以及购买凭证，经营假、劣兽药货值金额 2 万元以上的。

8.8.1.3　兽药生产经营活动违反质量管理规范的从重处罚情形

持有兽药生产、经营许可证的兽药生产、经营者有下列情形之一的，按照《兽药管理条例》第五十九条"情节严重的"规定处理，吊销兽药生产、经营许可证：

① 兽药生产者未在批准的兽药 GMP 车间生产兽药累计 2 批次以上的；

② 未在批准的生产线生产兽药累计 2 批次以上的；

③ 兽药出厂前未按规定进行质量检验，或检验不合格即出厂销售累计 5 批次以上的；

④ 无兽药生产、检验记录或编造、伪造生产、检验记录累计 3 批次以上的；

⑤ 编造、伪造兽用疫苗批签发材料累计 3 批次以上的；

⑥ 监督检查和飞行检查发现兽药生产者有 2 个以上关键项不符合兽药 GMP 要求的。

8.8.1.4　违法使用原料药的从重处罚情形

兽药生产、经营者将原料药销售给养殖场（户）的，按照《兽药管理条例》第六十七条"情节严重的"规定处理，没收违法所得，按上限罚款，并吊销兽药生产、经营许可证。

8.8.1.5 违法行为符合吊证撤号的从重处罚情形

生产或进口的兽药有下列情形之一的，按照《兽药管理条例》第六十九条规定处理，撤销兽药产品批准文号或者吊销进口兽药注册证书：

① 抽查检验连续 2 次或累计 3 批次以上不合格的；

② 改变组方添加其他兽药成分的；

③ 主要成分含量在国家标准上限 150% 以上或下限 50% 以下的；

④ 主要成分含量在国家标准上限 120% 以上或下限 80% 以下，累计 2 批次以上的；

⑤ 擅自改变工艺对产品质量产生严重不良影响的；

⑥ 进口兽用疫苗无进口兽药通关单、未经批签发或批签发不合格即销售的。

生产的兽药同时存在前款情形 2 种以上的，按照《兽药管理条例》第五十六条"情节严重的"规定处理，按上限罚款，并依法吊销兽药生产许可证。

8.8.1.6 擅自修改兽药标签和说明书的从重处罚情形

兽药产品标签和说明书未经批准擅自修改，限期改正后再犯的，属于《兽药管理条例》第六十条"逾期不改正"的情形，按生产、经营假兽药处罚。

8.8.1.7 兽药使用单位违反国家有关兽药安全使用规定的从重处罚情形

兽药使用单位违反国家有关兽药安全使用规定，明知是假兽用疫苗或者应当经审查批准而未经审查批准即生产、进口的兽用疫苗，仍非法使用的，按照《兽药管理条例》第六十二条处理，按上限罚款；给他人造成损失的，依法承担赔偿责任。

8.8.1.8 对从业人员禁业的处罚情形

有本公告第一、二、三条规定违法情形的，对生产、经营者主要负责人和直接负责的主管人员按照《兽药管理条例》第五十六条规定处理，终身不得从事兽药的生产、经营活动。

8.8.1.9 移送司法机关的情形

兽药违法行为涉嫌犯罪的，移送司法机关追究刑事责任。

8.8.1.10 其他需要说明的情形

涉及从重处罚的"兽药"不包括兽用诊断制品；所称的"累计"计算时间为 2 年内。

8.8.2 行政执法与刑事司法衔接

违法行为构成犯罪的，农业行政处罚机关应当将案件移送司法机关，依法追究刑事责任，不得以行政处罚代替刑事处罚。

8.8.2.1 案件移送条件

向公安机关移送的涉犯罪案件，应当符合下列条件：①实施行政处罚的主体与程序合法。②有合法证据证明有涉嫌犯罪的事实发生。

案件移送程序按照《行政执法机关移送涉嫌犯罪案件的规定》（2001年7月9日国务院令第310号）执行。2011年原农业部《关于加强农业行政执法与刑事司法衔接工作的实施意见》进一步作了原则性规定。

农业行政执法人员在查办违法案件过程中，发现涉嫌犯罪案件，应当立即指定2名或者2名以上行政执法人员组成专案组专门负责，核实情况后提出移送涉嫌犯罪案件的书面报告，报经本机关正职负责人或者主持工作的负责人审批。行政执法机关正职负责人或者主持工作的负责人应当自接到报告之日起3日内作出批准移送或者不批准移送的决定。决定批准的，应当在24小时内向同级公安机关移送；决定不批准的，应当将不予批准的理由记录在案。

根据国务院令第310号《行政执法机关移送涉嫌犯罪案件的规定》第十一条，依照行政处罚法的规定，行政处罚机关向公安机关移送涉嫌犯罪案件前，已经依法给予当事人罚款的，人民法院判处罚金时，依法折抵相应罚金。相关案件在行政处罚机关移送之前可以作出行政处罚决定，但作出行政处罚决定后，还是应当移送司法机关，不得以行政处罚代替刑事处罚。

8.8.2.2 "两高"司法解释有关规定

为依法惩治危害食品安全犯罪，保障人民群众身体健康、生命安全，根据《中华人民共和国刑法》《中华人民共和国刑事诉讼法》的有关规定，2021年12月13日最高人民法院审判委员会第1856次会议、2021年12月29日最高人民检察院第十三届检察委员会第八十四次会议通过《最高人民法院最高人民检察院关于办理危害食品安全刑事案件适用法律若干问题的解释》，自2022年1月1日起施行。兽药相关条款包括以下几个方面。

（1）第一条　生产、销售不符合食品安全标准的食品，具有下列情形之一的，应当认定为刑法第一百四十三条规定的"足以造成严重食物中毒事故或者其他严重食源性疾病"：含有严重超出标准限量的致病性微生物、农药残留、兽药残留、生物毒素、重金属等污染物质以及其他严重危害人体健康的物质的。

（2）第五条　在食品生产、销售、运输、贮存等过程中，违反食品安全标准，超限量或者超范围滥用食品添加剂，足以造成严重食物中毒事故或者其他严重食源性疾病的，依照刑法第一百四十三条的规定以生产、销售不符合安全标准的食品罪定罪处罚。

在食用农产品种植、养殖、销售、运输、贮存等过程中，违反食品安全标准，超限量或者超范围滥用添加剂、农药、兽药等，足以造成严重食物中毒事故或者其他严重食源性疾病的，适用前款的规定定罪处罚。

（3）第十六条　以提供给他人生产、销售食品为目的，违反国家规定，生产、销售国家禁止用于食品生产、销售的非食品原料，情节严重的，依照刑法第二百二十五条的规定以非法经营罪定罪处罚。

以提供给他人生产、销售食用农产品为目的，违反国家规定，生产、销售国家禁用农药、食品动物中禁止使用的药品及其他化合物等有毒、有害的非食品原料，或者生产、销售添加上述有毒、有害的非食品原料的农药、兽药、饲料、饲料添加剂、饲料原料，情节严重的，依照前款的规定定罪处罚。

（4）第十八条　实施本解释规定的非法经营行为，非法经营数额在十万元以上，或者违法所得数额在五万元以上的，应当认定为刑法第二百二十五条规定的"情节严重"；非法经营数额在五十万元以上，或者违法所得数额在二十五万元以上的，应当认定为刑法

第二百二十五条规定的"情节特别严重"。

实施本解释规定的非法经营行为，同时构成生产、销售伪劣产品罪，生产、销售不符合安全标准的食品罪，生产、销售有毒、有害食品罪，生产、销售伪劣农药、兽药罪等其他犯罪的，依照处罚较重的规定定罪处罚。

8.9

兽药执法典型案件摘要

为深入实施从重处罚兽药违法行为公告，广泛宣传兽药监督执法成效，有力打击兽药违法违规行为，有效震慑兽药违法分子，农业部办公厅 2016 年印发《关于进一步加强兽药违法案件查处及信息报送工作的通知》（农办医〔2016〕16 号），要求各地严格按照《农业部关于印发〈农业行政处罚案件信息公开办法〉的通知》（农政发〔2014〕3 号）要求，及时公开兽药行政处罚案件信息，对重大案件、典型案件要加大通报和舆论宣传力度，切实提升监管工作威慑力。同时要求各地及时报送重大案件和典型案件查处信息，由农业农村部汇总后向社会公布。近些年，共公布了两批 20 起兽药违法行为的典型案件。

8.9.1　2017 年公布 10 起兽药违法行为的典型案件

据统计，2017 年全国共立案查处违法案件 4200 余件，吊销兽药生产许可证 8 个，注销兽药产品批准文号 255 个，吊销兽药经营许可证 160 个，取缔无证经营单位 182 个，移送公安机关案件 10 件，罚没款 2116 余万元。

① 北京市农业局查处北京某电子商务公司无兽药经营许可证经营兽药案。2017 年 7 月 25 日，北京市农业局接到群众举报，迅速组织北京市动物卫生监督所执法人员对北京某电子商务公司经营现场进行检查。经查，该公司在未取得兽药经营许可证的情况下，通过其他电子商务平台购入假兽药后进行销售，现场共查处该公司经营的假兽药 27 种，共计 865 盒/瓶，货值金额为 4 万余元。2017 年 8 月 28 日，北京市农业局依据《兽药管理条例》第五十六条规定，对当事人无兽药经营许可证经营兽药进行了查处，没收假兽药和违法所得，并处罚款 20.26 万元。

② 辽宁省庄河市农村经济发展局查处庄河市某畜牧用品信息咨询服务部无兽药生产许可证生产兽药案。2017 年 7 月 20 日，庄河市农村经济发展局接到举报线索，立即联合庄河市公安局、庄河市市场监督局执法人员对庄河市某畜牧用品信息咨询服务部进行检查。经查，当事人在无兽药生产许可证的情况下私自生产兽药，并通过网店进行销售，涉案货值 2.69 万元，销售金额 0.7 万元。2017 年 8 月 15 日，庄河市农村经济发展局依据《兽药管理条例》第五十六条和农业部公告第 2071 号规定，对当事人无兽药生产许可证生产兽药进行了查处，没收用于违法生产的原料、辅料、包装材料及生产设备，没收假兽药

和违法所得，并处罚款 6.04 万元，该服务部主要负责人邵某君终身不得从事兽药生产经营活动。

③ 河南省郑州市金水区农业农村工作委员会查处张某锋无兽药生产许可证非法生产经营兽药案。2017 年 3 月 15 日，中央电视台"3·15"晚会曝光漯河某生物科技公司兽药产品"日长三斤"非法添加喹乙醇和二氢吡啶后，河南省畜牧局迅速成立执法检查组，会同公安等部门立即赶赴漯河开展调查。经查，该公司兽药生产许可证已于 2016 年 3 月被河南省畜牧局注销，其相关负责人张某锋继续非法生产假兽药，销售额累计 14 余万元。2017 年 4 月 11 日，郑州市金水区农业农村工作委员会依据《兽药管理条例》第五十六条和《行政执法机关移送涉嫌犯罪案件的规定》（国务院令第 310 号），依法将案件移送郑州市公安局东风路分局立案处理。目前，法院已判决当事人张某锋有期徒刑 9 个月，并处罚金人民币 8 万元。

④ 河南省畜牧局查处王某伟、王某可无兽药生产许可证生产兽药案。2016 年 8 月 25 日，河南省畜牧局接到群众举报互联网经营假兽药的线索，迅速成立专案组对郑州牧思农商贸有限公司进行调查。经查，王某伟、王某可在无兽药生产许可证的情况下，私自在河南省开封市通许县开设"兽药加工厂"，并利用电商等互联网平台销售非法生产的兽药。2017 年 6 月 13 日，河南省畜牧局依据《兽药管理条例》第五十六条和《行政执法机关移送涉嫌犯罪案件的规定》（国务院令第 310 号），将案件移送开封市公安局立案处理。目前，法院已判处王某伟有期徒刑 7 个月，并处罚金 7 万元；判处王某可有期徒刑 8 个月，并处罚金 7 万元。

⑤ 河南省畜牧局查处河南某科技有限公司生产假兽药案。2017 年 8 月 28 日，河南省畜牧局接到河北省畜牧兽医局的协查材料，迅速成立执法检查组，组织市、县畜牧兽医部门对该公司进行调查。经查，该公司生产的硫酸黏菌素可溶性粉、驱虫散等产品检出其他成分，依法判定为假兽药，假兽药销售货值达 32.9 万元。2017 年 9 月 30 日，河南省畜牧局依据《兽药管理条例》第五十六条、农业部公告第 2071 号规定，对当事人生产假兽药进行了查处，吊销其兽药生产许可证，没收假兽药和违法所得，并依据《行政执法机关移送涉嫌犯罪案件的规定》（国务院令第 310 号）将案件移送新乡市原阳县公安局立案处理。

⑥ 山东省济南市章丘区畜牧兽医局查处章丘区某兽药经营部违法销售兽用原料药案。2017 年 3 月 24 日，接到群众举报，山东省、济南市、章丘区三级畜牧兽医部门执法人员立即赶到该兽药经营部进行调查，并对负责人牛某珍进行了询问调查，查看了经营现场和仓库。经查，牛某珍于 2016 年 9 月份购进了 1kg 强力霉素和 5kg 喹乙醇原料药，全部销售给兽药生产企业以外的单位和个人。2017 年 3 月 30 日，济南市章丘区畜牧兽医局依据《兽药管理条例》第六十七条规定，对当事人违法行为进行查处，吊销其兽药经营许可证，没收违法所得，并处罚款 5 万元。

⑦ 广东省广州市白云区畜牧兽医局查处广州某贸易有限公司无兽药经营许可证经营兽药案。2017 年 7 月 5 日，广州市白云区畜牧兽医局接群众举报，立即组织执法人员对该公司进行了监督检查。经查，当事人在无兽药经营许可证的情况下，利用电商平台出售"100 虫净"等 8 种兽药，且 8 种兽药均依法判定为假兽药。2017 年 8 月 1 日，广州市白云区畜牧兽医局依据《兽药管理条例》第五十六条规定，对当事人无兽药经营许可证经营兽药进行了查处，没收假兽药和违法所得，并处罚款 12.10 万元。

⑧ 广西壮族自治区北流市水产畜牧兽医局查处龙某宇无兽药生产许可证生产兽药案。

2017年5月18日，北流市水产畜牧兽医局根据群众举报，对北流市北流镇某村进行执法检查，发现该村三间民房内有人正在从事兽药生产，该局随即对当事人涉嫌无兽药生产许可证非法生产兽药案进行了立案查处。经查，当事人龙某宇在无兽药生产许可证的情况下，非法生产科联恩诺沙星溶液、盐酸多西环素片、阿维菌素片等19种兽药产品共计181件。2017年5月31日，北流市水产畜牧兽医局依照《兽药管理条例》第五十六条规定，对当事人无兽药生产许可证生产兽药进行了查处，没收用于违法生产的原料、辅料、包装材料及全部生产设备，没收生产的兽药和违法所得，并处罚款3.97万元。

⑨ 四川省农业厅查处成都某动物药业有限公司生产经营假劣兽药案。2017年4月21日，成都市农业综合执法总队会同彭州市农村发展局、彭州市综合行政执法局对成都某动物药业有限公司例行检查时，发现当事人在兽药GMP生产车间外私设车间违法生产兽药，且生产的产品有8个品种未取得兽药产品批准文号。经查，当事人生产经营的假劣兽药产品59个品种，共计782件7421盒，货值金额3.38万元。2017年9月15日，彭州市农村发展局依据《兽药管理条例》第五十六条和农业部公告第2071号有关规定，对该公司生产假劣兽药案进行了查处，没收其用于违法生产的原料、辅料、包装材料，没收假、劣兽药和违法所得，并处罚款16.9万元。2017年11月20日，四川省农业厅依据《兽药管理条例》和农业部公告第2071号规定，吊销其兽药生产许可证。

⑩ 贵州省安顺市畜牧兽医局查处安顺市开发区幺铺镇某蛋鸡养殖场使用假兽药案。2016年12月14日，安顺市畜牧兽医局执法人员在对安顺市开发区幺铺镇某蛋鸡养殖场现场检查时，发现其饲料加工房内3种兽药产品无兽药生产许可证号、产品批准文号等信息，且当事人已经使用了部分兽药产品饲喂蛋鸡，执法人员依法对涉案假兽药产品进行了扣押。2016年12月15日，安顺市畜牧兽医局对当事人使用假兽药行为进行立案调查。经查，该养殖场于2016年5月通过网络购买标称山东某兽药生产企业的"呼爽""帝克拉""豪迈"3种假兽药产品共15件，且用药过程未建立兽药使用记录。2017年1月11日，安顺市畜牧兽医局依据《兽药管理条例》第六十二条规定，对当事人使用假兽药进行了查处，责令立即改正违法行为，处罚款1万元。

8.9.2 公布2018—2021年度兽药执法10大典型案件

2018—2021年，各级农业农村部门认真履行兽药监管执法职责，严格落实《兽药管理条例》《兽药严重违法行为从重处罚情形》（农业农村部公告第97号）等规定，严厉打击制售假劣兽药违法犯罪行为，切实保障了畜禽产品质量安全，有力维护了养殖者合法权益。农业农村部法规司、畜牧兽医局共同筛选了10个典型案例，现公布如下，并对查办相关案件的单位给予通报表扬。

① 北京市大兴区农业农村局查处姜某仓经营假兽药案。2018年8月，大兴区农业农村局执法人员接到群众举报后，对北京某生物科技有限公司开展检查，现场查获兽药产品116种30067盒（瓶）。经查，该公司经营的兽药产品未取得兽药产品批准文号，累计销售金额35万元。该公司销售假兽药数额较大，涉嫌刑事犯罪，大兴区农业农村局依法将案件移送大兴区公安分局。2019年1月，法院判决北京某生物科技有限公司实际经营者姜某仓构成销售伪劣产品罪，判处有期徒刑一年六个月，缓刑二年，并处罚金十五万元。

② 山西省运城市农业农村局查处冯某恒、张某林生产经营假兽药案。2020年6月，

运城市农业农村局根据群众举报线索，会同盐湖区农业农村局、运城市公安局、盐湖区公安局，对山西某生物科技有限公司进行联合调查。经查，该公司在未取得兽药生产许可证的情况下，累计生产经营兽药产品 11 种 6428 箱，销售金额 65 万余元。2020 年 7 月，因该公司无证生产经营假兽药数额巨大，已涉嫌刑事犯罪，运城市农业农村局将该案移送运城市公安局。2021 年 3 月，法院判决山西某生物科技有限公司实际经营者冯某恒、张某林构成生产、销售伪劣产品罪，分别判处冯某恒有期徒刑三年，并处罚金四十万元；张某林有期徒刑二年，缓刑二年，并处罚金四十万元。

③ 上海市农业农村委员会执法总队查处易某荣等人生产经营假兽药案。2019 年 12 月至 2020 年 6 月，上海市农业农村委员会执法总队联合上海市公安局经侦总队对一起在上海、福建等地制售假兽药案件进行联合调查。经查，易某荣在福建龙岩市长汀县南山镇生产假兽药，由吴某眸、胡某和吴某荣等在山东临沂等地区包装、分装，再由宋某霞和刘某学在山东临沂等地的农贸市场销售，并通过网络销售到上海等地，涉案金额上百万元。2020 年 12 月，法院判决易某荣等 7 人构成生产、销售伪劣产品罪，分别判处有期徒刑十个月至三年六个月不等，并分别处罚金二万元至二十万元不等。

④ 浙江省长兴县农业农村局查处朱某恒等人生产经营假兽药案。2020 年 12 月，长兴县农业农村局执法人员在对长兴县某养鸡场进行日常巡查时，发现其邮购的 38.4 公斤 7 个品种兽药二维码信息有误，通过"国家兽药综合查询平台"未查到相关兽药的产品批准文号、生产许可证等信息。经浙江省兽药饲料监察所认定，该批兽药为假兽药。执法人员通过查询上述假兽药的推广网页，发现该网页还同时推广销售 133 个假兽药品种，涉及粉剂、针剂、口服液、中药等多种制剂。长兴县农业农村局将该案线索移送长兴县公安局。2021 年 4 月，在浙江省农业农村厅、湖州市农业农村局的指导下，长兴县农业农村局联合长兴县公安局共赴河南开展统一收网行动，共抓获朱某恒等犯罪嫌疑人 35 名，捣毁生产假兽药窝点 1 个、原料加工点 3 个、储存仓库 4 个，查封扣押兽药 5000 余箱，涉案金额超 3000 万元。该案已移送检察机关审查起诉。

⑤ 河南省沁阳市农业农村局查处王某利用网络经营假兽药案。2018 年 11 月，沁阳市农业农村局农业执法大队根据群众举报，对辖区内一个利用网络销售假兽药的窝点开展执法检查。经查，王某在未取得兽药经营许可证的情况下，于 2017 年 2 月至 2018 年 11 月以华烨生物科技有限公司名义通过电话、网络向全国各地销售兽药，累计销售金额达 270 余万元。经河南省畜牧兽医局认定，王某销售的兽药产品属于假兽药。2018 年 11 月，因王某销售假兽药数额巨大，已涉嫌刑事犯罪，沁阳市农业农村局将案件移送沁阳市公安局。2019 年 12 月，法院判决王某构成非法经营罪，判处有期徒刑一年一个月，并处罚金五万元。

⑥ 河南省济源市农业农村局查处金某、冯某红生产经营假兽药案。2020 年 8 月，济源市农业农村局执法人员经蹲点摸排，掌握了金某、冯某红在济源市梨林镇某居民住宅中无证生产兽药的违法线索和初步证据。济源市农业农村局执法人员开展突击执法检查，现场查获兽药产品 146 个品种和兽药包装材料、兽药生产设备。济源市价格认证中心认定假兽药价值为 21 万余元。因金某、冯某红生产销售假兽药数额较大，已涉嫌刑事犯罪，济源市农业农村局依法将该案件移送济源市公安局。2021 年 9 月，法院判决金某、冯某红构成生产、销售伪劣产品罪，分别判处金某有期徒刑一年，并处罚金十万元；冯某红有期徒刑六个月，缓刑一年，并处罚金五万元。

⑦ 广东省广州市农业农村局查处广州某商贸有限公司无证经营兽药案。2018 年 2 月，

广州市农业农村局根据广州市白云区农林局报告的案件线索，对广州某商贸有限公司进行立案调查。经查，该公司在未取得兽药经营许可证的情况下，于2018年1月—2月销售了复方非泼罗尼滴剂（猫用）、非泼罗尼喷剂、复方非泼罗尼滴剂（犬用）等3种兽药产品，货值金额51969元，违法所得20023元。2019年3月，广州市农业农村局依据《兽药管理条例》第五十六条规定，对该公司作出没收未销售的兽药产品和违法所得20023元，并罚款207876元的处罚。

⑧ 广西壮族自治区武宣县农业农村局查处李某胜使用假兽药案。2020年12月，武宣县农业农村局执法人员对李某经营的养殖场进行执法检查，在养殖棚舍内发现4个装有兽药产品的纸箱。经查，李某胜已开包使用的4种兽药产品均无兽药产品批准文号、标称生产企业、使用说明书和包装规格，属于假兽药。2021年1月，武宣县农业农村局依据《兽药管理条例》第六十二条规定，对李某胜作出没收涉案假兽药，并罚款1万元的处罚。

⑨ 四川省成都市农业农村局查处成都某动物保健品有限公司无证经营兽用生物制品案。2020年6月，成都市农业农村局执法人员对成都某动物保健品有限公司进行执法检查。经查，该公司经营的猪圆环病毒2型灭活疫苗和猪圆环病毒2型、猪肺炎支原体二联灭活疫苗两种兽用生物制品不在其兽药经营许可证上载明的经营范围内。该公司销售上述涉案兽用生物制品的违法所得为2150元，货值金额12125元。2020年9月，成都市农业农村局依据《兽药管理条例》第五十六条规定，对成都某动物保健品有限公司作出没收涉案兽用生物制品和违法所得2150元，并处货值金额3倍罚款36375元的处罚。

⑩ 四川省遂宁市船山区农业农村局查处四川某动物保健药业有限公司生产劣兽药案。2020年9月，农业农村部畜牧兽医局组织开展兽药质量监督抽检，对四川某动物保健药业有限公司生产的阿莫西林可溶性粉和两批复合维生素B注射液进行了现场抽检。经检验，阿莫西林可溶性粉含量为74.9%，复合维生素B注射液中维生素 B_2 含量分别为71.8%、65%，均不符合产品质量标准，该公司对检验结果无异议。2021年4月，遂宁市船山区农业农村局对该公司涉嫌生产劣兽药行为立案调查，查明该公司共生产上述劣兽药2441袋、59950支，货值金额19647元。2021年6月，船山区农业农村局依据《兽药管理条例》第五十六条规定，对四川某动物保健药业有限公司作出没收违法所得19376元，并处货值金额3倍罚款58941元的处罚。

8.10

兽药行政执法办案程序

8.10.1 概述

行政执法，是指行政机关依据法律、法规和规章，做出的行政许可、行政处罚、行政强制、行政给付、行政征收、行政确认等影响公民、法人或其他组织权利和义务的具体行政行为。

农业行政执法人员，必须经过考试合格并取得执法资格证件，方能从事农业行政执法工作。执法检查应当坚持依法、公开、公正、文明和便民的原则，尊重和保护当事人的合法权益。在执行检查任务前，应当明确执法任务、方法、要求，检查执法装备。开展执法检查时，不得少于 2 人，并按规定穿着统一的执法服装，佩戴统一执法标志，向当事人表明身份，出示执法证件。

农业行政处罚机关实施行政处罚，应当坚持处罚与教育相结合，采取指导、建议等方式，引导和教育公民、法人或者其他组织自觉守法。行政相对人存在违法行为，但违法行为轻微，依法可以不予行政处罚的，应告知行政相对人存在违法行为的基本事实，并对行政相对人进行批评教育，责令其纠正违法行为。如果发现行政相对人的违法行为应当受行政处罚的，则应按照法律法规规定的程序进行立案调查。

农业行政执法应当严格执行回避制度，具有下列情形之一的，农业行政执法人员应当主动申请回避，当事人也有权申请其回避：①执法人员是本案当事人或者当事人的近亲属；②本人或者其近亲属与本案有直接利害关系；③与本案当事人有其他利害关系，可能影响案件的公正处理。农业行政处罚机关主要负责人的回避，由该机关负责人集体讨论决定；其他人员的回避，由该机关主要负责人决定。回避决定作出前，主动申请回避或者被申请回避的人员不停止对案件的调查处理。

农业行政处罚机关应当保障当事人的陈述申权。公民、法人或者其他组织违反农业行政管理秩序的行为、依法应当给予行政处罚的，农业行政处罚机关必须查明事实；违法事实不清的，不得给予行政处罚。农业行政处罚机关作出处罚决定前，应当告知当事人拟作出处罚的内容、事实、理由及依据，并告知当事人依法享有的权利。农业行政处罚机关应当及时对当事人的陈述、申辩或者听证情况进行复核。

当事人提出的事实、理由成立的，应当予以采纳。农业行政处罚机关不得因当事人申辩加重处罚。

党的十八届四中全会明确提出实行国家机关"谁执法谁普法"的普法责任制。农业行政处罚机关要通过在日常监督检查、专项检查、调查取证、听证告知、处罚决定和执行等各个环节宣讲农业法律法规，以案释法，将行政执法相关的法律依据、救济途径等告知当事人。要加强对当事人、利害关系人、投诉举报人等重点人群开展农业政策宣讲和法律法规讲解，将农业行政执法与普法宣传有机结合。

农业行政处罚机关应当全面推行行政执法公示制度、执法全过程记录制度和重大执法决定法制审核制度，切实保障人民群众合法权益，营造更加公开透明、规范有序、公平高效的法治环境。农业农村部于 2020 年 5 月 27 日印发《农业综合行政执法事项指导目录（2020 年版）》，农业行政处罚机关在实际工作中，应当严格执行，进一步明确行政执法事项的责任主体，研究细化执法事项的工作程序、规则、自由裁量标准等各项执法制度，严格规范公正文明执法。

8.10.2　农业行政处罚的管辖

农业行政处罚管辖，是指各级各地农业行政处罚机关对农业行政处罚案件的管理权限划分。某一违法案件发生后，具体由哪一级别、哪一地域的农业行政处罚机关负责执法，是管辖制度所要解决的问题。管辖主要分为地域管辖、级别管辖、职能管辖、指定管辖和移送管辖等种类。

8.10.2.1 管辖主体

县级以上人民政府农业农村主管部门是法定的管辖主体，在法定职权范围内实施行政处罚。县级以上人民政府农业农村主管部门依法设立的农业综合行政执法机构承担并集中行使行政处罚以及与行政处罚有关的行政强制、行政检查职能，以农业农村主管部门名义统一执法。

县级以上人民政府农业农村主管部门依照国家有关规定在沿海、大江大湖、边境交界等水域设立的渔政执法机构，承担渔业行政处罚以及与行政处罚有关的行政强制、行政检查职能，以其所在的农业农村主管部门名义执法。县级以上人民政府农业农村主管部门依法设立的派出执法机构，应当在派出部门确定的权限范围内以派出部门的名义实施行政处罚。

上述综合执法机构、渔政执法机构、派出执法机构，以及法律法规授权的其他农业执法机构，均须统一以农业农村主管部门名义统一执法。

8.10.2.2 地域管辖

地域管辖，也称区域管辖或属地管辖，是指同级农业行政处罚机关之间横向划分行政处罚管辖区的权限分工，即确定农业行政处罚机关依职权实施行政处罚的地域范围。从实际情况来看，主要涉及一般地域管辖、共同管辖、特定管辖。

（1）**一般地域管辖** 一般地域管辖是指农业行政处罚由违法行为发生地的农业行政处罚机关管辖。违法行为发生地是确定地域管辖的一般原则。违法行为发生地包括违法行为着手地、经过地、实施地、损害结果发生地，即包括了实施违法行为的各个阶段所经过的空间。只要违法行为发生在以上任何一个阶段，所在地的农业行政处罚机关均可依法进行管辖。

当然，以违法行为发生地作为确定一般地域管辖的标准，并不排除在某些情况下以住所地来确定管辖。只不过，这种例外情况，要以法律、法规、规章的特别规定为限。如《农业行政处罚程序规定》第十四条规定，电子商务平台经营者和通过自建网站、其他网络服务销售商品或者提供服务的电子商务经营者的农业违法行为由其住所地的县级以上农业行政处罚机关管辖。电子商务平台经营者住所地的县级以上农业行政处罚机关先行发现违法线索或者收到投诉、举报的，也可以管辖。

（2）**共同管辖** 共同管辖，是指两个以上行政处罚机关依法对同一违法行为都有行政处罚管辖权的情况。同一违法行为是指同一主体的一个行为违反了一个法律规范，根据违法行为与处罚相适应的原则，对这个行为只能由一个行政处罚机关给予一次处罚。因此，共同管辖要解决的问题是案件到底由哪一个行政处罚机关管辖。

造成共同管辖的原因主要有如下情形：①违法行为的着手地、经过地、实施地和损害结果发生地不在同一地域，从而导致数个农业行政处罚机关均有管辖权，例如在甲地生产假兽药，经乙地运输至丙地销售；②违法行为具有连续性或者持续性，从而使违法行为从一地转移到另一地，例如无证驾驶农机跨区域作业。

对于此类共同管辖的案件，应根据"先立案原则"来确定最终管辖权。《农业行政处罚程序规定》第15条规定，对当事人的同一违法行为，两个以上农业行政处罚机关都有管辖权的，应当由先立案的农业行政处罚机关管辖。在执法实践中，要注意"先发现"不等于"先立案"，发现案件的时间或者说收到案件线索的时间，均不必然等于立案时间。所谓先立案，就是指具体行政处罚程序的开始，要根据立案审批表所记载的时间来判定。在这个判定作出之前，一些行政处罚机关可能不可避免会进行一些重复工作。严格地说，实施处罚的行政处罚机关应该对那些共同管辖的行政处罚做到心里有数，在查处涉及共同管辖的违法行为时，及时与有关行政处罚机关协商、通报情况，既避免重复劳动，亦可加强合作。当然，如果两个行政处罚机关交流沟通后仍不能解决共同管辖产生的管辖争议问题，则应报请共同上一级机关指定管辖。

（3）特定管辖　　特定管辖是指一般地域管辖和共同管辖所未能覆盖的管辖，主要是解决两种违法行为处罚的管辖问题：一是违法行为的地点难以查明的处罚管辖；二是单行法律、法规、规章规定某种行为的处罚管辖。对前者，仍应根据"先立案原则"，由最先立案查处的农业行政处罚机关管辖，这样可以提高行政处罚的效率，使违法行为得到及时的制裁。后者主要是在难以根据违法行为发生地或者共同管辖的原则来确定管辖机关的情况下，由单行法律、法规、规章按其他标准来确定管辖机关。如《农业行政处罚程序规定》第13条规定，渔业行政处罚有下列情况之一的，适用"谁查获谁处理"的原则：①违法行为发生在共管区、叠区的；②违法行为发生在管辖权不明确或者有争议的区域的；③违法行为发生地与查获地不一致的。

8.10.2.3　级别管辖

级别管辖是指划分上下级农业行政处罚机关之间实施行政处罚的分工和权限。它解决的是整个农业行政执法系统内哪些行政处罚应由哪一级农业行政处罚机关实施的问题。级别管辖对合理地均衡上下级机关在行政处罚中的作用和工作量，使行政处罚合法、高效地发挥其功能，具有重要意义。

《农业行政处罚程序规定》第12条规定：农业行政处罚由违法行为发生地的农业行政处罚机关管辖。省、自治区、直辖市农业行政处罚机关应当按照职权法定、属地管理、重心下移的原则，结合违法行为涉及区域、案情复杂程度、社会影响范围等因素，厘清本行政区域内不同层级农业行政处罚机关行政执法权限，明确职责分工。从执法实践分析看，在明确地方各级农业行政处罚机关的具体管辖范围时可参考以下情况确定，并制定明确的管辖制度。

（1）县级农业行政处罚机关管辖范围　　由于县级行政区划是我国行政区划中最基本的单位，因此，农业行业上都由违法行为发生地的县级管辖。法律、法规另有规定除外。

（2）设区的市、自治州的农业行政处罚机关管辖范围

① 本行政区域内两个以上县农业行政主管部门对案管辖有争议，经协商不能解决的。

② 违法行为造成重大经济损失（各地可根据当地经济发展实际水平确定）或者在本市（州）造成严重社会影响的。

③ 原有管辖权的县级农业行政主管部门不宜处理的，或者同意县级农业行政主管部门报请管辖或者认为需要由自己管辖的。

④ 上级交办的。

（3）省级农业行政处罚机关管辖范围

① 法律、法规规定由省级农业行政主管部门管辖的。

② 本行政区域内两个以上不相隶属的县市农业行政主管部门对案件管辖有争议，经

协商不能解决的。

③ 原有管辖权的下级农业行政主管部门不宜处理的，或者同意下级农业行政主管部门报请管辖的或者认为需要由自己管辖的。

④ 违法行为造成特别重大经济损失（各地可根据当地经济发展实际水平确定）或者在本省造成严重社会影响的。

⑤ 上级交办的。

8.10.2.4 职能管辖

职能管辖是指农业行政处罚机关与其他行政机关依据各自职权对实施行政处罚所作的分工。对一个行政违法案件进行处罚，首先需要根据法律规定的农业行政处罚机关以及其他行政机关的职权划分来确定案件的管辖主体，法律赋予农业行政处罚机关区别于其他行政机关的职权，由其对职权内的违法案件进行管辖，避免了不同行政机关对同一违法案件在管辖上发生冲突或推诿，有利于不同行政机关各司其职，维护行政管理秩序。

8.10.2.5 指定管辖

指定管辖是指上级行政机关以决定的方式指定下级行政机关对某一行政处罚案件行使管辖权。指定管辖实际上也是赋予行政机关在处罚管辖上一定的自由裁量权，以适应错综复杂的情况。它对解决目前处罚管辖存在的重复管辖或者管辖空白等问题很有意义。

上级机关指定下一级机关对某一处罚行使管辖权，是具有法律效力的行政行为，以书面方式，按行政程序作出指定的决定。也就是说，上级机关行使指定权时，要依法作出决定，制作指定决定书，如《指定管辖通知书》《案件交办通知书》。否则，难以分清决定者与被指定者的责任，也使被指定者行使管辖权失去法定依据。

（1）指定管辖的三种情形

① 发生管辖权争议时的指定管辖。所谓管辖权争议，是指两个以上的处罚机关在实施某一处罚时，发生互相推诿或者互相争夺管辖权等问题。《农业行政处罚程序规定》第16条规定："两个以上农业行政处罚机关对管辖发生争议的，应当自发生争议之日起7日内协商解决。协商不成的，报请共同的上一级农业行政处罚机关指定管辖，也可以直接由共同的上一级农业行政处罚机关指定管辖。"发生管辖权争议后，争议双方应积极协商，努力解决争议。如果因体制等客观原因解决不了的，应当及时报请共同的上一级机关指定管辖。上级农业行政处罚机关在收到报请管辖或指定管辖的请示后，应当作出书面决定，制发《指定管辖通知书》。为了及时有效解决管辖争议，共同的上一级农业行政处罚机关在未收到报请管辖或指定管辖的请示时，也可以直接作出指定管辖的书面决定。

② 由于特殊原因而使管辖权不明确的。特殊原因既包括法律上的原因，如某一机关正处于合并或者撤销之中，也包括事实上或客观上的原因，如发生了重大农业意外事件，同时还包括新兴领域管理一时未跟上等。这些原因都可能导致处罚管辖权不明确或者出现管辖空白，对此，上级机关应及时指定有关下一级机关对因上述原因而不能实施的情况进行说明。

③ 行政处罚机关认为必要时。上级农业行政处罚机关认为有必要行政处罚行使管辖权时，可以将本机关管辖的案件指定下级农业行政处罚机关管辖；也可以将下级农业行政处罚机关管辖的案件指定其他下级农业行政处罚机关管辖。下级农业行政处罚机关认为，依法应由其管辖的农业行政处罚案件重大、复杂或者本地不适宜管辖的，可以报请上一级

农业行政处罚机关直接管辖或者指定管辖。上一级农业行政处罚机关应当自收到报送材料之日起七个工作日内作出书面决定。其中，上级农业行政处罚机关将本机关管辖的案件交由下级农业行政处罚机关管辖时，应制发《案件交办通知书》，其他指定管辖应制发《指定管辖通知书》。

需要强调的是，指定管辖不得违反法律、法规的规定，不得将法律、法规明确规定必须由本级农业行政处罚机关管辖的案件指定由下级农业行政处罚机关管辖。

（2）行使指定管辖权的机关　如前所述，指定管辖权是一种行政决定权和行政领导权，一般由上级机关行使。就发生管辖争议而言，其指定管辖权应由争议各方的共同上一级行政机关行使。这里的共同上一级行政机关又因争议各方的关系不同而不同。第一，如果争议各方是同一地级市所属的两个县级农业行政处罚机关，行使指定管辖权的机关就是该地级市农业行政处罚机关。第二，如果争议各方是同一省内不同地级市所属的两个县级农业行政处罚机关，该两个县的争议，视同为不同地级市之间的争议，那么省级农业行政机关才是其共同的上一级农业行政处罚机关。第三，如果争议各方是涉及跨省、区的两个农业行政处罚机关之间的争议，且协商不成的，则各自上报所在省级农业行政机关，由省级农业行政机关上报农业农村部予以指定。

8.10.2.6　移送管辖

移送管辖是行政机关立案后，发现本机关对该案无管辖权，依照法律规定将案件移送给有管辖权的行政机关办理的情况。移送管辖通常发生在同级行政机关之间，但也不排除在上、下级行政机关之间适用。因此，移送管辖不是一种标准的管辖分类，其是以地域管辖和职能管辖为前提，对具体案件进一步明确管辖机关的一种行为。移送管辖的适用应当具备以下条件：一是行政机关已立案。若尚未立案，经审查不归本机关管辖，不存在移送管辖问题，直接建议有管辖权的行政机关办理。二是立案机关对该案无管辖权。三是接受移送的行政机关对该案有管辖权。

就案件违法性质而言，案件移送可分为三类，一是涉嫌犯罪案件的移送，应将案件移送给有管辖权的司法机关处理；二是涉及职能管辖案件的移送，案件并非农业行政处罚机关管辖，应当移送相关职能部门管辖；三是涉及地域管辖争议案件的移送，如经过审查，虽然两个农业行政处罚机关都有管辖权，但按照先立案管辖原则，应当移送给先立案的农业行政处罚机关。

8.10.3　行政处罚立案程序

行政处罚机关对属于本机关管辖范围内并在追究时效内的行政违法行为，符合立案条件的，应当立案。立案作为案件程序的一个独立的部分，除依法适用简易程序的案件外，都要经过该程序，否则就会引起程序违法。如果滥用立案程序，还会损害行政相对人的合法权益。

8.10.3.1　立案时限

农业行政处罚机关对涉嫌违反农业法律、法规和规章的行为，应当自发现线索或者收到相关材料之日起十五个工作日内予以核查，由农业行政处罚机关负责人决定是否立案；

因特殊情况不能在规定期限内立案的，经农业行政处罚机关负责人批准，可以延长十五个工作日。法律、法规、规章另有规定的除外。

8.10.3.2　立案条件

一般来说，符合下列条件的，农业行政处罚机关应当予以立案，并填写行政处罚立案审批表：①有涉嫌违反法律、法规和规章的行为；②依法应当或者可以给予行政处罚；③属于本机关管辖；④违法行为发生之日起至被发现之日止未超过二年，或者违法行为有连续、继续状态，从违法行为终了之日起至被发现之日止未超过二年；法律、法规另有规定的除外，如涉及公民生命健康安全、金融安全且有危害后果的，上述期限延长至五年。

如何理解"违法行为被发现"：其一，对违法行为只要启动调查、取证和立案程序均可视为发现；其二，群众举报后被认定属实的，以举报时间作为发现时间。

对已经立案的案件，根据新的情况发现不符合上述立案条件的，农业行政处罚机关应当撤销立案。

8.10.3.3　违法主体认定

行政违法主体是指违反行政管理法律、法规和规章，依法应当给予行政处罚，并能够独立承担法律责任的行政相对人。违法主体的认定直接关系处罚案件的合法性，一旦违法主体认定不清或者认定错误，整个行政处罚就不具有合法性，必然导致在行政复议中被撤销或者行政诉讼中败诉。

按照《行政处罚法》及有关法律规定，作为违法主体的当事人是"违反行政管理秩序的公民、法人或者其他组织"。

（1）公民（自然人）的认定　依据《民法典》关于公民（自然人）行为能力的规定，对公民（自然人）身份的认定，一般以身份证为准。但是《行政处罚法》第30条规定了公民（自然人）免予处罚和从轻处罚的条件，即不满14周岁的人有违法行为的，不予处罚，责令监护人加以管教；已满14周岁不满18周岁的人有违法行为的，从轻或减轻行政处罚。执法人员在执法实践中应注意确定当事人承担行政法律责任的程度。

（2）法人的认定　《民法典》第57条规定："法人是具有民事权利能力和民事行为能力，依法独立享有民事权利和承担民事义务的组织。"法人可以分为营利法人、非营利法人和特别法人。营利法人主要是企业法人；非营利法人主要包括事业单位、社会团体、基金会、社会服务机构等；机关法人、农村集体经济组织法人、城镇和农村的合作经济组织法人、基层群众性自治组织法人是特别法人。执法实践中，企业法人应根据企业法人登记管理制度，以当事人的法人营业执照上登记的内容为依据。

（3）其他组织的认定　根据最高人民法院《民事诉讼法解释》第52条的规定，其他组织是指合法成立、有一定的组织机构和财产，但又不具备法人资格的组织，包括：

① 依法登记领取营业执照的个人独资企业；

② 依法登记领取营业执照的合伙企业；

③ 依法登记领取我国营业执照的中外合作经营企业、外资企业；

④ 依法成立的社会团体的分支机构、代表机构；

⑤ 依法设立并领取营业执照的法人的分支机构；

⑥ 依法设立并领取营业执照的商业银行、政策性银行和非银行金融机构的分支机构；

⑦ 经依法登记领取营业执照的乡镇企业、街道企业；

⑧ 其他符合本条规定条件的组织。

（4）几类特殊情形的违法主体认定

① 特殊形式的公民认定。个体工商户的认定。依照最高人民法院《民事诉讼法解释》第59条规定，个体工商户以营业执照上登记的经营者为当事人。有字号的，以营业执照上登记的字号为当事人，但应同时注明该字号经营者的基本信息。个人合伙的认定。依照最高人民法院《民事诉讼法解释》第60条规定，未依法登记领取营业执照的个人合伙的全体合伙人为共同诉讼人。在行政执法实践中，也应该以共同合伙人作为共同行政相对人，有2个列2个，有3个列3个。如果有依法核准登记的字号，有营业执照的，参照个体工商户处理。

② 个人独资企业的认定。个人独资企业是依据《个人独资企业法》在中国境内设立的，由一个自然人投资，财产为投资人个人所有，投资人以其个人财产对企业债务承担无限责任的经营实体。因此，执法实践中，应以营业执照上的企业名称为被处罚主体，同时注明负责人，而不应该以投资人或负责人的公民姓名作为当事人。

③ 合伙企业与个人合伙的区分。合伙企业应作为其他组织看待，以合伙企业核准登记的字号为当事人。在行政执法实践中，要特别注意与个人合伙的区分，关键看营业执照，营业执照登记为企业的，认定为合伙企业，按其他组织对待。未注明为企业，或明确注明为个体工商户的，均视为个人合伙。

④ 企业分立、合并后的认定。实施违法行为的企业合并的，以合并后的企业作为当事人；实施违法行为的企业分立的，原则上以分立后的企业作为共同当事人。

⑤ 企业撤销或者注销后的认定。企业法人解散的，依法清算并注销前，以该企业法人为当事人；未依法清算即被注销的，以该企业法人的股东、发起人或者出资人为当事人。

⑥ 挂靠经营违法主体认定。在执法实践中常见某些个体工商户的注册者与实际经营者不一致，或者公民个人承包、挂靠某个企业进行生产经营的现象，如果出现行政违法行为，如何认定主体？从行政法角度出发，生产经营行为一般都要求办理营业执照或者取得相关资质，而挂靠行为，实质上就是对这一行政管理制度的突破，因此，挂靠经营在行政法上属违法行为，行政执法机关应当依法对挂靠单位和被挂靠单位进行行政处罚。《民事诉讼法解释》第59条也规定，营业执照上登记的经营者与实际经营者不一致的，以登记的经营者和实际经营者为共同诉讼人。所以，如果确实有证据证明是挂靠行为，应当认定挂靠双方为共同违法行为人，如果没有充分证据，则仍应以营业执照登记的主体为违法行为人。

8.10.3.4　立案案由

案件定性只能在行政处罚机关查明案件事实并经负责人审批后才能最终确定，故在此之前涉及"案由"或违法事实初步定性时应规范描述如下：涉嫌＋违法行为＋案。对违法行为的选择，应根据法律条文来确定，最好是引用原文。如果法律条文是可选择性的，则应当根据具体的违法行为来选择案由。

如果在立案后，发现所查明的事实与立案时的案由不符，应当变更案由的，何时发现何时变更，但应当以正式的文书说明变更理由。为便于操作，建议在填写案件处理意见书时说明变更原因，报领导一并审批。

8.10.3.5　立案审批

执法人员对依法应当给予行政处罚的案件，应当及时填写《立案审批表》，报请行政执法机关负责人批准。未经负责人批准，不得违反法定程序立案调查。但是在立案之前，允许初步调查，一般情况下，初步调查仅限于询问当事人，检查现场，以及当场提取必要的书证。如果执法人员发现案件线索，在初查过程中发现应当立即办理立案手续，进行正式调查，以便及时固定证据的情况下，应当先电话请示立案，经负责人同意后开展调查，回到执法机关后再补办立案手续。

8.10.4　调查取证

调查取证是行政执法部门运用法律、法规和规章规定的各种专门方法和有关措施，发现和收集证据，揭露和查明违法事实，查获违法行为人，并防止其逃避管理和处罚的活动。调查取证要做到全面、客观、公正、合法。证据应当符合法律、法规、规章的规定，并经查证属实，才能作为农业行政处罚机关认定事实的依据。

8.10.4.1　调查取证的措施

农业行政处罚机关对立案的农业违法行为，应当及时组织调查取证。农业行政执法人员有权依法采取下列措施：

① 查阅、复制书证和其他有关材料；

② 询问当事人或者其他与案件有关的单位和个人；

③ 要求当事人或者有关人员在一定的期限内提供有关材料；

④ 采取现场检查、勘验、抽样、检验、检测、鉴定、评估、认定、录音、拍照、录像、调取现场及周边监控设备电子数据等方式进行调查取证；

⑤ 对涉案的场所、设施或者财物依法实施查封、扣押等行政强制措施；

⑥ 责令被检查单位或者个人停止违法行为，履行法定义务；

⑦ 法律、法规、规章规定的其他措施。

农业行政执法人员应当根据不同的案情，分别采取不同的取证措施。行政机关应当及时告知当事人违法事实，并采取信息化手段或者其他措施，为当事人查询、陈述和申辩提供便利。

8.10.4.2　证据的种类

农业行政处罚证据包括书证、物证、视听资料、电子数据、证人证言、当事人的陈述、鉴定意见、现场检查笔录和勘验笔录等。证据必须经查证属实，方可作为认定案件事实的根据。以非法手段取得的证据，不得作为认定案件事实的根据。

（1）**书证**　以其记载内容证明当事人违法违规行为真实情况的文字（含符号、图画）。如合同、进货单、标签等。其特征主要表现为三个方面：一是书证所表达的思想内容和意图同案件事实有联系；二是书证所记载的内容可以被认知；三是书证要有明确的制作者。

（2）**物证**　能够证明当事人违法违规行为的真实情况的物品和物质痕迹。如假劣兽药等。物证与书证既有区别又有联系。书证也是广义的物证，有的书证还具有物证和书证的共同特征，既可以做书证，又可以做物证运用。收集、调取的书证、物证应当是原件、原物。收集、调取原件、原物确有困难的，可以提供与原件核对无误的复制件、影印件或者抄录件，也可以提供足以反映原物外形或者内容的照片、录像等其他证据。复制件、影印件、抄录件和照片由证据提供人或者执法人员核对无误后注明与原件、原物一致，并注明出证日期、证据出处，同时签名或者盖章。

（3）**视听资料** 可以重现违法违规行为原始情况的拍照录像录音材料，这是物证的一种保全措施。收集、调取的视听资料应当是有关资料的原始载体。调取原始载体确有困难的，可以提供复制件，并注明制作方法、制作时间、制作人和证明对象等。声音资料应当附有该声音内容的文字记录。

（4）**电子数据** 收集、调取的电子数据应当是有关数据的原始载体。收集电子数据原始载体确有困难的，可以采用拷贝复制、委托分析、书式固定、拍照录像等方式取证，并注明制作方法、制作时间、制作人等。

农业行政处罚机关可以利用互联网信息系统或者设备收集、固定违法行为证据。用来收集、固定违法行为证据的互联网信息系统或者设备应当符合相关规定，保证所收集、固定电子数据的真实性、完整性。

农业行政处罚机关可以指派或者聘请具有专门知识的人员或者专业机构，辅助农业行政执法人员对与案件有关的电子数据进行调查取证。

（5）**证人证言** 证人就其了解的和看到的违法违规行为所作的陈述。一般来说，除当事人陈述以外的询问笔录，均可以视为证人证言。

（6）**当事人的陈述** 当事人的陈述，是指在行政执法案件中，当事人就有关案件事实情况向行政执法人员所作的陈述。包括：当事人对自己实施行政违法行为的自认；当事人说明自己没有实施行政违法行为或行为轻微的辩解；当事人检举揭发他人行政违法行为事实的陈述。这里要注意，准确把握当事人的范围。如果用一句话来定义当事人，那就是能够在法律上代表或等同于被处罚主体的人，均是当事人。被处罚主体是公民的，其本人或者受其全权委托的人是当事人；被处罚主体是组织的，该组织的法定代表人或者受其全权委托的人是当事人。其他凡是不具有法律代表效力的人，均不得作为当事人，比如被处罚主体是公民，其配偶如果未经授权，亦不得作为当事人，只能作为证人。

（7）**鉴定意见** 具有相应资格的鉴定机构或人员运用专业知识或技能对办案人员不能解决的专门事项进行科学鉴定后所作出的结论。

（8）**现场检查笔录和勘验笔录** 对发生违法行为的现场进行检查或勘验时所作的记录。

8.10.4.3 询问

询问是执法人员就与案件有关的问题，依法直接对当事人、证人、受害人所作的提问式调查。询问是行政处罚机关在查处违法案件时，依法收集证据，查清案件事实的重要手段。

（1）**询问原则**

① 合法。执法人员在向当事人和其他有关人员行使调查询问职权时应当遵循法定的程序，如表明执法人员身份；执法人员不得少于2人；告知被询问人的权利、义务等。

② 全面准确。询问笔录应当记录与案件有关的全部情况，采取一问一答式，把实施违法行为的时间、地点、人员、动机、手段、过程、结果、目的等情况询问清楚，以反映

违法行为的全貌。要按照事件发生的前后经过或其内在规律进行询问。用语要严谨明确，不得含糊不清，尽量少用或不用大概、可能一类闪烁其词的字句。同时，不要问与案件无关的问题。

③ 个别询问。一份笔录只能询问一个人。询问的对象不同，询问的内容应该有所侧重。如果较为复杂的案件，询问的问题一份询问笔录表述不完，可以分几次询问，形成若干笔录，不必将所有内容写在同份询问笔录上。一个案件如果涉及数个当事人，应当分别进行询问，分别制作笔录。多份笔录之间应当相互印证，在询问时间、地点等关键要素上，不能相互矛盾。

④ 一事一问。要注意提问的逻辑性，一个问题仅应针对一个事情进行询问，不要多个事情用一个问题使当事人不知如何回答。对多个事情应当分别提问。

⑤ 略记提问，详记陈述。进行询问，主要是记录被询问人的陈述内容。只有略记提问，详记陈述，才不致主次颠倒。提问与回答应当相互衔接，避免答非所问。

⑥ 如实记录，准确综合。记录内容要真实具体，尽量如实地记录被询问人陈述的原话，不随意取舍。记录原话并非记录废话，对当事人凌乱的陈述，可整理综合后记录下来，但要符合被询问人的本意。

⑦ 当场记录。询问笔录的制作应当在询问过程中进行，不得事后追记和补缺，否则会影响其原始真实性。

⑧ 交由被询问人确认。询问笔录经被询问人核对无误后，应由其签注"本记录我已看过（或已向我宣读过），与我讲的一致"，并逐页签名或盖章。发生删增、涂改的地方，应由当事人加指印或盖章。执法人员也应当逐页签名。

⑨ 不对事件的合法或违法进行评判。调查询问的目的在于证明当事人违法事实的真实性客观性，询问笔录应就事论事，调查事实真相，反映事实过程，通过询问发现线索或者佐证证据。如果在询问中对当事人的行为进行评判，容易导致先入为主。因此，不要出现"对你单位的上述违法行为，我局将作出处理。你有什么意见?"、"你单位的上述行为属于经营假兽药的违法行为"等定性的词语。

⑩ 严禁诱供。以威胁、引诱、欺骗以及其他非法方式收集的证据是无效证据，不能作为认定案件事实的依据。应当避免出现提示性或诱导式的笔录。有的执法人员为图省事，把被询问人的意思通过自己的语言整理成文字作为询问内容，然后问被询问人是不是这样，或者是做好一份询问笔录直接交由被询问人签字，这些询问方式很容易构成提示性或诱导式询问的嫌疑，是经不起质证的。

（2）询问内容　在接触当事人之前，执法人员可以拟出一个询问计划，明确询问的内容，询问的重点，对被询问人在询问时的各种反应（不管是配合还是不配合）要有所准备，按照事先拟定的计划提纲有步骤地去询问，尽量做到心中有数，不打无准备之战。

① 查清当事人的基本情况。要逐项填写询问笔录首部。一般情况下，应当查验、复制被询问人的居民身份证。若是单位违法的，要查清违法单位的基本情况，被询问人在其中的职务及在案件中所处的地位。

② 固定现场违法事实。将现场查获的违法事实，用询问笔录的方式固定下来。一是通过提问，让当事人口头描述违法现场的情况。二是以提问的方式对现场发现的证据进行关联，查清用途，使当事人陈述的事实与现场查获的事实基本吻合或能相互衔接。如果出现相反或相矛盾的情况，应要求当事人作出合理解释，进一步排除矛盾，剔除虚假证据。三是通过提问，阐明执法人员在案发现场采取的一些措施，如抽样取证、实施行政强制措

施等。

③ 把违法活动的来龙去脉查清楚。即何人何地何时做了何事，对时间、地点、经过，以及当中的细节均要问清楚。

④ 追查涉案财物的去向。询问过程中应查清涉嫌违法财物的存放地、保管人以及货款、违法所得的去向。查清财物去向有利于办案单位尽快依法采取措施，避免引发新的违法行为，给办案工作带来困难。

⑤ 查清涉及案件其他人员的情况。要根据具体案情，问清哪些人参与，各个参与人的基本情况，以及联络方式，如手机、住址等，以便查找相关人员，进一步查清案件事实，与现有证据相互印证，形成完整的证据链。

8.10.4.4 抽样取证

（1）概念　抽样取证是指办案人员根据案情需要，依据规定的标准、方法，抽取一定量的样品，提请有资质的机构给予检验、鉴定以取得检验（鉴定）报告或提取物证、书证作为证据使用的过程。

（2）抽样取证的一般要求

① 办案人员应两人以上，并出示行政执法证件。

② 应有当事人在场。当事人是单位的，应通知其单位领导，并有其单位领导或者相关的实物保管人员、管理人员、销售人员在场。

③ 抽样的方法科学，样品具有代表性。样品的代表数量应该准确、具体，所代表的物品的名称、型号、规格、批号、存放地点、数量等信息均应记录在案。

④ 当场制作笔录。实施现场检查的，还应制作现场检查笔录。

（3）抽样取证的程序

① 抽样的启动。在接到举报、投诉、上级交办或者日常检查发现商品存在质量问题的情形下，可以抽样取证。

② 抽样的实施。抽样的方法、步骤、数量、工具须符合有关技术规范的要求（如"国标"中对抽样有具体规定的，须符合该规定），样品通常不少于一式两份。

③ 封样。抽取的样品应使用专用封签当场封样，并有抽样人员、执法人员、被抽样人签字（盖章）。

④ 备份。以备复检的样品，可以由抽样单位带回，也可以封存于被抽样人处保管。

⑤ 送检。可由抽样单位办理，也可由执法人员、被抽样人共同送检。

⑥ 告知。组织实施检测的农业行政执法机关，应当及时将检测结果告知当事人，一般自收到检测结果后 5 个工作日内通知被抽样人。

⑦ 异议。被抽样人对检测结果有异议的，自收到检测结果确认书之日起 15 日内，向组织实施检测的农业行政执法机关提出书面复检申请。逾期未提出的，视为认可检测结果。关于申请复检的期限，《产品质量法》第 15 条规定，生产者、销售者对抽查检验的结果有异议的，可以自收到检验结果之日起 15 日内向实施监督抽查的产品质量监督部门或者其上级产品质量监督部门申请复检，由受理复检的产品质量监督部门作出复检结论。但其他法律有特别规定的，从其规定。如《农产品质量安全法》第 36 条规定，农产品生产者、销售者对监督抽查检测结果有异议的，可以自收到检测结果之日起五日内，向组织实施农产品质量安全监督抽查的农业行政主管部门或者其上级农业行政主管部门申请复检。采用国务院农业行政主管部门会同有关部门认定的快速检测方法进行农产品质量安全监督

抽查检测，被抽查人对检测结果有异议的，可以自收到检测结果时起四小时内申请复检。《兽药管理条例》第42条规定，动物产品的生产者、销售者对检测结果有异议的，可以自收到检测结果之日起7个工作日内向组织实施兽药残留检测的兽医行政管理部门或者其上级兽医行政管理部门提出申请，由受理申请的兽医行政管理部门指定检验机构进行复检。

⑧ 复检。组织实施检测的农业行政执法机关收到复检申请后，经审查，认为有必要复检的，应及时通知承检单位和复检申请人。

（4）注意事项

① 抽样取证的目标主要是检测产品质量，也可以是保全产品标识、包装、票据等。

② 事先应有计划，准备好抽样所需的材料和工具，如执法文书、证件、封签等。

③ 了解、熟悉相关国家标准，知悉抽样步骤、抽样方法，明确样品运输、储藏的条件。抽样方法，一般应遵循随机抽取的原则。

④ 抽样过程中应当有当事人在场，如拒绝签字、盖章，可邀请有关人员作为见证人到场见证，并在抽样取证记录上签字或盖章。

⑤ 抽样送达过程，均须制作相应的办案文书，如抽样取证凭证、现场检查记录和委托鉴定书等。

⑥ 对需要检测、检验、鉴定、评估、认定的专门性问题，应当委托具有法定资质的机构进行；如果没有法定资质的鉴定机构，又必须对专门性问题进行鉴定，可以委托其他具备条件的机构进行。检验、检测、鉴定、评估、认定意见应当由检验、检测、鉴定人员签名或者盖章，并加盖所在机构公章。

⑦ 应履行告知义务，让当事人充分行使知情权。抽样前，应向当事人介绍抽样送检的目的和抽样方法、检验依据等；告知当事人必须妥善保管留存样品，不得私自拆封、调换、毁损样品，告知当事人可以在法定时间内行使复检申请权；及时将检验报告送达并告知当事人。非从生产单位直接抽样取证的，农业行政处罚机关可以向产品标注生产单位发送产品确认通知书。

⑧ 保障当事人的异议期间。不得剥夺当事人对检测结果提出异议和申请复检的救济权利，也不宜因为当事人主动声明放弃复检就可以缩短异议期，应当允许当事人在此期间思考和反悔，但最多不能超过异议期。如果当事人逾期未提出申请，则视为当事人认可检测结果。

8.10.4.5 现场检查（勘验）

现场检查（勘验）是收集证据的重要手段，认真掌握、组织实施好现场检查，是对办案单位的基本要求，而现场做好检查工作，则是办案人员的重要基本功。规范化的现场检查，必须做到如下三点。

（1）现场检查（勘验）程序要求　依法实施现场检查工作现场检查必须依照法律法规授权和法定程序进行。只有依法检查，才能确保检查工作及提取的证据合法、有效。

① 进行现场检查时，必须出示执法证件，表明执法人员身份。必须是两名以上的具有执法资格的执法人员，临聘人员和工勤人员均不得实施现场执法检查，但可以从事辅助性工作，比如搬运、记录和维护秩序等。

② 现场检查（勘验）应当以文字或照片的形式固定现场情况。现场检查时，应当及时提取与案情可能相关的所有证据材料，并将证据提取情况在现场检查（勘验）笔录中真实记载。现场检查结束后，应当由当事人签字确认，当事人拒绝签字或不能签字的，应当

注明原因。

③ 现场检查（勘验）应当全面、真实、客观地进行记录。一案多个现场或同一现场多次检查的，不能结合起来只制作一份笔录，而应当分别制作。检查现场所出现的人、物均应如实记载，不能模棱两可。现场检查只能记录客观事实，不能描述主观推测，如"非法""违法""销售所得"等。现场勘验时有见证人的，应注明见证人的姓名；拍摄现场照片、提取物证等执法情况要全面记录；对于现场有关数据的记录要真实准确，必要时应绘制简图加以说明。

（2）做好现场检查组织实施工作

① 事前抓策划。实施检查之前，办案单位应尽量收集情况，做好案情分析。明确本次检查的预期目标，以及每一位参检人员进入现场后的具体位置、任务。对于何时，哪条道路，哪道门进入现场，谁做检查笔录，谁控制重要现场、财物，谁负责对当事人进行教育谈话等，均应作精心安排。同时，要有几套方案应对可能出现的问题。对规模大、情况复杂的现场或夜间行动，应尽量请公安机关派警力协助。

② 临场抓配合。执法人员按预定方案进入现场后，要做到既分工又协作，同心协力地在现场指挥员的组织下，围绕总目标，集中精力，抓紧时间，首先控制现场的人、财、物不走失，然后分头定位检查取证。现场情况千变万化，指挥人员要使自己处于核心机动位置，充分掌握现场情况，灵活调动人员，控制工作进度，尽力以速战速结的方式达到预期目标。

（3）重点抓好现场证据的固定　重点检查涉案的物品，包括生产、销售的产品，也包括包装物、生产设备、原材料、产品标识，以及有关生产经营活动的账册、合同、证照等；重点检查的涉案场地，对现场正在实施生产经营的，要写明现场工人的数量、工作、分工的情况，机械设备的运转情况，产品的生产状况等；要重点注意被检查对象的配合情况，包括是否积极提供现场、提供涉案产品相关票据，是否拒绝现场检查，是否故意隐瞒证据等情况。

8.10.4.6　证据登记保存

证据登记保存作为获取证据的一个重要途径，在行政处罚中发挥着重要作用，因此在行政执法机关日常执法中使用频率也比较高。

（1）概念　实施证据登记保存是行政执法机关在调查过程中遇到特殊、紧急情况时所采取的一项证据保全措施。《行政处罚法》第 56 条规定，行政执法机关收集证据，在证据可能灭失或者以后难以取得的情况下，经行政执法机关负责人批准，可以先行登记保存，并应当在七日内及时作出处理决定，在此期间，当事人或者有关人员不得销毁或者转移证据。

（2）证据登记保存的条件

① 必须是在特殊、紧急情况下实施。"证据可能灭失或者以后难以取得"是先行登记保存措施的适用条件。"证据可能灭失或者以后难以取得"的原因可能是客观的，如作为证据的物品可能由于时过境迁消耗、散失，失去证据作用；也可能是人为的，如作为证据的物品被销毁、涂损、转移、隐藏等。这些情况执法机关在办案过程中会经常遇到，需要根据具体情况判断、决定，属于自由裁量的范畴，但自由裁量不能明显超出合理范围，不能明显违背生活常理。

② 须经行政执法机关负责人批准。进行证据登记保存，必须经行政执法机关负责人

批准，这种批准可以是"一案一批"，也可以是"事先授权"。情况紧急的，农业行政执法人员需要当场采取先行登记保存措施的，可以采用即时通信方式报请农业行政执法机关负责人同意，并在二十四小时内补办批准手续。

③ 登记保存的对象是证据。既然是证据，就必须具有客观性、关联性和合法性三个基本特征。无论从哪个角度来看，对与具体案件无关的物品进行先行登记保存都是不符合法律规定的。

（3）证据登记保存的实施程序

① 出示执法证件，表明身份。这一程序几乎是任何执法办案环节都必须满足的，但是一次执法行动中，执法人员对同一当事人既有询问，又有现场检查、证据登记保存等执法程序的，可以一次性出示证件，表明身份即可。

② 清点证据。办案人员在具体实施登记保存措施时，应当场清点有关证据，开具清单，由当事人和办案人员签名或者盖章，交当事人一份，并当场交付登记保存证据通知书。先行登记保存证据的清单应留有副本，登记保存证据通知书应留有存根，以便存档备案。

③ 告知。执法人员对证据进行登记后，应当告知证据保管人，可以是当事人或其他保管人员，在证据保存期间，不得销毁或者转移证据。

④ 当事人签字确认。证据登记保存实施后，应当检查相关文书是否经当事人签字确认。如果拒绝签字的，应当注明原因。

⑤ 在法定期间作出处理。登记保存措施的法定期限是 7 日，超过规定期限登记保存措施自动解除。农业执法机关应当在登记保存措施的法定期限内对证据进行审查、判断，鉴别真伪，视情况及时作出处理决定，不能久拖不决。

（4）法定期限内做出处理决定的情形　《农业行政处罚程序规定》对在法定期限内应作出的处理决定作了规定，共分为 6 种。

① 根据情况及时采取记录、复制、拍照、录像等证据保全措施。

② 需要进行技术检验或者鉴定的，送交有关部门检验或者鉴定送检的应当仅是样品，除检验或鉴定所必需的样品外，其他登记保存的物品应当发还给当事人。

③ 对依法应予没收的物品，依照法定程序处理。这里要注意，没收属于行政处罚种类，一定要依法定程序，比如依法作出处罚决定，对应予没收的物品，予以没收。

④ 对依法应当由有关部门处理的，移交有关部门。移交有关部门必须要有法律依据，要有交接清单。

⑤ 为防止损害公共利益，需要销毁或者无害化处理的，依法进行处理。作出销毁或者无害化处理决定的，必须要有明确的法律依据，也就是要引用具体的法律条款，作出书面决定。

⑥ 不需要继续登记保存的，应解除登记保存。当事人违法行为不成立的，或者根据情况及时采取记录、复制、拍照、录像等措施能保全证据的，都应当解除登记。对于不能在 7 日内判定违法行为是否成立，需进一步调查取证，如果依法可以采取行政强制措施的，应当解除登记保存后依法采取行政强制措施，如查封、扣押。

（5）证据登记保存的注意事项　在执法过程中，一些行政执法机关和执法人员对证据登记保存概念及适用要件的认识上存在误区，导致在调查取证时不能依法、全面、客观进行。主要有以下几个方面。

① 超过法定期限实施证据登记保存。实施证据登记保存，应当在七日内及时作出处

理决定，如果行政执法机关在七日内不能做出处理，原则上应将登记保存的证据发还给所有权人。对于这一款规定，没有例外情形，不得认为时间太短，七日内不可能作出处理决定，从而超出法定期限进行证据登记保存。根据《行政处罚法》规定，登记保存的七日，是指工作日，不包括法定节假日。

② 任意扩大证据登记保存范围。实行证据登记保存，必须是在特殊、紧急情况下，如证据有可能灭失、时过境迁后将难以取得等，行政执法机关才能实施。对没有必要进行证据登记保存，或通过询问笔录、证人证言、现场笔录等其他证据就能够确定行政相对人违法事实的，则不应采取该措施。

③ 需要保存的证据登记不规范。行政执法机关在现场提取证据后，应当制作登记保存物品的清单，对保存的物品进行准确、真实的登记。但执法实践中，不制作证据先行登记保存通知书，或者不认真规范制作、漏填或者用"一车、一筐、半箱"等含糊单位标记，以至于不能完全、准确地反映登记保存的物品内容，容易与相对人在保存物品的名称、种类、数量、质量等方面产生分歧，引发行政复议或行政诉讼。

8.10.4.7 查封扣押

查封、扣押属于同一类行政强制措施，都是禁止当事人对有关财物进行转移或处分的一种限制性措施。农业行政执法中的查封，一般指对财物就地封存，扣押则是将财物转移至异地封存。在财物被查封的情况下，财物由当事人或第三人保管。在财物被扣押的情况下，财物由行政执法机关直接保管或交由第三人保管。

（1）查封扣押的运用　采取何种强制措施，都应根据案件的具体情况决定，主要涉及两个因素：财物的情况和当事人的情况。如果财物不易被移动或者当事人的守法意识尚好，就可以选择采取查封措施。如果财物易于搬运，或者虽然数量多不易被搬运但当事人的守法意识差，只要当事人能控制财物，财物就有被转移、毁损的危险，就应选择采取扣押措施。查封、扣押财物的范围应当与检查的违法行为有关，具体范围要根据与违法行为相关的法律、法规规定确定。

（2）查封扣押的程序　依照《行政强制法》的规定，执法机关实施查封、扣押应当遵守下列程序：

① 实施前须向行政执法机关负责人报告并经批准；

② 由两名以上行政执法人员实施；

③ 出示执法证件；

④ 通知当事人到场；

⑤ 当场告知当事人采取行政强制措施的理由、依据以及当事人依法享有的权利、救济途径；

⑥ 听取当事人的陈述和申辩；

⑦ 制作现场笔录，查封（扣押）决定书和查封（扣押）财物清单；

⑧ 现场笔录和查封（扣押）财物清单由当事人和行政执法人员签名或者盖章，交当事人一份。如当事人不配合或无法找到当事人的，不影响行政执法机关依法实施查封、扣押措施，但应在笔录中予以注明；

⑨ 当事人不到场的，邀请见证人到场，由见证人和行政执法人员在现场笔录上签名或者盖章；

⑩ 法律、法规规定的其他程序。

（3）实施查封扣押应注意的事项

① 必须有法律、法规的明确规定和授权。行政执法机关实施行政强制措施必须有法律、法规的明确规定并在法律、法规授权范围内行使职权。法律、法规没有明文规定的不能采取行政强制措施。

② 相对人存在涉嫌违法的事实。也就是说必须初步取得行政相对人涉嫌违法的证据，不能凭执法人员的主观怀疑、推断和想象实施行政强制措施。

③ 应当经领导批准。采取查封、扣押强制措施时，法律明确规定必须经行政机关负责人批准。情况紧急，需要当场采取行政强制措施的，农业行政执法人员应当在二十四小时内向农业行政执法机关负责人报告，并补办批准手续。农业行政执法机关负责人认为不应当采取行政强制措施的，应当立即解除。

④ 经查明与违法行为无关或者不再需要采取查封、扣押措施的，应当解除查封、扣押措施，将查封、扣押的财物如数返还当事人，并由执法人员和当事人在解除查封或者扣押决定书和清单上签名、盖章或者按指纹。

8.10.4.8 中止调查

农业行政处罚案件中止调查，是指在执法调查过程中，出现法定情形后，暂时停止调查。有下列情形之一的，经农业行政处罚机关负责人批准，中止案件调查，并制作案件中止调查决定书。

① 行政处罚决定必须以相关案件的裁判结果或者其他行政决定为依据，而相关案件尚未审结或者其他行政决定尚未作出；

② 涉及法律适用等问题，需要送请有权机关作出解释或者确认；

③ 因不可抗力致使案件暂时无法调查；

④ 因当事人下落不明致使案件暂时无法调查；

⑤ 其他应当中止调查的情形。

中止调查，不等于终止调查。终止调查是指出现法定情形后，调查结束，且不再启动。中止调查的原因消除后，应当立即恢复案件调查。

8.10.5 案件审查

为深入推进依法行政，强化内部监督制约，进一步规范行政执法行为，提高办案质量，行政机关应当严格案件审查。

8.10.5.1 简易程序案件审查

对于适用简易程序的案件，执法人员在当场查清违法事实，收集和保存必要的证据后，可以由两名执法人员当场合议，对案件进行审查，认为违法事实清楚，证据确凿，可以适用简易程序作出处罚的，当场将审查结果告知当事人，同时告知当事人违法事实、处罚理由和依据，并听取当事人陈述和申辩。

8.10.5.2 普通程序案件审查

对于按普通程序调查的案件，应当经过执法机构初审，法制机构法律审查，处罚机关负责人审核，如果案情重大，还应当经过集体讨论。

（1）执法机构初审　农业行政执法人员在调查结束后，应当根据不同情形提出如下处理建议，并制作案件处理意见书，报请农业行政处罚机关负责人审查：

① 确有应受行政处罚的违法行为的，根据情节轻重及具体情况，建议作出行政处罚；

② 违法事实不能成立的，建议不予行政处罚；

③ 违法行为轻微并及时改正，没有造成危害后果的，建议不予行政处罚；

④ 当事人有证据足以证明没有主观过错的，建议不予行政处罚，但法律、行政法规另有规定的除外；

⑤ 初次违法且危害后果轻微并及时改正的，建议可以不予行政处罚；

⑥ 违法行为超过追责时效的，建议不再给予行政处罚；

⑦ 违法行为不属于农业行政处罚机关管辖的，建议移送其他行政机关；

⑧ 违法行为涉嫌犯罪应当移送司法机关的，建议移送司法机关；

⑨ 依法作出处理的其他情形。

（2）法制机构审查　农业行政处罚机关负责人作出重大行政处罚决定前，应当依法严格进行法制审核。"重大"主要是指：一是涉及重大公共利益的；二是直接关系当事人或者第三人重大权益，经过听证程序的；三是案件情况疑难复杂、涉及多个法律关系的；四是法律、法规规定应当进行法制审核的其他情形。除这四类重大决定必须进行法制审核外，其他适用普通程序的农业行政处罚案件，在作出处罚决定前，应当参照前款规定进行案件审核。未经法制审核或者审核通过的，农业行政处罚机关不得作出行政处罚决定。农业行政处罚法制审核工作由农业行政处罚机关法制机构负责，未设置法制机构的，农业行政处罚机关确定的承担法制审核工作的其他机构或者专门人员负责。审查办案人员不得同时作为该案件的法制审核人员。

农业行政处罚决定法制审核的主要内容包括：

① 本机关是否具有管辖权；

② 程序是否合法；

③ 案件事实是否清楚，证据是否确实、充分；

④ 定性是否准确；

⑤ 适用法律依据是否正确；

⑥ 当事人基本情况是否清楚；

⑦ 处理意见是否适当；

⑧ 其他应当审核的内容。

法制审核结束后，应当区别不同情况提出如下建议：

① 对事实清楚、证据充分、定性准确、适用依据正确、程序合法、处理适当的案件，拟同意作出行政处罚决定；

② 对定性不准、适用依据错误、程序不合法或者处理不当的案件，建议纠正；

③ 对违法事实不清、证据不充分的案件，建议补充调查或者撤销案件；

④ 违法行为轻微并及时纠正没有造成危害后果的，或者违法行为超过追诉时效的，建议不予行政处罚；

⑤ 认为有必要提出的其他意见和建议。

前述第3项，补充调查或者重新调查后，应当再次进行案件审查。前述第5项其他意见和建议包括：不属于本机关管辖的，提出移送有关行政机关处理的意见；违法行为已构成犯罪的，提出移送司法机关的意见；认为案情复杂或者有重大违法行为需要给予较重行政处罚的，提请农业行政处罚机关负责人集体讨论决定。法制审核机构或者法制审核人员应当自接到审核材料之日起五个工作日内完成审核。特殊情况下，经农业行政处罚机关负责人批准，可以延长十个工作日。法律、法规、规章另有规定的除外。

根据新修订的《行政处罚法》和《公务员法》规定，行政执法机关中初次从事行政处罚决定审核的人员，应当通过国家统一法律职业资格考试取得法律职业资格。也就是说，对于2018年1月1日前已经在职在岗的法制机构工作人员，可以继续从事法制审核工作。如果是在2018年1月1日后新任命的法制机构工作人员，应通过国家统一法律职业资格考试取得法律职业资格，否则从事法制审核工作，可能会构成程序瑕疵甚至程序违法。

（3）机关负责人审核　农业行政处罚机关负责人应当对调查结果、当事人陈述申辩或者听证情况、案件处理意见和法制审核意见等进行全面审查，并区别不同情况分别作出处理决定。

（4）集体讨论　下列行政处罚案件，应当由农业行政处罚机关负责人集体讨论决定：

① 符合《农业行政处罚程序规定》第59条所规定的听证条件，且申请人申请听证的案件；

② 案情复杂或者有重大社会影响的案件；

③ 有重大违法行为需要给予较重行政处罚的案件；

④ 农业行政处罚机关负责人认为应当提交集体讨论的其他案件。

《农业行政处罚程序规定》第59条所规定的听证条件，是指拟作出责令停产停业、吊销许可证件、较大数额罚款、没收较大数额财物等重大行政处罚决定。

执法人员认为需要集体讨论的，可以在调查结论中主动提出，请求集体讨论决定。执法人员虽未提出来，但法制机构经过审查后，认为有必要集体讨论的，也可以在处理意见中提出集体讨论的建议。

（5）特殊情形下的审查　在边远、水上和交通不便的地区按普通程序实施处罚时，农业行政执法人员可以采用即时通讯方式，报请农业行政处罚机关负责人批准立案和对调查结果及处理意见进行审查。报批记录必须存档备案。当事人可当场向农业行政执法人员进行陈述和申辩。当事人当场书面放弃陈述和申辩的，视为放弃权利。但上述规定不适用于应当由农业行政处罚机关负责人集体讨论决定的案件。

8.10.6　行政处罚事先告知

8.10.6.1　概念

行政处罚事先告知是指行政处罚机关在行政处罚决定作出之前，将拟作出行政处罚决定的内容及事实、理由、依据、当事人依法享有的权利和义务告知当事人的一种具体行政行为。但该具体行政行为，只是一种程序性行为，不会影响当事人实体权利，故不具有可诉性。

8.10.6.2　行政处罚事先告知内容

对不具备听证条件的按普通程序查处的案件，以农业行政处罚机关的名义，告知当事人拟作出行政处罚的内容及事实、理由、依据，并告知当事人依法享有陈述权、申辩权。

上述内容应在相应的文书栏目中填写清楚。对具备听证条件的案件，可以在本文书中一并告知听证的权利，不再另外制作听证告知书，以减少文书数量。

8.10.6.3　行政处罚简易程序中适用告知程序的问题

无论是简易程序还是普通程序，均应适用告知程序。简易程序虽然是针对事实清楚，违法行为尚不严重的情形，但执法人员当场作出的决定仍然是行政处罚，故在简易程序中执法人员仍应履行告知义务。告知方式可简易进行，即口头告知处罚内容及事实、理由、依据，无需以书面形式或笔录形式告知，但须在处罚决定中注明已履行告知程序，并由当事人签字认可，否则应视为未履行告知义务。

8.10.6.4　当事人陈述申辩的期限

《农业行政处罚程序规定》和农业农村部2020年发布的《农业行政执法文书格式》规定，当事人可在收到告知书之日起三日内向农业行政处罚机关进行陈述申辩、申请听证。2021年新修订的《行政处罚法》第六十四条规定，当事人要求听证的，应当在行政机关告知后五日内提出。根据新法优于旧法，上位法优于下位法原则，申请听证应当适用《行政处罚法》的规定，给予当事人五个工作日的期限。

8.10.6.5　事先告知内容与正式处罚不一致时是否需重新告知的问题

若正式处罚决定在处罚理由及法律依据上没有变化，仅对违法行为的处罚程度作了从轻或减轻，则无需再次告知。因这种从轻或减轻当事人责任的变化正是其行使陈述权、申辩权的结果。

若对告知的违法事实有了扩大，或有了新的事实和法律依据，或重新对违法行为进行定性，或加重了拟处罚结果，均应再次告知。因为当事人的陈述、申辩是基于原来的告知内容，若有调整，特别是不利于当事人的调整，当事人依法仍然享有陈述权、申辩权，这对保护当事人的权利，防止和减少行政执法机关的失误十分必要。

8.10.7　听证

行政处罚听证是指行政处罚机关在作出行政处罚决定之前，为利害关系人提供发表意见、提出证据的机会，对特定的问题进行论证、辩驳的过程。其目的在于保证行政处罚的合法性与公正性，确保当事人的合法权益不受侵犯，督促行政处罚机关依法实施行政处罚。

听证程序与复议、诉讼不同，复议与诉讼是一种事后监督程序；而听证程序是一种事先、事中监督程序，是行政执法机关自我监督、自我改正程序。

8.10.7.1　行政处罚听证的适用范围

根据《行政处罚法》第63条的规定，行政处罚机关在作出下列行政处罚决定之前，应当告知当事人有要求举行听证的权利：

① 较大数额罚款；

② 没收较大数额违法所得、没收较大价值非法财物；

③ 降低资质等级、吊销许可证件；

④ 责令停产停业、责令关闭、限制从业；

⑤ 其他较重的行政处罚；

⑥ 法律、法规、规章规定的其他情形。

对罚款和没收财物中较大数额的认定，按所在省、自治区、直辖市人民代表大会及其常委会或者人民政府规定的标准执行；农业农村部对公民罚款超过三千元、对法人或者其他组织罚款超过三万元属较大数额罚款。

8.10.7.2 行政处罚听证的程序

依据《行政处罚法》规定，当事人要求听证的，行政处罚机关应当组织听证。当事人不承担行政处罚机关组织听证的费用。听证依照以下程序组织：

① 当事人要求听证的，应当在行政处罚机关告知后 5 个工作日内提出。当事人收到告知书的当日不算，从第二日开始计算。

② 行政处罚机关应当在听证的七个工作日前，通知当事人举行听证的时间、地点。

③ 除涉及国家秘密、商业秘密或者个人隐私外，听证公开举行。

④ 听证由行政处罚机关指定的非本案调查人员主持，当事人认为主持人与本案有直接利害关系的，有权申请回避。

⑤ 行政处罚机关举行听证，应当确定 1 名工作人员为记录员。记录员负责听证记录和有关准备工作。

⑥ 当事人是法人的，由其法定代表人参加听证；当事人是其他组织的，由其主要负责人参加听证。当事人可以亲自参加听证，也可以委托一至二人代理。

⑦ 举行听证时，调查人员提出当事人违法的事实、证据和行政处罚建议，当事人进行申辩和质证。

⑧ 听证应当制作笔录，笔录应当交当事人审核无误后签字或者盖章。

8.10.7.3 听证的其他注意事项

听证主持人一般由听证机关负责人指定的法制工作机构工作人员或者其他相应工作人员等非本案调查人员担任。法制机关的工作人员是案件调查人员的，行政处罚机关应当指定其他非本案调查人员主持。

听证主持人和记录员有下列情形之一的，必须回避，当事人也有权要求其回避：是本案调查人员的；是本案当事人或者本案当事人、代理人的亲属的；与本案当事人有其他利害关系，可能影响公正听证的。

参加听证的案件调查人员负有举证责任，并且应当提供拟作出行政处罚决定的依据。证据必须在听证中出示，并经质证后才能作为认定案件事实的根据。

听证笔录应当由当事人、第三人和案件调查人员审核无误或者补正后签名或者盖章。拒绝签名、盖章的，由主持人注明。听证结束后，主持人应当向行政处罚机关负责人提出听证报告。农业行政处罚机关应当根据听证报告和听证笔录，依照《行政处罚法》第 57 条的规定，根据不同情况，分别作出处理决定。

8.10.8 处罚决定

农业行政处罚机关负责人应当对调查结果、当事人陈述申辩或者听证情况、案件处理意见和法制审核意见等进行全面审查，根据不同情况，分别作出如下决定：

① 违法事实成立，依法应当给予行政处罚的，根据其情节轻重及具体情况，作出行政处罚决定；

② 违法行为轻微，依法可以不予行政处罚的，不予行政处罚；

③ 违法事实不能成立的，不得给予行政处罚；

④ 不属于农业行政处罚机关管辖的，移送其他行政机关处理；

⑤ 违法行为涉嫌犯罪的，将案件移送司法机关。

新修订的《行政处罚法》第33条规定，"当事人有证据足以证明没有主观过错的，不予行政处罚。法律、行政法规另有规定的，从其规定。"明确将主观过错作为违法行为的构成要件，没有主观过错的，不予行政处罚。主观上的故意和过失，均可构成主观过错。是否属于"没有主观过错"，举证责任在当事人一方，也就是说当事人要主动去收集并向处罚机关提供这些证据。处罚机关既要调取不利于当事人的证据，也要调取有利于当事人的证据。"没有主观过错的证据"属于有利于当事人的证据，农业行政处罚机关不仅要收集相关证据，同时也有义务向当事人释明举证不能的法律后果，并记入案卷中。可以是在询问笔录中释明，也可以是在处罚事先告知时一并释明。

农业行政处罚机关决定给予行政处罚的，应当制作行政处罚决定书。行政处罚决定书应当载明以下内容：

① 当事人的基本情况；

② 违反法律、法规或者规章的事实和证据；

③ 行政处罚的内容及事实、理由、依据；

④ 行政处罚的履行方式和期限；

⑤ 不服行政处罚决定，申请行政复议或者提起行政诉讼的途径和期限；

⑥ 作出行政处罚决定的农业行政处罚机关名称和作出决定的日期，并且加盖行政处罚机关的印章。

农业行政处罚案件应当自立案之日起六个月内作出处理决定；因案情复杂、调查取证困难等特殊情况六个月内不能作出处理决定的，报经上一级农业行政处罚机关批准可以延长至一年。案件办理过程中，中止、听证、公告、检验、检测、鉴定等时间不计入前款所指的案件办理期限。另外，需要注意的是，农业农村部可能会对案件处理期限作出新的规定，届时以新的规定为准。

8.10.9　执法文书制作

农业行政执法文书，是农业行政执法主体在农业行政执法活动中制作、适用的具有法律效力意义的法律文书的总称。

农业行政执法文书可以分为内部文书和外部文书。内部文书是指农业行政执法机关内部使用，记录内部工作流程，规范执法工作运转程序的文书。外部文书是指农业行政执法机关对外使用，对农业行政执法机关和行政相对人均具有法律效力的文书。

8.10.9.1　农业行政执法文书制作的基本要求

根据农业农村部印发的《农业行政执法文书制作规范》，农业行政执法文书的制作必须符合以下基本要求。

① 农业行政执法文书应当按照规定的格式填写或者打印制作。填写制作文书应当使用蓝黑色或者黑色笔，做到字迹清楚、文面整洁。行政处罚决定书应当打印制作。

② 文书设定的栏目，应当逐项填写，不得遗漏和随意修改；不需要填写的栏目或者空白处，应当用斜线划去；有选择项的应当将非选择项用斜线划去。文书中出现误写、误算和其他笔误的，未送达的应当重新制作，已送达的应当书面补正。

③ 引用法律、法规、规章和规章以下规范性文件应当书写全称并加书名号。引用法律、法规、规章和规范性文件条文有序号的，书写序号应当与法律、法规、规章和规范性文件正式文本中的写法一致；引用公文应当先用书名号引标题，后用圆括号引文号；引用外文应当注明中文译文。

④ 文书中结构层次序数按实际需要依次以"一"、"（一）"、"1."和"（1）"写明。"（一）"和"（1）"之后不加顿号，结构层次序数中的阿拉伯数字右下用圆点，不用逗号或顿号。

⑤ 文书中表述数字，根据国家相关规定和行政执法文书的特点，视不同情况可分别使用阿拉伯数字或者汉字数字，但应当保持相对统一。行政处罚决定书正文需要列条的序号，应当使用汉字数字，例："一""二"；下列情况，应当使用阿拉伯数字：

a. 除本条第二款列举情况外的公历世纪、年代、年、月、日及时、分、秒；

b. 文书中的案号使用阿拉伯数字，如："×农（兽药）立〔2022〕1号"；

c. 文书中的物理量的量值，即表示长度、质量、电流、热力学温度、物质的量和发光强度量等的量值，如 856.80 千米、500 克、12.5 平方米；

d. 文书中的非物理量（日常生活中使用的量）的数量，如 48.60 元、18 岁、10 个月；

e. 文书中的证件号码、地址门牌号码；

f. 凡是用"多""余""左右""上下""约"等表示的约数，如 60 余次、约 60 次、600 多吨。

其他数字用法按照《出版物上数字用法》（GB/T 15835—2011）执行。

⑥ 文书应当正确使用标点符号，避免产生歧义。文书标点符号用法按照《标点符号用法》（GB/T 15834—2011）执行。

⑦ 文书中计量单位应当依照《中华人民共和国法定计量单位》的规定执行，符合以下要求：

a. 长度单位使用"米""海里""千米（公里）"等，不得使用"公分""尺""寸""分""时（英寸）"；

b. 质量单位使用"克""千克""吨"等，不得使用"两""斤"；

c. 时间单位使用"秒""分""时""日""周""月""年"，不得使用"点""刻"；

d. 体（容）积单位使用"升""立方米"，不得使用"公升"。

当事人使用的计量单位不符合前款规定的，应当在文书中据实记录，并在其后注明转换的标准计量单位，用括号括起，如：3 斤（1.5 千克）。

⑧ 文书中案件名称应当填写为："当事人姓名（名称）＋违法行为性质＋案"，如"某兽药店经营假兽药案"。

立案和调查取证阶段的文书，案件名称应当填写为："当事人姓名（名称）＋涉嫌＋违法行为性质＋案"，如"某兽药店涉嫌经营假兽药案"。

⑨ 农业行政执法基本文书应当按照文书格式的要求编注案号。

案号是指用于区分办理案件的农业行政执法机关类型和次序的简要标识，由中文汉字、阿拉伯数字及括号组成。案号的基本要素为行政区划简称、执法机关简称、执法类别简称、行为种类简称、收案年度和收案序号。

案号各基本要素的编排规格为："行政区划简称＋执法机关简称＋执法类别简称＋行为种类简称（如立、告、罚等）＋收案年度＋收案序号"。如：＊＊县农业农村局制作的《行政处罚立案审批表》，案号是"＊＊（兽药）立〔2020〕1号"。每个案件编定的案号应当具有唯一性。

⑩ 文书中当事人情况应当按以下要求填写：

a. 根据案件情况确定"个人/个体工商户"或者"单位"，"个人/个体工商户""单位"两栏不能同时填写；

b. 当事人是自然人的，应当按照身份证或者其他有效证件记载事项填写其姓名、性别、出生年月日、民族、工作单位和职务、住所；当事人工作单位和职务不明确的，可以不填写；当事人住所以其户籍所在地为准；离开户籍所在地有经常居住地的，经常居住地为住所；现住址与住所不一致的，还应当记载其现住址；连续两个当事人的住所相同的，应当分别表述，不得使用"住所同上"的表述；

c. 当事人是个体工商户的，按照本款第二项的要求写明经营者的基本信息；有字号的，以营业执照上登记的字号为当事人，并写明该字号经营者的基本信息；有统一社会信用代码或者注册码的，应当填写统一社会信用代码或者注册码；

d. 当事人是起字号的个人合伙的，在其姓名后应当用括号注明"系……（写明字号）合伙人"；

e. 当事人是法人的，写明名称、统一社会信用代码、住所以及法定代表人的姓名和职务；

f. 当事人是其他组织的，写明名称、统一社会信用代码、住所以及负责人的姓名和职务。

个体工商户、个人合伙、法人、其他组织的名称应当写全称，以其注册登记文件记载的内容为准。

法人或者其他组织的住所是指法人或者其他组织的注册地或者登记地。

⑪《询问笔录》《现场检查（勘验）笔录》《查封（扣押）现场笔录》《查封（扣押）决定书》《行政处罚事先告知书》《听证笔录》《行政处罚决定书》等文书，应当当场交当事人阅读或者向当事人宣读，需要签名的，由当事人逐页签字、盖章并按指纹等方式确认。

无法通知当事人，当事人不到场或者拒绝接受调查，当事人拒绝签名、盖章确认的，办案人员应当在笔录上注明情况，并采取录音、录像等方式记录，必要时可邀请有关人员作为见证人。邀请见证人到场的，应当填写见证人身份信息，并由见证人逐页签名。检查人员也应当在笔录上逐页签名。

笔录最后一行文字后如有空白，应当在最后一行文字后的下一行加上"以下空白"字样。

笔录需要更正的，涂改部分当事人应当以签名、盖章或者以按指纹等方式确认。

⑫ 执法文书首页不够记录时，可以附纸记录，但应当注明页码，由执法人员和当事人逐页签名，并注明日期。

⑬ 文书中执法机构、法制机构、执法机关的审核或者审批意见应当表述明确，没有歧义。

⑭ 需要交付当事人的外部文书应当使用《送达回证》，由受送达人在送达回证上注明收到日期，签名或盖章。

⑮ 文书中注明加盖执法机关印章的地方应当有执法机关名称并加盖章，应当清晰、端正，并"骑年盖月"。文书有多页的应当同时加盖骑缝章。

8.10.9.2 案卷封面

案卷封面是指案卷装订后外面的第一层，其内容主要包括执法机关名称、案件名称、办案起止时间、保管期限、卷内件（页）数等。

（1）制作方法

① 封面题名。农业执法机关名称＋年度＋行政处罚案件卷宗。

② 案号，行政处罚决定书的案号。

③ 案件名称、当事人案由写明具体违法行为，如"生产假兽药案"；当事人填写全称，如"××股份有限公司"。

④ 适用程序及处理结果。适用程序填写简易程序或普通程序；处理结果直接填写处罚决定的内容。

⑤ 办案人员。行政处罚案件的办理人员一般要求是两名执法人员。

⑥ 立案日期、结案日期。农业行政执法机关领导同意立案、结案的日期。

⑦ 立卷单位。立卷单位是指制作卷宗的机构名称。

⑧ 归档日期。案卷立卷的日期，一般要求在结案后 15 个工作日内完成。

⑨ 卷数、页数。材料较多的案卷，可以立多个卷宗，卷宗内文件材料按《卷内目录》中规定的顺序存放，卷数、页数在卷宗封面中标明。页数填写案卷中编号材料的总页数。

（2）制作示范（表 8-2）

表 8-2　案卷封面示范

××农业农村局					
2022 年度行政处罚案件卷宗					
案号	×农(兽药)罚〔2022〕×号				
案件名称	经营假兽药案				
当事人	＊＊兽药经营企业				
适用程序	普通程序				
办案人员	李×　　何×				
处理结果	1. 没收违法所得×元；2. 没收违法经营的兽药×瓶(包)；3. 罚款×元。				
立案日期	××××年×月×日	结案日期		××××年×月×日	
归档日期	××××年×月×日	归档号		(xxxx 年)第×号	
立卷单位	×县农业综合行政执法大队	立卷人		王×	
保管期限	30 年				
本案共×卷　　第×卷　　共×页					

8.10.9.3 卷内目录

卷内目录是指案卷内按规定顺序编排的文书目次表。主要包括序号、文号、文件材料名称、页号和备注等内容，按卷内文书材料排列顺序逐件填写。

（1）制作方法　按卷内文书材料排列顺序逐件填写，不能留有空行，不能填写卷内没有的材料，不能漏填卷内任何材料。

排列顺序，普通程序案卷按照执法办案流程的时间先后顺序排列（档案管理部门另有规定的从其规定）；卷内文书材料一般按如下顺序排列：

① 立案材料，包括立案审批表、投诉信函、投诉受理记录、案件移送函等；

② 调查取证材料；

③ 审查决定材料，包括案件处理意见书、行政处罚事先（听证）告知书、陈述申辩笔录、听证笔录、重大行政处罚决定集体讨论记录、行政处罚决定审批表、行政处罚决定书等；

④ 处罚执行材料，包括罚款收据、执行情况记录、行政决定履行催告书、强制执行决定书、结案审批表等。

（2）制作示范（表8-3）

表8-3 卷内目录示范

序号	文号	文件材料名称	页号	备注
1	×农（兽药）罚〔2021〕×号	行政处罚决定书	1	
2	×农（兽药）立〔2022〕×号	立案审批表	2	
3		投诉信函	3	
4		投诉受理记录	4	
5		现场检查（勘验）笔录	5	
6		现场照片	6	
7		询问笔录	8	
8		当事人身份证	11	复印件
		·······		
20		案件处理意见书	36	
21	×农（兽药）告〔2022〕×号	行政处罚事先告知书	37	
22		陈述申辩笔录	38	
23		行政处罚决定审批表	39	
		·······		

8.10.9.4 农业行政执法基本文书格式

（1）指定管辖通知书

（2）案件交办通知书

（3）协助调查函

（4）协助调查结果告知函

（5）案件移送函

（6）涉嫌犯罪案件移送书

（7）当场行政处罚决定书

（8）行政处罚立案/不予立案审批表

（9）撤销立案审批表

（10）责令改正通知书

（11）询问笔录

（12）现场检查（勘验）笔录

（13）抽样取证凭证

（14）抽样检测结果告知书

（15）产品确认通知书

（16）证据先行登记保存通知书

（17）先行登记保存物品处理通知书

（18）查封（扣押）决定书

（19）查封（扣押）现场笔录

（20）解除查封（扣押）决定书

（21）查封（扣押）/解除查封（扣押）财物清单

（22）案件中止调查决定书

（23）恢复案件调查决定书

（24）案件处理意见书

（25）行政处罚事先告知书（适用非听证案件）

（26）行政处罚事先告知书（适用听证案件）

（27）不予行政处罚决定书

（28）行政处罚决定审批表

（29）行政处罚决定书

（30）行政处罚听证会通知书

（31）听证笔录

（32）行政处罚听证会报告书

（33）送达回证

（34）履行行政处罚决定催告书

（35）强制执行申请书

（36）延期（分期）缴纳罚款通知书

（37）罚没物品处理记录

（38）行政处罚结案报告

8.10.10 行政执法文书的送达

根据《行政处罚法》《行政强制法》《行政许可法》《行政复议法》《行政诉讼法》《民事诉讼法》等相关法律、法规规定，兽药行政执法文书送达适用以下要求。

（1）**行政执法文书的种类** 行政执法文书是指在依法实施行政处罚、行政强制、行政许可等具体行政行为过程中使用的与当事人切身利益密切相关的各种法律文件，主要包括各类告知（通知）书、答复（意见）书、决定书等。

（2）**送达的总体要求** 送达行政执法文书必须按照法定程序和方式进行，未按法定程序和方式送达的，不产生送达的法律效力。送达行政执法文书必须要有送达回证，并由当事人在送达回证上注明收到日期、签名或盖章。当事人在送达回证上的签收日期为送达日期。

（3）**送达方式** 送达行政执法文书应当按照"直接送达和邮寄送达为主，留置送达为补充，公告送达为最后手段"的原则，按照《行政处罚法》《民事诉讼法》的有关规定予以送达，具体要求如下。

① 直接送达。将行政执法文书直接送交给当事人，并由当事人在送达回证上签收。当事人是自然人的，由本人签收，本人不在的，可交其同住成年家属签收，并在送达回证上注明与受送达人的关系；当事人是法人或其他组织的，应当由法定代表人、其他组织的

主要负责人，或者该法人、其他组织的办公室、收发室、值班室等负责收件的人签收或盖章；当事人授权委托代理人的，可送交其代理人签收，但当事人在授权委托书中明确表明其代理人无权代为签收相关行政执法文书的除外。送达回证上的签收日期为送达日期。同时可采取全程录像以及拍照等方式补充送达证据。

② 邮寄送达。直接送达行政执法文书有困难的，可以采用邮寄送达。邮寄送达应通过国家法定邮政部门，采用挂号信或特快专递方式。邮寄送达时，必须将附有注明寄回联系地址的送达回证和要送达的行政执法文书一起邮寄，并索要回执。邮寄回执上注明的收件日期与送达回证上注明的收件日期不一致的，或者送达回证没有寄回的，以邮寄回执上注明的收件日期为送达日期。

③ 留置送达。在送达行政执法文书时，发生当事人无正当理由拒绝签收、当场撕毁行政执法文书及送达回证、否认自己是当事人、送达人员表明身份后拒不开门等恶意拒收情形的（开启行政执法记录仪，落实行政执法全过程记录制度），可采取留置送达。当事人是自然人的，本人或其同住成年家属拒绝签收行政执法文书的，应当邀请有关街道（社区）等基层组织或者其所在单位的代表到场对送达情况和过程予以见证，并在送达回证上记明拒收事由和日期，由行政执法人员、现场见证人签名或盖章后，把行政执法文书留在当事人的住所，即视为送达。当事人是法人或其他组织的，该法人或其他组织拒绝签收行政执法文书的，应当邀请有关街道（社区）等基层组织的代表到场对送达情况和过程予以见证，并在送达回证上记明拒收事由和日期，由行政执法人员、见证人签名或盖章后，把行政执法文书留在当事人的办公或经营场所，即视为送达。在留置送达时，如果见证人拒绝到场见证或者找不到见证人的，行政执法人员可以通过拍照、录像等方式，将当事人拒绝签收，行政执法人员已经将法律文书留在了当事人应送达场所的全过程客观准确的记录下来，作为送达的依据。拍照、录像过程中，应当注意将送达时间、送达文书的内容、当事人、送达人以及见证人等全部显示出来。

④ 公告送达。当事人下落不明，或者采用直接送达、邮寄送达、留置送达等方式均无法送达的，可以公告送达行政执法文书。对自然人进行公告，应由该自然人所在地公安机关或者街道（社区）等相关部门证明其下落不明，或者证明直接送达、邮寄送达、留置送达等方式均无法送达，作为适用公告送达的根据；对法人或其他组织进行公告的，应由该法人、其他组织注册登记地的市场监督管理部门或者所在地街道（社区）等相关部门证明无人经营、不知下落，或者证明直接送达、邮寄送达、留置送达等方式均无法送达，作为适用公告送达的根据。适用公告送达的行政执法文书，对公告送达方式，法律、法规、规章有规定的，应按规定进行公告；无规定的，可以在行政机关的公告栏、受送达人住所地同时张贴公告，将张贴公告过程进行录像或者拍照记录；或在具有国内公开发刊号的报纸上刊登公告，也可以同时在政府网站上公告送达。自公告发出之日起，经过六十日，即视为送达。公告送达应在行政执法案卷中记明原因和经过。

⑤ 特殊人员的送达。当事人是军人的，通过其所在部队团以上单位的政治机关转交；当事人是被监禁的，通过其所在监狱单位转交。代为转交的单位收到行政执法文书后，按规定应立即转交当事人签收。当事人在送达回证上的签收日期为送达日期。所有能固定送达的证据应当归入执法卷宗。

依法行政，做好行政执法文书送达工作。由于行政执法工作涉及面广，情况又较为复杂多样，执法办案过程中当事人拒绝签收行政执法文书，导致无法送达的现象时有发生，为此，要坚持依法行政的原则，严格按照法律规定实施送达程序，并积极探索符合法律要求的送达方式。

（4）规范送达回证制作　送达的行政执法文书要有规范编序的文号，送达回证上要载明送达文书的名称、文号、份数、送达方式、时间和地点等内容，当事人的姓名（名称）要填写清楚和正确，当事人是法人或其他组织的，要填写该法人或其他组织的全称，不可使用简称，并应注明其法定代表人或主要负责人。送达回证应加盖公章，并有两名以上的行政执法人员签名。采用邮寄送达、留置送达或公告送达的，要在行政执法案卷中附有相关材料记载。

（5）送达注意事项

① 在行政执法过程中，可以要求当事人出具授权委托书，由其授权委托代理人代为签收行政执法文书的，送达时可将行政执法文书送达给代理人签收；可以参照人民法院有关做法，要求当事人填写《行政执法文书送达地址确认书》，作为送达行政执法文书的依据；也可以在当事人前来接受调查处理时，在调查（询问）笔录中确认行政执法文书的送达地址。一旦当事人拒绝签收行政执法文书的，行政执法主体可以将法律文书邮寄送达或者留置送达至当事人在《行政执法文书送达地址确认书》中确认的送达地址。

② 积极探索符合法律要求的有效送达方式。如在重大行政处罚、行政强制等执法办案过程中，可以尝试邀请公证部门的公证员到当事人应送达场所，对当事人拒绝签收行政执法文书的现场予以全程公证的方式，进行法律文书的留置送达。

8.10.11　行政处罚决定的执行

行政处罚的决定程序包括一般规则、简易程序、听证程序、一般程序。行政处罚的执行程序包括一般规定、罚款的收缴、行政强制措施。

8.10.11.1　行政处罚的决定程序

（1）一般规则　行政处罚法规定了适用于各种行政处罚决定程序的两项一般规则。

① 必须首先查明违法事实才能给予行政处罚。其基本要求是：先查证，后处罚；有违法事实，但是事实不清尚有疑义的，不得给予行政处罚。所谓违法事实是指客观存在的违法行为诸情况的总和。查清违法事实，是处罚决定程序的中心内容，也是处罚决定合法有效的必要条件。

② 保障当事人程序权利。当事人的程序权利主要指了解权、陈述和申辩权、听证权和其他权利。尊重和保证当事人了解权和陈述申辩权，是行政处罚决定成立的法定要件之一。这里所说的了解权，是指在处罚决定作出之前，当事人有权从行政机关知道作出处罚决定的事实、理由及依据，知道当事人依法享有的权利。所谓陈述和申辩权，是指在处罚决定作出之前，当事人有权提出自己的意见，提出自己掌握的事实、所持理由和证据，并对行政机关的指控进行辩解，申明自己的主张。

（2）简易程序　行政处罚法区别行政处罚的不同情况，规定了简易程序、听证程序和一般程序三种程序。

简易程序是为事实确凿并有法定依据，处罚较轻情形设置的，主要特点是当事人程序权利简单，执法人员可以当场决定给予处罚。

① 适用简易程序的条件。有两项条件：第一，违法事实确凿并有法定依据；第二，

处罚种类和幅度分别是对公民处以 50 元以下，对法人或者其他组织处以 1000 元以下的罚款或者警告的。

② 执法人员的权力和义务。主要权力是执法人员当场作出行政处罚决定并依照法律规定填写行政处罚决定书。主要义务是当场表明身份，出具和交付依法填写统一制作的行政处罚决定书，将行政处罚决定报所属行政机关备案。

③ 当事人的权利和义务。主要权利是行政处罚法规定的当事人的各种程序权利，要求执法人员依简易程序规定作出处罚决定的权利，对处罚决定不服依法申请行政复议或者提起行政诉讼的权利。主要义务是依法履行行政处罚决定。

（3）听证程序　听证程序，是在行政机关作出行政处罚决定之前，公开举行专门会议，由行政处罚机关调查人员提出指控、证据和处理建议，当事人进行申辩和质证的程序。听证程序的主要规则有：

① 举行听证会的条件。第一，行政机关将要作出责令停产停业、吊销许可证或者执照和较大额罚款等行政处罚决定；第二，经当事人依法提出听证要求，由行政机关组织。

② 听证会的进行程序。主要内容是由行政复议机关通知听证会举行的时间和地点；举行听证的方式是公开举行，涉及国家秘密、商业秘密或者个人隐私的除外；听证会由行政机关指定的非本案调查人员主持，当事人认为主持人与本案有直接利害关系的，有权申请回避；当事人可以亲自参加听证，也可以委托 1～2 人委托代理；听证的举行，由调查人员提出当事人违法的事实、证据和行政处罚建议，当事人进行申辩和质证；听证应当制作笔录，笔录应当交当事人审核无误后签字或者盖章。

③ 处罚决定的作出。由行政机关在听证结束后，依照一般程序的有关规定作出处罚决定。

当事人对限制人身自由的行政处罚有异议的，依照治安管理处罚条例的有关规定执行。

（4）一般程序　一般程序是普遍适用的行政处罚程序，它适用于除适用简易程序和听证程序以外的其他行政处罚。一般程序的主要规则有：

① 行政调查。除了在简易程序中可以当场作出行政处罚以外，行政机关发现公民、法人或者其他组织有依法应当给予行政处罚违法行为的，必须进行全面、客观和公正的调查，收集有关证据。必要时，依照法律、法规的规定，可以进行检查。

行政处罚法规定了行政调查和行政检查中行政机关及其执法人员的权利义务。主要有以下各项：第一，调查或检查时的执法人员不得少于两人，并应向当事人和有关人员出示证件表明身份；第二，执法人员有要求当事人如实回答询问并协助调查或检查的权力；第三，行政机关在收集证据时，可以抽样取证；第四，实行先行登记保存制度。在登记保存证据期间，当事人或有关人员有不得销毁或者转移证据的义务。这种方法适用于证据可能灭失或者以后难以取得的情况。在实施中，须经行政机关负责人批准并登记保存的，并在 7 日内作出处理决定。

② 行政处罚决定。行政处罚决定由行政机关负责人在对调查结果进行审查后，根据不同情况作出决定。行政处罚法规定了作出行政处罚决定的条件和决定的种类。对情节复杂或者重大违法行为给予较重的行政处罚，应由行政机关负责人集体讨论后作出。行政处罚法还规定了行政处罚决定书的载明事项和制作送达方法。

在行政处罚决定作出之前，行政机关及其执法人员应当保证当事人享有和行使了解权和陈述、申辩的权利。

8.10.11.2　行政处罚的执行程序

行政处罚执行制度的主要内容包括一般规定、罚款的收缴、行政强制措施。

（1）一般规定

① 当事人应当及时履行行政处罚决定规定的义务。

② 原则上，在当事人申请行政复议或提起行政诉讼期间，行政处罚不停止执行。

③ 行政机关应当健全对行政处罚的监督制度。

（2）罚款的收缴　原则上，作出罚款决定的行政机关应当与收缴罚款的机构分离。作出处罚决定的行政机关及其执法人员不得自行收缴罚款。当事人应当在法定期限内，到指定的银行缴纳罚款。银行应当收受罚款，并将罚款直接上缴国库。对上述原则规定的例外情形，应当依照行政处罚法规定的当场收缴罚款的条件和收缴办法办理。

对于罚款、没收违法所得或者没收非法财物拍卖的款项，必须全部上缴国库。任何行政机关或者个人不得以任何形式私分、截留；财政部门不得以任何形式向行政处罚决定机关返还。

（3）行政强制措施　除经申请和批准当事人可以暂缓或分期缴纳罚款的以外，当事人逾期不履行行政处罚决定的，作出行政处罚决定的行政机关可以采取以下强制措施：

① 到期不缴纳罚款的，每日按罚款数额的3%加处罚款。

② 根据法律规定，将查封、扣押的财物拍卖或者将冻结的存款划拨抵缴罚款。

③ 申请人民法院强制执行。

8.10.12　结案

农业行政处罚案件终结后，案件调查人员应填写《行政处罚结案报告》，经农业行政处罚机关负责人批准后结案。

有下列情形之一的，农业行政处罚机关可以结案：

① 行政处罚决定由当事人履行完毕的；

② 申请人民法院强制执行，人民法院依法受理的；

③ 不予行政处罚等无须执行的；

④ 行政处罚决定被依法撤销的；

⑤ 农业行政处罚机关认为可以结案的其他情形的。

8.10.13　立卷归档

案件结案后，将案件有关材料编目装订、立卷归档。行政处罚案件档案是按照法定的程序，在办理行政处罚案件过程中直接形成的、反映执法活动全过程的、具有保存价值的文字、图表、声像等各种形式历史记录。

案件材料归档的顺序，应严格按照《农业行政执法文书制作规范》的规定执行。

8.10.13.1　立卷归档的总体要求

农业行政执法机关各类文书，应按照利于保密、方便利用的原则，分别立为正卷和副卷。普通程序案件应当按年度、一案一号的原则，单独立卷。简易程序案件可以多案合并组卷，每卷不超过 50 个案件。

案卷归档一般包括材料整理，排序编号，填写卷宗封面、卷内目录、卷内备考表和装订入盒等步骤。

8.10.13.2 行政处罚简易程序案件归档材料

主要包括：当场处罚决定书；罚款收据；其他文件材料。

8.10.13.3 行政处罚普通程序案件归档材料

主要包括：立案材料，包括投诉信函、投诉受理记录、案件移送函、立案审批表等；调查取证材料；审查决定材料，包括案件调查终结审批表、行政处罚事先（听证）告知书、陈述申辩笔录、听证笔录、重大行政处罚决定集体讨论记录、行政处罚决定书等；处罚执行材料，包括罚款收据、执行情况记录、行政决定履行催告书、强制执行决定书、结案审批表等。

当事人提起行政复议或者行政诉讼形成的文件材料，可合并入原案卷保管，或另立卷保管。

8.10.13.4 材料整理要求

案件结案后，立卷人应当及时将案件处理过程中形成的各种文书和材料进行收集整理。材料整理应当符合下列规定：

① 能够采用原件的材料应当采用原件，不得以复印件代替原件存档；

② 整理时应拆除文件上的金属物，超大纸张应予折叠成 A4 纸大小。已破损的文件应予修整，字迹模糊或易褪色的文件、热敏传真纸文件应予复制；

③ 横印文件材料应当字头朝装订线摆放；

④ 文件材料装订部分过窄或有字的，用纸加宽装订，纸张小于卷面的用 A4 纸进行托裱；

⑤ 需要附卷保存的信封，应当打开展平后加贴衬纸或者复制留存，邮票不得撕揭。卷内文书材料应当齐全完整，无重复或多余材料。

8.10.13.5 材料编号要求

案件材料整理后，按照下列规定进行排序编号。

简易程序案卷同一案件按当场处罚决定书、罚款收据（现场收缴的将收据号码登记在处罚决定书上）、其他文件材料的顺序排列；不同案件按结案时间先后顺序排列。

普通程序案卷，按照第三节卷内目录的顺序排列。在执法实践中还有一些与案件处理有关的内部请示、报告、批复及领导的批示、举报信等不宜公开的材料，建议将这些不宜公开的材料作为副卷进行归档，副卷材料未经负责人批准，不得查阅、借阅。这些不宜公开的材料不应当归档于正卷中，当然这些材料名称也不应当填写排列于行政处罚案卷的正卷卷内目录中。

卷内文书材料用号码机以阿拉伯数字从"1"开始依次编写页号。页号编写在有字迹页面正面的右上角和背面的左上角，大张材料折叠后应当在有字迹页面的右上角编写页号，A4 横印材料应当字头朝装订线摆放好再编写页号，背面无信息内容的不编号。页号编写完毕应当对应"题名"填写于卷内目录。卷内目录排列的文书材料如果是复印件的，必须在"备注"栏中注明。

8.10.13.6　农业行政执法案卷的组成部分

农业行政执法案卷由卷宗封面、卷内目录、卷内文件材料、卷内备考表、封底组成。

卷宗封面包括立卷单位、案号、案件名称、年度、页数、保管期限。卷内目录包括序号、文号、文件材料名称、页号、备注。卷内备考表包括本卷情况说明、立卷人、检查人、立卷时间。

8.10.13.7　案卷装订入盒的有关要求

装订时右边和下边取齐，采用三孔一线的方法在左边装订，装订要牢固、整齐，不压字迹，便于翻阅；案卷背面装订线处用封条封装，并加盖单位公章；将案卷置于规格统一的卷盒中，并在卷盒盒脊填写所存案卷的年份、保管期限、起止卷号。

8.10.13.8　难以入卷保存的材料

对于难以入卷保存的物证、视听资料、电子数据等证据材料，可以拍摄、冲洗或者打印后入卷，相关证据材料装入证据袋另行保存，并在卷内备考表注明。

8.10.13.9　归档期限

简易程序案卷保管期限为 5 年；普通程序案卷保管期限为 30 年；案件涉及行政复议、行政诉讼的，保管期限为永久。

保管期限从案卷装订成册次年 1 月 1 日起计算。

8.10.13.10　案卷保管

农业行政执法案卷应当于次年一季度前移交本单位档案管理机构集中统一管理。

案卷归档，不得私自增加或者抽取案卷材料，不得修改案卷内容。

参考文献

[1] 农业部 . 省级兽药监察所基本条件（试行）. 1994.

[2] 农业部 . 农业行政执法实务[M]. 北京：中国农业科技出版社，2005.

[3] 农业农村部畜牧兽医局，中国兽药协会 . 兽药经营质量管理规范 . 兽药管理政策法规选编（2020 年版）.

[4] 中华人民共和国国务院令第 404 号 . 兽药管理条例 . 2004.

[5] 中华人民共和国农业农村部令 2022 年第 9 号 . 农业综合行政执法管理办法 . 2022.

[6] 中华人民共和国农业部公告第 2337 号 . 兽药临床试验质量管理规范 . 2015.

[7] 中华人民共和国农业部公告第 2387 号 . 兽药非临床研究与临床试验质量管理规范监督检查办法 . 2016.

[8] 中华人民共和国农业部公告第 2464 号 . 兽药非临床研究、临床试验质量管理规范监督检查标准及其监督检查相关要求 . 2016.

[9] 农牧便函〔2019〕982号．农业农村部畜牧兽医局关于兽药GCP监督检查工作有关事宜的通知．2019.

[10] 中华人民共和国农业部公告第2368号．新兽药注册现场核查有关事项规定．2016.

[11] 农办牧〔2019〕25号．兽药注册现场核查工作规范．2019.

[12] 农牧发[1994]16号．省级兽药监察所基本条件（试行）．1994.

[13] 中华人民共和国农业农村部第97号公告．兽药严重违法行为从重处罚情形．2018.

[14] 农办医〔2006〕59号．农业部兽药GMP飞行检查程序．2019.

[15] 中华人民共和国农业部公告第2611号．兽药生产企业飞行检查管理办法．2016.

[16] 中华人民共和国农业部令1996年第6号．兽用生物制品管理办法．1996.

[17] 中华人民共和国农业部令2001年第2号．兽用生物制品管理办法．2001.

[18] 中华人民共和国农业部令2010年第3号．兽药经营质量管理规范．2010.

[19] 中华人民共和国农业农村部令2021年第2号．兽用生物制品经营管理办法．2021.

[20] 中华人民共和国农业部、海关总署令第2号．兽药进口管理办法．2007.

[21] 中华人民共和国农业部令2013年第2号．兽用处方药和非处方药管理办法．2013.

[22] 中华人民共和国农业部公告第1997号．兽用处方药品种目录（第一批）．2013.

[23] 中华人民共和国农业部公告第2471号．兽用处方药品种目录（第二批）．2016.

[24] 中华人民共和国农业部公告第2069号．乡村兽医基本用药目录．2014.

[25] 中国兽药典委员会．中华人民共和国兽药典兽药使用指南[M].北京：中国农业出版社，2020.

[26] 中华人民共和国农业农村部公告第250号．食品动物中禁止使用的药品及其他化合物清单．2019.

[27] 中华人民共和国农业部公告第2292号．关于停止在食品动物中使用洛美沙星、培氟沙星、氧氟沙星、诺氟沙星4种兽药．2015.

[28] 中华人民共和国农业部公告第2638号．关于停止在食品动物中使用喹乙醇、氨苯胂酸、洛克沙胂等3种兽药．2018.

[29] 中国兽药典委员会．中华人民共和国兽药典[M].北京：中国农业出版社，2020.

[30] 中国兽药典委员会．兽药质量标准（2017年版）[M].北京：中国农业出版社，2017.

[31] 中华人民共和国农业部公告2210号．兽药二维码追溯体系建设规定．2015.

[32] 中华人民共和国农业农村部公告174号．全面推进兽药二维码追溯监管的规定．2019.

[33] 中华人民共和国国务院令第310号．行政执法机关移送涉嫌犯罪案件的规定．2001.

[34] 法释〔2021〕24号．最高人民法院最高人民检察院关于办理危害食品安全刑事案件适用法律若干问题的解释．2021.

[35] 农办医〔2016〕16号．关于进一步加强兽药违法案件查处及信息报送工作的通知．2016.

[36] 农政发〔2014〕3号．农业行政处罚案件信息公开办法．2014.

[37] 农法发〔2020〕2号．农业综合行政执法事项指导目录（2020年版）．2020.

第 9 章
国际兽药
管理与贸易

本章概括和总结了联合国粮农组织、世界动物卫生组织、兽药国际协调会、经济合作与发展组织、世界贸易组织、世界卫生组织、国际药品认证合作组织等国际组织中的兽药管理准则与标准，剖析世界主要国家和地区的兽药管理现状，并对全球兽药市场概况进行详细分析，找出影响我国兽药出口的规则和技术因素，寻求我国兽药参与国际贸易的发展之路，为中国兽药走向世界建立信心、打开思路。

9.1

国际组织兽药管理准则与标准

9.1.1　联合国粮农组织（FAO）

9.1.1.1　联合国粮农组织简介

联合国粮食及农业组织（Food and Agriculture Organization of the United Nations），简称"粮农组织"（FAO），于 1945 年 10 月 16 日正式成立，是联合国系统内最早的常设专门机构，是各成员国间讨论粮食和农业问题的国际组织。其宗旨是提高人民的营养水平和生活标准，改进农产品的生产和分配，改善农村和农民的经济状况，促进世界经济的发展并保证人类免于饥饿。组织总部在意大利罗马，现成员共有 194 个成员国、1 个成员组织（欧盟）和 2 个准成员（法罗群岛、托克劳群岛）。

粮农组织的主要职能是：搜集、整理、分析和传播世界粮农生产和贸易信息；向成员国提供技术援助，动员国际社会进行投资，并执行国际开发和金融机构的农业发展项目；向成员国提供粮农政策和计划的咨询服务；讨论国际粮农领域的重大问题，制定有关国际行为准则和法规，谈判制定粮农领域的国际标准和协议，加强成员国之间的磋商和合作。粮农组织设立了"发展中国家间技术合作计划"，以重点加强发展中国家间的农业技术交流与合作，推动其农业的进一步发展。

粮农组织的最高权力机构为大会，每两年召开 1 次。常设机构为理事会，由大会推选产生理事会独立主席和理事国。理事会设有计划、财政、章程及法律事务、商品、渔业、林业、农业、世界粮食安全、植物遗传资源 9 个办事机构。该组织的执行机构为秘书处，其行政首脑为总干事。秘书处下设总干事办公室和 7 个经济技术事务部。总部自 1951 年起迁往意大利罗马，此外还在非洲、亚洲和太平洋、拉丁美洲和加勒比、近东和欧洲等 5 个地区设有区域办事处，在北美（美国华盛顿）和联合国（美国纽约和瑞士日内瓦）分别设有联络处。

中国是联合国粮农组织的创始成员国之一。1973 年，中华人民共和国在该组织的合法席位得到恢复，并从同年召开的第 17 届大会起一直为理事国。联合国粮农组织于 1983 年 1 月在北京设立驻华代表处。2019 年 6 月 23 日，屈冬玉当选联合国粮食及农业组织第九任总干事。

粮农组织非常重视中国在世界农业领域中的作用，十分赞赏中国农村改革和农业发展成就。中国积极参与粮农组织"粮食安全特别计划"框架下的南南合作。2006年，中国成为国际食品法典农药残留和食品添加剂两个分委会的主席国。

中国农业科学院哈尔滨兽医研究所动物流感实验室2013年被FAO认定为国际疫病参考中心；中国兽医药品监察所2019年被认定为FAO/WOAH牛瘟病毒保藏机构；中国兽医药品监察所布鲁氏菌病实验室2021年被FAO认定为国际布病参考中心。

9.1.1.2　国际食品法典委员会（CAC）

国际食品法典委员会（Codex Alimentarius Commission，CAC）是由联合国粮农组织（FAO）和世界卫生组织（WHO）于1962年共同创建的协调各成员国食品法规、技术标准的政府间国际机构。其名称源自拉丁文，其中Codex意为"表册、簿籍、案卷、法典等"；Alimentarius意为"卫生者、可供食料者"。国际食品法典委员会（CAC）以保障消费者的健康和确保食品贸易公平为宗旨，专门负责协调制定国际食品标准。已有179个成员国和1个成员国组织（欧盟）加入该组织，覆盖全球99%的人口。

CAC是WTO指定的制定农产品及食品国际贸易仲裁标准的国际机构。CAC标准以科学为基础，在获得所有成员国的一致同意的基础上制定出来。所有国际食品法典标准都主要在FAO和WHO各下属委员会中讨论和制定，然后经CAC大会审议后通过。CAC标准对发展中国家和发达国家的食品生产商和加工商的利益是同等对待的。在相关食品标准制定方面，食品法典也因此成为唯一的、最重要的国际参考标准。

CAC与国际食品贸易关系密切，实施卫生与植物卫生措施协议（SPS）和技术性贸易壁垒协议（TBT）均鼓励采用协调一致的国际食品标准。作为乌拉圭回合多边贸易谈判的产物，SPS协议引用了法典标准、指南及推荐技术标准，以此作为促进国际食品贸易的措施。因此，法典标准已成为在乌拉圭回合协议法律框架内衡量一个国家食品措施和法规是否一致的基准。CAC成员国参照和遵循这些标准，既可以避免重复性工作又可以节省大量人力和财力，而且有效地减少国际食品贸易摩擦，促进贸易的公平和公正。国际食品法典委员会已成为全球消费者、食品生产和加工者、各国食品管理机构和国际食品贸易重要的基本参照标准。法典对食品生产、加工者的观念以及消费者的意识已产生了巨大影响，并对保护公众健康和维护公平食品贸易做出了重要贡献。

我国于1984年正式成为CAC成员国，并由原农业部和原卫生部联合成立中国食品法典协调小组，秘书处设在原卫生部，负责中国食品法典国内协调；联络点设在原农业部，负责与CAC相关的联络工作。1999年6月新的CAC协调小组由农业部、卫生部、国家质量技术监督检验检疫总局等10家成员单位组成。进入新世纪，中国参与CAC工作的广度和深度都达到前所未有的程度，于2006年7月在瑞士日内瓦举行的第29届CAC大会上我国申请作为农药残留委员会和食品添加剂委员会主席国获得批准，成为这两个委员会新任主席国。根据程序手册的规定，我国设立了农药残留委员会秘书处和食品添加剂委员会秘书处，农药残留委员会秘书处设在原农业部农药检定所，食品添加剂委员会设在中国疾病预防控制中心营养与食品安全所。

CAC下设的食品法典兽药残留委员会（Committee on Residues of Veterinary Drugs in Food，CCRVDF）和食品添加剂联合专家委员会（Joint FAO/WHO Expert Committee of Food Additives，JECFA）是FAO/WHO建立的专门进行兽药风险评估的组织，负责制定动物源性食品中药物残留的允许限量标准。JECFA组织专家对兽药残留的安全性进行评估，CCRVDF 负责审议通过 JECFA 提出的动物源性食品中兽药最大残留限量评估报告，并依据 JECFA 的风险评估结果向 CAC 推荐兽药最大残留限量标准，经 CAC 大会审议通过制定兽药最大残留限量国际标准。

（1）食品中兽药残留法典委员会（CCRVDF） 食品中兽药残留法典委员会是 FAO/WHO 联合 CAC，为协调国际贸易兽药残留标准差异引起的纠纷而设立的专业委员会。

在 CAC 体系中，CCRVDF 负责推荐和制定兽药在动物组织中的最大残留限量（基于残留的种类和限量对人类健康无毒性危害，同时考虑其他相关的公共健康风险和食品技术方面的问题制定），制定有关食品动物使用兽药的技术法规，并制定对食品中兽药残留检测所涉及的取样和分析方法，以防止食品中的兽药残留给人们的健康和贸易带来不良影响。1993 年，CCRVDF 制定了国际兽药使用管理规范（Recommended International Code of Practice for the Control of the Use of Veterinary Drugs，GPVD）（CAC/RCP38），共 22 条，对兽药处方、申请、分销和使用进行指导。GPVD 包括休药期在内的使用方法由官方根据具体的实际情况做出建议或授权。

（2）食品添加剂联合专家委员会（JECFA） 粮农组织/世卫组织食品添加剂联合专家委员会是由粮农组织和世卫组织总干事按照两个组织的规则设立的一个独立科学专家机构，并非固定的实体组织机构，以会议的形式存在。

JECFA 负责对食品中的添加剂、兽药残留开展化学、毒理学等方面的评估和分析，制定最大残留限量，就食品中兽药残留问题提供科学咨询。JECFA 由 FAO 和 WHO 专家委员会共同召集，通常一年召开两次会议，评估内容包括食品添加剂、污染物、天然毒素或兽药残留。根据具体内容确定不同方向的专家参会。一般由委员会成员、起草专家、资料专家组成，委员会专家评价草案、提出安全评估建议和起草正式报告，起草专家评议资料和文件，制定草案，资料专家负责准备工作和会议期间提供文档资料。

JECFA 是国际食品法典委员会（CAC）授权的制定兽药最大残留限量标准的技术机构，也是国际公认的开展兽药食品安全性风险评估的权威机构，已完成超过 100 种兽药的食品安全性风险评估。另外，JECFA 是 FAO 和 WHO 的附属科学评价机构，负责食品污染物安全评价及风险分析任务，并可通过 CCRVDF 向 CAC 提供兽药安全性方面的建议和支持。

（3）兽药优先列表与最大残留限量 CAC 认为残留监控计划应根据消费者食用动物性食品后可能产生的危害对健康的影响程度来制定。一套有效的残留监控计划，既是保障本国公众健康的需要，也是保障该国出口食品安全的基础，同时也体现食品贸易国的可信度。制定出符合国际标准，又适合本国国情的 MRLs 标准是残留监控计划的基础。

CCRVDF 根据 JECFA 评估结果制定需要评价和再评价的兽药优先列表，同时在提出新工作或修订某项标准时应给出详细说明，包括：制定标准的必要性和适时性，标准涉及的内容，与 CAC 战略的相关性，与现行食典文件的相关性，确定需要外部机构对标准提供的技术投入，完成该项标准的工作安排，开始时间等。

CAC 兽药残留限量标准已更新至 2018 年 7 月第 41 届 CAC 会议通过的《食品中兽药残留的最大残留限量和风险管理建议（2018 版）》。CAC 兽药残留限量标准共涉及 79 个品种，其中 3 种兽药（17-β 雌二醇、猪生长激素、黄体酮）不需要制定限量，13 种为禁用药，另外 63 种兽药规定了 623 项残留限量。制定最大残留限量品种见表 9-1。

表 9-1　制定最大残留限量品种

序号	品种	序号	品种	序号	品种
1	阿维菌素	23	双氢链霉素/链霉素	45	莫西丁克
2	阿苯达唑	24	二脒那秦	46	甲基盐霉素
3	阿莫西林	25	多拉菌素	47	新霉素
4	氨苄青霉素	26	因灭汀	48	尼卡巴嗪
5	卑霉素	27	依普菌素	49	辛硫磷
6	阿扎哌隆	28	红霉素	50	吡利霉素
7	苄青霉素/普鲁卡因青霉素	29	17β-雌二醇	51	猪生长激素
8	卡拉洛尔	30	苯硫胍/芬苯达唑/奥芬达唑	52	黄体酮
9	头孢噻呋	31	啶蜱脲	53	莱克多巴胺
10	金霉素/土霉素/四环素	32	氟苯达唑	54	沙拉沙星
11	克伦特罗	33	氟甲喹	55	大观霉素
12	氯氰碘柳胺	34	庆大霉素	56	螺旋霉素
13	粘菌素	35	双咪苯脲	57	磺胺二甲嘧啶
14	氟氯氰菊酯	36	氮氨菲啶	58	氟苯脲
15	三氟氯氰菊酯	37	伊维菌素	59	睾酮
16	氯氰菊酯和顺式氯氰菊酯	38	拉沙洛西钠	60	噻菌灵
17	达氟沙星	39	左旋咪唑	61	替米考星
18	溴氰菊酯	40	林可霉素	62	醋酸去甲雄三烯醇酮
19	得曲恩特	41	虱螨脲	63	敌百虫(三氯磷酸酯)
20	地塞米松	42	甲烯雌醇乙酸酯	64	三氯苯达唑
21	地克珠利	43	莫能菌素	65	泰乐菌素
22	地昔尼尔	44	莫奈太尔	66	玉米赤霉醇

（4）兽药残留风险管理品种　近年来，CCRVDF 还研究制定了包括卡巴氧、孔雀石绿、喹乙醇在内的 12 种可能对人类健康存在风险的兽药的风险管理建议。

① 鉴于粮农组织/世卫组织食品添加剂联合专家委员会根据现有科学信息得出的结论，无法确定食品中相关化合物或其代谢物残留安全水平，即给消费者所带来风险可以接受的残留水平。应防止食品中相关化合物或其代谢物残留。建议不在食品动物上使用相关兽药制剂，见表 9-2。

表 9-2　建议不在食品动物上使用的兽药制剂（1）

兽药名称	制剂类型	标识残留物
卡巴氧	生长促进剂	卡巴多或其代谢物
氯霉素	抗微生物药物制剂	氯霉素或其代谢物
呋喃唑酮	抗微生物药物制剂	呋喃唑酮或其代谢物
甲紫	抗细菌剂、抗真菌剂和驱虫剂	甲紫或其代谢物
孔雀石绿	抗真菌剂和抗原虫剂	孔雀绿或其代谢物
二苯乙烯	生长促进剂	二苯乙烯或其代谢物

② 鉴于粮农组织/世卫组织食品添加剂联合专家委员会得出的结论，尽管没有足够数据或缺少相关数据来确定食品中氯丙嗪或其代谢物残留安全水平，即给消费者所带来风险可以

接受的残留水平，但是相关健康问题已成为严重关注的问题。应防止食品中的氯丙嗪残留。建议不在食品动物上使用相关兽药制剂，见表 9-3。

表 9-3 建议不在食品动物上使用的兽药制剂（2）	兽药名称	制剂类型	标识残留物
	氯丙嗪	镇静剂	氯丙嗪或其代谢物
	地美硝唑	抗原虫剂	迪美唑或其代谢物
	异丙硝唑	抗原虫剂	异丙硝唑或其代谢物
	甲硝唑	抗原虫剂	甲硝唑或其代谢物
	呋喃西林	抗微生物药物制剂	呋喃西林或其代谢物
	喹乙醇	抗微生物药物制剂	喹乙醇或其代谢物
	罗硝达唑	抗原虫剂	罗硝唑或其代谢物

9.1.2　世界动物卫生组织（WOAH）

世界动物卫生组织（World Organisation for Animal Health，WOAH），2022 年 5 月 31 日名称缩写由原来的"OIE"（OIE 来自法语名称 Office International des Épizooties）正式更新为"WOAH"，同其英文全称保持一致。

WOAH 是政府间动物卫生国际组织，成立于 1924 年 1 月 25 日，总部设在法国巴黎。截至 2022 年 5 月底，WOAH 共有 182 个成员。

WOAH 旨在改善全球的动物和兽医公共卫生以及动物福利状况。其主要职能是通报各成员动物疫情，协调各成员动物疫病防控活动，制定动物及动物产品国际贸易中的动物卫生标准和规则，其标准和规则被世界贸易组织所采用。

WOAH 在全球动物卫生和食品安全领域发挥着重要作用，其制订的动物卫生标准是世界贸易组织《实施动植物卫生检疫措施协议》唯一认可的动物卫生标准，是各国开展动物及其产品贸易需遵循的国际准则。WOAH 共有 5 个区域委员会，主要任务是协调促进地区成员开展合作，研究解决区域动物疫病控制政策和技术问题。

9.1.2.1　WOAH 组织机构简介

WOAH 组织机构框架见图 9-1。

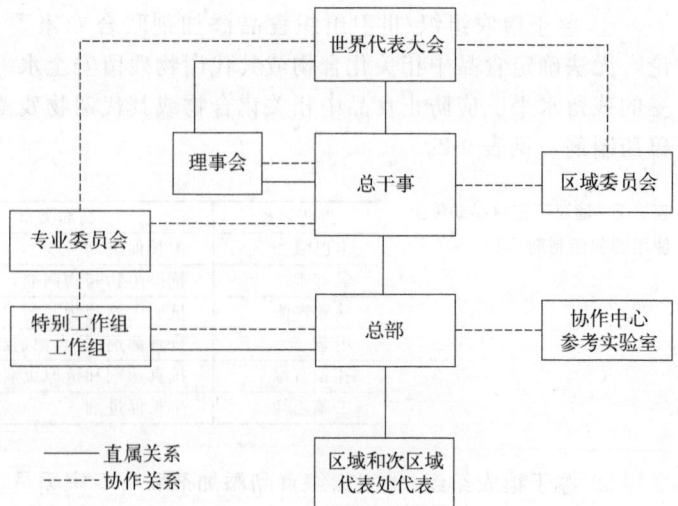

图 9-1　WOAH 组织机构框架

（1）世界代表大会（World Assembly） 世界代表大会是 WOAH 的最高权力机构，由 WOAH 所有成员代表组成。其年度例会是在每年的 5 月份，在法国巴黎召开。年度例会主要职责包括：审定通过动物卫生国际标准，尤其是国际贸易中采用的国际标准；审定通过重大动物疫病控制决议；选举 WOAH 的管理机构成员，包括 WOAH 世界代表大会主席、副主席，理事会、区域委员会和专业委员会成员；任命 WOAH 总干事；审查和批准总干事所做的年度工作和财政报告，以及年度财政预算报告。

（2）WOAH 总部（Headquarters） WOAH 总部位于法国巴黎，由总干事领导。主要职责是贯彻执行和协调世界代表大会通过的信息、技术合作与科技活动；承担世界代表大会年会、理事会会议、委员会会议以及 WOAH 组织的技术会议的秘书处工作，并向区域和专业委员会秘书处提供协助。

（3）WOAH 专业委员会（Specialist Commissions） 主要职责是利用科学信息，研究动物疫病的流行病学和防控问题，制定和修订 WOAH 国际标准，处理成员提出的科学和技术问题。WOAH 现在设有 4 个专业委员会，分别是动物疾病科学委员会（The Scientific Commission for Animal Diseases）、陆生动物卫生标准委员会（Terrestrial Animal Health Standards Commission）、水生动物疾病委员会（Aquatic Diseases Commission）和生物标准委员会（Biological Standard Commission）。

（4）区域委员会（Regional Commissions） 为体现 WOAH 成员在世界不同地区面临的具体问题，WOAH 目前共建立了非洲（Africa），美洲（Americas），亚洲、远东和大洋洲（Asia，Far East and Oceania），欧洲（Europe）和中东（Middle East）五个区域委员会。

区域委员会的一项主要职责是组织召开区域委员会大会，讨论与动物疫病控制有关的技术议题和地区合作事宜，协商制定重大动物疫病监测和控制的区域计划。

（5）区域和次区域代办处（Regional Representations and Sub-regional Representations） 主要职责是向地区内成员提供协调服务，来提高地区动物疫病的监测与控制能力。目前，WOAH 在非洲、美洲、亚太地区、东欧和中东地区设立了 5 个区域代办处和 8 个次区域代办处。

9.1.2.2 WOAH 协作中心

WOAH 协作中心（WOAH Collaborating Centers）是 WOAH 技术核心的一个重要组成部分，是处理有关特定动物卫生问题的权威中心，在其授权的专业领域为成员提供服务。协作中心的主要职责是在其权威领域履行技术研究、技术标准化和技术传播中心的职责。其工作领域涉及动物疾病诊断与监测、风险分析、流行病学调查、兽药（生物制品）质量评价、兽医培训、实验室能力建设、食品安全、动物福利、水生动物疫情监控等多个方面。协作中心的活动范围可以为全球性也可以为区域性，其主要工作是帮助发展中国家。我国被 WOAH 认定的 WOAH 协作中心见表 9-4。

表 9-4 我国 WOAH 协作中心（截至 2022 年 4 月）

序号	WOAH 协作中心	依托单位	认定年份
1	WOAH 亚太区人畜共患病协作中心	中国农业科学院哈尔滨兽医研究所	2012 年
2	WOAH 兽医流行病学协作中心	中国动物卫生与流行病学中心	2014 年
3	WOAH 亚太区食源性寄生虫病协作中心	吉林大学人兽共患病研究所	2014 年

9.1.2.3　WOAH 参考实验室

WOAH 参考实验室（Reference Laboratories）与协作中心的作用一样，但参考实验室是针对特定疾病或病原开展工作。其职责是向 WOAH 成员提供科学和技术支持，以及与疫病监测和控制有关的专家建议。这类支持可以采取不同的方式，包括派遣专家、制备和提供诊断试剂盒或比对试剂、现场工作、课程培训、组织专家研讨会和科学会议等。

我国被 WOAH 认定的 WOAH 参考实验室见表 9-5。

表 9-5　我国 WOAH 参考实验室（截至 2022 年 4 月）

序号	WOAH 参考实验室	依托单位	认定年份
1	WOAH 高致病性禽流感参考实验室（WOAH 禽流感参考实验室）	中国农业科学院哈尔滨兽医研究所	2008 年
2	WOAH 口蹄疫参考实验室	中国农业科学院兰州兽医研究所	2011 年
3	WOAH 马传染性贫血参考实验室	中国农业科学院哈尔滨兽医研究所	2011 年
4	WOAH 传染性皮下与造血组织坏死症参考实验室	中国水产科学研究院黄海水产研究所	2011 年
5	WOAH 对虾白斑病参考实验室	中国水产科学研究院黄海水产研究所	2011 年
6	WOAH 鲤春病毒血症参考实验室	深圳出入境检验检疫局	2011 年
7	WOAH 新城疫参考实验室	中国动物卫生与流行病学中心	2012 年
8	WOAH 猪繁殖与呼吸综合征参考实验室（WOAH 蓝耳病参考实验室）	中国动物疫病预防控制中心	2012 年
9	WOAH 狂犬病参考实验室	中国农业科学院长春兽医研究所	2012 年
10	WOAH 羊泰勒焦虫病参考实验室	中国农业科学院兰州兽医研究所	2012 年
11	WOAH 猪链球菌病参考实验室	南京农业大学	2013 年
12	WOAH 小反刍兽疫参考实验室	中国动物卫生与流行病学中心	2014 年
13	WOAH 猪瘟参考实验室	中国兽医药品监察所	2017 年
14	WOAH 传染性法氏囊病参考实验室	中国农业科学院哈尔滨兽医研究所	2018 年
15	WOAH 传染性造血器官坏死病参考实验室	深圳出入境检验检疫局	2018 年
16	WOAH 布鲁氏菌病参考实验室（牛、羊、猪）	中国兽医药品监察所	2019 年
17	WOAH 囊尾蚴病参考实验室	中国农业科学院兰州兽医研究所	2019 年
18	WOAH 非洲猪瘟参考实验室	中国动物卫生与流行病学中心	2021 年

9.1.3　兽药国际协调会（VICH）

9.1.3.1　基本情况

1990 年，欧洲共同体（欧盟前身）、美国、日本三方政府药品、兽药注册部门和药品、兽药生产研发部门协商分别成立人用药品注册技术要求国际协调会（International Conference on Harmonization，ICH）和兽药注册技术要求国际协调会（Veterinary International Conference on Harmonization，VICH）。

人用药品注册技术要求国际协调会（ICH）在 1991 年举行了首次会议，并针对人用药物产品的技术要求开展了一次初步性的协调活动，之后又开展了许多关于兽药产品的协调活动。在世界动物卫生组织（WOAH）、国际食品法典委员会（CAC）、FAO/WHO 食品添加剂专家委员会（JECFA）的推动下，兽药注册技术要求国际协调会指导委员会（简称 VICH 指导委员会）于 1996 年 4 月在巴黎 WOAH 总部召开会议，VICH 工作正式启动。

VICH 通过指导委员会和专家工作组开展工作，VICH 指导委员会负责建立适宜的专家工作组（EWGs），并确定议题牵头人和专家工作组主席。指导委员会和专家工作组一般由 VICH 成员国的代表组成，来自各个国家/地区权力机构和动物保健品行业的代表数量是相同的。来自观察员国的代表可以参与指导委员会的工作流程，虽然没有投票权，但他们可以参与委员会的讨论，并且向专家工作组派遣专家。在公共咨询期间，非 VICH 成员国可以正对 VICH 指导原则草案提出自己的意见，也可以向 VICH 递交新的指导原则提案供筹划指导委员会参考，同时，VICH 也鼓励非成员国采用 VICH 指导原则作为他们国家和地区的指导。指导委员会也负责构建 VICH 的组织机构图，指导 VICH 战略和工作计划。VICH 指导委员会每 9 个月开会一次，会议地点在日本、欧盟和美国三地轮回，指导委员会主席根据会议地点，在三个成员国区域之间轮流召开。

国际动物保健品协会（IFAH）负责 VICH 秘书处的相关职能工作。WOAH 为 VICH 提供支持，并鼓励其成员国考虑 VICH 的结论。WOAH 认为兽药上市前和上市后国际协调一体化过程对于动物保健、公共卫生和促进国际贸易都是非常必要的，并且 VICH 是达到这些目的的一个必要途径。为了向 WOAH 成员国提供关于美国、日本、欧盟三方之间在协调一体化方面所做出努力的全面信息，WOAH 会向 WOAH 成员国发布相关的 VICH 文件以便进行评论，也会发布最终 VICH 指南。

VICH 通过协商对话，制定兽药质量、安全性和有效性等注册技术要求文件，目的是在 VICH 成员国和地区内，对兽药上市授权的权力机构之间就其要求提供的研究资料和数据进行协调，以简化相关流程，达到让全球都可以平等地享受到安全、有效的兽药产品的目的。

VICH 的目标是：①在 VICH 地区内为兽药产品建立并实施协调的法规要求，以实现优质、安全和高效的标准，同时尽可能减少使用动物进行实验以及产品开发的成本。②为注册要求提供更广泛的国际协调基础。③监督并维持现有的 VICH 指导原则，特别注意 ICH 的工作计划，如有必要，还应更新 VICH 的指导原则。④确保高效的工作流程，监督并保证按照 VICH 的指导原则对数据要求进行统一的解释。⑤通过在法规权力机构和行业之间开展建设性的对话与交流，提供技术指导来应对那些影响 VICH 地区的法规要求的新的重大国际问题和科学技术。

因此，VICH 制定注册技术指导原则并对兽药产品上市授权的申请档案资料中的列出数据提供协调性的指导，也为兽药产品药物监测制定相关指导原则。但是 VICH 通常不会制定有关如何执行数据评估或有关评估方法的指导意见。评估是由 VICH 国家或地区的法规权力机构来执行的。不过也有少数例外情况，如当涉及有关环境影响评估或确立微生物 ADI 指导原则时，VICH 会制定包括评估方法在内的指导意见。

2015 年，VICH 由封闭的国际会议机制转变成为技术性非政府国际组织，开始接受其他国家的加入申请。

9.1.3.2 兽药注册国际技术要求（VICH 指南）

VICH 通过协商对话使三方对兽药注册的技术要求取得共识，制定出质量、安全性和有效性共同技术文件《兽药注册的国际技术要求》（《Veterinary International Conference on Harmonization（VICH）Guidance Documents》），简称"VICH 指导原则"。

所有的兽药产品在上市销售或使用以前都必须经过国家主管机关或部门的批准，许多国家和地区都设立了相关法规来规定兽药产品的质量、安全和效力必须达到的最低标准，提出了相关技术规定并出版了指导文件，如兽药产品要在该国/地区获得上市授权/许可必须达到的检验要求和标准等。经过二十多年的发展，VICH 发布的技术指导原则已经被欧、美、日等国家相关监管机构接受和转化，成为兽药注册领域的核心国际规则制订机制。加拿大、澳大利亚、新西兰、南非等作为观察员国，也积极采用。VICH指导原则对于促进兽药国际贸易，缩短新兽药审批时间，降低新兽药研发成本，具有重要意义。

VICH已经发布技术指南52项、操作规程3项。

化学药品质量方面。①质量标准研究技术要求：GL39新兽药原料及制剂的检测方法和标准—化学物质。②稳定性研究技术要求：GL03新兽药原料的稳定性试验；GL04新兽药制剂的稳定性试验；GL05新兽药原料及制剂的光稳定性试验；GL45新兽药原料及制剂稳定性试验设计—括号法和矩阵法；GL51稳定性试验数据的统计学评价。③杂质研究技术要求：GL10新兽药原料中的杂质；GL11新兽药制剂中的杂质；GL18杂质—新兽药制剂、活性成分和辅料中的残留溶剂。④分析验证研究技术要求：GL01分析方法验证—定义和术语；GL02分析方法验证—方法学。

化学药品安全性方面。①毒理学研究技术要求：GL22食品中兽药残留安全性评价研究—生殖试验；GL23食品中兽药残留安全性评价研究—遗传毒性试验；GL28食品中兽药残留安全性评价研究—致癌试验；GL31食品中兽药残留安全性评价研究—重复给药（90天）毒性试验；GL32食品中兽药残留安全性评价研究—发育毒性试验；GL33食品中兽药残留安全性评价研究—试验的通用要求；GL37食品中兽药残留安全性评价研究—重复给药慢性毒性试验；GL54食品中兽药残留安全性评价研究—建立急性参考剂量的通用方法。②抗微生物安全性研究技术要求：GL27食品动物用抗微生物新兽药耐药性资料申报指南；GL36食品中兽药残留安全性评价研究—建立微生物每日容许摄入量（ADI）的通用方法。③靶动物安全性研究技术要求：GL43兽用化学药品的靶动物安全性。④代谢和残留动力学研究技术要求：GL46食品动物体内兽药的代谢和残留动力学评价研究—用于残留物质定性和定量的代谢试验；GL47食品动物体内兽药的代谢和残留动力学评价研究—实验动物的比较代谢试验；GL48食品动物体内兽药的代谢和残留动力学评价研究—用于建立休药期的残留标志物消除试验；GL49食品动物体内兽药的代谢和残留动力学评价研究—残留消除试验分析方法验证。⑤环境安全性研究技术要求：GL06兽药产品的环境影响评估—第一阶段；GL38兽药产品的环境影响评估—第二阶段。

化学药品有效性方面。①兽药临床试验质量管理规范研究技术要求：GL09临床试验质量管理规范。②生物等效性研究技术要求：GL52血药浓度法生物等效性研究；生物等效性指导原则中统计学概念的补充示例。③抗寄生虫药研究技术要求：GL07驱（螨）虫药药效评价的通用要求；GL12牛驱（螨）虫药药效评价；GL13绵羊驱（螨）虫药药效评价；GL14山羊驱（螨）虫药药效评价；GL15马属动物驱（螨）虫药药效评价；GL16猪驱（螨）虫药药效评价；GL19犬驱（螨）虫药药效评价；GL20猫驱（螨）虫药药效评价；GL21禽（鸡）驱（螨）虫药药效评价。

药物警戒方面。GL24不良反应报告的管理；GL29定期汇总更新报告的管理；GL42提交不良反应报告的数据元素（AERS）等。

生物制品质量方面。①纯度研究技术要求：GL25甲醛残留量测定；GL26剩余水分测定；GL34支原体污染的检验。②稳定性研究技术要求：GL17新生物技术/兽用生物制品稳定性试验；GL40新生物技术/兽用生物制品检验程序和标准。

生物制品安全性方面。①靶动物批安全性研究技术要求：GL50兽用灭活疫苗豁免靶动物批安全检验的协调标准；GL55兽用活疫苗豁免靶动物批安全检验的协调标准。②靶动物安全性研究技术要求：GL41兽用活疫苗靶动物毒力返强试验；GL44兽用活疫苗和灭活疫苗的靶动物安全性检验。

9.1.4　经济合作与发展组织（OECD）

9.1.4.1　经济合作与发展组织基本情况

经济合作与发展组织（Organization for Economic Co-operation and Development），简称经合组织（OECD），是由38个市场经济国家组成的政府间国际经济组织，旨在共同应对全球化带来的经济、社会和政府治理等方面的挑战，并把握全球化带来的机遇。成立于1961年，目前成员国总数38个，总部设在巴黎。

经合组织的宗旨：促进成员国经济和社会的发展，推动世界经济增长；帮助成员国政府制定和协调有关政策，以提高各成员国的生活水准，保持财政的相对稳定；鼓励和协调成员国为援助发展中国家作出努力，帮助发展中国家改善经济状况，促进非成员国的经济发展。

与世界银行和国际货币基金组织不同，经合组织并不提供基金援助。经合组织有效性的核心是通过政府间的双边审查，以多边监督和平行施压促使各成员国遵守规则或进行改革。经合组织的工作方式包含一种高效机制，它始于数据收集和分析，进而发展为对政策的集体讨论，然后达到决策和实行。在经合组织内进行的讨论有时会逐渐发展为谈判，成员国就国际合作的游戏规则达成一致。经合组织的工作正越来越具有跨学科性。

经合组织秘书处应经合组织成员国的要求进行研究和分析工作。成员国的代表在致力于研究重要问题的各委员会会面并交换信息。理事会是经合组织的决策机构。成员国的代表在专业委员会会面，就具体政策领域，如经济、贸易、科学、就业、教育及金融市场，提出建议并审议在这些领域所取得的进展。经合组织共有约二百个委员会、工作组和专家小组。每年有四千多名来自各成员国政府部门的高级官员参加经合组织委员会会议，对经合组织秘书处开展的工作提出要求，进行审议并发挥作用。即使在自己的国家，他们也可以通过网上途径获得经合组织的文件，并通过特别联网交换信息。

9.1.4.2　数据相互认可（MAD）和良好实验室规范（GLP）

经合组织建立并实施了数据相互认可（Mutual Acceptance of Data，简称MAD，以下同）体系。即在此体系下，在经合组织某一成员国或加入MAD的非成员国中按照经合组织试验准则（OECD Test Guidelines）和良好实验室规范（OECD principles of Good Laboratory Practice，以下简称GLP）完成的化学品安全评价数据必被所有成员国和已经加入MAD的国家接受。这就是所谓的"一次测试，各国有效"的理念。MAD体系是一个多边协议，通过建立化学品安全测试资料共享机制，减少不必要的重复性试验。

MAD体系的核心之一是每个加入体系的国家都应建立GLP遵从监督机构（Compliance Monitoring Programme，简称CMP），且需要经过经合组织评估，从而确保成员国有信心接受他国数据。GLP遵从监督机构需要通过检查本国的试验机构，审核其试验数据，以监管GLP的符合性。一旦一个国家的GLP遵从监督机构成功通过经合组织的评估，则其检查和监督通过的试验机构所出具的数据就会被所有加入 MAD 体系的国家所接受。

迄今为止，经合组织已接纳阿根廷、巴西、印度、马来西亚、南非和新加坡等非成员国为 MAD 的正式成员。

9.1.5　世界贸易组织（WTO）

9.1.5.1　世界贸易组织

世界贸易组织（World Trade Organization），简称"世贸组织"（WTO），是一个独立于联合国的永久性国际组织。世贸总部位于瑞士日内瓦。

世界贸易组织的职能是调解纷争，加入 WTO 不算签订一种多边贸易协议。它是贸易体制的组织基础和法律基础，还是众多贸易协定的管理者、各成员贸易立法的监督者以及为贸易提供解决争端和进行谈判的场所。该机构是当代最重要的国际经济组织之一，其成员之间的贸易额占世界的绝大多数，因此被称为"经济联合国"。

世界贸易组织前身是 1947 年 10 月 30 日签订的关税与贸易总协定；1995 年 1 月 1 日，世界贸易组织正式开始运作；1996 年 1 月 1 日，世界贸易组织正式取代关贸总协定临时机构；2001 年 12 月 11 日，中国正式加入世界贸易组织；2003 年 8 月 30 日，世贸组织总理事会一致通过了关于实施专利药品强制许可制度的最后文件。截至 2020 年 5 月，世界贸易组织有 164 个成员，24 个观察员。

世贸组织的目标是建立一个完整的包括货物、服务、与贸易有关的投资及知识产权等更具活力、更持久的多边贸易体系，以包括关贸总协定贸易自由化的成果和乌拉圭回合多边贸易谈判的所有成果。

9.1.5.2　WTO 基本贸易规则

（1）**无歧视待遇原则**　也称无差别待遇原则。指一缔约方在实施某种限制或禁止措施时，不得对其他缔约方实施歧视性待遇。任何一方不得给予另一方特别的贸易优惠或加以歧视。该原则涉及关税削减、非关税壁垒的消除、进口配额限制、许可证颁发、输出入手续、原产地标记、国内税负、出口补贴、与贸易有关的投资措施等领域。

（2）**最惠国待遇原则**　指 WTO 成员一方给予任何第三方的优惠和豁免，将自动地给予各成员方。该原则涉及一切与进出口有关的关税削减，与进出口有关的规则和程序、国内税费及征收办法、数量限制、销售、储运、知识产权保护等领域。

（3）**国民待遇原则**　指缔约方之间相互保证给予另一方的自然人、法人和商船在本国境内享有与本国自然人、法人和商船同等的待遇。该原则适用于与贸易有关的关税减让、国内税费征收、营销活动、政府采购、投资措施、知识产权保护、出入境以及公民法律地位等领域。

（4）**透明度原则**　指缔约方有效实施的关于影响进出口货物的销售、分配、运输、保险、仓储、检验、展览、加工、混合或使用的法令、条例，与一般援引的司法判决及行政决定，以及一缔约方政府或政府机构与另一缔约方政府或政府机构之间缔结的影响国际贸易政策的现行规定，必须迅速公布。

该原则适用于各成员方之间的货物贸易、技术贸易、服务贸易，与贸易有关的投资措施，知识产权保护，以及法律规范和贸易投资政策的公布程序等领域。

（5）**贸易自由化原则**　指通过限制和取消一切妨碍和阻止国际贸易开展与进行的所有障碍，包括法律、法规、政策和措施等，促进贸易的自由发展。该原则主要是通过关税减让、取消非关税壁垒来实现的。

（6）**市场准入原则**　一国允许外国的货物、劳务与资本参与国内市场的程度。该原则在WTO达成的有关协议中，主要涉及关税减让、纺织品和服装、农产品贸易、热带产品和自然资源产品、服务贸易以及非关税壁垒的消除等领域。

（7）**互惠原则**　指两国互相给予对方贸易上的优惠待遇。该原则的适用随着关贸总协定的历次谈判及其向WTO的演变而逐步扩大，现已涉及纺织品和服装、热带产品、自然资源产品、农产品、服务贸易以及知识产权保护等领域。

（8）**对发展中国家和最不发达国家优惠待遇原则**　指如果发展中国家在实施WTO协议时需要一定的时间和物质准备，可享受一定期限的过渡期优惠待遇。这是关贸总协定和WTO考虑到发展中国家经济发展水平和经济利益而给予的差别和更加优惠的待遇。是对WTO无差别待遇原则的一种例外。

（9）**公正、平等处理贸易争端原则**　指在调解争端时，要以成员方之间在地位对等基础上的协议为前提。调解人通常由总干事来担任。普遍适用。

（10）**促进公平竞争原则**　世界贸易组织不允许缔约国以不公正的贸易手段进行不公平竞争，特别禁止采取倾销和补贴的形式出口商品，对倾销和补贴都做了明确的规定，制定了具体而详细的实施办法，世界贸易组织主张采取公正的贸易手段进行公平的竞争。

（11）**经济发展原则**　也称鼓励经济发展与经济改革原则，该原则以帮助和促进发展中国家的经济迅速发展为目的，针对发展中国家和经济接轨国家而制定，是给予这些国家的特殊优惠待遇，如允许发展中国家在一定范围内实施进口数量限制或是提高关税的"政府对经济发展援助"条款。

仅要求发达国家单方面承担义务而发展中国家无偿享有某些特定优惠的"贸易和发展条款"，以及确立了发达国家给予发展中国家和转型国家更长的过渡期待遇和普惠制待遇的合法性。

（12）**市场开放，权利与义务平衡原则**　WTO倡导成员在权利与义务平衡的基础上，依其自身的经济状况及竞争力，通过谈判不断降低关税和非关税壁垒，逐步开放市场，实行贸易自由化。WTO成员要履行WTO的义务，如遵守WTO的基本规则，履行承诺的减让义务，确保贸易政策法规的统一性和透明度。与此同时，WTO成员也享受一系列WTO赋予的权利。

（13）**国民待遇原则**　对其他成员方的产品、服务和服务提供者及知识产权所有者和持有者所提供的待遇，不低于本国同类产品、服务和服务提供者及知识产权所有者和持有者所享有的待遇。

（14）**组织协调原则**　为实现各项协定和协议的既定目标，世界贸易组织有权组织实施其管辖的各项贸易协定和协议，并积极采取各种有效措施。世界贸易组织协调其与国际货币基金组织和世界银行等国际组织和机构的关系，以保障全球经济决策的一致性和凝聚力。

（15）**管理调节原则**　世界贸易组织负责对各成员国的贸易政策和法规进行监督和管理，定期评审，以保证其合法性。世界贸易组织为其成员国提供处理各项协定和协议有关事务的谈判场所，并向发展中国家提供必要的技术援助以帮助其发展。

9.1.6 世界卫生组织（WHO）

9.1.6.1 世界卫生组织基本情况

世界卫生组织（World Health Organization），简称 WHO，是联合国下属的卫生问题的指导和协调机构，1948 年 4 月 7 日成立，总部设置在瑞士日内瓦，是国际上最大的政府间卫生组织，目前共有 194 个成员国。

WHO 负责对全球卫生事务提供领导，拟定卫生研究议程，制定规范和标准，阐明以证据为基础的政策方案，向各国提供技术支持，以及监测和评估卫生趋势。WHO 的宗旨是使全世界人民获得尽可能高水平的健康。世界卫生组织的主要职能包括：促进流行病和地方病的防治；提供和改进公共卫生、疾病医疗和有关事项的教学与训练；推动确定生物制品的国际标准。

9.1.6.2 《国际卫生条例》与动物卫生

《国际卫生条例（2005）》（International Health Regulations，IHR）是一部具有普遍约束力的国际卫生法。IHR 要求各缔约国应当发展、加强和保持其快速有效应对国际关注的突发公共卫生事件的应急核心能力。IHR 对各成员国国家级、地方各级包括基层的突发公共卫生事件监测和应对能力，以及机场、港口和陆路口岸的相关能力的建设都提出明确要求，以确保 IHR 的实施。IHR 规定了可能构成国际关注的突发公共卫生事件的评估和通报程序，要求各成员国及时评估突发公共卫生事件，并按规定向世界卫生组织通报。同时，要求成员国根据世界卫生组织要求及时核实其他来源的突发公共卫生事件信息。WHO 按照 IHR 规定的程序确认是否发生可能构成国际关注的突发公共卫生事件，并提出采取公共卫生应对措施的临时建议和长期建议，并成立突发事件专家委员会和专家审查委员会，为 WHO 相关决策提供技术咨询和支持。各成员国可以根据本国立法和应对突发公共卫生事件的需要，采取 IHR 规定之外的其他各项卫生措施，但应根据世界卫生组织要求，提供相关信息，并根据世界卫生组织要求考虑终止这些措施的执行。

IHR 也关注动物卫生状况。WHO 组织缔约国 IHR 年度自评报告，旨在促进各国在 IHR 协调、处理人畜共患病、重大动物疫病防控、食品安全、实验室生物安全、风险通报、化学品事件等方面的能力提升。IHR 制定了监测和评价框架，提供"缔约国自评年度报告工具"，要求各国从立法和资金供应；IHR 协调和国家 IHR 归口单位的职能；人畜共患病事件以及人与动物的交界面；食品安全；实验室；监测；人力资源；应急框架；卫生服务提供；风险通报；入境口岸；化学品事件；辐射突发事件等能力方面进行评估报告。并通过发放调查问卷的方式，收集在严重流行病或大流行病期间使用 IHR 能力的经验，进一步改善 IHR 的监测和评估框架，并更好地支持加强应对卫生紧急情况的备灾能力评估和规划。

9.1.7 国际药品认证合作组织（PICs）

国际药品认证合作组织（The Pharmaceutical Inspection Co-operation Scheme，PICs）

成立于 1995 年 11 月 2 日，最早可溯源到 1970 年，为消除药品贸易壁垒、促进药品 GMP 执行的协调统一，欧洲自由贸易联盟（EFTA）中的 10 个国家（英国、奥地利、丹麦、芬兰、冰岛、列支敦士登、挪威、葡萄牙、瑞典、瑞士）成立药品检查联盟（Pharmaceutical Inspection Convention，PIC），随后又吸收了匈牙利、爱尔兰、罗马尼亚、德国、意大利、比利时、法国和澳大利亚 8 个国家。由于受到欧盟法律规定"除了欧盟，欧盟成员国不能与其他国家签署条约"的限制，PIC 不能接纳欧盟以外的国家成为会员，1995 年 11 月 2 日建立了 PICs。其宗旨是以统一的标准实施药品 GMP 认证，在自愿的基础上，各成员国相互承认官方 GMP 认证报告，以降低药品流通的非关税贸易壁垒，节省人力、时间和物质成本。PICs 已成为世界上唯一的由各国 GMP 检查权责机关组成的国际合作组织，持续致力于促进 GMP 的国际交流合作和检查标准统一。PICs 颁布的 GMP 被认为是迄今全球最严谨的 GMP 规范，其最新版 GMP 于 2021 年 3 月发布。

2017 年 3 月，美国 FDA 完成了对 28 个欧盟成员国药品检查机构能力的评估，与欧盟已达成互认协议（Mutual Recognition Agreement，MRA）。自 2017 年 11 月 1 日起，欧盟成员国与 FDA 均不会重复检查对方已执行的检查，包括已上市的各种人用药物制剂（如片剂、胶囊剂、软膏剂、注射剂等）、已上市的生物制品、中间体、活性药物成分及原料药、兽药，但暂未包括人用疫苗和兽用疫苗。

9.1.7.1　PIC/S 与 PIC、PICs 的关系

药品检查联盟（PIC）与国际药品认证合作组织（PICs）同时运作，统称为 PIC/S。虽然 PIC/S 不是贸易协定，但 PIC/S 的成员资格可以为药品的出口提供便利，一些非 PIC/S 机构接受 PIC/S 会员机构的 GMP 证书，PIC/S 成员国的制药行业间接受益于 PIC/S 成员资格。

PIC 与 PICs 的主要区别见表 9-6。

表 9-6　PIC 与 PICs 的主要区别

序号	药品检查联盟(PIC)	国际药品认证合作组织(PICs)
1	正式公约	非正式计划
2	有法律效力	没有法律约束力
3	国家之间正式签署条约	非国家间签署的协议
4	检查认证结果互认	GMP 领域交流与合作

9.1.7.2　PIC/S 内部机构

PIC/S 设有委员会（Committee，CO）、执行局（Executive Bureau，EB）和秘书处三个职能组织。由于 PIC/S 的双重性，管理该组织的委员会是一个联合委员会。它由 PIC 缔约国的代表（称为"官员委员会"）和会员机构的代表组成。二者合称为"PIC/S 委员会"。

PIC/S 委员会是 PIC/S 的决策机构，下设 7 个专门委员会和多个专家工作组。主要负责对 PIC/S 现行的 GMP 标准进行修改、更新和完善，交流 GMP 检查信息和经验，提高 GMP 检查质量和检查员工作能力。专门委员会新组织架构自 2014 年 1 月 1 日起实施，包括合规委员会，战略发展委员会，GM（D）P 协调委员会，沟通委员会，预算、风险和审计委员会，专家库委员会，培训委员会。PIC/S 委员会每年至少召开两次会议，每次会

议每个参与机构有一次投票权。在某些情况下，同一国家的两个机构可能共同拥有一次投票权（例如，德国联邦卫生部（FMH）和德国联邦政府医疗产品和医疗设备健康保护中心（ZLG）共同拥有一次投票权），以协商一致方式作出决定。

执行局是执行机构，由 PIC/S 主席、副主席、刚卸任的主席、7 个专门委员会主席和秘书组成，主要负责委员会的日常工作，必要时也可在委员会休会期召开会议，执行和监督委员会的决定、计划和建议。

秘书处负责协助委员会和执行局工作，主要协调和操作各项活动，为有关方面提供服务，如给工作组、专家提供技术等方面的支持，起草、修订和保存有关文件、建议和备忘录等。

9.1.7.3　PIC/S 主要工作

药品生产质量管理规范（GMP）和药品分销质量管理规范（GDP）的协调是 PIC/S 的核心。协调的主要工具是 PIC/S GMP 指南和 PIC/S GDP 指南。

PIC/S GMP 标准。通用标准的作用在于确保在药品开发、生产和控制中维持质量保证的高标准，促进许可决策的一致性，促进检查的一致性和统一性，促进消除药品贸易壁垒。

PIC/S GMP 指南。PIC/S 努力使其在 GMP 要求方面与 EU GMP 指南保持等效。20世纪 80 年代末/90 年代初起，EU GMP 和 PIC/S GMP 指南的编制同时进行，药品的 PIC/S GMP 指南与 EU GMP 指南几乎相同。主要区别在于 PIC/S GMP 指南使用术语"授权人"，而不是 EC GMP 指南中的术语"质量授权人"，PIC/S GMP 指南中删除了对 EU 指令的引用。

PIC/S GDP 指南。PIC/S 委员会通过了《药品良好分销规范指南》，该指南于 2014年 6 月 1 日生效。PIC/S GDP 指南以 EU GDP 指南为基础，并由 PIC/S GDP 专家组根据 PIC/S 的需要进行了调整。虽然 EU GDP 指南在 EU/EEA 中具有法律约束力，但 PIC/S GDP 指南是 PIC/S 中的自愿指南文件，因为并非所有 PIC/S 会员机构均有权进行 GDP检查。GDP 指南规定了协助批发商开展经营活动并防止伪造药品进入合法供应链的方法。遵守此类指南将确保对分销链的控制，从而保持药品的质量和完整性。

PIC/S GM（D）P 指南文件。除了 GMP 和 GDP 指南之外，PIC/S 也是制定各种指南和指南文件的先驱，例如工厂主文件、药品检查机构质量体系要求建议、血液机构 GMP 指南和活性药物成分（API）生产首个指南，其已成为 GMP 指南的第二部分。

PIC/S 在接受监管机构作为成员之前，先要对其进行详细评估，以确定其是否能够适应当前 PIC/S 机构相当的检查系统。评估内容包括对机构的 GMP 检查和许可体系（或同等体系）、质量体系、法规要求、检查员培训等检查。随后由 PIC/S 派出代表团，观察特定检查员进行常规 GMP 检查。成为 PICs 成员可能需要花费数年时间，在此期间，PIC/S委员会可能会对拟加入的机构提出各种变更和改进建议，必要时还会随后进行视察，以验证纠正措施的适用性。

PIC/S 于 2014 年引入了预加入程序，我国人用药品监管机构——国家药品监督管理局（NMPA）已成为其预备成员，正在积极磋商成为正式会员，2021 年，PIC/S 工作计划"将把完成与中国 NMPA 的加入谈判作为优先事项"。

中国药品/兽药出口的瓶颈在于国际认证结果互认，中国的药品/兽药要想融入国际市场，首先要过认证关，加入 PIC/S 是实现我国与欧美等发达国家和地区实现互认的重要基础。加入 PIC/S，可提升我国药品/兽药 GMP 监管水平，有利于我国制药/兽药企业尽快与国际接轨，加快药品/兽药出口步伐，是中国制药/兽药走向国际市场的重要保障。

9.2

主要国家和地区的兽药管理

9.2.1 美国

20 世纪 60 年代以前，美国的兽药产业尚未形成，管理上也没有人药、兽药之分，动物治疗普遍使用人药，预防药和动物保健药领域的产业几乎一片空白。1968 年《兽药修正案》通过后，才对动物用产品实行统一管理。

美国兽药管理主要由卫生、农业和环保等部门负责，通常由美国食品药品管理局（FDA）、农业部（USDA）和环境保护局（EPA）三部门实行合作管理。美国对兽药相关产品的分工管理见表 9-7。

表 9-7 美国对兽药相关产品的分工管理

机构	食品药品管理局（FDA）	农业部（USDA）	环境保护局（EPA）	司法部联邦调查局下属毒品管制局（DEA）
管理内容	食品、药品、医疗器械（人用、兽用）、生物制品（疫苗、血液制品）、动物（家畜、宠物、野生动物等）饲料和兽药、化妆品、放射性产品以及化合物产品。兽药中心（CVM）承担兽药管理工作	①畜产品的兽药残留检查与监测管理由食品安全监察局（FSIS）负责；②兽用生物制品管理工作由动植物卫生检疫局（APHIS）兽医局（VS）兽医生物制品中心（CVB）具体承担	①杀虫剂在食品或动物饲料中最大残留限量或耐受量的制定；②所有有关兽药生产、包装和运输等一系列活动的监督	麻醉药（人用和兽用）

早期《联邦食品药品和化妆品法案》（Federal Food Drug and Cosmetic Act，FFD-CA）和《联邦法典》第 21 条（Code of Federal Regulations，21CFR）定义的兽药（Veterinary drug）是指用于动物而不是人的任何药物，包括在动物饲料中使用的任何药物，但不包括该种动物饲料。20 世纪 90 年代，美国 FDA 逐步用 Animal Drug 代替 Veterinary drug 与 Humen Drug 对应，但并没有完全放弃使用 Veterinary drug。

美国《联邦食品、药品和化妆品法》授权 FDA 制定和颁布各种管理法规以防止非法制造和销售兽用化学药品的行为。该法规定了兽药生产、经营、使用、包装、注册、进出口及质量控制等管理要求（方法）和程序。依据该法制定的"联邦政府法规 21"（CFR 21）对《联邦食品、药品和化妆品法》进行了详细的解释和补充。

美国《病毒-血清-毒素法（VST）》授权美国农业部（USDA）负责兽用生物制品的生产、销售、运输、随时检查、进出口以及对违规情况进行处罚等管理法规的制定和执行。

该法规定生产兽用生物制品要向联邦政府申请注册，进出口要有许可证、检验证书等，并明确规定禁止销售无价值、污染、有危险和有害的生物制品；禁止运输无许可证的厂家生产的产品和不按照农业部有关条例生产的产品等。为了保证兽用生物制品的安全、有效和质量可控，农业部对兽用生物制品厂的设置、生产设施、检验设施、产品生产工艺、生产人员资格、生产过程要求、包装和标签要求、产品质量标准以及进出口要求等进行了一系列的规定，以联邦政府法规 9（CFR 9）的形式每年发布一次。依照 VST 法和 CFR 9，农业部动植物卫生检查署兽医局（VS）制定了一系列 VS 规章，对兽用生物制品的注册、进口、销售等进行了详细规定。

9.2.1.1　管理机构

在美国，参与兽药管理的机构主要是联邦食品药物管理局（Food and Drug Administration，FDA）、农业部（US Department of Agriculture，USDA）、毒品管制局（Drug Enforcement Adm in istration，DEA）、联邦贸易委员会（Federal Trade Comm ission，FTC）、环境保护局（Envronmental Protection Agency，EPA）和各州政府的药事委员会（State Board of Pharmacy，SBP）。

（1）美国食品药品管理局（FDA）　美国食品药品管理局（FDA）隶属于美国卫生服务部（Department of Health and Human Services），是美国联邦政府设立最早、资历最老的，保护消费者健康、安全和经济利益的国家管理机构。虽然 FDA 直到 1930 年才以现在的名字命名，但它的现代监管职能始于 1906 年《纯净食品和药品法》（Pure Food and Drugs Act）。

自 2019 年 3 月 31 日起，FDA 开始实施机构重组。组织架构包括生物学评价与研究中心（Center for Biologics Evaluation and Research，CBER）、器械与放射健康中心（Center for Devices and Radiological Health，CDRH）、药物评价与研究中心（Center for Drug Evaluation and Research，CDER）、食品安全与应用营养中心（Center for Food Safety and Applied Nutrition，CFSAN）、烟草制品中心（Center for Tobacco Products，CTP）、兽药中心（Center for Veterinary Medicine，CVM）、国家毒物学研究中心（National Center for Toxicological Research，NCTR）、肿瘤药物促进中心（Oncology Center of Excellence，OCE），以及局长办公室（Office of the Commissioner）、法规事务办公室（Office of Regulatory Affairs，ORA）、运营办公室（Office of Operations）等。

FDA 负责管理食品、药物（处方药、柜台药、一般药）、医疗器械（人用、兽用）、生物制品（疫苗、血液制品）、动物（家畜、宠物、野生动物等）饲料和兽药、化妆品、放射性产品以及化合物产品。

FDA 的职责是通过及时保证其辖区内产品的安全性和有效性，以及产品上市后使用的持续安全性，来加强和维护公众的安全、卫生和健康。安全性和有效性方面：确保美国市场上的食品是安全、卫生和有益于人体健康的；确保人药、兽药、生物制品和医疗器械是安全和有效的；化妆品是安全无害的；能产生辐射的电子产品是安全的。产品信息方面：保证其辖区内的所有产品所提供的信息是正确的、诚实的。执法方面：确保其辖区内所有的产品都符合美国法律和 FDA 法规。一旦发现不符合法律法规的产品，及时使之改正。在必要时，给予起诉或严厉处罚。并将任何不安全或不合法的产品撤出市场。

FDA 的药品上市审评实行一级审评制度。药品审评及研究中心与生物制品审评及研究中心分别负责一般药品与生物制品注册审批，还针对特殊药品设立了专家咨询系统。药品现场考核由审评中心与 FDA 地区办公室负责。

兽药中心（CVM）为了实现"保护人类和动物健康"的使命，确保动物药物在批准前是安全有效的。CVM 负责批准用于宠物的动物药物，如狗、猫和马；用于生产食物的动物药物，如牛、猪、鸡，甚至蜜蜂（如果该药物用于生产食品的动物，在批准之前，该中心还确保由经过处理的动物肉、奶、蛋和蜂蜜制成的食品对人类来说是安全的）；监督市场上动物药物的安全性和有效性；确保包括动物饲料、宠物食品和宠物食品在内的动物食品是安全的，在卫生条件下生产，并贴有适当标签；在批准之前，确保动物食品中使用的食品添加剂是安全有效的；开展研究，帮助该中心确保动物药物、动物食品和动物食品的安全；以及有助于为鱼类、仓鼠和鹦鹉等小物种提供更多合法的动物药物；用于主要物种的次要（罕见且有限）用途，如牛、火鸡和狗。

（2）美国农业部（USDA）　美国农业部（USDA）是对美国农产品提供信用担保，对出口贸易和风险进行管理，保证农业经济稳定，调整市场供求关系的一个联邦政府行政机构。主要职责是制定种植业、畜牧业、林业生产政策，推动农业诸方面的科研、教育、开发，进行动植物的病虫害防治，保障食品卫生和质量，扩大农产品国际市场，保护资源和环境等。

USDA 下设的食品安全监察局（Food Safety Inspection Service，FSIS）负责畜产品的兽药残留检查与监测管理，在兽药残留问题上，USDA 与 FDA 相互协作进行管理和监控。

USDA 下设的动植物卫生检疫局（Animal and Plant Health Inspection Service，A-PHIS）主要职责为保护全国动植物的健康卫生和质量，防止国外动植物病虫害进入，向兽用生物制品的制造商和销售商发放许可证，确保生物制品安全有效。APHIS 下设兽医局（VS），负责动物疫病的控制和兽用生物制品的管理。通过预防、控制和/或消除动物疾病，监测和提升动物健康和生产力，来实现保护和改善美国动物、动物产品和兽医生物制品的卫生、质量和市场竞争能力。VS 下设兽医生物制品中心（Center for Veterinary Biologics，CVB）和国家兽医实验室（NVSL）。CVB 和 NVSL 负责美国兽用生物制品的注册、检验以及进出口过程中各阶段的审批工作和日常的监督检验等工作进行具体管理。CVB 按照《病毒血清毒素法》（VSTA）的规定，确保用于动物疾病的诊断、预防和治疗的兽用生物制品纯净、安全和有效。

CVB 下设许可证和政策发展管理处（CVB-LPD）、兽用生物制品中心实验室（CVB-Lab）和监督检查管理处（CVB-IC）。主要负责兽用生物制品许可证（包括进口）的审批和核发。对诊断、预防和治疗用兽用生物制品进行检测，以确保兽用生物制品的纯粹、安全、效力和效果等。建立检测方法；建立检测参考标准；负责发证后的监督检验；对田间试验出现问题的试验产品进行检验。负责建立和执行管理程序，保证兽用生物制品的生产和流通的合法化；检查生产设施、方法和记录；调查违法情况和用户投诉情况等。

国家兽医实验室（NVSL）由四个实验室构成，主要负责国内和外来动物疫病的诊断、疫病控制和净化计划的诊断支持、进出口动物的检疫、培训工作和对指定疫病进行实验室确认；确定生物制品检验方法；提供检验信息和试剂；产品上市前的检验；核发许可证前的检验和新产品的检验；用户投诉检验等。

（3）其他相关部门　环境保护局（EPA）是负责保护美国国土、空气和水系统管理的政府管理机构。通过执行国家环境政策法（National Environmental Policy Act）来协调破坏自然系统平衡的人类活动。兽药管理方面，由联邦《杀虫剂、杀霉菌剂和灭鼠剂法》（Federal Insecticide，Fungicide，and Rodenticide Act）和 FFDCA 授权，负责杀虫剂、杀霉菌剂和灭鼠剂管理。通常 EPA、USDA 和 FDA 三个机构实行合作管理，EPA 负责杀虫剂在食品或动物饲料中最大残留限量或耐受量的制定，负责所有相关兽药生产、包装和运输等一系列活动的监督，要求活动必须严格遵守《国家环境政策法》，不会对环境造成任何危害或潜在性危害。

毒品管制局（DEA），又叫麻醉药物强制管理局，前身是麻醉药物和危险药物管理局（Bureau of Narcotics and Dangerous Drugs），是美国司法部联邦调查局下属的一个联邦执法机构。负责强制执行麻醉药等特殊药物管理。麻醉药（人用和兽用），主要是指酒精、可卡因和大麻等类药物。通常情况下 FDA 和 DEA 在管理出现相互交叉，如在处理联邦药物滥用时，双方会相互协作。

联邦贸易委员会（FTC）是美国政府机构中最权威、最综合的管理广告监督的联邦政府官方机构，执行多种反托拉斯（反不正当竞争、反垄断）和保护消费者权益。由《联邦贸易委员会法》（Federal Trade Commission Act）授权，管理除处方药和医疗器械外其他所有产品的广告，包括药物（人药和兽药）广告。负责制定广告监管的规章制度并监督执法；调查处理消费者对违法和虚假广告的控告，召开听证会，处理各种违反广告法律的欺诈广告（Deceptive Advertising）、不实广告（False Advertising）和不公平广告（Unfair Advertising）。

FDA 和 USDA 负责评价杀虫剂限量的执行情况，监测美国州际贸易和进口食品中杀虫剂残留的监控管理，并与牧场主或其他相关人士合作促进杀虫剂的合理选择和使用。

州药事委员会（SBP）是美国各个州政府的药物管理机构。美国 50 个州几乎都有 SBP，隶属于州政府卫生部门。其管理药物的权威来自相应州的药物规章和条例，管理权限仅限于本州范围内。负责州内药物的生产和销售以及其他相关活动的监督与管理。必要时，与联邦政府形成联邦-州-地方合作关系，通过签订合同、协议或谅解备忘录的形式来开展实施国家各项如"动物源性食品兽药残留监控计划"和"滥用抗生素的监控计划"等活动项目。

9.2.1.2　管理法规

美国的兽药管理法规最早可以追溯到 1784 年，当时的马萨诸塞州颁布了第一部食品大法。1848 年，联邦政府为确保药品质量，颁布并实施了第一部《进口药品管理条例》。1850 年，加利福尼亚州通过了第一部《食品和药品条例》。1906 年，罗斯福总统将第一部《食品和药品条例》上升为《食品和药品法》（FFDA）。1938 年美国国会通过了《食品药品化妆品法》，要求药品必须进行安全性试验。1941 年的修正案增加了胰岛素的安全性和疗效的鉴定要求。1945 年对青霉素增加了安全性和疗效的鉴定要求。之后，扩展到人用抗生素和部分畜用抗生素。美国国会在 1951 年通过了"Dutham-Humphrey 修正案"，正式确立了处方药与非处方药（Over-The-Counter Drug，OTC）分类标准和 OTC 制度。1962 年通过的"Kefauve Harris 修正法"强调药品的疗效和安全性，强化了 FDA 对生产厂家的监督管理职能，要求药品生产必须符合 GMP，生产厂家必须接受对其生产场地的检查，要求制药商必须承担应有的责任。并对动物药作出专门规定，明确规定要确保动物药物的安全性和有效性，并防止在食品中造成不安全残留。

美国 1968 年颁布《兽药修正案》，开始了真正意义上的兽药法制化管理。美国兽药管理倡导全程管理的理念，兽药安全管理的相关法律互相关联，形成了一个完整的法律体系，涉及兽药的生产、销售、使用，动物的屠宰、加工、运输、标签、包装、检测等各环节。

美国现行法律法规中，与兽药相关的主要有《食品药品化妆品法》《标签外用药法》《兽药可用法》等。

9.2.1.3 兽药准入管理

（1）生产企业登记注册制　美国药品法对药品生产准入的控制主要是通过新药审评（new drug application，NDA）和仿制药审评（abbreviatiated new drug application，ANDA）的结果来实现的。

美国《食品、药品和化妆品法案》（FDCA）规定，制药企业经过食品和药品管理局（FDA）药品审评与研究中心（CDER）注册即可建立，无需行政审批，但是企业生产药品的行为却受到准入控制，企业必须使自己生产的药品通过 CDER 的 NDA 或 ANDA 审评才能使生产行为合法化，NDA 和 ANDA 程序均包括对企业生产现场进行 GMP 考核的内容。

也就是说，GMP 检查是注册评审的一部分。通过注册，FDA 掌握并公开了制药企业的基本情况，便于对其进行有效的管理与监督，保护了消费者和其他市场主体的利益；通过药品审评，上市药品的质量得以保证。

美国食品药品管理局（FDA）兽药中心（CVM）是专门负责兽药管理的消费者保护机构。CVM 负责审批和监督兽药、饲料添加剂以及兽用器械上市，与美国联邦、州立机构共同确保动物健康和动物源食品安全，减少动物疫病的传播。CVM 还开展产品的安全性和有效性研究和监测。美国 FDA-CVM 是世界动物卫生组织（WOAH）兽药评审监管协作中心。

（2）严格的生物制品管理　美国的兽医生物制品生产商必须同时拥有美国兽医生物制品企业许可证和美国兽医生物企业生产的每种产品的许可证。

在美国，每个兽用生物制品的标签和说明书样稿应包含在该制品的注册资料中，随同产品注册申请一并报美国兽用生物制品中心（CVB）审批，CVB 负责对该制品的标签和说明书进行审核，在颁发产品许可证或产品许可批件的同时，CVB 将审查合格的标签和说明书进行备案。如生产企业要对标签和说明书进行任何修改，需向 CVB 提出变更申请，经 CVB 批准后，方可更改。

美国联邦管理法规第九篇规定，严禁任何人使用错误的、不符合规程要求的或未经动植物检疫机构批准的纸箱、容器、标签、签封、标记或说明等。严禁任何人改动、标记或移动已批准的贴于或加入生物制品包装内的标签。另外，禁止任何人标记生物制品包装箱、其他容器或最终包装容器上的标签，以免不能辨认、造成误解或误导。压印、印刷或直接粘贴在包装纸箱、其他容器或最终包装容器上的标签在整个有效期内必须清楚易读。如标签已改动、残缺不全、损坏、涂抹或移动，其相应生物制品应从市场上撤回。

申请人在领取企业许可证前，必须向 APHIS 做出书面保证，保证该企业不会对其持证产品做任何带有误导性或欺骗性广告，产品的包装或容器上也不会有任何能引起错误或误导的产品描述、设计或装置。

同样，在申请进口兽用生物制品许可证时，也必须包含所有相关产品的标签和广告声明。拟出口产品的终容器标签、纸箱标签和包装箱标签都必须按照规定提交样张。

CVB在通常情况下不对各种贸易和科学杂志上的广告材料进行审核。但是，如有报告指控广告或声明具有欺骗性或误导性，则CVB会对其进行审核。在监督检查中，如发现广告或声明在某些特殊情况下具有错误或误导性，则CVB将向持照者或持证者发出书面通知，以引起其重视；对广告或声明出现不适当的措辞的，农业部可吊销其生产许可证；对给用户带来一定危害的，农业部会立即采取较为严厉的处罚措施。

9.2.1.4 生产管理

美国药品生产企业的管理工作由FDA的监督管理办公室和药品审评与研究中心负责。药品监督办公室负责药品生产企业的监督工作，药品审评与研究中心负责药品生产企业的现场检查。

现场GMP检查从新药注册开始，制药企业通过现场检查是进行药品注册审批的必要条件之一。企业药品通过注册后，就被认为是在GMP的条件下进行生产，除非收到FDA的违反GMP警告信或者处罚等。FDA不对制药企业进行GMP认证，也不颁发相应的证书。FDA组织现场GMP检查，具体从事药品GMP监督检查的是分布在全国各地的FDA分支机构。

除了注册审批过程中的GMP检查，美国药品生产企业每半年应向FDA呈报变更的产品目录，每年必须到FDA重新注册。对药厂监督主要是检查药厂的生产活动是否处于控制状态，即药厂应有一套符合食品、药品和化妆品法及现行药品生产管理规范要求的管理办法并遵照执行。地区所根据过去监督情况或举报和返工记录等情况，执行监督计划。一般情况下，制药企业每两年受检1次，检查分为全面检查和简易检查，其中对每个生产企业的全面检查一般每3～4年进行1次。检查重点是查制度、查执行、查效果。

（1）检查依据　美国药品GMP检查制度的确立主要依据《美国联邦法规》与《联邦食品、药品和化妆品法案》。《美国联邦法规》第210条、211条及212条等规定，药品生产应该遵守药品GMP；《联邦食品、药品和化妆品法案》（2010版）规定，企业在没有遵守GMP条件下所生产的药品属劣药。

美国药品GMP（又称cGMP）包括以下几个部分：Current Good Manufacturing Practice For Finished Pharmaceuticals为制剂GMP，见《美国联邦法规》第211条；第212条是关于正电子发射断层显像药物的生产要求；Biological Products：General为生物制品GMP，见《美国联邦法规》第600条；Current Good Manufacturing Practice for Blood and Blood Components为血液制品GMP，见《美国联邦法规》第606条。美国没有制定专用的原料药GMP，原料药GMP检查主要依据ICH Q7（Guidance for Industry Q7A Good Manufacturing Practice Guidance for Active Pharmaceutical Ingredients）。美国FDA将GMP分为六大系统：质量系统（Quality System）；设施和设备系统（Facilities & Equipment System）；物料系统（Materials System）；生产系统（Production System）；包装和标签系统（Packaging & Labelling System）；实验室控制系统（Laboratory Controls System）。FDA认为标准应该是动态的，需要随实际情况的变化进行不断修订，虽然美国联邦法典中21CFR条款内容在过去30年里维持基本稳定，但是FDA通过发布指南方式不断补充cGMP，把药品行业最新的质量控制技术和质量管理理念推荐给制药企业

参考。指南虽不作为法律强制执行，但事实上已成为行业共同遵循的标准。

（2）检查机构　制药企业的现场检查主要由 FDA 的下列机构完成：FDA 的法规事务办公厅（Office of Regulatory Affairs）是现场检查工作的领导机构，其区域管理局（Division of Field Investigations）的现场检查处（Division of Field Investigations）负责药品生产现场检查任务分派、指导、法律法规修订、检查员培训、专家管理、现场检查结果的汇总等工作；药物评审和研究中心（CDER）内设执法部（Office of Compliance）的生产和质量办公室（Office of Manufacturing and Product Quality）、生物制品评审与研究中心（Center for Biologics Evaluation and Research）的执法和生物制品质量办公室（Office of Compliance and Biologics Quality）以及地区办事处（District Offices）等为现场检查机构，承担具体现场检查任务。

美国采用检查机构专门化制度，各现场检查机构独立承担检查任务，检查前资料审查、方案制定、现场检查、整改复核、结果确定等都是统一由一个部门负责。法规事务办公厅设有 5 个区域办事处（Regional Offices），负责辖区内食品药品监管工作，管理辖区内的地方办事处。但是，区域办事处并不具体参与地方办事处的药品生产现场检查工作，其承担与药品生产现场检查相关的工作主要包括人员培训、专家管理、任务分派等。全国共设多个地方办事处，但并非每州一个，未设地方办事处的州的药品生产现场检查工作由所在区域办事处管辖内的其他办事处负责。

（3）检查员　FDA 的检查员都为专职检查员，从事现场检查的人员以现场检查部门的检查员为主，以相关专家为辅。FDA 对检查员的资质有明确的要求，至少大学本科学历，但不要求必须有制药工业界的工作经历，因此 FDA 为检查员设置了许多培训课程，通过大量的培训和检查实践，使检查员能胜任其工作，并设置有正式的培训课程和发证程序。新招聘的检查员需按照新聘任检查员培训计划接受为期 1 年的培训，综合采用网络、课堂学习、上岗实践的方式，接受最基本的监管和检查技巧培训。检查员的再培训由法规事务办公室和人事管理办公室共同管理，拥有完整的再评估程序，持续对培训需求进行评估，还兼顾药品检查员培训和发证课程的认可程度。由此可见，FDA 对检查员后续的培训是极为充分和严格的，从而确保检查工作的质量和专业性。

FDA 对检查员实行分级管理（1 级、2 级和 3 级），不同级别的检查员分别承担不同风险等级的现场检查任务，高级别检查员还承担着对低级别检查员的培训职责。cGMP 是 FDA 雇员必须掌握的基础知识，不只是检查员，其他监管人员也能较好地掌握 cGMP，承担药品生产现场检查工作。

（4）检查类型及检查程序　FDA 建立了严格的现场检查管理制度来规范现场检查。例如，制定《检查工作手册（Investigations Operations Manual）》，该手册涵盖了职责、准备、检查要点、安全、结果提交等几乎所有现场检查涉及的活动，为检查员以及审评专家必须接受的培训内容之一，对于检查组顺利完成现场检查任务具有重要的意义。FDA 的药品生产现场检查大致包括首次检查、期满复查、有因检查 3 种类型。首次检查：例如药品注册批准前检查、变更后检查等；期满复查：FDA 并没有明确规定现场检查的有效期，但是，通常每次检查后大约满 2 年时，都会进行复查，复查并不局限于刚满 2 年的品种或剂型，也可能几个品种同时检查，期满复查的名单由检查部门提出；有因检查：针对投诉、产品质量抽检不合格、举报、诚信度不佳等信息，FDA 还会对企业安排有因检查。检查组通常由 2～3 人组成，其中至少有 1 位检查员，在某些情况下，还会派出对检查范围较为熟悉的专家参加，但是组长必须由检查员担任。检查组组长接到检查任务后，会调阅企业申请资料以及以往的检查记录，根据任务目的制定检查计划，并将检查计划提前发给组员与企业。

认证检查现场程序大致如下：首次会议，主要明确检查范围与检查计划；每日检查，通常会按检查计划进行检查，个别情况下会根据企业实际情况进行适当调整；每日检查后反馈会，将当天检查情况向企业反馈；每日早会，检查组明确当天检查任务，企业对前一天检查结果进行反馈；末次会议，检查组口头反馈检查中发现的缺陷，如果已有足够证据支持最终结论，部分检查组还会表明自己的最终结论。现场检查后，检查组以483表格（也称现场观察报告）的形式向企业确认现场检查缺陷，企业要及时向检查组提交整改报告。检查组根据现场检查以及企业整改情况，撰写现场检查报告（EIR，establishment investigation report），现场检查报告包含检查结果、警告信的建议等内容。检查组要将483表格、检查报告等提交给检查机构，供检查机构确定最终结论。如果现场检查发现企业严重违反cGMP，FDA会向企业发出警告信并在FDA网站公布。警告信通常会明确指出企业已严重违反cGMP并列出部分较严重的缺陷项，同时强调违反cGMP涉嫌生产劣药。现场检查缺陷没有分级制度，最终结果的判定完全出于整体风险分析。对于部分由企业申请的现场检查，如果企业没有通过，两年内不得再申请。

9.2.1.5 兽用生物制品批签发管理

在美国，每个兽用生物制品的质量标准属于该制品生产规程的成品检验部分。美国对生产规程的制订、报批、变更等有严格的管理制度。企业根据CFR 9的规定制定生产规程，并随同产品许可证的申请一并报CVB审批，CVB负责对企业的生产规程进行审定。在对产品许可证申请进行审查时，CVB将按照审定后的生产规程对生产企业试制的3批制品进行成品检验。在对通过审查的制品颁发产品许可证的同时，CVB对该产品的最终生产规程进行备案。如生产企业在生产过程中要对生产规程进行任何修改，必须向CVB提出变更注册申请，经CVB批准后，方可按照新的生产规程进行生产和检验。

兽用生物制品的生产实行许可证管理制度，企业必须按照注册要求提出申请，在获得农业部部长签发的企业许可证和产品许可证后，方可进行生产。CVB随时对企业进行飞行检查。

生产企业按照农业部备案的生产规程进行每批制品的生产和检验，并应按照批签发管理要求由CVB对每批产品进行批签发，经CVB批准放行的产品方可销售。

美国的批签发是指由美国农业部（USDA）下设的动植物卫生监督署（APHIS）对兽用生物制品做出是否准予上市的行政审批。批签发抽样、检验等具体工作由APHIS下设的兽用生物制品中心（CVB）负责。CVB监察与合规部门（CVB-IC）和CVB政策、评估与执照管理部门（CVB-PEL），分别在批签发中承担不同的职能。美国批签发的法律依据为联邦法规第九章（9 CFR），具体章节为113.3和113.6。此外，USDA还发布了兽医服务备忘录800.53，对批签发的相关要求进行了明确规定。

兽用生物制品生产企业（以下简称企业）完成产品自检后，授权抽样人员进行抽样，同时企业根据自检结果填写《APHIS 2008表》。当APHIS收到该表后，会查看是否收到企业提交的样品。收到样品7天内，APHIS即做出是否检验的决定，不需检验的，APHIS直接批签发；需要检验的，在检验完成后APHIS会对比企业备案的注册资料，评审《APHIS 2008 表》中的相关内容，评审通过后方可进行批签发。APHIS 将已签署的电子版《APHIS 2008 表》反馈企业，企业即可凭此进行产品销售。具体流程见图 9-2。

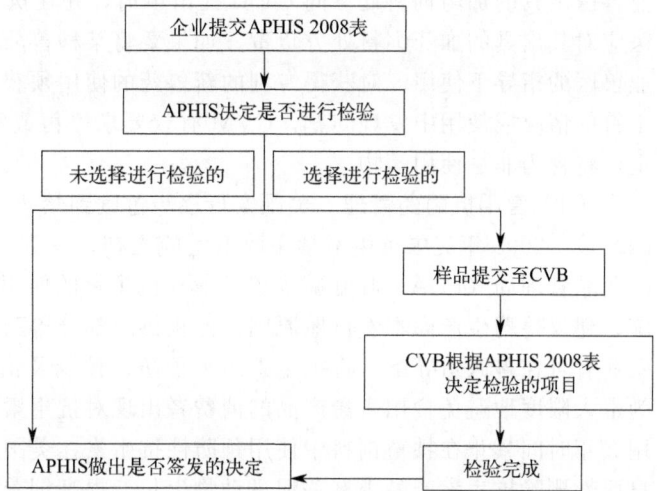

```
┌─────────────────────────┐
│    企业提交APHIS 2008表    │
└─────────────────────────┘
            │
            ↓
┌─────────────────────────┐
│    APHIS决定是否进行检验    │
└─────────────────────────┘
    ┌──────────┴──────────┐
    ↓                     ↓
┌──────────┐      ┌──────────┐
│未选择进行检验的│    │选择进行检验的│
└──────────┘      └──────────┘
    │                     ↓
    │            ┌──────────────┐
    │            │  样品提交至CVB   │
    │            └──────────────┘
    │                     ↓
    │            ┌──────────────────┐
    │            │ CVB根据APHIS 2008表 │
    │            │   决定检验的项目    │
    │            └──────────────────┘
    │                     ↓
    ↓            ┌──────────┐
┌────────────────────┐   │  检验完成  │
│ APHIS做出是否签发的决定 │←─└──────────┘
└────────────────────┘
```

图 9-2　美国兽用生物制品批签发流程图

9.2.1.6　进口管理

美国对进口兽药产品实行审批管理制度。美国《食品药品化妆品法》规定，进口兽药必须经 FDA 审批。进口兽药申请者必须根据规定向 FDA 提交有关技术材料和样品，所要求提供的技术资料与国内产品注册相同。美国食品药品管理局（FDA）兽药中心（CVM）可对申请进口的兽药生产企业进行现场考察，如果发现兽药的生产条件、标签等不符合规定，则不予注册。如接受美国原料加制剂捆绑认证和现场检查，按要求需向美国 FDA 提交药物管理档案（Drug Master File，DMF）文件，作为现场检查依据，兽药生产企业的厂房、设备以及管理需要符合 cGMP 要求。FDA 会对每个向美国出口药品的外国药品生产企业进行定期 GMP 检查，检查采取与本国生产企业相同的标准和方式。检查通过后，还需每年向 FDA 提交报告。

美国对外国兽用生物制品的进口管理十分严苛。在美国销售进口生物制品，CVB 规定申请人必须拥有美国兽医生物制品许可证（分销和销售许可）。申请在美国销售生物制品而进口兽医产品的，依据美国联邦管理法规第九篇（9 CFR）（104.5）申请美国兽医生物制品许可证，参考美国兽医服务备忘录（800.101）获取指导。产品必须符合《病毒血清毒素法》所要求的功效、效力、纯度以及安全性。

美国《病毒血清毒素法》规定，进口及在美国国境内运输的每一批兽用生物制品都必须取得进口兽用生物制品许可证。进口兽用生物制品许可证共有 3 种，一是研究与评估用生物制品的进口许可证；二是销售进口生物制品许可证；三是生物制品过境运输许可证。许可证由农业部核发。不同类别的许可证必须根据不同要求提交相关材料。其中，在申请销售进口生物制品许可证时，必须根据规定提交样品进行检查和测试。农业部如果认为从有外来疫病的国家进口生物制品有可能危及本国畜禽安全时，则不允许进口生物制品。如果产品的制备方法有缺陷，或产品不纯，或没有效力，或产品的标签、广告误导、欺骗购买者时，经听证后农业部可以暂扣或吊销产品注册证书。

9.2.1.7 使用管理

美国《联邦食品、药品和化妆品法》对兽药的使用作了明确而具体的规定：人畜共用的药物必须按照执业兽医的处方并在其指导下使用。饲料药物添加剂的使用也必须依据执业兽医出具的加药饲料处方向 CVM 提出申请，并在执业兽医的指导监督下使用。执业兽医应对其出具的加药饲料处方负责。如果要将某种兽药用于饲料，必须提出申请，并在执业兽医的指导下使用。对获得专利的新兽药的使用须获得授权。如果 CVM 发现与申报中不符的情况或使用中发现问题，CVM 有权要求停售或暂停使用该药物。如果违反以上规定，将视为非法使用药物。

（1）兽用抗菌药管理　美国实行逐步过渡到禁止在饲料中添加用于促生长的抗菌药的政策。2008 年美国抗生素禁用政策实施之初，受到行业人士的抵制。2010 年，美国食品药品管理局（FDA）呼吁减少养殖业对抗生素的使用。2012 年 FDA 出台非强制性的措施，建议兽药生产商本着自愿原则，停止供应部分兽药，应对当前严峻的耐药性问题；养殖业者可在兽医指导下，将抗生素用于预防、控制及治疗疾病，但不可用作生长促进剂。为最大限度地避免食用畜禽产品的消费者出现对抗生素的抗药性问题，美国从 2014 年起，用 3 年时间禁止在牲畜饲料中使用预防性抗生素，美国食品药物管理局敦促动物药业公司自愿性删除抗生素产品中有关促进动物生长、提高饲养效率的说明，今后这些抗生素产品将只能用于给动物治病，且需要接受相关监管才能使用。自 2017 年起，美国停止将人畜共用抗生素用于畜禽养殖中的促生长，部分仅作为治疗药物。有关动物药业公司停止生产有关品种、修改部分抗生素品种说明书，包括已在中国注册过的产品。

（2）兽用生物制品的使用管理　在美国，对兽用生物制品的使用管理遵守处方药管理规定，即：如果有单位/农场要购买和使用某种兽用生物制品，则必须由一位兽医出面购买（该兽医可以是该单位的，也可以是其他的独立经营的执业兽医），并在兽医的指导下进行使用。

9.2.1.8 兽药残留与食品安全管理

美国兽药残留和食品安全管理相关法律互相关联，形成了一个完整的法律体系。有关兽药残留的主要法令包括《消费者保护法》《联邦食品、药物及化妆品法案》《病毒、血清、毒素法案》《杀虫剂、杀霉菌剂、灭鼠剂法案》。

美国宪法规定了立法、司法和行政权力的三权分立原则，兽药管理法律的制定和实施相互独立，法规制订与修订过程公开和透明，以科学技术为支撑，鼓励从业人员、消费者和其他利害相关者参与规章的制订和颁布的过程中，以提高法规可行性和科学性。

美国对兽药开发、生产的各阶段都有行业规范性标准加以控制，如实验室管理规范（GLP）、临床实验规范（GCP）、药品制造规范（GMP）。另外，为加强食品卫生和安全检查颁布了以下法令：1906 年发布的《联邦肉类检验法》（Federal Meat Inspection Act，FMIA）；1957 年发布的《禽肉产品检验法》（Poultry Product Inspection Act，PPIA）；1970 年发布的《蛋类产品检验法》（Egg Product Inspection Act，EPIA）等。

美国的兽药安全性评价及残留限量标准制定工作主要由美国食品药品管理局（FDA）兽药中心（CVM）进行管理和实施。由于美国一直是负责推荐和制定兽药的最大残留限量的食品中兽药残留法典委员会（CCRVDF）的主席国，FDA 兽药中心相关负责人还兼任 CCRVDF 主席，近年来，美国在兽药国际标准制定领域发挥主导作用。美国制定了较为严格的兽药最大残留限量标准。美国食品药品管理局（FDA）的兽药最大残留限量制定过程包括：确定无可见作用剂量（NOEL）和每日容许摄入量（ADI），确定安全浓度（SC），最终推荐 MRLs。通过放射性示踪方法进行比较代谢研究和总残留消除研究确定主要代谢物、靶组织和残留标示物以及残留标示物与总残留之间的比例，通过毒理学实验确定 NOEL 和动物组织中的 SC，再通过以上研究结果制定靶组织中残留标示物的MRLs。

9.2.1.9 细菌耐药性管理

美国食品药品管理局（FDA）和农业部（USDA）协同管理兽药残留和细菌耐药性。食品药品管理局（FDA）兽药中心（CVM）设有专门的动物与食品微生物学处（Division of Animal and FoodMicrobiology），主要针对动物使用抗菌药的作用效果开展基础性和应用性研究，包括对病原体和共生微生物耐药性产生及蔓延的研究。农业部（USDA）下设的食品安全监察局（FSIS）、动植物卫生检验局（APHIS）和农业研究局（Agricultural-ResearchService，ARS）都参与抗菌药耐药性的管理和监控。美国疾病控制和防治中心（CDC）、环境保护局（EPA）、州药事委员会（SBP）、美国兽医协会（AVMA）也参与耐药性的管理工作。

APHIS、ARS、FSIS 联合成立了动物健康和食品安全流行病学合作组（Collaboration in Animal Health and Food Safety Epidemiology，CAHFSE），主要监测农场和工厂的细菌，了解它们在食品安全中的危害，提供食品动物常规监测重大疫病的方法，并强调相关细菌的抗菌药耐药性问题。ARS 的细菌流行病学和耐药性研究分部（BacterialEpidemiologyandAntimicrobialResistance Unit，BEAR）是 USDA 研究中心的一部分，负责评估和检测动物用抗菌药影响人类健康的程度；了解食源性病原体耐药性的流行和生产设备及环境中影响耐药性产生存留的因素；研究耐药性产生的分子机制；研究共生菌在耐药性产生和转移中的作用，并负责兽医组的抗菌药耐药性监测工作。

机构间抗菌药耐药性联邦工作组（Interagency Federal Task Force on Antimicrobial Resistance，TFAR）。为减少抗菌药耐药性对人类公共卫生的危害，1999 年由疾病控制和防治中心（CDC）、国家卫生研究院（National Institutes of Health，NIH）和 FDA 主导，包括 USDA、卫生保健研究和质量机构（Agency for Healthcare Research and Quality，AHRQ）、医疗保险和医疗补助服务中心（Centers for Medicare and Medicaid Services，CMS）、环境保护局（EPA）等 10 个机构创立了机构间抗菌药耐药性联邦工作组，2001 年美国国际发展署（United States Agency for International Development，USAID）又加入其中。2000 年 6 月该工作组制订了"对抗耐药性公共卫生工作计划"的草案，并于2001 年 1 月正式发布，主要针对人类和农业抗菌药耐药性问题，从监测、预防与控制、研究、产品研发中的不同议题提出建议和目标，并指定相关负责部门，共有 84 项（其中13 项优先考虑）条款，并且每年都发布公共计划实施的年度进展报告。

抗菌耐药性指导委员会。美国兽药协会成立了抗菌耐药性指导委员会，要求通过合理的饲养管理降低抗菌药的使用量，通过合理使用抗菌药降低耐药性的产生和蔓延。制定了"慎用抗菌药治疗原则"，用于指导兽医人员治疗牛、家禽、猪、马、猫、狗、食用鱼等的临床用药。

1996 年，美国食品药品监督管理局、农业部和疾病控制中心联合成立了国家抗菌药物耐药性监测系统（National Antimicrobial Resistance Monitoring System，NARMS）。NARMS 主要监控人类、动物和零售肉类中肠道细菌，监测其对人类和兽医抗菌药物敏感性的变化，也对动物饲料成分进行监测。菌株主要从人类和动物的临床样本、农场的健康动物和未加工的动物源性产品中进行采集分离。耐药性检测方法和标准采用美国"纸片法和稀释法抗菌药敏感性试验执行标准"。

9.2.2　欧盟

欧盟法制体系健全，制定和修改药品管理法规及技术指导原则已成为经常性、程序性的工作。立法部门定期听取政府、社会和制药企业的意见，依照程序对法规、管理性文件中不完善处作及时修改、补充或发布新的规定。欧盟兽药管理程序高度透明，内容详细、具体，各部门、各环节分工清楚、职责明确、时限分明，既便于内部协调管理，又利于外部监督、检查。欧盟成员国日益重视药品管理，积极调整管理体制，加强兽药管理机关独立性，切实保护消费者权益。行政和技术管理机构采用公开性、竞争性人才制度。

9.2.2.1　欧盟管理机构

欧盟的兽药管理，主要由欧盟委员会下设的企业与工业总司（Enterprise and Industry Directorate General，DG）负责人用药品和兽药的立法和许可的审批工作；欧洲药品管理局（European Medicines Agency，EMA）负责人用药品和兽药的中央注册和监督工作；欧盟理事会下设的欧洲药品质量管理局（European Directorate for the Quality of Medicines & HealthCare，EDQM）负责人用药品和兽药的质量标准工作和原料药的欧洲药典适用性证书（Certification of Suitabilityto Monograph of European Pharmacopoeia，COS or CEP）申请注册及 GMP 检查。

（1）欧洲药品管理局（EMA）　1993 年，欧盟（EU）委员会根据同年 7 月 22 日通过的（EEC）No.2309/93 号法规，建立了欧洲药品评价局（European Medicines Evaluation Agency，EMEA），总部设在英国伦敦，取代原设立于 1977 年的专利药物委员会和兽药委员会。2004 年 4 月 30 日，（EC）No.2004/726 法令将 EMEA 更名为欧洲药品管理局（European Medicine Agency，EMA），基本职能不变。2009 年 EMA 进行了内部改组，进一步凸显欧盟对公共卫生安全与用药安全的重视。2010 年 1 月 EMA 正式由欧盟卫生消费者总署接管，增强了政策执行协调性。由于英国退出欧盟，2017 年欧盟成员国决定将 EMA 总部从英国伦敦迁往荷兰阿姆斯特丹。对英国而言，从 2021 年 1 月 1 日起，欧盟的法律仅在《爱尔兰/北爱尔兰议定书》所预见的范围内适用于北爱尔兰领土。

2020 年 3 月 2 日，EMA 对其组织结构进行了改革，以确保其尽可能高效地运作，为公共和动物健康提供高质量的产出。主要变化包括：将人类药物领域的业务整合为一个人类药物司；建立四个关键任务小组，支持人类和兽医部门，汇集专业知识，推动高优先领域的变革。重组工作考虑到了快速发展的药物研发形势，这要求监管机构跟上科技进步的步伐，并以不断加快的速度为迎接未来的挑战做好准备。

EMA 是整个欧盟层面的药品监管最高机构。EMA 的宗旨是为了公众及动物健康，促进药品评估及监管的科学性，主要职能是对在欧盟进行上市审批（Marketing authorisation）的人用或兽用药品的申请进行科学评估，负责协调提交到委员会的药品科学评价意见，在欧盟内监督药品使用的安全性和有效性，协调、监督、检查 GMP、GLP、GCP，并在欧盟内部促进科学技术的创新、发展和交流。

EMA 主要负责人用药品和兽药的中央注册和监督工作，且负责欧洲经济共同体全部成员国的公共健康问题，确保药物的安全性、有效性以及高质量。作为欧盟医药产品的审评机构，其工作重点在于促进药物的创新与开发，使患者更快获得安全、有效的药品。目的是在协调会员国间国家级的药物检验单位，以节省新药在引进欧洲的过程中，会员国间重复审查费用和克服在新药引进过程中个别国家的政策保护。EMA 负责制定欧洲人类及动物用药规范，对进入欧盟的药品进行把关和后续追踪，向会员国和欧盟单位提供有关人类及动物药品的评估、咨询和药品安全监督信息。EMA 确认所有进入欧洲市场的药物必须符合 GMP、GCP、GLP 和其他相关规定。

EMA 的核心管理机构为管理委员会，其具有监督职能，负责任命执行董事（Executive director），以及整个 EMA 体系的计划、预算等工作事项。委员会服务于公共利益，不代表任何政府、组织和部门，由 36 名成员组成，其中包括每一个欧盟成员国的代表（共 28 个）、欧盟委员会的 2 名代表、欧洲议会的 2 名代表、患者组织的 2 名代表、医生组织的 1 名代表、兽医组织的 1 名代表。

EMA 有 500 多名工作人员，与美国 FDA 不同，EMA 本身无须执行日常事务，EMA 由执行董事领导，执行董事为 EMA 的法定代表人，负责监督机构工作人员的日常工作，接受理事会的汇报。理事会由高级医学官（Senior medical officer）、受委任执行董事（Deputy executive director）、执行办公室（Executive office）以及数个服务部门组成，负责就一系列日常运作及科学问题向执行董事提供支持与建议。服务部门的具体分工包括交流、国际及欧盟合作、法律服务（制药相关法律及新的立法执行建议）、内部审核等。

EMA 设立的 5 个管理处分别负责人用药品发展与评估、病人健康保护、兽药及产品数据管理、信息与通信技术以及管理。其中，兽药及产品资料管理处下设产品资料管理部门和兽药管理部门。主要负责兽药及相关产品的研发、使用管理和与相关组织联系，开展兽药、动物卫生、相关产品与资料管理咨询与服务工作。

EMA 的专家团负责管理顾问委员会和专家委员会。目前拥有来自欧盟国家和欧洲自由贸易联盟国家的顾问和专家 4500 名，主要开展学术活动，为 EMA 提供咨询与技术支持。EMA 的专家团整合了欧洲所有相关资源，其评估结果具有一定的权威性与代表性，在促进欧洲地区药品评估、咨询以及加强公共卫生等方面发挥重要作用。

在管理团队之外，EMA 还下设了 7 个科学委员会，负责对申请者提交的申请进行科学评估。委员会评估基于科学准则，确定药品是否在欧盟立法框架内满足必要的质量、安全与功效要求；通过提供科学建议、出台指南、监督指导，来帮助制药公司完善产品的上市申请。这 7 个科学委员会包括人用药品委员会、药物警戒风险评估委员会、兽用药品委员会、罕见药品委员会、草药产品委员会、儿科委员会以及先进疗法委员会。

人用药品委员会（Committees for Human Medicinal Products，CHMP）。CHMP 主要负责人用药品注册审评中科学与技术方面的问题，在欧洲市场药物许可的审核过程扮演着重要的角色，执行一套全区认可的药品评估方法（Directive 2001/83/EC）。根据欧盟法律 2001/83/EC，CHMP 负责对上市前药品进行评估、对上市后药品进行管理、对各成员国有关药品的不同意见作出公断，如有必要，也将向欧盟委员会申请药品的停止销售与撤市。CHMP 会对每个申报的品种作出一份欧洲公共评估报告（EPAR），为药品添加标签、包装、SPC 及评估细节，为公司提供新药开发技术帮助，进一步为行业制订指南方针，并通过国际合作保证药品的规范化。人用药品委员会（CHMP）是由专卖医药产品委员会（Committee for Proprietary Medicinal Products）更名而来，与新的草药产品委员会（Committee for Herbal Medicinal Products）在名称缩写上均为 CHMP。

药物警戒风险评估委员会（Pharmacovigilance Risk Assessment Committee，PRAC）。PRAC 是根据 2012 年生效的药物警戒立法而正式建立的，其目的是加强欧洲药品的安全监测，是 EMA 负责评估及监测人用药物安全事务的科学委员会。PRAC 负责评估人用药物风险管理的各个方面，如负责对产品有效性的检测；在确保药物疗效的前提下，对不良反应进行风险评估、监测，从而实现风险最小化；设计、评价药品授权后的安全性研究等。

兽用药品委员会（Committee for Veterinary Medicinal Products，CVMP）。CVMP 主要负责兽药注册审评中的科学技术问题，协助 EMA 准备所有与动物用药有关的意见和建议，在兽药认证许可的审核过程中扮演着重要的角色。在欧盟地区统一管理方面，CVMP 负责申请进入欧盟市场动物药品的初步评估和一些后续追踪工作，在实施地方分权管理方面，CVMP 负责仲裁会员国间对于特定动物药品的意见分歧和一些可能危害区域内公共卫生的相关问题。CVMP 还负责对动物用药进行科学评估；制定食品中兽药最大残留限量；对兽药生产企业研发新兽药提供规范性技术指导。

罕用药品委员会（Committee for Orphan Medicinal Products，COMP）。COMP 源于 1999 年欧洲议会通过的罕用药法规（2000/141/EC），该法规主要包括制定罕用药认定程序、界定已认定的罕用药研发与上市的激励措施、成立专门负责罕用药审核、认定的罕用药品委员会（COMP）。该委员会主要负责对罕用药申报的审核，以及对欧盟执委会在建立罕用药的政策与实施办法过程中提出科学性的建议。

草药产品委员会（Committee for Herbal Medicinal Products，HMPC）。HMPC 主要负责提供 EMA 对草药的意见，主要职能是协助欧盟各国整合草药产品的审核和提供相关咨询帮助，目前根据《欧盟传统植物药（草药）注册程序指令》（2004/24/EC），草药产品在欧洲注册和上市共有 3 种程序，分别是传统使用注册、固定使用注册，以及单独/混合申请注册。为促进欧盟草药注册程序和草药物质信息的统一，HMPC 编写了"传统和固定使用草药令著"，制定了"传统草药物质、制剂和复方目录"。草药令著不仅包括 HMPC 对草药物质及其制剂的安全性和有效性的科学意见，还包括 HMPC 科学评估时的所有信息。而相比于欧盟草药令著，传统草药物质、制剂和复方目录对申请者和成员国监管当局均具有法律约束力。

先进疗法委员会（Committee for Advanced Therapies，CAT）。CAT 是根据欧盟新兴医疗产品条款（Regulation（EC）No1394/2007）而建立的，主要任务是在 CHMP 审核决定前，为各种新兴医疗产品（ATMPs）的申请提出全面的科学意见，而所谓 ATMPs，是指源于基因、细胞和组织的药品。所有的 ATMPs 都由 EMA 集中许可，它们受益于单一的评估和许可程序。在 ATMPs 的审评过程中，CAT 会对每一个 ATMP 申请准备草案意见，然后送交给 CHMP，CHMP 在此基础上给 EC 提供批准或拒绝上市许可的建议，最后由 EC 做出最终决策。CAT 还参与 EMA 针对研发 ATMPs 的 SMEs 的质量和非临床试验认证，并就 ATMPs 的分类提供科学建议。

儿科委员会（Paediatric Committee，PDCO）。PDCO 源于 2007 年欧盟药品法规（2006/1901/EC）的实施，该法规规定了一系列 EMA 关于儿科药品发展的重要工作和职责，涉及儿科药品的开发和许可等问题，极大改进了儿科药品的监管环境。其工作主要包括质量、药效或安全性方面的资料评估、搜集儿科方面用药信息、协助 EMA 建立关于儿科药物研究的专家网络、提供儿科用药方面问题的咨询、编列更新儿科用药需求目录、提供 EMA 和欧盟执委会在儿科用药信息研究方面的咨询等。

EMA 在业务工作方面与其他国家的相关单位有着紧密的合作和资源共享关系，成立以来已成功提出了一系列科学评估优质药品的方法，并向外及时提供了许多有效信息。EMA 的成立统一了欧洲各国药物审查程序，降低了企业申请费用和行政管理费用，设立的中小企业办公室为中小企业创新与产品开发提供了技术服务，推进了中小企业技术进步与药品数量的增加。

长期以来，EMA 与欧洲食品安全局（EFSA）和欧洲疾病管制局（ECDC）积极合作，共同解决与人类和动物健康有关的问题，特别是在传染病和疫苗方面的合作尤为突出。EMA 也和其他国际药物检验组织（美国食品药品管理局）有许多正式与非正式的互信合作关系，如技术工作小组、人员互换、科技咨询等。利用其科技优势，协助发展中国家的卫生部门开展药物认证核发许可证，确保上市药品的安全性与合法性。

（2）欧洲药品质量管理局（EDQM）　欧洲药品质量管理局（European Directorate for the Quality of Medicines & Health Care，简称 EDQM），总部位于法国斯特拉斯堡。其前身为欧洲药典会（European Pharmacopoeia），1964 年由比利时、法国、德国、荷兰、意大利、卢森堡、瑞士和英国 8 个国家签署建立欧洲药典的协定；1994 年同欧盟（European Union EU）签订建立了欧洲药典协定，包括人用、兽用药物完整的统一的法规；1996 年更名为 EDQM（European Directorate for the Quality of Medicines），2006 年欧洲理事会（Council of Europe）赋予其新的职能再次更名为 European Directorate for the Quality of Medicines & Health Care，其缩写未变，仍为 EDQM。截至 2007 年底，欧洲药典共有 36 个成员国，此外还包括世界卫生组织（WHO）在内的 19 个观察员国，我国于 1994 年加入了欧洲药典观察员国。

相对于 EMA 对上市药品申请进行评估和审批的职能，EDQM 主要致力于建立和推行药品生产与质量控制的法定标准。具体职能包括：作为欧洲药典委员会的技术秘书处提供技术支持；负责包括《欧洲药典》（European Pharmacopoeia，EP）在内的所有 EDQM 的出版物的出版和发行；负责化学药物标准品、生物制品标准品和标准图谱的制备与分发；负责对《欧洲药典》的适用性认证，颁发欧洲药典适用性认证证书；负责构建欧洲官方药品检验实验室网络；承担生物制品批签发与上市药品的监督任务等。

EDQM 主要功能之一是对上市后的仿制药品的监督管理，其主要监管手段是对产品的适用性认证和通过欧洲各国家官方药品检验所（OMCL）之间的欧洲网络系统来对药品进行市场监督。

9.2.2.2　欧盟成员国管理机构

除了欧盟层面对兽药上市申请的审批及对药品质量的监管进行统一组织协调外，欧盟各成员国也均有各自的政府职能部门负责兽药的审批及监督。兽药在欧盟上市除了采取集中审批之外，某些兽药还可采取分散审批的途径。分散审批是由欧盟成员国各自的评审部门负责对兽药进行审批的过程，适用范围是除了必须通过集中审批程序之外的兽药。

（1）法国食品、环境与职业健康安全署（ANSES）　法国食品、环境与职业健康安全署（the French Agency for Food，Environmental and Occupational Health & Safety，ANSES）于 2010 年 7 月 1 日由法国食品安全局（the French Food Safety Agency，AFSSA）和环境与职业卫生安全局（the French Agency for Environmental and Occupational Health Safety，AFSSET）合并成立，职责是确保公众在环境、工作和食品领域的卫生和

安全，保护动物健康和福利，保护植物健康。其工作范围涉及食品与营养、职业健康、环境健康、动物健康与营养、兽药产品、植物健康与保护、植保产品（包括化肥与农药）等多方面。主要工作包括：监管卫生和安全；评价营养和健康的风险利益比；推荐公众健康的防范措施；管理、合作和启动研究项目；管理参考实验室；提供培训、信息和公众争议问题的解决；兽药的注册；同 31 个科学组织的网上合作；同欧盟其他组织（EFSA、ECHA、EEA、EU-OSHA、ECDC 和 EMA）的合作。2015 年增加了全新的市场准入管理。涉及植保、肥料、培养基和佐药产品。原属法国农业部的市场准入管理转交 ANSES；建立起一个"药品信息监控系统"（Phytopharmacovigilance，PPV）。用以监测各类产品上市后对于人类健康、动物、植物以及环境所带来的潜在影响。

ANSES 共有员工 1300 多人，800 多位外部专家（20 个专家委员会和工作组）；51 个国家级参考实验室，9 个欧盟级参考实验室；每年发行约 250 种科学出版物；每年财政拨款 1.3 亿欧元。

ANSES 下属机构法国兽药中心（French agency for veterinary medicinal products，ANMV）是兼具评价机构（生药化药的评审）、实验中心（仅有化药部分）的综合性机构。ANMV 主要职责是根据评价结果对兽药上市许可进行授权、暂缓或撤市；监控兽药质量、不良反应、使用和广告等；监管兽药生产、经销、出口等整个环节；代表法国就兽药问题在欧盟层面进行磋商和交流；作为 OIE 合作实验室（OIE 兽药协作中心）进行国际交流与合作等。主要工作包括：兽药产品注册审批、上市许可授权、兽药质量监管、不良反应监管与评估、兽药广告审批与管理等，并参与欧洲药品管理局（EMA）与兽药相关的管理工作。ANMV 有 3 个主要业务处室，分别为上市许可处、药物警戒处、检查与市场监督处。其中上市许可处负责兽用化学药品和免疫制品的利益评估、注册审批和上市许可等；药物警戒处负责不良反应监测和药物警戒等；检查与市场监督处负责兽药 GMP/GLP 检查、上市许可授权、广告管理和质量缺陷管理与产品召回、狂犬病疫苗批签发、实验室管理和市场检查、监管等。

（2）德国食品和农业部（BMEL） 德国食品和农业部（German Federal Ministry of Food and Agriculture），简称 BMEL，是德意志联邦共和国的内阁级部门。其主要总部设在波恩，次要办事处设在柏林。从 1949 年到 2001 年，它被称为粮食、农业和林业部。2001 年 1 月 22 日，从联邦卫生部接收消费者保护职能，成立联邦消费者保护、食品和农业部，2005 年 11 月 22 日改称联邦食品、农业和消费者保护部。2013 年 12 月，"消费者保护"部门移交给联邦司法和消费者保护部。德国食品和农业部负责制定具体行政管理法规，统一政策规定，将欧盟法令贯穿到本国法规之中。BMEL 内设食品安全、兽医事务部，负责食品安全、兽药、动物保健与福利等工作，事务部设有兽药管理局。

联邦消费者健康保护及兽药研究所（BGVV）隶属于德国食品和农业部，BGVV 成立于 1994 年 6 月，当时属于联邦卫生部管辖，2001 年 1 月划归新成立的联邦消费者保护、食品和农业部。BGVV 与德国食品和农业部下的职能部门一道负责整个兽药的生产、销售、注册和审批等工作。BGVV 负责受理兽药注册申请，其主要任务是受理兽药注册申请并颁发许可证，对血清、疫苗和试验性过敏原进行检测，编写药典，对怀疑有损害健康副作用的兽药产品颁发召回指令等。BGVV 设有 8 个专业处，2 个直属专业组和 1 个综合管理处。其中，六处负责兽药注册审批、残留控制、饲料添加剂，职责包括：兽药的评审、注册与审批；动物源性食品中最高允许残留物标准建议的呈交；已注册上市兽药的评估及注册延期；动物源性食品残留监测的全国性协调与监管中心；饲料添加剂及饲料中有害物质的评估；实验动物标准及实验动物的保护。BGVV 还拥有 19 个全国性实验室及 3 个合作实验室。

德国联邦和州兽药管理部门对兽药的生产和流通实行联合监管。BGVV 负责兽药的注册、审批，各州政府兽医管理部门具体负责区内兽药的监管、检验（包括生产、销售等）并向 BGVV 汇报。BGVV 负责直辖市各州之间的兽药监管，并与欧洲联盟及国际兽药组织进行合作沟通，参与欧盟有关法规在德国的实施。德国各州的兽药主管部门的任务是颁发兽药生产许可证，颁发兽药进口许可证，对兽药厂进行定期监督检查，对上市兽药进行抽验，监督兽药临床试验和兽药广告等。德国按照欧盟的法规要求，每两年对国内兽药 GMP 企业检查一次。

（3）英国环境、食品和农村事务部（DEFRA） 英国环境、食品和农村事务部（United Kingdom Department for Environment，Food and Rural Affairs，DEFRA）于 2001 年 6 月由英国农业、渔业和食品部与英国环境、运输和地区部，以及内政部部分职能合并而来，是负责英国环境保护、食品生产和标准、农业、渔业和农村社区的政府部门。

DEFRA 负责制定落实动物健康和福利政策，组织实施国家统一垂直管理的官方兽医体系。其下设有动物健康福利总局和兽药总署等部门。近年来，DEFRA 一直致力于实现政策制定与执行职能的分离。英国的执行机构与政府主管部门间为"契约"关系而非"隶属"关系。主管部门依据双方签订的"政策与资源框架文件"对机构运行提出指导性意见，不干预其日常活动。

动物健康福利总局负责动物健康和福利方面事务，制定与动物健康福利有关的发展政策，其主要职责是对本国以及外来重大动物疫病和人畜共患病进行研究及监控；公布动物运输和进出口相关政策及法律法规；发展动物健康福利战略并参与实施兽医培训计划，总局局长兼任国家首席兽医官。国家兽医服务署作为政策执行部门，是维护动物健康和福利的最前沿机构。国家兽医服务署（SVS）负责贯彻执行主要政策及相关法律法规，处理有关动物健康、公共健康、动物福利和国际贸易事务，应对重点疾病暴发，检查动物福利水平，提出防疫建议，实施疫病防控措施，颁发出口动物健康证明，审查进口动物及动物源性产品等。

兽药总署（VMD）负责兽药的使用管理，负责制定国家药物残留监控计划与实施，并对监控结果进行汇总、报告，对检测出的阳性样品进行追踪调查。VMD 承担与业务有关的研究工作，开展耐药性检测与评价。颁发兽药生产销售许可证、兽药残留监督检测，其 2009—2010 年来自兽药生产行业的收入占总经费的 77%（其中新兽药注册收费占 50%，企业年费占 50%），来自农业部的经费仅占 23%。VMD 认为，政府资助经费越少越有利于政府开展工作。

VMD 的兽药注册程序包括集权程序、非集权程序和相互认可程序等，兽药生产企业可以自由选择兽药注册程序。VMD 注重兽药质量的稳定性与一致性，评价的重点是兽药对环境、动物和人的安全性。在为注册者提供服务的同时，VMD 负责教育、要求兽药生产者确保标签上注明的功能主治效果。

SVS 和 VMD 均具有行政职能，但它们的管理对象不同。SVS 的行政职能是与肉类卫生服务局（MHS）合作开展兽药残留检测和监督工作，VMD 的管理对象是兽药厂、动物饲料进口商和零售商。

GMP 是兽药质量控制的重要内容，VMD 负责评价兽药生产工艺的稳定性和产品质量的一致性，工艺变更是否合理。集权程序注册的兽药产品由欧盟相关机构负责 GMP

检查。检查频率根据兽药产品的风险评估等级而定，至少每三年进行一次检查。如检查中发现存在缺陷项目，可以在一年内组织重复检查，也可以收回 GMP 证书。如检查发现 6 个以上明显缺陷的，一年以内重复检查；少于 6 个明显缺陷的，二年之内组织进行再检查。

英国通过签署动物健康与福利框架协议来确立 SVS 和地方政府间重要的合作伙伴关系。地方政府既是国家动物移动执行系统（AMES）数据库相关信息数据的提供者，又是国家政策贯彻者与执行者。英国的残留监控计划分为国家监控计划和非国家监控计划两部分，其法律依据是欧盟 96/23 指令。国家残留监控计划主要监控对象是英国本国的产品，而非国家残留监控计划主要监控对象是进口产品。VMD 负责残留监控计划的制订和组织实施。兽药残留专家委员会（VRC）参与残留监控计划的制订、实施，制定阳性样品追踪处理政策和发布残留监控季度与年度检测报告等。VRC 是独立的专家委员会，其专家有来自中心科学实验室（CSL）、北爱尔兰农业与乡村发展部（DARD）、食品标准署（FSA）、国家兽医局（SVS）和兽药总署（VMD）等部门，也有来自农场、食品行业和消费者的代表。

实施残留监控计划前，VRC 首先根据毒理学数据和已有的兽药残留数据等对化合物母体进行排序，确定残留检测物质的优先排序表，并依此制订残留监控计划，编制年度经费预算与最终检测计划。残留检测的抽样是从饲养场、屠宰厂和市场进行。英国的农药兽药残留监控计划目前由 4 家实验室共同完成，其中在大不列颠有 3 家，北爱尔兰有 1 家。收到检测报告后，VRC 对所有结果进行分析，针对有关问题作出是否影响消费者的评价。VMD 负责向 FSA 通报兽药残留监控情况，FSA 负责向消费者和欧盟委员会发布兽药残留警示通告，或要求地方政府就相关问题组织调查，召回存在问题的相关产品。

9.2.2.3 管理法规

欧盟自成立以来，围绕保护公众健康，建立一个药品自由流通的统一大市场这两大目标，制定、颁布和实施了一系列药品管理法规及指导性文件。欧盟的药事法规大体由三个层面组成。第一层面是法规（Regulations）和法令（Directives），这一级别的文件相当于我国《药品管理法》及《药品管理法实施条例》一类级别的文件。它们由欧洲委员会、欧洲议会及成员国部长理事会制定、通过。法规具有法律效力，一旦颁布各成员国必须遵循。法令是欧盟用于建立统一药事法规的法律框架，各成员国需要通过立法将其转化为国内法实施。第二层面是指由欧盟委员会依据有关指令和法规而颁布实施的药品注册监督管理程序和 GMP 指南。第三个层面指由欧洲药品管理局（EMA）颁布实施的一些技术指南和对一些法规条款所作出的解释。申报者须知（Notice to Applicants）和技术指导原则（Guideline）不具有法律效力。申报者须知旨在告知申报者如何去符合法规要求，并介绍药品上市申请的格式和审批程序。技术指导原则由欧洲药品局组织专家制定，旨在对法规中有关药学、药效、毒理、临床的具体技术要求予以统一说明，以便于申报资料能为各成员国接受。

欧盟现行的兽药管理的基本法律是《欧盟兽医药品法典》。该法对兽药的定义、管理范围、上市销售、生产和进口、标签和内包装、批发销售和分销的管理，兽药不良反应监测，兽药监督和认可、动物产品的残留监测等方面做出了明确规定。《欧盟中央注册程序条例》对兽药注册的管理做出专门规定。欧盟各成员国也制定了一些本国的兽药管理法律法规，欧盟要求各成员国的相关法律法规应与共同体法律法规的原则相一致。

2022 年 1 月 28 日生效的《兽药产品条例》（欧盟 2019/6 号条例）更新了欧盟兽药授权和使用规则。欧洲药品管理局（EMA）与欧盟委员会和其他欧盟伙伴合作实施该法规。该条例主要目的是：简化监管环境，减轻开发兽药的制药公司的行政负担，例如通过简化药物警戒规则；刺激创新兽药的开发，包括面向小型市场（兽医有限市场）的产品；改善兽药内部市场的运作；通过确保在动物中谨慎和负责任地使用抗生素的具体措施，包括保留某些用于治疗人类感染的抗生素，加强欧盟对抗细菌耐药性的行动。

9.2.2.4　欧盟兽药准入管理

（1）欧盟兽药注册程序　欧盟的兽药注册管理机构由两个层次组成，即欧盟和各成员国的药品管理局。主要有中央注册（集权注册）、非中央注册（分权注册）、国家注册和互认注册 4 种注册程序。中央注册由欧洲药品管理局（EMA）负责，EMA 的兽药委员会（CVMP）具体承担；欧盟成员国的兽药管理机构负责非中央注册和国家注册。

中央注册（集权注册）（Centralised Authorization Procedure）。EMA 负责中央注册，申请人递交单一的注册申请，一旦欧盟委员会批准，在欧盟和欧洲经济区（EEA-EFTA）市场均有效。中央注册是一种统一、简捷的审批程序。遵循这一程序，一个新兽药产品仅需经一次申请，一次审评，一次批准即可在欧盟成员国销售，而且可以独家生产 10 年。

非中央注册（分权注册）（Decentralised Authorization Procedure）。可在多个成员国同时进行申请，前提是该药尚未在欧盟范围注册。成员国可同时做出上市许可的决定。除必须采用中央注册的生物技术外，制药企业希望药品能在多个成员国上市，则应采用非中央注册。其具体过程为：生产企业首先向第一个成员国当局提交上市申请及技术资料，经审评如果该当局同意上市，应在 210 天内写出评价报告。若申请者在同时或其后向其他成员国当局申请上市，这些成员国可暂停审批，待第一成员国批准该药上市后，申请者可以请求第一成员国写出有关该药的最新评价报告（包括上市后评价），送至其他成员国，进入共识过程。其他成员国在接到申请及评价报告后 90 天内必须作出反应，如果意见一致，则可予以上市许可。在非中央注册程序中，如果成员国之间出现意见分歧时，由欧洲药品局负责予以仲裁。

国家注册（National Authorization Procedures）。不属于中央注册范围内的药物，申请人可选择国家注册，获得单一成员国境内的上市许可。国家注册是互认注册的基础。

互认注册（Mutual-recognition Authorization Procedure）。已获一个成员国上市许可的兽药，可向其他成员国申请互认注册。

对生物工程制品（如转基因疫苗、转基因制品、以生物工程方法研制的产品），欧盟要求实行中央注册；新化学药品、新毒株和其他新技术产品，由企业自主决定是实行中央注册还是非中央注册；其他兽药产品，实行非中央注册。国家注册仅限于那些只在一国申请上市的新兽药。

随着欧洲植物药的复兴，欧盟将草药及其新型制剂统一纳入植物药管理范围。2004年，欧盟颁布了《传统植物药注册程序指令》（2004/24/EC 指令），在全欧盟范围内按药品对植物药进行管理，并规定，在欧盟市场销售的所有植物药必须按照该法规注册，得到上市许可后才能继续销售，而注册的植物药必须在欧盟境外至少有 30 年药用历史，在欧盟境内至少有 15 年使用历史，以证明其安全性和有效性。

（2）**欧盟兽药评审程序**　EMA 采用专家库制度，人事管理采用聘任制，不固定专家组成员，而是根据具体审评品种和技术难题的需求，随时从专家库中遴选所需人选，组成临时性专家工作组，从而保证了审评结果的科学性和公正性。

药品实行集中管理，欧盟新药上市申请均实行统一管理。生产监督、药品上市后不良反应监测、药厂的环境保护等也均由 EMA 和成员国药品管理当局统一管理。来自第三国的新药产品审批要求均与成员国要求一致。

（3）**欧盟兽药注册许可管理**　欧盟兽药实行上市许可持有人（Marketing Authorization Holder，MAH）和生产许可持有人相分离的市场准入制度，欧盟要求 MAH 必须在欧盟境内设立。非欧盟境内企业或个人要成为 MAH，必须在欧盟境内成立公司或者授权给欧盟境内销售商，由销售商申请上市。欧盟的药品制造商、进口商和分销商必须在其领土内获得许可后开展活动。欧盟新药上市申请、生产监督、药品上市后不良反应监测、药厂的环境保护等均由欧洲药品管理局（EMA）和成员国药品管理当局统一管理。来自第三国的新药产品审批要求均与成员国要求一致。只有当成员国主管当局已为其本国境内颁发了销售许可（国家许可）或在欧盟境内（EEA）授予了许可时，兽药才能投放到欧盟市场。欧洲公开数据库可以查询到相关许可证信息。

9.2.2.5　生产管理

《欧盟兽医药品法典》规定，开办兽药生产企业，申请者必须具备相应的厂房、设备、人员、仓储和质量检验条件和相关保证质量的措施，并提交详细的资料，经成员国有关主管部门检查验收合格后，方可获得兽药生产许可证。取得兽药生产许可证的生产企业必须按照兽药 GMP 组织生产。

（1）**法规依据**　欧盟有明确的药品 GMP 认证检查制度，欧盟于 1972 年颁布了《药品生产质量管理规范总则》，用于指导欧洲共同体（简称欧共体）国家的药品生产，1983年进行了大幅修改。1989 年，第 1 版欧盟 GMP 出版，收载于欧盟药物管理规则和规章 EudraLex－Volume4，并不断进行补充和修订。1991 年 7 月 23 日，欧盟的 91/412/EEC 法令要求所有成员国生产的（包括出口）或者进口至欧盟的兽药必须遵守 GMP；2003 年 10 月 8 日，欧盟的 Directive 2003/94/EC 法令规定所有成员国生产的（包括出口）或者进口至欧盟的人用药品必须遵守 GMP。欧盟人用药品的 2003/94/EC 号法令和兽药的 91/412/EEC 号法令分别阐述了欧盟委员会采用的 GMP 基本原则和指导方针，更为详细的管理指南则公布在 GMP 中，它是审批药品生产企业生产许可的依据，同时也是检查药品生产企业的依据。GMP 的基本原则及条款适用于 2001/83/EC 号法令第 40 条和 2001/82/EC 号法令第 4 条所述需要许可的所有操作；2004/27/EC 号法令及 2004/28/EC 号法令分别对前两个法令作了修订。GMP 的基本原则及条款还适用于其他较大规模的药品生产过程，如医院制剂的生产及临床试验用药品的生产。欧盟所有成员国及制药行业一致认为，GMP 的各种要求对兽药生产同样适用。兽药 GMP 的特殊要求分别列入兽药和兽用免疫药品的两个附录中。药品 GMP 指南分为基本要求及附录。基本要求由两部分组成：第一部分（基本要求Ⅰ）为药品生产的 GMP 原则；第二部分（基本要求Ⅱ）为原料药生产的 GMP 原则。除第一及第二部分的基本要求以外，GMP 还包括一系列附录，详细阐述药品生产的特殊要求。某些生产过程需要同时满足不同附录（如无菌药品、人用生物制品、放射性药品等）的特殊要求。

目前欧盟各成员国均采用的是欧盟 GMP，由于各成员国监管水平或者制药行业发展水平并不完全一致，欧盟会通过多种措施统一各成员国之间药品 GMP 认证检查执行标准。

（2）检查机构　集中与分权是欧盟实施药品 GMP 的基本特征。所谓集中，是指令、方针，包括注册要求及药品 GMP 由欧洲委员会确定；分权，即现场检查工作由各国的药品管理部门负责实施。欧洲药品管理局（EMEA）是欧盟药品注册审评及检查的主管机构，其职能是协调欧盟的药品评估工作，包括注册及监督管理，但不直接负责药品注册及 GMP 日常检查工作。

因欧盟人用药品和兽药采用同一个 GMP 标准，欧盟的 GMP 认证检查工作由欧洲药品管理局兽药及检查处（简称检查处）负责。检查处的主要工作包括：①统一、协调欧盟 GMP 相关的活动；②参与 GMP 的起草及修订；③对欧盟 GMP 要求及相关技术性问题进行解释；④制订欧盟 GMP 检查规程。检查处每年召开 4 次欧盟各国药品 GMP 检查员代表的碰头会，交流沟通情况，研究工作中碰到的各种问题，对 GMP 法规或指南提出修订意见，这种会议也是一定形式的培训，对统一欧盟检查标准起到十分重要的作用。检查处还参与欧盟内外的 GMP 合作计划，它与 PIC/S、WHO 保持密切联系，将欧盟法规的信息和要求融入 ICH（人用药品注册技术要求国际协调会）、VICH（兽药注册技术要求国际协调会）研究中的 GMP 课题。

以瑞典为例，了解它的管辖范围、运作方式、机构、人员结构和资质要求，以及欧盟国家的互认情况。瑞典药品管理局（Medical Product Agency，MPA）下设 9 个职能部门：档案室；注册管理处；检查处；实验室；药品和生物技术处；临床前和临床评价一处、二处；药品警戒处；临床试验处；药品信息部。瑞典药品管理局的运行情况：①通过收费的方式运作，2005 年的预算为 3.6 亿瑞典克朗（约合 4 千万欧元）；②有员工 384 人，其中 75% 为研究生，69% 为女性，其职员在瑞典药品管理局的平均工龄为 9 年；③瑞典共有 20 家制药工厂和 200 多家经营企业；④GXP 检查员实行专职化制度，即 GXP 检查员不担任其他行政职务；⑤GXP 检查员必须有 5 年以上药品生产企业工作经验，并在瑞典药品管理局完成 3 年的岗位培训和考核后，方可成为独立的 GXP 检查员；⑥有专职 GXP 检查员 8 名，负责瑞典药品生产企业和经营企业的 GXP 检查；⑦对制药工厂每 2 年检查一次，对药品经营企业每 3 年检查一次；⑧通过瑞典药品管理局的 GXP 检查，可得到欧盟各个成员国以及与欧盟达成互认协定（MRA）国家药品监督管理部门的认可。

（3）检查员　欧盟检查员为专职。欧洲药品管理局（EMA）没有自己独立的专职检查员，他们是利用欧盟成员国的专家资源，按协商一致的时间进度表安排并完成检查。欧盟药品 GMP 检查人员包括药品 GMP 检查员与检查专家两类，其管理制度与美国类似。检查员有级别考核并须有企业工作经历，对检查员的经历要求事实上比 FDA 还要严格。

与美国各个州相比，欧盟各成员国在 GMP 认证检查工作中具有更大的独立性。由于药品（兽药）生产监管体系不同等原因，各成员国药品（兽药）GMP 认证检查机构设置也并不完全相同。以法国为例，法国兽药中心（ANMV）是法国国家食品、环境及劳动卫生署（ANSES）的下属机构。该中心设有上市许可处、兽药警戒处和监管处 3 个主要部门。其中，监管处下设有检查部、许可部和市场监管部。其中，检查部负责法国兽药 GMP 的检查工作。

欧盟制定有《Guideline on Training and Qualifications of GMP Inspectors》，为各成

员国的检查员管理提供指导。该文件建议检查员最好能达到质量授权人的资质，即接受过至少四年的正规大学教育或者相当的教育（药学、医学、兽医、化学、药物化学与技术、生物学等专业），并具有至少两年的制药企业药品检验经验（5 年制或者 6 年制大学教育可以适当减少）。据了解，实际上法国、德国等成员国的很多药品 GMP 检查员都远远超过上述基本要求，很多检查员的药品生产质量管理经验非常丰富。该文件还要求检查员通过资格预审后必须接受基础培训、强化培训、持续培训三大系统的培训，在强化培训过程中还将由同行或专家对其培训效果进行评分和审核，培训均有详细记录。实际上，具体的培训内容还会因检查员的能力、经验等不同而进行适当调整。

欧盟各成员国对检查员的工作质量建有完整的考核体系，考核内容涵盖了检查的范围和深度、发现问题的能力、缺陷严重性的评估等方面。以法国为例，法国 GMP 检查员实行专职化制度，检查员须具有兽医或药学专业，具有公共健康领域或药品领域的检查经验，能够处理道义、伦理与利益冲突。新检查员除了接受基础培训外，应当接受资深检查员的培训。法国检查员的实习期大概是 1 年，期间必须接受至少 8 次的检查任务。新检查员在经过一系列的培训后具备一定的检查能力，须通过资深检查员、检查部负责人以及监管处负责人的认可，最终由 ANSES 负责人签发检查员名单。考虑到新技术（IT、生产等方面）的迅速发展，检查员还要接受继续培训，如参与课程、研讨会、科学会议，以及与ANSES 人用药品检查组或其他欧盟成员国发起的联合检查等方式。检查员每一次的继续培训情况均记入个人培训档案中。法国管理机构会根据机构质量体系要求，定期评估检查员的绩效与资质。在法国，检查员在每 4 年的认证周期里至少要完成 12 次的兽药 GMP检查任务，并参加相关检查工作研讨会。

（4）检查类型及检查程序　欧盟的检查是集中式的，他们用 GXP（包括其他规范的含义）来表述 GMP、GCP、GIP。其检查机构全面负责药品临床、实验室、生产的检查。欧洲的 GXP 现场检查由各国的专职 GXP 检查员承担，GXP 检查的标准是相同的，这是欧盟范围互认的基础。

欧盟 GMP 的检查以严格的质量管理体系为基础，在保证其科学性、系统性和完整性以及运行的有效性上发挥了很大的作用。国际药品认证合作组织（PIC/S）基于药品认证互认的目的，对生产企业实施 GMP 的检查程序有着明确的规定。

以法国为例，ANMV/DIS/PS/0011 规定明确了法国兽药的检查程序，对检查员的角色、权力和职责、检查重点、检查计划、检查步骤以及检查结果的管理进行了详细描述。根据检查目标、被检查企业情况、检查目的和检查派出机构等情况，分为不同的检查类型，如常规检查、质量系统审核、简短检查、跟踪检查、欧盟或本国检查等。常规检查是对新建和复验企业的 GMP 全面检查，适用于新产品、新生产线、生产方法的改变以及关键人员、设施设备的改变。简短检查侧重于符合 GMP 的一致记录，关注有限数量的 GMP 要求作为指标，确定重大变化等。跟踪检查是一种再评估或复查的形式。侧重于监控纠正措施的结果等。特殊检查适用范围包括对一个、某一组产品，或具体的操作工序（混合、包装）；产品的投诉、质量缺陷或召回；存在药物不良反应；上市许可或出口许可等方面的检查。质量系统审核主要评估企业质量保证体系、管理结构的实施等情况。上述检查类型还分为提前通知检查和突击检查两种方式。现场检查的持续时间取决于检查的类型、检查组资源、企业规模、检查目的等因素。检查频次会根据检查类型而定，一般兽药 GMP 常规检查每 2～3 年一次，在 2010 年之后，会根据风险原则对所有企业进行检查计划的安排。其兽药 GMP 检查程序主要包括制定检查计划、检查准备、开展现场检查、撰写和发送报告初稿、对企业回复的评估、做出决定等。

欧盟药品 GMP 认证检查程序整体上与美国类似。不同的是，欧盟会基于风险评估对现场检查缺陷进行分级，包括关键、重大、一般三个级别。①关键缺陷：所生产的产品对人或患病动物有害，或产品会在供生产食品的动物中造成有害残留，由此已经产生或会导致严重风险的缺陷；②重大缺陷：已经使所生产产品不符合上市许可或可能使产品不符合上市许可；显示与欧盟 GMP 有重大偏差；显示与生产许可条件有重大偏差；显示未能实施令人满意的规程来放行产品批次或（在欧盟）质量授权人未能履行法定职责；几个"其他"缺陷合并，这些缺陷中每单个缺陷本身不是重大缺陷，但是合并在一起时就造成了一个重大缺陷，则应当进行解释并按重大缺陷来报告；③一般缺陷：不能被归类关键缺陷或重大缺陷，但与兽药生产质量管理规范有偏差的缺陷。欧盟则与我国相同，对制药企业强制进行药品 GMP 认证检查并颁发药品 GMP 证书。证书有效期通常为 2～3 年，可根据药品风险高低进行调整。

9.2.2.6 兽用生物制品批签发管理

欧洲药典委员会依据欧洲条约第五十条的规定专门负责制定《欧洲药典》。欧洲药典委员会由人用药品和兽药方面的专家组成，经费来自各成员国。欧洲药典委员会下设常委会，负责药典制定的日常工作，常委会委员由成员国政府和世界卫生组织指派。

《欧洲药典》是欧盟各成员国间最有权威的药品和兽药标准，其有效性适用于各成员国。各成员国负责采取必要的措施，保证组成欧洲药典的各种文本要成为本国的正式标准，上市的药品和兽药均应符合标准规定。药典中规定使用的标准品、对照品由欧洲药典委员会负责制备和供应。药典委员会对已注册的人用药品和兽药的质量标准及其有效性、安全性进行审查，对符合要求的收载于《欧洲药典》。

（1）**欧盟批签发管理体系**　欧盟从 2006 年开始实施批签发管理，由欧盟委员会和欧洲理事会共同建立批签发管理网络（VBRN），VBRN 由欧洲药品管理局（EMA）、欧洲药品质量管理委员会（EDQM）、官方药品质量控制实验室联盟（OMCL）、各国兽药管理部门（CA）和企业共同组成。VBRN 研究决定批签发的相关规则，EMA 仅作为观察者参与，EDQM 负责协调相关事项。欧盟的批签发法律依据是《欧盟理事会第 2004/28/EC 号指令》。企业申报批签发过程中可就有关问题与 CA 和 OMCL 进行沟通。欧盟批签发执行官方强制批签发（OCABR）和官方审查（OBPR）两种制度，具体选择哪种批签发方式应遵照 VBRN 和欧盟各成员国的规定。

（2）**欧盟批签发产品种类**　必须进行 OCABR 的产品种类是由 VBRN 指定和批准的，批准后 EDQM 即发布《兽用生物制品批签发指南》，目前需进行 OCABR 的产品种类包括：布氏菌病疫苗、马流感疫苗、牛传染性鼻气管炎疫苗、伪狂犬病疫苗、新城疫疫苗、狂犬病疫苗、猪丹毒疫苗，以及布鲁氏菌病疫苗、结核菌素疫苗（牛用、禽用）。

（3）**欧盟批签发流程**　企业提出选择 OCABR 或 OBPR 方式进行批签发，OBPR 方式仅需进行资料的形式审查，审查时限为 15 日，从企业所有批签发资料提供齐全之日开始计时。OCABR 方式则需要进行逐批检验。批签发抽样人员抽样后将样品送往 OMCL，OMCL 选择检验项目，并在 60 日内完成检验。为争取时间，欧盟鼓励企业与 OMCL 同时开展检验，即企业自检前就可将样品提交至 OMCL。具体流程见图 9-1。

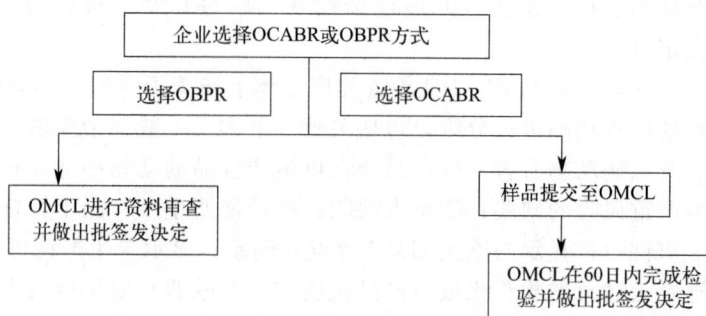

图 9-1 欧盟批签发流程图

（4）欧盟批签发抽样、检验与核查情况　欧盟的批签发抽样人员均为企业的工作人员。负责检验的 OMCL 应同时负责留样的管理。无论选择 OCABR 还是 OBPR，企业都需要同步留样，企业的留样需要保存至产品有效期满。如果一个国家没有 OMCL，或者其 OMCL 不具备某项检验能力，那么该国的 CA 或 OMCL 可以使用其他合同实验室开展检验活动。OCABR 实行成员国互认制度，为避免资源浪费，企业只允许向一个 OMCL 提出 OCABR 申请。OMCL 所有经费支出均由政府承担，以此保证实验室的独立性，从而确保批签发等产品质量控制工作的公正性。检验项目由 VBRN 确定，一般情况下关注疫苗的安全性和有效性，每种产品的检验项目和送样数量 VBRN 会给出一份建议书。欧盟不对产品进行批签发核查，但也具有完善的不良反应报告制度，用户和 OMCL 均可上传不良反应报告，EDQM 通过分析整理后报告 EMA，EMA 协调各国 OMCL 根据相关情况实施 GMP 检查，检查结果最终报告 EMA。

9.2.2.7　进口管理

欧洲制药工业发达而且历史悠久，集中了很多世界主要跨国制药企业，成为世界上向外输出药品制剂最多的地区。出于对自身资源和环保的考虑，绝大多数欧洲国家严格控制原料药的生产规模。欧盟已成为世界上最大的原料药进口市场之一，也是我国众多原料药生产厂家的重要目标市场。

外国企业所生产的兽药出口欧盟，需要在欧盟设有进口代理商，并建立检验机构；要按照欧盟的兽药生产质量管理规范组织生产，按照欧洲药典进行测试，并依法申请注册。欧盟要求所有医药产品的进口必须通过许可，授权持有人必须遵守 GMP 的原则和要求，并使用符合欧盟 GMP 的车间生产。进口国兽药注册机关有权对外国兽药生产企业是否符合欧盟兽药生产质量管理规范情况进行现场考察。对于 GMP 检查，欧盟各国有相同的质量控制要求。欧盟 GMP 的现场检查由欧盟各成员国的专职检查员承担，检查频率一般为 2～3 年 1 次。

制剂进口商必须获得授权才能进口产品，且必须经过 GMP 检查；原料药的 GMP 检查基于风险评估，无风险或风险非常小的原料药无需进行 GMP 检查。若产品有风险（如无菌原料药），或历史上检查有重大缺陷，或产品有过投诉、召回、大量退货等，会被重点检查。

外国兽药生产企业需接受欧盟 CEP 认证或 ASMF 注册检查（CEP 主要针对原料药，ASMF 是原料药和制剂捆绑检查），或取得 COS 欧洲药典适应性证书。每一批兽药进入欧盟都必须经过认证。在欧盟以外生产并已进口的，需要在欧盟进行全面的分析测试。

认证主要程序：向欧盟 EDQM 提交 DMF 文件，同时缴纳注册费用 3000 欧元、其他费用 1000～3000 欧元不等，工厂检查申请收费 9000 欧元。欧盟对 DMF 进行风险评估，采取抽查的方式进行现场检查，签发的 CEP 证书用于上市申请，5 年有效。在初次获得上市许可后，制药商必须每半年向药品评估委员会递交一份该药的安全报告。两年后，安全报告改为一年一报；重获销售许可后，改为 3 年一报。如被发现隐瞒问题，制药商将受到卫生部惩处，甚至被吊销销售许可。

欧洲药典适应性证书（COS）是由欧洲药品质量管理局（EDQM）颁发的用以证明原料药品的质量是按照欧洲药典有关专论描述的方法严格控制的，其产品质量符合欧洲药典标准的一种证书。COS 证书的目的是评估和判断使用欧洲药典专论控制原料药的化学纯度、微生物品质和传播性动物海绵状脑病体风险的适用性。对于已有欧洲药典标准的原料药生产商，应选用 COS 证书程序。

COS 证书适用于已收录于欧洲药典中的以下物质：合成或提取的有机或无机物（原料药或药用辅料）；通过发酵获得的非直接基因产物，即微生物的代谢产物，无论该微生物是否经过传统方法或 r-DNA 技术修饰；具有传播动物海绵状脑病（TSE）危险的产品（注：此类产品可单独申请 COS 证书或进行 TSE 危险性评估，也可两项共同申请）。COS 证书不适用于直接基因产物（蛋白质）、源于人类组织的产品、疫苗、血液制品等。

9.2.2.8 使用管理

《欧盟兽医药品法典》规定，各成员国应采取一切措施以确保只有本国现行法律授权的人可以拥有或在其控制之下使用具有同化作用、抗感染、抗寄生虫、抗炎、激素样作用或精神作用的兽药。使用兽药，应建立记录，记录应包括日期、名称、数量、供应商名称和地址、被治疗动物的诊断等内容；记录应保留至少三年以备主管部门的检查。兽医师应遵守该国采用的兽医临床管理规范，并严格执行标签上规定的停药期。

《欧盟兽医药品法典》规定，销售许可证持有者（药物生产厂商）应该永久而连续性地安排合格的人员专门负责药物监控系统，并按规定收集、记录、向政府主管部门报告兽药上市后出现的不良反应。

销售许可证持有者要保留所有出现于动物和人类身上的不良反应记录，记录应至少保留五年，供主管部门随时检查。

《欧盟兽医药品法典》要求各成员国建立有效的兽药不良反应监测系统，及时收集、整理、评估已上市的兽药发生的不良反应，并提出相应对策。监测系统在政府主管部门的监督下开展工作，其工作经费由政府保证，收集的信息和评估意见除上报给本国政府的主管部门外，还通过信息共享系统，在成员国间共享。

世界范围内，欧盟最早禁止在动物促生长中使用抗菌药。欧盟 2006 年 1 月 1 日起全面停止所有抗菌药物作为生长促进剂使用，包括离子载体类抗菌药，抗菌药仅用于动物疾病治疗。2007 年 1 月 1 日起所有的兽用抗菌药都作为处方药使用和管理。

9.2.2.9 兽药残留与食品安全管理

（1）**兽药残留管理** 欧盟兽药安全性评价和残留限量标准制定工作主要由欧盟药品管理局（EMA）进行管理和实施。欧盟药品管理局（EMA）的兽药风险评估程序（EMEA，2001）与 JECFA 基本一致。危害鉴定环节涉及的毒理学研究包括：繁殖毒性、遗传毒性、致畸毒性、致癌毒性、发育毒性和亚慢性毒性（90 天毒性）实验等。但是，暴露评估中食物消耗因子与 JECFA 略有不同。此外，欧盟建议对不同种属动物设定相同的残留标示物、靶组织和 MRLs，限量标准也可以从主要动物种类及产品外推到次要动物物种及产品。

EMA 规定的食物篮模型为：肉类 500g 或鱼肉 300g，蛋 100g，牛奶 1.5L 和蜂蜜 20g。其中 500g 肉类的组成为：哺乳动物是肌肉 300g、肝脏 100g、肾脏 50g、脂肪或皮脂 50g；禽类是肌肉 300g、肝脏 100g、肾脏 10g、皮脂 90g。欧盟要求不同物种的理论最大日摄入量（TMDI）均不超过 ADI，还建议对不同种属动物设定相同的残留标示物、靶组织和 MRLs。通过比较计算出的各组织 MRL 数值，选取最保守 MRL 作为所有动物组织 MRLs 的标准。

（2）食品安全管理 欧盟的食品安全管理倡导"从农场到刀叉"的全程管理，类似美国。但欧盟的食品安全管理更注重可追溯性，从动物饲养的投入品——兽药、饲料的生产到使用，以及动物的屠宰加工及销售各个环节，都要求建立良好的可追溯性——有效的标签和档案管理系统。

欧盟食品安全管理注重经营者自我监控与官方控制相结合。法规要求任何将饲养动物投放市场的农场以及任何从事这种动物贸易的个人或法人，要事先在主管当局注册并遵守有关规则。

欧盟食品安全管理采用风险分析，目的是提高管理科学性。广泛的信息收集与分析是进行完美和及时科学咨询、决策的前提。

9.2.2.10 细菌耐药性管理

欧盟承担公众健康（抗生素耐药性）事务的 3 个机构分别为欧洲药品局（EMA）、欧洲疾病预防与控制中心（ECDC）和欧洲食品安全委员会（EFSA）。迄今采取的行动有禁止提倡提升抗生素的使用量，监控抗生素耐药性和抗生素的使用，参加食品法典委员会、世界动物卫生组织等组织的国际活动。

欧洲药品局（EMA）主要负责欧盟药品评价、监察和预警。下设兽用药品委员会（CVMP）有专门的小组进行具体工作，包括抗菌药科学顾问组（SAGAM），就兽用抗菌药的批准和使用向 CVMP 提出建议，并负责制定抗菌药耐药性相关指南。SAGAM 由抗菌药耐药性、抗菌药使用和有效性、分子生物学等方面的专家组成。此外，还负责进行欧洲兽用抗菌药消耗监测。

欧洲疾病预防与控制中心（ECDC）于 1998 年开始建立欧洲耐药性监测系统（european antimicrobial resistance surveillance network，EARS-Net），至少有 400 个实验室加入 EARS-Net，数据中心设在荷兰公共卫生和环境国家学会，形成大的工作网络和数据库。EARS 的目标是通过工作网的 400 个实验室的合作获得比原先更有可比性和可靠的监测数据，既考虑实验方法又考虑流行病学原则，提供耐药性监测图表和趋势，描述地区性差异并将数据反馈以进行风险评估等研究，其药敏试验方法和判断标准，与美国 CLSI 有所不同。

欧洲食品安全委员会（EFSA）负责食品与饲料安全风险评价的欧盟机构，为所有关于食品和饲料安全的事务提供独立的科学建议。其两大主要的工作领域包括风险评估和风险交流，负责为欧盟委员会、欧洲议会和欧盟成员国提供风险评估结果，并为公众提供风险信息，风险管理措施由欧盟委员会和成员国执行。根据欧盟指令 2003/99/EC 的要求，EFSA 制定了详细的食品动物源耐药性监测计划，主要对食源性病原菌（沙门氏菌、弯曲杆菌）和指示菌（大肠杆菌和肠球菌）进行耐药性监测，负责人畜共患病数据采集，发布欧盟人体、动物和食品人畜共患和指示细菌 AMR 的总结报告。自 2004 年以来，EFSA 已经对在动物和食物中发现的人畜共患病细菌对抗生素的耐药性进行了分析研究。2012 年 3 月 14 日，EFSA 和欧洲疾控中心（ECDC）联合发布 2010 年度耐药性总结报告，对成员国在人兽共患致病菌，来自人、动物和食品的指示细菌的耐药性进行统计分析。

　　欧洲兽医联盟（Federation of Veterinarians of Europe，FVE）是一个由 35 个欧洲国家组成的兽医组织，包括行业兽医，公共卫生兽医，教育、研究和企业兽医，州兽医人员四个兽医组。1999 年 FVE 成立了抗菌药耐药性特设组，制定了动物抗菌药使用指南，来降低耐药性的产生和蔓延。

9.2.3　巴西

9.2.3.1　管理机构

　　巴西兽药由巴西农业、畜牧业和食品供应部（葡文名 Ministério da Agricultura，Pecuária e Abastecimento，MAPA）管辖。巴西农业部致力于发展农业，协调农业市场、科技、环境和相关组织，维护国内外农业市场消费，促进食品安全，以及促进农业经济，刺激就业减少歧视等。设有农牧渔保护司（Secretaria de Defesa Agropecuária，SDA）、农牧发展和合作司（Secretaria de Desenvolvimento Agropecuário e Cooperativismo，SDC）、联邦农牧食品监察局（Superintendências Federais de Agricultura，Pecuária e Abastecimento，SFAs），以及国家农牧实验室（Laboratórios Nacionais Agropecuários，LANAGROs）。

　　农牧渔保护司（SDA）的家畜原料检查部（Departamento de Fiscalização de Insumos Pecuários，DFIP）兽医用产品注册和检查处（Coordenação de Registro e Fiscalização de Produtos de Uso Veterinário，CPV）具体承担兽用药品、生物制品的管理。

9.2.3.2　管理法规

　　巴西建立了关于兽药和生产设施检查，兽药仿制药、生物等效、药物等残留物等效及强制药物监测，兽用抗菌药制造、质控和商业化等法规；制定了兽用 GMP，检测用兽用产品生产、管控、商业化、使用方式，禽类疫苗生产、管控和使用，抗菌药物生产、质控和商业化，兽用配方药店注册和设施检查，生物制品试生产，天然药物试生产，疫苗生产质控等技术规范；还订立了兽药管控产品目录和免于注册目录。

9.2.3.3　市场准入及认证

　　巴西所有制造、分包装、质控、商业化、仓储、分销、进口、出口兽药的公司均须在农业部注册登记，并且每年更新。兽药注册在农业部的农牧业产品统一系统完成。

　　巴西的兽药产品注册申请须由生产企业自己提交，如果是进口产品，须由其在巴西的法定代理提交，内容包括注册目的、厂房及农业部注册号、产品全名、产品技术负责人的名字、执业资格和注册号。须有如下文件：按照农业部要求填写的技术报告，兽药注册办法要求的标签样式，技术负责人对产品制造负责的声明书，进口商对进口的产品承担责任的声明书。如果是进口产品，还需如下文件：产品注册原件的复印件，证明所进口产品的技术报告的信息；生产商出具的独家代理证明须经领事认证，证明进口商独家代理该产品，并按照规定执行履行相关责任，包括违规和处罚。生产工厂/公司的执照须经领事认证。原产地官方开具的自由销售证明，领事认证，须标明所有处方和成分，标明各自的有效期。技术报告须提交产品灭活办法，须符合生物安全和环境安全相关规章。所有费用需要由注册公司承担。

对于所有注册要求，农业部须在 180 天内给予答复。化学药产品等须在 120 天给予答复。产品注册有效期 10 年，失效前 120 天提交新的文件。注册更新须在失效前 30 天前出新证。进口产品有效期和该产品在所在国有效期相同，最高 3 年。如果所在国注册失效，进口商须告知农业部，并注销其在巴西的注册证。3 年未商业化的产品，注册证自动注销。如果进口和原产国配方和成分有区别，禁止使用和原产国同样的名称，即使是同样的生产商或进口商。

预生产和中试生产只有在农业部批准后才可以进行。如果某注册产品拥有特定商标，如果修改活性成分，须首先注销原注册，在有同样的适应证适用范围时，才允许使用同一商标，并需在标签上标明成分已变化。任何处方修改均须得到农业部的允许，修改时须提交新的技术报告和标签。如果修改新的助剂、矫正剂、载体或辅料，无需提交标签。

注册所需技术文件包括：技术报告，试生产报告（原料质检报告、标签质检报告、三批试生产报告、相似性报告、试生产产品质检报告、规格、分析方法和方法验证），稳定性数据，有效性数据，安全性数据，残留，标签样本。进口兽药注册还需产品注册证原件复印件，产品独家代理并承担相关责任的协议，工厂的类似 GMP 的生产许可，自由销售证明。

如果制造商或者进口商注册了某产品，同样配方的产品将不再受理注册。生物制品如果拥有同样的抗原、菌株或样品，使用同样的编号或者助剂，不论其他配方成分，均被认定为同一产品。

9.2.4　俄罗斯

苏联时期，苏联政府建立了较为完善的药品管理机制，曾为新中国制定医药管理法规提供了参考，也对我国兽药监管机制产生了深远影响。20 世纪 90 年代，苏联解体，俄罗斯联邦独立，俄罗斯药品管理法规在继承苏联的基础上，接受国际药品管理法规的框架与原则，进一步发展。

9.2.4.1　管理机构

管理机构包括俄罗斯联邦权利执行机构和联邦各个主体的权力执行机构。其职责不仅包括药品流通过程中对药品的监督管理，还包括专业人才的培养、价格的调控等内容。

9.2.4.2　管理机制

俄罗斯对药品（包括兽药，下同）实行国家注册制度，对药品相关业务进行许可证管理，对药品相关业务从业人员进行培训和资格认证，对药品生产、质量、效用及安全实行国家监督，对药品价格进行国家调控。

2010 年，俄罗斯联邦政府颁布了《俄罗斯联邦药品流通法》，该法以人用药品流通管理为主，也包括兽用药物的流通管理。《俄罗斯联邦药品流通法》是结合 2000 年后世界各国、特别是欧美国家有关药品管理法规的发展趋势，并根据俄罗斯现行医药监管体制与药品市场、药品生产、药品批发、药品仓储、药品销售的实际状况制定。《俄罗斯联邦药品流通法》涉及药品流通过程的各个环节，包括药品的流通加工，临床前研发，临床研究，技术鉴定，国家注册，药品质量的标定和检测，药品的生产、制造、保存、运输，向俄罗斯联邦境内进口药品，从俄罗斯联邦向国外出口药品，药品的广告、配置、销售、转移、使用、销毁等各个方面；并包括适用于麻醉类药品和精神类药品的流通、放射性药品的流通。其主要内容是化学药品，也部分涉及药用植物原料、草药制剂。

药品流通过程中的国家监督包括药物临床前研究、药物临床研究、药物质量、药品生产、药品制造、保存、运输、向俄罗斯联邦境内进口药品、药品广告、配置、销售、药品销毁、药品使用的监督。

9.2.4.3　市场准入及认证

俄罗斯规定药品须经国家注册方可进行生产销售和使用。须进行法定注册的包括：新型药品、已注册药品的新型组合、已注册药品，但采用其他药物形式、采用新的剂量或其他有用药物成份、仿制药。但药店按医生处方配制的药品、用于医院研究或用于动物治疗的非注册药无需进行国家注册。禁止不同药品注册统一名称和一种药品多次同名或异名注册。

在俄罗斯进行药品登记注册的机构是俄联邦药品质量监督机关。药品注册通常自注册申请之日起 6 个月内完成。药品研制者或受其委托的法人均有权向联邦药品质量监督机构递交注册申请。

俄联邦药品质量监督机构可以使用快速注册程序进行药品注册，但主要针对的是采用其他技术或辅助成分生产的已在俄联邦注册药品的同效药品，以及其他由该机构公布的药品。

《俄罗斯联邦药品流通法》对药品（包括兽药）的注册内容、环节、过程均作了十分详尽的规定。明确规定了新药的研发、医用药物的临床前试验及兽用药物的临床前试验、临床试验；医用药物的临床研究、实施细则等。在俄罗斯市场上进入流通的药品，其内外包装上除必须用俄文清晰注明药品名称和国际上未经专利申请的名称、该药生产企业的名称、系列号和生产日期等以外，疫苗需注明细菌和病毒培养环境；顺势疗法药物需注明"顺势"；兽药需注明"兽用"。

俄政府对药品生产实行许可证管理，其有效期不少于 5 年。配药许可证由俄联邦地方政府授权执行机关发放给药店，有效期不超过 5 年。

9.2.4.4　药品经营

俄罗斯不允许医院经营药品，却允许个人企业、农村的拥有医药经营活动许可证的子机构如门诊、医疗站、产科卫生所、全科中心（门诊）或家庭全科门诊中心经营药品。药品经营企业必须要有"医药经营活动许可证"，药品经营由药品批发机构、药店、兽药机构、个人企业实现；或由上述机构设在不具备药局、兽药局的农村开设的、拥有医药经营活动许可证的子机构，如门诊、医疗站、产科卫生所、全科中心（门诊）或家庭全科门诊中心实现。

俄罗斯对药品经营人的学历、资质作了明确规定。例如：获得药物学高等学历或中等学历并拥有专业人才资质证书的自然人；获得了兽医学高等学历或中等学历、并具有专业人才资质证书的自然人；以及获得了医学高等学历或中等学历，并具有专业人才资质证书和因其在独立的医学机构中进行过工作而获得药品零售领域职业再教育人才资质证书的自然人可从事药品经营活动。

9.2.5 日本

日本有关兽药管理的法令分为 3 类：由议会批准通过的称为"法律"；由日本政府内阁批准通过的称"政令"、"法令"；由厚生省大臣批准通过的称"告示"、"省令"。日本议会批准颁布的关于兽药管理的法规有《药事法》《麻醉药品控制法》《阿片法》等。

日本《药事法》于 1960 年 8 月 10 日经国会批准，以"法律第 145 号"明文颁布执行。现行《药事法》明确管理范围包括人或动物的疾病诊断、预防、治疗用的物质、器械，并对药品的生产、销售、标准、罚则等都做了明确规定。

从 20 世纪 80 年代开始，日本药品管理实施国际化标准，注重同欧美国家合作，其药品管理理念、制度、系统都是按欧美样式复制的，药品管理系统与欧美药品管理系统密切合作，相互认可。日本药典同欧盟药典、美国药典协调，与欧美共同发起建立了兽药注册技术国际协调组织 VICH。

9.2.5.1 管理机构

根据《药事法》，日本的药品和药事监督管理层次分为中央级、都道府县级和市町村级三级。权力集中于中央政府厚生省医药食品局，地方政府为贯彻执行机构。

日本药品生产企业的管理工作由日本厚生劳动省的医药食品局及地方药品监督管理机构负责。医药食品局设有计划课、经济课、审查第一课，审查第二课、安全课、监视指导课、生物制品课、麻醉药品课八个课。地方的各都道府县设有卫生主管部局，其下设有药务主管课；都道府县的卫生主管部局在其辖区内设有多个保健所。日本的药品质量监督检验机构为厚生省的卫生试验所和都道府县的卫生研究所。

农林水产省食品安全和消费者事务局动物产品安全管理部为兽药立法机构，主要职能为：①制定或完善兽药风险管理法规计划；②市场许可管理；③市场许可持有人（或制造商）管理；④外国制造商认证；⑤药物监督指导等。

鱼和鱼类产品安全办公室主要职能为：①鱼用兽药检查；②鱼用兽药申请指南制订。

农林水产省畜产局组织实施《药事法》兽药管理任务，具体由畜产局卫生课药事室负责进行。中央的动物用医药品检查部、地方（县、都、道、府）的农林部畜产课和基层家畜保健卫生所，都设有药事监事员。

国家兽药检测实验室为国家级兽药技术服务机构，主要职能是：①市场许可申请审查，再审查，再评价；②GMP 检查；③GLP/GCP 检查；④国家级检测试验；⑤试验标准物质发放；⑥技术指南制订；⑦兽药管理科学研究；⑧国际技术合作，包括 WOAH 合作中心、VICH 专家工作组等相关工作。

兽药产品委员会是日本药物和食品卫生委员会药物分委会下属机构，主要职能是调查研究关于兽药的重要事项，如：新兽药批准，已批兽药的再审查、再评价，建立兽药标准，建立食品动物休药期等。

其他相关机构：农林水产省食品安全和消费者事务局动物健康分部，主管动物疾病控制与预防；植物产品安全分部，监管兽药生产中转基因生物的使用；厚生劳动省药品和食品安全局评价和许可分部，负责日本药典（含兽药）相关工作；厚生劳动省药品和食品安全局食品安全部标准与评价分部和检查与安全分部，负责饲料添加剂，食品中兽药等的残留管理；首相办公室食品安全委员会秘书处风险评估分部，负责评估与兽药有关的食品对健康的风险。

日本农林水产省兽医药品检查所（National Veterinary Assay Laboratory，NVAL），成立于1956年，是国家级兽药检验、监督、评审中心，主要负责确保兽用生物制品、准药品、医疗器械、再生医疗制品、动物使用药品的质量安全，承担检验、监督和提供从生产、销售、使用各个阶段的指导和建议。全所共有90人，其中兽医36人，药剂师6人，技术人员31人。日本兽用抗生素耐药性监测体系建立于1999年，主要监测健康、患病的畜禽（鸡、猪、牛）、宠物（猫、狗）和水产品中人畜共患菌、指示菌、致病菌的耐药性状况，监控动物用抗菌药用量，促进抗菌药的慎用并查明公共卫生问题。

9.2.5.2 管理机制

日本兽药管理制度主要包括动物药品监督管理机构、管理事项；兽药质量、疗效、安全保障体系概述；生产/销售业务的许可证制度；制造企业许可制度；外国制造商的认证系统；生产/销售审批制度；兽药主文件系统；国家试验/检验系统；分销管理系统；正确使用系统；上市后测量系统共十一部分的内容。

日本的新兽药审批与注册，生产管理，经营管理，使用管理，进出口管理，广告管理，标签与说明书，监督管理大致与美国类似。对于动物用医药品、饲料添加剂等的技术评定和审批，日本政府有完整的组织机构和审批程序。1983年设立了中央药事审议，下设14个部会，部会下设64个调查会。每个调查会人数少则10人，多则18人，都是由国内知名学者、专家组成。调查会分别就有关技术问题进行讨论研究，并做出结论和建议，提交政府有关部门（厚生省和农林水产省等单位）审定。

在日本，兽药从研制到生产，到产品质量管理，产品再检查，再评价，全过程都实行了规范化管理，包括良好实验室规范GLP（部级条例第74号，Series of 1997），良好临床试验规范GCP（部级条例第75号，Series of 1997），良好生产规范GMP（部级条例第18号，Series of 1994），GMP硬件、设施设备管理规范（部级条例第35号，Series of 2005），良好质量管理规范GQP（部级条例第19号，Series of 2005），良好预警规范GVP（部级条例第20号，Series of 2005），良好再检查再评价规范GPSP（部级条例第33号，Series of 2005）。

9.2.5.3 市场准入及认证

日本兽药和兽用器械管理，由医药食品局负责药品临床试验、注册、上市后监督，药品评价中心也参与注册审批，卫生政策局负责药品研发、生产、分销政策。

日本实行生产许可证制度并推行国际互认制度。生产厂的每种产品都必须取得厚生省的生产或入市批准，生产厂还须取得地方政府的生产或入市许可。申请人需基于药物质量管理规范（GQP）和药物警戒质量管理规范（GVP）获得销售许可，同时，该申请人的生产基地或者委托生产商需基于药品生产质量管理规范（GMP）（2002年生效）获得生产许可。

日本厚生劳动省根据医药品生产单位提交的有关医药品报批的申请内容和资料，对申请品种的物质性质、有效性和安全性等进行调查，并对该医药品的名称、成分、重量、用法、功效、效果和副作用进行审查，通过审查的药品即获得承认。如果医药品生产单位被判定有能力制造药品即可获得许可。

日本对进口药品要求严格遵守日本《药事法》。日本厚生劳动省不像 FDA 那样检查国外药厂，而是对进口药品要求符合日本 GMP。日本于 1993 年开始推行国际 GMP，对国际进出口药品要求遵循国家之间相互承认的 GMP。已经与 WHO 的 GMP 实现了互认，与欧盟达成了互认协议，并与美国和加拿大进行相关谈判。

兽药出口日本，需先接受工厂认证，获得日本国外生产者证书，再提出产品注册申请。日本国外生产者证书 5 年更新一次。

兽用生物制品出口日本，必须经过日本境内的 MAH 申请和持有进口药品的上市许可。日本不允许国外公司直接从事进口兽用生物制品的销售。

9.2.5.4 兽药残留管理

自 2006 年开始，日本依照《食品中残留农业化学品肯定列表》（Maximum Residue Limits (MRLs) List of Agricultural Chemicals in Foods）（下文简称肯定列表）对进口食品中所有种类的兽药进行检测。日本"肯定列表"涉及的农业化学品残留限量包括"沿用原限量标准而未重新制定暂定限量标准"、"暂定标准"、"禁用物质"、"豁免物质"和"一律标准"五大类型。日本"肯定列表"持续更新，几乎对所有农业化学品在食品中的残留都作出了规定，设限数量之广、检测数目之多，限量标准之严格，可以说前所未有。

9.2.6 韩国

9.2.6.1 管理机构

韩国兽药主要由韩国农林畜产检疫本部管理。韩国农林畜产检疫本部是韩国农业食品和农村事务部（MAFRA）的技术部门，源于 1909 年建立的牛出口检疫中心，业务范围和职能涵盖动物、植物、水产品质量检查与检疫。2016 年搬至离首尔 200 多公里的金川，员工过千。

韩国农林畜产检疫本部内部机构包括动物疾病管理部、植物检疫部、动植物健康研究部。动物疾病管理部下设 8 个课（类似于中国的处室），分别负责韩国动物疾病管理、动物检疫、动物流行病学、动物疾病诊断、进口风险评估、动物保护与福利、兽用化学药品管理、兽药及生物制品管理、检验与评价等工作，动物药品评价课负责动物药品品质管理及实验室工作，分细菌、病毒、毒物分析等，设备齐全，建有 BSLA-3 动物房。动植物健康研究部负责研发主要动物疫病疫苗，如口蹄疫、禽流感；开展新疫苗对变异毒株的监测；为动物产品的检疫控制、微生物检测提供支持、更新虫媒介动物疫病的预防及诊断检测技术，提供诊断标准品，为动物疫病控制提供支持。

9.2.6.2 行业协会

韩国兽药协会成立于 1971 年，现设有商务管理局、政策执行局、技术研究院。主要业务范围：会员权益保护、保护市场秩序、对外商务合作与促进、系统提升和政策研究，现有 105 个会员，其中兽药制造企业 54 个、进口销售企业 31 个、兽药器械企业 19 家、特别会员 1 个，会员 2015 年出口额达到 20 亿美元。

韩国兽药协会还有一个技术研究院，主要业务活动有实验与检测、商务研究、教育培训等，有化学药品研究检测服务、微生物产品质量检测服务，实验室在 2013 年获得韩国部分兽药、饲料检测的授权。

9.2.7　澳大利亚

澳大利亚的畜牧业非常发达，以养羊养牛为主。20 世纪 60 年代—80 年代，澳大利亚所有兽药和农药的管理责任都在各州/地区。1991 年 7 月，澳大利亚建立了国家注册计划（National Registration Scheme），联邦政府接管兽用化学药品和农药的登记管理，各州和地区负责管理兽药和农药的使用。由各州和地区代表联邦政府实施市场上的产品监管。1992 年 8 月，澳大利亚联邦政府成立国家注册管理局（National Registration Authority，NRA）来负责兽用化学药品和农药的注册管理，2004 年 7 月 30 日，NRA 名称改为澳大利亚农药和兽药管理局（Australian Pesticides and Veterinary Medicines Authority，APVMA）。1994 年通过的《农药、兽药化学品法》和 2010 年《农药、兽药化学品法修正案》是澳大利亚兽药注册登记的主要依据。其他法律法规包括：1992 年《农药兽药管理法》；1995 年《农药兽药管理条例》；2007 年《澳大利亚兽药产品 GMP 法案》等。

9.2.7.1　管理机构

澳大利亚兽药的管理有一套完整的体系。中央政府的作用是开发、管理、评价和不断改进兽药的管理体系。由来自澳大利亚中央政府、各州和各地区政府以及新西兰的农业部长组成的国家初级产业部长理事会（PIMC）领导这些工作。澳大利亚中央政府农业部和新西兰农业部是同级机构，2006 年澳大利亚和新西兰开始计划统一的药品监管机构，共同制定药品管理规范。PIMC 向产品安全和诚信委员会（PSIC）咨询有关兽药化学品方面的管理建议。PSIC 成员来自如下部门：澳大利亚中央政府、州和地区政府的初级工业部门或农业部门、澳大利亚联邦科学与工业组织（CSIRO）以及澳大利亚农药和兽药管理局（APVMA），还有来自工作场所关系部长理事会、澳大利亚卫生部长理事会和环境保护与遗产理事会的代表。

澳大利亚具有对其兽用化学药品与农药合并管理的特点。澳大利亚农药和兽药管理局（APVMA）依据《农药、兽药化学品法》行使对兽药的注册和管理权，负责国家级的兽药注册登记计划，代表国家对所有在澳大利亚使用的兽药生产和供应进行注册和管理。

APVMA 由一位首席执行官领导，他对董事会负责。APVMA 的工作重点和战略方向由董事会决定。董事会由一位兼职主席和八位兼职董事组成。董事会的成员是从各州和地区级的有化学品管理部门，农药和兽药行业，初级生产部门，职业健康和安全，消费者利益保护部门，澳大利亚政府政策的开发或管理，以及澳大利亚政府立法部门等各个领域有经验的人士中选举产生的。

9.2.7.2　管理机制

澳大利亚与兽药有关的国家注册立法包括管理法、注册资料规定、管理法规的修订、税收法规、关税法、消费税法、普通税法 7 个法规。2003 年 10 月之后，依据产品可能产生的风险大小，澳大利亚的兽药产品的管理就形成了三级管理体系：①正常注册的产品；②可列出的化学品，即符合被列出注册条件的产品；③免予注册的产品。

APVMA 颁布的《兽药和农药注册要求及指导原则》（Manual of Requirements and Guidelines，MORAG）是为在澳大利亚生产和使用的兽药设立的注册要求和指导原则。MORAG 包括有效成分（原药）的批准、制剂产品的注册，以及对有效成分、制剂标签进行改变的审批，及新标签的审批。2004 年 5 月 1 日，APVMA 要求制定有效成分的标准，对有效成分及相关产品的评价过程进一步细化等，以保证兽用化学药品中所用有效成分的质量。MORAG 规定兽药制剂注册资料中的残留资料和毒理学资料必须是根据OECD 的 GLP 原则由 GLP 实验室做出的。产品化学和制造资料可以依据澳大利亚颁布的分析方法确证指导开发的方法进行分析产生。

APVMA 负责国家级的兽用化学药品和农药注册计划。该计划对所有在澳大利亚使用的兽用化学药品和农药的生产和供应进行注册和管理。APVMA 还邀请公众参与各种项目活动，如通过"有害经历报告程序"向 APVMA 报告使用兽用化学药品和农药过程中遇到的有害经历，并为化学品评审做出贡献。APVMA 还负责制定食品中兽用化学药品和农药的最大残留限量。

澳大利亚的州/地区初级工业部门或农业部门和评审专家，针对产品疗效提出意见；环保部门就产品是否对环境造成危害及如何避免危害提供评价意见；化药安全办公室负责毒理学和工作人员安全方面的评价。政府机构帮助 APVMA 更好地评估需要登记注册的兽药，是完善兽药注册登记管理的辅助者。

澳大利亚各州和地区政府负责兽用化学药品和农药销售以后的使用管理。澳大利亚重视兽药生产商和分销商风险、兽药用户风险管理，通过植保协会（CropLife Australia）、兽药制造商和分销商协会（VMDA）、Agsafe 有限公司等组织和机构保证对兽用化学药品和农药实行科学注册和对废弃化学品及容器实行安全回收，保证安全有效地使用兽用化学药品。澳大利亚还建立了兽药管理体系的改进评价系统，所有措施加在一起为兽药提供了一个从生产到最后处理的全过程管理体系：体系建立和领导层＋兽用化学药品的注册＋使用管理＋制造和分销风险管理＋使用者风险管理＋体系改进＝兽用化学药品管理体系。

澳大利亚兽药管理体系分为四级结构：第一级，澳大利亚中央政府，负责兽药的登记管理。澳大利亚中央政府成立 APVMA，由 APVMA 代表澳大利亚中央政府，对所有在澳大利亚使用的兽药生产和供应进行评估、批准、注册和管理，中央政府负责协助州和地区政府发展、评价、改进 APVMA 负责的法律法规及政策。第二级，州和地区政府，负责控制兽药销售以后的使用管理，包括培训和许可；同时通过国会改善州和地区政府间的控制的一致性。第三级，制造商和分销商，遵循兽药注册要求，并自愿遵守行业行为守则。第四级，使用者，遵循标签、许可证、执照、培训等的说明使用，将信息反馈给管理者，包括不良反应报告。

澳大利亚兽药注册登记的主要依据是澳大利亚中央政府通过的 1994 年《农药、兽药化学品法》和 2010 年《农药、兽药化学品法修正案》。

其他澳大利亚兽药注册登记管理涉及的重要法律法规包括：1992 年《农药兽药管理法》；1995 年《农药兽药管理条例》；2007 年《澳大利亚兽药产品 GMP 法案》等。

此外，APVMA 于 2005 年 7 月颁布了新版的《兽药和农药注册要求及指导原则》。后经三次修订，现在执行的是 2007 年 7 月修订的第四版，是澳大利亚生产和使用兽药和农药的注册要求和指导原则。

9.3

国际兽药市场概况与分析

9.3.1　国际兽药市场基本情况

9.3.1.1　兽药市场区域分布情况

近年来，在全球人口对肉类需求持续增长的推动下，全球兽药行业市场规模稳步增长，兽药销售额呈逐年上升趋势。2014 年至 2021 年，全球兽药销售额（不含中国）从250 亿美元增长至 383 亿美元，其中化学药品占据最大的市场份额。2014 年至 2021 年国内外兽药销售额见表 9-8。

表 9-8　2014 年至 2021 年国内外兽药销售额

类别	2014 年	2015 年	2016 年	2017 年	2018 年	2019 年	2020 年	2021 年
国外生产的兽药/亿美元	250	300	300	320	335	329	338	383
中国生产的兽药/亿美元	435.46	451.89	472.29	484.05	466.10	508.58	620.95	686.18

从全球兽药市场区域分布来看，北美地区是目前全球最大的兽药市场，占比为 30%；其次是欧洲和亚洲，占比分别为 29% 和 28%。其中，美洲市场最大，其市场份额长年保持在 37% 以上，2013 年市场份额占到了 52.4%；市场份额第二的是欧洲地区，2011 年以前均保持在 30% 以上的市场份额；远东和全球其他地区的兽药份额最少，每年占当年的20% 左右，但在 2012 年远东和其他地区的兽药份额超过了当年的欧洲地区，占到了全球的 35%。

9.3.1.2　中美两国双边兽药贸易

中美两国畜牧业规模巨大，两国互为重要的兽药目标市场。无论是中国从美国进口兽药产品还是中国向美国出口兽药产品，中美两国双边兽药贸易额都呈现明显上升趋势。2000年中国向美国出口兽药 2134 万美元，2017 年向美国出口兽药 4.5 亿美元，18 年时间内增长了 21.09 倍。2000 年中国从美国进口兽药总额为 7510 万美元，2017 年则上升至 16.1 亿美元，大约是 2000 年兽药进口总额的 21.44 倍。中国对美国出口的兽药产品以低技术、低利润的原料药、化学药为主。中国对美国兽用化学药品出口加大，主要原因在于中国兽用化学药品存在成本优势，包括产品生产直接成本、环保成本等。中国兽药需要在研发投入、研发技术等方面缩小与欧美的差距，消减美国兽药市场的技术壁垒，扩大贸易优势。

9.3.1.3　大型兽药企业的垄断地位逐渐形成

国外大型兽药公司通过多次并购、重组等方式，不断扩大自身的竞争优势和市场地位，逐渐形成垄断。2019财年，硕腾以62.60亿美元的营业额排名全球动保行业第一名，硕腾主要经营宠物、家禽保健品及疫苗。德国的勃林格殷格翰（BI）以45.14亿美元排名第二，2017年勃林格殷格翰（BI）收购动物保健公司梅里亚，此举使得BI在全球动物保健公司规模排名中从此前的第六跃升为全球第二，规模仅次于从辉瑞分拆出来的硕腾。排名第三的为默沙东动保，默沙东动保的兽用生物制品产品主要有家禽疫苗、猪用疫苗、宠物疫苗等。

2019年，全球排名靠前的8家美欧兽药企业全球销售额约201.8亿美元，占国外生产兽药的61.3%；在华销售额约44.6亿元（人民币），与中国生产的兽药508.58亿元（人民币）比，接近中国市场的十分之一。国际大型兽药企业2019年全球及在华销售额等情况见表9-9。

表9-9　2019年欧美8家大型兽药企业全球销售额

序号	企业简称	国家	成立日期(独立日期)	2019年全球销售额
1	硕腾(Zoetis)	美国	1952年 (2012年)	63亿美元
2	勃林格殷格翰(BI)动保	德国	1885年	40亿欧元
3	默沙东(MSD)	美国	1891年	44亿美元
4	礼蓝(Elanco)	美国	1954年(2018年)	45亿美元
5	诗华(Ceva)	法国	1999年	11亿欧元
6	维克(Virbac)	法国	1968年	9.38亿欧元
7	辉宝(Phibro)	美国	1946年	8亿美元
8	魏隆(Vetoquinol)	法国	1933年	3.96亿欧元
全球销售额合计(占国外生产兽药的61.3%。)				约201.8亿美元

9.3.1.4　宠物兽药市场份额

从使用动物（靶动物）角度看，在国外兽药市场中，宠物用兽药所占的份额较大，达到37%。宠物产业在发达国家已有上百年历史，据统计，美国约有65%以上的家庭饲养宠物、加拿大为57%、英国与日本均超过45%。不断发展的宠物产业带动了国外宠物用兽药市场的发展。

9.3.2　美国

9.3.2.1　抗菌药市场

美国FDA报告显示动物抗生素销量下降，2016年，美国食品动物使用的重要抗菌药物占抗菌药物使用总量的60%，非重要抗菌药物占40%。2017年12月7日，美国食品药品管理局（FDA）发布《2016年用于食用动物的抗生素销售和分销情况总结报告》。报告显示，自2009年FDA开始跟踪美国农场抗生素使用情况以来，出售用于畜禽类的抗生素数量逐年增长，这一趋势引起了传染病和抗生素耐药专家的关注。2015年报告显示，从2014年到2015年，这类抗生素的使用量增长了1%，2009年到2015年这类抗生素的使用量增长了24%。2016年美国食用动物所使用的抗生素数量首次有所减少。从2015年到2016年，美国整体销售和分销中被批准用于食用动物的抗生素下降了10%，其中包括在医学上使用的重要抗生素的数量下降了14％。

9.3.2.2 宠物药市场

美国宠物市场高达数十亿美元。68％的美国家庭拥有宠物并且平均每年花费高达1285美元。对先进药物日益增长的需求可能为全球兽药市场创造利润丰厚的增长机会，市场估值可能会从2017年的178.7亿美元跃升至2025年的275.7亿美元。创立于1991年的Petmed Express，公司主营业务是直接面向消费者销售宠物处方药、非处方药、保健品等产品，目前其提供销售的产品大约1200种，包含Frontline Plus、K9 Advantix Ⅱ、Advantage Ⅱ、Heartgard Plus、Sentinel、Interceptor、Program、Revolution、Deramaxx、Rimadyl等。2018年7月Chewy宣布进入宠物药市场，快速抢占宠物药市场份额。2019年5月，沃尔玛推出其首个在线宠物药房WalmartPetRx.com。在线药店为猫、狗、马和牲畜提供来自300多个品牌的低成本处方药，以治疗跳蚤和蜱、心丝虫、过敏和关节炎等疾病。药房将直接与兽医一起接收和填写所述处方。

9.3.3 欧盟

欧盟是兽用原研药品的主要来源地之一，欧盟的兽药产业集中度高，产能及产能效率已达到了世界领先水平。欧盟的兽药市场在一定程度上反映了全球兽药产业的发展。

2009年至2019年欧盟兽药市场每年的销售额均在42亿英镑以上，十余年来呈现整体上升的趋势，直至2019年达到最高，销售额为66亿英镑。

欧盟兽药研发投入占销售额比例较高。欧盟每年为新兽药的研发所投入费用均在4亿英镑以上，2015年达到了5亿英镑。研发/销售占比最高的是2009年，占比为9.5％；2019年占比最低，当年投入4.5亿英镑，占比为6.82％。同时，每年欧盟兽药产业为欧盟成员国及兽药企业提供了超过5万个全职就业岗位。

9.3.3.1 兽药产品销售基本情况

欧洲市场上销售的兽药类型主要有：疫苗、驱虫药、抗生素及其他类药物。其中驱虫药又具体分为：体内外寄生虫同驱药、体内寄生虫药和体外寄生虫药（耳用药除外），抗生素又分为注射剂型、口服剂型，其他类药物可分为外用产品（皮肤给药除外）及其他产品。

欧盟不同类兽药销售额从大到小依次为驱虫药、疫苗、抗生素、其他兽药。每年驱虫药的销售额均在11亿英镑以上，2009年至2015年持续攀升至18.05亿英镑的销售额，而后的几年虽轻微波动，但仍保持在17亿英镑以上，2019年达到了18.055亿英镑的销售额。整体呈现上升的趋势。

欧盟疫苗的销售同样强势，每年保持在11.17亿英镑以上的销售额，2009年至2019年连年攀升，其中2009年至2016年稳步增长，2016至2019年快速增长，2019年达到最高，达到21.71亿英镑。整体呈现上升的趋势。2009年至2019年欧盟兽用抗生素年均销售均在7.4亿英镑以上。但存在较为明显的波动，从2011年的8.3亿英镑下降至2012年的7.5亿英镑，减少了8000万英镑的销售额。而后出现增长，至2015年达到高峰，为8.06亿英镑，后续几年的销售额在7.7亿英镑至8.0亿英镑区间波动。其他类如外用产品，它的销售额从2009年的1.12亿英镑上升至2019年的1.76亿英镑，整体呈现快速上升的趋势。

各类产品占当年销售额的比例分析表明，驱虫药的占比趋势则呈现为先稳步上升、后轻微下降的趋势，其中 2015 年的占比最大，占到当年的兽药销售额的 32.4%；疫苗销量占比则逐年增加，自 2017 年以后，疫苗的占比已经超过了驱虫药，最高达到了 2019 年的 32.90%；相反，抗生素的占比却在逐年萎缩，从 2009 年的 19.06% 萎缩至 2019 年的 12.20%，比例不断减少；其他类产品占当年的销量比例变化不大，11 年来均保持在 25% 左右。

欧盟兽药市场以驱虫药、疫苗为重点，其他类产品占到当年的 1/4。抗生素的占比小于 20%，因涉及耐药性及公共卫生安全，近十年来欧盟也在限制使用抗生素，所以抗生素占比持续下降，最低时仅有 12.20% 的市场份额。

9.3.3.2 不同靶动物兽药销售情况

2019 年欧盟兽药销量中，最大的是宠物用药品，27.26 亿英镑，占到了当年的销量的 41.3%；其次是家畜（牛、猪、羊），19.87 亿英镑，占比为 30.1%；家禽的兽药有 7.46 亿英镑，占比为 11.3%；马用药品与水产产品（非宠物）的销量分别为 1.848 亿和 1.122 亿，占比为 2.8% 和 1.7%。

9.3.3.3 兽用抗菌药与驱虫药市场情况

欧盟兽用抗生素注射剂型抗生素与口服剂型抗生素占比区别不大，其中注射剂型占比略高，占比在 54%~56%；口服剂型抗生素占比略低，占比在 44%~46%。注射剂型抗生素销量最高的是在 2010 年至 2011 年，销量为 4.46 亿英镑；最低是在 2012 年，销量为 4.19 亿英镑。口服剂型抗生素销量最高的是在 2010 年至 2011 年，最高为 3.85 亿英镑；最低是在 2012 年，最低为 3.31 亿英镑。

欧盟市场上，驱体外寄生虫药为市场主导，每年销量占比均在 50% 以上，其中 2012 年占比最高，达到了 57%，同时，2012 年的体外寄生虫药物的销量也是最高的，达到了 7.35 亿英镑；其次是驱体内寄生虫药物，年均占比在 34% 以上，2013 年占比最高，达到了 40%，2013 年体内驱虫药的销量也是最高的，达到了 5.635 亿英镑；可同时驱体内和体外寄生虫的药物占比较少，每年约占 10%，2013 年最高为 1.38 亿英镑，2011 年最低为 1.13 亿英镑。

9.3.4 日本兽药市场概况

日本兽药市场主要有神经系统用药，循环、呼吸、泌尿系统用药，消化系统用药，生殖系统用药，外用药，代谢性用药，病原微生物及体内寄生虫用药等。

日本 2010 年至 2018 年兽用药品的药物种类年均在 1700 个以上，2010 年最多为 2085 个，2013 年最低为 1761 个，2018 年为 1844 个，整体呈现下降的趋势。销售额年均在 490 亿日元（32.15 亿元人民币）以上，2010 年最低为 495.21 亿日元（32.50 亿元人民币），2018 年最高为 744.00 亿日元（48.82 亿元人民币），九年年均增长 27.64 亿日元（1.81 亿元人民币）。

日本兽用神经系统药品中，解热镇痛抗炎药种类最多，年均在 50 个以上，呈现增长的趋势，2017 年最高为 73；全身麻醉药、催眠镇静药及植物神经药年均分别为 10 个左右，而其他类神经系统药品的种类则呈现增长的趋势，2018 年最高为 14 个。局部麻醉药、镇定药的种类数都在个位数。神经系统用药总销售额呈现增长的趋势，2010 年为 15.88 亿日元（1.04 亿元人民币），2018 年最高为 29.23 亿日元（1.92 亿元人民币），年均增长 1.48 亿日元（973.64 万元人民币）。销量前三的分别为：解热镇痛抗炎药物、全身麻醉药、催眠镇静药物。

日本 2010 年至 2018 年兽用循环、呼吸、泌尿系统用药销量整体呈现增长的趋势，从 2010 年的 18.81 亿日元（1.23 亿元人民币）增长至 2018 年的 53.71 亿日元（3.52 亿元人民币）。日本 2010 年至 2018 年兽用消化系统用药销量整体呈现上升的趋势，从 2010 年的 18.64 亿日元（1.22 亿元人民币）上升至 2018 年的 32.11 亿日元（2.11 亿元人民币），九年年均增长 1.50 亿日元（982 万元人民币）。

日本 2010 年至 2018 年兽用生殖系统用药销量呈现整体上升增长的趋势，从 2010 年的 22.88 亿日元（1.50 亿元人民币）增长至 2018 年的 33.24 亿日元（2.18 亿元人民币），九年年均增长 1.15 亿日元（755.61 万元人民币）。

日本 2010 年至 2018 年兽用外用药销量呈现整体先上升后下降的趋势，但年均销售额在 26.14 亿日元（1.72 亿元人民币）以上，2013 年最高为 39.74 亿日元（2.61 亿元人民币），2014 年最低为 26.14 亿日元（1.72 亿元人民币）。

日本 2010 年至 2018 年兽用代谢性药销量整体呈现增长的趋势，2013 年最低为 32.83 亿日元（2.15 亿元人民币），2018 年最高为 66.85 亿日元（4.39 亿元人民币），六年年均增长 5.67 亿日元（3720.31 万元人民币）。

日本 2010 年至 2018 年兽用病原微生物及体内寄生虫用药（生物学制剂，消毒剂除外）销量整体呈现上升增长的趋势，2010 年为 256.88 亿日元（16.86 亿元人民币），2018 年为 306.41 亿日元（20.11 亿元人民币），九年年均增长 5.50 亿日元（3611.50 万元人民币）。历年药物种类数量排名依次为抗生素制剂＞体内驱虫药物制剂＞合成抗生素类制剂＞磺胺类药物制剂＞抗原虫类制剂＞硝基呋喃类药物制剂＞其他类药物制剂。历年单品销售额最大的是抗生素制剂，最少的是其他类药物。

日本 2010 年至 2018 年以治疗为目的的兽用药物销量呈现整体上升增长的趋势，2013 年最低为 90.64 亿日元（5.95 亿元人民币），2018 年最高为 189.26 亿日元（12.42 亿元人民币），九年年均增长 10.93 亿日元（7170.62 万元人民币）。

9.4

中国的兽药国际贸易

兽药国际贸易是跨越国境的兽药、技术和服务交易，从国家角度可称为对外贸易，包括兽药进口贸易和兽药出口贸易，也可称之为兽药进出口贸易。进口贸易和出口贸易是就每笔交易的双方而言，对于卖方而言，就是出口贸易，对于买方而言，就是进口贸易。另外，由于过境贸易对国际贸易的阻碍作用，WTO 成员之间互不从事过境贸易。

兽药的进出口必须遵守国际贸易政策与措施、WTO 有关贸易规则。同时，各国越来越重视技术性贸易壁垒的作用，纷纷把技术性壁垒作为控制贸易的重要手段，尤其是一些发达国家利用技术壁垒影响我国兽药产品的出口。虽然受到各国兽药注册、标准及残留限量等管理政策的影响和制约，但在我国扩大开放良好局面和"一带一路"大环境下，中国的兽药国际贸易呈现出蓬勃发展的势头。

9.4.1　与兽药相关的国际贸易规则

9.4.1.1　国际贸易政策与措施

兽药进出口贸易措施包括关税和非关税措施。一般体现在：违反承诺的关税措施；缺乏规则依据的进口管理限制（包括通关限制、国内税费、进口禁令、进口许可等）；缺乏科学依据的技术法规、产品标准、合格评定程序、卫生与植物卫生措施限制；不合理的反倾销、反补贴、保障措施等贸易救济措施；政府采购中违反有关规则限制进口产品的做法；出口限制；补贴；服务贸易准入和经营限制；不合理的与贸易有关的知识产权措施。

关税措施是通过提高进口商品的成本，提高其价格，降低其竞争力，从而间接起到限制进口的作用。非关税措施则是直接限制进口。

非关税措施具有较大的灵活性和针对性。关税税率的制定往往需要一个立法程序，一旦以法律的形式确定下来，便具有相对的稳定性。且受到最惠国待遇条款的约束，进口国往往难以做到有针对性的调整。非关税措施的制定和实施，则通常采用行政手段，进口国可根据不同的国家做出调整，因而具有较强的灵活性和针对性。

非关税措施更易达到限制进口目的。关税措施是通过征收高额关税，提高进口商品的成本来削弱其竞争力。若出口国政府对出口商品予以出口补贴或采取倾销的措施销售，则关税措施难以达到预期效果。非关税措施则能更直接的限制进口。

非关税措施更具有隐蔽性和歧视性。一国的关税一旦确定下来之后，往往以法律法规的形式公布于世，进口国只能依法行事。非关税措施往往不公开，或者规定为烦琐复杂的标准或程序，且经常变化，使出口商难以适应。而且，有些非关税措施就是针对某些国家的某些产品设置的。

9.4.1.2　世贸规则对我国兽药出口的影响

（1）技术性贸易措施　世界贸易组织（WTO）的《技术性贸易壁垒协定》和《实施卫生与植物卫生措施协定》在国际贸易中发挥重要作用，构成了影响兽药进出口技术性贸易措施的两个主体协定。

《技术性贸易壁垒协定》中的技术法规、标准、合格评定程序，《实施卫生与植物卫生措施协定》中的动物卫生、植物卫生与食品安全措施等技术性贸易措施，从国家安全、人类和动植物生命健康、环境保护出发，具有一定的合理性。虽然《技术性贸易壁垒协定》要求实行国民待遇和非歧视原则，技术性贸易措施不应妨碍正常的国际贸易，但是，发达国家不断提高技术标准，实际存在着对发展中国家许多歧视性，甚至蓄意刁难的做法。这种歧视性不仅体现在进口国内外有别、内松外紧、内低外高限制进口的技术规则和标准上，更表现于技术规则与标准实施的全过程。加上世界贸易组织的《技术性贸易壁垒协定》并不存在自身的标准，也不试图说明一项商品应如何去设计、何为安全或不安全的标准，只是提出了一个松散的、弹性很大的框架结构。在这种情况下，各国特别是发达国家就可以以国内的生产发展和市场保护需求为出发点，以维护人类健康和安全、保护环境等为理由，根据自身的标准和需要自行灵活设定技术壁垒，制定出繁多、苛刻的技术规则和标准来限制进口。TBT 和 SPS 协定的相关技术性贸易措施被用作实行贸易保护的工具，对国际贸易，特别是发展中国家的外贸发展产生一定的负面影响。

在传统的关税壁垒、进口配额、许可证等限制贸易的措施逐渐弱化和取消之后，看似最客观、最中性、披上合法外衣的技术标准、技术法规、合格评定等技术壁垒成为影响贸易最重要的因素。

（2）机遇与挑战　1978 年，党的十一届三中全会后，我国的经济体制开始深层次调整，确立了对外开放基本国策，对高度集中的外贸管理体制进行调整，下放对外贸易管理权，不少企业走上了农工贸相结合的对外贸易发展道路。兽药行业引资引技引智和贸易合作交流加速发展，"引进来"逐渐成为对外合作的主流。加入世贸组织之前，我国就积极削减关税和非关税壁垒，农产品关税由 1992 年的 51％下调至 2001 年的 21％，并逐步取消非关税壁垒。

2001 年加入世贸组织以后，中国农业开始全方位参与国际竞争，大幅削减农产品进口关税，实行关税配额管理制度，规范国内支持措施，取消出口补贴，开放农业领域外资准入。但是，加入世贸组织以来我国农产品出口遭遇到前所未有的贸易壁垒，国外实施的技术性贸易措施成为制约我国农产品出口的最大障碍。2001 年 10 月，欧盟以德国在我国浙江出口的冻虾仁中检验出氯霉素为由，禁止从中国进口所有水产品，给我国造成 6.5 亿美元的经济损失；2002 年 1 月，欧盟理事会又以我国浙江舟山地区的冻虾仁氯霉素含量超标为由，通过《关于对产自中国的进口动物产品实行某些保护性措施的决议》（2002/69/EC），决定禁止从中国进口供人类消费或用作动物饲料的动物源性产品，禁令由虾仁扩大到所有动物及含有动物成分的产品达 100 多个品种。欧盟发布这一禁令后，匈牙利、俄罗斯等国也紧随其后效仿；2002 年 7 月，猪饲料中盐酸克伦特罗的使用使我国香港活猪市场上的市场占有份额大幅度下降，同时使国内消费者对猪肉消费的消费信心下降。

据商务部调查，我国 90％的农业及食品出口企业受国外技术性贸易壁垒影响，每年损失约 90 亿美元。出口受阻的产品从蔬菜、水果、茶叶到蜂蜜，进而扩展到畜产品和水产品。2006 年调查数据表明，食品土畜行业是受技术性贸易措施影响最广的行业。目前，技术壁垒已经取代反倾销，成为我国出口面临的第一大非关税壁垒。我国每年受反倾销措施影响的出口额仅占全年出口额的 1％左右，而受技术性贸易措施影响的出口额已超过25％，技术壁垒已成为阻碍我国出口贸易发展的重要障碍。相比欧美等国家，中国兽药出口技术程序较为复杂，受到的阻碍较大。

（3）应对措施　《技术性贸易壁垒协定》和《实施卫生与植物卫生措施协定》规定，WTO 成员在制定、采用和实施相关法规及不同于国际标准的技术性贸易措施前，必须向所有 WTO 成员通报，各成员均享有对通报进行评议的权利。由于兽药残留问题直接关系兽药进出口，并影响畜产品进出口贸易。开展兽药官方评议，科学评议相关国家措施的合理性，建立合理的最大残留限量和兽药残留检测标准，是破除兽药残留技术壁垒，推动兽药和畜产品国际贸易的重要手段。

近 10 年来，我国兽药领域重点对兽药 MRLs 制（修）订进行官方评议，在促使措施实施方撤销、修改或推迟实施措施，从而最大程度地减小对中国产业发展和出口造成的负面影响方面发挥了积极作用。

党的十八大以来，我国农业进入全方位对外开放新阶段。当前和今后一个时期，国际政治、经济、贸易格局正发生深刻变化，我国经济基本面长期向好的发展趋势没有改变，为兽药出口提供了空间。但是，经贸等领域摩擦的加剧，也增加了兽药对外出口的不确定性。需要进一步适应兽药国际贸易规则，提升应对贸易风险的能力。

9.4.2 中国兽药进口情况

9.4.2.1 进口兽药管理目录

中国对进口兽药实行目录管理。2022 年 02 月 08 日农业农村部、海关总署第 507 号公告发布了最新进口兽药管理目录（表 9-10），自 2022 年 2 月 10 日起施行。

表 9-10 进口兽药管理目录

序号	兽药名称	税则号列	商品编号
1	兽用血清制品	3002.1200	30021200.30
2	兽用疫苗	3002.4200	30024200.00
3	兽用免疫学体内诊断制品（已配剂量的）	3002.1500	30021500.40
4	其他兽用体内诊断制品（已配剂量的）	3004.9090	30049090.84
5	兽用体外诊断制品（用于一、二、三类动物疫病诊断的诊断试剂盒、试纸条）	3822.1900	38221900.10
6	兽用已配剂量的阿莫西林制剂	3004.1012	30041012.10
7	兽用已配剂量的普鲁卡因青霉素制剂	3004.1019	30041019.10
8	兽用已配剂量的奈夫西林钠制剂	3004.1019	30041019.10
9	兽用已配剂量的苄星氯唑西林制剂	3004.1019	30041019.10
10	兽用已配剂量的头孢氨苄制剂	3004.2019	30042019.20
11	兽用已配剂量的头孢噻呋钠制剂	3004.2019	30042019.20
12	兽用已配剂量的头孢噻呋晶体制剂	3004.2019	30042019.20
13	兽用已配剂量的盐酸头孢噻呋制剂	3004.2019	30042019.20
14	兽用已配剂量的硫酸头孢喹肟制剂	3004.2019	30042019.20
15	兽用已配剂量的头孢维星钠制剂	3004.2019	30042019.20
16	兽用已配剂量的土霉素制剂	3004.2090	30042090.20
17	兽用已配剂量的延胡索酸泰妙菌素制剂	3004.2090	30042090.20
18	兽用已配剂量的泰拉霉素制剂	3004.2090	30042090.20
19	兽用已配剂量的替米考星制剂	3004.2090	30042090.20
20	兽用已配剂量的泰乐菌素制剂	3004.2090	30042090.20
21	兽用已配剂量的泰万菌素制剂	3004.2090	30042090.20
22	兽用已配剂量的氟苯尼考制剂	3004.2090	30042090.20
23	兽用已配剂量的硫酸双羟链霉素制剂	3004.2090	30042090.20
24	兽用已配剂量的硫酸庆大霉素制剂	3004.2090	30042090.20
25	兽用已配剂量的阿维拉霉素制剂	3004.2090	30042090.20
26	兽用已配剂量的维吉尼亚霉素制剂	3004.2090	30042090.20
27	兽用已配剂量的莫能菌素制剂	3004.2090	30042090.20
28	兽用已配剂量的盐霉素制剂	3004.2090	30042090.20
29	兽用已配剂量的拉沙洛西钠制剂	3004.2090	30042090.20
30	兽用已配剂量的甲基盐霉素制剂	3004.2090	30042090.20
31	兽用已配剂量的倍他米松戊酸酯制剂	3004.3200	30043200.61
32	兽用已配剂量的氢化可的松醋丙酯制剂	3004.3200	30043200.61
33	兽用已配剂量的醋酸曲普瑞林制剂	3004.3900	30043900.40
34	兽用已配剂量的乙酸地洛瑞林制剂	3004.3900	30043900.40
35	兽用血促性素、绒促性素制剂	3004.3900	30043900.40

序号	兽药名称	税则号列	商品编号
36	兽用黄体酮制剂	3004.3900	30043900.40
37	兽用垂体促卵泡素制剂	3004.3900	30043900.40
38	兽用已配剂量的氨基丁三醇前列腺素制剂（不用于人体）	3004.3900	30043900.40
39	兽用已配剂量的氯前列醇钠制剂	3004.3900	30043900.40
40	兽用已配剂量的烯丙孕素制剂	3004.3900	30043900.40
41	兽用已配剂量的吡虫啉制剂	3004.4900	30044900.80
42	兽用已配剂量的磺胺嘧啶制剂	3004.9010	30049010.10
43	兽用已配剂量的马来酸奥拉替尼制剂	3004.9090	30049010.10
44	兽用已配剂量的二嗪农制剂	3004.9090	30049090.84
45	兽用已配剂量的双甲脒制剂	3004.9090	30049090.84
46	兽用已配剂量的辛硫磷制剂	3004.9090	30049090.84
47	兽用已配剂量的溴氰菊酯制剂	3004.9090	30049090.84
48	兽用已配剂量的氟氯苯氰菊酯制剂	3004.9090	30049090.84
49	兽用已配剂量的烯啶虫胺制剂	3004.9090	30049090.84
50	兽用已配剂量的非泼罗尼制剂	3004.9090	30049090.84
51	兽用已配剂量的米尔贝肟制剂	3004.9090	30049090.84
52	兽用已配剂量的双羟萘酸噻嘧啶制剂	3004.9090	30049090.84
53	兽用已配剂量的非班太尔制剂	3004.9090	30049090.84
54	兽用已配剂量的吡喹酮制剂	3004.9090	30049090.84
55	兽用已配剂量的芬苯达唑制剂	3004.9090	30049090.84
56	兽用已配剂量的伊维菌素制剂	3004.9090	30049090.84
57	兽用已配剂量的莫昔克丁制剂	3004.9090	30049090.84
58	兽用已配剂量的赛拉菌素制剂	3004.9090	30049090.84
59	兽用已配剂量的多杀霉素制剂	3004.9090	30049090.84
60	兽用已配剂量的加米霉素制剂	3004.9090	30049090.84
61	兽用已配剂量的多拉菌素制剂	3004.9090	30049090.84
62	兽用已配剂量的恩诺沙星制剂	3004.9090	30049090.84
63	兽用已配剂量的马波沙星制剂	3004.9090	30049090.84
64	兽用已配剂量的右旋糖酐铁制剂	3004.9090	30049090.84
65	兽用已配剂量的布他磷制剂	3004.9090	30049090.84
66	兽用已配剂量的盐酸替来他明制剂	3004.9090	30049090.84
67	兽用已配剂量的盐酸阿替美唑制剂	3004.9090	30049090.84
68	兽用已配剂量的枸橼酸马罗匹坦制剂	3004.9090	30049090.84
69	兽用已配剂量的西米考昔制剂	3004.9090	30049090.84
70	兽用已配剂量的非罗考昔制剂	3004.9090	30049090.84
71	兽用已配剂量的替米沙坦制剂	3004.9090	30049090.84
72	兽用已配剂量的匹莫苯丹制剂	3004.9090	30049090.84
73	兽用已配剂量的硝碘酚腈制剂	3004.9090	30049090.84
74	兽用已配剂量的氟尼辛葡甲胺制剂	3004.9090	30049090.84
75	兽用已配剂量的美洛昔康制剂	3004.9090	30049090.84
76	兽用已配剂量的托芬那酸制剂	3004.9090	30049090.84
77	兽用已配剂量的卡洛芬制剂	3004.9090	30049090.84
78	兽用已配剂量的氟雷拉纳制剂	3004.9090	30049090.84
79	兽用已配剂量的阿福拉纳制剂	3004.9090	30049090.84
80	兽用已配剂量的尼卡巴嗪制剂	3004.9090	30049090.84
81	兽用已配剂量的托曲珠利制剂	3004.9090	30049090.84
82	兽用已配剂量的奥美拉唑制剂	3004.9090	30049090.84
83	兽用已配剂量的盐酸贝那普利制剂	3004.9090	30049090.84

序号	兽药名称	税则号列	商品编号
84	兽用已配剂量的碱式碳酸铋制剂	3004.9090	30049090.84
85	兽用已配剂量的泰地罗新制剂	3004.9090	30049090.84
86	兽用已配剂量的克霉唑制剂	3004.9090	30049090.84
87	兽用已配剂量的碘,戊二醛,癸甲溴铵,甲醛,过硫酸氢钾复合物消毒剂,复方煤焦油酸溶液消毒防腐药	3808.9400	38089400.40
88	兽用已配剂量的氯已定制剂	3808.9400	38089400.40

注：进口兽药管理目录中商品范围以兽药名称为准，税则号列及商品编号仅供通关参考。

9.4.2.2 中国进口兽药品种

近年来（2016-2020 年），在中国注册的进口兽用化学药品有 133 种，兽用生物制品有 99 种。

近年在中国注册的 133 种进口兽用化学药品见表 9-11。

表 9-11 2016-2020 年在中国注册的 133 种进口兽用化学药品

序号	中文名	英文名
1	D-氯前列醇钠注射液	D-Cloprostenol Sodium Injection
2	阿福拉纳咀嚼片	Afoxolaner Chewable Tablets
3	阿福拉纳米尔贝肟咀嚼片	Afoxolaner and Milbemycin Oxime Chewable Tablets
4	阿莫西林可溶性粉	Amoxicillin Soluble Powder
5	阿莫西林克拉维酸钾注射液	Amoxicillin and Clavulanate Potassium Injection
6	阿莫西林克拉维酸钾片	Amoxicillin and Clavulanate Potassium Tablets
7	阿莫西林注射液	Amoxicillin Injection
8	阿维拉霉素预混剂	Avilamycin Premix
9	奥美拉唑内服糊剂	Omeprazole Oral Paste
10	吡虫啉滴剂(猫用)	Imidacloprid Spot-on Solution
11	吡虫啉氟氯苯氰菊酯项圈	Imidacloprid and Flumethrin Collar
12	吡虫啉莫昔克丁滴剂(猫用)	Imidacloprid and Moxidectin Spot-on Solutions for Cats
13	吡虫啉莫昔克丁滴剂(犬用)	Imidacloprid and Moxidectin Spot-on Solutions for Dogs
14	苄星氯唑西林乳房注入剂(干乳期)	Cloxacillin Benzathine Intramammary Infusion (Dry Cow)
15	醋酸曲普瑞林凝胶	Triptorelin Acetate Gel
16	地克珠利混悬液	Diclazuril Suspension
17	碘甘油混合溶液	Iodine and Glycerol Mixed Solution
18	碘混合溶液	Iodine Mixed Solution
19	碘酸混合溶液	Iodine and Acid Mixed Solution
20	多拉菌素注射液	Doramectin Injection
21	多杀霉素咀嚼片	Spinosad Chewable Tablets
22	多杀霉素米尔贝肟咀嚼片	Spinosad and Milbemycin Oxime Chewable Tablets
23	恩诺沙星片(宠物用)	Enrofloxacin Tablets (for Pets)
24	恩诺沙星注射液	Enrofloxacin Injection
25	二氯苯醚菊酯吡虫啉滴剂	Permethrin and Imidacloprid Spot-on Solutions
26	二嗪农项圈	Dimpylate Collar
27	非罗考昔咀嚼片	Firocoxib Chewable Tablets
28	非泼罗尼喷剂	Fipronil Spray
29	芬苯达唑粉	Fenbendazole Powder
30	氟苯尼考预混剂	Florfenicol Premix
31	氟苯尼考注射液	Florfenicol Injection
32	氟雷拉纳咀嚼片	Fluralaner Chewable Tablets

序号	中文名	英文名
33	氟尼辛葡甲胺注射液	Flunixin Meglumine Injection
34	复方阿莫西林乳房注入剂(泌乳期)	Compound Amoxicillin Intramammary Infusion (Lactating Cow)
35	复方布他磷注射液	Compound Butaphosphan Injection
36	复方非班太尔片	Compound Febantel Tablets
37	复方非泼罗尼吡喹酮滴剂	Compound Fipronil and Praziquantel Spot On Solution
38	复方非泼罗尼滴剂(猫用)	Compound Fipronil Spot-On for Cats
39	复方非泼罗尼滴剂(犬用)	Compound Fipronil Spot-On for Dogs
40	复方酚溶液	Compound Phenols Solution
41	复方磺胺嘧啶混悬液	Compound Sulfadiazine Suspension
42	复方季铵盐戊二醛溶液	Compound Quaternary Ammonium salts and Glutaral Solution
43	复方甲醛溶液	Compound Formaldehyde Solution
44	复方克霉唑滴耳液	Compound Clotrimazole Ear Drops
45	复方克霉唑软膏	Compound Clotrimazole Ointment Clotrimazole Ointment
46	复方咪康唑滴耳液	Compound Miconazole Ear Drops
47	复方戊二醛溶液	Compound Glutaral Solution
48	复方制霉菌素软膏	Compound Nystatin Ointment
49	枸橼酸马罗匹坦片	Maropitant Citrate Tablets
50	枸橼酸马罗匹坦注射液	Maropitant Citrate Injection
51	枸橼酸苹果酸粉	Citric Acid and Malic Acid Powder
52	过硫酸氢钾复合物粉	Compound Potassium Peroxymonosulphate Powder
53	黄霉素预混剂	Flavomycin Premix
54	黄体酮阴道缓释剂	Intravaginal Progesterone Insert
55	加米霉素注射液	Gamithromycin Injection
56	甲基盐霉素尼卡巴嗪预混剂	Narasin and Nicarbazin Premix
57	甲基盐霉素预混剂	Narasin Premix
58	碱式硝酸铋乳房注入剂(干乳期)	Bismuth Subnitrate Intramammary Infusion (Dry cow)
59	酒石酸泰乐菌素可溶性粉	Tylosin Tartrate Soluble Powder
60	酒石酸泰万菌素预混剂	Tylvalosin Tartrate Premix
61	卡洛芬咀嚼片(犬用)	Carprofen Chewable Tablets for Dogs
62	卡洛芬注射液(犬用)	Carprofen Injection for Dogs
63	拉沙洛西钠	Lasalocid Sodium
64	拉沙洛西钠预混剂	lasalocid Sodium Premix
65	磷酸泰乐菌素预混剂	Tylosin Phosphate Premix
66	硫酸安普霉素预混剂	Apramycin Sulfate Premix
67	硫酸大观霉素	Spectinomycin Sulfate
68	硫酸头孢喹肟乳房注入剂(泌乳期)	Cefquinome sulfate Intramammary Infusion (Lactating Cow)
69	硫酸头孢喹肟注射液	Cefquinome sulfate Injection
70	氯前列醇钠	Cloprostenol Sodium
71	氯前列醇钠注射液	Cloprostenol Sodium Injection
72	马波沙星片	Marbofloxacin Tablets
73	马波沙星注射液	Marbofloxacin Injection
74	马来酸奥拉替尼片	Oclacitinib Maleate Tablet
75	美洛昔康内服混悬液	Meloxicam Oral Suspension
76	美洛昔康内服混悬液(犬猫用)	Meloxicam Oral Suspension (for Dogs and Cats)
77	美洛昔康注射液	Meloxicam Injection
78	莫奈太尔内服溶液	Monepantel Oral Solution
79	莫能菌素预混剂	Monensin Premix
80	尼卡巴嗪预混剂	Nicarbazin Premix
81	匹莫苯丹咀嚼片	Pimobendan Chewable Tablets

序号	中文名	英文名
82	葡萄糖甘氨酸补液盐可溶性粉	Glucose, Glycine and Electrolyte for Oral Hydration Powder
83	葡萄糖酸氯己定溶液（泌乳期）	Chlorhexidine Gluconate solution (Lactating Cow)
84	普鲁卡因青霉素萘夫西林钠硫酸双氢链霉素乳房注入剂（干乳期）	Procaine benzylpenicillin and Nafcillin Sodium and Dihydro-streptomycin Sulphate Intramammary Ointment (Dry cow)
85	氢化可的松醋丙酯喷剂	Hydrocortisone Aceponate Spray
86	赛拉菌素溶液	Selamectin Solution
87	赛拉菌素沙罗拉纳滴剂（猫用）	Selamectin and Sarolaner Spot-on Solutions (for Cats)
88	沙罗拉纳咀嚼片	Sarolaner Chewable Tablets
89	双甲脒溶液	Amitraz Solution
90	双甲脒项圈	Amitraz Collar
91	双羟萘酸噻嘧啶吡喹酮片	Pyrantel Pamoate and Praziquantel Tablet
92	泰地罗新注射液（牛用）	Tildipirosin injection solution for Cattle
93	泰地罗新注射液（猪用）	Tildipirosin injection solution for Swine
94	泰拉霉素注射液	Tulathromycin Injection
95	泰乐菌素注射液	Tylosin Injection
96	替米考星溶液	Tilmicosin Solution
97	替米考星预混剂	Name of Veterinary Drug: Tilmicosin Premix
98	替米沙坦内服溶液（猫用）	Telmisartan Oral Solution (For Cats)
99	头孢氨苄片	Cefalexin Tablets
100	头孢噻呋晶体注射液（牛用）	Ceftiofur Crystalline Free Acid Injection
101	头孢噻呋晶体注射液（猪用）	Ceftiofur Crystalline Free Acid Injection
102	土霉素注射液	Oxytetracycline Injection
103	托芬那酸片	Tolfenamic acid Tablets
104	托芬那酸注射液	Tolfenamic Acid Injection
105	托曲珠利混悬液	Toltrazuril Suspension
106	维吉尼亚霉素	Virginiamycin
107	维吉尼亚霉素预混剂	Virginiamycin Premix
108	戊二醛癸甲氯铵溶液	Glutaral and Didecyl Dimethyl Ammonium Chloride Solution
109	戊二醛溶液	Glutaral Solution
110	西米考昔片	Cimicoxib Tablets
111	烯丙孕素内服溶液	Altrenogest Oral Solution
112	烯啶虫胺片	Nitenpyram Tablets
113	辛硫磷浇泼溶液	Phoxim Pour-on Solution
114	延胡索酸泰妙菌素	Tiamulin Fumarate
115	延胡索酸泰妙菌素可溶性粉	Tiamulin Fumarate Soluble Powder
116	延胡索酸泰妙菌素预混剂	Tiamulin Fumarate Premix
117	盐酸阿替美唑注射液	Yansuan Atimeizuo Zhusheye Atipamezole Hydrochloride Injection
118	盐酸头孢噻呋乳房注入剂（干乳期）	Ceftiofur Hydrochloride Intramammary Infusion (Dry Cow)
119	盐酸头孢噻呋乳房注入剂（泌乳期）	Ceftiofur Hydrochloride Intramammary Infusion (Lactating Cow)
120	盐酸头孢噻呋注射液	Ceftiofur Hydrochloride Injection
121	盐酸土霉素注射液	Oxytetracycline Hydrochloride Injection
122	盐酸右美托咪定注射液	Dexmedetomidine Hydrochloride Injection
123	伊维菌素双羟萘酸噻嘧啶咀嚼片（L片）	Ivermectin and Pyrantel Pamoate Chewable Tablets
124	伊维菌素预混剂	Ivermectin Premix
125	伊维菌素注射液	Ivermectin Injection

序号	中文名	英文名
126	乙酸地洛瑞林植入剂	Deslorelin Acetate Implant
127	右旋糖酐铁注射液	Iron Dextran Injection
128	长效土霉素注射液	Oxytetracycline Long Acting Injection
129	中性电解氧化水	Neutralized Electrolyzed Oxidized Water
130	注射用头孢噻呋钠	Ceftiofur Sodium for Injection
131	注射用头孢维星钠	Cefovecin Sodium for Injection
132	注射用血促性素绒促性素	Serum Gonadotrophin and Chorionic Gonadotrophin for Injection
133	注射用盐酸替来他明盐酸唑拉西泮	Tiletamine Hydrochloride and Zolazepam Hydrochloride for Injection

近年在中国注册的 99 种进口兽用生物制品见表 9-12。

表 9-12　近年在中国注册的 99 种进口兽用生物制品

分类	中文名称	英文名称
1	雏鸡新城疫灭活疫苗（La Sota 株）	Newcastle Disease Vaccine，Inactivated（Strain La Sota）
2	公猪异味控制疫苗	Vaccine for the Control of Boar Taint
3	鸡病毒性关节炎疫苗（1133 株）	Tenosynovitis Vaccine，Modified Live Virus（Strain 1133）
4	鸡病毒性关节炎灭活疫苗（1733 株＋2408 株）	Avian Reovirus Vaccine，Inactivated（Strain 1733＋ Strain 2408）
5	鸡病毒性关节炎灭活疫苗（S1133 株＋1733 株）	Avian Reovirus Vaccine，Killed Virus（Strain S1133＋1733）
6	鸡肠炎沙门氏菌病活疫苗（Sm24/Rif12/Ssq 株）	Salmonella Enteritidis Vaccine，Live（Strain Sm24/Rif12/Ssq）
7	鸡传染性鼻炎灭活疫苗（A 型＋C 型）	Coryza Vaccine，Inactivated（Serotype A＋Serotype C）
8	鸡传染性鼻炎三价灭活疫苗	Coryza Trivalent Vaccine，Inactivated
9	鸡传染性法氏囊病病毒火鸡疱疹病毒载体活疫苗（vHVT-013-69 株）	Bursal Disease － Marek's Disease Vaccine，Serotype 3，Live Marek's Disease Vector
10	鸡传染性法氏囊病复合冻干活疫苗（2512 株）	Infectious Bursal Disease Vaccine，Live Freeze-dried Complex（Strain 2512）
11	鸡传染性法氏囊病复合冻干活疫苗（W2512 G-61 株）	Infectious Bursal Disease Vaccine，Live Freeze-dried Complex（Strain W2512 G-61）
12	鸡传染性法氏囊病活疫苗（CH/80 株）	Infectious Bursal Disease Vaccine, Live（Strain CH/80）
13	鸡传染性法氏囊病活疫苗（D22 株）	Infectious Bursal Disease Vaccine，Live（Strain D22）
14	鸡传染性法氏囊病活疫苗（D78 株）	Infectious Bursal Disease Vaccine，Live（Strain D78）
15	鸡传染性法氏囊病活疫苗（LC75 株）	Infectious Bursal Disease Vaccine，Live（Strain LC75）
16	鸡传染性法氏囊病活疫苗（LIBDV 株）	Live vaccine，LIBDV strain，for the active immnisation of chickens against Infectious Bursal Disease
17	鸡传染性法氏囊病活疫苗（Lukert 株）	Infectious Bursal Disease Vaccine，Live（Strain Lukert）
18	鸡传染性法氏囊病活疫苗（M. B. 株）	Infectious Bursal Disease Vaccine，Live（Strain M. B. ）
19	鸡传染性法氏囊病活疫苗（S706 株）	Infectious Bursal Disease Vaccine，Live（Strain S706）
20	鸡传染性法氏囊病活疫苗（W2512 G-61 株）	Infectious Bursal Disease Vaccine，Live（Strain W2512 G-61）
21	鸡传染性法氏囊病灭活疫苗（D78 株）	Infectious Bursal Disease Vaccine，Inactivated（Strain D78）
22	鸡传染性法氏囊病灭活疫苗（VNJO 株）	Infectious Bursal Disease Vaccine，Inactivated（Strain VNJO）
23	鸡传染性喉气管炎活疫苗	Infectious Laryngotracheitis Vaccine，Live
24	鸡传染性喉气管炎活疫苗（CHP50 株）	Laryngotracheitis Vaccine，Live（Strain CHP50）
25	鸡传染性喉气管炎活疫苗（LT-IVAX 株）	Fowl Laryngotracheitis Vaccine，Modified Live Virus

分类	中文名称	英文名称
26	鸡传染性喉气管炎活疫苗（Salsbury ♯146 株）	Fowl Laryngotracheitis Vaccine，Modified Live Virus（Strain Salsbury ♯146）
27	鸡传染性喉气管炎活疫苗（Serva 株）	Infectious Laryngotracheitis Vaccine，Live（Strain Serva）
28	鸡传染性喉气管炎重组鸡痘病毒二联活疫苗	Fowl Pox-Laryngotracheitis Vaccine，Live Fowl Pox Vector
29	鸡传染性支气管炎病毒 ELISA 抗体检测试剂盒	Infectious Bronchitis Virus ELISA Antibody Test Kit
30	鸡传染性支气管炎活疫苗（Ma5 株）	Avian Infectious Bronchitis Vaccine，Live（Strain Ma5）
31	鸡痘活疫苗	Fowl Pox Vaccine，Live Virus（Avian Pox Vaccine，Live）
32	鸡毒支原体活疫苗（MG 6/85 株）	Mycoplasma gallisepticum Vaccine，Live Culture（Strain MG 6/85）
33	鸡毒支原体活疫苗（TS-11 株）	Mycoplasma gallisepticum Vaccine，Live（Strain TS-11）
34	鸡呼肠孤病毒活疫苗（1133 株）	Avian Reovirus Vaccine，Live（Strain 1133）
35	鸡滑液支原体活疫苗（MS-H 株）	Mycoplasma Synoviae Live，（Strain MS-H）
36	鸡减蛋综合征灭活疫苗（127 株）	Egg Drop Syndrome Vaccine，Inactivated（Strain 127）
37	鸡减蛋综合征灭活疫苗（BC14 株）	Avian Egg Drop Syndrome Vaccine，Inactivated（Strain BC14）
38	鸡马立克氏病Ⅰ型、Ⅲ型二价活疫苗	Marek's Disease（Serotype Ⅰ，Ⅲ）Bivalent Vaccine，Live
39	鸡马立克氏病Ⅰ型、Ⅲ型二价活疫苗（CVI988 株＋FC-126 株）	Marek's Disease Vaccine Serotypes 1&.3，Live Virus
40	鸡马立克氏病活疫苗（CVI988 株）	Marek's Disease Vaccine，Live（Strain CVI988）
41	鸡马立克氏病火鸡疱疹病毒活疫苗（FC-126 株）	Marek's Disease Vaccine，Live（Strain FC-126）
42	鸡新城疫、传染性法氏囊病二联灭活疫苗（Clone 30 株＋D78 株）	Newcastle Disease and Infectious Bursal Disease Vaccine，Inactivated（Strain Clone 30＋Strain D78）
43	鸡新城疫、传染性支气管炎、传染性法氏囊病、呼肠孤病毒感染四联灭活疫苗	Newcastle Disease，Infectious Bronchitis，Infectious Bursal Disease and Reovirus Vaccine，Inactivated
44	鸡新城疫、传染性支气管炎、传染性法氏囊病三联灭活疫苗（Ulster 2C 株＋M41 株＋VNJO 株）	Newcastle Disease，Infectious Bronchitis and Infectious Bursal Disease Vaccine，Inactivated（Strain Ulster 2C＋Strain M41＋Strain VNJO）
45	鸡新城疫、传染性支气管炎、减蛋综合征三联灭活疫苗	Newcastle Disease，Infectious Bronchitis and Egg Drop Syndrome Vaccine，Inactivated
46	鸡新城疫、传染性支气管炎、减蛋综合征三联灭活疫苗（Clone30 株＋M41 株＋BC14 株）	Newcastle Disease，Infectious Bronchitis and Egg Drop Syndrome Vaccine，Inactivated（Strain Clone30＋Strain M41＋Strain BC14）
47	鸡新城疫、传染性支气管炎、减蛋综合征三联灭活疫苗（La Sota 株＋M41 株＋B8/78 株）	Newcastle Disease，Infectious Bronchitis and Egg Drop Syndrome Vaccine，Inactivated（StrainLa Sota＋Strain M41＋Strain B8/78）
48	鸡新城疫、传染性支气管炎二联灭活疫苗（Clone30 株＋M41 株）	Newcastle Disease and Infectious Bronchitis Vaccine，Inactivated（Strain Clone30＋Strain M41）
49	鸡新城疫、减蛋综合征二联灭活疫苗	Newcastle Disease and Egg Drop Syndrome Vaccine，Inactivated
50	鸡新城疫、减蛋综合征二联灭活疫苗（Komarov 株＋127 株）	Newcastle Disease and Egg Drop Syndrome Vaccine，Inactivated（Strain Komarov＋Strain 127）
51	鸡新城疫病毒 ELISA 抗体检测试剂盒	Newcastle Disease Virus ELISA Antibody Test Kit
52	鸡新城疫灭活疫苗（Clone 30 株）	Newcastle Disease Vaccine，Inactivated（Strain Clone 30）
53	鸡新城疫灭活疫苗（La Sota 株）	Newcastle Disease Vaccine，Inactivated（Strain La Sota）
54	鸡新城疫灭活疫苗（Ulster 2C 株）	Newcastle Disease Vaccine，Inactivated（Strain Ulster 2C）
55	狂犬病灭活疫苗（G52 株）	Rabies Vaccine，Inactivated（Strain G52）
56	狂犬病灭活疫苗（HCP-SAD 株）	Rabies Vaccine，Killed Virus
57	狂犬病灭活疫苗（VP12 株）	Rabies Vaccine，Inactivated（Strain VP12）

分类	中文名称	英文名称
58	猫鼻气管炎、嵌杯病毒病、泛白细胞减少症三联灭活疫苗	Feline Rhinotracheitis-Calici-Panleukopenia Vaccine，Killed Virus
59	禽白血病病毒 J 亚型 ELISA 抗体检测试剂盒	Avian Leukosis Virus Subgroup J ELISA Antibody Test Kit
60	禽病毒性关节炎油乳剂灭活疫苗（Olson WVU2937 株）	Infectious Arthritis Vaccine，Inactivated (Strain Olson WVU2937)
61	禽流感病毒 ELISA 抗体检测试剂盒	Avian Influenza Virus ELISA Antibody Test Kit
62	犬、猫狂犬病灭活疫苗	Canine and feline Rabies Vaccine，Inactivated
63	犬钩端螺旋体病（犬型、黄疸出血型）二价灭活疫苗	Inactivated combined L. canicola and L. icterohaemorrhagiae Vaccine
64	犬瘟热、传染性肝炎、细小病毒病、副流感四联活疫苗	Canine Distemper，Adenovirus，Parvovirus，Parainfluenza Vaccine，Live
65	犬瘟热、细小病毒病二联活疫苗	Canine Distemper and Parvovirus Vaccine，Live
66	犬瘟热、腺病毒 2 型、副流感、细小病毒病四联活疫苗	Canine Distemper，Adenovirus Type 2，Parainfluenza and Parvovirus Vaccine，Modified Live Virus
67	犬瘟热、腺病毒 2 型、副流感、细小病毒病四联活疫苗-犬钩端螺旋体病（犬型、黄疸出血型）二价灭活疫苗-犬冠状病毒病灭活疫苗	Canine Distemper-Adenovirus Type 2-Coronavirus-Parainfluenza-Parvovirus Vaccine，Modified Live and Killed Virus，Leptospira Canicola-Icterohaemorrhagiae Bacterin
68	犬瘟热、腺病毒病、细小病毒病、副流感病毒 2 型呼吸道感染症四联活疫苗-犬钩端螺旋体病、黄疸出血钩端螺旋体病二联灭活疫苗	Canine Distemper，Adenoviroses，Parvovirosis and Parainfluenza Type 2 Respiratory Infections Vaccine，Live - Leptospira Canicola And Leptospira Icterohaemorrhagiae Leptospiroses Vaccine，Inactivated
69	犬瘟热、腺病毒病、细小病毒病、副流感四联活疫苗-犬钩端螺旋体病（犬型、黄疸出血型）二价灭活疫苗	Live Vaccine against Canine Distemper，Adenovirus Type 2，Parvovirosis，Parainfluenza Virus and Inactivated Vaccine Against Canine Leptospirosis (Canicola＋ Icterohaemorrhagiae)
70	犬细小病毒病活疫苗	Parvovirus Vaccine，Modified Live Virus
71	犬细小病毒病活疫苗（NL-35-D 株）	Parvovirus Vaccine，Live (Strain NL-35-D)
72	肉鸡球虫活疫苗	Coccidiosis Vaccine，Live Oocysts，Chicken Isolates
73	仔猪 C 型产气荚膜梭菌病、大肠杆菌病二联灭活疫苗	Clostridium Perfringens Type C - Escherichia Coli Bacterin-Toxoid
74	种鸡球虫活疫苗	Coccidiosis Vaccine，Live Oocysts
75	种鸡新城疫灭活疫苗（La Sota 株）	Newcastle Disease Vaccine，Inactivated (Strain La Sota)
76	猪大肠杆菌病、C 型产气荚膜梭菌病、诺维氏梭菌病三联灭活疫苗	Multivalent Vaccine against Piglet Colibacillosis，Necrotic Enteritis and Sudden Death for Swine，Inactivated
77	猪繁殖与呼吸综合征病毒（美洲型）间接 ELISA 抗体检测试剂盒	Detection and Quantification of Antibodies Against American Strains of Porcine Reproductive and Respiratory Syndrome Virus，by Indirect ELISA
78	猪繁殖与呼吸综合征病毒抗体检测试剂盒	Reproductive and Respiratory Syndrome Virus Antibody Test Kit
79	猪繁殖与呼吸综合征活疫苗	Porcine Reproductive and Respiratory Syndrome Vaccine，Live
80	猪副猪嗜血杆菌病灭活疫苗	Glasser's Disease Vaccine，Inactivated
81	猪副猪嗜血杆菌病灭活疫苗（12 型 Z-1517 株）	Haemophilus parasuis Vaccine，Inactivated (Serotype 12 Strain Z-1517)
82	猪回肠炎活疫苗	Lawsonia Intracellularis Vaccine，Live
83	猪伪狂犬病病毒 g1 抗体检测试剂盒	Pseudorabies Virus g1 Antibody Test Kit
84	猪伪狂犬病病毒 gE 糖蛋白阻断 ELISA 抗体检测试剂盒	Blocking ELISA Test Technique for the Detection of Specific Antibodies of the gE Glycoprotein of the Ausjeszky's Disease Virus in Pig Serum

分类	中文名称	英文名称
85	猪伪狂犬病活疫苗(Bartha K-61 株)	Swine Pseudorabies Vaccine，Live（Strain Bartha K-61）；Pseudorabies Vaccine，Modified Live Virus
86	猪伪狂犬病活疫苗(Bartha 株)	Pseudorabies Vaccine，Live（Strain Bartha）
87	猪伪狂犬病灭活疫苗(Bartha K61 株)	Swine Pseudorabies Vaccine，Inactivated（Strain Bartha K61）
88	猪萎缩性鼻炎灭活疫苗	Swine Atrophic Rhinitis Vaccine，Inactivated；Bordetella Bronchiseptica-Pasteurella Multocida Bacterin-Toxid）
89	猪萎缩性鼻炎灭活疫苗(支气管败血波氏杆菌 833CER 株＋D 型多杀性巴氏杆菌毒素)	Inactivated vaccine to prevent progressive and non-progressive atrophic rhinitis in pigs
90	猪瘟病毒 ELISA 抗体检测试剂盒	Classical Swine Fever Virus ELISA Antibody Test Kit
91	猪细小病毒病、猪丹毒二联灭活疫苗(NADL-2 株＋2 型 R32E11 株)	Porcine Parvovirosis and Erysipelas Vaccine，Inactivated
92	猪胸膜肺炎放线杆菌亚单位灭活疫苗	Porcine subunit Actinobacillus pleuropneumoniae vaccine，Inactivated
93	猪圆环病毒 2 型杆状病毒载体灭活疫苗	Porcine Circovirus Type 2 Baculovirus VectorVaccine，Inactivated
94	猪圆环病毒 2 型灭活疫苗(1010 株)	Porcine Circovirus Vaccine Type 2，Inactivated（Strain 1010）
95	猪支原体肺炎复合佐剂灭活疫苗(P 株)	Swine Mycoplasma Hyopneumoniae Vaccine in Compound Adjuvant，Inactivated（Strain P）
96	猪支原体肺炎灭活疫苗(J 株)	Swine Mycoplasma Hyopneumoniae Vaccine，Inactivated（Strain J）；Mycoplasma Hyopneumoniae Bacterin）
97	猪支原体肺炎灭活疫苗(P-5722-3 株，I)	Mycoplasma Hyopneumoniae Bacterin
98	猪支原体肺炎灭活疫苗(P-5722-3 株，II)	Mycoplasma Hyopneumoniae Bacterin
99	猪支原体肺炎灭活疫苗(P 株)	Swine Mycoplasma Hyopneumoniae Vaccine，Inactivated（Strain P）

9.4.3 中国兽药出口情况

20 世纪 90 年代初，中国国内兽药原料市场基本被国外企业垄断，国内兽药制剂也缺少市场竞争力。经过多年不懈努力，我国与欧美兽药生产之间的差距正在不断缩小，中国兽药销售额逐年上升。21 世纪 10 年代，中国兽药出口额突破 30 亿元（人民币）。近年来，我国共有 6 大类原料药出口到 53 个国家，欧洲、南北美洲是我国原料药出口的主要市场；10 大类化药制剂出口到 68 个国家，亚洲、南北美洲是我国化药制剂出口的主要市场。生物制品主要出口到越南、埃及、泰国、缅甸、孟加拉国、蒙古、柬埔寨、尼日利亚等国家。2016—2021 年，中国兽药出口额分别为 31.49 亿元（人民币）、31.87 亿元（人民币）、38.95 亿元（人民币）、58.00 亿元（人民币）、57.51 亿元（人民币）、52.85 亿元（人民币）（表 9-13）。

表 9-13　2016-2021 年我国各类兽药出口额统计　　　　　　　　　　　　　　　　　单位：亿元（人民币）

年份	原料药	化药制剂	生物制品	小计
2016 年	17.28	13.68	0.53	31.49
2017 年	21.54	9.92	0.41	31.87
2018 年	27.40	11.13	0.42	38.95
2019 年	39.57	17.81	0.62	58.00
2020 年	41.51	15.14	0.86	57.51
2021 年	37.72	14.27	0.86	52.85

2016年，原料药出口额17.28亿元（人民币），化药制剂出口额13.68亿元（人民币），生物制品出口额0.53亿元（人民币）。2017年，原料药出口额21.54亿元（人民币），化药制剂出口额9.92亿元（人民币），生物制品出口额0.41亿元（人民币）。2018年原料药出口额27.40亿元（人民币），化药制剂出口额11.13亿元（人民币），生物制品出口额0.42亿元（人民币）。2019年，原料药出口额39.57亿元（人民币），化药制剂出口额17.81亿元（人民币），生物制品出口额0.62亿元（人民币）。2020年，原料药出口额41.51亿元（人民币），化药制剂出口额15.14亿元（人民币），生物制品出口额0.86亿元（人民币）。2021年，原料药出口额37.72亿元（人民币），化药制剂出口额14.27亿元（人民币），生物制品出口额0.86亿元（人民币）。

从市场规模来看，我国2016年—2021年兽药出口额年均45.11亿元（人民币），其中2019年最高为58亿元（人民币），整体呈现增长的趋势。

从出口产品类别来看，我国2016年—2021年出口的兽药以原料药为主，出口额年均29.46亿元（人民币），2020年最高为41.51亿元（人民币），增长幅度较大；化药制剂的出口也较多，年均13.54亿元（人民币），2019年最高为17.81亿元（人民币），整体呈现平稳的趋势；生物制品的出口额年均0.62亿元（人民币），近两年有所增长，2020年、2021年均达到0.86亿元（人民币）。

从出口占比来看，我国2016年—2021年原料药出口额占比年均在54%以上，其中2020年占比最高，达到了72.18%；化药制剂出口额占比年均在26%以上，其中2016年占比最高，达到了43%；生物制品出口额只占所有出口额的1.2%～1.4%。

9.4.3.1 中国兽用原料药的出口

（1）出口原料药分类销售占比情况　中国出口兽用原料药主要有抗微生物原料药、抗寄生虫原料药、解热镇痛抗炎原料药等类。2016—2021年各类兽用化学药品出口情况见表9-14。

表9-14　2016—2021年各类兽用化学药品出口情况　　　　　　　　　　单位：亿元（人民币）

年份	类别	抗微生物药	抗寄生虫药	解热镇痛药等	小计	合计
2016年	原料药	12.81	4.07	0.4	17.28	30.96
	兽药制剂	10.81	2.83	0.04	13.68	
2017年	原料药	16.33	4.60	0.61	21.54	31.46
	兽药制剂	6.27	3.60	0.05	9.92	
2018年	原料药	19.70	7.01	0.69	27.40	38.53
	兽药制剂	5.98	5.10	0.05	11.13	
2019年	原料药	28.58	10.47	0.52	39.57	57.38
	兽药制剂	11.21	6.38	0.22	17.81	
2020年	原料药	28.90	12.26	0.35	41.51	56.66
	兽药制剂	8.30	6.68	0.16	15.14	
2021年	原料药	27.47	9.52	0.73	37.72	51.99
	兽药制剂	9.18	5.01	0.08	14.27	

2016年，抗微生物药原料出口额12.81亿元（人民币），占原料药出口总额的74.13%；抗寄生虫药原料出口额4.07亿元（人民币），占原料药出口总额的23.55%；解热镇痛药等原料出口额0.40亿元（人民币），占原料药出口总额的2.31%。

2017年，抗微生物原料药出口额16.33亿元（人民币），占原料药出口总额的75.81%；抗寄生虫药原料出口额4.60亿元（人民币），占原料药出口总额的21.36%；

解热镇痛药等原料出口额 0.61 亿元（人民币），占原料药出口总额的 1.71%。

2018 年，抗微生物原料药出口额 19.70 亿元（人民币），占原料药出口总额的 71.90%；抗寄生虫药原料出口额 7.01 亿元（人民币），占原料药出口总额的 25.58%；解热镇痛药等原料出口额 0.69 亿元（人民币），占原料药出口总额的 2.52%。

2019 年，抗微生物原料药出口 28.58 亿元（人民币），占原料药出口总额的 72.23%；抗寄生虫药原料出口额 10.47 亿元（人民币），占原料药出口总额的 26.46%；解热镇痛药等原料出口额 0.52 亿元（人民币），占原料药出口总额的 1.31%。

2020 年，抗微生物原料药出口 28.90 亿元（人民币），占原料药出口总额的 69.62%；抗寄生虫药原料出口额 12.26 亿元（人民币），占原料药出口总额的 29.54%；解热镇痛药等原料出口额 0.35 亿元（人民币），占原料药出口总额的 0.84%。

2021 年，抗微生物原料药出口 27.47 亿元（人民币），占原料药出口总额的 72.83%；抗寄生虫药原料出口额 9.52 亿元（人民币），占原料药出口总额的 25.24%；解热镇痛药等原料出口额 0.73 亿元（人民币），占原料药出口总额的 1.93%。

近年各类兽用原料药出口额情况见表 9-15 和图 9-3。

表 9-15　近年各类兽用原料药出口额情况　　　　　　　　　　　　　　　单位：亿元（人民币）

年份	抗微生物药	抗寄生虫药	解热镇痛药等
2016 年	12.81	4.07	0.4
2017 年	16.33	4.60	0.61
2018 年	19.70	7.01	0.69
2019 年	28.58	10.47	0.52
2020 年	28.90	12.26	0.35
2021 年	27.47	9.52	0.73

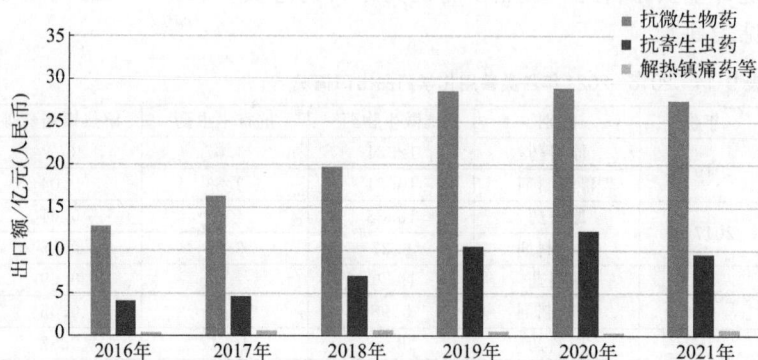

图 9-3　近年各类兽用原料药出口额

从出口产品类别来看，以抗微生物药为主，年均出口销售额 22.30 亿元（人民币），其中 2020 年最高为 28.90 亿元（人民币），整体呈现上升趋势；抗寄生虫药的出口额年均 7.99 亿元（人民币），2020 年最高为 12.26 亿元（人民币），整体呈现上升增长的趋势；解热镇痛药、外周神经系统药、中枢兴奋药和其他种类原料的出口额最少，年均在 5500 万元（人民币）左右，2021 年最高为 7300 万元（人民币）。

从出口占比来看，抗微生物药原料出口额占当年原料药出口额的比例最大，年均 72.75%，2017 年最高为 75.81%，其占比变化为轻微下降；抗寄生虫药出口额占当年原料药出口额的比例年均 25.29%，其中 2020 年占比最高为 29.54%，其占比变化为上升趋势；解热镇痛药和中枢兴奋药的出口占比仅为 1.96%，其中 2017 年最高为 2.83%。

（2）出口原料药主要品种　2016 年，中国原料药产品出口金额在 5000 万元（人民币）以上的有：氟苯尼考、延胡索酸泰妙菌素、盐酸土霉素、莫昔克丁、酒石酸泰乐菌素 5 种产品，出口金额合计 3.61 亿元（人民币），占原料出口总额的 20.89%。

2017 年，原料药产品出口金额在 5000 万元（人民币）以上的有：恩诺沙星、氟苯尼考、磺胺嘧啶、酒石酸泰万菌素、马波沙星、延胡索酸泰妙菌素、盐酸多西环素、盐酸土霉素、伊维菌素 9 种产品，出口金额合计 12.59 亿元（人民币），占原料出口总额的 58.45%。

2018 年，原料药产品出口金额在 5000 万元（人民币）以上的有：氟苯尼考、酒石酸泰乐菌素、酒石酸泰万菌素、磷酸泰乐菌素、磷酸替米考星、延胡索酸泰妙菌素、盐酸金霉素、伊维菌素 8 种产品，出口金额合计 9.99 亿元（人民币），占原料出口总额的 36.46%。

2019 年，原料药产品出口金额在 5000 万元（人民币）以上的有：氟苯尼考、磺胺间甲氧嘧啶钠、酒石酸泰乐菌素、酒石酸泰万菌素等 25 种产品。

2020 年，原料药产品出口金额在 5000 万元（人民币）以上的有：二硝托胺、延胡索酸泰妙菌素、盐酸多西环素、伊维菌素、酒石酸泰万菌素、磺胺间甲氧嘧啶钠、氟苯尼考等 11 种产品，占原料药出口总额的 35.03%。

2021 年，原料药产品出口金额在 5000 万元（人民币）以上的有：延胡索酸泰妙菌素、磷酸替米考星、盐酸多西环素、氟苯尼考、酒石酸泰乐菌素、盐酸林可霉素、氯羟吡啶、芬苯达唑、多拉菌素、酒石酸泰万菌素、盐酸金霉素、伊维菌素等 13 种产品，占原料药出口总额的 47.8%。

2020 年以来，中国兽药原料大宗产品价格普遍上涨，在原材料、环保、人工等成本的普遍增长下，加上国外疫情持续蔓延，导致多种兽药原料价格涨幅持续扩大。据健康网统计，土霉素类原料出口量达到 6500 吨，同比增长 17.87%，出口额超过 1.2 亿美元。强力霉素出口量 3394 吨，出口均价超过 64 美元/kg，同比增长 14%。盐酸四环素价格较稳定，出口量 904 吨，同比下降 15%，出口均价 33 美元/kg。泰乐菌素类出口量约 3100 吨，同比增长 13.47%，均价约 27 美元/kg。泰妙菌素出口约 2000 吨，替米考星约 1000 吨。氟苯尼考出口量 2450 吨，同比增长 15%，出口均价约 63 美元/kg。硫酸庆大霉素兽用原料 2020 年出口量 1254 吨，均价约 21 美元/kg。2020 年年底以来，泰乐菌素、泰妙菌素、替米考星价格同比增长超过 20%。

中国兽药原料药出口企业主要有：浙江升华拜克生物股份有限公司、山东鲁抗舍里乐药业有限公司、山东齐发药业有限公司、浙江国邦药业有限公司、河北威远药业有限公司、湖北中牧安达药业有限公司、宁夏多维泰瑞制药有限公司、浦城正大生化有限公司、丽珠医药集团股份有限公司、普洛药业股份有限公司、齐鲁制药有限公司、浙江康牧药业有限公司等。

（3）我国兽用原料药主要出口目的地　我国兽用原料药主要出口到欧美国家。

2016 年，出口到欧洲 6.5 亿元（人民币），占原料出口总额的 37.62%；出口到美洲 6.96 亿元（人民币），占原料出口总额的 40.28%；出口到南美洲 4.01 亿元（人民币），占原料出口总额的 23.21%；出口到北美洲 2.95 亿元（人民币），占原料出口总额的 17.07%）；出口到亚洲 3.14 亿元（人民币），占原料出口总额的 18.17%；出口到大洋洲 0.4 亿元（人民币），占原料出口总额的 2.31%；出口到非洲 0.28 亿元（人民币），占原料出口总额的 1.62%。

2017 年，出口到欧洲 7.94 亿元（人民币），占原料出口总额的 36.86%；出口到美洲 7.64 亿元（人民币），占原料出口总额的 35.47%；出口到南美洲 4.68 亿元（人民币），占原料出口总额的 21.73%；出口到北美洲 2.96 亿元（人民币），占原料出口总额的 13.74%）；出口到亚洲 5.54 亿元（人民币），占原料出口总额的 25.72%；出口到大洋洲 0.22 亿元（人民币），占原料出口总额的 1.02%；出口到非洲 0.2 亿元（人民币），占原料出口总额的 0.93%。

2018 年，出口到美洲 11.21 亿元（人民币），占原料出口总额的 40.91%；出口到南美洲 8.24 亿元（人民币），占原料出口总额的 30.07%；出口到北美洲 2.97 亿元（人民币），占原料出口总额的 10.84%）；出口到欧洲 8.05 亿元（人民币），占原料出口总额的 29.38%；出口到亚洲 6.52 亿元（人民币），占原料出口总额的 23.79%；出口到非洲 1.24 亿元（人民币），占原料出口总额的 4.53%；出口到大洋洲 0.38 亿元（人民币），占原料出口总额的 1.39%。

2019 年，出口到欧洲 14.39 亿元（人民币），占原料出口总额的 36.37%；出口到美洲 13.01 亿元（人民币），占原料出口总额的 32.88%；出口到北美洲 8.78 亿元（人民币），占原料出口总额的 22.19%；出口到南美洲 4.23 亿元（人民币），占原料出口总额的 10.69%；出口到亚洲 10.06 亿元（人民币），占原料出口总额的 25.42%；出口到大洋洲 1.62 亿元（人民币），占原料出口总额的 4.09%；出口到非洲 0.49 亿元（人民币），占原料出口总额的 1.24%。

2020 年，出口到美洲 16.1 亿元（人民币），占原料出口总额的 38.78%；出口到南美洲 8.88 亿元（人民币），占原料出口总额的 21.39%；出口到北美洲 7.22 亿元（人民币），占原料出口总额的 17.39%）；出口到欧洲 11.6 亿元（人民币），占原料出口总额的 27.95%；出口到亚洲 11.02 亿元（人民币），占原料出口总额的 26.55%；出口到非洲 1.81 亿元（人民币），占原料出口总额的 4.36%；出口到大洋洲 0.98 亿元（人民币），占原料出口总额的 2.36%。

2021 年，出口到美洲 14.84 亿元（人民币），占原料出口总额的 39.34%；出口到南美洲 7.84 亿元（人民币），占原料出口总额的 20.78%；出口到北美洲 7.00 亿元（人民币），占原料出口总额的 18.56%）；出口到欧洲 11.93 亿元（人民币），占原料出口总额的 31.63%；出口到亚洲 9.94 亿元（人民币），占原料出口总额的 26.35%；出口到非洲 0.9 亿元（人民币），占原料出口总额的 2.39%；出口到大洋洲 0.11 亿元（人民币），占原料出口总额的 0.29%。

2016—2021 年中国兽用原料药出口市场情况见表 9-16。

表 9-16　中国 2016—2021 年兽用原料药出口市场情况　　　　　　　　　　单位：亿元（人民币）

地区	2016 年	2017 年	2018 年	2019 年	2020 年	2021 年
欧洲	6.5	7.94	8.05	14.39	11.6	11.93
	37.62%	36.86%	29.38%	36.37%	27.95%	31.63%
亚洲	3.14	5.54	6.52	10.06	11.02	9.94
	18.17%	25.72%	23.79%	25.42%	26.55%	26.35%
南美洲	4.01	4.68	8.24	4.23	8.88	7.84
	23.21%	21.73%	30.07%	10.69%	21.39%	20.78%
北美洲	2.95	2.96	2.97	8.78	7.22	7.00
	17.07%	13.74%	10.84%	22.19%	17.39%	18.56%

地区	2016 年	2017 年	2018 年	2019 年	2020 年	2021 年
非洲	0.28	0.2	1.24	0.49	1.81	0.9
	1.62%	0.93%	4.53%	1.24%	4.36%	2.39%
大洋洲	0.4	0.22	0.38	1.62	0.98	0.11
	2.31%	1.02%	1.39%	4.09%	2.36%	0.29%

2020—2021 年原料出口额亿元（人民币）以上目的地国家和地区见表 9-17。

表 9-17　2020—2021 年原料出口额亿元以上目的地国家和地区　　　　　　　单位：亿元（人民币）

序号	目的地	2020 年	2021 年	序号	目的地	2020 年	2021 年
1	巴西	5.386065	5.992985	6	法国	1.179620	1.252792
2	美国	4.624810	5.085631	7	墨西哥	2.124696	1.213477
3	印度	2.395737	2.782413	8	德国	2.495837	1.112666
4	英国	1.513142	2.262426	9	西班牙	1.019313	1.039888
5	荷兰	3.055008	1.354378				

9.4.3.2　中国兽用化药制剂的出口

（1）出口兽用化药制剂分类销售占比情况　2016 年，抗微生物药制剂出口额 10.81 亿元（人民币），占化药制剂出口总额的 79.02%；抗寄生虫药制剂出口额 2.83 亿元（人民币），占化药制剂出口总额的 20.69%；解热镇痛药等制剂出口额 0.04 亿元（人民币），占化药制剂出口总额的 0.29%。

2017 年，抗微生物药制剂出口额 6.27 亿元（人民币），占化药制剂出口总额的 63.21%；抗寄生虫药制剂出口额 3.06 亿元（人民币），占化药制剂出口总额的 30.85%；解热镇痛药等制剂出口额 0.05 亿元（人民币），占化药制剂出口总额的 0.50%。

2018 年，抗微生物药制剂出口额 5.98 亿元（人民币），占化药制剂出口总额的 53.73%；抗寄生虫药制剂出口额 5.10 亿元（人民币），占化药制剂出口总额的 45.82%；解热镇痛药等制剂出口额 0.05 亿元（人民币），占化药制剂出口总额的 0.45%。

2019 年，抗微生物药制剂出口 11.21 亿元（人民币），占化药制剂出口总额的 62.94%；抗寄生虫药制剂出口额 6.38 亿元（人民币），占化药制剂出口总额的 35.82%；解热镇痛药等制剂出口额 0.22 亿元（人民币），占化药制剂出口总额的 1.24%。

2020 年，抗微生物药制剂出口 8.30 亿元（人民币），占化药制剂出口总额的 54.82%；抗寄生虫药制剂出口额 6.68 亿元（人民币），占化药制剂出口总额的 44.12%；解热镇痛药等制剂出口额 0.16 亿元（人民币），占化药制剂出口总额的 1.06%。

2021 年，抗微生物药制剂出口 9.18 亿元（人民币），占化药制剂出口总额的 64.33%；抗寄生虫药制剂出口额 5.01 亿元（人民币），占化药制剂出口总额的 35.11%；解热镇痛药及兽用中药等制剂出口额 0.08 亿元（人民币），占化药制剂出口总额的 0.56%。

近年各类兽用化药制剂出口额情况见表 9-18 和图 9-4。

表 9-18　近年各类兽用化药制剂出口额情况　　　　　　　　　　　　　　单位：亿元（人民币）

年份	抗微生物药	抗寄生虫药	解热镇痛药等
2016 年	10.81	2.83	0.04
2017 年	6.27	3.60	0.05
2018 年	5.98	5.10	0.05
2019 年	11.21	6.38	0.22
2020 年	8.30	6.68	0.16
2021 年	9.18	5.01	0.08

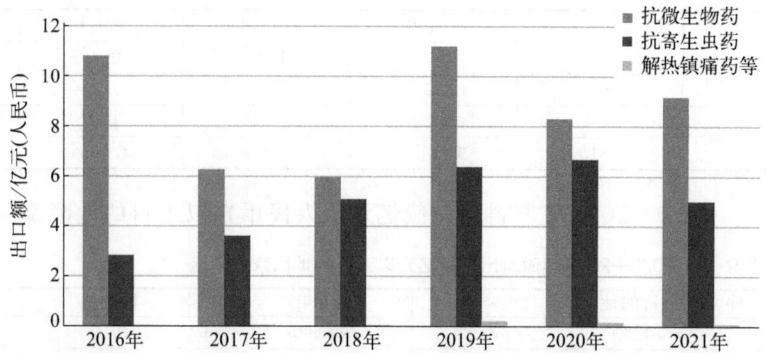

图 9-4 近年各类兽用化药制剂
出口额示意图

从出口产品类别来看，我国 2016 年—2021 年出口的制剂以抗微生物药为主，年均出口额 8.63 亿元（人民币），其中 2019 年最高为 11.21 亿元（人民币），整体趋势较为平稳；抗寄生虫药年均出口额 4.93 亿元（人民币），其中 2020 年最高为 6.68 亿元（人民币），整体呈现增长的趋势；其他类化药制剂出口额在 1000 万元（人民币）左右。

从产品占比来看，抗微生物药制剂占比年均 63.00%，其中 2016 年抗微生物药制剂的出口占比最高，为 79.02%，其占比呈现下降的趋势；抗寄生虫药物出口额占比年均 36.30%，其中 2018 年最高为 45.82%，其占比呈现上升增长的趋势；其他类化药制剂占比较小。

（2）我国兽用化药制剂主要出口目的地　我国兽用化药制剂主要出口到亚洲、南北美洲国家和地区。

2016 年，出口到北美洲 5.43 亿元（人民币），占制剂出口总额的 39.69%；亚洲 2.68 亿元（人民币），占制剂出口总额的 19.59%；欧洲 2.27 亿元（人民币），占制剂出口总额的 16.59%；南美洲 2.25 亿元（人民币），占制剂出口总额的 16.45%；非洲 0.93 亿元（人民币），占制剂出口总额的 6.80%；大洋洲 0.12 亿元（人民币），占制剂出口总额的 0.88%。

2017 年，出口到亚洲 2.81 亿元（人民币），占制剂出口总额的 28.33%；欧洲 2.42 亿元（人民币），占制剂出口总额的 24.4%；南美洲 2.29 亿元（人民币），占制剂出口总额的 23.08%；北美洲 1.29 亿元（人民币），占制剂出口总额的 13.00%；非洲 0.87 亿元（人民币），占制剂出口总额的 8.77%；大洋洲 0.24 亿元（人民币），占制剂出口总额的 2.42%。

2018 年，出口到亚洲和南美洲均为 3.03 亿元（人民币），各占制剂出口总额的 27.22%；欧洲 2.07 亿元（人民币），占制剂出口总额的 18.60%；北美洲 0.73 亿元（人民币），占制剂出口总额的 6.56%；非洲 1.27 亿元（人民币），占制剂出口总额的 11.41%；大洋洲 1.00 亿元（人民币），占制剂出口总额的 8.99%。

2019 年，出口到北美洲 5.31 亿元（人民币），占制剂出口总额的 29.81%；南美洲 3.01 亿元（人民币），占制剂出口总额的 16.90%；亚洲 3.65 亿元（人民币），占制剂出口总额的 20.49%；欧洲 2.60 亿元（人民币），占制剂出口总额的 14.60%；非洲 1.82 亿元（人民币），占制剂出口总额的 10.22%；大洋洲 1.42 亿元（人民币），占制剂出口总额的 7.97%。

2020 年，出口到南美洲 3.77 亿元（人民币），占制剂出口总额的 24.92%；北美洲 3.18 亿元（人民币），占制剂出口总额的 21.02%；亚洲 2.95 亿元（人民币），占制剂出口总额的 19.50%；欧洲 2.16 亿元（人民币），占制剂出口总额的 14.28%；非洲 2.02 亿元（人民币），占制剂出口总额的 13.35%；大洋洲 1.05 亿元（人民币），占制剂出口总额的 6.94%。

2021 年，出口到南美洲 2.45 亿元（人民币），占制剂出口总额的 17.17%；北美洲 4.36 亿元（人民币），占制剂出口总额的 30.55%；亚洲 2.34 亿元（人民币），占制剂出口总额的

16.40%；欧洲 2.34 亿元（人民币），占制剂出口总额的 16.40%；非洲 1.90 亿元（人民币），占制剂出口总额的 13.31%；大洋洲 0.88 亿元（人民币），占制剂出口总额的 6.17%。

2016—2021 年中国兽药制剂出口市场情况见表 9-19。

表 9-19　2016—2021 年中国兽药制剂出口市场情况　　　　　　　　　　　　　　单位：亿元（人民币）

地区	2016 年	2017 年	2018 年	2019 年	2020 年	2021 年
欧洲	2.27	2.42	2.07	2.60	2.16	2.34
	16.59%	24.40%	18.60%	14.60%	14.28%	16.40%
亚洲	2.68	2.81	3.03	3.65	2.95	2.34
	19.59%	28.33%	27.22%	20.49%	19.50%	16.40%
南美洲	2.25	2.29	3.03	3.01	3.77	2.45
	16.45%	23.08%	27.22%	16.90%	24.92%	17.17%
北美洲	5.43	1.29	0.73	5.31	3.18	4.36
	39.69%	13.00%	6.56%	29.81%	21.02%	30.55%
大洋洲	0.12	0.24	1.00	1.42	1.05	0.88
	0.88%	2.42%	8.99%	7.97%	6.94%	6.17%
非洲	0.93	0.87	1.27	1.82	2.02	1.90
	6.80%	8.77%	11.41%	10.22%	13.35%	13.31%

近年来连续出口额上亿元（人民币）的目的地国家有美国、比利时，2021 年制剂出口印度超过亿元（人民币），达到 1.07 亿元（人民币）。2020—2021 年制剂出口额每年均超过千万元（人民币）的目的地国家和地区见表 9-20。

表 9-20　2020—2021 年出口制剂年均千万元以上目的地国家和地区　　　　　　单位：亿元（人民币）

序号	目的地	2020 年	2021 年	序号	目的地	2020 年	2021 年
1	美国	27097.00	41026.74	12	加拿大	2342.06	2256.79
2	比利时	18293.22	19563.37	13	巴拉圭	2823.54	2255.00
3	巴西	14009.05	9913.05	14	肯尼亚	2379.00	2236.00
4	澳大利亚	10365.00	8708.00	15	缅甸	2198.77	2230.80
5	阿根廷	11099.99	6926.80	16	马里	1883.28	1824.39
6	秘鲁	5126.30	3675.05	17	玻利维亚	2153.00	1673.00
7	喀麦隆	2740.80	3146.01	18	巴基斯坦	4879.36	1575.01
8	尼日利亚	1746.34	3075.33	19	俄罗斯	1253.90	1477.14
9	苏丹	3028.28	2998.54	20	埃及	1886.11	1404.50
10	泰国	3611.88	2707.64	21	塞尔维亚共和国	1725.00	1390.00
11	墨西哥	2279.80	2598.00				

9.4.3.3　兽用中药及植物添加剂的出口

2008 年，我国兰州畜牧与兽药研究所曾将提炼的"金丝桃素"作为抗禽流感病毒中药发往印度尼西亚、泰国、越南，以帮助这些国家遏制禽流感疫情的蔓延。2010 年，兽用中药产品成功出口到东南亚、欧洲等地。中药等其他类兽药年均出口 2200 万元（人民币），占制剂出口总额的 0.012%。兽用中药在东南亚、俄罗斯、韩国等有一定的市场，但在欧美国家，兽用中药尚未得到更多国家法规的认可，部分产品只能作为植物提取物出口作为植物性添加剂使用。

9.4.3.4　中国兽用生物制品出口

近年来，中国兽用疫苗和诊断试剂标准和生产水平不断提升，出口呈现增长趋势。

从市场规模来看，我国 2012 年—2021 年生物制品出口额年均在 4400 万元（人民币）以上，其中 2021 年最高为 8616.21 万元（人民币），呈现增长趋势。近三年，兽用生物制品出口国或地区以及出口金额都有所增加。2019 年我国共向 7 个国家或地区出口生物制品共计 6160.71 万元（人民币），2020 年我国共向 8 个国家或地区出口生物制品共计 8598.27 万元（人民币），2021 年我国共向 12 个国家或地区出口生物制品共计 8616.21 万元（人民币）。具体出口情况见表 9-21。

表 9-21　2019 年-2021 年中国兽用生物制品出口市场情况

单位：万元（人民币）

序号	国家或地区	2019 年	2020 年	2021 年
1	越南	3083.27	5056.74	4088.18
2	埃及	1630.18	1886.83	1614.97
3	孟加拉国	320.27	194.06	1254.00
4	缅甸	326.78	1300.28	1160.14
5	伊朗	/	127.93	323.87
6	老挝	/	/	58.25
7	乌兹别克斯坦	/	/	29.40
8	柬埔寨	22.00	5.00	25.99
9	巴基斯坦	/	23.06	23.65
10	尼日利亚	1.25	4.37	23.48
11	阿塞拜疆	/	/	13.08
12	尼泊尔	/	/	1.20
13	泰国	776.86	/	/
	合　计	6160.71	8598.27	8616.21

从出口生物制品销售占比来看，禽用生物制品出口额占比年均在 30％以上，其中 2012 年最高为 61.54％；猪用生物制品出口额占比年均在 38％以上，2013 年占比最高为 68.63％。

9.4.4　中国兽药国际贸易发展

进入 21 世纪，世界经济一体化加快推进，以和平、发展、合作、共赢为主题的新时代已经开启。但是，相比欧美等国，中国兽药出口技术程序复杂，受到国外特别是西方国家的技术壁垒阻碍较大。

9.4.4.1　管理规则对兽药出口的影响

我国的兽药管理与欧美日等国采用的 VICH 等规则存在较大差异，这些差异，对我国兽药出口具有一定的影响。

（1）上市许可与生产许可　VICH 和 ICH 对兽药和药品管理实行上市许可持有人制度。欧盟、美国、日本等国家和地区普遍采用药品生产许可人和上市许可人分离的准入制度。

上市许可证是发给药品上市申请人，上市许可人可以将产品委托不同的生产商生产，生产的地点也可以在不同的企业。在上市许可制度下，获得药品上市许可的单位可以将产品委托给任何一家达到 GMP 标准的生产企业进行生产。上市许可持有人制度规定药品或兽药上市许可持有人是责任主体。药品的质量、不良反应、召回等一切责任都由拥有产品上市权的单位负责，被委托的生产者只对生产负责。药品的安全、有效和质量可控均由上市许可人对公众负责，药品的生产许可人和销售许可人对药品的上市许可人负责。该制度采用上市许可与生产许可分离的管理模式，除疫苗、血液制品、毒麻药品等外，对上市许可持有人是否必须是生产企业一般不做限制。上市许可持有人制度是实现鼓励创新、引导制药产业从仿制向创新转型的制度，是实现申请放开、转让放开、委托放开的制度。

与我国人用药品加入 ICH 以前的药品上市许可和生产许可相统一的双重行政审批模式相同，目前，我国兽药批准文号只颁给有资质的兽药企业，兽药上市许可持有人和兽药生产许可持有人为同一主体。

（2）新兽药定义的不同 VICH 根据药物特性将兽药划分为创新药和仿制药，美国等西方国家将"创新药"界定为首次在其国内上市的兽药。我国医药部门已于 2016 年将新药定义改为"未在国内外上市销售的药品"，分为创新药和改良型新药，前者强调含有新的结构明确的、具有药理作用的化合物；后者在已知活性成分基础上进行优化，强调具有明显的临床优势。

我国对新兽药的界定则较为宽泛。按照 2004 年《兽药注册分类及注册资料要求》（农业部公告第 442 号），化学药品共分五类，包括第一类的"国内外未上市销售的原料及其制剂"，第二类的"国外已上市销售但在国内未上市销售的原料及其制剂"，以及第三类的"改变药物的酸根、碱基"、"改变药物的成盐、成酯"、"人用药物转为兽药"，甚至第四、第五类的新的复方、单方制剂，都可以列入新药进行注册申报。中药四类中的第二类"未在国内上市销售的部位及其制剂"，第三类"传统中兽药复方制剂、现代中兽药复方制剂等未在国内上市销售的制剂"，以及第四类"改变剂型的制剂、改变工艺的制剂"；生物制品三类中的第二类"已在国外上市销售但未在国内上市销售的制品"，第三类"对已在国内上市销售的制品使用的菌（毒、虫）株、抗原、主要原材料或生产工艺等有根本改变的制品"都可以申报新药。

如果按照 VICH 规则，我国新兽药注册管理办法规定的"二类"、"三类"、"四类"、"五类"，大部分并不能算严格意义上的"创新药"，归类到改良型新药和仿制药行列比较合适。

（3）原料药管理差异 在欧美日等国家，原料药不存在"上市"的概念，对于原料药的评判，只能参考相应的制剂。我国《兽药管理条例》也规定在兽医临床上不能直接使用原料药，但我国通过原料药的生产线 GMP 检查、批准文号的发放，实现对兽用原料药的生产和流通管理。

近年来，我国已不再硬性要求进口兽药注册制剂的同时申报相应的原料药。国外企业也只将拟在我国销售的原料药品种进行注册，如头孢噻呋晶体、硫酸大观霉素、维吉利亚霉素、延胡索酸泰妙菌素、拉沙洛西钠、托曲珠利等。

9.4.4.2 兽药质量对出口的影响

（1）兽药产品标准 中国的兽药产品必须符合《中国兽药典》《兽药质量标准》或经农业农村部评审认可的新兽药注册标准。与发达国家兽药标准相比，我国兽药产品标准存在一定差异，特别是在出口认证与检验环节，应注意避免因标准理解不同而出现检验不合格的问题。

质量管理。VICH 制定了化学药品的质量标准、稳定性、杂质、分析验证技术要求，制定了生物制品的纯度与稳定性技术要求。经过多年的努力，我国兽药的质量标准、稳定性要求与 VICH 基本相当。在执行稳定性试验指导原则方面，在我国进口兽药注册产品时经常缺少高温、高湿和强光照射等影响因素试验资料，国内新兽药产品研发时执行更严格，申请时提交资料更全面。但在杂质、纯度等要求方面，我国兽药产品仍有较大提升空间。

安全性评价。VICH 制定了化学药品的毒理学、抗微生物安全性、靶动物安全性、代谢残留动力学以及环境安全性研究技术要求。VICH 靶动物安全性研究指导原则详尽地描述了靶动物安全性研究的试验设计、实验方法和测定的变量，追求以最少动物数确定研究性兽药（IVPP）在靶动物的安全性，包括尽可能识别靶器官和确定安全范围。VICH 在抗菌药的细菌耐药性资料和兽药残留安全性评价方面要求比较严格。VICH 对兽药产品的环境安全性也相当重视，要求分两个阶段进行兽药产品的环境影响评估。我国新兽药的研发经过多年的发展，毒理学、靶动物安全性以及代谢残留研究技术方面已经基本达到了 VICH 的技术要求，环境安全性技术要求虽然也开展了一些研究和评估工作，但缺乏系统的研究指南，需要抓紧制定。

有效性评价。VICH 制定了临床试验质量管理规范（GCP）、生物等效性以及抗寄生虫药药效评价技术要求。我国发布了临床试验质量管理规范，已有多家机构通过了检查，生物等效性研究和抗寄生虫药药效评价要求也发布了多年，解决了新兽药研究和评价过程中的一些难题，但发布时间较长，需要根据执行中存在的问题及时进行修订和完善。

不良反应报告。VICH 高度重视兽药不良反应报告，建立了网络报告机制，对不良反应报告的管理、定期汇总更新报告的管理做出明确规定，并有专门文件对提交不良反应报告的数据元素进行规范。在药物警戒（Pharmacovigilance）方面，我国尚缺少系统性兽药上市后不良反应报告制度和再评价管理措施和内容规定。

国际上大多数国家认可美国药典（USP）、欧洲药典（EP）、英国药典（BP），如埃塞俄比亚从市场抽检到中国产品都按 USP 或 BP 检验，中国兽药标准（CVP）目前尚未得到认可。

由于标准等原因，我国出口兽药产品质量受到一些国家的质疑。客观上，我国兽药的杂质研究水平和欧美或者印度等国家存在较大差距，部分兽药质量标准中的有关物质检查难以达到一些国家的要求。我们需要深入分析化合物的潜在杂质和降解产物，参考 USP、EP 等有关品种的杂质检测要求，参照 VICH 相关指导原则 GL10、GL11、GL18，逐步加强有关物质检查研究，以促进兽药生产企业提供产品提纯精制生产能力，改进产品质量。

（2）兽药 GMP 标准与管理规则　2020 年，农业农村部相继发布《兽药生产质量管理规范（2020 年修订）》（农业农村部令 2020 年第 3 号）、无菌兽药等 5 类兽药生产质量管理的特殊要求（农业农村部公告第 292 号）、《兽药生产质量管理规范（2020 年修订）》实施工作安排（农业农村部公告第 293 号），印发了《兽药生产质量管理规范检查验收评定标准（2020 年修订）》（农办牧〔2020〕34 号），对贯彻实施《兽药生产质量管理规范（2020 年修订）》（以下简称"新版兽药 GMP"）提出了明确要求。

新版兽药 GMP 主要参考我国《药品生产质量管理规范》（2010 年修订）以及欧盟和美国的《药品生产质量管理规范》中关于兽药的相关规定进行了补充和完善。新版兽药 GMP 主要变化有：一是提高了无菌兽药和兽用生物制品的生产要求。按照生产暴露风险，将无菌兽药和兽用生物制品设置为 A、B、C、D 4 个级别，增加了生产环境在线监测要求，注重动静态控制相结合，提高产品质量保证水平；二是提高了特殊兽药品种生产设施要求。性激素类兽药生产应使用独立的生产车间、生产设施及独立的空气净化系统，并与其他兽药生产区严格分开。外用杀虫剂、环境用消毒剂的生产应使用独立的建筑物、生产设施和设备，与其他类型兽药生产严格分开。粉剂、预混剂可共用生产线，但应与散剂生产线分开。兽用生物制品应按微生物类别、性质的不同分开生产，制品的生产用动物房、检验用动物房和制品生产车间应当分开设置，且各为独立建筑物。兽药生产车间不得用于生产非兽药产品；三是提高并细化了软件管理要求。加强了兽药质量管理的内容，大幅提高了对企业质量管理软件方面的要求，引入质量风险管理、变更控制、偏差处理、纠正和预防措施、产品质量回顾分析、持续稳定性考察计划、设计确认等新制度，提出明确要求，从多个方面保证兽药产品质量；四是提高了从业人员的素质和技能要求。增加了对从事兽药生产质量管理人员素质要求的条款和内容，进一步明确职责，如明确企业的关键人员包括企业负责人、生产管理负责人、质量管理负责人等必须具备的资质和应履行的职责；五是提高了文件管理的要求。细化了主要文件的管理流程和文件内容，如质量标准、工艺规程、批生产记录等，增强了指导性和可操作性。

新版兽药GMP进一步明确了兽药生产企业的主体责任，提高了企业生物安全控制要求，引入了质量风险量化管理，从而最大限度地保证兽药产品质量，无论是硬件要求，还是软件以及人员等方面均提高了行业准入门槛，对进一步提升兽药产品质量、促进兽药行业健康发展，以及提升兽药行业管理能力等方面，都具有重要的现实意义。

虽然我国颁布实施了新版兽药GMP，但与欧美国家GMP规则相比，我国兽药GMP仍需重点解决兽药生产准入门槛较低，低水平重复建设和产能过剩问题；着力提升兽药生产厂房洁净度监测标准以满足生产实际需要；加强和细化重大动物疫病和人畜共患病疫苗生产企业的生物安全要求，消除生产过程中的生物安全隐患；引导企业强化质量风险管理理念。

（3）**兽药残留限量标准**　最大残留限量是指允许在动物性食品中残留的抗菌药的最高浓度，也称为"允许残留"（tolerance level）。最大残留限量是判定动物性食品中药物残留安全性的法定标准，由国家相关部门（如我国农业农村部）公布并强制执行。所有动物性食品中兽药残留量不可超过MRL标准，否则判定为"超标"产品。

美国等发达国家的兽药市场上实行严格贸易政策，其中以技术壁垒为主要手段，常常在兽药残留问题上对进口产品严格要求。美国等发达国家制定了较为严格的兽药最大残留限量标准。欧盟制定了139种兽药的残留限量标准；美国制定了95种兽药的残留限量标准。日本自2006年开始对进口食品中所有种类的兽药进行检测，日本畜禽兽药残留限量标准：日本肯定列表更新至2011年3月。

欧盟高度重视食品安全和残留监控工作。欧盟定期修订MRLs，现行的2016年版MRLs标准附录Ⅰ收录135种药理活性物质的最大残留限量，附录Ⅱ收录豁免清单509种，含无机物、有机化合物、顺势疗法使用的兽药、药物饲料添加剂、植物源性物质等；附录Ⅲ收录临时最大残留限量已确定的作为兽药的药理活性物质81种。与以前的MRLs标准相比较，有较大修改，指标更为严格。

美国食品药品管理局（FDA）具体负责制定兽药残留法规和限量标准，并负责制定休药期。美国的联邦法（CFR），与食品安全有关的主要见第7卷（农业）、第9卷（动物和动物产品）和第21卷，囊括了动物源食品安全管理的多项规定。第21卷是食品和药品行政法规，其中的556部分规定了动物性食品中兽药允许耐受量（最大残留限量），且每年要对CRF进行修订，一般在4月初发布。截至目前美国已经制定了108种兽药的459个MRLs指标。

日本厚生省和农林水产省承担残留监控职责，日本肯定列表制度涉及对所有农业化学品的管理，其MRLs标准远高于国际食品法典委员会（CAC）和欧美标准。日本《食品中农业化学品残留肯定列表制度》对食品中所有农业化学品作了明确规定，其中15种农药、兽药禁止使用；对 797 种农药、兽药及饲料添加剂设定了 53862 个限量标准（包括"现行标准"和"暂定标准"）；对没有限量标准的，执行"一律标准"，即含量不得超过 0.01mg/kg。

我国兽药残留限量标准主要参考 CAC 标准，少量参考美国和欧盟标准。农业农村部在批准目前还没有制定最大残留限量的新兽药和进口兽药的同时，也会公布其最大残留限量（试行）。

2002 年，根据《兽药管理条例》规定，农业部组织修订了《动物性食品中兽药最大残留限量》标准，于 2002 年 12 月 24 日以农业部 235 号公告发布，其中颁布的兽药残留限量标准分四类：一是按质量标准、产品使用说明书规定用于食品动物，不需要制定最大残留限量的兽药 88 种；二是按质量标准、产品使用说明书规定用于食品动物，需要制定最大残留限量的兽药 94 种；三是按质量标准、产品使用说明书规定可以用于食品动物，但不得检出兽药残留的兽药 9 种；四是农业部明文规定禁止用于所有食品动物的兽药 31 种。

我国原有 302 个兽药残留限量指标值与国际食品法典委员会（CAC）相同，26 个残留限量指标值严于 CAC，仅 8 个残留限量指标值宽于 CAC。我国兽药残留限量标准中有 98％的可比指标值已达到或超过 CAC 标准。

2020 年 4 月 1 日，由农业农村部与国家卫生健康委员会、国家市场监督管理总局联合发布的《食品安全国家标准食品中兽药最大残留限量》开始实施。新标准充分考虑了我国动物性食品生产、消费实际和现行兽药残留限量标准实施中的关键问题，遵照国际通行做法开展了相关风险评估，标志着我国兽药残留标准体系建设进入新阶段。

新的食品中兽药最大残留限量标准规定了 267 种（类）兽药在畜禽产品、水产品、蜂产品中的 2191 项残留限量及使用要求，基本覆盖了我国常用兽药品种和主要食品动物及组织。新标准增加了"可食下水"和"其他食品动物"的术语定义，新标准涵盖兽药品种和限量数量大幅增加。新标准规定的兽药品种增加 76 种、增幅 39.8％，残留豁免品种增加 66 种、增幅 75％，残留限量增加 643 项、增幅 41.5％，基本解决了当前评价动物性食品"限量标准不全"的问题。增加了阿维拉霉素等 13 种兽药及残留限量，增加了阿苯达唑等 28 种兽药的残留限量，增加了阿莫西林等 15 种兽药的日允许摄入量，增加了醋酸等 73 种允许用于食品动物，但不需要制定残留限量的兽药等。

新标准要求与国际全面接轨，全面采用 CAC 和欧盟、美国等发达国家或地区的最严标准，对农业部公告第 235 号涉及的残留标志物、日允许摄入量、残留限量值、使用要求等重要技术参数进行了全面修订，设定的残留限量值与 CAC 兽药残留限量值一致率达 90％以上；对氧氟沙星等 10 多种存在食品安全隐患的兽药品种予以淘汰或改变用途。新标准制定更加科学严谨，在制定中充分考虑了我国动物性食品生产、消费实际和现行兽药残留限量标准实施中的关键问题，遵照国际通行做法开展了相关风险评估，广泛征求了行业、专家、消费者、社会公众、相关机构的意见，并接受了世界贸易组织成员的评议。

至此，中国的食品中兽药残留限量标准增至 2191 项。中国将继续按照科学规划、重点突破、循序推进的原则，不断加大兽药残留标准制修订力度，积极推进兽药残留标准体系建设，尽快实现限量标准对所有批准使用兽药的全覆盖和所有允许使用食品动物及组织的全覆盖，基本实现检测方法标准对所有限量标准的全覆盖，为我国动物性食品质量安全监管提供更为有力的支撑。

（4）官方评议规则　越来越严的药物残留限量要求和新的检测方法要求，正在成为影响我国农产品贸易的主要措施。越来越多的国家开展畜产品质量安全控制与技术性贸易措施官方评议，积极应对他国针对动物源性食品安全保障措施。开展兽药官方评议，科学评议措施的合理性，建立合理的最大残留限量和兽药残留检测标准，是破除兽药残留技术壁垒，推动兽药国际贸易的重要手段。经过多年努力，中国的食品中兽药残留限量标准增至 2191 项，新标准要求与国际全面接轨，全面采用 CAC 和欧盟、美国等发达国家或地区的最严标准，对农业部公告第 235 号涉及的残留标志物、日允许摄入量、残留限量值、使用要求等重要技术参数进行了全面修订，设定的残留限量值与 CAC 兽药残留限量值一致率达 90％以上；对氧氟沙星等 10 多种存在食品安全隐患的兽药品种予以淘汰或改变用途。新标准制定更加科学严谨，在制定中充分考虑了我国动物性食品生产、消费实际和现行兽药残留限量标准实施中的关键问题，遵照国际通行做法开展了相关风险评估，广泛征求了行业、专家、消费者、社会公众、相关机构的意见，并接受了世界贸易组织成员的评议。

与国际标准比，我们仍有差距，必须及时跟踪研究国际法规标准变化，加快与国际接轨的进程，积极应对或跨越壁垒、促进兽药产品贸易。

9.4.4.3　主要出口国规则与程序要求

我国兽药企业进入国际市场较晚，而国际市场经过多年的竞争和发展已形成了集中经营的形式，市场主要由少数几个大公司控制。我国支持兽药企业出口，积极配合出具兽药出口证明。我国加入 WTO 后，兽药产品要面对一些发达国家采用的隐蔽性较强、不易监督和预测的非关税贸易壁垒，即技术壁垒。如美国的 FDA 和欧盟的 COS 认证是兽药进入欧美市场的门槛。

（1）兽药出口美国　向美国出口药品的外国药厂，美国虽不对其提出注册要求，但必须接受监督检查并报送产品目录（进口产品目录供海关验关时使用），并提供完整的海关和边界巡查所需的文件。FDA 会对每个向美国出口药品的外国药品生产企业进行定期 GMP 检查，检查采取与本国生产企业相同的标准和方式。如接受美国原料加制剂捆绑认证和现场检查，按要求需向美国 FDA 提交 VMF 文件作为现场检查依据，厂房、设备以及管理需要符合 CGMP 要求。检查结果分为 WAI（零缺陷）、VAI（有一些问题）、OAI（重大缺陷、需强制采取整改措施），检查通过后，每年向 FDA 提交报告。FDA 注册需交费，现场检查专家人数不定，来之前先通知交费。

在美国销售疫苗的，要求在美国建有符合条件的实体销售企业。

2009 年 10 月，FDA 兽药中心不再接受旨在便于兽医个人进口还未被批准在美国使用的外国动物药品的申请，先前允许有执照的兽医遵照"医学上有必要个人进口政策"申请进口少量未经审批的动物药品。寻求这类进口外国动物药品的兽医可根据 FDA 指南中的个人进口范围来判断，并自行承担可能的风险和后果。

（2）兽药出口欧盟　外国企业所生产的兽药出口到欧盟，需要在欧盟设有进口代理商，并建立检验机构。外国兽药生产企业要按照欧盟的兽药生产质量管理规范（GMP）组织生产，按照欧洲药典进行检验，并依法申请注册。进口国兽药注册机关有权对外国兽药生产企业是否符合欧盟兽药生产质量管理规范（GMP）情况进行现场考察。

兽药出口欧盟，需接受欧盟 CEP 认证或 ASMF 注册检查，或取得 COS 欧洲药典适应性证书。CEP 主要针对原料药，ASMF 是原料药和制剂捆绑检查。每一批兽药进入欧盟都必须经过认证。在欧盟以外生产并已进口的，需要在欧盟进行全面的分析测试，向欧盟出口的每一批兽药产品都要在进口国经过全面的药品活性成分的定性和定量分析，以及所有其他方面的检测。已在一个成员国经过这种检测的每批兽医药品，在其他成员国上市销售，可以免除以上检测。

欧盟和出口国之间有相互承认协议的除外，澳大利亚、加拿大、以色列、日本、新西兰、瑞士、美国等都有 GMP 检查互认协议。

（3）**兽药出口巴西**　按照巴西兽药产品和生产设施审查法规定，进口兽药产品，巴西农业部须审查所在国家生产设施。如果更新注册，农业部有可能会再次检查其生产设施。

允许产品在本地稀释，但须符合巴西农业部的相关要求。巴西农业部的质保需要清晰明确，保证进口产品可辨认并可在全境追踪。产品只有在经进口商质控后才可销售，或者出口商已经获得 GMP 证书，符合相关国际规范，出具所在国质控的 COA 也可以。质控可以由所属实验室进行，也可以由第三方进行。每批次的产品均需有单独的质控流程以供审核。

经巴西农业部许可后，准许进口散装的兽用药品和生物制品，须有完善的标签，有葡萄牙语条款，包含产品名，批准号，批号，生产日期，有效期，包装内的数量，并标明"兽用"，如果由进口商进口分包装，产品档案须在进口商公司归档保存。

兽药产品出口到巴西，进口商须在港口提供巴西农业部的许可证，工厂的许可证复印件，产品许可证复印件，或者由巴西农业部颁发的上一次进口的许可证。如果是生物制品，需要提交该批货物质控 QC 流程。经审批的进口产品，在目的港卸货时，须有葡萄牙语标签。

没有经巴西农业部注册、预先批准，没有合法代理，或者产品与注册不符的，巴西农业部不会放行，并勒令立即退回起运地。每批次的产品均需有单独的质控流程以供审核。

（4）**兽药出口俄罗斯**　俄罗斯的医药生产能力相对薄弱，药品生产工艺水平不高，产量低、品种少，但俄罗斯药品需求量却很大，在本国产品远远满足不了市场供应的情况下，俄罗斯所需的大部分药品都需要进口。

俄罗斯对进口药品（包括兽药）的生产、准备、运输、合成和加工的所有外国公司实施注册制度，并对药品的委托方和合同执行能力和违约赔偿能力进行资质认定，对进口药品实现全程监管。向俄罗斯联邦境内进口药品不受俄罗斯联邦法律中国家外贸调控内容的限制，进口药品按俄联邦外贸活动管理法进行。俄对输俄药品没有特别设置苛刻的关税壁垒，只要进口药品已通过俄联邦药品质量监督机构的注册，按照俄海关制定的药品进口规定办理通关手续，即可进入俄关境内。

向俄罗斯出口必须提交终端用户情况。药品进口者须持有从事药品外贸活动的许可证。运入俄境内的药品必须是在俄罗斯已注册的药品。如需运入专供药品临床试验用的未注册药品，须经联邦药品监督机构批准。为保护本国药品市场和生产商，俄政府可以对进口成药征收进口特别税。如发现假冒药品，俄联邦药品质量监督机构可按照法定程序予以销毁。

在俄罗斯，以下法人可获取药品进口权：进口药品用于自身生产需要的药品生产企业；药品批发企业；科研机关、研究所、实验室在获得联邦药品质量监督机构准许后进口指定的批量药品，以用于科研、药品的监督和检测；在俄境内设有代表处的外资药品生产企业和药品批发贸易企业。

在俄罗斯注册需要提交的文件有 16 个：药品国家注册申请书；国家登记注册手续费

付讫收据；药品生产企业的法人地址；药品名称，其中包括国际上未经专利注册的药名、药品的拉丁语学名和主要同义语；药品的原称（已经根据俄罗斯有关法规注册为商标时需要提供）；药品成分表和药品含量；按《俄罗斯联邦药品法》要求编写的药品使用说明；药品质量合格证书；药品生产情况及原始药典条款；药品质量监督方法；药品在临床使用前的研究结果；药品药典和毒理研究结果；药品的临床试验结果；如果是动物使用的药物，则需提交兽医鉴定书；用于质量鉴定的药品样品；药品的初步定价；药品注册证明（如果此药品已经在俄罗斯境外注册）。

在注册文件准备齐全，俄罗斯临床试验成功的前提下，注册花费时间如下：①俄罗斯药品代理机构选公司品种，1～2个月；②确定品种、合作意向、商定注册申请人、确定注册费用，1～2个月；③选定申请注册的办事机构，提交企业资质文件、药品相关材料（中、英、俄文），并且做成DMF文档版，4～6个月；④注册办事处做好文件，提交俄罗斯卫生主管部门审批。俄罗斯官方制剂注册时间是1～2个月。原料药最快也需6个月；⑤注册成功，办理注册证需要1～2个月；⑥俄药品进口方按照俄联邦卫生部要求办理药品进口许可证1.5～2个月，然后按合同再开始供货。一般制剂注册时间2～3个月，原料药注册时间6～12个月。

兽药出口俄罗斯，首先要找到并确定与企业合作销售的分销商。寻找在俄罗斯医药市场辐射范围比较广、分销能力强、政府关系良好的药品销售代理商有利于日后在俄罗斯的销售业绩及市场占有率。同时，确定注册申请人、选择注册机构也较为关键。俄罗斯在中国的注册机构有：俄罗斯健康学院内部型股份有限公司哈尔滨办事处负责在中国寻找合作客户和俄罗斯医药市场紧俏且有好市场前景的产品，并负责将选定产品资料进行俄文翻译，对其进行俄罗斯市场的前期市场调研，调研费用为每月每个品种1500美元；俄罗斯联邦医药注册销售管理代表处办事处设在北京，经常与中国医药进出口商会合作举办与俄罗斯医药进出口相关的讲座，其俄罗斯总部与俄罗斯卫生部质监局的政府关系良好，注册时间相对较短，而且注册费用相对较低；瑞士INDUKERN公司在我国设有香港办事处和宁波办事处，在俄罗斯药品注册的业务中很有技术优势和人脉优势。

药品进口时应向俄海关提交的文件和资料：①合同以及其他涉及申报药品和供货条件的文件；②药品质量合格证书；③每一种进口药品的国家注册资料及注册号；④有关发货人的资料；⑤有关俄境内收货人的资料；⑥有关运货人的资料；⑦从事药品外贸活动许可证或联邦药品质量监督机构颁发的进口许可证的复印件。

（5）兽药出口日本　日本对进口药品要求严格遵守日本《药事法》。日本厚生劳动省不像FDA那样检查国外药厂，而是对进口药品要求符合日本GMP。日本于1993年开始推行国际GMP，对国际进出口药品要求遵循国家之间相互承认的GMP。已经与WHO的GMP实现了互认，与欧盟达成了检查互认协议，并与美国和加拿大进行相关谈判。

兽药出口日本，需先接受工厂认证，获得日本国外生产者证书，再提出产品注册申请。日本国外生产者证书5年更新一次。

兽用生物制品出口日本，必须经过日本境内的MAH申请和持有进口药品的上市许可。日本不允许国外公司直接从事进口兽用生物制品的销售。

9.4.4.4　推动中国兽药走出去

（1）"兽药走出去"战略　随着畜牧业的迅猛发展，我国兽用生物制品、化学药品原料、中药提取物生产能力呈现爆发式增长，产能严重过剩。同时，抗生素原料、植物提取物的生产对环境造成很大压力。

在经济社会发展新常态下，通过"兽药走出去"，对于缓解环境压力，提升我国兽药竞争力，提升在全球动物疫病防控中的话语权也具有重要意义。

① 加强兽药国际市场和布局研究。2013年，我国提出"一带一路"倡议。2017年5月，我国农业部、发展和改革委员会、商务部、外交部四部委联合发布《共同推进"一带一路"建设农业合作的愿景与行动》。"兽药走出去"是贯彻合作共赢新理念，实施"一带一路"倡议的重要举措。我们应该充分发挥我国兽药企业优势，与欧美兽药企业开展合作，打开进入欧美市场的大门，制定和实施切实可行的发展规划；制定规划切实可行的计划，与共建"一带一路"国家共享中国兽药发展红利；挖掘潜力，向欠发达地区输送技术、资金、工艺及企业，直接或者采用联合方式运用当地的资源生产产品并在当地销售，实现企业的国际化发展战略。

按照我国国际产能合作相关规划，我国国际产能合作的区域布局层面，将以哈萨克斯坦、印尼、马来西亚等周边重点国家为"主轴"；产业布局层面，重点推动"走出去"的包括农业等行业优势富余产能。2013—2016年，中国企业已经在"一带一路"沿线20多个国家建设了56个经贸合作区，涉及多个领域。截至2020年底，累计投资已经超过300亿美元。俄罗斯、白俄罗斯及哈萨克斯坦三国海关联盟已经达成关税同盟的协议，实行统一经济区，执行统一的技术法规、统一的产品认证目录、统一的认证技术要求和认证证书。

探索利用全球及区域开发性金融机构创新农业国际合作的金融服务模式，加强兽药国际产能合作的空间、产业、市场三个布局的研究。推动"兽药走出去"战略，突出企业主体和产业主体，建立国际化经营理念，塑造企业海外形象，积极营造开放包容、公平竞争、互利共赢的兽药国际合作环境。

② 适应国际贸易规则。加入WTO以后，我国大幅削减关税，全方位参与国际竞争。WTO的《技术性贸易壁垒协定》要求实行国民待遇和非歧视原则。但是，发达国家不断提高技术标准，在传统的关税壁垒逐渐弱化和取消之后，技术标准、技术法规、合格评定等技术壁垒成为影响贸易最重要的因素。

2017年6月，我国正式成为"人用药品注册技术国际协调会（ICH）"成员国。虽然我国目前还不是"兽药注册技术要求国际协调会（VICH）"成员国，但我国多次派员参加VICH会议，承担VICH有关工作，将全套VICH指南翻译成中文，为我国兽药融入国际竞争创造了一定的条件。但是，欧美日等国采用的上市许可持有人制度等VICH运行规则，以及新兽药及原料药的界定、兽药GMP标准与风险管理、兽药质量标准中的有关物质检查、残留限量标准等方面，与我国都有一定差异。虽然我们采取了很多措施，比如残留标准与国际全面接轨，全面采用CAC和欧盟、美国等发达国家或地区的最严标准等，但消除差距尚需时日，跨越技术壁垒仍需努力。

③ 推动兽药产品走出去。我国的兽用疫苗，特别是猪瘟、禽流感、口蹄疫等重大动物疫病疫苗，在动物疫病防控中发挥了十分重要的作用，技术含量和优势明显。我国研制成功的猪瘟兔化弱毒株以及猪瘟疫苗生产技术，早在20世纪60、70年代已经走向国际，为欧美等国家消灭猪瘟立下汗马功劳；2004年全球禽流感暴发时期，中国的禽流感疫苗紧急出口到越南等国家，近年来中国的禽流感H5亚型灭活疫苗品质不断提升，成功向越南、印尼、蒙古国、埃及、朝鲜等多个国家出口，为全球动物疫病防控做出贡献；我国布病诊断技术和产品得到WOAH有关实验室的认可；近年来我国自主研发的小反刍兽疫疫

苗，对于稳定我国西北、华南边境地区疫情起到决定性作用。我国的兽用生物制品在开展跨境动物疫病防控合作方面作用巨大，出口空间很大。

全球遏制耐药性给植物药带来机会。面对日益严峻的兽用抗生素残留和细菌耐药性问题，世界各国都在迫切寻求解决之道。中国的中药具有悠久的历史，形成了独特的理论体系，在应对细菌耐药性等问题方面提供了更多选择，蕴含着重要解决方案。在全球"禁抗"、"限抗"、"减抗"大潮中，中药在替代抗菌药物方面优势突出，在保障动物源性食品安全、提升动物产品品质方面潜力巨大。

④ 推动兽药投资走出去。当今世界，经济全球化、市场一体化格局正在形成，中国欢迎各国企业来华开展农业领域投资，鼓励本国企业参与沿线国家农业发展进程。目前，外国企业在我国注册进口兽药的有 102 家，在我国建立兽药研发、生产企业的都是全球动保排名前几位的跨国公司，如硕腾、勃林格殷格翰、拜耳、诺华、诗华等跨国公司。业内有研究认为，与发达国家兽药企业在相关领域的合作是我国兽药企业进入欧美发达国家的第一步。哈药集团在俄罗斯兼并该国制药企业，建立跨国分厂，从而避免注册程序，直接通过合作企业在俄罗斯开展业务，从而降低生产、营销成本，这种经营模式值得兽药生产企业借鉴。

在国外建立研发生产基地，一是可以化解国内产能，二是可以减轻国内快速发展带来的环境压力。初步可以考虑在东南亚、东北亚，比如越南、哈萨克斯坦等国建设禽流感、小反刍兽疫疫苗研发、生产线，按照动物疫病流行特点和生物安全规律，在特定地区建立外来病毒疫苗研发、生产基地，实现相关疫苗的就地研发、生产和使用。我国兽药原料药产量大，出口初具规模。2016 年，我国共有 6 大类兽药原料药出口到巴西、美国、德国、荷兰等六大洲的 61 个国家，出口金额 17.28 亿元（人民币）；2020 年，我国兽药原料药出口额上升到 41.51 亿元（人民币），进口我国原料药总额超过亿元（人民币）以上的有巴西、美国、荷兰、德国、印度、墨西哥、越南、秘鲁、埃及、英国、法国、西班牙等12 个国家。考虑到环境压力，我国的化学药品原料药生产投资迫切需要走出去。可以考虑选择人力成本、资源环境成本适宜的地区建立抗生素等原料生产基地。

（2）兽用中药的国际化　中国优秀传统文化中蕴藏着解决当代人类面临难题的重要启示，比如"道法自然"、"天人合一"的思想，以及在此基础上建立的中医药理论体系。两千多年来，畜牧兽医领域的中兽医药传承至今，一直为我国动物养殖保驾护航。中药药源天然，具有药食同源的特质，在畜牧、水产养殖中应用中药，具有"有害残留低、不易产生耐药性"的特点。面对日益严峻的兽用抗生素残留和细菌耐药性问题，世界各国都在迫切寻求解决之道，中兽医药在应对细菌耐药性等问题方面提供了更多选择，蕴含着重要解决方案。

中药在替代抗菌药物方面优势突出，在全球"禁抗"、"限抗"、"减抗"大潮中，兽用中药在保障动物源性食品安全、提升动物产品品质方面潜力巨大。与人用中药走出去一样，兽用中药走出去对于全球健康养殖、降低耐药性风险意义重大。为维护生态安全和人类的美好生活，亟需推动兽用中药国际化，在抗菌药减量使用和遏制耐药性方面提出中国方案。

① 中药与西方植物药的异同。在我国，中药有自身的特点和理论体系，与欧美等国理解的植物药不同。我国植物基原的中药占全部中药的 90% 以上，欧美等西方国家虽然也有使用"草药"的历史，但与我国中药的理论指导等应用背景上存在较大差异。对于传统植物药产品，目前世界各国管理法规不同，从原料来源、半成品/产品/药品、生产、品

种管控均有不同的定义。

② 中药在日本和俄罗斯的应用。中药在日本被称为汉方药，在亚洲国家具有较高的接受度。我国兽用中药在亚洲国家出口使用取得了一定的经验，但日本基本只进口我国的药材或直接在我国开发种植基地。

我国的中医药 19 世纪就进入了俄罗斯，在俄罗斯市场一直都有非常高的认可度，但是，在俄罗斯注册成功的中药基本是以食品添加剂进行销售。

③ 人用中药在欧美的上市经验。美国 FDA 发布的《植物药研制指导原则》中的植物药实际上包括我国植物基原的中药，植物基原的中药占全部中药的 90% 以上。根据美国的法律法规，中药在美国上市主要有以下四种途径：膳食补充剂；新药；普通食品；化妆品。以何种途径上市，主要取决于其用途。如作为植物药（属新药）申请在美国注册上市销售，则中药和美国植物药的"药品属性"是一致的，其安全、有效性、质量可控的本质特征相同。

美国对植物药实施监管的主要依据是 FD&C Act 及其修正案、21CFR 中与药品注册审批相关的法规以及 CDER 发表的系列指导性文件。FDA 于 2004 年 6 月正式发布了《植物药研究指导原则》。考虑到植物药的特殊性，为保证植物药审评质量，统一审评标准，CDER 新药办公室设有专门的植物药审评小组。其他有关植物药药学、临床药理学、非临床药理和毒理、医学和统计学各方面的具体技术审评工作，仍由与化学药品相同的审评小组承担。

FDA 植物药注册认证的特点和趋势主要表现在以下 3 方面：① Ⅰ期、Ⅱ期研究性新药（IND）申请的技术要求较松。Ⅲ期 IND 申请技术要求较高；② 技术要求比较灵活；③ 复方制剂的研究仍然受到约束。

我国中药作为药品进入美国市场，必须通过美国 FDA 的严格审评，需要了解监管机构、相关法律法规以及注册审批认证程序。受印度提交穿心莲和积雪草获得美国药典委认可的启发，我国获得美国药典委认可的第一个药材标准是丹参（上海药物所中药现代化研究团队提交）。中药制剂的注册申报还在进行中。早在 1997 年，复方丹参滴丸就以治疗药身份通过了 FDA 的 IND 申请，经过近二十年的研究，到 2016 年 12 月通过了 FDA Ⅲ 期临床试验，成为全球首例完成 FDA Ⅲ 期临床试验的复方中药制剂。然而直到 2021 年，国产中成药能否开创历史，得到美国 FDA 的认可，仍需要时间去验证。另外，绿叶的血脂康胶囊已完成 Ⅲ 期临床试验的方案设计，上海现代的扶正化瘀片进入 Ⅲ 期临床试验方案设计阶段。

欧盟药品管理局对草药产品的注册监管具有较为完备的管理体系与法规指南。欧洲药品管理局（EMA）通过科学委员会向新药研发公司提供科学建议、出台指南、监督指导，来帮助制药公司完善产品的上市申请。EMA 的 7 个科学委员会中的草药产品委员会主要负责提供 EMA 对草药的意见，主要职能是协助欧盟各国整合草药产品的审核和提供相关咨询帮助。

2004 年以前，欧盟对草药药品注册的要求完全与化学药物相同，几乎所有中药进入欧盟都无法以药品形式通关，而是一直以食品、食品补充剂等名义对欧盟出口。2004 年 3 月 31 日，欧洲议会和欧盟理事会颁布了针对传统草药注册的法规《欧盟传统植物药（草药）注册程序指令》（2004/24/EC 指令），并于 2005 年 4 月 30 日正式生效。根据该指令，草药产品在欧洲注册和上市共有 3 种程序，分别是传统使用注册、固定使用注册，以及单独/混合申请注册。该指令规定，对于已经在欧盟市场上以"食品补充剂"身份销售的草药药品，允许再销售 7 年。从 2011 年 5 月 1 日起，有一部分草药药品不能再按"食品补充剂"形式继续销售，出口企业必须完成草药药品的注册。截至 2016 年，欧盟各成员国累计受理了传统用途注册申请 2730 件，其中 1719 件获得批准，但就中成药而言，仅有 4 个单方中成药及 1 个复方藏药获批。我国进入欧洲药典的第一个中药材质量标准是附子。目前已进入《欧洲药典》的中药材达 66 种，占《欧洲药典》184 种草药数量的三分之一以上。

④ 中兽医药国际化的途径。推动兽用中药国际化有很多途径，其中最重要的一条是坚定文化自信基础上的技术自信，用中医的语言和证候指标来讲中兽医药的故事，避免用西药管理技术和标准对待中兽医药。尽快制定科学的中兽医药评价指标体系，建立符合中兽医药特点的管理规则；加大中兽医药文化理念的传承、宣传和推广，让中兽医药理论、用药理念走出去。但是，要真正实现中兽医药理念被国际社会接受，不是一件容易的事。

我们也可以用现代兽医学的语言来讲中兽医药的故事。在中药之外，我国用现代医学理论来指导研发、应用的"天然药物"就是中药国际化的第二个方案，在这条线上，天然药物可以与西方的植物药完美对接。

参考文献

[1] 陈岩，刘雯雯，耿安静，等．基于兽药残留限量的 GB 31650 与 CAC 标准异同分析[J]．现代食品科技，2022（005）:38.

[2] 国际食品法典委员会．食品中兽药残留的最大残留限量和风险管理建议（2018 版）．2018.

[3] 徐士新，段文龙．VICH 及其工作进展介绍[J]．中国兽药杂志，2011，45（2）:55-58.

[4] VICH 指导委员会．兽药注册国际技术要求[M]．顾进华，梁先明，曲鸿飞译．北京：中国农业出版社．2020.

[5] 顾进华，梁先明，曲鸿飞，等．中国加入兽药注册技术要求国际协调会（VICH）可行性与利弊分析[J]．中国兽药杂志，2020，54（9）:72-76.

[6] 经济合作与发展组织．化学品安全性评估数据国际互认体系（MAD）[R]．2016.

[7] 靳玉瑶．欧盟生产质量管理规范监管制度对我国药品生产企业的启示[J]．中国药业，2021，30（13）13:1-4.

[8] 郑永侠，杜婧，杨悦，等．国际药品检查组织（PIC/S）申请加入程序及对我国的启示[J]．中国医药工业杂志，2019，50（9）:6.

[9] 谷瑞敏．美国和加拿大兽药管理制度研究[D]．武汉：华中农业大学．2005.

[10] 谷瑞敏，黄玲利，郭乾吉，等．美国兽药管理机构简介[J]．中国兽药杂志，2006，40（11）:29-32，35.

[11] 盛圆贤．中美兽药管理体制比较[D]．北京：中国农业大学．2004.

[12] 董义春．中美两国兽药管理比较研究[D]．武汉：华中农业大学，2008.

[13] 王岩．EDQM 机构与职能的简介[J]．中国药事，2008，22（12）:3.

[14] 刘艳华，郭辉，王学伟，等．欧盟兽药注册管理体系初探[J]．中国兽药杂志，2013，47（9）:59-62.

[15] 杨宇洋．中俄主要药品管理法规比较研究[D]．中国中医科学院．2017.

[16] 刘慧敏，于慧鑫．国内外兽药管理现状及对策[J]．畜牧兽医科技信息，2014（8）:2.

[17] 邢嘉琪．日本的兽药及动物食品兽药残留管理系统简介[J]．中国兽医杂志，2018, 54（3）:115-118.

[18] 赵静．日本新医疗器械管理体系[J]．中国医疗器械杂志，2005, 29（1）:43-45.

[19] 陆连寿，冯忠泽，宁宜宝，等．澳大利亚兽药管理与注册要求概述[J]．中国兽药杂志，2013, 47（11）:58-61.

[20] 中国兽药协会．兽药产业发展报告 2015 年度[R]. 2016.

[21] 中国兽药协会．兽药产业发展报告 2016 年度[R]. 2017.

[22] 中国兽药协会．兽药产业发展报告 2017 年度[R]. 2018.

[23] 中国兽药协会．兽药产业发展报告 2018 年度[R]. 2019.

[24] 中国兽药协会．兽药产业发展报告 2019 年度[R]. 2020.

[25] 中国兽药协会．兽药产业发展报告 2020 年度[R]. 2021.

[26] 中国兽药协会．兽药产业发展报告 2021 年度[R]. 2022.

[27] 连小莉，陶红军．中美兽药产业内贸易研究[J]．中国兽药杂志，2019, 53（1）:27-36.

[28] 徐超，高海娇，黄玲利．欧盟兽药市场发展动态[J]．中国兽药杂志，2021, 55（3）: 75-85.

[29] 农业部、海关总署．兽药进口管理办法[Z]（农业农村部令 2019 年第 2 号修订）. 2007.

[30] 农业部畜牧兽医局．进口兽药指南[M]．北京：中国农业大学出版社．1999.

[31] 中国兽药典委员会．中国兽药典 2020 年版一部[M]．北京：中国农业出版社．2020.

[32] 张锦红，钟元城．看国际贸易逆差，透视我国兽药管理工作[J]．中国动物保健，2004（9）:3.

[33] 李军，唐英寄．我国食品进出口贸易中的农（兽）药残留问题[J]．中国标准化，2006（12）.

[34] 中华人民共和国农业农村部．进口兽药管理目录（中华人民共和国海关总署公告第 507 号）. 2022.

[35] 第六届中国兽药大会．中国兽药科技成就展．2016.

[36] 杨悦．聚焦药品上市许可持有人制度[N]．中国医药报，2018-11-07（03）.

[37] 吴洋．对当前兽药业发展的若干思考[J]．农业技术与装备，2010,（11）: 5-6.

[38] 农业农村部、国家卫生健康委员会、国家市场监督管理总局．食品安全国家标准 食品中兽药最大残留限量（GB 31650-2019）[Z]. 2019.

[39] 农业部畜牧兽医局．动物性食品中兽药最高残留限量[J]．中国兽药杂志，2003, 37（2）:7-9.

[40] 中华人民共和国农业农村部公告第 294 号．兽药出口证明办事指南[Z]．2020 年 5 月 7 日．

[41] 沈德堂．加强企业管理 开拓国际市场——兽药出口的经验和体会[J]．中国禽业导刊，2005, 22（8）:21-22.

[42] Donald C. Plumb．兽药手册[S]．沈建忠，冯梦瑶，曹兴元译．中国农业大学出版社．2016.

[43] 李玲，钟素艳．我国药品出口俄罗斯注册的研究[J]．医药导报，2011, 30（7）:968-970.

[44] 农业部、发展改革委员会、商务部、外交部四部委．共同推进"一带一路"建设农业合作的愿景与行动[N]，农民日报，2017.5.

[45] 游锡火，张兴，王倩倩．我国兽药产业国际化战略研究[J]．中国动物保健，2012, 14（12）: 11-12, 14.

[46] 胡慧敏，杨龙会，谭勇，等．欧盟传统草药产品简易注册分析[J]．国际中医中药杂志，2022, 44（1）:6-11.

附录
英文缩略语及其中文翻译

序号	缩略语	英文全称	中文翻译及备注
1	ADI	Allowable daily intake	每日容许摄入量
2	AHRQ	Agency for Healthcare Research and Quality	卫生保健研究和质量机构（美国）
3	AMR	Antimicrobial Resistance	抗生素耐药性
4	AMU	Antimicrobial Usage	抗生药用量
5	ANDA	abbreviatiated new drug application	仿制药审评
6	ANMV	French agency for veterinary medicinal products	法国兽药中心
7	ANSES	the French Agency for Food，Environmental and Occupational Health & Safety	法国食品、环境与职业健康安全署
8	APHIS	Animal and Plant Health Inspection Service	动植物卫生检疫局（美国）
9	APVMA	Australian Pesticides and Veterinary Medicines Authority	澳大利亚农药和兽药管理局
10	ARS	AgriculturalResearchService	农业研究局（美国）
11	AVMA	American Veterinary Medical Association	美国兽医协会
12	BMEL	German Federal Ministry of Food and Agriculture	德国食品和农业部
13	CAC	Codex Alimentarius Commission	食品法典委员会
14	CAHFSE	Collaboration in Animal Health and Food Safety Epidemiology	动物健康和食品安全流行病学合作组（美国）
15	CAT	Committee for Advanced Therapies	先进疗法委员会（欧盟）
16	CCRVDF	Committee on Residues of Veterinary Drugs in Food	食品中兽药残留法典委员会
17	CDC	Centers for Disease Control and Prevention	疾病控制和防治中心（美国）
18	CDER	Center for Drug Evaluation and Research	药品审评与研究中心（美国）
19	CFR	Code of Federal Regulations	联邦法典（美国）
20	CGMP	Current Good Manufacturing Practice	动态药品生产质量管理规范
21	CHMP	Committees for Human Medicinal Products	人用药品委员会（欧盟）
22	CHMP	Committee for Herbal Medicinal Products	植物药产品委员会（欧盟）
23	CMP	Compliance Monitoring Programme	监督机构
24	CMS	Centers for Medicare and Medicaid Services	医疗保险和医疗补助服务中心（美国）
25	COA	Certificate of Analysis	质检报告
26	COMP	Committee for Orphan Medicinal Products	罕用药品委员会（欧盟）
27	COS or CEP	Certification of Suitabilityto Monograph of European Pharmacopoeia	欧洲药典适用性认证
28	CTP	Center for Tobacco Products	烟草制品中心（美国）
29	CVB	Center for Veterinary Biologics	兽医生物制品中心（美国）
30	CVM	Center for Veterinary Medicine，	兽药中心（美国）
31	CVMP	Committee for Veterinary Medicinal Products	兽药委员会（欧盟）
32	DEA	Drug Enforcement Administration	毒品管制局（美国）
33	DEFRA	United Kingdom Department for Environment，Food and Rural Affairs	英国环境、食品和农村事务部

序号	缩略语	英文全称	中文翻译及备注
34	DG	Enterprise and Industry Directorate General	企业与工业总司（欧盟）
35	DMF	Drug Master File	药物管理档案
36	EARS-Net	european antimicrobial resistance surveillance network	欧洲耐药性监测系统
37	ECDC	European Centre for Disease Prevention and Control	欧洲疾病预防与控制中心
38	EDQM	European Directorate for the Quality of Medicines & HealthCare	欧洲药品质量管理局
39	EFSA	Europeanfood Safety Authority	欧洲食品安全委员会
40	EMA	European Medicines Agency	欧洲药品管理局
41	EMEA	European Medicines Evaluation Agency	欧洲药品评价局（已更名为 EMA）
42	EP	European Pharmacopoeia	欧洲药典
43	EPA	Environmental Protection Agency	环境保护局（美国）
44	FAO	Food and Agriculture Organization of the United Nations	联合国粮农组织（粮农组织）
45	FDA	Food and Drug Administration	食品药品管理局（美国）
46	FEDESA	European Federation of Animal Health	欧盟动物健康工业联盟
47	FMH	Federal Ministry of Health	德国联邦卫生部
48	FSIS	Food Safety Inspection Service	食品安全监察局（美国）
49	FTC	Federal Trade Comm ission	联邦贸易委员会（美国）
50	GCP	Good Clinical Practice	药物临床试验管理规范
51	GDP	Good Distribution Practice	药品分销质量管理规范
52	GLP	Good Laboratory Practice	良好实验室规范（药物非临床研究质量管理规范）
53	GMP	Good Manufacturing Practice	药品生产质量管理规范
54	GPVD	Recommended International Code of Practice for the Control of the Use of Veterinary Drugs	国际兽药使用管理规范
55	GQP	Good Quality Practice	药物质量管理规范（日本）
56	GSP	Good Supply Practice	药品经营质量管理规范
57	GUP	Good Using Practice	药品使用质量管理规范
58	GVP	Guideline on good pharmacovigilance practices	药物警戒质量管理规范
59	HHS	Department of Health and Human Services	卫生与公共服务部（美国）
60	HMPC	Committee for Herbal Medicinal Products	草药产品委员会（欧盟）
61	ICH	International Conference on Harmonization (International Conference on Harmonization of Technical Requirements for Registration of Pharmaceuticals for Human Use)	人用药品注册技术要求国际协调会
62	IFAH	International Federation for Animal Health	国际动物保健品协会/国际动物卫生联盟
63	IHR	International Health Regulations	国际卫生条例
64	IND	Investigational New Drug	研究性新药
65	JECFA	Joint FAO/WHO Expert Committee of Food Additives	粮农组织/世卫组织食品添加剂联合专家委员会

序号	缩略语	英文全称	中文翻译及备注
66	LANAGROs	Laboratórios Nacionais Agropecuários	国家农牧实验室(巴西)
67	MAD	Mutual Acceptance of Data	数据相互认可
68	MAH	Marketing Authorization Holder	兽药实行上市许可持有人
69	MAPA	Ministério da Agricultura, Pecuária e Abastecimento(葡萄牙文)	农业、畜牧业和食品供应部(巴西)
70	MRA	Mutual Recognition Agreement	互认协定(GMP)
71	MRL	Maximum Residue Limit	最大残留限量
72	NARMS	National Antimicrobial Resistance Monitoring System	国家抗菌药物耐药性监测系统
73	NDA	new drug application	新药审评
74	NIH	National Institutes of Health	国家卫生研究院
75	NOEL	No observed effect level	无可见作用剂量
76	NTA	Notice to Applicants	申报者须知
77	NVAL	National Veterinary Assay Laboratory	农林水产省兽医药品检查所(日本)
78	NVSL	National Veterinary Services Laboratories	国家兽医实验室
79	OCE	Oncology Center of Excellence	肿瘤药物促进中心(美国)
80	OECD	Organization for Economic Co-operation and Development(英文)Organisation de coopération et de développement économiques(法文)	经济合作与发展组织(简称经合组织)
81	OIE	World Organisation for Animal Health	世界动物卫生组织(已变更缩写为WOAH)
82	OTC	over-the-counter drug	非处方药
83	PDCO	Paediatric Committee	儿科委员会(欧盟)
84	PIC	Pharmaceutical Inspection Convention	药品检查联盟(PIC、PICs统称为PIC/S)
85	PICs	The Pharmaceutical Inspection Co-operation Scheme	国际药品认证合作组织
86	PRAC	Pharmacovigilance Risk Assessment Committee	药物警戒风险评估委员会(欧盟)
87	QC	Quality Control	质量控制
88	RMR	Risk management recommendations	风险管理建议
89	RMRs	Risk Management Recommendations	风险管理建议
90	SBP	State Board of Pharmacy	州政府药事委员会(美国)
91	SC	Safe concentration	安全浓度
92	SDA	Secretaria de Defesa Agropecuária	农牧渔保护司(巴西)
93	SDC	Secretaria de Desenvolvimento Agropecuário e Cooperativismo	农牧发展和合作司(巴西)
94	SFAs	Superintendências Federais de Agricultura, Pecuária e Abastecimento	联邦农牧食品监察局(巴西)
95	SPS	Agreement on the Application of Sanitary and Phytosanitary Measures	实施卫生与植物卫生措施协定
96	TBT	Agreement on Technical Barrier to Trade	技术性贸易壁垒协定
97	TFAR	Interagency Federal Task Force on Antimicrobial Resistance	机构间抗菌药耐药性联邦工作组(美国)
98	TSE	Transmitting animal Spongiform Encephalopathy agent,	传播性动物海绵状脑病体
99	USAID	United States Agency for International Development	美国国际开发署
100	USDA	United States Department of Agriculture	美国农业部

序号	缩略语	英文全称	中文翻译及备注
101	VICH	Veterinary International Conference on Harmonization(International Cooperation on Harmonization of Technical Requirements for the Registration of Veterinary Medicinal Products)	兽药注册技术要求国际协调会
102	VMD	Veterinary Medicines Directorate	兽药管理董事会(英国)
103	VST	Virus-Serum-Toxin Act	病毒-血清-毒素法
104	WHO	World Health Organization	世界卫生组织
105	WOAH	World Organisation for Animal Health	世界动物卫生组织
106	WTO	World Trade Organization	世界贸易组织
107	ZLG	Zentralstelle der Länder für Gesundheitsschutz bei Arzneimitteln und Medizinprodukten	德国联邦政府医疗产品和医疗设备健康保护中心